B. J. LEWIN

NULLSTELLENVERTEILUNG GANZER FUNKTIONEN

MATHEMATISCHE LEHRBÜCHER UND MONOGRAPHIEN

HERAUSGEGEBEN VON DER
DEUTSCHEN AKADEMIE DER WISSENSCHAFTEN ZU BERLIN
INSTITUTE FÜR MATHEMATIK

II. ABTEILUNG
MATHEMATISCHE MONOGRAPHIEN
BAND XIV

NULLSTELLENVERTEILUNG GANZER FUNKTIONEN

VON

B. J. LEWIN

AKADEMIE - VERLAG · BERLIN
1962

B. J. LEWIN

NULLSTELLENVERTEILUNG GANZER FUNKTIONEN

In deutscher Sprache herausgegeben

von

R. DOLINSKY

Mit 12 Abbildungen

AKADEMIE-VERLAG · BERLIN
1962

Б. Я. Левин
Распределение корней целых функций

Erschienen im Staatsverlag für phys.-math. Literatur, Moskau 1956
Übersetzung aus dem Russischen: Studienrat R. Dolinsky, Grevenbroich-Elsen

Erschienen im Akademie-Verlag GmbH, Berlin W 8, Leipziger Straße 3—4

Lizenznummer: 202 · 100/545/62
Gesamtherstellung: VEB Druckerei „Thomas Müntzer" Bad Langensalza
Bestellnummer: 5458 · ES 19 B 4

VORWORT ZUR DEUTSCHEN AUSGABE

Dieses Buch des sowjetischen Funktionentheoretikers B. J. LEWIN gibt eine umfassende Darstellung der Theorie ganzer Funktionen. Über ganze Funktionen, ihre Nullstellen und ihr Wachstum sind Darstellungen in den bekannten Lehrbüchern der Funktionentheorie enthalten. Jedoch beschränken sich diese Ausführungen auf das Wesentlichste. Eine Reihe von Arbeiten, verstreut in verschiedenen Fachzeitschriften, geht tiefer auf einzelne Fragen ein. Zusammenfassende Darstellungen der Theorie ganzer Funktionen sind nicht zahlreich.

Vor allem ist hier das 1954 in den USA erschienene Buch von R. PH. BOAS JR. „Entire functions" und das 1956 in Oxford erschienene Buch von M. L. CARTWRIGHT „Integral functions" zu nennen. Die beiden Werke ergänzen einander in vielfacher Hinsicht. Eine ähnliche zusammenfassende Darstellung in deutscher Sprache fehlte bisher.

Das vorliegende Buch B. J. LEWIN wird hier eine Lücke schließen helfen. Auch in ihm wird eine umfassende Darstellung der Theorie ganzer Funktionen geliefert, wobei die Werke von R. PH. BOAS JR. und von M. L. CARTWRIGHT eine bedeutende Ergänzung erfahren.

Viele Ergebnisse der Forschungen mehrerer sowjetischer Mathematiker, welche bisher nur den Lesern zugänglich waren, die die russische Sprache beherrschen, werden jetzt einem weiteren Kreise von Mathematikern zugänglich gemacht.

Das Buch setzt die Kenntnisse der allgemeinen Funktionentheorie etwa im Rahmen einer Universitätsvorlesung voraus; es ist also für Studierende höherer Semester und für Wissenschaftler bestimmt.

Bei der russischen Ausgabe von 1956 hatte der „Druckfehlerteufel" arg mitgespielt. Diese Druckfehler wurden vom Verfasser und vom Herausgeber in Zusammenarbeit mit dem Verfasser beseitigt. Der Verfasser hat außerdem zahlreiche Verbesserungen, Abänderungen und Ergänzungen vorgenommen, so daß die deutsche Ausgabe keine einfache Übersetzung der russischen Ausgabe von 1956 darstellt, sondern eine neue, vom Verfasser ergänzte und berichtigte Ausgabe ist.

Der Herausgeber hat sich auf wenige Anmerkungen und Hinweise beschränkt.

Allen, die mir bei der Übersetzung und der Durchsicht des Textes und der Formeln geholfen haben, möchte ich an dieser Stelle meinen Dank ausdrücken.

Besonders sei dem Verfasser gedankt, der eine lange Reihe von Berichtigungen und Ergänzungen geschickt und durch die ausführliche und schnelle Beantwortung aller Rückfragen die pünktliche Herstellung der Übersetzung ermöglicht hat;

ferner sei hier Herrn Prof. Dr. H. Behnke (Münster) gedankt, der eine entstandene Schwierigkeit bei der Übersetzung eines wichtigen Begriffes durch seinen Rat beheben konnte, sowie meiner Frau Charlotte Dolinsky, die den ganzen übersetzten Text und den Korrekturdruck durchgesehen und verglichen hat.

Der Herausgeber

Grevenbroich, im März 1962

VORWORT ZUR RUSSISCHEN AUSGABE

Als eine der wichtigsten Fragen der Theorie ganzer Funktionen erscheint das Problem des Zusammenhanges zwischen dem Wachstum einer ganzen Funktion und der Verteilung ihrer Nullstellen. Viele Aufgaben aus verschiedenen Gebieten, die an die Theorie der Funktionen einer komplexen Veränderlichen angrenzen, werden auf dieses Problem zurückgeführt.

Der Zusammenhang zwischen dem Wachstum einer ganzen Funktion und der Verteilung ihrer Nullstellen ist in den klassischen Arbeiten von BOREL, HADAMARD, LINDELÖF und anderer Autoren Ende des vorigen und Anfang des laufenden Jahrhunderts untersucht worden.

Feinere Kennzeichnungen des Wachstums und der Verteilung der Nullstellen ganzer Funktionen haben es ermöglicht, genauere Zusammenhänge festzustellen. Dabei ergaben sich analoge Zusammenhänge für eine breitere Klasse von Funktionen, die im Inneren eines Winkels holomorph sind.

Besonders genaue Zusammenhänge ergeben sich für eine spezielle Klasse von Funktionen, welche man naturgemäß als Funktionen von vollkommen regulärem Wachstum bezeichnen kann. In diesem Buch wird die Theorie der Funktionen von vollkommen regulärem Wachstum systematisch bei der Untersuchung verschiedener Fragen der Theorie ganzer Funktionen angewandt.

Dem Aufbau der Theorie der Funktionen von vollkommen regulärem Wachstum sind die Kapitel II und III gewidmet.

Darauf werden in den Kapiteln IV, V, VI verschiedene Anwendungen dieser Theorie auf das Studium der Fragen der Vollständigkeit, der Eindeutigkeit, der Interpolation, der Verteilung der Nullstellen von Exponentialsummen, der Eigenschaften ganzer Funktionen, die auf der reellen Achse begrenzt sind usw., angegeben.

In den weiteren Kapiteln wird eine Reihe von Fragen behandelt, die mit der Übertragung einiger Eigenschaften der Polynome auf ganze Funktionen zusammenhängen. Hierzu gehören die Verallgemeinerungen des Lehrsatzes von HERMITE-BIEHLER, deren Anfänge sich in den Arbeiten von N. G. TSCHEBOTAREW finden, und die in den Arbeiten anderer sowjetischer Mathematiker weiterentwickelt wurden (Kap. VII), die Darstellung der Ergebnisse von LAGUERRE-PÓLYA, SCHUR über algebraische Eigenschaften ganzer Funktionen (Kap. VIII) und weitgehende Verallgemeinerungen der Ungleichungen von A. A. MARKOW, B. A. MARKOW und S. N. BERNSTEIN (Kap. IX).

Obgleich die Hilfsmittel der Theorie der Funktionen von vollkommen regulärem Wachstum in diesen Kapiteln keine grundlegende Rolle spielen, erleichtern sie jedoch die Untersuchungen, indem sie einige Beweise vereinfachen.

Insofern ich kein Handbuch angeben kann, in welchem die allgemeine Theorie ganzer Funktionen mit genügender Vollständigkeit und in der für meinen Aufbau nötigen Form dargestellt wäre, hielt ich es für notwendig, die ursprünglich geplante Einleitung zu erweitern und in ein ziemlich umfangreiches Kapitel zu verwandeln, welches der Darstellung der allgemeinen Theorie ganzer Funktionen gewidmet wird.

Das V. Kapitel kann unabhängig vom Kapitel IV gelesen werden, und das VII., das VIII. und das IX. Kapitel unabhängig von den Kapiteln IV und VI. Dem Buch ist ein Anhang beigefügt, welcher Anwendungen der im Buch dargestellten Ergebnisse und Methoden auf benachbarte Gebiete enthält.

Der Kreis der in dieses Buch aufgenommenen Fragen wird naturgemäß durch persönliche Interessen des Verfassers und durch die Richtung seiner Forschungen bestimmt.

Am Ende des Buches befindet sich eine Zusammenstellung der wichtigsten Begriffe und Lehrsätze. Unter Benutzung dieser Zusammenstellung kann der Leser nicht nur die Definition eines Begriffes, sondern auch die sich auf ihn beziehenden Grundtatsachen schnell ins Gedächtnis zurückrufen. Klassische Begriffe und Lehrsätze sind in dieser Zusammenstellung nicht enthalten.

Meinen Dank drücke ich M. G. Krein aus, der mich zum Schreiben dieses Buches angeregt, das Manuskript durchgesehen und eine Reihe wesentlicher Bemerkungen gemacht hat. Ebenso danke ich N. I. Achieser, der von meinem Manuskript im Verlauf seiner Entstehung Kenntnis nahm und mir eine Reihe von Ratschlägen gab, die ich verwendet habe. Sehr dankbar bin ich auch N. S. Landkof, welcher das ganze Manuskript aufmerksam durchgelesen und viele Bemerkungen gemacht hat, die zur besseren Gestaltung des Buches beigetragen haben.

INHALTSVERZEICHNIS

KAPITEL I

ALLGEMEINE THEORIE DES WACHSTUMS GANZER FUNKTIONEN

In diesem Kapitel legen wir die Grundlagen der allgemeinen Theorie des Wachstums ganzer Funktionen dar. Unter einer ganzen Funktion verstehen wir eine Funktion einer komplexen Veränderlichen, welche in der ganzen Ebene holomorph ist und folglich durch eine überall konvergente Potenzreihe

$$f(z) = a_0 + a_1 z + a_2 z^2 + \cdots + a_n z^n + \cdots \tag{1.00}$$

darstellbar ist.

Diese Funktionen erscheinen als eine natürliche Verallgemeinerung der Polynome und stehen den Polynomen in bezug auf ihre Eigenschaften besonders nahe. Der Lehrsatz von WEIERSTRASS über die Zerlegung einer ganzen Funktion in ein unendliches Produkt gab das grundlegende Mittel zur Untersuchung der Eigenschaften ganzer Funktionen und bildet den Ausgangspunkt zu ihrer Klassifizierung. Ungefähr in die gleiche Zeit wie die Arbeit von WEIERSTRASS fallen auch die Arbeiten von LAGUERRE, in welchen der Zusammenhang zwischen den ganzen Funktionen und den Polynomen studiert und der wichtige Begriff des Geschlechts einer ganzen Funktion eingeführt werden.

In den klassischen Arbeiten von BOREL, HADAMARD und LINDELÖF wird der Zusammenhang zwischen dem Wachstum einer ganzen Funktion und der Verteilung ihrer Nullstellen untersucht. Die Schnelligkeit des Anwachsens eines Polynoms bei der Annäherung der unabhängigen Veränderlichen an den unendlich fernen Punkt wird offensichtlich durch seinen Grad bestimmt. Anderseits aber ist die Anzahl seiner Nullstellen gleich seinem Grad. Auf diese Weise ist das Wachstum eines Polynoms um so größer, je größer die Anzahl seiner Nullstellen ist. Dieser Zusammenhang zwischen der Anzahl der Nullstellen einer Funktion und ihrem Wachstum wird auf beliebige ganze Funktionen verallgemeinert. Der Inhalt eines großen Teils der klassischen Lehrsätze der Theorie ganzer Funktionen besteht in der Feststellung eines Zusammenhanges zwischen der Verteilung der Nullstellen einer ganzen Funktion und ihrem asymptotischen Verhalten bei $z \to \infty$.

Zur Messung des Wachstums einer ganzen Funktion und der Dichte der Menge ihrer Nullstellen wird eine besondere Wachstumsskala eingeführt.

§ 1. Die Wachstumsskala

Zur Charakteristik des Wachstums einer ganzen Funktion $f(z)$ wird die Funktion $M_f(r) = \max\limits_{|z|=r} |f(z)|$ eingeführt. (Bisweilen werden wir einfach $M(r)$ schreiben.)

Aus dem Maximumprinzip des absoluten Betrages folgt, daß bei wachsendem r die Größe $M_f(r)$ monoton zunimmt. Die Schnelligkeit des Anwachsens der Funktion $M_f(r)$ ist eine wichtige Charakteristik für das Verhalten der ganzen Funktion. Wir wollen zeigen, daß für jede von einem Polynom verschiedene ganze Funktion $M_f(r)$ schneller wächst als jede beliebige positive Potenz von r.

Lehrsatz 1. *Wenn es eine positive ganze Zahl n gibt, so daß*

$$\varliminf_{r\to\infty} \frac{M_f(r)}{r^n} < \infty \text{ [1]}$$

ist, so ist $f(z)$ ein Polynom von höchstens n-tem Grade.

Beweis. Ist $f(z) = a_0 + a_1 z + a_2 z^2 + \cdots + a_n z^n + a_{n+1} z^{n+1} + \cdots$ und $P_n(z) = a_0 + a_1 z + \cdots + a_n z^n$, so ist die Funktion $\varphi(z) = [f(z) - P_n(z)] \cdot z^{-n-1}$ eine ganze Funktion, und sie strebt gleichmäßig gegen Null auf einer Folge von Kreisen $|z| = r_n$, $(r_n \to \infty)$. Daraus folgt nach dem Maximumprinzip, daß $\varphi(z) \equiv 0$, d. h. $f(z) \equiv P_n(z)$.

Auf diese Weise muß man zur Abschätzung des Wachstums ganzer transzendenter Funktionen Vergleichsfunktionen wählen, welche schneller als Potenzfunktionen wachsen. Als solche zum Vergleich dienende Funktionen wählt man die Funktionen der Art e^{r^k} wo $k > 0$ ist. Eine ganze Funktion $f(z)$ nennt man eine Funktion endlicher Ordnung, wenn es eine positive Zahl k gibt, so daß die Ungleichung $M_f(r) < e^{r^k}$ für alle genügend großen r $(r > r_0(k))$ erfüllt ist. Die untere Grenze dieser Zahlen k nennt man die Ordnung der ganzen Funktion $f(z)$.

Aus dieser Definition folgt, daß, wenn ϱ die Ordnung der ganzen Funktion $f(z)$ ist, und ε eine beliebige positive Zahl ,dann

$$e^{r^{\varrho-\varepsilon}} < M_f(r) < e^{r^{\varrho+\varepsilon}} \tag{1.01}$$

gilt, wobei die rechte Seite der Ungleichung für alle genügend großen r erfüllt ist, die Ungleichung links dagegen für eine gewisse gegen ∞ strebende Folge $\{r_n\}$ der Werte von r. Man kann leicht nachprüfen, daß die Bedingung (1.01) gleichbedeutend ist mit

$$\varrho = \varlimsup_{r\to\infty} \frac{\ln \ln M_f(r)}{\ln r}, \tag{1.02}$$

welche auch als die Definition der Ordnung einer Funktion angenommen werden kann.

Ungleichungen, welche für alle genügend großen Werte von r erfüllt sind, werden wir künftig zur Abkürzung asymptotische Ungleichungen nennen.

---

[1]) Hier bedeutet wie gewöhnlich

$$\varlimsup_{r\to\infty} \varphi(r) = \lim_{r\to\infty} \left(\sup_{t \geqq r} \varphi(t)\right),$$

$$\varliminf_{r\to\infty} \varphi(r) = \lim_{r\to\infty} \left(\inf_{t \geqq r} \varphi(t)\right).$$

Eine genauere Charakteristik des Wachstums einer Funktion der gegebenen Ordnung gibt der Typus der Funktion an. Unter dem Typus σ einer ganzen Funktion $f(z)$ der Ordnung ϱ versteht man die untere Grenze der positiven Zahlen A, für welche asymptotisch gilt $M_f(r) < e^{A r^\varrho}$.

Genau wie bei der Definition der Ordnung kann man leicht nachprüfen, daß der Typus σ einer Funktion $f(z)$ der Ordnung ϱ durch die Gleichung

$$\sigma = \overline{\lim_{r \to \infty}} \frac{\ln M_f(r)}{r^\varrho}$$

definiert wird.

Für $\sigma = 0$ nennt man die Funktion $f(z)$ eine Funktion vom Minimaltypus, für $0 < \sigma < \infty$ eine Funktion vom Normaltypus und für $\sigma = \infty$ eine Funktion vom Maximaltypus.

Als Beispiel einer ganzen Funktion vom Typus σ der Ordnung n kann bei ganzzahligem n die Funktion $e^{\sigma z^n}$ dienen. Es ist leicht nachzuprüfen, daß die Funktion $\sin z$ eine ganze Funktion der Ordnung 1 und vom Normaltypus $\sigma = 1$ ist. Die Funktion $\cos \sqrt{z}$ hat die Ordnung $\varrho = \frac{1}{2}$ und den Typus $\sigma = 1$. Die Funktion e^{e^z} kann als ein Beispiel einer Funktion unendlicher Ordnung gelten.

Im folgenden Paragraphen werden wir Beispiele ganzer Funktionen von beliebiger Ordnung und beliebigem Typus konstruieren.

Wir sagen, das Wachstum einer Funktion $f_2(z)$ sei größer als das der Funktion $f_1(z)$, wenn die Ordnung von $f_2(z)$ größer ist als die Ordnung von $f_1(z)$, oder wenn die Ordnungen gleich sind, aber der Typus von $f_2(z)$ größer als der Typus von $f_1(z)$ ist.

Man kann sich leicht überzeugen, daß die Ordnung der Summe zweier Funktionen die größere der Ordnungen der Summanden nicht übertrifft, wenn aber bei der Gleichheit der Ordnungen der Summanden die Summe dieselbe Ordnung hat wie die Summanden, dann übertrifft nicht der Typus der Summe den größten Typus der Summanden. Ist außerdem das Wachstum eines der Summanden größer als das Wachstum des anderen, so hat die Summe die Ordnung und den Typus des Summanden mit dem größeren Wachstum.

§ 2. Der Zusammenhang zwischen dem Wachstum einer ganzen Funktion und der Schnelligkeit der Abnahme der Koeffizienten ihrer Potenzreihe

Eine ganze Funktion $f(z)$ sei in eine Potenzreihe entwickelt:

$$f(z) = c_0 + c_1 z + c_2 z^2 + \cdots + c_n z^n + \cdots . \tag{1.03}$$

Der Konvergenzradius dieser Reihe ist unendlich groß, deshalb ist

$$\lim_{n \to \infty} \sqrt[n]{|c_n|} = 0 . \tag{1.04}$$

Der folgende Lehrsatz gibt uns die Möglichkeit, die Ordnung und den Typus der ganzen Funktion aus der Geschwindigkeit der Abnahme ihrer Taylor-Koeffizienten zu bestimmen.

Lehrsatz 2. *Die Ordnung und der Typus einer ganzen Funktion werden folgendermaßen durch die Koeffizienten ihrer Potenzreihenentwicklung ausgedrückt:*

$$\varrho = \overline{\lim_{n\to\infty}} \frac{n \ln n}{\ln \frac{1}{|c_n|}}, \tag{1.05}$$

$$(\sigma e \varrho)^{1/\varrho} = \overline{\lim_{n\to\infty}} \left(n^{1/\varrho} \sqrt[n]{|c_n|}\right). \tag{1.06}$$

Beweis. Eine bekannte Ungleichung für die Koeffizienten einer Potenzreihenzerlegung lautet:

$$|c_n| \leqq \frac{M_f(r)}{r^n}. \tag{1.07}$$

Ist $f(z)$ von endlicher Ordnung, so gilt asymptotisch

$$M_f(r) < e^{A r^k}, \qquad |c_n| < e^{A r^k} r^{-n}. \tag{1.08}$$

Indem wir die üblichen Methoden zur Auffindung eines Extremums anwenden, überzeugen wir uns leicht, daß die auf der rechten Seite dieser Ungleichung stehende Funktion im Intervall $r > 0$ ihren kleinsten Wert für $r = \left(\frac{n}{A k}\right)^{1/k}$ annimmt, und folglich ist asymptotisch

$$|c_n| < \left(\frac{e A k}{n}\right)^{n/k}. \tag{1.09}$$

Nehmen wir umgekehrt an, daß die Abschätzung (1.09) für alle Werte des Index n gilt, die eine gewisse Zahl n_0 (k, A) übersteigen, so finden wir eine Abschätzung für $M_f(r)$.

Bei $n > m_r = [2^k e A k r^k]$ und für alle genügend großen Werte von r ist laut (1.09) $|c_n z^n| < 2^{-n}$ und folglich

$$|f(z)| < \sum_{n=0}^{m_r} |c_n| r^n + 2^{-m} r.$$

Bezeichnet man $\mu(r) = \max |c_n| r^n$, so ergibt es sich, daß

$$M_f(r) \leqq (1 + 2^k e A k r^k) \cdot \mu(r) + 2^{-m_r}. \tag{1.10}$$

Wenn $f(z)$ kein Polynom ist, so wächst $M_f(r)$ und folglich nach (1.10) auch $\mu(r)$ schneller als jede Potenzfunktion, und deshalb muß der Index des höchsten Gliedes der Reihe (1.03) unbeschränkt mit dem wachsenden r wachsen.

Aus (1.09) folgt asymptotisch

$$\mu(r) \leqq \max_n \left(\frac{e A k}{n}\right)^{n/k} r^n.$$

Das Maximum der rechten Seite wird erreicht für $n = A k r^k$, folglich gilt asymptotisch

$$\mu(r) \leqq e^{A r^k}.$$

Aus (1.10) ergibt sich asymptotisch

$$M_f(r) < (2 + 2^k e A k r^k) e^{A r^k}. \tag{1.11}$$

Aus (1.08) folgt also (1.09), und aus (1.09) folgt (1.11). Das zeigt, daß die Ordnung ϱ einer ganzen Funktion $f(z)$ mit der unteren Grenze derjenigen Bedeutungen von k zusammenfällt, für die die asymptotische Ungleichung (1.09) gilt, der Typus ist aber gleich der unteren Grenze der Werte von A, für welche die asymptotische Ungleichung (1.09) für $k = \varrho$ gilt. Hieraus folgen unmittelbar die beiden Behauptungen des Lehrsatzes.

Wir bemerken noch eine interessante Folgerung, welche sich unmittelbar aus den Formeln (1.07) und (1.10) ergibt. Das absolut größte Glied der Potenzreihe einer ganzen Funktion endlicher Ordnung genügt den asymptotischen Ungleichungen

$$\mu(r) \leqq M(r) < r^{\varrho+\varepsilon} \mu(r) ,$$

wo ϱ die Ordnung der Funktion $f(z)$ und ε eine beliebige positive Zahl ist.

Mit Hilfe von Lehrsatz 2 kann man leicht ganze Funktionen beliebiger Ordnung und beliebigen Typus konstruieren. Betrachten wir zu diesem Zwecke die ganze Funktion

$$f(z) = \sum_{n=0}^{\infty} \frac{(A\,z)^n}{\Gamma\,(\alpha\,n + 1)} ,$$

wo $A > 0$ und $\alpha > 0$ ist. Nach der bekannten STIRLINGschen Formel ist

$$\Gamma(\alpha\,n + 1) = \left(\frac{\alpha\,n}{e}\right)^{\alpha\,n} \cdot \sqrt{2\,\pi\,\alpha\,n} \cdot \left[1 + 0\left(\frac{1}{n}\right)\right];$$

aus (1.05) und (1.06) bekommen wir

$$\varrho = \frac{1}{\alpha} \qquad \text{und} \qquad \sigma = A^{\varrho} .$$

Man kann auch Funktionen vom Maximaltypus und vom Minimaltypus konstruieren.

Z.B. stellt die Reihe (1.03) bei $c_n = \left(\frac{\ln n}{n}\right)^{n/\varrho}$ $(n = 1, 2, 3, \ldots)$ eine Funktion der Ordnung ϱ vom Maximaltypus dar und bei $c_n = \left(\frac{1}{n \ln n}\right)^{n/\varrho}$ $(n = 2, 3, \ldots)$ eine Funktion der Ordnung ϱ vom Minimaltypus.

Bei $c_n = e^{-n^2}$ ergibt sich eine ganze Funktion der Ordnung Null. Alle diese Behauptungen lassen sich mit Hilfe von (1.05) und (1.06) unmittelbar überprüfen. Auf eine ähnliche Weise kann man eine ganze Funktion unendlicher Ordnung konstruieren.

Die oberen Grenzen in den Formeln (1.05) und (1.06) verändern sich nicht, wenn man c_n durch $(n + 1)\,c_n$ ersetzt. Folglich ändern sich die Ordnung und der Typus einer ganzen Funktion beim Differenzieren nicht.

§ 3. Die Zerlegung einer ganzen Funktion in ein unendliches Produkt

Es ist bekannt, daß jedes Polynom als ein Produkt linearer Faktoren dargestellt werden kann. Als ein Analogon dieser Behauptung für ganze Funktionen erscheint das Theorem von WEIERSTRASS über die Darstellung einer ganzen Funktion durch ein unendliches Produkt. Diese Darstellung bildet die Ausgangsbasis für

Untersuchungen der Grundfrage der Theorie ganzer Funktionen, der Frage nach dem Zusammenhang zwischen dem Wachstum einer ganzen Funktion und der Verteilung ihrer Nullstellen in der komplexen Ebene.

$a_1, a_2, \ldots, a_n$ sei eine Folge von Null verschiedener komplexer Zahlen mit dem einzigen Häufungspunkt im Unendlichen. Wir konstruieren eine ganze Funktion, deren Menge der Nullstellen mit dieser Folge zusammenfällt.

Wir können annehmen, daß diese Zahlen nach dem wachsenden absoluten Betrag numeriert sind. (Gibt es verschiedene a_n mit gleichem absolutem Betrag, so ist ihre Numerierung beliebig.) Wir suchen eine Folge natürlicher Zahlen p_n, für die

$$\sum_{n=1}^{\infty} \left|\frac{z}{a_n}\right|^{p_n+1} \tag{1.12}$$

in jedem begrenzten Gebiet gleichmäßig konvergiert. Eine solche Auswahl ist möglich, denn für $|z| \leqq R$ $(R > 0)$ ist die Ungleichung

$$\left|\frac{z}{a_n}\right| < q < 1$$

für alle genügend großen n erfüllt, und man kann z. B. $p_n = n$ wählen. Bilden wir das unendliche Produkt

$$\Pi(z) = \prod_{n=1}^{\infty} G\left(\frac{z}{a_n}; p_n\right), \tag{1.13}$$

wobei

$$G(u; p) = (1 - u)\, e^{u + \frac{u^2}{2} + \cdots + \frac{u^p}{p}}, \qquad G(u; 0) = 1 - u$$

ist. Die Ausdrücke $G(u; p)$ nennt man Primfaktoren.

Wir wollen zeigen, daß das Produkt (1.13) auf jeder beschränkten, geschlossenen Menge, welche die Punkte a_n nicht enthält, gleichmäßig konvergiert und folglich eine ganze Funktion darstellt, welche in allen Punkten a_n, und zwar nur in diesen Punkten, zu Null wird. Zu diesem Zwecke schätzen wir $|\ln G(u; p)|$ bei $|u| \leqq q < 1$ und $|\arg (1 - u)| \leqq \pi$ ab. Aus der Entwicklung

$$\ln G(u; p) = -\frac{u^{p+1}}{p+1} - \frac{u^{p+2}}{p+2} - \cdots,$$

welche bei den angegebenen Bedingungen gilt, ergibt sich

$$|\ln G(u; p)| < \frac{|u|^{p+1}}{1 - |u|} \leqq \frac{1}{1-q} |u|^{p+1}.$$

Es folgt aus dieser Ungleichung, daß bei $|z| \leqq R$ und $n > n(q, R)$ die Ungleichung

$$\left|\ln G\left(\frac{z}{a_n}; p_n\right)\right| < \frac{1}{1-q} \left|\frac{z}{a_n}\right|^{p_n+1},$$

bestehen wird, kraft welcher aus der gleichmäßigen Konvergenz der Reihe (1.12) im Kreis $|z| \leqq R$ die gleichmäßige Konvergenz der Reihe

$$\sum_{n=1}^{\infty} \ln G\left(\frac{z}{a_n}; p_n\right)$$

in jedem abgeschlossenen Gebiet, das im Innern des Kreises liegt und die Punkte a_n nicht enthält, folgt, und es gilt also auch für das Produkt (1.13).

Lehrsatz 3. *Jede ganze Funktion $f(z)$ läßt sich in der Form*

$$f(z) = z^m\, e^{g(z)} \cdot \prod_{n=1}^{\omega} G\left(\frac{z}{a_n}\,;\,p_n\right) \qquad (\omega \leqq \infty) \tag{1.14}$$

darstellen, wo $g(z)$ eine ganze Funktion ist, die a_n die von Null verschiedenen Nullstellen von $f(z)$ und m die Vielfachheit von Null als Nullstelle der Funktion.

Beweis. Die von Null verschiedenen Nullstellen der ganzen Funktion $f(z)$ a_n $(n = 1, 2, \ldots, \omega \leqq \infty)$ haben keine Häufungspunkte außer dem unendlich fernen Punkt. Bilden wir mit ihnen das Produkt

$$\Pi(z) = \prod_{n=1}^{\omega} G\left(\frac{z}{a_n}\,;\,p_n\right),$$

wobei wir $p_n = 0$ setzen, wenn ω endlich ist. Die Funktion

$$\varphi(z) = \frac{f(z)}{z^m \cdot \Pi(z)}$$

ist eine ganze Funktion und hat keine Nullstellen. Deshalb ist auch die Funktion $g(z) = \ln \varphi(z)$ ganz, und wir bekommen die geforderte Darstellung

$$f(z) = z^m\, e^{g(z)} \cdot \Pi(z)\,.$$

In der Darstellung (1.14) ist die Zahlenfolge p_n nicht eindeutig bestimmt, folglich ist auch die Funktion $g(z)$ nicht eindeutig bestimmt.

Die Darstellung der Funktion $f(z)$ wird wesentlich vereinfacht, wenn die Zahlen a_n folgender zusätzlichen Bedingung unterworfen werden:

Die Reihe

$$\sum_{n=1}^{\infty} \frac{1}{|a_n|^{\lambda}} \tag{1.12'}$$

soll für ein gewisses positives λ konvergieren. Bezeichnen wir in diesem Falle durch p die kleinste ganze Zahl, für welche die Reihe

$$\sum_{n=1}^{\infty} \frac{1}{|a_n|^{p+1}}$$

konvergiert. Offenbar ist $0 \leqq p < \lambda$. Die Reihe (1.12) wird für $p_n = p$ gleichmäßig konvergieren.

Das gleichmäßig konvergente unendliche Produkt

$$\Pi(z) = \prod_{n=1}^{\infty} G\left(\frac{z}{a_n}\,;\,p\right) \tag{1.15}$$

heißt das kanonische Produkt und die Zahl p das Geschlecht des kanonischen Produktes.

Im betrachteten Fall wählt man gewöhnlich in der Darstellung (1.14) als unendliches Produkt das kanonische Produkt. Dabei ist die Funktion $g(z)$ eindeutig bestimmt.

Ist $g(z)$ ein Polynom, so heißt $f(z)$ eine ganze Funktion endlichen Geschlechts. Die größte der Zahlen p und q, wo q der Grad des Polynoms ist, heißt das Geschlecht der ganzen Funktion $f(z)$. Ist $g(z)$ kein Polynom, oder divergiert die Reihe (1.12′) für alle Werte von λ, so wird das Geschlecht der Funktion als unendlich bezeichnet.

§ 4. Die Abschätzung des kanonischen Produktes

Die Darstellung einer ganzen Funktion durch ein unendliches Produkt erlaubt uns, die recht wichtige Abhängigkeit zwischen dem Wachstum dieser Funktion und der Verteilung ihrer Nullstellen festzustellen.

Zur Charakterisierung der Dichte einer Punktfolge $\{a_n\}$ mit dem einzigen Häufungspunkt im Unendlichen wird ein Konvergenzexponent eingeführt.

Als den Konvergenzexponenten der Folge

$$a_1, a_2, \ldots, \qquad (a_n \neq 0), \qquad (\lim_{n\to\infty} a_n = \infty)$$

bezeichnet man die untere Grenze der Zahlen λ, für welche die Reihe

$$\sum_{n=1}^{\infty} \frac{1}{|a_n|^\lambda} \tag{1.16}$$

konvergiert. Es ist offensichtlich, daß je schneller die Folge der Zahlen $|a_n|$ wächst, umso kleiner ihr Konvergenzexponent ist. Insbesondere kann der Konvergenzexponent auch Null sein.

Wenn die Reihe (1.16) für alle Werte von $\lambda > 0$ divergiert, so wird der Konvergenzexponent als unendlich groß bezeichnet. Bei λ gleich dem Konvergenzexponenten selbst kann die Reihe (1.16) konvergent oder divergent sein in Abhängigkeit von der Folge $\{a_n\}$.

Zum Beispiel haben die Folgen $a_n = n^{1/\varrho}$ und $a_n = (n \ln^2 n)^{1/\varrho}$ denselben Konvergenzexponenten ϱ, wobei die Reihe (1.16) für $\lambda = \varrho$ für die erste Folge divergiert und für die zweite konvergiert. Als Beispiele von Folgen mit den Konvergenzexponenten 0 und ∞ können die Folgen dienen $\{e^n\}$ und $\{\ln n\}$.

Wir vermerken noch folgende offensichtliche Abhängigkeit zwischen dem Konvergenzexponenten ϱ_1 einer Folge $\{a_n\}$ und dem Geschlecht p des zugehörigen kanonischen Produktes (1.15):

$$p \leqq \varrho_1 \leqq p + 1 .$$

Bei ganzzahligem ϱ_1 findet die Gleichung $p = \varrho_1$ statt, wenn die Reihe (1.16) für $\lambda = \varrho_1$ divergiert, die Gleichung $\varrho_1 = p + 1$ gilt, wenn die Reihe (1.16) für $\lambda = \varrho_1$ konvergiert.

Eine vollständigere Charakteristik der Dichte einer Folge $\{a_n\}$ als mit Hilfe des Konvergenzexponenten gibt uns das Studium des Wachstums der Funktion $n(r)$ gleich der Anzahl der Punkte dieser Folge im Kreise $|z| < r$. Als Ordnung dieser monotonen Funktion bezeichnen wir die Zahl

$$\varrho_1 = \overline{\lim_{r\to\infty}} \frac{\ln n(r)}{\ln r} . \tag{1.17}$$

Unter der oberen Dichte der Punkte $\{a_n\}$ verstehen wir die Zahl

$$\Delta = \overline{\lim_{r\to\infty}} \frac{n(r)}{r^{\varrho_1}} . \tag{1.18}$$

Wenn der gewöhnliche Grenzwert existiert, bezeichnet man die Zahl Δ einfach als Dichte.

Hilfssatz 1. *Der Konvergenzexponent einer Zahlenfolge*

$$a_1, a_2, \ldots, a_n, \ldots \quad (\lim_{n\to\infty} |a_n| = \infty)$$

ist gleich der Ordnung der entsprechenden Funktion $n(r)$.

Beweis. Die Reihe (1.16) kann mit Hilfe des Stieltjesschen Integrals folgendermaßen geschrieben werden:

$$\int_0^\infty \frac{dn(t)}{t^\lambda} .$$

Durch partielle Integration bekommen wir

$$\int_0^r \frac{dn(t)}{t^\lambda} = \frac{n(r)}{r^\lambda} + \lambda \int_0^r \frac{n(t)}{t^{\lambda+1}} dt . \quad ^{1)} \tag{1.19}$$

Wenn die Reihe (1.16) konvergiert, so sind die beiden positiven Summanden auf der rechten Seite der Gleichung (1.19) beschränkt, und da der zweite Summand monoton wächst, so konvergiert das Integral

$$\int_0^\infty \frac{n(t)}{t^{\lambda+1}} dt . \tag{1.20}$$

Aus dieser Konvergenz folgt, daß bei beliebigen $\varepsilon > 0$ und $r > r_0(\varepsilon)$

$$\varepsilon > \lambda \int_r^\infty \frac{n(t)}{t^{\lambda+1}} dt \geqq \lambda\, n(r) \int_r^\infty \frac{dt}{t^{\lambda+1}} = \frac{n(r)}{r^\lambda}$$

oder

$$\lim_{r\to\infty} \frac{n(r)}{r^\lambda} = 0 .$$

Auf diese Weise übertrifft die Ordnung der Funktion $n(r)$ den Konvergenzexponenten der Folge nicht. Außerdem folgt aus den angeführten Betrachtungen, daß umgekehrt die Konvergenz des Integrals (1.20) die Konvergenz der Reihe (1.16) nach sich zieht.

Es sei nun ϱ_1 die Ordnung von $n(r)$. Dann gilt für $\varepsilon > 0$ asymptotisch

$$n(t) < t^{\varrho_1 + \frac{\varepsilon}{2}}$$

[1]) Hier wird benutzt, daß $n(t) = 0$ für $0 \leqq t < |a_1|$.

Deshalb konvergiert das Integral (1.20) für $\lambda = \varrho_1 + \varepsilon$, und folglich konvergiert auch die Reihe (1.16). Also ist der Konvergenzexponent nicht größer als die Ordnung der Funktion $n(r)$. Der Hilfssatz ist damit bewiesen.

Zur Abschätzung des Wachstums eines kanonischen Produktes (1.15) schätzen wir zuerst einen Primfaktor ab.

Hilfssatz 2. *Für $p > 0$ und alle komplexen Werte von u ist*

$$\ln |G(u; p)| < A_p \frac{|u|^{p+1}}{1 + |u|}, \tag{1.21}$$

wobei

$$A_p = 3\, e\, (2 + \ln p)$$

ist. Für $p = 0$ ist

$$\ln |G(u; 0)| \leqq \ln (1 + |u|). \tag{1.22}$$

Beweis. Die zweite Behauptung des Hilfssatzes ist offensichtlich. Es sei $p > 0$. Wenn $|u| \leqq \frac{p}{p+1}$, dann ist

$$\ln |G(u; p)| = \operatorname{Re} \left\{\ln (1 - u) + u + \frac{u^2}{2} + \cdots + \frac{u^p}{p}\right\}$$

$$= -\operatorname{Re} \sum_{p+1}^{\infty} \frac{u^k}{k} \leqq \sum_{p+1}^{\infty} \frac{|u|^k}{k} < \frac{|u|^{p+1}}{(p+1)(1-|u|)} \leqq |u|^{p+1}.$$

Bei $|u| > \frac{p}{p+1}$ haben wir kraft der Ungleichung $\ln (1 + |u|) \leqq |u|$:

$$\ln |G(u; p) \leqq 2\,|u| + \frac{|u|^2}{2} + \cdots + \frac{|u|^p}{p}$$

$$= |u|^p \left(\frac{1}{p} + \frac{1}{p-1}\left|\frac{1}{u}\right| + \cdots + \frac{1}{2}\left|\frac{1}{u}\right|^{p-2} + 2\left|\frac{1}{u}\right|^{p-1}\right)$$

$$< |u|^p \cdot \left[2\left(1 + \frac{1}{p}\right)^{p-1} + \sum_{k=2}^{p} \frac{1}{k}\left(1 + \frac{1}{p}\right)^{p-k}\right]$$

$$< |u|^p \left(1 + \frac{1}{p}\right)^p \left(2 + \sum_{k=2}^{p} \frac{1}{k}\right) < |u|^p \left(1 + \frac{1}{p}\right)^p \left(2 + \int_1^p \frac{dx}{x}\right)$$

$$< |u|^p\, e\, (2 + \ln p) < \frac{|u|^{p+1}}{1 + |u|}\, 3\, e\, (2 + \ln p).$$

Hilfssatz 3. *Wenn die Reihe*

$$\sum_{n=1}^{\infty} \frac{1}{|a_n|^{p+1}} \tag{1.23}$$

konvergiert, so genügt das unendliche Produkt

$$\Pi(z) = \prod_{n=1}^{\infty} G\left(\frac{z}{a_n};\; p\right) \tag{1.15}$$

in der ganzen komplexen Ebene der Ungleichung

$$\ln |\Pi(z)| < k_p\, r^p \left(\int_0^r \frac{n(t)}{t^{p+1}}\, dt + r \int_r^\infty \frac{n(t)}{t^{p+2}}\, dt \right) \qquad (r = |z|)\,, \tag{1.24}$$

in welcher $k_p = 3e\,(p+1)\,(2 + \ln p)$ *ist bei* $p > 0$ *und* $k_0 = 1$.

Beweis. Aus der Ungleichung (1.21) folgt bei $p > 0$, daß

$$\ln |\Pi(z)| < A_p \cdot \sum_{n=1}^{\infty} \frac{r^{p+1}}{|a_n|^p\,(|a_n| + r)} = A_p\, r^{p+1} \int_0^\infty \frac{dn(t)}{t^p\,(t + r)}\,.$$

Aus der Konvergenz der Reihe (1.23) folgt, wie oben gezeigt, daß

$$\lim_{r \to \infty} \frac{n(r)}{r^{p+1}} = 0$$

ist. Mit Hilfe der partiellen Integration bekommen wir

$$\ln |\Pi(z)| < A_p\, r^{p+1} \cdot \int_0^\infty \frac{p\,r + (p+1)\,t}{t^{p+1}\,(t + r)^2}\, n(t)\, dt < A_p\,(p+1)\, r^{p+1} \int_0^\infty \frac{n(t)\, dt}{t^{p+1}\,(t + r)}$$

oder

$$\ln |\Pi(z)| < A_p\,(p+1)\, r^p \left(\int_0^r \frac{n(t)}{t^{p+1}}\, dt + r \int_r^\infty \frac{n(t)}{t^{p+2}}\, dt \right).$$

Der Fall $p = 0$ wird analog überprüft, indem die Abschätzung (1.21) durch (1.22) ersetzt wird.

Lehrsatz 4 (von Borel). *Die Ordnung* ϱ *des kanonischen Produktes*

$$\Pi(z) = \prod_{n=1}^{\infty} G\left(\frac{z}{a_n}\,;\, p\right)$$

übertrifft nicht den Konvergenzexponenten ϱ_1 *der Folge* $\{a_n\}$.

Beweis. Die Zahl p muß die kleinste ganze Zahl sein, für die die Reihe (1.23) konvergiert.

Auf diese Weise gelten für den Konvergenzexponenten ϱ_1 die Ungleichungen

$$p \leqq \varrho_1 \leqq p + 1\,.$$

Es sei $\varrho_1 < p + 1$ und $\varrho_1 < \lambda < p + 1$. Dann gibt es auf Grund von (1.17) eine Konstante C_λ, so daß für alle Werte von $t > 0$

$$n(t) < C_\lambda\, t^\lambda$$

gilt.

Laut Hilfssatz 3 bekommen wir:

$$\ln |\Pi(z)| < C_\lambda\, k_p\, r^p \left(\int_0^r t^{\lambda - p - 1}\, dt + r \cdot \int_r^\infty t^{\lambda - p - 2}\, dt\right) = B_\lambda\, C_\lambda\, r^\lambda\,,$$

wo

$$B_\lambda = k_p \cdot \left[\frac{1}{\lambda - p} + \frac{1}{p+1-\lambda}\right],$$

d. h., die Ordnung von $\Pi(z)$ übertrifft nicht λ und folglich auch nicht ϱ_1.[1]) Wenn $\varrho_1 = p + 1$ ist, so ist, wie bei dem Beweis des Hilfssatzes 1 gezeigt wurde,

$$\lim_{t\to\infty} \frac{n(t)}{t^{p+1}} = 0,$$

und das Integral

$$\int_0^\infty \frac{n(t)}{t^{p+2}}\,dt$$

konvergiert. Unter Benutzung dieser Tatsache bekommen wir, daß asymptotisch

$$\ln\left|\prod(z)\right| < \varepsilon\, r^{p+1}$$

gilt, d. h. $\Pi(z)$ höchstens von der Ordnung $p + 1$ und vom Minimaltypus ist.

Bemerkung. Wenn ϱ_1 keine ganze Zahl ist und die obere Dichte der Folge $\{a_n\}$ endlich, so ist das Wachstum von $\Pi(z)$ nicht größer als von der Ordnung ϱ_1 und vom *Normaltypus*. Wenn aber ϱ_1 immer noch keine ganze Zahl und die Dichte Δ der Folge $\{a_n\}$ gleich Null ist, so ist das Wachstum von $\Pi(z)$ nicht höher als von der Ordnung ϱ_1 und vom *Minimaltypus*.

Diese Behauptung folgt leicht aus der asymptotischen Ungleichung

$$n(t) < (\Delta + \varepsilon)\, t^{\varrho_1},$$

welche bei nichtganzzahligem ϱ_1 die asymptotische Ungleichung

$$\ln|\Pi(z)| < (\Delta + \varepsilon)\, B_{\varrho_1}\, r^{\varrho_1} \tag{1.25}$$

zur Folge hat.

Wir bemerken, daß man bei ganzzahligem ϱ_1 diese Ungleichung aus dem Hilfssatz 3 nicht bekommen kann. Wir werden uns weiterhin überzeugen, daß bei ganzzahligem ϱ_1 die Behauptung aufhört, richtig zu sein.

Zur weiteren Untersuchung des Zusammenhanges zwischen dem Wachstum der Funktionen $n(r)$ und $\ln M_\Pi(r)$ brauchen wir eine Reihe allgemeiner Lehrsätze, welche eine Fundamentalrolle in der Theorie ganzer Funktionen spielen.

§ 5. Der Lehrsatz von Jensen

Lehrsatz 5. *$f(z)$ sei eine Funktion, die holomorph ist in einem Kreise mit dem Radius R mit dem Mittelpunkt im Nullpunkt, und es sei $f(0) \neq 0$. Dann ist*

$$\int_0^R \frac{n_f(t)}{t}\,dt = \frac{1}{2\pi}\int_0^{2\pi} \ln|f(Re^{i\vartheta})|\,d\vartheta - \ln|f(0)|, \tag{1.26}$$

wo $n_f(t)$ die Anzahl der Nullstellen der Funktion $f(z)$ im Kreis $|z| < t$ ist.

([1] In dieser Ungleichung kann man offenbar $|\Pi(z)|$ durch $M_\Pi(r)$ ersetzen.

Vermerken wir, daß, wenn die Funktion keine Nullstellen im Kreise $|z| < R$ hat, $n(t) = 0$ ist und die Gleichung (1.26) *eine bekannte Eigenschaft harmonischer Funktionen ausdrückt. Sind Nullstellen vorhanden, so folgt aus der Formel* (1.26)

$$\ln |f(0)| < \frac{1}{2\pi} \int_0^{2\pi} \ln |f(Re^{i\vartheta})|\, d\vartheta .$$

Beweis. Wenn auf dem Kreis $|z| = t$ keine Nullstellen der Funktion liegen, dann gilt nach dem Argumentprinzip

$$n_f(t) = \frac{1}{2\pi} \int_0^{2\pi} \frac{d[\arg f(t\, e^{i\vartheta})]}{d\vartheta}\, d\vartheta .$$

Benutzen wir die CAUCHY-RIEMANNsche Gleichung

$$\frac{\partial \arg f(t\, e^{i\vartheta})}{t\, \partial\vartheta} = \frac{\partial \ln |f(t\, e^{i\vartheta})|}{\partial t},$$

so bekommen wir

$$\frac{n_f(t)}{t} = \frac{1}{2\pi} \int_0^{2\pi} \frac{d}{dt} \ln |f(t\, e^{i\vartheta})|\, d\vartheta$$

für alle Werte von t im Intervall $0 < t < R$ mit Ausnahme endlich vieler Werte. Integrieren wir die beiden Seiten der letzten Gleichung von 0 bis R, so bekommen wir (1.26). Wir benutzen dabei natürlich die Stetigkeit der Funktion

$$\int_0^{2\pi} \ln |f(te^{i\vartheta})|\, d\vartheta .$$

Diese Stetigkeit kann man leicht nachweisen, indem man die Funktion $\ln |f(z)|$ in der Form $\ln |f_1(z)| + \sum\limits_{|a_n| \leqq R} \ln |z - a_k|$ darstellt, wo a_k die Nullstellen der Funktion $f(z)$ sind, und $f_1(z)$ keine Nullstellen im Kreis $|z| \leqq R$ hat.

Der erste Summand ist eine stetige Funktion, und es ist

$$\int_0^{2\pi} \ln |Re^{i\vartheta} - a_k| \cdot d\vartheta = \begin{cases} 2\pi \ln R & \text{bei} \quad R > |a_k| \\ 2\pi \ln |a_k| & \text{bei} \quad R < |a_k| \end{cases},$$

d. h., diese Funktion ist auch stetig. Somit ist der Lehrsatz bewiesen.

Man kann die JENSENsche Formel auch für den Fall verallgemeinern, daß $f(z)$ im Nullpunkt eine λ-fache Nullstelle hat. Wir schreiben in diesem Fall die Formel (1.26) für die Funktion $f(z)\, z^{-\lambda}$ und bekommen

$$\lambda \ln R + \int_0^R \frac{n_f(t)}{t}\, dt = \frac{1}{2\pi} \int_0^{2\pi} \ln |f(Re^{i\vartheta})|\, d\vartheta - \ln \frac{|f^{(\lambda)}(0)|}{\lambda!} .$$

Hier muß man annehmen, daß $n_f(t)$ die Anzahl der von Null verschiedenen Nullstellen von $f(z)$ im Kreis $|z| < t$ ist.

Aus der JENSENschen Formel folgt eine wichtige Abschätzung der Anzahl der Nullstellen von $f(z)$ in einem gegebenen Kreis, welche durch den folgenden Hilfssatz geliefert wird:

Hilfssatz 4. *Ist die Funktion $f(z)$ holomorph im Kreis $|z| \leqq er$ und $|f(0)| = 1$, so ist*

$$n_f(r) \leqq \ln M_f(er) . \tag{1.27}$$

Beweis. Aus der Monotonie von $n_f(t)$ und der JENSENschen Formel folgt unmittelbar

$$n_f(r) \leqq \int_r^{er} \frac{n_f(t)}{t}\, dt \leqq \frac{1}{2\pi} \int_0^{2\pi} \ln |f(e\,r\,e^{i\vartheta})|\, d\vartheta \leqq \ln M_f(e\,r) . \tag{1.28}$$

Untersuchen wir, in welchem Fall in (1.27) das Gleichheitszeichen steht. Dazu ist offenbar notwendig und hinreichend, daß das Gleichheitszeichen überall in (1.28) steht.

Die Gleichung

$$n_f(r) = \int_r^{er} \frac{n_f(t)}{t}\, dt$$

bedeutet, daß die Funktion $f(z)$ keine Nullstellen im Ring $r < |z| < e\,r$ hat.

Die Gleichung

$$\int_r^{er} \frac{n_f(t)}{t}\, dt = \frac{1}{2\pi} \int_0^{2\pi} \ln |f(ere^{i\vartheta})|\, d\vartheta$$

bedeutet kraft (1.26) bei $|f(0)| = 1$, daß $f(z)$ keine Nullstellen im Kreis $|z| < r$ hat.

Endlich bedeutet die Gleichung

$$\frac{1}{2\pi} \int_0^{2\pi} \ln |f(e\,r\,e^{i\vartheta})|\, d\vartheta = \ln M_f(er) ,$$

daß auf dem ganzen Kreisumfang $|z| = e\,r$

$$|f(z)| = M_f(er)$$

ist.

Alle diese Bedingungen sind erfüllt für die Funktion der Art[1])

$$\varphi(z) = e^{n+i\alpha} \prod_{k=1}^{n} \frac{e\,r\,(z - a_k)}{e^2\,r^2 - \bar{a}_k\, z} \qquad (|a_k| = r\,, \quad \alpha \text{ reell}).$$

Tatsächlich ist jeder Faktor in diesem Produkt eine Funktion, welche den Kreis $|z| \leqq er$ auf den Einheitskreis abbildet. Folglich ist sein absoluter Betrag auf dem Kreise $|z| = e\,r$ gleich Eins.

Auf diese Weise haben wir auf dem Kreis $|z| = er$ $|\varphi(z)| \equiv e^n$. Außerdem liegen alle Nullstellen von $\varphi(z)$ auf dem Kreis $|z| = r$, und es ist $|\varphi(0)| = 1$.

---

[1]) Es ist nicht schwer zu zeigen, daß dies die allgemeine Gestalt der Funktion ist, für die in (1.27) das Gleichheitszeichen steht.

Aus dem Hilfssatz 4 folgt unmittelbar der

Lehrsatz 6. *Der Konvergenzexponent der Nullstellen einer beliebigen ganzen Funktion übertrifft nicht ihre Ordnung.*

Beweis. Unbeschadet der Allgemeinheit kann man annehmen, daß $f(0) = 1$ ist. Andernfalls kann man statt der Funktion $f(z)$ die Funktion $f_1(z) = \lambda!\, z^{-\lambda} \frac{f(z)}{f^{(\lambda)}(0)}$ betrachten, welche dieselbe Ordnung und denselben Konvergenzexponenten hat wie $f(z)$. Aus der Abschätzung (1.27) folgt

$$\varrho_1 = \overline{\lim_{r\to\infty}} \frac{\ln n_f(r)}{\ln r} \leqq \overline{\lim_{r\to\infty}} \frac{\ln \ln M_f(e\, r)}{\ln e\, r} = \varrho\,.$$

Der Lehrsatz ist somit bewiesen. Wir bemerken, daß man aus (1.27) auch

$$\Delta_f = \overline{\lim_{r\to\infty}} \frac{n(r)}{r^{\varrho_1}} \leqq \overline{\lim_{r\to\infty}} e^{\varrho_1} \frac{\ln M(e\, r)}{(e\, r)^{\varrho_1}}$$

bekommen kann, und für $\varrho_1 = \varrho$ haben wir

$$\Delta_f \leqq e \cdot \sigma_f\,.$$

Indem wir dieses Ergebnis mit dem Lehrsatz 4 und der Bemerkung zu ihm vergleichen, bekommen wir folgenden Lehrsatz:

Lehrsatz 7. *Bei einem kanonischen Produkt fällt der Konvergenzexponent mit der Ordnung der Funktion zusammen. Außerdem ist bei nichtganzzahligem Konvergenzexponenten der Folge der Nullstellen das kanonische Produkt vom Maximaltypus, Minimaltypus oder Normaltypus, je nachdem die obere Dichte der Menge der Nullstellen*

$$\Delta_f = \overline{\lim_{r\to\infty}} \frac{n_f(r)}{r^{\varrho}}$$

gleich Unendlich, gleich Null oder gleich einer von Null und Unendlich verschiedenen Zahl ist.

Im weiteren Verlauf wird die Frage nach dem Zusammenhang zwischen dem Typus einer ganzen Funktion und der Größe Δ_f genauer betrachtet werden.

§ 6. Der Zusammenhang zwischen dem Maximum des absoluten Betrages einer holomorphen Funktion und dem Maximum ihres Realteiles

Das Maximum des Realteiles einer im Kreis $|z| \leqq r$ holomorphen Funktion $f(z)$ wird mit $A_f(r)$ bezeichnet. Aus dem Maximumprinzip für harmonische Funktionen folgt, daß $A_f(r)$ mit wachsendem r monoton wächst. Außerdem ist es offensichtlich, daß

$$|A_f(r)| \leqq M_f(r)$$

ist.

Für $R > r$ kann man zwischen $A_f(R)$ und $M_f(r)$ eine Ungleichung aufstellen, die im gewissen Sinne der vorigen Ungleichung entgegengesetzt ist.

Lehrsatz 8. *Für jede im Kreis* $|z| \leqq R$ *holomorphe Funktion* $f(z)$[1]) *gilt*

$$M_f(r) \leqq [A_f(R) - \operatorname{Re} f(0)] \cdot \frac{2r}{R-r} + |f(0)| \qquad (r < R)\,. \tag{1.29}$$

Diese Ungleichung bezeichnet man als die Ungleichung von CARATHÉODORY *für einen Kreis.*

Beweis. Wir gehen von der Formel von SCHWARZ aus:

$$f(z) = \frac{1}{2\pi} \int_{-\pi}^{\pi} u(\mathrm{Re}^{i\psi}) \frac{\mathrm{Re}^{i\psi} + z}{\mathrm{Re}^{i\psi} - z} d\psi + iv(0) \tag{1.30}$$

$$\big(f(z) = u(z) + iv(z)\big)\,.$$

Sie gibt eine Darstellung einer im Kreis $|z| \leqq R$ holomorphen Funktion durch die Randwerte ihres Realteiles.[2])

Addiert man zur rechten Seite der Gleichung (1.30) die Größe

$$u(0) - \frac{1}{2\pi} \int_{-\pi}^{\pi} u(\mathrm{Re}^{i\psi})\, d\psi\,,$$

welche gleich Null ist, so bekommen wir die Gleichung

$$f(z) = \frac{1}{\pi} \int_{-\pi}^{\pi} u(\mathrm{Re}^{i\psi}) \frac{z}{\mathrm{Re}^{i\psi} - z} d\psi + f(0)\,.$$

Insbesondere bekommen wir für $f(z) \equiv 1$

$$\frac{1}{\pi} \cdot \int_{-\pi}^{\pi} \frac{z}{\mathrm{Re}^{i\psi} - z} d\psi = 0\,.$$

Aus den beiden letzten Formeln kann man folgende Gleichung herleiten:

$$-f(z) = \frac{1}{\pi} \int_{-\pi}^{\pi} [A_f(R) - u\,(\mathrm{Re}^{i\psi})] \frac{z}{Re^{i\psi} - z} d\psi - f(0)\,.$$

Hieraus ergibt sich infolge der nichtnegativen Größe $A_f(R) - u(\mathrm{Re}^{i\psi})$ die Ungleichung

$$|f(z)| \leqq \frac{2r}{R-r} [A_f(R) - u(0)] + |f(0)|\,.$$

$|f(z)|$ kann man offensichtlich durch $M_f(r)$ ersetzen, und so bekommt man (1.29). Nimmt die Funktion $w = f(z)$ im Kreis $|z| < R$ Werte an, die zur linken Halbebene gehören ($\operatorname{Re} w < 0$), so ist $A_f(R) < 0$ und

$$|f(z)| \leqq -\frac{2r}{R-r} u(0) + |f(0)| \qquad (|z| \leqq r < R)\,.$$

---

[1]) Man kann hier etwas weniger verlangen und zwar, daß $f(z)$ holomorph im Kreis $|z| < R$ ist, und daß die Werte ihres Realteils auf dem Kreis $|z| = R$ nach oben beschränkt sind.

[2]) Den Beweis der Formel (1.30) siehe z.B. bei TITCHMARSH [1].

Bildet man den Kreis $|z| < R$ auf eine Halbebene ab, so kann man aus der letzten Ungleichung die entsprechende Ungleichung für Funktionen bekommen, die holomorph in einer Ebene sind.

Lehrsatz 8: *Eine Funktion $f(z)$, die holomorph in der Halbebene* Im $z > 0$ *ist und dort die Werte aus der oberen Halbebene* Im $f(z) > 0$ *annimmt, genügt für* Im $z > 0$ *und* $|z| > 1$ *den Ungleichungen*

$$\frac{1}{5}\,|f(i)|\,\frac{\sin\vartheta}{r} < |f(z)| < 5\,|f(i)|\,\frac{r}{\sin\vartheta} \tag{1.31}$$

$$(z = r\,e^{i\vartheta}\,, \qquad 0 < \vartheta < \pi)\,.$$

Diese Ungleichungen nennen wir die Ungleichungen von Carathéodory *für die Halbebene.*

Beweis. Wir bilden die obere Halbebene Im $z > 0$ auf den Einheitskreis ab:

$$u = \frac{z-i}{z+i} \qquad \text{oder} \qquad z = -i\,\frac{u+1}{u-1}\,.$$

Die Funktion

$$F(u) = i\,f\left(-i\,\frac{u+1}{u-1}\right)$$

ist im Einheitskreis erklärt, und es ist in ihm Re $F(u) \leqq 0$. Folglich ist $A_F(R) \leqq 0$, und wir bekommen aus den Ungleichungen von Carathéodory für die Ebene im Kreis $|u| \leqq 1$:

$$|f(z)| \leqq |f(i)| - \operatorname{Re}\,(i\,f(i))\,\frac{2\,|z-i|}{|z+i| - |z-i|} \qquad (\operatorname{Im} z > 0)\,.$$

Wir bemerken, daß für $|z| \geqq 1$

$$|z-i| \leqq 2\,r\,,\ |z+i| \leqq 2\,r \qquad \text{und} \qquad |z+i|^2 - |z-i|^2 = 4\,r\sin\vartheta\ ^{1)}\,,$$

und wir bekommen

$$|f(z)| < |f(i)|\cdot\left(1 + \frac{4\,r}{\sin\vartheta}\right) < 5\,|f(i)|\,\frac{r}{\sin\vartheta}\,. \tag{1.31'}$$

Um die linke Seite der Ungleichung zu bekommen, bemerken wir, daß die Funktion $f(z)$ in der offenen oberen Halbebene nicht verschwindet. Schreiben wir die Ungleichung (1.31′) für die Funktion $f^{-1}(z)$ auf, so bekommen wir die linke Hälfte der Ungleichungen (1.31).

Der Lehrsatz 8 gibt uns die Möglichkeit, den absoluten Betrag einer holomorphen Funktion, die in einem gewissen Kreis $|z| \leqq R$ keine Nullstellen hat, nach unten abzuschätzen. Tatsächlich, nehmen wir an, daß $f(0) = 1$ ist und schreiben für die holomorphe Funktion $\ln f(z)$ die Ungleichung (1.29) auf. So bekommen wir die Ungleichung

$$\ln|f(z)| \leqq \frac{2\,r}{R-r}\ln M_f(R) \qquad (0 < r < R\,,\ |z| \leqq r)\,,$$

[1]) Die letzte Beziehung bekommt man leicht, indem man Dreiecke mit den Ecken in 0, z, i und in 0, z, $-i$ betrachtet.

aus welcher

$$\ln\left|\frac{1}{f(z)}\right| \leqq \frac{2r}{R-r}\ln M_f(R) \qquad \text{oder} \qquad \ln|f(z)| \geqq -\frac{2r}{R-r} M_f(R)$$

folgt.

Wir bekommen also folgenden Lehrsatz:

Lehrsatz 9. *Ist eine Funktion $f(z)$ holomorph im Kreis $|z| \leqq R$, hat sie in diesem Kreis keine Nullstellen, und ist $f(0) = 1$, so genügt ihr absoluter Betrag im Kreis $|z| \leqq r < R$ der Ungleichung*

$$\ln|f(z)| \geqq -\frac{2r}{R-r}\ln M_f(R) \qquad (|z| \leqq r < R)\,. \tag{1.32}$$

Sind Nullstellen der Funktion $f(z)$ vorhanden, so ist eine derartige Abschätzung sicherlich unmöglich. Man kann jedoch eine ähnliche Abschätzung des absoluten Betrages der Funktion im Gebiet geben, welches entsteht, wenn man aus dem Grundkreis kleine Kreise ausschneidet, welche die Nullstellen enthalten. Um diese feine Abschätzung zu bekommen, welche in der Theorie der ganzen Funktionen eine große Rolle spielt, beschäftigen wir uns zuerst mit der Abschätzung des absoluten Betrages eines Polynoms nach unten.

§ 7. Abschätzung des absoluten Betrages eines Polynoms nach unten

Eine Abschätzung des absoluten Betrages eines Polynoms nach unten wird durch folgenden eleganten Lehrsatz von H. Cartan [1] gegeben:

Lehrsatz 10. *Wie die Zahl $H > 0$ und die komplexen Zahlen $a_1, a_2, \ldots, a_n$ auch sein mögen, man kann in der komplexen Ebene ein System von Kreisen mit der Gesamtsumme der Radien gleich $2H$ so finden, daß für jeden Punkt z außerhalb dieser Kreise die Ungleichung*

$$|z-a_1|\cdot|z-a_2|\cdots|z-a_n| > \left(\frac{H}{e}\right)^n \tag{1.33}$$

gilt.

Beweis. Den Beweis zerlegen wir in einige Abschnitte.

1. Wir wählen die Größe $\frac{H}{n}$ als Einheit des Maßstabes und zeigen, daß es in der Ebene abgeschlossene Kreise folgender Art gibt: Der Radius jedes dieser Kreise ist gleich der Anzahl der Punkte $\{a_k\}$, die in diesem Kreise enthalten sind. Konstruieren wir das kleinste konvexe Vieleck, welches alle Punkte $\{a_k\}$ enthält und nehmen wir irgend eine Ecke a_j dieses Vielecks. Man kann offensichtlich einen Kreis vom beliebigen Radius konstruieren, der den Punkt a_j und keinen der übrigen Punkte $\{a_k\}$ enthält. Insbesondere kann man einen solchen Kreis konstruieren mit dem Radius gleich der Vielfachheit des Punktes a_j.

2. Unter allen Kreisen, deren Radius gleich der Anzahl der im Inneren dieser Kreise liegenden Punkte a_k ist, wählen wir den Kreis mit dem größten Radius $\lambda_1 \frac{H}{n}$

aus und nennen ihn C_1. Wir vermerken, daß kein Kreis in der Ebene mit dem Radius größer oder gleich $\lambda_1 \frac{H}{n}$ mehr Punkte der Folge $\{a_k\}$ enthalten kann als die Zahl der Maßeinheiten in seinem Radius. Tatsächlich, angenommen, ein Kreis mit dem Radius $\lambda \frac{H}{n}$ bei $\lambda \geqq \lambda_1$ enthalte $\lambda' > \lambda$ Punkte aus $\{a_k\}$. Der konzentrische Kreis mit dem Radius $\lambda' \frac{H}{n}$ enthält entweder λ' oder $\lambda'' > \lambda'$ Punkte. Im zweiten Falle konstruieren wir den konzentrischen Kreis mit dem Radius $\lambda'' \frac{H}{n}$ usw. Da die Anzahl der Punkte $\{a_k\}$ endlich ist, kommen wir schließlich an einen Kreis mit dem Radius $\lambda \frac{H}{n}$ größer als $\lambda_1 \frac{H}{n}$, der λ Punkte enthält. Das ist unmöglich, da C_1 der größte Kreis ist, der diese Eigenschaft besitzt. Die Punkte, die im Inneren von C_1 liegen, nennen wir Punkte vom Range λ_1.

3. Nachdem wir alle Punkte vom Range λ_1 ausgeschlossen haben, konstruieren wir für die übrigen $n - \lambda_1$ Punkte den größten Kreis C_2, der genau so viele Punkte enthält, wie die Anzahl der in seinem Radius enthaltenen Maßeinheiten ist. Sein Radius sei $\lambda_2 \frac{H}{n}$. Wir zeigen, daß $\lambda_2 \leqq \lambda_1$ ist.

Tatsächlich ist es so, denn im anderen Falle würde C_2 einen größeren Radius als $\lambda_1 \frac{H}{n}$ haben und nicht weniger von den n Grundpunkten enthalten als die Zahl der Maßeinheiten in seinem Radius. Das widerspricht dem Punkt 2. Alle Punkte, die im Kreise C_2 liegen, nennen wir Punkte von Range λ_2. Nachdem wir auch diese Punkte ausgeschaltet haben, konstruieren wir für die übrigen $n - \lambda_1 - \lambda_2$ Punkte den Kreis C_3, den größten der Kreise, die soviele Punkte enthalten, wie die Anzahl der Maßeinheiten in seinem Radius ist. Sein Radius sei $\lambda_3 \frac{H}{n}$. Offensichtlich ist $\lambda_3 \leqq \lambda_2$. Die Punkte, die in C_3 fallen, heißen Punkte vom Range λ_3, usw.

Wir bekommen eine Folge von Kreisen

$$C_1, C_2, \ldots, C_p$$

mit den Radien, welche $\lambda_1, \lambda_2, \ldots, \lambda_p$ Maßeinheiten enthalten, wobei

$$\lambda_1 \geqq \lambda_2 \geqq \cdots \geqq \lambda_p$$

und

$$\frac{H}{n}(\lambda_1 + \lambda_2 + \cdots + \lambda_p) = H$$

ist.

4. Wir konstruieren zu $C_1, C_2, \ldots, C_p$ konzentrische Kreise

$$\Gamma_1, \Gamma_2, \ldots, \Gamma_p$$

mit doppelt so großen Radien und nehmen einen beliebigen Punkt z außerhalb dieser Kreise. Um diesen Punkt beschreiben wir den Kreis C_z vom Radius $\lambda \frac{H}{n}$, wo λ eine gewisse natürliche Zahl ist. Dieser Kreis schneidet die Kreise C_j vom

Radius größer oder gleich λ nicht. Auf diese Weise können ins Innere dieses Kreises nur Punkte fallen, deren Rang kleiner als λ ist.

Aus der Definition des Ranges von Punkten folgt, daß, nachdem alle Punkte vom Range größer oder gleich λ ausgeschaltet sind, kein Kreis vom Radius $\lambda \frac{H}{n}$ soviele Punkte enthalten kann, wie sein Radius Maßeinheiten hat.

Auf Grund des Punktes 2 folgt hieraus, daß im Kreise $C_{z,\lambda}$ nicht mehr als $\lambda - 1$ Punkte enthalten sind.

5. Numerieren wir alle Punkte $\{a_k\}$ in der Reihenfolge ihrer wachsenden Abstände von z, so bekommen wir

$$|z - a_k| > k \frac{H}{n}$$

und

$$|z - a_1| \cdot |z - a_2| \cdots |z - a_n| > \left(\frac{H}{n}\right)^n n! > \left(\frac{H}{e}\right)^n .$$

§ 8. Abschätzung des absoluten Betrages einer holomorphen Funktion nach unten

Lehrsatz 11. *Die Funktion* $f(z)$ *sei holomorph im Kreis* $|z| \leqq 2\,e\,R$, $(R > 0)$, $f(0) = 1$, *und* η *sei eine beliebige positive Zahl nicht größer als* $\frac{3}{2} e$. *Dann gilt im Innern des Kreises* $|z| \leqq R$ *aber außerhalb von Ausnahmekreisen mit der Gesamtsumme der Radien kleiner als* $4\,\eta\,R$

$$\ln |f(z)| > - H(\eta) \ln M(2\,e\,R) \tag{1.34}$$

bei

$$H(\eta) = 2 + \ln \frac{3\,e}{2\,\eta} .$$

Beweis. Wir konstruieren die Funktion

$$\varphi(z) = \frac{(-2\,R)^n}{a_1\,a_2 \ldots a_n} \cdot \prod_{k=1}^{n} \frac{2\,R\,(z - a_k)}{(2\,R)^2 - \bar{a}_k\,z} ,$$

wo $a_1, a_2, \ldots, a_n$ die Nullstellen von $f(z)$ im Kreis $|z| < 2\,R$ sind. Wir haben

$$\varphi(0) = 1 \quad \text{und} \quad |\varphi(2\,\mathrm{R}e^{i\vartheta})| = \frac{(2\,R)^n}{|a_1\,a_2 \ldots a_n|} .$$

Die Funktion

$$\psi(z) = \frac{f(z)}{\varphi(z)}$$

hat keine Nullstellen im Kreis $|z| \leqq 2\,R$, und nach der Folgerung aus dem Lehrsatz von Carathéodory für den Kreis (Lehrsatz 9) haben wir bei $|z| \leqq R$:

$$\ln |\psi(z)| \geqq - 2 \ln M_f(2\,e\,R) + 2 \ln \frac{(2\,R)^n}{|a_1\,a_2 \ldots a_n|} \geqq - 2 \ln M_f(2\,e\,R) . \tag{1.35}$$

Jetzt schätzen wir $|\varphi(z)|$ nach unten ab. Für $|z| \leqq R$ ist

$$\prod_{k=1}^{n} |(2\,R)^2 - \bar{a}_k\,z| < (6\,R^2)^n .$$

Wenden wir auf das Polynom im Zähler von $\varphi(z)$ die Abschätzung von CARTAN an (siehe Lehrsatz 10), so sehen wir, daß außerhalb der Kreise mit der Gesamtsumme der Radien gleich $4\,\eta\,R$

$$\left|\prod_{k=1}^{n} 2\,R(z-a_k)\right| > \left(\frac{2\,\eta\,R}{e}\right)^n (2\,R)^n$$

ist und folglich

$$|\varphi(z)| > \frac{(2\,R)^{2n}}{|a_1\,a_2\ldots a_n|}\left(\frac{2\,\eta\,R}{e}\right)^n\cdot\frac{1}{(6\,R^2)^n} \geqq \left(\frac{2\,\eta}{3\,e}\right)^n .$$

Nach dem Hilfssatz 4 ist

$$n = n\,(2\,R) \leqq \ln M_f(2\,e\,R)\,.$$

Das ergibt für $|\varphi(z)|$ die Abschätzung

$$\ln|\varphi(z)| > \ln\left(\frac{2\,\eta}{3\,e}\right)\ln M_f(2\,e\,R)\,.$$

Verbinden wir das mit der Abschätzung (1.35), so bekommen wir, daß im Kreise $|z| \leqq R$ aber außerhalb von Ausnahmekreisen mit der Gesamtsumme der Radien nicht größer als $4\,\eta\,R$

$$\ln|f(z)| > -\left(2+\ln\left(\frac{3\,e}{2\,\eta}\right)\right)\ln M(2\,e\,R)$$

ist.

§ 9. Das Wachstum des Produktes zweier ganzer Funktionen

Unmittelbar aus der Definition der Ordnung einer Funktion folgt, daß die Ordnung des Produktes von zwei ganzen Funktionen die größte der Ordnungen der Faktoren nicht übertrifft.

Mit Hilfe der im vorigen Paragraphen hergeleiteten Abschätzung des absoluten Betrages einer ganzen Funktion nach unten kann diese Behauptung wesentlich verfeinert werden. Es gilt nämlich der folgende Lehrsatz:

Lehrsatz 12. a) *Die Ordnung des Produktes von zwei ganzen Funktionen verschiedener Ordnung ist gleich der größeren der Ordnungen der Faktoren, und der Typus des Produktes ist gleich dem Typus derjenigen Funktion, welche die größere Ordnung hat.* b) *Das Produkt von zwei ganzen Funktionen derselben Ordnung, von denen die eine vom Normaltypus σ und die andere vom Minimaltypus ist, ist eine ganze Funktion derselben Ordnung vom Typus σ.* c) *Das Produkt von zwei ganzen Funktionen von derselben Ordnung ϱ, von denen die eine vom Maximaltypus und die andere vom Typus nicht höher als normal ist, ist eine ganze Funktiom der Ordnung ϱ vom Maximaltypus.*

Dieser Lehrsatz kann kürzer formuliert werden, wenn man den Begriff der Kategorie einführt. Zwei Funktionen $f(z)$ und $\varphi(z)$ werden als derselben Kategorie angehörend betrachtet, wenn sie beide derselben Ordnung sind und entweder beide vom Normaltypus, oder beide vom Minimaltypus oder beide vom Maximaltypus.

Im anderen Falle zählen wir diejenige Funktion zur höheren Kategorie, welche die größere Ordnung hat und im Falle gleicher Ordnungen den größeren Typus.

Der Lehrsatz 12 kann jetzt folgendermaßen formuliert werden: *Gehören die Funktionen $f(z)$ und $\varphi(z)$ verschiedenen Kategorien an, so hat das Produkt $f(z) \cdot \varphi(z)$ dieselbe Ordnung und denselben Typus wie der der höheren Kategorie angehörende Faktor.*

Beweis. Wir beschränken uns auf den Beweis des Punktes b), da die übrigen Punkte analog bewiesen werden.

$f(z)$ sei eine ganze Funktion der Ordnung ϱ und vom Typus $\sigma > 0$, und $\varphi(z)$ sei der Ordnung ϱ vom Minimaltypus. Aus den asymptotischen Ungleichungen

$$M_f(r) < e^{\left(\sigma + \frac{\varepsilon}{2}\right) r^\varrho} \quad \text{und} \quad M_\varphi(r) < e^{\frac{\varepsilon}{2} r^\varrho}$$

folgt die asymptotische Ungleichung

$$M_{f\varphi}(r) < e^{(\sigma+\varepsilon) r^\varrho}. \tag{1.36}$$

Um die nötige Abschätzung der Funktion $M_{f\varphi}(r)$ nach unten auf einer gegen Unendlich strebenden Folge der Werte von r zu bekommen, wenden wir auf $\varphi(z)$ die im § 8 (Lehrsatz 11) gegebene Abschätzung nach unten an. Unbeschadet der Allgemeinheit können wir annehmen, daß $\varphi(0) = 1$ ist, denn die Multiplikation der Funktion $\varphi(z)$ mit cz^{-n} verändert weder die Ordnung noch den Typus dieser Funktion.

Wir wählen zuerst eine (beliebig große) Zahl R_1 so aus, daß die Ungleichung

$$M_f(R_1) > e^{\left(\sigma - \frac{\varepsilon}{2}\right) R_1^\varrho}$$

erfüllt wird und bei $R \geqq R_1$

$$M_\varphi(R) < e^{\delta R^\varrho}.$$

Eine solche Auswahl ist bei beliebigen positiven ε und δ möglich, da die erste Ungleichung für eine gegen Unendlich strebende Folge erfüllt ist, und die zweite asymptotisch gilt.

Nehmen wir an $0 < \delta < 1$. Wählen wir $\eta = \frac{\delta}{8}$ und konstruieren wir im Inneren des Kreises $|z| \leqq R\left(R = R_1(1-\delta)^{-1}\right)$ die Ausnahmekreise, von welchen die Rede im Lehrsatz 11 war. Die Summe der Durchmesser aller Ausnahmekreise ist kleiner als δR. Deshalb wird sich im Intervall (R_1, R) eine Zahl r_1 finden, so daß der Kreis

$$|z| = r_1$$

keinen Ausnahmekreis schneidet.

Nach Lehrsatz 11 gilt auf diesem Kreise $|z| = r_1$

$$\ln|\varphi(z)| > -\left(2 + \ln\frac{12\,e}{\delta}\right) \ln M_\varphi(2\,e\,R). \tag{1.37}$$

Da $R_1 < r_1 < R_1\,(1-\delta)^{-1}$ ist, ist

$$M_f(r_1) > M_f(R_1) > e^{\left(\sigma - \frac{\varepsilon}{2}\right) R_1^\varrho} > e^{\left(\sigma - \frac{\varepsilon}{2}\right)(1-\delta)^\varrho r_1^\varrho}$$

Nach einem Vergleich mit (1.37) bekommen wir

$$\ln M_{f\varphi}(r_1) > \left[\left(\sigma - \frac{\varepsilon}{2}\right)(1-\delta)^\varrho r_1^\varrho - \left(2 + \ln\frac{12\,e}{\delta}\right)\ln M_\varphi(2\,e\,R)\right],$$

und weil

$$\ln M_\varphi(2\,e\,R) < \delta(2\,e)^\varrho R^\varrho < \delta(1-\delta)^{-\varrho}(2\,e)^{-\varrho} r_1^\varrho,$$

so folgt

$$\ln M_f(r_1) > \left[\left(\sigma - \frac{\varepsilon}{2}\right)(1-\delta)^\varrho - \left(2 + \ln\frac{12\,e}{\delta}\right)(1-\delta)^\varrho (2\,e)^\varrho \delta\right] \cdot r_1^{\varrho}.$$

Bei vorgegebenem $\varepsilon > 0$ kann man δ so klein wählen, daß der Ausdruck in den eckigen Klammern nicht kleiner als $\sigma - \varepsilon$ wird. Folglich

$$M_{f\varphi}(r_1) > e^{(\sigma-\varepsilon) r_1^\varrho}$$

für eine gegen Unendlich strebende Folge der Werte r_1. Somit ist der Lehrsatz bewiesen.

Folgerung. *Wenn der Quotient von zwei ganzen Funktionen $f(z)$ und $\varphi(z)$ eine ganze Funktion $\psi(z)$ ist, so ist ihre Kategorie nicht größer als die höhere der Kategorien der Funktionen $f(z)$ und $\varphi(z)$. Dabei können die Kategorien von $f(z)$ und $\varphi(z)$ einander gleich sein. Sind die Kategorien dieser Funktionen voneinander verschieden, so fällt die Kategorie der Funktion $\psi(z)$ mit der höheren der Kategorien von $f(z)$ und $\varphi(z)$ zusammen.*

Beweis. Gegeben ist

$$\varphi(z)\,\psi(z) = f(z).$$

Ist die Kategorie von $\psi(z)$ größer als die Kategorie von $\varphi(z)$, so ist die Kategorie von $f(z)$ gleich der Kategorie von $\psi(z)$. Auf diese Weise kann die Kategorie von $\psi(z)$ die Kategorien von $f(z)$ und $\varphi(z)$ nicht übertreffen. Damit ist der erste Teil der Folgerung bewiesen. Es ist auch offensichtlich, daß die Kategorien von $f(z)$ und $\psi(z)$ gleich sind, wenn die Kategorie von $f(z)$ größer ist als die Kategorie von $\varphi(z)$. Andererseits kann die Kategorie von $f(z)$ nur dann kleiner sein als die Kategorie von $\varphi(z)$, wenn die Kategorien von $\varphi(z)$ und $\psi(z)$ einander gleich sind.

§ 10. Der Lehrsatz von Hadamard

Die Lehrsätze der vorhergehenden Paragraphen geben uns die Möglichkeit, den Lehrsatz von der Darstellung einer ganzen Funktion durch ein unendliches Produkt wesentlich zu verfeinern. Diese Verfeinerung stammt von HADAMARD. Sie bezieht sich auf die Darstellung einer ganzen Funktion endlicher Ordnung und bildet einen der klassischen Lehrsätze der Theorie ganzer Funktionen.

Lehrsatz 13. *Eine ganze Funktion $f(z)$ endlicher Ordnung ϱ ist darstellbar in der Form*

$$f(z) = z^m e^{P(z)} \cdot \prod_{n=1}^{\omega} G\left(\frac{z}{a_n};\, p\right) \qquad (\omega \leqq \infty), \tag{1.38}$$

wo a_n alle von Null verschiedene Nullstellen der Funktion $f(z)$ sind, $p \leqq \varrho$, $P(z)$ ein Polynom, dessen Grad q ϱ nicht übertrifft, und m die Vielfachheit der Null als Nullstelle.

Diesen Lehrsatz kann man anders auch so formulieren:

Das Geschlecht einer ganzen Funktion (Definition des Geschlechtes siehe auf Seite 8) übertrifft ihre Ordnung nicht.

Beweis: Der Konvergenzexponent ϱ_1 der Nullstellen einer ganzen Funktion übertrifft nicht ihre Ordnung ϱ, und die ganze Zahl p im kanonischen Produkt dieser Funktion

$$\Pi(z) = \prod_{n=1}^{\omega} G\left(\frac{z}{a_n};\ p\right) \qquad (\omega \leqq \infty)$$

übertrifft nicht ϱ_1. Folglich ist $p \leqq \varrho$.

Es bleibt noch zu zeigen, daß die ganze Funktion $g(z)$ in (1.14) ein Polynom vom Grade q nicht größer als ϱ ist. Dazu bemerken wir, daß die Ordnung des kanonischen Produktes gleich dem Konvergenzexponenten $\varrho_1 \leqq \varrho$ ist. Auf Grund der Folgerung aus dem Lehrsatz 12 hat die ganze Funktion $\psi(z) = f(z) \cdot \Pi^{-1}(z)\, z^{-m}$ die Ordnung nicht größer als ϱ und genügt deshalb der asymptotischen Ungleichung

$$\ln |\psi(z)| < r^{\varrho+\varepsilon}.$$

Außerdem hat die Funktion $\psi(z)$ keine Nullstellen. Auf diese Weise ist

$$g(z) = \ln \psi(z)$$

auch eine ganze Funktion, wobei asymptotisch

$$A_g(r) < r^{\varrho+\varepsilon}$$

gilt.

Laut der Ungleichung von Carathéodory folgt hieraus asymptotisch

$$M_g(r) < r^{\varrho+2\varepsilon}.$$

Nach Lehrsatz 1 ist die Funktion $g(z)$ ein Polynom vom Grade nicht höher als ϱ. Der Lehrsatz ist somit bewiesen.

Für Funktionen nichtganzer Ordnung ist der Grad des Polynoms im Exponentialfaktor kleiner als ϱ, und die Ordnung der Funktion fällt mit der Ordnung des kanonischen Produktes zusammen und also auch mit dem Konvergenzexponenten.

Also ist in diesem Falle

$$p < \varrho < p + 1,$$

und das Geschlecht der Funktion $p = [\varrho]$.

Bei ganzzahligem ϱ ist das Geschlecht der Funktion entweder gleich ϱ oder gleich $\varrho - 1$. Ist das Geschlecht kleiner als ϱ, so ist $q < \varrho$, und die Ordnung der Funktion ϱ fällt mit der Ordnung des kanonischen Produktes zusammen, welche gleich dem Konvergenzexponenten ϱ_1 ist.

Anderseits aber ist $p \leqq \varrho_1 \leqq p + 1$, so daß $p \leqq \varrho \leqq p + 1$, und da $p < \varrho$ angenommen wurde, ist $p = \varrho - 1$.

Beispiele. Die Funktion

$$f(z) = \frac{\sin \pi \sqrt{z}}{\pi \sqrt{z}}$$

ist eine ganze Funktion der Ordnung 1/2, und ihre Nullstellen sind 1^2, 2^2, ... Nach dem Lehrsatz von HADAMARD ist sie vom Geschlecht Null und läßt deshalb die Darstellung zu

$$f(z) = c \cdot \prod_{n=1}^{\infty}\left(1 - \frac{z}{n^2}\right).$$

Aus der Gleichung $f(0) = 1$ folgt, daß $c = 1$ ist. Setzt man z^2 statt z ein, so bekommt man:

$$\sin \pi z = \pi z \cdot \prod_{n=1}^{\infty}\left(1 - \frac{z^2}{n^2}\right),$$

woraus sich auch ergibt

$$\sin \pi z = \pi z \cdot \prod_{-\infty}^{\infty}\left(1 - \frac{z}{n}\right) e^{z/n}.$$

Also ist $\sin \pi z$ eine ganze Funktion nicht nur der Ordnung Eins, sondern auch vom Geschlecht Eins.

Analog erhält man für die ganze Funktion erster Ordnung

$$f(z) = \frac{1}{n}\left(e^{\omega_1 z} + e^{\omega_2 z} + \cdots + e^{\omega_n z}\right),$$

wo ω_j $(j = 1, 2, \ldots, n)$ alle Wurzeln der Gleichung $\omega^n + 1 = 0$ sind, die Entwicklung

$$f(z) = \prod_{k=1}^{\infty}\left(1 - \frac{z^n}{\alpha_k^n}\right),$$

in welcher α_k die Nullstellen von $f(z)$ sind. Es ist nicht schwer zu zeigen, daß diese Funktion auch vom Geschlecht Eins ist.

Die Funktion

$$\varphi(z) = \prod_{n=1}^{\infty}\left(1 - \frac{z}{n \ln^2 n}\right)$$

ist eine ganze Funktion vom Geschlecht Null. Ihr Konvergenzexponent der Nullstellenfolge ist jedoch gleich Eins. Folglich hat sie die Ordnung Eins.

Ist überhaupt der Konvergenzexponent ϱ_1 der Punktfolge $\{a_n\}$ eine ganze Zahl, und divergiert die Reihe

$$\sum_{k=1}^{\infty} \frac{1}{|a_k|^{\varrho_1}},$$

so ist das Geschlecht des kanonischen Produktes p gleich seiner Ordnung $\varrho = \varrho_1$. Konvergiert aber diese Reihe, so ist das Geschlecht des kanonischen Produktes gleich $\varrho - 1$.

Wir haben schon bemerkt, daß Funktionen nichtganzer Ordnung unendlich viele Nullstellen haben, und der Konvergenzexponent der Nullstellenfolge gleich der Ordnung der Funktion ist. In diesem Falle hat die Funktion $f(z)$ laut Behauptung a) des Lehrsatzes 12 dieselbe Ordnung und denselben Typus wie das kanonische Produkt. Aus dieser Bemerkung und dem Lehrsatz 7 ergibt sich folgender genauerer Lehrsatz:

Lehrsatz 14. *Ist die Ordnung ϱ einer ganzen Funktion $f(z)$ keine ganze Zahl, und ist Δ_f die obere Dichte der Menge ihrer Nullstellen, so ist die Funktion bei $\Delta_f = 0$ vom Minimaltypus, bei $\Delta_f \neq 0, \infty$ vom Normaltypus, bei $\Delta_f = \infty$ vom Maximaltypus.*

Da die Ordnung der Funktion $f(z) - a$ und ihr Typus bei beliebigem komplexem a mit der Ordnung und dem Typus der Funktion $f(z)$ zusammenfallen, so kann man aus dem Lehrsatz 14 schließen, daß die Funktionen nichtganzzahliger Ordnung alle komplexen Werte mit gleicher Häufigkeit annehmen.

§ 11. Ganze Funktionen ganzzahliger Ordnung

Die Behauptung des Lehrsatzes 14 hört auf, richtig zu sein, wenn die Ordnung der ganzen Funktion ganzzahlig ist.

Tatsächlich kann in diesem Fall die Ordnung der Funktion durch den Grad des Exponentialfaktors bestimmt sein, während der Konvergenzexponent kleiner als die Ordnung der Funktion sein kann. Insbesondere kann es vorkommen, daß überhaupt keine Nullstellen vorhanden sind.

Das ist aber nicht die alleinige Besonderheit der ganzzahligen Ordnung. Es ergibt sich in diesem Fall, daß der Typus des kanonischen Produktes nicht mehr durch die obere Dichte der Nullstellenmenge allein bestimmt wird, sondern er hängt auch von der Verteilung der Nullstellen nach den Argumenten ab.

Zur Erläuterung betrachten wir zwei Funktionen:

$$\sin\frac{\pi}{2}z = \frac{\pi}{2}z \cdot \prod_{n=1}^{\infty}\left(1 - \frac{z}{(2n)^2}\right)$$

und

$$\varphi(z) = \frac{1}{\Gamma(z)} = e^{\gamma z} \cdot \prod_{n=1}^{\infty}\left(1 + \frac{z}{n}\right)e^{z/n}.$$

Für die beiden Funktionen haben wir

$$n(r) \sim r,$$

d. h., die Dichte der Nullstellenmenge ist dieselbe. Jedoch ist $\sin\frac{\pi}{2}z$ von der Ordnung Eins und vom Normaltypus, während $\varphi(z)$ von der Ordnung Eins und vom Maximaltypus ist. Von der letzten Behauptung können wir uns leicht überzeugen, indem wir die Stirlingsche Formel[1]) anwenden:

$$-\ln\Gamma(z) = \left(z - \frac{1}{2}\right)\ln z - z + \frac{1}{2}\ln 2\pi + 0\left(\frac{1}{r}\right),$$

aus welcher

$$\ln M_\varphi(r) \sim r \ln r$$

folgt.

---

[1]) Diese Formel wird gewöhnlich für alle Bedeutungen von z aufgestellt, die im Inneren des Winkels $|\arg z| \leq \pi - \delta$ liegen, (siehe z. B. Titchmarsh [1]).

Man bekommt jedoch leicht in bezug auf $\Gamma(z) \cdot \Gamma(1 - z) = \frac{\pi}{\sin \pi z}$, daß sie außerhalb der Kreise um die Punkte $0, -1, -2, \ldots$ mit beliebig kleinem konstantem Radius richtig ist. Das genügt für unsere Schlußfolgerung.

Bei der Untersuchung von Funktionen ganzzahliger Ordnung spielt eine wesentliche Rolle die Größe

$$\delta_f(r) = \alpha_\varrho + \frac{1}{\varrho} \sum_{|a_n| \leqq r} a_n^{-\varrho} \,,$$

wo ϱ die Ordnung der ganzen Funktion $f(z)$ und α_ϱ der Koeffizient von z^ϱ im Exponentialfaktor der Darstellung (1.38) ist.

Wir wählen die Bezeichnungen

$$\delta_f = \overline{\lim_{r \to \infty}} |\delta_f(r)| \qquad \text{und} \qquad \gamma_f = \max(\Delta_f, \delta_f)\,.$$

Die Frage nach dem Typus einer ganzen Funktion ganzzahliger Ordnung wird durch den folgenden Lehrsatz von LINDELÖF entschieden [1].

Lehrsatz 15. a) *Ist das Geschlecht p des kanonischen Produktes einer ganzen Funktion $f(z)$ von ganzzahliger Ordnung, die durch* (1.38) *dargestellt ist, gleich ihrer Ordnung $\varrho \geqq 1$, so ist bei $\gamma_f = 0$ die Funktion $f(z)$ vom Minimaltypus, bei $0 < \gamma_f < \infty$ vom Normaltypus, bei $\gamma_f = \infty$ vom Maximaltypus.*

b) *Ist das Geschlecht des kanonischen Produktes einer ganzen Funktion kleiner als ihre Ordnung, so ist ihr Typus gleich dem absoluten Betrage des Koeffizienten bei z^ϱ im Exponentialfaktor, der vor dem kanonischen Produkt steht.*

Beweis. Betrachten wir zuerst den Fall $p = \varrho$. Für unsere Betrachtungen führen wir die Funktion

$$f_R(z) = \prod_{|a_n| \leqq R} G\left(\frac{z}{a_n};\ \varrho - 1\right) \cdot \prod_{|a_n| > R} G\left(\frac{z}{a_n};\ \varrho\right) \tag{1.39}$$

ein, mit deren Hilfe die Funktion $f(z)$ in der Form

$$f(z) = z^m e^{P_{\varrho-1}(z)} e^{\delta_f(R) z^\varrho} f_R(z) \tag{1.40}$$

dargestellt werden kann, wo $P_{\varrho-1}(z)$ ein Polynom vom Grade höchstens $\varrho - 1$ ist. Diese wichtige Darstellung wird von uns bei der Untersuchung ganzer Funktionen ganzzahliger Ordnung oft benutzt.

Zur Abschätzung des Wachstums der Funktion $f_R(z)$ benutzen wir die Ungleichungen (1.21) und (1.22). Nehmen wir an, es sei $\varrho > 1$. Setzen wir dann

$$M_R(r) = \max_{0 \leqq \vartheta < 2\pi} |f_R(r e^{i\vartheta})|\,,$$

so ist

$$\ln M_R(R) < A_\varrho \cdot \left[R^\varrho \int_0^R \frac{dn(t)}{t^{\varrho-1}(t+R)} + R^{\varrho+1} \cdot \int_R^\infty \frac{dn(t)}{t^\varrho (t+R)} \right].$$

Man kann durch die partielle Integration genau wie bei dem Beweis des Hilfssatzes 3 die Ungleichung

$$\ln M_R(R) < k_\varrho \left[R^{\varrho-1} \int_0^R \frac{n(t)}{t^\varrho}\, dt + R^{\varrho+1} \int_R^\infty \frac{n(t)}{t^{\varrho+2}}\, dt \right] \tag{1.41}$$

bekommen, in welcher k_ϱ eine Konstante ist. Im Falle $\varrho = 1$ bekommt man die Ungleichung (1.41) analog.

Ist Δ_f die obere Dichte der Nullstellenmenge von $f(z)$, so gilt asymptotisch bei $\varepsilon > 0$

$$n(t) < (\Delta_f + \varepsilon)\, t^\varrho ,$$

und aus (1.41) folgt die asymptotische Ungleichung

$$\ln M_R(R) < 2\, k_\varrho\, (\Delta_f + \varepsilon)\, R^\varrho . \tag{1.42}$$

Außerdem folgt aus (1.40)

$$\ln M_f(R) < |\delta_f(R)| R^\varrho + \ln M_R(R) + O(R^{\varrho-1}) , \tag{1.43}$$

und wenn wir auch (1.42) berücksichtigen, so folgt die asymptotische Ungleichung [1])

$$\frac{\ln M_f(r)}{R^\varrho} < |\delta_f(R)| + 2\, K_\varrho(\Delta_f + \varepsilon) + O\left(\frac{1}{R}\right)$$

oder

$$\sigma_f \leqq (1 + 2\, k_\varrho) \cdot \gamma_f . \tag{1.44}$$

Zum Beweis der umgekehrten Ungleichung bemerken wir, daß gemäß dem Hilfssatz 4

$$\varlimsup_{r\to\infty} \frac{n_f(r)}{r^\varrho} \leqq \varlimsup_{r\to\infty} e^\varrho\, \frac{\ln M_f(e\, r)}{(e\, r)^\varrho}$$

und folglich

$$\Delta_f \leqq e^\varrho \cdot \sigma_f . \tag{1.45}$$

Es bleibt noch übrig, eine analoge Abschätzung der Größe δ_f zu geben. Dazu müssen wir die Funktion $f_R(z)$ nach unten abschätzen. Das kann man mit Hilfe von Lehrsatz 11 machen. Wir wählen die Zahl $\eta = \frac{3}{2}\, e^{-3}$. Dann ist überall im Kreis $|z| \leqq r$ aber außerhalb der Ausnahmekreise mit der Gesamtsumme der Radien kleiner als $6\, e^{-3}\, r$ folgende Ungleichung gültig:

$$\ln |f_R(z)| > -H\left(\frac{3}{2}\, e^{-3}\right) \ln M_R(R) = -6 \ln M_R(R) ,$$

wo $R = 2\, e\, r$ ist.

Da $6\, e^{-3} < \frac{1}{2}$ ist, läßt sich zwischen den Zahlen $\frac{r}{2}$ und r eine Zahl r_1 finden, so daß der Kreis $|z| = r_1$ die Ausnahmekreise nicht schneidet. Aus der Darstellung (1.40) bekommen wir, daß auf diesem ganzen Kreise die Ungleichung erfüllt ist:

$$\operatorname{Re}\bigl(\delta_f(R)\, z^\varrho\bigr) < 6 \ln M_R(R) + \ln M_f(r_1) + O(R^{\varrho-1}) .$$

[1]) Eine Abschätzung des kanonischen Produktes unmittelbar mit Hilfe der Ungleichung (1.24) ergibt bei ganzzahligem ϱ

$$\ln M_f(R) < 2\, k_\varrho\, (\Delta_f + \varepsilon)\, R^\varrho \ln R .$$

Wählen wir das Argument von z so, daß z^ϱ und $\delta_f(R)$ die Argumente von entgegengesetzten Vorzeichen haben, dann haben wir:

$$|\delta_f(R)| < 6\,\frac{\ln M_R(R)}{r_1^\varrho} + \frac{\ln M_f(r_1)}{r_1^\varrho} + O(R^{-1})\,. \tag{1.46}$$

Da $r_1 > (4\,e)^{-1}\,R$, so folgt aus (1.42)

$$\overline{\lim_{R\to\infty}}\,\frac{\ln M_R(R)}{r_1^\varrho} \leqq 2\,k_f\,\Delta_f(4\,e)^\varrho\,. \tag{1.47}$$

Aus (1.45), (1.46) und (1.47) folgt

$$\delta_f \leqq C\cdot\sigma_f\,, \tag{1.48}$$

wo $C = 12\,k_\varrho\,(4\,e^2)^\varrho + 1$.

Vereinigen wir (1.45) und (1.48), so bekommen wir

$$\sigma_f \geqq C^{-1}\,\gamma_f\,. \tag{1.49}$$

Aus den Ungleichungen (1.44) und (1.49) folgt die Behauptung des Lehrsatzes im Fall a).

Es sei nun $p < \varrho$. In diesem Fall konvergiert die Reihe

$$\sum \frac{1}{|a_n|^\varrho}\,,$$

und folglich konvergiert das Integral

$$\int\limits_0^\infty \frac{n(t)}{t^{\varrho+1}}\,dt \tag{1.50}$$

und außerdem ist

$$\overline{\lim_{t\to\infty}}\,\frac{n(t)}{t^\varrho} = 0\,. \tag{1.51}$$

Nach dem Hilfssatz 3 haben wir für das kanonische Produkt $\prod(z)$ der Funktion $f(z)$ die Abschätzung

$$\ln\left|\prod(z)\right| < k\,r^{\varrho-1}\left(\int\limits_0^r \frac{n(t)}{t^\varrho}\,dt + r\cdot\int\limits_r^\infty \frac{n(t)}{t^{\varrho+1}}\,dt\right).$$

Aus dieser Abschätzung, der Gleichung (1.51) und der Konvergenz des Integrals (1.50) folgt leicht die asymptotische Ungleichung

$$\ln\left|\prod(z)\right| < \varepsilon\,r^\varrho\,,$$

welche besagt, daß das Produkt $\prod(z)$ nicht schneller wächst als eine Funktion der Ordnung ϱ vom Minimaltypus. Nach Lehrsatz 12 b) folgt hieraus, daß der Typus der Funktion $f(z)$ mit dem Typus des Exponentialfaktors übereinstimmt, d. h. gleich ist dem absoluten Betrag des Koeffizienten bei z^ϱ in diesem Faktor. Auf diese Weise ist eine ganze Funktion (von ganzzahliger Ordnung) vom Minimaltypus, wenn ihr Geschlecht kleiner ist als ihre Ordnung.

Zum Schluß bleiben wir bei der Bedeutung der Bedingungen

$$\overline{\lim_{r\to\infty}} |\delta_f(r)| < \infty , \qquad \lim_{r\to\infty} \delta_f(r) = 0 ,$$

welche im Fall der Gleichung $p = \varrho$ eine wesentliche Rolle spielen. Im Fall dieser Gleichung divergiert die Reihe

$$\sum \frac{1}{|a_n|^{\varrho}} .$$

Deshalb ist die Beschränktheit der Größe $\delta_f(r)$ nur bei einer besonderen Symmetrie in der Verteilung von Nullstellen a_n möglich. Beim Fehlen dieser Symmetrie ist $\overline{\lim\limits_{r\to\infty}} |\delta_f(r)| = \infty$. Wenn z. B. alle Nullstellen a_n auf einem Strahl liegen, so ist $\delta_f(r) \to \infty$. In diesem Fall ist $f(z)$ gemäß dem bewiesenen Lehrsatz vom Maximaltypus. So war es nämlich in dem von uns betrachteten Beispiel der Funktion $\Gamma^{-1}(z)$. Auf diese Weise wird bei einer Funktion nichtganzzahliger Ordnung der Typus durch die absoluten Beträge ihrer Nullstellen bestimmt, bei einer Funktion ganzzahliger Ordnung aber hängt er auch von der Verteilung ihrer Nullstellen nach den Argumenten ab.

§ 12. Die verfeinerte Ordnung

Die Wachstumsskala, die wir in den vorigen Paragraphen benutzt haben, erlaubt einige Verfeinerungen. So vergleicht z. B. Lindelöf $\ln M_f(r)$ mit den Funktionen der Art

$$r^{\varrho} \ln^{\alpha_1} r \cdot \ln_2^{\alpha_2} r \ldots \ln_p^{\alpha_p} r ,$$

wo $\ln_j r = \ln \ln_{j-1} r$ ist und $\alpha_1, \alpha_2, \ldots, \alpha_p$ reelle Zahlen sind.

Offenbar wächst jeder folgende Logarithmus langsamer als jede beliebige positive Potenz des vorhergehenden. Die verallgemeinerte Ordnung einer ganzen Funktion $f(z)$ bestimmt ein System von Zahlen $\varrho, \alpha_1, \alpha_2, \ldots, \alpha_p$, für welches bei beliebigem $\varepsilon > 0$

$$r^{\varrho} \ln^{\alpha_1} r \ln_2^{\alpha_2} r \ldots \ln_p^{\alpha_p - \varepsilon} r < \ln M_f(r) < r^{\varrho} \ln^{\alpha_1} r \ln_2^{\alpha_2} r \ldots \ln_p^{\alpha_p + \varepsilon} r$$

ist, wobei die rechte Ungleichung asymptotisch ist, die linke aber für eine gegen Unendlich strebende Folge der Werte von r erfüllt ist. Die Ordnung $\varrho', \alpha_1', \alpha_2', \ldots, \alpha_p'$ einer ganzen Funktion $f_1(z)$ zählt als größer als die Ordnung $\varrho, \alpha_1, \alpha_2, \ldots, \alpha_p$ einer ganzen Funktion $f(z)$, wenn $\varrho' > \varrho$ oder $\varrho' = \varrho$ aber $\alpha_1' > \alpha_1$, oder allgemein $\varrho' = \varrho, \alpha_1' = \alpha_1, \ldots, \alpha_{j-1}' = \alpha_{j-1}$ aber $\alpha_j' > \alpha_j$ ist. Man kann alle grundlegenden Lehrsätze der vorigen Paragraphen für diese genauere Wachstumsskala verallgemeinern.

Insbesondere kann man zeigen, daß für nichtganzzahlige Werte von ϱ die asymptotischen Ungleichungen

$$\ln M_f(r) < r^{\varrho} \ln^{\alpha_1} r \ldots \ln_p^{\alpha_p + \varepsilon} r$$

und

$$n_f(r) < r^{\varrho} \ln^{\alpha_1} r \ldots \ln_p^{\alpha_p + \varepsilon} r$$

gleichbedeutend sind. Folglich sind in diesem Falle die verallgemeinerten Ordnungen der Funktionen $M_f(r)$ und $n_f(r)$ einander gleich.

Wir werden diese Lehrsätze nicht beweisen, da wir bald noch allgemeinere beweisen werden. Man könnte die Wachstumsskala noch weiter verfeinern, indem man zum Vergleich monotone Funktionen einführt, welche langsamer wachsen als jeder der Logarithmen $\ln_j r$ usw., doch ist es natürlicher, statt einer weiteren Verfeinerung eine Klasse „langsam wachsender" Funktionen $L(r)$ auf eine gewisse allgemeine Weise zu definieren und die Funktion $\ln M_f(r)$ mit den Funktionen der Art $r^{\varrho} L(r)$ zu vergleichen.

Diesen Weg betrat Valiron [1], indem er den Begriff der verfeinerten Ordnung einführte.

Eine Funktion $\varrho(r)$, welche den Bedingungen

$$\lim_{r\to\infty} \varrho(r) = \varrho \geqq 0 \quad \text{und} \quad \lim_{r\to\infty} r\,\varrho'(r) \ln r = 0 \tag{1.52}$$

genügt, heißt die *verfeinerte Ordnung*. [1])

Wenn für eine gewisse ganze Funktion $f(z)$ die Größe

$$\sigma_f = \overline{\lim_{r\to\infty}} \frac{\ln M_f(r)}{r^{\varrho(r)}}$$

von Null und Unendlich verschieden ist, so heißt $\varrho(r)$ die verfeinerte Ordnung der gegebenen Funktion $f(z)$ und σ_f der Typus der Funktion $f(z)$ bei der verfeinerten Ordnung $\varrho(r)$. Es ist offensichtlich, daß die verfeinerte Ordnung und der zugehörige Typus nicht eindeutig bestimmt sind. Addieren wir z. B. zur verfeinerten Ordnung einer Funktion die Größe $\frac{\ln c}{\ln r}$, so bekommen wir eine neue verfeinerte Ordnung dieser Funktion, wobei der Typus der Funktion bei dieser Veränderung durch c dividiert wird.

In bezug auf eine beliebige verfeinerte Ordnung kann eine Funktion vom Minimal-, Normal- oder Maximaltypus sein, in bezug auf ihre eigene verfeinerte Ordnung ist sie vom Normaltypus.

Eine positive Funktion nennen wir langsam wachsend und bezeichnen sie mit $L(r)$, wenn

$$\lim_{r\to\infty} \frac{L(k\,r)}{L(r)} = 1$$

ist, gleichmäßig auf einem beliebigen Intervall $0 < a \leqq k \leqq b < \infty$.

Bei der Arbeit mit der verfeinerten Ordnung spielt folgender Hilfssatz eine wesentliche Rolle:

---

[1]) Hier und überall in diesem Buch bedeutet die Behauptung $\lim_{r\to a} \varphi(r) = A$ „der Grenzwert existiert und ist gleich A".

Hilfssatz 5. *Für jede verfeinerte Ordnung $\varrho(r)$ ist die Funktion*

$$r^{\varrho(r)-\varrho}$$

eine langsam wachsende Funktion. [1])

Beweis. Wir nehmen an, es sei

$$L(r) = r^{\varrho(r)-\varrho}\,.$$

Dann ist

$$\ln \frac{L(k\,r)}{L(r)} = [\varrho(k\,r) - \varrho] \ln k + [\varrho(k\,r) - \varrho(r)] \ln r\,.$$

Nehmen wir für σ und k an, daß $0 < \sigma \leqq k \leqq 1$, dann ist laut der zweiten Bedingung (1.52) für beliebige $\eta > 0$ und genügend große Werte von r nach dem Lehrsatz von LAGRANGE

$$|\varrho(r) - \varrho(k\,r)| < \eta \frac{r - k\,r}{k\,r \ln k\,r} \leqq \eta\left(\frac{1}{\sigma} - 1\right) \cdot \frac{1}{\ln(\sigma\,r)}\,.$$

Außerdem gilt für genügend große r kraft der ersten Bedingung (1. 52)

$$|\varrho(k\,r) - \varrho| < \eta$$

und folglich gleichmäßig für $0 < \sigma \leqq k \leqq 1$

$$\lim_{r\to\infty} \ln \frac{L(k\,r)}{L(r)} = 0 \qquad \text{oder} \qquad \lim_{r\to\infty} \frac{L(k\,r)}{L(r)} = 1\,.$$

Jetzt werden wir einige einfache Eigenschaften der verfeinerten Ordnung feststellen, welche künftig oft benutzt werden.

1. *Bei $\varrho > 0$ ist die Funktion $r^{\varrho(r)}$ monoton wachsend für alle genügend großen Werte von r.*

Tatsächlich ist

$$(r^{\varrho(r)})' = \varrho(r)\, r^{\varrho(r)-1} + r^{\varrho(r)}\, \varrho'(r) \ln r\,,$$

und da die Größe $r\,\varrho'(r) \ln r$ gegen Null strebt, so folgt aymptotisch

$$(r^{\varrho(r)})' > (\varrho - \varepsilon)\, r^{\varrho(r)-1} > 0 \qquad (0 < \varepsilon < \varrho)\,.$$

Wir bemerken, daß die Behauptung auch für $\varrho = 0$ richtig ist, insofern nur $\varrho(r) > 0$ ist, und die zweite Bedingung (1.52) durch die Bedingung $\frac{\varrho'(r)}{\varrho(r)}\, r \ln r \underset{r\to\infty}{\longrightarrow} 0$ ersetzt wird. (Bei $\varrho > 0$ sind diese Bedingungen äquivalent.)

Tatsächlich ist in diesem Falle $\varrho(r) \ln r \to \infty$ und

$$(r^{\varrho(r)})' = \varrho(r)\, r^{\varrho(r)-1}\left(1 + \frac{\varrho'(r)}{\varrho(r)}\, r \ln r\right) > \varrho(r)\, r^{\varrho(r)-1}\,(1 - \varepsilon) > 0\,.$$

Da bei der Untersuchung asymptotischer Eigenschaften das Verhalten der verfeinerten Ordnung in einem endlichen Intervall keine Rolle spielt, werden wir künftig annehmen, daß $r^{\varrho(r)}$ für $r \geqq 0$ eine monotone Funktion ist und im

---

[1]) Unter gewissen zusätzlichen Einschränkungen, welche der Funktion $L(r)$ auferlegt werden, (z.B. bei der logarithmischen Konvexheit von $L(r)$) ist die umgekehrte Behauptung richtig.

Nullpunkt den Wert Null annimmt. Das ist der Allgemeinheit unserer Schlüsse nicht abträglich.

2. *Bei $r \to \infty$ und $0 < a \leqq k \leqq b < \infty$ ist gleichmäßig in k die asymptotische Ungleichung erfüllt*

$$(1-\varepsilon)\, k^{\varrho} \cdot r^{\varrho(r)} < (k\, r)^{\varrho(k r)} < (1+\varepsilon)\, k^{\varrho}\, r^{\varrho(r)}\,.$$

Diese Ungleichung folgt unmittelbar aus dem Hilfssatz 5 und der Definition einer langsam wachsenden Funktion.

Wir bemerken, daß bei $k > 1$ die asymptotische Ungleichung

$$(k\, r)^{\varrho(k r)} < k^{\varrho+\varepsilon}\, r^{\varrho(r)}$$

gilt.

3. *Bei $\lambda < \varrho + 1$ ist*

$$\int_{\alpha}^{r} t^{\varrho(t)-\lambda}\, dt = \frac{1}{\varrho+1-\lambda}\, r^{\varrho(r)+1-\lambda} + o(r^{\varrho(r)+1-\lambda})\,. \tag{1.53}$$

Tatsächlich ergibt sich durch die partielle Integration

$$\int_{\alpha}^{r} t^{\varrho-\lambda}\, t^{\varrho(t)-\lambda}\, dt = \frac{1}{\varrho+1-\lambda}\, t^{\varrho(t)+1-\lambda}\Big|_{\alpha}^{r} - \frac{1}{\varrho+1-\lambda} \cdot \int_{\alpha}^{r} [t^{\varrho(t)-\lambda}\,(\varrho(r)-\varrho) + t^{\varrho(t)+1-\lambda}\, \varrho'(t) \ln t]\, dt\,.$$

Aus der Definition der verfeinerten Ordnung folgt, daß asymptotisch

$$|\varrho(r) - \varrho| < \frac{\varepsilon}{2}\,, \qquad |t\, \varrho'(t) \ln t| < \frac{\varepsilon}{2}\,.$$

Unter Benutzung dieser Tatsache erhalten wir

$$(1+o(1)) \int_{\alpha}^{r} t^{\varrho(t)-\lambda}\, dt = \frac{1}{\varrho+1-\lambda}\, r^{\varrho(r)+1-\lambda} + O(1)$$

und endlich

$$\int_{\alpha}^{r} t^{\varrho(t)-\lambda}\, dt = \frac{1}{\varrho+1-\lambda}\, r^{\varrho(r)+1-\lambda} + o(r^{\varrho(r)+1-\lambda})\,.$$

Bei $\lambda > \varrho + 1$ kann man auf eine analoge Weise die Formel bekommen:

$$\int_{r}^{\infty} t^{\varrho(t)-\lambda}\, dt = \frac{1}{\lambda-\varrho-1}\, r^{\varrho(r)-\lambda+1} + o(r^{\varrho(r)-\lambda-1})\,. \tag{1.53'}$$

4. *Wenn $\varphi(r)$ eine auf jedem endlichen Intervall beschränkte Funktion ist, dann gilt bei $\lambda < \varrho + 1$*

$$\overline{\lim_{r\to\infty}} \left\{ r^{-\varrho(r)+\lambda-1} \int_{\alpha}^{r} \frac{\varphi(t)}{t^{\lambda}}\, dt \right\} \leqq \frac{\overline{\Delta}}{\varrho-\lambda+1} \qquad (\alpha > 0)\,,$$

wo

$$\overline{\Delta} = \overline{\lim_{r\to\infty}} \frac{\varphi(r)}{r^{\varrho(r)}}$$

ist.

Tatsächlich ist bei $\varepsilon > 0$ und $r > r_\varepsilon$

$$\varphi(t) < (\overline{\Delta} + \varepsilon)\, t^{\varrho(t)}$$

und folglich

$$\int_\alpha^r \frac{\varphi(t)}{t^\lambda}\, dt \leqq O(1) + (\overline{\Delta} + \varepsilon) \int_{r_\varepsilon}^r t^{\varrho(t)-\lambda}\, dt\,.$$

Unter Anwendung der Regel 3 bekommen wir

$$\int_\alpha^r \frac{\varphi(t)}{t^\lambda}\, dt \leqq (\overline{\Delta} + \varepsilon) \frac{r^{\varrho(r)+1-\lambda}}{\varrho + 1 - \lambda} + o(r^{\varrho(r)+1-\lambda})\,.$$

Hieraus folgt schon unmittelbar

$$\overline{\lim_{r\to\infty}} \left\{ r^{-\varrho(r)-1+\lambda} \int_\alpha^r \frac{\varphi(t)}{t^\lambda}\, dt \right\} \leqq \frac{\overline{\Delta}}{\varrho + 1 - \lambda}\,.$$

Auf eine analoge Weise ergibt sich

$$\underline{\lim_{r\to\infty}} \left\{ r^{-\varrho(r)-1+\lambda} \int_\alpha^r \frac{\varphi(t)}{t^\lambda}\, dt \right\} \geqq \frac{\underline{\Delta}}{\varrho + 1 - \lambda}\,,$$

wo

$$\underline{\Delta} = \underline{\lim_{r\to\infty}} \frac{\varphi(r)}{r^{\varrho(r)}}$$

ist.

Aus der Regel 4 und der letzten Bemerkung ergibt sich unmittelbar folgende Aussage:

5. *Ist $\varphi(t)$ eine auf jedem beliebigen endlichen Intervall beschränkte Funktion, und existiert der Grenzwert*

$$\Delta = \lim_{r\to\infty} \frac{\varphi(r)}{r^{\varrho(r)}}\,,$$

so existiert für $\lambda < \varrho + 1$ der Grenzwert

$$\lim_{r\to\infty} \left\{ r^{-\varrho(r)-1+\lambda} \int_\alpha^r \frac{\varphi(t)}{t^\lambda}\, dt \right\} = \frac{\Delta}{\varrho + 1 - \lambda}\,.$$

Valiron hat die grundlegende Tatsache bewiesen, daß jede ganze Funktion endlicher Ordnung ihre verfeinerte Ordnung hat. Auf diese Weise kann jede Funktion endlicher Ordnung nach der Einführung der verfeinerten Ordnung als eine Funktion vom Normaltypus betrachtet werden.

Wir werden einen allgemeineren Satz beweisen:

Lehrsatz 16. *Für jede für $r > 0$ positive Funktion $f(r)$, welche der Bedingung*

$$\varrho = \overline{\lim_{r\to\infty}} \frac{\ln f(r)}{\ln r} < \infty$$

genügt, kann man eine verfeinerte Ordnung $\varrho(r)$ so wählen, daß für alle positiven Werte von r

$$f(r) \leqq r^{\varrho(r)}$$

ist, und für eine gewisse gegen Unendlich strebende Folge der Werte r_n $(n = 1, 2, \ldots)$

$$f(r_n) = r_n^{\varrho(r_n)}$$

gilt.

Beweis. 1. Statt der gegebenen Funktion $f(z)$ ist es bequemer, die Funktion

$$\varphi(r) = f(r)\, r^{-\varrho}$$

zu betrachten, deren Wachstum kleiner als das Wachstum jeder Potenzfunktion ist. Offensichtlich ist

$$\overline{\lim_{r\to\infty}} \frac{\ln \varphi(r)}{\ln r} = 0 .$$

Gehen wir zur logarithmischen Skala über, d. h. setzen wir $x = \ln r$ und $y = \ln \varphi(r)$, so bekommen wir

$$y = \varphi_1(x) ,$$

wo $\varphi_1(x) = \ln \varphi(e^x)$ ist. Dabei wird die Gleichung

$$\overline{\lim_{x\to\infty}} \frac{\varphi_1(x)}{x} = 0$$

erfüllt sein, aus welcher unmittelbar folgt, daß bei beliebigem $\varepsilon > 0$ und für alle Werte von x, welche ein gewisses x_ε übertreffen, die ganze Kurve $y = \varphi_1(x)$ unterhalb der Geraden $y = \varepsilon x$ liegt.

Anderseits aber existieren Punkte dieser Kurve mit beliebig großen Abszissen, welche oberhalb der Geraden $y = -\varepsilon x$ liegen.

2. Nehmen wir zuerst an, daß

$$\overline{\lim_{x\to+\infty}} \varphi_1(x) = +\infty$$

ist, und konstruieren wir das kleinste konvexe Gebiet, welches alle Punkte der Kurve $y = \varphi_1(x)$ und die positive x-Achse enthält. Der Teil der Begrenzung dieses Gebietes, der oberhalb der Abszissenachse liegt, bildet eine stetige Kurve (Abb. 1)

$$y = \psi(x) .$$

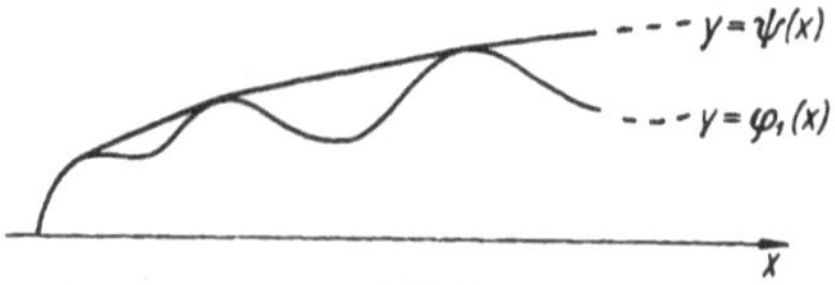

Abb.1

Es ist leicht, folgende Eigenschaften dieser Kurve festzustellen:

a) Die Kurve ist nach der Seite der positiven Ordinatenachse gewölbt. [1])

b) Es ist $\lim\limits_{x\to+\infty} \frac{\psi(x)}{x} = 0$.

c) Es ist $\varphi_1(x) \leqq \psi(x)$.

d) Jeder äußerste, d. h. nicht im Inneren eines geradlinigen Kurvensegments liegende Punkt der Kurve $y = \psi(x)$ gehört auch der Kurve $y = \varphi_1(x)$ an, d. h., in den äußersten Punkten ist $\varphi_1(x) = \psi(x)$.

e) Auf der Kurve $y = \psi(x)$ gibt es eine Folge von äußersten Punkten, die gegen Unendlich strebt.

Verändern wir die Kurve $y = \psi(x)$ unbedeutend in der Nähe der Knickstellen, so können wir annehmen, daß $\psi(x)$ überall differenzierbar ist.

Aus a) und b) folgt unmittelbar

$$\lim_{x\to+\infty} \psi'(x) = 0 . \tag{1.54}$$

Kehren wir zu den ursprünglichen Veränderlichen zurück, so können wir die Ungleichung c) in der Form schreiben:

$$\ln \varphi(r) \leqq \psi(\ln r) ,$$

oder anders

$$f(r) \leqq r^{\varrho}\, e^{\psi(\ln r)} ,$$

und schließlich

$$f(r) \leqq r^{\varrho + \frac{\psi(\ln r)}{\ln r}} .$$

Nehmen wir $\varrho(r) = \varrho + \frac{\psi(\ln r)}{\ln r}$, so bekommen wir die Ungleichung

$$f(r) \leqq r^{\varrho(r)} \qquad (r > 0) . \tag{1.55}$$

Außerdem gibt es auf Grund der Eigenschaften d) und e) eine gegen Unendlich strebende Folge von Zahlen r_n, für welche in (1.55) das Gleichheitszeichen steht. Es bleibt nur zu überprüfen, daß die von uns konstruierte Funktion $\varrho(r)$ eine verfeinerte Ordnung ist, d. h. den Bedingungen von Valiron (1.52) genügt. Offensichtlich folgt aus b) $\lim\limits_{r\to\infty} \varrho(r) = \varrho$. Außerdem ist

$$r\,\varrho'(r) \ln r = \psi'(\ln r) - \frac{\psi(\ln r)}{\ln r} .$$

Hieraus, aus b) und aus (1.54) folgt, daß $\lim r\,\varrho'(r) \ln r = 0$ ist. Wir haben die Funktion $\varrho(r)$ unter der Bedingung konstruiert, daß $\overline{\lim\limits_{x\to+\infty}}\, \varphi_1(x) = \infty$ ist.

[1]) Solche Funktionen nennt man eingebogen (konkav).

3. Wir zeigen nun, wie man den allgemeinen Fall auf diesen zurückführen kann. Wir konstruieren dazu eine zweite eingebogene Kurve $y = \psi_1(x)$, so daß

$$\lim_{x\to\infty} \frac{\psi_1(x)}{x} = 0\,, \qquad \lim_{x\to\infty} \psi_1'(x) = 0$$

ist und dabei $\overline{\lim\limits_{x\to\infty}}\,[\varphi_1(x) + \psi_1(x)] = \infty$. Wir konstruieren die Kurve $\psi_1(x)$ auf folgende Weise: Wir ziehen die Strecke d_1 der Geraden

$$y = -\varepsilon_1 x$$

vom Koordinatenanfangspunkt bis zum Punkte x_1 (Abb. 2), in welchem

$$\varphi_1(x_1) > -\varepsilon_1 x_1 + 1\,.$$

Wir wählen eine positive Zahl $\varepsilon_2 < \varepsilon_1$ und ziehen aus dem Punkte $(x_1 - \varepsilon_1 x_1)$ die Strecke d_2 der Geraden

$$y + \varepsilon_1 x_1 = -\varepsilon_2 (x - x_1)$$

bis zu irgendeinem Punkte $x_2 > x_1$, in welchem

$$\varphi_1(x_2) > -\varepsilon_1 x_1 - \varepsilon_2 (x_2 - x_1) + 2$$

ist. Aus dem Punkt $(x_2, -\varepsilon_1 x_1 - \varepsilon_2 (x_2 - x_1))$ ziehen wir die Strecke d_3 mit der Steigung $-\varepsilon_3$ $(0 < \varepsilon_3 < \varepsilon_2)$ usw.

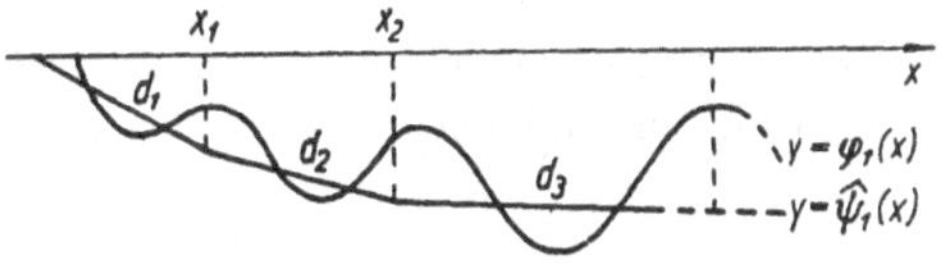

Abb. 2

Die positiven Zahlen $\varepsilon_1, \varepsilon_2, \varepsilon_3, \ldots, \varepsilon_n, \ldots$ wählen wir so, daß $\varepsilon_1 > \varepsilon_2 > \varepsilon_3 > \ldots > \varepsilon_n > \ldots$ ist und $\varepsilon_n \to 0$, und die Punkte $x_1, x_2, \ldots, x_n, \ldots$ so, daß $x_n \to +\infty$. Offensichtlich genügt die von uns konstruierte gebrochene Linie $y = \psi_1(x)$ der Bedingung

$$\lim_{x\to+\infty} \frac{\hat{\psi}_1(x)}{x} = 0\,.$$

Indem wir die Funktion $\hat{\psi}_1(x)$ in der Umgebung der Knickpunkte unwesentlich verändern, können wir sie überall differenzierbar machen. Bezeichnen wir mit $\psi_1(x)$ die Funktion mit den entgegengesetzten Vorzeichen. Die so konstruierte Funktion $y = \psi_1(x)$ besitzt die nötigen Eigenschaften.

Wir konstruieren jetzt für die Funktion $\varphi_1(x) + \psi_1(x)$ eine konvexe Majorante $\psi_2(x)$ genau wie im Punkte 2.

Setzen wir dann $\psi(x) = \psi_2(x) - \psi_1(x)$, so bekommen wir

$$\varphi_1(x) \leqq \psi(x)$$

und auf einer gegen Unendlich strebenden Folge von äußersten Punkten $\{x_n'\}$

$$\varphi_1(x_n') = \psi(x_n') \quad (n = 1, 2, \ldots)\,.$$

Außerdem ist

$$\lim_{x\to+\infty} \psi(x) = 0 \quad \text{und} \quad \lim_{x\to+\infty} \frac{\psi(x)}{x} = 0 . \tag{1.56}$$

Setzen wir wie vorher

$$\varrho(r) = \varrho + \frac{\psi(\ln r)}{\ln r},$$

so bekommen wir aus (1.56):

$$\lim_{r\to\infty} \varrho(r) = \varrho ,$$

$$\lim_{r\to+\infty} r\,\varrho'(r) \ln r = \lim_{r\to+\infty} \left[\psi'(\ln r) - \frac{\psi(\ln r)}{\ln r}\right] = 0 ,$$

d. h., $\varrho(r)$ ist die verfeinerte Ordnung. Außerdem ist

$$f(r) \leqq r^{\varrho(r)} ,$$

und für eine gegen Unendlich strebende Folge r_n ist

$$f(r_n) = r_n^{\varrho(r_n)} .$$

Der Lehrsatz ist somit bewiesen.

Wir bemerken, daß die Funktion $\exp \psi\,(\ln r)$ eine langsam wachsende Funktion $L(r)$ ist.

Im II. Kapitel werden wir folgende Bemerkung brauchen:

Bemerkung. Die von uns konstruierte langsam wachsende Funktion läßt sich, wie man leicht erkennt, in der Form

$$L(r) = e^{\psi_2(\ln r) - \psi_1(\ln r)}$$

darstellen, wo $\psi_1(x)$ und $\psi_2(x)$ unbegrenzt wachsende eingebogene Funktionen sind, die der Bedingung c) genügen.

Wir werden noch zeigen, daß *man im Ausdruck für $L(r)$ die Funktionen $\psi_1(x)$ und $\psi_2(x)$ durch andere eingebogene Funktionen $\vartheta_1(x)$ und $\vartheta_2(x)$ ersetzen kann, welche auch den Bedingungen*

$$\text{a)} \lim_{x\to+\infty} \vartheta_i(x) = \infty$$

$$\text{b)} \lim_{x\to+\infty} \frac{\vartheta_i(x)}{x} = 0 \qquad (i = 1, 2)$$

genügen und außerdem der zusätzlichen Bedingung

$$\text{b}') \lim_{x\to+\infty} \frac{\vartheta_i''(x)}{\vartheta_i'(x)} = 0 .$$

Um das zu zeigen, führen wir folgende Konstruktion durch. Es sei $y = \psi(x)$ eine eingebogene Kurve, welche den Bedingungen $\lim\limits_{x\to+\infty} \psi(x) = \infty$, $\lim\limits_{x\to+\infty} \frac{\psi(x)}{x} = 0$

genügt, und es sei (l_0) eine gewisse Stützgerade[1]) dieser Kurve. Wir wählen auf der Geraden (l_0) einen Punkt (x_0, y_0) und ziehen die Kurve (l_1)

$$y = c_0^{(1)} + c_1^{(1)} \cdot (x - x_0) - c_2^{(1)} e^{-\varepsilon_1 (x - x_0)},$$

welche die Gerade (l_0) im Punkt (x_0, y_0) berührt. In der Gleichung dieser Kurve ist ε_1 eine gewisse positive Zahl, und die Koeffizienten $c_0^{(1)}$, $c_2^{(1)}$ werden aus der Berührungsbedingung für (l_0) und (l_1) im Punkt (x_0, y_0) bestimmt:

$$c_2^{(1)} = \frac{1}{\varepsilon_1} (y_0' - c_1^{(1)}), \qquad c_0^{(1)} = y_0 + \frac{1}{\varepsilon_1} (y_0' - c_1^{(1)}),$$

wo y_0' das Steigungsmaß der Geraden (l_0) ist. Den Parameter $c_1^{(1)}$ wählen wir positiv aber kleiner als y_0'. Dann wird der Koeffizient $c_2^{(1)}$ auch positiv sein.

Die Kurve (l_1) ist offensichtlich eingebogen und nähert sich asymptotisch der Geraden

$$y = c_0^{(1)} + c_1^{(1)} (x - x_0).$$

Außerdem folgt aus der Gleichung

$$\frac{y''(x)}{y'(x)} = - \frac{c_2^{(1)} \varepsilon_1^2}{c_2^{(1)} \varepsilon_1 + c_1^{(1)} e^{\varepsilon_1 (x - x_0)}},$$

daß auf der ganzen Kurve (l_1)

$$\left| \frac{y''(x)}{y'(x)} \right| < \varepsilon_1 \tag{1.57}$$

gilt.

Wenn die Abszisse x_0 groß genug ist, so ist der ganze rechts vom Punkt x_0 gelegene Teil der Kurve l_1 oberhalb der Kurve $y = \psi(x)$ gelegen. Indem wir auf diese Weise die Kurve (l_1) ziehen und darauf die Größe $c_1^{(1)}$ verkleinern bei der Festhaltung des Punktes (x_0, y_0) und der Größe ε_1, können wir erreichen, daß diese Kurve die Kurve $y = \psi(x)$ von außen stützt (Abb. 3). Da die Kurve (l_1) eingebogen ist und keine geradlinigen Abschnitte enthält, so muß der Stützpunkt (x_0', y_0') dieser Kurve ein äußerster Punkt der Kurve $y = \psi(x)$ sein.

Nehmen wir darauf die Zahlen $\varepsilon_2 < \varepsilon_1$ und $c_1^{(2)} < c_1^{(1)}$ und wählen wir auf der Kurve (l_1) einen Punkt (x_1, y_1) so weit, daß die die Kurve (l_1) im Punkt (x_1, y_1) berührende Kurve (l_2) $y = c_0^{(2)} + c_1^{(2)} (x - x_1) - c_2^{(2)} e^{-\varepsilon_2 (x - x_1)}$ ihren rechts von diesem Punkt liegenden Teil oberhalb der Kurve $y = \psi(x)$ hat. Ohne den Punkt (x_1, y_1) und die Größe des Parameters ε_2 zu verändern, bekommen wir durch Verkleinerung des Parameters $c_1^{(2)}$ die Kurve (l_2), welche sich auf die Kurve $y = \psi(x)$ stützt. Weiter werden die Zahlen ε_3 und $c_1^{(3)} < c_1^{(2)}$ vorgegeben, auf (l_2) wird ein Berührungspunkt (x_2, y_2) gewählt, die Kurve (l_3) konstruiert usw. Dieser Prozeß wird unbegrenzt fortgesetzt, wobei die Zahlen $\varepsilon_1 > \varepsilon_2 > \varepsilon_3 > \ldots$, und $c_1^{(1)} > c_1^{(2)} > c_1^{(3)} > \ldots$ so gewählt werden, daß $\varepsilon_n \to 0$ und $c_1^{(n)} \to 0$.

---

[1]) Unter einer Stützgeraden einer gegebenen Kurve versteht man eine Gerade, welche mit der Kurve gemeinsame Punkte hat, wobei die ganze Kurve auf der einen Seite der Geraden liegt. (Genaueres über Stützgeraden im § 19.)

Aus den Abschnitten der Kurven (l_0), (l_1), ..., (l_n) genommen zwischen den Zuordnungspunkten setzt sich eine stetige eingebogene Kurve $y = \vartheta(x)$ zusammen. Offensichtlich gilt

$$\lim_{x\to+\infty} \vartheta(x) = \infty\,, \qquad \lim_{x\to+\infty} \frac{\vartheta(x)}{x} = 0$$

und $\vartheta(x) \geqq \psi(x)$, wobei das Gleichheitszeichen für eine unendliche Zahlenfolge $x_1', x_2', \ldots, x_n', \ldots, x_n' \to \infty$ steht, welcher die äußersten Punkte der Kurve $y = \psi(x)$ entsprechen. Außerdem ist $\vartheta(x)$ überall mit Ausnahme der Zuordnungspunkte zweimal differenzierbar. In diesen Zuordnungspunkten hat das graphische Bild der ersten Ableitung $y = \vartheta'(x)$ Eckpunkte. Durch eine unwesentliche Abänderung der Funktion $\vartheta(x)$ kann man diese Ecken glätten, so daß die zweite Ableitung im Glättungsintervall zwischen dem rechten und dem linken Grenzwert der Funktion $\vartheta''(x)$ im entsprechenden Zuordnungspunkt liegt. Auf Grund der Ungleichung (1.57) kann man behaupten, daß

$$\lim_{x\to+\infty} \frac{\vartheta''(x)}{\vartheta'(x)} = 0$$

ist.

Jetzt konstruieren wir für die eingebogene Funktion $\psi_1(x)$ die Majorante $\vartheta_1(x)$. Es sei $\tilde{\psi}_2(x)$ die kleinste konvexe Majorante der Funktion $\varphi_1(x) = \varphi(x) + \vartheta_1(x)$ und $\vartheta_2(x)$ eine Majorante der Funktion $\psi_2(x)$. Dann haben wir überall $\vartheta_2(x) \geqq \tilde{\psi}_2(x) \geqq \varphi(x) + \vartheta_1(x)$, wobei für eine gewisse gegen Unendlich strebende Punktfolge $x_1', x_2', \ldots, x_n', \ldots$, welche den äußersten Punkten der Kurve $y = \tilde{\psi}(x)$ entspricht, die Gleichung $\vartheta_2(x_n') = \tilde{\psi}_2(x_n')$ richtig ist. Da aber anderseits in den äußersten Punkten der Kurve $y = \tilde{\psi}_2(x)$ die Gleichung $\tilde{\psi}_2(x) = \varphi(x) + \vartheta_1(x)$ gültig ist, so haben wir

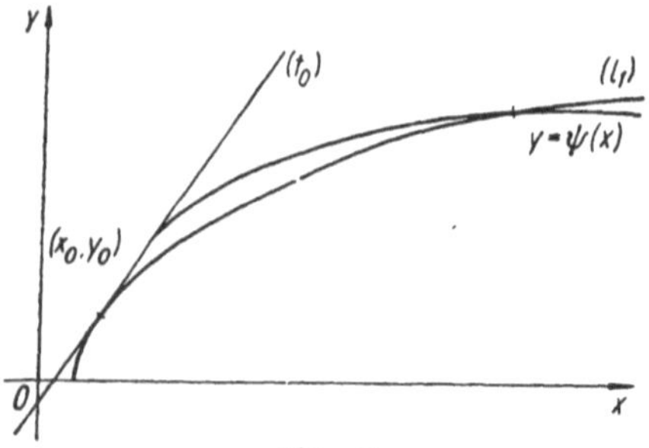

Abb. 3

$$\vartheta_2(x_n') = \varphi(x_n') + \vartheta_1(x_n')\,.$$

Auf diese Weise haben wir die Funktionen $\vartheta_1(x)$ und $\vartheta_2(x)$ konstruiert, welche die Eigenschaften a), b), b') besitzen, und es ist auch

$$\varphi(x) \leqq \vartheta_2(x) - \vartheta_1(x)\,, \quad \varphi(x_n') = \vartheta_2(x_n') - \vartheta_1(x_n')\,, \quad (x_n' \to \infty)\,.$$

Künftig werden wir mit $L^*(r)$ Funktionen bezeichnen, welche folgende Darstellung zulassen:

$$\ln L^*(r) = \vartheta_2(\ln r) - \vartheta_1(\ln r)\,,$$

wobei die Funktionen $\vartheta_1(x)$ und $\vartheta_2(x)$ eingebogene Funktionen sind, welche den Bedingungen a), b) und b') genügen.

Mit $\varrho^*(r)$ werden wir Funktionen bezeichnen, welche durch die Gleichung

$$r^{\varrho^*(r)} = r^{\varrho} L^*(r)$$

definiert sind, d. h.

$$\varrho^*(r) = \varrho + \frac{\vartheta_2(\ln r) - \vartheta_1(\ln r)}{\ln r}.$$

Die Funktionen $\varrho^*(r)$ bilden offensichtlich eine engere Klasse als die verfeinerte Ordnung, jedoch genügt diese Klasse, wie aus den angeführten Betrachtungen ersichtlich ist, um eine Skala für Funktionen endlicher Ordnung zu konstruieren. Genauer gesagt, man kann im Lehrsatz 16 die verfeinerte Ordnung durch die Funktion $\varrho^*(r)$ ersetzen. Die Funktion $\varrho^*(r)$ werden wir als die starke verfeinerte Ordnung bezeichnen.

§ 13. Ausdehnung klassischer Lehrsätze auf den Fall der verfeinerten Ordnung

Die in den vorhergehenden Paragraphen dargestellten klassischen Lehrsätze über den Zusammenhang zwischen dem Wachstum der Funktion

$$\ln M_f(r)$$

und der Verteilung der Nullstellen der Funktion $f(z)$ werden auf die feinere Charakteristik des Wachstums ausgedehnt, welche durch die verfeinerte Ordnung gegeben wird. Verallgemeinert wird auch der Lehrsatz über den Zusammenhang zwischen dem Typus einer ganzen Funktion und der Schnelligkeit der Abnahme der Koeffizientenfolge ihrer Potenzreihe. Um diesen Lehrsatz genau formulieren zu können, führen wir die Funktion $\varphi(t)$ ein, welche wir als die einzige Lösung der Gleichung

$$t = r^{\varrho(r)} \quad \text{für} \quad t > t_0$$

definieren.

Lehrsatz 2'. *Der Typus σ_f einer ganzen Funktion*

$$f(z) = \sum_{n=0}^{\infty} c_n z^n$$

der verfeinerten Ordnung $\varrho(r)$ ($\varrho > 0$) wird durch die Gleichung

$$\overline{\lim_{n\to\infty}}\, \varphi(n) \sqrt[n]{|c_n|} = (\sigma_f\, \varrho\, e)^{1/\varrho} \qquad (1.06')$$

bestimmt.

Beweis. Wir zeigen vor allem, daß

$$\lim_{t\to\infty} \frac{\varphi(k\,t)}{\varphi(t)} = k^{1/\varrho} \qquad (1.58)$$

ist. Tatsächlich bekommen wir durch die Differentiation nach $\ln r$ der Gleichung

$$\ln t = \varrho(r) \ln r\,,$$

$$\frac{d \ln t}{d \ln r} = \varrho'(r)\, r \ln r + \varrho(r)$$

und folglich

$$\lim_{r\to\infty} \frac{d \ln t}{d \ln r} = \varrho .$$

Diese Gleichung kann man auch in der Form schreiben

$$\lim_{t\to\infty} \frac{d \ln \varphi(t)}{d \ln t} = \frac{1}{\varrho} .$$

Auf diese Weise gelten die asymptotischen Ungleichungen

$$\left(\frac{1}{\varrho} - \varepsilon\right) d \ln t < d \ln \varphi(t) < \left(\frac{1}{\varrho} + \varepsilon\right) d \ln t .$$

Die Integration von t bis $k\,t$ gibt die asymptotischen Ungleichungen

$$\left(\frac{1}{\varrho} - \varepsilon\right) \ln k < \ln \frac{\varphi(k\,t)}{\varphi(t)} < \left(\frac{1}{\varrho} + \varepsilon\right) \ln k ,$$

aus welchen sofort

$$\lim_{t\to\infty} \frac{\varphi(k\,t)}{\varphi(t)} = k^{1/\varrho}$$

folgt.

Jetzt können wir den Beweis des Lehrsatzes 2′ durchführen, indem wir die beim Beweis des Lehrsatzes 2 angestellten Betrachtungen nur unwesentlich abändern.

Aus der Ungleichung (1.07) bekommen wir, daß bei $\sigma > \sigma_f$ asymptotisch

$$\ln |c_n| < \sigma\, r^{\varrho(r)} - n \ln r$$

gilt. Setzen wir r gleich einer Lösung der Gleichung

$$n = \sigma\, \varrho\, r^{\varrho(r)} \qquad (\sigma > \sigma_f) ,$$

so bekommen wir

$$\ln |c_n| < \frac{n}{\varrho} - n \ln \varphi\left(\frac{n}{\varrho\,\sigma}\right)$$

oder

$$\ln \left(\varphi(n) \sqrt[r]{|c_n|}\right) < \frac{1}{\varrho} + \ln \frac{\varphi(n)}{\varphi\left(\dfrac{n}{\varrho\,\sigma}\right)} ,$$

und nach dem Grenzübergang erhalten wir

$$\overline{\lim_{n\to\infty}} \left(\varphi(n) \sqrt[n]{|c_n|}\right) \leqq (\sigma\, \varrho\, e)^{1/\varrho} .$$

Da aber $\sigma > \sigma_f$ beliebig war,

$$\overline{\lim_{n\to\infty}}\, \varphi(n) \sqrt[n]{|c_n|} \leqq (\sigma_f\, \varrho\, e)^{1/\varrho} . \qquad (1.09')$$

Wir müssen zeigen, daß in (1.09′) das Gleichheitszeichen steht. Wir bestimmen die Zahl σ durch die Gleichung

$$\overline{\lim_{n\to\infty}}\ \varphi(n)\sqrt[n]{|c_n|} = (\sigma\,\varrho\, e\,)^{1/\varrho}$$

und zeigen, daß die Annahme $\sigma < \sigma_f$ zu einem Widerspruch führt. Wir wählen eine beliebige Zahl σ_1 zwischen σ und $\sigma_f (\sigma < \sigma_1 < \sigma_f)$. Für alle genügend großen n bekommen wir

$$|c_n| < \left\{\frac{(\sigma_1 \varrho\, e)^{1/\varrho}}{\varphi(n)}\right\}^n .$$

Mit Hilfe von (1.58) kann man dieser asymptotischen Ungleichung die Gestalt

$$|c_n| < \left\{\frac{e^{1/\varrho}}{\varphi\left(\frac{n}{\sigma_1\varrho}\right)}\right\}^n$$

geben. Also für alle Werte von $n > n_0$ gilt

$$|c_n\, r^n| < \left\{\frac{e^{1/\varrho}}{\varphi\left(\frac{n}{\sigma_1\varrho}\right)}\right\}^n r^n ,$$

und das maximale Glied $\mu_f(r)$ der MACLAURINschen Reihe der Funktion $f(z)$ genügt der Ungleichung

$$\mu_f(r) \leqq \max_n \left\{\frac{e^{1/\varrho}}{\varphi\left(\frac{n}{\sigma_1\varrho}\right)}\right\}^n r^n \qquad (n > n_0) .$$

Das Maximum der rechten Seite wird erreicht für $n = [\sigma_1\, \varrho\, r^{\varrho(r)}]$, deshalb ist

$$\mu_f(r) < e^{\sigma_1 r^{\varrho(r)}} .$$

Hieraus ergibt sich laut (1.10) bei beliebigem $\varrho_1 > \varrho$

$$M_f(r) < (1 + 2^{\varrho_1} e\, \varrho_1\, r^{\varrho_1})\, e^{\sigma_1 r^{\varrho(r)}} ,$$

und das führt zum widersprechenden Ergebnis $\sigma_f \leqq \sigma_1$. Auf diese Weise ist das Ungleichheitszeichen in (1.09′) unmöglich. Der Lehrsatz ist somit bewiesen.

Gehen wir jetzt zu den Lehrsätzen über, die den Zusammenhang zwischen dem Typus einer ganzen Funktion bei der gegebenen verfeinerten Ordnung und der Verteilung ihrer Nullstellen angeben.

Es sei $f(z)$ eine ganze Funktion der verfeinerten Ordnung $\varrho(r)$, d. h.

$$\sigma_f = \overline{\lim_{r\to\infty}}\ \frac{\ln M_f(r)}{r^{\varrho(r)}} \neq 0, \infty . \tag{1.59}$$

Dann gilt asymptotisch bei beliebigem $\varepsilon > 0$

$$\ln M_f(r) < \left(\sigma_f + \frac{\varepsilon}{2}\right) r^{\varrho(r)}$$

und nach Hilfssatz 4

$$n_f(r) < \left(\sigma_f + \frac{\varepsilon}{2}\right)(e\,r)^{\varrho(e\,r)}.$$

Benutzen wir die in der Eigenschaft 2 der verfeinerten Ordnung angegebene asymptotische Ungleichung

$$(e\,r)^{\varrho(e\,r)} = e^{\varrho}\, r^{\varrho}\, L(e\,r) < (1+\eta)\, e^{\varrho}\, r^{\varrho}\, L(r) = (1+\eta)\, e^{\varrho}\, r^{\varrho(r)},$$

die richtig für jedes $\eta > 0$ ist, so bekommen wir aus (1.59)

$$\overline{\lim_{r\to\infty}} \frac{n_f(r)}{r^{\varrho(r)}} \leqq e^{\varrho}\, \sigma_f\,.$$

Behalten wir die Bezeichnung

$$\Delta_f = \overline{\lim_{r\to\infty}} \frac{n_f(r)}{r^{\varrho(r)}}$$

bei, so schreiben wir die erhaltene Ungleichung in der Form

$$\Delta_f \leqq e^{\varrho}\, \sigma_f\,.$$

Ist ϱ keine ganze Zahl, so kann man die umgekehrte Abschätzung erhalten. In diesem Fall ergibt sich aus der Darstellung (1.38) einer ganzen Funktion und dem Hilfssatz 3

$$\ln M_f(r) \leqq O(r^p) + k_p\, r^p \left(\int_0^r \frac{n_f(t)}{t^{p+1}}\, dt + r \int_r^{\infty} \frac{n_f(t)\, dt}{t^{p+2}}\right) \qquad (p < \varrho)\,.$$

Aus der asymptotischen Ungleichung

$$n_f(r) < (\Delta_f + \varepsilon)\, r^{\varrho(r)}$$

und der Eigenschaft 3 der verfeinerten Ordnung ergibt sich

$$\ln M_f(r) \leqq k_p\, (\Delta_f + \varepsilon) \left[\frac{1}{\varrho - p} + \frac{1}{p+1-\varrho}\right] r^{\varrho(r)} + o(r^{\varrho(r)})\,.$$

Hieraus folgt

$$\sigma_f \leqq c_{\varrho}\, \Delta_f\,,$$

wo c_{ϱ} eine von der Funktion $f(z)$ unabhängige Konstante ist. Auf diese Weise haben wir einen Lehrsatz gewonnen, der den Lehrsatz 14 verallgemeinert.

Lehrsatz 17. *$f(z)$ sei eine ganze Funktion nichtganzzahliger Ordnung ϱ, und es sei $\varrho(r)$ eine gewisse verfeinerte Ordnung, wobei $\lim \varrho(r) = \varrho$ ist. Wenn bei diesem Exponenten $\Delta_f = 0$, so ist $f(z)$ vom Minimaltypus bezogen auf $\varrho(r)$, wenn $0 < \Delta_f < \infty$ dann vom Normaltypus, und wenn $\Delta_f = \infty$, dann vom Maximaltypus.*

Der Fall einer ganzzahligen Ordnung erscheint auch hier als ein Sonderfall. In § 10 haben wir uns schon überzeugt, daß in diesem Fall die Zugehörigkeit einer Funktion zum Minimal-, Normal- oder Maximaltypus nicht durch die Werte der oberen Dichte allein bestimmt wird.

Wir bestimmen für die ganze Funktion der Ordnung $\varrho(r)$ die Größe δ_f.

Unabhängig von der Konvergenz der Reihe

$$\sum_{n=1}^{\infty} |a_n|^{-\varrho}$$

stellen wir die ganze Funktion $f(z)$ der ganzzahligen Ordnung ϱ in der Form

$$f(z) = z^m e^{P(z)} \prod_{n=1}^{\omega} G\left(\frac{z}{a_n};\ \varrho\right) \quad (\omega \leqq \infty) \tag{1.38'}$$

dar, wo $P(z) = \alpha_\varrho z^\varrho + \alpha_{\varrho-1} z^{\varrho-1} + \cdots + \alpha_1 z + \alpha_0$ ist. Wir setzen

$$\delta_f(r) = \alpha_\varrho + \frac{1}{\varrho} \sum_{|a_n| < r} \frac{1}{a_n^\varrho}$$

und

$$\delta_f = \overline{\lim_{r \to \infty}} \frac{|\delta_f(r)|}{L(r)},$$

wo $L(r) = r^{\varrho(r) - \varrho}$ ist, und führen die Größe

$$\gamma_f = \max(\varDelta_f, \delta_f)$$

ein.

Die Frage nach dem Typus der Funktion $f(z)$ in bezug auf die gegebene verfeinerte Ordnung wird durch folgende Verallgemeinerung des Lehrsatzes von Lindelöf entschieden.

Lehrsatz 18. *$f(z)$ sei eine ganze Funktion ganzzahliger Ordnung ϱ, und $\varrho(r)$ sei eine gewisse verfeinerte Ordnung, wobei $\lim\limits_{r \to \infty} \varrho(r) = \varrho$ ist. Ist dabei $\gamma_f = 0$, so ist $f(z)$ vom Minimaltypus in bezug auf $\varrho(r)$, ist $0 < \gamma_f < \infty$, so ist sie vom Normaltypus, und ist $\gamma_f = \infty$, so ist sie vom Maximaltypus.*

Den Beweis werden wir kurz skizzieren, indem wir die beim Beweis des Lehrsatzes 15a) gewonnenen Abschätzungen benutzen.

Unabhängig davon, ob das Geschlecht des kanonischen Produktes mit der Ordnung der Funktion zusammenfällt oder kleiner ist als sie, kann man die Funktion $f(z)$ in der Form (1.40) darstellen. Aus der Abschätzung (1.41) und der Eigenschaft 3 der verfeinerten Ordnung (§ 12) folgt leicht, daß asymptotisch

$$\ln M_R(R) < 2\, k_\varrho (\varDelta_f + \varepsilon)\, R^{\varrho(R)} \tag{1.42'}$$

ist.

Dividieren wir die asymptotische Ungleichung (1.43) durch $R^{\varrho(R)}$ und nehmen wir die obere Grenze bei $R \to \infty$, so bekommen wir

$$\sigma_f \leqq (1 + 2\, k_\varrho)\, \gamma_\varrho\,. \tag{1.44'}$$

Um die umgekehrte Ungleichung zu bekommen, bemerken wir, daß aus der Abschätzung $n(r) \leqq \ln M(e\, r)$ die Ungleichung

$$\varDelta_f \leqq e^\varrho\, \sigma_f \tag{1.45'}$$

für die verfeinerte Ordnung folgt. Außerdem ergibt sich aus der Ungleichung (1.46) mit Hilfe von (1.42′) und (1.45′)

$$\delta_f \leqq c_1 \sigma_f ,$$

wo c_1 eine Konstante ist. Aus der letzten Ungleichung und (1.45′) folgt

$$\sigma_f \geqq c^{-1} \gamma_f . \tag{1.49'}$$

Aus (1.44′) und (1.49′) ergibt sich die Behauptung des Lehrsatzes.

Man kann auch den Begriff der Kategorie einer Funktion bei einer gegebenen verfeinerten Ordnung einführen, wie das in § 9 für die gewöhnliche Ordnung geschehen ist.

Die Funktion $f(z)$ und $\varphi(z)$ gehören zu derselben Kategorie, wenn σ_f und σ_φ beide unendlich, endlich positiv oder gleich Null sind. Auf diese Verallgemeinerung des Kategoriebegriffes wird der Lehrsatz 12 ausgedehnt, und zwar in der Form:

Die Kategorie des Produktes der Funktionen $f(z)$ und $\varphi(z)$ übertrifft nicht die größere der Kategorien der Faktoren, und wenn die Kategorien von $f(z)$ und $\varphi(z)$ voneinander verschieden sind, so stimmt sie mit der größeren dieser Kategorien überein.

Den Beweis kann man genau wie in § 9 durchführen. Es ist jedoch einfacher, folgende Überlegungen zu benutzen, die sich auf die Lehrsätze 17 und 18 stützen.

Aus der Gleichung

$$n_{f\varphi}(r) = n_f(r) + n_\varphi(r)$$

folgt

$$\Delta_{f\varphi} \leqq \Delta_f + \Delta_\varphi ,$$

wobei das Gleichheitszeichen gilt, wenn unter den beiden Summanden auf der rechten Seite mindestens ein Summand gleich Null oder nur ein Summand gleich Unendlich ist.

Bei Funktionen nichtganzzahliger Ordnung sind die Größen σ_f und Δ_f gleichzeitig beide entweder gleich Null oder gleich Unendlich oder gleich einer positiven Zahl. Hieraus folgt unmittelbar die Behauptung des Lehrsatzes für diesen Fall. Bei ganzzahligem $\varrho = \lim\limits_{r\to\infty} \varrho(r)$ muß man noch die Beziehung

$$\delta_{f\varphi}(r) = \delta_f(r) + \delta_\varphi(r)$$

beachten.

Die Behauptung des Lehrsatzes für ganzzahliges ϱ ergibt sich leicht aus diesen Beziehungen, wenn man beachtet, daß nach Lehrsatz 18 die Kategorie einer Funktion durch die Größe $\gamma_f = \max(\delta_f, \Delta_f)$ vollkommen bestimmt ist. Die Folgerung aus dem Lehrsatz 12 wird unmittelbar auf den Fall der verallgemeinerten Kategorie übertragen.

Zur feineren Charakteristik des Zusammenhanges zwischen dem Wachstum einer Funktion und der Verteilung ihrer Nullstellen genügt die grobe Charakteristik nicht mehr, welche durch das asymptotische Verhalten der Funktion $M_f(r)$ gegeben wird. Im § 16 werden wir eine feinere Charakteristik des Wachstums einführen und studieren, welche die Abhängigkeit des Wachstums der Funktion $f(z)$ von der Richtung angibt, in der der Punkt z ins Unendliche strebt.

Es ergibt sich dabei, daß das Wachstum einer Funktion sogar im Falle nichtganzzahliger Ordnung wesentlich von der Verteilung ihrer Nullstellen nach den Argumenten abhängt.

Zum Studium dieser Charakteristik des Wachstums werden wir gewisse allgemeine Lehrsätze der Funktionentheorie benötigen, die wir in den beiden folgenden Paragraphen darstellen werden.

§ 14. Das Prinzip von Phragmen und Lindelöf

Das Maximumprinzip des absoluten Betrages besteht bekanntlich darin, daß der absolute Betrag einer Funktion $f(z)$, die holomorph ist in einem gewissen Gebiete und stetig auf dem Rande dieses Gebietes, den größten Wert am Rande dieses Gebietes annimmt. Dieses wichtige Prinzip ist von PHRAGMEN und LINDELÖF [1] auf den Fall ausgedehnt worden, daß die Stetigkeit der Funktion in einigen Ausnahmepunkten des Randes unterbrochen wird, jedoch mit der Bedingung, daß der absolute Betrag der Funktion bei der Annäherung an diese Punkte nicht zu schnell wächst. Die Grundlage bildet folgender Lehrsatz:

Lehrsatz 19. *$f(z)$ sei eine Funktion, die in einem gewissen Gebiet G holomorph und stetig am Rand dieses Gebietes ist. Es existiere eine in diesem Gebiet holomorphe Funktion $\omega(z)$, wobei $f(z) \cdot [\omega(z)]^\delta$ für jedes $\delta > 0$ Grenzwerte in allen Punkten des Randes des Gebietes (einschließlich des unendlich fernen Punktes, wenn er zum Rand gehört), hat, und auf der ganzen Begrenzung des Gebietes sei*

$$|f(z) \cdot [\omega(z)]^\delta| \leqq M\,, \tag{1.60}$$

wobei M von δ unabhängig ist.

Dann ist

$$|f(z)| \leqq M$$

im ganzen Gebiet G.

Beweis. Aus dem gewöhnlichen Maximumprinzip des absoluten Betrages folgt, daß das Bestehen der Ungleichung (1.60) am Rande des Gebietes das Bestehen derselben Ungleichung überall im Inneren des Gebietes zur Folge hat.[1]) Ein Punkt z_0 gehöre dem Gebiet G an, und es sei $\omega(z_0) \neq 0$. Dann ist für jedes $\delta > 0$

$$|f(z_0)| \leqq M\,|\omega(z_0)|^{-\delta}$$

und folglich

$$|f(z_0)| \leqq M\,. \tag{1.61}$$

Die Nullstellen der Funktion $\omega(z)$ sind isolierte Punkte, und nach dem Maximumprinzip des absoluten Betrages muß die Ungleichung (1.61) auch in diesen Punkten, d. h. im ganzen Gebiet G erfüllt sein.

[1]) Wenn die Funktion $\omega(z)$ Nullstellen im Gebiet G hat, dann wird $f(z)\,[\omega(z)]^\delta$ nicht holomorph in diesem Gebiet sein, aber der absolute Betrag dieser mehrdeutigen Funktion ist eindeutig in G. Das Maximumprinzip des absoluten Betrages wird ohne wesentliche Änderung auf diesen Fall übertragen.

Wir bemerken, daß das Gleichheitszeichen im Innern des Gebietes nicht stehen kann, wenn die Funktion keine Konstante ist. Aus diesem allgemeinen Prinzip wird eine Reihe von wichtigen Lehrsätzen hergeleitet, welche bei verschiedenen Problemen oft angewandt werden.

Lehrsatz 20. *$f(z)$ sei eine holomorphe Funktion in einem Gebiet G, dessen Rand den unendlich fernen Punkt enthält. In allen endlichen Punkten des Randes sei*

$$|f(z)| \leqq M . \tag{1.62}$$

Ist dabei $|f(z)|$ im Gebiet G beschränkt, so gilt die Ungleichung (1.62) *im ganzen Gebiet.*

Beweis. Wir schneiden aus dem Gebiet G einen Kreis C vom Radius R mit dem Mittelpunkt in irgend einem Punkte z_0. Wir setzen

$$\omega(z) = \frac{r}{z - z_0} .$$

Die Funktion $f(z)\,[\omega(z)]^\delta$ strebt im Unendlichen gegen Null, und da $|\omega(z)| < 1$ ist, sobald $|z - z_0| > r$, so ist auf dem ganzen nach dem Herausschneiden des Kreises C bleibenden Rande des Gebietes

$$|f(z)\,[\omega(z)]^\delta| \leqq M .$$

Außerdem bekommen wir auf dem Kreis $|z - z_0| = r$

$$|f(z)\,[\omega(z)]^\delta| \leqq M_1 ,$$

wo $M_1 = \max\limits_{|z - z_0| = r} |f(z)|$ ist.

Nach dem allgemeinen Prinzip von Phragmén und Lindelöf gilt im ganzen übrigen Gebiet

$$|f(z)| \leqq \max(M, M_1) \qquad (z \in G - C) .$$

Wir lassen r gegen Null gehen. Dabei wird $\lim\limits_{r \to 0} M_1 = |f(z_0)|$ und

$$|f(z)| \leqq \max\big(M, |f(z_0)|\big) , \qquad (z \in G) .$$

Wenn $f(z_0) > M$ ist, so ergibt sich, daß im ganzen Gebiet G

$$|f(z)| \leqq |f(z_0)|$$

ist. Die Funktion $f(z)$ kann aber in einem inneren Punkt z_0 den maximalen Wert nicht annehmen. Deshalb ist $|f(z_0)| \leqq M$ und folglich

$$|f(z)| \leqq M \qquad \text{für} \qquad z \in G .$$

Eine ziemlich wichtige Rolle wird bei den folgenden Betrachtungen der Lehrsatz über das Wachstum einer Funktion im Inneren eines Winkels spielen, den Phragmén und Lindelöf aus dem allgemeinen Prinzip bekommen haben.

Vorher führen wir folgende Begriffe ein:

Wir bezeichnen

$$M_f(r, \alpha, \beta) = \max_{\alpha \leqq \vartheta \leqq \beta} |f(r\,e^{i\vartheta})| ,$$

und wir nennen die Größen

$$\varrho = \overline{\lim_{r\to\infty}} \frac{\ln \ln M_f(r, \alpha, \beta)}{\ln r}, \qquad \sigma_f = \overline{\lim_{r\to\infty}} \frac{\ln M_f(r, \alpha, \beta)}{r^\varrho}$$

die Ordnung ϱ und den Typus σ_f der Funktion $f(z)$ im Innern des Winkels $\alpha \leqq \arg z \leqq \beta$.

Lehrsatz 21. *Die Funktion $f(z)$ sei holomorph im Innern eines Winkels mit der Öffnung $\frac{\pi}{\alpha}$ und stetig auf seiner Begrenzung. Wir nehmen an, daß auf den Schenkeln dieses Winkels*

$$|f(z)| \leqq M$$

ist, und daß die Ordnung ϱ dieser Funktion kleiner als α ist. Dann ist

$$|f(z)| \leqq M$$

überall im Innern dieses Winkels.

Beweis. Ohne Beschränkung der Allgemeinheit kann man den Winkel $|\arg z| \leqq \frac{\pi}{2\alpha}$ betrachten.

Wir setzen

$$\omega(z) = e^{-z^\gamma} \quad \left(|\arg z| \leqq \frac{\pi}{2\alpha}\right),$$

wo $\varrho < \gamma < \alpha$ ist. Dann gilt asymptotisch im Inneren des Winkels $|\arg z| \leqq \frac{\pi}{2\alpha}$

$$|f(z)\,[\omega(z)]^\delta| = |f(z)|\, e^{-\delta r^\gamma \cos\gamma\vartheta} \qquad (z = r e^{i\vartheta},\ \delta > 0),$$

und folglich bei $\varrho < \varrho_1 < \gamma$

$$|f(z)\,[\omega(z)]^\delta| < e^{r^{\varrho_1} - \delta r^\gamma \cos\gamma\vartheta}.$$

Somit ist bewiesen, daß die Funktion

$$f(z)\,[\omega(z)]^\delta$$

im Innern des Winkels $|\arg z| \leqq \frac{\pi}{2\alpha}$ bei $r \to \infty$ gleichmäßig gegen Null strebt. Da außerdem der absolute Betrag dieser Funktion auf den Schenkeln des Winkels durch die Zahl M begrenzt ist, so folgt nach dem allgemeinen Prinzip von PHRAGMEN und LINDELÖF, daß überall im Innern des Winkels

$$|f(z)| \leqq M$$

ist.

Der bewiesene Lehrsatz ist genau und zwar in dem Sinne, daß es Funktionen der Ordnung ϱ im Innern des Winkels $\frac{\pi}{\varrho}$ gibt, die auf den Schenkeln dieses Winkels beschränkt sind. Als Beispiel einer solchen Funktion kann die Funktion

$$e^{z^\varrho}$$

dienen, genommen im Innern des Winkels $|\arg z| \leqq \frac{\pi}{2\varrho}$. Man kann jedoch auch bei einem Winkel der Öffnung $\frac{\pi}{\varrho}$ eine Abschätzung des absoluten Betrages von $f(z)$ im Innern dieses Winkels angeben, die vom Typus der Funktion abhängt.

Lehrsatz 22. *Wenn $f(z)$ eine Funktion der Ordnung ϱ und vom Typus $\sigma \geqq 0$, holomorph im Innern des Winkels $|\arg z| \leqq \frac{\pi}{2\varrho}$ ist, und wenn auf den Schenkeln dieses Winkels*

$$\left|f\left(r\, e^{\pm i \frac{\pi}{2\varrho}}\right)\right| \leqq M$$

gilt, so besteht im Inneren des ganzen Winkels die Ungleichung

$$|f(r\, e^{i\vartheta})| \leqq M\, e^{\sigma r^{\varrho} \cos \varrho \vartheta} \quad \left(|\vartheta| \leqq \frac{\pi}{2\varrho}\right).$$

Dabei kann der Winkel $|\arg z| \leqq \frac{\pi}{2\varrho}$ gewiß durch jeden anderen Winkel von der Öffnung $\frac{\pi}{\varrho}$ ersetzt werden.

Beweis. Die Funktion

$$\varphi_\varepsilon(z) = e^{-(\sigma+\varepsilon) z^{\varrho}} f(z)$$

ist beschränkt auf den Schenkeln des Winkels $|\arg z| \leqq \frac{\pi}{2\varrho}$ und außerdem beschränkt auf der positiven reellen Achse.

Wenden wir auf diese Funktion den Lehrsatz 21 im Innern eines jeden der Winkel $0 \leqq \arg z \leqq \frac{\pi}{2\varrho}$ und $-\frac{\pi}{2\varrho} \leqq \arg z \leqq 0$ an, so überzeugen wir uns, daß $\varphi_\varepsilon(z)$ im Innern des ganzen Winkels beschränkt ist. Folglich ist nach dem Lehrsatz 20 im Innern dieses Winkels

$$|\varphi_\varepsilon(z)| \leqq M$$

oder

$$|f(z)| \leqq M\, e^{(\sigma+\varepsilon) r^{\varrho} \cos \varrho \vartheta} \quad \left(|\vartheta| \leqq \frac{\pi}{2\varrho}\right)$$

und endlich, weil ε willkürlich gewählt wurde,

$$|f(z)| \leqq M\, e^{\sigma r^{\varrho} \cos \varrho \vartheta}.$$

Ist insbesondere $f(z)$ eine Funktion der Ordnung 1 und vom Typus σ in der oberen Halbebene ($\operatorname{Im} z \geqq 0$), die beschränkt ist auf der reellen Achse

$$|f(x)| \leqq M \quad (-\infty < x < \infty),$$

so gilt in der ganzen Halbebene $\operatorname{Im} z \geqq 0$

$$|f(z)| \leqq M\, e^{\sigma \operatorname{Im} z}. \tag{1.63}$$

Bei $\sigma = 0$ kann man den Lehrsatz 22 als eine Verstärkung des Lehrsatzes 21 betrachten. Tatsächlich unterscheidet er sich in diesem Fall vom Lehrsatz 21 dadurch, daß die Forderung, die Ordnung der Funktion $f(z)$ sei im Innern des Winkels kleiner als $\frac{\pi}{\alpha}$ hier durch eine schwächere Forderung ersetzt ist, sie sei im Innern dieses Winkels bei der Ordnung $\varrho = \frac{\pi}{\alpha}$ höchstens vom Minimaltypus.[1])

Folgerung. *Ist von einer ganzen Funktion $f(z)$ die Ordnung nicht höher als Eins und ist sie vom Minimaltypus, und ihr absoluter Betrag auf irgend einer Geraden beschränkt, so ist sie eine Konstante.*

Tatsächlich ist in diesem Fall $|f(z)|$ in jeder der Halbebenen beschränkt, in welche diese Gerade die Ebene teilt, d. h., $|f(z)|$ ist in der ganzen Ebene beschränkt und ist nach dem bekannten Lehrsatz von LIOUVILLE eine Konstante.

Wir bemerken noch, daß man durch ganz analoge Betrachtungen folgenden Satz von PHRAGMEN und LINDELÖF für einen Streifen beweisen kann:

$f(z)$ sei eine holomorphe Funktion im Streifen $|y| \leqq \gamma$, wobei

$$|f(x \pm i\,\gamma)| \leqq M \quad \text{und} \quad |f(x + i\,y)| \leqq N\, e^{e^{k|x|}}$$

($M > 0$ und $N > 0$) und $0 \leqq k < \frac{\pi}{2\gamma}$. Dann ist $|f(z)| \leqq M$ im ganzen Streifen.

Wählen wir

$$\omega(z) = e^{-e^{\sigma z}} \quad \left(k < \sigma < \frac{\pi}{2\gamma}\right),$$

so bekommen wir

$$|\omega(z)|^\delta = e^{-\delta e^{\sigma x} \cos \sigma y} \quad (\delta > 0)\,.$$

Setzen wir $M_1 = \text{Max}\, |f(i\,y)|$ bei $-\gamma \leqq y \leqq \gamma$ und $M_2 = \max\,(M, M_1)$, so bekommen wir nach dem Maximumprinzip des absoluten Betrages

$$|f(z)\,[\omega(z)]^\delta| \leqq M_2$$

im ganzen Halbstreifen $x \geqq 0$, $|y| \leqq \gamma$. Infolge des allgemeinen Prinzips von PHRAGMEN und LINDELÖF bekommen wir $|f(z)| \leqq M_2$ bei $x \geqq 0$, $|y| \leqq \gamma$.

Ebenso wird diese Ungleichung für den linken Halbstreifen $x \leqq 0$, $|y| \leqq \gamma$ bewiesen. Nach Lehrsatz 20 folgt hieraus

$$|f(z)| \leqq M$$

bei $|y| \leqq \gamma$.

§ 15. Der Indikator einer Funktion

Zur Charakterisierung der Abhängigkeit des Wachstums einer Funktion endlicher Ordnung ϱ, welche im Innern eines Winkels $\vartheta_1 \leqq \arg z \leqq \vartheta_2$ holomorph ist,

---

[1]) In den Lehrsätzen 21 und 22 kann man die Ordnung ϱ durch die „untere Ordnung"

$$\lambda = \underline{\lim}_{r \to \infty} \frac{\ln \ln M\,(r, \alpha, \beta)}{\ln r}$$

ersetzen.

von der Richtung, in welcher der Punkt z ins Unendliche strebt, haben PHRAGMEN und LINDELÖF [1] die Funktion

$$h_f(\vartheta) = \overline{\lim_{r\to\infty}} \frac{\ln |f(r e^{i\vartheta})|}{r^\varrho} \qquad (\vartheta_1 \leqq \vartheta \leqq \vartheta_2) \tag{1.64}$$

eingeführt, welche man als den Indikator der Funktion $f(z)$ bezeichnet. Wir bemerken, daß der Indikator einer Funktion vom Normaltypus im Innern eines Winkels nach oben begrenzt ist, und für ganze Funktionen vom Normaltypus ist er auch nach unten beschränkt, infolge des Lehrsatzes 11.

Unmittelbar aus der Definition des Indikators einer Funktion folgt, daß der Indikator des Produktes zweier Funktionen $f(z)$ und $\varphi(z)$ derselben Ordnung nicht größer ist als die Summe der Indikatoren der Faktoren:

$$h_{\varphi f}(\vartheta) \leqq h_\varphi(\vartheta) + h_f(\vartheta)\,, \tag{1.65}$$

und der Indikator der Summe zweier Funktionen ist bei gegebenem ϑ nicht größer als der größte der Indikatoren der Summanden:

$$h_{f+\varphi}(\vartheta) \leqq \max\bigl(h_f(\vartheta), h_\varphi(\vartheta)\bigr)\,. \tag{1.66}$$

Wir prüfen die zweite dieser Behauptungen:

$$\begin{aligned} h_{f+\varphi}(\vartheta) &= \overline{\lim_{r\to\infty}} \frac{\ln |f(r e^{i\vartheta}) + \varphi(r e^{i\vartheta})|}{r^\varrho} \\ &\leqq \overline{\lim_{r\to\infty}} \frac{\ln \{2 \max [|f(r e^{i\vartheta})|\,;\,|\varphi(r e^{i\vartheta})|]\}}{r^\varrho} \leqq \max\,[h_f(\vartheta)\,;\, h_\varphi(\vartheta)]\,. \end{aligned}$$

Außerdem kann man leicht nachweisen, daß in (1.66) das Gleichheitszeichen steht, wenn für irgendeinen Wert von ϑ die Indikatoren der Summanden nicht gleich sind.

Für die Funktion

$$f(z) = e^{(a-ib)z^\varrho}\,,$$

die holomorph ist im Inneren eines beliebigen Winkels $\alpha \leqq \vartheta \leqq \beta$, $\beta - \alpha \leqq 2\pi$, ist

$$|f(r e^{i\vartheta})| = e^{(a\cos\varrho\vartheta + b\sin\varrho\vartheta) r^\varrho}\,,$$

und ihr Indikator ist gleich

$$a \cos \varrho\,\vartheta + b \sin \varrho\,\vartheta\,.$$

Einen solchen Indikator nennen wir einen „trigonometrischen" Indikator, und den Ausdruck $a \cos \varrho\,\vartheta + b \sin \varrho\,\vartheta$ bezeichnen wir mit $H(\vartheta)$. Es ist leicht einzusehen, daß die Funktion $H(\vartheta)$, welche in den Punkten ϑ_1 und ϑ_2 die Werte h_1 und h_2 annimmt, durch die Gleichung

$$H(\vartheta) = \frac{h_1 \sin \varrho(\vartheta_2 - \vartheta) + h_2 \sin \varrho(\vartheta - \vartheta_1)}{\sin \varrho(\vartheta_2 - \vartheta_1)} \tag{1.67}$$

gegeben ist.

Hilfssatz 6. *$h_f(\vartheta)$ sei der Indikator einer Funktion der Ordnung ϱ, welche holomorph ist im Innern des Winkels $\vartheta_1 \leqq \vartheta \leqq \vartheta_2$, $\vartheta_2 - \vartheta_1 < \frac{\pi}{\varrho}$, und es sei*

$$h_f(\vartheta_1) \leqq h_1 , \quad h_f(\vartheta_2) \leqq h_2 .$$

Es sei die Funktion $H(\vartheta)$ durch die Gleichung (1.67) *definiert. Dann ist für alle ϑ im offenen Intervall $(\vartheta_1, \vartheta_2)$*

$$h(\vartheta) \leqq H(\vartheta) . \tag{1.68}$$

Diese Eigenschaft bezeichnet man als die *trigonometrische Konvexität.*

Beweis. Wir konstruieren die Funktion

$$H_\delta(\vartheta) = a_\delta \cos \varrho\, \vartheta + b_\delta \sin \varrho\, \vartheta ,$$

welche in den Punkten ϑ_1 und ϑ_2 die Werte $h_1 + \delta$ und $h_2 + \delta$ annimmt $(\delta > 0)$. Die Funktion

$$\varphi(z) = f(z)\, e^{-(a_\delta - i b_\delta) z^\varrho}$$

hat den Indikator[1])

$$h_\varphi(\vartheta) = h_f(\vartheta) - H_\delta(\vartheta) .$$

Auf diese Weise strebt die Funktion $\varphi(z)$ entlang der Strahlen $\arg z = \vartheta_1, \vartheta_2$ gegen Null.

Nach dem Lehrsatz von Phragmén und Lindelöf ist $\varphi(z)$ im Inneren des ganzen Winkels $\vartheta_1 \leqq \arg z \leqq \vartheta_2$ beschränkt, und folglich ist ihr Indikator nicht größer als Null. Auf diese Weise ist bei jedem beliebigen $\delta > 0$

$$h_f(\vartheta) \leqq H_\delta(\vartheta) , \quad \vartheta_1 \leqq \vartheta \leqq \vartheta_2 ,$$

woraus (1.68) folgt.

Aus dem Hilfssatz 6 folgt, daß der Indikator einer Funktion bei allen Bedeutungen von ϑ aus dem Intervall $\vartheta_1 \leqq \vartheta \leqq \vartheta_2$ nach oben beschränkt ist, wenn er für $\vartheta = \vartheta_1, \vartheta_2 \left(\vartheta_2 - \vartheta_1 < \frac{\pi}{\varrho}\right)$ endlich ist. Außerdem ist

$$h(\vartheta) = -\infty$$

im ganzen offenen Intervall $(\vartheta_1, \vartheta_2)$, wenn bei irgendeinem Wert $\vartheta = \vartheta_0$ des Intervalles $\vartheta_1 \leqq \vartheta \leqq \vartheta_2$ $h(\vartheta_0) = -\infty$ ist.

Diese letzte Behauptung bekommt man leicht, wenn man ϑ_0 als einen Endpunkt des Intervalles annimmt und die Betrachtungen des Hilfssatzes 6 unwesentlich abändert. Bisweilen ist folgende äquivalente Formulierung des Hilfssatzes 6 bequem:

Wenn

$$\vartheta_1 < \vartheta_2 < \vartheta_3 , \quad \vartheta_3 - \vartheta_1 < \frac{\pi}{\varrho} \quad \text{und} \quad h(\vartheta_1) \leqq H(\vartheta_1) , \quad h(\vartheta_2) \geqq H(\vartheta_2) ,$$

---

[1]) Wir benutzen hier folgende allgemeine Tatsache: Wenn der Grenzwert $\lim\limits_{r \to \infty} \varphi(r)$ existiert, so ist

$$\overline{\lim_{r \to \infty}}\, [f(r) \pm \varphi(r)] = \overline{\lim_{r \to \infty}}\, f(r) \pm \lim_{r \to \infty} \varphi(r).$$

so ist

$$h(\vartheta_3) \geqq H(\vartheta_3)\,.$$

Aus dieser Formulierung folgt, daß, wenn $h(\vartheta_2) = \infty$ ist, dann auch $h(\vartheta) = \infty$ innerhalb eines gewissen Winkels, der den Strahl $\vartheta = \vartheta_2$ enthält.

§ 16. Die Grundbeziehung für den Indikator und die analytischen Eigenschaften des Indikators

Unter Benutzung der Gleichung (1.67) kann man den Hilfssatz 6 über die trigonometrische Konvexität des Indikators in folgender symmetrischer Form formulieren:

Lehrsatz 23. *Der Indikator $h_f(\vartheta)$ einer Funktion $f(z)$, welche im Inneren des Winkels $\vartheta_1 \leqq \arg z \leqq \vartheta_3$, $\vartheta_3 - \vartheta_1 < \frac{\pi}{\varrho}$ holomorph und von der Ordnung ϱ ist, genügt der Beziehung*

$$h(\vartheta_1) \sin \varrho(\vartheta_2 - \vartheta_3) + h(\vartheta_2) \sin \varrho(\vartheta_3 - \vartheta_1) + h(\vartheta_3) \sin \varrho(\vartheta_1 - \vartheta_2) \leqq 0 \quad (1.69)$$

bei $\vartheta_1 < \vartheta_2 < \vartheta_3$.

Die Ungleichung (1.69) nennen wir die Grundbeziehung für den Indikator. Diese Ungleichung ändert sich nicht bei der zyklischen Vertauschung der Größen $\vartheta_1, \vartheta_2, \vartheta_3$ und ändert das Vorzeichen bei einer Vertauschung von zwei beliebigen dieser Größen.

Aus der Grundbeziehung gewinnen wir eine Reihe analytischer Eigenschaften von trigonometrisch konvexen Funktionen, ähnlich wie sie sich für gewöhnliche konvexe Funktionen ergeben

Dazu formen wir zuerst die Grundbeziehung folgendermaßen um:

$$h(\vartheta) \sin \varrho(\vartheta_3 - \vartheta_1) + h(\vartheta_3) \sin \varrho(\vartheta_1 - \vartheta) + h(\vartheta_1)\,[\sin \varrho(\vartheta_1 - \vartheta_3) - \sin \varrho(\vartheta_1 - \vartheta)]$$
$$\leqq 4\, h(\vartheta_1) \sin \varrho \frac{\vartheta_3 - \vartheta_1}{2} \cdot \sin \varrho \frac{\vartheta - \vartheta_1}{2} \cdot \sin \varrho \frac{\vartheta_3 - \vartheta}{2} \qquad (\vartheta_1 < \vartheta < \vartheta_3) \quad (1.70)$$

Wir dividieren die beiden Teile der Ungleichung durch

$$\sin \varrho(\vartheta - \vartheta_1) \sin \varrho(\vartheta_3 - \vartheta_1)$$

und bekommen

$$\frac{h(\vartheta) - h(\vartheta_1)}{\sin \varrho\,(\vartheta - \vartheta_1)} \leqq \frac{h(\vartheta_3) - h(\vartheta_1)}{\sin \varrho\,(\vartheta_3 - \vartheta_1)} + h(\vartheta_1) \sin \varrho \frac{\vartheta_3 - \vartheta}{2} \sec \varrho \frac{\vartheta_3 - \vartheta_1}{2} \sec \varrho \frac{\vartheta - \vartheta_1}{2}\,. \quad (1.71)$$

Durch Vertauschung der Größen ϑ_1 und ϑ und unter Berücksichtigung des Vorzeichens des Divisors kann man zeigen, daß die Ungleichung (1.71) auch für $\vartheta < \vartheta_1 < \vartheta_3$ gilt.

Bei $\vartheta_3 < \vartheta_1 < \vartheta$ und bei $\vartheta_3 < \vartheta < \vartheta_1$ verwandelt sich das Ungleichheitszeichen in (1.71) in das entgegengesetzte.

Wir wollen folgende Eigenschaften der trigonometrisch konvexen Funktionen $h(\vartheta)$, die auf einem gewissen offenen Intervall beschränkt sind, feststellen:

a) *Die Funktion $h(\vartheta)$ ist stetig.*

Es genügt offensichtlich, diese Eigenschaft für ein offenes Intervall der Länge kleiner als $\frac{\pi}{\varrho}$ nachzuweisen.

Schreiben wir (1.71) für $\vartheta_1 < \vartheta < \vartheta_2$ und für $\vartheta_3 < \vartheta_1 < \vartheta$, so bekommen wir, daß bei $\vartheta > \vartheta_1$ das Verhältnis

$$\frac{h(\vartheta) - h(\vartheta_1)}{\sin \varrho\,(\vartheta - \vartheta_1)}$$

beschränkt ist. Schreiben wir (1.71) für die beiden anderen Fälle, so bekommen wir, daß dieses Verhältnis auch bei $\vartheta < \vartheta_1$ beschränkt ist. Aus der Beschränktheit dieses Verhältnisses folgt offensichtlich die Stetigkeit von $h(\vartheta)$.

b) *$h(\vartheta)$ hat in jedem Punkt eine linksseitige und eine rechtsseitige Ableitung.*

Beweis. Wir bezeichnen

$$k = \max\left[\frac{\varrho}{2}\, h(\vartheta)\, \sec^2 \varrho\, q\right]$$

bei $|\vartheta_3 - \vartheta_1| \leqq q < \frac{\pi}{\varrho}$ und $\vartheta_1 < \vartheta < \vartheta_3$. Aus der Ungleichung (1.71) kann man

$$\frac{h(\vartheta) - h(\vartheta_1)}{\sin \varrho\,(\vartheta - \vartheta_1)} \leq \frac{h(\vartheta_3) - h(\vartheta_1)}{\sin \varrho\,(\vartheta_3 - \vartheta_1)} + k \cdot [(\vartheta_3 - \vartheta_1) - (\vartheta - \vartheta_1)] \tag{1.72}$$

bekommen, und folglich ist die beschränkte Größe

$$r(\vartheta, \vartheta_1) = \frac{h(\vartheta) - h(\vartheta_1)}{\sin \varrho\,(\vartheta - \vartheta_1)} + k(\vartheta - \vartheta_1)$$

monoton abnehmend für $\vartheta \to \vartheta_1 + 0$. Hieraus folgt, daß es einen Grenzwert gibt

$$h'_+(\vartheta_1) = \lim_{\vartheta \to \vartheta_1 + 0} [\varrho\, r(\vartheta, \vartheta_1)]\,.$$

Analog wird die Existenz der linksseitigen Ableitung bewiesen.

c) *In jedem Punkt ist die rechtsseitige Ableitung nicht kleiner als die linksseitige Ableitung:*

$$h'_+(\vartheta_1) \geqq h'_-(\vartheta_1)\,.$$

Diese Ungleichung ergibt sich unmittelbar, wenn man (1.71) bei $\vartheta < \vartheta_1 < \vartheta_3$ aufschreibt und zum Grenzwert bei $\vartheta \to \vartheta_1 - 0$ sowie bei $\vartheta_3 \to \vartheta_1 + 0$ übergeht.

d) *Die Ableitung $h'_+(\vartheta)$ ist von rechts stetig, und die Ableitung $h'_-(\vartheta)$ ist von links stetig.*

Beweis. Wählen wir $\vartheta_1 < \vartheta < \vartheta_3$, so können wir analog (1.71)

$$\frac{h(\vartheta) - h(\vartheta_3)}{\sin \varrho(\vartheta - \vartheta_3)} \geqq \frac{h(\vartheta_1) - h(\vartheta_3)}{\sin \varrho(\vartheta_1 - \vartheta_3)} - h(\vartheta_3) \sin \varrho\, \frac{\vartheta - \vartheta_1}{2} \sec \varrho\, \frac{\vartheta_1 - \vartheta_3}{2} \sec \varrho\, \frac{\vartheta - \vartheta_3}{2}$$

oder

$$\frac{h(\vartheta) - h(\vartheta_3)}{\sin \varrho(\vartheta - \vartheta_3)} \geqq \frac{h(\vartheta_1) - h(\vartheta_3)}{\sin \varrho(\vartheta_1 - \vartheta_3)} - k(\vartheta - \vartheta_1) \tag{1.73}$$

bekommen.

Gehen wir zum Grenzwert bei $\vartheta \to \vartheta_3 - 0$ über, so bekommen wir

$$h'_-(\vartheta_3) \geqq \varrho\, r(\vartheta_1, \vartheta_3) - \varrho\, k(\vartheta_3 - \vartheta_1)\,.$$

Analog bekommen wir aus (1.72)

$$h'_+(\vartheta_1) \leqq \varrho\, r(\vartheta_1, \vartheta_3) + \varrho\, k(\vartheta_3 - \vartheta_1).$$

Aus den beiden letzten Ungleichungen folgt

$$h'_-(\vartheta_3) - h'_+(\vartheta_1) \geqq -2\, k\, \varrho(\vartheta_3 - \vartheta_1)\,. \tag{1.74}$$

Durch Vergleich dieser Ungleichung mit der Eigenschaft c) schließen wir, daß die Funktionen

$$h'_+(\vartheta) + 2\, k\, \varrho\, \vartheta \quad \text{und} \quad h'_-(\vartheta) + 2\, k\, \varrho\, \vartheta$$

auf dem abgeschlossenen Intervall $[\vartheta_1, \vartheta_1 + q]$ nichtabnehmend sind. Auf diese Weise existieren die Grenzwerte $h'_-(\vartheta - 0)$ und $h'_+(\vartheta + 0)$.

Gehen wir in den Gleichungen

$$\frac{h(\vartheta + s) - h(\vartheta)}{s} = \frac{1}{s} \int\limits_{\vartheta}^{\vartheta + s} h'_+(\vartheta) \cdot d\vartheta$$

und

$$\frac{h(\vartheta - s) - h(\vartheta)}{-s} = \frac{1}{s} \int\limits_{\vartheta - s}^{\vartheta} h'_-(\vartheta)\, d\vartheta$$

zum Grenzwert bei $s \to +0$ über, so bekommen wir

$$h'_+(\vartheta) = h'_+(\vartheta + 0) \quad \text{und} \quad h'_-(\vartheta) = h'_-(\vartheta - 0)\,.$$

e) *Die Funktion $h(\vartheta)$ hat überall eine Ableitung außer in höchstens abzählbar vielen Punkten.*

Zum Beweis schreiben wir (1.74) in der Form

$$h'_+(\vartheta_1) - h'_-(\vartheta_1) - 2\, k\, \varrho(\vartheta_3 - \vartheta_1) \leqq h'_-(\vartheta_3) - h'_-(\vartheta_1)\,.$$

Ist ϑ_1 eine Stetigkeitsstelle von $h'_-(\vartheta)$, so ist

$$h'_+(\vartheta_1) \leqq h'_-(\vartheta_1)\,.$$

Indem wir das mit der Eigenschaft c) vergleichen, schließen wir, daß $h(\vartheta)$ an allen Stetigkeitsstellen der monotonen Funktion $h'_-(\vartheta) + 2\, k\, \varrho\, \vartheta$ eine Ableitung hat, d. h. überall mit Ausnahme von höchstens abzählbar vielen Punkten.

f) *Ist ϑ_0 ein Punkt, in welchem die Funktion $h(\vartheta)$ ein Maximum oder ein Minimum hat, so ist für $|\vartheta - \vartheta_0| \leqq \frac{\pi}{\varrho}$*

$$h(\vartheta) \geqq h(\vartheta_0) \cos \varrho(\vartheta - \vartheta_0)\,.$$

Tatsächlich ist bei einem Maximum $h'(\vartheta_0) = 0$ und bei einem Minimum $h'_+(\vartheta_0) \geqq 0 \geqq h'_-(\vartheta_0)$. Setzen wir in (1.71) $\vartheta_1 = \vartheta_0$ ein und gehen wir zum Grenzwert bei $\vartheta \to \vartheta_0 + 0$ über, so bekommen wir

$$\frac{h(\vartheta_3) - h(\vartheta_0)}{\sin \varrho(\vartheta_3 - \vartheta_0)} + h(\vartheta_0) \sin \varrho\, \frac{\vartheta_3 - \vartheta_0}{2} \sec \varrho\, \frac{\vartheta_3 - \vartheta_0}{2} \geqq \frac{1}{\varrho}\, h'_+(\vartheta_0) \geqq 0$$

oder

$$h(\vartheta_3) \geqq h(\vartheta_0) \cos \varrho\, (\vartheta_3 - \vartheta_0) \quad \text{bei} \quad 0 < \vartheta_3 - \vartheta_0 < \frac{\pi}{\varrho}\,.$$

Analog bekommt man eine Abschätzung links vom Punkt ϑ_0.

Wir bemerken, daß wenn $h(\vartheta)$ im Punkt ϑ_0 ein Maximum hat, und $h(\vartheta_0) = 0$ ist, dann folgt aus der bewiesenen Eigenschaft, daß $h(\vartheta) \equiv 0$ ist in einer gewissen Umgebung des Punktes ϑ_0.[1])

g) *Für beliebige* α *und* β $(\alpha < \beta)$ *ist*

$$h'_-(\beta) - h'_+(\alpha) + \varrho^2 \int_\alpha^\beta h(\vartheta)\, d\vartheta \geqq 0\,, \tag{1.75}$$

wobei das Gleichheitszeichen nur bei

$$h(\vartheta) = a \cos \varrho\, \vartheta + b \sin \varrho\, \vartheta \qquad (\alpha \leqq \vartheta \leqq \beta)$$

steht, wo a und b Konstanten sind.

Beweis. Aus der Ungleichung (1.71) folgt bei $\vartheta \to \vartheta_1$

$$\frac{1}{\varrho} h'_+(\vartheta_1) \leqq \frac{h(\vartheta_3) - h(\vartheta_1)}{\sin \varrho(\vartheta_3 - \vartheta_1)} + h(\vartheta_1) \operatorname{tg} \varrho \frac{\vartheta_3 - \vartheta_1}{2}\,.$$

Nach der Vertauschung von ϑ_1 und ϑ_3 ergibt sich

$$\frac{1}{\varrho} h'_-(\vartheta_3) \geqq \frac{h(\vartheta_3) - h(\vartheta_1)}{\sin \varrho(\vartheta_3 - \vartheta_1)} - h(\vartheta_3) \operatorname{tg} \varrho \frac{\vartheta_3 - \vartheta_1}{2}$$

und nach der Subtraktion

$$\frac{1}{\varrho} [h'_-(\vartheta_3) - h'_+(\vartheta_1)] + [h(\vartheta_1) + h(\vartheta_3)] \operatorname{tg} \varrho \frac{\vartheta_3 - \vartheta_1}{2} \geqq 0\,. \tag{1.76}$$

Wir teilen das offene Intervall (α, β) durch Punkte $\vartheta_1, \vartheta_2, \ldots, \vartheta_{n-1}$ ein, in welchen die Ableitung $h'(\vartheta)$ existiert. Wir schreiben für jedes Teilintervall die Ungleichungen (1.76) und summieren diese Ungleichungen. Wir bekommen

$$h'_-(\beta) - h'_+(\alpha) + \varrho \sum_{j=0}^{n-1} [h(\vartheta_j) + h(\vartheta_{j+1})] \operatorname{tg} \varrho \frac{\vartheta_{j+1} - \vartheta_j}{2} \geqq 0\,,$$
$$(\alpha = \vartheta_0\,, \quad \beta = \vartheta_n)\,.$$

Um die Ungleichung (1.75) zu erhalten, müssen wir den Grenzübergang bei $\max |\vartheta_{j+1} - \vartheta_j| \to 0$ vornehmen.

Es sei für gewisse α und β $(\beta > \alpha)$

$$s(\alpha, \beta) = h'_-(\beta) - h'_+(\alpha) + \varrho^2 \int_\alpha^\beta h(\vartheta)\, d\vartheta = 0\,.$$

Da bei $\alpha < \vartheta < \beta$

$$s(\alpha, \beta) = s(\alpha, \vartheta) + s(\vartheta, \beta) + h'_+(\vartheta) - h'_-(\vartheta)$$

und

$$s(\alpha, \vartheta) \geqq 0\,, \quad s(\vartheta, \beta) \geqq 0\,, \quad h'_+(\vartheta) - h'_-(\vartheta) \geqq 0$$

ist, so ist

$$h'_-(\vartheta) + \varrho^2 \int_\alpha^\vartheta h(\vartheta)\, d\vartheta = h'_+(\alpha)$$

---

[1]) Aus der Eigenschaft f) folgt mit Leichtigkeit, daß die Intervalle, in welchen $h(\theta) > 0$ ist, nicht kürzer als $\frac{\pi}{\varrho}$ sind, und die Intervalle, in welchen $h(\theta) < 0$ ist, nicht länger als $\frac{\pi}{\varrho}$.

oder

$$h''(\vartheta) + \varrho^2 h(\vartheta) = 0 .$$

Auf diese Weise wird das Gleichheitszeichen in (1.75) nur bei

$$h(\vartheta) = a \cos \varrho \vartheta + b \sin \varrho \vartheta$$

stehen.

Die Eigenschaft g) ist eine charakteristische Eigenschaft trigonometrisch konvexer Funktionen. Anders gesagt, damit eine Funktion $h(\vartheta)$ bei einem gewissen ϱ auf einem offenen Intervall (α, β) eine trigonometrisch konvexe Funktion sei, ist notwendig und hinreichend, daß die Funktion

$$s(\vartheta) = h'(\vartheta) + \varrho^2 \int^{\vartheta} h(\varphi)\, d\varphi \tag{1.77}$$

in diesem Intervall nichtabnehmend ist.

Wir brauchen nur zu beweisen, daß diese Bedingung hinreichend ist.

Wir nehmen zuerst an, $s(\vartheta)$ sei eine differenzierbare Funktion. Dann ist

$$h''(\vartheta) + \varrho^2 \cdot h(\vartheta) = s'(\vartheta) . \tag{1.77'}$$

Die Greensche Funktion[1]) $G(\psi, \vartheta)$ des Differentialoperators $h'' + \varrho^2 h$, die im Intervall $\vartheta_1 < \vartheta < \vartheta_3$, $\left(0 < \vartheta_1 < \vartheta_3 < \frac{\pi}{\varrho}\right)$ den Randbedingungen $G(\vartheta_1, \vartheta) = G(\vartheta_3, \vartheta) = 0$ genügt, hat die Form

$$G(\psi, \vartheta) = \begin{cases} \dfrac{\sin \varrho(\vartheta_3 - \vartheta) \sin \varrho(\psi - \vartheta_1)}{\varrho \sin \varrho(\vartheta_1 - \vartheta_3)} & \text{bei } \psi < \vartheta , \\ \dfrac{\sin \varrho(\vartheta - \vartheta_1) \sin \varrho(\vartheta_3 - \psi)}{\varrho \sin \varrho(\vartheta_1 - \vartheta_3)} & \text{bei } \psi > \vartheta . \end{cases}$$

Die Lösung der Gleichung (1.77) kann man in der Form schreiben:

$$h(\vartheta) = \frac{h(\vartheta_1) \sin \varrho(\vartheta_3 - \vartheta) + h(\vartheta_3) \sin \varrho(\vartheta - \vartheta_1)}{\sin \varrho\,(\vartheta_3 - \vartheta_1)} + \int_{\vartheta_1}^{\vartheta_3} G(\psi, \vartheta)\, ds(\psi) . \tag{1.78}$$

Wenn $s(\vartheta)$ keine differenzierbare Funktion ist, so bekommen wir durch Approximation durch nichtabnehmende differenzierbare Funktionen und durch den Grenzübergang in (1.78) auch in diesem Falle eine Darstellung der Funktion $h(\vartheta)$ in der Form (1.78).

Da $G(\psi, \vartheta) < 0$ bei $\vartheta_1 < \psi, \vartheta < \vartheta_3$ ist und $s(\psi)$ eine nichtabnehmende Funktion, so folgt aus (1.78)

$$h(\vartheta) \leqq \frac{h(\vartheta_1) \sin \varrho(\vartheta_3 - \vartheta) + h(\vartheta_3) \sin \varrho(\vartheta - \vartheta_1)}{\sin \varrho\,(\vartheta_3 - \vartheta_1)} . \tag{1.79}$$

$h(\vartheta)$ ist eine trigonometrisch konvexe Funktion in jedem offenen Intervall, in dem

$$h'(\vartheta) + \varrho^2 \int^{\vartheta} h(\vartheta)\, d\vartheta$$

eine nichtabnehmende Funktion ist.

[1]) Über die Greensche Funktion siehe z.B. bei G. Sansone [1].

Das Gleichheitszeichen in (1.79) auch nur für einen Wert $\vartheta \neq \vartheta_1, \vartheta_2$ ist nur möglich, wenn das Integral in (1.78) verschwindet, d. h. wenn $s(\vartheta)$ einen konstanten Wert im Intervall $\vartheta_1 < \psi < \vartheta_3$ behält, mit anderen Worten, wenn $h(\vartheta) = A \cos \varrho \vartheta + B \sin \varrho \vartheta$ ist.

Die Formel (1.78) bleibt richtig auch für $\vartheta_3 - \vartheta_1 > \frac{\pi}{\varrho}$. Nur darf $\vartheta_3 - \vartheta_1$ kein ganzzahliges Vielfaches von $\frac{\pi}{\varrho}$ sein, da in diesem Falle die Greensche Funktion nicht existiert.

Wir zeigen jetzt, daß jeder nichtabnehmenden Funktion $S(\vartheta)$ eine periodische trigonometrisch konvexe Funktion $h(\vartheta)$ entspricht. Dazu muß man die Greensche Funktion des Operators $h'' + \varrho^2 h$ konstruieren, die den Randbedingungen

$$G(0, \vartheta) = G(2\pi, \vartheta) \quad \text{und} \quad G'_\psi(0, \vartheta) = G'_\psi(2\pi, \vartheta)$$

genügt. Bei nichtganzzahligem ϱ genügt die Funktion

$$G(\psi, \vartheta) = \frac{\pi}{2\varrho \sin \pi \varrho} \cos \varrho(\vartheta - \psi - \pi) \qquad (\vartheta - 2\pi < \psi \leqq \vartheta)$$

den Bedingungen

$$G(\vartheta - 2\pi, \vartheta) = G(\vartheta, \vartheta) \quad \text{und} \quad G'_\psi(\vartheta - 2\pi, \vartheta) - G'_\psi(\vartheta, \vartheta) = 1 .$$

Setzen wir diese Funktion periodisch mit der Periode 2π fort, so bekommen wir die erforderliche Greensche Funktion. Ist die Funktion $s(\psi)$ differenzierbar, so erscheint die Funktion

$$h(\vartheta) = \int_0^{2\pi} G(\psi, \vartheta)\, ds(\psi)$$

als die einzige periodische Lösung der Gleichung (1.77'). Ist die Funktion $s(\psi)$ nicht differenzierbar, so überzeugen wir uns durch Approximation mit differenzierbaren Funktionen und den Grenzübergang, daß diese Darstellung auch im allgemeinen Falle gültig ist. Ist ϑ ein Stetigkeitspunkt von $s(\psi)$, so kann die Integration von Null bis 2π durch die Integration von $\vartheta - 2\pi$ bis ϑ ersetzt werden, wenn wir dabei $s(\vartheta + 2\pi) = s(2\pi) - s(0) + s(\vartheta)$ setzen. Dann bekommen wir

$$h(\vartheta) = \frac{1}{2\varrho \sin \pi \varrho} \cdot \int_{\vartheta - 2\pi}^{\vartheta} \cos \varrho(\vartheta - \psi - \pi)\, ds(\psi) . \tag{1.80}$$

Die Formeln (1.77) und (1.80) sind gegenseitig invers und stellen eine Verbindung zwischen allen periodischen trigonometrisch konvexen Funktionen bei gegebenem nichtganzzahligem ϱ und allen nichtabnehmenden Funktionen auf dem Intervall $(0, 2\pi)$ dar.

Etwas umständlicher ist der Fall des ganzzahligen ϱ. Wir bemerken vor allem, daß in diesem Fall bei einer vorgegebenen trigonometrisch konvexen Funktion $h(\vartheta)$ mit der Periode 2π die Funktion $s(\vartheta)$, welche durch die Gleichung (1.77) bestimmt ist, der Bedingung

$$\int_0^{2\pi} e^{i\varrho\psi}\, ds(\psi) = 0 \tag{1.81}$$

genügen muß.

Es ist tatsächlich

$$\int_0^{2\pi} e^{i\varrho\psi}\, ds(\psi) = \varrho^2 \int_0^{2\pi} e^{i\varrho\psi}\, h(\psi)\, d\psi + \int_0^{2\pi} e^{i\varrho\psi}\, d\,\{h'(\psi)\}\,.$$

Daraus bekommen wir durch zweifache Anwendung der partiellen Integration auf das zweite Integral (1.81). Wir werden zeigen, daß jeder monotonen Funktion $s(\psi)$, welche der Bedingung (1.81) genügt, eine trigonometrisch konvexe Funktion mit der Periode 2π entspricht, welche die Gleichung (1.77) erfüllt. Jedoch kann man diese Lösung der Gleichung (1.77) nicht sofort wie im Falle des nichtganzzahligen ϱ konstruieren. Tatsächlich hat bei ganzzahligem ϱ die homogene Gleichung $h'' + \varrho^2 h = 0$ periodische Lösungen $\cos \varrho\vartheta$, $\sin \varrho\vartheta$, und deshalb existiert die Greensche Funktion nicht, die den periodischen Randbedingungen genügen würde. Jedoch kann man in diesem Falle eine verallgemeinerte Greensche Funktion konstruieren, welche periodische Lösungen der inhomogenen Gleichung (1.77′) liefert bei $s'(\vartheta)$ orthogonal zu den Lösungen der homogenen Gleichung $\cos \varrho\, \vartheta$, $\sin \varrho\, \vartheta$.

Zur Konstruktion dieser verallgemeinerten Greenschen Funktion bemerken wir, daß die Funktion

$$G_1(\psi, \vartheta) = \frac{1}{2\pi\varrho} (\vartheta - \psi) \sin \varrho(\vartheta - \psi) \qquad (\vartheta - 2\pi \leqq \psi \leqq \vartheta)$$

die Gleichung

$$G''_{1\,\vartheta\vartheta} + \varrho^2 G_1 = 2 \cos \varrho(\vartheta - \psi)$$

erfüllt. Außerdem ist

$$G_1(\vartheta - 2\pi, \vartheta) - G_1(\vartheta, \vartheta) = 0\,, \quad G'_{1\psi}(\vartheta - 2\pi, \vartheta) - G'_{\psi}(\vartheta, \vartheta) = 1\,.$$

Setzen wir die Funktion $G_1(\psi, \vartheta)$ periodisch mit der Periode 2π fort, so ergibt sich die verallgemeinerte Greensche Funktion. Auf diese Weise kann jede periodische Lösung der Gleichung (1.77′) in der Form

$$h(\vartheta) = \frac{1}{2\pi\varrho} \cdot \int_{\vartheta-2\pi}^{\vartheta} (\vartheta - \psi) \sin \varrho(\vartheta - \psi)\, ds(\psi) + A \cos\varrho\, \vartheta + B \sin \varrho\, \vartheta \quad (1.82)$$

dargestellt werden, falls $s(\psi)$ eine differenzierbare nichtabnehmende Funktion ist, welche der Bedingung (1.81) genügt. Es bleibt nur der Fall zu betrachten, daß $s(\vartheta)$ eine nichtdifferenzierbare monotone Funktion ist, die der Bedingung (1.81) genügt. In diesem Fall muß man $s(\vartheta)$ mit Hilfe differenzierbarer Funktionen approximieren, welche der Bedingung (1.81) genügen. Als approximierende Funktionen kann man z. B.

$$s_k(\vartheta) = \frac{1}{k} \int_{\vartheta}^{\vartheta+k} s(\varphi)\, d\varphi$$

nehmen. (Dabei wird angenommen, daß $s(\vartheta + 2\pi) = s(\vartheta) + s(2\pi) - s(0)$ ist.) Darauf führt man den Grenzübergang in der Formel (1.82) durch.

Auf diese Weise sind die Formeln (1.77) und (1.82) gegenseitig invers und stellen eine Beziehung zwischen allen periodischen, trigonometrisch konvexen

Funktionen $h(\vartheta)$ bei gegebenem ϱ und allen im offenen Intervall $(0,2\pi)$ nichtabnehmenden Funktionen $s(\vartheta)$ her, welche der Bedingung (1.81) genügen. Wir wollen das Ergebnis in Form eines Lehrsatzes formulieren:

Lehrsatz 24. *Die allgemeine Gestalt einer periodischen Funktion $h(\vartheta)$ mit der Periode 2π, welche für ein gewisses $\varrho > 0$ trigonometrisch konvex ist, wird bei nichtganzzahligem ϱ durch die Gleichung*

$$h(\vartheta) = \frac{1}{2\varrho \sin \pi \varrho} \int_{\vartheta - 2\pi}^{\vartheta} \cos \varrho(\vartheta - \psi - \pi)\, ds(\psi) \tag{1.80}$$

gegeben, wo $s(\psi)$ eine beliebige im Intervall $(\vartheta - 2\pi \leqq \psi < \vartheta)$ nichtabnehmende Funktion ist, bei ganzzahligem ϱ aber durch die Gleichung

$$h(\vartheta) = \frac{1}{2\pi\varrho} \int_{\vartheta - 2\pi}^{\vartheta} (\vartheta - \psi) \sin \varrho(\vartheta - \psi)\, ds(\psi) + A \cos \varrho\vartheta + B \sin \varrho\vartheta\,, \tag{1.82}$$

wo A und B Konstanten sind und $s(\psi)$ eine beliebige nichtabnehmende Funktion, welche der Bedingung

$$\int_0^{2\pi} e^{i\varrho\psi}\, ds(\psi) = 0 \tag{1.81}$$

genügt.

Die Funktion $s(\vartheta)$ wird durch $h(\vartheta)$ mit Hilfe der Formel

$$s(\vartheta) = h'(\vartheta) + \varrho^2 \int^{\vartheta} h(\varphi)\, d(\varphi) \text{ [1]}$$

ausgedrückt.

Der Lehrsatz 24 wird im Kapitel II benutzt.

Wir erwähnen zum Schluß noch eine fast offensichtliche Eigenschaft des Indikators, die man oft benutzen muß:

h) $$h\left(\vartheta + \frac{\pi}{\varrho}\right) + h(\vartheta) \geqq 0\,.$$

Diese Eigenschaft ergibt sich unmittelbar aus der Grundungleichung (1.69), wenn man $\vartheta_1 = \vartheta$, $\vartheta_2 = \vartheta + \frac{\pi}{2\varrho}$ und $\vartheta_3 = \vartheta + \frac{\pi}{\varrho}$ setzt.

§ 17. Hilfsfunktionen

Wir untersuchen spezielle ganze Funktionen, welche wir zum Studium des Indikators bei der verfeinerten Ordnung benötigen werden. Diese Funktionen werden in der Theorie der verfeinerten Ordnung dieselbe Rolle spielen wie die Funktionen

$$e^{Az^\varrho}$$

---

[1]) Man kann unmittelbar überprüfen, daß die durch die Formeln (1.80) und (1.82) dargestellten Funktionen der Gleichung (1.77) genügen. Das ergibt einen unabhängigen Beweis des Lehrsatzes 24, da bei nichtganzzahligem ϱ die periodische Lösung der Gleichung (1.77) eindeutig bestimmt ist, bei ganzzahligem ϱ aber ist sie bis auf einen Summanden von der Form $A \cos \varrho\vartheta + B \sin \varrho\vartheta$ bestimmt.

bei dem Studium der ganzen Funktionen der Ordnung ϱ und vom Normaltypus.[1]) Außerdem werden diese Funktionen eine Grundrolle im Kapitel II bei der Auffindung asymptotischer Formeln für Funktionen mit besonderer Regelmäßigkeit in der Verteilung der Nullstellen spielen.

Da wir den Logarithmus des kanonischen Produktes betrachten werden müssen, werden wir zur Absonderung des eindeutigen Zweiges dieser Funktion die Funktion

$$\ln G(u; p)$$

in der längs der positiven reellen Achse aufgeschnittenen u-Ebene definieren, indem wir am oberen Rand des Schnittes $\arg G(u; p) = 0$ setzen. Legen wir in der z-Ebene Schnitte, welche längs der vom Nullpunkt ausgehenden Strahlen von allen Nullstellen des kanonischen Produktes ins Unendliche gehen, so ist im erhaltenen sternförmigen Gebiet die Funktion

$$\ln \Pi(z) = \sum_1^{\infty} \ln G\left(\frac{z}{a_k}; p\right)$$

eindeutig bestimmt.

Wir werden vor allem einen asymptotischen Ausdruck für die Funktion $\ln \Pi(z)$ in dem Fall angeben, daß alle Nullstellen von $\Pi(z)$ auf einem Strahl liegen, die Menge der Nullstellen eine Dichte Δ hat und ϱ keine ganze Zahl ist.

Wir bemerken dabei, daß es nicht schwer ist, eine Folge von positiven Zahlen $\{a_k\}$ zu konstruieren, welche eine vorgegebene Dichte Δ bei gegebener verfeinerter Ordnung $\varrho(r)$ hat. Es genügt dazu a_k gleich der einzigen positiven Wurzel der Gleichung

$$k = \Delta\, r^{\varrho(r)}$$

zu setzen.

Um diese asymptotische Formel zu bekommen, benötigen wir zwei Hilfssätze.

Hilfssatz 7. *Ist eine Punktmenge in der Ebene $\{a_k\}$ so beschaffen, daß für ein gewisses $C > 0$ und die verfeinerte Ordnung $\varrho(r)$*

$$n(r) < C\, r^{\varrho(r)} \tag{1.83}$$

ist, und ist

$$f_\sigma(z) = \prod_{|a_k| < \sigma r} G\left(\frac{z}{a_k}; p\right) \quad (p < \varrho,\ \ \sigma < 1)\,, \tag{1.84}$$

so gilt asymptotisch

$$\ln |f_\sigma(z)| < C_p\, \sigma^{\varrho - p}\, r^{\varrho(r)}\,, \tag{1.85}$$

wobei die Konstante C_p nicht von σ abhängt.

Beweis. Bei $p > 0$ folgt aus der Ungleichung (1.21)

$$\ln |f_\sigma(z)| \le A_p\, r^{p+1} \int_0^{\sigma r} \frac{dn(t)}{t^p (t + r)}$$

[1]) Diese Funktionen wurden zum ersten Male von Valiron [3] konstruiert.

oder

$$\ln |f_\sigma(z)| \leqq A_p \frac{r^{p+1}\, n(\sigma r)}{(\sigma r)^p\,(1+\sigma)\, r} + A_p(p+1)\, r^{p+1} \int\limits_0^{\sigma r} \frac{n(t)\, dt}{t^{p+1}\,(t+r)}$$

$$< A_p\, C \frac{(\sigma r)^{\varrho(\sigma r)}}{\sigma^p(1+\sigma)} + A_p(p+1)\, c\, r^p \int\limits_0^{\sigma r} t^{\varrho(t)-p-1}\, dt\,.$$

Das letzte Integral kann man nach der Formel (1.53) berechnen, und folglich gilt asymptotisch

$$\ln |f_\sigma(z)| < C_p'\, \sigma^{\varrho - p}\, r^{\varrho(r)}\,, \tag{1.86}$$

wobei C_p' nicht von σ abhängt.

Bei $p = 0$ und $\varrho > 0$ ergibt sich die Ungleichung (1.86) analog aus (1.22).

Jetzt schätzen wir $\arg f_\sigma(z)$ ab. Wir haben

$$|\arg G(u;\, p)| < 2\pi + \sum_{k=1}^{p} \frac{|u|^k}{k} < A_p' |u|^p \text{ bei } |u| \geqq 1\,. \tag{1.87}$$

Hieraus bekommen wir

$$|\arg f_\sigma(z)| \leqq A_p'\, r^p \int\limits_0^{\sigma r} \frac{dn(t)}{t^p} + 2\pi\, n(\sigma r)\,.$$

Schätzen wir dieses Integral wie das vorhergehende ab, so bekommen wir

$$|\arg f_\sigma(z)| < C_p''\, \sigma^{\varrho - p}\, r^{\varrho(r)}\,. \tag{1.88}$$

Aus (1.86) und (1.88) folgt die Behauptung des Hilfssatzes.

Hilfssatz 8. *Die Menge* $\{a_k\}$ *genüge der Bedingung* (1.83), *und es sei*

$${}_\tau f(z) = \prod_{|a_k| \geqq \tau r} G\left(\frac{z}{a_k};\, p\right) \quad (\textit{bei } \tau > 2\,,\quad \varrho < p+1)\,.$$

Dann gilt asymptotisch

$$|\ln_\tau f(z)| < C^{(p)}\, \tau^{\varrho - p - 1}\, r^{\varrho(r)}\,,$$

wobei die Konstante $C^{(p)}$ *nicht von* τ *abhängt.*

Beweis. Aus der Entwicklung

$$\ln G(u;\, p) = -\frac{u^{p+1}}{p+1} - \frac{u^{p+2}}{p+2} - \cdots$$

folgt, daß bei $|u| < \frac{1}{2}$

$$|\ln G(u;\, p)\,| < \frac{2}{p+1} |u|^{p+1} \tag{1.89}$$

ist. Aus dieser Ungleichung folgt

$$|\ln_\tau f(z)| < \frac{2\, r^{p+1}}{p+1} \int\limits_{\tau r}^{\infty} \frac{dn(t)}{t^{p+1}} = -\frac{2}{p+1}\, r^{p+1} \frac{n(\tau r)}{(\tau r)^{p+1}} + 2\, r^{p+1} \int\limits_{\tau r}^{\infty} \frac{n(t)}{t^{p+2}}\, dt\,.$$

Anders ausgedrückt

$$|\ln_\tau f(z)| < 2\,C\,r^{p+1} \int_{\tau r}^{\infty} t^{\varrho(t)-p-2}\,dt\,,$$

und nach der Berechnung des Integrals gemäß der Regel (1.53')

$$\int_{\tau r}^{\infty} t^{\varrho(t)-p-2}\,dt = \frac{1}{p+1-\varrho}(\tau\,r)^{\varrho(\tau r)-p-1} + o\left((\tau\,r)^{\varrho(\tau r)-p-1}\right).$$

Hieraus bekommen wir, daß asymptotisch

$$|\ln_\tau f(z)| < \frac{3\,C}{p+1-\varrho}\,\tau^{\varrho-p-1} r^{\varrho(r)}$$

gilt.

Lehrsatz 25. *$\{a_k\}$ sei eine Punktmenge auf der positiven reellen Achse, die bei einer gewissen verfeinerten Ordnung $\varrho(r)$ (ϱ keine ganze Zahl) die Dichte*

$$\varDelta = \lim_{r\to\infty} \frac{n(r)}{r^{\varrho(r)}} \tag{1.90}$$

hat, und es sei

$$V(z) = \prod_{k=1}^{\infty} G\left(\frac{z}{a_k}\,;\ p\right) \quad (p < \varrho < p+1)\,.$$

Dann ist für $z = r\,e^{i\vartheta}$, $0 < \vartheta < 2\pi$

$$\lim_{r\to\infty} \frac{\ln V(r\,e^{i\vartheta})}{r^{\varrho(r)}} = \frac{\pi\,\varDelta}{\sin\pi\,\varrho}\,e^{i\varrho(\vartheta-\pi)}\,,$$

wobei die Konvergenz in jedem Intervall $0 < \eta < \vartheta < 2\pi - \eta$ gleichmäßig ist.

Beweis. Aus den Hilfssätzen 7 und 8 folgt, daß bei einem beliebigen $\varepsilon > 0$, genügend kleinem $\sigma > 0$ und genügend großem $\tau > 0$ asymptotisch

$$\left|\ln V(z) - \sum_{\sigma r < a_k < \tau r} \ln G\left(\frac{z}{a_k}\,;\ p\right)\right| < \frac{\varepsilon}{4}\,r^{\varrho(r)}\,, \tag{1.91}$$

ist. Die Summe auf der linken Seite von (1.91) kann man durch das Stieltjessche Integral darstellen:

$$\sum_{\sigma r < a_k < \tau r} \ln G\left(\frac{z}{a_k}\,;\ p\right) = \int_{\sigma r}^{\tau r} \ln G\left(\frac{z}{a_k}\,;\ p\right) dn(t)\,.$$

Nach der partiellen Integration ergibt sich

$$\sum_{\sigma r < a_k < \tau r} \ln G\left(\frac{z}{a_k}\,;\ p\right) = n(\tau\,r)\,\ln G\left(\frac{e^{i\vartheta}}{\tau}\,;\ p\right) - n(\sigma r)\ln G\left(\frac{e^{i\vartheta}}{\sigma}\,;\ p\right)$$

$$- z^{p+1} \int_{\sigma r}^{\tau r} \frac{n(t)\,dt}{t^{p+1}(t-z)} \quad (\vartheta = \arg z)\,. \tag{1.92}$$

Wir benutzen die asymptotische Abschätzung

$$n(\tau r) < (\varDelta + \varepsilon)\, \tau^{\varrho} \cdot r^{\varrho(r)},$$

welche aus (1.90) und der Eigenschaft 2 der verfeinerten Ordnung folgt. Aus dieser Abschätzung und der Ungleichung (1.89) folgt für genügend große τ die asymptotische Ungleichung

$$n(\tau r) \cdot \left|\ln G\left(\frac{e^{i\vartheta}}{\tau};\; p\right)\right| < \frac{\varepsilon}{8}\, r^{\varrho(r)}.$$

Analog folgt aus der asymptotischen Abschätzung

$$n(\sigma r) < (\varDelta + \varepsilon)\, \sigma^{\varrho}\, r^{\varrho(r)}$$

und den Ungleichungen (1.21) und (1.87) die asymptotische Ungleichung

$$n(\sigma r) \left|\ln G\left(\frac{e^{i\vartheta}}{\sigma};\; p\right)\right| < \frac{\varepsilon}{8}\, r^{\varrho(r)},$$

welche für alle genügend kleine Werte von σ richtig ist. Wir können jetzt zu (1.92) zurückkehrend

$$\left|\sum_{\sigma r < a_k < \tau r} \ln G\left(\frac{z}{a_k};\; p\right) - z^{p+1} \int_{\tau r}^{\sigma r} \frac{n(t)\, dt}{t^{p+1}(t - z)}\right| < \frac{\varepsilon}{4}\, r^{\varrho(r)} \qquad (1.93)$$

schreiben. Aus (1.90) folgt, daß für beliebige $\delta > 0$ und für alle genügend großen Werte von t

$$|n(t) - \varDelta t^{\varrho} L(t)| < \delta t^{\varrho} L(t)$$

gilt, und deshalb für $0 < \vartheta < 2\pi$

$$\left|z^{p+1} \int_{\sigma r}^{\tau r} \frac{n(t)}{t^{p+1}(t - z)}\, dt - \varDelta\, z^{p+1} \int_{\sigma r}^{\tau r} \frac{t^{\varrho - p - 1} L(t)}{t - z}\, dt\right| < \delta\, r^{p+1} \int_{\sigma r}^{\tau r} \frac{t^{\varrho - p - 1} L(t)\, dt}{|t - r e^{i\vartheta}|}.$$

Für $\sigma r \leqq t \leqq \tau r$ gilt

$$\lim_{r \to \infty} \frac{L(t)}{L(r)} = 1 \qquad (1.94)$$

und folglich asymptotisch

$$r^{p+1} \int_{\sigma r}^{\tau r} \frac{t^{\varrho - p - 1} L(t)\, dt}{|t - r e^{i\vartheta}|} < 2\, r^{p+1} L(r) \int_{\sigma r}^{\tau r} \frac{t^{\varrho - p - 1}\, dt}{|t - r e^{i\vartheta}|} = 2\, r^{\varrho} L(r) \int_{\sigma r}^{\tau r} \frac{u^{\varrho - p - 1}\, du}{|u - e^{i\vartheta}|}.$$

Auf diese Weise ergibt sich für $\eta > 0$ und $\eta \leqq \vartheta \leqq 2\pi - \eta$ und für genügend kleine $\delta > 0$ die asymptotische Ungleichung

$$\left|z^{p+1} \int_{\sigma r}^{\tau r} \frac{n(t)\, dt}{t^{p+1}(t - r e^{i\vartheta})} - \varDelta\, z^{p+1} \int_{\sigma r}^{\tau r} \frac{t^{\varrho - p - 1} L(t)\, dt}{t - r e^{i\vartheta}}\right| < \frac{\varepsilon}{8}\, r^{\varrho(r)}. \qquad (1.95)$$

Benutzen wir noch einmal (1.94), so bekommen wir auch

$$\left| \Delta\, z^{p+1} \int\limits_{\sigma r}^{\tau r} \frac{t^{\varrho-p-1}\, L(t)}{t - r\, e^{i\vartheta}}\, dt - \Delta\, e^{i(\varrho+1)\vartheta} \left\{ \int\limits_{\sigma}^{\tau} \frac{u^{\varrho-p-1}\, du}{u - e^{i\vartheta}} \right\} r^{\varrho} L(r) \right| < \frac{\varepsilon}{8}\, r^{\varrho(r)}. \quad (1.96)$$

Endlich ist für genügend kleine $\sigma > 0$ und genügend große τ

$$\left| \int\limits_{\sigma}^{\tau} \frac{u^{\varrho-p-1}\, du}{u - e^{i\vartheta}} - \int\limits_{0}^{\infty} \frac{u^{\varrho-p-1}\, du}{u - e^{i\vartheta}} \right| < \frac{\varepsilon}{8\,\Delta}. \quad (1.97)$$

Aus den Ungleichungen (1.91), (1.93), (1.95), (1.96) und (1.97) folgt, daß asymptotisch und dabei gleichmäßig in ϑ für $\eta \leqq \vartheta \leqq 2\pi - \eta$

$$\left| \ln\, V\,(r\, e^{i\vartheta}) - \Delta r^{\,\varrho(r)}\, e^{i(\varrho+1)\vartheta} \int\limits_{0}^{\infty} \frac{u^{\varrho-p-1}}{u - e^{i\vartheta}}\, dt \right| < \varepsilon\, r^{\varrho(r)}$$

gilt. Um den Beweis zu vollenden, bleibt nur übrig, das Integral zu berechnen. [1])

Die von uns durchgeführten Betrachtungen sind nicht anwendbar, wenn ϱ eine ganze Zahl ist. In diesem Fall kann aus den Hilfssätzen 7 und 8 die Richtigkeit der asymptotischen Ungleichung (1.91) nicht gefolgert werden. Außerdem findet (1.97) nicht statt, da das Integral von Null bis Unendlich in diesem Falle nicht existiert. Um den Fall des ganzzahligen ϱ zu betrachten, beweisen wir einen Hilfssatz.

Hilfssatz 9. *$\{a_k\}$ sei eine Punktmenge auf der positiven reellen Achse, welche die Dichte Δ in bezug auf eine gewisse verfeinerte Ordnung $\varrho(r)$ hat, wobei ϱ eine ganze Zahl ist ($\varrho \geqq 1$). Es sei*

$$V_r(z) = \prod_{a_k \leqq r} G\!\left(\frac{z}{a_k};\ \ \varrho - 1\right) \cdot \prod_{a_k > r} G\!\left(\frac{z}{a_k};\ \varrho\right).$$

Dann ist für $z = r\, e^{i\vartheta}$, $0 < \vartheta < 2\pi$

$$\lim_{r\to\infty} \frac{\ln\, V_r(r\, e^{i\vartheta})}{r^{\varrho(r)}} = -\,\Delta\left[\frac{1}{\varrho} - i\,(\vartheta - \pi)\right] e^{i\varrho\vartheta}.$$

Dabei ist die Konvergenz gegen den Grenzwert gleichmäßig in jedem Intervall

$$0 < \eta \leqq \vartheta \leqq 2\pi - \eta.$$

Beweis. Wir gehen aus von der Gleichung

$$\ln\, V_r(z) = \sum_{a_k \leqq r} \ln\, G\!\left(\frac{z}{a_k};\ \ \varrho - 1\right) + \sum_{a_k > r} \ln\, G\!\left(\frac{z}{a_k};\ \varrho\right).$$

[1]) Es wird genau ebenso berechnet wie das klassische EULERsche Integral

$$\int\limits_{0}^{\infty} \frac{u^{p-1}\, du}{1 + u}.$$

Aus den Hilfssätzen 7 und 8 folgt, daß für genügend kleine $\sigma > 0$, genügend große τ und für alle genügend großen Werte von r

$$\left|\ln V_r(z) - \int_{\sigma r}^{r} \ln G\left(\frac{z}{t};\ \varrho - 1\right) dn(t) - \int_{r}^{\tau r} \ln G\left(\frac{z}{t};\ \varrho\right) dn(t)\right| < \frac{\varepsilon}{4} r^{\varrho(r)}$$

ist, oder nach der partiellen Integration bei $0 < \vartheta < 2\pi$

$$\left|\ln V_r(z) + \frac{1}{\varrho} e^{i\varrho\vartheta} n(r) + z^\varrho \int_{\sigma r}^{r} \frac{n(t)}{t^\varrho (t-z)} dt + z^{\varrho+1} \int_{r}^{\tau r} \frac{n(t)}{t^{\varrho+1}(t-z)} dt\right| < \frac{\varepsilon}{2} r^{\varrho(r)}.$$

Genau wie bei dem Beweis des Lehrsatzes 25 können wir aus der Eigenschaft der Funktion

$$t^{\varrho(t)} = t^\varrho L(t)$$

bekommen, daß für $0 < \eta \leqq \vartheta \leqq 2\pi - \eta$

$$\left|z^\varrho \int_{\sigma r}^{r} \frac{n(t)\, dt}{t^\varrho (t-z)} - \Delta\, r^{\varrho(r)} e^{i\varrho\vartheta} \int_{\sigma}^{1} \frac{dt}{t - e^{i\vartheta}}\right| < \frac{\varepsilon}{8} r^{\varrho(r)}$$

und

$$\left|z^{\varrho+1} \int_{r}^{\tau r} \frac{n(t)\, dt}{t^{\varrho+1}(t-z)} - \Delta\, r^{\varrho(r)} e^{i(\varrho+1)\vartheta} \int_{1}^{\tau} \frac{dt}{t(t - e^{i\vartheta})}\right| < \frac{\varepsilon}{8} r^{\varrho(r)}.$$

Außerdem ist

$$\left|\int_{\sigma}^{1} \frac{dt}{t - e^{i\vartheta}} - \ln(1 - e^{-i\vartheta})\right| < \frac{\varepsilon}{8}\text{ [1]}$$

und

$$\left|e^{i\vartheta} \int_{1}^{\tau} \frac{dt}{t(t - e^{i\vartheta})} - \ln(1 - e^{i\vartheta})\right| < \frac{\varepsilon}{8}.$$

Aus diesen Ungleichungen folgt, daß bei $0 < \eta \leqq \vartheta \leqq 2\pi - \eta$ asymptotisch

$$\left|\ln V_r(r e^{i\vartheta}) + \Delta\left[\frac{1}{\varrho} - i(\vartheta - \pi)\right] \cdot e^{i\varrho\vartheta} r^{\varrho(r)}\right| < \varepsilon\, r^{\varrho(r)}$$

ist. Die Funktion $V_r(z)$ ist keine ganze Funktion. Sie hat Unstetigkeitsstellen bei $|z| = a_k$. Wir benutzen jedoch den Hilfssatz 9, um eine ganze Funktion

[1]) Tatsächlich ist

$$\int_{\sigma}^{1} \frac{dt}{t - e^{i\vartheta}} = \ln \frac{1 - e^{i\vartheta}}{\sigma - e^{i\vartheta}} = \ln(1 - e^{-i\vartheta}) - \ln(1 - \sigma e^{-i\vartheta}).$$

Die Ungleichung gilt für genügend kleine σ.

ganzzahliger Ordnung zu konstruieren, die im Innern eines Winkels eine analoge asymptotische Darstellung besitzt wie die im Lehrsatz 25 gegebene.

Lehrsatz 26. *Die Punktmenge* $\{a_k\}$ *auf der positiven reellen Achse habe die Dichte* Δ *in bezug auf eine gewisse verfeinerte Ordnung* $\varrho(r)$, *wobei* ϱ *eine ganze Zahl ist* ($\varrho \geqq 1$). *Es seien*

$$u^{(1)}(z) = \prod_{k=1}^{\infty} G\left(\frac{z}{a_k}\,;\;\varrho\right), \quad u^{(2)}(z) = \prod_{k=1}^{\infty} G\left(\frac{z\,e^{-i\frac{\pi}{\varrho}}}{a_k}\,;\;\varrho\right)$$

und

$$V(z) = u^{(1)}(z)\cdot u^{(2)}(z)\,.$$

Dann gilt gleichmäßig in jedem geschlossenen Intervall im Innern des offenen Intervalls $\frac{\pi}{\varrho} < \vartheta < 2\pi$

$$\lim_{r\to\infty} \frac{\ln V(r\,e^{i\vartheta})}{r^{\varrho(r)}} = \frac{i\,\pi}{\varrho}\,\Delta\,e^{i\varrho\vartheta}\,.$$

Beweis. Nehmen wir an, es sei $\varrho = p$ und stellen wir die Funktionen $u^{(1)}(z)$ und $u^{(2)}(z)$ in der Form

$$u^{(1)}(z) = \exp\left(\frac{1}{\varrho}\,z^\varrho \sum_{a_k\leqq r} a_k^{-\varrho}\right)\cdot u_r^{(1)}(z)$$

und

$$u^{(2)}(z) = \exp\left(-\frac{1}{\varrho}\,z^\varrho \sum_{a_k\leqq r} a_k^{-\varrho}\right)\cdot u_r^{(2)}(z)$$

dar, wo

$$u_r^{(1)}(z) = \prod_{a_k\leqq r} G\left(\frac{z}{a_k}\,;\;\varrho-1\right)\prod_{a_k>r} G\left(\frac{z}{a_k}\,;\;\varrho\right)$$

und

$$u_r^{(2)}(z) = \prod_{a_k\leqq r} G\left(\frac{z}{a_k}\,e^{-\frac{i\pi}{\varrho}}\,;\,\varrho-1\right)\prod_{a_k>r} G\left(\frac{z}{a_k}\,e^{-\frac{i\pi}{\varrho}}\,;\varrho\right).$$

Dann bekommen wir

$$V(z) = u_r^{(1)}(z)\cdot u_r^{(2)}(z),$$

und zum Beweis genügt es, sich auf den Hilfssatz 9 zu berufen.

Bei $\varrho = p+1$ muß man die Funktionen $u^{(1)}(z)$ und $u^{(2)}(z)$ in der Form

$$u^{(1)}(z) = \exp\left(-\frac{1}{\varrho}\,z^\varrho \sum_{a_k>r} a_k^{-\varrho}\right)u_r^{(1)}(z)$$

und

$$u^{(2)}(z) = \exp\left(\frac{1}{\varrho}\,z^\varrho \sum_{a_k>r} a_k^{-\varrho}\right)u_r^{(2)}(z)$$

darstellen und denselben Hilfssatz benutzen.

Zum Abschluß konstruieren wir eine Funktion, welche eine grundlegende Rolle beim Studium des verallgemeinerten Indikators einer Funktion spielen wird.

Hilfssatz 10. *Es sei $\varrho(r)$ eine vorgegebene verfeinerte Ordnung ($\varrho > 0$), und die Öffnung des Winkels $\vartheta_1 \leqq \arg z \leqq \vartheta_2$ sei kleiner als die kleinere der Zahlen $\frac{\pi}{\varrho}$ und 2π. Dann kann man für beliebige reelle Zahlen a und b eine holomorphe Funktion $W(z)$ konstruieren, welche im Inneren dieses Winkels keine Nullstellen hat, und für die bei $\vartheta_1 \leqq \vartheta \leqq \vartheta_2$ gleichmäßig*

$$\lim_{r\to\infty} \frac{\ln |W(r e^{i\vartheta})|}{r^{\varrho(r)}} = a \cos \varrho \vartheta + b \sin \varrho \vartheta$$

gilt.

Beweis. Wir betrachten zuerst den Fall, daß die Ordnung ϱ keine ganze Zahl ist. Bei beliebigen ψ_1 und ψ_2, die der Ungleichung $0 < \psi_2 - \psi_1 < \frac{\pi}{\varrho}$ genügen, hat das Gleichungssystem

$$\left.\begin{aligned} A_1 \cos \varrho (\psi_1 + \pi) + A_2 \cos \varrho (\psi_2 + \pi) &= a ,\\ A_1 \sin \varrho (\psi_1 + \pi) + A_2 \sin \varrho (\psi_2 + \pi) &= b \end{aligned}\right\} \tag{1.98}$$

die Lösungen A_1 und A_2, da die Determinante des Systems

$$\sin \varrho (\psi_2 - \psi_1) \neq 0$$

ist. Wir wählen ψ_1 und ψ_2 außerhalb des abgeschlossenen Intervalls $\vartheta_1 \leqq \vartheta \leqq \vartheta_2$. Es sei $\Delta_i = \left| A_i \frac{\sin \pi \varrho}{\pi} \right|$ und $\varepsilon_i = \operatorname{sign} (A_i \sin \pi \varrho)$ $(i = 1, 2)$.

Wir konstruieren die Mengen $\{a_{k,1}\}$ und $\{a_{k,2}\}$ mit den entsprechenden Dichten Δ_1 und Δ_2, die Funktionen

$$V_1(z) = \prod_{k=1}^{\infty} G\left(\frac{z}{a_{k,1}}; p\right), \quad V_2(z) = \prod_{k=1}^{\infty} G\left(\frac{z}{a_{k,2}}; p\right)$$

und endlich die im Inneren des Winkels ($\vartheta_1 \leqq \vartheta \leqq \vartheta_2$) holomorphe Funktion

$$W(z) = V_1^{\varepsilon_1} (z e^{-i\psi_1}) V_2^{\varepsilon_2} (z e^{-i\psi_2}) .$$

Aus dem Lehrsatz 25 und dem Gleichungssystem (1.98) folgt

$$\lim_{r\to\infty} \frac{\ln |W(r e^{i\vartheta})|}{r^{\varrho(r)}} = a \cos \varrho \vartheta + b \sin \varrho \vartheta ,$$

gleichmäßig bei $\vartheta_1 \leqq \vartheta \leqq \vartheta_2$.

Wenn ϱ eine ganze Zahl ist, dann betrachten wir statt der Gleichungen (1.98) das System

$$\left.\begin{aligned} A_1 \cos \varrho \psi_1 + A_2 \cos \varrho \psi_2 &= b ,\\ A_1 \sin \varrho \psi_1 + A_2 \sin \varrho \psi_2 &= a \end{aligned}\right\} \tag{1.98'}$$

wobei $0 < \psi_2 - \psi_1 < \frac{\pi}{\varrho}$ ist, und die vier Punkte $\psi_1, \psi_1 + \frac{\pi}{\varrho}, \psi_2, \psi_2 + \frac{\pi}{\varrho}$ außerhalb des geschlossenen Intervalls $\vartheta_1 \leqq \vartheta \leqq \vartheta_2$ liegen. (Bei $\varrho \geqq 1$ und $\vartheta_2 - \vartheta_1 < \frac{\pi}{\varrho}$ ist eine solche Wahl möglich.) Dann setzen wir

$$\Delta_i = \left|\frac{A_i\, p}{\pi}\right| \quad \text{und} \quad \varepsilon_i = \operatorname{sign} A_i (i = 1, 2)\,. \tag{1.99}$$

Wir konstruieren die Mengen $\{a_{k,1}\}$ und $\{a_{k,2}\}$ der Punkte auf der positiven reellen Achse mit den Dichten Δ_1 bzw. Δ_2 und die entsprechenden Funktionen $V_1(z)$ und $V_2(z)$, von denen im Lehrsatz 26 die Rede war.

Aus diesen Funktionen bilden wir die Funktion

$$W(z) = V_1^{\varepsilon_1}(z\, e^{-i\psi_1})\, V_2^{\varepsilon_2}(z\, e^{-i\psi_2})\,,$$

die holomorph ist im Innern des Winkels $\vartheta_1 \leqq \arg z \leqq \vartheta_2$. Aus dem Lehrsatz 26 und den Gleichungen (1.98′) und (1.99) folgt für $\vartheta_1 \leqq \vartheta \leqq \vartheta_2$ gleichmäßig

$$\lim_{r\to\infty} \frac{\ln |W(r\, e^{i\vartheta})|}{r^{\varrho(r)}} = a \cos \varrho\, \vartheta + b \sin \varrho\, \vartheta\,. \tag{1.100}$$

§ 18. Der verallgemeinerte Indikator

Den Begriff des Indikators einer Funktion kann man verallgemeinern, indem man die gewöhnliche Ordnung durch die verfeinerte ersetzt. Als den verallgemeinerten Indikator einer Funktion $f(z)$ im Innern des Winkels $\vartheta_1 \leqq \arg z \leqq \vartheta_2$ werden wir

$$h_f(\vartheta) = \overline{\lim_{r\to\infty}} \frac{\ln |f(r\, e^{i\vartheta})|}{r^{\varrho(r)}} \quad (\vartheta_1 \leqq \vartheta \leqq \vartheta_2)$$

bezeichnen, wo $\varrho(r)$ eine gewisse verfeinerte Ordnung ist.

Mit Hilfe von Hilfsfunktionen des vorhergehenden Paragraphen kann man folgendes Ergebnis bekommen:

Lehrsatz 27. *Der verallgemeinerte Indikator $h_f(\vartheta)$ genügt bei $\varrho > 0$ der Grundbeziehung*

$$h(\vartheta_1) \sin \varrho(\vartheta_2 - \vartheta_3) + h(\vartheta_2) \sin \varrho\,(\vartheta_3 - \vartheta_1) + h(\vartheta_3) \sin \varrho\,(\vartheta_1 - \vartheta_2) \leqq 0 \tag{1.69′}$$

bei $\vartheta_1 < \vartheta_2 < \vartheta_3$ und $\vartheta_3 - \vartheta_1 < \frac{\pi}{\varrho}$.

Beweis. Es sei $\vartheta_1 < \vartheta < \vartheta_3$, $\vartheta_3 - \vartheta_1 < \frac{\pi}{\varrho}$, und es sei

$$H_\varepsilon(\vartheta) \doteq \frac{[h(\vartheta_1) + \varepsilon] \sin \varrho(\vartheta - \vartheta_1) + [h(\vartheta_3) + \varepsilon] \sin \varrho\,(\vartheta_3 - \vartheta)}{\sin \varrho\,(\vartheta_3 - \vartheta_1)} \quad (\varepsilon > 0)\,.$$

Nach dem Hilfssatz 10 existiert eine Funktion $W(z)$ der verfeinerten Ordnung $\varrho(r)$, welche holomorph ist und keine Nullstellen im Inneren des Winkels $\vartheta_1 \leqq \arg z \leqq \vartheta_2$ hat und so beschaffen, daß die Funktion

$$\frac{\ln |W(r\, e^{i\vartheta}|)}{r^{\varrho(r)}}$$

im Intervall $\vartheta_1 \leqq \vartheta \leqq \vartheta_3$ gleichmäßig gegen die Funktion $H_\varepsilon(\vartheta)$ strebt. Auf diese Weise strebt die Funktion

$$f(z)\, W^{-1}(z)$$

gegen Null entlang der Strahlen $\arg z = \vartheta_j$ $(j = 1, 3)$, und nach dem Lehrsatz von PHRAGMEN und LINDELÖF ist sie im Inneren des Winkels $\vartheta_1 \leqq \arg z \leqq \vartheta_3$ beschränkt.

Hieraus folgt, daß bei $\vartheta_1 \leqq \vartheta \leqq \vartheta_3$ und beliebigem $\varepsilon > 0$

$$h(\vartheta) \leqq H_\varepsilon(\vartheta)$$

ist. Es bleibt nur übrig, zum Grenzwert bei $\varepsilon \to 0$ überzugehen.

Aus der Grundbeziehung (1.69′) folgt, daß der verallgemeinerte Indikator die Eigenschaften a) bis h) besitzt, welche aus dieser Grundbeziehung in § 16 hergeleitet wurden. Wir werden jetzt einige allgemeine Eigenschaften des Wachstums von Funktionen entlang von Strahlen herleiten, die sich auf Funktionen der verfeinerten Ordnung $\varrho(r)$ beziehen.

Die Ergebnisse werden gewiß auch für den Fall $\varrho(r) = \varrho$ richtig sein, d. h. für Funktionen vom Normaltypus der gewöhnlichen Ordnung ϱ.

Lehrsatz 28. *Ist $f(z)$ eine holomorphe Funktion der verfeinerten Ordnung $\varrho(r)$ $(\varrho > 0)$ im Inneren des Winkels $\alpha \leqq \arg z \leqq \beta$, so entspricht jeder beliebigen Zahl $\varepsilon > 0$ eine Zahl r_ε, so daß die Ungleichung*

$$\ln |f(r\, e^{i\vartheta})| < [h(\vartheta) + \varepsilon]\, r^{\varrho(r)} \tag{1.101}$$

bei $r > r_\varepsilon$ für alle Werte von ϑ aus dem abgeschlossenen Intervall $[\alpha, \beta]$ erfüllt ist.

Beweis. Wir zerlegen das Intervall $[\alpha, \beta]$ in Teilintervalle durch die Teilpunkte $\vartheta_1, \vartheta_2, \ldots, \vartheta_{n-1}$ $(\alpha = \vartheta_0,\ \beta = \vartheta_n)$ $|\vartheta_{j+1} - \vartheta_j| < \frac{\pi}{\varrho}$ und konstruieren in jedem Teilintervalll eine trigonometrische Funktion $H_j(\vartheta)$ der Form (1.67), welche in den Punkten ϑ_j und ϑ_{j+1} die Werte $h(\vartheta_j) + \frac{\varepsilon}{3}$ bzw. $h(\vartheta_{j+1}) + \frac{\varepsilon}{3}$ annimmt.

Die Teilintervalle $(\vartheta_j, \vartheta_{j+1})$ kann man so klein wählen, daß die Schwankungen der Funktionen $h(\vartheta)$ und $H_j(\vartheta)$ in jedem dieser Teilintervalle kleiner als $\frac{\varepsilon}{3}$ sind. Also ist in jedem Teilintervall $H_j(\vartheta) < h(\vartheta) + \frac{2}{3}\varepsilon$.

Wir konstruieren in jedem dieser Teilintervalle die Funktion $W_j(z)$ mit dem Indikator $H_j(\vartheta)$, deren Existenz durch den Hilfssatz 10 behauptet wird. Der absolute Betrag der Funktion $f(z)\, W_j^{-1}(z)$ ist auf den Schenkeln des Winkels $\vartheta_j \leqq \arg z \leqq \vartheta_{j+1}$ beschränkt. Nach dem Lehrsatz von PHRAGMEN und LINDELÖF ist er auch im Innern dieses Winkels beschränkt. Für genügend große $R_j(\varepsilon)$ und $r > R_j(\varepsilon)$ gilt also $\ln |f(r\, e^{i\vartheta})| < \left[H_j(\vartheta) + \frac{\varepsilon}{3}\right] r^{\varrho(r)}$ $(\vartheta_j \leqq \vartheta \leqq \vartheta_{j+1})$, und wenn $R(\varepsilon) = \max R_j(\varepsilon)$ ist, so ist für $r > R(\varepsilon)$

$$\ln |f(r\, e^{i\vartheta})| < [h(\vartheta) + \varepsilon]\, r^{\varrho(r)}.$$

Aus diesem Lehrsatz folgt unmittelbar ein Lehrsatz über den Zusammenhang zwischen dem Typus und dem Indikator.

Lehrsatz 29. *Der maximale Wert des Indikators $h_f(\vartheta)$ der Funktion $f(z)$ im abgeschlossenen Intervall $\alpha \leqq \vartheta \leqq \beta$ ist gleich dem Typus σ_f der Funktion $f(z)$ im Inneren des Winkels $\alpha \leqq \arg z \leqq \beta$.*

Tatsächlich folgt aus (1.101), daß $\max h_f(\vartheta) \geqq \sigma_f$. Andererseits aber ist es aus der Definition des Indikators offensichtlich, daß

$$\max_{\alpha \leqq \vartheta \leqq \beta} h_f(\vartheta) \leqq \sigma_f$$

ist.

Lehrsatz 30 (Wiman). *Ist die Ordnung ϱ einer ganzen Funktion kleiner als 1, so existiert eine Folge $r_1, r_2, \ldots, (r_n \to \infty)$, so daß bei einem beliebigen $\varepsilon > 0$ und $n > n_\varepsilon$*

$$m_f(r_n) > [M_f(r_n)]^{\cos \pi \varrho - \varepsilon},$$

wo

$$m_f(r) = \min_{0 < \vartheta < 2\pi} |f(r\, e^{i\vartheta})|$$

ist.

Beweis. Es sei

$$f(z) = C\, z^m \prod_{k=1}^{\infty} \left(1 - \frac{z}{a_k}\right)$$

eine ganze Funktion der Ordnung $\varrho < 1$. Offensichtlich ist

$$C\, r^m \prod_{k=1}^{\infty} \left(1 - \frac{r}{|a_k|}\right) \leqq |f(z)| \leqq C\, r^m \cdot \prod_{k=1}^{\infty} \left(1 + \frac{r}{|a_k|}\right) \qquad (|z| = r).$$

Es sei

$$f_1(z) = C\, z^m \prod_{k=1}^{\infty} \left(1 - \frac{z}{|a_k|}\right),$$

und $h_1(\vartheta)$ sei der Indikator der Funktion $f_1(z)$. Da $\max h_1(\vartheta) = h_1(\pi)$ ist, so ergibt sich aus der Eigenschaft f) (§ 16) des Indikators

$$\varlimsup_{r \to \infty} \frac{\ln m(r)}{\ln M(r)} \geqq \varlimsup_{r \to \infty} \frac{\ln |f_1(r)|}{\ln |f_1(-r)|} \geqq \varlimsup_{r \to \infty} \frac{\ln |f_1(r)|}{h_1(\pi)\, r^{\varrho(r)}} = \frac{h_1(0)}{h_1(\pi)} \geqq \cos \pi \varrho .$$

Hieraus folgt unmittelbar die Behauptung des Lehrsatzes.

Wir haben etwas mehr bewiesen als formuliert, nämlich, daß

$$\varlimsup_{r \to \infty} \frac{m(r)}{r^{\varrho(r)}} \geqq \sigma_f \cos \pi \varrho$$

ist. [1])

---

[1]) Der hier angegebene Beweis stammt von G. Valiron [1, 3]. In der Arbeit von A. A. Goldberg und I. W. Ostrowskij [1] wird dieser Lehrsatz auf meromorphe Funktionen übertragen. In dieser Arbeit wird auch die Literatur dazu angegeben.

Besonders interessant ist der Sonderfall $\varrho < \frac{1}{2}$. Wie man aus dem Lehrsatz ersieht, existiert in diesem Fall eine Folge von Kreisen $|z| = r_n$, auf welcher $m(r_n) \to \infty$ strebt, wobei die Ordnung des Wachstums von $m(r_n)$ dieselbe ist wie die Ordnung des Wachstums von $M(r_n)$, der Typus aber ist größer oder gleich $\sigma_f \cos \pi \varrho$.

V. Bernstein verdankt man folgenden feinen Lehrsatz, der eine Abschätzung der Dichte derjenigen Menge der Werte von r angibt, für welche bei festem ϑ und bei $\varepsilon > 0$ die Ungleichung

$$\ln |f(r e^{i\vartheta})| > [h(\vartheta) - \varepsilon]\, r^{\varrho(r)}$$

erfüllt ist.

Lehrsatz 31 (V. Bernstein [2]). *$f(z)$ sei eine Funktion, die holomorph und der Ordnung $\varrho(r)$ im Innern eines Winkels $\alpha \leqq \arg z \leqq \beta$ ist. Den beliebig gewählten Zahlen $\delta > 0$, $\varepsilon > 0$ und $0 < \omega < 1$ entspricht auf dem festen Strahl $\arg z = \vartheta$ eine Folge von Intervallen $r_n < r < r_n(1 + \delta)$ $(r_n \to \infty)$, wobei in jedem die Ungleichung*

$$\ln |f(r e^{i\vartheta})| > [h(\vartheta) - \varepsilon]\, r^{\varrho(r)}$$

überall erfüllt ist, außer vielleicht auf einer gewissen Menge, deren Maß $\omega\, \delta\, r_n$ nicht übersteigt.

Beweis. Unbeschadet der Allgemeinheit kann man annehmen, daß $\vartheta = 0$, $h(0) = 0$ ist. Zu einem beliebig gewählten $\gamma > 0$ wird sich eine Folge $r_n \to \infty$ finden lassen, so daß

$$\ln |f(r_n)| > -\gamma \cdot r_n^{\varrho(r_n)}$$

ist. Wählt man außerdem eine genügend kleine Zahl $\delta > 0$, so ist für $|\vartheta| < \arcsin (2\, e\, \delta)$ und $r > r_{\gamma,\delta}$, welches nur von γ und δ abhängt,

$$\ln |f(r e^{i\vartheta})| < [h(\vartheta) + \gamma]\, r^{\varrho(r)} < 2\, \gamma\, r^{\varrho(r)}\,.$$

Setzen wir

$$\varphi_n(z) = \frac{f(r_n + z)}{f(r_n)}\,,$$

so ist $\varphi_n(0) = 1$, und für $|z| \leqq 2\, e\, \delta\, r$ ist

$$\ln |\varphi_n(z)| \leqq 4\, \gamma\, (r_n + |z|)^{\varrho(r_n + |z|)}\,.$$

Aus dem Lehrsatz 11 folgt, daß die Ungleichung

$$\ln |\varphi_n(z)| > -4\, \gamma\, H\left(\frac{\omega}{4}\right) (r_n + 2\, e\, \delta\, r_n)^{\varrho(r_n + 2 e \delta r_n)}$$

überall im Kreis $|z| \leqq \delta\, r_n$ aber außerhalb der Ausnahmekreise mit der Summe der Radien nicht größer als $\omega \cdot \delta \cdot r_n$ erfüllt ist. Kehren wir zur Funktion $f(z)$ zurück, so bekommen wir, daß die asymptotische Ungleichung

$$\ln |f(r)| > \left[-\gamma - 4\, \gamma\, H\left(\frac{\omega}{4}\right)(1 + 2\, e\, \delta)^{2\varrho}\right] r_n^{\varrho(r_n)}$$

im ganzen Intervall $(1 - \delta)\, r_n < r < (1 + \delta)\, r_n$ erfüllt ist, vielleicht mit Ausnahme von Intervallen mit der Gesamtsumme der Längen kleiner als $2\, \omega\, \delta\, r_n$.

Unter Benutzung der Eigenschaften der Funktion $r^{\varrho(r)}$ kann man leicht nachprüfen, daß für $(1 - \delta)\, r_n < r < (1 + \delta)\, r_n$ asymptotisch

$$r_n^{\varrho(r_n)} > (1 + \delta)^{-2\varrho}\, r^{\varrho(r)}$$

gilt. Um den Beweis zu vollenden, bleibt uns nur noch übrig, γ und δ so klein zu wählen, daß die Ungleichung

$$-\gamma - 4\,\gamma\, H\left(\frac{\omega}{4}\right)(1 + 2\,e\,\delta)^{2\varrho} > -\varepsilon\,(1 + \delta)^{2\varrho}$$

erfüllt wird.

§ 19. Ebene konvexe Mannigfaltigkeiten

Bei $\varrho = 1$ läßt der Indikator $h(\vartheta)$ eine einfache geometrische Deutung zu. Um sie darzulegen, benötigen wir die Grundeigenschaften der ebenen konvexen Mannigfaltigkeiten.

Als ein konvexes Gebiet bezeichnet man eine nichtleere, abgeschlossene Menge, zu welcher zusammen mit einem beliebigen Paar von Punkten auch die sie verbindende Strecke gehört. Insbesondere ist eine Strecke ein konvexes Gebiet. Einen einzigen Punkt zählt man auch als konvexes Gebiet. Offensichtlich ist der nichtleere Durchschnitt von konvexen Gebieten selbst ein konvexes Gebiet. Der Durchschnitt aller konvexen Gebiete, welche eine gewisse Menge enthalten, erscheint auf diese Weise als das kleinste konvexe Gebiet, das diese Menge enthält. Man nennt es bisweilen die konvexe Hülle der gegebenen Menge. Es ist nicht schwer zu zeigen, daß dieses konvexe Gebiet als der Durchschnitt aller Halbebenen erhalten werden kann, die die gegebene Menge enthalten.

Wir führen die Operation der arithmetischen Addition der konvexen Gebiete ein. Als die Summe $G_1 + G_2$ der konvexen Gebiete G_1 und G_2 nennt man die Menge aller Punkte der Form $z = z_1 + z_2$, wo $z_1 \in G_1$ und $z_2 \in G_2$. Wir zeigen, daß $G_1 + G_2$ ein konvexes Gebiet ist.

Es seien $z_1' + z_2'$ und $z_1'' + z_2''$ Punkte dieser Summe. Da

$$z = \lambda\,(z_1' + z_2') + \mu\,(z_1'' + z_2'') = \lambda\, z_1' + \mu\, z_1'' + \lambda\, z_2' + \mu\, z_2''$$

ist

$$(\lambda + \mu = 1\,, \quad \lambda \geqq 0\,, \quad \mu \geqq 0)$$

und kraft der Konvexität von G_1 und G_2, $\lambda\, z_1' + \mu\, z_1'' \in G_1$, $\lambda\, z_2' + \mu\, z_2'' \in G_2$, so ist $z \in G_1 + G_2$. Die Abgeschlossenheit von $G_1 + G_2$ ist offensichtlich.

Weiterhin im Verlauf dieses Paragraphen werden wir beschränkte konvexe Gebiete betrachten, ohne es besonders zu erwähnen.

Als ziemlich wichtig erscheint der Begriff der Stützfunktion eines konvexen Gebietes. Unter der Stützfunktion des konvexen Gebietes G versteht man die Funktion

$$k(\vartheta) = \sup_{x+iy\in G}\,(x \cos \vartheta + y \sin \vartheta) = \sup_{z\in G} \operatorname{Re}\,(z\, e^{-i\vartheta})\,. \qquad (1.102)$$

Aus der Beschränktheit und der Abgeschlossenheit des Gebietes G folgt leicht, daß diese obere Grenze in einem gewissen Punkte des konvexen Gebietes G erreicht wird. Die Gerade

$$x \cos \vartheta + y \sin \vartheta - k(\vartheta) = 0 \tag{1.103}$$

bezeichnen wir mit l_ϑ. Offensichtlich hat die Gerade l_ϑ einen gemeinsamen Punkt mit dem Gebiet G. Außerdem liegen alle Punkte des konvexen Gebietes G auf der einen Seite jeder Geraden dieser Art, da wir aus der Definition der Stützfunktion $k(\vartheta)$ bei $x + i\, y \in G$

$$x \cos \vartheta + y \sin \vartheta - k(\vartheta) \leqq 0$$

bekommen.

Die Geraden l_ϑ nennt man Stützgeraden des konvexen Gebietes. Die Stützgerade ist offensichtlich eine Verallgemeinerung der Tangenten. Gemeinsame Punkte der Stützgeraden und des konvexen Gebietes heißen Stützpunkte der gegebenen Stützgeraden. Eine Stützgerade hat entweder einen Stützpunkt oder eine Strecke, welche aus Stützpunkten besteht. Randpunkte des konvexen Gebietes G, welche keine inneren Punkte eines geradlinigen Abschnitts der Begrenzung sind, heißen äußerste Punkte dieses konvexen Gebietes.

Es ist leicht, den geometrischen Sinn der Stützfunktion einzusehen. Sie ist gleich dem Abstand der Stützgeraden vom Koordinatenanfangspunkt. Offenbar hat die Stützfunktion des Punktes $z_0 = \varrho\, e^{i \vartheta_0}$ die Form $k(\vartheta) = \varrho \cos (\vartheta - \vartheta_0)$. Als Stützfunktion einer Strecke $-H \leqq y \leqq H$ auf der imaginären Achse dient $k(\vartheta) = H \cdot |\sin \vartheta|$.

Indem wir mit $k(\vartheta)$ die Stützfunktion der Summe $G_1 + G_2 + \cdots + G_n$ von konvexen Gebieten bezeichnen, können wir leicht überprüfen, daß

$$k(\vartheta) = k_1 (\vartheta) + k_2(\vartheta) + \cdots + k_n(\vartheta) \tag{1.104}$$

ist, wo $k_j(\vartheta)$ $(j = 1, 2, \ldots, n)$ die Stützfunktionen der konvexen Gebiete G_1, $G_2, \ldots, G_n$ sind. Für den Durchschnitt von konvexen Gebieten haben wir:

$$k(\vartheta) \leqq \inf \{k_1(\vartheta), k_2(\vartheta), \ldots, k_n(\vartheta)\}\,. \tag{1.105}$$

Für die konvexe Hülle der Gebiete $G_1, G_2, \ldots, G_n$ ergibt sich als die Stützfunktion

$$k(\vartheta) = \max \{k_1(\vartheta), k_2(\vartheta), \ldots, k_n(\vartheta)\}\,. \tag{1.106}$$

Wir wollen die letzte Behauptung beweisen. Jede Halbebene, welche alle Gebiete G_j $(j = 1, 2, \ldots, n)$ enthält, wird durch die Ungleichung

$$x \cos \vartheta + y \sin \vartheta - \tilde{k}(\vartheta) \leqq 0$$

bestimmt, wo $k(\vartheta) \geqq \max \{k_1(\vartheta), k_2(\vartheta), \ldots, k_n(\vartheta)\}$ ist. Da die konvexe Hülle der Durchschnitt aller Halbebenen dieser Art ist, ergibt sich auch (1.106).

Der folgende Lehrsatz liefert eine charakteristische Eigenschaft der Stützfunktion eines konvexen Gebietes.

Lehrsatz 32. *Damit eine Funktion $k(\vartheta)$ eine Stützfunktion eines beschränkten konvexen Gebietes ist, ist es notwendig und hinreichend, daß folgende Bedingungen erfüllt werden:*

$$\text{a)}\quad k(\vartheta + 2\pi) = k(\vartheta) \qquad (-\infty < \vartheta < \infty)\,,$$

$$\text{b)}\quad \begin{vmatrix} k(\vartheta_1) & \cos\vartheta_1 & \sin\vartheta_1 \\ k(\vartheta_2) & \cos\vartheta_2 & \sin\vartheta_2 \\ k(\vartheta_3) & \cos\vartheta_3 & \sin\vartheta_3 \end{vmatrix} \geqq 0$$

für alle $\vartheta_1 \leqq \vartheta_2 \leqq \vartheta_3$, $\vartheta_3 - \vartheta_2 < \frac{\pi}{2}$, $\vartheta_2 - \vartheta_1 < \frac{\pi}{2}$.

Die Bedingung b) *kann auch in der expliziten Form geschrieben werden:*

$$k(\vartheta_1)\sin(\vartheta_2 - \vartheta_3) + k(\vartheta_2)\sin(\vartheta_3 - \vartheta_1) + k(\vartheta_3)\sin(\vartheta_1 - \vartheta_2) \leqq 0\,.$$

Beweis. G sei ein konvexes Gebiet, $k(\vartheta)$ seine Stützfunktion und $z = x + i\,y$ ein Randpunkt von G, der auf der Stützgeraden l_{ϑ_2} liegt. Dann haben wir drei Beziehungen

$$x\cos\vartheta_1 + y\sin\vartheta_1 - k(\vartheta_1) \leqq 0\,,$$
$$x\cos\vartheta_2 + y\sin\vartheta_2 - k(\vartheta_2) = 0\,,$$
$$x\cos\vartheta_3 + y\sin\vartheta_3 - k(\vartheta_3) \leqq 0\,.$$

Multiplizieren wir die erste dieser Beziehungen mit

$$\begin{vmatrix} \cos\vartheta_2 & \sin\vartheta_2 \\ \cos\vartheta_3 & \sin\vartheta_3 \end{vmatrix} = \sin(\vartheta_3 - \vartheta_2) > 0\,, \tag{1.107}$$

die zweite mit

$$\begin{vmatrix} \cos\vartheta_3 & \sin\vartheta_3 \\ \cos\vartheta_1 & \sin\vartheta_1 \end{vmatrix} = \sin(\vartheta_1 - \vartheta_3)\,, \tag{1.108}$$

die dritte mit

$$\begin{vmatrix} \cos\vartheta_1 & \sin\vartheta_1 \\ \cos\vartheta_2 & \sin\vartheta_2 \end{vmatrix} = \sin(\vartheta_2 - \vartheta_1) > 0 \tag{1.109}$$

und addieren sie, so bekommen wir die Bedingung b). Die Bedingung a) ist offensichtlich.

Wir beweisen nun, daß die Bedingungen hinreichend sind. Wir wählen willkürlich ein ϑ_2 und konstruieren die Gerade l_{ϑ_2}:

$$x\cos\vartheta_2 + y\sin\vartheta_2 - k(\vartheta_2) = 0\,. \tag{1.110}$$

Unbeschadet der Allgemeinheit kann man $\vartheta_2 = \frac{\pi}{2}$ annehmen.

Die offenen Halbebenen

$$x\cos\vartheta_1 + y\sin\vartheta_1 - k(\vartheta_1) > 0 \qquad \left(-\frac{\pi}{2} < \vartheta_1 < \frac{\pi}{2}\right) \tag{1.111}$$

schneiden $l_{\pi/2}$ bei den Intervallen $(b_1, +\infty)$, deren mengentheoretische Summe das Intervall $(b, +\infty)$ ergibt.

Die analoge Summe von unendlichen Intervallen der Schnitte der Halbebenen

$$x \cos \vartheta_3 + y \sin \vartheta_3 - k(\vartheta_3) > 0 \quad \left(\frac{\pi}{2} < \vartheta_3 < \frac{3\pi}{2}\right) \tag{1.112}$$

mit der Geraden $l_{\pi/2}$ ergibt das Intervall $(-\infty, a)$.

Wir zeigen, daß kein Punkt der Geraden $l_{\pi/2}$ den beiden Intervallen $(-\infty, a)$ und $(b, +\infty)$ zugleich angehören kann.

Tatsächlich würden im entgegengesetzten Fall die Koordinaten eines solchen Punktes den Beziehungen (1.110), (1.111) und (1.112) genügen. Durch ihre Multiplikation mit (1.108) bzw. (1.107) und (1.109) und Addition bekommen wir eine Beziehung, die der Bedingung b) widerspricht.

Folglich ist $a \leqq b$, und wir bekommen, daß jeder Punkt des Intervalls $a \leqq x \leqq b$ der Geraden $l_{\pi/2}$ allen Halbebenen

$$x \cos \vartheta + y \sin \vartheta - k(\vartheta) \leqq 0$$

angehört.

Auf diese Weise ist der Durchschnitt dieser Halbebenen nicht leer und bildet folglich ein konvexes Gebiet G. Dieses Gebiet liegt auf der einen Seite jeder der Geraden $x \cos \vartheta + y \sin \vartheta - k(\vartheta) = 0$, wobei es mit jeder dieser Geraden gemeinsame Punkte hat. Diese Geraden sind Stützgeraden des konvexen Gebietes G und $k(\vartheta)$ ist die Stützfunktion dieses Gebietes.

Aus den Lehrsätzen 23 und 32 folgt, daß der Indikator des Wachstums einer beliebigen ganzen Funktion der Ordnung Eins (bei einer gewissen verfeinerten Ordnung $\varrho(r) \to 1$) die Stützfunktion eines gewissen beschränkten konvexen Gebietes ist. Dieses konvexe Gebiet heißt das Indikatordiagramm der gegebenen Funktion.

Wir werden einen Bogen als konvex bezeichnen, wenn er sich ganz am Rand seiner konvexen Hülle befindet, und als lokal konvex, wenn jeder seiner Punkte eine konvexe Umgebung auf ihm hat. Aus den vorhergehenden Betrachtungen geht klar hervor, daß die Bedingung b) die notwendige und hinreichende Bedingung für die Konvexität eines Bogens darstellt. Ein lokal konvexer Bogen kann sich selbst überschneiden. Offensichtlich ist der Indikator einer Funktion, die holomorph und der Ordnung Eins im Inneren eines Winkels von der Öffnung kleiner oder gleich π ist, die Stützfunktion eines gewissen konvexen Bogens. Im allgemeinen Falle, wenn $h_f(\vartheta)$ der Indikator des Wachstums einer Funktion ist, die holomorph und von der Ordnung ϱ im Inneren eines gewissen Winkels ist, folgt aus (1.69), daß die Funktion $h_f\left(\frac{\vartheta}{\varrho}\right)$ die Stützfunktion eines lokal konvexen Bogens ist.

Ist $f(z)$ eine ganze Funktion der ganzzahligen Ordnung ϱ, so ist der zugehörige lokal konvexe Bogen geschlossen, und beim Umlauf dieser Kurve macht die Stützgerade ϱ volle Drehungen.

Wir wollen die Struktur der konvexen Gebiete genauer studieren. Wir wollen vor allem zeigen, daß durch jeden Randpunkt eines konvexen Gebietes G eine Stützgerade hindurchgeht. Da im Fall eines aus einem einzigen Punkt oder einer

Strecke bestehenden Gebietes die Behauptung offensichtlich ist, betrachten wir ein Gebiet mit inneren Punkten.

Wenn die Fortsetzung eines von einem Randpunkt z_0 eines konvexen Gebietes ausgehenden Strahls durch seinen inneren Punkt z_1 hindurchgeht, so ist ein gewisser Winkel mit der Spitze in z_0, der diesen Strahl enthält, frei von den Punkten von G (Abb. 4). Der Grenzstrahl dieser Strahlenmenge und seine Fortsetzung, welche die Gerade l bilden, können keine inneren Punkte von G enthalten. Das ganze Gebiet G liegt an der einen Seite dieser Geraden, da aus dem Vorhandensein eines inneren Punktes auf der einen Seite der Geraden l und eines Punktes von G auf der anderen Seite das Vorhandensein eines inneren Punktes auf l folgen würde. Auf diese Weise ist l die durch den Punkt z_0 hindurchgehende Stützgerade.

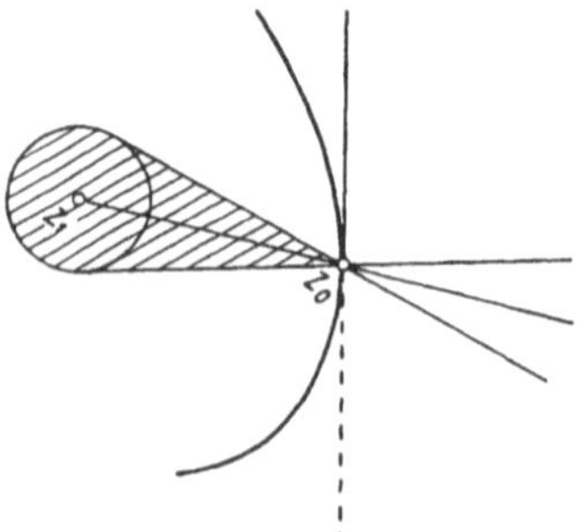

Abb. 4

Der Rand Γ eines konvexen Gebietes hat eine Länge. Das folgt aus der Tatsache, daß die Länge eines beliebigen dem Rand des Gebietes eingeschriebenen Vielecks ohne Selbstüberschneidungen den Umfang eines von drei Stützgeraden gebildeten Dreiecks nicht übertrifft.

Liegt der Koordinatenanfangspunkt im Innern des Gebietes, und wird die Länge des Randbogens von einem festen Punkt bis zu einem Stützpunkt im Sinne entgegen dem Uhrzeiger gezählt, so ist der Winkel ϑ eine nichtabnehmende Funktion der Bogenlänge s.

Es seien tatsächlich z_1 und z_2 zwei Punkte des Randes von G, wobei $\arg z_2 > \arg z_1$ ist. Die die Punkte z_1 und z_2 verbindende Strecke gehört dem Gebiet G an und liegt deshalb auf derselben Seite der Stützgeraden in den Punkten z_1 und z_2 wie der Koordinatenanfangspunkt. Hieraus folgt, daß die Stützgerade im Punkt z_2 gegenüber der Stützgeraden im Punkt z_1 um einen nichtnegativen Winkel gedreht ist, d. h. $\vartheta_2 \geqq \vartheta_1$. Es ist offensichtlich, daß in den Eckpunkten des Randes die Funktion $\vartheta = \vartheta(s)$ eine Sprungstelle hat, und auf geradlinigen Abschnitten, die zum Rand gehören, ist $\vartheta(s)$ konstant. Die Umkehrfunktion $s(\vartheta)$ hat offenbar Unstetigkeiten, wenn der Strahl $\arg z = \vartheta$ senkrecht zu einem geradlinigen Abschnitt des Randes steht. Sie ist stetig für alle anderen Werte von ϑ.

Die geometrische Interpretation der trigonometrisch konvexen Funktion $k(\vartheta)$ gibt uns die Möglichkeit, die von uns vorher festgestellten analytischen Eigenschaften dieser Funktion zu bekommen. Es ergibt sich dabei die geometrische Deutung der Größen

$$k'_+(\vartheta)\,,\; k'_-(\vartheta) \quad \text{und} \quad s(\vartheta_1, \vartheta_2) = k'_-(\vartheta_2) - k'_+(\vartheta_1) + \int_{\vartheta_1}^{\vartheta_2} k(\vartheta)\, d\vartheta\,,$$

von welchen in § 16 die Rede war.

Wir wollen zeigen, daß $k(\vartheta)$ eine stetige Funktion ist. Ohne Beschränkung der Allgemeinheit kann man annehmen, daß der Nullpunkt im Innern des konvexen Gebietes G liegt. Bezeichnen wir mit $\delta(\Delta\vartheta)$ die Länge des Intervalls auf dem

Strahl $\arg z = \vartheta + \Delta\vartheta$ zwischen den Stützgeraden l_ϑ und $l_{\vartheta+\Delta\vartheta}$ (Abb. 5), so bekommen wir

$$k(\vartheta + \Delta\vartheta) = k(\vartheta) \sec(\Delta\vartheta) + \delta(\Delta\vartheta) . \qquad (1.113)$$

Um die Stetigkeit festzustellen, genügt es zu bemerken, daß

$$|\delta(\Delta\vartheta)| < d \operatorname{tg}(\Delta\vartheta) ,$$

wo d der Durchmesser des Gebietes ist. Wir untersuchen jetzt die Frage der Differenzierbarkeit von $k(\vartheta)$ und finden die geometrische Bedeutung von $k'(\vartheta)$.

Bezeichnen wir mit $p(\vartheta)$ den Abschnitt der Geraden l_ϑ vom Stützpunkt bis zum Fußpunkt des aus dem Koordinatenanfangspunkt auf die Gerade gefällten Lotes. Man kann leicht einsehen, daß der Radiusvektor eines Punktes des Randes Γ eine stetige Funktion von s und folglich in den äußersten Punkten auch eine stetige Funktion von ϑ ist. Hieraus folgt, daß die Funktion $p(\vartheta)$ in den äußersten Punkten stetig ist.

Verläuft die Richtung ϑ senkrecht zu einem Abschnitt des Randes Γ, so ist

$$p(\vartheta + 0) - p(\vartheta - 0) = d(\vartheta) ,$$

wo $d(\vartheta)$ die Länge dieses Abschnitts ist.

Durch einfache geometrische Überlegungen (vgl. Abb. 5) kann man die Ungleichung bekommen:

$$\operatorname{tg}(\Delta\vartheta)\,[p(\vartheta + \Delta\vartheta) - \Delta s] \leqq \delta(\Delta\delta) \leqq p(\vartheta + \Delta\vartheta) \operatorname{tg}(\Delta\vartheta) .$$

Aus (1.113) und dieser Ungleichung ergibt sich, daß in jedem äußersten Punkte

$$k'(\vartheta) = p(\vartheta)$$

ist.

In den Unstetigkeitspunkten von $p(\vartheta)$ wird ebenso die Existenz der linken und der rechten Ableitung von $k(\vartheta)$ festgestellt, wobei

$$k'_+(\vartheta) = p(\vartheta + 0) ,$$
$$k'_-(\vartheta) = p(\vartheta - 0)$$

ist.

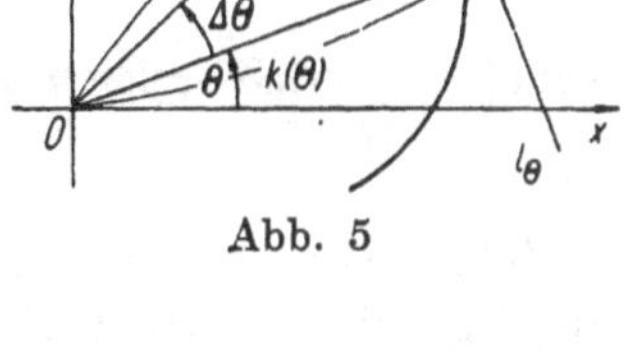

Abb. 5

Wir suchen einen Ausdruck für die Bogenlänge s zwischen den Stützpunkten der Geraden l_α und l_β, ausgedrückt durch die Stützfunktion $k(\vartheta)$. Wir schreiben diesem Bogen einen Polygonzug Σ ein, der so kleine Glieder hat, daß

$$|k(\vartheta) - R(\vartheta)| < \varepsilon$$

ist, wo $R(\vartheta)$ die Stützfunktion des eingeschriebenen Polygonzuges $\sum$ bedeutet.

Bezeichnen wir die Länge der Glieder mit d_k, so bekommen wir

$$s_\Sigma = \sum_{k=1}^{n} d_k = \sum_{k=0}^{n} [R'_+(\vartheta_k) - R'_-(\vartheta_k)]$$
$$= R'_+(\vartheta_n) - R'_-(\vartheta_0) - \sum_{k=1}^{n-1} [R'_-(\vartheta_{k+1}) - R'_+(\vartheta_k)] .$$

Hier bestimmen ϑ_k die Richtungen senkrecht zu den Gliedern des Polygonzuges. Indem wir vermerken, daß die Funktion $R(\vartheta)$ in den Intervallen $(\vartheta_k, \vartheta_{k+1})$ die Gestalt $A_k \cos(\vartheta - \vartheta_k)$ hat, erhalten wir

$$s_\Sigma = R'_+(\vartheta_n) - R'_-(\vartheta_0) - \sum_{k=1}^{n-1} \int_{\vartheta_k}^{\vartheta_{k+1}} R''(\vartheta)\, d\vartheta$$

oder

$$s_\Sigma = R'_+(\vartheta_n) - R'_-(\vartheta_0) + \int_{\vartheta_0}^{\vartheta_n} R(\vartheta)\, d\vartheta\,,$$

und nach dem Grenzübergang für max $d_k \to 0$ erhalten wir

$$s(\beta \pm 0) - s(\alpha \pm 0) = k'_\pm(\beta) - k'_\pm(\alpha) + \int_\alpha^\beta k(\vartheta)\, d\vartheta\,. \qquad (1.114)$$

Wir bemerken, daß für die Länge des ganzen Randes eines konvexen Gebietes sich die Formel

$$s = \int_0^{2\pi} k(\vartheta)\, d\vartheta \qquad (1.115)$$

ergibt.[1]) Aus der Monotonie von $s(\vartheta)$ folgt, daß der Krümmungsradius $R = \frac{ds}{d\vartheta}$ für alle Werte von ϑ existiert, vielleicht mit Ausnahme einer Menge vom Maß Null, und es ist

$$R = k''(\vartheta) + k(\vartheta)\,.$$

Vergleichen wir die Formeln (1.114) und (1.77) von § 16, so überzeugen wir uns, daß die bei $\varrho = 1$ durch die Gleichung (1.77) definierte Funktion $s(\vartheta)$ die Bogenlänge der Randkurve des Indikatordiagramms der Funktion von einem festgelegten Punkt bis zum Stützpunkt der Geraden l_ϑ ist. Ist $\varrho \neq 1$, und wird mit $\sigma(\vartheta)$ die Länge des lokal konvexen Bogens bezeichnet mit der Stützfunktion $k\left(\frac{\vartheta}{\varrho}\right)$, so ist die aus (1.114) hervorgehende Gleichung

$$\sigma(\varrho\beta \pm 0) - \sigma(\varrho\alpha \pm 0) = \frac{1}{\varrho}\left\{k'_\pm(\beta) - k'_\pm(\alpha) + \varrho^2 \int_\alpha^\beta k(\vartheta)\, d\vartheta\right\}$$

erfüllt. Durch Vergleich mit (1.77) bekommen für ein beliebiges $\varrho > 0$

$$s(\vartheta) = \varrho\, \sigma(\varrho\, \vartheta)\,.$$

Jetzt lösen wir die umgekehrte Aufgabe und drücken die Funktion $k(\vartheta)$ durch die Bogenlänge $s(\vartheta)$ aus. Wir legen zuerst den Koordinatenanfangspunkt in den Stützpunkt einer gewissen Stützgeraden l_0 und schreiben einen Polygonzug zwischen diesem Stützpunkt und dem Stützpunkt der Geraden l_ϑ ein.

---

[1]) Wenn die Randkurve Γ eine konstante Breite hat, d. h.

$$k(\vartheta) + k(\vartheta + \pi) = d \; (0 \leqq \vartheta < 2\pi)\,,$$

so ergibt sich aus (1.115) $s = \pi d$. Das ist der bekannte Satz von Barbier (vgl. W. Blaschke: Kreis und Kugel).

Die Stützfunktion $R(\vartheta)$ dieses Polygonzuges ist offenbar gleich

$$R(\vartheta) = \sum_{k=1}^{n} d_k \sin(\vartheta - \vartheta_k),$$

wo ϑ_k die zum Glied des Polygonzuges mit der Nummer k senkrechte Richtung angibt, d_k die Länge dieses Gliedes und $\vartheta_n \leqq \vartheta \leqq \vartheta_{n+1}$ ist.

Gehen wir zum Grenzwert bei $\max d_k \to 0$ über, so haben wir

$$k(\vartheta) = \int_0^{\vartheta} \sin(\vartheta - \psi)\, ds(\psi).$$

Verlegen wir den Koordinatenanfangspunkt in einen beliebigen Punkt der Ebene und benutzen wir die Additionsregel für Stützfunktionen bei der Addition der Gebiete, so haben wir:

$$k(\vartheta) = A \cos(\vartheta - \vartheta_0) + \int_0^{\vartheta} \sin(\vartheta - \psi)\, ds(\psi). \tag{1.116}$$

Die Formel (1.116) gibt uns die Möglichkeit, nach einer vorgegebenen monotonen Funktion $s(\psi)$ die konvexe Kurve wiederherzustellen. Die Bedingung der Geschlossenheit $k(\vartheta + 2\pi) = k(\vartheta)$ kann dabei in der Form

$$\int_0^{2\pi} \sin(\vartheta - \psi)\, ds(\psi) = 0$$

geschrieben werden, oder anders

$$\int_0^{2\pi} e^{i\psi}\, ds(\psi) = 0.\,^{1)}$$

Analog kann man eine lokal konvexe Kurve L mit der Stützfunktion $k\left(\frac{\vartheta}{\varrho}\right)$ nach der vorgegebenen monotonen Funktion

$$s(\vartheta) = k'(\vartheta) + \int_0^{\vartheta} k(\varphi)\, d\varphi$$

wiederherstellen. In diesem Fall wird die Formel (1.116) in der Form

$$k(\vartheta) = A \cos\varrho(\vartheta - \vartheta_0) + \int_0^{\vartheta} \sin\varrho(\vartheta - \psi)\, ds(\psi)$$

geschrieben, und die Bedingung der Geschlossenheit dieser Kurve bei ganzzahligem ϱ wird in der Form

$$\int_0^{2\pi} e^{i\varrho\psi}\, ds(\psi) = 0 \tag{1.117}$$

umgeschrieben.

Unter Benutzung der geometrischen Deutung der Bedingung (1.117) können wir folgende Aufgabe lösen:

---

[1]) Im Lehrsatz 24 wurde eine von (1.116) verschiedene Darstellung der Funktion $k(\vartheta)$ für einen geschlossenen konvexen Bogen gegeben:

$$k(\vartheta) = A \cos(\vartheta - \vartheta_0) + \int_{\vartheta - 2\pi}^{\vartheta} (\vartheta - \psi) \sin(\vartheta - \psi)\, ds(\psi).$$

Gegeben ist eine nichtabnehmende Funktion $s(\psi)$, und bei einem gewissen ganzzahligen ϱ sei

$$\int_0^{2\pi} e^{i\varrho\psi}\, ds(\psi) = 0 .$$

Zu finden ist eine nichtabnehmende, stückweise konstante Funktion $s_p(\psi)$, welche die Funktion $s(\psi)$ mit gegebener Genauigkeit ($\varepsilon > 0$) approximiert, d. h.

$$|s(\psi) - s_p(\psi)| < \varepsilon \qquad (0 \leqq \psi < 2\pi) .$$

Es ist dabei notwendig, daß die Sprünge der Funktion $s_p(\psi)$ rationale Zahlen sind, eine gegebene positive Zahl δ nicht übersteigen, und die Funktion $s_p(\psi)$ selbst der Bedingung (1.117) genügt.

Konstruieren wir tatsächlich zur vorgegebenen nichtabnehmenden Funktion $s(\psi)$ die geschlossene, lokal konvexe Kurve L, schreiben wir ihr einen geschlossenen Polygonzug L_p ein, dessen Glieder die Größe δ nicht übertreffen, und dessen Länge sich von der Länge von L um weniger als ε unterscheidet. Durch eine unbedeutende Verschiebung der Ecken dieses Polygonzuges kann man erreichen, daß die Länge seiner Glieder durch rationale Zahlen ausgedrückt wird. Die diesem Polygonzug entsprechende Funktion $s_p(\psi)$ liefert die Lösung der Aufgabe. Wir werden diese Lösung im Kapitel II benutzen.

Zum Abschluß dieses Paragraphen wollen wir einige fast offensichtliche Eigenschaften der Indikatordiagramme von ganzen Funktionen endlicher Ordnung vermerken.

1. *Ist $f(z)$ eine ganze Funktion der Ordnung* 1 *und vom Normaltypus (d. h. $\varrho(r) = 1$), so ergibt sich das Indikatordiagramm der Funktion*

$$\varphi(z) = e^{az} f(z) \qquad (a \text{ eine komplexe Zahl}) ,$$

aus dem Indikatordiagramm l_f der Funktion $f(z)$ durch die Verschiebung um den Vektor $\bar{a}$.

Es ist tatsächlich offensichtlich, daß

$$h_\varphi(\vartheta) = |a| \cos(\vartheta + \alpha) + h_f(\vartheta) \qquad (\alpha = \arg a) .$$

Die Funktion $|a| \cos(\vartheta + \alpha)$ ist die Stützfunktion eines konvexen Gebietes, welches aus dem einzigen Punkt $\bar{a}$ besteht.

Auf diese Weise ist $h_\varphi(\vartheta)$ die Stützfunktion der arithmetischen Summe der konvexen Gebiete l_f und $\bar{a}$, oder

$$l_\varphi = l_f + \bar{a} .$$

2. *Das Indikatordiagramm des Produktes zweier Funktionen ist in der arithmetischen Summe ihrer Indikatordiagramme enthalten.*[1])

Das folgt unmittelbar aus der Tatsache, daß der Indikator des Produktes zweier Funktionen nicht größer als die Summe der Indikatoren der Faktoren ist.

---

[1]) Später (im Kapitel III) werden wir für einen Sonderfall einen bedeutend genaueren Satz beweisen.

3. *Das Indikatordiagramm einer Summe von Funktionen ist im kleinsten konvexen Gebiet G enthalten, welches die Indikatordiagramme der Summanden umfaßt*

Das folgt aus der Ungleichung

$$h_{f_1+f_2+\cdots+f_n}(\vartheta) \leqq \max\{h_{f_1}(\vartheta), h_{f_2}(\vartheta), \ldots, h_{f_n}(\vartheta)\}.$$

Diesen Lehrsatz werden wir etwas verfeinern. Dazu bezeichnen wir mit E die Menge derjenigen äußersten Punkte des Gebietes G, welche nur einem der Indikatordiagramme angehören. Es ist offensichtlich, daß jeder isolierte Punkt dieser Menge das gemeinsame Ende zweier geradliniger Abschnitte des Randes von G ist. Das kleinste konvexe Gebiet, welches E enthält, bezeichnen wir mit $I(E)$.

4. *Das Indikatordiagramm einer Summe von Funktionen enthält das Gebiet $I(E)$.*

Dieses Ergebnis folgt leicht aus folgender, in § 15 vermerkten Tatsache: Wenn für irgend einen Wert von ϑ der Indikator eines der Summanden die Indikatoren der anderen Summanden übertrifft, so ist für diesen Wert von ϑ der Indikator der Summe gleich diesem größten Indikator. Tatsächlich, wenn $z_0 \in E$ kein Endpunkt eines geradlinigen Abschnittes des Randes ist, und ϑ_0 die Richtung ist, für welche z_0 als Stützpunkt der Geraden l_{ϑ_0} erscheint, so ist kraft der Definition der Menge E der Indikator eines der Summanden größer als die der anderen bei $\vartheta = \vartheta_0$, und folglich ist z_0 im Indikatordiagramm der Summe enthalten. Erscheint z_0 als ein gemeinsamer Endpunkt von zwei geradlinigen Abschnitten des Randes $I(E)$, so kann man aus den Richtungen, die dem Eckpunkt z_0 entsprechen, diejenige Richtung ϑ_0 wählen, für die der Indikator des einen der Summanden die Indikatoren der anderen Summanden übertrifft, und folglich z_0 im Indikatordiagramm der Summe enthalten ist. Schließlich sind die Punkte aus E, welche Endpunkte von nur einem geradlinigen Abschnitt des Randes sind, Häufungspunkte für andere Punkte aus E. Deshalb enthält die konvexe Hülle der beiden ersten Arten der Punkte aus E diese Punkte und fällt folglich mit $I(E)$ zusammen.

Also enthält das Indikatordiagramm der Funktionensumme $I(E)$.

Fallen insbesondere G und $I(E)$ zusammen, so fällt das Indikatordiagramm der Summe mit G, dem kleinsten konvexen Gebiet, welches die Indikatordiagramme der Summanden enthält, zusammen. So wird es z.B. sein, wenn die Indikatordiagramme der Summanden durch eine von Null verschiedene Verschiebung auseinander hervorgehen. Wenn man insbesondere eine Funktion $f(z)$ der Ordnung Eins und vom Normaltypus mit einer endlichen Summe der Form

$$\varphi(z) = \sum_{k=1}^{n} a_k e^{\lambda_k z}$$

multipliziert, wo a_k und λ_k $(k = 1, 2, \ldots, n)$ komplexe Zahlen sind, $a_k \neq 0$ und alle λ_k voneinander verschieden, so ist das Indikatordiagramm des Produktes

$$\varphi(z)\, f(z)$$

gleich der arithmetischen Summe des Indikatordiagramms von $f(z)$ und des kleinsten konvexen Polygons, welches die Punkte $\bar{\lambda}_1, \bar{\lambda}_2, \bar{\lambda}_3, \ldots, \bar{\lambda}_n$ enthält.

§ 20. Ganze Funktionen endlichen Grades

Eine ganze Funktion der Ordnung nicht höher als Eins und vom Normaltypus heißt eine ganze Funktion endlichen Grades, wobei man als den Grad der Funktion die Größe

$$\sigma = \overline{\lim_{r \to \infty}} \frac{\ln M_f(r)}{r}$$

versteht.

Auf diese Weise sind Funktionen der Ordnung kleiner oder gleich Eins aber vom Minimaltypus vom Grade Null.

Funktionen endlichen Grades begegnen uns oft bei verschiedenen Anwendungen, insbesondere in der harmonischen Analysis und bei den Randwertaufgaben der Theorie der Differentialgleichungen.

Jeder ganzen Funktion endlichen Grades

$$f(z) = \sum_{n=0}^{\infty} \frac{a_n}{n!} z^n \qquad (1.118)$$

entspricht eine Funktion

$$\varphi(z) = \sum_{n=0}^{\infty} \frac{a_n}{z^{n+1}}, \qquad (1.119)$$

welche man als die nach Borel assoziierte Funktion der Funktion $f(z)$ bezeichnet.

Ist σ der Grad der Funktion $f(z)$, so ist nach der Formel (1.06)

$$\sigma = \overline{\lim_{n \to \infty}} \sqrt[n]{|a_n|},$$

und folglich stellt die Reihe (1.119) im Gebiet $|z| > \sigma$ eine holomorphe Funktion dar.

Das kleinste konvexe Gebiet $\bar{I}_f$, welches alle Singularitäten von $\varphi(z)$ enthält, heißt das konjugierte Diagramm der Funktion $f(z)$. Es liegt offensichtlich im Kreis $|z| \leqq \sigma$. Von Pólya [1] stammt folgender bemerkenswerter Lehrsatz:

Lehrsatz 33. *Das konjugierte Diagramm einer beliebigen Funktion endlichen Grades ist die Spiegelung ihres Indikatordiagramms an der reellen Achse.*

Beweis. Die Grundlage des Beweises bilden zwei Integralformeln. Die erste gibt eine Integraldarstellung der Funktion $f(z)$ mit Hilfe der assoziierten

$$f(z) = \frac{1}{2\pi i} \int_C e^{\zeta z} \varphi(\zeta) \, d\zeta, \qquad (1.120)$$

wo C eine beliebige Berandung ist, welche das konjugierte Diagramm einschließt. Tatsächlich verändert sich das Integral auf der rechten Seite der Gleichung nicht, wenn man die Randkurve C durch irgend eine beliebige Randkurve ersetzt, welche den Kreis $|z| \leqq \sigma$ umschließt. Bei der Integration längs einer solchen Randkurve kann man $\varphi(z)$ durch die Reihe (1.119) ersetzen, und man überzeugt sich durch die

Integration von der Richtigkeit von (1.120). Die zweite Formel gibt eine Integraldarstellung der Funktion $\varphi(z)$:

$$\varphi(z) = \int_0^\infty e^{-z\zeta} f(\zeta)\, d\zeta\,, \tag{1.121}$$

wobei das Integral längs des Strahls $\zeta = te^{-i\vartheta}$, $t > 0$ genommen wird.

Es ist leicht nachzuprüfen, daß dieses Integral im Gebiet

$$\operatorname{Re} z\, e^{-i\vartheta} > h_f(-\vartheta) + \varepsilon \tag{1.122}$$

absolut und gleichmäßig konvergiert.

Die Konvergenz des Integrals folgt direkt aus den asymptotischen Ungleichungen

$$\left|e^{-zte^{-i\vartheta}}\right| < e^{-[h_f(-\vartheta)+\varepsilon]t}$$

und

$$|f(t\,e^{-i\vartheta})| < e^{\left[h_f(-\vartheta)+\frac{\varepsilon}{2}\right]t}\,.$$

Zum Beweis von (1.121) genügt es zu zeigen, daß diese Gleichung in einem Teil des Gebietes (1.122) stattfindet, z. B. für

$$\operatorname{Re} z\, e^{-i\vartheta} > 3\,\sigma\,.$$

Wir zeigen, daß für diese Werte von z die Reihe (1.118) direkt in (1.121) eingesetzt und gliedweise integriert werden kann. Tatsächlich ist in dieser Halbebene

$$\left|e^{-zte^{-i\vartheta}}\right| < e^{-3\sigma t}\,. \tag{1.123}$$

Andererseits aber folgt aus der Ungleichung

$$\frac{|a_n|}{n!} < \frac{M_f(r)}{r^n}\,,$$

daß der Rest

$$R_n(t) = \sum_{k=n+1}^{\infty} \frac{a_k}{k!} t^k$$

der Reihe (1.118) der Ungleichung

$$|R_n(t)| < \frac{M_f(r)}{1-\frac{t}{r}} \left(\frac{t}{r}\right)^{n+1}$$

genügt, und wenn man $r = 2\,t$ setzt, so ist

$$|R_n(t)| < \left(\frac{1}{2}\right)^n e^{2(\sigma+\varepsilon)t}\,. \tag{1.124}$$

Aus den Ungleichungen (1.123) und (1.124) folgt die gleichmäßige Konvergenz der Reihe

$$\sum_{k=0}^{\infty} e^{-z\zeta} \frac{a_k \zeta^k}{k!}$$

auf dem ganzen Strahl $t > 0$, $\zeta = t\,e^{-i\vartheta}$. Durch gliedweise Integration bekommen wir die Gleichung (1.121).

Wir benutzen jetzt die Formeln (1.120) und (1.121), um den Lehrsatz zu beweisen. Es sei jetzt $k_f(\vartheta)$ die Stützfunktion des konjugierten Diagramms $\overline{I_f}$. Wählen wir in der Formel (1.120) den Integrationsweg so, daß er nicht mehr als um ein $\varepsilon > 0$ vom konjugierten Diagramm absteht, so bekommen wir die Abschätzung

$$|f(r\,e^{i\vartheta})| < M_\varepsilon\, e^{r \max\limits_{\zeta \in C} [\operatorname{Re}(\zeta e^{i\vartheta})]} \leqq M_\varepsilon\, e^{[k_f(-\vartheta)+\varepsilon]\, r}$$

$\left(M_\varepsilon = \frac{l}{2\pi} \max\limits_{\zeta \in C} |\varphi(\zeta)|\right.$, wo l die Länge der Randkurve C ist$\left.\right)$ oder

$$h_f(\vartheta) \leqq k_f(-\vartheta)\,.$$

Anderseits folgt aus der Konvergenz des Integrals (1.121) für

$$\operatorname{Re}(z\,e^{-i\vartheta}) > h_f(-\vartheta) + \varepsilon\,,$$

daß $\varphi(z)$ keine Singularitäten in diesem Gebiet hat, und es ist deshalb

$$k_f(\vartheta) \leqq h_f(-\vartheta)\,.$$

Auf diese Weise ist

$$k_f(-\vartheta) = h_f(\vartheta)\,,$$

und der Lehrsatz ist bewiesen. Wir bringen einige Beispiele.

Wenn

$$f(z) = \sum_{k=1}^{n} a_k\, e^{\lambda_k z}\,,$$

so ist

$$\varphi(z) = \sum_{k=1}^{n} \frac{a_k}{z-\lambda_k}\,,$$

und das konjugierte Diagramm ist das kleinste konvexe Gebiet (ein Vieleck), welches alle Punkte λ_k enthält.

Wenn

$$f(z) = \sum_{k=1}^{n} e^{\lambda_k z}\,(a_{k_0} + a_{k_1} z + \cdots + a_{k_{\varrho_k}} z^{\varrho_k})$$

ist, so ist

$$\varphi(z) = \sum_{k=1}^{n} \left[\frac{a_{k_0}}{z-\lambda_k} + \frac{a_{k_1}}{(z-\lambda_k)^2} + \cdots + \frac{a_{k_{\varrho_k}}\, \varrho_k!}{(z-\lambda_k)^{\varrho_k+1}}\right],$$

und das konjugierte Diagramm ist dasselbe wie im ersten Beispiel.

Wir konstruieren eine ganze Funktion endlichen Grades mit einem vorgegebenen Indikatordiagramm.[1]) Wir bezeichnen mit $\overline{I}$ das zu I bezüglich der reellen Achse symmetrische Gebiet. Wir wählen eine abzählbare Punktmenge λ_k, welche am Rande des Gebietes $\overline{I}$ dicht ist, und konstruieren die Funktion

$$\varphi(z) = \sum_{k=1}^{\infty} \frac{a_k}{z-\lambda_k}\,,$$

[1]) Im Kapitel II werden wir eine analoge Aufgabe für Funktionen beliebiger verfeinerter Ordnung lösen.

wobei

$$\sum_{k=1}^{\infty} |a_k| < \infty$$

ist. Diese Funktion ist holomorph außerhalb des Gebietes $\overline{I}$. Wir überzeugen uns, daß alle Punkte λ_k singuläre Punkte dieser Funktion sind. Tatsächlich, nähert sich z einem Punkte λ_k auf einer Senkrechten zu einer der Stützgeraden im Punkte λ_p, so ist offensichtlich

$$|z - \lambda_p| < |z - \lambda_k| \quad \text{bei} \quad p \neq k .$$

Wählen wir eine Zahl N_p, daß

$$\sum_{k > N_p} |a_k| < \frac{1}{2} |a_p|$$

ist, so haben wir

$$|\varphi(z)| \geqq \frac{|a_p|}{|z - \lambda_p|} - \sum_{\substack{k=1 \\ k \neq p}}^{N_p} \frac{|a_k|}{|z - \lambda_k|} - \sum_{\substack{k=N_p+1 \\ k \neq p}}^{\infty} \frac{|a_k|}{|z - \lambda_k|}$$

oder

$$|\varphi(z)| > \frac{|a_p|}{2\,|z - \lambda_p|} - \sum_{\substack{k=1 \\ k \neq p}}^{N_p} \frac{|a_k|}{|z - \lambda_k|} .$$

Offensichtlich bekommen wir für $z \to \lambda_p$ auf die genannte Weise $|\varphi(z)| \to \infty$. Also ist $\overline{I}$ das kleinste konvexe Gebiet, welches alle Singularitäten der Funktion $\varphi(z)$ enthält, die nach Borel der ganzen Funktion

$$f(z) = \sum_{k=1}^{\infty} a_k \, e^{\lambda_k z}$$

assoziiert ist.

Wir bemerken noch, daß der Lehrsatz von Pólya es erlaubt, die Behauptung 4 über das Indikatordiagramm der Summe von ganzen Funktionen für Funktionen endlichen Grades zu verstärken. Man kann nämlich behaupten, daß das Indikatordiagramm einer Summe von Funktionen endlichen Grades das kleinste konvexe Gebiet enthält, in welchem alle äußersten Punkte jedes Indikatordiagramms liegen, welche keinem anderen Indikatordiagramm gehören.

Tatsächlich ist jeder äußerste Punkt irgend eines konjugierten Diagramms ein singulärer Punkt der entsprechenden assoziierten Funktion. Geht ein solcher Punkt in andere konjugierte Diagramme nicht ein, so erscheint er als singulär für die Summe der assoziierten Funktionen und folglich gehört er zum konjugierten Diagramm der Summe der vorgegebenen ganzen Funktionen endlichen Grades.

KAPITEL II

GANZE FUNKTIONEN, DEREN NULLSTELLENMENGE EINE WINKELDICHTE HAT

§ 1. Darstellung der Grundergebnisse

In diesem Kapitel werden wir eine spezielle Klasse ganzer Funktionen betrachten, welche sich durch eine besondere Regelmäßigkeit in der Verteilung ihrer Nullstellen auszeichnen.

Diese Klasse wird uns ziemlich oft in verschiedenen Anwendungen begegnen und eine wesentliche Rolle in den kommenden Kapiteln dieses Buches spielen. Wir werden eine genaue asymptotische Darstellung von Funktionen dieser Klasse angeben. Die Regelmäßigkeit der Nullstellenverteilung wird durch das Vorhandensein einer besonderen Art der Dichte dieser Nullstellenmenge charakterisiert.[1])

Der Beweis eines großen Teils der Lehrsätze dieses Kapitels ist etwas umständlich. Damit der Leser beim Durcharbeiten dieser Beweise die Perspektive nicht verliert, stellen wir im ersten Paragraphen alle Grundergebnisse dieses Kapitels ohne Beweis zusammen. Der Leser kann bei der ersten Durchsicht des Buches bei dem II. Kapitel sich auf die Lektüre von § 1 beschränken, um jedoch später zu den anderen Paragraphen zurückzukehren, in welchen die Beweise dargestellt werden.

Wir sagen, eine Punktmenge $\mathfrak{N}$ der komplexen Ebene hat eine Winkeldichte mit dem Exponenten $\varrho(r)$, wenn für alle Werte von ϑ und θ $(0 < \vartheta < \theta < 2\pi)$, vielleicht mit Ausnahme einer abzählbaren Menge, der Grenzwert

$$\text{(A)} \qquad \Delta(\vartheta, \theta) = \lim_{r \to \infty} \frac{n(r, \vartheta, \theta)}{r^{\varrho(r)}} \tag{2.00}$$

existiert[2]), wo $n(r, \vartheta, \theta)$ die Anzahl der Punkte der Menge $\mathfrak{N}$ im Sektor $|z| \leqq r$, $\vartheta < \arg z < \theta$ ist. Die Größe $\Delta(\vartheta + 0, \theta - 0)$ nennen wir die Winkeldichte der Menge $\mathfrak{N}$ im Innern des Winkels $\vartheta < \arg z < \theta$ oder kürzer im Inneren des Winkels (ϑ, θ).

Die Gleichung

$$\Delta(\theta) - \Delta(\vartheta) = \Delta(\vartheta, \theta) \tag{2.01}$$

bestimmt bei festem ϑ die nichtabnehmende Funktion $\Delta(\theta)$ bis auf eine additive Konstante. Sie ist für alle Werte von θ bestimmt, vielleicht mit Ausnahme einer abzählbaren Menge. Ausnahmewerte von ϑ und θ, für welche die Winkeldichte

[1]) Die Hauptergebnisse dieses Kapitels wurden vom Verfasser früher [1, 2] veröffentlicht. Analoge Ergebnisse wurden unabhängig von ihm von PFLUGER gefunden [1, 2, 4].

[2]) Mit „der Grenzwert existiert" meinen wir überall einen endlichen Grenzwert.

nicht existiert, müssen Unstetigkeitspunkte der Funktion $\Delta(\theta)$ sein. Wenn ϑ und θ ($\theta > \vartheta$) beliebige Zahlen sind, und $\varepsilon > 0$ so, daß $\vartheta \pm \varepsilon$ und $\theta \pm \varepsilon$ Stetigkeitsstellen von $\Delta(\theta)$ sind, so ist tatsächlich

$$\Delta(\theta - \varepsilon) - \Delta(\vartheta + \varepsilon) \leqq \underline{\lim}_{r \to \infty} \frac{n(r, \vartheta, \theta)}{r^{\varrho(r)}}$$
$$\leqq \overline{\lim}_{r \to \infty} \frac{n(r, \vartheta, \theta)}{r^{\varrho(r)}} \leqq \Delta(\theta + \varepsilon) - \Delta(\vartheta - \varepsilon)\,.$$

Sind ϑ und θ Stetigkeitsstellen von $\Delta(\theta)$, so ist der untere Limes gleich dem oberen. Eine Menge, welche eine Winkeldichte mit dem Exponenten $\varrho(r)$ bei nichtganzzahligem ϱ hat, werden wir als regelmäßig verteilt in bezug auf $\varrho(r)$ bezeichnen.

Wir werden in diesem Kapitel zeigen, daß die Regelmäßigkeit in der Nullstellenverteilung einer ganzen Funktion eine besondere Regelmäßigkeit ihres Wachstums zur Folge hat. Um genau zu formulieren, worin diese Regelmäßigkeit des Wachstums besteht, werden wir einen neuen Begriff einführen.

Unter der *linearen Dichte* einer Menge C der Kreise (C_j) in der komplexen Ebene werden wir den Grenzwert

$$\varrho^*(C) = \lim_{r\to\infty} \left\{\frac{1}{r} \sum\nolimits^r r_j\right\}$$

verstehen, wo r_j der Radius des Kreises C_j ist, und das Zeichen $\sum^r$ die Summation über alle Kreise bedeutet, deren Mittelpunkte im Kreise $|z| < r$ liegen.

Wenn der Grenzwert $\varrho^*(C)$ nicht existiert, werden wir den oberen und den unteren Grenzwert derselben Größe betrachten, sie mit $\bar{\varrho}^*(C)$ und $\underline{\varrho}^*(C)$ bezeichnen und entsprechend die obere und die untere lineare Dichte der Kreismenge C nennen. Eine Menge von der linearen Dichte Null werden wir als eine C^0-Menge bezeichnen.

Asymptotische Gleichungen, welche wir aufstellen werden, hängen mit der verfeinerten Ordnung des Wachstums zusammen. Unter der asymptotischen Gleichung

$$f(r) \approx \varphi(r)$$

werden wir das Bestehen der Beziehung

$$\lim_{r \to \infty} r^{-\varrho(r)} [(f(r) - \varphi(r)] = 0$$

verstehen.

Lehrsatz 1. *Es sei $\varrho(r)$ eine gewisse verfeinerte Ordnung, wobei $\varrho = \lim \varrho(r)$ keine ganze Zahl ist, und es sei $\{a_n\}$ eine Punktmenge in der komplexen Ebene, welche die Winkeldichte $\Delta(\psi)$ mit dem Exponenten $\varrho(r)$ hat. Dann genügt für die Werte von z, die einer gewissen C^0-Menge nicht angehören, die ganze Funktion*

$$\left.\begin{aligned} &f(z) = z^m\, e^{P(z)} \cdot \prod_1^\infty G\left(\frac{z}{a_k}\,;\, p\right), \\ &(P(z) = c_0 + c_1 z + \cdots + c_p z^p\,,\ p = [\varrho]) \end{aligned}\right\} \qquad (2.02)$$

der asymptotischen Gleichung

$$\ln |f(r\, e^{i\theta})| \approx H(\theta)\, r^{\varrho(r)}, \tag{2.03}$$

in welcher

$$H(\theta) = \frac{\pi}{\sin \pi\, \varrho} \int\limits_{\theta - 2\pi}^{\theta} \cos \varrho\, (\theta - \psi - \pi)\, d\Delta(\psi) \tag{2.04}$$

ist. Dabei strebt die Funktion

$$h_{f,r}(\theta) = r^{-\varrho(r)} \ln |f(r\, e^{i\theta})|$$

gleichmäßig in θ *für* $0 \leqq \theta \leqq 2\pi$ *gegen den Grenzwert* $H(\theta)$.

Auf diese Weise zieht die Existenz der Winkeldichte der Nullstellenmenge bei Funktionen nichtganzzahliger Ordnung eine besondere Regelmäßigkeit des Wachstums nach sich, welche sich in der Konvergenz der Funktion $h_{f,r}(\theta)$ äußert. Die Funktion $H(\theta)$ hängt vom Faktor vor dem kanonischen Produkt nicht ab, sie ist daher durch die regelmäßige Verteilung von Nullstellen vollkommen bestimmt.

Bei Funktionen ganzzahliger Ordnung erscheint die bloße Existenz der Winkeldichte der Nullstellenmenge nicht mehr als eine hinreichende Bedingung für eine solche Regelmäßigkeit des Wachstums der Funktion. In diesem Fall ist noch eine besondere Symmetrie in der Verteilung der Nullstellen der Funktion erforderlich, welche durch die Existenz des Grenzwertes

$$\text{(B)} \qquad \delta_f = \lim_{r \to \infty} \frac{\delta_f(r)}{L(r)} \qquad \left(\delta_f(r) = c_\varrho + \frac{1}{\varrho} \cdot \sum_{|a_n| \leqq r} a_n^{-\varrho}\right)$$

charakterisiert wird, wo $L(r) = r^{\varrho(r) - \varrho}$ ist und c_ϱ der Koeffizient bei der höchsten Potenz im Exponentialfaktor vor dem kanonischen Produkt in der Darstellung (1.38). Diese Bedingung werden wir als die Bedingung (B) bezeichnen. Wenn $p = \varrho = \varrho(r)$, so bedeutet diese Bedingung eine besondere bedingte Konvergenz der Reihe

$$\sum_1^\infty a_k^{-\varrho},$$

und zwar die Existenz eines Hauptwertes

$$\lim_{r \to \infty} \left(\sum_{|a_k| < r} a_k^{-\varrho}\right)$$

der Summe dieser Reihe. Für Funktionen ganzzahliger Ordnung wird folgender Lehrsatz bewiesen:

Lehrsatz 2. $\varrho(r)$ *sei eine gewisse verfeinerte Ordnung,* $\varrho = \lim\limits_{r \to \infty} \varrho(r)$ $(\varrho \geqq 1)$ *sei eine ganze Zahl, die Menge* $\{a_k\}$ *der Nullstellen der ganzen Funktion*

$$f(z) = z^m\, e^{P(z)} \prod_1^\infty G\left(\frac{z}{a_k};\ \varrho\right)$$

habe eine Winkeldichte mit dem Exponenten $\varrho(r)$ *und genüge der Bedingung* (B).

Dann gilt für alle z, die einer gewissen C^0-Menge nicht angehören, die asymptotische Gleichung

$$\ln |f(r e^{i\theta})| \approx H(\theta)\, r^{\varrho(r)}, \tag{2.05}$$

in welcher

$$H(\theta) = -\int_{\theta-2\pi}^{\theta} (\psi - \theta) \sin \varrho (\psi - \theta)\, d\,\Delta(\psi) + \tau_f \cos \varrho (\theta - \theta_f) \tag{2.06}$$

und $\delta_f = \tau_f e^{i\theta_f}$ *bedeuten.*

Dabei ist die Funktion

$$h_{f,r}(\theta) = r^{-\varrho(r)} \ln |f(r e^{i\theta})|$$

gleichmäßig konvergent in θ *bei* $0 \leqq \theta \leqq 2\pi$ *gegen den Grenzwert* $H(\theta)$.[1])

Nach diesem Lehrsatz erscheint es als natürlich, eine regelmäßig verteilte Menge mit dem Exponenten $\varrho(r)$ bei ganzzahligem ϱ als eine Punktmenge der Ebene zu definieren, welche bei diesem $\varrho(r)$ eine Winkeldichte hat, und für die bei einer gewissen Konstanten $C_{\mathfrak{N}}$ der Grenzwert

$$(\mathrm{B}') \qquad \delta = \lim_{r\to\infty} \frac{1}{L(r)} \left\{ C_n + \frac{1}{\varrho} \cdot \sum_{|a_n|<r} a_n^{-\varrho} \right\} \qquad (a_n \in \mathfrak{N}\,,\ L(r) = r^{\varrho(r)-\varrho})$$

existiert.

Wenn $L(r) \to \infty$ oder bei $r \to \infty$ einen von Null verschiedenen Grenzwert hat, so kann $C_{\mathfrak{N}}$ in der Bedingung (B') durch eine beliebige Zahl ersetzt werden. Sonst ist die Zahl $C_{\mathfrak{N}}$ eindeutig bestimmt.

Unter den ganzen Funktionen, deren Nullstellenmengen mit $\mathfrak{N}$ übereinstimmen, sondern wir die kanonischen Funktionen $f(z; \mathfrak{N})$ aus. Bei nichtganzzahligem ϱ zählen wir die Funktion

$$f(z; \mathfrak{N}) = \prod_1^\infty G\left(\frac{z}{a_n};\ p\right) \qquad (p = [\varrho])$$

als kanonisch, bei ganzzahligem ϱ aber die Funktion

$$f(z; \mathfrak{N}) = e^{C_{\mathfrak{N}} z^\varrho} \prod_1^\infty G\left(\frac{z}{a_n}; \varrho\right).$$

Ist dabei die Größe $C_{\mathfrak{N}}$ in der Bedingung (B') willkürlich wählbar, so wählen wir $C_{\mathfrak{N}} = 0$. Die bei der Formulierung der Lehrsätze 1 und 2 definierte Größe $H(\theta)$ ist durch die Menge $\mathfrak{N}$ vollkommen bestimmt, gleich ob ϱ keine ganze Zahl oder eine ganze Zahl ist, wenn nur $C_{\mathfrak{N}}$ eindeutig bestimmt ist. Überhaupt werden wir die Funktion $H(\theta)$ für kanonische Funktionen mit $H_{\mathfrak{N}}(\theta)$ bezeichnen und den Indikator der Menge $\mathfrak{N}$ nennen.

Man kann eine Funktion $f(z)$ mit regelmäßiger Nullstellenverteilung nach dem Maximumprinzip des absoluten Betrages im Innern der Ausnahmekreise abschätzen, und man bekommt für den Indikator einer ganzen Funktion die Gleichung

$$h_f(\theta) = H(\theta)\,.$$

---

[1]) B. J. Lewin [1], 1121—1127, A. Pfluger [4]. Vor kurzem hat W. S. Asarin [1] die Lehrsätze 1 und 2 für subharmonische Funktionen im n-dimensionalen Raume verallgemeinert.

Auf diese Weise drücken die Formeln (2.04) und (2.06) den Indikator einer ganzen Funktion mit regelmäßiger Nullstellenverteilung durch die Winkeldichte und die Größe δ_f aus. Der Form nach dieselben Darstellungen des Indikators erhielten wir im § 16 des 1. Kapitels, es ist jedoch wesentlich, daß in den Formeln (2.04) und (2.06) statt der nichtabnehmenden Funktion $s_f(\psi)$ die Dichte der Nullstellen $\Delta_f(\psi)$ einer ganzen Funktion $f(z)$ im Innern des Winkels $(0, \psi)$ steht.

Aus den inversen Formeln des § 16 (Kapitel I) folgt, daß

$$\Delta_f(\psi \pm 0) = \frac{1}{2\pi\varrho} s_f(\psi \pm 0) + C \quad (C \text{ konstant}) \tag{2.07}$$

ist, oder anders ausgedrückt

$$\Delta_f(\theta \pm 0) - \Delta_f(\vartheta \pm 0) = \frac{1}{2\pi\varrho} [s_f(\theta \pm 0) - s_f(\vartheta \pm 0)] .$$

Gehen wir von der geometrischen Deutung der Funktion $s_f(\theta)$ aus (siehe § 19, Kapitel I), so bekommen wir, daß bei $\varrho = 1$ die Winkeldichte der Nullstellenmenge der Funktion $f(z)$ im Inneren des Winkels (ϑ, θ) gleich ist der durch 2π dividierten Bogenlänge des Indikatordiagramms zwischen den Stützpunkten der Geraden l_ϑ und l_θ, die senkrecht auf den Schenkeln des Winkels stehen. Im allgemeinen Fall ist die rechte Seite von (2.07) proportional der Länge eines gewissen lokal konvexen Bogens (Abb. 6).

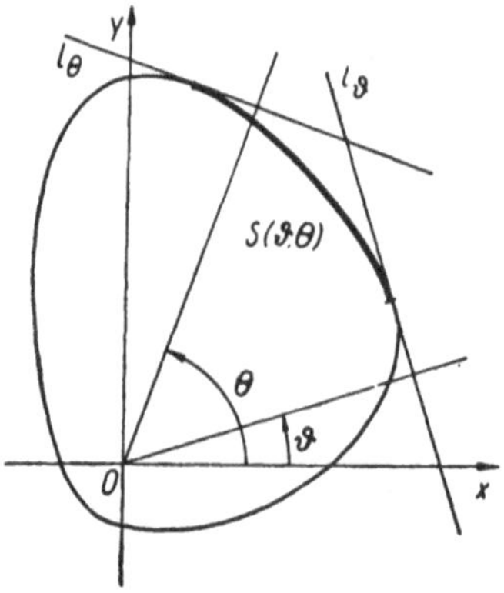

Abb. 6

Die Formeln (2.07), (2.04) und (2.06) geben uns die Möglichkeit, eine ganze Funktion von vorgegebener verfeinerter Ordnung $\varrho(r)$ so zu konstruieren, daß ihr Indikator mit einer beliebig gewählten trigonometrisch konvexen Funktion $h(\theta)$, welche die Periode 2π hat, übereinstimmt. Die Idee dieser Konstruktion besteht darin, daß man zur gegebenen Funktion $h(\theta)$ mit Hilfe der Gleichungen (2.07) und (1.77) die nichtabnehmende Funktion $\Delta(\theta)$ konstruiert. Nachdem man dann die Punktmenge $\{a_n\}$ mit der Winkeldichte $\Delta(\theta)$ bei dem Exponenten $\varrho(r)$ konstruiert und zu diesen Punkten das kanonische Produkt gebildet hat, erhalten wir die für uns erforderliche ganze Funktion. Die Konstruktion einer ganzen Funktion mit einem vorgegebenen Indikator wird in § 4 dieses Kapitels durchgeführt.

Das Ergebnis kann man in Gestalt des folgenden Lehrsatzes formulieren:

Lehrsatz 3.[1]) *Wie eine starke verfeinerte Ordnung* $\varrho^*(r)$ $\left(\lim\limits_{r\to\infty} \varrho^*(r) = \varrho > 0\right)$ *und eine trigonometrisch konvexe, bei diesem* ϱ *mit der Periode* 2π *periodische Funktion* $h(\theta)$ *auch sein mögen, es existiert eine ganze Funktion der verfeinerten Ord-*

---

[1]) Dieser Lehrsatz ist eine gewisse Verallgemeinerung des Lehrsatzes von V. Bernstein [1, 3], der sich auf Funktionen vom Normaltypus bezieht.

nung $\varrho(r)$ mit dem Indikator $h(\theta)$. Bei nichtganzzahligem ϱ ist eine analoge Behauptung richtig bezüglich einer willkürlich gewählten verfeinerten Ordnung.

Wir bemerken noch, daß eine ganze Funktion mit vorgegebenem Indikator, welche wir in § 4 konstruieren werden, eine besondere Regelmäßigkeit des Wachstums aufweist.

Im Fall der regelmäßigen Nullstellenverteilung einer ganzen Funktion kann man nicht nur eine asymptotische Darstellung der Funktion $\ln |f(r e^{i\theta})|$ angeben, sondern auch der Funktion $\arg f(z)$, d. h., man kann eine asymptotische Darstellung der ganzen Funktion $f(z)$ selbst gewinnen. Dieser Frage ist der § 5 dieses Kapitels gewidmet. Damit der Ausdruck $\arg f(z)$ einen bestimmten Sinn für das kanonische Produkt

$$f(z) = \prod_{k=1}^{\infty} G\left(\frac{z}{a_k}; p\right) \quad (p = [\varrho])$$

bekommt, definieren wir die Funktion $\arg G(u; p)$ in der entlang dem Strahl $(1, +\infty)$ aufgeschnittenen u-Ebene so, daß sie am oberen Rande des Schnittes gleich Null ist und setzen sie in der ganzen aufgeschnittenen Ebene stetig fort. Die auf diese Weise in der ganzen aufgeschnittenen Ebene eindeutig bestimmte Funktion $\arg G(u; p)$ hat in den Punkten des Strahles $(1, +\infty)$ einen Sprung von der Größe 2π.

Alle Strahlen $\arg z = \theta$, welche der Bedingung

$$\lim_{h\to 0}\left\{\overline{\lim_{r\to\infty}} \frac{n(r, \theta - h, \theta + h)}{r^{\varrho(r)}}\right\} = 0$$

genügen, werden wir als „regulär" bezeichnen.

Alle anderen Strahlen werden wir „singulär" nennen. Aus der Monotonie der Funktion $\Delta(\theta)$ kann man leicht schließen, daß die Menge der Singulärstrahlen höchstens abzählbar ist, wenn die Nullstellen der Funktion $f(z)$ regelmäßig verteilt sind. Das Grundergebnis des § 5 kann folgendermaßen formuliert werden:

Lehrsatz 4. *Ist $\mathfrak{N}$ eine regelmäßig verteilte Menge mit dem Exponenten $\varrho(r)$ und $f(z, \mathfrak{N})$ ihre kanonische Funktion, so besteht für die z, die auf einem regulären Strahl liegen und einer gewissen C^0-Menge nicht angehören, die asymptotische Gleichung*

$$\ln f(r e^{i\theta}, \mathfrak{N}) \approx J(\theta)\, r^{\varrho(r)}, \tag{2.08}$$

in welcher

$$J(\theta) = \frac{\pi}{\sin \pi\varrho} \int_{\theta-2\pi}^{\theta} e^{i\varrho(\theta-\psi-\pi)}\, d\Delta(\psi) \tag{2.09}$$

bei nichtganzzahligem ϱ und

$$J(\theta) = i \int_{\theta-2\pi}^{\theta} e^{i\varrho(\theta-\psi)}\, (\theta-\psi)\, d\Delta(\psi) + A\, e^{i\varrho(\theta-\theta_0)} \tag{2.10}$$

bei ganzzahligem ϱ ist.

Dabei ist die Konvergenz der Funktion $r^{-\varrho(r)} \ln f(r e^{i\theta})$ gegen den Grenzwert $J(\theta)$ auf jeder abgeschlossenen Menge $\mathfrak{M}$ regulärer Strahlen gleichmäßig in θ.

Wir bemerken, daß die Multiplikation der Funktion $f(z, \mathfrak{N})$ mit einem Exponentialfaktor $e^{P(z)}$, wo der Grad von $P(z)$ kleiner als ϱ ist, die asymptotische Gleichung (2.08) unverändert läßt.

Die Absonderung einer C^0-Menge in den Lehrsätzen 1, 2, 4 und 5 beruht auf der Abschätzung von CARTAN (siehe § 7, Kapitel I). Bei dieser Abschätzung wird die Menge der Ausnahmekreise nicht effektiv konstruiert. Deshalb wird in den Lehrsätzen 1, 2, 4 und 5 nur behauptet, daß die asymptotischen Gleichungen außerhalb gewisser Ausnahmegebiete (der C^0-Mengen) erfüllt sind, es wird aber nicht angegeben, wie man diese Ausnahmegebiete konstruiert. Man kann jedoch bei einigen zusätzlichen Einschränkungen, welche man den Nullstellen der Funktion auferlegt, genauere Angaben über die Lage der Kreise der Ausnahmemenge machen. Wir nehmen an, daß die Punkte nicht zu nahe beieinander liegen können. Genauer gesagt, wir werden annehmen, daß eine der folgenden Bedingungen (C) oder (C′) erfüllt ist:

(C) Es gibt eine Zahl $d > 0$, so daß die Kreise mit den Radien

$$r_n = d \cdot |a_n|^{1 - \frac{\varrho(|a_n|)}{2}}$$

mit den Mittelpunkten in den Punkten a_n einander nicht schneiden.

(C′) Die Punkte a_n liegen im Innern von Winkeln mit der gemeinsamen Spitze im Koordinatenanfangspunkt, die keine weiteren gemeinsamen Punkte haben. Wenn man dabei die Punkte der Menge $\{a_n\}$ im Innern eines beliebigen dieser Winkel in der Reihenfolge ihrer wachsenden absoluten Beträge umnumeriert, so gilt für die Punkte, die ins Innere eines Winkels fallen bei einem gewissen $d > 0$

$$|a_{k+1}| - |a_k| > d|a_k|^{1-\varrho(|a_k|)}.$$

In den Bedingungen (C) und (C′) hat die verfeinerte Ordnung $\varrho(r)$ dieselbe Bedeutung wie in der Bedingung (A).

Eine regelmäßige Menge der Punkte $\{a_n\}$, welche einer der Bedingungen (C) oder (C′) genügt, werden wir regulär oder kurz eine R-Menge nennen, und die Kreise $|z - a_n| \leqq r_n$ im ersten Fall und $|z - a_n| < d|a_n|^{1-\varrho(|a_k|)}$ im zweiten Fall werden wir als Ausnahmekreise der R-Menge (C_R-Kreise) bezeichnen.

In § 6 werden wir folgenden Lehrsatz beweisen.

Lehrsatz 5. *Ist $\mathfrak{N}$ eine R-Menge der Ordnung $\varrho(r)$, so genügt die kanonische Funktion $f(z, \mathfrak{N})$ außerhalb der Ausnahmekreise C_R der asymptotischen Gleichung*

$$\ln |f(r e^{i\theta}, \mathfrak{N})| \approx H_{\mathfrak{N}}(\theta)\, r^{\varrho(r)}, \tag{2.05'}$$

und, wenn $\arg z = \theta$ *ein regulärer Strahl ist, so gilt*

$$\ln f(r e^{i\theta}, \mathfrak{N}) \approx J_{\mathfrak{N}}(\theta)\, r^{\varrho(r)}, \tag{2.08'}$$

wo $H_{\mathfrak{N}}(\theta)$ und $J_{\mathfrak{N}}(\theta)$ durch die Gleichungen (2.04), (2.06), (2.09) *und* (2.10) *definiert sind. Die Annäherung der Funktionen $r^{-\varrho(r)} \ln |f(r e^{i\theta}, \mathfrak{N})|$ und $r^{-\varrho(r)} \ln f(r e^{i\theta}, \mathfrak{N})$ an den Grenzwert ist gleichmäßig in gleichem Sinne wie in den Lehrsätzen* 1, 2 *und* 4.

In diesem Lehrsatz erscheint die Ausnahmemenge nicht als C^0-Menge, bei der Erfüllung der Bedingung (C′) kann jedoch ihre lineare obere Dichte bei der geeigneten Wahl von d beliebig klein gemacht werden. Bei der Erfüllung der Bedingung (C) kann eine andere „Dichte“ beliebig klein gemacht werden, nämlich der obere Limes des Verhältnisses der Summe der Flächen von Ausnahmekreisen, die ins Innere eines gewissen Kreises $|z| \leqq R$ fallen, und der Fläche dieses Kreises bei $R \to \infty$.

Für die weiteren Betrachtungen ist es nützlich, folgende Definition einzuführen: Unter dem relativen Maß einer Menge positiver Zahlen verstehen wir die Größe

$$m^*(E) = \lim_{r \to \infty} \frac{\text{mes}\,(E^r)}{r}\,, \text{ [1]}$$

wo E^r den Durchschnitt der Menge E mit dem offenen Intervall $(0, r)$ bedeutet. Existiert dieser Grenzwert nicht, so betrachten wir das obere und das untere relative Maß

$$\overline{m}^*(E) = \overline{\lim_{r \to \infty}} \frac{\text{mes}\,(E^r)}{r}\,, \qquad \underline{m}^*(E) = \underline{\lim}_{r \to \infty} \frac{\text{mes}\,(E^r)}{r}\,.$$

Eine Menge vom relativen Maß Null werden wir eine E^0-Menge nennen. Offensichtlich ist die Menge derjenigen Werte von r, für welche der Kreis $|z| = r$ eine C^0-Menge schneidet, eine E^0-Menge. Deshalb kann man in den Lehrsätzen 1 und 2 die Forderung, daß z keine Werte aus einer gewissen C^0-Menge annimmt, durch die Forderung ersetzen, daß $|z|$ keine Werte aus einer gewissen E^0-Menge annimmt.

Wie bereits erwähnt, folgt aus den Lehrsätzen 1 und 2, daß man bei regelmäßiger Nullstellenverteilung der Funktion $f(z)$ aus der Gesamtheit der Werte von r eine solche E^0-Menge ausschließen kann, daß die Funktionen von θ

$$h_{f,r}(\theta) = \frac{\ln |f(r\,e^{i\theta})|}{r^{\varrho(r)}}$$

eine gleichgradig stetige Familie bilden. Diese Eigenschaft läßt sich auf beliebige ganze Funktionen endlicher Ordnung ausdehnen, für die sie folgendermaßen formuliert wird:

Lehrsatz 6. *Einer beliebigen ganzen Funktion der verfeinerten Ordnung $\varrho(r)$ und einer positiven Zahl η kann man eine solche Menge von positiven Zahlen E_η mit dem oberen relativen Maß kleiner als η gegenüberstellen, so daß bei $r \notin E_\eta$ die Funktionenfamilie $h_{f,r}(\theta)$ gleichgradig stetig ist.*

Der Lehrsatz 6 kann für Funktionen verallgemeinert werden, welche im Inneren eines Winkels $\alpha < \arg z < \beta$ holomorph sind. Diese Verallgemeinerung wird folgendermaßen formuliert:

Lehrsatz 7. *Eine Funktion $F(z)$ sei holomorph und der verfeinerten Ordnung $\varrho(r)$ im Inneren des Winkels $\alpha < \arg z < \beta$, und außerdem sei für ein positives $l < 1$, ein positives N und alle genügend großen Werte von r in jedem Kreis*

$$\left| z - r\,e^{i\frac{\alpha+\beta}{2}} \right| < l \cdot r \cdot \sin \frac{\beta - \alpha}{2}$$

[1]) mes (A) bedeutet das Maß von A.

ein Punkt $z_1 = r_1 e^{i\theta_1}$ *enthalten, in dem*

$$\ln |F(z_1)| > -N r_1^{\varrho(r_1)} \tag{2.12}$$

ist. Dann kann man zu jedem beliebigen $\eta > 0$ *eine solche Menge* E_η *positiver Zahlen mit dem oberen relativen Maß kleiner als* η *wählen, daß für* $r \notin E_\eta$ *die Funktionenfamilie*

$$h_{F,r}(\theta) = r^{-\varrho(r)} \ln |F(r e^{i\theta})|$$

gleichgradig stetig in θ *ist*[1]).

Diese Lehrsätze, die wir in § 7 dieses Kapitels beweisen werden, erweisen sich als recht nützlich beim Studium verschiedener Fragen der Theorie des Wachstums von Funktionen endlicher Ordnung.

§ 2. Ganze Funktionen nichtganzzahliger Ordnung mit regelmäßiger Nullstellenverteilung (Beweis des Lehrsatzes 1)

Bei Funktionen nichtganzzahliger Ordnung hat der Exponentialfaktor vor dem kanonischen Produkt keinen Einfluß auf den Indikator der Funktion, der in diesem Fall durch das kanonische Produkt vollkommen bestimmt ist, oder, was dasselbe ist, durch die Nullstellenmenge dieser Funktion. Deshalb werden wir in diesem Paragraphen nur kanonische Produkte betrachten. Das beschränkt nicht die Allgemeinheit unserer Betrachtungen.

Zuerst betrachten wir einige Spezialfälle von regelmäßiger Verteilung der Nullstellen. Der einfachste Fall ist: Alle Nullstellen des kanonischen Produktes $\Pi(z)$ liegen auf einem Strahl $\arg z = \psi$ mit einer gewissen Dichte

$$\Delta = \lim_{r \to \infty} \frac{n(r)}{r^{\varrho(r)}} .$$

Dieser Fall ist eigentlich schon im Lehrsatz 12 von Kapitel I betrachtet worden. Dreht man nämlich die Ebene um den Winkel ψ, d. h. setzt man statt θ die Größe $\theta - \psi$ ein, so ergibt sich, daß bei einem beliebigen $\eta > 0$ für $(\psi + \eta \leqq \theta \leqq \psi + 2\pi - \eta)$ gleichmäßig in θ

$$\lim_{r \to \infty} \frac{\ln \Pi(r e^{i\theta})}{r^{\varrho(r)}} = \frac{\pi \Delta}{\sin \pi \varrho} e^{i\varrho(\theta - \psi - \pi)}$$

gilt.

Vergleichen wir die Realteile, so bekommen wir

$$\lim_{r \to \infty} \frac{\ln |\Pi(r e^{i\theta})|}{r^{\varrho(r)}} = \frac{\pi \Delta}{\sin \pi \varrho} \cos \varrho(\theta - \psi - \pi) .$$

Der nächstkomplizierte Fall ist, daß alle Nullstellen des kanonischen Produktes $\Pi(z)$ auf einer endlichen Anzahl von Strahlen $\arg z = \psi_j$, $(j = 0, 1, \ldots, m)$

[1]) Die zusätzliche Bedingung, welche durch die Ungleichung (2.12) im Fall einer ganzen Funktion ausgedrückt wird, wird infolge der bekannten Abschätzung einer ganzen Funktion nach unten (Kapitel I, Seite 20) erfüllt sein.

liegen, und daß auf jedem Strahl eine Dichte der Nullstellenmenge vorhanden ist, d. h., es existiert der Grenzwert

$$\Delta_j = \lim_{r\to\infty} \frac{n_j(r)}{r^{\varrho(r)}} \quad (j = 0, 1, \ldots, m),$$

wo $n_j(r)$ die Anzahl der Nullstellen von $\Pi(z)$ im Intervall $(0, r)$ auf dem Strahl $\arg z = \psi_j$ ist. In diesem Fall ist die Funktion $\Pi(z)$ das Produkt der Funktionen $\Pi_j(z)$, deren Nullstellen nur auf dem Strahl $\arg z = \psi_j$ liegen. Auf diese Weise ist dieser Fall auf den vorhergehenden zurückgeführt, und wir bekommen

$$\lim_{r\to\infty} \frac{\ln|\Pi(r\, e^{i\theta})|}{r^{\varrho(r)}} = \frac{\pi}{\sin \pi\varrho} \sum_{j=0}^{m} \Delta_j \cos \varrho\,(\theta - \psi - \pi)$$

gleichmäßig bei $|\theta - \psi_j| \geqq \eta > 0$ $(j = 0, 1, \ldots, m)$. Schreibt man die Summe auf der rechten Seite dieser Gleichung mit Hilfe des Stieltjesschen Integrals, so erhält man für diesen Sonderfall der regelmäßigen Nullstellenverteilung die Formel (2.04). Der Übergang zum allgemeinen Fall beruht auf folgendem wichtigen Hilfssatz:

Hilfssatz 1. *Die Menge der Nullstellen $\{a_n\}$ eines kanonischen Produktes*

$$\Pi(z) = \prod_{1}^{\infty} G\left(\frac{z}{a_n}; p\right)$$

habe eine Dichte mit dem Exponenten $\varrho(r)$, d. h., es existiere

$$\Delta = \lim \frac{n(r)}{r^{\varrho(r)}},$$

und es sei $\varrho = \lim \varrho(r)$ keine ganze Zahl. Bezeichnen wir mit $\Pi^\delta(z)$ ein anderes kanonisches Produkt

$$\Pi^\delta(z) = \prod_{1}^{\infty} G\left(\frac{z}{a_n'}; p\right),$$

in welchem $|a_n'| = |a_n|$ und $|\arg a_n' - \arg a_n| < \delta$ ist. Dann kann man bei beliebigen $\varepsilon > 0$ und $\eta > 0$ eine Zahl $\delta > 0$ so wählen, daß

$$|\ln|\Pi(z)| - \ln|\Pi^\delta(z)|| < \varepsilon\, r^{\varrho(r)}$$

gilt für alle z, die einer gewissen Ausnahmemenge von Kreisen C mit der oberen linearen Dichte kleiner als η nicht angehören. (Dabei hängt δ nur von den Zahlen ε und η ab, die Ausnahmemenge der Kreise C hängt von den Mengen $\{a_n\}$ und $\{a_n'\}$ ab.)

Dieser Hilfssatz ermöglicht es, ein gegebenes kanonisches Produkt mit beliebiger asymptotischer Genauigkeit durch ein anderes zu ersetzen, bei dem die Nullstellen auf endlich vielen Strahlen liegen. Der Beweis dieses Hilfssatzes ist etwas umständlich, und wir werden ihn später bringen, um den Leitfaden der Betrachtungen jetzt nicht zu unterbrechen. Jetzt setzen wir den unterbrochenen Beweis unter Benutzung dieses Hilfssatzes fort. Es sei also $f(z)$ eine ganze Funktion nichtganzzahliger Ordnung ϱ, und die Menge ihrer Nullstellen habe eine Winkeldichte $\Delta_f(\theta)$ mit dem Exponenten $\varrho(r)$.

Es sei $H(\theta)$ die durch die Formel (2.04) definierte Größe. Wir konstruieren die Integralsumme

$$S_m(\theta) = \frac{\pi}{\sin \pi \varrho} \sum_{j=0}^{m-1} \cos \varrho\, (\theta - \psi_j - \pi)\, [\Delta(\psi_{j+1}) - \Delta(\psi_j)] \qquad (\psi_m = \psi_0 + 2\pi)\,.$$

Offensichtlich kann man zu $\varepsilon > 0$ $\delta > 0$ so wählen, daß bei $\max_j |\psi_{j+1} - \psi_j| < \delta$ $(j = 0, 1, 2, \ldots, m-1)$ die Ungleichung

$$|H(\theta) - S_m(\theta)| < \frac{\varepsilon}{3} \qquad (0 \leqq \theta < 2\pi) \tag{2.13}$$

erfüllt ist.

Wie vereinbart wurde, nehmen wir an, daß die Funktion $f(z)$ ein kanonisches Produkt ist:

$$f(z) = \prod_1^\infty G\left(\frac{z}{a_n}; p\right) \qquad (\varrho - 1 < p < \varrho)\,.$$

Wir konstruieren eine andere Funktion $f^\delta(z)$, deren sämtliche Nullstellen auf den Strahlen $\arg z = \psi_j$ $(j = 0, 1, \ldots, m-1)$ liegen, und die sich asymptotisch von $f(z)$ wenig unterscheidet. Dazu wählen wir die Punkte a_n' so, daß $|a_n'| = |a_n|$ ist, und bei $\psi_j \leqq \arg a_n < \psi_{j+1}$ setzen wir $\arg a_n' = \psi_j$. Nach Hilfssatz 1 genügt die Funktion

$$f^\delta(z) = \prod_1^\infty G\left(\frac{z}{a_n'}; p\right)$$

für beliebige $\varepsilon > 0$, $\eta > 0$ und genügend kleines $\delta > 0$ der Ungleichung

$$\big|\ln |f(z)| - \ln |f^\delta(z)|\big| < \frac{\varepsilon}{3} r^{\varrho(r)} \qquad (|z| = r) \tag{2.14}$$

für alle Werte von z, die einer Ausnahmemenge von Kreisen C mit der oberen linearen Dichte $\bar{\varrho}^*(C) < \frac{\eta}{2}$ nicht angehören.

Die Nullstellen der Funktion $f^\delta(z)$ sind gleichmäßig verteilt und befinden sich auf endlich vielen Strahlen $\arg z = \psi_j$ $(j = 0, 1, 2, \ldots, m-1)$. Wie bereits erwähnt, konvergiert in diesem Fall die Größe $r^{-\varrho(r)} \ln |f^\delta(r\, e^{i\theta})|$ bei jedem $\sigma > 0$ und $|\theta - \psi_j| \geqq \sigma$ gleichmäßig gegen $S_n(\theta)$. Anders gesagt, es existiert eine solche Zahl $r_{\varepsilon,\sigma}$, daß bei $r > r_{\varepsilon,\sigma}$ und $|\theta - \psi_j| \geqq \sigma$ $(j = 0, 1, \ldots, m-1)$ die Ungleichung besteht:

$$\big|r^{-\varrho(r)} \ln |f(r\, e^{i\theta})| - S_n(\theta)\big| < \frac{\varepsilon}{3}\,. \tag{2.15}$$

Aus (2.13), (2.14) und (2.15) folgt, daß für $|\theta - \psi_j| \geqq \sigma > 0$ $(j = 0, 1, \ldots, m-1)$, $r\, e^{i\theta} \notin C$ und $r > r_{\varepsilon,\sigma}$

$$\big|r^{-\varrho(r)} \ln |f(r\, e^{i\theta})| - H(\theta)\big| < \varepsilon \tag{2.16}$$

ist.

Die Forderung $r > r_{\varepsilon,\sigma}$ kann man fortlassen, indem man den Kreis $|z| \leqq r_{\varepsilon,\sigma}$ zur Menge C zählt.

Wir haben gezeigt, daß die Ungleichung (2.16) außerhalb gewisser Winkel erfüllt ist, d. h. für $|\theta - \psi_j| \geqq \sigma > 0$. Um uns von dieser zusätzlichen Forderung zu befreien, führen wir eine zweite Einteilung des Intervalls $(0, 2\pi + \delta)$ durch die Punkte ψ_j' $(j = 0, 1, 2, \ldots, m-1, m)$ so durch, daß $\psi_m' = \psi_0' + 2\pi$ und $|\psi_{j+1}' - \psi_j'| < \delta$ ist, und wählen $\sigma > 0$ so, daß die Mengen $|\theta - \psi_j| \geqq \sigma$ und $|\theta - \psi_j'| \geqq \sigma$ $(j = 0, 1, \ldots, m-1, m)$ das ganze abgeschlossene Intervall $[0, 2\pi]$ überdecken. Unter Benutzung dieser zweiten Einteilung ergibt sich, daß die Ungleichung (2. 16) erfüllt ist, wenn $r e^{i\theta}$ einer gewissen Ausnahmemenge der Kreise C' mit der oberen linearen Dichte $\bar{\varrho}^*(C') < \frac{\eta}{2}$ und $|\theta - \psi_j'| \geqq \sigma\ (j = 0, 1, \ldots, m)$ nicht angehören. Da die Mengen $|\theta - \psi_j| \geqq \sigma$ und $|\theta - \psi_j'| \geqq \sigma$ das ganze abgeschlossene Intervall $[0, 2\pi]$ überdecken, erhalten wir, daß die Ungleichung (2.16) für $r e^{i\theta} \notin \hat{C} = C + C'$, wobei $\bar{\varrho}^*(\hat{C}) < \eta$, erfüllt ist.

Also kann man eine Ausnahmemenge C von Kreisen mit beliebig kleiner oberer linearer Dichte konstruieren, außerhalb welcher für beliebig kleine $\varepsilon > 0$ die Ungleichung (2.16) erfüllt ist. Unter Benutzung dieser Tatsache konstruieren wir eine Menge von Kreisen von der linearen Dichte Null, außerhalb welcher die erforderliche asymptotische Gleichung erfüllt ist. Dazu wählen wir beliebig zwei gegen Null strebende Folgen positiver Zahlen $\{\varepsilon_p\}$ und $\{\eta_p\}$ und finden eine Folge solcher Mengen von Kreisen C_p $(p = 1, 2, \ldots)$, für die $\bar{\varrho}^*(C_p) < \eta_p$ ist und für $r e^{i\theta} \notin C_p$

$$|r^{-\varrho(r)} \ln |f(r e^{i\theta})| - H(\psi)| < \varepsilon_p \tag{2.17}$$

gilt. Bezeichnen wir mit $\Sigma^r r_j^p$ die Summe der Radien derjenigen Kreise der Menge C_p, deren Mittelpunkte im Kreis $|z| < r$ liegen. Da $\bar{\varrho}^*(C_p) < \eta_p$ ist, so ist für genügend große Werte von r

$$\sum\nolimits^r r_j^p < 2\,\eta_p\, r\,. \tag{2.18}$$

Wir wählen eine Folge positiver Zahlen R_p $(p = 1, 2, \ldots)$, so daß $R_{p+1} \geqq (p + 1)\, R_p$ ist und für $r > R_p$ die Ungleichung (2.18) erfüllt ist.

Wir sondern aus jeder Menge C_p diejenigen Kreise aus, deren Mittelpunkte dem Ring

$$R_p \leqq |z| < R_{p+1}$$

angehören, und bezeichnen die Gesamtheit aller dieser Kreise mit C. Diese Menge ist eine C^0-Menge. Wenn man nämlich die Kreise aus C numeriert und mit r_j den Radius des Kreises mit dem Index j bezeichnet, so wird für $R_p \leqq r < R_{p+1}$ die Ungleichung

$$\frac{1}{r} \sum\nolimits^r r_j < \frac{2\,\eta_1}{2 \cdot 3 \cdots p} + \frac{2\,\eta_2}{3 \cdot 4 \cdots p} + \cdots + 2\,\eta_p + 2\,\eta_{p+1} < \frac{2\,\eta_1\, e}{p} + 2\,(\eta_p + \eta_{p+1})$$

erfüllt sein, und folglich ist

$$p^*(C) = 0\,.$$

Außerdem wird für $r e^{i\theta} \notin C$ und $r > r_p$ die Ungleichung (2.17) erfüllt sein.

Mit anderen Worten strebt die Größe

$$h_{f,r}(\theta) = r^{-\varrho(r)} \ln |f(r\, e^{i\theta})|$$

für $z \notin C$ gleichmäßig gegen $H(\theta)$. Der Lehrsatz ist also bewiesen.[1])

Jetzt beweisen wir den Hilfssatz 1.

1. Wir halten eine positive Zahl $\sigma < 1$, eine Zahl $\tau > 1$ und eine positive Zahl β, welche die Zahlen $1 - \sigma$ und $\tau - 1$ nicht übertrifft, fest und stellen das unendliche Produkt

$$f(z) = \prod_1^\infty G\left(\frac{z}{a_n}; p\right)$$

als Produkt folgender fünf Funktionen dar:

$$f_\sigma(z) = \prod_{|a_n| \leqq \sigma r} G\left(\frac{z}{a_n}; p\right), \qquad {}_\tau f(z) = \prod_{|a_n| \geqq \tau r} G\left(\frac{z}{a_n}; p\right),$$

$$f_{\sigma,\beta}(z) = \prod_{\sigma r < |a_n| < (1-\beta) r} G\left(\frac{z}{a_n}; p\right), \qquad {}_{\tau,\beta} f(z) = \prod_{(1+\beta) r < |a_n| < \tau r} G\left(\frac{z}{a_n}; p\right),$$

$$\Phi_\beta(z) = \prod_{(1-\beta) r \leqq |a_n| < (1+\beta) r} G\left(\frac{z}{a_n}; p\right).$$

Weiterhin werden wir außer diesen Funktionen auch noch die Funktionen betrachten, welche aus ihnen entstehen, wenn man in jedem Produkt die Punkte a_n durch solche a_n' ersetzt, daß $|a_n| = |a_n'|$ und $|\arg a_n - \arg a_n'| < \delta$ $(\delta > 0)$ ist. Für diese neuen Funktionen werden wir die alten Bezeichnungen behalten, indem wir nur oben das Zeichen δ hinzuschreiben $f^\delta(z)$, $f_\sigma^\delta(z)$ usw. Wir können die Ungleichung hinschreiben:

$$\begin{aligned} &\big|\ln |f(z)| - \ln |f_\sigma^\delta(z)|\big| \\ &\leqq \big|\ln |f_\sigma(z)| - \ln |f_\sigma^\delta(z)|\big| + \big|\ln |{}_\tau f(z)| - \ln |f_\tau^\delta(z)|\big| \\ &+ \big|\ln |f_{\sigma,\beta}(z)| - \ln |f_{\sigma,\beta}^\delta(z)|\big| + \big|\ln |{}_{\tau,\beta} f(z)| - \ln |{}_{\tau,\beta} f^\delta(z)|\big| \\ &+ \big|\ln |\Phi_\beta(z)| - \ln |\Phi_\beta^\delta(z)|\big|. \end{aligned} \tag{2.19}$$

Wir beschäftigen uns jetzt mit der Abschätzung jedes Summanden auf der rechten Seite dieser Ungleichung.

---

[1]) Es ist nützlich, noch eine andere Gestalt der Formel für $H(\theta)$ zu vermerken:

$$H(\theta) = \frac{\pi}{\sin \pi \varrho} \int_0^{2\pi} \cos \varrho\, (|\theta - \psi| - \pi)\, d\Delta(\psi),$$

welche man unmittelbar aus (2.04) bekommen kann, wenn man beachtet, daß für $\theta - 2\pi < \psi < \theta$ $\cos \varrho\, (\theta - \psi - \pi) = \cos \varrho\, (|\theta - \psi| - \pi)$ und $\cos \varrho\, \{|\theta - (\psi + 2\pi)| - \pi\} = \cos \varrho\, (|\theta - \psi| - \pi)$ ist.

2. Aus den Hilfssätzen 7 und 8 des ersten Kapitels folgt, daß für genügend kleine $\sigma > 0$ und genügend große $\tau > 1$ asymptotisch

$$|\ln |f_\sigma(z)|| < \frac{\varepsilon}{10} r^{\varrho(r)}, \quad |\ln |f_\sigma^\delta(z)|| < \frac{\varepsilon}{10} r^{\varrho(r)},$$

$$|\ln |{}_\tau f(z)|| < \frac{\varepsilon}{10} r^{\varrho(r)}, \quad |\ln |{}_\tau f^\delta(z)|| \leqq \frac{\varepsilon}{10} r^{\varrho(r)}$$

gilt und folglich

$$|\ln |f_\sigma(z)| - \ln |f_\sigma^\delta(z)|| < \frac{\varepsilon}{5} r^{\varrho(r)},$$

$$|\ln |{}_\tau f(z)| - \ln |{}_\tau f^\delta(z)|| < \frac{\varepsilon}{5} r^{\varrho(r)}. \tag{2.20}$$

3. Zur Abschätzung des dritten und des vierten Summanden benutzen wir die gleichmäßige Stetigkeit der Funktion

$$\ln |G(s\, e^{-i\theta}; p)| \qquad (s \geqq 0)$$

in s und θ im Gebiet

$$(1 - \beta)^{-1} \leqq s \leqq \sigma^{-1} \quad \text{und in} \quad \tau^{-1} \leqq s \leqq (1 + \beta)^{-1}.$$

Aus der Existenz der Dichte Δ der Nullstellenmenge $\{a_n\}$ $(a_n \neq 0)$ folgt, daß für ein gewisses $c > \Delta$

$$n(r) < c\, r^{\varrho(r)} \tag{2.21}$$

ist. Wenn wir jetzt $\delta > 0$ so klein wählen, daß für $(1 - \beta)^{-1} \leqq s \leqq \sigma^{-1}$ oder für $\tau^{-1} \leqq s \leqq (1 + \beta)^{-1}$ und für $|\theta_1 - \theta_2| < \delta$ die Ungleichung

$$|\ln |G(s\, e^{i\theta_1}; p)| - \ln |G(s\, e^{i\theta_2}; p)|| < \frac{\varepsilon}{10\, c\, \tau^\varrho}$$

erfüllt ist, so bekommen wir

$$|\ln |f_{\sigma,\beta}(z)| - \ln |f_{\sigma,\beta}^\delta(z)||$$
$$\leqq \sum_{\sigma r < |a_n| < (1-\beta) r} \left| \ln \left| G\left(\frac{z}{a_n}; p\right)\right| - \ln \left| G\left(\frac{z}{a_n'}; p\right)\right|\right| < \frac{\varepsilon}{10\, c\, \tau^\varrho} n(r),$$

$$|\ln |f_{\tau,\beta}(z)| - \ln |{}_{\tau,\beta} f^\delta(z)||$$
$$< \sum_{(1+\beta) r < |a_n| < \tau r} \left| \ln \left| G\left(\frac{z}{a_n}; p\right)\right| - \ln \left| G\left(\frac{z}{a_n'}; p\right)\right|\right| < \frac{\varepsilon}{10\, c\, \tau^\varrho} n(\tau r).$$

Aus (2.21) ergibt sich leicht, daß für genügend große Werte von r

$$n(\tau r) < 2\, c\, \tau^\varrho r^{\varrho(r)}$$

ist, und es ergeben sich die asymptotischen Ungleichungen

$$\begin{aligned} &|\ln |f_{\sigma,\beta}(z)| - \ln |f_{\sigma,\beta}^\delta(z)|| < \frac{\varepsilon}{5} r^{\varrho(r)}, \\ &|\ln |{}_{\tau,\beta} f(z)| - \ln |{}_{\tau,\beta} f^\delta(z)|| < \frac{\varepsilon}{5} r^{\varrho(r)}. \end{aligned} \tag{2.22}$$

Es bleibt nur zu zeigen, daß für genügend kleine $\beta > 0$ und für z, welches einer gewissen Ausnahmemenge nicht angehört, der letzte Summand in (2.19) asymptotisch kleiner als $\frac{\varepsilon}{5} r^{\varrho(r)}$ ist. Das ist der technisch schwierigste Punkt des Beweises.

4. Zuerst betrachten wir statt der Funktion $\Phi_\beta(z)$ die Funktion

$$\psi_{R,\beta}(z) = \prod_{(1-\beta)R \leqq |a_n| < (1+\beta)R} \left(1 - \frac{z}{a_n}\right) \qquad \left(0 < \beta < \frac{1}{2}, \; R > 0\right) \tag{2.23}$$

und schätzen $|\ln|\psi_{R,\beta}(z)||$ im Ring $||z| - R| < \beta R$ ab. Dabei werden wir die Existenz der Dichte der Punktmenge $\{a_n\}$ zuerst nicht benutzen, sondern nehmen nur an, daß die Menge einen Häufungspunkt im Unendlichen hat, und wir bekommen eine gewisse allgemeine Abschätzung (siehe (2.27)). Darauf benutzen wir schon die Existenz der Dichte und bekommen die erforderliche Ungleichung. Vor allem geben wir eine Abschätzung der Funktion $|\psi_{R,\beta}(z)|$ nach oben. Aus der Ungleichung

$$\left|1 - \frac{z}{a_n}\right| \leqq \left(1 + \frac{r}{|a_n|}\right) \leqq \frac{2}{1-\beta} \qquad (r = |z|)\,,$$

welche für $||a_n| - R| \leqq \beta R$ und $|r - R| \leqq \beta R$ richtig ist, folgt, daß für $||z| - R| < \beta R$

$$\ln|\psi_{R,\beta}(z)| < N(R, \beta) \ln \frac{2}{1-\beta} \tag{2.24}$$

gilt. $N(R,\beta)$ bezeichnet hier die Anzahl der Punkte der Menge $\{a_n\}$ im Ring $(1-\beta) R \leqq |z| < (1+\beta) R$.

Um eine Abschätzung von $\psi_{R,\beta}(z)$ nach unten zu bekommen, gehen wir von der Abschätzung von Cartan (§ 7, Kapitel I) aus, nach welcher bei jedem $H > 0$ das Polynom

$$P(z) = \prod_{(1-\beta) R \leqq |a_n| < (1+\beta) R} (z - a_n)$$

überall mit Ausnahme von Kreisen mit der Gesamtsumme der Radien gleich $2H$ der Ungleichung

$$\ln|P(z)| > N(R, \beta) \ln\left(\frac{H}{e}\right)$$

genügt.

Wenn wir betrachten, daß im Produkt (2.23) $|a_n| < (1+\beta)R$ ist, und wenn wir $H = \beta^2 R$ setzen, so bekommen wir aus dieser Ungleichung, daß außerhalb von Ausnahmekreisen mit der Gesamtsumme der Radien $2\beta^2 R$

$$\ln|\psi_{R,\beta}(z)| > N(R, \beta) \ln \frac{\beta^2}{e(1+\beta)}$$

ist.

Jetzt konstruieren wir die Ausnahmemenge C in der ganzen Ebene. Dazu teilen wir den positiven Strahl in Halbintervalle I_j ein:

$$R_j(1-\beta) \leqq r < R_j(1+\beta) \qquad (j = 0, 1, 2, \ldots)\,,$$

wo

$$R_j = \left(\frac{1+\beta}{1-\beta}\right)^j$$

ist, und die ganze Ebene außerhalb des Kreises $|z| \leqq 1-\beta$ in Kreisringe K_j:

$$R_j(1-\beta) \leqq |z| < R_j(1+\beta) \qquad (j = 0, 1, 2, \ldots)$$

und bezeichnen mit n_j die Zahl der Punkte a_n im Ring K_j.

Jedem der Ringe K_j kann man Ausnahmekreise mit der Summe der Radien gleich $2\beta^2 R_j$ gegenüberstellen, außerhalb welcher die Ungleichung

$$\ln\left|\psi_{R_j,\beta}(z)\right| > n_j \ln \frac{\beta^2}{e(1+\beta)} > n_j\,[2\ln\beta - \ln 2 - 1] \tag{2.25}$$

erfüllt ist.

Da jeder Ausnahmekreis einen Punkt a_n aus dem Ring K_j enthält, so liegen die Mittelpunkte dieser Kreise entweder in K_j oder in einem der benachbarten Ringe K_{j-1} und K_{j+1}. Wir bezeichnen mit C die Gesamtheit aller Ausnahmekreise, welche verschiedenen Ringen $K_j (j = 1, 2, \ldots)$ entsprechen, und mit r_k die Radien dieser Kreise und geben eine Abschätzung der oberen linearen Dichte dieser Menge.

Es sei R eine beliebige Zahl größer als $1-\beta$, und es sei m so gewählt, daß $R_m < R < R_{m+1}$. Dann ist

$$\sum^R r_k \leqq \sum_{j=0}^{m+2} 2\beta^2 R_j < \beta(1+\beta)\,R_{m+2} \leqq \beta(1+\beta)^3\,(1-\beta)^{-2}\,R\,.$$

Auf der linken Seite dieser Ungleichung steht die Summe der Radien derjenigen Kreise aus C, deren Mittelpunkte sich im Kreis $|z| \leqq R$ befinden. Deshalb ist

$$\bar{\varrho}^*(C) \leqq \beta(1+\beta)^3\,(1-\beta)^{-2}\,.$$

Die Ungleichung (2.25) gibt eine Abschätzung der Funktion $|\psi_{R_j,\beta}(z)|$ nach unten im Inneren des Ringes K_j aber außerhalb der von uns konstruierten Menge C. Wir gehen zur Abschätzung der Funktion $|\psi_{R,\beta}(z)|$ außerhalb dieser Menge für beliebige R über. Dazu stellen wir die Funktion $\psi_{R,\beta}(z)$ für $R_m \leqq R < R_{m+1}$ in der Form

$$\psi_{R,\beta}(z) = \psi_{R_m,\beta}(z)\,\psi_{R_{m+1}\beta}(z)\,\left(\psi^{(1)}_{R,\beta}(z)\cdot\psi^{(2)}_{R,\beta}(z)\right)^{-1}$$

dar, wo

$$\psi^{(1)}_{R,\beta}(z) = \prod_{(1+\beta)R \leqq |a_n| < (1+\beta)R_{m+1}} \left(1 - \frac{z}{a_n}\right),$$

$$\psi^{(2)}_{R,\beta}(z) = \prod_{(1-\beta)R_m \leqq |a_n| < (1-\beta)R} \left(1 - \frac{z}{a_n}\right)$$

ist. Die Funktionen $\psi_{R_m,\beta}(z)$ und $\psi_{R_{m+1},\beta}(z)$ werden mit Hilfe der Ungleichung (2.25) abgeschätzt. Die Funktionen $\psi^{(1)}_{R,\beta}(z)$ und $\psi^{(2)}_{R,\beta}(z)$ muß man nach oben abschätzen. Um das zu tun, bemerken wir, daß in diesen beiden Funktionen

$$|a_n| > R_m(1-\beta) \geqq R(1-\beta)^2\,(1+\beta)^{-1}$$

ist und folglich für $|z| < (1 + \beta) R$

$$\left|1 - \frac{z}{a_n}\right| \leqq 1 + \frac{|z|}{|a_n|} < 1 + \frac{(1+\beta)^2}{(1-\beta)^2} < 10 .$$

Auf diese Weise ist bei $|z| < (1 + \beta) R$

$$\ln |\psi^{(1)}_{R,\beta}(z)| < n_{m+1} \ln 10 , \quad \ln |\psi^{(2)}_{R,\beta}(z)| < n_m \ln 10 .$$

Benutzen wir die Abschätzung aller vier Funktionen, so bekommen wir für $||z| - R| < \beta r$ aber außerhalb der Menge C der Kreise

$$\ln |\psi_{R,\beta}(z)| > (n_m + n_{m+1}) [2 \ln \beta - 1 - \ln 10] .$$

Verbinden wir diese Abschätzung mit (2.24), so bekommen wir

$$\left|\ln |\psi_{R,\beta}(z)|\right| < (n_m + n_{m+1}) \left[2 \ln \frac{1}{\beta} + 4\right] . \tag{2.26}$$

Wir gehen jetzt zur Abschätzung der Funktion

$$\Phi_{R,\beta}(z) = \prod_{(1-\beta) R \leqq |a_n| < (1+\beta) R} G\left(\frac{z}{a_n}; p\right)$$

über. Sie erlaubt die Darstellung

$$\ln |\Phi_{R,\beta}(z)| = \ln |\psi_{R,\beta}(z)| + \operatorname{Re}\left\{\sum_{(1-\beta) R \leqq |a_n| < (1+\beta) R} \left(\frac{z}{a_n} + \frac{z^2}{2 a_n^2} + \cdots + \frac{z^p}{p a_n^p}\right)\right\} .$$

Die Abschätzung des ersten Summanden erfolgt durch die Ungleichung (2.26). Zur Abschätzung des zweiten Summanden braucht man nur zu bemerken, daß wir für $(1 - \beta) R \leqq |a_n| < (1 + \beta) R$ und $||z| - R| < \beta R$

$$\left|\frac{z}{a_n}\right| < \frac{1+\beta}{1-\beta}$$

bekommen, und folglich

$$\sum_{(1-\beta) R \leqq |a_n| < (1+\beta) R} \left|\left(\frac{z}{a_n} + \frac{z^2}{2 a_n^2} + \cdots + \frac{z^p}{p a_n^p}\right)\right|$$
$$< p \left(\frac{1+\beta}{1-\beta}\right)^p N(R, \beta) \leqq 3^p p (n_m + n_{m+1}) .$$

Verbinden wir die beiden Abschätzungen, so bekommen wir, daß für $z \notin C$, $||z| - R| < \beta R$

$$\left|\ln |\Phi_{R\,\beta}(z)|\right| < (n_m + n_{m+1}) \cdot \left[2 \ln \frac{1}{\beta} + B_p\right] \tag{2.27}$$

ist, wo $B_p = 4 + 3^p p$ bedeutet.

5. Wir benutzen jetzt die Tatsache, daß in unserem Fall die Menge eine Dichte hat, d. h., daß der Grenzwert

$$\Delta = \lim_{r \to \infty} \frac{n(r)}{r^{\varrho(r)}}$$

existiert. Bei $R_m \leqq R(1-\beta) \leqq R_{m+1}$ und $|r-R| \leqq \beta R$ bekommen wir

$$\overline{\lim_{R\to\infty}} \frac{n_m}{r^{\varrho(r)}} \leqq \lim_{m\to\infty} \frac{n_m}{R_m^{\varrho(R_m)}} = [(1+\beta)^\varrho - (1-\beta)^\varrho]\, \Delta$$

und

$$\overline{\lim_{R\to\infty}} \frac{n_{m+1}}{r^{\varrho(r)}} \leqq \lim_{m\to\infty} \frac{n_{m+1}}{R_m^{\varrho(R_m)}} = \left(\frac{1+\beta}{1-\beta}\right)^\varrho \cdot [(1+\beta)^\varrho - (1-\beta)^\varrho]\, \Delta\,.$$

Aus diesen Ungleichungen ergibt sich zusammen mit (2.27) die asymptotische Ungleichung

$$\left|\ln |\Phi_{R,\beta}(z)|\right| < 2\left(2\ln\frac{1}{\beta} + B_p\right)\left(\frac{1+\beta}{1-\beta}\right)^\varrho [(1+\beta)^\varrho - (1-\beta)^\varrho]\, \Delta r^{\varrho(r)}\,,$$

in welcher $||z| - R| < \beta R$ und $z \notin C$ ist.

Es ist jetzt offensichtlich, daß man zu beliebigen positiven Zahlen ξ und ζ eine Zahl $\beta > 0$ und eine Menge von Ausnahmekreisen C so wählen kann, daß $\overline{\varrho}^*(C) < \xi$ und außerhalb dieser Ausnahmekreise

$$\left|\ln |\Phi_{R,\beta}(z)|\right| < \zeta\, r^{\varrho(r)} \qquad (|z| = r)$$

ist.

6. Wir wählen $\xi = \frac{\eta}{2}$ und $\zeta = \frac{\varepsilon}{10}$ und konstruieren die Mengen der Kreise C_1 und C_1^δ entsprechend den Folgen $\{a_n\}$ und $\{a_n'\}$, von denen im Hilfssatz 1 die Rede ist. Dann bekommen wir für $R = r = |z|$, genügend kleines β und $z \notin C_1 + C_1^\delta$ asymptotisch

$$\left|\ln |\Phi_{r,\beta}(z)|\right| < \frac{\varepsilon}{10} r^{\varrho(r)}\,, \quad \left|\ln |\Phi_{r,\beta}^\delta(z)|\right| < \frac{\varepsilon}{10} r^{\varrho(r)}$$

und folglich

$$\left|\ln |\Phi_{r,\beta}(z)| - \ln |\Phi_{r,\beta}^\delta(z)|\right| < \frac{\varepsilon}{5} r^{\varrho(r)}\,.$$

Außerdem ist

$$\overline{\varrho}^*(C) < \eta\,.$$

Auf diese Weise bekommen wir die nötige Abschätzung des letzten Summanden in der Ungleichung (2.19), und somit haben wir den Hilfssatz 1 und also auch den Lehrsatz 1 bewiesen.

Beim Beweis des Hilfssatzes 1 haben wir im Punkt 4 und Punkt 5 zwei Behauptungen bewiesen, die wir künftig benutzen werden. Deshalb formulieren wir sie in Form von besonderen Hilfssätzen.

Hilfssatz 2. *Es sei $\{a_n\}$ eine komplexe Punktfolge mit dem einzigen Häufungspunkt im Unendlichen, und es sei*

$$\Phi_{R,\beta}(z) = \prod_{(1-\beta)R \leqq |a_n| < (1+\beta)R} G\left(\frac{z}{a_n}; p\right), \tag{2.28}$$

wo p eine natürliche Zahl ist und $0 < \beta < \frac{1}{2}$, $R > 1 - \beta$. *Es sei*

$$R_j = \left(\frac{1+\beta}{1-\beta}\right)^j$$

und n_j *gleich der Anzahl der Punkte aus* $\{a_n\}$ *im Kreisring*

$$(1-\beta)\, R_j \leqq |z| < (1+\beta)\, R_j\,.$$

Dann kann man eine Menge C von Kreisen mit der oberen linearen Dichte

$$\bar{\varrho}^*(C) \leqq \beta\,(1+\beta)^3\,(1-\beta)^{-2}$$

absondern, so daß für $z \notin C$, $\big||z| - R\big| < \beta R$ *und* $R_m \leqq R < R_{m+1}$

$$\big|\ln|\Phi_{R,\beta}(z)|\big| < (n_m + n_{m+1})\left(2\ln\frac{1}{\beta} + B_p\right)$$

ist, wo $B_p = 4 + 3^p\, p$ *bedeutet.*

Hilfssatz 3. *Wenn eine Punktfolge* $\{a_n\}$ *der komplexen Ebene eine Dichte* Δ *mit dem Exponenten* $\varrho(r)$ *hat, so kann man zu zwei beliebigen positiven Zahlen* ξ *und* ζ *eine Menge C von Kreisen mit der oberen Dichte kleiner als* ξ *und eine Zahl* β *so wählen, daß für* $R \to \infty$, $\big||z| - R\big| < \beta R$ *und* $z \notin C$ *die Funktion* $\Phi_{R,\beta}(z)$, *welche durch die Gleichung* (2.28) *definiert wurde, der asymptotischen Ungleichung*

$$\big|\ln|\Phi_{R,\beta}(z)|\big| < \zeta\, r^{\varrho(r)} \qquad (|z| = r)$$

genügt.

Wir bemerken, daß wir im Hilfssatz 2 keine Einschränkungen der Folge $\{a_n\}$ auferlegen, im Hilfssatz 3 wird aber nur die Existenz der Dichte verlangt, wobei es unwesentlich ist, ob $\varrho = \lim\limits_{r\to\infty} \varrho(r)$ ganzzahlig oder nichtganzzahlig ist.

§ 3. Ganze Funktionen ganzzahliger Ordnung mit regelmäßiger Nullstellenverteilung (Beweis des Lehrsatzes 2)

Bei Funktionen ganzzahliger Ordnung wird der Indikator nicht vollständig durch die Nullstellenmenge $\{a_n\}$ der Funktion bestimmt, sondern er kann auch vom Exponentialfaktor abhängen, der vor dem kanonischen Produkt steht. Außerdem bestimmt in diesem Fall, wie in § 13, Kapitel I gezeigt wurde, die Größe Δ_f bei gegebener verfeinerter Ordnung $\varrho(r)$ den Typus des kanonischen Produktes nicht. Für uns ist jetzt wesentlich, daß im Fall der ganzzahligen Ordnung die im vorigen Paragraphen durchgeführten Überlegungen sogar für den einfachsten Fall nicht gelten, daß alle Nullstellen der Funktion $f(z)$ auf einem Strahl liegen. Auf diesen Umstand wurde bereits beim Beweis von Lehrsatz 25, § 17, Kapitel I hingewiesen.

Um in diesem Fall eine asymptotische Gleichung zu bekommen, stellen wir die Funktion $f(z)$, wie das bereits in § 11, Kapitel I geschehen ist, in der Form

$$f(z) = z^q e^{P_{\varrho-1}(z) + \delta_f(r) z^\varrho} \cdot f_r(z) \tag{2.29}$$

dar, wobei

$$f_r(z) = \prod_{|a_n| \leq r} G\left(\frac{z}{a_n}; \varrho - 1\right) \cdot \prod_{|a_n| > r} G\left(\frac{z}{a_n}; \varrho\right)$$

ist. Dabei ist $P_{\varrho-1}(z) = c_0 + c_1 z + \cdots + c_{\varrho-1} z^{\varrho-1}$ und

$$\delta_f(r) = c_\varrho + \sum_{|a_n| < r} a_n^{-\varrho}.$$

Wenn die Nullstellen a_n und die Größe c_ϱ der Bedingung (B) genügen, d. h., wenn der Grenzwert

$$\lim_{r \to \infty} \frac{1}{L(r)} \delta_f(r) = \tau_f e^{-i\varrho\theta_f}$$

existiert, dann konvergiert die Größe

$$\gamma(r, \theta) = r^{-\varrho(r)} \cdot |q \ln z + P_{\varrho-1}(z) + \delta_f(r) z^\varrho|$$

gleichmäßig in θ $(0 \leq \theta \leq 2\pi)$ gegen den Grenzwert

$$\lim_{r \to \infty} \gamma(r, \theta) = \tau_f e^{i\varrho(\theta - \theta_f)}. \tag{2.30}$$

Dieser Umstand klärt den Sinn der Bedingung (B). Das ganze Problem ist jetzt auf das Studium des zweiten Faktors zurückgeführt, wobei wir nur die Existenz einer Winkeldichte der Nullstellenmenge benutzen werden. Wir betrachten, wie es auch früher geschehen ist, zuerst den einfachsten Fall, daß die ganze Menge $\{a_n\}$ welche eine Winkeldichte besitzt, auf einer endlichen Anzahl von Strahlen $\arg z = \psi_j$ $(j = 0, 1, \ldots, m-1)$ liegt.

Wenden wir jetzt statt des Lehrsatzes 25 den Hilfssatz 9 von § 17, Kapitel I an, so sehen wir, daß für $|\theta - \psi_j| \geq \sigma > 0$ gleichmäßig

$$\lim_{r \to \infty} \frac{\ln |f_r(r e^{i\theta})|}{r^{\varrho(r)}} = - \sum_{j=0}^{m-1} \Delta_j \left[(\theta - \psi_j - \pi) \sin \varrho(\theta - \psi_j) + \frac{1}{\varrho} \cos \varrho\,(\theta - \psi_j)\right]$$

ist, wo Δ_j die Dichte der Nullstellenmenge auf dem Strahl $\arg z = \psi_j$ bedeutet. Man kann erwarten, daß auch im allgemeinen Falle, d. h., wenn eine Winkeldichte der Nullstellenmenge außerhalb einer gewissen Ausnahmemenge existiert, die Gleichung erfüllt sein wird:

$$\lim_{r \to \infty} \frac{\ln |f_r(r e^{i\theta})|}{r^{\varrho(r)}} = - \int_{\theta - 2\pi}^{\theta} \left[(\theta - \psi - \pi) \sin \varrho(\theta - \psi) + \frac{1}{\varrho} \cos \varrho(\theta - \psi)\right] d\Delta(\psi).$$

Um das zu zeigen, brauchen wir einen Hilfssatz analog dem Hilfssatz 1.

Hilfssatz 4. *Wenn bei ganzzahligem ϱ die Menge $\{a_n\}$ der Nullstellen der Funktion*

$$f_r(z) = \prod_{|a_n| \leq r} G\left(\frac{z}{a_n}; \varrho - 1\right) \cdot \prod_{|a_n| > r} G\left(\frac{z}{a_n}; \varrho\right)$$

eine Dichte mit dem Exponenten $\varrho(r) \to \varrho$ hat und

$$f_r^\delta(z) = \prod_{|a_n'| \leqq r} G\left(\frac{z}{a_n'}; \varrho - 1\right) \cdot \prod_{|a_n'| > r} G\left(\frac{z}{a_n'}; \varrho\right)$$

ist, wobei $|a_n'| = |a_n|$ und $|\arg a_n' - \arg a_n| < \delta$, so kann man zu beliebigen $\eta > 0$ und $\varepsilon > 0$ ein $\delta > 0$ so wählen, daß asymptotisch

$$\big|\ln |f_r^\delta(z)| - \ln |f_r(z)|\big| < \varepsilon\, r^{\varrho(r)}$$

gilt für z, welche einer gewissen Ausnahmemenge von Kreisen C mit der oberen linearen Dichte kleiner als η nicht angehören. (Dabei hängt δ nur von ε und η ab, und die Ausnahmemenge C nur von den Mengen $\{a_n\}$ und $\{a_n'\}$.)

Der Beweis dieses Hilfssatzes ist analog dem Beweis des Hilfssatzes 1, wird jedoch dadurch stark vereinfacht, daß wir jetzt den bereits bewiesenen Hilfssatz 3 benutzen können. Wir beweisen das jetzt:

Setzen wir

$$f_{r,\sigma}(z) = \prod_{|a_n| \leqq \sigma r} G\left(\frac{z}{a_n}; \varrho - 1\right) \qquad (0 < \sigma < 1)\,,$$

$$_\tau f_r(z) = \prod_{|a_n| \geqq \tau r} G\left(\frac{z}{a_n}; \varrho\right) \qquad (1 < \tau < \infty)\,,$$

$$f_{r,\sigma,\beta}(z) = \prod_{\sigma r < |a_n| \leqq (1-\beta) r} G\left(\frac{z}{a_n}; \varrho - 1\right) \qquad \left(0 < \beta < \frac{1}{2}\right.,$$

$$_{\tau,\beta} f_r(z) = \prod_{(1+\beta) r \leqq |a_n| < \tau r} G\left(\frac{z}{a_n}; \varrho\right) \qquad (\tau \geqq 1 + \beta)\,,$$

$$\Phi_{r,\beta}(z) = \prod_{(1-\beta) r < |a_n| < (1+\beta) r} G\left(\frac{z}{a_n}; \varrho - 1\right)$$

$$\psi_{r,\beta}(z) = \exp \frac{z}{\varrho} \cdot \sum_{r \leqq |a_n| < (1+\beta) r} a_n^{-\varrho}\,,$$

so bekommen wir

$$\begin{aligned}\big|\ln |f_r(z)| - \ln |f_r^\delta(z)|\big| &\leqq \big|\ln |f_{r,\sigma}(z)| - \ln |f_{r,\sigma}^\delta(z)|\big| \\ &+ \big|\ln |_\tau f_r(z)| - \ln |_\tau f_r^\delta(z)|\big| + \big|\ln |f_{r,\sigma,\beta}(z)| - \ln |f_{r,\sigma,\beta}^\delta(z)|\big| \\ &+ \big|\ln |_{\tau,\beta} f(z)| - \ln |_{\tau,\beta} f^\delta(z)|\big| + \big|\ln |\Phi_{r,\beta}(z)| - \ln |\Phi_{r,\beta,}^\delta(z)|\big| \\ &+ \big|\ln |\psi_{r,\beta}(z)| - \ln |\psi_{r,\beta}^\delta(z)|\big|\,. \qquad (2.31)\end{aligned}$$

Aus den Hilfssätzen 7 und 8 des Kapitels I folgt, daß bei einem vorgegebenen $\varepsilon > 0$, genügend kleinem $\sigma > 0$ und genügend großem $\tau > 1$ asymptotisch

$$\big|\ln f_{r,\sigma}(z)\big| < \frac{\varepsilon}{12} r^{\varrho(r)}\,, \qquad \big|\ln |f_{r,\sigma}^\delta(z)|\big| < \frac{\varepsilon}{12} r^{\varrho(r)}\,,$$

$$\big|\ln |_\tau f_r(z)|\big| < \frac{\varepsilon}{12} r^{\varrho(r)}\,, \qquad \big|\ln |_\tau f_r^\delta(z)|\big| < \frac{\varepsilon}{12} r^{\varrho(r)}$$

ist. Folglich ist

$$\left|\ln |f_{r,\sigma}(z)|\right| - \ln |f^{\delta}_{r,\sigma}(z)|| < \frac{\varepsilon}{6} r^{\varrho(r)},$$

$$\left|\ln |_{\tau}f_{r}(z)| - \ln |_{\tau}f^{\delta}_{r}(z)|\right| < \frac{\varepsilon}{6} r^{\varrho(r)}. \tag{2.32}$$

Aus der Existenz der Dichte Δ der Nullstellenmenge $\{a_n\}$ der Funktion $f(z)$ folgt, daß für ein gewisses $c > \Delta$

$$n(r) < c\, r^{\varrho(r)} \qquad (r > 0)$$

ist.

Benutzen wir die Stetigkeit der Funktionen

$$\ln |G(s\, e^{-i\theta}; \varrho - 1)| \quad \text{bei} \quad (1 - \beta)^{-1} \leqq s \leqq \sigma^{-1}$$

und

$$\ln |G(s\, e^{-i\theta}; \varrho)| \quad \text{bei} \quad \tau^{-1} \leqq s \leqq (1 + \beta)^{-1},$$

so können wir genau wie in Punkt 3 von § 2 dieses Kapitels $\delta > 0$ so klein wählen, daß

$$\left|\ln |f_{r,\sigma,\beta}(z)| - \ln |f^{\delta}_{r,\sigma,\beta}(z)|\right| < \frac{\varepsilon}{6} r^{\varrho(r)},$$

$$\left|\ln |_{\tau}f_{r,\beta}(z)| - \ln |_{\tau}f^{\delta}_{r,\beta}(z)|\right| < \frac{\varepsilon}{6} r^{\varrho(r)}. \tag{2.33}$$

Gemäß dem Hilfssatz 3 kann man eine Zahl $0 < \beta < \frac{1}{2}$ und eine Menge von Kreisen C mit der oberen linearen Dichte kleiner als eine vorgegebene Zahl $\eta > 0$ so wählen, daß für $z \notin C$

$$\left|\ln |\Phi_{r,\beta}(z)|\right| < \frac{\varepsilon}{12} r^{\varrho(r)}, \qquad \left|\ln |\Phi^{\delta}_{r,\beta}(z)|\right| < \frac{\varepsilon}{12} r^{\varrho(r)},$$

d. h.

$$\left|\ln |\Phi_{r,\beta}(z)| - \ln |\Phi^{\delta}_{r,\beta}(z)|\right| < \frac{\varepsilon}{6} r^{\varrho(r)} \tag{2.34}$$

ist.

Außerdem ist

$$\left|\ln |\psi_{r,\beta}(z)|\right| < \frac{1}{\varrho} \{n\,[r(1 + \beta)] - n(r)\}$$

und folglich asymptotisch

$$\left|\ln |\psi_{r,\beta}(z)|\right| < \frac{\Delta + \varepsilon}{\varrho} [(1 + \beta)^{\varrho} - 1] \cdot r^{\varrho(r)},$$

$$\left|\ln |\psi^{\delta}_{r,\beta}(z)|\right| < \frac{\Delta + \varepsilon}{\varrho} [(1 + \beta)^{\varrho} - 1]\, r^{\varrho(r)}, \qquad (\varepsilon > 0).$$

Für genügend kleines $\beta > 0$ ist

$$\left|\ln |\psi_{r,\beta}(z)| - \ln |\psi^{\delta}_{r,\beta}(z)|\right| < \frac{\varepsilon}{6} r^{\varrho(r)}. \tag{2.35}$$

Aus den Ungleichungen (2.31), (2.32), (2.33), (2.34) und (2.35) folgt, daß bei genügend kleinem $\delta > 0$ außerhalb der Menge C

$$\left|\ln |f_r(z)| - \ln |f_r^\delta(z)|\right| < \varepsilon\, r^{\varrho(r)}$$

ist. Der Hilfssatz ist somit bewiesen. Wir gehen zur asymptotischen Darstellung der Funktion $\ln |f_r(z)|$ über. Eine solche Darstellung wird durch den folgenden Hilfssatz gegeben:

Hilfssatz 5. *Wenn die Punktmenge $\{a_n\}$ eine Winkeldichte $\Delta(\psi)$ mit dem Exponenten $\varrho(r)$ hat, wobei ϱ eine ganze Zahl ist, und*

$$f_r(z) = \prod_{|a_n| \leq r} G\left(\frac{z}{a_n}; \varrho - 1\right) \cdot \prod_{|a_n| > r} G\left(\frac{z}{a_n}; \varrho\right),$$

so besteht für z, welche einer C^0-Menge nicht angehören, die asymptotische Gleichung

$$\ln |f_r(r\, e^{i\theta})| \approx H_1(\theta)\, r^{\varrho(r)},$$

in welcher

$$H_1(\theta) = - \int_{\theta - 2\pi}^{\theta} \left[(\theta - \psi - \pi) \sin \varrho(\theta - \psi) + \frac{1}{\varrho} \cos \varrho(\theta - \psi\right] d\, \Delta(\psi)$$

ist.

Beweis. Wir konstruieren zum Integral $H_1(\theta)$ die Integralsumme

$$S_n(\theta) = - \sum_{j=0}^{n} \left[(\theta - \psi_j - \pi) \sin \varrho(\theta - \psi_j) + \frac{1}{\varrho} \cos \varrho(\theta - \psi_j)\right] [\Delta(\psi_{j+1}) - \Delta(\psi_j)],$$

$$\psi_0 < \psi_1 < \cdots < \psi_n < \psi_{n+1},$$

$$\psi_{j+1} - \psi_j < \delta \qquad (j = 0, 1, 2, \ldots, n), \quad \psi_{n+1} = \psi_0 + 2\pi.$$

Wir wählen dabei $\delta > 0$ so klein, daß

$$|H_1(\theta) - S_n(\theta)| < \frac{\varepsilon}{3} \tag{2.36}$$

ist.

Wir wählen die Zahlen a_k' so, daß $|a_k'| = |a_k|$, $\arg a_k' = \psi_j$, wenn $\psi_j \leqq \arg a_k < \psi_{j+1}$ ist, und konstruieren die Funktion

$$f_r^\delta(z) = \prod_{|a_k'| \leq r} G\left(\frac{z}{a_k'}; \varrho - 1\right) \cdot \prod_{|a_k'| > r} G\left(\frac{z}{a_k'}; \varrho\right).$$

Nach dem Hilfssatz 4 ist für beliebiges $\varepsilon > 0$ und $\eta > 0$ und genügend kleines $\delta > 0$ die Ungleichung

$$\left|\ln |f_r(z)| - \ln |f_r^\delta(z)|\right| < \frac{\varepsilon}{3} r^{\varrho(r)} \tag{2.37}$$

erfüllt für alle Werte von z, welche einer Ausnahmemenge C von Kreisen mit der oberen linearen Dichte kleiner als $\frac{\eta}{2}$ nicht angehören. Es wurde für die Funktion $f_r^\delta(z)$ festgestellt, daß man für $\sigma > 0$ und $|\arg z - \psi_j| \geqq \sigma$ $(j = 0, 1, \ldots, n)$ eine Zahl $r_{\varepsilon,\sigma}$ angeben kann, so daß für $r \geqq r_{\varepsilon,\sigma}$

$$\left| r^{-\varrho(r)} \ln |f_r^\delta(r\, e^{i\theta})| - S_n(\theta) \right| < \frac{\varepsilon}{3} \tag{2.38}$$

ist.

Aus (2.36), (2.37) und (2.38) folgt, daß für $z \notin C$ und $|\arg z - \psi_j| \geqq \sigma$ $(j = 0, 1, \ldots, n)$

$$\left| r^{-\varrho(r)} \ln |f_r(r\, e^{i\theta})| - H_1(\theta) \right| < \varepsilon \tag{2.39}$$

ist.

Zerlegen wir zum zweiten Male das offene Intervall $(0, 2\pi + \delta)$ durch die Punkte ψ_j' $(j = 0, 1, 2, \ldots, n)$ so, daß $\psi_n' = \psi_0' + 2\pi$, $|\psi_{j+1}' - \psi_j'| < \delta$ ist, und wählen wir $\sigma > 0$ genügend klein, so erreichen wir, daß die Mengen $|\theta - \psi_j| \geqq \sigma$ und $|\theta - \psi_j'| > \sigma$ $(j = 0, 1, \ldots, n)$ das ganze halboffene Intervall $(0, 2\pi)$ überdecken. Benutzen wir diese zweite Einteilung, so bekommen wir, daß die Ungleichung (2.39) erfüllt ist, wenn $z = r\, e^{i\theta}$ einer gewissen Ausnahmemenge von Kreisen C' mit der oberen Dichte kleiner als $\frac{\eta}{2}$ nicht angehört und

$$|\theta - \psi_j'| \geqq \sigma \qquad (j = 0, 1, \ldots, n)$$

ist. Auf diese Weise ist die Ungleichung (2.39) überall mit Ausnahme einer Menge von Kreisen $\hat{C} = C + C'$ erfüllt, wobei

$$\bar{\varrho}^*(\hat{C}) < \eta$$

ist.

Weiter wird genau wie in § 2 beim Beweis des Lehrsatzes 1 (Seite 99) die C^0-Menge konstruiert, außerhalb deren

$$\lim_{r \to \infty} \frac{\ln |f(r\, e^{i\theta})|}{r^{\varrho(r)}} = H_1(\theta) \tag{2.40}$$

gleichmäßig in θ gilt.

Wir bemerken noch einmal, daß wir beim Beweis dieses Lehrsatzes nur die Existenz der Winkeldichte der Menge der Nullstellen benutzt haben. Der Hilfssatz 5 ist somit bewiesen. Wir gehen zum Beweis des Lehrsatzes 2 über.

Nach Voraussetzung genügt die Punktmenge $\{a_n\}$ der Bedingung (B) (siehe Seite 90). Benutzt man diese Bedingung, so kann man aus der Darstellung (2.29) und den Ungleichungen (2.30) und (2.40) unmittelbar schließen, daß für $z \notin C^0$ gleichmäßig

$$\lim_{r \to \infty} \frac{\ln |f(r\, e^{i\theta})|}{r^{\varrho(r)}} = H(\theta) \tag{2.05}$$

ist, wobei

$$H(\theta) = \tau_f \cos \varrho(\theta - \theta_f) - \int_{\theta - 2\pi}^{\theta} \left[(\theta - \psi - \pi) \sin \varrho(\theta - \psi) + \frac{1}{\varrho} \cos \varrho(\theta - \psi) \right] d\,\Delta(\psi)\,.$$

Wir formen diesen Ausdruck in die Gestalt (2.06) um. Dazu bemerken wir, daß bei ganzzahligem ϱ

$$\int\limits_{\theta-2\pi}^{\theta}\left[\frac{1}{\varrho}\cos\varrho(\theta-\psi)+\pi\sin\varrho(\theta-\psi)\right]d\Delta(\psi)$$

$$=\int\limits_{0}^{2\pi}\left[\frac{1}{\varrho}\cos\varrho(\theta-\psi)+\pi\sin\varrho(\theta-\psi)\right]d\Delta(\psi)=A\cos\varrho\,\theta+B\sin\varrho\,\theta$$

ist, wo A und B Konstanten sind, und so bekommen wir

$$H(\theta)=A_1\cos\varrho\,\theta+B_1\sin\varrho\,\theta-\int\limits_{\theta-2\pi}^{\theta}(\theta-\psi)\sin\varrho(\theta-\psi)\,d\,\Delta(\psi)\,.$$

Wie am Ende von § 16, Kapitel I gezeigt wurde, folgt aus dieser Gleichung

$$\Delta(\psi)=\frac{1}{2\pi\varrho}\left[H'(\psi)+\varrho^2\int\limits_{\psi_0}^{\psi}H(\varphi)\,d\varphi\right],$$

und kraft der Periodizität der Funktion $H(\theta)$ [1])

$$\int\limits_{0}^{2\pi}e^{i\varrho\psi}\,d\Delta(\psi)=0\,. \tag{2.41}$$

Berücksichtigen wir dieses Ergebnis, so bekommen wir, daß $A=B=0$ und

$$H(\theta)=\tau_f\cos\varrho(\theta-\theta_f)-\int\limits_{\theta-2\pi}^{\theta}(\theta-\psi)\sin\varrho(\theta-\psi)\,d\Delta(\psi)$$

ist.

Der Lehrsatz 2 ist somit bewiesen. In § 1 haben wir bemerkt, daß bei gleichmäßiger Verteilung der Nullstellen der Funktion $f(z)$ ihr Indikator mit der durch die Formeln (2.04) und (2.06) definierten Funktion $H(\theta)$ übereinstimmt. Das wollen wir jetzt ausführlicher betrachten. Nach den Lehrsätzen 1 und 2 strebt die Größe $h_{f,r}(\theta)$ gleichmäßig gegen $H(\theta)$ außerhalb einer Ausnahmemenge C^0. Wir wollen beweisen, daß im Innern der Ausnahmekreise asymptotisch

$$h_{f,r}(\theta)<H(\theta)+\varepsilon \qquad (\varepsilon>0)$$

gilt. Tatsächlich strebt das Verhältnis des Durchmessers d_Ω eines beliebigen aus den Ausnahmekreisen der C^0-Menge bestehenden Gebietes Ω zum Abstand dieses Gebietes vom Nullpunkt gegen Null, wenn dieser Abstand wächst. Aus dem Maximumprinzip folgt, daß der Wert der Funktion $\ln|f(z)|$ in jedem Punkt eines solchen Ausnahmegebietes ihr Maximum am Rand dieses Gebietes nicht übertrifft. Aber am Rand des Ausnahmegebietes ist die asymptotische Formel für $h_{f,r}(\theta)$ gültig, und wir bekommen unter Berücksichtigung der Stetigkeit der Funktion $H(\theta)$ für $r\,e^{i\theta}\in\Omega$ die asymptotische Ungleichung

$$\ln|f(r\,e^{i\theta})|<\left(H(\theta)+\frac{\varepsilon}{2}\right)(r+d_\Omega)^{\varrho(r+d_\Omega)}<(H(\theta)+\varepsilon)\,r^{\varrho(r)}\,.$$

[1]) Die Gleichung (2.41) kann man auch unmittelbar aus der Bedingung (B) erhalten.

Auf jedem Strahl $\arg z = \theta$ gibt es beliebig weit entfernte Punkte, welche von den Kreisen der Ausnahmemenge C^0 nicht überdeckt sind, und folglich gilt für jedes θ

$$\overline{\lim_{r\to\infty}} \frac{\ln |f(r e^{i\theta})|}{r^{\varrho(r)}} = H(\theta).$$

Es ist interessant zu vermerken, daß man die Gebiete Ω, welche aus den Ausnahmekreisen bestehen und die Nullstellen der Funktion $f(z)$ nicht enthalten, aus der Ausnahmemenge ausschließen kann.

Wenden wir das Minimumprinzip auf die Funktion $\ln |f(z)|$ im Innern eines solchen Gebietes an, so bekommen wir die asymptotische Gleichung

$$\ln |f(r e^{i\theta})| \approx H(\theta)\, r^{\varrho(r)}$$

im Innern eines solchen Gebietes. Deshalb werden wir bei den folgenden Betrachtungen annehmen, daß jedes Ausnahmegebiet eine Nullstelle der Funktion $f(z)$ enthält. Diese Bemerkung gibt uns die Möglichkeit, eine wichtige Folgerung der Lehrsätze 1 und 2 festzustellen:

Folgerung. *Sind die Nullstellen einer ganzen Funktion $f(z)$ der verfeinerten Ordnung $\varrho(r)$ gleichmäßig verteilt bei dem Exponenten $\varrho(r)$ und ist die Dichte der Nullstellenmenge im Inneren eines gewissen Winkels (α, β) gleich Null, so ist der Indikator dieser Funktion im Innern dieses Winkels trigonometrisch, d. h.*

$$h_f(\theta) = A \cos \varrho\, \theta + B \sin \varrho\, \theta \tag{2.42}$$

(bei $\alpha \leqq \theta \leqq \beta$; A und B konstant).

Wenn aber im Innern dieses Winkels überhaupt keine Nullstellen der Funktion liegen, so existiert für $\alpha < \theta < \beta$ der Grenzwert

$$h_f(\theta) = \lim_{r\to\infty} \frac{\ln |f(r e^{i\theta})|}{r^{\varrho(r)}},$$

wobei die Konvergenz gegen den Grenzwert für $\alpha + \eta \leqq \theta \leqq \beta - \eta$ $(\eta > 0)$ gleichmäßig ist.

Die zweite Behauptung folgt unmittelbar aus der Tatsache, daß bei der angegebenen Bedingung im Innern des Winkels $(\alpha + \eta, \beta - \eta)$ keine Punkte liegen, die den Ausnahmekreisen angehören. Die erste Behauptung folgt aus den Formeln (2.04) und (2.06). Zum Beispiel nimmt die Formel (2.06) die Gestalt

$$h(\theta) = \int_{\beta-2\pi}^{\alpha} \psi \sin \varrho(\theta - \psi)\, d\, \Delta(\psi) + \tau_f \cos \varrho(\theta - \theta_f)$$

an. Entwickeln wir den Sinus der Differenz und integrieren wir, so bekommen wir (2.42).

Es ist nützlich, das folgende Beispiel einer ganzen Funktion ganzzahliger Ordnung mit regelmäßiger Nullstellenverteilung zu merken. Es sei $\{a_n\}$ eine Menge, welche im Innern eines gewissen Winkels $\alpha < \psi < \alpha + \frac{\pi}{\varrho}$ bei ganzzahligem ϱ eine Winkeldichte $\Delta(\psi)$ hat, und es sei

$$\Phi(z) = \prod_1^{\infty} \left(1 - \frac{z^{2\varrho}}{a_k^{2\varrho}}\right).$$

Offensichtlich hat die Nullstellenmenge der Funktion $\Phi(z)$ eine Winkeldichte, und es ist $\delta_f = 0$. Die Formel für $H_\Omega(\theta)$ kann man leicht bekommen, indem man auf die Funktion der Ordnung $\frac{1}{2}$ $\Phi\left(z^{\frac{1}{2\varrho}}\right)$ den Lehrsatz 1 anwendet. Durch einfache Umformungen erhalten wir

$$H(\theta) = \pi \int_{\alpha}^{\alpha+\frac{\pi}{\varrho}} \sin \varrho \, |\theta - \psi| \, d\Delta\psi \, .$$

§ 4. Konstruktion einer ganzen Funktion mit vorgegebenem Indikator (Beweis des Lehrsatzes 3)

Der Lehrsatz 1 gibt uns die Möglichkeit, eine ganze Funktion nichtganzzahliger verfeinerter Ordnung $\varrho(r)$ ($\varrho > 0$) zu konstruieren, deren Indikator mit der vorgegebenen, bei gegebenem ϱ trigonometrisch konvexen periodischen Funktion $h(\theta)$ mit der Periode 2π übereinstimmt.

Aus dem Lehrsatz 2 ergibt sich ein analoges Ergebnis für ein ganzzahliges ϱ und eine beliebige starke verfeinerte Ordnung. Wir führen diese Konstruktion zuerst für den einfachen Fall einer ganzen Funktion nichtganzzahliger Ordnung durch.

1. Zuerst konstruieren wir zur vorgegebenen trigonometrisch konvexen Funktion $h(\theta)$ eine nicht abnehmende Funktion $\Delta(\psi)$:

$$\Delta(\psi) = \frac{1}{2\varrho}\left[h'(\psi + 0) - h'(+0) + \varrho \int_0^{\psi} h(\varphi)\, d\varphi\right].$$

Nach Lehrsatz 24, Kapitel I ist die Funktion $h(\theta)$ in der Form darstellbar:

$$h(\theta) = \frac{\pi}{\sin \pi \varrho} \int_{\theta-2\pi}^{\theta} \cos \varrho(\theta - \psi - \pi)\, d\,\Delta(\psi)\, . \tag{2.43}$$

Nach dem Lehrsatz 1 wird das Problem auf die Konstruktion einer Punktmenge $\{a_n\}$ mit der Winkeldichte $\Delta(\psi)$ bei dem Exponenten $\varrho(r)$ zurückgeführt. Tatsächlich genügt es, nach der Konstruktion einer solchen Menge das kanonische Produkt

$$f(z) = \prod_1^{\infty} G\left(\frac{z}{a_k}; p\right) \qquad (p = [\varrho])$$

zu bilden. Der Indikator dieser Funktion wird nach Lehrsatz 1 durch die Gleichung

$$h_f(\theta) = \frac{\pi}{\sin \pi \varrho} \int_{\theta-2\pi}^{\theta} \cos \varrho(\theta - \psi - \pi)\, d\,\Delta(\psi)$$

ausgedrückt, und folglich ist $h_f(\theta) = h(\theta)$.

2. Um eine Punktmenge $\{a_n\}$ mit der Winkeldichte $\Delta(\psi)$ zu konstruieren, approximieren wir die Funktion $\Delta(\psi)$ gleichmäßig durch eine nichtabnehmende

Folge stückweise konstanter Funktionen $\Delta_m(\psi)$ mit einer endlichen Zahl von Sprungstellen, wobei wir diese Funktionen so wählen, daß die Größe der Sprünge $\Delta_{m,j}$ $(j = 1, 2, \ldots, s_m)$ durch rationale Zahlen ausgedrückt wird. Die Sprungstellen bezeichnen wir mit $\psi_{m,j}$ $(j = 1, 2, \ldots, s_m)$.

Es ist nicht schwer, Punktmengen $\mathfrak{N}_m$ mit den Winkeldichten $\Delta_m(\psi)$ zu konstruieren. Zu diesem Zweck führen wir folgende Operationen durch:

Wir wählen die Werte $r = r_{m,p}$ $(p = 1, 2, \ldots)$ für welche die Größe $r^{\varrho(r)}$ Werte annimmt, welche Vielfache des Hauptnenners d_m aller rationalen Zahlen $\Delta_{m,j}$ $(j = 1, 2, \ldots, s_m)$ sind. Dann markieren wir die Punkte, welche in den Schnittpunkten der Kreise $|z| = r_{m,p}$ $(p = 1, 2, \ldots)$ und der Strahlen $\arg z = \psi_{m,j}$ $(j = 1, 2, \ldots, s_m)$ liegen, indem wir jedem so markierten Punkte die Vielfachheit $q_{m,j} = d_m \, \Delta_{m,j}$ $(j = 1, 2, \ldots, s_m)$ zuschreiben.

Offensichtlich ist die Anzahl der markierten Punkte $n_m(r, \psi)$ im Sektor $|z| \leqq r$, $0 < \arg z \leqq \psi$ unter Berücksichtigung ihrer Vielfachheit

$$n_m(r, \psi) = \left[\frac{r^{\varrho(r)}}{d_m}\right] d_m \cdot \sum_{0<\psi_j \leqq \psi} \Delta_{m,j} = \Delta_m(\psi)\, r^{\varrho(r)} + c(r, \psi)\,, \tag{2.44}$$

wobei

$$|c(r, \psi)| < d_m \, \Delta_m(\psi) \tag{2.45}$$

ist. Hieraus folgt gewiß, daß die konstruierte Menge $\mathfrak{N}_m$ die Winkeldichte $\Delta_m(\psi)$ hat. Wir zerlegen jetzt die ganze Ebene in Kreisringe K_m:

$$r_{m-1} < |z| \leqq r_m\,,$$

indem wir dazu eine Folge gewisser Zahlen $r_0 < r_1 < r_2 < \ldots$ so wählen, daß $r_0 = 0$ und $r_m \to \infty$ bei $m \to \infty$ ist. In jedem Kreisring K_m wählen wir die Punkte der Menge $\mathfrak{N}_m$ aus. Die Gesamtheit aller dieser Punkte bezeichnen wir mit $\mathfrak{N}$. Wir werden uns gleich überzeugen, daß die Menge $\mathfrak{N}$ die Winkeldichte $\Delta(\psi)$ haben wird, wenn man die Folge r_m $(m = 0, 1, \ldots)$ genügend schnell wachsend wählt.

Wählen wir die Zahlenfolge r_m $(m = 1, 2, \ldots)$ tatsächlich so, daß

$$\lim_{m\to\infty} \left\{ r_m^{-\varrho(r_m)} \cdot \sum_{k=1}^{m+1} d_k \right\} = 0 \tag{2.46}$$

wird.

Bezeichnen wir mit $n(r, \psi)$ die Anzahl der Punkte der Menge $\mathfrak{N}$ im entsprechenden Sektor, so bekommen wir für $r_m < r < r_{m+1}$ und eine gewisse natürliche Zahl $\tau < m$

$$n(r, \psi) = n(r_\tau, \psi) + \sum_{\tau+1}^{m} [n_k(r_k, \psi) - n_k(r_{k-1}, \psi)] + n_{m+1}(r, \psi) - n_{m+1}(r_m, \psi)\,. \tag{2.47}$$

Zu einem vorgegebenen $\varepsilon > 0$ kann man eine Zahl τ so wählen, daß bei $k > \tau$

$$\Delta(\psi) - \varepsilon < \Delta_k(\psi) < \Delta(\psi) + \varepsilon \qquad (0 \leqq \psi < 2\pi)$$

ist.

Wenden wir die Beziehungen (2.44) und (2.45) an, so erhalten wir für $k > \tau$

$$n_k(r_k, \psi) - n_k(r_{k-1}, \psi) < [\Delta(\psi) + \varepsilon] \left(r_k^{\varrho(r_k)} - r_{k-1}^{\varrho(r_{k-1})} + 2\, d_k\right).$$

Hieraus und aus (2.47) ergibt sich

$$n(r, \psi) < n(r_\tau, \psi) + [\Delta(\psi) + \varepsilon]\left\{(r^{\varrho(r)} - r_\tau^{\varrho(r)}) + \sum_{k=1}^{m+1} d_k\right\}$$

und kraft (2.46)

$$\overline{\lim_{r\to\infty}} \frac{n(r, \psi)}{r^{\varrho(r)}} \leqq \Delta(\psi) + \varepsilon .$$

Analog ergibt sich

$$\underline{\lim_{r\to\infty}} \frac{n(r, \psi)}{r^{\varrho(r)}} \geqq \Delta(\psi) - \varepsilon ,$$

und da ε beliebig war, ist

$$\lim_{r\to\infty} \frac{n(r, \psi)}{r^{\varrho(r)}} = \Delta(\psi) .$$

Auf diese Weise ist eine Menge mit vorgegebener Winkeldichte konstruiert worden, und der Lehrsatz 3 ist somit für den Fall der nichtganzzahligen Ordnung bewiesen.

Wir bemerken, daß die von uns konstruierte Funktion $f(z)$ nicht nur den vorgegebenen Indikator $h(\theta)$ hat, sondern außerhalb einer gewissen C^0-Menge der asymptotischen Gleichung

$$\ln |f(r e^{i\theta})| \approx h(\theta)\, r^{\varrho(r)}$$

genügt.

3. Der Fall der ganzzahligen Ordnung ist wesentlich komplizierter. Es genügt in diesem Fall nicht, eine Punktmenge $\{a_n\}$ mit der vorgegebenen Winkeldichte

$$\Delta(\psi) = \frac{1}{2\pi\varrho}\left[h'(\psi + 0) - h'(+0) + \varrho^2 \cdot \int_0^\psi h(\varphi)\, d\varphi\right] \tag{2.48}$$

zu konstruieren. Man muß sie so konstruieren, daß die Bedingung (B) erfüllt wird. Vergleichen wir außerdem den Ausdruck (1.82) für die vorgegebene Funktion $h(\theta)$ mit dem Ausdruck (2.06) für den Indikator, so sehen wir, daß bei einem gewissen c_ϱ der Grenzwert

$$\tau_f\, e^{-i\varrho\theta_f} = \lim_{r\to\infty} \frac{1}{L(r)}\left\{c_\varrho + \frac{1}{\varrho} \sum_{|a_k|\leqq r} a_k^{-\varrho}\right\} \tag{2.49}$$

gleich der vorgegebenen Größe sein muß. Es wird nämlich verlangt, daß die Gleichung

$$\tau_f \cos(\theta - \theta_f) = A \cos \varrho\,\theta + B \sin \varrho\,\theta$$

erfüllt wird, in welcher A und B dieselbe Bedeutung haben wie in der Formel (1.82).

Die kanonische Funktion dieser Menge wird bei dem angegebenen Wert von c_ϱ der asymptotischen Gleichung

$$\ln |f(r e^{i\theta})| \approx h(\theta)\, r^{\varrho(r)}$$

genügen.

Wir konstruieren eine solche Menge für die vorgegebene starke verfeinerte Ordnung $\varrho^*(r)$.

4. Zuerst konstruieren wir zu $h(\theta)$ bei ganzzahligem ϱ und einer beliebigen verfeinerten Ordnung $\varrho(r)$ eine Menge $\{a_n\}$ mit der Winkeldichte $\Delta(\psi)$, welche durch die Gleichung (2.48) bestimmt ist, so daß dabei

$$\sum_{|a_k| \leq r} a_k^{-\varrho} = 0$$

ist.

Zu dieser Konstruktion benutzen wir die im Lehrsatz 24, Kapitel I nachgewiesene Tatsache, daß die durch die Gleichung (2.48) definierte Funktion $\Delta(\psi)$ bei ganzzahligem ϱ der Bedingung

$$\int_0^{2\pi} e^{-i\varrho\psi} \cdot d\Delta(\psi) = 0$$

genügt.

Wir approximieren die Funktion $\Delta(\psi)$ durch eine Folge stückweise konstanter nichtabnehmender Funktionen $\Delta_m(\psi)$ mit einer endlichen Anzahl von Sprüngen, die alle durch rationale Zahlen $\Delta_{m,j}$ $(j = 1, 2, \ldots, s_m)$ ausgedrückt werden und zwar so, daß diese Funktionen der Bedingung

$$\int_0^{2\pi} e^{-i\varrho\psi} \, d\Delta_m(\psi) = 0 \tag{2.50}$$

genügen.

Die Möglichkeit einer solchen Approximation ist am Ende von § 19, Kapitel I gezeigt worden. Mit Hilfe von Funktionen $\Delta_m(\psi)$ konstruieren wir die Menge $\mathfrak{N}$ (siehe Punkt 2). Sie hat die Winkeldichte $\Delta(\psi)$. Dabei liegen die Punkte a_k auf den konzentrischen Kreisen $|z| = r_{m,p}$, sie haben die Gestalt $r_{m,p}\, e^{i\psi_{mj}}$ $(j = 1, 2, \ldots, s_m)$ und haben die Vielfachheit $q_{mj} = d_m \Delta_{mj}$ $(j = 1, 2, \ldots, s_m)$, wo Δ_{mj} der Sprung der Funktion $\Delta_m(\psi)$ im Punkt ψ_j ist. Indem wir die Summe

$$\delta_{m,p} = \sum a_k^{-\varrho}$$

über die auf einem Kreis liegenden Punkte erstrecken, so daß jeder Punkt a_k in dieser Summe so oft wiederholt wird, wie seine Vielfachheit ist, bekommen wir

$$\delta_{m,p} = d_m\, r_{m,p}^{-\varrho} \sum_{j=1}^{s_m} e^{-i\varrho\psi_{mj}} \Delta_{mj} = 0 \,.$$

Die letzte Gleichung folgt aus (2.50). Hieraus folgt offensichtlich

$$\sum_{|a_k| \leq r} a_k^{-\varrho} = 0 \,.$$

Zur Konstruktion einer Menge, welche bei einem gewissen c_ϱ der Bedingung (2.49) bei vorgegebenen τ_f und θ_f genügt, muß man zur Menge $\mathfrak{N}$ eine gewisse Menge $\mathfrak{N}'$ mit der Winkeldichte Null hinzufügen, die bei einem gewissen c_ϱ der Bedingung (2.49) genügt. Die Vereinigungsmenge $\mathfrak{N} + \mathfrak{N}'$ wird allen Anforderungen genügen. Offensichtlich ist die Funktion $f(z)$, welche außerhalb einer C^0-Menge der asymptotischen Gleichung

$$\ln |f(r\, e^{i\theta})| \approx h(\theta)\, r^{\varrho(r)}$$

genügt, gleich dem Produkt der Funktionen

$$f(z, \mathfrak{N}) = \prod_{k=1}^{\omega_1} G\left(\frac{z}{a_k}; \varrho\right) \quad (a_k \in \mathfrak{N}, \omega_1 \leqq \infty) \tag{2.51}$$

und

$$\varphi(z) = e^{c_\varrho z^\varrho} \prod_{k=1}^{\omega_2} G\left(\frac{z}{b_k}; \varrho\right) \quad (b_k \in \mathfrak{N}', \omega_2 \leqq \infty)\,. \tag{2.52}$$

Ist $\varrho(r) = \text{const}$, so kann man als $\mathfrak{N}'$ eine leere Menge nehmen und als die Funktion $\varphi(z)$ die Exponentialfunktion $\exp\, c_\varrho z^\varrho$ $(c_\varrho = \tau_f\, e^{-i\varrho\theta_f})$. Im allgemeinen Fall bei beliebigem $\varrho^*(r)$ muß die Funktion $\varphi(z)$ kraft des Lehrsatzes 2 außerhalb einer gewissen C^0-Menge der asymptotischen Gleichung

$$\ln |\varphi(r\, e^{i\theta})| \approx \tau_f \cos \varrho(\theta - \theta_f)\, r^{\varrho(r)}$$

genügen.

Auf diese Weise ist das Problem im Fall eines ganzzahligen ϱ von uns auf die Konstruktion der Menge $\mathfrak{N}'$ mit den angegebenen Eigenschaften zurückgeführt worden, oder, was dasselbe ist, auf die Konstruktion der Funktion $\varphi(z)$, welche ein Analogon zur Funktion $\exp\, c_\varrho z^\varrho$ (bei einer beliebigen verfeinerten Ordnnng $\varrho^*(r)$) darstellt.

Zur Konstruktion der uns erforderlichen Funktion bemerken wir, daß aus der Definition der starken verfeinerten Ordnung und der entsprechenden Funktion $L^*(r)$ die Beziehung

$$r^{\varrho+1}\, [L^*(r)]' = r^\varrho\, [\vartheta_2'(\ln r) - \vartheta_1'(\ln r)] \cdot e^{\vartheta_2(\ln r) - \vartheta_1(\ln r)}$$

folgt.

Setzen wir

$$\chi_i(r) = r^{\varrho^*(r)}\, \vartheta_i'(r) \quad (i = 1, 2)\,,$$

so bekommen wir

$$r^{\varrho+1}\, [L^*(r)]' = \chi_2(r) - \chi_1(r)\,, \tag{2.53}$$

wobei

$$\lim_{r \to \infty} \frac{\chi_i(r)}{r^{\varrho^*(r)}} = 0$$

ist.

Wir zeigen noch, daß man die Funktionen $\chi_i(r)$ durch eine unwesentliche Abänderung monoton wachsend machen kann. Tatsächlich folgt aus der Definition von $\chi_i(r)$

$$\chi_i'(r) = r^{\varrho-1}\, L^*(r)\, \vartheta_i'(\ln r) \left[\varrho + \frac{\vartheta_i''(\ln r)}{\vartheta_i'(\ln r)} + \vartheta_2'(\ln r) - \vartheta_1'(\ln r)\right].$$

Die Größe in der eckigen Klammer strebt bei $r \to \infty$ gegen ϱ, und folglich ist bei genügend großem r die Ableitung $\chi_i'(r)$ positiv. Auf diese Weise wächst die Funktion $\chi_i(r)$ monoton von einem gewissen Wert von r an. Zur Konstruktion der Menge $\mathfrak{N}'$ markieren wir zuerst auf dem Strahl $\arg z = 0$ die Punkte b_{k1}, in welchen die Funktion $\chi_1(r)$ ganzzahlige Werte annimmt, und auf dem Strahl $\arg z = \dfrac{\pi}{\varrho}$ die Punkte b_{k_2}, in welchen die Funktion $\chi_2(r)$ ganzzahlige Werte annimmt. Wir bezeichnen durch $n_j(r)$ ($j = 1, 2$) die Anzahl der Punkte b_{kj} mit dem absoluten Betrag nicht größer als r. Dann ist offensichtlich

$$n_j(r) = [\chi_j(r)] \quad (j = 1, 2),$$

und die Winkeldichte der konstruierten Menge ist gleich Null. Anderseits aber ist

$$\sum_{|b_{k1}| \leq r} b_{k1}^{-\varrho} + \sum_{|b_{k2}| \leq r} b_{k_2}^{-\varrho} = \sum_{|b_{k1}| \leq r} |b_{k1}|^{-\varrho} - \sum_{|b_{k2}| \leq r} |b_{k2}|^{-\varrho} = \int_0^r \frac{dn(t)}{t^\varrho},$$

wo $n(t) = n_2(t) - n_1(t)$ ist. Offensichtlich ist $n(t) = t^{\varrho+1}[L^*(t)]' + O(1)$ und $n(t) = 0$ für ein gewisses $\varepsilon > 0$ und $0 < t < \varepsilon$. Durch partielle Integration bekommen wir

$$\frac{1}{\varrho L^*(r)} \cdot \int_0^r \frac{dn(t)}{t^\varrho} = \frac{n(r)}{\varrho\, r^{\varrho(r)}} + \frac{1}{L^*(r)} \left\{ \int_\varepsilon^r [L^*(t)]' \cdot dt + \int_\varepsilon^r \frac{\varphi(t)}{t^{\varrho+1}} dt \right\}, \tag{2.54}$$

wo $\varphi(t) = n(t) - t^{\varrho+1}[L^*(t)]' = O(1)$ ist. Fügen wir zu den Punkten b_{kj} noch den Punkt b hinzu, welchen wir durch die Gleichung

$$b^{-\varrho} = L^*(\varepsilon) - \int_\varepsilon^\infty \frac{\varphi(t)}{t^{\varrho+1}} dt$$

definieren. Bilden wir $\delta(r)$ für das entsprechende kanonische Produkt, so bekommen wir $\delta(r) = 1 + o(1)$.

Multiplizieren wir alle Zahlen b_{kj} und die Zahl b mit $\tau_j^{-\frac{1}{\varrho}} e^{i\theta_j}$, so bekommen wir die Menge $\{b_k\}$ von der Dichte Null und so beschaffen, daß

$$\lim_{r \to \infty} \left\{ \frac{1}{\varrho L^*(r)} \sum_{|b_k| \leq r} b_k^{-\varrho} \right\} = \tau_j e^{-i\varrho\theta_j}$$

ist. Also haben wir eine Menge $\mathfrak{N}'$ konstruiert, deren kanonische Funktion von vollkommen regulärem Wachstum ist und den erforderlichen trigonometrischen Indikator besitzt. Der Lehrsatz ist somit bewiesen.

Wir bemerken, daß die von uns mit dem gegebenen Indikator konstruierte Funktion von vollkommen regulärem Wachstum ist.

Bemerkung. Wenn die vorgegebene trigonometrisch konvexe Funktion nichtnegativ ist [1]), so kann man in der Behauptung des Lehrsatzes 3 für Funktionen ganzzahliger Ordnung die starke verfeinerte Ordnung durch eine beliebige verfeinerte Ordnung ersetzen..

Um das zu zeigen, konstruieren wir für die Funktion $L^{-1}(r)$ die Majorante $L_1^*(r)$ (die Möglichkeit einer solchen Konstruktion ist in § 12, Kapitel I nachgewiesen worden) und setzen $L^*(r) = [L_1^*(r)]^{-1}$. Dann haben wir

$$\overline{\lim_{r \to \infty}} \frac{L^*(r)}{L(r)} = 1.$$

---

[1]) Es ist möglich, daß diese Forderung überflüssig ist.

Dann konstruieren wir eine ganze Funktion $F(z)$ der starken verfeinerten Ordnung $\varrho^*(r)$ $\left(r^{\varrho^*(r)} = r^\varrho L^*(r)\right)$ mit einem vorgegebenen Indikator und von vollkommen regulärem Wachstum. E sei die Ausnahmemenge E^0 dieser Funktion. Dann bekommen wir

$$\overline{\lim_{\substack{r\to\infty\\ r\notin E}}} \frac{\ln|F(r\,e^{i\theta})|}{r^\varrho L(r)} = \lim_{\substack{r\to\infty\\ r\notin E}} \frac{\ln|F(r\,e^{i\theta})|}{r^\varrho L^*(r)} \overline{\lim_{r\to\infty}} \frac{L^*(r)}{L(r)} = h(\theta)\,.$$

Weiterhin können wir auf Grund des Satzes von V. Bernstein (siehe § 18, Kapitel I) behaupten, daß $h_F(\theta) = h(\theta)$ ist.

§ 5. Asymptotische Darstellung ganzer Funktionen mit regelmäßiger Nullstellenverteilung (Beweis des Lehrsatzes 4)

Um die asymptotische Darstellung (2.08) einer Funktion $f(r\,e^{i\theta})$ mit regelmäßiger Nullstellenverteilung zu bekommen, muß man die Funktion $\arg f(r\,e^{i\theta})$ untersuchen. Wir beschränken uns dabei auf den Fall, daß ϱ keine ganze Zahl ist, da der Fall des ganzzahligen ϱ analog untersucht wird.[1] Unsere Betrachtung wird sich weiterhin wie in § 2 auf den Lehrsatz 25, Kapitel I gründen, jedoch wird in diesem Fall eine Ergänzung des Hilfssatzes 1 erforderlich sein. die jetzt folgt.[2]

Hilfssatz 6. *Wenn die Menge $\{a_k\}$ die Dichte*

$$\Delta = \lim_{r\to\infty} \frac{n(r)}{r^{\varrho(r)}}$$

hat und die Funktionen $f(z)$ und $f^\delta(z)$ ebenso definiert sind wie im Hilfssatz 1, *so kann man zu einem beliebigen $\varepsilon > 0$ und zu $z = r\,e^{i\theta}$, welche einer gewissen abgeschlossenen Menge regulärer Strahlen*[3]) *angehören, eine Zahl $\delta > 0$ so wählen, daß*

$$|\arg f(z) - \arg f^\delta(z)| < \varepsilon\, r^{\varrho(r)} \tag{2.55}$$

ist. Dabei hängt δ von ε und von der Menge der Strahlen $\mathfrak{M}$ ab.

Beweis. Wir stellen das kanonische Produkt

$$f(z) = \prod_1^\infty G\left(\frac{z}{a_k}; p\right)$$

als Produkt von drei Funktionen dar:

$$f_\sigma(z) = \prod_{|a_k| \leqq \sigma r} G\left(\frac{z}{a_k}; p\right),$$

$$_\tau f(z) = \prod_{|a_k| \geqq \tau r} G\left(\frac{z}{a_k}; p\right),$$

$$_\tau f_\sigma(z) = \prod_{\sigma r < |a_k| < \tau r} G\left(\frac{z}{a_k}; p\right)$$

---

[1]) Weiter unten werden wir zeigen, welche Abänderungen in den Betrachtungen beim Übergang zur ganzzahligen Ordnung zu machen sind.

[2]) Bei ganzzahligem ϱ ist eine analoge Ergänzung zum Hilfssatz 4 nötig.

[3]) Die Definition siehe in § 1.

($0 < \sigma < 1 < \tau < \infty$, $|z| = r$). Dann können wir die Ungleichung aufschreiben:

$$|\arg f(z) - \arg f^\delta(z)| \leqq |\arg f_\sigma(z) - \arg f_\sigma^\delta(z)|$$
$$+ |\arg {}_\tau f(z) - \arg {}_\tau f^\delta(z)| + |\arg {}_\tau f_\sigma(z) - \arg {}_\tau f_\sigma^\delta(z)| . \qquad (2.56)$$

Aus den Hilfssätzen 7 und 8 von § 17, Kapitel I folgt, daß für ein vorgegebenes ε, genügend kleines $\sigma > 0$ und genügend großes $\tau > 1$

$$|\arg f_\sigma(z) - \arg f_\sigma^\delta(z)| < \frac{\varepsilon}{3} r^{\varrho(r)} ,$$

$$|\arg {}_\tau f(z) - \arg {}_\tau f^\delta(z)| < \frac{\varepsilon}{3} r^{\varrho(r)} \qquad (2.57)$$

ist.

Zur Abschätzung des dritten Summanden in (2.56) bemerken wir, daß im Ausdruck

$$\arg G(u; p) = \arg (1 - u) + \arg \left(u + \frac{u^2}{2} + \cdots + \frac{u^p}{p}\right)$$

der zweite Summand für $\frac{1}{\tau} \leqq |u| \leqq \frac{1}{\sigma}$ eine gleichmäßig stetige Funktion von u ist und der erste Summand eine gleichmäßig stetige Funktion im aufgeschnittenen Kreisring $\left(\frac{1}{\tau} \leqq u \leqq \frac{1}{\sigma},\ 0 \leqq \arg u < 2\pi\right)$. Beim Übergang über den Schnitt $(1, +\infty)$ auf der reellen Achse bekommt diese Funktion einen Zuwachs von der Größe 2π.

Wir stellen ${}_\tau f_\sigma(z)$ als Produkt zweier Funktionen dar;

$${}_\tau f_{\sigma,\theta}(z) = \prod_{\substack{\sigma r < |a_k| < \tau r \\ |\arg a_k - \theta| \geqq \delta}} G\left(\frac{z}{a_k}; p\right),$$

$${}_\tau \hat{f}_{\sigma,\theta}(z) = \prod_{\substack{\sigma r < |a_k| < \tau r \\ |\arg a_k - \theta| < \delta}} G\left(\frac{z}{a_k}; p\right).$$

Aus der Existenz der Dichte der Nullstellenmenge folgt, daß für ein gewisses $C > 0$

$$n(r) < C\, r^{\varrho(r)} \qquad (r > 0)$$

ist oder

$$n(\tau r) < C_\tau\, r^{\varrho(r)} .$$

Ist $\delta > 0$ genügend klein, so ist für $|\psi| \geqq \delta$ und $|\psi - \psi_1| < \delta$ und $\sigma^{-1} \geqq s \geqq \tau^{-1}$

$$|\arg G(s\, e^{i\psi}; p) - \arg G(s\, e^{i\psi_1}; p)| < \frac{\varepsilon}{6\, C_\tau} ,$$

und wir erhalten

$$|\arg_\tau f_{\sigma,\theta}(z) - \arg_\tau f_{\sigma,\theta}^\delta(z)| < \frac{\varepsilon}{6\, C_\tau} n(\tau r) < \frac{\varepsilon}{6} r^{\varrho(r)} . \qquad (2.58)$$

Zur Abschätzung der Differenz $|\arg_\tau \hat{f}_{\sigma\theta}(r\, e^{i\theta}) - \arg_\tau \hat{f}_{\sigma,\theta}^\delta(r\, e^{i\theta})|$ bemerken wir, daß bei beliebigem, genügend kleinem $\delta > 0$ und $|\theta - \psi| < \delta$

$$|\arg G(s\, e^{i\psi}; p) - \arg G(s\, e^{i\theta}; p)| < 3\pi$$

ist. Deshalb ist

$$|\arg {}_\tau \hat{f}_{\sigma,\theta}(r\,e^{i\theta}) - \arg {}_\tau \hat{f}^{\delta}_{\sigma,\theta}(r\,e^{i\theta})| < 3\,\pi\,[n\,(\tau\,r,\,\theta+\delta) - n\,(\tau\,r,\,\theta-\delta)]\,.$$

Ist $\arg z = \theta$ ein regulärer Strahl, so kann man zu einem gegebenen ε_1 ein δ so wählen, daß

$$n\,(\tau\,r,\,\theta+\delta) - n\,(\tau\,r,\,\theta-\delta) < \varepsilon_1\,r^{\varrho(r)} \tag{2.59}$$

ist.

Nach dem Lehrsatz über die Überdeckung mit endlich vielen Mengen kann man bei gegebenem ε_1 ein δ_1 so wählen, daß die Ungleichung (2.59) für $\delta < \delta_1$ und für alle $\theta \in \mathfrak{M}$ erfüllt sein wird. Nachdem wir auf eine geeignete Weise ε_1 gewählt und δ_1 genügend klein genommen haben, ergibt sich

$$|\arg {}_\tau \hat{f}_{\sigma,\theta}(r\,e^{i\theta}) - \arg {}_\tau \hat{f}^{\delta}_{\sigma,\theta}(r\,e^{i\theta})| < \frac{\varepsilon}{6}\,r^{\varrho(r)} \qquad (\theta \in \mathfrak{M}),$$

und durch Verknüpfung mit (2.58) bekommen wir eine Abschätzung für den dritten Summanden in (2.56)

$$|\arg {}_\tau f_\sigma(r\,e^{i\theta}) - \arg {}_\tau f^{\delta}_\sigma(r\,e^{i\theta})| < \frac{\varepsilon}{3}\,r^{\varrho(r)}$$

für $\theta \in \mathfrak{M}$ und genügend kleines δ.

Diese Abschätzung ergibt zusammen mit (2.57)

$$|\arg f(r\,e^{i\theta}) - \arg f^{\delta}(r\,e^{i\theta})| < \varepsilon\,r^{\varrho(r)}$$

für $\theta \in \mathfrak{M}$ und genügend kleines δ. Der Hilfssatz 6 ist somit bewiesen.

Wir gehen zum Beweis des Lehrsatzes über. Aus dem Lehrsatz 25, Kapitel I folgt, daß für $|\theta - \psi_j| \geqq \eta > 0$ gleichmäßig

$$\arg f(r\,e^{i\theta}) \approx \frac{\pi}{\sin \pi\,\varrho} \sum_{j=0}^{n} \Delta_j \sin \varrho\,(\theta - \psi_j - \pi) \tag{2.60}$$

gilt, falls die Nullstellen der Funktion $f(z)$ auf einer endlichen Anzahl von Strahlen $\arg z = \psi_j$ mit der Dichte Δ_j $(j = 0, 1, \ldots, n)$ liegen.

Im allgemeinen Fall der regelmäßigen Nullstellenverteilung wählen wir bei vorgegebenem $\varepsilon > 0$ die Zahl $\delta > 0$ so klein, daß für $|\psi_{j+1} - \psi_j| < \delta$ $(j = 0, 1, \ldots, n)$, $\psi_{n+1} = \psi_0 + 2\,\pi$ die Integralsumme auf der rechten Seite dieser Gleichung sich vom entsprechenden STIELTJESschen Integral um weniger als $\frac{\varepsilon}{2}$ unterscheidet. Ist außerdem δ so klein, daß für $\theta \in \mathfrak{M}$

$$|\arg f(r\,e^{i\theta}) - \arg f^{\delta}(r\,e^{i\theta})| < \frac{\varepsilon}{2}\,r^{\varrho(r)}$$

ist, so bekommen wir für $\theta \in \mathfrak{M}$ und nicht den Intervallen $|\psi_j - \theta| < \eta$ angehörend für gewisses $r_{\varepsilon\eta\mathfrak{M}}$ und $r > r_{\varepsilon\eta\mathfrak{M}}$

$$\left|\arg f(r\,e^{i\theta}) - \frac{\pi\,r^{\varrho(r)}}{\sin \pi\,\varrho} \int_{\theta-2\pi}^{\theta} \sin \varrho(\theta - \psi - \pi)\;d\Delta(\psi)\right| < \varepsilon\,r^{\varrho(r)}\,.$$

Wählen wir eine andere Einteilung des Intervalls $(0, 2\,\pi)$ durch die Punkte ψ_j' $(j = 0, 1, \ldots, n)$, so daß $|\psi_{j+1}' - \psi_j'| < \delta$ wird, und so, daß die Intervalle

$|\theta - \psi_j'| < \eta$ keine gemeinsamen Punkte mit den Intervallen $|\theta - \psi_j| < \eta$ haben, so ergibt sich, daß diese Ungleichung gleichzeitig für alle $\theta \in \mathfrak{M}$ und für r, welche eine gewisse Zahl $r_{\varepsilon\mathfrak{M}}$ übertreffen, erfüllt ist.

Hieraus und aus dem Lehrsatz 1 folgt unmittelbar die Behauptung des Lehrsatzes 1 für nichtganzzahlige ϱ. Die Untersuchung im Fall des ganzzahligen ϱ unterscheidet sich von der durchgeführten nur dadurch, daß man statt der Funktion $f(z)$ die Funktion $f_r(z)$ betrachten und statt des Lehrsatzes 25, Kapitel I den Hilfssatz 9, Kapitel I anwenden muß. Außerdem muß man noch berücksichtigen, daß

$$\lim_{r \to \infty} \frac{e^{i\varrho\theta}}{L(r)} \cdot \delta_f(r) = \tau_f\, e^{i\varrho(\theta - \theta_f)}$$

ist.

§ 6. Ganze Funktionen mit regulärer Nullstellenmenge (Beweis des Lehrsatzes 5)

Die in den §§ 2, 3 und 5 aufgestellten asymptotischen Formeln sind richtig außerhalb einer gewissen C^0-Menge von Kreisen, wobei diese Ausnahmemenge tatsächlich nicht konstruiert wird. In diesem Paragraphen wollen wir annehmen, daß die Nullstellen der Funktion eine R-Menge bilden, und wir werden zeigen, daß die asymptotischen Formeln (2.03) oder (2.05) außerhalb einer vollkommen bestimmten Menge C_R gelten. Die genaue Formulierung wird im Lehrsatz 5 (siehe § 1) gegeben.

Zum Beweis des Lehrsatzes 5 brauchen wir noch zwei Hilfssätze.

Hilfssatz 7. *$\{a_n\}$ sei eine unendliche Folge, welche einen Grenzwert im Unendlichen hat, und es sei*

$$F_\delta(z) = \prod \left(1 - \frac{z}{a_n}\right),$$

wo im Produkt nur diejenigen Faktoren enthalten sind, in denen die Zahlen a_n der Ungleichung $|a_n - z| \leqq \delta r$ bei $|z| = r$ und $0 < \delta < \frac{1}{2}$ genügen.

Dann gilt für $z \neq a_n$ die Ungleichung

$$|\ln|F_\delta(z)|| < c_\delta\, n_z(\delta r) + \int_0^{\delta r} \frac{n_z(t)}{t}\, dt\,, \tag{2.61}$$

in welcher $n_z(t)$ die Anzahl der Punkte a_n im Kreis mit dem Radius t und dem Mittelpunkt in z bedeutet, und c_δ eine positive, nur von δ abhängige Konstante ist.

Beweis. Aus der Gestalt der Funktion $F_\delta(z)$ folgt unmittelbar die Ungleichung

$$|\ln|F_\delta(z)|| < - \sum_{|z - a_n| \leqq \delta r} \ln\left|1 - \frac{z}{a_n}\right|.$$

Man sieht leicht, daß

$$\sum_{|a_n - z| \leqq \delta r} \ln |a_n - z| = \int_0^{\delta r} \ln t \, dn_z(t) = n_z(\delta r) \ln \delta r - \int_0^{\delta r} \frac{n_z(t)}{t} dt$$

und

$$\ln \Bigl| \prod_{|a_n - z| \leqq \delta r} a_n^{-1} \Bigr| > - n_z(\delta r) \ln (1 + \delta) r$$

ist. Aus diesen Ungleichungen folgt

$$\bigl|\ln |F_\delta(z)|\bigr| < \ln\left(1 + \frac{1}{\delta}\right) n_z(\delta r) + \int_0^{\delta r} \frac{n_z(t)}{t} dt \,.$$

Hilfssatz 8. *Ist die Menge $\{a_n\}$ eine R-Menge, und hat $F_\delta(z)$ dieselbe Bedeutung wie im Hilfssatz 7, so ist bei einem beliebigen $\varepsilon > 0$, genügend kleinem $\delta > 0$ und z außerhalb der Ausnahmekreise C_R und außerhalb eines gewissen Kreises $|z| \leqq r_\varepsilon$ die Ungleichung richtig*

$$\bigl|\ln |F_\delta(z)|\bigr| < \varepsilon \, r^{\varrho(r)} \,. \tag{2.62}$$

Beweis. Die Bedingung (C) (siehe § 1) sei erfüllt, und der Punkt z gehöre keinem der Kreise an, von denen in dieser Bedingung die Rede ist. Um den Punkt z beschreiben wir einen Kreis K_t mit beliebigem Radius $t > 0$. Da der Mittelpunkt dieses Kreises in keinen der Ausnahmekreise fällt, so sind die Radien der Ausnahmekreise mit den Mittelpunkten im Inneren dieses Kreises kleiner als die Größe t. Da die Ausnahmekreise sich nicht überschneiden, so ist die Zahl $n_z(t)$ ihrer Mittelpunkte im Kreis K_t kleiner als das Verhältnis der Fläche des Kreises mit dem Radius $2\,t$ zur Fläche des kleinsten Ausnahmekreises mit dem Mittelpunkt im Kreis K_t. Bezeichnen wir diesen kleinsten Radius mit $l_{t,z}$, so ist bei $t < r$

$$l_{t,z} > d\,(r - t)\,(r + t)^{-\frac{\varrho(t+r)}{2}} \,.$$

Folglich ist bei $t \leqq \delta r$ und für genügend große Werte von r

$$n_z(t) < \frac{4\,\pi\, t^2\,(r + t)^{\varrho\,(r+t)}}{\pi\, d^2\,(r - t)^2} < \frac{8\,(1 + \delta)^\varrho\, t^2}{d^2\,(1 - \delta)^2}\, r^{\varrho(r) - 2} \,.$$

Eine analoge Abschätzung kann man bekommen, wenn die Bedingung (C′) erfüllt ist, indem man die Durchmesser der Kreise vergleicht. Indem wir die gefundene Abschätzung für $n_z(t)$ in (2.61) einsetzen, bekommen wir (2.62). Der Hilfssatz ist somit bewiesen.[1]) Wir beweisen jetzt den Lehrsatz 5.

---

[1]) Die Bedingungen (C) und (C′) sind nur nötig, damit die Ungleichung (2.62) erfüllt ist, welche kraft des Hilfssatzes 7 aus der Abschätzung für $n_z(t)$ folgt. Deshalb können im Lehrsatz 5 die Bedingungen (C) und (C′) durch beliebige andere Bedingungen ersetzt werden, die eine entsprechende Abschätzung für n_z liefern. Insbesondere kann man bei $\varrho(r) = 1$ statt der Bedingung (C) z. B. verlangen, daß für ein gewisses $d > 0$ und beliebige n und k die Ungleichung $|a_{n+k} - a_n| > dk$ erfüllt ist. Dann ist $n_z(t) < \frac{1}{d}\, t$ und bei $|z - a_n| > d_1$ $(d_1 > d,\ n = 1, 2, \ldots)$ ist die Ungleichung (2.62) erfüllt.

Die Funktion $f(z)$ genügt der asymptotischen Gleichung (2.03) (oder (2.05)) Dabei ist die Ungleichung

$$\ln |f(r e^{i\theta})| < [H(\theta) + \varepsilon]\, r^{\varrho(r)} \qquad (0 \leqq \theta < 2\pi)$$

überall erfüllt für r, das eine gewisse Zahl r'_ε übertrifft. Die Ungleichung

$$\ln |f(r e^{i\theta})| > [H(\theta) - \varepsilon]\, r^{\varrho(r)}$$

ist außerhalb einer gewissen C^0-Menge erfüllt.

Wir müssen zeigen, daß die zweite Ungleichung überall für $r > r'_\varepsilon$ außerhalb der C_R-Kreise erfüllt ist. Dazu halten wir z außerhalb der C_R-Kreise fest und zwar so, daß $|z| > 2\, r'_\varepsilon$ ist, und bestimmen die Funktion

$$F_\delta(z, u) = \prod_{|a_n - z| \leqq \delta r} \left(1 - \frac{z + u}{a_n}\right).$$

Offensichtlich ist $F_\delta(z, 0) = F_\delta(z)$, und bei $\delta < \frac{1}{4}$ und $|u| < \delta r$ wird die Ungleichung $\ln |F_\delta(z, u)| < 0$ richtig sein. Hieraus ergibt sich, daß in diesem ganzen Kreis aber außerhalb einer Ausnahmemenge C^0 die Funktion

$$\varphi_\delta(z, u) = \frac{f(z + u, \mathfrak{N})}{F_\delta(z, u)}$$

der Ungleichung

$$\ln |\varphi_\delta(z, u)| > [H_{\mathfrak{N}}(\psi) - \varepsilon] \cdot |z + u|^{\varrho(|z+u|)}$$

genügt, in welcher $\psi = \arg\,(z + u)$ ist. Aus der Stetigkeit von $H_{\mathfrak{N}}(\psi)$ folgt, daß für genügend kleines $\delta > 0$ in diesem Gebiet

$$\ln |\varphi_\delta(z, u)| > [H_{\mathfrak{N}}(\theta) - 2\,\varepsilon] \cdot r^{\varrho(r)} \quad (z = r\, e^{i\theta}) \tag{2.63}$$

ist.

Wir werden zeigen, daß diese Ungleichung bei genügend großen Werten von r und für $u = 0$ sogar dann erfüllt ist, wenn z der C^0-Menge angehört. Tatsächlich ist bei festem $\delta > 0$ und bei genügend großem r die Summe der Durchmesser der Kreise der C^0-Menge, welche in den Kreis $|u| < \delta r$ fallen, kleiner als δr, und deshalb existiert ein Kreis $|u| = \tau$ $(0 < \tau < \delta r)$, welcher die C^0-Menge nicht schneidet. Die Ungleichung (2.63) ist auf dem ganzen Kreis $|u| = \tau$ erfüllt, und weil die Funktion $\varphi_\delta(z, u)$ keine Nullstellen im Kreis $|u| \leqq \tau$ hat, muß sie auch im Mittelpunkt erfüllt sein. Also ist

$$\ln \frac{|f(z, \mathfrak{N})|}{|F_\delta(z)|} > [H_{\mathfrak{N}}(\theta) - \varepsilon] \cdot r^{\varrho(r)}$$

und kraft der Ungleichung (2.62)

$$\big|\ln |f(z, \mathfrak{N})|\big| > [H_{\mathfrak{N}}(\theta) - 3\,\varepsilon]\, r^{\varrho(r)}\,.$$

Diese Ungleichung, die von uns für alle genügend großen Werte von r und für z, die den C_R-Kreisen nicht angehören, bewiesen wurde, ergibt in Verbindung mit der asymptotischen Ungleichung

$$\ln |f(z, \mathfrak{N})| < [H_{\mathfrak{N}}(\theta) + \varepsilon] \cdot r^{\varrho(r)} \qquad (z = r\, e^{i\theta})$$

(siehe Lehrsatz 28, Kapitel I) die erste Behauptung des Lehrsatzes 5.

Die zweite Behauptung, die sich auf das Argument von $f(z, \mathfrak{N})$ bezieht, erfordert keine zusätzlichen Betrachtungen, da die asymptotische Gleichung für $\arg f(r e^{i\theta})$ mit keiner Ausnahmemenge der Kreise verbunden ist, sondern auf jeder abgeschlossenen Menge regulärer Strahlen für alle genügend großen Werte von r besteht.

Beispiel. Es sei $\Omega_{m,n} = m + i n$ $(m, n = 0, \pm 1, \pm 2, \ldots)$

$$\sigma(z) = z \cdot \prod{}' \left(1 - \frac{z}{\Omega_{m,n}}\right) e^{\frac{z}{\Omega_{mn}} + \frac{z^2}{2\Omega_{mn}^2}}.$$

Der Strich bei dem unendlichen Produkt bedeutet, daß ein Wertepaar: $m = n = 0$ ausgeschlossen wird. Die Nullstellenmenge dieser Funktion hat die Winkeldichte

$$\Delta(\psi) = \frac{\psi}{2}$$

mit dem Exponenten $\varrho = 2$. Wegen der Stetigkeit der Funktion $\Delta(\psi)$ gibt es keine singulären Strahlen. Die Bedingung (B) ist erfüllt, da $\delta_\sigma(r) = 0$ ist. Außerdem ist die Nullstellenmenge eine R-Menge, da die Bedingung (C) für $d < 1/2$ erfüllt ist. Auf diese Weise ist außerhalb der Kreise von beliebig kleinem Radius mit den Mittelpunkten in den ganzzahligen Punkten $\Omega_{m,n}$ infolge der Formeln (2.08) und (2.10) die asymptotische Gleichung

$$\ln \sigma(r e^{i\theta}) \approx \frac{\pi}{2} r^2$$

gleichmäßig erfüllt in θ $(0 \leqq \theta \leqq \pi)$.

§ 7. Lehrsätze über die gleichgradige Stetigkeit (Beweis der Lehrsätze 6 und 7)

Zuerst wollen wir auf den engen Zusammenhang hinweisen, welcher zwischen dem Lehrsatz 6 und dem von uns früher bewiesenen Hilfssatz 1 besteht. Im Hilfssatz 1 haben wir gezeigt, daß bei der Existenz einer Dichte der Nullstellenmenge der ganzen Funktion $f(z)$ der verfeinerten Ordnung $\varrho(r)$ die Funktion

$$\ln \left|f\left(r e^{i\theta}\right)\right|$$

sich asymptotisch wenig verändert, wenn man die Argumente ihrer Nullstellen a_k wenig genug verändert. Da die Primfaktoren eines kanonischen Produktes von den Größen

$$\frac{z}{a_k} = \frac{r}{|a_k|} e^{i(\theta - \psi_k)} \quad (\theta = \arg z, \psi_k = \arg a_k, k = 1, 2, 3, \ldots)$$

abhängen, so ist eine kleine Abänderung von θ gleichbedeutend mit einer kleinen Abänderung der Argumente der Nullstellen $a_k (k = 1, 2, \ldots)$. Wenn die Nullstellenmenge von $f(z)$ eine Dichte hat, so kann man auf diese Weise jedem ε solche Zahlen $\delta > 0$ und $r_\varepsilon > 0$ entsprechen lassen, daß für $|\theta_2 - \theta_1| < \delta$, $r > r_\varepsilon$

und für $r e^{i\theta_1}$ und $r e^{i\theta_2}$, welche einer gewissen C^0-Menge nicht angehören, (oder r einer gewissen, von ε unabhängigen E^0-Menge nicht angehört),

$$\left|h_{f,r}(\theta_1) - h_{f,r}(\theta_2)\right| < \varepsilon$$

ist.

Die Funktion $h_{f,r}(\theta)$ ist für $r \leqq r_\varepsilon$ und außerhalb der E^0-Menge gleichmäßig stetig, folglich wird bei einem gewissen δ_2 und $|\theta_1 - \theta_2| < \delta_2$ dieselbe Ungleichung erfüllt sein. Es genügt, $\delta = \min(\delta_1, \delta_2)$ zu wählen. Wenn also die Nullstellenmenge $\{a_k\}$ einer ganzen Funktion der verfeinerten Ordnung $\varrho(r)$ eine Dichte hat, so folgt die Behauptung des Lehrsatzes 6, wie soeben gezeigt wurde, aus dem Hilfssatz 1. [1])

Beim Beweis des Hilfssatzes 1 benutzten wir die Existenz einer Dichte der Nullstellenmenge der Funktion $f(z)$ nur zur Abschätzung der Größe $\left|\ln|\Phi_{R,\beta}(z)|\right|$. Es ist deshalb natürlich, beim Beweis des Lehrsatzes 6 jene allgemeine Abschätzung für $\left|\ln|\Phi_{R,\beta}(z)|\right|$ zu benutzen, welche im Hilfssatz 2 gegeben wurde, ohne eine zusätzliche Annahme bezüglich der Nullstellenmenge zu machen. In diese Abschätzung gehen die Größen n_m und n_{m+1} ein, die Anzahl der Nullstellen von $f(z)$ in gewissen Kreisringen K_m: $R_m(1-\beta) < |z| \leqq R_m(1+\beta)$ und K_{m+1}: $R_{m+1}(1-\beta) < |z| \leqq R_{m+1}(1+\beta)$. Beim Fehlen einer Dichte der Nullstellenmenge der Funktion $f(z)$ können ihre Nullstellen sich in einigen Ringen stark häufen, wenn man jedoch bemerkt (siehe Hilfssatz 4, Kapitel I), daß für eine gewisse Konstante c

$$n(r) < c\, r^{\varrho(r)}, \tag{2.64}$$

so kann man leicht verstehen, daß das relative Maß solcher Ringe nicht groß sein kann. Wir geben eine genaue Abschätzung des relativen Maßes dieser besonderen Ringe.

Wir bezeichnen mit I_q die halboffenen Intervalle

$$R_q(1-\beta) < R \leqq R_q(1+\beta)$$

$$\left(R_q = \left(\frac{1+\beta}{1-\beta}\right)^q, \quad 0 < \beta < \frac{1}{2}\right)$$

und mit K_q die Ringe

$$R_q(1-\beta) < |z| \leqq R_q(1+\beta)\,.$$

Nachdem wir wie früher mit n_q die Anzahl der Punkte der Folge $\{a_n\}$ im Ring K_q bezeichnet haben, bezeichnen wir diejenigen Intervalle I_q und Ringe K_q als singulär, für die

$$n_q > \beta^{-1/2} \Delta_q R_q^{\varrho(R_q)-1} \tag{2.65}$$

ist, wobei Δ_q die Länge des Intervalls I_q bedeutet. Wie gewöhnlich bezeichnet $n(t)$ die Anzahl der Punkte der Folge $\{a_n\}$ im Kreis $|z| \leqq t$.

---

[1]) In diesem Fall haben wir die Behauptung des Lehrsatzes 6 in einer verstärkten Form bekommen, da statt einer Ausnahmemenge E eine Menge E^0 vom beliebig kleinen oberen relativen Maß auftritt.

Wir werden beweisen, daß das obere relative Maß der singulären Intervalle bei $\beta \to 0$ gegen Null strebt. Dazu betrachten wir die Summe

$$S_R = R^{-\varrho(R)} \sum_{R_{q_j} \leq R} n_{q_j},$$

in welcher die Summation sich nur auf diejenigen Indizes q erstreckt, welche den singulären Intervallen entsprechen.

Aus (2.65) folgt, daß

$$S_R > \beta^{-1/2} \sum_{R_{q_j} \leq R}{}' \Delta_{q_j} \frac{R_{q_j}^{\varrho(R_{q_j})}}{R^{\varrho(R)}} \frac{1}{R_{q_j}} \geqq \beta^{-1/2} R^{-1} \sum_{\frac{R}{2} < R_{q_j} \leq R} \Delta_{q_j} \frac{R_{q_j}^{\varrho(R_{q_j})}}{R^{\varrho(R)}}$$

ist.

Aus der Monotonie der Funktion $r^{\varrho(r)}$ folgt, daß für $R_{q_j} \geqq \frac{R}{2}$

$$R_{q_j}^{\varrho(R_{q_j})} \geqq \left(\frac{R}{2}\right)^{\varrho\left(\frac{R}{2}\right)}$$

ist, und folglich ist für gewisse $R_0 > 0$ und $R > R_0$

$$\frac{R_{q_j}^{\varrho(R_{q_j})}}{R^{\varrho(R)}} \geqq \left(\frac{1}{2}\right)^{\varrho} \frac{L\left(\frac{R}{2}\right)}{L(R)} > 2^{-\varrho-1}.$$

Es ergibt sich also

$$\sum_{\frac{R}{2} < R_{q_j} \leq R} \Delta_{q_j} < 2^{\varrho+2} \beta^{1/2} S_R \frac{R}{2}. \tag{2.66}$$

Kehren wir jetzt zu (2.64) zurück, so überzeugen wir uns, daß $S_R < c$ ist, und deshalb ergibt die Ungleichung (2.66)

$$\sum_{\frac{R}{2} < R_{q_j} \leq R} \Delta_{q_j} < 2^{\varrho+2} c \beta^{1/2} \frac{R}{2}.$$

Substituieren wir in dieser Ungleichung für R zuerst $\frac{R}{2}$, dann $\frac{R}{4}$ usw. und addieren wir die erhaltenen Ungleichungen, so bekommen wir für ein gewisses $R_0 > 0$

$$\sum_{R_0 < R_{q_j} \leq R} \Delta_{q_j} < 2^{\varrho+2} c \beta^{1/2} \cdot R$$

und endlich

$$\sum_{R_{q_j} \leq R} \Delta_{q_j} < 2^{\varrho+2} c \beta^{1/2} R + R_0.$$

Auf diese Weise ist bewiesen worden, daß das obere relative Maß der singulären Intervalle bei $\beta \to 0$ gegen Null geht.

Wir gehen jetzt zur Abschätzung der Funktion $|\ln|\Phi_{R,\beta}(z)||$ außerhalb gewisser Ausnahmekreise über. Wir sondern aus der Folge aller Intervalle I_j die singulären Intervalle und alle mit ihnen benachbarten aus und bezeichnen die aus allen diesen Intervallen bestehende Menge mit E'. Für $0 < \beta < \frac{1}{2}$ bekommen wir

$$\overline{m}^*(E') < 2^{\varrho+5}\, c\, \beta^{1/2}\,. \tag{2.67}$$

Wir wenden uns dem Hilfssatz 2 zu. Gehört eine Zahl R nicht E' an und ist $R_m < R < R_{m+1}$, so sind die Intervalle I_m und I_{m+1} nicht singulär, d. h., es ist

$$n_m < \beta^{-1/2}\, \Delta_m\, R_m^{\varrho(R_m)-1}, \quad n_{m+1} < \beta^{-1/2}\, \Delta_{m+1}\, R_{m+1}^{\varrho(R_{m+1})-1}.$$

Wenn z so beschaffen ist, daß $\big||z| - R\big| < \beta R$ und außerdem der Menge C von Ausnahmekreisen nicht angehört, so folgt auf diese Weise aus dem Hilfssatz 2 die asymptotische Ungleichung

$$\big|\ln|\Phi_{R,\beta}(z)|\big| < 2\,\beta^{1/2}\left(R_m^{\varrho(R_m)} + R_{m+1}^{\varrho(R_{m+1})}\right)\left(2\ln\frac{1}{\beta} + B_p\right),$$

wo $B_p = 4 + 3^p\, p$ ist, und aus dieser Ungleichung folgt

$$\big|\ln|\Phi_{R,\beta}(z)|\big| < 2^{2\varrho+2}\beta^{1/2}\left(2\ln\frac{1}{\beta} + B_p\right) r^{\varrho(r)}. \tag{2.68}$$

Dabei übertrifft das obere relative Maß der Menge E'' derjenigen Werte von r, für welche der Kreis $|z| = r$ die Ausnahmekreise der Menge C schneidet, nicht die Größe $\beta\,(1+\beta)^3\,(1-\beta)^{-2}$.

Es seien die Zahlen $\eta > 0$ und $\varepsilon > 0$ gegeben. Wir wählen eine Zahl β so klein, daß

$$2^{\varrho+5}\, c\,\beta^{1/2} < \frac{\eta}{2}, \quad \beta\,(1+\beta)^3\,(1-\beta)^{-2} < \frac{\eta}{2},$$

$$2^{2\varrho+2}\beta^{1/2}\left(2\ln\frac{1}{\beta} + B_p\right) < \frac{\varepsilon}{10} \tag{2.69}$$

ist. Dann ist, wenn wir $E = E' + E''$ bezeichnen,

$$\overline{m}^*(E) < \eta\,,$$

und bei $|z| \notin E$

$$\big|\ln|\Phi_{R,\beta}(z)|\big| < \frac{\varepsilon}{10}\, r^{\varrho(r)}\,. \tag{2.70}$$

Wir stellen jetzt die ganze Funktion $f(z)$ der verfeinerten Ordnung $\varrho(r)$ als Produkt von fünf Funktionen dar, wie dies im Punkt 1 des Beweises von Hilfssatz 1 geschehen ist. Wir bekommen

$$\begin{aligned}\big|\ln|f(r e^{i\theta_1})| - \ln|f(r e^{i\theta_2})|\big| &\leqq \big|\ln|f_\sigma(r e^{i\theta_1})| - \ln|f_\sigma(r e^{i\theta_2})|\big| \\ &+ \big|\ln|{}_\tau f(r e^{i\theta_1}) - \ln|{}_\tau f(r e^{i\theta_2})|\big| + \big|\ln|f_{\sigma\beta}(r e^{i\theta_1})| - \ln|f_{\sigma\beta}(r e^{i\theta_2})|\big| \\ &+ \big|\ln|{}_{\tau\beta} f(r e^{i\theta_1})| - \ln|{}_{\tau\beta} f(r e^{i\theta_2})|\big| + \big|\ln|\Phi_\beta(r e^{i\theta_1})| - \ln|\Phi_\beta(r e^{i\theta_2})|\big|,\end{aligned}$$

und wir geben eine Abschätzung für jeden der Summanden auf der rechten Seite.

Aus (2.70) folgt, daß für $r \notin E$

$$\big|\ln|\Phi_\beta(r e^{i\theta_1})| - \ln|\Phi_\beta(r e^{i\theta_2})|\big| < \frac{\varepsilon}{5}\, r^{\varrho(r)} \tag{2.71}$$

ist. Außerdem folgt aus der Ungleichung (2.20), daß asymptotisch

$$\left|\ln|f_\sigma(r e^{i\theta_1})| - \ln|f_\sigma(r e^{i\theta_2})|\right| < \frac{\varepsilon}{5} r^{\varrho(r)},$$

$$\left|\ln|{}_\tau f(r e^{i\theta_1})| - \ln|{}_\tau f(r e^{i\theta_2})|\right| < \frac{\varepsilon}{5} r^{\varrho(r)} \qquad (2.72)$$

gilt. Endlich folgt aus der gleichmäßigen Stetigkeit der Funktion

$$\ln|G(s e^{i\theta}; p)|$$

in θ in den Gebieten

$$(1-\beta)^{-1} \leqq s \leqq \sigma^{-1}, \quad \tau^{-1} \leqq s \leqq (1+\beta)^{-1}$$

und aus der Ungleichung (2.64), daß bei genügend kleinem $\delta > 0$ und $|\theta_1 - \theta_2| < \delta$

$$\left|\ln|f_{\sigma\beta}(r e^{i\theta_1})| - \ln|f_{\sigma\beta}(r e^{i\theta_2})|\right| < \frac{\varepsilon}{5} r^{\varrho(r)},$$

$$\left|\ln|{}_{\tau\beta}f(r e^{i\theta_1})| - \ln|{}_{\tau\beta}f(r e^{i\theta_2})|\right| < \frac{\varepsilon}{5} r^{\varrho(r)}. \qquad (2.73)$$

Aus den Ungleichungen (2.71), (2.72) und (2.73) folgt, daß für $r \notin E$ und $|\theta_1 - \theta_2| < \delta$

$$\left|\ln|f(r e^{i\theta_1})| - \ln|f(r e^{i\theta_2})|\right| < \varepsilon\, r^{\varrho(r)} \qquad (2.74)$$

ist.

Also haben wir bewiesen, daß man beliebigen positiven Zahlen η und ε eine Menge E mit dem oberen relativen Maß kleiner als η und eine Zahl $\delta > 0$ so gegenüberstellen kann, daß für $r \notin E$ und $|\theta_1 - \theta_2| < \delta$ die Ungleichung (2.74) erfüllt sein wird. Wir müssen noch zeigen, daß man zu jedem $\varepsilon > 0$ ein $\delta > 0$ so finden kann, daß aus $|\theta_1 - \theta_2| < \delta$ (2.74) folgt, insofern man eine gewisse feste Menge E der Werte von r mit beliebig kleinem oberem relativem Maß ausschließt.

Um eine solche Menge E zu konstruieren, wählen wir bei vorgegebenem η zwei Folgen positiver Zahlen: eine Folge $\varepsilon_1, \varepsilon_2, \ldots$, die gegen Null strebt, und $\eta_1, \eta_2, \ldots$, für die

$$\sum_1^\infty \eta_k < \frac{\eta}{2}$$

ist.

Jedem Zahlenpaar ε_k, η_k entspricht eine solche Menge E_k mit dem oberen relativen Maß kleiner als η_k und eine solche Zahl $\delta_k^{(1)}$, daß für $r \notin E_k$ und $|\theta_1 - \theta_2| < \delta_k^{(1)}$ die Ungleichung

$$\left|\ln|f(r e^{i\theta_1})| - \ln|f(r e^{i\theta_2})|\right| < \varepsilon_k\, r^{\varrho(r)} \qquad (2.75)$$

erfüllt sein wird.

Die Mengen E_k werden wir etwas verbessern, indem wir aus jedem E_k den Teil ausschließen, der einem gewissen Intervall $(0, r_k)$ angehört, wobei wir dies so tun, daß die übrigbleibende Menge E_k' der Bedingung genügt

$$\text{mes}\,[E_k'{}^r] < 2\,\eta_k\, r \qquad (r > 0).$$

Dann wird das obere relative Maß der Menge

$$E = E_1 + \sum_2^\infty E_k'$$

offensichtlich η nicht übertreffen. Die Menge E_k und die Zahl $\delta_k^{(1)}$ sind so gewählt, daß für $r > r_k$, $r \notin E$ und $|\theta_2 - \theta_1| < \delta_k^{(1)}$ die Ungleichung (2.75) erfüllt sein wird. Anderseits aber ist für $|z| < r_k$ und $|z| \notin E_1$ die Funktion $\ln |f(z)|$ gleichmäßig stetig, und folglich wird für ein gewisses $\delta_k^{(2)}$, $|\theta_1 - \theta_2| < \delta_k^{(2)}$, $r \leqq r_k$ und $r \notin E$ die Ungleichung (2.75) erfüllt sein. Es bleibt nur übrig, $\delta_k = \min(\delta_k^{(1)}, \delta_k^{(2)})$ zu wählen, und es ergibt sich, daß (2.75) für $r \notin E$ und $|\theta_1 - \theta_2| < \delta_k$ erfüllt ist. Hieraus folgt schon unmittelbar die gleichgradige Stetigkeit der Funktionenfamilie $h_{f,r}(\theta)$ in θ für alle $r \notin E$. Der Lehrsatz ist somit bewiesen. Wir gehen jetzt zum Beweis des allgemeineren Lehrsatzes 7 von der gleichgradigen Stetigkeit der Familie $h_{F,r}(\theta)$ einer im Inneren eines gewissen Winkels $\alpha \leqq \arg z \leqq \beta$ holomorphen Funktion $F(z)$ über. Wir beweisen zuerst drei Hilfssätze.

Hilfssatz 9. *$\Phi(z)$ sei eine im Kreis $|z| \leqq R$ holomorphe Funktion, und es sei*

$$M_\Phi(R) = \max_{|z| \leqq R} |\Phi(z)| .$$

Außerdem sei in irgendeinem Punkt z_0 ($|z_0| \leqq l R, l < 1$)

$$|\Phi(z_0)| = 1 .$$

Dann ist folgende Abschätzung der Anzahl der Nullstellen $n_\Phi(tR)$ der Funktion $\Phi(z)$ im Kreis $|z| \cdot R^{-1} < t < 1$ bei $l < t < 1$ richtig:

$$n_\Phi(t R) \leqq \nu(l, t) \ln M_\Phi(R) \qquad \left(\nu(l, t) = \ln \left(\frac{1 + l t}{l + t}\right)^{-1}\right) .$$

Hilfssatz 10. *Sind die Bedingungen des Hilfssatzes 9 erfüllt, und hat die Funktion $\Phi(z)$ keine Nullstellen im Kreis $|z| \leqq R$, so genügt das Minimum von $|\Phi(z)|$ $m_\Phi(t R)$ im Kreis $|z| \leqq t R$ der Abschätzung*

$$\ln m_\Phi(t R) \geqq - \nu(t) \ln M_\Phi(R) \qquad \left(\nu(t) = \frac{t_1}{1 - t_1}, \quad t_1 = \ln \frac{l + t}{1 + t l}\right).$$

Diese Hilfssätze unterscheiden sich vom Hilfssatz 4, § 5, Kapitel I und von der Folgerung aus dem Lehrsatz 8, § 6, Kapitel I dadurch, daß die Bedingung $|\Phi(0)| = 1$ durch die Forderung $|\Phi(z_0)| = 1$ und $|z_0| \leqq t R$ ersetzt ist. Diese beiden Hilfssätze werden auf die genannten Sätze des ersten Kapitels zurückgeführt, indem man den Kreis $|z| \leqq R$ in den Einheitskreis transformiert und den Punkt z_0 in den Nullpunkt überführt. Wir beschränken uns auf den Beweis des Hilfssatzes 9. Der Hilfssatz 10 wird analog bewiesen.

Beweis. Die Funktion

$$z = \frac{R^2 \zeta + R z_0}{R + \zeta \bar{z}_0}$$

bildet den Einheitskreis $|\zeta| \leqq 1$ der ζ-Ebene auf den Kreis $|z| \leqq R$ ab. Dabei geht der Punkt $\zeta = 0$ in den Punkt z_0 über. Setzen wir die Funktion

$$\varphi(\zeta) = \Phi\left(\frac{R^2 \zeta + R z_0}{R + \bar{z}_0 \zeta}\right)$$

in die JENSENsche Formel ein (siehe § 5, Kapitel I), so bekommen wir

$$\int_0^1 \frac{n_\varphi(\tau)}{\tau}\, d\tau = \frac{1}{2\pi}\int_0^{2\pi} \ln |\varphi(e^{i\theta})|\, d\theta \leqq \ln M_\Phi(R)$$

und infolge der Monotonie von $n_\varphi(\tau)$ bei $0 < t_1 < 1$

$$n_\varphi(t_1) \ln \frac{1}{t_1} < \ln M_\Phi(R)\,.$$

Für $t_1 = \dfrac{t+l}{1+t\,l}$ enthält das Bild des Kreises $|\zeta| \leqq t_1$ den Kreis $|z| < t\,R$. Deshalb ist $n_\Phi(R\,t) \leqq n_\varphi(t_1)$ und folglich

$$n_\Phi(t\,R) < \nu(l, t) \ln M_\Phi(R)\,.$$

Der Hilfssatz 9 gibt uns die Möglichkeit, eine Abschätzung der Anzahl der Nullstellen einer Funktion im Innern eines Sektors anzugeben, wenn die Funktion den Voraussetzungen des Lehrsatzes 7 genügt. Es gilt folgender Hilfssatz:

Hilfssatz 11. *Die Funktion $F(z)$ sei holomorph und der verfeinerten Ordnung $\varrho(r)$ im Innern des Winkels $\alpha < \arg z < \beta$, und es sei bei einem positiven N und einem positiven $l < 1$ und für alle genügend großen r in jedem Kreis der Form*

$$\left|z - r\,e^{i\frac{\alpha+\beta}{2}}\right| < l \sin\frac{\beta-\alpha}{2}\, r$$

ein Punkt $z_1 = r_1\, e^{i\theta_1}$ enthalten, in dem

$$\ln |F(z_1)| > -N\, r^{\varrho(r)}$$

ist. Dann genügt bei $\xi > 0$ die Anzahl $n\,(r, \alpha+\xi, \beta-\xi)$ der Nullstellen dieser Funktion im Sektor $\alpha + \xi < \arg z < \beta - \xi$, $|z| \leqq r$ der asymptotischen Ungleichung

$$n\,(r, \alpha+\xi, \beta-\xi) < \varkappa\,(\xi, \alpha, \beta, l)\,(h + 2\,N)\, r^{\varrho(r)}\,,$$

in welcher

$$h = \max_{\alpha \leqq \theta \leqq \beta} |h_F(\theta)|$$

und $\varkappa\,(\xi, \alpha, \beta, l)$ eine Konstante ist, die nur von den angegebenen Größen abhängt.

Beweis. Zuerst machen wir einige Bemerkungen. Die Behauptung des Lehrsatzes bezieht sich auf jeden Winkel im Innern von (α, β). Deshalb kann man ohne Beschränkung der Allgemeinheit annehmen, daß $\beta - \alpha$ kein Vielfaches von $\dfrac{\pi}{\varrho}$ ist. Mit Hilfe der Transformation $z = e^{i\varphi} u^\lambda$ kann man den Winkel (α, β) auf die rechte Halbebene abbilden, dabei geht die Funktion $F(z)$ in eine Funktion nichtganzzahliger Ordnung in der rechten Halbebene über. Man kann dabei eine positive Zahl $l_1 < 1$ so wählen, daß das Gebiet, auf welches der Kreis

$$\left|z - r\,e^{i\frac{\alpha+\beta}{2}}\right| < l \sin\frac{\beta-\alpha}{2}\, r$$

abgebildet wird, für ein gewisses R im Kreis

$$|z - R| < l_1 R$$

enthalten sein wird.

So können wir ohne Beschränkung der Allgemeinheit annehmen, daß $\alpha = -\frac{\pi}{2}$, $\beta = \frac{\pi}{2}$ und ϱ keine ganze Zahl ist, und daß für alle genügend großen Werte von r der Kreis

$$|z - r| < l_1 r$$

einen Punkt $z_{1,r} = r_1 e^{i\theta_1}$ enthält, in welchem

$$\ln |F(z_{1,r})| > -N r_1^{\varrho(r_1)} > N (2r)^{\varrho(2r)} \tag{2.76}$$

ist.

Anderseits aber muß die Funktion $F(z)$ gemäß dem Lehrsatz 28, Kapitel I im ganzen Kreis $|z - r| \leqq l r$ der asymptotischen Abschätzung

$$\ln |F(z)| < (h + \varepsilon) (2r)^{\varrho(2r)} \qquad (\varepsilon > 0) \tag{2.77}$$

genügen.

Aus den Ungleichungen (2.76) und (2.77) folgt, daß für alle genügend großen Werte von r die Funktion

$$\psi_r(z) = \frac{F(r + z)}{F(z_{1,r})}$$

im Kreise $|z| \leqq r$ die Ungleichung

$$\ln |\psi_r(z)| < (h + N + \varepsilon) (2r)^{\varrho(2r)} < (h + 2N) (2r)^{\varrho(2r)}$$
$$(0 < \varepsilon < N)$$

erfüllt. Außerdem haben wir bei $z_0 = z_{1,r} - r$

$$\psi_r(z_0) = 1 .$$

Nach dem Hilfssatz 9 genügt die Zahl $n_\psi(kr)$, die Anzahl der Nullstellen der Funktion $\psi_r(z)$ im Kreise $|z| < kr$ $(l < k < 1)$ der Ungleichung

$$n_\psi(kr) < \nu_1(l, k) (h + 2N) r^{\varrho(r)}, \tag{2.78}$$

in welcher ν_1 (l, k) eine von l und k abhängige Konstante ist. Jetzt muß man mit Hilfe der Abschätzung (2.78) eine Abschätzung der Anzahl der Nullstellen der Funktion $F(z)$ im Inneren des Sektors $|z| \leqq R$ und $|\arg z| \leqq \sigma < \frac{\pi}{2}$ angeben. Dazu wählen wir eine Zahl k $(\sin \sigma < k < 1)$ und beschreiben um den Punkt r einen Kreis mit dem Radius kr. Er schneidet die Schenkel des Winkels $\arg z = \pm \sigma$ in den Punkten

$$|z| = r \left(\cos \sigma \pm \sqrt{k^2 - \sin^2}\right) \sigma .$$

Setzen wir $R = r \cos \sigma$ und $s = \frac{1}{\cos \sigma} \sqrt{k^2 - \sin^2 \sigma}$ und bezeichnen wir mit K_R das Gebiet

$$|\arg z| \leqq \sigma , \quad R(1 - s) \leqq |z| < R(1 + s) .$$

Das Gebiet K_R ist ganz im Kreis $|z - r| \leqq k\,r$ enthalten, und wir bekommen nach (2.78)

$$n(K_R) < \nu_1(l, k)\,(k + 2\,N)\,r^{\varrho(r)},$$

wo $n(K_R)$ die Anzahl der Nullstellen der Funktion $F(z)$ im Gebiet K_R ist und $\nu_1\,(l, k)$ eine Konstante. Unter Benutzung der Gleichung $R = r \cos \sigma$ können wir die letzte Ungleichung in der Form

$$n(K_R) < \nu_2\,(l, k, \sigma)\,(h + 2\,N)\,R^{\varrho(R)} \tag{2.79}$$

schreiben, wo $\nu_2(l, k, \sigma)$ eine von den angegebenen Größen abhängige Konstante ist.

Zu einer gegebenen Größe R wählen wir eine Zahlenfolge

$$R_0 = R\,(1 + s)^{-1},\ R_1 = R_0\,q,\ \ldots,\ R_p = R_0\,q^p,\ \ldots \left(q = \frac{1 - s}{1 + s}\right). \tag{2.80}$$

Aus der Definition der verfeinerten Ordnung kann man leicht bekommen, daß für gewisse r_0 und $r_2 > r_1 > r_0$

$$r_1^{\varrho(r_1)} < \left(\frac{r_1}{r_2}\right)^{\varrho/2} r_2^{\varrho(r_2)}$$

ist.[1])

Die Folge (2.80) werden wir als endlich annehmen, indem wir sie der Bedingung $R_p > r_0$ unterwerfen.

Schreiben wir die Ungleichung (2.79) für jedes der Gebiete K_R und addieren wir diese Ungleichungen, so bekommen wir

$$n\,(R, -\sigma, \sigma) < O(1) + \left(1 + q^{\varrho/2} + \cdots + q^{p\frac{\varrho}{2}}\right) \nu_2\,(l, k, \sigma)\,(h + 2\,N)\,R_0^{\varrho(R_0)}$$

oder asymptotisch

$$n(R, -\sigma, \sigma) < \varkappa(l, \sigma)\,(h + 2\,N)\,R^{\varrho(R)}, \tag{2.81}$$

wo $\varkappa\,(l, \sigma)$ eine von den angegebenen Größen abhängige Konstante ist. Der Hilfssatz 11 ist somit bewiesen. Wir gehen zum Beweis des Lehrsatzes 7 über.

a_n, die Nullstellen der Funktion $F(z)$ im Innern des Winkels $|\arg z| \leqq \sigma_1$ $\left(\sigma < \sigma_1 < \frac{\pi}{2}\right)$ mögen in der Reihenfolge ihrer wachsenden absoluten Beträge umnumeriert sein. Das kanonische Produkt

$$f(z) = \prod_1^\infty G\left(\frac{z}{a_n};\ p\right) \quad (p = [\varrho])$$

stellt eine ganze Funktion nicht höher als vom Normaltypus bei der verfeinerten Ordnung $\varrho(r)$ dar. Nach Lehrsatz 6 kann man jeder positiven Zahl η eine Menge

---

[1]) Es ist tatsächlich

$$[\ln r^{\varrho(r)}]' = \frac{\varrho(r)}{r} + \varrho'(r) \ln r = \frac{\varrho}{r} + o\left(\frac{1}{r}\right) > \frac{\varrho}{2\,r}.$$

Integrieren wir die beiden Seiten dieser Ungleichung von r_1 bis r_2, so bekommen wir das Verlangte.

E_η $[\overline{m}^*(E_\eta) < \eta]$ so gegenüberstellen, daß für $r \notin E_\eta$ die Funktionen $h_{f,r}(\theta)$ eine gleichgradig stetige Familie bilden.

Der Quotient

$$\chi(z) = \frac{F(z)}{f(z)}$$

ist eine von Null verschiedene holomorphe Funktion nicht höher als vom Normaltypus der verfeinerten Ordnung $\varrho(r)$ im Inneren des Winkels $|\arg z| \leqq \sigma_2$, $\sigma < \sigma_2 < \sigma_1$ (Kap. I, § 6), und folglich gilt für ein gewisses $N_\chi^{(1)} > 0$ asymptotisch

$$\ln|\chi(z)| < N_\chi^{(1)} r^{\varrho(r)} . \tag{2.82}$$

Anderseits aber folgt aus der Bedingung (2.12) des Lehrsatzes und der Abschätzung der Funktion $\ln|f(z)|$ nach oben,

$$\ln|f(z)| < (\sigma_f + \varepsilon)\, r^{\varrho(r)} ,$$

daß jeder Kreis der Form

$$|z - r| < l\, r$$

einen Punkt $z_{1,r}$ enthält, in welchem

$$\ln|\chi(z_{1,r})| > N_\chi^{(2)} r^{\varrho(r)} \tag{2.83}$$

ist, ($N_\chi^{(2)}$ konstant).

Die Funktion $\chi(z)$ genügt allen Bedingungen des Lehrsatzes und hat keine Nullstellen im Inneren des Winkels $|\arg z| \leqq \sigma_2 < \frac{\pi}{2}$. Es bleibt also nur übrig, den Lehrsatz für diesen Sonderfall zu beweisen.

Wir geben eine Abschätzung der Funktion $|\ln|\chi(z)||$ im Inneren eines kleineren Winkels $|\arg z| \leqq \sigma_3$ $(\sigma < \sigma_3 < \sigma_2)$. Dazu benutzen wir den Hilfssatz 10. Aus (2.82) und (2.83) folgt, daß die Funktion

$$\theta(u) = \frac{\chi(r + u)}{\chi(z_{1,r})}$$

im Kreise $|u| \leqq r \sin \sigma_2$ der Ungleichung

$$\ln|\theta(u)| < N_\chi^{(3)} {}^{\varrho(r)} r \quad (N_\chi^{(3)} \text{ konstant})$$

genügt, und im Punkte $u_0 = z_{1,r} - r$ dieses Kreises ist $\theta(u_0) = 1$.

Außerdem hat $\theta(u)$ keine Nullstellen in diesem Kreis. Aus dem Hilfssatz 10 bekommen wir, daß im kleineren Kreis $|u| < r \sin \sigma_3$ die Ungleichung

$$|\ln|\theta(u)|| < N_\chi^{(4)} r^{\varrho(r)} \quad (N_\chi^{(4)} \text{ konstant})$$

gilt.

Kehren wir endlich zur Funktion $\chi(z)$ zurück, so bekommen wir, daß im Innern des Winkels $|\arg z| \leqq \sigma_3$ die Ungleichung

$$|\ln|\chi(z)|| < N_\chi\, r^{\varrho(r)} \quad (N_\chi \text{ konstant}) \tag{2.84}$$

erfüllt ist.

Mit Hilfe der Abschätzung (2.84) beweisen wir die gleichgradige Stetigkeit der Funktionenfamilie in θ für $r > r_0$ und ein beliebiges η.

Dazu stellen wir die harmonische Funktion $\ln|\chi(r+u)|$ im Kreise $|u| \leqq R$ ($R = r\sin\sigma_2$) mit Hilfe des Poissonschen Integrals dar:

$$\ln|\chi(r+u)| = \frac{1}{2\pi}\int\limits_0^{2\pi} \ln|\chi(r+R\,e^{i\psi})|\, Re\left\{\frac{R\,e^{i\psi}+u}{R\,e^{i\psi}-u}\right\} d\psi .$$

Wählen wir $k = \frac{\sin\sigma_3}{\sin\sigma_2}$ und die Zahlen u_1 und u_2 im Kreis $|u| \leqq k\,R$, so bekommen wir

$$|\ln|\chi(r+u_1)| - \ln\chi(r+u_2)|$$

$$= \frac{1}{2\pi}\int\limits_0^{2\pi} \ln|\chi(r+R\,e^{i\psi})|\, Re\left\{\frac{e^{i\psi}+u_1 R^{-1}}{e^{i\psi}-u_1 R^{-1}} - \frac{e^{i\psi}+u_2 R^{-1}}{e^{i\psi}-u_2 R^{-1}}\right\} d\psi ,$$

und nach (2.84) haben wir

$$|\ln|\chi(r+u_1)| - \ln|\chi(r+u_2)||$$

$$< N_\chi(2\,r)^{\varrho(2r)}\,\frac{1}{2\pi}\int\limits_0^{2\pi} \left| Re\left\{\frac{e^{i\psi}+u_1 R^{-1}}{e^{i\psi}-u_1 R^{-1}} - \frac{e^{i\psi}+u_2 R^{-1}}{e^{i\psi}-u_2 R^{-1}}\right\}\right| d\psi .$$

Aus dieser Ungleichung folgt, daß bei einem vorgegebenen $\varepsilon > 0$, einem gewissen $\delta_1 > 0$ und $|u_1 - u_2| \cdot R^{-1} < \delta_1$

$$|\ln|\chi(r+u_1)| - \ln|\chi(r+u_2)|| < \varepsilon\, r^{\varrho(r)} \tag{2.85}$$

ist. Wählen wir jetzt $\delta > 0$ genügend klein, so bekommen wir aus (2.85) unmittelbar, daß für $|\theta_1| \leqq \sigma_3$, $|\theta_2| \leqq \sigma_3$ und $|\theta_1 - \theta_2| < \delta$

$$|\ln|\chi(r\,e^{i\theta_1})| - \ln|\chi(r\,e^{i\theta_2})|| < \varepsilon\, r^{\varrho(r)} \quad (r > 0) \tag{2.86}$$

ist.

Die Funktion $F(z)$ ist in der Form

$$F(z) = \chi(z)\, f(z)$$

darstellbar.

Nach dem Lehrsatz 6 ist die Funktionenfamilie

$$\frac{\ln|f(r\,e^{i\theta})|}{r^{\varrho(r)}}$$

gleichgradig stetig, wenn r einer gewissen Menge vom beliebig kleinen relativen Maß nicht angehört.

Vergleichen wir dies mit (2.86), so bekommen wir, daß für ein beliebiges $\eta > 0$ die Funktionenfamilie

$$h_{F,r}(\theta) = \frac{\ln|F(r\,e^{i\theta})|}{r^{\varrho(r)}}$$

gleichgradig stetig ist in θ für $|\theta| \leqq \sigma_3 < \frac{\pi}{2}$ und $r \notin E$, wo E eine gewisse Menge positiver Zahlen mit dem oberen relativen Maß kleiner als η ist. Der Lehrsatz ist somit bewiesen.

KAPITEL III

FUNKTIONEN VON VOLLKOMMEN REGULÄREM WACHSTUM

In diesem Kapitel werden wir uns mit einem Problem beschäftigen, welches man als die Umkehrung der Hauptaufgabe des II. Kapitels betrachten kann. Dort haben wir festgestellt, daß die Regelmäßigkeit der Nullstellenverteilung einer ganzen Funktion die Regelmäßigkeit des Wachstums nach sich zieht. In diesem Kapitel werden wir zeigen, daß aus der Regelmäßigkeit des Wachstums die Regelmäßigkeit der Nullstellenverteilung der Funktion folgt. [1])

Eine Funktion $F(z)$, die holomorph und der verfeinerten Ordnung $\varrho(r)$ im Innern eines gewissen Winkels (θ_1, θ_2) ist, werden wir als eine Funktion von vollkommen regulärem Wachstum auf dem Strahl $\arg z = \theta$ bezeichnen, wenn der Grenzwert

$$h_F(\theta) = \lim_{r \to \infty} \frac{\ln |F(r e^{i\theta})|}{r^{\varrho(r)}}$$

existiert, wobei r gegen Unendlich geht und dabei alle positiven Werte durchläuft vielleicht mit Ausnahme einer gewissen Menge E_θ vom relativen Maß Null (einer E^0-Menge). Künftig werden wir in solchen Fällen bisweilen lim* schreiben.

Wir nennen $F(z)$ eine Funktion von vollkommen regulärem Wachstum auf einer gewissen Menge von Strahlen $R_{\mathfrak{M}}$ ($\mathfrak{M}$ ist die Menge der Werte von θ), wenn die Funktion

$$h_{F,r}(\theta) = \frac{\ln |F(r e^{i\theta})|}{r^{\varrho(r)}}$$

gleichmäßig gegen $h_F(\theta)$ geht, wenn $\theta \in \mathfrak{M}$ und r über alle Maßen wächst und dabei alle positiven Werte annimmt, vielleicht mit Ausnahme einer Menge $E_{\mathfrak{M}}$ vom relativen Maß Null, welche für alle Strahlen $R_{\mathfrak{M}}$ gemeinsam ist. Künftig werden wir die Menge $E_{\mathfrak{M}}$ als die Ausnahmemenge für die gegebene Funktion bezeichnen.

Wir werden eine Funktion $F(z)$ als Funktion von vollkommen regulärem Wachstum im Innern eines Winkels (θ_1, θ_2) bezeichnen, wenn das für jeden abgeschlossenen Winkel im Innern des gegebenen gilt, und man nennt sie einfach eine Funktion von vollkommen regulärem Wachstum, wenn sie eine ganze Funk-

---

[1]) Die Grundergebnisse der ersten drei Paragraphen dieses Kapitels stammen von A. Pfluger [1].

tion ist und als eine Funktion von vollkommen regulärem Wachstum in der ganzen Ebene, d. h. für $0 \leqq \theta < 2\pi$ erscheint.

Die im vorigen Kapitel betrachteten Funktionen mit regelmäßiger Nullstellenverteilung sind Funktionen von vollkommen regulärem Wachstum. Tatsächlich folgt aus den Lehrsätzen 1 und 2, Kapitel II, daß für diese Funktionen $f(z)$ die Größe $h_{f,r}(\theta)$ gleichmäßig gegen $h_f(\theta)$ strebt, wenn r gegen Unendlich geht und dabei diejenigen Werte nicht annimmt, für welche der Kreis $|z| = r$ einen Kreis einer gewissen C^0-Menge schneidet. Offensichtlich ist diese Ausnahmemenge der Werte von r eine E^0-Menge.

Wir werden in diesem Kapitel zeigen, daß die Nullstellenmenge einer Funktion $F(z)$ von vollkommen regulärem Wachstum im Inneren eines Winkels (θ_1, θ_2) im Innern dieses Winkels eine Winkeldichte hat. (Die genaue Formulierung siehe im Lehrsatz 2.) Ist außerdem $f(z)$ eine ganze Funktion von vollkommen regulärem Wachstum, so sind ihre Nullstellen regelmäßig verteilt. Auf diese Weise ist die regelmäßige Verteilung von Nullstellen eine charakteristische Eigenschaft ganzer Funktionen von vollkommen regulärem Wachstum. Vergleicht man dies mit den Lehrsätzen 1 und 2, Kapitel II, so ergibt es sich, daß eine ganze Funktion von vollkommen regulärem Wachstum außerhalb einer C^0-Menge der asymptotischen Gleichung [1])

$$\ln |f(r\, e^{i\theta})| \approx h_f(\theta)\, r^{\varrho(r)}$$

genügt.

Um diese Ergebnisse zu bekommen, verallgemeinern wir die Jensensche Formel (Kapitel I, § 5), indem wir eine holomorphe Funktion nicht in einem Kreis, sondern in einem Sektor betrachten. Ist die Öffnung des Sektors gleich 2π, so geht diese Formel in die gewöhnliche Jensensche Formel über.

In § 5 untersuchen wir holomorphe Funktionen einer gewissen verfeinerten Ordnung $\varrho(r)$ mit dem trigonometrischen Indikator im Inneren eines Winkels.

Die in diesem Paragraphen dargestellten Ergebnisse werden von uns im Kapitel VI bei dem Studium der Nullstellen von Exponentialsummen wesentlich benutzt.

§ 1. Strahlenmenge von vollkommen regulärem Wachstum

In der Definition des vollkommen regulären Wachstums spielt eine gewisse Ausnahmemenge E_θ vom relativen Maß Null eine wesentliche Rolle; diese Menge kann, allgemein gesprochen, vom gewählten Strahl abhängig sein. Wir werden jedoch zeigen, daß man zu einer holomorphen Funktion $F(z)$ der verfeinerten Ordnung $\varrho(r)$, die im Innern eines gewissen Winkels auf jedem Strahl einer gewissen Menge $R_{\mathfrak{M}}$ von regulärem Wachstum ist, eine Menge $E_{\mathfrak{M}}$ vom relativen Maß Null so konstruieren kann, daß für $r \notin E_{\mathfrak{M}}$, $\theta \in \mathfrak{M}$ und $r \to \infty$

$$\ln |F\,(r\, e^{i\theta})| \approx h_F(\theta)\, r^{\varrho(r)}$$

ist.

---

[1]) Eine analoge Behauptung ist auch für Funktionen richtig, welche holomorph und von vollkommen regulärem Wachstum im Innern eines Winkels $\alpha < \arg z < \beta$ sind. Wir werden auf den Beweis dieses allgemeineren Satzes nicht eingehen.

Außerdem werden wir beweisen, daß $F(z)$ eine Funktion von vollkommen regulärem Wachstum auf jedem Grenzstrahl der Strahlen ist, auf denen sie das vollkommen reguläre Wachstum zeigt.

Lehrsatz 1. *Wenn eine Funktion $F(z)$ holomorph und der verfeinerten Ordnung $\varrho(r)$ im Innern eines Winkels (α, β) auf jedem Strahl einer gewissen Menge $R_{\mathfrak{M}}$ von vollkommen regulärem Wachstum ist, wobei $R_{\mathfrak{M}}$ einem inneren Winkel ($\alpha < \theta_1 \leqq \theta \leqq \theta_2 < \beta$) angehört, so ist sie von vollkommen regulärem Wachstum auf der Strahlenmenge $R_{\mathfrak{M}}$.*

1. Zum Beweis bemerken wir, daß wenn die Funktion $F(z)$ von vollkommen regulärem Wachstum auf einem Strahl $\arg z = \gamma$ ist, der sich im Inneren des Winkels (α, β) befindet, so ist bei jedem $\varepsilon > 0$, einer positiven Zahl $l < 1$ und bei genügend großen Werten von r in jedem Kreis

$$\left| z - r e^{i\frac{\theta_1+\theta_2}{2}} \right| < r\, l \sin \frac{\theta_1 - \theta_2}{2}$$

ein Punkt $z = r e^{i\gamma}$ enthalten, in welchem

$$\ln |F(r e^{i\gamma})| > [h_F(\gamma) - \varepsilon]\, r^{\varrho(r)}$$

ist. Tatsächlich ist das Verhältnis der Länge der Sehne, in welcher dieser Kreis den Strahl $\arg z = \gamma$ schneidet, zu r eine positive Konstante, und das Verhältnis des Maßes des auf dieser Sehne liegenden Teils der Ausnahmemenge zu r strebt gegen Null.

Auf diese Weise sind die Voraussetzungen des Lehrsatzes 7, Kapitel II erfüllt, und folglich kann man zu jeder positiven Zahl η eine Menge positiver Zahlen E_η mit dem oberen relativen Maß kleiner als η so finden, daß für $r \notin E_\eta$ die Funktionen $h_{F,r}(\theta)$ im Intervall $\alpha < \theta_1 \leqq \theta \leqq \theta_2 < \beta$ eine gleichgradig stetige Familie bilden.

2. Zu einem vorgegebenen $\varepsilon > 0$ wählen wir eine Zahl $\sigma > 0$, so daß für $r \notin E_\eta$ und $|\theta' - \theta''| < \sigma$ $(\theta_1 \leqq \theta' < \theta'' \leqq \theta_2)$ die Ungleichung

$$|h_{F,r}(\theta') - h_{F,r}(\theta'')| < \frac{\varepsilon}{3} \tag{3.00}$$

erfüllt sein wird.

Dann wählen wir aus der Menge $R_{\mathfrak{M}}$ ein endliches System von Strahlen $\arg z = \theta_j (j = 1, 2, \ldots, n_\sigma)$, so daß die σ-Umgebungen der Punkte θ_j die ganze Menge $\mathfrak{M}$ überdecken. Danach wählen wir eine Zahl r_ε, so daß für $r > r_\varepsilon$ und $r \notin E_{\theta_j}$ die Ungleichungen

$$|h_{F,r}(\theta_j) - h_F(\theta_j)| < \frac{\varepsilon}{3} \quad (j = 1, 2, \ldots, n_\sigma)$$

erfüllt sind.

Fügen wir zur Menge E_η alle Werte von r kleiner als r_ε und alle Mengen $E_{\theta j}$ $(j = 1, 2, \ldots, n_\sigma)$ hinzu, so bekommen wir eine Menge $\widetilde{E}_\eta$, so daß $\overline{m}^* (\widetilde{E}_\eta) < \eta$ und

$$|h_{F,r}(\theta) - h_F(\theta)| < \varepsilon \tag{3.01}$$

für $\theta \in \overline{\mathfrak{M}}$ und $r \notin \widetilde{E}_\eta$ ist.

3. Wir wählen zwei Folgen positiver Zahlen $\varepsilon_n \to 0$ und $\eta_n \to 0$ $(n = 1, 2, 3, \ldots)$ und definieren eine Folge solcher Mengen E_n, daß $\overline{m}^*(E_n) < \eta_n$ und für $r \notin E_n$ die Ungleichung

$$|h_{F,r}(\theta) - h_F(\theta)| < \varepsilon_n \tag{3.02}$$

für alle $\theta \in \mathfrak{M}$ erfüllt ist. Wir konstruieren induktiv die Zahlenfolge $r_1 < r_2 < \ldots$ $(r_n \to \infty)$. Die Zahl $r_1 > 0$ wählen wir beliebig. Angenommen, die Zahlen $r_1, r_2, \ldots,$ r_{n-1} seien schon gewählt. Wir wählen r_n so, daß für $r \geqq r_n$ die Ungleichungen

$$\operatorname{mes}(E_k^{r_{n-1}}) < \frac{1}{n}\eta_n r \ (k = 1, 2, \ldots, n-1), \ \operatorname{mes}(E_n^r) < \eta_n r \tag{3.03}$$

erfüllt sind. (E^r bedeutet hier wie früher den Durchschnitt der Menge E und des Intervalls $(0, r)$.)

Eine solche Auswahl ist offensichtlich möglich. Nach der Wahl der Folge $\{r_n\}$ bestimmen wir eine Menge E, so daß für $r_n < r < r_{n+1}$ $E = E_n$ ist. Aus (3.03) folgt, daß für $r_n < r < r_{n+1}$ die Ungleichung $\operatorname{mes} E^r < (\eta_n + \eta_{n-1})\, r$ gilt, und folglich $m^*(E) = 0$.

Außerdem folgt aus (3.02), daß für $r > r_n$ und $r \notin E$ die Ungleichung

$$|h_{F,r}(\theta) - h_F(\theta)| < \varepsilon_n \ (\theta \in \mathfrak{M})$$

erfüllt ist. Also ist $F(z)$ von vollkommen regulärem Wachstum in $\mathfrak{M}$.

Im Punkt 3 haben wir einen Satz bewiesen, den wir bei den späteren Betrachtungen benutzen werden. Wir formulieren deshalb dieses Ergebnis als einen besonderen Hilfssatz.

Hilfssatz 1. *Ist eine Funktion $F(z)$ holomorph und der verfeinerten Ordnung $\varrho(r)$ im Innern des Winkels (α, β), und kann man zu beliebigen positiven Zahlen $\varepsilon > 0$ und $\eta > 0$ eine Menge $E_{\varepsilon,\eta}$ mit dem oberen relativen Maß kleiner als η so finden, daß*

$$|h_{F,r}(\theta) - h_F(\theta)| < \varepsilon$$

für $r \notin E_{\varepsilon,\eta}$ und $\alpha < \theta < \beta$ ist, so ist die Funktion $F(z)$ von vollkommen regulärem Wachstum im Innern des Winkels (α, β). [1])

Aus dem Lehrsatz 1 ergibt sich unmittelbar eine Folgerung.

Folgerung. *Die Menge aller Strahlen im Innern des Winkels $\alpha < \theta_1 \leqq \theta \leqq \theta_2 < \beta$, auf denen eine Funktion $F(z)$ von vollkommen regulärem Wachstum ist, ist abgeschlossen.*

Hieraus folgt insbesondere, daß eine ganze Funktion von vollkommen regulärem Wachstum auf Strahlen, welche eine überall dichte Menge bilden, in der ganzen Ebene von vollkommen regulärem Wachstum ist.

---

[1]) Der Hilfssatz bleibt richtig, wenn man statt des Winkels $\alpha < \theta < \beta$ die Funktion auf einem Strahl betrachtet.

§ 2. Die verallgemeinerte Jensensche Formel. Untersuchung der Funktion $J_F^r(\theta)$

Zur Bestimmung der Anzahl der Nullstellen einer holomorphen Funktion im Sektor $\vartheta \leqq \arg z \leqq \theta$, $|z| \leqq r$, welche wir mit $n(r, \vartheta, \theta)$ bezeichnen, benutzen wir das bekannte Argumentprinzip. Wir werden dabei annehmen, daß auf der Begrenzung des Sektors keine Nullstellen der Funktion $F(z)$ liegen. Wir haben

$$2\pi (r, \vartheta, \theta) = \int_0^r \frac{d\,[\arg F\,(t\,e^{i\vartheta})]}{dt}\,dt + \int_\vartheta^\theta \frac{d[\arg F(r\,e^{i\varphi})]}{r\,d\varphi}\,r\,d\varphi - \int_0^r \frac{d[\arg F(t\,e^{i\theta})]}{dt}\,dt\,.$$

Mit Hilfe der CAUCHY-RIEMANNschen Gleichungen kann man diese Formel in die Gestalt bringen:

$$2\pi\, n(r, \vartheta, \theta) = -\int_0^r \frac{d\{\ln|F(t\,e^{i\varphi})|\}_{\varphi=\vartheta}}{t\,d\varphi}\,dt$$

$$+ \int_0^r \frac{d\,\{\ln|F(t\,e^{i\varphi})|\}_{\varphi=\theta}}{t\,d\varphi}\,dt + r\int_\vartheta^\theta \frac{d}{dt}\{\ln|F(t\,e^{i\varphi})|\}_{t=r}\,d\varphi\,.$$

Wir nehmen an, daß $|F(0)| = 1$ ist, und betrachten die Funktion

$$J_F^r(\theta) = \int_0^r \frac{\ln|F(t\,e^{i\theta})|}{t}\,dt\,.$$

Diese Funktion wird in diesem Kapitel eine wesentliche Rolle spielen, und in diesem Paragraphen werden wir eine Untersuchung ihrer Eigenschaften durchführen.

Die Forderung $|F(0)| = 1$ werden wir oft beim Beweis dieses Lehrsatzes als erfüllt betrachten. Das wird der Allgemeinheit unserer Schlüsse keinen Abbruch tun.

Unter Benutzung der Funktion $J_F^r(\theta)$ können wir die Formel für die Anzahl der Nullstellen der Funktion $F(z)$ in einem Sektor in der Form aufschreiben:

$$2\pi\, n(r, \vartheta, \theta) = -\left\{\frac{d}{d\varphi} J_F^r(\varphi)\right\}_{\varphi=\vartheta} + \left\{\frac{d}{d\varphi} J_F^r(\varphi)\right\}_{\varphi=\theta} + r\int_\vartheta^\theta \left\{\frac{d\ln|F(t\,e^{i\varphi})|}{dt}\right\}_{t=r} d\varphi.$$

Dividieren wir die beiden Seiten dieser Gleichung durch $2\pi r$, integrieren wir von Null bis r und führen wir die Bezeichnung

$$N(r, \vartheta, \theta) = \int_0^r \frac{n(t, \vartheta, \theta)}{t}\,dt$$

ein, so bekommen wir

$$N(r, \vartheta, \theta) = \frac{1}{2\pi}\left[\frac{d}{d\varphi}\int_0^r J^t_F(\varphi)\,\frac{dt}{t}\right]_{\varphi=\theta} - \frac{1}{2\pi}\left[\frac{d}{d\varphi}\int_0^r J^t_F(\varphi)\,\frac{dt}{t}\right]_{\varphi=\vartheta} + \frac{1}{2\pi}\int_\vartheta^\theta \ln|F(r\,e^{i\varphi})|\,d\varphi\,. \tag{3.04}$$

Diese Formel gibt nämlich eine Verallgemeinerung der klassischen JENSENschen Formel, und für $\theta = \vartheta + 2\pi$ geht sie in die gewöhnliche JENSENsche Formel über.

Wir werden diese Formel benutzen, um die Existenz der Winkeldichte der Nullstellenmenge einer Funktion von vollkommen regulärem Wachstum nachzuweisen, und um asymptotische Formeln für die Anzahl der Nullstellen dieser Funktionen in einem Sektor zu bekommen.

Zu diesem Zweck untersuchen wir zuerst das asymptotische Verhalten der Funktion $J^r_F(\theta)$.

Hilfssatz 2. *Ist $F(z)$ eine holomorphe Funktion der verfeinerten Ordnung $\varrho(r)$ im Innern des Winkels $\alpha \leqq \arg z \leqq \beta$, und ist die Funktion auf dem Strahl $\arg z = \theta$ $(\alpha < \theta < \beta)$ von vollkommen regulärem Wachstum, so existiert der Grenzwert*

$$\lim_{r\to\infty} r^{-\varrho(r)}\, J^r_F(\theta) = \frac{1}{\varrho}\, h_F(\theta)\,. \tag{3.05}$$

Diese Behauptung ergibt sich sehr einfach, wenn die Funktion

$$h_{F,r}(\theta) = \frac{\ln|F(r\,e^{i\theta})|}{r^{\varrho(r)}}$$

keine Ausnahmemenge hat und folglich der Grenzwert

$$h_F(\theta) = \lim_{r\to\infty} h_{F,r}(\theta)$$

im gewöhnlichen Sinn existiert. Die Gleichung (3.05) ist in diesem Fall tatsächlich eine einfache Folge aus der Eigenschaft 5 der verfeinerten Ordnung.

Im allgemeinen Fall, bei der Existenz einer Ausnahmemenge, ist der Beweis des Hilfssatzes viel komplizierter. Wir bemerken, daß aus der Definition des Indikators und der Eigenschaft 4 der verfeinerten Ordnung

$$\overline{\lim_{r\to\infty}}\, r^{-\varrho(r)}\, J^r_F(\theta) \leqq \frac{1}{\varrho}\, h_F(\theta) \tag{3.06}$$

folgt.

Es bleibt nur zu beweisen, daß

$$\underline{\lim_{r\to\infty}}\, r^{-\varrho(r)}\, J^r_F(\theta) \geqq \frac{1}{\varrho}\, h_F(\theta)$$

ist.

Um diese Ungleichung zu erhalten, muß man die Funktion $\ln|F(t\,e^{i\theta})|$ nach unten abschätzen. Auf der zur Ausnahmemenge E komplementären Menge gilt

$$\ln|F(t\,e^{i\theta})| \approx h_F(\theta)\, t^{\varrho(t)}\,,$$

und folglich wird die Frage auf das Aufstellen einer Abschätzung nach unten auf der Menge E zurückgeführt. Es ist natürlich, das zu tun, indem man sich auf den allgemeinen Lehrsatz 11, Kapitel I über die Abschätzung einer holomorphen Funktion nach unten stützt.

Zuerst betrachten wir den Fall $\theta = 0$ und $h_F(0) = 0$. Aus der Stetigkeit des Indikators $h_F(\theta)$ kann man in diesem Falle leicht bekommen, daß bei einem gewissen $\delta > 0$ und $|\theta| < 2\,\delta$ die Ungleichung $|h_F(\theta)| < \frac{\varepsilon}{4}$ erfüllt ist, und nach der asymptotischen Ungleichung

$$\ln |F(r\, e^{i\theta})| < \left(h_F(\theta) + \frac{\varepsilon}{4}\right) r^{\varrho(r)}$$

erhalten wir im Innern des Winkels $|\theta| < \delta$ die asymptotische Ungleichung

$$\ln |F(r\, e^{i\theta})| < \frac{\varepsilon}{2} r^{\varrho(r)} . \tag{3.07}$$

Es sei E_ε die Punktmenge auf der positiven reellen Achse, auf der

$$\ln |F(t)| < -\frac{\varepsilon}{4} t^{\varrho(t)} \tag{3.08}$$

ist. Da die Funktion $F(z)$ auf diesem Strahl von vollkommen regulärem Wachstum ist, so ist das relative Maß der Menge E_ε gleich Null. Diese Menge kann man offenbar in eine Menge $\overline{E}_\varepsilon$ von Intervallen J_k einschließen $(k = 1, 2, 3, \ldots)$, deren relatives Maß gleich Null ist.

Wir bezeichnen mit d_k die Länge des Intervalls J_k, mit R_k die Abszisse des rechten Randpunktes dieses Intervalls und beschreiben um den Punkt R_k einen Kreis mit dem Radius $4\,e\,d_k$. Aus der Tatsache, daß $m^*(\overline{E}_\varepsilon) = 0$ ist, folgt

$$\lim_{r\to\infty} \left(\frac{1}{r} \sum_{R_k \leq r} d_k\right) = 0 .$$

Also ist auch

$$\lim_{r\to\infty} \frac{d_k}{R_k} = 0 . \tag{3.09}$$

Wir wenden jetzt den Lehrsatz 11, Kapitel I auf die Funktion

$$\varphi_k(u) = \frac{F(R_k + u)}{F(R_k)}$$

im Kreis C_k: $|u| \leqq 4\,e\,d_k$ an. Für alle genügend großen R_k genügt die Funktion $\varphi_k(u)$ nach der Ungleichung (3.08) und der (3.07) im Punkt R_k entgegengesetzten Ungleichung im Kreis C_k der Ungleichung

$$\ln |\varphi_k(u)| < \frac{\varepsilon}{2} (R_k + 4\,e\,d_k)^{\varrho(R_k + 4ed_k)} + \frac{\varepsilon}{4} R_k^{\varrho(R_k)} .$$

Benutzen wir die Eigenschaft 2 der verfeinerten Ordnung, so bekommen wir hieraus leicht

$$\ln |\varphi_k(u)| < \varepsilon\, R_k^{\varrho(R_k)} .$$

Nach dem Lehrsatz 11, Kapitel I ergibt sich, daß im Kreis $|u| \leqq 2\, d_k$ aber außerhalb von Ausnahmekreisen mit der Gesamtsumme der Radien kleiner als $4\, \eta\, d_k$ die Ungleichung gilt:

$$\ln |\varphi_k(u)| > -H(\eta)\, \varepsilon\, R_k^{\varrho(R_k)}\,.$$

Kehren wir zur Funktion $F(z)$ zurück, so können wir hinschreiben, daß im Kreise $|z - R_k| \leqq 2\, d_k$ aber außerhalb von Ausnahmekreisen mit der Summe der Radien kleiner als $4\, \eta\, d_k$

$$\ln |F(z)| > -\left(H(\eta) + \frac{1}{4}\right) \varepsilon\, R_k^{\varrho(R_k)} > -2\, \varepsilon \left(H(\eta) + \frac{1}{4}\right) r^{\varrho(r)} \tag{3.10}$$

ist. Zu einem $\eta < \frac{1}{8}$ wird sich ein Kreis C_k finden lassen mit dem Mittelpunkt im Punkt R_k und mit dem Radius zwischen d_k und $2\, d_k$, der die Ausnahmekreise nicht schneidet. Auf diesem ganzen Kreis, welcher das Intervall d_k umfaßt, ist die Ungleichung (3.10) erfüllt.

Die von den Kreisen C_k begrenzten Kreisflächen können sich überschneiden und „Traubengebiete" Ω_p bilden. Der Durchmesser δ_p eines jeden Gebietes Ω_p übertrifft nicht die Summe der Durchmesser der sie bildenden Kreise. Deshalb ist für $R_p = \max\limits_{z \in \Omega_p} |z|$

$$\lim_{r \to \infty} \left(\frac{1}{r} \sum_{R_p \leqq r} \delta_p\right) = 0$$

und

$$\lim_{p \to \infty} \frac{\delta_p}{R_p} = 0\,. \tag{3.11}$$

Es seien a_n die Nullstellen von $F(z)$. Wir bezeichnen mit

$$\Phi_p(z) = \prod_{a_n \in \Omega_p} \left(1 - \frac{z}{a_n}\right)$$

und

$$\psi_p(z) = F(z)\, \Phi_p^{-1}(z)\,.$$

Aus (3.11) folgt für p, welche eine gewisse feste Zahl p_0 übertreffen,

$$\ln |\Phi_p(z)| < 0 \quad (z \in \Omega_p)\,.$$

Vergleichen wir das mit (3.10), so bekommen wir, daß für alle genügend großen Werte von p auf dem ganzen Rand Ω_p die Ungleichung

$$\ln |\psi_p(z)| > -2 \left[H\left(\frac{1}{8}\right) + 1\right] \varepsilon\, R_p^{\varrho(R_p)} \tag{3.12}$$

gilt.

Die Funktion $\ln |\psi_p(z)|$ ist harmonisch in Ω_p, und folglich gilt nach dem Minimumprinzip die Ungleichung (3.12) in diesem ganzen Gebiet.

I_p sei das abgeschlossene Intervall, welches als der Durchschnitt des Gebietes Ω_p mit der positiven reellen Achse entsteht, und es sei $\tilde{E}_\varepsilon$ die Menge dieser Intervalle. Offensichtlich ist $m^*(\tilde{E}_\varepsilon) = 0$ und $\tilde{E}_\varepsilon \supset E_\varepsilon$.

Aus (3.12) ergibt sich, daß in jedem abgeschlossenen Intervall I_p

$$\ln|F(t)| > \ln|\Phi_p(t)| - m\,\varepsilon\, t^{\varrho(t)} \qquad (z \in I_p)\,,$$

wo $m = \left[2\,H\left(\frac{1}{8}\right) + 1\right]$.

Außerdem ist für $t \notin \bar{E}_\varepsilon$

$$\ln|F(t)| \geqq -\frac{\varepsilon}{4}\, t^{\varrho(t)}\,.$$

Aus diesen Ungleichungen folgt, daß für genügend große Werte von r_0

$$\int_{r_0}^{r} \frac{\ln|F(t)|}{t}\, dt > -m\varepsilon \int_{r_0}^{r} t^{\varrho(t)-1}\, dt + \sum_{R_p-\delta_p \leqq r} \int_{(I_p)} \frac{\ln|\Phi(t)|}{t}\, dt\,. \tag{3.13}$$

Weiter bekommen wir aus der Definition der Funktion $\Phi_p(z)$

$$\int_{I_p} \frac{\ln|\Phi_p(t)|}{t}\, dt \geqq \frac{1}{R_p-\delta_p} \sum_{a_k \in \Omega_p} \int_{R_p-\delta_p}^{R_p} \ln\left|\frac{t}{|a_k|} - 1\right| dt\,. \tag{3.14}$$

Zur Abschätzung der rechten Seite bemerken wir, daß für $R - \delta \leqq a \leqq R$

$$\int_{R-\delta}^{R} \ln\left|\frac{t}{a} - 1\right| dt = a \int_{\frac{R-\delta}{a}}^{\frac{R}{a}} \ln|u-1|\, du$$

$$= a \int_{\frac{R-a-\delta}{a}}^{\frac{R-a}{a}} \ln|v|\, dv \geqq 2\,a \int_{0}^{\frac{\delta}{2a}} \ln|v|\, dv \geqq 4\,\delta\left(\ln\frac{\delta}{2\,R} - 1\right)$$

ist. Setzen wir es in (3.14) ein, so bekommen wir

$$\int_{(I_p)} \frac{\ln|\Phi_p(t)|}{t}\, dt \geqq \frac{4\,\delta_p}{R_p-\delta_p}\left(\ln\frac{\delta_p}{2\,R_p} - 1\right) n_p\,,$$

wo n_p die Anzahl der Nullstellen der Funktion $F(z)$ im Gebiet Ω_p ist. Kehren wir zu (3.13) zurück, so können wir schreiben:

$$\int_{0}^{r} \frac{\ln|F(t)|}{t}\, dt > -\frac{m}{\varrho}\,\varepsilon\, r^{\varrho(r)} + \sum_{R_p-\delta_p \leqq r} \frac{4\,\delta_p}{R_p-\delta_p}\left(\ln\frac{\delta_p}{2R_p} - 1\right) n_p + o(r^{\varrho(r)})\,.$$

Aus (3.11) folgt, daß für alle genügend großen p

$$\left|\frac{4\,\delta_p}{R_p-\delta_p}\left(\ln\frac{\delta_p}{2\,R_p} - 1\right)\right| < \varepsilon$$

ist, und deshalb

$$\int_0^r \frac{\ln|F(t)|}{t}\,dt > -\frac{m}{\varrho}\,\varepsilon\, r^{\varrho(r)} - \Big(\sum_{R_p-\delta_p\leqq r} n_p\Big)\varepsilon + o(r^{\varrho(r)})\,. \qquad (3.15)$$

Offensichtlich ist für jedes $\sigma > 0$

$$\sum_{R_p-\delta_p\leqq r} n_p \leqq n\,(r, -\sigma, \sigma) + O(1)\,.$$

Außerdem bekommen wir nach dem Lehrsatz 11, Kapitel II

$$n(r, -\sigma, \sigma) < c_F\, r^{\varrho(r)},$$

wo c_F eine gewisse Konstante ist. Kehren wir zur Ungleichung (3.15) zurück, so bekommen wir

$$\int_0^r \frac{\ln|F(t)|}{t}\,dt > -\Big(\frac{m}{\varrho} + c_F\Big)\varepsilon\, r^{\varrho(r)} + o(r^{\varrho(r)})\,.$$

Da $\varepsilon > 0$ willkürlich gewählt war, folgt hieraus

$$\underline{\lim}_{r\to\infty}\Big\{r^{-\varrho(r)}\int_0^r \frac{\ln|F(t)|}{t}\,dt\Big\} \geqq 0\,.$$

Wir wollen uns jetzt von der Forderung, daß $h_F(0) = 0$ ist, befreien. Dazu konstruieren wir die Hilfsfunktion $W(z)$ vom § 17, Kapitel I ohne Nullstellen auf der positiven reellen Achse und die so beschaffen ist, daß $h_W(0) = h_F(0)$ ist.

Die Funktion

$$\Phi(z) = \frac{F(z)}{W(z)}$$

ist von vollkommen regulärem Wachstum, und es ist $h_\Phi(0) = 0$. So bekommen wir

$$\underline{\lim}_{r\to\infty} r^{-\varrho(r)}\int_0^r \frac{\ln|F(t)|}{t}\,dt$$

$$= \underline{\lim}_{r\to\infty} r^{-\varrho(r)}\int_0^r \frac{\ln|\Phi(t)|}{t}\,dt + \underline{\lim}_{r\to\infty} r^{-\varrho(r)}\int_0^r \frac{\ln|W(t)|}{t}\,dt \geqq \varrho^{-1}\,h_F(0)\,.$$

Durch eine Drehung der Ebene kann man jeden Strahl $\arg z = \theta$ aus dem Winkel $\alpha \leqq \theta \leqq \beta$ mit der positiven reellen Achse zur Deckung bringen. Folglich ist

$$\underline{\lim}_{r\to\infty} r^{-\varrho(r)}\int_0^r \frac{\ln|F(t\,e^{i\theta})|}{t}\,dt \geqq \varrho^{-1}\,h_F(\theta)\,.$$

Es genügt, diese Ungleichung mit der Ungleichung (3.06) zu vergleichen, um die Behauptung des Hilfssatzes zu bekommen.

Wir vermerken noch eine Folgerung aus dem Hilfssatz:

Folgerung: *Ist $F(z)$ eine holomorphe Funktion der verfeinerten Ordnung $\varrho(r)$ im Innern des Winkels $\alpha \leqq \arg z \leqq \beta$ und von vollkommen regulärem Wachstum auf dem Strahl $\arg z = \theta$, $\alpha < \theta < \beta$, so existiert der Grenzwert*

$$\lim_{r\to\infty} r^{-\varrho(r)} \int_{r_0}^{r} J_F^t(\theta) \frac{dt}{t} = \varrho^{-2} h_F(\theta) . \tag{3.05'}$$

Diese Behauptung folgt unmittelbar aus dem Hilfssatz 2 und der Eigenschaft 5 der verfeinerten Ordnung. Den Hilfssatz 2 und die Folgerung aus ihm kann man umkehren. Es ist dabei nicht nötig, die Funktion $F(z)$ als holomorph vorauszusetzen.

Hilfssatz 3. *Die Funktion $F(t)$ sei für $t \geqq 0$ definiert, und es sei*

$$h_F(0) = \overline{\lim_{r\to\infty}} \frac{\ln|F(r)|}{r^{\varrho(r)}} .$$

Ist dabei

$$\lim_{r\to\infty} r^{-\varrho(r)} J_F^r = \varrho^{-1} h_F(0) \tag{3.16}$$

oder

$$\lim_{r\to\infty} r^{-\varrho(r)} \int_0^r J_F^t \frac{dt}{t} = \varrho^{-2} h_F(0) , \tag{3.16'}$$

so existiert der Grenzwert

$$\lim_{r\to\infty}{}^{*} \frac{\ln|F(r)|}{r^{\varrho(r)}} .$$

Beweis. Die Bedingung (3.16') folgt aus (3.16). Deshalb genügt es, den Beweis unter der Voraussetzung durchzuführen, daß die Bedingung (3.16') erfüllt ist. Ohne Beschränkung der Allgemeinheit werden wir weiterhin annehmen, daß $h_F(0) = 0$ ist. Es sei γ eine gewisse positive Zahl und E eine Menge positiver Zahlen, für die

$$\ln|F(t)| < -\gamma\, t^{\varrho(t)} \tag{3.17}$$

ist. Wir bezeichnen mit $\chi_E(t)$ die charakteristische Funktion der Menge E und schätzen das Integral

$$\int_0^r \left\{ \int_0^u \chi_E(t)\, t^{\varrho(t)} \frac{dt}{t} \right\} \frac{du}{u}$$

ab. Wir bekommen

$$\int_0^r \left\{ \int_0^u \chi_E(t)\, t^{\varrho(t)} \frac{dt}{t} \right\} \frac{du}{u} \geqq \int_{r/2}^{0} \left\{ \int_0^u \chi_E(t)\, t^{\varrho(t)} \frac{dt}{t} \right\} \frac{du}{u} \geqq \ln 2 \int_{r/4}^{r/2} \chi_E(t)\, t^{\varrho(t)} \frac{dt}{t} ,$$

woraus weiter

$$\int_0^r \left\{\int_0^u \chi_E(t)\, t^{\varrho(t)} \frac{dt}{t}\right\} \frac{du}{u} \geqq \ln 2 \int_{r/4}^{r/2} \chi_E(t)\, t^{\varrho(t)} \frac{dt}{t} \geqq \frac{2 \ln 2}{r} \left(\frac{r}{4}\right)^{\varrho(r/4)} \int_{r/4}^{r/2} \chi_E(t)\, dt$$

folgt.

Endlich bezeichnen wir mit $m(E^r)$ das Maß der Menge E auf dem Intervall $(0, r)$ und erhalten

$$\int_0^r \left\{\int_0^u \chi_E(t)\, t^{\varrho(t)} \frac{dt}{t}\right\} \frac{du}{u} \geqq \frac{2 \ln 2}{4^{\varrho+1}} \frac{m(E^{r/2}) - m(E^{r/4})}{r} r^{\varrho(r)} .$$

Aus dieser Ungleichung und der Ungleichung (3.17) kann man schließen, daß auf der Menge E

$$\int_0^r \left\{\int_0^u \chi_E(t) \frac{\ln |F(t)|}{t}\, dt\right\} \frac{du}{u} \leqq -\gamma \frac{2 \ln 2}{4^{\varrho+1}} \cdot \frac{m(E^{r/2}) - m(E^{r/4})}{r} r^{\varrho(r)}$$

ist. Mit Hilfe dieser Ungleichung und der asymptotischen Abschätzung

$$\ln |F(t)| < \varepsilon\, t^{\varrho(t)}$$

kann man leicht die Ungleichung bekommen:

$$\int_0^r \left\{\int_0^u \frac{\ln |F(t)|}{t}\, dt\right\} \frac{du}{u} < \frac{\varepsilon}{\varrho^2} r^{\varrho(r)} - \gamma \frac{2 \ln 2}{4^{\varrho+1}} \cdot \frac{m(E^{r/2}) - m(E^{r/4})}{r} r^{\varrho(r)} + o(r^{\varrho(r)}) .$$

Dividieren wir alles durch $r^{\varrho(r)}$ und gehen wir zum Grenzwert über bei $r \to \infty$, so bekommen wir aus der Voraussetzung des Hilfssatzes

$$\lim_{r\to\infty} \frac{m(E^{r/2}) - m(E^{r/4})}{r} = 0 .$$

Aus dieser Gleichung folgt, daß

$$\overline{\lim_{r\to\infty}} \frac{m(E^r)}{r} = \lim_{r\to\infty} \frac{m(E^r) - m(E^{r/2})}{r} + \overline{\lim_{r\to\infty}} \frac{m(E^{r/2})}{r} = \frac{1}{2} \overline{\lim_{r\to\infty}} \frac{m(E^r)}{r} ,$$

und folglich ist das relative Maß der Menge E gleich Null. Auf diese Weise ergibt sich für ein beliebiges $\gamma > 0$

$$\left|\frac{\ln|F(r)|}{r^{\varrho(r)}}\right| < \gamma ,$$

überall außer vielleicht auf einer Menge vom relativen Maß Null. Nach dem Hilfssatz 1 folgt hieraus, daß der Grenzwert

$$\lim_{r\to\infty}{}^* \frac{\ln|F(r)|}{r} = 0$$

existiert. Der Hilfssatz ist somit bewiesen.

Verbinden wir diesen Hilfssatz mit der Folgerung aus dem Hilfssatz 2, so bekommen wir folgenden Lehrsatz.

Lehrsatz 2. *Damit eine Funktion $F(z)$, die holomorph und der verfeinerten Ordnung $\varrho(r)$ im Innern des Winkels $\alpha \leqq \theta \leqq \beta$ ($\theta = \arg z$) ist, das vollkommen reguläre Wachstum zeigt, ist es notwendig und hinreichend, daß eine der folgenden Bedingungen erfüllt wird:*

$$\varrho^{-1} h_F(\theta) = \lim_{r\to\infty} r^{-\varrho(r)} J_F^r(\theta)$$

oder

$$\varrho^{-2} h_F(\theta) = \lim_{r\to\infty} r^{-\varrho(r)} \int_0^r J_F^t(\theta) \frac{dt}{t}.$$

Zum Abschluß stellen wir noch eine Eigenschaft der Funktion $J_F^r(\theta)$ fest, die wir in Kapitel V benutzen werden.

Hilfssatz 4. *Für eine ganze Funktion $f(z)$ der verfeinerten Ordnung $\varrho(r)$ genügt die Funktion $J_f^r(\theta)$ der asymptotischen Ungleichung*

$$|J_f^r(\theta)| < k_f\, r^{\varrho(r)},$$

wo k_f eine von der Funktion $f(z)$ abhängige Konstante ist.

Beweis. Aus der asymptotischen Ungleichung

$$\ln |f(r\, e^{i\theta})| < [h_f(\theta) + \varepsilon]\, r^{\varrho(r)}$$

folgt, wie wir zuerst bemerken, asymptotisch

$$J_f^r(\theta) < \varrho^{-1} \max_{0\leq\theta<2\pi} [h_f(\theta) + \varepsilon]\, r^{\varrho(r)}. \tag{3.18}$$

Beim Beweis der Abschätzung von $J_f^r(\theta)$ nach unten muß man die Fälle der ganzzahligen und der nichtganzzahligen Ordnung ϱ unterscheiden. Wir betrachten hier nur den komplizierteren Fall der ganzzahligen Ordnung ϱ.

Man kann die Funktion $f(z)$ in der Form darstellen:

$$\begin{aligned}\ln |f(z)| &= \operatorname{Re}\bigl(P_{\varrho-1}(z) + \delta_f(\tau\, r)\, z^\varrho\bigr)\\ &+ \sum_{|a_n|\leqq\tau r} \ln\left|G\left(\frac{z}{a_n};\, \varrho-1\right)\right| + \sum_{|a_n|>\tau r} \ln\left|G\left(\frac{z}{a_n};\, \varrho\right)\right|.\end{aligned} \tag{3.19}$$

Nach dem Hilfssatz 8, § 17, Kapitel I genügt die letzte Summe ${}_\tau f(z)$ für genügend große τ der Ungleichung

$$|\ln |{}_\tau f(z)|| < \varepsilon\, r^{\varrho(r)}. \tag{3.20}$$

Aus der Abschätzung $n(t) < c\, t^{\varrho(t)}$ ergibt sich leicht die Ungleichung

$$r^\lambda \sum_{|a_n|<\tau r} \frac{1}{|a_n|^\lambda} = r^\lambda \int_0^{\tau r} \frac{dn(t)}{t^\lambda} < c_\tau\, r^{\varrho(r)} \tag{3.21}$$

$$(c_\tau \text{ konstant}, \lambda = 1, 2, \ldots, \varrho-1).$$

Außerdem ist

$$|\delta(\tau r)\, z^{\varrho}| \leqq c'_\tau\, r^{\varrho(r)} \qquad (c'_\tau \text{ konstant})\,. \tag{3.22}$$

Aus (3.19), (3.20), (3.21) und (3.22) ergibt sich

$$\ln |f(r e^{i\theta})| > -c''_\tau\, r^{\varrho(r)} + \sum_{|a_n| \leqq \tau r} \ln \left|1 - \frac{z}{|a_n|}\right| \tag{3.23}$$

$(c''_\tau$ konstant$)$.

Wir bemerken, daß

$$\int_0^r \ln \left|1 - \frac{t}{|a_n|}\right| \cdot \frac{dt}{t} = \int_0^{\frac{r}{|a_n|}} \ln |1-u|\, \frac{du}{u} \geqq \int_0^2 \ln |1-u|\, \frac{du}{u} = -\frac{7}{24}\pi^2$$

ist.

Integrieren wir die beiden Teile der Ungleichung (3.23), so bekommen wir auf diese Weise asymptotisch

$$J_f^r(\theta) = \int_0^r \frac{\ln |f(t e^{i\theta})|}{t}\, dt > -\frac{c''_\tau}{\varrho}\, r^{\varrho(r)} - \pi^2 n(\tau r) > -\left(\frac{c_\tau}{\varrho} + \pi^2 \tau^{2\varrho}\right) r^{\varrho(r)}\,. \tag{3.24}$$

Aus (3.18) und (3.24) folgt die Behauptung des Hilfssatzes.

§ 3. Der Fundamentalsatz über Funktionen von vollkommen regulärem Wachstum

Gehen wir von der verallgemeinerten JENSENschen Formel aus, und benutzen wir die in § 2 festgestellten Eigenschaften der Funktion $J_F^r(\theta)$, so können wir jetzt einen Fundamentalsatz über die Verteilung von Nullstellen einer Funktion von vollkommen regulärem Wachstum beweisen. Wir formulieren ihn folgendermaßen:

Lehrsatz 3. *Ist eine holomorphe Funktion $F(z)$ der Ordnung $\varrho(r)$ im Inneren des Winkels (θ_1, θ_2) von vollkommen regulärem Wachstum, so existiert für alle Werte der Größen ϑ und θ, vielleicht mit Ausnahme von abzählbar vielen, der Grenzwert*

$$\frac{1}{2\pi\varrho}\, s_F(\vartheta, \theta) = \lim_{r\to\infty} \frac{n(r, \vartheta, \theta)}{r^{\varrho(r)}} \qquad (\theta_1 < \vartheta < \theta < \theta_2)\,, \tag{3.25}$$

wo

$$s_F(\vartheta, \theta) = \left[h'_F(\theta) - h'_F(\vartheta) + \varrho^2 \int_\vartheta^\theta h_F(\varphi)\, d\varphi\right] \tag{3.26}$$

ist.

Die abzählbare Ausnahmemenge kann nur aus Punkten bestehen, in welchen

$$h'_F(\theta + 0) \neq h'_F(\theta - 0)$$

ist.

Beweis. Zuerst transformieren wir die Formel (3.04), damit wir uns von den Ableitungen nach φ befreien. Dazu bilden wir die Mittelwerte auf den beiden Seiten der Gleichung nach ϑ und θ. Wir bekommen

$$\frac{1}{l\,k}\int\limits_{\theta}^{\theta+k}\int\limits_{\vartheta}^{\vartheta+l} N(r,\vartheta,\theta)\,d\vartheta\,d\theta$$

$$= \frac{1}{2\pi}\left\{\int\limits_0^r \frac{J_F^t(\theta+k)-J_F^t(\theta)}{k}\,\frac{dt}{t} - \int\limits_0^r \frac{J_F^t(\vartheta+l)-J_F^t(\vartheta)}{l}\,\frac{dt}{t}\right\}$$

$$+\frac{1}{2\pi k l}\int\limits_{\theta}^{\theta+k}\int\limits_{\vartheta}^{\vartheta+l}\int\limits_{\vartheta}^{\theta} \ln|F(r\,e^{i\varphi})|\,d\varphi\,d\vartheta\,d\theta\,. \tag{3.27}$$

Wir wählen in der Formel (3.27) die Zahlen ϑ und θ so, daß die Ableitungen $h_F'(\theta)$ und $h_F'(\vartheta)$ existieren, und die Zahlen l_ε und k_ε so, daß für $|l| < l_\varepsilon$ und $|k| < k_\varepsilon$

$$\left|\frac{h_F(\theta+k)-h_F(\theta)}{k} - h_F'(\theta)\right| < \frac{\varepsilon}{6} \tag{3.28}$$

und

$$\left|\frac{h_F(\vartheta+l)-h_F(\vartheta)}{l} - h_F'(\vartheta)\right| < \frac{\varepsilon}{6}$$

ist.

Außerdem gilt für genügend kleine k_ε und l_ε

$$\left|\frac{1}{k\,l}\int\limits_{\theta}^{\theta+k}\int\limits_{\vartheta}^{\vartheta+l}\int\limits_{\vartheta}^{\theta} h_F(\varphi)\,d\varphi\,d\vartheta\,d\theta - \int\limits_{\vartheta}^{\theta} h_F(\varphi)\,d\varphi\right| < \frac{\varepsilon}{6}\,. \tag{3.29}$$

Da die Funktion $F(z)$ von vollkommen regulärem Wachstum ist, so haben wir für $r > r_\varepsilon$ nach dem Hilfssatz 2

$$\left|r^{-\varrho(r)}\int\limits_0^r \frac{J_F^t(\theta+k)-J_F^t(\theta)}{k}\cdot\frac{dt}{t} - \frac{1}{\varrho^2}\,\frac{h_F(\theta+k)-h_F(\theta)}{k}\right| < \frac{\varepsilon}{6}\,. \tag{3.30}$$

Offensichtlich richtig ist auch die Ungleichung

$$\left|r^{-\varrho(r)}\int\limits_0^r \frac{J_F^t(\vartheta+l)-J_F^t(\vartheta)}{l}\,\frac{dt}{l} - \frac{1}{\varrho^2}\,\frac{h_F(\vartheta+l)-h_F(\vartheta)}{l}\right| < \frac{\varepsilon}{6}\,. \tag{3.31}$$

Gehört r nicht zur Ausnahmemenge E der Funktion $F(z)$, so ist außerdem für genügend großes r_ε und $r > r_\varepsilon$

$$\left|\int\limits_{\vartheta}^{\theta} \frac{\ln|F(r\,e^{i\varphi})|}{r^{\varrho(r)}}\,d\varphi - \int\limits_{\vartheta}^{\theta} h_F(\varphi)\,d\varphi\right| < \frac{\varepsilon}{6}\,. \tag{3.32}$$

Aus (3.27), (3.28), (3.29), (3.30), (3.31) und (3.32) folgt, daß für $r \notin E$, $r > r_\varepsilon$ die Ungleichung

$$\left| \frac{1}{l\, k r^{\varrho(r)}} \int\limits_{\theta}^{\theta+k} \int\limits_{\vartheta}^{\vartheta+l} N(r, \vartheta, \theta)\, d\vartheta\, d\theta - \frac{1}{2\pi \varrho^2} s_F(\vartheta, \theta) \right| < \varepsilon$$

besteht, in welcher $|l| < l_\varepsilon$ und $|k| < k_\varepsilon$ ist.

Offensichtlich ist für $l < 0$ und $k > 0$

$$\frac{N(r, \vartheta, \theta)}{r^{\varrho(r)}} \leqq \frac{1}{l\, k\, r^{\varrho(r)}} \int\limits_{\theta}^{\theta+k} \int\limits_{\vartheta}^{\vartheta+l} N(r, \theta, \vartheta)\, d\vartheta\, d\theta < \frac{1}{2\pi \varrho^2} s_F(\vartheta, \theta) + \varepsilon\,.$$

Nehmen wir $l > 0$ und $k < 0$, so bekommen wir eine analoge Ungleichung

$$\frac{N(r, \vartheta, \theta)}{r^{\varrho(r)}} > \frac{1}{2\pi \varrho^2} s_F(\vartheta, \theta) - \varepsilon\,.$$

Aus diesen beiden Ungleichungen folgt

$$\lim_{\substack{r \to \infty \\ r \notin E}} \frac{N(r, \vartheta, \theta)}{r^{\varrho(r)}} = \frac{1}{2\pi \varrho^2} s_F(\vartheta, \theta)\,. \tag{3.33}$$

Da das relative Maß der Menge E gleich Null ist, enthält jedes Intervall $\big(R, R(1+\delta)\big)$ für $\delta > 0$ und $R > R_\delta$ Punkte, welche der Menge E nicht angehören. Unter Berücksichtigung der Monotonie der Funktion $N(r, \vartheta, \theta)$ bekommen wir leicht aus der letzten Ungleichung, daß für beliebige $r > r_{\varepsilon,\delta}$ und $r_1 < r < r_2$, $r_1, r_2 \notin E$

$$\left(\frac{r_1}{r_2}\right)^{\varrho} \cdot \frac{L(r_1)}{L(r_2)} \left(\varrho^{-2} s_F(\vartheta, \theta) - \varepsilon\right) < \frac{N(r_1, \vartheta, \theta)}{r^{\varrho(r)}} \leqq \frac{N(r, \vartheta, \theta)}{r^{\varrho(r)}}$$

$$\leqq \frac{N(r_2, \vartheta, \theta)}{r^{\varrho(r)}} < \left(\frac{r_2}{r_1}\right)^{\varrho} \cdot \frac{L(r_2)}{L(r_1)} \left(\varrho^{-2} s_F(\vartheta, \theta) + \varepsilon\right)$$

gilt. Die Zahlen r_1 und r_2 kann man aus den Intervallen $r(1-\delta) < r_1 < r$, $r < r_2 < (1+\delta)\, r$ wählen. Da $L(r)$ eine langsam wachsende Funktion ist, so ist bei dieser Wahl

$$\lim_{r \to \infty} \frac{L(r_2)}{L(r_1)} = 1\,.$$

Außerdem ist

$$\left(\frac{1-\delta}{1+\delta}\right)^{\delta} < \left(\frac{r_2}{r_1}\right)^{\varrho} < \left(\frac{1+\delta}{1-\delta}\right)^{\varrho}.$$

Wählen wir $\delta > 0$ genügend klein, so bekommen wir für alle genügend großen Werte von r

$$\frac{1}{2\pi \varrho^2} s_F(\vartheta, \theta) - 2\varepsilon < \frac{N(r, \vartheta, \theta)}{r^{\varrho(r)}} < \frac{1}{2\pi \varrho^2} s_F(\vartheta, \theta) + 2\varepsilon$$

und folglich

$$\lim_{r \to \infty} \frac{N(r, \vartheta, \theta)}{r^{\varrho(r)}} = \frac{1}{2\pi \varrho^2} s_F(\vartheta, \theta)\,. \tag{3.34}$$

Um von der Funktion $N(r, \vartheta, \theta)$ zur Funktion $n(r, \vartheta, \theta)$ überzugehen, bemerken wir, daß für $k > 1$ aus der Monotonie der Funktion $n(r, \vartheta, \theta)$ sich leicht die Ungleichung

$$\frac{n(r, \vartheta, \theta)}{r^{\varrho(r)}} \ln k \leqq \frac{1}{r^{\varrho(r)}} \cdot \int_r^{kr} \frac{n(t, \vartheta, \theta)}{t}\, dt = \frac{N(k\,r, \vartheta, \theta)}{r^{\varrho(r)}} - \frac{N(r, \vartheta, \theta)}{r^{\varrho(r)}}$$

ergibt, und wir bekommen infolge (3.34)

$$\overline{\lim_{r \to \infty}} \frac{n(r, \vartheta, \theta)}{r^{\varrho(r)}} \leqq \frac{k^{\varrho} - 1}{\ln k} \cdot \frac{1}{2\,\pi\,\varrho^2} s_F(\vartheta, \theta)\,.$$

Gehen wir zum Grenzwert bei $k \to 1$ über, so haben wir

$$\overline{\lim_{r \to \infty}} \frac{n(r, \vartheta, \theta)}{r^{\varrho(r)}} \leqq \frac{1}{2\,\pi\,\varrho^2} s_F(\vartheta, \theta)\,.$$

Benutzen wir die Ungleichung

$$n(r, \vartheta, \theta) \ln \frac{1}{k} \geqq \int_{kr}^{r} \frac{n(t, \vartheta, \theta)}{t}\, dt = N(r, \vartheta, \theta) - N(k\,r, \vartheta, \theta)\,,$$

die für $0 < k < 1$ richtig ist, so bekommen wir analog

$$\lim_{r \to \infty} \frac{n(r, \vartheta, \theta)}{r^{\varrho(r)}} \geqq \frac{1}{2\,\pi\,\varrho^2} s_F(\vartheta, \theta)\,.$$

Auf diese Weise existiert der Grenzwert (3.25) für diejenigen Werte von ϑ und θ, für welche die Ableitungen $h'(\vartheta)$ und $h'(\theta)$ existieren, d. h. für alle außer vielleicht abzählbar vielen. Der Lehrsatz ist somit bewiesen.

Folgerung. *Damit die Nullstellenmenge einer Funktion von vollkommen regulärem Wachstum im Inneren eines Winkels* (α, β) *die Dichte Null hat, ist es notwendig und hinreichend, daß ihr Indikator im Innern dieses Winkels trigonometrisch ist.*

Ist der Indikator trigonometrisch, so ist tatsächlich $s(\alpha, \beta) = 0$, und die Dichte der Nullstellenmenge ist kraft (3.25) gleich Null. Ist umgekehrt die Dichte der Nullstellenmenge gleich Null, so bedeutet das, daß $s(\alpha, \beta) = 0$ ist, und aus der Eigenschaft g) des Indikators (Kapitel I, Seite 57) folgt, daß er trigonometrisch ist.

Aus dem soeben bewiesenen Lehrsatz 3 und dem Lehrsatz 1 des II. Kapitels folgt, daß bei nichtganzzahligem ϱ die Klasse der ganzen Funktionen mit regelmäßiger Nullstellenverteilung und die Klasse der Funktionen von vollkommen regulärem Wachstum zusammenfallen.

Wir beweisen, daß dasselbe auch für ganze Funktionen $f(z)$ ganzzahliger Ordnung gilt. Nach dem Lehrsatz 3 hat die Nullstellenmenge der Funktion $f(z)$ eine Dichte. Jedoch muß man in diesem Fall entsprechend der Definition der regelmäßigen Verteilung einer Menge noch beweisen, daß der Grenzwert

$$\lim_{r \to \infty} \frac{1}{L(r)} \left\{ a + \frac{1}{\varrho} \sum_{|a_n| \leqq r} a_n^{-\varrho} \right\}$$

existiert, wo a der Koeffizient bei der ϱ-ten Potenz im Polynom $P(z)$ bei der Darstellung der Funktion (1.38), a_n die Nullstellen dieser Funktion und $L(r) = r^{\varrho(r)-\varrho}$ ist.

Um die Existenz dieses Grenzwertes zu beweisen, konstruieren wir die Funktion

$$\Phi_r(z) = \prod_{|a_n|\leq r} G\left(\frac{z}{a_n}; \varrho - 1\right) \cdot \prod_{|a_n|>r} G\left(\frac{z}{a_n}; \varrho\right).$$

Nach dem Hilfssatz 5, Kapitel II existiert für r, welche einer gewissen E^0-Menge E_Φ nicht angehören, der Grenzwert

$$\lim_{r\to\infty} \frac{\ln|\Phi_r(r e^{i\theta})|}{r^{\varrho(r)}} = h_\Phi(\theta).$$

Da $f(z)$ von vollkommen regulärem Wachstum ist, so existiert außerdem für $r \notin E_f$ der Grenzwert

$$\lim_{r\to\infty} \frac{\ln|f(r e^{i\theta})|}{r^{\varrho(r)}} = h_f(\theta).$$

Bemerken wir, daß

$$\frac{1}{L(r)} \operatorname{Re}\left\{\left(a + \frac{1}{\varrho} \sum_{|a_n|\leq r} a_n^{-\varrho}\right) \cdot e^{i\varrho\theta}\right\} = \frac{\ln|f(r e^{i\theta})|}{r^{\varrho(r)}} - \frac{\ln|\Phi(r e^{i\theta})|}{r^{\varrho(r)}} + o(1)$$

ist, so ergibt sich, daß für beliebige θ und r, welche keine Werte aus der Menge $E_\Phi + E_f$ annehmen, der Grenzwert

$$\lim_{r\to\infty} \frac{1}{L(r)} \operatorname{Re}\left\{\left(a + \frac{1}{\varrho} \sum_{|a_n|\leq r} a_n^{-\varrho}\right) \cdot e^{i\varrho\theta}\right\} = h_f(\theta) - h_\Phi(\theta)$$

existiert.

Setzen wir zuerst $\theta = 0$, dann $\theta = \frac{\pi}{2\varrho}$, so überzeugen wir uns, daß für $r \notin E_f + E_\Phi$ der Grenzwert

$$\delta_f = \lim_{r\to\infty} \frac{1}{L(r)} \left\{a + \frac{1}{\varrho} \sum_{|a_n|\leq r} a_n^{-\varrho}\right\} \tag{3.35}$$

existiert.

Wir wollen uns jetzt von der Forderung befreien, daß $r \notin E_f + E_\Phi$ sein soll. Wir schätzen dazu die Größe

$$\frac{1}{L(r)} \sum_{r<|a_n|\leq kr} |a_n|^{-\varrho}$$

ab.

Stellen wir sie mit Hilfe des Stieltjesschen Integrals dar, so bekommen wir

$$\frac{1}{L(r)} \sum_{r<|a_n|\leq kr} |a_n|^{-\varrho} = \frac{1}{L(r)} \int_r^{kr} \frac{dn(t)}{t^\varrho} = \frac{1}{L(r)} \cdot \left[\frac{n(kr)}{(kr)^\varrho} - \frac{n(r)}{r^\varrho}\right] + \frac{\varrho}{L(r)} \int_r^{kr} \frac{n(t)}{r^{\varrho+1}}\, dt.$$

Der erste Summand auf der rechten Seite kann in der Form

$$\frac{1}{L(r)}\left[\frac{n(k\,r)}{(k\,r)^{\varrho}}-\frac{n(r)}{r^{\varrho}}\right]=\frac{n(k\,r)}{(k\,r)^{\varrho(k\,r)}}\,\frac{L(k\,r)}{L(r)}-\frac{n(r)}{r^{\varrho(r)}}$$

geschrieben werden, und wenn eine Dichte Δ der Nullstellenmenge $\{a_n\}$ existiert, dann strebt diese Größe bei $r\to\infty$ gegen Null.

Der letzte Summand kann asymptotisch folgendermaßen abgeschätzt werden:

$$\frac{\varrho}{L(r)}\int_r^{k\,r}\frac{n(t)}{t^{\varrho+1}}\,dt\;\frac{\left(\Delta+\frac{\varepsilon}{2}\right)\varrho}{L(r)}\int_r^{k\,r}t^{\varrho(t)-\varrho-1}\,dt$$

$$<\frac{\left(\Delta+\frac{\varepsilon}{2}\right)\varrho}{L(r)}\,(k\,r)^{\varrho(k\,r)}\cdot\int_r^{k\,r}t^{-\varrho-1}\,dt=\left(\Delta+\frac{\varepsilon}{2}\right)\frac{L(k\,r)}{L(r)}\,(k^{\varrho}-1)\,.$$

Endgültig bekommen wir die asymptotische Abschätzung

$$\frac{1}{L(r)}\cdot\sum_{r<|a_n|\leq k\,r}|a_n|^{-\varrho}<(\Delta+\varepsilon)\,(k^{\varrho}-1)\,. \tag{3.36}$$

Bei beliebigem $k>1$ und genügend großen Werten von r enthält jedes offene Intervall $(r, k\,r)$ einen Punkt r_1, welcher der Menge E_f+E_{Φ} nicht angehört. Infolge (3.35) bekommen wir asymptotisch

$$\left|\frac{1}{L(r_1)}\left(a+\frac{1}{\varrho}\sum_{|a_n|\leq r_1}a_n^{-\varrho}\right)-\delta_f\right|<\frac{\varepsilon}{4}$$

oder, da

$$\lim_{r\to\infty}\frac{L(r)}{L(r_1)}=1$$

ist,

$$\left|\frac{1}{L(r)}\left(a+\frac{1}{\varrho}\cdot\sum_{|a_n|\leq r_1}a_n^{-\varrho}\right)-\delta_f\right|<\frac{\varepsilon}{2}\,.$$

Außerdem haben wir aus (3.36) für k genügend nahe an Eins asymptotisch

$$\left|\frac{1}{\varrho\,L(r)}\cdot\sum_{r<|a_n|\leq r_1}a_n^{-\varrho}\right|<\frac{\varepsilon}{2}$$

und folglich

$$\left|\frac{1}{L(r)}\left(a+\frac{1}{\varrho}\sum_{|a_n|\leq r}a_n^{-\varrho}\right)-\delta_f\right|<\varepsilon\,.$$

Also existiert der Grenzwert

$$\text{(B)}\qquad d_f=\lim_{r\to\infty}\frac{1}{L(r)}\left(a+\frac{1}{\varrho}\sum_{|a_k|\leq r}\frac{1}{a_k^{\varrho}}\right)$$

für beliebig gegen Unendlich gehendes r. Verbinden wir dieses Ergebnis mit dem Lehrsatz 2, Kapitel II, so bekommen wir folgenden Lehrsatz, welchen wir als einen Fundamentalsatz der Theorie der Funktionen von vollkommen regulärem Wachstum bezeichnen können:

Lehrsatz 4. *Damit eine ganze Funktion $F(z)$ der verfeinerten Ordnung $\varrho(r)$ eine Funktion von vollkommen regulärem Wachstum ist, ist es notwendig und hinreichend, daß die Menge ihrer Nullstellen regelmäßig verteilt ist.*

Im Kapitel II haben wir (im Lehrsatz 4) eine asymptotische Darstellung für Funktionen mit regelmäßiger Nullstellenverteilung gegeben.

Aus dieser Darstellung und dem soeben bewiesenen Lehrsatz für Funktionen von vollkommen regulärem Wachstum folgt, daß für alle Werte von θ vielleicht mit Ausnahme von abzählbar vielen der Grenzwert

$$k_F(\theta) = \lim_{r\to\infty} \frac{\arg f(r\,e^{i\theta})}{r^{\varrho(r)}}$$

existiert.

Dasselbe Ergebnis kann man auch für Funktionen der verfeinerten Ordnung $\varrho(r)$ und von vollkommen regulärem Wachstum im Innern eines gewissen Winkels bekommen, doch werden wir darauf nicht näher eingehen.[1])

Bemerkung. *Aus der Bedingung* (B) *folgt leicht, daß die kanonische Darstellung* (1.38) *einer ganzen Funktion $f(z)$ von vollkommen regulärem Wachstum, der ganzzahligen Ordnung ϱ und vom Normaltypus in der Form geschrieben werden kann*

$$f(z) = z^m\, e^{P_\varrho(z)} \lim_{R\to\infty} \prod_{|a_k|<R} \left(1 - \frac{z}{a_k}\right) e^{\frac{z}{a_k} + \frac{z^2}{2a_k^2} + \cdots + \frac{z^{\varrho-1}}{(\varrho-1)\,a_k^{\varrho-1}}},$$

wo m eine nichtnegative ganze Zahl ist und $P_\varrho(z)$ ein Polynom vom Grade nicht größer als ϱ. Insbesondere erlaubt eine ganze Funktion endlichen Grades und von vollkommen regulärem Wachstum die Darstellung

$$f(z) = z^m\, e^{a\,z+b} \lim_{R\to\infty} \prod_{|a_k|<R} \left(1 - \frac{z}{a_k}\right).$$

Die ganze Funktion $f(z)$ läßt sich tatsächlich in der Form

$$f(z) = z^m\, e^{P(z)} \lim_{R\to\infty} \prod_{|a_k|<R} \left(1 - \frac{z}{a_k}\right) e^{\frac{z}{a_k} + \cdots + \frac{z^{\varrho-1}}{(\varrho-1)\,a_k^{\varrho-1}} + \frac{z^\varrho}{\varrho\, a_k^\varrho}}$$

darstellen oder, anders geschrieben,

$$f(z) = z^m\, e^{P(z)} \lim_{R\to\infty} \exp\left\{\left(\sum_{|a_k|<R} a_k^{-\varrho}\right) z^\varrho\right\}$$
$$\times \lim_{R\to\infty} \prod_{|a_k|<R} \left(1 - \frac{z}{a_k}\right) e^{\frac{z}{a_k} + \cdots + \frac{z^{\varrho-1}}{(\varrho-1)\,a_k^{\varrho-1}}}.$$

---

[1]) Siehe A. Pfluger [3].

Um hieraus die nötige Darstellung der Funktion $f(z)$ zu bekommen, braucht man nur die Bedingung (B) zu benutzen.

§ 4. Der Indikator des Produktes zweier Funktionen

In § 15, Kapitel I bemerkten wir schon, daß der Indikator des Produktes zweier im Innern eines Winkels (θ_1, θ_2) holomorphen Funktionen $f(z)$ und $\varphi(z)$ die Summe der Indikatoren der Faktoren nicht übertrifft, d. h., es ist

$$h_{f\varphi}(\theta) \leqq h_f(\theta) + h_\varphi(\theta) \qquad (\theta_1 \leqq \theta \leqq \theta_2)\,. \tag{3.37}$$

Dieselbe Beziehung gilt offensichtlich auch für den verallgemeinerten Indikator, wenn man voraussetzt, daß alle drei Indikatoren für dieselbe verfeinerte Ordnung berechnet sind.

Wir werden zeigen, daß in (3.37) das Gleichheitszeichen steht, wenn einer der Faktoren von vollkommen regulärem Wachstum ist.

Tatsächlich folgt aus dem Satz von V. Bernstein (Lehrsatz 31, Kapitel I), daß die Ungleichung

$$\ln|f(r\,e^{i\,\theta})| > [h_f(\theta) - \varepsilon]\,r^{\varrho(r)}$$

bei jedem festgehaltenen θ $(\theta_1 < \theta \leqq \theta_2)$ auf einer Menge E', welche ein positives oberes relatives Maß hat, erfüllt ist. Wenn einer der Faktoren, z. B. $\varphi(z)$, von vollkommen regulärem Wachstum ist, so gilt für alle Werte von $r > 0$, vielleicht mit Ausnahme einer Menge E^0 vom relativen Maße Null,

$$\ln|\varphi(r\,e^{i\,\theta})| > [h_\varphi(\theta) - \varepsilon]\cdot r^{\varrho(r)}\,.$$

Auf diese Weise ergibt sich für alle Werte von r, die der Menge $E' - E^0 \cap E'$ von positivem oberen relativen Maß angehören,

$$\ln|\varphi(r\,e^{i\theta})\,f(r\,e^{i\theta})| > [h_f(\theta) + h_\varphi(\theta) - 2\,\varepsilon]\,r^{\varrho(r)}\,. \tag{3.38}$$

Vergleichen wir (3.37) und (3.38), so bekommen wir den

Lehrsatz 5. *Wenn $f(z)$ und $\varphi(z)$ zwei im Inneren eines Winkels (θ_1, θ_2) holomorphe Funktionen sind und eine von ihnen von vollkommen regulärem Wachstum, so ist der Indikator des Produktes dieser Funktionen gleich der Summe der Indikatoren der Faktoren.*

Wir bemerken noch, daß das Produkt auf einem gewissen Strahl von vollkommen regulärem Wachstum ist, wenn die beiden Faktoren auf demselben Strahl von vollkommen regulärem Wachstum sind.

Wenn eine ganze Funktion $f(z)$ der Bedingung

$$\lim_{r\to\infty} \frac{\ln M_f(r)}{r^{\varrho(r)}} = 0$$

genügt, so ergibt sich aus dem Hilfssatz 4, Kapitel I unmittelbar

$$\lim_{r\to\infty} \frac{n_f(r)}{r^{\varrho(r)}} = 0\,,$$

und folglich hat die Nullstellenmenge dieser Funktion die Winkeldichte Null. Wenn dabei $\varrho = \lim\limits_{r\to\infty} \varrho(r)$ eine ganze Zahl ist, so erhalten wir noch aus dem Lehrsatz 18, Kapitel I

$$\delta_f = \lim_{r\to\infty} \frac{\delta_f(r)}{L(r)} = 0\,.$$

Auf diese Weise ist die Funktion $f(z)$ auf Grund der Lehrsätze 1 und 2, Kapitel II von vollkommen regulärem Wachstum, wobei ihr Indikator gleich Null ist. Benutzen wir den Lehrsatz 5, so ergibt sich:

Folgerung 1. *Ist $F(z)$ im Innern eines Winkels (θ_1, θ_2) eine holomorphe Funktion der verfeinerten Ordnung $\varrho(r)$ und $\varphi(z)$ eine ganze Funktion, für die*

$$\lim_{r\to\infty} \frac{M_\varphi(r)}{r^{\varrho(r)}} = 0$$

ist, so ist der Indikator des Produktes dieser beiden Funktionen im Innern des Winkels (θ_1, θ_2) gleich dem Indikator der Funktion $F(z)$.

Aus dem Lehrsatz 4 ergibt sich ebenso leicht die

Folgerung 2. *Sind $f(z)$ und $\varphi(z)$ im Innern eines Winkels (θ_1, θ_2) holomorph, und ist $\varphi(z)$ bei einem gewissen $\varrho(r)$ von vollkommen regulärem Wachstum und*

$$\Psi(z) = \frac{f(z)}{\varphi(z)}$$

eine holomorphe Funktion im Innern desselben Winkels, so ist

$$h_\Psi(\theta) = h_f(\theta) - h_\varphi(\theta) \qquad (\theta_1 < \theta < \theta_2)\,.$$

Um diese Gleichung zu bekommen, müssen wir das Produkt $\varphi(z)\cdot\Psi(z)$ betrachten und den Lehrsatz 5 berücksichtigen. Wir bemerken, daß hier wie im Lehrsatz 5 der Fall nicht ausgeschlossen ist, daß ein Indikator oder auch beide Indikatoren verschwinden.

§ 5. Einige Folgerungen aus der verallgemeinerten Jensenschen Formel. Der Fall des trigonometrischen Indikators

In § 1 haben wir gezeigt, daß eine ganze Funktion in der ganzen Ebene von vollkommen regulärem Wachstum ist, wenn sie auf jedem Strahl einer gewissen dichten Strahlenmenge das vollkommen reguläre Wachstum zeigt.

Es ist nicht schwer, ein Beispiel einer ganzen Funktion zu konstruieren, welche auf einer endlichen Strahlenmenge $\left(\arg z = \frac{k\pi}{n},\ k = 1, 2, \ldots, 2n;\ n \text{ beliebig}\right)$ ein vollkommen reguläres Wachstum zeigt, jedoch in keinem Winkel von der Öffnung größer als $\frac{\pi}{n}$ eine Funktion von vollkommen regulärem Wachstum ist.

Es sei nun $\varrho(r)$ eine beliebige verfeinerte Ordnung und r_k eine Wurzel der Gleichung

$$r^{\varrho(r)} = k \qquad (k = 1, 2, \ldots)\,.$$

Es sei n eine ganze Zahl, $n > \varrho$. Die Nullstellenmenge der ganzen Funktion

$$\Phi(z) = \prod_{k=1}^{\infty}\left(1 - \frac{z^{2n}}{r_k^{2n}}\right)$$

hat eine Winkeldichte. Außerdem ist $\delta_\Phi = 0$. Also ist $\Phi(z)$ von vollkommen regulärem Wachstum.

Wir markieren die Punkte r_k, welche in die offenen Intervalle $(2^{2m-1}, 2^{2m})$ $(m = 1, 2, \ldots)$ fallen, numerieren sie in der Reihenfolge der wachsenden absoluten Beträge um und bezeichnen sie mit $\{a_p\}$.

Analog bezeichnen wir mit $\{b_p\}$ die Menge der Punkte r_k, welche in die Intervalle $(2^{2m}, 2^{2m+1})$ fallen, und setzen

$$\Psi(z) = \prod_{p=1}^{\infty}\left(1 - \frac{z^n}{a_p^n}\right)^2 \cdot \prod_{p=1}^{\infty}\left(1 + \frac{z^n}{b_p^n}\right)^2.$$

Die Nullstellenmenge der Funktion $\Psi(z)$ hat keine Winkeldichte in einem Winkel, der irgendeinen der Strahlen $\arg z = \frac{k\pi}{n}$ $(k = 0, 1, 2, \ldots, 2n-1)$ enthält, deshalb ist die Funktion $\Psi(z)$ in keinem dieser Winkel von vollkommen regulärem Wachstum. Wir bekommen jedoch auf jedem Strahl der Gestalt $\arg z = \frac{2k+1}{2n}\pi$ $(k = 0, 1, 2, \ldots, n-1)$

$$|\Psi(z)| = |\Phi(z)|,$$

und folglich ist auf diesen Strahlen die Funktion $\Psi(z)$ von vollkommen regulärem Wachstum. Auf diese Weise liefert die Funktion $\Psi(z)$ das erforderliche Beispiel.

Anders liegt die Sache, wenn man zusätzlich verlangt, daß der Indikator des Wachstums der Funktion $f(z)$ im Innern eines Winkels $[\alpha, \beta]$ trigonometrisch ist, d. h., daß

$$h_f(\theta) = A\cos\theta + B\sin\theta \qquad (\alpha \leqq \theta \leqq \beta)$$

ist. Um in diesem Fall die Frage nach dem Verhalten der Funktion im Innern des Winkels $[\alpha, \beta]$ zu untersuchen, transformieren wir die Formel (3.04), indem wir auf den beiden Seiten der Ungleichung nach ϑ zwischen den Grenzen φ_1 und φ_2 und nach θ zwischen den Grenzen φ_2 und φ_3 integrieren $(\alpha < \varphi_1 < \varphi_2 < \varphi_3 < \beta)$. So bekommen wir die Gleichung

$$\begin{aligned} 2\pi \cdot \int_{\varphi_2}^{\varphi_3}\int_{\varphi_1}^{\varphi_2} N_F(r, \vartheta, \theta)\, d\vartheta\, d\theta &= \int_0^r [J_F^t(\varphi_3)(\varphi_2 - \varphi_1) + J_F^t(\varphi_2)(\varphi_1 - \varphi_3) + J_F^t(\varphi_1)(\varphi_3 - \varphi_2)]\frac{dt}{t} \\ &+ \int_{\varphi_2}^{\varphi_3}\int_{\varphi_1}^{\varphi_2}\int_{\vartheta}^{\theta} \ln|F(r\,e^{i\varphi})|\, d\varphi\, d\vartheta\, d\theta\,. \end{aligned} \tag{3.39}$$

Um die rechte Seite von (3.39) abzuschätzen, bemerken wir, daß asymptotisch

$$\ln |F(t\, e^{i\varphi})| < \left[h_F(\varphi) + \frac{\varepsilon}{2}\right] \cdot t^{\varrho(t)} \qquad (\varepsilon > 0)$$

gilt, und folglich gilt asymptotisch für $\varrho > 0$

$$J_F^r(\varphi) = \int_0^r \frac{\ln |F(t\, e^{i\varphi})|}{t}\, dt < o(r^{\varrho(r)}) + \left[h_f(\varphi) + \frac{\varepsilon}{2}\right] \int_0^r t^{\varrho(t)-1}\, dt < \frac{1}{\varrho}\, [h_F(\varphi) + \varepsilon] \cdot r^{\varrho(r)}.$$

Hieraus folgt leicht

$$\overline{\lim_{r\to\infty}}\, r^{-\varrho(r)} \cdot \int_0^r J_F^t(\varphi)\, \frac{dt}{t} \leqq \varrho^{-2}\, h_F(\varphi). \tag{3.40}$$

Außerdem folgt aus dem Hilfssatz 2, daß für $F(z)$, die auf dem Strahl $\arg z = \varphi_2$ von vollkommen regulärem Wachstum sind,

$$\lim_{r\to\infty} r^{-\varrho(r)} \int_0^r J_F^t(\varphi_2)\, \frac{dt}{t} = \varrho^{-2}\, h_f(\varphi_2) \tag{3.41}$$

gilt.

Aus (3.39), (3.40) und (3.41) bekommen wir bei beliebigem $\varepsilon > 0$

$$\overline{\lim_{r\to\infty}}\, 2\pi\, r^{-\varrho(r)} \int_{\varphi_2}^{\varphi_3}\int_{\varphi_1}^{\varphi_2} N_F(r, \vartheta, \theta)\, d\vartheta\, d\theta \leqq \varrho^{-2}\, [h_F(\varphi_3)\, (\varphi_2 - \varphi_1) + h_F(\varphi_2)\, (\varphi_1 - \varphi_3)$$
$$+ h_F(\varphi_1)\, (\varphi_3 - \varphi_2)] + \int_{\varphi_2}^{\varphi_3}\int_{\varphi_1}^{\varphi_2}\int_{\vartheta}^{\theta} h_F(\varphi)\, d\varphi\, d\vartheta\, d\theta\,. \tag{3.42}$$

Ersetzen wir auf der linken Seite der Gleichung den oberen Grenzwert durch den unteren, so wird das Gleichheitszeichen in (3.42), wie wir es zeigen werden, nur für Funktionen von vollkommen regulärem Wachstum erreicht.

Hilfssatz 5. *Ist die Funktion $F(z)$ holomorph und von der verfeinerten Ordnung $\varrho(r)$ für $\alpha \leqq \arg z \leqq \beta$ und von vollkommen regulärem Wachstum auf einem gewissen Strahl $\arg z = \varphi_2$ $(\alpha < \varphi_2 < \beta)$, und ist für $\alpha < \varphi_1 < \varphi_2 < \varphi_3 < \beta$*

$$2\pi \underline{\lim_{r\to\infty}}\, r^{-\varrho(r)} \cdot \int_{\varphi_2}^{\varphi_3}\int_{\varphi_1}^{\varphi_2} N_F(r, \vartheta, \theta)\, d\vartheta\, d\theta = \varrho^{-2}\, \{h_F(\varphi_3)\, (\varphi_2 - \varphi_1) + h_F(\varphi_2)\, (\varphi_1 - \varphi_3)$$
$$+ h_F(\varphi_1)\, (\varphi_3 - \varphi_2)\} + \int_{\varphi_2}^{\varphi_3}\int_{\varphi_1}^{\varphi_2}\int_{\theta}^{\theta} h_F(\varphi)\, d\varphi\, d\vartheta\, d\theta\,,$$

so ist $F(z)$ von vollkommen regulärem Wachstum im Innern des Winkels $\alpha \leqq \varphi \leqq \beta$.

Beweis. Zuerst bemerken wir, daß man in der Formulierung des Hilfssatzes den unteren Grenzwert infolge (3.42) durch den Grenzwert überhaupt ersetzen muß. Aus der Gleichung (3.39) ergibt sich, falls die Voraussetzungen des Hilfssatzes erfüllt sind,

$$\lim_{r\to\infty}\left\{\left[r^{-\varrho(r)}\int_0^r J_F^t(\varphi_3)\frac{dt}{t}-\varrho^{-2}h_F(\varphi_3)\right](\varphi_2-\varphi_1)\right.$$

$$+\left[r^{-\varrho(r)}\int_0^r J_F^t(\varphi_2)\frac{dt}{t}-\varrho^{-2}h_F(\varphi_2)\right](\varphi_1-\varphi_3)$$

$$+\left[r^{-\varrho(r)}\int_0^r J_F^t(\varphi_1)\frac{dt}{t}-\varrho^{-2}h_F(\varphi_1)\right](\varphi_3-\varphi_2)$$

$$\left.+\int_{\varphi_2}^{\varphi_3}\int_{\varphi_1}^{\varphi_2}\int_{\vartheta}^{\theta}[h_{F,r}(\varphi)-h_F(\varphi)]\,d\varphi\,d\vartheta\,d\theta\right\}=0\,.$$

Aus (3.40), (3.41) und der asymptotischen Ungleichung

$$h_{F,r}(\theta)<h_F(\theta)+\varepsilon\qquad(\varepsilon>0)$$

folgt leicht, daß die oberen Grenzwerte aller 4 Summanden nichtpositiv sind. Bringen wir alle Summanden außer dem einen auf die rechte Seite, so überzeugen wir uns, daß der untere Grenzwert dieses Summanden nichtnegativ ist.

Auf diese Weise haben alle Summanden den Grenzwert Null, d. h.

$$\lim_{r\to\infty} r^{-\varrho(r)}\int_0^r J_F^t(\varphi)\frac{dt}{t}=\varrho^{-2}h_F(\varphi)\,,$$

$$\lim_{r\to\infty}\int_{\varphi_2}^{\varphi_3}\int_{\varphi_1}^{\varphi_2}\int_{\vartheta}^{\theta}[h_{F,r}(\varphi)-h_F(\varphi)]\,d\varphi\,d\vartheta\,d\theta=0\quad(\alpha<\varphi<\beta)\,.$$

Aus dem Hilfssatz 3 und der ersten Gleichung folgt, daß $F(z)$ im Inneren des Winkels $\alpha<\arg z<\beta$ von vollkommen regulärem Wachstum ist.

Der Hilfssatz ist somit bewiesen. Wir formulieren jetzt den Lehrsatz über Funktionen mit dem trigonometrischen Indikator.

Lehrsatz 6. *Wenn eine Funktion $F(z)$, die holomorph und der verfeinerten Ordnung $\varrho(r)$ ist, im Innern eines Winkels $\alpha<\arg z<\beta$ einen trigonometrischen Indikator hat, und wenn sie dabei auf einem gewissen Strahl im Innern dieses Winkels von vollkommen regulärem Wachstum ist, so ist sie im Inneren dieses Winkels von vollkommen regulärem Wachstum.*

Beweis. Wir gehen von der Ungleichung (3.42) aus. Die rechte Seite dieser Ungleichung kann in der Form geschrieben werden:

$$\varrho^{-2}\int_{\varphi_2}^{\varphi_3}\int_{\varphi_1}^{\varphi_2}[s_F(\theta)-s_F(\vartheta)]\,d\vartheta\,d\theta\,,$$

wo

$$s_F(\varphi) = h'_F(\varphi) + \varrho^2 \int^{\varphi} h(\psi)\, d\psi$$

ist. Bei dem trigonometrischen Indikator ist $s_F(\varphi) = \text{const}$, und folglich ist die rechte Seite von (3.42) gleich Null. Da $N(r, \vartheta, \theta)$ eine nichtnegative Größe ist, ist offensichtlich

$$\lim_{r\to\infty} r^{-\varrho(r)} \int_{\varphi_2}^{\varphi_3}\int_{\varphi_1}^{\varphi_2} N(r, \vartheta, \theta)\, d\vartheta\, d\theta = 0\,.$$

Auf diese Weise sind die Voraussetzungen des Hilfssatzes 5 erfüllt, und folglich ist $F(z)$ von vollkommen regulärem Wachstum im Innern des Winkels (α, β).

Wir bemerken, daß bei dem trigonometrischen Indikator aus (3.25) und (3.26)

$$\lim_{r\to\infty} \frac{n\,(r, \vartheta, \theta)}{r^{\varrho(r)}} = 0$$

folgt. Der Lehrsatz ist somit bewiesen.

Die Forderung, daß die Funktion $F(z)$ auf einem gewissen Strahl *im Innern* des Winkels, in dem der Indikator trigonometrisch ist, von vollkommen regulärem Wachstum sein soll, kann abgeschwächt werden. Es gilt der folgende

Lehrsatz 7. *Ist eine Funktion holomorph und der verfeinerten Ordnung* $\varrho(r)$ *bei* $\alpha < \theta < \beta$ *und hat sie einen trigonometrischen Indikator im Inneren des Winkels* $\alpha < \theta_1 \leqq \theta \leqq \theta_2 < \beta$, *und ist sie dabei von vollkommen regulärem Wachstum auf dem Strahl* $\arg z = \theta_1$, *wobei* $h'_F(\theta_1 - 0) = h'_F(\theta_1 + 0)$ *ist, so ist sie von vollkommen regulärem Wachstum im Innern des Winkels* $\theta_1 \leqq \theta \leqq \theta_2$.

Beweis. Aus der Formel (3.39) folgt unmittelbar

$$\int_0^r [J^t_F(\varphi_3)\,(\varphi_2 - \varphi_1) + J^t_F(\varphi_2)\,(\varphi_1 - \varphi_3) + J^t_F(\varphi_1)\,(\varphi_3 - \varphi_2)]\,\frac{dt}{t}$$

$$+ \int_{\varphi_2}^{\varphi_3}\int_{\varphi_1}^{\varphi_2}\int_{\vartheta}^{\theta} \ln |F(r\, e^{i\varphi})|\, d\varphi\, d\vartheta\, d\theta \geqq 0 \qquad (\varphi_1 < \varphi_2 < \varphi_3)\,.$$

Diese Ungleichung schreiben wir in die Form

$$(\varphi_2 - \varphi_1) \int_0^r J^t_F\,(\varphi_3)\,\frac{dt}{t} \geqq (\varphi_3 - \varphi_1) \int_0^r J^t_F(\varphi_2)\,\frac{dt}{t}$$

$$- (\varphi_3 - \varphi_2) \int_0^r J^t_F(\varphi_1)\,\frac{dt}{t} - \int_{\varphi_2}^{\varphi_3}\int_{\varphi_1}^{\varphi_2}\int_{\vartheta}^{\theta} \ln |F(r\, e^{i\varphi})|\, d\varphi\, d\vartheta\, d\theta$$

um.

Setzen wir $\varphi_2 = \theta_1$, $\theta_1 < \varphi_3 < \theta_2$ und $\alpha < \varphi_1 < \theta_1$. Da die Funktion $F(z)$ auf dem Strahl $\arg z = \varphi_2$ von vollkommen regulärem Wachstum ist, kann man den Hilfssatz 2 anwenden, und wir bekommen

$$(\varphi_2 - \varphi_1) \varliminf_{r\to\infty} r^{-\varrho(r)} \int_0^r J_F^t(\varphi_3) \frac{dt}{t} \geqq \frac{1}{\varrho^2} h_F(\varphi_2)(\varphi_3 - \varphi_1)$$

$$- (\varphi_3 - \varphi_2) \varlimsup_{r\to\infty} r^{-\varrho(r)} \int_0^r J_F^t(\varphi_1) \frac{dt}{t} - \varlimsup_{r\to\infty} \int_{\varphi_2}^{\varphi_3} \int_{\varphi_1}^{\varphi_2} \int_{\vartheta}^{\theta} h_{F,r}(\varphi)\, d\varphi\, d\vartheta\, d\theta .$$

Hieraus und aus den asymptotischen Ungleichungen

$$r^{-\varrho(r)} \int_0^r J_F^t(\varphi_1) \frac{dt}{t} < \frac{1}{\varrho^2} h_F(\varphi_1) + \varepsilon , \quad h_{F,r}(\varphi) < h_F(\varphi) + \varepsilon$$

folgt

$$(\varphi_2 - \varphi_1) \varliminf_{r\to\infty} r^{-\varrho(r)} \int_0^r J_F^t(\varphi_3) \frac{dt}{t}$$

$$\geqq \frac{1}{\varrho^2} [h_F(\varphi_2)(\varphi_3 - \varphi_1) - h_F(\varphi_1)(\varphi_3 - \varphi_2)] - \int_{\varphi_2}^{\varphi_3} \int_{\varphi_1}^{\varphi_2} \int_{\vartheta}^{\theta} h_F(\varphi)\, d\varphi\, d\vartheta\, d\theta .$$

Diese Ungleichung ist für beliebige $\varphi_1 < \varphi_2$ und $\varphi_2 < \varphi_3 < \theta_2$ richtig. Dividieren wir sie durch $\varphi_2 - \varphi_1$, und gehen wir zum Grenzwert bei $\varphi_1 \to \varphi_2$ über, so bekommen wir

$$\varliminf_{r\to\infty} r^{-\varrho(r)} \int_0^r J_F^t(\varphi_3) \frac{dt}{t}$$

$$\geqq \frac{1}{\varrho^2} \left\{ h_F(\varphi_2) + h_F'(\varphi_2 - 0)(\varphi_3 - \varphi_2) - \varrho^2 \int_{\varphi_2}^{\varphi_3} \int_{\varphi_2}^{\theta} h_F(\varphi)\, d\varphi\, d\theta \right\} .$$

Berücksichtigen wir, daß $h_F'(\varphi_2 + 0) = h_F'(\varphi_2 - 0)$ ist, so bekommen wir

$$\varliminf_{r\to\infty} r^{-\varrho(r)} \int_0^r J_F(\varphi_3) \frac{dt}{t}$$

$$\geqq \frac{1}{\varrho^2} \left\{ h_F(\varphi_2) + h_F'(\varphi_2 + 0)(\varphi_3 - \varphi_2) - \varrho^2 \int_{\varphi_2}^{\varphi_3} \int_{\varphi_2}^{\theta} h_F(\varphi)\, d\varphi\, d\theta \right\} .$$

Da für $\varphi_2 \leqq \varphi \leqq \theta_2$ laut Voraussetzung

$$h_F(\varphi) = A \cos \varrho(\varphi - \varphi_0)$$

ist, ergibt die letzte Ungleichung

$$\varliminf_{r\to\infty} r^{-\varrho(r)} \int_0^r J_F^t(\varphi_3)\frac{dt}{t} \geqq \frac{1}{\varrho^2} h_F(\varphi_3)\,.$$

Vergleichen wir dieses Ergebnis mit (3.06), so überzeugen wir uns, daß für $\theta_1 \leqq \varphi \leqq \theta_2$ der Grenzwert

$$\lim_{r\to\infty} r^{-\varrho(r)} \int_0^r J_F^t(\varphi)\,\frac{dt}{t} = \frac{1}{\varrho^2}\, h_F(\varphi)$$

existiert.

Nach dem Lehrsatz 2 folgt hieraus, daß $F(z)$ von vollkommen regulärem Wachstum im Innern des Winkels $\theta_1 \leqq \arg z \leqq \theta_2$ ist. Der Lehrsatz ist somit bewiesen.

Die Formel (3.39) gibt uns die Möglichkeit, noch einige Schlüsse über die Verteilung der Nullstellen auf den Strahlen des vollkommen regulären Wachstums zu ziehen. Wir bezeichnen mit $p(t, \varphi)$ die Anzahl der Nullstellen der Funktion $F(z)$ auf dem Strahl $\arg z = \varphi$, deren absoluter Betrag die Zahl $t > 0$ nicht übertrifft, und mit $P(r, \varphi)$ das Integral

$$P(r, \varphi) = \int_0^r \frac{p(t, \varphi)}{t}\, dt\,.$$

Offensichtlich ist für $\vartheta < \varphi < \theta$

$$N(r, \vartheta, \theta) \geqq P(r, \varphi)\,.$$

Ist die Funktion $F(z)$ von vollkommen regulärem Wachstum auf dem Strahl $\arg z = \varphi$, so setzen wir in der Formel (3.42) $\varphi_1 = \varphi - k$, $\varphi_2 = \varphi$, $\varphi_3 = \varphi + k$ $(k > 0)$ und bekommen die Ungleichung

$$k^2 \varlimsup_{r\to\infty} \frac{P(r, \varphi)}{r^{\varrho(r)}} \leqq \varrho^{-2}\, k\, \{h(\varphi + k) - 2\, h(\varphi) + h(\varphi + k)\}$$
$$+ \int_{\varphi}^{\varphi+k} \int_{\varphi-k}^{\varphi} \int_{\vartheta}^{\theta} h(\tau)\, d\tau\, d\vartheta\, d\theta\,.$$

Hieraus folgt unmittelbar der

Lehrsatz 8. *Ist eine Funktion $F(z)$ im Inneren eines Winkels, der den Strahl $\arg z = \varphi$ enthält, holomorph und der verfeinerten Ordnung $\varrho(r)$, und ist sie auf diesem Strahl von vollkommen regulärem Wachstum, so ist*

$$\varlimsup_{r\to\infty} \frac{P(r, \varphi)}{r^{\varrho(r)}} \leqq \frac{1}{2\,\pi\,\varrho^2} \cdot [h_F'(\varphi + 0) - h_F'(\varphi - 0)]\,.$$

Wir erinnern daran, daß für eine Funktion der Ordnung Eins die Größe $h_F'(\varphi + 0) - h_F'(\varphi - 0)$ eine einfache geometrische Bedeutung hat. Diese Größe ist gleich der Länge des geradlinigen Abschnitts des Randes des Indikatordiagramms, dessen äußere Normale die Richtung $\arg z = \varphi$ hat.

Wir bemerken auch, daß der Lehrsatz richtig bleibt, wenn man unter $P(r, \varphi)$ die Anzahl der Nullstellen im Durchschnitt des Kreises $|z| \leqq r$ und eines gewissen Gebietes versteht, welches fast ganz[1]) im Innern jedes den Strahl $\arg z = \varphi$ enthaltenden Winkels liegt. Ein derartiges Gebiet ist zum Beispiel eine Parabel, deren Achse die Richtung dieses Strahls hat.

Die Forderung, daß $F(z)$ auf dem Strahl $\arg z = \varphi$ von vollkommen regulärem Wachstum ist, ist wesentlich. Im Kapitel V werden wir eine Funktion endlichen Grades von nichtregelmäßigem Wachstum konstruieren, für die

$$\overline{\lim_{r \to \infty}} \frac{P(r, 0)}{r} = 1$$

ist, und das Indikatordiagramm keine geradlinigen Abschnitte parallel der imaginären Achse hat (siehe Seite 254).

---

[1]) Der Ausdruck „fast ganz" ist hier zu verstehen: „ganz, vielleicht mit Ausnahme eines endlichen Gebietes".

KAPITEL IV

EINDEUTIGKEIT, INTERPOLATION UND VOLLSTÄNDIGKEIT

In diesem Kapitel werden wir den in den vorhergehenden Kapiteln entwickelten Apparat auf die Fragen der eindeutigen Bestimmung einer ganzen Funktion, der Interpolation mit Hilfe von ganzen Funktionen und der Vollständigkeit eines Funktionensystems in der komplexen Ebene anwenden. Diese Fragen sind, wie wir sehen werden, miteinander eng verbunden. Mit der Interpolation ist auch die Frage der Abhängigkeit des asymptotischen Verhaltens einer ganzen Funktion in der ganzen Ebene von ihrem asymptotischen Verhalten auf einer gewissen gegen Unendlich strebenden Punktfolge verbunden.

Die ersten drei Paragraphen dieses Kapitels sind den Eindeutigkeitsfragen gewidmet. Die allgemeine Fragestellung, die die Eindeutigkeit betrifft, wird folgendermaßen formuliert:

Eine holomorphe Funktion $f(z)$ gehöre einer bestimmten linearen Klasse an, z. B., sie sei nicht höherer Ordnung als ϱ und vom Normaltypus. Wie muß ein System linearer Funktionale Λ_n ($n = 1, 2, \ldots$) beschaffen sein, damit die Funktion $f(z)$ durch die Werte $a_n = \Lambda_n(f)$ eindeutig bestimmt ist.[1]) Als Funktionale kann man z. B. die Werte der Funktion in gewissen Punkten wählen, d. h. $\Lambda_n(f) = f(z_n)$. Eine Punktmenge $\{z_n\}$, welche so beschaffen ist, daß aus der Übereinstimmung auf ihr von zwei Funktionen einer bestimmten Klasse ihre identische Gleichheit folgt, werden wir eine Eindeutigkeitsmenge der betreffenden Klasse nennen.

Nach einem bekannten Satz der Funktionentheorie erscheint eine Punktmenge, welche einen Häufungspunkt in einem gewissen Gebiet G hat, als eine Eindeutigkeitsmenge für alle in diesem Gebiet holomorphen Funktionen. Deshalb sind Eindeutigkeitsmengen mit einem Häufungspunkt im Unendlichen vom besonderen Interesse für die Klassen ganzer Funktionen. Die entsprechenden Eindeutigkeitssätze besagen, daß eine „nicht zu schnell wachsende Funktion" auf einer „genügend dichten" Punktmenge nicht verschwinden kann, ohne identisch Null zu sein. Auf diese Weise kann man diese Lehrsätze als eine Verallgemeinerung des bekannten Lehrsatzes über die Polynome betrachten:

Ein nicht identisch verschwindendes Polynom vom Grad nicht größer als n kann nicht mehr als n Nullstellen haben. Lehrsätze dieser Art gibt es auch für Funktionen, welche im Inneren eines gewissen Winkels holomorph sind.

---

[1]) Diese Fragestellung die Eindeutigkeit betreffend verdankt man A. O. Gelfond [2] und W. L. Gontscharow [1].

Als ein typischer Eindeutigkeitssatz dieser Art erscheint folgender Satz von CARLSON [1], welcher eine Rolle bei den Fragen der Interpolation spielt.

Verschwindet eine holomorphe Funktion $f(z)$ endlichen Grades in der Halbebene $\operatorname{Re} z > 0$ in den ganzzahligen Punkten $n = 1, 2, 3, \ldots$, und ist dabei die Breite ihres Indikatordiagramms $h_f\left(\frac{\pi}{2}\right) + h_f\left(-\frac{\pi}{2}\right)$ kleiner als 2π, so ist $f(z) \equiv 0$.

Dieser Lehrsatz ist genau, da die Funktion $\sin \pi z$ in allen ganzzahligen Punkten verschwindet, und die Breite ihres Indikatordiagramms genau gleich 2π ist.[1]) In den §§ 2 und 3 werden wir Lehrsätze derselben Art jedoch bedeutend allgemeiner beweisen.

Bei einem großen Teil dieser Lehrsätze wird die Klasse der Funktionen von vollkommen regulärem Wachstum eine besondere Rolle spielen. Sie bilden eine Klasse von ,,Grenzfunktionen", die bei gegebenem Wachstum die größte Nullstellendichte besitzen. Zur Erläuterung dieser besonderen Rolle bringen wir den Lehrsatz 3 aus § 2:

Die Nullstellenmenge jeder nicht identisch verschwindenden ganzen Funktion der verfeinerten Ordnung $\varrho(r)$ genügt der Ungleichung

$$\varliminf_{r\to\infty} \frac{n_f(r)}{r^{\varrho(r)}} \leqq \frac{\varrho}{2\pi} \int_0^{2\pi} h_f(\theta)\, d\theta .$$

Das Gleichheitszeichen steht für alle ganzen Funktionen von vollkommen regulärem Wachstum, und zwar nur für diese.

Diese charakteristische extremale Eigenschaft der ganzen Funktionen von vollkommen regulärem Wachstum kann man auch als ihre Definition nehmen. Auf diese Weise sind ganze Funktionen von vollkommen regulärem Wachstum Funktionen, die bei einer gegebenen verfeinerten Ordnung und einem vorgegebenen Indikator die größte untere Dichte der Nullstellenmenge haben.

Analoge Sätze werden für Funktionen endlicher Ordnung, welche in einem gewissen Winkel holomorph sind, bewiesen.

In § 3 bringen wir Lehrsätze, in welchen die Eindeutigkeitsmenge eine regelmäßige Menge oder eine in einem Winkel gelegene Menge mit einer Winkeldichte ist.

Mit der Frage der eindeutigen Bestimmtheit einer ganzen Funktion durch ihre Werte auf einer Punktmenge ist naturgemäß die Frage nach der Auffindung einer ganzen Funktion aus diesen Werten verbunden. Diese Aufgabe wird mit Hilfe von Interpolationsreihen gelöst. Wir untersuchen hier die Frage der Darstellbarkeit einer ganzen Funktion durch die Interpolationsreihe von LAGRANGE,

---

[1]) Zum Beweis dieses Lehrsatzes genügt es zu bemerken, daß zu einer Funktion $f(z)$, welche den Bedingungen des Lehrsatzes genügt und nicht identisch verschwindet, der Quotient $\varphi(z) = \frac{z\, f(z)}{\sin \pi z}$ in der Halbebene $\operatorname{Re} z \geqq 0$ eine Funktion endlichen Grades mit dem Indikator $h_\varphi(\theta) = h_f(\theta) - \pi\,|\sin\theta|$ ist. Auf diese Weise wäre $h_\varphi\left(\frac{\pi}{2}\right) + h_\varphi\left(-\frac{\pi}{2}\right) < 0$, was der Eigenschaft h) des Indikators des Wachstums (§ 16, Kapitel I) widerspricht.

wobei wir zur Menge der Interpolationsknoten eine gewisse R-Menge (siehe § 1, Kapitel II) wählen. Dank dieser Einschränkung bekommen wir Ergebnisse vom abgeschlossenen Charakter.

Die Frage nach der eindeutigen Bestimmung einer ganzen Funktion ist mit der Frage nach der Vollständigkeit eines Systems holomorpher Funktionen in einem gewissen Gebiet verbunden. Diese Verbindung ist ziemlich vollständig in der Arbeit von A. I. Markuschewitsch [2] untersucht worden. Er hat festgestellt, daß jeder Lehrsatz über die Eindeutigkeit einen Lehrsatz über die Vollständigkeit erzeugt und umgekehrt.

In § 6 bringen wir den Lehrsatz über den Zusammenhang zwischen der Vollständigkeit und der Eindeutigkeit, und in § 7 bekommen wir unter Benutzung dieses Zusammenhanges und der in den ersten Paragraphen bewiesenen Eindeutigkeitssätze einige Lehrsätze über die Vollständigkeit eines Funktionensystems.

§ 1. Eindeutigkeitssätze für ganze Funktionen endlicher Ordnung

Man kann die Eindeutigkeitssätze, wie bereits gezeigt wurde, mit einer dem Wachstum einer ganzen (oder im Innern eines Winkels holomorphen) Funktion auferlegten Einschränkung formulieren. Aus dem Verschwinden dieser Funktion auf einer Menge von großer (gewöhnlicher, oberer oder unterer) Dichte folgt, daß sie identisch Null ist.

Offensichtlich kann man für jeden dieser Sätze eine äquivalente Formulierung geben, welche darin besteht, daß bei Funktionen, die nicht identisch verschwinden, die Dichte der Nullstellenmenge eine von ihrem Wachstum abhängige Größe nicht übertrifft. Es ist naturgemäß, solche Abschätzungen für die Dichte der Nullstellenmenge einer ganzen Funktion endlicher Ordnung zu bekommen, indem man vom Lehrsatz von Jensen ausgeht (vgl. Hilfssatz 4, Kapitel I).

Lehrsatz 1. *$f(z)$ sei eine ganze Funktion der verfeinerten Ordnung $\varrho(r)$ ($\varrho > 0$), die nicht identisch verschwindet, $n_f(r)$ sei die Anzahl der von Null verschiedenen Nullstellen der Funktion $f(z)$ im Kreise vom Radius r, und es sei*

$$N_f(r) = \int_0^r \frac{n_f(t)}{t}\,dt\,. \tag{4.00}$$

Dann ist

$$\overline{\lim_{r\to\infty}}\,\frac{N_f(r)}{r^{\varrho(r)}} \leqq \frac{1}{2\pi}\int_0^{2\pi} h_f(\theta)\,d\theta\,. \tag{4.01}$$

Beweis. Nach dem Lehrsatz von Jensen [1]) bekommen wir die Gleichung

$$\frac{N_f(r)}{r^{\varrho(r)}} = \frac{1}{2\pi}\int_0^{2\pi} h_{f,r}(\theta)\,d\theta - \frac{\ln|f(0)|}{r^{\varrho(r)}}\,. \tag{4.02}$$

---

[1]) Ist $f(0) = 0$, so muß man den Lehrsatz von Jensen auf die Funktion $\frac{f(z)}{z^m}$ anwenden, wo m die Vielfachheit der Nullstelle 0 ist.

Die rechte Seite dieser Gleichung kann leicht abgeschätzt werden, wenn man die asymptotische Ungleichung

$$h_{f,r}(\theta) < h_f(\theta) + \varepsilon \tag{4.03}$$

benutzt, welche im Lehrsatz 28, Kapitel I bewiesen wurde. Aus (4.02) und (4.03) folgt unmittelbar die Behauptung des Lehrsatzes.

Lehrsatz 2. *Sind die Voraussetzungen des Lehrsatzes* 1 *erfüllt, so besteht die Ungleichung*

$$\overline{\lim_{r\to\infty}} \frac{n_f(r)}{r^{\varrho(r)}} \leqq \frac{e\,\varrho}{2\pi} \int\limits_0^{2\pi} h_f(\theta)\,d\theta\,. \tag{4.04}$$

Beweis. Aus der Monotonie der Funktion $n_f(t)$ folgt leicht die Ungleichung

$$\frac{n_f(r)}{r^{\varrho(r)}} \leqq \frac{\varrho}{r^{\varrho(r)}} \int\limits_r^{e^{1/\varrho} r} \frac{n_f(t)}{t}\,dt \leqq \varrho\, \frac{N_f(e^{1/\varrho} r)}{r^{\varrho(r)}}\,, \tag{4.05}$$

aus welcher sich

$$\overline{\lim_{r\to\infty}} \frac{n_f(r)}{r^{\varrho(r)}} \leqq e\,\varrho\, \overline{\lim_{r\to\infty}} \frac{N_f(r)}{r^{\varrho(r)}} \tag{4.06}$$

ergibt.

Die Ungleichung (4.04) folgt direkt aus (4.06) und dem Lehrsatz 1.

Wir werden jetzt zeigen, daß die Ungleichung (4.04) genau ist, darüber hinaus werden wir zeigen, daß eine ganze Funktion existiert, für die in (4.04) das Gleichheitszeichen steht.

Zur Konstruktion einer solchen Funktion ist es nützlich zu vermerken, daß das Gleichheitszeichen in (4.04) nur für Funktionen von ziemlich unregelmäßigem Wachstum erreicht werden kann. Das Gleichheitszeichen in (4.05) kann auf der linken Seite tatsächlich nur dann stehen, wenn die Funktion $f(z)$ keine Nullstellen im Kreisring $r < |z| < e^{1/\varrho}\, r$ hat. Auf der rechten Seite von (4.05) kann das Gleichheitszeichen nur dann stehen, wenn $f(z)$ keine Nullstellen im Kreise $|z| < r$ hat. Aus diesen Bemerkungen folgt, daß das Gleichheitszeichen in (4.04) nur dann möglich ist, wenn die Funktion $n(r)$ auf kurzen Intervallen wächst, welche auf der positiven reellen Achse selten vorkommen.

Nach diesen Vorbemerkungen gehen wir zur Konstruktion des Beispiels einer Funktion über, für welche in (4.04) das Gleichheitszeichen steht. Wir beschränken uns dabei auf den Fall einer ganzen Funktion vom Normaltypus bei der gewöhnlichen Ordnung ϱ.

Beispiel. Wir definieren eine Folge ganzer Zahlen $n_p = 2^{2^p}$ und konstruieren die Funktion

$$f(z) = \prod_{p=1}^{\infty} \left[1 - \left(\frac{z}{n_p^{1/\varrho}}\right)^{n_p}\right]. \tag{4.07}$$

Für $n_k^{1/\varrho} < r < n_{k+1}^{1/\varrho}$ bekommen wir

$$n(r) = 2^2 + 2^4 + \cdots + 2^{2^k} = n_k\,(1 + \varepsilon_k)\,,$$

wo $\varepsilon_k < (k-1)\,2^{-2^{k-1}}$ ist.

Auf diese Weise ist

$$\overline{\lim_{r\to\infty}}\, \frac{n(r)}{r^\varrho} = 1\,. \tag{4.08}$$

Anderseits ist aber

$$\ln|f(z)| = \sum_{p=1}^{k-1} \ln\left|1 - \left(\frac{z}{n_p^{1/\varrho}}\right)^{n_p}\right| + \ln\left|1 - \left(\frac{z^\varrho}{n_k}\right)^{\frac{n_k}{\varrho}}\right| + \sum_{p=k+1}^{\infty} \ln\left|1 - \left(\frac{z}{n_p^{1/\varrho}}\right)^{n_p}\right|\,. \tag{4.09}$$

Für $n_k^{1/\varrho} < r < n_{k+1}^{1/\varrho}$ erhalten wir

$$\sum_{p=1}^{k-1} \ln\left|1 - \left(\frac{z^\varrho}{n_p}\right)^{\frac{n_p}{\varrho}}\right| < \left(\sum_{p=1}^{k-1} n_p\right) \ln 2\,r < 2\,n_{k-1} \ln 2\,r < 2\,r^{\varrho/2} \ln 2\,r = o(r^\varrho)\,. \tag{4.10}$$

Ist $p \geqq k+2$, so gilt asymptotisch $r\,n_p^{-1/\varrho} < \frac{1}{2}$, und aus der Ungleichung

$$|\ln(1-u)| < \frac{|u|}{1-|u|} < 2\,|u|\,,$$

die für $|u| < \frac{1}{2}$ richtig ist, folgt

$$\sum_{p=k+1}^{\infty} \ln\left|1 - \left(\frac{z^\varrho}{n_p}\right)^{\frac{n_p}{\varrho}}\right| < \ln 2 + 2 \cdot \sum_{p=k+2}^{\infty} \left(\frac{r^\varrho}{n_p}\right)^{\frac{n_p}{\varrho}} < \ln 2 + 1\,. \tag{4.11}$$

Vergleichen wir (4.09), (4.10) und (4.11), so ergibt sich für $n_k^{1/\varrho} < r < n_{k+1}^{1/\varrho}$ asymptotisch

$$\ln|f(z)| = \ln\left|1 - \left(\frac{z^\varrho}{n_k}\right)^{\frac{n_k}{\varrho}}\right| + o(r^\varrho) \tag{4.12}$$

oder für $n_k\,(1+\varepsilon) < r^\varrho < n_{k+1}$ $(\varepsilon > 0)$

$$\frac{\ln|f(z)|}{r^\varrho} = \frac{n_k}{\varrho\, r^\varrho} \ln \frac{r^\varrho}{n_k} + o(1)\,. \tag{4.13}$$

Das Maximum des ersten Gliedes auf der rechten Seite dieser Ungleichung ergibt sich für $r = e\,n_k$, und folglich ist

$$h_f(\theta) = \overline{\lim_{r\to\infty}}\, \frac{\ln|f(r\,e^{i\theta})|}{r^\varrho} = \frac{1}{\varrho\, e}\,. \tag{4.14}$$

Vergleichen wir dieses Ergebnis mit (4.08), so bekommen wir

$$\overline{\lim_{r\to\infty}} \frac{n(r)}{r^{\varrho}} = \frac{\varrho\, e}{2\pi} \int_0^{2\pi} h_f(\theta)\, d\theta\,, \tag{4.15}$$

d. h., für die konstruierte Funktion steht in der Formel (4.04) das Gleichheitszeichen.

Bei der Abschätzung der unteren Dichte der Nullstellenmenge einer ganzen Funktion spielen die Funktionen von vollkommen regulärem Wachstum eine besondere Rolle. Es gilt nämlich folgender

Lehrsatz 3. *Die untere Dichte der Nullstellenmenge jeder nicht identisch verschwindenden ganzen Funktion $f(z)$ der verfeinerten Ordnung $\varrho(r)$ ($\varrho > 0$) genügt der Ungleichung*

$$\underline{\lim_{r\to\infty}} \frac{n_f(r)}{r^{\varrho(r)}} \leqq \frac{\varrho}{2\pi} \int_0^{2\pi} h_f(\theta)\, d\theta\,. \tag{4.16}$$

Dabei steht das Gleichheitszeichen für Funktionen von vollkommen regulärem Wachstum und zwar nur für diese.[1])

Beweis. Der erste Teil des Lehrsatzes folgt unmittelbar aus der Abschätzung (4.01) und der Ungleichung

$$\underline{\lim_{r\to\infty}} \frac{n_f(r)}{r^{\varrho(r)}} \leqq \varrho \underline{\lim_{r\to\infty}} \frac{N_f(r)}{r^{\varrho(r)}}\,. \tag{4.17}$$

Diese letzte Ungleichung folgt aus der Eigenschaft 4) der verfeinerten Ordnung (siehe § 12, Kapitel I). Als wesentlich erscheint hier die zweite Behauptung des Lehrsatzes.

Im Kapitel III (Lehrsatz 2) wurde bewiesen, daß die Nullstellenmenge einer holomorphen Funktion $f(z)$ von endlicher Ordnung und von vollkommen regulärem Wachstum im Innern eines Winkels eine Winkeldichte hat, wobei

$$\lim_{r\to\infty} \frac{n_f(r, \vartheta, \theta)}{r^{\varrho(r)}} = \frac{1}{2\pi\varrho}\left[h_f'(\theta) - h_f'(\vartheta) + \varrho^2 \int_{\vartheta}^{\theta} h_f(\varphi)\, d\varphi\right]$$

ist. Setzen wir $\vartheta = 0$, $\theta = 2\pi$, so bekommen wir

$$\lim_{r\to\infty} \frac{n_f(r)}{r^{\varrho(r)}} = \frac{\varrho}{2\pi} \int_0^{2\pi} h_f(\theta)\, d\theta\,.$$

---

[1]) Die Abschätzungen (4.04) und (4.16) sind im wesentlichen in der Arbeit von R. P. Boas (siehe [1]) enthalten. In einer neueren Arbeit von R. Buck [1] wird folgende Abschätzung für die Nullstellenverteilung einer Funktion der Ordnung ϱ vom Normaltypus σ angegeben:

$$e\, \overline{\lim_{r\to\infty}} \frac{n(r)}{r^{\varrho}} + \underline{\lim_{r\to\infty}} \frac{n(r)}{r^{\varrho}} \leqq e^2 \varrho\, \sigma\,.$$

Einen Lehrsatz ähnlich dem Lehrsatz 3 findet man bei Pfluger [1].

Es bleibt nur zu zeigen, daß das Gleichheitszeichen in (4.16) nur für Funktionen von vollkommen regulärem Wachstum erreichbar ist. Aus (4.17) folgt, daß beim Bestehen der Gleichheit in diesem Fall

$$\varliminf_{r\to\infty} \frac{N_f(r)}{r^{\varrho(r)}} \geqq \frac{1}{2\pi}\int_0^{2\pi} h_f(\theta)\, d\theta$$

ist, und da nach dem Lehrsatz 1

$$\varlimsup_{r\to\infty} \frac{N_f(r)}{r^{\varrho(r)}} \leqq \frac{1}{2\pi}\int_0^{2\pi} h_f(\theta)\, d\theta$$

gilt, so folgt

$$\lim_{r\to\infty} \frac{N_f(r)}{r^{\varrho(r)}} = \frac{1}{2\pi}\int_0^{2\pi} h_f(\theta)\, d\theta\,.$$

Vergleichen wir diese Gleichung mit der JENSENschen Gleichung (4.02), so bekommen wir

$$\lim_{r\to\infty} \int_0^{2\pi} [h_f(\theta) - h_{f,r}(\theta)]\, d\theta = 0\,,$$

und wenn wir berücksichtigen, daß asymptotisch $h_{f,r}(\theta) < h_f(\theta) + \varepsilon$ ist $(\varepsilon > 0)$, so können wir schließen, daß

$$\lim_{r\to\infty} \int_0^{2\pi} |h_f(\theta) - h_{f,r}(\theta)|\, d\theta = 0 \tag{4.18}$$

ist. Um hieraus zu schließen, daß $f(z)$ von vollkommen regulärem Wachstum ist, benutzen wir zuerst den Lehrsatz 6, Kapitel II, nach welchem die Funktionenfamilie $h_{f\,r}(\theta)$ gleichgradig stetig für alle positiven r ist, vielleicht mit Ausnahme einer Menge der Werte E vom beliebig kleinen oberen relativen Maß.

Von diesem Lehrsatz und der Gleichung (4.18) ausgehend zeigen wir, daß für $r \notin E$ und $r \to \infty$ die Funktion $h_{f,r}(\theta)$ gleichmäßig gegen $h_f(\theta)$ strebt. Tatsächlich ist bei genügend kleinem δ, $|k| < \delta$ und $r \notin E$

$$|h_{f,r}(\theta) - h_f(\theta)| < \frac{\varepsilon}{2} + \frac{1}{k}\int_\theta^{\theta+k} |h_{f,r}(\varphi) - h_f(\varphi)|\, d\varphi$$

$$< \frac{\varepsilon}{2} + \frac{1}{|k|}\int_0^{2\pi} |h_{f,r}(\varphi) - h_f(\varphi)|\, d\varphi$$

und für $r < r_\varepsilon$

$$|h_{f,r}(\theta) - h_f(\theta)| < \varepsilon\,. \tag{4.19}$$

Auf diese Weise haben wir gezeigt, daß für beliebige $\varepsilon > 0$ und $\eta > 0$ die Ungleichung (4.19) bei allen positiven r erfüllt ist, vielleicht mit Ausnahme einer

Menge vom oberen relativen Maß kleiner als η. Nach dem Hilfssatz 1, Kapitel III folgt hieraus, daß die Funktion $f(z)$ von vollkommen regulärem Wachstum ist. Der Lehrsatz ist damit bewiesen.

Bemerkung. Bei $\varrho = 1$ ist das Integral auf der rechten Seite von (4.16) gleich der Länge der Begrenzung des Indikatordiagramms der Funktion $f(z)$.

§ 2. Eindeutigkeitssätze für Funktionen endlicher Ordnung, welche im Innern eines Winkels holomorph sind

In diesem Paragraphen bekommen wir für Funktionen, welche im Innern eines Winkels holomorph und von endlicher Ordnung sind, Eindeutigkeitssätze analog den im vorigen Paragraphen aufgestellten Eindeutigkeitssätzen für ganze Funktionen. Im III. Kapitel erhielten wir, von der verallgemeinerten JENSENschen Formel ausgehend, Abschätzungen für die Dichte der Nullstellenmenge einer Funktion $F(z)$ im Inneren eines Winkels analog den Lehrsätzen 1 und 3 des vorhergehenden Paragraphen (die Ungleichung (3.42) und den Hilfssatz 5). Diese Abschätzungen sind jedoch bei der ziemlich einschränkenden Annahme gemacht worden, daß die Funktion $F(z)$ auf einem gewissen Strahl im Innern des Winkels von vollkommen regulärem Wachstum ist.

In diesem Paragraphen werden wir andere Eindeutigkeitssätze für holomorphe Funktionen endlicher Ordnung im Inneren eines Winkels gewinnen ohne irgend welche Voraussetzungen über die Regelmäßigkeit des Wachstums. Dazu werden wir eine neue Formel herleiten, welche der JENSENschen Formel analog ist. Wir bemerken dabei, daß man unbeschadet der Allgemeinheit den Winkel, in welchem die Funktion $F(z)$ gegeben ist, als die Halbebene $\mathrm{Re}\, z \geqq 0$ annehmen kann, da der allgemeine Fall mit Hilfe der Transformation $w = e^{i\alpha} z^{\gamma}$ $(\gamma > 0, 0 \leqq \alpha < 2\pi)$ auf diesen zurückgeführt wird.

Wir gehen zur Herleitung einer Formel über, die als ein Analogon der JENSENschen Formel erscheint, angewandt auf eine Halbebene.

Die Funktion $F(z)$ sei holomorph in der Halbebene $\mathrm{Re}\, z \geqq 0$, und es sei $F(0) \neq 0$. Wir wählen eine Zahl $d > 0$ so, daß im abgeschlossenen Kreise $|z| \leqq d$ die Funktion $F(z)$ keine Nullstellen hat. Wir konstruieren die Randkurve $\Gamma_{d,R}$, welche aus den Kreisbögen $|z| = d$ und $\left|z - \frac{R}{2}\right| = \frac{R}{2}$ $(R > d)$ besteht. Um jede Nullstelle der Funktion $F(z)$ als Mittelpunkt beschreiben wir einen Kreis C_j mit dem Radius δ, wobei wir δ so wählen, daß es kleiner ist als der Abstand der Randkurve $\Gamma_{d,R}$ von der Menge der Nullstellen, die im Innern dieser Randkurve liegen, und als der Abstand zwischen den Nullstellen. Wir betrachten in dem von der Randkurve $\Gamma_{d,R}$ und von den Kreislinien C_j begrenzten Gebiet zwei harmonische Funktionen $u(z) = \ln|F(z)|$ und $v(z) = \frac{1}{R} - \frac{\cos\theta}{r}$ $(z = r e^{i\theta})$ und wenden auf sie die bekannte GREENsche Formel an. Wir bekommen

$$\int\limits_{(\Gamma_{d,R})} \left(u \frac{dv}{dn} - v \frac{du}{dn}\right) ds = \sum_j \int\limits_{(C_j)} \left(u \frac{dv}{dn} - v \frac{du}{dn}\right) ds .$$

Gehen wir zum Grenzwert bei $\delta \to 0$ über, und bemerken wir, daß auf dem Kreis $\left|z - \frac{R}{2}\right| = \frac{R}{2}$, welchen wir mit Γ_R bezeichnen, $v = 0$ ist, so bekommen wir für große R:

$$\sum_{r_j < R\cos\theta_j} \left(\frac{1}{R} - \frac{\cos\theta_j}{r_j}\right) = \frac{1}{2\pi} \int\limits_{-\frac{\pi}{2}+\alpha(R)}^{\frac{\pi}{2}-\alpha(R)} \ln|F(R\cos\theta\, e^{i\theta})| \frac{dv}{dn} R\, d\theta + O(1),$$

wo $z_j = r_j e^{i\theta_j}$ die Nullstellen der Funktion $F(z)$, $\alpha(R) = \arcsin\frac{d}{R}$ und $O(1)$ das Integral einer begrenzten Funktion auf dem Kreisbogen $|z| = d$ sind.

Wir bemerken, daß die Größe $r_j \cos^{-1}\theta_j$ gleich dem Durchmesser R_j des Kreises Γ_{R_j} ist, welcher durch die Nullstelle $r_j e^{i\theta_j}$ hindurchgeht. So können wir die linke Seite der Gleichung in der Form

$$\sum_{r_j < R\cos\theta_j} \left(\frac{1}{R} - \frac{\cos\theta_j}{r_j}\right) = \int\limits_0^R \left(\frac{1}{R} - \frac{1}{t}\right) d\nu_F(t)$$

schreiben, wo $\nu_F(t)$ die Anzahl der Nullstellen der Funktion $F(z)$ im Inneren des Kreises Γ_t ist. Wir formen die rechte Seite der letzten Gleichung mit Hilfe der partiellen Integration um und erhalten

$$-\sum_{r_j < R\cos\theta_j} \left(\frac{1}{R} - \frac{\cos\theta_j}{r_j}\right) = \int\limits_0^R \frac{\nu_F(t)}{t^2}\, dt\,.$$

Bemerken wir anderseits, daß auf dem Kreis Γ_R $\frac{dv}{dn} = \frac{1}{R^2\cos^2\theta}$ ist, so bekommen wir

$$\int\limits_0^R \frac{\nu_F(t)}{t^2}\, dt = \frac{1}{2\pi} \int\limits_{-\frac{\pi}{2}+\alpha(R)}^{\frac{\pi}{2}-\alpha(R)} \frac{\ln|F(R\cos\theta\, e^{i\theta})|}{R} \cdot \frac{d\theta}{\cos^2\theta} + O(1)\,.^{1)} \qquad (4.20)$$

Die Gleichung (4.20) ist analog der Jensenschen Formel und liefert einen Apparat zur Aufstellung der Eindeutigkeitssätze für Funktionen, welche in einer Halbebene holomorph sind.

---

[1]) Analysieren wir die Größe $O(1)$ unter der Bedingung $F(0) = 1$, so überzeugen wir uns leicht, daß $O(1)$ bei $d \to 0$ gegen $\frac{1}{2}\,\mathrm{Re}\,F'(0)$ geht. Gehen wir in (4.20) zum Grenzwert über, so erhalten wir die Gleichung

$$\int\limits_0^R \frac{\nu_F(t)}{t^2}\, dt = \frac{1}{2\pi} \int\limits_{-\pi/2}^{\pi/2} \frac{\ln|F(R\cos\theta\, e^{i\theta})|}{R} \frac{d\theta}{\cos^2\theta} - \frac{1}{2}\,\mathrm{Re}\,F'(0)\,.$$

In dieser Gleichung muß man das Integral auf der rechten Seite als den Hauptwert auffassen.

Wir geben noch eine andere Herleitung dieser Formel an, die auf demselben Prinzip beruht wie die Herleitung der JENSENschen Formel in Kapitel I und der verallgemeinerten JENSENschen Formel in Kapitel III.

Wir bezeichnen mit Γ_t den Kreis $\left|z - \frac{t}{2}\right| = \frac{t}{2}$ und wählen die Zahl t so, daß dieser Kreis nicht durch die Nullstellen der Funktion $F(z)$ hindurchgeht. Wir haben:

$$\nu_F(t) = \frac{1}{2\pi} \int\limits_{(\Gamma_t)} d\,[\arg F(z)]\,.$$

Die Transformation

$$w = \frac{1}{z}$$

führt den Kreis Γ_t in die Gerade $u = \frac{1}{t}$ der $w = u + i\,v$-Ebene über, und es ergibt sich

$$\nu_F(t) = \frac{1}{2\pi} \int\limits_{-\infty}^{\infty} \frac{d}{dv}\left[\arg F\left(\frac{1}{u + i\,v}\right)\right]_{u=t^{-1}} dv = \frac{1}{2\pi} \int\limits_{-\infty}^{\infty} \frac{d}{du}\left[\ln \left|F\left(\frac{1}{u + i\,v}\right)\right|\right]_{u=t^{-1}} dv\,.$$

Integrieren wir die beiden Seiten dieser Gleichung nach u zwischen den Grenzen von ε^{-1} bis R^{-1}, so bekommen wir

$$-\int\limits_{\varepsilon}^{R} \frac{\nu_F(t)}{t^2}\,dt = \frac{1}{2\pi} \int\limits_{-\infty}^{\infty} \ln \left|F\left(\frac{1}{R^{-1} + i\,v}\right)\right| dv - \frac{1}{2\pi} \int\limits_{-\infty}^{\infty} \ln \left|F\left(\frac{1}{\varepsilon^{-1} + i\,v}\right)\right| dv\,.$$

Bemerken wir, daß auf Γ_t

$$z = t \cos\theta\, e^{i\theta}, \quad v = -t^{-1} \operatorname{tg}\theta, \quad dv = -\frac{d\theta}{t \cos^2\theta}$$

ist, so bekommen wir

$$\int\limits_{\varepsilon}^{R} \frac{\nu_F(t)}{t^2}\,dt = \frac{1}{2\pi} \int\limits_{-\pi/2}^{\pi/2} \left(R^{-1} \ln |F(R \cos\theta\, e^{i\theta})| - \varepsilon^{-1} \ln |F(\varepsilon \cos\theta\, e^{i\theta})|\right) \frac{d\theta}{\cos^2\theta}\,.$$

Weiter ergibt sich leicht aus der Entwicklung

$$F(z) = 1 + c_1 z + c_2 z^2 + \cdots,$$

daß man bei einem vorgegebenen $d > 0$, $R \cos\theta < d$ und $\varepsilon < R$ eine Konstante M so wählen kann, daß

$$\left|R^{-1} \ln |F(R \cos\theta\, e^{i\theta})| - \varepsilon^{-1} \ln |F(\varepsilon \cos\theta\, e^{i\theta})|\right| < M\, R \cos^2\theta$$

ist.

Wenn wir das berücksichtigen, bekommen wir

$$\int\limits_{\varepsilon}^{R} \frac{\nu_F(t)}{t^2}\,dt$$

$$= \frac{1}{2\pi} \int\limits_{-\frac{\pi}{2} + \alpha(R)}^{\frac{\pi}{2} - \alpha(R)} \left(R^{-1} \ln |F(R \cos\theta\, e^{i\theta})| - \varepsilon^{-1} \ln |F(\varepsilon \cos\theta\, e^{i\theta})|\right) \frac{d\theta}{\cos^2\theta} + O(1)$$

und schließlich

$$\int_0^R \frac{\nu_F(t)}{t^2}\,dt = \frac{1}{2\pi}\int_{-\frac{\pi}{2}+\alpha(R)}^{\frac{\pi}{2}-\alpha(R)} R^{-1}\ln|F(R\cos\theta\, e^{i\theta})|\,\frac{d\theta}{\cos^2\theta} + O(1).$$ [1])

Um die besondere Rolle zu klären, welche die Klasse der Funktionen von vollkommen regulärem Wachstum im Innern eines Winkels bei den Eindeutigkeitssätzen spielt, brauchen wir einen Hilfssatz, der uns ein Kriterium dafür liefert, daß eine im Inneren eines Winkels holomorphe Funktion von vollkommen regulärem Wachstum ist.

Hilfssatz 1. *Damit eine im Inneren eines Winkels (α, β) holomorphe Funktion $F(z)$ der verfeinerten Ordnung $\varrho(r)$ von vollkommen regulärem Wachstum ist, ist es notwendig und hinreichend, daß der Flächen-Mittelwert*

$$\psi(R, \alpha, \beta) = \frac{2}{3(\beta-\alpha)R^2}\cdot\int_\alpha^\beta\int_R^{2R}[h_F(\theta) - h_{F,R}(\theta)]\,r\,dr\,d\theta$$

bei $R \to \infty$ gegen Null geht.

Beweis der Notwendigkeit. Für Funktionen von vollkommen regulärem Wachstum gilt die Gleichung

$$\lim_{r\to\infty}\frac{N_F(r,\vartheta,\theta)}{r^{\varrho(r)}} = \frac{1}{2\pi\varrho^2}s_F(\vartheta,\theta),$$

wo

$$s_F(\vartheta,\theta) = h_F'(\theta) - h_F'(\vartheta) + \varrho^2\int_\vartheta^\theta h_F(\varphi)\,d\varphi$$

ist (siehe (3.34), § 3, Kapitel III). Aus dieser Gleichung folgt unmittelbar

$$\lim_{r\to\infty}\frac{r^{-\varrho(r)}}{l\,k}\int_\theta^{\theta+k}\int_\vartheta^{\vartheta+l}N_F(r,\vartheta,\theta)\,d\vartheta\,d\theta = \frac{1}{2\pi\,l\,k\,\varrho^2}\int_\theta^{\theta+k}\int_\vartheta^{\vartheta+l}s_F(\vartheta,\theta)\,d\vartheta\,d\theta$$

$$= \frac{1}{2\pi\varrho^2}\left\{\frac{h_F(\theta+k)-h_F(\theta)}{k} - \frac{h_F(\vartheta+l)-h_F(\vartheta)}{l} + \frac{\varrho^2}{k\,l}\int_\theta^{\theta+k}\int_\vartheta^{\vartheta+l}\int_\vartheta^\theta h_F(\varphi)\,d\varphi\,d\vartheta\,d\theta\right\}. \tag{4.21}$$

---

[1]) Diese Formel und die hier angegebenen Folgerungen aus ihr wurden vom Verfasser in seiner Arbeit [14] angegeben. Später hat M. Tsuji [1] diese Formel von neuem hergeleitet. Von ihr ausgehend begründete er seine Theorie der Werteverteilung für Funktionen, die in einer Halbebene meromorph sind.

In Kapitel III haben wir mit Hilfe der verallgemeinerten JENSENschen Formel die Gleichung (siehe (3.27))

$$\frac{1}{l\,k}\int\limits_{\theta}^{\theta+k}\int\limits_{\vartheta}^{\vartheta+l} N_F(r,\vartheta,\theta)\,d\vartheta\,d\theta = \frac{1}{2\pi}\int\limits_0^r\left[\frac{J_F^t(\theta+k)-J_F^t(\theta)}{k}-\frac{J_F^t(\vartheta+l)-J_F^t(\vartheta)}{l}\right]\frac{dt}{t}$$

$$+\frac{1}{2\pi\,l\,k}\int\limits_{\theta}^{\theta+k}\int\limits_{\vartheta}^{\vartheta+l}\int\limits_{\vartheta}^{\theta} h_{F,r}(\varphi)\,d\varphi\,d\vartheta\,d\theta \tag{4.22}$$

bewiesen. Laut der Folgerung aus dem Hilfssatz 2, Kapitel III gilt für Funktionen von vollkommen regulärem Wachstum die Gleichung

$$\lim_{r\to\infty} r^{-\varrho(r)}\int\limits_0^r J_F^t(\varphi)\,\frac{dt}{t} = \frac{1}{\varrho^2}\,h_F(\varphi)\,.$$

Unter Benutzung dieser Gleichung kann man aus (4.21) und (4.22)

$$\lim_{r\to\infty}\frac{1}{k\,l}\int\limits_{\theta}^{\theta+k}\int\limits_{\vartheta}^{\vartheta+l}\int\limits_{\vartheta}^{\theta}[h_F(\varphi)-h_{F,r}(\varphi)]\,d\varphi\,d\vartheta\,d\theta = 0 \tag{4.23}$$

bekommen.

Aus der asymptotischen Ungleichung

$$h_{F,r}(\varphi) \lesssim h_F(\varphi)+\varepsilon \qquad (\varepsilon>0,\ \vartheta<\varphi<\theta+l)$$

folgt, daß in der Gleichung (4.23) die Größe $h_{F,r}(\theta)-h_F(\theta)$ durch ihren absoluten Betrag ersetzt werden kann, und so bekommt man die Gleichung

$$\lim_{r\to\infty}\int\limits_{\vartheta+l_1}^{\theta}|h_F(\varphi)-h_{F,r}(\varphi)|\,d\varphi = 0 \qquad (0<l_1<l)\,.$$

Aus dieser Gleichung bekommen wir durch die Integration nach r von R bis $2\,R$

$$\lim_{R\to\infty}\psi\,(R,\alpha,\beta) = 0\,. \tag{4.24}$$

Die Notwendigkeit ist somit bewiesen.

B e w e i s, daß die Bedingung hinreichend ist. Die Bedingung (4.24) sei erfüllt. Bezeichnen wir

$$K_F(r) = \int\limits_{\alpha}^{\beta}|h_F(\theta)-h_{F,r}(\theta)|\,d\theta\,,$$

so bekommen wir leicht aus der Bedingung (4.24)

$$\lim_{R\to\infty}\frac{1}{R}\int\limits_R^{2R}K_F(r)\,dr = 0\,. \tag{4.25}$$

E_γ sei die Menge derjenigen Werte von r, für welche

$$K_F(r) \geqq \gamma > 0$$

ist. Dann ist offensichtlich

$$\frac{1}{R}\int_R^{2R} K_F(r)\,dr \geqq \gamma\,\frac{\operatorname{mes}\left(E_\gamma^{2R}\right) - \operatorname{mes}\left(E_\gamma^{R}\right)}{R}$$

und kraft (4.25)

$$\overline{\lim_{R\to\infty}}\,\frac{m\left(E_\gamma^{2R}\right) - m\left(E_\gamma^{R}\right)}{R} = 0\,.$$

Hieraus folgt, daß das relative Maß der Menge E_γ gleich Null ist. Strebt also $r \to \infty$, ohne dabei Werte aus einer gewissen Menge E_1 von beliebig kleinem relativen oberen Maß anzunehmen, so ist

$$\lim_{\substack{r\to\infty\\ r \notin E_1}} \int_\alpha^\beta |h_F(\theta) - h_{F,r}(\theta)|\,d\theta = 0\,. \tag{4.26}$$

Wir werden jetzt beweisen, daß die Funktionen

$$|h_F(\theta) - h_{F,r}(\theta)|$$

im Inneren des Winkels $\alpha < \alpha' \leqq \theta \leqq \beta' < \beta$ für alle Werte des Parameters r, vielleicht mit Ausnahme einer Menge E_1 von beliebig kleinem oberem relativem Maß $\left(\overline{m}^*(E_1) < \frac{\eta}{2}\right)$, eine gleichgradig stetige Familie bilden.

Zu diesem Zweck wählen wir eine positive Zahl l so klein, daß jeder Kreis $C(R, l)$ der Art

$$\left|z - Re^{i\frac{\alpha'+\beta'}{2}}\right| \leqq l\,R$$

im Gebiet $\frac{2}{3}R \leqq |z| \leqq \frac{4}{3}R$, $\alpha \leqq \arg z \leqq \beta$ enthalten ist, über dem das Integral in der Definition der Funktion $\psi\left(\frac{2}{3}R, \alpha, \beta\right)$ gebildet wird. Es genügt dazu, $l = \frac{1}{3}\sin\frac{\beta-\alpha}{2}$ zu wählen. Aus der Bedingung (4.24) folgt, daß der Mittelwert der Größe $|h_F(\theta) - h_{F,r}(\theta)|$ auf der Kreisfläche $C(R, l)$ bei $R \to \infty$ gegen Null geht. Deshalb wird sich bei allen genügend großen R in jedem Kreis $C(R, l)$ ein Punkt $z_R = R_1 e^{i\theta_1}$ finden, in welchem die Ungleichung

$$|h_F(\theta_1) - h_{F,R_1}(\theta_1)| < \varepsilon$$

erfüllt ist.

Aus dieser Ungleichung folgt

$$\ln|F(z_R)| > -N R_1^{\varrho(R_1)}\,,$$

wo

$$N = -\left[\min_{\alpha\leqq\theta\leqq\beta} h_F(\theta) - \varepsilon\right]$$

ist.

So haben wir die Voraussetzungen des Lehrsatzes 7, Kapitel II erfüllt, und folglich ist für $r \notin E_2$ $\left(\overline{m}^*(E_2) < \frac{\eta}{2}\right)$ die Funktionenfamilie $|h_F(\theta) - h_{F,r}(\theta)|$ gleichgradig stetig im Intervall $(\alpha < \alpha' \leqq \theta \leqq \beta' < \beta)$.

Aus dieser gleichgradigen Stetigkeit und aus (4.26) folgt, daß bei genügend kleinem $\delta > 0$, $|k| < \delta$, $\alpha' \leqq \theta \leqq \beta'$, $r \notin E_1 + E_2$

$$|h_F(\theta) - h_{F,r}(\theta)| < \frac{\varepsilon}{2} + \frac{1}{k}\int\limits_{\theta}^{\theta+k} |h_F(\varphi) - h_{F,r}(\varphi)|\, d\varphi$$

$$\leqq \frac{\varepsilon}{2} + \frac{1}{|k|}\int\limits_{\alpha}^{\beta} |h_F(\varphi) - h_{F,r}(\varphi)|\, d\varphi$$

und für $r > r_\varepsilon$

$$|h_F(\theta) - h_{F,r}(\theta)| < \varepsilon \tag{4.27}$$

ist. Also ist die Ungleichung (4.27) für beliebige $\varepsilon > 0$ und $\eta > 0$ bei allen r, welche einer gewissen Menge mit dem oberen relativen Maß kleiner als η nicht angehören, und für $\alpha' \leqq \theta \leqq \beta'$ erfüllt. Nach dem Hilfssatz 1, Kapitel III folgt hieraus, daß die Funktion im Inneren des ganzen Winkels $\alpha < \theta \leqq \beta$ von vollkommen regulärem Wachstum ist. Der Hilfssatz ist somit bewiesen.

Beim Beweis der Eindeutigkeitssätze mit Hilfe der Formel (4.20) spielt auch der folgende Hilfssatz eine wesentliche Rolle.

Hilfssatz 2. *Die Nullstellenmenge der Funktion $F(z)$, die in der Halbebene* Re $z \geqq 0$ *holomorph, der verfeinerten Ordnung $\varrho(r)$ ($\varrho > 0$) und von vollkommen regulärem Wachstum ist, genügt den Gleichungen*

$$\frac{1}{\varrho - 1} \lim_{r\to\infty} \frac{\nu_F(r)}{r^{\varrho(r)}} = \lim_{r\to\infty} \frac{N_F(r)}{r^{\varrho(r)-1}} = \frac{1}{2\pi}\int\limits_{-\pi/2}^{\pi/2} h_F(\theta)\cos^{\varrho-2}\theta\, d\theta\,, \tag{4.28}$$

wobei

$$N_F(r) = \int\limits_0^r \frac{\nu_F(t)}{t^2}\, dt \tag{4.29}$$

bedeutet.

Beweis. Zum Beweis dieses Hilfssatzes benutzt man naturgemäß den Lehrsatz 3, Kapitel III. Wir wählen eine Zahl $\delta > 0$ und die Punkte $\theta_0 < \theta_1 < \cdots < \theta_n \left(\theta_0 = -\frac{\pi}{2} + \delta,\ \theta_n = \frac{\pi}{2} - \delta\right)$, in welchen die Funktion $h_F(\theta)$ differenzierbar ist. Wir bezeichnen mit θ_j' ($j = 0, 1, \ldots, n-1$) den Punkt im abgeschlossenen Intervall $[\theta_j, \theta_{j+1}]$, in welchem $\cos\theta$ den größten Wert in diesem Intervall annimmt. Wir bekommen:

$$\nu_F(r) < \sum_{j=0}^{n-1} n(r\cos\theta_j', \theta_j, \theta_{j+1}) + n\left(r\sin\delta, \frac{\pi}{2} - \delta, \frac{\pi}{2}\right)$$
$$+ n\left(r\sin\delta, -\frac{\pi}{2}, -\frac{\pi}{2} + \delta\right),$$

da die rechte Seite die Anzahl der Nullstellen der Funktion $F(z)$ im Gebiet, welches den Kreis $\left|z - \frac{r}{2}\right| \leqq \frac{r}{2}$ enthält, liefert (vgl. Abb. 7). Aus dieser Ungleichung folgt nach dem Lehrsatz 3, Kapitel III:

$$\overline{\lim_{r\to\infty}} \frac{\nu_F(r)}{r^{\varrho(r)}} \leqq \frac{1}{2\pi\varrho} \sum_{j=0}^{n-1} [s_F(\theta_{j+1}) - s_F(\theta_j)] \cos^\varrho \theta_j'$$
$$+ \frac{1}{2\pi\varrho} (\sin\delta)^\varrho \left[s_F\left(\frac{\pi}{2}\right) - s_F\left(\frac{\pi}{2} - \delta\right) + s_F\left(-\frac{\pi}{2} + \delta\right) - s_F\left(-\frac{\pi}{2}\right)\right].$$

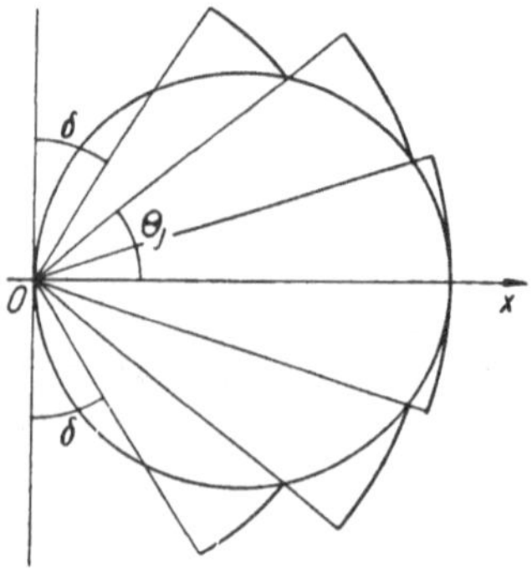

Abb. 7

Gehen wir zum Grenzwert bei $\max_j |\theta_{j+1} - \theta_j| \to 0$ über und dann bei $\delta \to 0$, so bekommen wir

$$\overline{\lim_{r\to\infty}} \frac{\nu_F(r)}{r^{\varrho(r)}} \leqq \frac{1}{2\pi\varrho} \int_{-\pi/2}^{\pi/2} \cos^\varrho \theta \, ds_F(\theta) . \qquad (4.30)$$

Analog kann man eine Abschätzung des unteren Grenzwertes nach unten bekommen. Dazu wählen wir in jedem abgeschlossenen Intervall $[\theta_j, \theta_{j+1}]$ einen Punkt θ_j'', in welchem $\cos\theta$ den kleinsten Wert in diesem Intervall annimmt. Wir bekommen

$$\nu_F(r) \geqq \sum_{j=0}^{n-1} n(r \cos \theta_j'', \theta_j, \theta_{j+1}) .$$

Hieraus folgt

$$\underline{\lim_{r\to\infty}} \frac{\nu_F(r)}{r^{\varrho(r)}} \geqq \frac{1}{2\pi\varrho} \sum_{j=0}^{n-1} [s_F(\theta_{j+1}) - s_F(\theta_j)] \cos^\varrho \theta_j'' .$$

Gehen wir auf der rechten Seite zum Grenzwert bei $\max_j |\theta_{j+1} - \theta_j| \to 0$ und dann bei $\delta \to 0$ über, so erhalten wir

$$\underline{\lim_{r\to\infty}} \frac{\nu_F(r)}{r^{\varrho(r)}} \geqq \frac{1}{2\pi\varrho} \int_{-\pi/2}^{\pi/2} \cos^\varrho \theta \, ds_F(\theta) .$$

Vergleichen wir dieses Ergebnis mit (4.30), so bekommen wir

$$\lim_{r\to\infty} \frac{\nu_F(r)}{r^{\varrho(r)}} = \frac{1}{2\pi\varrho} \int_{-\pi/2}^{\pi/2} \cos^\varrho \theta \, ds_F(\theta) . \qquad (4.28')$$

Weiter ergibt sich bei $\varrho \neq 1$ mit Hilfe der Eigenschaft 5 der verfeinerten Ordnung aus (4.29)

$$\lim_{r\to\infty} \frac{N_F(r)}{r^{\varrho(r)-1}} = \frac{1}{\varrho - 1} \lim_{r\to\infty} \frac{\nu_F(r)}{r^{\varrho(r)}} = \frac{1}{2\pi\varrho(\varrho-1)} \cdot \int_{-\pi/2}^{\pi/2} \cos^\varrho \theta \, ds_F(\theta) .$$

Es bleibt uns nur noch übrig, die rechte Seite dieser Gleichung umzuformen. Das Integral auf der rechten Seite kann man in der Form schreiben

$$\int_{-\pi/2}^{\pi/2} \cos^\varrho \theta \, ds_F(\theta) = \int_{-\pi/2}^{\pi/2} \cos^\varrho \theta \, d[h'_F(\theta) + \varrho^2 \int^{\theta} h_F(\varphi) \, d\varphi]$$
$$= \int_{-\pi/2}^{\pi/2} \cos^\varrho \theta \, dh'_F(\theta) + \varrho^2 \int_{-\pi/2}^{\pi/2} h_F(\theta) \cos^\varrho \theta \, d\theta \, .$$

Bei $\varrho > 1$ kann man das erste dieser Integrale zweimal partiell integrieren. Als Ergebnis bekommen wir

$$\int_{-\pi/2}^{\pi/2} \cos^\varrho \theta \, ds_F(\theta) = \varrho\,(\varrho - 1) \int_{-\pi/2}^{\pi/2} h_F(\theta) \cos^{\varrho - 2} \theta \, d\theta \, . \tag{4.31}$$

Setzen wir das in (4.28′) ein, so bekommen wir die Behauptung des Hilfssatzes.

Wir beweisen jetzt mit Hilfe der Formel (4.20) den Eindeutigkeitssatz für Funktionen, welche in der Halbebene $\operatorname{Re} z > 0$ holomorph sind, analog dem Lehrsatz 1 des vorhergehenden Paragraphen, welcher sich auf ganze Funktionen bezog.

Lehrsatz 4. *Ist die Funktion $F(z)$ $(F(0) \neq 0)$ in der rechten Halbebene holomorph und der verfeinerten Ordnung $\varrho(r)$ $(\varrho > 0)$ und ist*

$$N_F(r) = \int_0^r \frac{\nu_F(t)}{t^2} \, dt \, ,$$

so ist

$$\overline{\lim_{r\to\infty}} \frac{N_F(r)}{r^{\varrho(r)-1}} \leqq \frac{1}{2\pi} \int_{-\pi/2}^{\pi/2} h_F(\theta) \cos^{\varrho-2} \theta \, d\theta \, . \tag{4.32}$$

Beweis. Wir nehmen zuerst an, es seien $h_F\left(\frac{\pi}{2}\right) < 0$ und $h_F\left(-\frac{\pi}{2}\right) < 0$. Dann bleibt der Indikator $h_F(\theta)$ bei genügend kleinem $\delta > 0$ im Innern der Winkel $\frac{\pi}{2} - \delta \leqq |\theta| \leqq \frac{\pi}{2}$ negativ, und es ist für gewisse $d > 0$ und alle $r \geqq d$

$$\ln |F(r\, e^{i\theta})| < 0 \qquad \left(\frac{\pi}{2} - \delta \leqq |\theta| \leqq \frac{\pi}{2}\right). \tag{4.33}$$

Nach der Formel (4.20) haben wir

$$\frac{N_F(r)}{r^{\varrho(r)-1}} = \frac{1}{2\pi} \int_{-\frac{\pi}{2}+\alpha(r)}^{\frac{\pi}{2}-\alpha(r)} \frac{\ln |F(r \cos \theta \, e^{i\theta})|}{r^{\varrho(r)}} \frac{d\theta}{\cos^2 \theta} + \frac{O(1)}{r^{\varrho(r)-1}} \, ,$$

und unter Benutzung von (4.33) bekommen wir die asymptotische Ungleichung

$$\frac{N_F(r)}{r^{\varrho(r)-1}} < \frac{1}{2\pi} \int_{-\frac{\pi}{2}+\delta}^{\frac{\pi}{2}-\delta} \frac{\ln |F(r \cos \theta \, e^{i\theta})|}{r^{\varrho(r)}} \frac{d\theta}{\cos^2 \theta} + \frac{O(1)}{r^{\varrho(r)-1}} \, .$$

Diese Ungleichung formen wir um, indem wir die Tatsache benutzen, daß bei beliebigem ε und für alle genügend großen Werte von r

$$\ln |F(r \cos \theta\, e^{i\theta})| < [h_F(\theta) + \varepsilon]\,(r \cos \theta)^{\varrho(r \cos \theta)} \left(|\theta| \leqq \frac{\pi}{2} - \delta\right)$$

ist (vgl. Lehrsatz 28, Kapitel I), und auch die Tatsache, daß für $|\theta| \leqq \frac{\pi}{2} - \delta$ gleichmäßfg

$$\lim_{r\to\infty} \frac{(r \cos \theta)^{\varrho}\, L(r \cos \theta)}{r^{\varrho}\, L(r)} = \cos^{\varrho} \theta$$

ist. Nach der Umformung erhalten wir die asymptotische Ungleichung

$$\frac{N_F(r)}{r^{\varrho(r)-1}} < \frac{1}{2\pi} \int\limits_{-\frac{\pi}{2}+\delta}^{\frac{\pi}{2}-\delta} [h_F(\theta) + \varepsilon] \cos^{\varrho-2} \theta\, d\theta + \frac{O(1)}{r^{\varrho(r)-1}}$$

und, da $\varepsilon > 0$ beliebig war,

$$\overline{\lim_{r\to\infty}}\, \frac{N_F(r)}{r^{\varrho(r)-1}} \leqq \frac{1}{2\pi} \int\limits_{-\frac{\pi}{2}+\delta}^{\frac{\pi}{2}-\delta} h_F(\theta) \cos^{\varrho-2} \theta\, d\theta\,.$$

Endlich, da auch $\delta > 0$ beliebig war, haben wir

$$\overline{\lim_{r\to\infty}}\, \frac{N_F(r)}{r^{\varrho(r)-1}} \leqq \frac{1}{2\pi} \int\limits_{-\pi/2}^{\pi/2} h_F(\theta) \cos^{\varrho-2} \theta\, d\theta\,.$$

Wir befreien uns jetzt von der zusätzlichen Forderung, daß $h_F\left(-\frac{\pi}{2}\right) < 0$ und $h_F\left(\frac{\pi}{2}\right) < 0$ ist. Dazu konstruieren wir eine ganze Funktion $\Phi(z)$ der verfeinerten Ordnung $\varrho(r)$ und von vollkommen regulärem Wachstum, mit einem so beschaffenen Indikator, daß $h_\Phi\left(\frac{\pi}{2}\right) < -h_F\left(\frac{\pi}{2}\right)$ und $h_\Phi\left(-\frac{\pi}{2}\right) < -h_F\left(-\frac{\pi}{2}\right)$ ist. Die Möglichkeit einer solchen Konstruktion folgt bei $\varrho > 1$ aus dem Lehrsatz 3, Kapitel II.

Die Funktion

$$\Psi(z) = F(z)\, \Phi(z)$$

hat den Indikator

$$h_\Psi(\theta) = h_F(\theta) + h_\Phi(\theta)\,,$$

und folglich ist $h_\Psi\left(-\frac{\pi}{2}\right) < 0$ und $h_\Psi\left(\frac{\pi}{2}\right) < 0$.

Aus dem Bewiesenen folgt die Richtigkeit der Ungleichung

$$\overline{\lim_{r\to\infty}} \frac{N_\Psi(r)}{r^{\varrho(r)-1}} \leqq \frac{1}{2\pi} \int_{-\pi/2}^{\pi/2} h_\Psi(\theta) \cos^{\varrho-2}\theta\, d\theta ,$$

welche man in die folgende Form umschreiben kann:

$$\overline{\lim_{r\to\infty}} \frac{N_F(r)}{r^{\varrho(r)-1}} + \lim_{r\to\infty} \frac{N_\Phi(r)}{r^{\varrho(r)-1}} \leqq \frac{1}{2\pi} \int_{-\pi/2}^{\pi/2} h_F(\theta) \cos^{\varrho-2}\theta\, d\theta + \frac{1}{2\pi} \int_{-\pi/2}^{\pi/2} h_\Phi(\theta) \cos^{\varrho-2}\theta\, d\theta .$$

Der Grenzwert

$$\lim_{r\to\infty} \frac{N_\Phi(r)}{r^{\varrho(r)-1}}$$

existiert nach dem Hilfssatz 2 und ist gleich dem zweiten Summanden der rechten Seite. Wir bekommen auf diese Weise

$$\overline{\lim_{r\to\infty}} \frac{N_F(r)}{r^{\varrho(r)-1}} \leqq \frac{1}{2\pi} \int_{-\pi/2}^{\pi/2} h_F(\theta) \cos^{\varrho-2}\theta\, d\theta .$$

Der Lehrsatz ist somit bewiesen.

Aus dem Lehrsatz 1 haben wir im vorhergehenden Paragraphen eine Abschätzung für die obere Dichte der Nullstellenmenge einer ganzen Funktion $\overline{\Delta}$ gewonnen. Analog können wir aus dem Lehrsatz 4 eine Abschätzung der Größe

$$\overline{\lim_{r\to\infty}} \frac{\nu_F(r)}{r^{\varrho(r)}}$$

erhalten.

Folgerung. *Sind die Voraussetzungen des Lehrsatzes* 4 *erfüllt, so ist*

$$\overline{\lim_{r\to\infty}} \frac{\nu_F(r)}{r^{\varrho(r)}} \leqq \frac{\left(1+\frac{1}{\varrho}\right)^{\varrho}}{2\pi(\varrho-1)} \int_{-\pi/2}^{\pi/2} \cos^{\varrho}\theta\, ds_F(\theta) . \tag{4.34}$$

Beweis. Aus der Monotonie der Funktion $\nu_F(r)$ folgt, daß für $k > 1$

$$\frac{\nu_F(r)}{r}\left(1-\frac{1}{k}\right) \leqq \int_r^{kr} \frac{\nu_F(t)}{t^2}\, dt \leqq N_F(k\,r)$$

ist. Hieraus ergibt sich mit Hilfe von (4.34) und (4.31)

$$\overline{\lim_{r\to\infty}} \frac{\nu_F(r)}{r^{\varrho(r)}} \leqq \frac{k^\varrho}{2\pi(\varrho-1)\,\varrho\,(k-1)} \int_{-\pi/2}^{\pi/2} \cos^{\varrho}\theta\, ds_F(\theta) .$$

Die rechte Seite dieser Ungleichung nimmt den kleinsten Wert für $k = 1 + \frac{1}{\varrho}$ an. Setzen wir diesen Wert für k ein, so bekommen wir die Ungleichung (4.34). Genau wie in § 1 kann man eine Funktion konstruieren, für welche in (4.34) das Gleichheitszeichen steht, doch werden wir dabei nicht verweilen.

Die Abschätzung des unteren Grenzwertes

$$\varliminf_{r\to\infty} \frac{\nu_F(r)}{r^{\varrho(r)}}$$

führt uns zu einem Lehrsatz, der analog dem Lehrsatz 2 im vorhergehenden Paragraphen ist.

Lehrsatz 5. *Ist $F(z)$ eine holomorphe, nicht identisch verschwindende Funktion der verfeinerten Ordnung $\varrho(r)$ in der Halbebene* $\operatorname{Re} z \geqq 0$, *wobei $\varrho > 1$ ist, so ist*

$$\varliminf_{r\to\infty} \frac{\nu_F(r)}{r^{\varrho(r)}} \leqq \frac{1}{2\pi\varrho} \int_{-\pi/2}^{\pi/2} \cos^{\varrho}\theta \, ds_F(\theta) . \tag{4.35}$$

Dabei steht das Gleichheitszeichen für Funktionen von vollkommen regulärem Wachstum und zwar nur für diese.

Beweis. Der Beweis der ersten Behauptung des Lehrsatzes bietet keine Schwierigkeiten. In der Tat, bezeichnen wir mit

$$\mu = \varliminf_{r\to\infty} \frac{\nu_F(r)}{r^{\varrho(r)}} ,$$

so bekommen wir die asymptotische Ungleichung

$$\nu_F(r) > (\mu - \varepsilon)\, r^{\varrho(r)} .$$

Unbeschadet der Allgemeinheit kann man annehmen, daß $F(0) \neq 0$ ist, und man bekommt die asymptotische Ungleichung

$$N_F(r) = \int_0^r \frac{\nu_F(t)}{t^2}\, dt > (\mu - \varepsilon) \int_0^r t^{\varrho(t)-2}\, dt \approx \frac{\mu-\varepsilon}{\varrho-1}\, {}^{\varrho(r)-1} + o\left(r^{\varrho(r)-1}\right) .$$

Aus dieser Ungleichung folgt unmittelbar

$$\mu \leqq (\varrho - 1) \varliminf_{r\to\infty} \frac{N_F(r)}{r^{\varrho(r)-1}} , \tag{4.35'}$$

und die Abschätzung (4.35) ergibt sich unmittelbar aus (4.32) und (4.31).

Wir gehen jetzt zum Beweis der zweiten Behauptung des Lehrsatzes über. Aus dem Hilfssatz 2 folgt unmittelbar, daß für Funktionen von vollkommen regulärem Wachstum in (4.35) das Gleichheitszeichen steht. Es bleibt nur zu zeigen, daß das Gleichheitszeichen nur für die Funktionen von vollkommen regulärem Wachstum steht. Wir nehmen also an, daß in (4.35) das Gleichheitszeichen steht. Dann bekommen wir mit Hilfe von (4.20) und (4.35')

$$\varliminf_{r\to\infty} \int_{-\frac{\pi}{2}+\alpha(r)}^{\frac{\pi}{2}-\alpha(r)} \frac{\ln\left|F(r\cos\theta\, e^{i\theta})\right|}{r^{\varrho(r)}} \frac{d\theta}{\cos^2\theta} = \int_{-\frac{\pi}{2}}^{\frac{\pi}{2}} h_F(\theta) \cos^{\varrho-2}\theta \, d\theta .$$

Beim Beweis des Lehrsatzes 4 haben wir schon vermerkt, daß man ohne Beschränkung der Allgemeinheit folgende Bedingung als erfüllt ansehen darf: Bei einem genügend kleinen $\delta > 0$, einem gewissen $d > 0$ und für alle $r > d$ gilt

$$\ln |F(r e^{i\theta})| < 0 \qquad \left(\frac{\pi}{2} - \delta \leqq |\theta| \leqq \frac{\pi}{2}\right);$$

folglich kann man annehmen, daß

$$\overline{\lim_{r\to\infty}} \left[\left(\int\limits_{-\frac{\pi}{2}+\alpha(r)}^{-\frac{\pi}{2}+\delta} + \int\limits_{\frac{\pi}{2}-\delta}^{\frac{\pi}{2}-\alpha(r)}\right) \frac{\ln |F(r\cos\theta e^{i\theta})|}{r^{\varrho(r)}}\, d\theta\right] \leqq 0$$

ist. Berücksichtigen wir diese Tatsache, so bekommen wir

$$\underline{\lim_{r\to\infty}} \int\limits_{-\frac{\pi}{2}+\delta}^{\frac{\pi}{2}-\delta} \left[\frac{\ln |F(r\cos\theta e^{i\theta})|}{r^{\varrho(r)}} - h_F(\theta)\cos^{\varrho}\theta\right] \frac{d\theta}{\cos^2\theta}$$

$$\geqq \left(\int\limits_{-\frac{\pi}{2}}^{-\frac{\pi}{2}+\delta} + \int\limits_{\frac{\pi}{2}-\delta}^{\frac{\pi}{2}}\right) h_F(\theta)\cos^{\varrho-2}\theta\, d\theta = O(\delta^{\varrho-1}).$$

Hieraus und aus der asymptotischen Ungleichung

$$\frac{\ln |F(r\cos\theta e^{i\theta})|}{r^{\varrho(r)}} < \left(h_F(\theta) + \varepsilon\right)\cos^{\varrho}\theta,$$

welche für beliebige $\varepsilon > 0$ und $|\theta| \leqq \frac{\pi}{2} - \delta$ gültig ist, folgt asymptotisch

$$\overline{\lim_{r\to\infty}} \int\limits_{-\frac{\pi}{2}+\delta}^{\frac{\pi}{2}-\delta} \left|\frac{\ln |F(r\cos\theta e^{i\theta})|}{r^{\varrho(r)}} - h_F(\theta)\cos^{\varrho}\theta\right| \frac{d\theta}{\cos^2\theta} \leqq O(\delta^{\varrho-1}),$$

und, da $\delta > 0$ beliebig klein war,

$$\lim_{\delta\to 0} \left\{\overline{\lim_{r\to\infty}} \int\limits_{-\frac{\pi}{2}+\delta}^{\frac{\pi}{2}-\delta} \left|\frac{\ln |F(r\cos\theta e^{i\theta})|}{r^{\varrho(r)}} - h_F(\theta)\cos^{\varrho}\theta\right| \frac{d\theta}{\cos^2\theta}\right\} = 0.$$

Die Größe hinter dem Limeszeichen auf der linken Seite der Gleichung nimmt bei der Abnahme von δ nicht ab, deshalb ist

$$\overline{\lim_{r\to\infty}} \int\limits_{-\frac{\pi}{2}+\delta}^{\frac{\pi}{2}-\delta} \left|\frac{\ln |F(r\cos\theta e^{i\theta})|}{r^{\varrho(r)}} - h_F(\theta)\cos^{\varrho}\theta\right| \frac{d\theta}{\cos^2\theta} \leqq 0.$$

Hinter dem Zeichen des Limes superior auf der linken Seite steht eine nichtnegative Größe. Folglich existiert der Grenzwert

$$\lim_{r\to\infty} \int_{-\frac{\pi}{2}+\delta}^{\frac{\pi}{2}-\delta} \left| \frac{\ln |F(r \cos\theta\, e^{i\theta})|}{r^{\varrho(r)}} - h_F(\theta) \cos^{\varrho}\theta \right| \frac{d\theta}{\cos^2\theta} = 0 .$$

Aus dieser Gleichung folgt, daß bei beliebigem γ, $0 < \gamma < \frac{\pi}{2}$

$$\lim_{r\to\infty} \int_{-\gamma}^{\gamma} \left| \frac{\ln |F(r \cos\theta\, e^{i\theta})|}{r^{\varrho(r)}} - h_F(\theta) \cos^{\varrho}\theta \right| \frac{d\theta}{\cos^2\theta} = 0$$

ist. Wir benutzen jetzt den Hilfssatz 1. Dazu multiplizieren wir das Integral auf der linken Seite der letzten Gleichung mit $\frac{r}{R^2}$ und integrieren zwischen den Grenzen R und $2R \sec\gamma$. Wir bekommen

$$\lim_{R\to\infty} \frac{1}{R^2} \int_{R}^{2R\sec\gamma} \int_{-\gamma}^{\gamma} \left| \frac{\ln |F(r \cos\theta\, e^{i\theta})|}{r^{\varrho(r)}} - h_F(\theta) \cos^{\varrho}\theta \right| \frac{r\, d\theta\, dr}{\cos^2\theta} = 0 .$$

Bezeichnen wir $r\cos\theta$ mit r_1, so bekommen wir

$$\lim_{R\to\infty} \frac{1}{R^2} \int_{-\gamma}^{\gamma} \int_{R}^{2R\frac{\cos\theta}{\cos\gamma}} \left| \frac{\ln |F(r_1 e^{i\theta})|}{r_1^{\varrho(r_1)}} - h_F(\theta) \right| \cos^{\varrho-4}\theta\, r_1\, dr_1\, d\theta = 0$$

und schließlich

$$\lim_{R\to\infty} \frac{1}{R^2} \int_{-\gamma}^{\gamma} \int_{R}^{2R} |h_{F,r}(\theta) - h_F(\theta)|\, r\, d r\, d\theta = 0 .$$

Nach dem Hilfssatz 1 folgt hieraus, daß die Funktion $F(z)$ in der Halbebene $\operatorname{Re} z \geqq 0$ von vollkommen regulärem Wachstum ist. Der Lehrsatz ist somit bewiesen.

Als Folgerung aus diesem Lehrsatz erhalten wir folgenden wichtigen Lehrsatz von M. Cartwright [3]:

Lehrsatz 6. *Wenn eine im Innern eines Winkels (α, β) holomorphe Funktion $F(z)$ der verfeinerten Ordnung $\varrho(r)$ bei $\alpha < \theta < \beta$ einen trigonometrischen Indikator hat, und wenn die Öffnung des Winkels (α, β) größer ist als $\frac{\pi}{\varrho}$, so ist sie von vollkommen regulärem Wachstum, und ihre Nullstellendichte im Innern dieses Winkels ist gleich Null.*

Beweis. Ohne Beschränkung der Allgemeinheit kann man annehmen, daß der Winkel (α, β) mit der Halbebene $\operatorname{Re} z > 0$ übereinstimmt, und daß $\varrho > 1$ ist.

Bei dem trigonometrischen Indikator ist $ds_F(\theta) = 0$, und deshalb steht in (4.35) das Gleichheitszeichen.

Aus dem Lehrsatz 5 folgt, daß die Funktion $F(z)$ von vollkommen regulärem Wachstum ist. Außerdem ist die Dichte ihrer Nullstellenmenge im Innern des Winkels $|\theta| < \frac{\pi}{2}$ gleich

$$\frac{1}{2\pi\varrho}\left[s_F\left(\frac{\pi}{2}\right) - s_F\left(-\frac{\pi}{2}\right)\right] = 0\,.$$

Der Lehrsatz ist somit bewiesen.

Es ist interessant, diesen Lehrsatz mit dem Lehrsatz 5 aus § 3, Kapitel III zu vergleichen. Dort wurde verlangt, daß der Indikator trigonometrisch sein soll, und daß im Innern des Winkels ein Strahl vorhanden ist, auf dem die Funktion $F(z)$ von vollkommen regulärem Wachstum ist. Aus dem Lehrsatz von Cartwright folgt, daß die Existenz eines solchen Strahles nicht verlangt zu werden braucht, wenn die Öffnung des Winkels $\frac{\pi}{\varrho}$ übertrifft.

Alle von uns bewiesenen Lehrsätze über die Abschätzung der Nullstellenmenge in einer Halbebene beziehen sich auf den Fall $\varrho > 1$. $\varrho = 1$ bildet hier einen Sonderfall. In diesem Fall kann eine Abschätzung wie im Lehrsatz 4 nicht gemacht werden.

Wir betrachten nur Funktionen vom endlichen Grad und beweisen einen Lehrsatz, der den von uns zu Beginn dieses Kapitels formulierten Lehrsatz von Carlson als Sonderfall enthält.

Lehrsatz 7. *Ist $F(z)$ eine holomorphe, nicht identisch verschwindende Funktion endlichen Grades in der Halbebene* $\operatorname{Re} z \geqq 0$, *so ist*

$$\varliminf_{R\to\infty} \frac{\nu_F(r)}{r} \leqq \frac{1}{2\pi}\left[h_F\left(\frac{\pi}{2}\right) + h_F\left(-\frac{\pi}{2}\right)\right]. \tag{4.36}$$

Beweis. Wir gehen wie früher von der Formel (4.20) aus. Zu einem gegebenen $\varepsilon > 0$, welches so beschaffen ist, daß

$$\ln |F(r\,e^{i\theta})| < [h_F(\theta) + \varepsilon]\, r \qquad \left(|\theta| \leqq \frac{\pi}{2}\right)$$

kann man $d > 0$ so wählen, daß

$$N_F(r) < \frac{1}{2\pi} \int\limits_{-\frac{\pi}{2}+\alpha(r)}^{\frac{\pi}{2}-\alpha(r)} [h_F(\theta) + \varepsilon]\, \frac{d\theta}{\cos\theta} + O(1) \qquad \left(\alpha(r) = \arcsin\frac{d}{r}\right)$$

ist. Wir zeigen, daß der erste Summand auf der rechten Seite das Hauptglied ist.

Zu diesem Zweck integrieren wir partiell und bekommen

$$N_F(r) < \frac{1}{2\pi}[h_F(\theta) + \varepsilon] \ln \left|\operatorname{tg}\left(\frac{\theta}{2} + \frac{\pi}{4}\right)\right| \Bigg|_{-\frac{\pi}{2}+\alpha(r)}^{\frac{\pi}{2}-\alpha(r)}$$

$$- \frac{1}{2\pi} \int\limits_{-\frac{\pi}{2}+\alpha(r)}^{\frac{\pi}{2}-\alpha(r)} \ln \left|\operatorname{tg}\left(\frac{\theta}{2} + \frac{\pi}{4}\right)\right| h_F'(\theta)\, d\theta$$

$$= \frac{1}{2\pi}\left[h_F\left(\frac{\pi}{2} - \alpha(r)\right) + h_F\left(-\frac{\pi}{2} + \alpha(r)\right) + 2\,\varepsilon\right] \ln \left|\operatorname{ctg}\frac{\alpha(r)}{2}\right| + O(1)\,.$$

Da $\dfrac{\ln \operatorname{ctg}\frac{\alpha(r)}{2}}{\ln r} \to 1$ bei $r \to \infty$, so folgt hieraus

$$N_F(r) < \frac{1}{2\pi}\left[h_F\left(\frac{\pi}{2}\right) + h_F\left(-\frac{\pi}{2}\right) + 2\,\varepsilon\right] \ln r + o\,(\ln r)$$

und, da $\varepsilon > 0$ beliebig ist,

$$\overline{\lim_{r\to\infty}} \frac{N_F(r)}{\ln r} \leqq \frac{1}{2\pi}\left[h_F\left(\frac{\pi}{2}\right) + h_F\left(-\frac{\pi}{2}\right)\right]. \tag{4.37}$$

Jetzt gehen wir von der Größe $N_F(r)$ zu $\nu_F(r)$ über. Es sei

$$\mu = \underline{\lim_{r\to\infty}} \frac{\nu_F(r)}{r}\,.$$

Bei einem beliebigen $\varepsilon > 0$ haben wir dann die asymptotische Ungleichung

$$\nu_F(r) > (\mu - \varepsilon)\, r\,.$$

Unter Benutzung dieser Ungleichung bekommen wir leicht, direkt aus der Definition von $N_F(r)$:

$$N_F(r) > O(1) + (\mu - \varepsilon) \ln r\,.$$

Endlich haben wir hieraus, da $\varepsilon > 0$ beliebig war,

$$\mu \leqq \underline{\lim_{r\to\infty}} \frac{N_F(r)}{\ln r}\,.$$

Vergleichen wir das mit (4.37), so bekommen wir

$$\underline{\lim_{r\to\infty}} \frac{\nu_F(r)}{r} \leqq \frac{1}{2\pi}\left[h_F\left(\frac{\pi}{2}\right) + h_F\left(-\frac{\pi}{2}\right)\right].$$

Der Lehrsatz ist somit bewiesen. Wir bemerken noch, daß man die Breite des Indikatordiagramms $h_F\left(\frac{\pi}{2}\right) + h_F\left(-\frac{\pi}{2}\right)$ in der Form darstellen kann:

$$h_F\left(\frac{\pi}{2}\right) + h_F\left(-\frac{\pi}{2}\right) = \int\limits_{-\pi/2}^{\pi/2} \cos\theta\, ds_F(\theta)\,.$$

In der Tat ist es leicht einzusehen, daß das Integral auf der rechten Seite dieser Gleichung die Projektion des Grenzbogens des Indikatordiagramms der Funktion $F(z)$ zwischen den Stützpunkten der Geraden $l_{-\pi/2}$ und $l_{\pi/2}$ auf die imaginäre Achse ergibt, folglich ist es gleich der Breite des Indikatordiagramms in Richtung der imaginären Achse. Auf diese Weise ergibt sich die Ungleichung (4.36) aus der Ungleichung (4. 35), wenn man in ihr $\varrho = 1$ setzt. [1])

§ 3. Funktionen, welche auf einer Menge mit einer Winkeldichte verschwinden[2])

In diesem Paragraphen werden wir eine andere Verallgemeinerung des Lehrsatzes von Carlson für holomorphe Funktionen endlicher Ordnung im Innern eines Winkels geben. Wir werden Funktionen betrachten, welche auf einer gewissen Punktmenge verschwinden, die eine Winkeldichte hat, und wir werden zeigen, daß eine solche Funktion bei gewissen dem Wachstum der Funktion auferlegten Einschränkungen identisch verschwinden muß.

Lehrsatz 8. *$F(z)$ sei eine Funktion, die holomorph und nicht höher als vom Normaltypus bei der verfeinerten Ordnung $\varrho(r)$ im Innern des Winkels $\alpha \leqq \arg z \leqq \alpha + \frac{\pi}{\varrho}$ ist und auf einer im Innern dieses Winkels gelegenen Menge $N = \{a_k\}$ mit der Winkeldichte $\Delta_N(\psi)$ verschwindet, und es sei*

$$H_N(\theta) = \frac{\pi}{\sin \pi \varrho} \int_{\alpha}^{\alpha+\frac{\pi}{\varrho}} \cos \varrho(|\theta - \psi| - \pi)\, d\Delta_N(\psi)$$

im Fall des nichtganzzahligen ϱ und

$$H_N(\theta) = \pi \int_{\alpha}^{\alpha+\frac{\pi}{\varrho}} \sin \varrho|\psi - \theta| \cdot d\Delta_N(\psi)$$

bei ganzzahligem ϱ. Dann gilt, falls $F(z)$ nicht identisch verschwindet,

$$h_F(\alpha) + h_F\left(\alpha + \frac{\pi}{\varrho}\right) \geqq H_N(\alpha) + H_N\left(\alpha + \frac{\pi}{\varrho}\right).$$

Beweis. Wir betrachten im Innern des Winkels $\left(\alpha, \alpha + \frac{\pi}{\varrho}\right)$ die holomorphe Funktion

$$\Psi(z) = \frac{F(z)}{\Phi_N(z)},$$

wo

$$\Phi_N(z) = \prod_{k=1}^{\infty} G\left(\frac{z}{a_k}; p\right)$$

[1]) Wir bemerken, daß in diesem Fall die Frage offen bleibt, ob das Gleichheitszeichen in (4.36) nur bei Funktionen von vollkommen regulärem Wachstum erreicht wird.

[2]) B. J. Lewin [1].

bei nichtganzzahligem ϱ und

$$\Phi_N(z) = \prod_{k=1}^{\infty}\left(1 - \frac{z^{2\varrho}}{a_k^{2\varrho}}\right)$$

bei ganzzahligem ϱ ist.

Da $\Phi(z)$ eine Funktion von vollkommen regulärem Wachstum mit dem Indikator $H_N(\theta)$ ist (vgl. § 4, Kapitel II), so ist

$$h_\Psi(\theta) = h_F(\theta) - h_N(\theta) .$$

Nach der Eigenschaft h) des Indikators (vgl. § 16, Kapitel I) ist

$$h_\Psi\left(\frac{\pi}{\varrho}\right) + h_\Psi\left(\frac{\pi}{\varrho} + \alpha\right) \geqq 0$$

und folglich

$$h_F\left(\alpha + \frac{\pi}{\varrho}\right) + h_F(\alpha) \geqq H_N\left(\alpha + \frac{\pi}{\varrho}\right) + H_N(\alpha) .$$

Der Lehrsatz ist somit bewiesen. Wir bemerken noch, daß bei $\varrho = 1$ die Größe $h_F(\alpha + \pi) + h_F(\alpha)$ gleich der Breite des Indikatordiagramms in Richtung $\arg z = \alpha$ ist.

Ist $\varrho(r) = 1$, und ist die Menge N die Folge ganzer Zahlen $a_k = 1, 2, \ldots$, so ist $H_N(\theta) = \pi\,|\sin\theta|$, und nach dem bewiesenen Lehrsatz ist

$$h_F\left(\frac{\pi}{2}\right) + h_F\left(-\frac{\pi}{2}\right) \geqq 2\pi .$$

Auf diese Weise erscheint der Lehrsatz von Carlson als ein Sonderfall des Lehrsatzes 8.

Ein anderer Eindeutigkeitssatz ergibt sich, wenn man statt der Eigenschaft h) des Indikators die Eigenschaft g) benutzt. Vor der Formulierung dieses Lehrsatzes führen wir den Begriff des Indikators der Eindeutigkeit ein. Eine trigonometrisch konvexe Funktion $h(\theta)$ werden wir als den Indikator der Eindeutigkeit einer regelmäßigen Menge N mit der Winkeldichte $\Delta_N(\theta)$ und dem Indikator $H_N(\theta)$ bezeichnen, wenn es keine nicht identisch verschwindende Funktion $F(z)$ der verfeinerten Ordnung $\varrho(r)$ mit dem Indikator $h(\theta)$ gibt, die in allen Punkten der Menge N verschwindet.

Lehrsatz 9. *Damit eine trigonometrisch konvexe Funktion $h(\theta)$ kein Indikator der Eindeutigkeit einer vorgegebenen regelmäßigen Menge N ist, ist es notwendig und hinreichend, daß für beliebige α und β ($\alpha < \beta$) die Ungleichung*

$$s\,(\alpha \pm 0, \beta \pm 0) \geqq 2\pi\varrho\,[\Delta_N(\beta \pm 0) - \Delta_N(\alpha \pm 0)] \tag{4.38}$$

erfüllt ist, wo

$$s\,(\alpha, \beta) = h'(\beta) - h'(\alpha) + \varrho^2 \int_\alpha^\beta h(\varphi)\,d\varphi$$

ist.

Beweis. Wir bemerken vor allem, daß die Funktion $h(\theta)$ dann und nur dann kein Indikator der Eindeutigkeit sein kann, wenn sie in der Form darstellbar ist:

$$h(\theta) = H_N(\theta) + h_1(\theta) , \tag{4.39}$$

wo $h_1(\theta)$ eine trigonometrisch konvexe Funktion mit der Periode 2π ist. In der Tat, ist $h(\theta)$ kein Indikator der Eindeutigkeit, so existiert eine ganze Funktion $F(z)$ der verfeinerten Ordnung $\varrho(r)$ mit dem Indikator $h(\theta)$, welche auf N verschwindet. $\Phi_N(z)$ sei die kanonische Funktion der regelmäßigen Menge (vgl. § 1, Kapitel II). Dann ist die Funktion

$$\Psi(z) = \frac{F(z)}{\Phi_N(z)}$$

offensichtlich eine ganze Funktion, und ihr Indikator ist

$$h_\Psi(\theta) = h(\theta) - H_N(\theta)\,.$$

Ist umgekehrt die Bedingung (4.39) erfüllt, so konstruieren wir die Funktion $\Psi(z)$ mit dem Indikator $h_1(\theta)$ (vgl. § 4, Kapitel II) und überzeugen uns, daß die Funktion

$$F(z) = \Phi_N(z)\,\Psi(z)$$

den Indikator

$$h(\theta) = H_N(\theta) + h_1(\theta)$$

hat und auf der Menge N verschwindet.

Um zu zeigen, daß für beliebige α und β ($\alpha < \beta$) die Ungleichungen (4.38) und (4.39) äquivalent sind, genügt es, darauf hinzuweisen, daß die trigonometrische Konvexität der Funktion $h_1(\theta)$ äquivalent ist mit dem Bestehen der Ungleichung

$$h_1'(\beta) - h_1'(\alpha) + \varrho^2 \int_\alpha^\beta h_1(\theta)\,d\theta \geqq 0$$

bei $\alpha < \beta$ (vgl. § 16, Kapitel I), und die Gleichung

$$H_N'(\beta) - H_N'(\alpha) + \varrho^2 \int_\alpha^\beta H(\varphi)\,d\varphi = 2\pi\varrho\,[\Delta_N(\beta) - \Delta_N(\alpha)]$$

zu benutzen, welche im § 3, Kapitel III bewiesen wurde.

Wir erinnern daran, daß für $\varrho = 1$ die Größe $s(\alpha, \beta)$ gleich der Länge des Randes des Gebietes ist, für welches die Funktion $h(\theta)$ als Stützfunktion erscheint, zwischen den Stützpunkten der Geraden, die zu den Strahlen $\arg z = \alpha$ und $\arg z = \beta$ senkrecht stehen.

Auf diese Weise ergibt sich bei $\varrho = 1$ ein geometrisches Kriterium dafür, daß die Stützfunktion $h(\theta)$ eines konvexen Gebietes ein Indikator der Eindeutigkeit ist. Und zwar muß die genannte Bogenlänge kleiner als die mit 2π multiplizierte Dichte der Menge N im Innern des Winkels sein.

Wir bemerken noch, daß unter allen trigonometrisch konvexen Funktionen, welche keine Indikatoren der Eindeutigkeit einer gegebenen regelmäßigen Menge sind, die Funktion $H_N(\theta)$ den kleinsten Wert des Funktionals

$$s(\alpha, \beta, h) = h'(\beta) - h'(\alpha) + \varrho^2 \int_\alpha^\beta h(\theta)\,d\theta$$

bei beliebigen α und β ($\alpha < \beta$) liefert.

In der Tat ist

$$s(\alpha, \beta, H_N) = 2\pi\varrho\,[\Delta(\beta) - \Delta(\alpha)]\,,$$

und es folgt im allgemeinen Fall aus (4.39), daß

$$s(\alpha, \beta, h) = 2\pi\varrho\,[\Delta(\beta) - \Delta(\alpha)] + s(\alpha, \beta, h_1)$$

ist. Aus der Eigenschaft g) der trigonometrisch konvexen Funktionen (§ 16, Kapitel I) folgt jedoch $s(\alpha, \beta, h_1) \geqq 0$, und folglich ist

$$s(\alpha, \beta, h) \geqq s(\alpha, \beta, H_N)\,.$$

Wir bemerken, daß die Gleichung $s(\alpha, \beta, h_1) = 0$ nur möglich ist, wenn $h_1(\theta) = A\cos\varrho\,\theta + B\sin\varrho\,\theta$ ist (vgl. § 16, Kapitel I).

Hieraus folgt, daß bei nichtganzzahligem ϱ $H_N(\theta)$ die einzige Funktion ist, welche das Funktional $s(0, 2\pi, h)$ zum Minimum macht, bei ganzzahligem ϱ ist die allgemeine Form solcher, zum Minimum machender Funktionen

$$h(\theta) = H_N(\theta) + A\cos\varrho\,\theta + B\sin\varrho\,\theta\,.$$

Analog der vorhergehenden Definition kann man den Indikator der Eindeutigkeit für holomorphe Funktionen der verfeinerten Ordnung $\varrho(r)$ im Inneren eines Winkels (α, β) definieren.

Eine trigonometrisch konvexe Funktion $h(\theta)$ $(\alpha \leqq \theta \leqq \beta)$ werden wir den Indikator der Eindeutigkeit einer im Inneren des Winkels (α, β) gelegenen Menge N mit der Winkeldichte $\Delta_N(\theta)$ nennen, wenn es im Innern dieses Winkels keine holomorphe Funktion der verfeinerten Ordnung $\varrho(r)$ mit dem Indikator $h(\theta)$ gibt, welche in allen Punkten der Menge N verschwindet und nicht identisch gleich Null ist. Man kann folgenden Lehrsatz über den Indikator der Eindeutigkeit für einen Winkel beweisen:

Lehrsatz 10. *Wenn eine trigonometrisch konvexe Funktion* $h(\theta)$ $(\alpha \leqq \theta \leqq \beta)$ *kein Indikator der Eindeutigkeit der Menge* N *ist, so ist für beliebige* α' *und* β' $(\alpha \leqq \alpha' < \beta' \leqq \beta)$ *die Ungleichung erfüllt:*

$$s(\alpha', \beta', h) \geqq 2\pi\varrho\,[\Delta_N(\beta') - \Delta_N(\alpha')]\,. \tag{4.40}$$

Beweis. Wir nehmen zuerst an, ϱ sei keine ganze Zahl, und konstruieren die Funktion

$$\Phi(z) = \prod_{k=1}^{\infty} G\left(\frac{z}{a_k};\, p\right),$$

wo a_k die Punkte der Menge N sind, welche im Winkel (α', β') liegen. $F(z)$ sei eine holomorphe Funktion der verfeinerten Ordnung $\varrho(r)$ in (α, β) mit dem Indikator $h(\theta)$. Dann ist

$$\Psi(z) = \frac{F(z)}{\Phi(z)}$$

eine holomorphe Funktion in (α', β') der verfeinerten Ordnung $\varrho(r)$ mit dem Indikator

$$h_\Psi(\theta) = h(\theta) - H_\Phi(\theta)\,.$$

Hieraus folgt

$$s(\alpha', \beta', h) - s(\alpha', \beta', H_\Phi) \geqq 0\,,$$

und, da $\Phi(z)$ von vollkommen regulärem Wachstum ist,

$$s(\alpha', \beta', H_\Phi) = 2\pi\varrho\,[\Delta(\beta') - \Delta(\alpha')]\,.$$

Um den Fall des ganzzahligen ϱ zu betrachten, bemerken wir vor allem, daß es genügt, die Ungleichung (4.40) unter der Voraussetzung $\beta' - \alpha' < \frac{\pi}{\varrho}$ zu beweisen. In der Tat, ist das bewiesen, braucht man zum Beweis des allgemeinen Falles, den Winkel (α', β') nur in Teile zu zerlegen und die entsprechenden Ungleichungen zu addieren. Wir setzen

$$\Phi(z) = \prod_{k=1}^{\infty}\left(1 - \frac{z^{2\varrho}}{a_k^{2\varrho}}\right),$$

wo a_k Punkte der Menge N sind, die im Winkel (α', β') liegen $\left(\beta' - \alpha' < \frac{\pi}{\varrho}\right)$. Die Funktion $\Phi(z)$ ist holomorph, der verfeinerten Ordnung $\varrho(r)$ und von vollkommen regulärem Wachstum. Der Beweis wird zu Ende geführt wie im Fall des nichtganzzahligen ϱ.

§ 4. Darstellung ganzer Funktionen durch die Interpolationsreihe von Lagrange

Mit der Frage der eindeutigen Bestimmung einer ganzen Funktion durch ihre Werte auf einer gewissen Punktmenge ist das Problem der Interpolation durch ganze Funktionen eng verbunden, d. h. die Aufgabe, eine ganze Funktion zu konstruieren, welche zu einer bestimmten Klasse gehört und in den Punkten einer gegebenen Menge $\{a_n\}$ (den Interpolationsknoten) die vorgegebenen Werte $\{b_n\}$ annimmt.

Dieser Konstruktion dienen Interpolationsformeln, welche als Verallgemeinerungen der entsprechenden Interpolationsformeln mit Hilfe von Polynomen erscheinen.

Als die Newtonsche Reihe bezeichnet man die Interpolationsreihe der Form

$$\sum_{n=0}^{\infty} a_n(z - \alpha_1)(z - \alpha_2)\cdots(z - \alpha_n)\,.$$

Bekanntlich ist für $\alpha_n = n$ $(n = 0, 1, 2, \ldots)$ das Konvergenzgebiet dieser Reihe die Halbebene $\operatorname{Re} z \geqq \gamma$ (γ eine gewisse reelle Zahl).[1] Außerdem ist die Summe der Newtonschen Reihe eine Funktion endlichen Grades in dieser Halbebene, und ihr Indikator genügt der Ungleichung

$$h_F(\theta) \leqq \cos\theta \ln(2\cos\theta) + \theta\sin\theta \qquad \left(|\theta| < \frac{\pi}{2}\right).$$

[1]) Siehe A. O. Gelfond [1, 2].

Andererseits ist nach dem Lehrsatz von CARLSON eine Funktion endlichen Grades in der Halbebene Re $z \geqq \gamma$ vollkommen bestimmt durch ihre Werte in den ganzzahligen Punkten $n = 0, 1, \ldots$, wenn

$$h_F\left(\frac{\pi}{2}\right) + h_F\left(-\frac{\pi}{2}\right) < 2\pi .$$

ist.

Auf diese Weise existiert eine Klasse von Funktionen endlichen Grades, welche durch ihre Werte in den Punkten $0, 1, 2, \ldots$ vollkommen bestimmt sind, jedoch mit Hilfe der NEWTONschen Reihe aus diesen Werten nicht aufgestellt werden können.[1]) Zu dieser Klasse gehören insbesondere alle Funktionen endlichen Grades, für die $\pi < h_F\left(\frac{\pi}{2}\right) + h_F\left(-\frac{\pi}{2}\right) < 2\pi$ ist. Auf diese Weise ist für die Punktmenge $0, 1, 2, \ldots$ die „Konvergenzklasse" enger als die „Eindeutigkeitsklasse", die durch die Bedingung $h_F\left(\frac{\pi}{2}\right) + h_F\left(-\frac{\pi}{2}\right) < 2\pi$ bestimmt wird.

In vielen Fällen erscheint eine andere Interpolationsformel bequemer zur Darstellung ganzer Funktionen, sie gibt eine Entwicklung einer ganzen Funktion nicht in eine Reihe von Polynomen, sondern in eine Reihe von besonderen ganzen Funktionen.

$f(z)$ sei eine ganze Funktion, welche in allen Interpolationsknoten $\{a_n\}$ ($|a_n| \to \infty$) einfache Nullstellen hat, und es seien $\{b_n\}$ die in den Interpolationsknoten vorgegebenen Werte. Wenn die Reihe

$$\sum_{n=1}^{\infty} \frac{b_n f(z)}{f'(a_n)(z - a_n)} \tag{4.41}$$

in jedem beschränkten Gebiet gleichmäßig konvergiert, so stellt sie die die Interpolationsaufgabe lösende ganze Funktion dar. Diese Reihe nennt man die Interpolationsreihe von LAGRANGE.

Wir untersuchen die Frage der Darstellbarkeit einer ganzen Funktion durch die Interpolationsreihe von LAGRANGE im Fall, daß die Interpolationsknoten eine R-Menge mit einem gewissen Exponenten $\varrho(r)$ bilden[2]) (die Definition siehe in § 1, Kapitel II). Die ganze Menge der Interpolationsknoten wird durch $\mathfrak{A}$ bezeichnet, die kanonische Funktion dieser Menge $f(z, \mathfrak{A})$ durch $f(z)$ und der Indikator der Menge $H_{\mathfrak{A}}(\theta)$ durch $H(\theta)$. Dann gilt folgender Lehrsatz über die Konvergenz der Reihe von LANGRAGE:

---

[1]) Die Frage der Darstellbarkeit einer ganzen Funktion durch die NEWTONsche Reihe ist in einer Reihe von Arbeiten untersucht worden. Die vollständigsten Ergebnisse sind in den Arbeiten von A. O. GELFOND [1] und I. I. IBRAGIMOW und M. W. KELDYSCH [1] enthalten. A. O. GELFOND hat eine ziemlich allgemeine Methode zur Aufstellung einer ganzen Funktion nach den sie bestimmenden Werten auf einer Folge von Funktionalen gegeben [1], [2].

[2]) Ein Teil der Ergebnisse der §§ 4 und 5 ist in der Abhandlung des Verfassers [2] enthalten. Siehe auch die Abhandlung von A. PFLUGER [2].

Lehrsatz 11. *Ist die Menge $\mathfrak{A}$ der Interpolationsknoten eine R-Menge (vgl. § 1, Kapitel II) mit einem gewissen Exponenten $\varrho(r)$, und genügen alle Zahlen b_n für ein gewisses $\varepsilon > 0$ und für $n > n(\varepsilon)$ der Ungleichung*

$$\ln |b_n| < [H(\psi_n) - \varepsilon] \cdot |a_n|^{\varrho(|a_n|)} \qquad (\psi_n = \arg a_n)\,, \tag{4.42}$$

so konvergiert die Reihe von LAGRANGE *gleichmäßig in jedem beschränkten Gebiet und stellt eine ganze Funktion mit dem Indikator nicht größer als $H(\theta)$ dar.*

Beweis. Nach dem Lehrsatz 5, Kapitel II genügt die Funktion $f(z)$ überall außerhalb der Ausnahmekreise C_R der asymptotischen Gleichung

$$\ln |f(r\, e^{i\theta})| \approx H(\theta)\, r^{\varrho(r)}\,.$$

Wir schätzen jetzt die Größe $|f'(a_n)|$ ab. Dazu betrachten wir die Funktion

$$\ln \left|\frac{f(z)}{z - a_n}\right|\,.$$

Sie ist harmonisch im Innern des Ausnahmekreises C_R mit dem Mittelpunkt im Punkt a_n und genügt auf dem Umfang dieses Kreises (bei $n \to \infty$) der asymptotischen Gleichung

$$\ln \left|\frac{f(z)}{z - a_n}\right| \approx H(\psi_n)\, |a_n|^{\varrho(|a_n|)}\,.$$

Nach dem Prinzip des Maximums und des Minimums einer harmonischen Funktion bekommen wir hieraus

$$\ln |f'(a_n)| \approx H(\psi_n)\, |a_n|^{\varrho(|a_n|)}\,. \tag{4.43}$$

Hieraus und aus (4.42) folgt, daß für z außerhalb der C_R-Ausnahmekreise und für $n > n'(\varepsilon)$

$$\ln \left|\frac{b_n}{f'(a_n)\,(z - a_n)}\right| < -\frac{\varepsilon}{2}\, |a_n|^{\varrho(|a_n|)}$$

ist. Andererseits haben wir

$$n_f(r) \approx \Delta(2\pi)\, r^{\varrho(r)}$$

und folglich

$$|a_n|^{(\varrho|a_n|)} \approx \frac{n}{\Delta(2\pi)}\,.$$

Diese Beziehung gibt uns die Möglichkeit, die letzte Ungleichung in der Form

$$\left|\frac{b_n}{f'(a_n)\,(z - a_n)}\right| < e^{-cn} \qquad \left(c = \frac{\varepsilon}{2\,\Delta(2\pi)}\right) \tag{4.44}$$

aufzuschreiben.

Auf diese Weise konvergiert die Reihe

$$\sum_{n=1}^{\infty} \frac{b_n}{f'(a_n)\,(z - a_n)}$$

außerhalb der Ausnahmekreise C_R gleichmäßig gegen eine gewisse Funktion $\varphi(z)$.

Wenden wir das Maximumprinzip in jedem der Ausnahmekreise auf die Abschnitte der Reihe von ganzen Funktionen (4.41) an, so ergibt sich, daß diese Reihe in jedem beschränkten Gebiet gegen die ganze Funktion $F(z) = f(z)\,\varphi(z)$ gleichmäßig konvergiert.

Wir beweisen noch, daß $h_F(\theta) \leqq H(\theta)$ ist. Dazu stellen wir vor allem fest, daß $\varphi(z)$ gegen Null geht, wenn $|z| \to \infty$ und z der Menge der C_R-Kreise nicht angehört. In der Tat bekommen wir aus (4.44) für $z \notin C_R$

$$|\varphi(z)| < \sum_{n=1}^{N} \frac{|b_n|}{|f'(a_n)|\,|z - a_n|} + \frac{e^{-cN}}{1 - e^{-c}}\,.$$

Zu jedem beliebigen $\varepsilon > 0$ kann man ein N und dann ein r_ε so wählen, daß für $|z| > r_\varepsilon$, $z \in C_\varepsilon$

$$|\varphi(z)| < \varepsilon$$

ist. Auf diese Weise ist außerhalb der Ausnahmekreise und für $|z| > r_\varepsilon$

$$|F(z)| < |f(z)|$$

und folglich $h_F(\theta) \leqq H(\theta)$. Der Lehrsatz ist somit bewiesen.

Bemerkung 1. *Die durch die Interpolationsreihe* (4.41) *dargestellte Funktion* $F(z)$ *ist nicht die einzige Lösung der Interpolationsaufgabe, sogar bei der zusätzlichen Bedingung*

$$h_f(\theta) \leqq H(\theta)\,. \tag{4.45}$$

Wir werden zeigen, daß alle dieser Bedingung genügenden Lösungen in der Form

$$\Phi(z) = F(z) + \omega(z)\,f(z) \tag{4.46}$$

eingeschlossen sind, wo $\omega(z)$ eine ganze Funktion nicht höher als vom Minimaltypus bei der verfeinerten Ordnung $\varrho(r)$ ist.

Ist in der Tat $\Phi(z)$ eine beliebige Lösung, so ist

$$\omega(z) = \frac{\Phi(z) - F(z)}{f(z)}$$

eine ganze Funktion. Genügt außerdem $\Phi(z)$ der Bedingung (4.45), so übertrifft der Indikator des Zählers die Größe $H(\theta)$ nicht. Im Nenner steht eine ganze Funktion von vollkommen regulärem Wachstum mit dem Indikator $H(\theta)$. Deshalb ist der Indikator der Funktion $\omega(z)$ nicht größer als Null, und die Funktion $\omega(z)$ ist nicht höher als vom Minimaltypus bei der verfeinerten Ordnung $\varrho(r)$.

Umgekehrt ist jede durch die Gleichung (4.46) dargestellte Funktion $F(z)$ offensichtlich eine Lösung der Interpolationsaufgabe bei der zusätzlichen Bedingung (4.45).

Bemerkung 2. Wenn man die zusätzliche Bedingung (4.45) durch eine stärkere Bedingung

$$\lim_{\substack{|z| \to \infty \\ z \notin C}} \frac{|\Phi(z)|}{|f(z)|} = 0 \tag{4.47}$$

ersetzt, der, wie bereits gezeigt, die Funktion $F(z)$ genügt, so ergibt sich, daß die ganze Funktion $\omega(z)$ gegen Null geht, wenn $|z| \to \infty$ $(z \notin C)$, und aus dem Maximumprinzip folgt $\omega(z) \equiv 0$.

Auf diese Weise ist $F(z)$ die einzige Lösung der Aufgabe bei der zusätzlichen Bedingung (4.47). Im folgenden Lehrsatz werden wir eine hinreichende Bedingung für die Darstellbarkeit einer vorgegebenen ganzen Funktion durch die Interpolationsreihe von LAGRANGE geben.

Lehrsatz 12. *Bilden die Punkte $\{a_k\}$ eine R-Menge $\mathfrak{A}$ mit dem Exponenten $\varrho(r)$, so ist jede der Bedingung*

$$h_F(\theta) < H(\theta) \qquad (0 \leqq \theta < 2\pi) \tag{4.48}$$

genügende ganze Funktion $F(z)$ durch die in jedem beschränkten Gebiet konvergente Reihe

$$F(z) = \sum_{n=1}^{\infty} \frac{F(a_n)\, f(z)}{f'(a_n)\,(z - a_n)} \tag{4.49}$$

darstellbar.

Beweis. Wir werden zeigen, daß die Zahlenfolge $\{b_n = F(a_n)\}$ bei der Erfüllung der Bedingung (4.48) der Bedingung (4.42) vom Lehrsatz 11 genügt. Tatsächlich folgt aus (4.48), daß bei einem gewissen $\varepsilon > 0$

$$h_F(\theta) < H(\theta) - 2\,\varepsilon \tag{4.50}$$

ist. Außerdem gilt nach dem Lehrsatz 28, Kapitel I die asymptotische Ungleichung

$$\ln |F(r\, e^{i\theta})| < [h_F(\theta) + \varepsilon]\, r^{\varrho(r)} < [H(\theta) - \varepsilon]\, r^{\varrho(r)}$$

und folglich für $n > n(\varepsilon)$

$$\ln |F(a_n)| < [H(\psi_n) - \varepsilon]\, |a_n|^{\varrho(|a_n|)} .$$

Nach dem Lehrsatz 11 folgt aus dieser Ungleichung die Konvergenz der Reihe (4.49). Man muß noch zeigen, daß die Summe dieser Reihe gleich der gegebenen Funktion $F(z)$ ist. Dazu benutzen wir die Bemerkung 2 zum Lehrsatz 11. Wie man aus (4.48) sieht, genügt die Funktion $F(z)$ der Bedingung (4.47). Dieser Bedingung genügt auch die Summe der Reihe. Aus der Eindeutigkeit der Lösung der Interpolationsaufgabe bei der zusätzlichen Bedingung (4.47) ergibt sich die Gleichung (4.49). Der Lehrsatz ist somit bewiesen.

Bemerkung. Der Lehrsatz 12 bleibt richtig, wenn man die Forderung, daß die Interpolationsknotenmenge eine R-Menge ist, durch eine schwächere Forderung ersetzt, daß sie eine regelmäßige Menge ist. Man muß dabei jedoch die Summe der Reihe in einem besonderen Sinne verstehen. Man kann nämlich behaupten, daß

$$F(z) = \lim_{\substack{R \to \infty \\ R \notin E}} \sum_{|a_n| < R} \frac{F(a_n)\, f(z)}{f'(a_n)\,(z - a_n)} \tag{4.51}$$

ist, wo E eine gewisse E^0-Menge ist.

Tatsächlich folgt aus (4.48) und der asymptotischen Gleichung

$$\ln |f(r\, e^{i\theta})| \approx H(\theta)\, r^{\varrho(r)},$$

welche für r richtig ist, die einer gewissen E^0-Menge E nicht angehören,

$$\ln \left| \frac{F(r\, e^{i\theta})}{f(r\, e^{i\theta})} \right| < -\varepsilon\, r^{\varrho(r)} \qquad (r \notin E).$$

Aus dieser Ungleichung folgt, daß das Integral

$$J_r(z) = \frac{1}{2\pi i} \cdot \int\limits_{|\zeta|=r} \frac{F(\zeta)\, f(z)}{f(\zeta)\,(\zeta - z)}\, d\zeta$$

gegen Null geht, wenn r gegen Unendlich strebt, ohne dabei die Werte aus der Menge E anzunehmen. Anderseits ist aber

$$J_r(z) = F(z) - \sum_{|a_n|<r} \frac{F(a_n)\, f(z)}{f'(a_n)\,(z - a_n)},$$

und folglich ist (4.51) richtig.

Wir bezeichnen eine trigonometrisch konvexe Funktion $h(\theta)$, die so beschaffen ist, daß jede ganze Funktion der verfeinerten Ordnung $\varrho(r)$ mit dem Indikator nicht größer als $h(\theta)$ durch die Reihe (4.49) darstellbar ist, den Indikator der Konvergenz (bei gegebenem $\varrho(r)$). Offensichtlich ist jeder Indikator der Konvergenz zugleich ein Indikator der Eindeutigkeit. Aus dem Lehrsatz 12 folgt, daß der Indikator der Konvergenz beliebig nahe bei dem Indikator der Menge $H(\theta)$ liegen kann, welcher kein Indikator der Eindeutigkeit ist. Wir erinnern, daß für die Newtonsche Interpolationsreihe die Sache anders liegt.[1]) Im Lehrsatz 11 ist gezeigt worden, daß wenn bei einer gegebenen R-Menge $\{a_n\}$ die Zahlenfolge $\{b_n\}$ der Bedingung (4.42) genügt, eine ganze Funktion $F(z)$ mit dem Indikator, der den Indikator der Menge $H(\theta)$ nicht übertrifft, existiert, welche in den Punkten $\{a_n\}$ die Werte $\{b_n\}$ annimmt.

In dem folgenden Lehrsatz werden wir die notwendigen und hinreichenden Bedingungen dafür angeben, daß eine gegebene Folge $\{b_n\}$ die Wertefolge einer gewissen Funktion in den Punkten $\{a_n\}$ einer vorgegebenen R-Menge ist, deren Indikator nicht größer als der Indikator der Menge $H(\theta)$ ist.

Lehrsatz 13. *$\mathfrak{A}$ sei eine gewisse R-Menge der Punkte $\{a_n\}$ mit dem Exponenten $\varrho(r)$, und $\{b_n\}$ sei eine gewisse Zahlenfolge. Damit eine ganze Funktion $F(z)$ existiert, welche den Bedingungen*

$$F(a_n) = b_n \tag{α}$$

und

$$h_F(\theta) \leqq H(\theta) \tag{β}$$

---

[1]) Es ist jedoch erwähnenswert, daß zur Lösung vieler Fragen der Theorie ganzer Funktionen die Zerlegung der Funktion nicht in die Reihe von Lagrange, sondern in die Newtonsche Reihe erforderlich ist. Das hängt hauptsächlich damit zusammen, das die Newtonsche Reihe eine Polynomreihe ist.

genügt, ist es notwendig und hinreichend, daß die Ungleichung

$$\overline{\lim_{n\to\infty}} \frac{\ln |b_n|}{H_{\mathfrak{A}}(\psi_n)\,|a_n|^{\varrho(|a_n|)}} \leqq 1 \qquad (\psi_n = \arg a_n) \tag{4.52}$$

besteht.

Beweis. Die Notwendigkeit der Bedingung (4.52) ergibt sich unmittelbar aus der asymptotischen Ungleichung

$$\ln |F(r\,e^{i\theta})| < [h_F(\theta) + \varepsilon]\, r^{\varrho(r)},$$

welcher die interpolierende Funktion genügen muß, und der Bedingung (β).

Um zu beweisen, daß die Bedingung hinreichend ist, bemerken wir vor allem, daß bei

$$\overline{\lim_{n\to\infty}} \frac{\ln |b_n|}{H(\psi_n)\,|a_n|^{\varrho(|a_n|)}} < 1$$

die Existenz der interpolierenden Funktion, welche der Bedingung (β) genügt, unmittelbar aus dem Lehrsatz 11 folgt. Steht aber in (4.52) das Gleichheitszeichen, so können wir die Konvergenz der Reihe von Lagrange nicht garantieren, und deshalb kann man die Funktion $F(z)$ nicht so konstruieren, wie dies im Lehrsatz 11 geschehen ist. Damit man auch in diesem Fall eine konvergente Reihe bekommt, fügen wir zur Menge $\mathfrak{A}$ neue Interpolationsknoten $\{\alpha_n\}$ so hinzu, daß die neue Menge eine R-Menge bleibt, und daß die kanonische Funktion $f_1(z)$ der neuen Menge schneller als $f(z)$ wächst. Bei genügend schnellem Wachstum der Funktion $f_1(z)$ wird die Reihe

$$\sum_{n=1}^{\infty} \frac{|b_n|}{|f_1'(a_n)|}$$

konvergieren, und man wird die interpolierende Funktion $F(z)$ mit Hilfe der Formel von Lagrange konstruieren können. In den zusätzlichen Interpolationsknoten α_n kann man $F(\alpha_n) = 0$ setzen. Es ist dabei erforderlich, daß der Indikator $h_F(\theta)$ der konstruierten Funktion $H(\theta)$ nicht übertrifft. Das erhält man, wenn man die Menge $\mathfrak{A}$ so verbreitert, daß ihr Indikator unverändert bleibt. Wir führen diese Verbreiterung folgendermaßen aus.

Steht in (4.52) das Gleichheitszeichen, so ist folgende Gleichung richtig:

$$\overline{\lim_{n\to\infty}} \left(|a_n|^{-\varrho(|a_n|)} \ln \left| \frac{b_n}{f'(a_n)} \right| \right) = 0 .$$

Nach dem Lehrsatz 16, Kapitel I existiert eine solche verfeinerte Ordnung $\varrho_1(r)$, daß

$$\overline{\lim_{n\to\infty}} \left(|a_n|^{-\varrho_1(|a_n|)} \ln \left| \frac{b_n}{f'(a_n)} \right| \right) = 1$$

ist, wobei

$$\lim_{r\to\infty} r^{\varrho_1(r) - \varrho(r)} = 0$$

ist.[1])

[1]) In Kapitel I wird nicht eine Folge, sondern eine Funktion betrachtet, die auf der positiven reellen Achse definiert ist, doch ist in der jetzigen Betrachtung dieser Unterschied unwesentlich.

Wir definieren die verfeinerte Ordnung $\varrho_2(r)$

$$\varrho_2(r) = \max\left(\varrho_1(r),\ \frac{\varrho(r)}{2}\right)$$

und konstruieren eine R-Menge $\mathfrak{A}_1$ mit dem Exponenten $\varrho_2(r)$, die der Bedingung (C′) (§ 1, Kapitel II) genügt, und dabei so beschaffen ist, daß der Indikator $H_{\mathfrak{A}_1}(\theta)$ der Ungleichung

$$H_{\mathfrak{A}_1}(\theta) > 2 \qquad (0 \leqq \theta < 2\pi)$$

genügt. Man kann dabei annehmen, daß die Ausnahmekreise der Mengen $\mathfrak{A}$ und $\mathfrak{A}_1$ einander nicht überdecken.[1])

Bezeichnen wir mit $\omega(z)$ die kanonische Funktion der Menge $\mathfrak{A}_1$. Außerhalb der Ausnahmekreise der Menge $\mathfrak{A}_1$ ist die asymptotische Ungleichung

$$\ln |\omega(z)| > 2\, r^{\varrho_2(r)}$$

erfüllt, und folglich ist

$$\ln \left|\frac{b_n}{f'(a_n)\,\omega(a_n)}\right| < -(1-\varepsilon)\,|a_n|^{\varrho_2(|a_n|)}\,,$$

---

[1]) Wir deuten die Konstruktion der Menge $\mathfrak{A}_1$ an: Auf den Strahlen $\arg z = \frac{2\pi k}{n} + \alpha$ ($k = 0, 1, 2, \ldots, n-1$; n ganz und $n \geqq 2\varrho_2$, α beliebig) markieren wir die Punkte, in welchen die Funktion $\Delta r^{\varrho_2(r)}$ ganzzahlige Werte annimmt. Die so konstruierte Menge hat eine Winkeldichte. Bei ganzzahligem ϱ_2 muß man n so wählen, daß es ein Vielfaches von $2\varrho_2$ ist, und die Bedingung (B) (§ 1, Kapitel II) erfüllt ist. Außerdem haben wir nach der Konstruktion für die Punkte auf einem Strahl

$$1 = \Delta|a_{n+1}|^{\varrho_2(|a_{n+1}|)} - \Delta|a_n|^{\varrho_2(|a_n|)}$$
$$= \Delta(|a_{n+1}| - |a_n|)\,[\varrho_2(c)\, c^{\varrho_2(c)-1} + c^{\varrho_2(c)}\, \varrho_2'(c) \ln c] \quad (|a_n| < c < |a_{n+1}|)$$

oder asymptotisch

$$|a_{n+1}| - |a_n| > \frac{1}{2}\, \Delta^{-1} \varrho_2^{-1}\, |a_n|^{1-\varrho_2(|a_n|)}\,,$$

und folglich ist die Bedingung (C′) erfüllt. Unter Benutzung der asymptotischen Formeln (2.05) und (2.07) bekommen wir, daß für genügend große Δ $H_1(\theta) > 2$ ist.

Es ist noch nötig zu erreichen, daß die Ausnahmekreise einander nicht überdecken. Wir bemerken, daß die Durchmesser der Ausnahmekreise der Menge $\mathfrak{A}_1$ nicht größer sind als

$$d|a_n|^{1-\varrho_2(|a_n|)} \leqq d|a_n|^{1-\frac{\varrho(|a_n|)}{2}}\,. \qquad (*)$$

Genügt die Menge $\mathfrak{A}$ der Bedingung (C′), so genügt es, die Strahlen, auf welchen die Punkte der Menge $\mathfrak{A}_1$ liegen, verschieden von denjenigen zu wählen, auf denen die Punkte der Menge $\mathfrak{A}$ liegen. Wählt man noch d genügend klein, so überschneiden sich die Ausnahmekreise der beiden Mengen nicht.

Genügt aber $\mathfrak{A}$ der Bedingung (C), so kann man die Strahlen, auf welchen die Punkte der Menge $\mathfrak{A}_1$ liegen, beliebig auswählen. Fällt dabei irgend ein Punkt von $\mathfrak{A}_1$ ins Innere eines Ausnahmekreises $C_{\mathfrak{A}}$, so kann man diesen Punkt auf den Kreisumfang desselben Kreises verlegen. Bei einer derartigen Umbildung der Menge $\mathfrak{A}_1$ bleibt sie eine R-Menge, und ihr Indikator wird nicht kleiner. Wenn wir nach einer solchen Umbildung die Radien aller Ausnahmekreise halbieren, so werden sich die Ausnahmekreise der Mengen $\mathfrak{A}$ und $\mathfrak{A}_1$ nicht überschneiden, wie dies aus (*) ersichtlich ist.

Aus dieser Ungleichung folgt, daß die Reihe

$$F(z) = \sum_{n=1}^{\infty} \frac{f(z)\,\omega(z)\,b_n}{f'(a_n)\,\omega(a_n)\,(z - a_n)} \qquad (a_n \in \mathfrak{A})$$

gleichmäßig in jedem endlichen Gebiet konvergiert und eine Lösung der Interpolationsaufgabe liefert, wobei der Indikator der durch die Reihe dargestellten Funktion $H_{\mathfrak{A}}(\theta)$ nicht übertrifft.[1] [2])

Bemerkung. *Die Forderung, daß die Knotenmenge eine R-Menge sein soll, kann man etwas abschwächen, indem man sie durch die Forderung ersetzt*

$$\lim_{n\to\infty} \frac{\ln |f'(a_n)|}{H(\psi_n)\,|a_n|^{\varrho(|a_n|)}} = 1\,.$$

Auf den Beweis dieses Ergebnisses werden wir nicht eingehen.

§ 5. Einige Anwendungen der Interpolationsreihe von LAGRANGE

Mit Hilfe der Interpolationsreihe von LAGRANGE kann man die Frage nach dem Verhalten einer ganzen Funktion in der ganzen Ebene abhängig von ihrem Verhalten auf einer gewissen Punktmenge mit dem Grenzwert im Unendlichen untersuchen. Wir bringen hier einige Ergebnisse auf diesem Gebiet.

Lehrsatz 14. *Ist eine ganze Funktion $\Phi(z)$ 1. beschränkt auf einer R-Menge mit dem Exponenten $\varrho(r)$ und dem positiven Indikator ($H(\theta) > 0$ bei $0 \leqq \theta < 2\pi$), 2. ist sie nicht höher als vom Normaltypus bei der verfeinerten Ordnung $\varrho(r)$, und genügt der Indikator dieser Funktion den Ungleichungen*

$$h_{\Phi}(\theta_j) < H(\theta_j) \qquad (j = 1, 2, \ldots, n)\,, \tag{4.53}$$

wobei

$$|\theta_{j+1} - \theta_j| \leqq \frac{\pi}{\varrho}\,, \qquad |\theta_j - \theta_n + 2\pi| \leqq \frac{\pi}{\varrho}$$

ist, so ist

$$\Phi(z) \equiv \text{const}\,.$$

Beweis. Wir werden zuerst zeigen, daß aus den Voraussetzungen des Lehrsatzes

$$h_{\Phi}(\theta) < H(\theta) \qquad (0 \leqq \theta < 2\pi) \tag{4.54}$$

---

[1]) Der Lehrsatz 13 ist analog einigen Lehrsätzen von A. F. LEONTJEW [1, 2, 3, 5], welche von ihm auch mit Hilfe der Reihe von LAGRANGE bewiesen wurden. Bei A. F. LEONTJEW ist die Menge der Interpolationsknoten allgemeiner, jedoch die Charakteristik des Wachstums weniger fein als im Lehrsatz 13.

[2]) In der Arbeit von O. S. FIRSAKOWA [1] wird geklärt, unter welchen Bedingungen die Behauptung des Lehrsatzes 13 richtig ist, wenn man die Forderung der Regularität der $\mathfrak{A}$-Menge durch die schwächere Forderung der Regelmäßigkeit ersetzt. Als eine solche notwendige und hinreichende Bedingung ergibt sich

$$\varliminf_{n\to\infty} \frac{\ln |f'(a_n)|}{H_{\mathfrak{A}}(\psi_n)\,|a_n|^{\varrho(|a_n|)}} \geqq 1\,.$$

folgt. Dazu konstruieren wir eine Funktion $\Psi(z)$ von vollkommen regulärem Wachstum der verfeinerten Ordnung $\varrho(r)$, deren Indikator $h_\Psi(\theta)$ eine konstante Größe h kleiner als

$$\min\,[H(\theta_j) - h_\Phi(\theta_j)] \qquad (j = 1, 2, \ldots, n)$$

und

$$h < \min_{0 \leq \theta < 2\pi} H(\theta)$$

ist.

Der Indikator der Funktion $\Phi(z) \cdot \Psi(z)$ ist gleich der Summe $h_\Phi(\theta) + h$ und genügt folglich den Bedingungen (4.53). Unter Benutzung dieser Tatsache werden wir zeigen, daß man die Funktion $\Phi(z) \cdot \Psi(z)$ durch die Interpolationsreihe von LAGRANGE darstellen kann.

Tatsächlich folgt aus der Beschränktheit der Zahlen $\Phi(a_n)$ und der Gleichung $h_\Psi(\theta) = h$

$$\overline{\lim_{n \to \infty}} \frac{\ln |\Phi(a_n)\,\Psi(a_n)|}{h\,|a_n|^{\varrho(|a_n|)}} \leqq 1\,.$$

Kraft der Ungleichung $h < \min\limits_{0 \leq \theta < 2\pi} H(\theta)$ ergibt sich

$$\overline{\lim_{n \to \infty}} \frac{\ln |\Phi(a_n) \cdot \Psi(a_n)|}{H(\psi_n) \cdot |a_n|^{\varrho(|a_n|)}} < 1\,,$$

und nach dem Lehrsatz 11 konvergiert die Reihe

$$\theta(z) = \sum_{n=1}^{\infty} \frac{\Phi(a_n)\,\Psi(a_n)}{f'(a_n)\,(z - a_n)}\,,$$

wobei sie, wie bereits früher bewiesen, gleichmäßig gegen Null geht für $|z| \to \infty$ und z, die einer Ausnahmemenge von C_R-Kreisen nicht angehören. Die ganze Funktion $\theta(z)\,f(z)$ nimmt in den Punkten $\{a_n\}$ die Werte $\Phi(a_n)\,\Psi(a_n)$ an. Deshalb ist die Differenz

$$\zeta(z) = \Phi(z)\,\Psi(z) - \theta(z)\,f(z)$$

eine ganze Funktion, welche in allen Punkten $\{a_n\}$ verschwindet, und folglich ist

$$\chi(z) = \frac{\zeta(z)}{f(z)} = \frac{\Phi(z)\,\Psi(z)}{f(z)} - \theta(z)$$

auch eine ganze Funktion. Es ist nicht schwer einzusehen, daß $\chi(z)$ nicht höher als vom Normaltypus bei der verfeinerten Ordnung $\varrho(r)$ ist. Wir werden zeigen, daß $\chi(z) \equiv 0$ ist. Dazu bemerken wir, daß in den Punkten θ_j $(j = 1, 2, \ldots, n)$ der Indikator $h_\Phi(\theta) + h$ der Funktion $\Phi(z)\,\Psi(z)$ kleiner als $H(\theta)$ ist, und infolge der Stetigkeit bei genügend kleinem $\delta > 0$ im Inneren der Winkel $|\theta - \theta_j| \leqq \delta$ $(j = 1, 2, \ldots, n)$ ist die Ungleichung

$$h_\Phi(\theta) + h < H(\theta)$$

erfüllt.

Hieraus folgt, daß in den Winkeln $|\theta - \theta_j| \leqq \frac{\delta}{2}$ $(j = 1, 2, \ldots, n)$ aber außerhalb der Ausnahmekreise C_R die Funktion

$$\frac{\Phi(z)\,\Psi(z)}{f(z)}$$

bei $|z| \to \infty$ gleichmäßig gegen Null strebt.

Da auch $\theta(z)$ außerhalb der Ausnahmekreise gleichmäßig gegen Null strebt, so geht folglich auch die Funktion $\chi(z)$ in den angegebenen Winkeln aber außerhalb der Ausnahmekreise gleichmäßig gegen Null. Wenden wir das Maximumprinzip in jedem dieser Kreise auf die Funktion $|\chi(z)|$ an, so bekommen wir, daß $\chi(r\,e^{i\theta_j}) \to 0$ für $r \to \infty$ geht. Wenden wir auf diese Funktion in jedem der Winkel $\theta_j \leqq \theta \leqq \theta_{j+1}$ $(j = 1, 2, \ldots, n$ und $\theta_{n+1} = \theta_1 + 2\pi)$ den Lehrsatz von PHRAGMEN und LINDELÖF an, so bekommen wir, daß $\chi(z)$ in der ganzen Ebene beschränkt ist und folglich $\chi(z) \equiv$ const, da aber $\chi(r\,e^{i\theta_j}) \to 0$ bei $r \to \infty$, so ist $\chi(z) \equiv 0$.

Auf diese Weise ist

$$\Phi(z) \cdot \Psi(z) \equiv f(z)\,\theta(z)\,,$$

und folglich

$$h_\Phi(\theta) + h \leqq H(\theta)$$

und

$$h_\Phi(\theta) < H(\theta)\,.$$

Wir werden jetzt beweisen, daß $\Phi(z)$ eine Funktion vom Minimaltypus bei der verfeinerten Ordnung $\varrho(r)$ ist. Wir konstruieren die Hilfsfunktion $V_C(z)$ (vgl. § 17, Kapitel I), deren Indikator im Innern des Winkels $|\arg z| < \frac{\pi}{2\varrho}$ gleich $C \cos \varrho\,\theta$ ist.

Wir werden dabei annehmen, daß

$$C < \min_{|\theta| \leq \frac{\pi}{2\varrho}} \frac{H(\theta) - h_\Phi(\theta)}{\cos \varrho\,\theta} \tag{4.55}$$

ist, so daß

$$C \cos \varrho\,\theta < H(\theta) \qquad \left(|\theta| \leq \frac{\pi}{2\varrho}\right)$$

gilt. Dann genügen die Zahlen $b_n = \Phi(a_n)\,V_C(a_n)$ der Bedingung (4.42), und nach dem Lehrsatz 11 konvergiert die Reihe

$$\vartheta(z) = \sum_{|\arg a_n| \leq \frac{\pi}{2\varrho}} \frac{\Phi(a_n)\,V_C(a_n)}{f'(a_n)\,(z - a_n)}$$

gleichmäßig außerhalb der C_R-Ausnahmekreise und konvergiert gleichmäßig gegen Null außerhalb dieser Kreise für $|z| \to \infty$.

Wie oben überzeugen wir uns, daß die Funktion

$$\varphi(z) = \frac{\Phi(z)\,V_C(z)}{f(z)} - \vartheta(z)$$

holomorph im Innern des Winkels $|\theta| \leqq \frac{\pi}{2\varrho}$ nicht höher als vom Normaltypus bei der verfeinerten Ordnung $\varrho(r)$ ist. Außerdem folgt aus (4.54) für $\theta = \frac{\pi}{2\varrho}$ $h_\Phi(\theta) + C \cos \varrho\, \theta < H(\theta)$ und folglich für genügend kleine Werte $\delta > 0$ im Innern der Winkel $\frac{\pi}{2\varrho} - \delta < \theta \leqq \frac{\pi}{2\varrho}$ und $-\frac{\pi}{2\varrho} \leqq \theta < -\frac{\pi}{2\varrho} + \delta$ strebt die Funktion $\varphi(z)$ gleichmäßig gegen Null bei $z \to \infty$. Nach dem Lehrsatz von PHRAGMEN und LINDELÖF ergibt sich hieraus, daß $\varphi(z)$ im Innern des ganzen Winkels $|\theta| \leqq \frac{\pi}{2\varrho}$ beschränkt ist, und folglich ist

$$h_\varphi(\theta) \leqq 0 \qquad \left(|\theta| \leqq \frac{\pi}{2\varrho}\right)$$

oder, anders ausgedrückt

$$h_\Phi(\theta) \leqq H(\theta) - C \cos \varrho\, \theta \qquad \left(|\theta| \leqq \frac{\pi}{2\varrho}\right).$$

Da C eine beliebige Zahl ist, die der Ungleichung (4.55) genügt, so haben wir im Punkt θ_0, in welchem die rechte Seite von (4.55) ihr Minimum erreicht,

$$h_\Phi(\theta_0) \leqq 0\,.$$

Durch eine Drehung der Ebene kann man jeden Winkel der Öffnung $\frac{\pi}{\varrho}$ mit dem Winkel $|\theta| \leqq \frac{\pi}{2\varrho}$ zur Deckung bringen, und so bekommen wir, daß jeder Winkel der Öffnung $\frac{\pi}{\varrho}$ genau in seinem Innern einen Strahl enthält, auf dem

$$h_\Phi(\theta) \leqq 0$$

ist. Hieraus und aus der Grundbeziehung für den Indikator (vgl. § 16, Kapitel I) folgt leicht, daß $h_\Phi(\theta) \leqq 0$ überall ist, d. h., daß $\Phi(z)$ höchstens vom Minimaltypus bei der verfeinerten Ordnung $\varrho(r)$ ist.

Es bleibt uns nur übrig, die Behauptung des Lehrsatzes unter der Annahme, daß $\Phi(z)$ eine ganze Funktion höchstens vom Minimaltypus bei der verfeinerten Ordnung $\varrho(r)$ ist, zu beweisen. Dazu benutzen wir ein Verfahren von V. G. IYER [1].

Bei einem beliebigen positiven m genügt die Funktion $[\Phi(z)]^m$ allen Voraussetzungen des Lehrsatzes 12, und folglich kann sie durch die Reihe

$$[\Phi(z)]^m = f(z) \sum_{n=1}^{\infty} \frac{[\Phi(a_n)]^m}{f'(a_n)\,(z - a_n)}$$

dargestellt werden.

Nach der Voraussetzung des Lehrsatzes ist $|\Phi(a_n)| \leqq M$ $(n = 1, 2, \ldots)$, deshalb können wir nach der Einführung der Bezeichnung

$$X(z) = \sum_{n=1}^{\infty} \frac{1}{|f'(a_n)|\,|z - a_n|}$$

behaupten, daß

$$|\Phi(z)|^m \leqq |f(z)|\, M^m\, X(z)$$

oder

$$|\Phi(z)| \leqq M\,|f(z)\,X(z)|^{1/m}\,.$$

Endlich ist, da die Zahl m beliebig war,

$$|\Phi(z)| \leqq M\,.$$

Hieraus folgt die Behauptung des Lehrsatzes.

Wir bemerken, daß die an die Funktion gestellten Forderungen (4.53) wesentlich sind. In der Tat ist der Indikator der Funktion $f(z)$ gleich $H(\theta)$.

Der Lehrsatz 14 ist eine Verallgemeinerung des folgenden Lehrsatzes von N. LEVINSON [1].

Es seien $\{\lambda_n\}$ und $\{\mu_n\}$ zwei Folgen positiver Zahlen mit den Dichten D_λ und D_μ, d. h.

$$\lim_{n\to\infty} \frac{n}{\lambda_n} = D_\lambda\,, \qquad \lim_{n\to\infty} \frac{n}{\mu_n} = D_\mu$$

und

$$\inf\,(\lambda_{n+1} - \lambda_n) > 0\,, \qquad \inf\,(\mu_{n+1} - \mu_n) > 0\,.$$

Ist eine ganze Funktion $\Phi(z)$ des endlichen Grades σ_Φ in den Punkten $\pm\,\lambda_n$, $\pm\,i\,\mu_n$ beschränkt, und ist

$$\sigma_\Phi < \pi\sqrt{D_\lambda^2 + D_\mu^2}\,,$$

so ist $\Phi(z) \equiv \text{const.}$[1])

Beweis. Alle Punkte der Art $\pm\,\lambda_n$, $\pm\,i\,\mu_n$ bilden offensichtlich eine R-Menge mit dem Exponenten $\varrho(r) = 1$.

Die kanonische Funktion dieser Menge kann in der Form dargestellt werden:

$$f(z) = \varphi(z)\,\psi(z)\,,$$

wo

$$\varphi(z) = \prod_{n=1}^{\infty}\left(1 - \frac{z^2}{\lambda_n^2}\right), \qquad \psi(z) = \prod_{n=1}^{\infty}\left(1 + \frac{z^2}{\mu_n^2}\right)$$

ist.

Die Funktionen $\varphi(z)$ und $\psi(z)$ sind von vollkommen regulärem Wachstum, wobei $h_\varphi(\theta) = \pi\,D_\lambda\,|\sin\theta|$ und $h_\psi(\theta) = \pi\,D_\mu\,|\cos\theta|$, und die Indikatordiagramme dieser Funktionen sind entsprechend die Strecken $x = 0$, $|y| \leqq \pi\,D_\lambda$ und $y = 0$, $|x| \leqq \pi\,D_\mu$. Bei der Multiplikation von Funktionen von vollkommen regulärem Wachstum addieren sich ihre Indikatordiagramme, und folglich ist das Indikatordiagramm der Funktion $f(z)$ das Rechteck I_f: $|x| \leqq \pi\,D_\mu$, $|y| \leqq \pi\,D_\lambda$. Aus der Bedingung $\sigma_\Phi < \pi\sqrt{D_\lambda^2 + D_\mu^2}$ folgt, daß das Indikatordiagramm der Funktion $\Phi(z)$ im Kreis mit dem Mittelpunkt im Nullpunkt liegt, dessen Durchmesser kleiner ist als die Diagonale des Rechtecks I_f.

Auf diese Weise bekommen wir für $\theta_j = \pm\,\operatorname{arc\,tg}\dfrac{D_\mu}{D_\lambda}$

$$h_\Phi(\theta_j) < H(\theta_j)\,.$$

[1]) Dieser Lehrsatz erscheint wieder als eine Verstärkung des analogen Lehrsatzes von V. G. IYER [1], in welchem statt der Bedingung $\sigma_\Phi < \pi\sqrt{D_\lambda^2 + D_\mu^2}$ eine stärkere Bedingung $\sigma_\Phi < \pi\,\min\,(D_\lambda, D_\mu)$ auftritt.

Die Bedingungen (4.53) sind erfüllt, und folglich ist $\Phi(z) \equiv \text{const}$. Der Lehrsatz ist somit bewiesen.

Der Fall, daß alle Punkte der R-Menge auf der reellen Achse liegen und $\varrho = 1$ ist, wird vom Lehrsatz 14 nicht erfaßt, da dabei $H(0) = H(\pi) = 0$ ist.

Der Betrachtung dieses wichtigen Falles ist eine Reihe von Arbeiten gewidmet. Grundlegend für diese Frage kann folgender Lehrsatz von M. CARTWRIGHT genannt werden:

Lehrsatz 15. *Ist eine ganze Funktion endlichen Grades, deren Indikatordiagramm die Breite $2k < 2\pi$ hat, in den ganzzahligen reellen Punkten beschränkt, d. h.*

$$|f(n)| < M \qquad (\pm n = 0, 1, 2, \ldots),$$

so ist sie auf der ganzen reellen Achse beschränkt, indem

$$|f(x)| < C(k)\, M$$

ist, wo $C(k)$ nur von k abhängt.[1])

Beweis. Wir bemerken, daß man unbeschadet der Allgemeinheit

$$h_f\left(\frac{\pi}{2}\right) = h_f\left(-\frac{\pi}{2}\right) = k$$

annehmen kann. Der Beweis des Lehrsatzes beruht auf folgender Formel:

$$f(n+z) = \frac{\sin \pi z}{\pi\, \omega} \sum_{\nu=-\infty}^{\infty} (-1)^{\nu} \frac{f(n+\nu) \sin \omega(\nu - z)}{(\nu - z)^2}, \tag{4.56}$$

welche für eine ganze Funktion endlichen Grades richtig ist, die in den ganzzahligen Punkten unter der Bedingung

$$k < \pi \quad \left(k = h_f\left(\frac{\pi}{2}\right) = h_f\left(-\frac{\pi}{2}\right)\right)$$

und

$$0 < \omega < \pi - k$$

beschränkt ist.[2])

Um diese Formel herzuleiten, halten wir eine ganze Zahl n fest und betrachten die Funktion von zwei Veränderlichen:

$$\varphi(\zeta, z) = f(n+\zeta) \frac{\sin \omega(\zeta - z)}{\omega(\zeta - z)} - \frac{\sin \pi \zeta}{\pi\, \omega} \sum_{\nu=-\infty}^{\infty} (-1)^{\nu} \frac{f(n+\nu) \sin \omega(\nu - z)}{(\nu - z)(\zeta - \nu)}.$$

Bei festem z ist es eine ganze Funktion endlichen Grades in ζ, welche in allen ganzzahligen Punkten verschwindet.

Deshalb bekommen wir nach der Division dieser Funktion durch $\sin \pi \zeta$ wieder eine ganze Funktion endlichen Grades in ζ:

$$\psi(\zeta, z) = \frac{f(n+\zeta) \sin \omega(\zeta - z)}{\sin \pi \zeta \cdot \omega(\zeta - z)} + \frac{1}{\pi\, \omega} \sum_{\nu=-\infty}^{\infty} (-1)^{\nu} \frac{f(n+\nu) \sin \omega(\nu - z)}{(\nu - \zeta)(\nu - z)}.$$

---

[1]) Aus diesem Lehrsatz folgt, daß eine in den ganzzahligen Punkten beschränkte Funktion vom Grad Null eine Konstante ist. In dieser Formulierung wurde dieser Satz zuerst in der Arbeit von PÓLYA gegeben.

[2]) Siehe S. N. BERNSTEIN [2], R. P. BOAS [3] und [4].

Der Indikator des ersten Summanden ist für $\theta = \pm \frac{\pi}{2}$

$$h\left(\pm \frac{\pi}{2}\right) = k + \omega - \pi < 0 .$$

Infolge der Stetigkeit des Indikators wird er auch in einer gewissen Umgebung der Punkte $\pm \frac{\pi}{2}$ negativ sein.

Der zweite Summand strebt gegen Null auf einem beliebigen Strahl $\arg \zeta = \theta$ bei $\theta \neq 0, \pi$. Auf diese Weise strebt $\psi(\zeta, z)$ gegen Null auf einem beliebigen Strahl in einer gewissen Umgebung der Strahlen $\arg \zeta = \pm \frac{\pi}{2}$. Nach dem Lehrsatz von PHRAGMEN und LINDELÖF folgt hieraus, daß

$$\psi(\zeta, z) \equiv 0$$

ist.

Auf diese Weise bekommen wir die identische Gleichung

$$f(n + \zeta) \frac{\sin \omega(\zeta - z)}{\omega(\zeta - z)} = \frac{\sin \pi \zeta}{\pi \omega} \sum_{\nu=-\infty}^{\infty} (-1)^\nu \frac{f(n + \nu) \sin \omega(\nu - z)}{(\nu - z)(\zeta - \nu)},$$

aus der sich durch den Grenzübergang bei $\zeta \to z$ (4.56) ergibt.

Setzen wir jetzt $z = x \pm i \left(-\frac{1}{2} \leqq x \leqq \frac{1}{2}\right)$ und bemerken wir, daß $|f(n + \nu)| \leqq M$ ($\pm \nu = 0, 1, 2, \ldots$) ist, so bekommen wir leicht aus (4.56) die Abschätzung

$$|f(n + x \pm i)| < \frac{M}{\pi \omega} \operatorname{Cof} \pi \operatorname{Cof} \omega \sum_{-\infty}^{\infty} \frac{1}{|\nu - x \pm i|^2} < \frac{M \pi}{\omega} \operatorname{Cof} \pi \operatorname{Cof} \omega .$$

Da n eine beliebige ganze Zahl war, folgt aus dieser Abschätzung, daß für $-\infty < x < \infty$

$$|f(x \pm i)| < P(\omega) M$$

$$\left(P(\omega) = \pi \operatorname{Cof} \pi \frac{\operatorname{Cof} \omega}{\omega}, \qquad \omega < \pi - k\right)$$

ist. Nach dem Lehrsatz von PHRAGMEN und LINDELÖF für einen Streifen (vgl. § 14, Kapitel I) ergibt es sich, daß $f(z)$ derselben Abschätzung im Streifen $|y| \leqq 1$ und also auch auf der reellen Achse genügt. Der Lehrsatz ist somit bewiesen.

Die von uns gefundene Abschätzung für $C(k)$

$$C(k) \leqq \min_{\omega < \pi - k} P(\omega) = \pi \operatorname{Cof} \pi \frac{\operatorname{Cof} (\pi - k)}{\pi - k}$$

ist gewiß ungenau.[1])

---

[1]) Die Abschätzung der Größe $C(k)$ wird in einigen Arbeiten angegeben. Die genaueste Abschätzung ist in der Arbeit von S. N. BERNSTEIN [2] gegeben. Für den Fall, daß $k = \pi - \frac{1}{n}$, wo n eine ganze Zahl ist, gibt S. N. BERNSTEIN eine genaue Abschätzung an. Für $\sigma \to \pi$ gibt S. N. BERNSTEIN eine asymptotische Abschätzung $C(k) \approx \frac{2}{\pi} \ln \frac{1}{\pi - k}$ an.

Eine Reihe von Untersuchungen ist auch den Verallgemeinerungen des Lehrsatzes von M. CARTWRIGHT gewidmet: R. P. BOAS und A. C. SCHEFFER [1], R. I. DUFFIN und A. C. SCHEFFER [1], S. N. BERNSTEIN [2], N. I. ACHIESER und B. J. LEWIN [1], S. AGMON [1]. An diesen Fragenkreis schließt sich auch die Arbeit von A. PLANCHEREL und G. PÓLYA [1] an. Siehe auch GAIER [1].

Ergebnisse analog dem Lehrsatz von CARTWRIGHT bekommt man nicht nur für Funktionen, welche auf einer Punktfolge beschränkt sind, sondern auch für Funktionen, die auf dieser Punktfolge wachsen.[1]) Wenn insbesondere die Punkte einer gewissen R-Menge bei $\varrho = 1$ genügend dicht auf der positiven reellen Achse liegen, so stimmt das Wachstum der Funktion auf dieser Folge mit dem Wachstum auf dem positiven Strahl überein.[2])

Lehrsatz 16. *Eine Punktfolge* $\{a_n\}$ *auf dem positiven reellen Strahle* ($a_1 < a_2 < \ldots$) *habe die Dichte* Δ *mit dem Exponenten* $\varrho(r)$ ($\varrho = 1$), *d. h., es sei*

$$\lim_{r \to \infty} \frac{n(r)}{r^{\varrho(r)}} = \Delta ,$$

und bei einem gewissen $d > 0$ *sei*

$$a_{n+1} - a_n > d a_n^{1-\varrho(a_n)} ,$$

und es sei $F(z)$ *eine holomorphe Funktion bei* $\operatorname{Re} z \geqq 0$, *wobei*

$$\overline{\lim_{r \to \infty}} \frac{\ln |F(z)|}{r^{\varrho(r)}} < \infty \qquad (\operatorname{Re} z \geqq 0)$$

und

$$h_F\left(\frac{\pi}{2}\right) + h_F\left(-\frac{\pi}{2}\right) < 2\pi\Delta$$

ist. Dann ist

$$h_F(0) = \overline{\lim_{n \to \infty}} \frac{\ln |F(a_n)|}{a_n^{\varrho(a_n)}} .$$

Beweis. Die Punktmenge $\pm a_n$ ($n = 1, 2, \ldots$) ist eine R-Menge mit der kanonischen Funktion

$$f(z) = \prod_{n=1}^{\infty} \left(1 - \frac{z^2}{a_n^2}\right)$$

und dem Indikator

$$H(\theta) = \pi \cdot \Delta\, |\sin \theta| . \tag{4.57}$$

Es sei

$$c = \overline{\lim_{n \to \infty}} \frac{\ln |F(a_n)|}{a_n^{\varrho(a_n)}} . \tag{4.58}$$

Wir wählen eine Folge positiver Zahlen $\mu_1 < \mu_2 < \ldots$ mit der Dichte $\Delta_1 > c\pi^{-1}$ und konstruieren die Hilfsfunktion

$$V(z) = \prod_{n=1}^{\infty} \left(1 + \frac{z^2}{\mu_n^2}\right)$$

---

[1]) Siehe S. AGMON [1] und N. I. ACHIESER [4]. B. J. LEWIN [16].

[2]) Der Frage des Zusammenhanges zwischen den oberen Grenzwerten

$$\overline{\lim_{r \to \infty}} \frac{\ln |F(r)|}{r^{\varrho(r)}} \quad \text{und} \quad \overline{\lim_{n \to \infty}} \frac{\ln |F(a_n)|}{|a_n|^{\varrho(|a_n|)}}$$

sind viele Untersuchungen gewidmet. Wir erwähnen hier die Arbeiten von V. BERNSTEIN [1], A. PFLUGER [3], N. LEVINSON [1], R. P. BOAS [2] und [5], P. MALLIAVIN [1].

mit dem Indikator

$$h_V(\theta) = \pi\, \Delta_1\, |\cos\theta|\,. \tag{4.59}$$

Wir erhalten leicht aus (4.58) und (4.59), daß für gewisse $\varepsilon > 0$ und für alle genügend großen n

$$\ln |F(a_n)\, V^{-1}(a_n)| < (c - \pi\, \Delta_1 + \varepsilon)\, a_n^{\varrho(a_n)}$$

und folglich für gewisse $\eta > 0$ und für alle $n > n_\eta$

$$\ln |F(a_n)\, V^{-1}(a_n)| < -\eta\, a_n^{\varrho(a_n)}$$

ist. Anderseits aber folgt aus (4.57) und (4.43), daß

$$\lim_{n\to\infty} \frac{\ln |f'(a_n)|}{a_n^{\varrho(a_n)}} = 0$$

ist. Aus den beiden letzten Beziehungen folgt die gleichmäßige Konvergenz der Reihe

$$\psi(z) = \sum_{n=1}^{\infty} \frac{F(a_n)\, V^{-1}(a_n)}{f'(a_n)\,(z - a_n)}$$

außerhalb der C_R-Ausnahmekreise, wobei die Summe der Reihe $\psi(z)$ außerhalb dieser Kreise für $|z| \to \infty$ gleichmäßig gegen Null geht.

Die Funktion

$$\chi(z) = \frac{F(z)}{V(z)\, f(z)} - \psi(z)$$

ist holomorph im Inneren des Winkels $|\arg z| < \frac{\pi}{2}$ und höchstens vom Normaltypus bei der verfeinerten Ordnung $\varrho(r)$.

Wir werden beweisen, daß diese Funktion im Innern des Winkels $|\arg z| \leqq q < \frac{\pi}{2}$ beschränkt ist. Dazu bemerken wir vor allem, daß man unbeschadet der Allgemeinheit $h_F\left(-\frac{\pi}{2}\right) = h_F\left(\frac{\pi}{2}\right)$ annehmen kann, und daß nach der Voraussetzung des Lehrsatzes $h_F\left(\frac{\pi}{2}\right) < \pi\, \Delta$ ist.

Der Indikator der Funktion

$$\varphi(z) = \frac{F(z)}{V(z)\, f(z)}$$

ist gleich $h_F(\theta) - \pi\, \Delta\, |\sin\theta| - \pi\, \Delta_1\, |\cos\theta|$, und folglich nimmt er für θ nahe an $\frac{\pi}{2}$ und $-\frac{\pi}{2}$ negative Werte an. Deshalb strebt für genügend kleine $\delta > 0$ $\varphi(r\, e^{i\theta})$ gegen Null für $r \to \infty$ und $\theta = \pm\left(\frac{\pi}{2} - \delta\right)$. Da die Funktion $\psi(z)$ auf diesen Strahlen ebenso gegen Null geht, so kann man dasselbe auch bezüglich der Funktion $\chi(z)$ behaupten. Wenden wir ferner den Lehrsatz von PHRAGMÉN und LINDELÖF für den Winkel auf diese Funktion an, so bekommen wir

$$|\chi(z)| \leqq M \qquad \left(|\arg z| \leqq \frac{\pi}{2} - \delta\right).$$

Zur Abschätzung des Indikators der Funktion $F(z)$ können wir jetzt die Gleichung

$$F(z) = [\chi(z) + \psi(z)]\, V(z)\, f(z)$$

benutzen.

Wie bereits bewiesen, ist $|\chi(z)|$ beschränkt, und $|\psi(z)|$ ist beschränkt außerhalb der Ausnahmekreise. Hieraus folgt unmittelbar

$$h_F(\theta) \leqq \pi\, \Delta\, |\sin\theta| + \pi\, \Delta_1\, |\cos\theta|\,.$$

Setzen wir $\theta = 0$ ein, so bekommen wir

$$h_F(0) \leqq \pi\, \Delta_1\,.$$

Bei der Konstruktion der Funktion $V(z)$ kann man für Δ_1 jede Zahl größer als $c\,\pi^{-1}$ nehmen. Deshalb erhalten wir

$$h_F(0) \leqq c\,.$$

Die umgekehrte Ungleichung folgt direkt aus der Definition des Indikators.

§ 6. Die Vollständigkeit eines Funktionensystems. Der Zusammenhang zwischen der Vollständigkeit und der Eindeutigkeit

Eine Folge von Funktionen $\{f_n(z)\}$, die in einem Gebiet G holomorph sind, heißt *in diesem Gebiet gleichmäßig konvergent,* wenn sie in jedem beschränkten abgeschlossenen Teilgebiet von G gleichmäßig konvergiert.

Ein System $\{\varphi_n(z)\}$ holomorpher Funktionen heißt *vollständig in einem Gebiet G,* wenn es für jede beliebige, in G holomorphe Funktion $f(z)$ eine Folge linearer Kombinationen

$$\sum_{n=1}^{p_k} c_{n,k}\, \varphi_n(z) \tag{4.60}$$

mit konstanten Koeffizienten gibt, welche in diesem Gebiet gleichmäßig gegen die Funktion $f(z)$ konvergiert. Anders gesagt, die abgeschlossene lineare Hülle des Systems $\{\varphi_n(z)\}$ fällt mit der Menge aller holomorphen Funktionen zusammen. Ist diese Bedingung nicht erfüllt, so heißt das System unvollständig. Nach dem bekannten Lehrsatz von RUNGE[1]) ist das System der Potenzen $1, z, z^2, \ldots$ vollständig in jedem einfach zusammenhängenden Gebiet.

Wir bemerken, daß man jede in jedem beliebigen einfach zusammenhängenden abgeschlossenen, ganz in G liegenden Gebiet $\overline{D}$ holomorphe Funktion durch lineare Kombinationen (4.60) gleichmäßig approximieren kann, wenn das System $\{\varphi_n(z)\}$ in G vollständig ist. In der Tat folgt aus der Vollständigkeit des Systems $\{\varphi_n(z)\}$ in G, daß man jede Potenz z^m mit beliebiger Genauigkeit durch lineare Kombinationen der Form (4.60) in $\overline{D}$ approximieren kann, und folglich kann man durch solche Kombinationen jede holomorphe Funktion approximieren.

---

[1]) Siehe z. B. bei A. I. MARKUSCHEWITSCH [1].

Wir wollen auch das Umgekehrte zeigen, d. h., wenn man jede holomorphe Funktion in einem beliebigen einfach zusammenhängenden abgeschlossenen Gebiet $\overline{D}$, welches einem einfach zusammenhängenden Gebiet G angehört, gleichmäßig durch lineare Kombinationen der Art (4.60) approximieren kann, dann ist das System $\{\varphi_n(z)\}$ vollständig in G.

In der Tat, es sei $f(z)$ eine beliebige in G holomorphe Funktion. Wir betrachten eine Folge von beschränkten, abgeschlossenen, einfach zusammenhängenden Gebieten

$$\overline{D}_1 \subset \overline{D}_2 \subset \ldots \subset \overline{D}_n \subset \ldots \quad \sum_{n=1}^{\infty} \overline{D}_n = G$$

und eine Folge positiver Zahlen $\varepsilon_1 > \varepsilon_2 > \cdots > \varepsilon_n > \cdots \lim_{n\to\infty} \varepsilon_n = 0$.

Nach der Voraussetzung existieren lineare Kombinationen (4.60) $P_n(z)$, welche den Ungleichungen

$$|f(z) - P_n(z)| < \varepsilon_n \qquad (z \in \overline{D}_n\,,\ n = 1, 2, \ldots)$$

genügen, und folglich ist

$$f(z) = P_1(z) + \sum_{n=1}^{\infty} [P_{n+1}(z) - P_n(z)]\,,$$

wobei die Reihe in G gleichmäßig konvergiert.

Das Gebiet G sei einfach zusammenhängend und enthalte den unendlich fernen Punkt nicht. Wir bezeichnen mit $\mathfrak{M}_G$ die Gesamtheit der Funktionen, von denen jede holomorph ist in einem gewissen einfach zusammenhängenden Gebiet, welches das Komplement zu G enthält, und im Unendlichen verschwindet. Jede Funktion aus $\mathfrak{M}_G$ ist holomorph in einem gewissen Gebiet, welches die Begrenzung von G und den unendlich fernen Punkt enthält. Deshalb kann man jeder Funktion $f(z)$ aus $\mathfrak{M}_G$ eine solche rektifizierbare geschlossene Kurve L_f, die G angehört, zuordnen, daß $f(z)$ außerhalb dieser Kurve und auf ihr holomorph ist.

Wir sagen, eine der Menge $\mathfrak{M}_G$ angehörige Funktion $f(z)$ ist orthogonal zu einer gewissen in G holomorphen Funktion $\varphi(z)$, wenn

$$\int_{(L_f)} f(z)\,\varphi(z)\,dz = 0 \tag{4.61}$$

ist.

Lehrsatz 17: *Damit ein Funktionensystem $\{\varphi_n(z)\}$ vollständig in G ist, ist es notwendig und hinreichend, daß aus der Orthogonalität einer Funktion $f(z)$ aus $\mathfrak{M}_G$ zu allen Funktionen des Systems $\{\varphi_n(z)\}$ $f(z) \equiv 0$ folgt.*

Beweis. Wir nehmen zuerst an, das Gebiet G sei der Einheitskreis. Das System $\{\varphi_n(z)\}$, sei in diesem Kreis nicht vollständig. Dann existiert ein Kreis $|z| \leqq r < 1$ und eine Potenz z^m, welche man in diesem Kreis mit Hilfe von linearen Kombinationen der Form (4.60) nicht approximieren kann. Aber in diesem Fall kann man diese Potenz in keinem Kreis $|z| \leqq R$ $(r < R < 1)$ auch im quadratischen Mittel durch lineare Kombinationen (4.60) approximieren. Es sei in der Tat

$$\int_{(C_R)} \left| \zeta^m - \sum_{n=1}^{p_k} c_{nk}\,\varphi_n(\zeta) \right|^2 d\zeta < \varepsilon^2 .$$

Nach der CAUCHYschen Integralformel ist

$$z^m - \sum_{n=1}^{p_\varepsilon} c_{n_\varepsilon}\,\varphi_n(z) = \frac{1}{2\pi i} \int_{(C_R)} \left[\zeta^m - \sum_{n=1}^{p_\varepsilon} c_{n_\varepsilon}\,\varphi_n(\zeta) \right] \frac{d\zeta}{\zeta - z},$$

und durch Anwendung der Ungleichung von CAUCHY-BUNJAKOWSKI bekommen wir für $|z| \leqq r$

$$\left| z^m - \sum_{n=1}^{p_\varepsilon} c_{n_\varepsilon}\,\varphi_n(z) \right| < \frac{R\,\varepsilon}{R - r} .$$

Wir führen auf die übliche Weise das skalare Produkt von Funktionen, welche auf dem Kreis $|z| = R$ definiert sind, ein

$$(f, \varphi) = \frac{1}{2\pi} \int_0^{2\pi} f(R e^{i\theta})\, \overline{\varphi(R e^{i\theta})}\, d\theta = \frac{1}{2\pi i} \int_{(C_R)} f(z)\, \overline{\varphi}\left(\frac{R^2}{z}\right) \frac{dz}{z} \quad (\theta = \arg z) . \quad (4.62)$$

Wir orthogonalisieren das Funktionensystem $\{\varphi_n(z)\}$ und konstruieren die FOURIERreihe für die Funktion z^m:

$$\chi_m(z) = \sum_{n=1}^{\infty} (z^m, \psi_n)\, \psi_n(z) , \quad (4.63)$$

in welcher $\{\psi_n(z)\}$ das dem System $\{\varphi_n(z)\}$ äquivalente Orthogonalsystem ist. Nach dem Lehrsatz von FISCHER-RIESZ konvergiert diese Reihe im quadratischen Mittel auf dem Kreis $|z| = R$ gegen eine Funktion mit integrierbarem Quadrat. Aus der CAUCHYschen Integraldarstellung folgt, daß die Reihe (4.63) in jedem inneren Kreis gleichmäßig konvergiert. Auf diese Weise ist die Funktion $\chi_m(z)$ holomorph im Kreis $|z| < R$ und gehört zu L^2 am Rand. Die Funktion

$$F(z) = z^m - \chi_m(z) = \sum_{k=0}^{\infty} a_k\, z^k$$

verschwindet nicht identisch und ist orthogonal zu allen Funktionen $\{\varphi_n(z)\}$ im Sinne von (4.62). Setzen wir

$$f(z) = \overline{F}\left(\frac{R^2}{z}\right) \frac{1}{z} = \sum_{k=0}^{\infty} \frac{\bar{a}_k\, R^{2k}}{z^{k+1}} ,$$

so bekommen wir

$$\int_{(C_\varrho)} f(z)\, \varphi_n(z)\, dz = 0 \qquad (n = 1, 2, \ldots) . \quad (4.64)$$

Auf diese Weise haben wir eine Funktion $f(z) \in \mathfrak{M}_G$ konstruiert, die zu allen Funktionen des unvollständigen Systems[1]) $\{\varphi_n(z)\}$ orthogonal ist.

[1]) Statt des Einheitskreises kann man offensichtlich einen Kreis vom beliebigen und sogar unendlich großen Radius wählen.

Wir gehen jetzt zum allgemeinen Fall eines beliebigen einfach zusammenhängenden Gebietes über, das den unendlich fernen Punkt nicht enthält und von der ganzen Ebene verschieden ist. $z = \vartheta(w)$ sei die Funktion, welche den Einheitskreis der w-Ebene auf das Gebiet G der z-Ebene abbildet. Offensichtlich ist der Vollständigkeit eines Systems $\{\varphi_n(z)\}$ im Gebiet G die Vollständigkeit des Systems $\{\varphi_n(\vartheta(w))\}$ im Einheitskreis äquivalent.

Das System $\{\varphi_n(z)\}$ sei unvollständig, dann existiert, wie bewiesen, eine Funktion $f(w)$, die außerhalb eines gewissen Kreises, für $|w| > R$ $(R < 1)$ holomorph ist, nicht identisch verschwindet und den Beziehungen genügt

$$\int_{(C_\varrho)} f(w)\, \varphi_n(\vartheta(w))\, dw = 0\,. \tag{4.65}$$

Bei der konformen Abbildung $z = \vartheta(w)$ geht der Ring $R < \varrho_1 < |w| < \varrho_2 < 1$ in ein zweifach zusammenhängendes Gebiet Γ über, welches zu G gehört und von zwei analytischen Randkurven L_1 und L_2 mit den Gleichungen $|w(z)| = \varrho_1$ und $|w(z)| = \varrho_2$ begrenzt ist. Das von der Randkurve L_2 eingeschlossene Gebiet gehört ganz zu G, das Äußere des von der Kurve L_1 eingeschlossenen Gebietes enthält aber das ganze Komplement des Gebietes G. Die im Ring $\varrho_1 \leqq |w| < \varrho_2$ holomorphe Funktion $f(w)$ geht in die Funktion $F(z) = f[w(z)]$ über, welche holomorph im Gebiet Γ ist, und die Gleichung (4.65) kann in der Form

$$\int_{(L_\varrho)} F(z)\, \varphi_n(z)\, w'(z)\, dz = 0 \tag{4.66}$$

geschrieben werden, wo L_ϱ das Bild des Kreises $|w| = \varrho$ $(\varrho_1 < \varrho < \varrho_2)$ ist. Die Funktion

$$\Phi(z) = F(z)\, w(z)$$

ist holomorph in Γ und kann in der Form

$$\Phi(z) = -\frac{1}{2\pi i} \int_{(L_1)} \frac{\Phi(\zeta)}{\zeta - z}\, d\zeta + \frac{1}{2\pi i} \int_{(L_2)} \frac{\Phi(\zeta)}{\zeta - z}\, d\zeta$$

geschrieben werden. Das zweite Integral, welches wir mit $\theta(z)$ bezeichnen, ist eine in dem von der Randkurve L_2 begrenzten Gebiet holomorphe Funktion. Deshalb ist

$$\int_{(L_\varrho)} \varphi_n(z)\, \theta(z)\, dz = 0\,. \tag{4.67}$$

Die Funktion $\Phi(z)$ kann nicht überall im Innern von L_2 holomorph sein, denn sonst wäre $f(w)$ holomorph in der ganzen abgeschlossenen Ebene und gleich Null im unendlich fernen Punkt, d. h. identisch Null. Auf diese Weise kann die Funktion $\psi(z) = \Phi(z) - \theta(z)$ nicht identisch verschwinden. Berücksichtigt man (4.67), so kann die Beziehung (4.66) in der Form

$$\int_{(L_\varrho)} \varphi_n(z)\, \psi(z)\, dz = 0 \tag{4.68}$$

geschrieben werden.

Ist also das System $\{\varphi_n(z)\}$ nicht vollständig in G, so existiert in der Menge $\mathfrak{M}_G$ eine Funktion $\psi(z)$, die nicht identisch verschwindet und zu allen Funktionen des Systems orthogonal ist.

Es sei nun das System $\{\varphi_n(z)\}$ vollständig in G, und $\psi(z)$ sei eine Funktion aus $\mathfrak{M}_G$, die zu allen Funktionen dieses Systems orthogonal ist. Wir werden zeigen, daß $\psi(z) \equiv 0$ ist. In der Tat folgt infolge der Vollständigkeit des Systems $\{\varphi_n(z)\}$ aus (4.68)

$$\int\limits_{(L_\varrho)} z^m \psi(z)\, dz = 0 . \tag{4.69}$$

Die Integration längs der Randkurve L_ϱ kann man in (4.69) durch die Integration auf einem Kreise vom beliebig großen Radius ersetzen.

Wir haben außerhalb eines gewissen Kreises

$$\psi(z) = \sum_{k=0}^{\infty} \frac{a_k}{z^{k+1}},$$

und aus (4.69) bekommen wir, daß $a_m = 0$ $(m = 0, 1, 2, \ldots)$ und folglich $\psi(z) \equiv 0$ ist. Der Lehrsatz ist somit bewiesen.[1])

Dieser Lehrsatz stellt eine Verbindung zwischen den Fragen der Vollständigkeit und denen der Eindeutigkeit her. Tatsächlich bedeutet nach diesem Lehrsatz die Vollständigkeit eines Funktionensystems $\{\varphi_n(z)\}$ in G, daß die Funktion $\psi(z) \in \mathfrak{M}_G$ durch die Wertefolge der Funktionale

$$\alpha_n = \int\limits_{(L_\varrho)} \psi(z)\, \varphi_n(z)\, dz \qquad (n = 1, 2, \ldots)$$

eindeutig bestimmt ist.

Auf diese Weise erzeugt jeder Lehrsatz über die Vollständigkeit einen Lehrsatz über die Eindeutigkeit und umgekehrt.

§ 7. Lehrsätze über die Vollständigkeit einiger Systeme ganzer Funktionen

Unter Benutzung des allgemeinen Lehrsatzes über den Zusammenhang zwischen der Vollständigkeit und der Eindeutigkeit werden wir in diesem Paragraphen einige Lehrsätze über die Vollständigkeit von Funktionensystemen in der komplexen Ebene gewinnen.

Wir werden sagen, eine Funktionenfolge $\{\varphi_n(z)\}$ werde durch eine Funktion $F(z, \lambda)$ und eine Folge $\{\lambda_n\}$ erzeugt, wenn $\varphi_n(z) = c_n F(z, \lambda_n)$ ist.

Wir nehmen dabei an, $F(z, \lambda)$ sei holomorph in z in einem gewissen Gebiet G_z, wenn λ einem gewissen Gebiet G_λ angehört, und holomorph in λ in G_λ, wenn $z \in G_z$ ist.[2])

---

[1]) Dieser Lehrsatz wurde für den Kreis von A. I. Markuschewitsch [2] bewiesen.

[2]) Diese Annahme legt der Folge $\{\varphi_n(z)\}$ keine Einschränkungen auf. In der Tat, es sei $\{\varphi_n(z)\}$ eine beliebige Folge holomorpher Funktionen in G, $\overline{D}_n$ seien abgeschlossene Gebiete, welche G angehören, $\lim\limits_{n\to\infty} \overline{D}_n = G$ und $M_n = \max\limits_{z \in \overline{D}_n} |\varphi_n(z)|$. Dann ist die Funktion

$$F(z, \lambda) = \frac{\sin \pi\lambda}{\pi} \sum_{n=1}^{\infty} \frac{(-1)^n \varphi_n(z)}{M_n n^2 (\lambda - n)}$$

holomorph in z im Gebiet G für beliebige λ und ganz in λ für $z \in G$, und die Folge $\lambda_n = n$ erzeugt die gegebene Funktionenfolge.

Insbesondere kann G_λ mit der ganzen Ebene zusammenfallen, dann ist $F(z, \lambda)$ eine ganze Funktion in λ. Im weiteren Verlauf der Betrachtungen werden wir $F(z, \lambda)$ als eine ganze Funktion von λ betrachten und ihrem Wachstum gewisse Einschränkungen auferlegen.

Die Funktion $F(z, \lambda)$ nennen wir einen nach z abgeschlossenen Kern, wenn für $\psi(z) \in \mathfrak{M}_G$ die Gleichung

$$\int_{(L_\psi)} F(z, \lambda)\, \psi(z)\, dz = 0$$

für $\lambda \in G_\lambda$ $\psi(z) \equiv 0$ zur Folge hat.[1])

Wir betrachten das Integral

$$\varphi(\lambda) = \int_{(L_\psi)} F(z, \lambda)\, \psi(z)\, dz\,, \tag{4.70}$$

in welchem $\psi(z)$ eine Funktion aus $\mathfrak{M}_G$ und $F(z, \lambda)$ ein abgeschlossener Kern ist. Wenn die Zahlenfolge $\{\lambda_n\}$ so beschaffen ist, daß für die Funktionen der Art (4.70) die Gleichungen $\varphi(\lambda_n) = 0$ $(n = 1, 2, \ldots)$ $\varphi(\lambda) \equiv 0$ nach sich ziehen, so bilden die Funktionen $F(z, \lambda_n)$ offensichtlich ein vollständiges System in G.[2]) Umgekehrt, ist eine Funktion $\varphi(z)$ der Form (4.70) nicht identisch Null, und verschwindet sie in den Punkten $\{\lambda_n\}$, so ist das System $\{\varphi_n(z)\}$ nicht vollständig in G. Hat insbesondere die Folge $\{\lambda_n\}$ einen Häufungspunkt in G_λ, so ist das System $\varphi_n(z) = F(z, \lambda_n)$ vollständig in G_z. Für den Kern $F(z, \lambda)$ der Form [3])

$$F(z, \lambda) = f(z \cdot \lambda)$$

kann man folgendes einfaches Kriterium der Abgeschlossenheit im Kreis $|z| < R$ aufstellen:

Ist $f(z)$ eine holomorphe Funktion im Kreis $|z| < R$, und sind alle Koeffizienten ihrer Entwicklung

$$f(z) = a_0 + a_1 z + a_2 z^2 + \cdots + a_n z^n + \cdots \tag{4.71}$$

von Null verschieden, so ist die Funktion $f(\lambda z)$ für $|\lambda| < 1$ ein abgeschlossener Kern in diesem Kreis.

In der Tat ist

$$\frac{1}{2\pi i} \int_{(C_\varrho)} f(z\lambda)\, \psi(z)\, dz = \sum_{k=0}^{\infty} a_k\, b_k\, \lambda^k \qquad \left(\psi(z) = \sum_{k=0}^{\infty} \frac{b_k}{z^{k+1}}\,,\ \varrho < R\right),$$

---

[1]) A. I. Markuschewitsch nennt eine solche Funktion eine volle Funktion.

[2]) Statt der Funktionale $F(z, \lambda_n)$ kann man ein beliebiges System von Funktionalen $\varphi_n(z) = L_n\,[F(z, \lambda)]$ wählen. Z. B. kann man $\varphi_n(z) = F_\lambda^{(n)}(z, \lambda)$ wählen und, wenn für die in der Form (4.70) dargestellten Funktionen die Gleichungen $L_n\,[\varphi(\lambda)] = 0$ $(n = 1, 2, \ldots)$ $\varphi(\lambda) \equiv 0$ nach sich ziehen, dann bilden $\{\varphi_n(z)\}$ ein vollständiges System in G.

[3]) Die Frage der Vollständigkeit des Funktionensystems $f(\lambda_k z)$ in einem Kreis ($f(z)$ eine ganze Funktion) wurde zuerst von A. O. Gelfond [2] gestellt, der einen Lehrsatz über die Vollständigkeit dieses Systems erhielt, indem er die Entwicklung dieser Funktion in die Newtonsche Interpolationsreihe benutzte.

und aus der Orthogonalität der Funktion $\psi(z)$ zum Kern folgt $b_k = 0$ $(k = 0, 1, 2, \ldots)$ und $\psi(z) \equiv 0$. Umgekehrt, wenn irgend ein Koeffizient $a_m = 0$ ist, so ist der Kern $f(z \cdot \lambda)$ orthogonal zur Funktion $\psi(z) = z^{-m-1}$. Ist $f(z)$ eine ganze Funktion, so ist das Nichtverschwinden aller Koeffizienten ihrer Entwicklung offensichtlich die notwendige und hinreichende Bedingung für die Abgeschlossenheit des Kerns $f(z \cdot \lambda)$ im Kreis $|z| < R$ für λ, welche irgendeinem Gebiet angehören.

Weiterhin werden wir eine Abschätzung des Wachstums der Funktion

$$\Phi(\lambda) = \int_{|z|=r} f(z\,\lambda)\,\psi(z)\,dz \tag{4.72}$$

benötigen, wobei angenommen wird, daß $f(z)$ eine ganze Funktion vom Typus σ bei der verfeinerten Ordnung $\varrho(r)$ ist und $\psi(z)$ eine begrenzte Funktion auf dem Integrationskreis. Aus der asymptotischen Ungleichung

$$\ln|f(z\,\lambda)| < \left(\sigma + \frac{\varepsilon}{2}\right)(r\,|\lambda|)^{\varrho(r\,|\lambda|)} \qquad (\varepsilon > 0,\ |z| = r)\,,$$

die für genügend große Werte von λ richtig ist, folgt

$$\ln|f(z\,\lambda)| < \left(\sigma + \frac{\varepsilon}{2}\right) r^{\varrho}\,|\lambda|^{\varrho}\,L\,(r|\lambda|)\,,$$

und nach der Grundeigenschaft der Funktion $L(r)$

$$\ln|f(z\,\lambda)| < (\sigma + \varepsilon)\, r^{\varrho}\,|\lambda|^{\varrho(|\lambda|)}\,.$$

Aus dieser Ungleichung und aus (4.72) ergibt sich

$$|\Phi(\lambda)| < 2\,\pi\,r\,M \exp\{(\sigma + \varepsilon)\,r^{\varrho}|\lambda|^{\varrho(|\lambda|)}\} \qquad (M = \sup_{|z|=r} |\psi(z)|)\,.$$

Da $\varepsilon > 0$ beliebig ist, folgt hieraus endlich

$$h_{\Phi}(\theta) \leqq \sigma \cdot r^{\varrho}\,. \tag{4.73}$$

Diese Abschätzung gibt uns die Möglichkeit, folgenden Lehrsatz über die Vollständigkeit aufzustellen:

Lehrsatz 18. *Wenn eine durch die Entwicklung* (4.71) *dargestellte ganze Funktion $f(z)$ der Bedingung*

$$a_n \neq 0 \qquad (n = 0, 1, 2, \ldots) \tag{4.74}$$

genügt und höchstens vom Typus σ bei der verfeinerten Ordnung $\varrho(r)$ ist, und ist $\{\lambda_n\}$ eine komplexe Zahlenfolge, so ist das System der Funktionen

$$\varphi_n(z) = f(\lambda_n \cdot z)$$

vollständig im Kreis um den Nullpunkt mit dem Radius R, wobei R durch die Gleichung

$$R^{\varrho} = \frac{1}{e\,\varrho\,\sigma}\,\overline{\lim_{n\to\infty}}\,\frac{n}{|\lambda_n|^{\varrho(|\lambda_n|)}} \tag{4.75}$$

bestimmt wird.

Beweis. Wir werden den indirekten Beweis durchführen. Wir nehmen an, das Funktionensystem $f(\lambda_n\,z)$ sei im Kreis $|z| < R$ nicht vollständig. Dann kann man nach dem Lehrsatz 17 eine Funktion $\psi(z)$ finden, welche nicht identisch verschwindet, im Gebiet $|z| \geqq r$ $(r < R)$ holomorph ist, im unendlich fernen Punkt den Wert Null annimmt und orthogonal zu allen $f(\lambda_n z)$, d. h.

$$\int_{|z|=r} f(\lambda_n z)\, \psi(z)\, dz = 0$$

ist. Auf diese Weise verschwindet in diesem Fall die durch (4.72) definierte Funktion $\Phi(\lambda)$ in allen Punkten der Folge $\{\lambda_n\}$.

Aus dem Lehrsatz 2 und der Abschätzung (4.73) für den Indikator der Funktion $\Phi(\lambda)$ folgt, daß, falls $\Phi(\lambda)$ nicht identisch verschwindet,

$$\overline{\lim_{n\to\infty}} \frac{n}{|\lambda_n|^{\varrho(|\lambda_n|)}} \leqq e\, \varrho\, \sigma\, r^{\varrho}$$

ist. Bei $r < R$ ist diese Ungleichung unmöglich. Es ergibt sich auf diese Weise, daß $\Phi(\lambda) \equiv 0$ ist, und da der Kern $f(\lambda z)$ abgeschlossen ist, auch $\psi(z) \equiv 0$. Also führt die Annahme, das Funktionensystem $\{f(\lambda_n \cdot z)\}$ sei im Kreis $|z| < R$ nicht vollständig, zu einem Widerspruch. Der Lehrsatz ist somit bewiesen.

Wenn man diese Betrachtungen wiederholt, aber zur Abschätzung der Dichte der Nullstellenmenge der Funktion $\Phi(z)$ statt des Lehrsatzes 2 den Lehrsatz 3 benutzt, ergibt sich folgender Lehrsatz über die Vollständigkeit:

Lehrsatz 19. *$f(z)$ sei eine ganze Funktion vom Typus σ bei der verfeinerten Ordnung $\varrho(r)$, und in ihrer Entwicklung (4.71) seien alle Koeffizienten von Null verschieden, und $\{\lambda_n\}$ sei eine gewisse komplexe Zahlenfolge. Dann ist das Funktionensystem $\varphi_n(z) = f(\lambda_n z)$ vollständig im Kreis um den Nullpunkt als Mittelpunkt, dessen Radius R durch die Gleichung*

$$R^{\varrho} = \frac{1}{\varrho\, \sigma} \underline{\lim_{n\to\infty}} \frac{n}{|\lambda_n|^{\varrho(|\lambda_n|)}} \tag{4.76}$$

definiert wird.

Der Lehrsatz 18 wurde von A. I. Markuschewitsch [2] bewiesen, der Lehrsatz 19 ist eine gewisse Verfeinerung eines Lehrsatzes von A. O. Gelfond [2]. Wir bemerken, daß bei $R = \infty$ in (4.75) oder in (4.76) das Funktionensystem (4.74) in der ganzen Ebene vollständig ist.

Wenn die Funktion $f(z) = \sum a_n z^n$ so beschaffen ist, daß der Grenzwert

$$\lim_{n\to\infty} \varphi(n) \sqrt[n]{|a_n|} = (e\, \varrho\, \sigma)^{1/\varrho} \tag{4.77}$$

existiert, wo $\varphi(n)$ eine Lösung der Gleichung

$$n = r^{\varrho(r)}$$

ist, so ist die Abschätzung (4.76) in einem gewissen Sinne genau. In diesem Fall kann man nämlich eine Folge $\{\lambda_n\}$ so finden, daß für beliebige ganze Funktionen $f(z)$, welche der Bedingung (4.77) genügen, das Funktionensystem $\{f(\lambda_n z)\}$ in keinem Kreise um den Nullpunkt und mit dem Radius größer als die durch die Gleichung (4.76) definierte Zahl R vollständig ist. Um das zu zeigen, wählen wir eine regelmäßige Punktmenge $\{\lambda_n\}$ so, daß die kanonische Funktion $\Phi(z)$ dieser Menge einen konstanten Indikator $\left(h_\Phi(\theta) = \sigma_\Phi\right)$ hat. Dann haben wir nach dem Lehrsatz 3 dieses Kapitels

$$\lim_{n\to\infty} \frac{n}{|\lambda_n|^{\varrho(|\lambda_n|)}} = \varrho\, \sigma_\Phi . \tag{4.78}$$

Es sei

$$\Phi(z) = \sum_1^\infty c_n z^n .$$

Unter Benutzung der Koeffizienten dieser Entwickelung konstruieren wir die Funktion

$$\psi(z) = \sum_0^\infty \frac{c_n}{a_n z^{n+1}} .$$

Diese Reihe konvergiert außerhalb des Kreises, dessen Radius durch die Gleichung

$$r = \overline{\lim_{n\to\infty}} \frac{\sqrt[n]{|c_n|}}{\sqrt[n]{|a_n|}} = \frac{\overline{\lim\limits_{n\to\infty}}\, \varphi(n) \sqrt[n]{|c_n|}}{\lim\limits_{n\to\infty} \varphi(n) \sqrt[n]{|a_n|}} = \left(\frac{\sigma_\Phi}{\sigma_f}\right)^{1/\varrho}$$

bestimmt wird.

Benutzt man (4.78), so kann man die Gleichung in der Form

$$r^\varrho = \frac{1}{\varrho\, \sigma_f} \lim_{n\to\infty} \frac{n}{|\lambda_n|^{\varrho(|\lambda_n|)}}$$

aufschreiben, d. h. $r = R$. Die Funktion $\Phi(z)$ kann man offensichtlich in der Form darstellen

$$\Phi(\lambda) = \int\limits_{|z| = R+\varepsilon} f(z\lambda)\, \psi(z)\, dz \qquad (\varepsilon > 0) . \tag{4.79}$$

Da $\Phi(\lambda_n) = 0$ $(n = 1, 2, \ldots)$, so ist die nicht identisch verschwindende Funktion $\psi(z)$ orthogonal zu allen Funktionen $f(z\lambda_n)$ $(n = 1, 2, \ldots)$. Auf diese Weise ist dieses Funktionensystem im Kreis $|z| < R + \varepsilon$ $(\varepsilon > 0)$ unvollständig.[1])

Die Beweise der Lehrsätze 18 und 19 gründeten sich auf die Eindeutigkeitssätze 2 und 3. Aus den in § 2 dargestellten Eindeutigkeitssätzen kann man auch die Vollständigkeitssätze bekommen. Wir beweisen folgenden Vollständigkeitssatz, der sich auf den Lehrsatz 7 gründet.

Lehrsatz 20. $\{\lambda_n\}$ *sei eine Punktfolge in der rechten Halbebene,* $\nu(r)$ *sei die Anzahl dieser Punkte im Kreis* $\left|z - \frac{r}{2}\right| < \frac{r}{2}$ *und*

$$d = \underline{\lim_{r\to\infty}} \frac{\nu(r)}{r} . \tag{4.80}$$

[1]) Man kann zeigen, daß der Lehrsatz 18 in demselben Sinne genau ist. Dazu muß man eine Funktion $\Phi(\lambda)$ auf dieselbe Weise konstruieren wie das Beispiel in § 1 zur Feststellung der Genauigkeit der Abschätzung im Lehrsatz 2.

Dann ist das Funktionensystem $\{e^{\lambda_n z}\}$ vollständig in jedem Streifen I:

$$y_0 < \operatorname{Im} z < y_0 + 2\pi d ,$$

wo y_0 eine beliebige reelle Zahl ist.

Beweis. L sei eine beliebige Randkurve, welche ganz dem Streifen I angehört, und $\psi(z)$ sei eine gewisse, außerhalb dieser Randkurve und auf ihr holomorphe Funktion. Dann ist

$$\Phi(\lambda) = \int_{(L)} e^{\lambda z} \psi(z)\, dz \tag{4.81}$$

eine ganze Funktion endlichen Grades, und die Breite ihres Indikatordiagramms ist kleiner als $2\pi d$. Ist $\psi(z)$ orthogonal zu allen Funktionen des Systems $\{e^{\lambda_n z}\}$, so ist $\Phi(\lambda_n) = 0$ $(n = 1, 2, \ldots)$, und nach dem Lehrsatz 7, § 2 ist $\Phi(\lambda) \equiv 0$. Der Kern $e^{\lambda z}$ ist abgeschlossen, folglich ist das System $\{e^{\lambda_n z}\}$ vollständig in Innern jeder Randkurve, die in I liegt. Der Lehrsatz ist somit bewiesen.

Setzen wir $w = e^z$, so bekommen wir folgenden Lehrsatz, der den bekannten Lehrsatz von T. Carleman [1] enthält:

Das Funktionensystem $\{z^{\lambda_n}\}$ ist vollständig im Innern des Winkels $\varphi_0 < \arg z < \varphi_0 + 2\pi d$, wo φ_0 eine beliebige Zahl ist und d durch die Gleichung (4.80) definiert wird.

Die Formel (4.81) läßt eine Umkehrung zu (vgl. § 20, Kapitel I). Dieser Umstand gibt uns die Möglichkeit, folgenden genauen Lehrsatz zu beweisen.

Lehrsatz 21. *Existiert für eine Folge komplexer Zahlen $\{\lambda_n\}$ der Grenzwert*

$$d = \lim_{n\to\infty} \frac{n}{\lambda_n} \quad (d > 0) , \tag{4.82}$$

so ist das Funktionensystem $\{e^{\lambda_n z}\}$ vollständig in jedem Gebiet G, welches jede Gerade parallel zur imaginären Achse in einem Abschnitt nicht länger als $2\pi d$ überschneidet, und dieses System ist nicht vollständig in jedem Gebiet, welches eine Strecke parallel zur imaginären Achse der Länge $2\pi d$ enthält. [1])

Beweis. Wir beweisen zuerst den zweiten Teil des Lehrsatzes. Eine Strecke I von der Länge $2\pi d$ parallel der imaginären Achse sei in einem Gebiet G enthalten. Das Indikatordiagramm der Funktion

$$\Phi(\lambda) = \prod_{n=1}^{\infty} \left(1 - \frac{\lambda^2}{\lambda_n^2}\right) \tag{4.83}$$

ist eine Strecke auf der imaginären Achse von der Länge $2\pi d$. Bei der richtigen Wahl der Zahl γ fällt das konjugierte Diagramm der Funktion $\theta(\lambda) = e^{\gamma\lambda}\,\Phi(\lambda)$ mit der Strecke I zusammen. Alle Singularitäten der nach Borel der Funktion $\theta(\lambda)$ assoziierten Funktion $\psi(z)$ liegen auf dieser Strecke.

---

[1]) Während der Vorbereitung des Buches zum Druck hat A. Leontjew [4] ein analoges Ergebnis bekommen.

Es sei L eine Randkurve, welche die Strecke I umfaßt und zum Gebiete G gehört. Dann ist

$$\theta(\lambda) = \frac{1}{2\pi i} \int_{(L)} e^{\lambda z} \psi(z)\, dz ,$$

und die nicht identisch verschwindende Funktion $\psi(z)$ ist holomorph außerhalb der Randkurve L und auf ihr und orthogonal zu allen Funktionen des Systems $\{e^{\lambda_n z}\}$. Auf diese Weise ist das System nicht vollständig innerhalb dieser Randkurve und folglich auch in G.

G soll jetzt jede Gerade parallel zur imaginären Achse in einer Strecke der Länge nicht größer als $2\pi d$ schneiden. Ist das Funktionensystem $\{e^{\lambda_n z}\}$ in G nicht vollständig, so existiert eine Funktion $\psi(z)$, die außerhalb einer gewissen zu G gehörigen Randkurve und auf ihr holomorph ist und dabei orthogonal zu allen Funktionen des Systems. Mit anderen Worten muß die ganze Funktion endlichen Grades

$$\varphi(\lambda) = \frac{1}{2\pi i} \int_{(L)} e^{\lambda z}\, \psi(z)\, dz$$

in allen Punkten λ_n verschwinden.

Hieraus folgt, daß der Quotient

$$\chi(\lambda) = \frac{\varphi(\lambda)}{\Phi(\lambda)}$$

eine holomorphe Funktion endlichen Grades in der rechten Halbebene ist (vgl. Folgerung 2 aus dem Lehrsatz 5, § 4, Kapitel III). Die Funktion $\Phi(\lambda)$ ist von vollkommen regulärem Wachstum. Deshalb werden bei der Multiplikation mit ihr die Indikatoren addiert, und es ist

$$h_\varphi(\theta) = h_\Phi(\theta) + h_\chi(\theta) = h_\chi(\theta) + \pi d\, |\sin\theta| \qquad \left(|\theta| \leqq \frac{\pi}{2}\right).$$

Auf diese Weise ergibt sich das Indikatordiagramm der Funktion $\varphi(\lambda)$, indem man das Indikatordiagramm der Funktion $\chi(\lambda)$ um die Strecken $i\pi d$ und $-i\pi d$ verschiebt und über die beiden erhaltenen Gebiete das kleinste konvexe Gebiet überzieht.

Also bekommen wir

$$h'(+0) - h'(-0) \geqq 2\pi d ,$$

und folglich enthält der Rand des Indikatordiagramms der Funktion $\varphi(z)$ eine Strecke I senkrecht zur reellen Achse von der Länge nicht kleiner als $2\pi d$. Die Endpunkte der zu I in bezug auf die reelle Achse symmetrischen Strecke sind die äußersten Punkte des konjugierten Diagramms und deshalb singuläre Punkte der Funktion $\psi(z)$. Das widerspricht der Tatsache, daß alle Singularitäten von $\psi(z)$ in G liegen. Also führt die Annahme, daß das System $\{e^{\lambda_n z}\}$ in G nicht vollständig ist, zum Widerspruch. Der Lehrsatz ist somit bewiesen.

Es ist naturgemäß, das Gebiet, in welchem ein Funktionensystem $\{\varphi_n(z)\}$ vollständig ist, und welches kein echtes Teilgebiet eines dieselbe Eigenschaft besitzenden Gebietes ist, als das maximale Gebiet der Vollständigkeit zu bezeichnen.

$y = f(x)$ sei eine stetige Funktion von x, dann ist nach dem Lehrsatz 21 der krummlinig begrenzte Streifen

$$f(x) < y < f(x) + 2\pi d$$

das maximale Gebiet der Vollständigkeit für das Funktionssystem $\{e^{\lambda_n z}\}$.

KAPITEL V

FUNKTIONEN DER KLASSE A

In den Anwendungen der Theorie ganzer Funktionen spielen eine wesentliche Rolle die Funktionen, welche der Bedingung

$$\sum_{k=1}^{\infty} \left| \operatorname{Im} \frac{1}{a_k} \right| < \infty \tag{5.00}$$

genügen, wo a_k die Nullstellen der Funktion sind. Diese Funktionen bilden eine naturgemäße Verallgemeinerung der Funktionen, deren Nullstellen alle reell sind.

In der Tat folgt aus (5.00), daß die Nullstellen $\{a_k'\}$, welche außerhalb der Winkel $|\arg z| < \delta$ und $|\arg z - \pi| < \delta$ liegen, eine konvergente Reihe

$$\sum \frac{1}{|a_k'|} < \infty$$

bilden, und folglich liegen „fast alle" Nullstellen $\{a_k\}$ in einer „Umgebung" der reellen Achse. Solche Funktionen werden wir als Funktionen der Klasse A bezeichnen. Analog kann man die Funktionen der Klasse A in einer Halbebene ($\operatorname{Im} z \geqq 0$ oder $\operatorname{Im} z \leqq 0$) definieren, indem man annimmt, daß die Summe (5.00) Nullstellen enthält, die dieser Halbebene angehören.[1] Das größte Interesse bieten die Funktionen der Klasse A vom endlichen Grade. Aus dem LINDELÖFschen Kriterium (§ 11, Kapitel I) $\left| \sum_{|a_n| < r} \frac{1}{a_n} \right| < M$ folgt unmittelbar, daß eine ganze Funktion endlichen Grades, deren alle Nullstellen in einer der Halbebenen $\operatorname{Im} z \geqq 0$ oder $\operatorname{Im} z \leqq 0$ liegen, eine Funktion der Klasse A ist.

In diesem Kapitel werden wir die Grundtatsachen bezüglich der Funktionen der Klasse A darstellen.

Beim Studium der Eigenschaften ganzer Funktionen endlichen Grades, welche vom Verhalten der Funktion auf der reellen Achse abhängen, spielt eine wesentliche Rolle das Integral

$$\int_0^R \frac{\ln |F(x)\, F(-x)|}{1 + x^2}\, dx\, .$$

[1]) In diesem Fall spielt die Bedingung (5.00) dieselbe Rolle wie die Bedingung von BLASCHKE $\sum_{k=1}^{\infty} (1 - |a_k|)$ für Funktionen, die im Einheitskreis definiert sind. Die eine Bedingung kann man aus der anderen bekommen, indem man den Kreis auf eine Halbebene abbildet, vorausgesetzt, daß 0 kein Häufungspunkt der Folge $\{a_k\}$ ist.

In § 1 werden wir zeigen, daß die Beschränktheit dieses Integrals gleichbedeutend ist mit der Zugehörigkeit einer ganzen Funktion zur Klasse A.[1])

Ist außerdem $F(z)$ von endlichem Grade in der Halbebene $\operatorname{Im} z \geqq 0$, $h_F(0) + h_F(\pi) = 0$, und existiert der Grenzwert dieses Integrals bei $R \to \infty$, so ist $F(z)$ eine Funktion von vollkommen regulärem Wachstum.[2]) Für ganze Funktionen endlichen Grades sind diese beiden Bedingungen notwendig und hinreichend.[3])

Außer dem in § 4 angegebenen Kennzeichen werden noch weitere Kennzeichen dafür angegeben, daß eine Funktion endlichen Grades in einer Halbebene zur Klasse A gehört und von vollkommen regulärem Wachstum ist.

Insbesondere wird das der Fall sein, wenn das Integral

$$\int_{-\infty}^{\infty} \frac{\ln |F(x)|}{1 + x^2}\, dx$$

oder das Integral

$$\int_{-\infty}^{\infty} \frac{\ln_+ |F(x)|}{1 + x^2}\, dx$$

konvergiert. Aus dem letzten Kennzeichen (welches man CARTWRIGHT [1] verdankt), folgt, daß Funktionen endlichen Grades, welche auf einer Achse beschränkt sind (oder zu $L^p(-\infty, \infty)$ $(p > 0)$ gehören), Funktionen von vollkommen regulärem Wachstum sind.

Wir werden zeigen, daß für Funktionen endlichen Grades die Konvergenz des zweiten dieser Integrale die Konvergenz des ersten nach sich zieht, aus welcher wiederum $h_F(0) + h_F(\pi) = 0$ folgt.[4])

In diesem Kapitel werden wir auch die Eigenschaften des Indikatordiagramms von Funktionen endlichen Grades und der Klasse A und andere sich auf diese Funktionenklasse beziehenden Fragen studieren.

Zum Schluß werden wir im § 6 den mit diesem Fragenkreis zusammenhängenden Lehrsatz von M. G. KREIN beweisen: *Eine ganze Funktion der Klasse A, welche die Entwickelung*

$$\frac{1}{f(z)} = R(z) + \sum_{k=1}^{\infty} c_k \left(\frac{1}{z - a_k} + \frac{1}{a_k} + \frac{z}{a_k^2} + \cdots + \frac{z^p}{a_k^{p+1}} \right)$$

zuläßt, in welcher $R(z)$ ein Polynom ist, ist eine Funktion endlichen Grades von vollkommen regulärem Wachstum.

---

1) N. I. ACHIESER [2] und N. N. MEIMAN [3].

2) B. J. LEWIN [3].

3) A. PFLUGER [5].

4) Während der Vorbereitung des Druckes dieses Buches ist das Buch von R. P. BOAS [1] erschienen, in welchem eine etwas andere Darstellung dieser Fragen, ausgehend von einer Formel von R. NEVANLINNA [2] gegeben wird.

§ 1. Die Formel von Carleman. Ein Kriterium für die Zugehörigkeit einer ganzen Funktion endlichen Grades zur Klasse A

Als wesentlich für die weiteren Betrachtungen erscheint folgender Satz von CARLEMAN:[1])

Lehrsatz 1. *Ist $F(z)$ eine holomorphe Funktion im Gebiete*

$$0 < \lambda \leqq |z| \leqq R \quad \textit{und} \quad \operatorname{Im} z \geqq 0\,, \tag{5.01}$$

und sind $a_k = r_k\, e^{i\theta_k}$ $(k = 1, 2, \ldots, n)$ ihre Nullstellen in diesem Gebiet, so ist

$$\sum_{\lambda<r_k<R} \left(\frac{1}{r_k} - \frac{r_k}{R^2}\right) \sin\theta_k = \frac{1}{\pi R} \int_0^\pi \ln|F(R\,e^{i\theta})| \sin\theta\, d\theta$$

$$+ \frac{1}{2\pi} \int_\lambda^R \left(\frac{1}{x^2} - \frac{1}{R^2}\right) \ln|F(x)\,F(-x)|\,dx + A_\lambda(F, R)\,, \tag{5.02}$$

wobei

$$A_\lambda(F, R) = -\operatorname{Im} \frac{1}{2\pi} \int_0^\pi \ln F(\lambda\,e^{i\theta}) \left(\frac{\lambda\,e^{i\theta}}{R^2} - \frac{e^{-i\theta}}{\lambda}\right) d\theta \tag{5.03}$$

ist.

In dieser Formel wird wie in der JENSENschen Formel und in den Formeln (3.06) und (4.20) eine Verbindung zwischen der Verteilung der Nullstellen der Funktion $F(z)$ und dem Wachstum der Größe $\ln|F(z)|$ hergestellt.

Beweis. Wir nehmen zuerst an, die Funktion $F(z)$ habe keine Nullstellen an der Grenze des Gebietes (5.01), und betrachten das Integral

$$J = \frac{1}{2\pi i} \int_{(C)} \left(\frac{1}{R^2} - \frac{1}{z^2}\right) \ln F(z)\,dz\,,$$

genommen am Rand des Gebietes (5.01) in positiver Richtung, beginnend bei dem Punkt λ. Es ist

$$J = \frac{1}{2\pi i} \int_\lambda^R \left(\frac{1}{R^2} - \frac{1}{x^2}\right) \ln F(x)\,dx + \frac{1}{2\pi} \int_0^\pi \ln F(R\,e^{i\theta}) \left(\frac{1}{R^2} - \frac{e^{-2i\theta}}{R^2}\right) R\,e^{i\theta}\,d\theta$$

$$+ \frac{1}{2\pi i} \int_{-R}^{-\lambda} \left(\frac{1}{R^2} - \frac{1}{x^2}\right) \ln F(x)\,dx + \frac{1}{2\pi} \int_\pi^0 \ln F(\lambda\,e^{i\theta}) \left(\frac{1}{R^2} - \frac{e^{-2i\theta}}{\lambda^2}\right) \lambda\,e^{i\theta}\,d\theta\,. \tag{5.04}$$

Andererseits bekommen wir nach der partiellen Integration

$$J = \frac{1}{2\pi i} \oint_C \left[\left(\frac{z}{R^2} + \frac{1}{z}\right) \ln F(z)\right] - \frac{1}{2\pi i} \int_{(C)} \frac{F'(z)}{F(z)} \left(\frac{z}{R^2} + \frac{1}{z}\right) dz\,. \tag{5.05}$$

[1]) Siehe z. B. bei TITCHMARSH [1] S. 152—154.

Hier bedeutet Φ_C den Zuwachs der Funktion bei einem Umlauf des Randes C. Dieser Zuwachs ist gleich $\left(\frac{\lambda}{R^2}+\frac{1}{\lambda}\right)n(R,\lambda)$, wo $n(R,\lambda)$ die Anzahl der Nullstellen der Funktion $F(z)$ im Gebiet (5.01) ist. Der zweite Summand in (5.05) ist gleich

$$-\sum_{\lambda<r_k<R}\left(\frac{r_k e^{i\theta_k}}{R^2}+\frac{1}{r_k e^{i\theta_k}}\right).$$

Setzen wir die Imaginärteile von (5.04) und (5.05) einander gleich, so bekommen wir (5.02).

Wenn bei der Veränderung von R eine Nullstelle auf den Halbkreis $|z|=R$ fällt, bleibt die Formel (5.02) richtig, da die beiden Teile der Formel stetige Funktionen von R sind. Es ist auch leicht einzusehen, daß die Formel (5.02) richtig bleibt, wenn die Funktion $F(x)$ Nullstellen auf der reellen Achse hat.

Bemerkung. Die Größe $A_\lambda(F, R)$ ist für $R>\lambda$ beschränkt, und für $R\to\infty$ hat sie den Grenzwert

$$A_\lambda(F,\infty)=\operatorname{Im}\frac{1}{2\pi}\int_0^\pi \ln F(\lambda e^{i\theta})\frac{e^{-i\theta}}{\lambda}\,d\theta\,.$$

Ist die Funktion $F(z)$ holomorph im Nullpunkt und ist $F(0)=1$, so ist

$$\lim_{\lambda\to 0} A_\lambda(F,R)=\frac{1}{2}\operatorname{Im}F'(0)\,,$$

und es ergibt sich die Gleichung

$$\sum_{r_k\leqq R}\left(\frac{1}{r_k}-\frac{r_k}{R^2}\right)\sin\theta_k=\frac{1}{\pi R}\int_0^\pi \ln|F(R e^{i\theta})|\sin\theta\,d\theta$$
$$+\frac{1}{2\pi}\int_0^R\left(\frac{1}{x^2}-\frac{1}{R^2}\right)\ln|F(x)F(-x)|\,dx+\frac{1}{2}\operatorname{Im}F'(0)\,. \tag{5.02'}$$

Lehrsatz 2. Damit eine Funktion $f(z)$ endlichen Grades eine Funktion der Klasse A ist, ist notwendig und hinreichend, daß bei einem festen $\lambda>0$ und beliebigem $R>\lambda$ die Ungleichung erfüllt ist

$$\int_\lambda^R \frac{\ln|f(x)f(-x)|}{x^2}\,dx<M_{f,\lambda}\,, \tag{5.06}$$

wo $M_{f,\lambda}$ eine Konstante ist.

Aus diesem Lehrsatz folgt insbesondere, daß jede auf der reellen Achse beschränkte ganze Funktion endlichen Grades eine Funktion der Klasse A ist.

Beweis. Wir beweisen zuerst, daß die Bedingung hinreichend ist. (5.06) sei erfüllt. Wir bezeichnen

$$\psi(x)=\int_\lambda^x \frac{\ln|f(\xi)f(-\xi)|}{\xi^2}\,d\xi$$

und integrieren partiell. So bekommen wir

$$\int_{\lambda}^{R}\left(1-\frac{x^2}{R^2}\right)\frac{\ln|f(x)\,f(-x)|}{x^2}\,dx=\frac{2}{R^2}\int_{\lambda}^{R}\psi(x)\,x\,dx<M_{f,\lambda}\,, \tag{5.07}$$

und folglich ist der zweite Summand auf der rechten Seite der Formel von CARLEMAN (5.02) beschränkt. Außerdem bekommen wir, da $f(z)$ eine Funktion endlichen Grades ist, für $R>\lambda$ und eine gewisse Konstante $k_{f,\lambda}$ $\ln|f(R\,e^{i\theta})|\leqq k_{f,\lambda}\,R$ und

$$\frac{1}{\pi R}\int_{0}^{\pi}\ln|f(R\,e^{i\theta})|\sin\theta\,d\theta<\frac{2}{\pi}\,k_{f,\lambda}\,. \tag{5.08}$$

Auf diese Weise ist die Funktion von R auf der rechten Seite der Gleichung (5.02) beschränkt.

Anderseits haben wir

$$\sum_{\lambda<r_k<\frac{1}{2}R}\frac{\sin\theta_k}{r_k}<\frac{4}{3}\sum_{\lambda<r_k<\frac{1}{2}R}\left(\frac{1}{r_k}-\frac{r_k}{R^2}\right)\sin\theta_k\leqq\frac{4}{3}\sum_{\lambda<r_k<R}\left(\frac{1}{r_k}-\frac{r_k}{R^2}\right)\sin\theta_k$$

$$<M_{f,\lambda}+\frac{2}{\pi}\,k_{f,\lambda}+A_{\lambda}(f,R)\,. \tag{5.09}$$

Die letzte Ungleichung folgt aus (5.02), (5.07) und (5.08). Aus (5.09) folgt unmittelbar, daß $f(z)$ eine Funktion der Klasse A ist.

Zum Beweis der Notwendigkeit der Bedingung benutzen wir die Abschätzung des absoluten Betrages einer ganzen Funktion nach unten (Lehrsatz 11, § 8, Kapitel I). Aus dieser Abschätzung folgt, daß einer beliebigen Zahl $\eta>0$ eine solche Zahl $H_1(\eta)>0$ entspricht, daß

$$\ln|f(R\,e^{i\theta})|>-H_1(\eta)\,R\qquad(0\leqq\theta<2\pi) \tag{5.10}$$

ist für alle Werte von $R>R_\eta$ vielleicht mit Ausnahme von Intervallen, deren Summen der Längen in jedem Intervall $(0, R)$ die Größe $\eta\,R$ nicht übertreffen.

R sei eine Zahl außerhalb der Ausnahmeintervalle, dann ist

$$\frac{1}{\pi R}\int_{0}^{\pi}\ln|f(R\,e^{i\theta})|\sin\theta\,d\theta>-\frac{2}{\pi}\,H_1(\eta)\,. \tag{5.11}$$

Gehört $f(z)$ zur Klasse A, so ist $\sum\limits_{\lambda<r_k\leqq R}\frac{\sin\theta}{r_k}<N$, und wir erhalten aus (5.02)

$$\int_{\lambda}^{R}\frac{\ln|f(x)\,f(-x)|}{x^2}\,dx<N+\frac{2}{\pi}\,H_1(\eta)-A_{\lambda}(f,R)+\frac{1}{R^2}\int_{\lambda}^{R}\ln|f(x)\,f(-x)|\,dx\,. \tag{5.12}$$

Das letzte Glied in (5.12) ist beschränkt, da für $x>\lambda$

$$\ln|f(x)\,f(-x)|<2\,k_{f,\lambda}\,x \tag{5.13}$$

ist, und folglich

$$\frac{1}{R^2}\int_{\lambda}^{R}\ln|f(x)\,f(-x)|\,dx<k_{f,\lambda}\,. \tag{5.14}$$

Wenn also der Punkt R außerhalb der Ausnahmeintervalle liegt, ist

$$\int_{\lambda}^{R} \frac{\ln |f(x)\, f(-x)|}{x^2}\, dx < M'_{f,\lambda},$$

wobei die Größe $M'_{f,\lambda}$ nicht von R abhängt. Liegt R in einem Ausnahmeintervall, so wird sich ein Punkt R' finden, der außerhalb der Ausnahmeintervalle liegt, und für den $R' < R$ und $R - R' < \eta\, R$ gilt.

Aus den Ungleichungen (5.13) und (5.14) ergibt sich

$$\int_{\lambda}^{R} \frac{\ln|f(x)\, f(-x)|}{x^2}\, dx = \int_{\lambda}^{R'} \frac{\ln|f(x)\, f(-x)|}{x^2}\, dx + \int_{R'}^{R} \frac{\ln|f(x)\, f(-x)|}{x^2}\, dx$$

$$< M_{f,\lambda} + 2\, k_{f,\lambda} \ln(1+\eta)\,. \tag{5.15}$$

Bemerkung. Beim Beweis, daß die Bedingung (5.06) hinreichend ist, haben wir die Tatsache nicht benutzt, daß $f(z)$ eine ganze Funktion ist, sondern nur, daß sie holomorph und vom endlichen Grade in der Halbebene $\operatorname{Im} z \geqq 0$ ist. Auf diese Weise haben wir folgendes Ergebnis bekommen:

Genügt eine holomorphe Funktion von endlichem Grade $F(z)$ in der Halbebene $\operatorname{Im} z \geqq 0$ der Bedingung (5.06), so ist $F(z)$ eine Funktion der Klasse A in dieser Halbebene.

Lehrsatz 3. *Für eine ganze Funktion $f(z)$ endlichen Grades ist die Bedingung*

$$\int_{\lambda}^{R} \frac{\ln|f(x)\, f(-x)|}{x^2}\, dx < M^{(0)}_{f,\lambda} \tag{a}$$

gleichbedeutend mit jeder der folgenden Bedingungen:

$$\left|\int_{\lambda}^{R} \frac{\ln|f(x)\, f(-x)|}{x^2}\, dx\right| < M^{(1)}_{f,\lambda}, \tag{b}$$

$$\int_{0}^{R} \frac{\ln|f(x)\, f(-x)|}{1+x^2}\, dx < M^{(2)}_{f,\lambda}, \tag{c}$$

$$\left|\int_{0}^{R} \frac{\ln|f(x)\, f(-x)|}{1+x^2}\, dx\right| < M^{(3)}_{f,\lambda}. \tag{d}$$

($M^{(i)}_{f,\lambda}$ $i = 0, 1, 2, 3$ *hängen nicht von R ab.*)

Beweis. Wir werden zuerst zeigen, daß für jede ganze Funktion endlichen Grades die Abschätzung richtig ist:

$$\int_{\lambda}^{R} \frac{\ln|f(x)\, f(-x)|}{x^2}\, dx > M^{(4)}_{f,\lambda}.$$

Dazu bemerken wir, daß aus der Formel von CARLEMAN die Ungleichung folgt:

$$\int_\lambda^R \frac{\ln|f(x)\,f(-x)|}{x^2}\,dx > -\frac{1}{\pi R}\int_0^\pi \ln|f(R\,e^{i\theta})|\sin\theta\,d\theta - A_\lambda(f, R)$$
$$+\frac{1}{R^2}\int_\lambda^R \ln|f(x)\,f(-x)|\,dx\,.$$

Wenn man die Beschränktheit von $A_\lambda(f, R)$ und die Abschätzung (5.06) benutzt, ergibt sich hieraus

$$\int_\lambda^R \frac{\ln|f(x)\,f(-x)|}{x^2}\,dx > M_{f,\lambda}^{(5)} + \frac{1}{R^2}\int_\lambda^R \ln|f(x)\,f(-x)|\,dx\,. \tag{5.16}$$

Bezeichnen wir ferner

$$J_\lambda^R(\theta) = \int_\lambda^R \frac{\ln|f(x\,e^{i\theta})|}{x}\,dx$$

und integrieren wir partiell, so bekommen wir

$$\frac{1}{R^2}\int_\lambda^R \ln|f(x)\,f(-x)|\,dx = \frac{x}{R^2}[J_\lambda^x(0) + J_\lambda^x(\pi)] - \frac{1}{R^2}\int_\lambda^R [J_\lambda^x(0) + J_\lambda^x(\pi)]\,dx\,. \tag{5.17}$$

In Kapitel III (Hilfssatz 4) haben wir eine Ungleichung bewiesen, welche für ganze Funktionen endlichen Grades die Gestalt annimmt.:

$$|J_\lambda^x(\theta)| < c_{f,\lambda}|x| \quad (c_{f,\lambda}\text{ konstant})\,. \tag{5.18}$$

Mit Hilfe dieser Ungleichung ergibt sich aus (5.17)

$$\left|\frac{1}{R^2}\int_\lambda^R \ln|f(x)\,f(-x)|\,dx\right| < 3\,c_{f,\lambda}\,,$$

und wir haben nach der Substitution in (5.16)

$$\int_\lambda^R \frac{\ln|f(x)\,f(-x)|}{x^2}\,dx > M_\lambda + 3\,c_{f,\lambda} = M_{f,\lambda}^{(4)}\,,$$

und mit (a) vereinigt bekommen wir (b). Auf diese Weise sind für eine ganze Funktion endlichen Grades die Bedingungen (a) und (b) äquivalent. Um die Äquivalenz zwischen (a) und (b) einerseits und (c) und (d) anderseits zu zeigen, betrachten wir das Integral

$$\int_\lambda^R \left(\frac{1}{x^2} - \frac{1}{1+x^2}\right)\ln|f(x)\,f(-x)|\,dx = \int_\lambda^R \frac{1}{x\,(1+x^2)}\,\frac{\ln|f(x)\,f(-x)|}{x}\,dx\,.$$

Die partielle Integration liefert

$$\int_{\lambda}^{R} \left(\frac{1}{x^2} - \frac{1}{1+x^2}\right) \ln |f(x)\, f(-x)|\, dx = \frac{1}{R(1+R^2)} [J_\lambda^R(0) + J^R(\pi)] + \int_{\lambda}^{R} \frac{3x^2+1}{x^2(1+x^2)^2} [J_\lambda^x(0) + J_\lambda^x(\pi)]\, dx\,.$$

Wenden wir ferner die Ungleichung (5.18) an, so bekommen wir für $R > 1$

$$\left| \int_{\lambda}^{R} \left(\frac{1}{x^2} - \frac{1}{1+x^2}\right) \ln |f(x)\, f(-x)|\, dx \right| < 4\, c_{f,\lambda}\,.$$

Wir schreiben diese Ungleichung in die Form um:

$$\int_{\lambda}^{R} \frac{\ln |f(x)\, f(-x)|}{x^2}\, dx - 4\, c_{f,\lambda} < \int_{\lambda}^{R} \frac{\ln |f(x)\, f(-x)|}{1+x^2}\, dx < \int_{\lambda}^{R} \frac{\ln |f(x)\, f(-x)|}{x^2}\, dx + 4\, c_{f,\lambda}\,.$$

So überzeugen wir uns leicht von der Äquivalenz der Bedingungen (a) und (c) sowie (b) und (d). Der Lehrsatz ist somit bewiesen. Auf diese Weise ist jede der Bedingungen (a), (b), (c), (d) notwendig und hinreichend, damit eine ganze Funktion endlichen Grades zur Klasse A gehört.

Die in diese Bedingungen eingehenden Integrale spielen eine wesentliche Rolle in den Kriterien dafür, daß eine ganze Funktion endlichen Grades nicht nur zur Klasse A gehört, sondern auch von vollkommen regulärem Wachstum ist. Zur Aufstellung dieser Kriterien bekommen wir eine spezielle Darstellung einer ganzen Funktion der Klasse A analog der bekannten Darstellung einer holomorphen Funktion, die in einem Kreis begrenzt ist. Der Gewinnung einer solchen Darstellung sind die beiden folgenden Paragraphen gewidmet.

§ 2. Darstellung einer in einer Halbebene harmonischen Funktion

In diesem Paragraphen werden wir einige hinreichende Bedingungen für die Darstellbarkeit einer in einer Halbebene harmonischen Funktion mit Hilfe des bekannten Poissonschen Integrals

$$\frac{1}{\pi} \int_{-\infty}^{\infty} \frac{y\, u(t)}{(t - x^2) + y^2}\, dt$$

feststellen.

Hilfssatz 1 (von N. G. Tschebotarew [6]). *Eine ganze reelle Funktion* $f(z)$ [1]), *welche der Bedingung* $\operatorname{Im} f(z) > 0$ *für* $\operatorname{Im} z > 0$ *genügt, hat die Gestalt*

$$f(z) = \alpha z + \beta \qquad (\alpha > 0\,,\ \beta \text{ reell})\,.$$

[1]) Eine ganze Funkion heißt reell, wenn sie auf der reellen Achse reelle Werte annimmt.

Beweis. Aus dem Symmetrieprinzip und den Voraussetzungen des Hilfssatzes haben wir auch Im $f(z) \leqq 0$ für Im $z \leqq 0$. Der Zuwachs von arg $f(z)$ auf jedem Kreis übertrifft 2π nicht. Auf diese Weise hat $f(z)$ nicht mehr als eine Nullstelle. Diese einzige Nullstelle x_0 ist reell. Die Funktion $\varphi(z) = (z - x_0)^{-1} f(z)$ hat keine Nullstellen, und es ist $|\arg \varphi(z)| \leqq \pi$ in der ganzen Ebene. Auf diese Weise bildet die ganze Funktion $w = \ln \varphi(z)$ die ganze z-Ebene auf den Streifen $|\text{Im}\, w| \leqq \pi$ ab, und folglich ist $\varphi(z) = \text{const.}$ [1])

Hilfssatz 2. *Wenn eine stetige, reelle auf der reellen Achse gegebene Funktion $u(t)$ der Bedingung*

$$\overline{\lim_{t\to\pm\infty}} \frac{u(\pm t)}{t} = \sigma < \infty \tag{5.19}$$

genügt, und wenn das Integral

$$J = \frac{1}{\pi} \int_{-\infty}^{\infty} \frac{u(t)}{1+t^2}\, dt \tag{5.20}$$

existiert, so existiert auch das Integral

$$v(z) = \frac{y}{\pi} \int_{-\infty}^{\infty} u(t) \frac{dt}{(t-x)^2 + y^2} \tag{5.21}$$

für beliebige reelle Werte der Veränderlichen x, y $(y \neq 0)$.

Beweis. Wir beweisen zuerst, daß aus den Bedingungen (5.19) und (5.20) die Existenz des Integrals

$$\int_1^{\infty} |u(\pm t)| \frac{dt}{t^3} \tag{5.22}$$

folgt.

Bezeichnen wir

$$\psi(x) = \int_0^x u(t) \frac{dt}{1+t^2},$$

so bekommen wir aus der Existenz des Integrals (5.20) $|\psi(x)| \leqq M$ $(-\infty < x < \infty)$, und für beliebige $a > 0$, $h > 0$ haben wir

$$\int_a^{a+h} u(t) \frac{dt}{t^3} = \left[\psi(t)\left(\frac{1}{t} + \frac{1}{t^3}\right)\right]_a^{a+h} + \int_a^{a+h} \psi(t) \left(\frac{1}{t^2} + \frac{3}{t^4}\right) dt = O\left(\frac{1}{a}\right).$$

Auf diese Weise ist die Existenz des Integrals

$$\int_1^{\infty} u(\pm t)\, t^{-3}\, dt$$

bewiesen.

---

[1]) Es genügt, zu bemerken, daß die Funktion $u = \dfrac{1}{w - 2\pi i}$ in der ganzen z-Ebene beschränkt ist ($|u| \leqq \pi$), und den bekannten Lehrsatz von Liouville zu benutzen.

Anderseits folgt aber aus (5.19) [1])

$$\int_1^\infty u_+(\pm t)\, t^{-3}\, dt < \infty .$$

Hieraus folgt die Existenz des Integrals

$$\int_1^\infty \frac{u_-(\pm t)}{t^3}\, dt = -\int_1^\infty \frac{u(\pm t) - u_+(\pm t)}{t^3}\, dt$$

und, da $|u(t)| = u_+(t) + u_-(t)$ ist, ergibt sich die Existenz des Integrals (5.22). Weiter folgt aus der Abschätzung

$$\frac{y}{(t-x)^2 + y^2} - \frac{y}{t^2+1} = O(t^{-3})$$

und aus der Existenz des Integrals (5.22), daß die Existenz des Integrals (5.20) äquivalent mit der Existenz des Integrals (5.21) für beliebige x und y ist. Der Hilfssatz ist somit bewiesen.

Im folgenden Hilfssatz werden wir eine Abschätzung einer durch das Poissonsche Integral dargestellten Funktion geben.

Hilfssatz 3. *Das Integral*

$$v(z) = \frac{y}{\pi} \int_{-\infty}^{\infty} \frac{u(t)\, dt}{(t-x)^2 + y^2} \tag{5.21}$$

definiert eine in der Halbebene $y > 0$ harmonische Funktion $v(z)$, welche Grenzwerte auf der reellen Achse hat, die mit den Werten der Funktion $u(x)$ übereinstimmen und der Ungleichung genügt:

$$|v(z)| < c_\varepsilon + \frac{r^2}{|y|} \qquad (r = |z|)\,, \tag{5.23}$$

in welcher ε eine beliebig kleine positive Zahl und c_ε eine von ε abhängige Konstante ist.

Beweis. Aus der Existenz von (5.22) folgt, daß das Integral

$$v(z) - J\, y = \frac{1}{\pi} \int_{-\infty}^{\infty} u(t) \left[\frac{y}{(t-x)^2 + y^2} - \frac{y}{1+t^2}\right] dt \tag{5.24}$$

auf einer beliebigen beschränkten abgeschlossenen Menge, welche der Halbebene $y > 0$ angehört, gleichmäßig konvergiert und folglich eine harmonische Funktion

[1]) Die Funktionen $u_+(t)$ und $u_-(t)$ werden wie gewöhnlich definiert:

$$u_+(t) = \begin{cases} u(t) & \text{bei } u(t) > 0\,, \\ 0 & \text{bei } u(t) \leqq 0\,, \end{cases}$$

$$u_-(t) = \begin{cases} -u(t) & \text{bei } u(t) < 0\,, \\ 0 & \text{bei } u(t) \geqq 0\,. \end{cases}$$

für $y > 0$ darstellt. Die Gleichung $v(x) = u(x)$ wird auf die gewohnte Weise festgestellt. Wir gehen zur Feststellung der Abschätzung (5.23) über. Wir setzen

$$\chi_N(t) = \begin{cases} u(t) & \text{bei } |t| > N \\ 0 & \text{bei } |t| \leqq N \end{cases} \quad (N > 0)$$

und

$$\psi_N(x) = \int_0^N \chi_N(t)\, t^{-2}\, dt\,. \tag{5.25}$$

Da $\frac{1}{t^2} - \frac{1}{t^2+1} = O\,(t^{-4})$ ist, so bekommen wir bei beliebigem $\eta > 0$ und $N > N_\eta$ $|\psi_N(t)| < \eta$.

Integrieren wir (5.21) partiell, so erhalten wir

$$v(z) = O(1) + \frac{y}{\pi}\left\{\left[\psi_N(t)\,\frac{t^2}{(t-x)^2+y^2}\right]_{-\infty}^{-N} + \left[\psi_N(t)\,\frac{t^2}{(t-x)^2+y^2}\right]_N^{\infty}\right\}$$
$$+ \frac{y}{\pi}\int_{-\infty}^{\infty} \psi_N(t)\,\frac{d}{dt}\left[\frac{t^2}{(t-x)^2+y^2}\right] dt\,. \tag{5.26}$$

Für $r > 2\,N$ werden die Ungleichungen

$$\frac{N^2}{(N-x)^2+y^2} < 1\,, \quad \frac{N^2}{(N+x)^2+y^2} < 1$$

erfüllt sein, deshalb ist der absolute Betrag des Ausdrucks in den geschweiften Klammern in (5.26) kleiner als $4\,\eta$.

Zur Abschätzung des dritten Gliedes in (5.26) bemerken wir, daß der Kern

$$\frac{d}{dt}\left[\frac{t^2}{(t-x)^2+y^2}\right]$$

bei $t = 0$ und $t = x + \frac{y^2}{x}$ das Vorzeichen wechselt, und folglich ist

$$\left|\int_{-\infty}^{\infty} \psi_N(t)\,\frac{d}{dt}\left[\frac{t^2}{(t-x)^2+y^2}\right] dt\right| \leqq \eta \int_{-\infty}^{\infty}\left|\frac{d}{dt}\left[\frac{t^2}{(t-x)^2+y^2}\right] dt\right|$$
$$= \eta\left\{\left[\frac{t^2}{(t-x)^2+y^2}\right]_0^{-\infty} + \left[\frac{t^2}{(t-x)^2+y^2}\right]_0^{x+\frac{y^2}{x}} + \left[\frac{t^2}{(t-x)^2+y^2}\right]_{\infty}^{x+\frac{y^2}{x}}\right\}$$
$$= 2\,\eta\,\frac{x^2+y^2}{y^2}\,.$$

Mit Hilfe dieser Abschätzungen bekommen wir aus (5.26)

$$|v(z)| < O(1) + \frac{6\,\eta\,r^2}{\pi\,y}\,.$$

Der Hilfssatz ist somit bewiesen.

Lehrsatz 4. *Damit eine Funktion $u(z)$, die harmonisch ist in der Halbebene $y > 0$, stetig in der abgeschlossenen Halbebene $y \geqq 0$, und die der Bedingung*

(a) $$\varlimsup_{|z|\to\infty} \frac{u(z)}{|z|} < \infty$$

genügt, in der Form

(b) $$u(z) = \frac{y}{\pi} \int_{-\infty}^{\infty} u(t) \frac{dt}{(t-x)^2 + y^2} + k\, y \qquad (z = x + i\, y)$$ [1])

darstellbar ist, wo

(c) $$k = \overline{\lim_{y \to +\infty}} \frac{u(i\, y)}{y}$$

ist, ist notwendig und hinreichend, daß das Integral

$$\int_{-\infty}^{\infty} \frac{u(t)}{1+t^2}\, dt$$

konvergiert.

Beweis. Die Notwendigkeit ergibt sich direkt aus der Bedingung (b), wenn man in ihr $z = i$ setzt. Um zu zeigen, daß die Bedingung hinreichend ist, bemerken wir, daß aus den Hilfssätzen 2 und 3 und der Darstellung der Funktion (5.21) mit Leichtigkeit folgt, daß die Funktion

$$w(z) = u(z) - v(z) - k\, y \tag{5.27}$$

für $y > 0$ harmonisch ist und folgenden Bedingungen genügt:

1. $w(x) = 0$,
2. $w(i\, y) = o(y)$,
3. $w(z) = O(r) + \frac{o(r^2)}{y}$.

Aus der Bedingung 1 folgt nach dem Symmetrieprinzip, daß man die Funktion $w(z)$ harmonisch in die untere Halbebene, ungerade bezüglich y fortsetzen kann. Die harmonische Funktion

$$w_h(z) = \frac{1}{4\, h^2} \int_{y-h}^{y+h} \int_{\tau-h}^{\tau+h} w(x + i\, t)\, dt\, d\tau$$

genügt den Bedingungen 1 und 2, die Bedingung 3 wird dagegen durch die Bedingung

3′. $w_h(z) \leqq o(r^2)$

ersetzt.

---

[1]) Diese Darstellung einer in der oberen Halbebene harmonischen Funktion wurde von R. Nevanlinna [2] gegeben unter der Voraussetzung, daß

$$\int_{-\infty}^{\infty} \frac{u_+(t)}{1+t^2}\, dt < \infty$$

ist.

Wenden wir auf die harmonische Funktion $w_h(z) - \varepsilon y$ den Lehrsatz von Phragmen und Lindelöf [1]) im Inneren der Winkel $0 \leqq \arg z \leqq \frac{\pi}{2}$ und $\frac{\pi}{2} \leqq \arg z \leqq \pi$ an, so bekommen wir, daß $w_h(z) - \varepsilon y$ in der Halbebene $y \geqq 0$ beschränkt und $w_h(x) = 0$ ist. Wenden wir den Lehrsatz von Phragmen und Lindelöf von neuem auf die Funktion $w_h(z) - \varepsilon y$ in der Halbebene $y \geqq 0$ an, so ergibt sich

$$w_h(z) \leqq \varepsilon y \qquad (y \geqq 0)\,.$$

Da aber $\varepsilon > 0$ beliebig ist,

$$w_h(z) \leqq 0 \quad \text{für} \quad \operatorname{Im} z \geqq 0\,.$$

Gehen wir bei $h \to 0$ zum Grenzwert über, so bekommen wir die Ungleichung

$$w(z) \leqq 0 \quad \text{bei} \quad \operatorname{Im} z > 0\,.$$

Wir bezeichnen mit $X(z)$ die konjugierte harmonische Funktion und konstruieren die ganze reelle Funktion

$$\varphi(z) = X(x) - i\, w(z)\,,$$

welche die obere Halbebene auf die obere abbildet.

Nach dem Hilfssatz von N. G. Tschebotarew hat diese Funktion die Gestalt $\varphi(z) = \alpha z + \beta$, und folglich ist

$$w(z) = -\alpha y\,.$$

Anderseits aber folgt aus dem Hilfssatz 3, der Bedingung (c) und (5.27)

$$\overline{\lim_{y \to +\infty}} \frac{w(i y)}{y} = 0\,.$$

Deshalb ist $\alpha = 0$ und $w(z) \equiv 0$. Der Lehrsatz ist somit bewiesen.

Folgerung 1. *Wenn eine in der Halbebene* $\operatorname{Im} z > 0$ *harmonische und für* $\operatorname{Im} z \geqq 0$ *stetige Funktion* $u(z)$ *der Bedingung*

(a) $$\overline{\lim_{|z| \to \infty}} \frac{u(z)}{|z|} < \infty$$

genügt und das Integral

$$\int_{-\infty}^{\infty} \frac{u(t)}{1+t^2}\, dt$$

konvergiert, so ist

$$\lim_{r \to \infty} \frac{u\left(r\, e^{i\theta}\right)}{r} = k \sin\theta \quad (0 < \theta < \pi)\,. \tag{5.28}$$

Das ergibt sich unmittelbar aus der Darstellung (b) und dem Hilfssatz 3.

[1]) Den Lehrsatz von Phragmen und Lindelöf für harmonische Funktionen gewinnt man leicht aus dem Lehrsatz 22, § 14, Kapitel I, wenn man bemerkt, daß eine harmonische Funktion der Logarithmus des absoluten Betrages einer holomorphen Funktion ist.

Folgerung 2. *Genügt eine für* Im $z > 0$ *harmonische und für* Im $z \geqq 0$ *stetige Funktion der Bedingung* (a) *und den Bedingungen*

$$\text{(c')} \qquad \int_0^\infty \frac{u(t) + u(-t)}{1 + t^2}\, dt$$

existiert, und

$$\text{(d)} \qquad \lim_{|x| \to \infty} \frac{u(x)}{|x|} \leqq 0\,,$$

so ist

$$\lim_{r \to \infty} \frac{u(r\, e^{i\theta})}{r} = k \sin \theta \qquad (0 < \theta < \pi)\,. \tag{5.28'}$$

Beweis. Die Funktion $u(z) + u(-\bar{z})$ läßt sich nach dem Lehrsatz 4 in der Form (b) darstellen, und folglich ist

$$\lim_{r \to \infty} \frac{u(r\, e^{i\theta}) + u(r\, e^{i(\pi - \theta)})}{r} = 2\, k \sin \theta \qquad (0 < \theta < \pi)\,. \tag{5.29}$$

Außerdem folgt aus der Bedingung (d), daß das der Funktion $u(z)$ entsprechende Indikatordiagramm ein abgeschlossenes Intervall auf der y-Achse ist, d. h.

$$\overline{\lim_{r \to \infty}}\, \frac{u(r\, e^{i\theta})}{r} = k \sin \theta \tag{5.30}$$

ist. Andererseits folgt aber aus (5.29) und (5.30)

$$\underline{\lim_{r \to \infty}}\, \frac{u(r\, e^{i\theta})}{r} = \lim_{r \to \infty} \frac{u(r\, e^{i\theta}) + u(r\, e^{i(\pi - \theta)})}{r} - \overline{\lim_{r \to \infty}}\, \frac{u(r\, e^{i(\pi - \theta)})}{r} = k \sin \theta\,.$$

Hieraus und aus (5.30) folgt die Gleichung (5.28').

§ 3. Darstellung einer Funktion endlichen Grades und der Klasse A in der oberen Halbebene

Wenn eine in der oberen Halbebene $y \geqq 0$ erklärte Funktion $F(z)$ von endlichem Grade in dieser Halbebene keine Nullstellen hat und das Integral

$$\int_{-\infty}^{\infty} \frac{\ln |F(t)|}{t^2 + 1}\, dt$$

konvergiert, so erlaubt diese Funktion, wie aus dem Lehrsatz 4 des vorigen Paragraphen ersichtlich ist, die Darstellung

$$\ln |F(z)| = \frac{y}{\pi} \int_{-\infty}^{\infty} \frac{\ln |F(t)|}{(t - x)^2 + y^2}\, dt + k\, y\,,$$

wo $k = h_F\left(\frac{\pi}{2}\right)$ ist. Um Kriterien der vollkommenen Regularität des Wachstums für Funktionen der Klasse A endlichen Grades zu bekommen, brauchen wir eine

Darstellung solcher Funktionen in einem allgemeineren Fall, nämlich, wenn die Funktion Nullstellen in der oberen Halbebene hat. Wir werden in diesem Paragraphen eine solche Darstellung bekommen. Vorher beweisen wir zwei Hilfssätze.

Hilfssatz 4. *Wenn die Reihe*

$$\sum_{k=1}^{\infty}\left|\operatorname{Im}\frac{1}{a_k}\right| \tag{5.31}$$

konvergiert, so konvergiert das unendliche Produkt

$$\chi(z)=\prod_{k=1}^{\infty}\left(1-\frac{z}{a_k}\right)\left(1-\frac{z}{\bar{a}_k}\right)^{-1} \tag{5.32}$$

gleichmäßig und absolut in jedem endlichen abgeschlossenen Teil der Ebene, der die Punkte $\bar{a}_k$ nicht enthält.

Beweis. Wir schreiben $\chi(z)$ in der Form

$$\chi(z)=\prod_{k=1}^{\infty}\left[1+z\left(1-\frac{z}{\bar{a}_k}\right)^{-1}\left(\frac{1}{\bar{a}_k}-\frac{1}{a_k}\right)\right] \tag{5.33}$$

auf.

Nach dem bekannten Kriterium ist die gleichmäßige und absolute Konvergenz des unendlichen Produktes (5.32) äquivalent der gleichmäßigen und absoluten Konvergenz der Reihe

$$\sum_{k=1}^{\infty}\left|z\left(1-\frac{z}{\bar{a}_k}\right)^{-1}\right|\left|\operatorname{Im}\frac{1}{a_k}\right|,$$

und die Konvergenz dieser Reihe ist äquivalent der Konvergenz der Reihe $\sum_{k=1}^{\infty}\left|\operatorname{Im}\frac{1}{a_k}\right|$. Der Hilfssatz ist somit bewiesen.

Hilfssatz 5. *Ist $\{a_k\}$ eine komplexe Zahlenfolge, und ist dabei $\operatorname{Im} a_k > 0$ und $\sum_{1}^{\infty}\left|\operatorname{Im}\frac{1}{a_k}\right| < \infty$, so ist*

$$\lim_{r\to\infty}{}^{*}\,\frac{\ln|\chi(r\,e^{i\,\theta})|}{r}=0\,,$$

wo $\chi(z)$ die durch die Gleichung (5.32) definierte meromorphe Funktion ist. [1])

---

[1]) B. J. Lewin [5], N. I. Achieser [2]. In der Arbeit von Ahlfors und Heins [1] wird folgende, etwas feinere Tatsache bewiesen: Bei $\left|\theta-\frac{\pi}{2}\right|\leqq\frac{\pi}{2}-\delta\ (\delta>0)$ existiert der Grenzwert

$$\lim_{r\to\infty}\frac{\ln|\chi(r\,e^{i\theta})|}{r}=0$$

unter der Bedingung, daß $r\to\infty$, ohne dabei Werte aus einer gewissen Menge E_δ der endlichen logarithmischen Länge anzunehmen. In der Arbeit von Hayman [1] wird gezeigt, daß für jede in der Halbebene $\operatorname{Im} z \geqq 0$ subharmonische Funktion $u(z)\leqq 0$ gleichmäßig $\lim\limits_{r\to\infty}\frac{u(r\,e^{i\theta})}{r}=0$ gilt, wenn $0\leqq\theta\leqq\pi$ ist und $r\to 0$, ohne dabei Werte aus einer gewissen Menge E von endlicher logarithmischer Länge anzunehmen. Wir werden künftig den Hilfssatz 5 benutzen, man kann jedoch stärkere Ergebnisse bekommen, wenn man ihn durch den Lehrsatz von Hayman an den entsprechenden Stellen ersetzt.

Beweis. Wir bemerken vor allem, daß der absolute Betrag jedes Fakto :s im Produkt (5.32) für z aus der oberen Halbebene kleiner als Eins ist, deshalb ist

$$|\chi(z)| < 1 \qquad (\operatorname{Im} z > 0)$$

und folglich

$$\overline{\lim_{r\to\infty}} \frac{\ln|\chi(r\,e^{i\theta})|}{r} \leqq 0 \qquad (0 < \theta < \pi)\,. \tag{5.34}$$

Wir müssen jetzt $|\chi(z)|$ nach unten abschätzen. Dazu stellen wir $\chi(z)$ in der Form

$$\chi(z) = \chi_1(z)\cdot\chi_2(z) \tag{5.35}$$

dar, wo

$$\chi_1(z) = \prod_{\frac{\pi}{2}-\delta<\left|\arg a_k-\frac{\pi}{2}\right|<\frac{\pi}{2}} \left(1-\frac{z}{a_k}\right)\left(1-\frac{z}{\bar a_k}\right)^{-1},$$

$$\chi_2(z) = \prod_{\left|\arg a_k-\frac{\pi}{2}\right|\leqq\frac{\pi}{2}-\delta} \left(1-\frac{z}{a_k}\right)\left(1-\frac{z}{\bar a_k}\right)^{-1}.$$

Wir untersuchen zuerst die Funktion $\chi_1(z)$. Dazu stellen wir $\chi_1^{-1}(z)$ in der Form dar:

$$\chi_1^{-1}(z) = \prod_{\frac{\pi}{2}-\delta<\left|\arg a_k-\frac{\pi}{2}\right|<\frac{\pi}{2}} \left(1+\frac{2\,i\,z\operatorname{Im}\frac{1}{a_k}}{1-\frac{z}{a_k}}\right).$$

Aus der Ungleichung $\ln|1+x| \leqq |x|$ folgt

$$-\ln|\chi_1(z)| \leqq 2\cdot \sum_{\frac{\pi}{2}-\delta<\left|\arg a_k-\frac{\pi}{2}\right|<\frac{\pi}{2}} \frac{|z|}{\left|1-\frac{z}{a_k}\right|}\left|\operatorname{Im}\frac{1}{a_k}\right|.$$

Für $\left|\arg z-\frac{\pi}{2}\right| \leqq \frac{\pi}{2} - 2\,\delta$ ist die Ungleichung

$$\frac{|a_k|}{|a_k - z|} \leqq (\sin\delta)^{-1}$$

erfüllt, und folglich ist im Inneren dieses Winkels für ein gewisses $N > 0$

$$\sum_{\frac{\pi}{2}-\delta<\left|\arg a_k-\frac{\pi}{2}\right|<\frac{\pi}{2},\ |a_k|>N} \frac{|z|}{\left|1-\frac{z}{a_k}\right|}\cdot\left|\operatorname{Im}\frac{1}{a_k}\right| \leqq (\sin\delta)^{-1}\sum_{a_k>N}\left|\operatorname{Im}\frac{1}{a_k}\right|\cdot|z|\,.$$

Bei einem vorgegebenen $\varepsilon > 0$ und für genügend großes N übertrifft diese Größe $\frac{\varepsilon}{4}|z|$ nicht. Nach der Wahl von N kann man eine Zahl R_ε so wählen, daß für $|z| > R_\varepsilon$ die Ungleichung

$$\sum_{\frac{\pi}{2}-\delta<\left|\arg a_k-\frac{\pi}{2}\right|<\frac{\pi}{2},\ |a_k|\leqq N} \frac{|z|}{\left|1-\frac{z}{a_k}\right|}\left|\operatorname{Im}\frac{1}{a_k}\right| < \frac{\varepsilon}{4}\cdot|z|$$

erfüllt ist.

Wir bekommen auf diese Weise, daß für $|z| > R_\varepsilon$ im Innern des Winkels $\left|\arg z - \frac{\pi}{2}\right| \leqq \frac{\pi}{2} - 2\,\delta$ die Ungleichung erfüllt ist:

$$-\ln|\chi_1(z)| < \varepsilon\,|z|$$

und folglich

$$\varliminf_{r\to\infty} \frac{\ln|\chi_1(r\,e^{i\theta})|}{r} \geqq 0\,. \tag{5.36}$$

Wir gehen jetzt zum zweiten Faktor in (5.35) über. Alle Nullstellen der Funktion $\chi_2(z)$ liegen im Innern des Winkels $\left|\arg z - \frac{\pi}{2}\right| \leqq \frac{\pi}{2} - \delta$, deshalb ist für sie die Ungleichung $\operatorname{Im} a_k \geqq \sin\delta\,|a_k|$ oder $\left|\operatorname{Im}\frac{1}{a_k}\right| \geqq \frac{\sin\delta}{|a_k|}$ erfüllt. Hieraus und aus (5.31) ergibt sich, daß die Reihe

$$\sum_{\left|\arg a_k - \frac{\pi}{2}\right| \leq \frac{\pi}{2} - \delta} \frac{1}{|a_k|} \tag{5.37}$$

konvergiert, und folglich ist

$$\varphi(z) = \prod_{\left|\arg a_k - \frac{\pi}{2}\right| \leq \frac{\pi}{2} - \delta} \left(1 - \frac{z}{a_k}\right)$$

eine ganze Funktion vom Geschlecht Null. Deshalb ist $\varDelta_\varphi(\theta) = 0$, $\delta_\varphi = 0$, und nach dem Lehrsatz 2, Kapitel II ist

$$\lim_{r\to\infty} \frac{\ln|\varphi(r\,e^{i\theta})|}{r} = 0\,,$$

wobei r gegen Unendlich strebt, ohne dabei Werte aus einer gewissen Menge E vom relativen Maß Null anzunehmen. Die Funktion

$$\bar{\varphi}(z) = \prod_{\left|\arg a_k - \frac{\pi}{2}\right| \leq \frac{\pi}{2} - \delta} \left(1 - \frac{z}{\bar{a}_k}\right)$$

ist auch vom Geschlecht Null, sie hat keine Nullstellen in der oberen Halbebene, und folglich ist

$$\lim_{r\to\infty} \frac{\ln|\bar{\varphi}(r\,e^{i\theta})|}{r} = 0$$

für $0 \leqq \theta < \pi$. Da

$$\chi_2(z) = \frac{\varphi(z)}{\bar{\varphi}(z)}$$

ist, so erhalten wir aus den beiden letzten Gleichungen

$$\lim_{\substack{r\to\infty\\ r \notin E}} \frac{\ln|\chi_2(r\,e^{i\theta})|}{r} = 0\,.$$

Hieraus und aus (5.35) und (5.36) folgt

$$\underline{\lim}_{\substack{r \to \infty \\ r \notin E}} \frac{\ln |\chi(r e^{i\theta})|}{r} = 0 .$$

Vergleichen wir das mit (5.34), so ergibt sich die Behauptung des Hilfssatzes.

Bemerkung. *Wenn ein gewisser Winkel* $0 < \theta_1 \leqq \theta \leqq \theta_2 < \pi$ *keine Punkte der Menge* $\{a_k\}$ *enthält, so existiert im Innern dieses Winkels im gewöhnlichen Sinne der Grenzwert*

$$\lim_{r \to \infty} \frac{\ln |\chi(r e^{i\theta})|}{r} = 0 \qquad (\theta_1 < \theta < \theta_2) .$$

In der Tat folgt aus (5. 34), wo man $\chi(z)$ gewiß durch $\chi_1(z)$ ersetzen kann, und aus (5.36), daß für genügend kleines $\delta > 0$

$$\lim_{r \to \infty} \frac{\ln |\chi_1(r e^{i\theta})|}{r} = 0$$

ist. Die Funktion $\chi_2(z)$ ist von vollkommen regulärem Wachstum bei dem Exponenten $\varrho = 1$ und hat keine Nullstellen. Für $\theta_1 \leqq \theta \leqq \theta_2$ existiert der Grenzwert

$$\lim_{r \to \infty} \frac{\ln |\chi_2(r e^{i\theta})|}{r} = 0 \qquad (\theta_1 < \theta < \theta_2)$$

und folglich

$$\lim_{r \to \infty} \frac{\ln |\chi(r e^{i\theta})|}{r} = 0 .$$

Folgender Lehrsatz gibt eine Darstellung für spezielle Funktionen, welche in einer Halbebene holomorph sind.

Lehrsatz 5. *Ist eine Funktion* $F(z)$ *holomorph und von endlichem Grade in der Halbebene* $\operatorname{Im} z \geqq 0$, *und existiert das Integral*

$$\int_{-\infty}^{\infty} \frac{\ln |F(t)|}{1 + t^2}\, dt , \tag{5.38}$$

so ist

$$\ln |F(z)| = \frac{y}{\pi} \int_{-\infty}^{\infty} \ln |F(t)| \frac{dt}{(t - x)^2 + y^2} + k\, y + \ln |\chi(z)| , \tag{5.39}$$

wo $k = h_F\left(\frac{\pi}{2}\right)$ *und*

$$\chi(z) = \prod_{k=1}^{\infty} \left(1 - \frac{z}{a_k}\right)\left(1 - \frac{z}{\bar{a}_k}\right)^{-1} \tag{5.32}$$

ist, wobei a_k *die Nullstellen der Funktion* $F(z)$ *in der Halbebene* $y > 0$ *sind.* [1])

[1]) Diese Formel hat unter etwas anderen Voraussetzungen noch R. Nevanlinna [2] bekommen.

Beweis. Vor allem bemerken wir, daß das Produkt $\chi(z)$ auf der rechten Seite von (5.39) existiert. In der Tat folgt aus der Konvergenz des Integrals (5.38) nach dem Lehrsatz 1 die Zugehörigkeit von $F(z)$ zur Klasse A und nach dem Hilfssatz 4 die Konvergenz des unendlichen Produktes $\chi(z)$ in jedem endlichen, abgeschlossenen Gebiet der oberen Halbebene, welches die Punkte a_k nicht enthält.

Wir konstruieren jetzt die Funktion

$$u(z) = \frac{y}{\pi} \int_{-\infty}^{\infty} \ln |F(t)| \frac{dt}{(t-x)^2 + y^2} + k\,y\,. \tag{5.40}$$

Sie ist harmonisch in der oberen Halbebene und nimmt auf der reellen Achse die Werte $u(x) = \ln |F(x)|$ an. $v(z)$ sei die zu $u(z)$ bei $y > 0$ konjugierte Funktion.

Die Funktion

$$\psi(z) = F(z)\, e^{-u(z) - i v(z)} \tag{5.14}$$

ist offensichtlich holomorph in der oberen Halbebene, wobei ihr absoluter Betrag auf der reellen Achse Grenzwerte gleich Eins hat.

Nach dem Symmetrieprinzip kann diese Funktion in die untere Halbebene fortgesetzt werden und hat Pole in den Punkten $\bar{a}_k$ von derselben Vielfachheit wie die Nullstellen a_k der Funktion $F(z)$ haben.

Um eine Abschätzung der Funktion $|\psi(z)|$ in der oberen Halbebene anzugeben, bemerken wir, daß nach dem Hilfssatz 5

$$|u(z) - k\,y| < c_\varepsilon + \varepsilon \frac{r^2}{y}$$

ist. Da nach der Voraussetzung $F(z)$ von endlichem Grad ist, ist

$$\ln |\psi(z)| < c_\varepsilon + \varepsilon \frac{r^2}{y} + (\sigma + \varepsilon)\, r\,. \tag{5.42}$$

Endlich folgt aus (5.41) und aus der Gleichung $k = h_F\left(\frac{\pi}{2}\right)$

$$h_\psi\left(\frac{\pi}{2}\right) \leqq 0\,.$$

Zur Präzisierung der Abschätzung (5.42) wenden wir dieselbe Methode an wie beim Beweis des Lehrsatzes 4.

Wir führen die Mittelwertfunktion

$$w_h(z) = \frac{1}{4\,h^2} \int_{y-h}^{y+h} \int_{\tau-h}^{\tau+h} \ln |\psi(x + i\,t)|\, dt\, d\tau$$

ein. Das ist für $y > 0$ eine subharmonische Funktion, welche den Bedingungen

1. $w_h(x) = 0$,
2. $w_h(i\,y) = o(y)$,
3. $w_h(z) = o(r^2)$

genügt.

Wenden wir auf die Funktion $w_h(z) - \varepsilon y$ in jedem der Winkel $0 \leqq \arg z \leqq \frac{\pi}{2}$, $\frac{\pi}{2} \leqq \arg z \leqq \pi$ den Lehrsatz von PHRAGMEN und LINDELÖF an, so ergibt sich, daß bei jedem $\varepsilon > 0$ die Funktion $w_h(z) - \varepsilon y$ in der Halbebene $y \geqq 0$ beschränkt ist. Wenden wir auf diese Funktion von neuem den Lehrsatz von PHRAGMEN und LINDELÖF in der Halbebene $y \geqq 0$ an, so bekommen wir aus 1., daß $w_h(z) - \varepsilon y \leqq 0$ ist für ein beliebiges $\varepsilon > 0$ und $y > 0$. Da $\varepsilon > 0$ beliebig ist, folgt hieraus

$$w_h(z) \leqq 0 \qquad (y \geqq 0)\,.$$

Gehen wir bei $h \to 0$ zum Grenzwert über, so erhalten wir

$$\ln|\psi(z)| \leqq 0 \qquad (y \geqq 0)\,,$$

d. h.

$$|\psi(z)| \leqq 1$$

in der Halbebene $y \geqq 0$.

Wir werden zeigen, daß die Funktion $\psi(z)$ (bis auf einen konstanten Faktor) gleich dem Produkt $\chi(z)$ ist. Dazu setzen wir

$$\chi_n(z) = \prod_{k=1}^{n}\left(1 - \frac{z}{a_k}\right)\left(1 - \frac{z}{\bar{a}_k}\right).$$

Die Funktion

$$\psi_n(z) = \psi(z)\,\chi_n^{-1}(z)$$

ist in der oberen Halbebene beschränkt, und da auf der reellen Achse $|\psi_n(z)| = 1$ ist, so ist nach dem Lehrsatz von PHRAGMEN und LINDELÖF $|\psi_n(z)| \leqq 1$ bei $\operatorname{Im} z \geqq 0$. Gehen wir zum Grenzwert bei $n \to \infty$ über, und setzen wir $\psi_\infty(z) = \psi(z)\,\chi^{-1}(z)$, so ergibt sich

$$|\psi_\infty(z)| \leqq 1 \qquad (\operatorname{Im} z \geqq 0)\,.$$

Diese Funktion hat keine Nullstellen und Pole, und folglich ist

$$\varphi(z) = -i \ln \psi_\infty(z)$$

eine reelle ganze Funktion, und für $\operatorname{Im} z > 0$ ist $\operatorname{Im} \varphi(z) > 0$. Nach dem Hilfssatz von N. G. TSCHEBOTAREW haben wir $\varphi(z) = \alpha z + \beta$ ($\alpha \geqq 0$, $\operatorname{Im} \beta = 0$).

Zur Bestimmung von α wählen wir eine Folge $y_j \to +\infty$ so, daß

$$\lim_{y_j \to +\infty} \frac{\ln|F(i\,y_j)|}{y_j} = k$$

ist. Aus der Ungleichung $\operatorname{Im} \varphi(i\,y) \leqq u(i\,y) - \ln|F(i\,y)|$ geht hervor

$$\lim_{y_j \to +\infty} \frac{\operatorname{Im} \varphi(i\,y_j)}{y_j} \leqq 0\,,$$

woraus $\alpha = 0$ und $\psi_\infty(z) = e^{i\beta}$ oder $\psi(z) = e^{i\beta}\chi(z)$ folgt. Um den Beweis des Lehrsatzes zu vollenden, muß man diesen Ausdruck in (5.41) einsetzen.

§ 4. Funktionen der Klasse A von vollkommen regulärem Wachstum

Stützen wir uns auf die Darstellung (5.39), so bekommen wir in diesem Paragraphen eine Reihe von Lehrsätzen, welche uns nützliche Kriterien dafür liefern, daß eine Funktion endlichen Grades eine Funktion der Klasse A und von vollkommen regulärem Wachstum ist.

Es ist nützlich zu bemerken, daß $\left(\text{für } \varrho(r) = 1\right)$ die Dichte der Nullstellenmenge einer ganzen Funktion der Klasse A im Inneren eines jeden Winkels der Art $0 < \delta \leqq \arg z \leqq \pi - \delta$ gleich Null ist (siehe (5.37)). Deshalb ist die Winkeldichte $\Delta(\psi)$ der Nullstellenmenge jeder ganzen Funktion endlichen Grades der Klasse A und von vollkommen regulärem Wachstum eine stückweise konstante Funktion, welche nur zwei Sprünge gleicher Größe in den Punkten 0 und π hat. Hieraus folgt, daß das Indikatordiagramm einer solchen Funktion eine Strecke parallel der imaginären Achse ist.

Lehrsatz 6. *Ist $F(z)$ eine Funktion endlichen Grades in der Halbebene* $\operatorname{Im} z \geqq 0$, *und konvergiert das Integral*

$$\int_{-\infty}^{\infty} \frac{\ln |F(t)|}{1+t^2}\, dt\,, \tag{5.43}$$

so ist $F(z)$ eine Funktion der Klasse A und von vollkommen regulärem Wachstum $(0 < \arg z < \pi)$, *wobei $h_F(\theta) = k \sin \theta$ ist.*

Beweis. Sind die Voraussetzungen des Lehrsatzes erfüllt, so läßt die Funktion $F(z)$ in der Halbebene $\operatorname{Im} z \geqq 0$ die Darstellung (5.39) zu. Nach dem Hilfssatz 3 geht der durch r dividierte erste Summand auf der rechten Seite von (5.39) gegen Null bei $r \to \infty$ und $\left|\theta - \frac{\pi}{2}\right| \leqq \frac{\pi}{2} - \delta$ $(\delta > 0)$. Nach dem Hilfssatz 5 haben wir auch

$$\lim_{\substack{r\to\infty \\ r \notin E}} \frac{\ln |\chi(r e^{i\theta})|}{r} = 0\,,$$

wo E eine gewisse E^0-Menge ist, und folglich

$$\lim_{\substack{r\to\infty \\ r \notin E}} \frac{\ln |F(r e^{i\theta})|}{r} = k \sin\theta \tag{5.44}$$

bei $\delta \leqq \theta \leqq \pi - \delta$. Da $\delta > 0$ beliebig ist, folgt, daß für eine gewisse Menge E vom relativen Maß Null die Gleichung (5.44) im Inneren der ganzen Winkels $0 < \theta < \pi$ gültig ist (Lehrsatz 1, Kapitel III).

Lehrsatz 7 (von M. Cartwright [1]). *Ist $F(z)$ eine Funktion endlichen Grades in der Halbebene* $\operatorname{Im} z \geqq 0$, *und konvergiert das Integral*

$$\int_{-\infty}^{\infty} \frac{\ln_+ |F(t)|}{1+t^2}\, dt, \tag{5.45}$$

so ist $F(z)$ eine Funktion der Klasse A und von vollkommen regulärem Wachstum bei $0 < \arg z < \pi$ *und* $h_F(\theta) = k \sin\theta \ (0 < \theta < \pi)$.

Beweis. Wir zeigen, daß für Funktionen endlichen Grades aus der Konvergenz des Integrals (5.45) die Konvergenz des Integrals (5.43) folgt. Dann folgt die Behauptung des Lehrsatzes 7 unmittelbar aus dem Lehrsatz 6. Wir benutzen dazu die Formel von CARLEMAN, welche man auch so schreiben kann:

$$\frac{1}{2\pi}\int_\lambda^R [\ln_- |F(t)| + \ln_- |F(-t)|]\left(\frac{1}{t^2} - \frac{1}{R^2}\right) dt + \sum_{\lambda < r_k \leqq R}\left(\frac{1}{r_k} - \frac{r_k}{R^2}\right)\sin\theta_k$$

$$= \frac{1}{2\pi}\int_\lambda^R [\ln_+ |F(t)| + \ln_+ |F(-t)|]\left(\frac{1}{t^2} - \frac{1}{R^2}\right) dt$$

$$+ \frac{1}{\pi R}\int_0^\pi \ln |F(R e^{i\theta})| \sin\theta \, d\theta + A_\lambda(F, R) .$$

Für Funktionen endlichen Grades ist die Summe der beiden letzten Glieder nach oben beschränkt. Wir bemerken noch, daß

$$\sum_{\lambda < r_k \leqq R}\left(\frac{1}{r_k} - \frac{r_k}{R^2}\right)\sin\theta_k \geqq 0$$

ist, und bekommen

$$\int_\lambda^R [\ln_- |F(t)| + \ln_- |F(-t)|]\left(\frac{1}{t^2} - \frac{1}{R^2}\right) dt$$

$$< \int_\lambda^R [\ln_+ |F(t)| + \ln_+ |F(-t)|]\left(\frac{1}{t^2} - \frac{1}{R^2}\right) dt + O(1) .$$

Hieraus und aus der offensichtlichen Ungleichung

$$\int_\lambda^{R/2} [\ln_- |F(t)| + \ln_- |F(-t)|]\frac{dt}{t^2} < \frac{4}{3}\int_\lambda^R [\ln_- |F(t)| + \ln_- |F(-t)|]\left(\frac{1}{t^2} - \frac{1}{R^2}\right) dt$$

folgt weiter

$$\int_\lambda^{R/2} [\ln_- |F(t)| + \ln_- |F(-t)|]\frac{dt}{t^2} < \frac{4}{3}\int_\lambda^R [\ln_+ |F(t)| + \ln_+ |F(-t)|]\frac{dt}{t^2} + O(1)$$

und endlich

$$\int_\lambda^{R/2} \frac{\ln_- |F(t)| + \ln_- |F(-t)|}{1+t^2}\, dt < c_\lambda \int_\lambda^R \frac{\ln_+ |F(t)| + \ln_+ |F(-t)|}{1+t^2}\, dt + O(1) ,$$

wo c_λ eine Konstante ist. Ist die Voraussetzung des Lehrsatzes erfüllt, so folgt aus dieser Ungleichung

$$\int_{-\infty}^{\infty} \frac{|\ln|F(t)||}{1+t^2}\,dt < \infty\,,$$

d. h., das Integral (5.43) konvergiert absolut.

Folgerung. *Funktionen endlichen Grades in der Halbebene* $\operatorname{Im} z \geqq 0$, *welche auf der reellen Achse beschränkt sind* (*oder* $L^p(-\infty, \infty)$ *angehören*), *sind Funktionen der Klasse A und von vollkommen regulärem Wachstum in dieser Halbebene.*

In der Tat genügen solche Funktionen offensichtlich den Voraussetzungen des Lehrsatzes von CARTWRIGHT.[1])

Lehrsatz 8. *Ist* $F(z)$ *holomorph und von endlichem Grade in der Halbebene* $\operatorname{Im} z \geqq 0$, *und genügt sie den Bedingungen:*

$$(\alpha) \qquad \int_{0}^{\infty} \frac{\ln|F(x)\,F(-x)|}{1+x^2}\,dx$$

existiert und

$$(\beta) \qquad h_F(0) + h_F(\pi) = 0\,,$$

so ist $F(z)$ *eine Funktion der Klasse A und von vollkommen regulärem Wachstum in der oberen Halbebene* $(0 < \theta < \pi)$.[2])

Beweis. Wir setzen

$$\bar{F}(z) = \overline{F(\bar{z})} \qquad (\operatorname{Im} z \leqq 0)\,.$$

Die Funktion $\varphi(z) = F(z)\,\bar{F}(-z)$ genügt den Voraussetzungen des Lehrsatzes 6, und folglich ist

$$h_\varphi(\theta) = \lim_{r\to\infty}{}^{*} \frac{\ln|\varphi(r\,e^{i\theta})|}{r} = 2\,k\sin\theta\,, \tag{5.46}$$

wo $k = h_F\left(\frac{\pi}{2}\right)$ ist. Anderseits aber folgt aus der Bedingung (β), daß das Indikatordiagramm der Funktion $F(z)$ eine Strecke parallel zur y-Achse ist. Ohne Beschränkung der Allgemeinheit kann man annehmen, daß diese Strecke auf der y-Achse liegt (es genügt, die Funktion $F(z)$ mit $e^{\gamma z}$ zu multiplizieren, wo γ eine gewisse reelle Zahl ist). Auf diese Weise ist

$$h_F(\theta) = \overline{\lim_{r\to\infty}} \frac{\ln|F(r\,e^{i\theta})|}{r} = k\sin\theta\,. \tag{5.47}$$

Aus (5.46) und (5.47) bekommen wir

$$\lim_{\substack{r\to\infty\\ r\notin E^0}} \frac{\ln|F(r\,e^{i\theta})|}{r} = \lim_{\substack{r\to\infty\\ r\notin E^0}} \frac{\ln|\varphi(r\,e^{i\theta})|}{r} - \overline{\lim_{\substack{r\to\infty\\ r\notin E^0}}} \frac{\ln|F(r\,e^{i(\pi-\theta)})|}{r}$$
$$= k\sin\theta \qquad (0 < \theta < \pi)\,.$$

1) Für Funktionen aus $L^p(-\infty, \infty)$ folgt das aus der Ungleichung $p\ln_+|f(x)| \leqq |f(x)|^p$.

2) Ein Lehrsatz ähnlich dem Lehrsatz 8 ist von N. LEVINSON für ganze Funktionen endlichen Grades bewiesen worden (siehe [1], 25—42).

Hieraus und aus (5.47) folgt

$$\lim_{r\to\infty}{}^* \frac{\ln |F(r\,e^{i\theta})|}{r} = k \sin\theta\,.$$

Der Lehrsatz ist somit bewiesen.

Lehrsatz 9.[1]) *Damit eine ganze Funktion $f(z)$ endlichen Grades eine Funktion der Klasse A ist, und dabei die Dichte*

$$\Delta_f = \lim_{r\to\infty} \frac{n_f(r)}{r} \tag{5.48}$$

existiert, ist notwendig und hinreichend die Existenz des Integrals

$$\int_0^\infty \frac{\ln |f(x)\,f(-x)|}{1+x^2}\,dx\,. \tag{5.49}$$

Beweis. Wenn das Integral (5.49) existiert, so ist nach dem Lehrsatz 6 die Funktion

$$\varphi(z) = f(z)\,f(-z)$$

von vollkommen regulärem Wachstum in den Halbebenen $0 < \arg z < \pi$ und $-\pi < \arg z < 0$, und nach der Folgerung aus dem Lehrsatz 1, Kapitel III ist sie von vollkommen regulärem Wachstum in der ganzen Ebene. Die Nullstellenmenge einer Funktion von vollkommen regulärem Wachstum hat eine Winkeldichte, und folglich existiert der Grenzwert

$$2\,\Delta_f = \lim_{r\to\infty} \frac{n_\varphi(r)}{r}\,.$$

Um (5.48) zu erhalten, genügt es zu bemerken, daß $n_\varphi(r) = 2\,n_f(r)$ ist. Außerdem zieht die Existenz des Integrals (5.49) die Zugehörigkeit der Funktion $f(z)$ zur Klasse A nach sich. Dies folgt aus dem Kriterium für die Zugehörigkeit einer Funktion zur Klasse A, welches in den Lehrsätzen 2 und 3 formuliert wurde.

Wir beweisen die Notwendigkeit. Aus der Zugehörigkeit der ganzen Funktion $f(z)$ endlichen Grades zur Klasse A und der Erfüllung der Bedingung (5.48) folgt, daß $\varphi(z) = f(z)\,f(-z)$ eine ganze, gerade Funktion endichen Grades und der Klasse A ist, wobei die Nullstellenmenge dieser Funktion eine Dichte hat. Wir erinnern daran (vgl. (5.37)), daß alle Nullstellen einer Funktion der Klasse A, vielleicht mit Ausnahme einer Menge der Dichte Null, im Innern beliebig kleiner, die Strahlen $\arg z = 0$ und $\arg z = \pi$ enthaltender Winkel liegen. Deshalb hat die Nullstellenmenge der geraden Funktion $\varphi(z)$ eine Winkeldichte. Auf diese Weise sind die Nullstellen von $\varphi(z)$ regelmäßig verteilt, und folglich ist sie von vollkommen regulärem Wachstum.

[1]) Lehrsatz von A. Pfluger [5].

Zum Beweis der Konvergenz des Integrals (5.49) wenden wir uns der Formel von CARLEMAN zu, indem wir sie auf $\varphi(z)$ in der oberen Halbebene anwenden. Vor allem untersuchen wir die Größe

$$\sum_{\lambda<r_k<R}\left(\frac{1}{r_k}-\frac{r_k}{R^2}\right)\sin\theta_k \qquad (0<\theta_k<\pi)\,,$$

in welcher $b_k = r_k\, e^{i\theta_k}$ die Nullstellen von $\varphi(z)$ in der oberen Halbebene sind.

Aus der Ungleichung

$$\frac{1}{R^2}\sum_{r_\varepsilon<r_k<R} r_k \sin\theta_k < \sum_{r_k>r_\varepsilon}\frac{\sin\theta_k}{r_k}$$

folgt, daß bei einem genügend großen r_ε

$$\frac{1}{R^2}\sum_{r_\varepsilon<r_k<R} r_k \sin\theta_k < \varepsilon$$

ist.

Hieraus geht hervor

$$\lim_{R\to\infty}\frac{1}{R^2}\sum_{r_k<R} r_k\sin\theta_k = 0\,.$$

Wir bekommen auf diese Weise

$$\lim_{R\to\infty}\sum_{\lambda<r_k<R}\left(\frac{1}{r_k}-\frac{r_k}{R^2}\right)\sin\theta_k = -\sum_{|b_k|>\lambda}\operatorname{Im}\frac{1}{b_k}\,. \tag{5.50}$$

Zur Untersuchung der Größe

$$\frac{1}{\pi R}\int_0^\pi \ln|\varphi(R\,e^{i\theta})|\sin\theta\,d\theta$$

benutzen wir die Tatsache, daß $\varphi(z)$ von vollkommen regulärem Wachstum ist.

Aus dem Lehrsatz 3, Kapitel IV folgt, daß

$$\lim_{R\to\infty}\frac{n\,(R)}{R} = \frac{1}{2\pi}\int_0^{2\pi} h_\varphi(\theta)\,d\theta$$

ist.

Hieraus folgt

$$\lim_{R\to\infty}\frac{N_\varphi(R)}{R} = \frac{1}{2\pi}\int_0^{2\pi} h_\varphi(\theta)\,d\theta\,,$$

und nach dem Lehrsatz von JENSEN

$$\lim_{R\to\infty}\int_0^{2\pi}\left[\frac{\ln|\varphi(R\,e^{i\theta})|}{R} - h_\varphi(\theta)\right]d\theta = 0\,. \tag{5.51}$$

Berücksichtigt man (vgl. Lehrsatz 28, Kapitel I), daß asymptotisch

$$\frac{\ln |\varphi(R e^{i\theta})|}{R} < h_\varphi(\theta) + \varepsilon \qquad (\varepsilon > 0)$$

ist, so folgt aus (5.51)

$$\lim_{R\to\infty} \int_0^{2\pi} \left| \frac{\ln |\varphi(R e^{i\theta})|}{R} - h_\varphi(\theta) \right| d\theta = 0 .$$

Hieraus ergibt sich die Grenzwertgleichung

$$\lim_{R\to\infty} \frac{1}{\pi R} \int_0^\pi \ln |\varphi (R e^{i\theta})| \sin \theta \, d\theta = \frac{1}{\pi} \int_0^\pi h_\varphi(\theta) \sin \theta \, d\theta . \tag{5.52}$$

Da die Größe $A_\lambda(\varphi, R)$ auch einen Grenzwert für $R \to \infty$ hat, so folgt aus (5.50) und (5.52) die Existenz des Grenzwerts

$$\lim_{R\to\infty} \int_\lambda^R \left(\frac{1}{x^2} - \frac{1}{R^2}\right) \ln |\varphi(x)| \, dx . \tag{5.53}$$

Es bleibt nur zu zeigen, daß der Grenzwert

$$\lim_{R\to\infty} \frac{1}{R^2} \int_\lambda^R \ln |f(x) f(-x)| \, dx$$

existiert. Wir haben

$$\frac{1}{R^2} \int_\lambda^R x \frac{\ln |\varphi(x)|}{x} \, dx = \left[\frac{x}{R^2} \int_\lambda^x \frac{\ln |\varphi(t)|}{t} \, dt \right]_\lambda^R - \frac{1}{R^2} \int_\lambda^R J_\varphi^x(0) \, dx .$$

Nach dem Hilfssatz 2, Kapitel III existiert der Grenzwert

$$\lim_{R\to\infty} \frac{1}{R} J_\varphi^R(0) = h_\varphi(0)$$

und folglich auch

$$\lim_{R\to\infty} \frac{1}{R^2} \int_\lambda^R \ln |\varphi(x)| \, dx = \frac{1}{2} h_\varphi(0) . \tag{5.54}$$

Hieraus und aus (5.53) folgt die Konvergenz des Integrals

$$\int_\lambda^\infty \frac{\ln |f(x) f(-x)|}{x^2} \, dx .$$

Um von hier zur Konvergenz des Integrals (5.49) überzugehen, setzen wir

$$\psi(x) = \int_\lambda^x \frac{\ln |f(t) f(-t)|}{t^2} \, dt .$$

Integrieren wir partiell, so bekommen wir

$$\int_0^R \frac{\ln|f(x)\,f(-x)|}{1+x^2}\,dx = \psi(R)\,\frac{R^2}{R^2+1} - \int_\lambda^R \psi(x)\left(\frac{x^2}{1+x^2}\right)'dx\,,$$

und die Existenz des Grenzwertes bei $R \to \infty$ ist offensichtlich. Der Lehrsatz ist somit bewiesen.

Ist $f(z)$ eine ganze Funktion endlichen Grades und der Klasse A, hat ihre Nullstellenmenge eine Dichte, und ist $f(0) = 1$ [1]), so ist

$$\frac{1}{\pi}\int_0^\infty \frac{\ln|f(x)\,f(-x)|}{x^2}\,dx = \sum_1^\infty \left|\operatorname{Im}\frac{1}{a_k}\right| - \frac{1}{2}\lim_{y\to\infty}{}^{*}\,\frac{\ln|f(iy)| + \ln|f(-iy)|}{y}\,. \quad (5.55)$$

Zum Beweis ist es zweckmäßig, von der Formel (5.02′) auszugehen. Aus den Gleichungen $\varphi'(0) = 0$, $h_\varphi(\theta) = h_\varphi\left(\frac{\pi}{2}\right)\sin\theta$ $(0 < \theta < \pi)$, (5.52) und (5.54) bekommen wir die Gleichung

$$\frac{1}{\pi}\int_0^\infty \frac{\ln|\varphi(x)|}{x^2}\,dx = -\sum_{\operatorname{Im} b_k > 0} \operatorname{Im}\frac{1}{b_k} - \frac{1}{2}\,h_\varphi\left(\frac{\pi}{2}\right), \quad (5.56)$$

aus welcher (5.55) unmittelbar folgt.

Wir bemerken, daß nach (5.55) die Gleichung

$$\int_0^\infty \frac{\ln|f(x)\,f(-x)|}{x^2}\,dx = -\frac{\pi}{2}\lim_{y\to\infty}{}^{*}\,\frac{\ln|f(iy)| + \ln|f(-iy)|}{y}$$

äquivalent ist mit der Aussage, daß alle Nullstellen der Funktion $f(z)$ reell sind.[2]) Wir bemerken auch, daß die Existenz des Integrals auf der linken Seite von (5.55) bei einer ganzen Funktion endlichen Grades $f(z)$ die Konvergenz der Reihe und die Existenz des Grenzwerts auf der rechten Seite der Gleichung nach sich zieht.[3])

Die Ungleichung (5.55) kann man noch umformen, wenn man bemerkt, daß nach dem Lehrsatz 3, Kapitel IV

$$\lim_{r\to\infty}\frac{n_\varphi(r)}{r} = \frac{1}{2\pi}\int_0^{2\pi} h_\varphi(\theta)\,d\theta = \frac{2}{\pi}\,h_\varphi\left(\frac{\pi}{2}\right)$$

ist, und folglich

$$\lim_{r\to\infty}\frac{n_f(r)}{r} = \frac{1}{\pi}\,h_\varphi\left(\frac{\pi}{2}\right).$$

Setzen wir dies in (5.56) ein, so bekommen wir

$$\frac{1}{\pi}\cdot\int_0^\infty \frac{\ln|f(x)\,f(-x)|}{x^2}\,dx = \sum_1^\infty \left|\operatorname{Im}\frac{1}{a_k}\right| - \frac{\pi}{2}\lim_{r\to\infty}\frac{n_f(r)}{r}\,.$$

---

[1]) Diese Einschränkung schadet natürlich nicht der Allgemeinheit.

[2]) Das ist ein Lehrsatz von Paley und Wiener [1].

[3]) Man kann auch die Umkehrung beweisen.

Dabei ist nach dem Lehrsatz 9 die Konvergenz des Integrals auf der linken Seite die notwendige und hinreichende Bedingung für die Konvergenz der Reihe und die Existenz des Grenzwertes auf der rechten Seite.

Lehrsatz 10.[1]) *Damit eine ganze Funktion $f(z)$ endlichen Grades zur Klasse A gehört und von vollkommen regulärem Wachstum ist, ist es notwendig und hinreichend, daß sie folgenden Bedingungen genügt:*

$$\int_0^\infty \frac{\ln |f(x)\, f(-x)|}{1+x^2}\, dx \tag{α}$$

existiert,

$$h_f(0) + h_f(\pi) = 0\,. \tag{β}$$

Beweis. Daß die Bedingungen hinreichend sind, folgt aus dem Lehrsatz 8, da die vollkommene Regularität des Wachstums für $0 < \theta < \pi$ und $0 > \theta > -\pi$ die vollkommene Regularität des Wachstums in der ganzen Ebene nach sich zieht (Lehrsatz 1, Kapitel III). Die Notwendigkeit der Bedingung (α) folgt aus dem Lehrsatz 9, da die Nullstellenmenge einer ganzen Funktion von vollkommen regulärem Wachstum eine Nullstellendichte hat. Die Notwendigkeit von (β) ist offensichtlich, da das Indikatordiagramm einer ganzen Funktion endlichen Grades der Klasse A und von vollkommen regulärem Wachstum eine Strecke parallel der imaginären Achse ist.

Wir wollen einige der hier von uns dargestellten Ergebnisse in einem Lehrsatz zusammenstellen.

Lehrsatz 11. *Genügt eine ganze Funktion von endlichem Grade einer der Bedingungen*[2]):

a) *das Integral*

$$\int_0^\infty \frac{\ln |f(x)\, f(-x)|}{1+x^2}\, dx$$

existiert und

$$h_f(0) = h_f(\pi) = 0\,,$$

[1]) Lehrsatz von A. Pfluger [5].

[2]) Diese Bedingungen sind gewiß nicht unabhängig. Aus jeder Bedingung geht die vorhergehende hervor. In der Tat folgt aus b) nach dem Lehrsatz 6 $h_f(\theta) = k \sin\theta$ $(0 < \theta < \pi)$, d. h. $h(0) = h(\pi) = 0$. Beim Beweis des Lehrsatzes 7 haben wir gezeigt, daß aus c) b) folgt. Offensichtlich folgt aus d) c). Es ist auch nicht schwer zu zeigen, daß d) aus e) folgt (das folgt direkt aus dem Satz von S. Bernstein, der im Kapitel IX bewiesen werden wird).

In der Arbeit von Boas wird der Zusammenhang zwischen verschiedenen Bedingungen dieser Art gründlich untersucht (Boas [2], vgl. auch Boas [1]).

L. I. Ronkin [2] dehnte den Begriff einer Funktion von vollkommen regulärem Wachstum auf ganze Funktionen mehrerer Veränderlichen aus und erhielt einen Lehrsatz analog dem Lehrsatz 11.

b) *das Integral*

$$\int_{-\infty}^{\infty} \frac{\ln |f(x)|}{1 + x^2} dx$$

existiert,

c)
$$\int_{-\infty}^{\infty} \frac{\ln_+ |f(x)|}{1 + x^2} dx < \infty ,$$

d)
$$|f(x)|$$
ist auf der reellen Achse beschränkt,

e)
$$|f(x)| \in L^p(-\infty, \infty) ,$$
so ist

1. *$f(z)$ der Klasse A, von vollkommen regulärem Wachstum, und das Indikatordiagramm der Funktion ist eine Strecke auf der imaginären Achse,*

2. *alle Nullstellen der Funktion $f(z)$, vielleicht mit Ausnahme einer Menge von der Dichte Null, liegen im Inneren von beliebig kleinen Winkeln $|\arg z| < \varepsilon$ und $|\arg z - \pi| < \varepsilon$, wobei die Dichte der Nullstellenmenge im Inneren jedes dieser Winkel*

$$\Delta_i = \lim_{t \to \infty} \frac{n_i(t)}{t} \qquad (i = 1, 2)$$

gleich $\frac{d}{2\pi}$ ist, wo d die Länge des Indikatordiagramms ist. Außerdem existiert der Grenzwert $\delta = \lim_{r \to \infty} \delta(r)$, wo

$$\delta(r) = \sum_{|a_k| < r} a_n^{-1}$$

ist.

3. *Die Funktion $f(z)$ ist in der Form*

$$f(z) = c\, z^m\, e^{ikz} \lim_{R \to \infty} \prod_{|a_n| < R} \left(1 - \frac{z}{a_n}\right) \qquad (k \text{ reell})$$

darstellbar.

Beweis. Die Behauptung 1 bildet eigentlich den Inhalt der Lehrsätze 6, 7 und 8. Die Behauptung 2 folgt aus den Lehrsätzen 3 und 4 aus § 3, Kapitel III über die Verteilung von Nullstellen der Funktionen von vollkommen regulärem Wachstum. Neu ist die Behauptung 3. Um sie zu beweisen, benutzen wir die in der Bemerkung zum Lehrsatz 4, Kapitel III gegebene Darstellung einer ganzen Funktion endlichen Grades von vollkommen regulärem Wachstum:

$$f(z) = z^m\, e^{az+b} \lim_{R \to \infty} \prod_{|a_k| < R} \left(1 - \frac{z}{a_k}\right).$$

Wir müssen zeigen, daß in dieser Darstellung a eine reinimaginäre Zahl ist. Dazu bemerken wir, daß die Funktion

$$\varphi(z) = \lim_{R \to \infty} \prod_{|a_k| < R} \left(1 - \frac{z}{a_k}\right)$$

in der Form dargestellt werden kann

$$\varphi(z) = e^{[\delta(r)-\delta]z} \prod_{|a_k|<r} \left(1 - \frac{z}{a_k}\right) \prod_{|a_k|\geqq r} \left(1 - \frac{z}{a_k}\right) e^{z/a_k} \qquad (|z| = r) .$$

Da $\lim\limits_{r\to\infty} [\delta(r) - \delta] = 0$ ist, so folgt aus dem Hilfssatz 5, Kapitel II, daß das Indikatordiagramm der Funktion $\varphi(z)$ eine Strecke auf der imaginären Achse ist. Das Indikatordiagramm der Funktion $f(z)$ ergibt sich aus dem Indikatordiagramm von $\varphi(z)$ durch eine Verschiebung um den Vektor $\bar{a}$. Da es dabei die imaginäre Achse nicht verläßt, ergibt sich $\operatorname{Re} \bar{a} = 0$.

§ 5. Das Indikatordiagramm einer ganzen Funktion endlichen Grades und der Klasse A

Wir wollen das Indikatordiagramm einer Funktion endlichen Grades und der Klasse A ausführlicher untersuchen. Aus dem Hilfssatz 2 dieses Kapitels folgt mit Leichtigkeit, daß das Indikatordiagramm einer ganzen Funktion $f(z)$ von endlichem Grade und der Klasse A eine Symmetrieachse parallel zur reellen Achse hat.[1]) In der Tat, ist

$$f(z) = z^p\, e^{az+b} \prod_{k=1}^{\infty} \left(1 - \frac{z}{a_k}\right) e^{z/a_k} , \tag{5.57}$$

so ist

$$\frac{f(z)}{\bar{f}(z)} = e^{i\gamma z + i\beta} \prod_{k=1}^{\infty} \left(1 - \frac{z}{a_k}\right)\left(1 - \frac{z}{\bar{a}_k}\right)^{-1} , \tag{5.58}$$

wo $\gamma = 2 \operatorname{Im} a + 2 \sum\limits_{k=1}^{\infty} \operatorname{Im} \frac{1}{a_k}$, $\beta = 2 \operatorname{Im} b$ ist, und so folgt aus dem Hilfssatz 5 leicht

$$\lim_{r\to\infty}{}^{*} \frac{\ln |f(r\,e^{i\theta})| - \ln |\bar{f}(r\,e^{i\theta})|}{r} = -\gamma \sin \theta . \tag{5.59}$$

Folglich ist

$$h_f(\theta) = h_f(-\theta) - \gamma \sin \theta , \tag{5.60}$$

d. h., das Indikatordiagramm hat die Symmetrieachse $y = -\frac{\gamma}{2}$.

Es sei $\alpha_k = \operatorname{Re} a_k$. Wir wollen zeigen, daß das Indikatordiagramm von $f(z)$ und das Indikatordiagramm der Funktion

$$f_1(z) = \prod_{k=1}^{\infty} \left(1 - \frac{z}{\alpha_k}\right) e^{z/\alpha_k} \tag{5.61}$$

durch eine Parallelverschiebung um einen gewissen Vektor auseinander hervorgehen. Dazu bemerken wir folgendes: Setzt man

$$\alpha = \sum_{k=1}^{\infty} \left(\frac{1}{a_k} - \frac{1}{\alpha_k}\right) \quad \text{und} \quad \chi_1(z) = \prod_{k=1}^{\infty} \left(1 - \frac{z}{a_k}\right)\left(1 - \frac{z}{\alpha_k}\right)^{-1} ,$$

[1]) Diese Tatsache wurde zuerst von M. G. Krein festgestellt.

so ist

$$\frac{f(z)}{f_1(z)} e^{\alpha z+\beta} \chi_1(z) .$$

Nach einer unwesentlichen Abänderung der beim Beweis des Hilfssatzes 2 dieses Kapitels durchgeführten Betrachtungen kann man zeigen, daß[1])

$$\lim_{r\to\infty}{}^{*} \frac{\ln |\chi_1(r e^{i\theta})|}{r} = 0 \tag{5.62}$$

ist, und folglich

$$h_f(\theta) = h_{f_1}(\theta) + |\alpha| \cos(\theta + \theta_0) \qquad (\theta_0 = \arg \alpha) . \tag{5.63}$$

Wenn eine ganze Funktion endlichen Grades und der Klasse A von vollkommen regulärem Wachstum ist, so ist ihr Indikatordiagramm, wie gezeigt, eine Strecke parallel der imaginären Achse. Man könnte vermuten, dies sei eine allgemeine Eigenschaft von ganzen Funktionen endlichen Grades und der Klasse A. Wir wollen zeigen, daß das nicht der Fall ist. Dazu konstruieren wir folgendes Beispiel:

Beispiel. Wir wählen eine Folge positiver Zahlen $\{b_n\}$ $(b_1 < b_2 < b_3 < \ldots)$ mit der Dichte Δ, d. h.

$$\lim_{n\to\infty} \frac{n}{b_n} = \Delta ,$$

und eine Folge von reellen Zahlen $\{c_n\}$ $(|c_1| < |c_2| < |c_3| < \ldots)$ der Dichte Null und dabei so, daß die Reihe

$$\sum_1^\infty \frac{1}{|c_n|}$$

divergiert. (Man kann z.B. $b_n = n$, $c_n = \pm n \ln n$ wählen.) Dann wählen wir die Vorzeichen von c_n so, daß die Grenzen der unbestimmten Größe

$$\delta_c(r) = \sum_{|c_n|<r} \frac{1}{c_n}$$

gleich den vorgegebenen Zahlen a und b $(a < b)$ sind.

Wir numerieren die Zahlenmengen $\{\pm b\}$ und $\{c_n\}$ in der Reihenfolge ihrer wachsenden absoluten Beträge um und bezeichnen sie mit $\{a_n\}$. Die Punktmenge $\{a_n\}$ hat die Dichte Δ auf der positiven und der negativen reellen Achse. Außerdem sind für

$$\delta(r) = \sum_{|a_n|<r} \frac{1}{a_n}$$

die Gleichungen richtig:

$$\underline{\lim}_{r\to\infty} \delta(r) = a , \quad \overline{\lim}_{r\to\infty} \delta(r) = b . \tag{5.64}$$

---

[1]) Noble [1].

Das kanonische Produkt

$$f(z) = \prod_{n=1}^{\infty} \left(1 - \frac{z}{a_n}\right) e^{z/a_n}$$

stellt eine ganze Funktion der Klasse A dar. Nach dem Lehrsatz von LINDELÖF (§ 14, Kapitel I) ist sie von endlichem Grad. Wir stellen $f(z)$ in der Form

$$f(z) = e^{\delta(r)\, z} f_r(z)$$

dar, wo

$$f_r(z) = \prod_{|a_n| < r} \left(1 - \frac{z}{a_n}\right) \prod_{|a_n| \geqq r} \left(1 - \frac{z}{a_n}\right) e^{z/a_n}.$$

Wir haben

$$\frac{\ln |f(r e^{i\theta})|}{r} = \delta(r) \cos \theta + \frac{\ln |f_r(r e^{i\theta})|}{r}.$$

Nach dem Hilfssatz 5, Kapitel II ist für $\theta \neq 0, \pi$

$$\lim_{r \to \infty} \frac{\ln |f_r(r e^{i\theta})|}{r} = \pi \Delta |sin\, \theta|.$$

Unter Berücksichtigung von (5.64) bekommen wir

$$h_f(\theta) = \pi \Delta |\sin \theta| + b \cos \theta \qquad \left(|\theta| \leqq \frac{\pi}{2}\right),$$

$$h_f(\theta) = \pi \Delta |\sin \theta| + a \cos \theta \qquad \left(|\theta - \pi| \leqq \frac{\pi}{2}\right).$$

Auf diese Weise ist das Indikatordiagramm dieser Funktion das Rechteck, $a \leqq x \leqq b, -\Delta \leqq y \leqq \Delta$. Verändern wir die Vorzeichen bei allen Punkten $\{c_n\}$, so bekommen wir eine Funktion $f_1(z)$, deren Indikatordiagramm das Rechteck $-b \leqq x \leqq -a, -\Delta \leqq y \leqq \Delta$ ist. Das Produkt dieser Funktionen $f_1(z)\, f(z)$ ist eine Funktion von vollkommen regulärem Wachstum mit dem Indikator $h(\theta) = 2\Delta |\sin \theta|$.

Auf diese Weise haben wir ein Beispiel von Funktionen konstruiert, deren Indikatoren bei der Multiplikation nicht addiert werden.

In diesem Beispiel wurde das Indikatordiagramm der Funktion $f(z)$ auf Kosten der Schwankung der Größe $\delta(r)$ in Richtung der reellen Achse verbreitert. Man kann jedoch eine gerade Funktion endlichen Grades (bei der $\delta(r) = 0$ ist), konstruieren, die reelle Nullstellen hat, und deren Indikatordiagramm keine Strecke ist. Die Nullstellenmenge einer solchen Funktion darf gewiß keine Dichte haben, denn sonst wäre sie von vollkommen regulärem Wachstum, und ihr Indikatordiagramm wäre eine Strecke. Auf diese Weise breitet sich das Indikatordiagramm auf Kosten der Unregelmäßigkeit in der Verteilung der Nullstellen aus. Jedoch auch in diesem Fall kann das Indikatordiagramm nicht beliebig breit in Richtung der reellen Achse sein. Das genaue Ergebnis wird durch den folgenden Lehrsatz geliefert.

Lehrsatz 12. *Das Indikatordiagramm einer geraden ganzen Funktion $f(z)$ von endlichem Grad und der Klasse A läßt sich bis auf eine Parallelverschiebung genau unterbringen im Innern des konvexen Gebiets K mit der Stützfunktion*

$$k(\theta) = \begin{cases} \Delta \operatorname{Re} \displaystyle\int_0^{(2\cos 2\theta)^{-1/2}} \ln\left(1 - \frac{e^{2i\theta}}{\tau^2}\right) d\tau & \text{bei } |\theta| \leqq \frac{\pi}{4} \text{ und } |\theta - \pi| \leqq \frac{\pi}{4}, \\ \pi \Delta |\sin\theta| & \text{bei } \left|\theta \pm \frac{\pi}{2}\right| \leqq \frac{\pi}{4}. \end{cases} \tag{5.65}$$

Dabei ist

$$\Delta = \varlimsup_{r\to\infty} \frac{m_f(r)}{r}, \tag{5.66}$$

wo $m_f(r)$ die Anzahl der Nullstellen von $f(z)$ im Halbkreis $\operatorname{Re} z > 0$, $|z| \leqq r$ *ist. Das Gebiet K ist symmetrisch bezüglich der y-Achse (Abb. 8).*

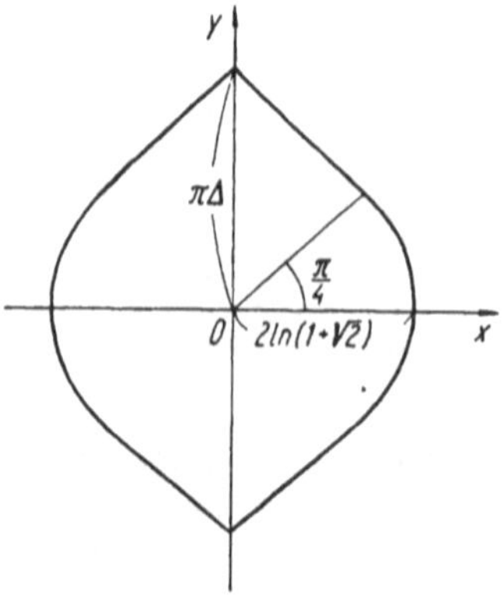

Abb. 8

Die Abschätzung $h_f(\theta) \leqq k(\theta)$ ist genau, da es eine gerade ganze Funktion $f(z)$ von endlichem Grad und der Klasse A gibt, für welche das Indikatordiagramm mit K übereinstimmt.[1])

Beweis. Aus (5.63) folgt, daß es genügt, nur gerade ganze Funktionen endlichen Grades mit reellen Nullstellen zu betrachten, d. h.

$$f(z) = \prod_{n=1}^{\infty}\left(1 - \frac{z^2}{a_n^2}\right) \quad (\operatorname{Im} a_n = 0). \tag{5.67}$$

Wir haben

$$\ln|f(re^{i\theta})| = \int_0^{\infty} \ln\left|1 - \frac{r^2 e^{2i\theta}}{t^2}\right| dm(t).$$

Die hinter dem Integralzeichen stehende Funktion

$$\ln\left|1 - \frac{r^2 e^{2i\theta}}{t^2}\right|$$

nimmt für

$$t > r(2\cos 2\theta)^{-1/2} \quad \left(|\theta| < \frac{\pi}{4}\right)$$

[1]) Daraus, daß $f(z)$ gerade ist, folgt, daß die Funktion $k\left(\frac{\theta}{2}\right)$ der extremale Indikator für Funktionen der Ordnung $\varrho = \frac{1}{2}$ mit positiven Nullstellen und $\Delta = \varlimsup_{r\to\infty} \frac{n(r)}{r^{1/2}}$ ist. In der neulich erschienenen Arbeit von M. Andraschko [1] wurde ein extremaler Indikator für ganze Funktionen der Ordnung $\varrho < 1$ mit positiven Nullstellen und einer vorgegebenen oberen Nullstellendichte gefunden. A. A. Goldberg löst diese Frage für Funktionen von beliebiger nichtganzzahliger verfeinerter Ordnung.

negative Werte an. Deshalb ist

$$\ln |f(r e^{i\theta})| < \int_0^{r(2\cos 2\theta)^{-1/2}} \ln \left| 1 - \frac{r^2}{t^2} e^{2i\theta} \right| dm(t) \qquad \left(|\theta| \leqq \frac{\pi}{4}\right).$$

Die partielle Integration liefert

$$\ln |f(r e^{i\theta})| < -\int_0^{r(2\cos 2\theta)^{-1/2}} \frac{d}{dt}\left\{\ln \left|1 - \frac{r^2}{t^2} e^{2i\theta}\right|\right\} m(t)\, dt \qquad \left(|\theta| < \frac{\pi}{4}\right).$$

Die Funktion hinter diesem Integralzeichen ist auf dem ganzen Integrationsintervall negativ. Außerdem gilt asymptotisch $m(t) < (\Delta + \varepsilon)\, t$. Deshalb ist asymptotisch

$$\ln |f(r e^{i\theta})| < (\Delta + \varepsilon) \int_0^{r(2\cos 2\theta)^{-1/2}} \frac{d}{dt}\left\{-\ln \left|1 - \frac{r^2}{t^2} e^{2i\theta}\right|\right\} t\, dt \qquad \left(|\theta| < \frac{\pi}{4}\right)$$

und folglich

$$\ln |f(r e^{i\theta})| < (\Delta + \varepsilon)\, \mathrm{Re} \int_0^{r(2\cos 2\theta)^{-1/2}} \ln\left(1 - \frac{r^2}{t^2} e^{2i\theta}\right) dt \qquad \left(|\theta| < \frac{\pi}{4}\right).$$

Endlich bekommen wir, indem wir $t = \tau r$ setzen

$$\frac{\ln |f(r e^{i\theta})|}{r} < (\Delta + \varepsilon)\, \mathrm{Re} \int_0^{(2\cos 2\theta)^{-1/2}} \ln\left(1 - \frac{e^{2i\theta}}{\tau^2}\right) d\tau \qquad \left(|\theta| < \frac{\pi}{4}\right). \tag{5.68}$$

Für $\left|\theta \pm \frac{\pi}{2}\right| \leqq \frac{\pi}{4}$ ist die Funktion

$$\ln \left| 1 - \frac{r^2 e^{2i\theta}}{t^2} \right|$$

positiv und monoton abnehmend bei $t > 0$. Deshalb erhalten wir, wenn wir in den vorhergehenden Betrachtungen die obere Grenze $(2\cos 2\theta)^{-1/2}$ durch Unendlich ersetzen, die asymptotische Ungleichung

$$\frac{\ln |f(r e^{i\theta})|}{r} < (\Delta + \varepsilon)\, \mathrm{Re} \int_0^{\infty} \ln\left(1 - \frac{e^{2i\theta}}{\tau^2}\right) d\tau \qquad \left(\left|\theta \pm \frac{\pi}{2}\right| \leqq \frac{\pi}{4}\right). \tag{5.69}$$

Nach Berechnung der Integrale (5.68) und (5.69) und unter Benutzung der Tatsache, daß ε beliebig ist, ergibt sich $h_f(\theta) \leqq k(\theta)$. Der erste Teil des Lehrsatzes ist damit bewiesen.

Jetzt konstruieren wir ein Beispiel einer geraden ganzen Funktion endlichen Grades mit reellen Nullstellen und dem Indikator gleich $k(\theta)$. Dazu wählen wir eine solche Folge positiver Zahlen $p_1 < p_2 < p_3 < \ldots$ aus, daß

$$\lim_{n\to\infty} \frac{p_{n+1}}{p_n} = \infty$$

ist, und konstruieren das unendliche Produkt

$$\varphi(z) = \prod_{k=1}^{\infty}\left(1 - \frac{z^2}{a_k^2}\right),$$

in welchem a_k alle ganzzahligen Punkte sind, welche in die Intervalle (p_{2q}, p_{2q+1}) fallen. Offensichtlich ist

$$\overline{\lim_{t\to\infty}} \frac{m(t)}{t} = 1\,.$$

Zur Bestimmung des Indikators der Funktion $\varphi(z)$ bei $|\theta| < \frac{\pi}{4}$ wählen wir eine Wertefolge r_q aus:

$$r_q = p_{2q-1}\,(2\cos 2\,\theta)^{-1/2}\,.$$

Es ist leicht einzusehen, daß bei $q \to \infty$

$$\frac{1}{r_q}\int_{p_{2q}}^{\infty} \ln\left|1 - \frac{r_q^2 e^{2i\theta}}{t^2}\right| dm(t) \to 0\ ^{1)}$$

und

$$\frac{1}{r_q}\int_{0}^{p_{2q-1}} \ln\left|1 - \frac{r_q^2 e^{2i\theta}}{t^2}\right| dm(t) \to k(\theta) \qquad \left(|\theta| < \frac{\pi}{4}\right).$$

Bei $\frac{\pi}{4} \leqq |\theta| \leqq \frac{\pi}{2}$ muß man $r_q = \sqrt{p_{2q}\cdot p_{2q+1}}$ wählen. Dann ist, wie man leicht sehen kann,

$$\frac{\ln|\varphi(r_q e^{i\theta})|}{r_q} \geqq \frac{1}{r_q}\int_{p_{2q}+1}^{p_{2q+1}} \ln\left|1 - \frac{r_q^2 e^{2i\theta}}{t^2}\right| dm(t) \approx \int_{\frac{p_{2q-1}+1}{r_q}}^{\frac{p_{2q}}{r_q}} \ln\left|1 - \frac{e^{2i\theta}}{u^2}\right| du$$

oder

$$\lim_{q\to\infty} \frac{\ln|\varphi(r_q e^{i\theta})|}{r_q} \geqq \int_0^{\infty} \ln\left|1 - \frac{e^{2i\theta}}{u^2}\right| du = \pi\,|\sin\theta|\,.$$

---

[1]) Das bekommt man leicht, wenn man partiell integriert und t durch $\tau\, p_{2q-1}$ ersetzt.

Durch Vergleich mit der Ungleichung $h_\varphi(\theta) \leqq k(\theta)$ bekommen wir

$$h_\varphi(\theta) = k(\theta) \qquad (0 \leqq \theta < 2\pi)\,.$$

Bemerkung. Die Funktion $\varphi_1(z)$, welche ebenso konstruiert wird wie $\varphi(z)$ jedoch mit Nullstellen in den komplementären Intervallen (p_{2q-1}, p_{2q}) hat offensichtlich dasselbe Indikatordiagramm wie die Funktion $\varphi(z)$. Das Produkt dieser Funktionen ist $\sin \pi z$, und sein Indikatordiagramm ist eine Strecke. Auf diese Weise haben wir ein Beispiel von geraden ganzen Funktionen endlichen Grades, deren Indikatoren bei der Multiplikation nicht addiert werden.

§ 6. Lehrsatz von M. G. Krein über die Zerlegung der Reziproken einer ganzen Funktion

Eine interessante Unterklasse ganzer Funktionen der Klasse A ist von M. G. Krein [2, 3] im Zusammenhang mit der von ihm entwickelten Theorie ganzer Operatoren im Hilbertschen Raum entwickelt worden. Die Rede ist hier von ganzen Funktionen $f(z)$, welche eine Entwicklung der Art

$$\frac{1}{f(z)} = R(z) + \sum_{k=1}^{\infty} \frac{1}{f'(a_k)}\left[\frac{1}{z-a_k} + \frac{1}{a_k} + \frac{z}{a_k^2} + \cdots + \frac{z^{p-1}}{a_k^p}\right]. \tag{5.70}$$

erlauben, wo $R(z)$ ein Polynom ist und

$$\sum_{k=1}^{\infty} \frac{1}{|a_k|^{p+1}\,|f'(a_k)|} < \infty\,. \tag{5.71}$$

Der grundlegende Lehrsatz von M. G. Krein ist

Lehrsatz 13. *Wenn eine ganze Funktion $f(z)$ der Klasse A eine Zerlegung der Art* (5.70) *erlaubt, so ist*

1. *$f(z)$ eine Funktion endlichen Grades und*

2. $\displaystyle\int_{-\infty}^{\infty} \frac{\ln_+ |f(t)|}{1+t^2}\,dt < \infty\,.$

Vor dem Beweis bemerken wir, daß aus 1. und 2. folgt, daß $f(z)$ eine Funktion von vollkommen regulärem Wachstum ist, und ihr Indikator ist eine Strecke.[1] [2])

Beweis. Wir bemerken, daß man unbeschadet der Allgemeinheit $R(z) \equiv 0$ und $p = 0$ annehmen darf. In der Tat kann man leicht einsehen, daß wir bei der Multiplikation einer Funktion, für die $f^{-1}(z)$ durch (5.70) darstellbar ist mit einem Polynom, dessen Grad $q > p$ größer ist als der Grad von $R(z)$ und dessen Null-

[1]) Dieser Lehrsatz wurde von M. G. Krein [4] beim Studium des Spektrums der Grenzwertaufgabe für die Sturm-Liouvillesche Gleichung angewandt.

[2]) Weitgehende Verallgemeinerungen dieses Lehrsatzes wurden in den Arbeiten von I. W. Ostrowskij [1, 2, 3] und W. I. Mazajew [1] gegeben.

stellen von den Nullstellen von $f(z)$ verschieden sind, eine Funktion $f_1(z) = P_q(z)\, f(z)$ bekommen, welche die Entwicklung

$$f_1^{-1}(z) = \sum_{k=1}^{\infty} \frac{c_k}{z - a_k} \tag{5.72}$$

zuläßt, wobei a_k alle Nullstellen von $f_1(z)$ sind, und $\sum_{k=1}^{\infty} |c_k| < \infty$.

Wir geben eine Abschätzung einer Funktion $f(z)$ an, welche die Darstellung (5.72) in der Halbebene $\operatorname{Im} z \geqq \eta > 0$ zuläßt. Dazu beschreiben wir um jede Nullstelle a_k als Mittelpunkt einen Kreis mit dem Radius $d_k = \frac{1}{16A}\left|\operatorname{Im}\frac{1}{a_k}\right| \cdot |\operatorname{Im} a_k|$, wo $A = \sum_{k=1}^{\infty}\left|\operatorname{Im}\frac{1}{a_k}\right|$ ist. Bezeichnen wir mit $C\left(x, \frac{h}{2}\right)$ den Kreis $|z - x - i\,h| < \frac{h}{2}$ bei festen x und h und mit C die Menge der Ausnahmekreise.

Die Summe der Radien der Kreise, die den im Innern des Kreises $C\left(x, \frac{h}{2}\right)$ liegenden Nullstellen entsprechen, genügt der Ungleichung

$$\sum_{|a_k - x - i\,h| < \frac{h}{2}} d_k < \frac{1}{16A}\,\frac{3}{2}\,h \sum_{k+1}^{\infty}\left|\operatorname{Im}\frac{1}{a_k}\right| < \frac{1}{4}\,h\,. \tag{5.73}$$

Hieraus folgt, daß, falls ein Punkt $x + i\,h$ in ein Gebiet fällt, welches von den Ausnahmekreisen überdeckt wird, dieses ganze Gebiet im Innern des Kreises $C\left(x, \frac{h}{2}\right)$ liegt. In jedem Punkt z des Kreises $C\left(x, \frac{h}{4}\right)$, welcher nicht in einem Ausnahmekreis liegt, gilt die Ungleichung

$$\begin{aligned}|f^{-1}(z)| &\leqq \left|\sum_{|a_k - x - i\,h| > \frac{h}{2}} \frac{c_k}{z - a_k}\right| + \left|\sum_{|a_k - x - i\,h| \leqq \frac{h}{2}} \frac{c_k}{z - a_k}\right| \\ &\leqq \frac{4}{h}\sum_{k=1}^{\infty}|c_k| + \sum_{|a_k - x - i\,h| < \frac{h}{2}} |c_k|\, d_k^{-1}\,.\end{aligned}$$

Berücksichtigen wir, daß $d_k^{-1} \leqq 8\,A\,|a_k|^2 \cdot \frac{4}{h^2}$ ist, so können wir für $z \notin C$ schreiben:

$$|f^{-1}(z)| \leqq \frac{g}{h^2}\,(|z|^2 + 1) \qquad \left(\frac{h}{2} < \operatorname{Im} z < \frac{3\,h}{2}\right), \tag{5.74}$$

wo g eine von der Funktion $f(z)$ abhängige Konstante ist.

Wir definieren die Funktion

$$\chi(z) = \prod_{k=1}^{\infty}\left(1 - \frac{z}{a_k}\right)\left(1 - \frac{z}{\bar{a}_k}\right)^{-1} \qquad (\operatorname{Im} a_k > 0)\,.$$

In der oberen Halbebene ist $|\chi(z)| \leqq 1$, und nach dem Maximumprinzip bekommen wir aus (5.74)

$$|f^{-1}(z)\,\chi(z)| < \frac{g}{|\mathrm{Im}\, z|^2}(|z|^2 + 1) \qquad (\mathrm{Im}\, z > 0)\,. \tag{5.75}$$

Aus der erhaltenen Ungleichung (5.75) folgt leicht, daß bei $\varphi(z) = f^{-1}(z)\,\chi(z)$ die Funktion $\ln|\varphi(z)|$ durch das Poissonsche Integral (siehe Lehrsatz 4) in der Halbebene $\mathrm{Im}\, z \geqq \eta > 0$ dargestellt werden kann, d. h.

$$\ln|\varphi(z + i\,\eta)| = \frac{1}{\pi}\int_{-\infty}^{\infty} \frac{(y-\eta)\ln|\varphi(t + i\,\eta)|}{(t-x)^2 + (y-\eta)^2}\,dt + k\,(y - \eta)\,, \tag{5.76}$$

wobei

$$k = \overline{\lim_{y\to\infty}}\,\frac{\ln|\varphi(i\,y)|}{y}$$

ist.

Benutzen wir die Abschätzung (5.75), so bekommen wir

$$\int_{-\infty}^{\infty} \frac{\ln_+|\varphi(t + i\cdot\eta)|}{1+t^2}\,dt < 2\pi g \ln\frac{1}{\eta} + g_1 \qquad (g_1 \text{ konstant})\,. \tag{5.77}$$

Setzen wir in (5.76) $z = i + i\,\eta$ ein, so bekommen wir

$$-\int_{-\infty}^{\infty} \frac{\ln|\varphi(t + i\,\eta)|}{1+t^2}\,dt = \pi\,k - \pi\ln|\varphi[(2\,\eta + 1)\,i]|$$

oder

$$-\int_{-\infty}^{\infty} \frac{\ln_+|\varphi(t + i\,\eta)|\,dt}{1+t^2} + \int_{-\infty}^{\infty} \frac{\ln_+|\varphi^{-1}(t + i\,\eta)|}{1+t^2}\,dt = \pi\,k - \pi\ln|\varphi[(2\,\eta + 1)\,i]|\,.$$

Vergleichen wir dies mit (5.77), so bekommen wir bei $0 < \eta \leqq 2$

$$\int_{-\infty}^{\infty} \frac{\ln_+|f(t + i\,\eta)\,\chi^{-1}(t + i\,\eta)|\,dt}{1+t^2} < 2\,g\,\pi\ln\frac{1}{\eta} + g_2 \qquad (g_2 \text{ konstant}),$$

und, wenn wir berücksichtigen, daß $|\chi^{-1}(t + i\,\eta)| \geqq 1$ ist, so ist

$$\int_{-\infty}^{\infty} \frac{\ln_+|f(t + i\,\eta)|}{1+t^2}\,dt < 2\,g\,\pi\ln\frac{1}{\eta} + g_2\,. \tag{5.78}$$

Analog gilt die Ungleichung auch für $-2 \leqq \eta < 0$. Integrieren wir die Ungleichung (5.78) nach η von -2 bis 2, so bekommen wir

$$\int_{-2}^{2}\int_{-\infty}^{\infty} \frac{\ln_+|f(t + i\,\eta)|}{1+t^2}\,dt\,d\eta < g_3 \qquad (g_3 \text{ konstant})\,. \tag{5.79}$$

Benutzen wir den Lehrsatz von JENSEN für eine ganze Funktion $f(z)$, so bekommen wir

$$\ln |f(z_0)| \leqq \frac{1}{2\pi} \int_0^{2\pi} \ln |f(z_0 + r\, e^{i\theta})|\, d\theta$$

oder nach der Multiplikation mit r und der Integration nach r von Null bis Eins

$$\ln |f(z_0)| \leqq \frac{1}{\pi} \int_0^{2\pi} \int_0^1 \ln |f(z_0 + r\, e^{i\theta})|\, r\, dr\, d\theta\,.$$

Endlich ist

$$\ln_+ |f(z_0)| \leqq \frac{1}{\pi} \int_0^{2\pi} \int_0^1 \ln_+ |f(z_0 + r\, e^{i\theta})|\, r\, dr\, d\theta$$

$$< \frac{1 + (|x_0| + 1)^2}{\pi} \int_{y_0 - 1}^{y_0 + 1} \int_{x_0 - 1}^{x_0 + 1} \frac{\ln_+ |f(x + i\,y)|}{1 + x^2}\, dx\, dy\,,$$

und aus (5.79) ergibt sich bei $|y_0| \leqq 1$ die Abschätzung

$$\ln_+ |f(z_0)| < \frac{g_3}{\pi} [1 + (|x_0| + 1)^2]\,. \tag{5.80}$$

Wir wollen beweisen, daß $f(z)$ von endlichem Grad ist.

Die Ungleichung (5.80) gibt uns eine Abschätzung der Funktion $f(z)$ im Streifen $|\mathrm{Im}\, z| \leqq 1$. Um sie außerhalb dieses Streifens abzuschätzen, kann man die Darstellung (5.76) benutzen, indem man z. B. $\eta = \frac{1}{2}$ setzt. Bemerken wir, daß $|f(z)| \leqq |\varphi(z)|^{-1}$ für $\mathrm{Im}\, z > 0$ ist, so können wir aus der Darstellung (5.76) und dem Hilfssatz 3 schließen, daß für $r > r_\varepsilon$ und $|y| > \frac{1}{2}$

$$\ln |f(z)| < k\,|y| + \varepsilon \frac{r^2}{\left|\,|y| - \frac{1}{2}\right|} \tag{5.81}$$

ist. Aus dieser Ungleichung folgt, daß für $|y| \geqq 1$

$$\ln |f(z)| = o(r^2) \tag{5.82}$$

ist. Fügen wir die Abschätzung (5.80) hinzu, so ergibt sich, daß (5.82) in der ganzen Ebene erfüllt ist.

Auf den Geraden $y = \pm\, x$ ist die Funktion $f(z)$ vom endlichen Grade. Das folgt mit Leichtigkeit aus der Abschätzung (5.81). Die Abschätzung (5.82) gibt uns die Möglichkeit, den Lehrsatz von PHRAGMEN und LINDELÖF in jedem der rechten Winkel anzuwenden, in welche diese Geraden die Ebene einteilen. Es ergibt sich auf diese Weise, daß $f(z)$ in der ganzen Ebene von endlichem Grad ist.

Um die zweite Behauptung des Lehrsatzes zu beweisen, bemerken wir, daß $\ln_+|f(t+z)|$ eine subharmonische Funktion[1]) von z ist.

Hieraus folgt, daß die Funktion

$$\Psi_R(z) = \int_{-R}^{R} \frac{\ln_+|f(t+z)|}{t^2+1}\,dt$$

auch subharmonisch ist. Unmittelbar aus der Definition einer subharmonischen Funktion bekommen wir die Ungleichung

$$\Psi_R(0) \leqq \frac{1}{2\pi} \int_0^{2\pi} \Psi_R(e^{i\theta})\,d\theta\,.$$

Wenden wir jetzt die Abschätzung (5.78) an, so bekommen wir die Ungleichung

$$\int_{-R}^{R} \frac{\ln_+|f(t)|}{1+t^2}\,dt < 4\,g\,\pi \ln 2 + g_2\,,$$

aus welcher

$$\int_{-\infty}^{\infty} \frac{\ln_+|f(t)|}{1+t^2}\,dt < \infty$$

folgt. Der Lehrsatz ist somit bewiesen.

Wie bereits bemerkt, folgt aus den Bedingungen 1 und 2, daß $f(z)$ von vollkommen regulärem Wachstum ist, und das Indikatordiagramm ist eine Strecke der imaginären Achse. Man kann jedoch bezüglich des Wachstums von Funktionen der Klasse A, welche die Darstellung (5.72) zulassen, vollständigere Angaben machen.

Wir beschränken uns auf den Fall, daß alle a_k reell sind.

In der Tat ist der Indikator einer Funktion endlichen Grades

$$f(z)\,e^{i\,kz} \qquad \left(k = h_f\left(\frac{\pi}{2}\right)\right)$$

gleich Null für $0 \leqq \theta \leqq \pi$. Aus der vollkommenen Regularität des Wachstums der Funktion $f(z)$ folgt, daß der Indikator der Funktion

$$\varphi(z) = f^{-1}(z)\,e^{-ikz}\,,$$

welche holomorph und von endlichem Grad in der Halbebene $\operatorname{Im} z > 0$ ist, auch verschwindet. Unmittelbar aus der Darstellung (5.72) erhalten wir

$$|\varphi(x+i\,h)| < \frac{e^{kh}}{h} \sum_1^{\infty} |c_n| = M \qquad (h > 0)\,.$$

---

[1]) *Subharmonisch* heißt eine reelle Funktion $u(z)$ von z, die der Ungleichung

$$u(z) \leqq \frac{1}{2\pi} \int_0^{2\pi} u(z + R\,e^{i\theta})\,d\theta$$

genügt (für alle z und $R > 0$).

Nach dem Lehrsatz von PHRAGMEN und LINDELÖF für die Halbebene folgt hieraus, daß für $\operatorname{Im} z \geqq h > 0$

$$|\varphi(z)| < M$$

ist, und folglich

$$|f(z)| > M\, e^{h_f(\pi/2)\, y}.^{1)} \tag{5.83}$$

Eine analoge Abschätzung gibt es auch in der unteren Halbebene.

Es ist interessant zu bemerken, daß eine ganze Funktion endlichen Grades mit dem Indikatordiagramm, das mit dem Intervall $[-i\mu, i\mu]$ auf der imaginären Achse zusammenfällt, die der Ungleichung

$$|f(z)| > c\, |z|\, e^{\mu |y|} \qquad (c > 0) \tag{5.84}$$

in der ganzen Ebene genügt, eine Darstellung der Art (5.72) zuläßt. Das folgt leicht aus der CAUCHYschen Methode der Entwicklung meromorpher Funktionen.

Auf diese Weise unterscheidet sich für ganze Funktionen $f(z)$ mit reellen Nullstellen die notwendige Bedingung (5.83) für die Entwickelbarkeit der Funktion $\frac{1}{f(z)}$ in eine Reihe der Art (5.72) nur wenig von der hinreichenden Bedingung (5.84).

---

[1]) Diese Ungleichung wurde von M. G. KREIN [2] bewiesen.

KAPITEL VI

NULLSTELLEN VON EXPONENTIALSUMMEN

Dieses Kapitel besteht aus zwei Teilen. In den ersten vier Paragraphen betrachten wir die Nullstellenverteilung von holomorphen, fastperiodischen Funktionen. Insbesondere studieren wir in § 2 und § 4 die Nullstellenverteilung fastperiodischer Funktionen mit halbbegrenztem und begrenztem Spektrum.

Im zweiten Teil, welcher aus den §§ 5, 6 und 7 besteht, untersuchen wir die Nullstellenverteilung ganzer Funktionen endlichen Grades, welche im gewissen Sinne durch endliche Summen der Form

$$P(z) = \sum_{k=1}^{n} a_k e^{\lambda_k z} \tag{6.00}$$

mit komplexen Exponenten approximiert werden.

Fastperiodische Funktionen mit begrenztem Spektrum erscheinen als eine ziemlich häufig vorkommende Art solcher ganzen Funktionen. Die Untersuchung der Nullstellenverteilung dieser Funktionen gründet sich auf die Ergebnisse der ersten vier Paragraphen und auf die in den vorhergehenden Kapiteln dargestellten Methoden und Lehrsätze.

Als ein Grundergebnis erscheint der Lehrsatz darüber, daß eine ganze Funktion $f(z)$, welche durch eine absolut konvergente Reihe

$$f(z) = \sum_{k=1} a_k e^{\lambda_k z} \qquad \left(\sum_{k=1}^{\infty} |a_k| < \infty \right) \tag{6.01}$$

darstellbar ist, in welcher λ_k Punkte des Randes eines begrenzten konvexen Gebietes $\overline{I}$ sind, eine Funktion von vollkommen regulärem Wachstum ist.

Auf diese Weise existiert nach dem Lehrsatz 3, § 3, Kapitel III eine asymptotische Formel für die Nullstellenverteilung solcher Funktionen.

Analoge Lehrsätze werden auch für Funktionen allgemeinerer Art bewiesen. Wir werden endliche Summen der Form (6.00) als Exponentialpolynome bezeichnen.

§ 1. Einige Informationen aus der Theorie fastperiodischer Funktionen

Bei den folgenden Betrachtungen benötigen wir einige Grunddefinitionen und Lehrsätze aus der Theorie fastperiodischer Funktionen. Wir wollen sie dem Leser ins Gedächtnis zurückrufen.[1])

[1]) Eine ausführliche Darstellung der Theorie fastperiodischer Funktionen ist im Buch von B. M. LEVITHAN [1] gegeben. Siehe auch H. BOHR [1].

Eine Menge $\{\tau\}$ von reellen Zahlen wird *relativ dicht* genannt, wenn jedes Intervall, dessen Länge nicht kleiner als eine positive Zahl l ist, mindestens eine Zahl der Menge enthält. Ein Intervall der Länge l heißt ein *einschließendes Intervall* der Menge.

Eine Zahl τ heißt eine *ε-Verschiebung* der Funktion $f(x)$, wenn für alle Werte der Veränderlichen x die Ungleichung erfüllt ist

$$|f(x+\tau) - f(x)| < \varepsilon\,. \tag{6.02}$$

Die Funktion wird dabei als komplexwertig, jedoch für reelle Werte von x gegeben, angenommen.

Eine Funktion $f(x)$ heißt *fastperiodisch*, wenn sie auf der ganzen Zahlenachse stetig ist, und wenn jeder positiven Zahl ε eine relativ dichte Menge ihrer ε-Verschiebungen entspricht. Wir werden einige Eigenschaften fastperiodischer Funktionen aufzählen.

a) Die notwendige und hinreichende Bedingung dafür, daß eine Funktion $f(x)$ fastperiodisch ist, ist die Kompaktheit der von einem beliebigen reellen Parameter h abhängigen Funktionenmenge $f_h(x) = f(x+h)$ auf der ganzen reellen Achse (S. Bochner).

Kompakt heißt aber eine Menge, wenn jede unendliche Teilmenge eine gleichmäßig konvergente Folge enthält.

b) Eine fastperiodische Funktion ist beschränkt und gleichmäßig stetig auf der ganzen Zahlenachse. Die Summe, das Produkt von fastperiodischen Funktionen und auch der Grenzwert einer gleichmäßig konvergenten Folge fastperiodischer Funktionen sind wieder fastperiodische Funktionen.

c) Ein verallgemeinertes trigonometrisches Polynom, d. h. eine Funktion der Form

$$P(x) = \sum_{k=0}^{n} a_k\, e^{i\lambda_k x} \tag{6.03}$$

(λ_k reelle Zahlen)

ist eine fastperiodische Funktion, da sie eine Summe fastperiodischer Funktionen ist.

d) Für jede fastperiodische Funktion existiert ein „Mittel", d. h.

$$M\{f\} = \lim_{T\to\infty} \frac{1}{2T} \int_{-T+\alpha}^{T+\alpha} f(t)\,dt\,, \tag{6.04}$$

wobei die Konvergenz in α gleichmäßig ist.

Die „Fourierkoeffizienten"

$$a(\lambda) = M\{f(x)\, e^{-i\lambda x}\} \tag{6.05}$$

sind nur für abzählbar viele Werte von λ von Null verschieden. Diese abzählbare Menge $\lambda_1, \lambda_2, \ldots, \lambda_n, \ldots$ heißt das *Spektrum der Funktion* $f(x)$ oder die *Menge ihrer* FOURIER*exponenten*, und die Reihe

$$f(x) \sim \sum_{k=1}^{\infty} a_k e^{i\lambda_k x} \qquad (a_k = a(\lambda_k)) \tag{6.06}$$

heißt die FOURIER*reihe* der Funktion $f(x)$.

Es gilt die PARSEVALsche Gleichung

$$M\{|f|^2\} = \sum_{k=1}^{\infty} |a_k|^2, \tag{6.07}$$

welche einem Eindeutigkeitssatz äquivalent ist, d. h. dem Satz, daß verschiedenen fastperiodischen Funktionen verschiedene FOURIERreihen entsprechen.

e) Es existiert eine Faktorenfolge $b_k^{(n)}$ ($k = 1, 2, \ldots, n$, $0 \leqq b_k^{(n)} < 1$ und $b_k^{(n)} \to 1$ bei $n \to \infty$) so beschaffen, daß bei jedem beliebigen $\varepsilon > 0$ und $n > N(\varepsilon)$

$$\left|f(x) - \sum_{k=1}^{n} b_k^{(n)} a_k e^{i\lambda_k x}\right| < \varepsilon \qquad (-\infty < x < \infty) \tag{6.08}$$

gilt.

Aus diesem grundlegenden Lehrsatz folgt, daß die Klasse der fastperiodischen Funktionen die abgeschlossene Hülle der Klasse der verallgemeinerten trigonometrischen Polynome ist.

f) Wenn eine Folge verallgemeinerter trigonometrischer Polynome

$$P_n(x) = \sum_{k=1}^{n} a_k^{(n)} e^{i\lambda_k x}$$

gleichmäßig gegen $f(x)$ konvergiert, so konvergieren $a_k^{(n)} \to a_k$, wo a_k der entsprechende Koeffizient der FOURIERentwicklung der Funktion $f(x)$ ist.

Eine Funktion $f(z)$, welche holomorph in einem abgeschlossenen Streifen $\alpha \leqq y \leqq \beta$ ($y = \operatorname{Im} z$) ist, heißt *fastperiodisch* in diesem Streifen, wenn jeder positiven Zahl ε eine relativ dichte Menge von ε-Verschiebungen der Funktion $f(x)$ entspricht, d. h. solcher reellen Zahlen τ, daß

$$|f(z+\tau) - f(z)| < \varepsilon \quad \text{bei} \quad \alpha \leqq y \leqq \beta. \tag{6.09}$$

Eine Funktion $f(z)$ heißt *fastperiodisch* in einem offenen Streifen $-\infty \leqq a < y < \beta \leqq \infty$, wenn sie fastperiodisch ist in jedem zum Streifen $\alpha < y < \beta$ gehörenden abgeschlossenen Streifen. Wir bemerken, daß für die in einem Streifen fastperiodischen Funktionen der Lehrsatz von S. BOCHNER gilt, d. h.

a′) Die Fastperiodizität einer holomorphen Funktion $f(z)$ in einem Streifen $\alpha \leqq y \leqq \beta$ bedeutet, daß die Funktionenmenge $f(z+h)$ bei reellem h kompakt ist im Sinne der gleichmäßigen Konvergenz in diesem Streifen.

Außerdem kann $f(z)$ in diesem Streifen durch Exponentialpolynome gleichmäßig approximiert werden.

Lehrsatz 1. *$f(x)$ sei eine auf der reellen Achse definierte fastperiodische Funktion. Damit eine holomorphe Funktion von endlichem Grade Δ in der Halbebene* Im $z > 0$ *existiert, welche auf der reellen Achse Grenzwerte gleich den Werten der*

Funktion $f(x)$ hat, ist notwendig und hinreichend, daß die untere Grenze des Spektrums der Funktion $f(x)$ gleich $-\Delta$ ist. Dabei ist die Funktion $f(z)$ fastperiodisch in der Halbebene Im $z \geqq 0$.

Beweis. Es sei $f(x)$ eine fastperiodische Funktion, und es sei $-\mu = \inf \lambda_k$. Nach dem grundlegenden Lehrsatz e) existiert eine Polynomenfolge

$$P_n(x) = \sum_{k=1}^{n} a_k^{(n)} e^{i \lambda_k x} ,$$

welche auf der reellen Achse gleichmäßig gegen die Funktion $f(x)$ konvergiert, wobei λ_k die FOURIERexponenten der Funktion $f(x)$ sind.

Da $|e^{i\lambda_k z}| = e^{-\lambda_k y} \leqq e^{\mu y}$ ($y = \operatorname{Im} z$) ist, sind die Polynome $e^{i\mu z} P_n(z)$ in der Halbebene $\operatorname{Im} z > 0$ beschränkt.

Nach dem Prinzip von PHRAGMEN und LINDELÖF sind die absoluten Beträge dieser Polynome in der Halbebene $\operatorname{Im} z \geqq 0$ von derselben Zahl begrenzt wie auf der reellen Achse. Auf diese Weise folgt aus der Ungleichung

$$|P_n(x) - P_m(x)| < \varepsilon \qquad (-\infty < x < \infty)$$

die Ungleichung

$$|e^{i\mu z} P_n(z) - e^{i\mu z} P_m(z)| < \varepsilon \quad \text{bei} \quad \operatorname{Im} z \geqq 0 ,$$

und die Polynomenfolge $e^{i\mu z} P_n(z)$ konvergiert gleichmäßig in der Halbebene $\operatorname{Im} z \geqq 0$ gegen eine beschränkte Funktion $e^{i\mu z} f(z)$. Die Funktion $f(z)$ ist holomorph bei $\operatorname{Im} z > 0$, und es ist

$$|f(z)| \leqq M e^{\mu y} \tag{6.10}$$

$$(M = \sup_{-\infty < x < \infty} |f(x)|,\ y = \operatorname{Im} z \geqq 0),$$

d. h., $f(z)$ ist von endlichem Grad $\Delta \leqq \mu$.

Es sei nun bekannt, daß die Funktion $f(x)$ die Grenzfunktion für eine holomorphe Funktion $f(z)$ von endlichem Grad Δ in der Halbebene $\operatorname{Im} z > 0$ ist. Diese Funktion ist auf der reellen Achse beschränkt, und folglich ist nach dem Prinzip von PHRAGMEN und LINDELÖF

$$|f(x)| \leqq M e^{\Delta y} . \tag{6.11}$$

Nach dem CAUCHYschen Lehrsatz ist das Integral über dem rechteckigen Rand ($-T$, T, $T + iy$, $-T - iy$, $-T$) der holomorphen Funktion $f(z) e^{-i\lambda z}$ gleich Null, d. h.

$$\frac{1}{2T} \int_{-T}^{T} f(x) e^{i\lambda x} dx - \frac{1}{2T} \int_{-T}^{T} f(x + iy) e^{-i\lambda(x+iy)} dx$$

$$+ \frac{1}{2T} \int^{y} f(T + it) e^{-i\lambda(T+it)} dt - \frac{1}{2T} \int_{0}^{y} f(-T + it) e^{i\lambda(-T+it)} dt = 0 . \tag{6.12}$$

Aus der Ungleichung (6.11) folgt, daß die beiden letzten Glieder bei $T \to \infty$ gegen Null gehen, und folglich ist

$$a(\lambda) = M\{f(x)\, e^{-i\lambda x}\} = M\{f\,(x + i\,y)\, e^{-i\lambda(x + iy)}\}\,.$$

Hieraus und aus der Ungleichung (6.11) folgt

$$|a(\lambda)| \leqq M\, e^{(\Delta + \lambda)\,y}\,.$$

Ist $\lambda < -\Delta$, so bekommen wir für $y \to +\infty$ $a(\lambda) = 0$. Also ist das Spektrum von $f(x)$ nach unten beschränkt, und es ist $-\mu = \inf \lambda_k \geqq -\Delta$. Der Lehrsatz ist somit bewiesen.

Folgerung. *Damit eine fastperiodische Funktion $f(z)$ eine ganze Funktion endlichen Grades ist, ist notwendig und hinreichend, daß ihr Spektrum beschränkt ist.*

Wir bemerken noch, daß die kleinste Strecke auf der imaginären Achse, welche das ganze Spektrum der Funktion $f(x)$ enthält, mit ihrem konjugierten Diagramm übereinstimmt.

§ 2. Nullstellen einer fastperiodischen Funktion mit beschränktem Spektrum

Liegen in der Summe (6.01) alle Exponenten λ_k auf der imaginären Achse, und ist folglich das konvexe Gebiet $\bar{I}$ eine Strecke auf der imaginären Achse, so ist $f(z)$ nach der Folgerung aus dem Lehrsatz 1 eine ganze fastperiodische Funktion endlichen Grades. Auf diese Weise wird in diesem Falle unsere Aufgabe auf das Problem der Nullstellenverteilung einer ganzen fastperidischen Funktion zurückgeführt. Die entsprechenden Lehrsätze werden in diesem und in den beiden folgenden Paragraphen dargestellt. Diese Lehrsätze werden wir nicht nur dann benötigen, wenn das konvexe Gebiet $\bar{I}$ eine Strecke auf der imaginären Achse ist, sondern auch in einem allgemeineren Falle, wenn der Rand von I geradlinige Abschnitte enthält. Wir beweisen zuerst drei Hilfssätze.

Hilfssatz 1. *$f(z)$ sei eine holomorphe, nicht identisch verschwindende fastperiodische Funktion im Streifen $|y| < h$. Dann kann man zu jeder beliebigen Zahl $\delta > 0$ eine Zahl $m(\delta) > 0$ so finden, daß*

$$|f(z)| \geqq m(\delta)$$

ist für z, welche im Streifen $|y| \leqq h - \delta$ und außerhalb von Ausnahmekreisen vom Radius δ mit den Mittelpunkten in den Nullstellen der Funktion $f(z)$ liegen.

Beweis. Wir nehmen an, die untere Grenze der Werte der Funktion $f(z)$ im genannten Gebiet sei Null, d. h. für eine gewisse Folge $\{z_j\}$ $(j = 1, 2, \ldots)$ genommen aus diesem Gebiet sei $\lim\limits_{j \to \infty} f(z_j) = 0$.

Nach dem Lehrsatz a') von Bochner kann man aus der Funktionenfolge $\varphi_j(z) = f\,(z + x_j)$ $(z_j = x_j + i\,y_j)$ eine Teilfolge $\varphi_{n_j}(z) = f(z + x_{n_j})$ auswählen, welche im Streifen $|y| \leqq h - \delta$ gleichmäßig gegen eine gewisse Funktion $f_0(z)$

konvergiert. Es sei $z = i\,y_0$ ein Häufungspunkt für die Punkte $i\,y_{n_j}$. Aus der Bedingung

$$\lim_{j\to\infty} \varphi_{n_j}(i\,y_{n_j}) = \lim_{j\to\infty} f(x_{n_j} + i\,y_{n_j}) = 0$$

folgt $f_0(i\,y_0) = 0$.

Nach dem bekannten Lehrsatz von Hurwitz über die Nullstellen einer gleichmäßig konvergenten Folge holomorpher Funktionen müssen alle Glieder der Folge $\varphi_{n_j}(z)$ von einem gewissen Glied an Nullstellen in einer δ-Umgebung des Punktes $i\,y_0$ haben. Anders gesagt, die Funktion $f(z)$ hat unendlich viele Nullstellen in den Kreisen $|z - z_{n_j}| < \delta$. Das ist aber unmöglich, da die Punkte z_{n_j} von den Nullstellen der Funktion $f(z)$ einen größeren Abstand als δ haben. Der Hilfssatz ist somit bewiesen.

Hilfssatz 2. *Die Anzahl der Nullstellen einer im Streifen $|y| < h$ holomorphen und fastperiodischen Funktion $f(z)$, welche im Rechteck $t < x \leqq t + 1$, $|y| \leqq h - \delta$ liegen, ist beschränkt durch eine von t unabhängige Zahl $k(\delta)$.*

Beweis. Wir nehmen an, es existiere eine solche unendliche Zahlenfolge t_j, daß die Anzahl der Nullstellen der Funktion $f(z)$, welche in den entsprechenden Rechtecken liegen, unbegrenzt wächst. Wir wählen aus der Funktionenfolge $f(z + t_j)$ eine gleichmäßig konvergente Folge aus. Die Grenzfunktion muß im Rechteck $0 \leqq x \leqq 1$, $|y| \leqq h - \delta$ unendlich viele Nullstellen haben, folglich verschwindet sie identisch. Es folgt aber aus der gleichmäßigen Konvergenz der Funktionenfolge $f(z + t_{n_j})$ gegen $f_0(z)$

$$\sup_{-\infty<x<\infty} |f_0(z)| = \sup_{-\infty<x<\infty} |f(z)| \qquad (|y| \leqq h - \delta)\,,$$

d. h. $f(z) \equiv 0$. Der Hilfssatz ist somit bewiesen.

Hilfssatz 3. *Ist das Spektrum einer fastperiodischen Funktion nach unten beschränkt, und gehört die untere Grenze $-\varDelta$ zum Spektrum, so ist*

$$\lim_{y\to+\infty} e^{i\varDelta(x+iy)} f(x + i\,y) = a\,(-\varDelta)\,,$$

wobei die Konvergenz gegen den Grenzwert gleichmäßig in x ist.

Beweis. Es sei

$$P_n(x) = \sum_1^n a^{(n)}(\lambda_k)\, e^{i\lambda_k x}$$

eine Folge fastperiodischer Polynome, welche auf der ganzen reellen Achse gleichmäßig gegen $f(x)$ konvergieren. Beim Beweis des Lehrsatzes 1 haben wir gezeigt, daß die Folge fastperiodischer Polynome

$$Q_n(z) = e^{i\varDelta z}\, P_n(z)$$

in der Halbebene $\operatorname{Im} z \geqq 0$ gleichmäßig gegen die Funktion

$$e^{i\varDelta z}\, f(z)$$

konvergiert. Bei $y \to +\infty$ konvergiert das fastperiodische Polynom $Q_n(z)$ gleichmäßig gegen seinen FOURIERkoeffizienten $a^{(n)}(-\Delta)$. Andererseits ist

$$\lim_{n \to \infty} a^{(n)}(-\Delta) = a(-\Delta),$$

wo $a(-\Delta)$ der FOURIERkoeffizient der Funktion $f(x)$ ist. Wählen wir eine Zahl n so, daß

$$|a^{(n)}(-\Delta) - a(-\Delta)| < \frac{\varepsilon}{3}$$

und

$$|f(x) - P_n(x)| < \frac{\varepsilon}{3}$$

ist, so bekommen wir, daß für alle genügend großen Werte von y

$$|e^{i\Delta z} f(z) - a(-\Delta)| \leqq |e^{i\Delta z}[f(z) - P_n(z)]| \\ + |e^{i\Delta z} P_n(z) - a^{(n)}(-\Delta)| + |a^{(n)}(-\Delta) - a(-\Delta)| < \varepsilon$$

ist. Auf diese Weise strebt die Funktion

$$f(z)\, e^{i\Delta z}$$

bei $y \to +\infty$ gleichmäßig gegen $a(-\Delta)$.

Lehrsatz 2 (von H. BOHR). *Damit alle Nullstellen $\{a_k\}$ einer in der oberen Halbebene fastperiodischen Funktion endlichen Grades unterhalb einer gewissen Geraden ($\overline{\lim}\, a_k < h$) liegen, ist notwendig und hinreichend, daß die untere Grenze $-\Delta$ des Spektrums der Funktion selbst zum Spektrum gehört.*

Beweis. Gehört $-\Delta$ zum Spektrum, so ist $a(-\Delta) \neq 0$, und nach dem Hilfssatz 3 verschwindet die Funktion $f(z)\, e^{i\Delta z}$ für genügend große y ($y \geqq h$) nicht.

Wenn aber anderseits alle Nullstellen der Funktion $f(z)$ unterhalb der Geraden $y = h$ liegen, so ist die Funktion $\ln |f(z)\, e^{i\Delta z}|$ harmonisch, nach oben beschränkt in der Halbebene $y \geqq h_1$ ($h_1 = h + \delta$, $\delta > 0$), und folglich ist sie nach dem Lehrsatz 4, Kapitel V in der Form darstellbar:

$$\ln |f(z)\, e^{i\Delta z}| = \frac{y - h_1}{\pi} \int_{-\infty}^{\infty} \ln [|f(t + i h_1)|\, e^{-\Delta h_1}] \frac{dt}{(t - x)^2 + (y - h_1)^2}. \tag{6.13}$$

Wir benutzen dabei die Tatsache, daß nach dem Lehrsatz 1 dieses Kapitels

$$\overline{\lim_{y \to +\infty}} \frac{\ln |f(i y)|}{y} = \Delta$$

ist. Nach dem Hilfssatz 1 existiert eine solche Zahl $m > 0$, daß $\ln |f(t + i h_1)| \geqq \ln m$ für $-\infty < t < \infty$ ist, und wir bekommen aus der Gleichung (6.13)

$$|f(z)\, e^{i\Delta z}| > m\, e^{-\Delta h_1} \qquad \text{für} \quad y > h_1 .$$

Somit ist $\lim_{y \to \infty} f(z)\, e^{i\Delta z} \neq 0$, und folglich gehört die Zahl $-\Delta$ zum Spektrum.

Folgerung 1. *Ist die untere Grenze des Spektrums einer fastperiodischen Funktion $f(z)$ negativ, und gehört sie selbst nicht zum Spektrum der Funktion, so nimmt die Funktion $f(z)$ in der Halbebene $y > h > 0$ jeden beliebigen Wert an.*

In der Tat gehört bei jeder komplexen Zahl A die untere Grenze des Spektrums der Funktion $f(z) - A$, — sie ist dieselbe wie die der Funktion $f(z)$, — nicht zum Spektrum, und folglich hat diese Funktion Nullstellen mit beliebig großem Imaginärteil. Folgerung 1 ist ein bekannter Lehrsatz von BOHR.

Folgerung 2. *Damit alle Nullstellen einer ganzen fastperiodischen Funktion endlichen Grades in einem Streifen parallel zur reellen Achse liegen, ist notwendig und hinreichend, daß die obere und die untere Grenze des Spektrums (die „Enden") zum Spektrum gehören.*

Künftig werden wir solche Funktionen Funktionen der Klasse $[\Delta]$ nennen, wenn die Breite des Indikatordiagramms gleich $2\,\Delta$ ist. Funktionen der Klasse $[\Delta]$ sind bis auf einen Faktor der Form $e^{i\lambda z}$ Funktionen des Grades Δ.

Hilfssatz 4. *Gehört die untere Grenze $-\Delta$ des Spektrums einer fastperiodischen Funktion $f(z)$ zum Spektrum, so existiert eine reelle Zahl H, so daß für $y > H$ die Funktion $\arg f(x + i\,y)$, als Funktion von x betrachtet, in der Form*

$$\arg f(x + i\,y) = -\Delta\,x + \varphi_y(x) \tag{6.14}$$

darstellbar ist, wo $\varphi_y(x)$ eine fastperiodische Funktion ist.

Dabei wird natürlich angenommen, daß aus unendlich vielen Bedeutungen von $\arg f(x + i\,y)$ ein stetiger Zweig ausgewählt ist. Eine solche Auswahl ist möglich, da für $y > H$ $f(x + i\,y) \neq 0$ ist.

Beweis. Wir stellen die Funktion $f(z)$ in der Form

$$f(z) = a(-\Delta)\,e^{-i\Delta z}\,[1 + \zeta(z)]$$

dar. Das ist möglich, da nach der Annahme $a(-\Delta) \neq 0$ ist. Die FOURIER-exponenten der Funktion $\zeta(z)$ sind alle positiv, und folglich ist bei genügend großem $H > 0$ und $y > H$ die Ungleichung erfüllt

$$|\zeta(x + i\,y)| < 1\,.$$

Wählen wir einen eindeutigen Zweig der Funktion $\ln\,[1 + \zeta(z)]$ aus, indem wir z. B. $|\arg\,[1 + \zeta(z)]| < \pi$ bei $|\zeta(z)| < 1$ setzen, so bekommen wir, daß

$$\theta_y(x) = \ln\,[1 + \zeta(x + i\,y)]$$

eine stetige Funktion einer fastperiodischen Funktion $1 + \zeta(x + i\,y)$ ist, und, wie es direkt aus der Definition folgt, selbst fastperiodisch ist. Wir bekommen auf diese Weise

$$\arg f(x + i\,y) = -\Delta x + \mathrm{Im}\,[\theta_y(x) + \ln a(-\Delta)]\,,$$

wobei $\varphi_y(x) = \mathrm{Im}\,[\theta_y(x) + \ln a(-\Delta)]$ eine fastperiodische Funktion ist.

Lehrsatz 3. *Die Nullstellen einer Funktion $f(z)$ der Klasse $[\Delta]$ liegen im Streifen $|y| \leqq h$, und, wenn $n(t)$ die Anzahl der Nullstellen im Rechteck $|y| \leqq h$, $0 < x \leqq t$ ist, so ist*

$$n(t) = \frac{\Delta}{\pi} \cdot t + \omega(t)\,, \tag{6.15}$$

wobei die Funktion $\omega(t)$ begrenzt ist. [1])

Beweis. Nach der Folgerung 2 aus dem Lehrsatz 2 liegen alle Nullstellen in diesem Streifen. Wir wählen H genügend groß und wenden auf das Rechteck $|y| \leqq H$, $0 < x \leqq t$ die bekannte Formel für die Anzahl der Nullstellen der Funktion im Inneren einer Randkurve an. So erhalten wir

$$n(t) = \frac{1}{2\pi i}\int_0^t \frac{f'(u - iH)}{f(u - iH)}\,du + \frac{1}{2\pi}\int_{-H}^{H} \frac{f'(t + is)}{f(t + is)}\,ds$$

$$- \frac{1}{2\pi i}\int_0^t \frac{f'(u + iH)}{f(u + iH)}\,du - \frac{1}{2\pi}\int_{-H}^{H} \frac{f'(is)}{f(is)}\,ds\,.$$

Dabei wird angenommen, daß auf den Geraden $x = 0$ und $x = t$ keine Nullstellen der Funktion $f(z)$ liegen.

Die erste dieser Annahmen kann man unbeschadet der Allgemeinheit machen, denn statt der Funktion $f(z)$ kann man die Funktion $f(z + \varepsilon)$ betrachten. Nehmen wir die Realteile auf den beiden Seiten der Gleichung und benutzen wir den Hilfssatz 4, so ergibt sich

$$2\pi\, n(t) = 2\,\Delta t + \varphi_H(t) - \varphi_H(t) + \operatorname{Re}\int_{-H}^{H} \frac{f'(t + is)}{f(t + is)}\,ds + c\,, \tag{6.16}$$

wo $\varphi_H(t)$ und $\varphi_{-H}(t)$ fastperiodische Funktionen sind, und

$$c = -\operatorname{Re}\int_{-H}^{H} \frac{f'(is)}{f(is)}\,ds - \varphi_H(0) + \varphi_{-H}(0)$$

ist. Wir wollen die Beschränktheit der Funktion

$$\omega(t) = 2\pi\, n(t) - 2\,\Delta t - \varphi_H(t) + \varphi_{-H}(t) - c$$

beweisen.

Wir werden diejenigen Werte von t als Ausnahmewerte bezeichnen, für welche die Gerade $\operatorname{Re} z = t$ die Kreise vom Radius $\delta > 0$ mit den Mittelpunkten in den Nullstellen a_n der Funktion $f(z)$ schneidet. Offensichtlich bilden diese Werte Intervalle, welche wir als Ausnahmeintervalle bezeichnen werden. Die Beschränktheit der Funktion $\omega(t)$ außerhalb der Ausnahmeintervalle folgt aus ihrer Integraldarstellung

$$\omega(t) = \operatorname{Re}\int_{-H}^{H} \frac{f'(t + is)}{f(t + is)}\,ds\,.$$

[1]) Im Anhang behandeln wir die Arbeit von M. Krein und des Verfassers, in welcher die Nullstellenmenge einer Funktion der Klasse $[\Delta]$ vollständig charakterisiert wird.

Tatsächlich folgt aus der Formel

$$f'(z) = \frac{1}{2\pi i} \int\limits_{|\zeta - z| = 1} \frac{f(\zeta)}{(\zeta - z)^2} d\zeta$$

bei $|y| \leqq H$ die Ungleichung

$$|f'(z)| \leqq M ,$$

in welcher

$$M = \sup_{|y| \leqq H+1} |f(z)| .$$

Andererseits aber ist nach dem Hilfssatz 1 für t außerhalb der Ausnahmeintervalle $|f(t + i s)| \geqq m(\delta) > 0$ und folglich

$$|\omega(t)| \leqq 2 H M m^{-1}(\delta) .$$

Zur Abschätzung der Funktion $\omega(t)$ auf Ausnahmeintervallen bemerken wir, daß nach dem Hilfssatz 2 ihre Gesamtlänge in jedem Intervall $(x, x + 1)$ die Zahl $2k$ nicht übertrifft, wo k die größte Anzahl der Nullstellen der Funktion $f(z)$ im Rechteck $t < x \leqq t + 1$, $|y| \leqq H$ ist.

Wir wollen annehmen, daß $\delta < \frac{1}{4k}$ ist. Wir bezeichnen mit $\chi(s)$ die obere Grenze der Schwankung der Funktion $2\varDelta t - \varphi_H(t) + \varphi_{-H}(t)$ im Intervall $(x, x + s)$ bei $-\infty < x < \infty$. Infolge der gleichmäßigen Stetigkeit der Funktionen $\varphi_H(t)$ und $\varphi_{-H}(t)$ ist die Funktion $\chi(s)$ beschränkt. Wir wählen bei einem vorgegebenen Werte von t eine Zahl s $\left(|s| < \frac{1}{2}\right)$ so aus, daß der Punkt $t + s$ sich außerhalb der Ausnahmeintervalle befindet. Dann ist

$$|\omega(t + s) - \omega(t)| \leqq 2\pi k + \chi\left(\frac{1}{2}\right)$$

und folglich

$$|\omega(t)| < 2 H M m^{-1}(\delta) + 2\pi k + \chi\left(\frac{1}{2}\right)$$

für alle Werte von t. Der Lehrsatz ist somit bewiesen.

§ 3. Ein allgemeiner Lehrsatz über die Nullstellen und die mittlere Bewegung für holomorphe fastperiodische Funktionen

Als die mittlere Bewegung einer komplexwertigen Funktion $f(x)$, welche auf der reellen Achse definiert und von Null verschieden ist, bezeichnet man den Grenzwert

$$c_f = \lim_{x - y \to \infty} \frac{\arg f(x) - \arg f(y)}{x - y} .$$

Es wird dabei irgend ein stetiger Zweig der Funktion $\arg f(x)$ gewählt. Wenn eine auf der reellen Achse holomorphe Funktion $f(x)$ in einigen Punkten verschwindet, so unterscheidet man in diesen Punkten ein „rechtes“ und ein „linkes“ Argument der Funktion $f(x)$. Das rechte Argument wird folgendermaßen definiert: In einem Punkt x_0 wird der Wert des $\arg f(x)$ willkürlich gewählt, und man setzt ihn stetig nach rechts bis zur nächsten Nullstelle von $f(x)$ fort. Diese Nullstelle wird von unten auf einem kleinen Halbkreis umgangen, und man setzt das arg $f(x)$ stetig auf der reellen Achse nach rechts fort. Ebenso wird das arg $f(x)$ nach links stetig fortgesetzt, indem man jede Nullstelle von unten umgeht. Offensichtlich bekommt das rechte Argument beim Übergang von links nach rechts über eine Nullstelle der Vielfachheit p einen Zuwachs der Größe $p\pi$. Das linke Argument bekommt man auf dieselbe Weise, indem man die Nullstellen von oben umgeht. Offensichtlich bekommt das linke Argument beim Übergang über eine Nullstelle der Vielfachheit p einen Zuwachs der Größe $-\pi p$. Entsprechend definiert man die rechte und die linke mittlere Bewegung c_f^+ und c_f^-. Ist $c_f^+ = c_f^-$, so nennt man diese Größe die mittlere Bewegung, und man nennt sie c_f. [1])

In diesem Paragraphen werden wir einige von den Lehrsätzen von JESSEN über die mittlere Bewegung und über die Nullstellenverteilung von holomorphen fastperiodischen Funktionen darstellen.

Hilfssatz 5. *Jede im Streifen $\alpha < y < \beta$ holomorphe, nicht identisch verschwindende fastperiodische Funktion $f(x)$ besitzt ein Mittel*

$$\varphi(y) = \underset{x}{M}\{\ln|f(x+iy)|\} \tag{6.17}$$

bei $\alpha < y < \beta$.

[1]) Das erste Problem bezüglich der mittleren Bewegung wurde im Jahre 1782 von LAGRANGE im Zusammenhang mit einer astronomischen Frage gestellt. Man kann es so formulieren: Es ist zu beweisen, daß jedes verallgemeinerte trigonometrische Polynom eine mittlere Bewegung hat.

Diesem Problem sind viele genaue Untersuchungen gewidmet. Auf einige von ihnen wollen wir hier hinweisen. LAGRANGE selbst betrachtete nur den trivialen Fall, daß der absolute Betrag eines der Koeffizienten die Summe der absoluten Beträge der anderen Koeffizienten übertrifft. Der Rigaer Mathematiker BOHL hat gezeigt, daß ein verallgemeinertes trigonometrisches Polynom aus drei Summanden immer eine mittlere Bewegung hat.

1916 bewies H. WEYL, daß ein verallgemeinertes trigonometrisches Polynom

$$P(x) = \sum_{k=1}^{n} a_k e^{i\lambda_k x},$$

bei dem λ_k linear unabhängig sind, (d. h., es gibt keine ganzen Zahlen m_k, für die $\sum_{k=1}^{n} \lambda_k m_k = 0$ und $\sum_{k=1}^{n} m_k^2 \neq 0$ gilt), eine mittlere Bewegung hat. Diese Methode später weiterentwickelnd zeigte H. WEYL [1], daß das Problem von LAGRANGE eine positive Lösung hat. Jedoch enthielt der Beweis von H. WEYL einen Fehler. Nach den notwendigen Präzisierungen lieferten 1945 JESSEN und TORNHAVE [1] die vollständige Lösung der Frage. In dieser Arbeit von JESSEN und TORNHAVE ist auch die geschichtliche Entwicklung dieser Frage ausführlich dargestellt worden, es werden dort die Grundergebnisse auf diesem Gebiete und ein vollständiger Literaturnachweis angegeben.

Die Frage nach der mittleren Bewegung wird nicht nur für verallgemeinerte trigonometrische Polynome, sondern auch für beliebige fastperiodische Funktionen gestellt. Grundlegend ist hier folgender Lehrsatz von BOHR [2]:

Das Argument einer fastperiodischen Funktion $f(t)$, welche auf der ganzen Zahlengeraden der Ungleichung $|f(t)| \geqq m > 0$ genügt, läßt sich in der Form darstellen:

$$\arg f(t) = c\,t + \varphi(t),$$

wo c eine Konstante und $\varphi(t)$ eine fastperiodische Funktion ist.

Beweis. Wir setzen $|f(y)|_m = \max\{|f(y)|; m\}$. Die Funktion $\ln|f(x+iy)|_m$ ist offensichtlich eine fastperiodische Funktion von x und hat daher das Mittel

$$\varphi_m(y) = \underset{x}{M}\{\ln|f(x+iy)|_m\}. \tag{6.18}$$

Wir konstruieren das Quadrat (I): $|x-x_0| < 1$ und $|y-y_0| < 1$ und bezeichnen mit k die größtmögliche Anzahl der Nullstellen im Durchschnitt dieses Quadrates und des Streifens $\alpha+\delta \leqq y \leqq \beta-\delta$ $(\delta > 0)$ bei festgehaltenem y_0 und bei der Veränderung von x_0 von $-\infty$ bis ∞ (vgl. Hilfssatz 2).

Wir wählen eine Zahl $\delta_1 > 0$ so klein, daß die Ungleichung $2k\delta_1 < \frac{1}{2}$ erfüllt wird. Die von Kreisen vom Radius δ_1 mit den Mittelpunkten in den Nullstellen der Funktion $f(z)$ überdeckte Menge besteht aus Gebieten. Der Durchmesser eines jeden, das Quadrat $|y-y_0| \leqq \frac{1}{2}$, $|x-x_0| \leqq \frac{1}{2}$ überschneidenden Gebietes ω_j $(j = 1, 2, \ldots, p)$ ist offenbar nicht größer als $2k\delta_1 < \frac{1}{2}$, und hat deshalb Platz im Quadrat (I). Außerhalb dieser Ausnahmegebiete haben wir nach dem Hilfssatz 1

$$|f(z)| \geqq m(\delta_1) > 0 \qquad (\alpha+\delta \leqq y \leqq \beta-\delta).$$

Wir betrachten das Integral

$$J = \int_{x_0-\frac{1}{2}}^{x_0+\frac{1}{2}} [\ln|f(x+iy)|_m - \ln|f(x+iy)|]\,dx,$$

in welchem $m = m(\delta)$ und $|y-y_0| \leqq \frac{1}{2}$ ist. Außerhalb der Ausnahmegebiete ω_j $(j = 1, 2, \ldots, p)$ ist die Funktion hinter dem Integralzeichen gleich Null. Wir konstruieren das Polynom

$$P(z) = \prod_{s=1}^{q} (z - z_s),$$

wo z_s die Nullstellen der Funktion $f(z)$ im Quadrat (I) $(q \leqq k)$ sind. Offensichtlich gilt überall in (I) die Ungleichung

$$|P(z)| \leqq (2\sqrt{2})^k.$$

Am Rande eines Ausnahmegebietes ω_j bekommen wir

$$|f(z)\,P^{-1}(z)| \geqq m\,(2\sqrt{2})^{-k}.$$

Nach dem Maximumprinzip gilt diese Ungleichung im ganzen Quadrat

$$|x-x_0| \leqq \frac{1}{2}, \quad |y-y_0| \leqq \frac{1}{2},$$

und folglich ist

$$\ln|f(x+iy)| \geqq \ln m - \frac{3}{2}k\ln 2 + \ln|P(x+iy)|$$

$$\left(|x-x_0| \leqq \frac{1}{2}, \quad \alpha+\delta \leqq y \leqq \beta-\delta\right),$$

und wir bekommen in den Gebieten ω_j die Ungleichung

$$\ln |f(x+i\,y)|_m - \ln |f(x+i\,y)| < \frac{3}{2}\,k \ln 2 - \sum_{s=1}^{q} \ln |z - z_s|\,.$$

Da der Durchmesser von ω_j $2\,k\,\delta_1$ nicht übertrifft, bekommen wir hieraus

$$|J| < 3\,k^2\,\delta_1 \ln 2 - k \int_{-2k\delta_1}^{2k\delta_1} \ln |t|\,dt \qquad (\alpha + \delta \leqq y \leqq \beta - \delta)\,.$$

Diese Abschätzung gilt bei jedem x_0.

Lassen wir δ gegen Null gehen und folglich auch $m(\delta) \to 0$, so bekommen wir, daß $J \to 0$ gleichmäßig bezüglich $\alpha + \delta \leqq y \leqq \beta - \delta$. Wir bezeichnen

$$\varphi(y, x_1, x_2) = \frac{1}{x_2 - x_1} \int_{x_1}^{x_2} \ln |f(x + i\,y|)\,dx$$

und konstruieren analog

$$\varphi_m(y, x_1, x_2) \qquad \text{nach} \qquad \ln |f(x+i\,y)|_m\,:$$

so erhalten wir

$$|\varphi(y, x_1, x_2) - \varphi_m(y, x_1, x_2)| < \varepsilon$$

bei $m < m_\varepsilon$ und beliebigen x_1 und x_2 $(x_2 > x_1 + 1)$.

Auf diese Weise ergibt sich bei genügend kleinem m

$$\varphi_m(y) - \varepsilon < \underline{\lim}_{x_2 - x_1 \to \infty} \varphi(y, x_1, x_2) \leqq \overline{\lim}_{x_2 - x_1 \to \infty} \varphi(y, x_1, x_2) \leqq \varphi_m(y) + \varepsilon\,.$$

Hieraus folgt die Existenz von $\varphi(y)$. Der Hilfssatz ist somit bewiesen.

Wir wollen die Funktion $\varphi(y)$ studieren. Es ist bequem, zu diesem Zwecke das Argumentprinzip zu benutzen. Bezeichnen wir mit $n(x_1, x_2, s, t)$ die Anzahl der Nullstellen der Funktion $f(z)$ im Rechteck $x_1 < \operatorname{Re} z \leqq x_2$, $s \leqq \operatorname{Im} z \leqq t$, welches im Streifen der Fastperiodizität von $f(z)$ liegt, und wenden wir das Argumentprinzip an, so erhalten wir

$$2\,\pi\,n(x_1, x_2, s, t) = \int_{x_1}^{x_2} \frac{d \arg f(x + i\,s)}{dx}\,dx - \int_{x_1}^{x_2} \frac{d \arg f(x + i\,t)}{dx}\,dx$$
$$+ \operatorname{Im} \int_{s}^{t} \left[\frac{f'(x_2 + i\,y)}{f(x_2 + i\,y)} - \frac{f'(x_1 + i\,y)}{f(x_1 + i\,y)}\right] dy\,. \tag{6.19}$$

Das letzte Glied dieser Gleichung (wir bezeichnen es mit $C(x_1, x_2, s, t)$) ist auf einer relativ dichten Menge der Veränderlichen x_1 und x_2 E beschränkt (vgl. Überlegungen im Lehrsatz 3).

Aus den Cauchy-Riemannschen Differentialgleichungen ergibt sich

$$\frac{d \arg f(x + i\,s)}{dx} = -\frac{d \ln |f(x + i\,s)|}{ds}\,,$$

und wir bekommen nach der Substitution

$$2\pi\, n(x_1, x_2, s, t) = -\int_{x_1}^{x_2} \frac{d \ln |f(x + i s)|}{ds}\, dx + \int_{x_1}^{x_2} \frac{d \ln |f(x + i t)|}{dt}\, dx + C(x_1, x_2, s, t)\,. \tag{6.20}$$

Die Integrale auf der rechten Seite der Gleichung (6.20) existieren bei allen Werten der Größen s und t, vielleicht mit Ausnahme einer abzählbaren Menge.

Es sei $\alpha < y_1 < y_2 < y_3 < \beta$. Integrieren wir die beiden Seiten der Gleichung (6.20) nach s in den Grenzen von y_1 bis y_2 und nach t von y_2 bis y_3, und dividieren wir durch $x_2 - x_1$, so ergibt sich

$$\frac{2\pi}{x_2 - x_1} \int_{y_2}^{y_3} \int_{y_1}^{y_2} n(x_1, x_2, s, t)\, ds\, dt$$

$$= -\left\{\frac{1}{x_2 - x_1} \int_{x_1}^{x_2} [\ln |f(x + i y_2)| - \ln |f(x + i y_1)|]\, dx\right\} (y_3 - y_2)$$

$$+ \left\{\frac{1}{x_2 - x_1} \int_{x_1}^{x_2} [\ln |f(x + i y_3)| - \ln |f(x + i y_2)|]\, dx\right\} (y_2 - y_1)$$

$$+ \frac{1}{x_2 - x_1} \int_{y_2}^{y_3} \int_{y_1}^{y_2} C(x_1, x_2, s, t)\, ds\, dt\,.$$

Gehen wir darauf zum Grenzwert bei $x_2 - x_1 \to +\infty$ über, und nehmen wir an, daß x_1 und x_2 einer gewissen relativ dichten Menge E angehören, auf welcher die Funktion $C(x_1, x_2, s, t)$ beschränkt ist, so bekommen wir:

$$-[\varphi(y_2) - \varphi(y_1)]\,(y_3 - y_2) + [\varphi(y_3) - \varphi(y_2)]\,(y_2 - y_1) \geqq 0 \tag{6.21}$$

oder

$$\varphi(y_1)\,(y_2 - y_3) + \varphi(y_2)\,(y_3 - y_1) + \varphi(y_3)\,(y_1 - y_2) \leqq 0\,. \tag{6.22}$$

Auf diese Weise ist die Funktion $\varphi(y)$ konvex. Nach den bekannten Eigenschaften konvexer Funktionen hat $\varphi(y)$ in jedem Punkt eine rechte und eine linke Ableitung, wobei die rechte Ableitung in diesem Punkt nicht kleiner als die linke ist. Es ist auch bekannt, daß die rechte Ableitung einer konvexen Funktion gleich der linken Ableitung ist in allen Punkten, vielleicht mit Ausnahme einer abzählbaren Menge, und $\varphi'(y)$ ist eine nichtabnehmende Funktion.[1])

Lehrsatz 4. *Existiert die Ableitung $\varphi'(y)$ bei $y = y_1$ und $y = y_2$ $(y_2 > y_1)$, so existiert der Grenzwert*

$$2\pi \lim_{x_2 - x_1 \to \infty} \frac{n(x_1, x_2, y_1, y_2)}{x_2 - x_1} = \varphi'(y_2) - \varphi'(y_1)\,. \tag{6.23}$$

[1]) Im Kapitel I haben wir analoge Lehrsätze für trigonometrisch konvexe Funktionen bekommen.

Beweis. Wir wählen eine Zahl h so klein, daß

$$\left|\frac{\varphi(y_2+h)-\varphi(y_2)}{h}-\varphi'(y_2)\right|<\frac{\varepsilon}{2}$$

und

$$\left|\frac{\varphi(y_1)-\varphi(y_1-h)}{h}-\varphi'(y_1)\right|<\frac{\varepsilon}{2}$$

ist. Wir integrieren die Ungleichung (6.20) nach s zwischen $y_1 - h$ und y_1 und nach t zwischen y_2 und $y_2 + h$, dividieren durch $x_2 - x_1$ und gehen zum Grenzwert bei $x_2 - x_1 \to \infty$ über, wobei wir annehmen, daß die Werte von x_1 und x_2 zu derjenigen relativ dichten Menge E gehören, auf welcher $C(x_1, x_2, s, t)$ beschränkt ist. Wir bekommen

$$\lim_{x_2-x_1\to\infty}\frac{2\pi}{h^2}\int_{y_2}^{y_2+h}\int_{y_1-h}^{y_1}\frac{n(x_1,x_2,s,t)}{x_2-x_1}\,ds\,dt=\frac{\varphi(y_2+h)-\varphi(y_2)}{h}-\frac{\varphi(y_1)-\varphi(y_1-h)}{h}. \tag{6.24}$$

Für $h > 0$ ist die Funktion unter dem Integralzeichen nicht kleiner als $n(x_1, x_2, y_1, y_2)\,(x_2 - x_1)^{-1}$, und wir bekommen

$$2\pi\overline{\lim_{x_2-x_1\to\infty}}\frac{n(x_1,x_2,y_1,y_2)}{x_2-x_1}\leqq\varphi'(y_2)-\varphi'(y_1)+\varepsilon\,.$$

Analog bekommen wir bei $h < 0$

$$2\pi\underline{\lim_{x_2-x_1\to\infty}}\frac{n(x_1,x_2,y_1,y_2)}{x_2-x_1}\geqq\varphi'(y_2)-\varphi'(y_1)-\varepsilon\,.$$

Aus diesen beiden Ungleichungen folgt (6.23). Wir wollen uns noch von der Forderung befreien, daß die Größen x_1 und x_2 nur Werte aus E annehmen. Wir bemerken, daß man bei beliebigen x_1 und x_2 vier Zahlen x_1', x_1'', x_2', x_2'', welche E angehören, und für die $|x_1''-x_1'|<1$, $|x_2''-x_2'|<1$ und $x_1'<x_1<x_1''$, $x_2'<x_2<x_2''$ gilt, auswählen kann.

Es folgt unmittelbar aus der Definition der Funktion $n(x_1, x_2, y_1, y_2)$, daß

$$\frac{x_2'-x_1''}{x_2-x_1}\cdot\frac{n(x_1'',x_2',y_1,y_2)}{x_2'-x_1''}\leqq\frac{n(x_1,x_2,y_1,y_2)}{x_2-x_1}\leqq\frac{n(x_1',x_2'',y_1,y_2)}{x_2''-x_1'}\cdot\frac{x_2''-x_1'}{x_2-x_1} \tag{6.25}$$

ist, und offensichtlich haben alle drei Größen einen gemeinsamen Grenzwert bei $x_2 - x_1 \to \infty$.

Lehrsatz 5. *Existiert für $y = y_0$ die Ableitung $\varphi'(y_0)$, so hat die Funktion $f(x + i\,y_0)$ eine mittlere Bewegung, und es ist $c_f(y_0) = -\varphi'(y_0)$.*

Beweis. Die Funktion $n(x_1, x_2, y_0, t)\,(x_2 - x_1)^{-1}$ ist monoton in t und hat nach Lehrsatz 4 einen Grenzwert bei $x_2 - x_1 \to \infty$ für alle Werte der Veränderlichen t, vielleicht mit Ausnahme einer abzählbaren Menge. Da die Funktion außerdem für $y_1 \leqq t \leqq y_1 + h$ beschränkt ist, existiert der Grenzwert

$$\lim_{x_2-x_1\to\infty}(x_2-x_1)^{-1}\int_{y_1}^{y_1+h}n(x_1,x_2,y_0,t)\,dt\,.$$

Setzen wir in der Formel (6.20) $s = y_0$ und integrieren wir die beiden Seiten nach t von y_1 bis $y_1 + h$, so bekommen wir

$$h \frac{\arg f(x_2 + i y_0) - \arg f(x_1 - i y_0)}{x_2 - x_1} = -(x_2 - x_1)^{-1} \int_{x_1}^{x_2} \ln |f[x + i (y_1 + h)]| \, dx$$

$$+ (x_2 - x_1)^{-1} \int_{x_1}^{x_2} \ln |f(x + i y_1)| \, dx - (x_2 - x_1)^{-1} \int_{y_1}^{y_1+h} C(x_1, x_2, y_0, t) \, dt$$

$$+ 2\pi (x_2 - x_1)^{-1} \int_{y_1}^{y_1+h} n(x_1, x_2, y_0, t) \, dt \,. \tag{6.26}$$

Alle Größen auf der rechten Seite der Gleichung haben Grenzwerte bei $x_2 - x_1 \to \infty$. Gehen wir zum Grenzwert über, und benutzen wir den Lehrsatz 4, so bekommen wir

$$c_f(y) = -\varphi'(y) \,.$$

§ 4. Lehrsatz über die mittlere Bewegung für fastperiodische Funktionen mit halbbegrenztem Spektrum

Aus der Formel (6.27) folgt, daß $c_f(y)$ eine monoton abnehmende Funktion ist. Wenn die untere Grenze des Spektrums der Funktion endlich ist, so ist die Funktion $e^{i\Delta z} f(z)$ in der oberen Halbebene beschränkt, und folglich ist die konvexe Funktion $\varphi(y) - \Delta y$ auch beschränkt für $y > 0$. Das ist nur unter der Bedingung möglich, daß $\varphi'(y) - \Delta \leqq 0$ ist. Auf diese Weise ist die monoton abnehmende Funktion $c_f(y)$ in diesem Fall von der Zahl $-\Delta$ nach unten beschränkt, und folglich existiert der Grenzwert

$$\lim_{y \to +\infty} c_f(y) \geqq -\Delta \,. \tag{6.28}$$

Aus dem Hilfssatz 3 folgt, daß in (6.28) das Gleichheitszeichen steht, wenn die Zahl $-\Delta$ zum Spektrum der Funktion $f(z)$ gehört. Es ergibt sich, daß dieser Grenzwert auch in dem Falle gleich $-\Delta$ ist, wenn $-\Delta$ nicht zum Spektrum der Funktion $f(z)$ gehört.

Dieser Lehrsatz erscheint sehr natürlich, doch ist sein Beweis recht kompliziert.[1]) Wir werden diesen Lehrsatz künftig zum Studium allgemeiner Exponentialsummen benutzen. Um ihn zu beweisen, benötigen wir eine Reihe von Hilfssätzen. Vor allem beweisen wir folgenden allgemeinen Hilfssatz:

Hilfssatz 6. *Wenn eine im Kreis $|z - z_0| \leqq r$ holomorphe Funktion $f(z)$ der Ungleichung $|f(z)| \leqq 1$ genügt und außerdem*

$$|f(z_0)| \geqq e^{-\gamma} \tag{6.29}$$

ist, so übertrifft die Änderung der Funktion $\arg f(z)$ auf einer beliebigen im Kreis $|z - z_0| \leqq p = r(2e)^{-1}$ gelagerten Strecke nicht die Größe $(4 + 2\pi)\gamma$.

[1]) B. J. Lewin [4].

Beweis. Wir setzen $\sigma = r\,e^{-1}$ und bezeichnen mit $n(f, \sigma, z_0)$ die Anzahl der Nullstellen der Funktion $f(z)$ im Kreis $|z - z_0| < \sigma$. Dann bekommen wir nach dem Hilfssatz 4, § 5, Kapitel I

$$n(f, \sigma, z_0) < \gamma\,. \tag{6.30}$$

Wir stellen mit diesen Nullstellen die Funktion

$$\chi(z, z_0) = \prod_{|u_k| < \sigma} \frac{\sigma(u - u_k)}{\sigma^2 - \bar{u}_k\, u}$$

auf, wo $u = z - z_0$ und $u_k = a_k - z_0$ (a_k Nullstellen von $f(z)$) sind.

Die Funktion

$$\varphi(z, z_0) = f(z)\,\chi^{-1}(z, z_0) \tag{6.31}$$

ist holomorph und hat keine Nullstellen im Kreis $|z - z_0| \leqq \sigma$, sie genügt auf dem Umfang und folglich auch im Innern dieses Kreises der Ungleichung

$$|\varphi(z, z_0)| \leqq 1\,.$$

Da im Innern dieses Kreises $|\chi(z, z_0)| < 1$ ist, ist $|\varphi(z_0, z_0)| > e^{-\gamma}$.

Wenden wir auf die bei $|z - z_0| < \sigma$ holomorphe Funktion

$$\ln \frac{\varphi(z, z_0)}{\varphi(z_0, z_0)}$$

die Ungleichung von Carathéodory (§ 6, Kapitel I) an, so bekommen wir, wenn wir in ihr $R = 2\,r$ setzen:

$$|\ln \varphi(z, z_0) - \ln \varphi(z_0, z_0)| < -2 \ln |\varphi(z_0, z_0)|$$

bei

$$|z - z_0| < \frac{\sigma}{2} = p\,.$$

Sind z_1 und z_2 zwei Punkte im Kreis $|z - z_0| < p$, so ist auf diese Weise

$$|\ln \varphi(z_2, z_0) - \ln \varphi(z_1, z_0)| < 4\,\gamma$$

und um so mehr

$$|\arg \varphi(z_2, z_0) - \arg \varphi(z_1, z_0)| < 4\,\gamma\,. \tag{6.32}$$

Die Veränderung des Arguments der Funktion $\dfrac{\sigma(u - u_k)}{\sigma^2 - \bar{u}_k\, u}$ auf jeder beliebigen Strecke ist kleiner als $2\,\pi$, hieraus folgt

$$|\arg \chi(z_2, z_0) - \arg \chi(z_1, z_0)| < 2\,\pi\, n\,(f, \sigma, z_0)\,. \tag{6.33}$$

Vergleichen wir (6.31), (6,32), (6.33) und (6.30), so bekommen wir

$$|\arg f(z_2) - \arg f(z_1)| < (4 + 2\,\pi)\,\gamma\,.$$

Offensichtlich ist es dabei gleichgültig, ob wir das rechte oder das linke Argument bei der Bewegung des Punktes z auf dem Intervall $[z_1, z_2]$ als $\arg f(z)$ nehmen. Ist das Spektrum nach unten beschränkt, so kann man unbeschadet der Allgemeinheit annehmen, daß seine untere Grenze gleich Null ist. Gehört dabei die Null nicht zum Spektrum, so konvergiert nach dem Hilfssatz 3 die Funktion

$f(x+iy)$ gleichmäßig gegen Null bei $y \to +\infty$. Deshalb kann man unbeschadet der Allgemeinheit annehmen, daß $|f(x)| \leqq 1$ ist, und folglich in der ganzen Halbebene $y \geqq 0$ $|f(z)| \leqq 1$.

Zur Abschätzung der Veränderung des Arguments der Funktion $f(z)$ auf der Geraden $y = R$ benutzen wir den Hilfssatz 6. Um das machen zu können, muß man zeigen, daß man in der Umgebung jeder solchen Geraden eine genügend dichte Punktmenge (Stützpunkte) finden kann, auf welcher eine Ungleichung der Form (6.29) erfüllt ist.

Die weiteren Betrachtungen sind dem Beweis der Existenz solcher Stützpunkte gewidmet.

Hilfssatz 7. *$\{a_k\}$ sei eine Zahlenfolge*

$$\operatorname{Im} a_k > 0\,, \qquad \sum_{k=1}^{\infty} \left|\operatorname{Im}\frac{1}{a_k}\right| < \infty$$

$$\chi(z) = \prod_{k=1}^{\infty}\left(1-\frac{z}{a_k}\right)\left(1-\frac{z}{\bar{a}_k}\right)^{-1}. \tag{6.34}$$

Dann strebt die Größe

$$J(\chi, R) = \frac{2}{\pi R}\int_0^{\pi} \ln|\chi(Re^{i\theta})| \sin\theta\, d\theta$$

gegen Null mit dem wachsenden R.

Beweis. Berücksichtigen wir, daß $|\chi(x)| = 1$ ist, und benutzen wir die Formel von Carleman (5.02′), so können wir schreiben

$$J(\chi, R) + \frac{1}{2}\operatorname{Im}\chi'(0) = \sum_{r_k<R}\left(\frac{1}{r_k} - \frac{r_k}{R^2}\right)\sin\theta_k\,,$$

wo $a_k = r_k e^{i\theta_k}$ ist. Es ist aber $\chi'(0) = -2i\sum_{k=1}^{\infty}\operatorname{Im}\frac{1}{a_k}$ und folglich

$$J(\chi, R) = \sum_{r_k>R}\frac{\sin\theta_k}{r_k} - \frac{1}{R^2}\sum_{r_k<R} r_k\sin\theta_k > -\frac{1}{R^2}\sum_{r_k<R} r_k \sin\theta_k\,.$$

Bei einem gewissen $r_\varepsilon > 0$ bekommen wir

$$\frac{1}{R^2}\sum_{r_\varepsilon<r_k<R} r_k\sin\theta_k < \sum_{r_k>r_\varepsilon}\frac{\sin\theta_k}{r_k} < \frac{\varepsilon}{2}\,.$$

Außerdem ist bei einem gewissen $R_\varepsilon > 0$ und $R > R_\varepsilon$

$$\frac{1}{R^2}\sum_{r_k<r_\varepsilon} r_k\sin\theta_k < \frac{\varepsilon}{2}\,,$$

und folglich asymptotisch

$$-\varepsilon < J(\chi, R) < 0\,.$$

Die rechte Ungleichung folgt aus der Ungleichung $|\chi(z)| < 1$ bei $\operatorname{Im} z > 0$.

Hilfssatz 8. *Läßt eine für* Im $z > 0$ *holomorphe und in der abgeschlossenen Halbebene stetige Funktion endlichen Grades* $\psi(z)$ *die Darstellung*

$$\ln |\psi(z)| = \frac{y}{\pi} \int_{-\infty}^{\infty} \frac{\ln |\psi(t)|}{(t-x)^2 + y^2} dt + k\, y \tag{6.35}$$

zu, so ist

$$\lim_{R\to\infty} J(\psi, R) = k\,.$$

Beweis. Bilden wir den Ausdruck $J(\psi, R)$ und vertauschen wir die Reihenfolge der Integration, so bekommen wir

$$J(\psi, R) = \frac{2}{\pi} \int_{-\infty}^{\infty} \ln |\psi(t)|\, k(t, R)\, dt + k\,,$$

wo

$$k\,(t, R) = \frac{1}{\pi} \int_0^{\pi} \frac{\sin^2 \theta\, d\theta}{R^2 + t^2 - 2\, R\, t \cos \theta}$$

ist, was nach der Ausrechnung

$$k(t, R) = \begin{cases} \dfrac{1}{2\,\pi\, R^2} & \text{bei } |t| < R \\ \dfrac{1}{2\,\pi\, t^2} & \text{bei } |t| > R \end{cases}$$

ergibt.

Auf diese Weise ist

$$J(\psi, R) = \frac{1}{\pi\, R^2} \int_0^R \ln |\psi(t) \cdot \psi(-t)|\, dt + \frac{1}{\pi} \int_R^{\infty} \frac{\ln |\psi(t)\, \psi(-t)|}{t^2} dt + k\,. \tag{6.36}$$

Die Existenz des zweiten Integrals kann man unmittelbar aus der Existenz des Integrals (6.35) mit Hilfe der partiellen Integration erhalten ebenso wie in § 3, Kapitel V.

Wir führen die Funktion

$$\varphi_\lambda(x) = \int_\lambda^x \frac{\ln |\psi(t)\, \psi(-t)|\, dt}{t^2} \qquad (x > \lambda)$$

ein und bekommen leicht, daß

$$\frac{1}{\pi\, R^2} \int_\lambda^R \ln |\psi(t)\, \psi(-t)|\, dt = \varphi_\lambda(t) \frac{t^2}{R^2}\Bigg|_\lambda^R - \frac{2}{R^2} \int_\lambda^R \varphi_\lambda(t)\, t\, dt$$

ist, und unter Berücksichtigung der Tatsache, daß $\varphi_\lambda(t)$ bei $t > \lambda$ und $\lambda \to \infty$ gegen Null geht, bekommen wir, daß bei einem gewissen $\lambda_\varepsilon > 0$ und $R > \lambda \geqq \lambda_\varepsilon$

$$\left| \frac{1}{\pi R^2} \int_\lambda^R \ln |\psi(t)\, \psi(-t)|\, dt \right| < \frac{\varepsilon}{3} \tag{6.37}$$

ist.

Wählen wir die Zahl R_ε genügend groß, so haben wir bei $R > R_\varepsilon$ auch

$$\left.\begin{aligned} &\left| \frac{1}{\pi R^2} \int_0^\lambda \ln |\psi(t)\, \psi(-t)|\, dt \right| < \frac{\varepsilon}{3} \\ \text{und} \quad &\left| \frac{1}{\pi} \int_R^\infty \frac{\ln |\psi(t)\, \psi(-t)|}{t^2}\, dt \right| < \frac{\varepsilon}{3}. \end{aligned}\right\} \tag{6.38}$$

Aus (6.36), (6.37) und (6.38) folgt die Behauptung des Hilfssatzes. Aus der Vereinigung der Hilfssätze 7 und 8 ergibt sich

Hilfssatz 9. *Ist $f(z)$ in der Halbebene* Im $z \geqq 0$ *holomorph und von endlichem Grade, und existieren*

$$\int_{-\infty}^{\infty} \frac{\ln |f(t)|}{1 + t^2}\, dt \tag{6.39}$$

und

$$\varlimsup_{y \to +\infty} \frac{\ln |f(i\, y)|}{y} = k\,, \tag{6.40}$$

so ist

$$\lim_{R \to \infty} J(f, R) = k\,. \tag{6.41}$$

Beweis. Nach dem Lehrsatz 5, § 3, Kapitel V folgt aus den Voraussetzungen dieses Hilfssatzes, daß die Funktion $f(z)$ in der Form darstellbar ist

$$f(z) = \psi(z) \cdot \chi(z)\,,$$

wo $\chi(z)$ durch die Formel (6.34) definiert ist (a_k die Nullstellen der Funktion $f(z)$ sind) und $\psi(z)$ die Darstellung (6.35) zuläßt. Hieraus bekommen wir

$$J(f, R) = J(\psi, R) + J(\chi, R)\,. \tag{6.42}$$

Es bleibt uns nur übrig, uns auf die Hilfssätze 6 und 7 zu beziehen.

Hilfssatz 10. *$f(x)$ sei eine fastperiodische Funktion, für die die untere Grenze des Spektrums gleich Null ist, und es sei*

$$J(f, \tau, R) = \frac{2}{\pi R} \int_0^\pi \ln |f(\tau + R\, e^{i\theta})| \sin\theta\, d\theta\,. \tag{6.43}$$

Dann entsprechen jeder Zahl $\varepsilon > 0$ eine relativ dichte Menge reeller Zahlen τ und eine Zahl R_ε, die so beschaffen sind, daß bei $R > R_\varepsilon$

$$-\varepsilon < J(f, \tau, R) < 0 \tag{6.44}$$

für die ganze Menge der Zahlen $\{\tau\}$ gilt.

Beweis. Ohne Beschränkung der Allgemeinheit kann man annehmen, daß $|f(x)| < 1$ ist (es genügt, die Funktion mit einem konstanten Faktor zu multiplizieren). Wir haben nach der Formel von CARLEMAN

$$2 \cdot \sum_{\lambda < r_k(\tau) < R} \left(\frac{1}{r_k(\tau)} - \frac{r_k(\tau)}{R^2}\right) \sin \theta_k(\tau) - \frac{1}{\pi} \int_\lambda^R \ln |f(t + \tau)\, f(\tau - t)| \left(\frac{1}{t^2} - \frac{1}{R^2}\right) dt$$

$$= J(f, \tau, R) + A_\lambda(f, \tau, R)\,, \tag{6.45}$$

wo $r_k(\tau)\, e^{i\theta_k(\tau)} = a_k - \tau$ (a_k Nullstellen von $f(z)$) und

$$A_\lambda(f, \tau, R) = -\operatorname{Im} \frac{1}{\pi} \int_0^\pi \ln f(\tau + \lambda\, e^{i\theta}) \left(\frac{\lambda\, e^{i\theta}}{R^2} - \frac{e^{-i\theta}}{\lambda}\right) d\theta$$

ist.

Die linke Seite der Gleichung (6.45) ist bei einem beliebigen festen τ eine mit wachsendem R monoton wachsende Funktion. Wir werden sie mit $\psi(R, \tau)$ bezeichnen. Nach dem Hilfssatz 8 haben wir für ein gewisses $R'_\varepsilon > 0$ und $R > R'_\varepsilon$

$$-\frac{\varepsilon}{3} < J(f, 0, R) < 0\,. \tag{6.46}$$

Es sei außerdem R'_ε so groß, daß bei $R \geqq R'_\varepsilon$ die Ungleichung

$$|B_\lambda(f, 0, R)| < \frac{\varepsilon}{6} \tag{6.47}$$

erfüllt ist, wo

$$B_\lambda(f, \tau, R) = A_\lambda(f, \tau, R) - A_\lambda(f, \tau, \infty) = -\operatorname{Im} \frac{1}{\pi R^2} \int_0^\pi [\ln |f(\tau + \lambda\, e^{i\theta})] \cdot \lambda\, e^{i\theta}\, d\theta$$

ist.

Wir wählen die Zahlen $0 < \lambda < 1$ und $R_\varepsilon \geqq R'_\varepsilon > \lambda$ so, daß auf den Halbkreisen $z = \lambda\, e^{i\theta}$ und $z = R_\varepsilon\, e^{i\theta}$ $(0 \leqq \theta \leqq \pi)$ keine Nullstellen der Funktion $f(z)$ liegen, wir bezeichnen die untere Grenze von $|f(z)|$ auf diesen Halbkreisen mit $m > 0$ und wählen eine Zahl δ, $\delta < \frac{m\,\varepsilon}{12}$.

Ist τ eine δ-Verschiebung der Funktion $f(z)$ im Streifen $0 \leqq y \leqq R$, und gehört der Punkt z einem der Halbkreise an, so ist

$$|\ln f(z + \tau) - \ln f(z)| = \left|\ln\left[1 - \frac{f(z) - f(z + \tau)}{f(z)}\right]\right| < \frac{2\,\delta}{m} < \frac{\varepsilon}{6}\,. \tag{6.48}$$

Auf diese Weise ist für $R \geqq R_\varepsilon$ und bei der genannten Wahl der Zahlen τ

$$\left.\begin{aligned} &|J(f, \tau, R_\varepsilon) - J(f, 0, R_\varepsilon)| < \frac{\varepsilon}{3} \\ \text{und} \\ &|B_\lambda(f, \varepsilon, R_\varepsilon) - B_\lambda(f, 0, R_\varepsilon)| < \frac{\varepsilon}{6}\,. \end{aligned}\right\} \tag{6.49}$$

Aus der ersten dieser Ungleichungen und aus (6.45) folgt

$$-\frac{2\,\varepsilon}{3} < J(f, \tau, R_\varepsilon) < 0\,. \tag{6.50}$$

Nach der Formel von CARLEMAN (6.45) ist die Funktion $J(f, \tau, R)$ eine Summe der monoton wachsenden Funktion $\psi(R, \tau)$ und der Funktion $A_\lambda(f, \tau, R)$, deren Schwankung bei der Veränderung von R von R_ε bis ∞ kraft der Ungleichungen (6.47) und (6.49) die Größe $\frac{\varepsilon}{3}$ nicht übertrifft. Auf diese Weise gilt für $R \geqq R_\varepsilon$

$$-\varepsilon < J(f, \tau, R) < 0\,, \tag{6.51}$$

wo $\{\tau\}$ die relativ dichte Menge der δ-Verschiebungen der Funktion $f(z)$ im Streifen $0 \leqq y \leqq R$ ist. Der Hilfssatz ist somit bewiesen.

Aus dem Hilfssatz 10 folgt leicht, daß es auf jedem Bogen $z = R\,e^{i\theta} + \tau$, $\left|\theta - \frac{\pi}{2}\right| < \alpha\,(\alpha > 0)$ und $R > R_\varepsilon$ einen Punkt z_τ gibt, in welchem

$$\ln|f(z_\tau)| \geqq -\eta R \left(\eta = \frac{\pi\,\varepsilon}{4\sin\alpha}\right) \tag{6.52}$$

ist.

In der Tat hätten wir im entgegengesetzten Fall

$$J(f, \tau, R) < \frac{2}{\pi\,R} \int\limits_{\frac{\pi}{2}-\alpha}^{\frac{\pi}{2}+\alpha} \ln|f(R\,e^{i\theta})|\sin\theta\,d\theta < -\frac{4}{\pi}\eta\sin\alpha = -\varepsilon\,, \tag{6.53}$$

was (6.44) widerspricht. Also bekommen wir aus den letzten vier Hilfssätzen eine Folgerung, welche wir in Gestalt eines besonderen Hilfssatzes formulieren.

Hilfssatz 11. *Ist die untere Grenze des Spektrums einer fastperiodischen Funktion $f(x)$ gleich Null, so entsprechen jedem Zahlenpaar $\varepsilon > 0$ und $\zeta > 0$ eine solche relativ dichte Menge der Zahlen $\{\tau\}$ und eine Zahl $R(\varepsilon, \zeta) > 0$, daß für $R > R(\varepsilon, \zeta)$ jeder Kreis um den Punkt $\tau + i\,R$ mit dem Radius ζR einen Punkt z_τ enthält, in welchem*

$$\ln|f(z_\tau)| > -\varepsilon\,R \tag{6.54}$$

ist.

Die vorhergehenden vier Hilfssätze waren nur nötig, um den Hilfssatz 11 zu beweisen, den wir jetzt benutzen werden.

Mit Hilfe der Hilfssätze 6 und 11 können wir folgenden Lehrsatz beweisen:

Lehrsatz 6. *Ist die untere Grenze des Spektrums einer fastperiodischen Funktion $f(z)$ gleich $-\Delta$, so ist*

$$\lim_{y \to +\infty} c_f(y) = \Delta \,.\,[1] \tag{6.55}$$

Beweis. Offensichtlich braucht man nur den Fall zu betrachten, daß die Zahl $-\Delta$ nicht zum Spektrum gehört. Ohne Beschränkung der Allgemeinheit kann man annehmen, daß $\Delta = 0$ und $|f(x)| \leqq 1$ ist ($-\infty < x < \infty$), denn man kann den allgemeinen Fall auf diesen Fall durch die Multiplikation der Funktion $f(x)$ mit dem Faktor $k\,e^{i\Delta x}$ (k konstant) zurückführen.

$\varepsilon > 0$ sei gegeben. Wir wählen eine Zahl ζ so, daß $\zeta < \frac{1-\zeta}{4e}$ ist, bestimmen die relativ dichte Menge $\{\tau\}$ und die Zahl R_ε, von denen im Hilfssatz 11 die Rede ist, und wählen eine Zahl $R'_\varepsilon \geqq \max\left(R_\varepsilon, \frac{4el}{\sqrt{3}(1-\zeta)}\right)$, wo l das einschließende Intervall für die Menge $\{\tau\}$ ist. Wir beschreiben um jeden der Punkte z_τ, deren Existenz im Hilfssatz 11 behauptet wird, einen Kreis $K_{\tau,R}$ vom Radius $d = R(2e)^{-1}(1-\zeta)$ mit dem Mittelpunkt in diesem Punkt. Bei der genannten Wahl der Zahlen ζ und $R > R'_\varepsilon$ überdecken diese Kreise die Gerade $y = R$ vollständig.

Gemäß dem Hilfssatz 11 haben wir $|f(z_\tau)| > e^{-\varepsilon R}$, außerdem ist $|f(z)| \leqq 1$ in der ganzen Halbebene $\operatorname{Im} z \geqq 0$ und folglich auch in jedem Kreis $|z - z_\tau| \leqq (1-\zeta)\,R$.

Nach dem Hilfssatz 6 übertrifft die Veränderung des $\arg f(z)$ auf jeder Strecke im Kreis $|z - z_\tau| < d$ nicht die Größe $(2\pi + 4)\,\varepsilon R$. Jeder Abschnitt der Geraden $y = R$, dessen Länge $\sqrt{3}\,d$ nicht übersteigt, wird von zwei Kreisen $K_{\tau,R}$ vollständig überdeckt, und folglich übertrifft der Zuwachs der Funktion $\arg f(x + iR)$ auf diesem Abschnitt die Größe $4(\pi + 2)\,\varepsilon R$ nicht. Auf diese Weise gilt für beliebiges $\varepsilon > 0$ und $y > R'_\varepsilon$

$$|c_f(y)| < \frac{8(\pi + 2)\,e}{\sqrt{3}}\,\varepsilon \tag{6.56}$$

und folglich

$$\lim_{y \to +\infty} c_f(y) = 0\,. \tag{6.57}$$

Aus dem soeben bewiesenen Lehrsatz und den Lehrsätzen 4 und 5 ergibt sich eine Folgerung:

Folgerung. *Ist das Spektrum einer fastperiodischen Funktion beschränkt, und ist*

$$\sigma(y_1, y_2) = \lim_{x_2 - x_1 \to +\infty} \frac{n(x_1, x_2, y_1, y_2)}{x_2 - x_1}\,,$$

---

[1]) Hier ist, wie gewöhnlich, $c_f(y)$ die mittlere Bewegung der Funktion $f(x + iy)$, d. h.

$$c_f(y) = \lim_{x_2 - x_1 \to +\infty} \frac{\arg f(x_2 + iy) - \arg f(x_1 + iy)}{x_2 - x_1}\,.$$

so ist

$$\lim_{\substack{y_1 \to -\infty \\ y_2 \to +\infty}} \sigma(y_1, y_2) = \frac{d}{2\pi}, \tag{6.58}$$

wo d die Länge des kleinsten, das ganze Spektrum der Funktion $f(x)$ enthaltenden Intervalls ist.

In der Tat existiert $\sigma(y_1, y_2)$ nach dem Lehrsatz 4 für alle, außer vielleicht abzählbar vielen, Werte von y_1 und y_2, wobei $\sigma(y_1, y_2) = \varphi'(y_2) - \varphi'(y_1)$ ist, oder, was dasselbe besagt

$$\sigma(y_1, y_2) = \frac{1}{2\pi}[c_f(y_1) - c_f(y_2)]. \tag{6.59}$$

Die Größen $c_f(y_1)$ und $c_f(y_2)$ streben bei $y_1 \to -\infty$ und $y_2 \to +\infty$ gegen die untere bzw. die obere Grenze des Spektrums der Funktion. [1])

§ 5. Funktionen, welche durch Exponentialpolynome approximiert werden

Die in den vorhergehenden Paragraphen dargestellte Theorie gibt uns die Möglichkeit, die Frage der Nullstellenverteilung von ganzen Funktionen endlichen Grades der Art

$$f(z) = \sum_1^\infty a_k e^{\lambda_k z} \quad \left(\sum_1^\infty |a_k| < \infty\right), \tag{6.01}$$

deren Exponenten λ_k dem Rand eines gewissen begrenzten konvexen Gebietes $\bar{I}$ angehören, ziemlich vollständig zu untersuchen.[2]) Bei dieser Untersuchung benutzen wir auch die in den ersten vier Paragraphen dieses Kapitels dargestellten Ergebnisse.

Die Untersuchung werden wir für eine breitere Funktionenklasse als die durch die Reihe (6.01) dargestellten durchführen. Zur Definition dieser Klasse führen wir die Norm einer ganzen Funktion endlichen Grades bezüglich eines konvexen Gebietes I ein. Es sei $\bar{I}$ ein beliebiges begrenztes, konvexes Gebiet, und $h(-\theta)$ sei seine Stützfunktion. Mit Hilfe von $h(\theta)$ definieren wir die Norm $||F||_I$ der ganzen Funktion endlichen Grades $F(z)$ folgendermaßen:

$$||F||_I = \sup_{\substack{r > 0 \\ 0 \leqq \theta < 2\pi}} (|F(r e^{i\theta})| e^{-h(\theta) r}). \tag{6.60}$$

Die Nullstellenmengen der ganzen Funktionen endlichen Grades, welche in bezug auf diese Norm beschränkt sind, bilden einen linearen Raum B_1.

Konvergiert eine Folge nach dieser Norm beschränkter, ganzer Funktionen nach der Norm, so konvergiert sie offensichtlich gleichmäßig in jedem endlichen

---

[1]) Man kann zeigen, daß, wenn eine der Grenzen nicht zum Spektrum gehört, $\sigma(y_1, y_2) < \frac{d}{2\pi}$ bei beliebigen y_1, y_2 $(y_2 > y_1)$ ist.

[2]) Diese Frage wird in mehreren Arbeiten untersucht. Siehe z.B. M. Regensburger [1] und H. Mattison [1].

Teil der Ebene, und folglich existiert eine Grenzfunktion, welche eine ganze Funktion mit beschränkter Norm ist.

Also entspricht jedem begrenzten konvexen Gebiet $\bar{I}$ ein vollständiger Raum B_I von Funktionen endlichen Grades. In ihn sind nur ganze Funktionen endlichen Grades eingeschlossen, deren Indikatordiagramm dem konvexen Gebiet I angehört. (I ist symmetrisch zu $\bar{I}$ bezüglich der reellen Achse). Man kann leicht einsehen, daß alle Exponentialpolynome (6.00), deren Exponenten dem Rand des Gebietes $\bar{I}$ angehören, in B_I eingehen, und daß $||P||_I \leqq \sum\limits_1^n |a_k|$ ist. Dies folgt unmittelbar aus der Beziehung

$$|P(r\,e^{i\theta})| \leqq \left(\sum_1^n |a_k|\right) \max e^{|\lambda_k|\, r \cos(\theta+\alpha_k)} = \left(\sum_1^n |a_k|\right) e^{h(\theta) r}\ (\alpha_k = \arg \lambda_k)\,.$$

Ebenso wird gezeigt, daß eine Funktion $f(z)$ der Gestalt (6.01) zu B_I gehört, wenn man als das normierende Gebiet $\bar{I}$ das kleinste konvexe Gebiet nimmt, welches alle Exponenten λ_k enthält. Es ist auch offensichtlich, daß die Reihe (6.01) nach der Norm B_I konvergiert.

Wir definieren die Klasse E_I ganzer Funktionen, welche nach der Norm B_I durch Exponentialpolynome approximiert werden, deren Exponenten dem Rand von $\bar{I}$ angehören. Diese Funktionenklasse ist breiter als die durch die Reihe (6.01) dargestellte.

Wir werden jetzt eine für die künftigen Betrachtungen wichtige Darstellung der Funktionen der Klasse E_I bekommen. Es sei λ ein beliebiger Punkt von $\bar{I}$ und θ eine solche Richtung, daß der Punkt $\bar{\lambda}$ ein Stützpunkt der Geraden l_0: $x \cos \theta + y \sin \theta - h(\theta) = 0$ ist. Die Richtung $\arg z = \theta$ ist senkrecht zur Geraden l_0, wir werden sie als die dem Punkt λ entsprechende Richtung bezeichnen. Ist λ kein Eckpunkt der Begrenzung des Gebietes $\bar{I}$, so ist die ihm entsprechende Richtung eindeutig bestimmt. Im anderen Fall bilden diese Richtungen einen Winkel, der dem Punkt λ entspricht.

Wir konstruieren die Funktion

$$F_\theta^\lambda(z) = F\,(z\,e^{i\theta}) \exp\,(-\lambda\, e^{i\theta} z)\,, \tag{6.61}$$

wo λ ein Punkt der Randkurve von $\bar{I}$ und θ die diesem Punkte entsprechende Richtung ist. Das konjugierte Diagramm $\bar{I}_\theta^\lambda$ dieser Funktion ergibt sich aus dem konjugierten Diagramm $\bar{I}$ der Funktion $F(z)$ mit Hilfe einer Verschiebung um den Vektor $-\lambda$ und einer Drehung um den Winkel θ. Dabei geht der Punkt λ in den Nullpunkt über, das ganze Diagramm $\bar{I}_\theta^\lambda$ befindet sich in der linken Halbebene, und die imaginäre Achse stützt sich auf $\bar{I}_\theta^\lambda$ im Punkt Null. Wir werden die Stützfunktion des Gebietes I_θ^λ mit $h_\theta^\lambda(\varphi)$ bezeichnen. Im allgemeinen Fall werden wir ein Stützintervall bekommen, welches der imaginären Achse angehört und den Nullpunkt enthält.

Jedes Exponentialpolynom $P^{\lambda}_{n,\theta}(z)$ kann man in der Form

$$P^{\lambda}_{n,\theta}(z) = Q^{\lambda}_{n,\theta}(z) + R^{\lambda}_{n,\theta}(z) \tag{6.62}$$

so darstellen, daß die Exponenten des Exponentialpolynoms $Q^{\lambda}_{n,\theta}(z)$ in einem Intervall der imaginären Achse liegen, und die Realteile der Exponenten des Exponentialpolynoms $R^{\lambda}_{n,\theta}(z)$ negativ sind. Da bei der angegebenen Lage des Diagramms $\bar{I}^{\lambda}_{\theta}$ $h^{\lambda}_{\theta}(0) = 0$ ist, und da die Polynomfolge $P_n(z)$ nach der Norm konvergiert, ist bei $x > 0$ und $n, m > N_\varepsilon$

$$|P^{\lambda}_{m,\theta}(x) - P^{\lambda}_{n,\theta}(x)| < \varepsilon .$$

Andererseits aber gilt $R^{\lambda}_{m,\theta}(x) \to 0$ und $R^{\lambda}_{n,\theta}(x) \to 0$ bei $x \to +\infty$ und folglich

$$\overline{\lim_{x\to+\infty}} |Q^{\lambda}_{m,\theta}(x) - Q^{\lambda}_{n,\theta}(x)| \leqq \varepsilon \qquad (n, m > N_\varepsilon)$$

Hieraus folgt für die fastperiodischen Polynome $Q^{\lambda}_{m,\theta}(x)$ und $Q^{\lambda}_{n,\theta}(x)$ auf der ganzen reellen Achse die Ungleichung

$$|Q^{\lambda}_{m,\theta}(x) - Q^{\lambda}_{n,\theta}(x)| \leqq \varepsilon \, (-\infty < x < \infty) .$$

Auf diese Weise konvergiert die Folge fastperiodischer Polynome $Q^{\lambda}_{n,\theta}(x)$ gleichmäßig gegen eine fastperiodische Funktion $\psi^{\lambda}_{\theta}(x)$. Hieraus ergibt sich folgender Hilfssatz:

Hilfssatz 12. *$F(z)$ sei eine ganze Funktion, gegen welche eine Folge $P_n(z)$ von Exponentialpolynomen, deren Exponenten dem Rand von $\bar{I}$ angehören, nach der Norm B_I konvergiert, und $F^{\lambda}_{\theta}(z)$ sei die durch die Gleichung* (6.61) *definierte Funktion. Dann läßt sich $F^{\lambda}_{\theta}(z)$ in der Form darstellen:*

$$F^{\lambda}_{\theta}(z) = \Phi^{\lambda}_{\theta}(z) + \psi^{\lambda}_{\theta}(z) , \tag{6.63}$$

wo $\psi^{\lambda}_{\theta}(z)$ eine fastperiodische Funktion ist, deren Spektrum auf dem zur imaginären Achse gehörenden Teil des Randes von I^{λ}_{θ} liegt, und $\Phi^{\lambda}_{\theta}(z)$ bei $\operatorname{Re} z \to +\infty$ *und* $|\operatorname{Im} z| \leqq M$, *($M$ eine beliebige positive Zahl) gleichmäßig gegen Null geht.*

Es kann insbesondere geschehen, daß $\psi^{\lambda}_{\theta}(z) \equiv 0$ ist.

Bemerkung 1. Die Darstellung (6.63) ist eindeutig.

Aus der Gleichheit von zwei Darstellungen

$$\Phi^{\lambda}_{1\theta}(z) + \psi^{\lambda}_{1\theta}(z) = \Phi^{\lambda}_{2\theta}(z) + \psi^{\lambda}_{2\theta}(z)$$

folgt in der Tat

$$\lim_{x\to+\infty} [\psi^{\lambda}_{1\theta}(x) - \psi^{\lambda}_{2\theta}(x)] = 0$$

und kraft der Fastperiodizität von $\psi^{\lambda}_{1\theta}(x)$ und $\psi^{\lambda}_{2\theta}(x)$ bekommen wir

$$\psi^{\lambda}_{1\theta}(x) = \psi^{\lambda}_{2\theta}(x) .$$

Bemerkung 2. Ist λ ein äußerster Punkt des Gebietes $\bar{I}$, so ist die Funktion $\psi^{\lambda}_{\theta}(z)$ gleich der Konstanten $a(\lambda)$. Die Funktion $F(z)$ ist in diesem Fall in der Form darstellbar:

$$F(z) = e^{\lambda z}[a(\lambda) + \chi_\lambda(z)] , \tag{6.64}$$

wobei $\lim\limits_{r \to \infty} \chi_\lambda[(r + i\tau) e^{i\theta}] = 0$ ist, und die Konvergenz gegen Null ist gleichmäßig bezüglich τ bei $|\tau| \leqq M$, wenn θ die dem Punkte λ des Randes von $\bar{I}$ entsprechende Richtung ist, wobei die zugehörige Stützgerade einen einzigen Stützpunkt hat.

Wir definieren jetzt den wichtigen Begriff des Spektrums einer Funktion der Klasse E_I.

Definition. *Ein Punkt λ der Grenze eines beschränkten konvexen Gebietes $\bar{I}$ heißt ein Punkt des Spektrums der Funktion $F(z)$ der Klasse E_I, wenn Null ein Punkt des Spektrums der fastperiodischen Funktion $\psi_\lambda^\theta(z)$ in der Darstellung*

$$F(z\, e^{i\theta}) \exp(-\lambda\, z\, e^{i\theta}) = \psi_\theta^\lambda(z) + \Phi_\theta^\lambda(z)$$

ist, in welcher θ die dem Punkt λ entsprechende Richtung bei $\Phi_\theta^\lambda(z) \to 0$ ist, wenn $x \to +\infty$.

Die Gesamtheit aller Punkte des Spektrums der Funktion $F(z)$ heißt ihr Spektrum. Aus der Eindeutigkeit der Darstellung (6.63) folgt, daß das Spektrum der Funktion $F(z)$ der Klasse E_I von der Wahl der approximierenden Folge der Exponentialpolynome unabhängig ist.

Wir wollen zeigen, daß, wenn λ ein Punkt des Spektrums der Funktion $F(z)$ ist, bei einem gewissen $N_\lambda > 0$ und $n > N_\lambda$ alle Exponentialpolynome $P_n(z)$ λ unter ihren Exponenten enthalten und es ist

$$\lim_{n \to \infty} a_n(\lambda) = a(\lambda)\,, \tag{6.65}$$

wo $a_n(\lambda)$ der Koeffizient bei $e^{\lambda z}$ im Exponentialpolynom $P_n(z)$ und $a(\lambda)$ das freie Glied in der FOURIERreihe der fastperiodischen Funktion $\psi_\theta^\lambda(z)$ ist. Ist λ in der Tat einer der äußersten Punkte des Randes $\bar{I}$, so ergibt sich aus (6.64) und der Ungleichung

$$|F(r\, e^{i\theta}) - P_n(r\, e^{i\theta})|\, e^{-h(\theta) r} < \varepsilon\,,$$

welche der Ungleichung

$$|\exp(-\lambda\, r\, e^{i\theta})\, [F(r\, e^{i\theta}) - P_n(r\, e^{i\theta})]| < \varepsilon$$

gleichwertig ist, nach dem Grenzübergang bei $r \to \infty$

$$|a(\lambda) - a_n(\lambda)| \leqq \varepsilon\,.$$

Hieraus folgt unmittelbar (6.65). Ist aber λ ein Punkt eines geradlinigen Abschnitts des Randes von $\bar{I}$, so folgt (6.65) aus der Darstellung (6.63) der Funktion $F_\theta^\lambda(z)$ und der bekannten Eigenschaft f) fastperiodischer Funktionen. Umgekehrt, ist (6.65) erfüllt, so gehört der Punkt λ zum Spektrum der Funktion $F(z)$. Auf diese Weise bekommen wir eine neue Definition des Spektrums.

Unter dem Spektrum einer ganzen Funktion $F(z)$, welche nach der Norm B_I durch Exponentialpolynome, deren Exponenten dem Rand von $\bar{I}$ angehören, approximiert wird, versteht man die Menge derjenigen Punkte λ des Randes von $\bar{I}$, für die

die Größe

$$a(\lambda) = \lim_{n\to\infty} a_n(\lambda)$$

von Null verschieden ist.

Auf diese Weise hängt das Spektrum der Funktion $F(z)$ von der Wahl des normierenden Gebietes $\bar{I}$, dessen Rand alle Exponenten λ_k der approximierenden Folge von Exponentialpolynomen enthält, nicht ab. Insbesondere besteht das Spektrum einer durch die Reihe

$$f(z) = \sum_{k=1}^{\infty} a_k e^{\lambda_k z} \qquad \left(\sum_{k=1}^{\infty} |a_k| < \infty\right) \tag{6.01}$$

dargestellten Funktion $f(z)$, wobei die Zahlen λ_k dem Rand eines konvexen Gebietes angehören, aus allen Exponenten λ_k.

Aus der Darstellung (6.63) kann man leicht einen Ausdruck für die „FOURIER-koeffizienten" der Funktion $F(z)$ gewinnen, und zwar bekommen wir die Formel

$$a(\lambda) = \lim_{T\to+\infty} \frac{1}{T} \int_0^T F(r\, e^{i\theta}) \exp(-\lambda\, e^{i\theta} r)\, dr\,, \tag{6.66}$$

wo λ und θ dieselbe Bedeutung wie in (6.61) haben.

Das Spektrum der Funktion $F(z)$ kann man auf diese Weise auch definieren als die Menge der Werte von λ, für die die durch die Formel (6.66) definierte Größe $a(\lambda)$ von Null verschieden ist.

Aus der Darstellung (6.63) geht auch hervor, daß, falls λ ein Punkt des Spektrums der Funktion $F(z)$ ist, der Punkt $\bar{\lambda}$ zum Rand des Indikatordiagramms von $F(z)$ gehört, und folglich enthält das konjugierte Diagramm der Funktion $F(z)$ alle Punkte ihres Spektrums. Wir bemerken, daß das konjugierte Indikatordiagramm einer Funktion $F(z)$ der Klasse E_I nicht unbedingt mit dem kleinsten konvexen Gebiet zusammenfällt, welches das ganze Spektrum dieser Funktion enthält. Um uns davon zu überzeugen, konstruieren wir eine ganze Funktion der Klasse E_I, welche kein Spektrum hat. Es sei $f(z)$ eine Funktion, die außerhalb des Einheitskreises holomorph, ins Innere des Einheitskreises nicht fortsetzbar, gleich Null im unendlich fernen Punkte und stetig bei $|z| \geqq 1$ ist.[1]) Wir setzen

$$F(z) = \int_{(C)} e^{\lambda z} f(\lambda)\, d\lambda\,,$$

wo C der Einheitskreis ist. Offensichtlich ist $F(z)$ eine ganze Funktion endlichen Grades, und ihr konjugiertes Diagramm ist der Einheitskreis. Wir setzen

$$P_n(z) = \sum_{k=1}^{n} e^{\lambda_k z} f(\lambda_k)\,(\lambda_{k+1} - \lambda_k) \quad (\lambda_k \in C)\,,$$

[1]) Man kann z. B.

$$f(z) = \sum_{n=1}^{\infty} \frac{1}{n^2 z^{n!}}$$

nehmen.

und wir wollen zeigen, daß bei $|\lambda_{k+1} - \lambda_k| < \delta$ $(k = 1, 2, \ldots, n)$ und $\delta \to 0$ die Funktion $P_n(z)$ gegen $F(z)$ nach der Norm E_I geht, wenn man als $\bar{I}$ den Einheitskreis C nimmt. Man kann ohne Einschränkung der Allgemeinheit annehmen, daß $z = r$ ist, und die Größe

$$|F(r) - P_n(r)|\, e^{-r} = \left| \sum_{k=1}^{n} \int_{s_k} [e^{(\lambda-1)r} f(\lambda) - e^{(\lambda_k - 1)r} f(\lambda_k)]\, d\lambda \right|$$

betrachten, wo s_k der Bogen des Kreises C zwischen den Punkten λ_k und λ_{k+1} ist $(k = 1, 2, \ldots, n)$. Wir haben

$$|F(r) - P_n(r)|\, e^{-r} \leqq \sum_{k=1}^{n} \int_{s_k} |e^{(\lambda-1)r} [f(\lambda) - f(\lambda_k)]|\, |d\lambda|$$

$$+ \sum_k \int_{s_k'} |e^{(\lambda-1)r} - e^{(\lambda_k-1)r}| \cdot |f(\lambda_k)| \cdot |d\lambda| + \sum_k \int_{s_k''} |f(\lambda_k)| \cdot |d\lambda|,$$

wo s_k' Bögen sind, auf welchen $|\arg \lambda| \geqq \eta > 0$ und s_k'' die übrigen Bögen. Wir wählen die Bögen s_k so klein, daß die Schwankung der Funktion $f(\lambda)$ auf jedem dieser Bögen kleiner als $\frac{\varepsilon}{6\pi}$ ist, und daß, bei $\lambda \in s_k'$ und $r > 0$

$$|e^{(\lambda-1)r} - e^{(\lambda_k-1)r}| < \frac{\varepsilon}{6\pi M}$$

gilt, wo $M = \max |f(\lambda)|$ bei $\lambda \in C$ ist. Wählen wir außerdem $\eta < \frac{\varepsilon}{6M}$, so bekommen wir

$$|F(r) - P_n(r)|\, e^{-r} < \varepsilon$$

und kraft der Gleichwertigkeit aller Richtungen haben wir

$$|F(r\, e^{i\theta}) - P_n(r\, e^{i\theta})| \cdot e^{-r} < \varepsilon\,.$$

Auf diese Weise gehört $F(z)$ zur Klasse E_I. Anderseits kann man leicht zeigen, daß bei einem beliebigen Wert von θ

$$\lim_{r\to\infty} F(r\, e^{i\theta})\, e^{-r} = 0$$

ist, d. h., das Spektrum der Funktion $F(z)$ ist leer.

Im Zusammenhang mit diesem Beispiel bekommt folgender Lehrsatz eine besondere Bedeutung:

Lehrsatz 7. *Ist das normierende Gebiet $\bar{I}$ ein Vieleck, so ist eine Funktion $F(z)$ der Klasse E_I in der Form*

$$F(z) = \sum_{j=1}^{p} e^{\lambda_j z}\, \psi_j(z\, e^{i\varphi_j}) \tag{6.67}$$

darstellbar, wo λ_j ein Punkt auf der Seite d_j des Vielecks $\bar{I}$ ist, der Winkel φ_j die zu dieser Seite normale Richtung bestimmt, und $\psi_j(z)$ eine fastperiodische Funktion *ist, wobei das ganze Spektrum der Funktion $\psi_j(z)$ im Intervall liegt, in welches die Seite d_j des Vielecks $\bar{I}$ bei einer Parallelverschiebung um den Vektor $-\lambda_j$ und einer Drehung um den Winkels $-\varphi_j$ übergeht. Dabei fällt die Menge der Singularitäten der assoziierten Funktion $f(z)$ mit der abgeschlossenen Hülle des Spektrums der Funktion $F(z)$ zusammen.*

Beweis. Die Exponentialpolynome, welche die Funktion $F(z)$ approximieren, kann man in der Form darstellen:

$$P_n(z) = \sum_{j=1}^{p} e^{\lambda_j z} \psi_{jn}(z e^{i\varphi_j}),$$

wo λ_j und φ_j dieselbe Bedeutung haben wie in der Formel (6.67), und $\psi_{jn}(z)$ fastperiodische Polynome sind, wobei das ganze Spektrum von $\psi_{jn}(z)$ im Intervall liegt, in welches die Seite d_j des Vielecks $\bar{I}$ bei einer Verschiebung um den Vektor $-\lambda_j$ und einer Drehung um den Winkel $-\varphi_j$ übergeht. Da die Folge $P_n(z)$ nach der Norm B_I konvergiert, so ist bei einem beliebigen $\varepsilon > 0$, einem gewissen N_ε und $n, m > N_\varepsilon$

$$|P_n(r e^{i\theta}) - P_m(r e^{i\theta})| \, e^{-h(\theta) r} < \varepsilon \quad (0 \leqq \theta < 2\pi, r > 0).$$

Hieraus bekommen wir unmittelbar

$$\overline{\lim_{r\to\infty}} |\psi_{jn}(r) - \psi_{jm}(r)| = \overline{\lim_{r\to\infty}} |P_n(r e^{-i\varphi_j}) - P_m(r e^{-i\varphi_j})| \, e^{-h(-\varphi_j) r} < \varepsilon$$

und folglich ist

$$|\psi_{jn}(x) - \psi_{jm}(x)| < \varepsilon \quad (-\infty < x < \infty).$$

Gehen wir zum Grenzwert über, so bekommen wir (6.67).

Zum Beweise des zweiten Teils des Lehrsatzes genügt es zu zeigen, daß die Menge der Singularitäten der der fastperiodischen Funktion $\psi(z)$ mit beschränktem Spektrum assoziierten Funktion mit der abgeschlossenen Hülle der Menge ihrer FOURIERexponenten $\{i\lambda_k\}$ übereinstimmt. Wir bezeichnen mit $\chi(z)$ die der Funktion $\psi(z)$ assoziierte Funktion und mit

$$\chi_n(z) = \sum_{k=1}^{n} \frac{a_n(\lambda_k)}{z - i\lambda_k}$$

die dem fastperiodischen Polynom $\psi_n(z)$ aus der gegen $\psi(z)$ gleichmäßig konvergenten Folge assoziierte Funktion. Aus der Ungleichung

$$|\psi(x) - \psi_n(x)| < \varepsilon \quad (-\infty < x < \infty)$$

folgt, daß

$$|\chi(z) - \chi_n(z)| < \frac{\varepsilon}{|x|} \qquad (z = x + iy)$$

ist.

Anderseits aber ist

$$\lim_{x\to 0} x\, \chi_n(x + i\lambda_k) = a_n(\lambda_k)$$

und folglich, wenn λ_k ein Punkt des Spektrums der Funktion $\psi(z)$ ist,

$$\lim_{x \to 0} x\,\chi(x + i\,\lambda_k) = a(\lambda_k) \neq 0 .$$

Ist also λ_k ein Punkt des Spektrums von $\psi(z)$, so ist $i\,\lambda_k$ eine singuläre Stelle der Funktion $\chi(z)$. Umgekehrt, befindet sich ein Punkt $i\,y_0$ in einem positiven Abstand d von der Menge $\{i\,\lambda_k\}$, so werden wir zeigen, daß $i\,y_0$ ein regulärer Punkt der Funktion $\chi(z)$ ist. In der Tat folgt aus der Ungleichung

$$|\psi_n(x) - \psi_m(x)| < \varepsilon \qquad (-\infty < x < \infty)$$

$$|\chi_n(z) - \chi_m(z)| < \frac{\varepsilon}{|x|},$$

und wir bekommen unter Anwendung der POISSONschen Formel auf die Funktion $\ln|\chi_n(z) - \chi_m(z)|$ im Kreise mit dem Mittelpunkt im Punkte $i\,y_0$ vom Radius $R < d$

$$\ln|\chi_n(z) - \chi_m(z)| < \frac{1}{2\,\pi} \int_0^{2\pi} \ln \frac{\varepsilon}{R\,|\cos\psi|}\, \frac{R^2 - \varrho^2}{R^2 + \varrho^2 - 2\,R\,\varrho\cos(\psi - \theta)}\, d\psi$$

$$(z = i\,y_0 + \varrho\, e^{i\theta}) .$$

Aus dieser Ungleichung folgt die Abschätzung

$$\ln|\chi_n(z) - \chi_m(z)| < \left(\ln\frac{\varepsilon}{R} + \frac{R + \varrho}{R - \varrho}\ln 2\right),$$

aus welcher sich unmittelbar ergibt, daß die Folge $\{\chi_n(z)\}$ in einer Umgebung des Punktes $i\,y_0$ gleichmäßig konvergiert. Folglich hat die Funktion $\chi(z)$ keine Singularität im Punkte $i\,y_0$. Der Lehrsatz ist somit bewiesen.

Ein anderes Beispiel einer ganzen Funktion, bei der die abgeschlossene Hülle des Spektrums mit der Menge der Singularitäten der assoziierten Funktion übereinstimmt, und folglich das konjugierte Diagramm mit dem kleinsten konvexen Gebiet, welches das Spektrum enthält, zusammenfällt, liefert die durch die Reihe

$$f(z) = \sum_{k=1}^{\infty} a_k\, e^{\lambda_k z} \tag{6.01}$$

dargestellte Funktion, wobei $\sum_{k=1}^{\infty} |a_k| < \infty$ ist und λ_k dem Rand des konvexen Gebietes $\overline{I}$ angehören (vgl. § 21, Kapitel I).

§ 6. Das Wachstum einer Funktion der Klasse E_I bei einem normierenden Gebiet in Gestalt eines Polygons

In diesem Paragraphen werden wir den Fall betrachten, von dem am Ende des vorigen Paragraphen die Rede war.

Wir setzen nämlich voraus, daß eine Folge von Exponentialpolynomen nach der Norm (6.60) konvergiert, wobei das normierende Gebiet $\overline{I}$ ein Polygon ist, und die Exponenten der die Funktion $F(z)$ approximierenden Polynome dem Rand dieses

Polygons angehören. Unser Hauptergebnis besteht darin, daß die so definierte Funktion von vollkommen regulärem Wachstum ist.

Zuerst beweisen wir folgenden Hilfssatz:

Hilfssatz 13. *$\varphi_1(z)$ und $\varphi_2(z)$ seien zwei ganze fastperiodische Funktionen endlichen Grades mit nichtnegativem Spektrum. Dann ist die ganze Funktion endlichen Grades*

$$F(z) = \varphi_1(z\,e^{-i\alpha_1}) + \varphi_2(z\,e^{-i\alpha_2}) \qquad (\alpha_1 < \alpha_2) \tag{6.68}$$

eine Funktion von vollkommen regulärem Wachstum.

Beweis: Ohne Beschränkung der Allgemeinheit kann man annehmen, daß der Punkt $z = 0$ nicht gleichzeitig den Spektren der beiden Funktionen $\varphi_1(x)$ und $\varphi_2(x)$ angehört. Da die den Funktionen $\varphi_1(z\,e^{-i\alpha_1})$ und $\varphi_2(z\,e^{-i\alpha_2})$ assoziierten Funktionen keine gemeinsamen Singularitäten (außer vielleicht im Punkt 0) haben, ist das konjugierte Diagramm der Funktion $F(z)$ das kleinste konvexe Gebiet, welches die beiden Strecken d_1 und d_2 auf den Strahlen $\arg z = \frac{\pi}{2} - \alpha_1$ und $\arg z = \frac{\pi}{2} - \alpha_2$ enthält. Diese Strecken entstehen durch eine Drehung der kleinsten Intervalle der imaginären Achse, welche die Spektren der Funktionen $\varphi_1(z)$ und $\varphi_2(z)$ enthalten, um die Winkel α_1 und α_2.

Die Funktionen $\varphi_1(z)$ und $\varphi_2(z)$ sind auf der reellen Achse beschränkt und sind deshalb (vgl. Lehrsatz 11, Kapitel V, § 4) Funktionen von vollkommen regulärem Wachstum. Auf diese Weise existieren die Grenzwerte

$$\lim_{r\to\infty}{}^{*} \frac{\ln |\varphi_j(r\,e^{i(\theta-\alpha_j)})|}{r} = h_j(\theta) \qquad (j = 1, 2)\,.$$

Wenn für irgendeinen Wert θ des Winkels $h_1(\theta) \neq h_2(\theta)$ erfüllt ist, existiert offensichtlich

$$\lim_{r\to\infty}{}^{*} \frac{\ln |F(r\,e^{i\theta})|}{r} = \max\{h_1(\theta), h_2(\theta)\}\,.$$

Ist der Punkt $z = 0$ kein gemeinsamer Endpunkt der Strecken d_1 und d_2, so existieren nur zwei Werte des Winkels θ, für welche $h_1(\theta) = h_2(\theta)$ ist. Diese Werte von θ entsprechen den beiden Richtungen der Normalen zu denjenigen Seiten des Indikatordiagramms der Funktion $F(z)$, welche die Endpunkte der Strecken $\bar{d}_1$ und $\bar{d}_2$ verbinden. Die Funktion $F(z)$ ist von vollkommen regulärem Wachstum in allen Richtungen, vielleicht mit Ausnahme von zwei, und nach dem Lehrsatz von der Abgeschlossenheit der Menge von Richtungen von vollkommen regulärem Wachstum erscheint sie als eine Funktion von vollkommen regulärem Wachstum in der ganzen Ebene, (vgl. Folgerung aus dem Lehrsatz 1, Kapitel III). Erscheint der Punkt $z = 0$ als ein gemeinsames Ende der Strecken d_1 und d_2, so ist $h_1(\theta) = h_2(\theta)$ bei $-\alpha_1 \leqq \theta \leqq \pi - \alpha_2$. Man muß zeigen, daß $F(z)$ im Innern dieses Winkels von vollkommen regulärem Wachstum ist.

$z = 0$ sei ein Punkt des Spektrums der Funktion $F(z)$ mit dem FOURIERkoeffizienten a_0. Aus der Darstellung (6.64) dieser Funktion folgt daß bei $-\alpha_1 < \theta < \pi - \alpha_2$

$$\lim_{r\to\infty} F(r\, e^{i\theta}) = a_0$$

ist. Hieraus ergibt sich, daß die Funktion $F(z)$ im Innern dieses Winkels und folglich auch in der ganzen Ebene von vollkommen regulärem Wachstum ist.

Am kompliziertesten erscheint der Fall, wenn $z = 0$ das gemeinsame Ende von zwei Strecken d_1 und d_2 ist, aber nicht zum Spektrum der Funktion $F(z)$ gehört.

Ohne Beschränkung der Allgemeinheit nehmen wir an, daß $\alpha_1 = 0$ ist, und folglich

$$F(z) = \varphi_1(z) + \varphi_2(z\, e^{-i\alpha_2})\,. \tag{6.69}$$

Benutzt man die Approximation der Funktion $\varphi_2(z)$ durch verallgemeinerte trigonometrische Polynome, so kann man leicht einsehen, daß bei $x \to +\infty$ $\varphi_2(z\, e^{-i\theta})$ gleichmäßig gegen Null geht.

Nach dem Hilfssatz 1 dieses Kapitels gilt in jedem waagerechten Streifen $|y| \leqq h$ aber außerhalb der Kreise vom Radius δ um die Nullstellen der Funktion $\varphi_1(z)$ die Ungleichung

$$|\varphi_1(z)| \geqq m(\delta, h) > 0\,.$$

Da für ein gewisses $x_0 > \chi(\delta, h)$, $x > x_0$ und $|y| \leqq h$ die Ungleichung $|\varphi_2(z\, e^{-i\alpha_2})| < m(\delta, h)$ richtig ist, so gibt es im Streifen $|y| \leqq h$ bei $x > x_0$ keine Nullstellen der Funktion $F(z)$ außerhalb der von den Ausnahmekreisen gebildeten Gebiete.

Nach dem Hilfssatz 2 übertrifft die Anzahl der Nullstellen der Funktion $\varphi_1(z)$ im Rechteck $|y| \leqq h$, $t \leqq x < t + 1$, (wo t beliebig ist), eine gewisse Zahl k_h nicht. Bei $\delta < [2\,(k_h + 1)]^{-1}$ übertreffen die Durchmesser der durch die „Trauben" von Ausnahmekreisen gebildeten Gebiete die Größe $2\, k_h\, \delta$ nicht, und folglich sind sie bei genügend kleinem $\delta > 0$ beliebig klein. Nach dem bekannten Satz von ROUCHÉ hat die Funktion $F(z)$ in jedem solchen Gebiet genau soviele Nullstellen wie die Funktion $\varphi_1(z)$.

Wir bezeichnen mit $n_F(h, t)$ die Anzahl der Nullstellen der Funktion $F(z)$ im Rechteck $0 < x < t$, $|y| \leqq h$ und mit $n_\varphi^{(1)}(u, t)$ die Anzahl der Nullstellen der Funktion $\varphi_1(z)$ im Rechteck $|y| \leqq u$, $0 < x \leqq t$. Aus den vorhergehenden Betrachtungen folgt, daß bei $\eta > 0$ die Ungleichung

$$\lim_{t\to\infty} \frac{n_\varphi^{(1)}(h-\eta, t)}{t} \leqq \varliminf_{t\to\infty} \frac{n_F(h, t)}{t} \leqq \varlimsup_{t\to\infty} \frac{n_F(h, t)}{t} \leqq \lim_{t\to\infty} \frac{n_\varphi^{(1)}(h+\eta, t)}{t} \tag{6.70}$$

richtig ist.

Die in der Ungleichung (6.70) angegebenen Grenzwerte, welche nach dem Lehrsatz 4 dieses Kapitels existieren, sind stetige Funktionen von $h + \eta$ und $h - \eta$ für alle Werte dieser Größen außer vielleicht einer abzählbaren Menge. Auf diese Weise existiert für fast alle Werte der Größe h der Grenzwert

$$\lim_{t\to\infty} \frac{n_F(h, t)}{t} = \lim_{t\to\infty} \frac{n_\varphi^{(1)}(h, t)}{t}\,.$$

Gestützt auf die Folgerung aus dem Lehrsatz 6 dieses Kapitels können wir behaupten, daß für ein beliebiges $\varepsilon > 0$ und $h > h_\varepsilon$

$$\lim_{t \to +\infty} \frac{n_F(h, t)}{t} > \frac{l_1 - \varepsilon}{2\pi} \tag{6.71}$$

ist, wo l_1 die Länge des Spektrums der Funktion $\varphi_1(z)$ ist.

Auf diese Weise genügt die untere Dichte der Nullstellenmenge im Inneren des Winkels $(-\varepsilon, \varepsilon)$ $(\varepsilon > 0)$, welcher die positive reelle Achse enthält, der Ungleichung

$$\underline{\lim}_{r \to \infty} \frac{n_F(r, -\varepsilon, \varepsilon)}{r} \geqq \frac{l_1}{2\pi}.$$

Analog bekommen wir für den Winkel, welcher die Normale zur anderen Seite des Indikatordiagramms enthält,

$$\underline{\lim}_{r \to \infty} \frac{n_F(r, \pi - \alpha_2 - \varepsilon, \pi - \alpha_2 + \varepsilon)}{r} \geqq \frac{l_2}{2\pi}, \tag{6.72}$$

wo l_2 die Länge des Spektrums von $\varphi_2(z)$ ist. Die Funktion $F(z)$ ist außerhalb des Winkels $(0, \pi - \alpha_2)$ von vollkommen regulärem Wachstum. Deshalb existiert im Innern eines kleinen Winkels, welcher die Normale zur dritten Seite des Indikatordiagramms enthält, eine Dichte der Nullstellenmenge der Funktion $F(z)$, und sie ist gleich der Länge der dritten Seite l_3 dividiert durch 2π (vgl. Kapitel III). Also ist

$$\underline{\lim}_{r \to \infty} \frac{n_F(r)}{r} \geqq \frac{s_F}{2\pi}, \tag{6.73}$$

wo s_F die Länge des ganzen Indikatordiagramms der Funktion $F(z)$ ist. Nach dem Lehrsatz 3, Kapitel IV und der Bemerkung zu ihm ist $F(z)$ eine Funktion von vollkommen regulärem Wachstum.

Bemerkung. In (6.71) haben wir zusätzlich folgende Tatsache festgestellt, die sich auf die asymptotische Verteilung der Nullstellen der Funktion $F(z)$ bezieht:

In jedem Streifen parallel der Normale zu d_j, $|\mathrm{Im}\,(z\, e^{i\alpha_j})| \leqq h$ existiert eine Dichte der Nullstellenmenge der Funktion $F(z)$ für alle Werte von h, vielleicht mit Ausnahme einer abzählbaren Menge, wobei diese Dichte bei der unbeschränkten Verbreiterung des Streifens $(h \to +\infty)$ gegen die Größe $\frac{l_j}{2\pi}$ strebt, wo l_j die Länge der entsprechenden Strecke ist.

Lehrsatz 8. *Ist $\bar{I}$ ein Vieleck, so ist eine Funktion $F(z)$ der Klasse E_I eine Funktion von vollkommen regulärem Wachstum.*

Beweis. Wir betrachten den Winkel zwischen den Normalen $\arg z = \theta_j$ und $\arg z = \theta_{j+1}$ zu zwei benachbarten Seiten d_j und d_{j+1} des Indikatordiagramms I_F der Funktion $F(z)$.

Unbeschadet der Allgemeinheit kann man annehmen, daß der gemeinsame Endpunkt der Strecken d_j und d_{j+1} sich im Punkt $z = 0$ befindet. Man kann die Funktion $F(z)$ in der Form

$$F(z) = \psi_j(z\,e^{-i\theta_j}) + \psi_{j+1}(z\,e^{-i\theta_{j+1}}) + F_{j,j+1}(z) \tag{6.74}$$

darstellen, wo $\psi_j(z)$ und $\psi_{j+1}(z)$ fastperiodische Funktionen mit positivem Spektrum sind (eine von ihnen kann Null sein), und $F_{j,j+1}(z)$ ist die Summe der übrigen Summanden aus (6.67).

Die ersten beiden Summanden bilden nach dem Hilfssatz 13 eine Funktion von vollkommen regulärem Wachstum mit dem Indikator, der im Innern des Winkels $\theta_j < \arg z < \theta_{j+1}$ verschwindet. Das konjugierte Diagramm der Funktion $F_{j,j+1}(z)$ ist ein Polygon, das dem kleinsten konvexen Polygon angehört, welches alle Seiten des Polygons $\bar{I}$ außer d_j und d_{j+1} enthält. Deshalb ist der Indikator von $F_{j\,j+1}(z)$ im Innern des Winkels $\theta_j < \arg z < \theta_{j+1}$ eine negative Größe, und folglich ist $F(z)$ im Innern dieses Winkels von vollkommen regulärem Wachstum. Auf diese Weise ist $F(z)$ von vollkommen regulärem Wachstum im Innern eines beliebigen Winkels zwischen zwei benachbarten Normalen. Da die Menge der Strahlen von vollkommen regulärem Wachstum abgeschlossen ist (vgl. Lehrsatz 1, Kapitel III), so ist $F(z)$ von vollkommen regulärem Wachstum in der ganzen Ebene. Der Lehrsatz ist somit bewiesen.

Vergleichen wir diesen Lehrsatz mit dem Lehrsatz 2 vom Kapitel III, so bekommen wir, daß alle Nullstellen der Funktion $F(z)$, außer vielleicht einer Menge der Dichte Null, im Inneren beliebig kleiner Winkel liegen, welche die Normalen zu den Seiten des Indikatordiagramms enthalten, und die Dichte der Nullstellenmenge im Innern eines jeden dieser Winkel ist gleich $\frac{l_j}{2\pi}$, wo l_j die Länge der entsprechenden Seite ist.

In einem Sonderfall kann der Lehrsatz 8 wesentlich verfeinert werden. Wir formulieren diese Verfeinerung als einen besonderen Lehrsatz.

L e h r s a t z 9. *Ist $F(z)$ die im Lehrsatz 8 definierte ganze Funktion, und gehören alle Ecken des Vielecks $\bar{I}$ zu ihrem Spektrum, so liegen alle ihre Nullstellen in den Halbstreifen* $|\mathrm{Im}\,(z\,e^{-i\theta_j})| < h$, $\mathrm{Re}(z\,e^{-i\theta_j}) > 0$, *wo θ_j die Richtung der Normalen zu einer Seite des Vielecks I bestimmt, und h eine gewisse positive Zahl ist. Bezeichnen wir durch $n_j(t)$ die Anzahl der Nullstellen der Funktion $F(z)$ im Rechteck*

$$|\mathrm{Im}\,(z\,e^{-i\theta_j})| < h \quad \textit{und} \quad 0 \leqq \mathrm{Re}(z\,e^{-i\theta_j}) \leqq t\,,$$

so ist außerdem

$$n_j(t) = \frac{d_j}{2\pi}\,t + O(1)\,.$$

B e w e i s. Dieser Lehrsatz wird unabhängig vom allgemeinen Lehrsatz 8 bewiesen. Ohne Beschränkung der Allgemeinheit kann man annehmen, daß die Ecke λ_j, in welcher die Seiten d_j und d_{j+1} aneinanderstoßen, im Punkt 0 liegt.

Aus der Darstellung

$$F(z) = a_0 + \psi_j(z\,e^{-i\theta_j}) + \psi_{j+1}(z\,e^{-i\theta_{j+1}}) + F_{j,j+1}(z)\,, \tag{6.75}$$

in welcher $\psi_j(z)$, $\psi_{j+1}(z)$ und $F_{j,j+1}(z)$ dieselbe Bedeutung wie in (6.74) haben, folgt, daß bei einem gewissen $h > 0$ im Innern des Winkels $\operatorname{Im}(z\, e^{i\theta_j}) \geqq h$ und $\operatorname{Im}(z\, e^{i\theta_{j+1}}) \geqq h$ $(\theta_{j+1} > \theta_j)$ keine Nullstellen der Funktion $F(z)$ liegen.

In der Tat ist das Spektrum der fastperiodischen Funktion $\psi_j(z)$ positiv, und folglich konvergiert diese Funktion gleichmäßig gegen Null bei $\operatorname{Im} z \to +\infty$. Auf diese Weise konvergiert der zweite Summand in (6.75) gegen Null bei $\operatorname{Im}(e^{i\theta_j} z) \to +\infty$. Analog wird bewiesen, daß der dritte Summand in (6.75) gleichmäßig gegen Null geht bei $\operatorname{Im}(e^{i\theta_{j+1}} z) \to +\infty$. Ebenso leicht ist es zu zeigen, daß $F_{j,j+1}(z) \to 0$ gleichmäßig bei $\operatorname{Im}(e^{i\theta_j} z) \geqq h$, $\operatorname{Im}(e^{i\theta_{j+1}} z) \geqq h$ und $h \to +\infty$. Auf diese Weise haben wir im bezeichneten Gebiet bei genügend großem h:

$$|F(z) - a_0| < |a_0|\,, \tag{6.76}$$

und folglich hat $F(z)$ keine Nullstellen.

Um eine asymptotische Abschätzung der Anzahl der Nullstellen zu bekommen, werden wir ohne Beschränkung der Allgemeinheit annehmen, daß

$$F(z) = \psi_j(z) + F_1(z)$$

ist, wo $\psi_j(z)$ eine fastperiodische Funktion der Klasse $[\Delta]$ ist, und $F_1(z) \to 0$ gleichmäßig bei $\operatorname{Re} z \to +\infty$ in jedem Streifen $|\operatorname{Im} z| \leqq h$ gilt. Nach dem Lehrsatz 3 dieses Kapitels liegen alle Nullstellen der Funktion $\psi_j(z)$ in einem gewissen Streifen $|\operatorname{Im} z| \leqq h$, und es ist $n_j(t) = \frac{l_j}{2\pi} t + O(1)$, wo l_j die „Länge" des Spektrums von $\psi_j(z)$ und $n_j(t)$ die Anzahl ihrer Nullstellen im Rechteck $0 < \operatorname{Re} z \leqq t$, $|\operatorname{Im} z| \leqq h$ bedeutet. Außerdem ist außerhalb der von Kreisen mit dem Radius δ und mit den Mittelpunkten in den Nullstellen der Funktion $\theta_j(z)$ überdeckten Gebiete die Ungleichung

$$|\psi_j(z)| \geqq m(\delta) > 0$$

richtig. Bei einem gewissen $x_0 = x(\delta)$, $\operatorname{Re} z > x_0$ und $|\operatorname{Im} z| < h$ bekommen wir $|F_1(z)| < m(\delta)$, und folglich hat die Funktion $F(z)$ keine Nullstellen außerhalb dieser Gebiete. Nach dem Satz von Rouché hat die Funktion $F(z)$ in jedem dieser Gebiete genau soviele Nullstellen wie die Funktion $\psi_j(z)$.

Auf diese Weise ist

$$n_j(t) = \frac{l_j}{2\pi} t + O(1)\,. \tag{6.77}$$

Bemerkung: Mit Hilfe des Lehrsatzes von Rouché kann man leicht zeigen, daß das asymptotische Bild der Nullstellenverteilung der Funktion

$$\overline{F}(z) = F(z) + \Phi(z)\,, \tag{6.78}$$

wo $F(z)$ den Voraussetzungen des Lehrsatzes 9 genügt, und $\Phi(z)$ so beschaffen ist, daß $|\Phi(r\, e^{i\theta})|\, e^{-h(\theta) r} \to 0$ gleichmäßig bei $r \to \infty$ ($h(\theta)$ Stützfunktion des Vielecks I), dasselbe ist wie bei der Funktion $F(z)$. Insbesondere kann jedes Exponentialpolynom in dieser Form dargestellt werden, wenn man als $\overline{I}$ das kleinste konvexe Gebiet nimmt, welches alle Exponenten dieses Exponentialpolynoms enthält. Die Rolle der Funktion $\Phi(z)$ spielt die Summe von Exponentialfunktionen, deren Exponenten strikt im Innern des Polygons enthalten sind.

Wir konstruieren ein Beispiel, welches uns zeigt, daß im Falle, wenn eine Ecke des Vielecks nicht zum Spektrum gehört, das Innere des dieser Ecke entsprechenden Winkels unendlich viele Nullstellen enthalten kann.

Beispiel. Wir betrachten die durch die Reihe

$$F(z) = \sum_{n=1}^{\infty} a_n e^{\alpha_n z} \sin (1 - \alpha_n) z \tag{6.79}$$

$$(0 = \alpha_1 < \alpha_2 < \alpha_3 < \cdots < \alpha_n < \cdots < 1\,, \quad \alpha_n \to 1)$$

dargestellte Funktion $F(z)$, wobei $\sum |a_n| < \infty$ ist. Als das Gebiet $\bar{I}$ kann man das Dreieck $|y| \leqq 1 - x$, $x \geqq 0$ annehmen, und das Spektrum von $F(z)$ besteht aus den Punkten $\alpha_n \pm i\,\alpha_n$. Der Punkt $z = 1$ gehört nicht zum Spektrum von $F(z)$. Wir werden zeigen, daß diese Funktion eine unendliche Menge positiver Nullstellen haben kann. Dazu wählen wir die Koeffizienten a_n auf folgende Weise: Wir nehmen an, die Zahlen $a_1, a_2, \ldots, a_m$ seien schon gewählt. Wir betrachten die Funktion

$$P_m(z) = \sum_{n=1}^{m} a_n e^{\alpha_n z} \sin (1 - \alpha_n) z \tag{6.80}$$

im Streifen $|y| \leqq 1$. Es ist leicht einzusehen, daß es eine Zahl N_m gibt, so daß für $x > N_m$ und außerhalb der Ausnahmekreise vom Radius $\delta < \frac{1}{2}$ mit den Mittelpunkten in den Nullstellen der Funktion $\sin (1 - \alpha_m) z$ der absolute Betrag des letzten Gliedes der Summe (6.80) den doppelten absoluten Betrag der Summe der übrigen Glieder übertrifft. Außerdem kann man annehmen, daß der absolute Betrag des letzten Gliedes in diesem Gebiet größer als Eins ist. Wir bestimmen eine positive Zahl $a_{m+1} < 2^{-m-1} e^{-2N_m}$ und eine Abszisse N_{m+1}, so daß für $x > N_{m+1}$ und außerhalb der Ausnahmekreise vom Radius δ mit den Mittelpunkten in den Nullstellen der Funktion $\sin (1 - \alpha_{m+1}) z$ der absolute Betrag des letzten Gliedes in der Summe $P_{m+1}(z)$ den doppelten absoluten Betrag der Summe der übrigen Glieder übertrifft. Außerdem soll er größer als Eins sein. Wir bestimmen $a_{m+2} < 2^{-m-2} e^{-2N_{m+1}}$ usw.

Für $N_m < x < 2\,N_m$ und $|y| \leqq 1$ aber außerhalb der Ausnahmekreise bekommen wir

$$\frac{1}{2} e^{\alpha_m z} \sin (1 - \alpha_m) z \,|>|\, P_m(z)|$$

und

$$\left| \sum_{n=m+1}^{\infty} a_n e^{\alpha_n z} \sin (1 - \alpha_n) z \right| \leqq e^{2N_m} \sum_{n=m+1}^{\infty} |a_n| < \frac{1}{2^m}\,.$$

Aus der letzten Ungleichung folgt, daß im genannten Gebiet $a_m e^{\alpha_m z} \sin (1 - \alpha_m) z$ der Summe (6.80) dem absoluten Betrag nach die übrige Summe übertrifft.

Es ergibt sich nach dem Lehrsatz von ROUCHÉ, daß die Funktion $F(z)$ in jedem der Ausnahmekreise aus dem Rechteck $N_m < x < 2N_m$, $|y| \leqq 1$ genau eine Nullstelle hat. Da $F(z)$ reell ist, folgt, daß auch diese Nullstelle reell ist.

Dieses Beispiel zeigt, daß, wenn das konjugierte Diagramm $\overline{I}$ der Funktion $F(z)$, von der im Lehrsatz 8 die Rede ist, ein Vieleck ist, und nicht alle Ecken dieses Vielecks zum Spektrum gehören, diese Funktion $F(z)$ unendlich viele Nullstellen außerhalb der Winkel haben kann, welche die Normalen zu den Seiten von I enthalten. Nach dem Lehrsatz 8 muß diese Menge die Dichte Null haben.[1])

§ 7. Das Wachstum einer Funktion der Klasse E_I bei beliebigem normierenden Gebiet $\overline{I}$

In diesem Paragraphen wird der allgemeine Fall einer ganzen Funktion der Klasse E_I untersucht, deren konjugiertes Diagramm mit dem kleinsten konvexen Gebiet übereinstimmt, welches das ganze Spektrum enthält. In § 5 haben wir gezeigt, daß dies immer der Fall ist, wenn das normierende Gebiet $\overline{I}$ ein Vieleck ist, oder wenn die Funktion durch die Reihe (6.01) dargestellt wird. Außerdem zeigt das Beispiel in § 5, daß es sich im allgemeinen Fall nicht so verhält. Das Wachstum einer Funktion der Klasse E_I, welche diese Eigenschaft besitzt, wird durch folgenden Lehrsatz charakterisiert.

Lehrsatz 10. *Stimmt das konjugierte Diagramm einer ganzen Funktion der Klasse E_I mit dem kleinsten konvexen Gebiet, welches das ganze Spektrum der Funktion enthält, überein, so ist diese Funktion von vollkommen regulärem Wachstum.*

Beweis. Aus der Darstellung (6.63) folgt, daß die Richtung θ, welche einem Punkt des Spektrums der Funktion $F(z)$ entspricht, eine Richtung von vollkommen regulärem Wachstum ist.

Aus der Voraussetzung des Lehrsatzes folgt, daß jeder äußerste Punkt des konjugierten Diagramms $\overline{I}_F$ entweder ein Punkt des Spektrums ist oder ein Häufungspunkt der Punkte des Spektrums.

Indem wir diese Tatsache benutzen, werden wir zeigen, daß eine Richtung, die einem beliebigen äußersten Punkte des konjugierten Diagramms entspricht, eine Richtung von vollkommen regulärem Wachstum ist.

---

[1]) Bezeichnen wir mit γ_j ($j = 1, 2, \ldots$) die positiven Nullstellen der von uns konstruierten Funktion $F(z)$, so ist

$$\sum_{\gamma_j < 2N_m} \frac{1}{\gamma_j} > \frac{1}{2\pi} \sum_{k=1}^{m} (1 - \alpha_k)\,.$$

Wählt man die Punkte α_k so, daß die Reihe $\sum_{k=1}^{\infty} (1 - \alpha_k)$ divergiert, so divergiert auch die Reihe $\sum_{j=1}^{\infty} \frac{1}{\gamma_j}$.

Das weist darauf hin, daß die Nullstellenmenge außerhalb der Winkel, welche die Normalen zu den Seiten von I enthalten, trotz der Dichte Null ziemlich „dicht“ sein kann.

λ_0 sei ein äußerster Punkt des konjugierten Diagramms $\overline{I}_F$, der kein Eckpunkt des Randes von $\overline{I}$ ist. Ihm entspricht eine einzige Richtung θ_0. Ist λ_0 ein Punkt des Spektrums, dann ist diese Richtung eine Richtung von vollkommen regulärem Wachstum. Gehört aber λ_0 nicht zum Spektrum, so ist dieser Punkt ein Häufungspunkt einer Punktfolge des Spektrums λ_j und die Richtung θ_0 ist eine Grenzrichtung für die Richtungen θ_j, welche den Punkten λ_j entsprechen. Die Richtungen θ_j sind Richtungen von vollkommen regulärem Wachstum, und da solche Richtungen eine abgeschlossene Menge bilden (vgl. Kapitel III, Folgerung aus dem Lehrsatz 1), so ist auch θ_0 eine Richtung von vollkommen regulärem Wachstum.

Es sei nun λ_0 ein Eckpunkt von $\overline{I}$. Gehört λ_0 zum Spektrum von $F(z)$, so sind alle ihm entsprechenden Richtungen von vollkommen regulärem Wachstum. Es bleibt nur, Eckpunkte zu betrachten, die nicht zum Spektrum der Funktion gehören. Zuerst betrachten wir Eckpunkte, welche nicht das gemeinsame Ende von zwei geradlinigen Abschnitten des Randes des konjugierten Diagramms sind. In diesem Fall existiert eine Folge $\{\lambda_j\}$ der Punkte des Spektrums, die nicht auf einem geradlinigen Abschnitt des Randes von $\overline{I}$ liegen, welche gegen λ_0 als Grenzwert strebt. Dabei konvergiert die Folge der entsprechenden Richtungen $\{\theta_j\}$ gegen die Richtung θ_0, welche einen Schenkel des Winkels (θ_1, θ_2) definiert, der dem Eckpunkte λ_0 entspricht. Die Richtungen θ_j sind Richtungen von vollkommen regulärem Wachstum, und folglich ist es auch die Richtung θ_0. Diese Richtung ist nicht senkrecht zu einem geradlinigen Abschnitt des Randes, und folglich ist $h'_+(\theta_0) = h'_-(\theta_0)$. Außerdem ist im Innern des dem Eckpunkt λ_0 des Randes von $\overline{I}$ entsprechenden Winkels (θ_1, θ_2) der Indikator $h(\theta)$ trigonometrisch. Nach dem Lehrsatz 7, Kapitel III ist die Funktion $F(z)$ im Innern dieses Winkels von vollkommen regulärem Wachstum.

Der Punkt λ_0 des konjugierten Diagramms $\overline{I}$ sei nun das gemeinsame Ende zweier geradlinigen Abschnitte der Grenze von $\overline{I}$. Dann kann die Funktion $F(z)$ in der Form dargestellt werden

$$F(z) = e^{\lambda_0 z}\,[\psi_1(z\,e^{-i\theta_1}) + \psi_2(z\,e^{-i\theta_2}) + F_{1,2}(z)]\,,$$

wo $\psi_1(z)$ und $\psi_2(z)$ fastperiodische Funktionen mit positiven Spektren sind, $\theta_1 \leqq \arg z \leqq \theta_2$ der dem Punkt λ_0 entsprechende Winkel und $F_{1,2}(z)$ eine ganze Funktion endlichen Grades, deren Indikator im Innern dieses Winkels negativ ist. Unter Anwendung des Hilfssatzes 13 können wir bekommen, daß $F(z)$ im Innern dieses, dem Punkt λ_0 entsprechenden Winkels von vollkommen regulärem Wachstum ist. Also ist $F(z)$ auf allen, den äußersten Punkten von $\overline{I}$ entsprechenden Richtungen von vollkommen regulärem Wachstum. Es gibt höchstens abzählbar viele Richtungen, welche den geradlinigen Abschnitten des Indikatordiagramms entsprechen. Die Menge der Richtungen von vollkommen regulärem Wachstum ist aber abgeschlossen, (vgl. Kapitel III, § 1, Folgerung aus dem Lehrsatz 1), folglich ist $F(z)$ in der ganzen Ebene von vollkommen regulärem Wachstum. Der Lehrsatz ist somit bewiesen.

Bemerkung 1. Aus diesem Lehrsatz und dem Lehrsatz 2 vom Kapitel III folgt, daß die Nullstellenmenge der Funktion $F(z)$ im Inneren eines Winkels (ϑ, θ) für alle Werte von ϑ und θ eine Dichte hat, vielleicht mit Ausnahme einer abzählbaren Menge, und diese Dichte $\Delta(\theta) - \Delta(\vartheta)$ ist gleich der Bogenlänge des Randes von I zwischen den Stützpunkten der Geraden l_ϑ und l_θ.[1])

Bemerkung 2. Genügt die Funktion $F(z)$ allen Voraussetzungen des Lehrsatzes 10, und gehören dabei alle Eckpunkte von $\overline{I}$ zu ihrem Spektrum, genügt die Funktion $F_1(z)$ der Bedingung

$$|F_1(r\, e^{i\theta})| \cdot e^{-h_F(\theta)\, r} \to 0$$

gleichmäßig in θ bei $r \to \infty$, so ist

$$\Phi(z) = F(z) + F_1(z)$$

eine Funktion von vollkommen regulärem Wachstum mit dem Indikator $h_F(\theta)$.

Ist in der Tat θ_0 eine einem äußersten Punkt λ_0 des Spektrums der Funktion $F(z)$ entsprechende Richtung, so ist

$$\lim_{r\to\infty} \Phi(r\, e^{i\theta}) \exp(-\lambda_0\, r\, e^{i\theta}) = \lim_{r\to\infty} F(r\, e^{i\theta}) \exp(-\lambda_0\, r\, e^{i\theta}) = a(\lambda_0) \neq 0\,.$$

Deshalb ist jede solche Richtung eine Richtung von vollkommen regulärem Wachstum. Diese Richtungen (Werte des Winkels θ) liegen dicht im Intervall $(0, 2\pi)$, und deshalb ist $\Phi(z)$ eine Funktion von vollkommen regulärem Wachstum mit dem Indikator $h_\Phi(\theta) = h_F(\theta)$.

Zum Abschluß betrachten wir noch ein allgemeines Beispiel einer Funktion der Klasse E_I, wo I der Einheitskreis ist, für die das kleinste, das Spektrum enthaltende konvexe Gebiet mit dem konjugierten Diagramm der Funktion übereinstimmt.

Beispiel. Es sei

$$F(z) = \sum_{n=1}^{\infty} \frac{\varphi(n)}{n!} z^n\,,$$

wo $\varphi(n)$ auf der Menge der ganzen Zahlen fastperiodisch ist. Bekanntlich kann diese Funktion durch fastperiodische Polynome der Gestalt

$$P_m(n) = \sum_{k=1}^{m} a_k^{(m)} e^{i\lambda_k n} \tag{6.82}$$

approximiert werden.[2])

---

[1]) Regensburger [1] hat für die Summen der Form (6.01) folgendes Ergebnis bekommen: Liegen die Punkte λ_k dicht auf einem gewissen konvexen Bogen und sind $r_k\, e^{i\theta_k}$ Nullstellen der Funktion $f(z)$, welche zwischen den Normalen in den Enden des Bogens liegen, so ist $\sum_{k=1}^{\infty} r_k^{-1} = \infty$. Dieses Ergebnis folgt natürlich aus dem Lehrsatz 10.

[2]) Siehe z.B. B. M. Levithan [1].

Auf diese Weise hat die der Funktion $F(z)$ nach BOREL assoziierte Funktion $\psi(z)$ die Gestalt

$$\psi(z) = \sum_{n=1}^{\infty} \frac{\varphi(n)}{z^{n+1}} = \sum_{k=1}^{m} \frac{a_k^{(m)}}{z - e^{i\lambda_k}} + \sum_{n=1}^{\infty} \frac{\varepsilon^{(m)}(n)}{z^{n+1}} \quad (|\varepsilon^{(m)}(n)| < \varepsilon)\,.$$

Hieraus folgt leicht, daß alle Punkte $e^{i\lambda_k}$, wo λ_k ein Punkt des Spektrums von $\varphi(n)$ ist, singuläre Punkte der Funktion $\psi(z)$ sind. Die Punkte $e^{i\lambda_k}$ erscheinen als Punkte des Spektrums der Funktion $F(z)$, wenn man zum Gebiet $\overline{I}$ den Einheitskreis nimmt.

Wir werden beweisen, daß die Menge der Singularitäten der Funktion $\psi(z)$ mit der abgeschlossenen Hülle der Punktmenge $e^{i\lambda_k}$ übereinstimmt. Das ist offensichtlich der Fall, wenn die Punkte $e^{i\lambda_k}$ auf dem Einheitskreis dicht liegen.

Ein gewisser Bogen des Einheitskreises sei nun frei von den Punkten $e^{i\lambda_k}$. Ohne Beschränkung der Allgemeinheit kann man annehmen, daß die Mitte dieses Bogens im Punkt -1 liegt, d. h. daß dieser Bogen komplementär zum Bogen $|\arg z| \leqq q < \pi$ ist. Die Exponenten λ_k sind in (6.82) bis auf ein ganzzahliges Vielfaches von 2π bestimmt, deshalb kann man annehmen, daß $|\lambda_k| \leqq q < \pi$ sind. Die Polynome $P_m(z) = \sum_{k=1}^{m} a_k^{(m)} e^{i\cdot\lambda_k z}$ bilden eine auf der Menge der ganzen Zahlen gleichmäßig konvergente Folge, d. h., es ist

$$|P_s(z) - P_t(z)| < \varepsilon \quad \text{bei} \quad s, t > N_2 \quad \text{und} \quad \pm z = 0, 1, 2, \ldots\,. \tag{6.83}$$

Zum Beweis der gleichmäßigen Konvergenz dieser Folge auf der ganzen reellen Achse berufen wir uns auf den im Kapitel IV bewiesenen Lehrsatz von M. CARTWRIGHT. Da die fastperiodischen Polynome $P_s(z)$ ganze Funktionen vom Grade nicht größer als $q < \pi$ sind, so folgt aus diesem Lehrsatz für (6.83)

$$|P_s(x) - P_t(x)| < c(q)\,\varepsilon \quad (-\infty < x < \infty)\,, \tag{6.84}$$

wo $c(q)$ eine Konstante ist, welche nur von q abhängt. Gemäß (6.84) folgt aus der gleichmäßigen Konvergenz der Folge $P_m(z)$ auf der Menge der ganzen Zahlen ihre gleichmäßige Konvergenz auf der ganzen reellen Achse, d. h. auch in jedem Streifen parallel der reellen Achse. Die Grenzfunktion $\varphi(z)$ ist offensichtlich eine ganze Funktion vom Grade nicht größer als q. Stellen wir die Funktion $\varphi(z)$ in der Form

$$\varphi(z) = \frac{1}{2\pi i} \int_{\Delta_\varepsilon} \sigma(u)\, e^{uz}\, du \tag{6.85}$$

dar (vgl. § 21, Kapitel I), wo $\sigma(u)$ die nach BOREL der Funktion $\varphi(z)$ assoziierte Funktion ist, und Δ_ε das von den Geraden $\operatorname{Re} u = \pm\,\varepsilon$ und $\operatorname{Im} u = \pm\,(q + \varepsilon)$ $(\varepsilon > 0)$ gebildete Rechteck. Für $|z| > 1 + \varepsilon$ kann die Funktion $\psi(z)$ in der Form

$$\psi(z) = \sum_{n=0}^{\infty} \left[\frac{1}{2\pi i} \int_{\Delta_\varepsilon} \sigma(u)\, e^{nu} z^{-n-1}\, du\right] = \frac{1}{2\pi i} \int_{\Delta_\varepsilon} \frac{\sigma(u)\, du}{z - e^u}$$

dargestellt werden.

Aus dieser Darstellung ist ersichtlich, daß die Funktion $\psi(z)$ keine Singularitäten außerhalb des Gebietes hat, in welches das Rechteck Δ_ε bei der Abbildung $z = e^u$ übergeht. Da $\varepsilon > 0$ beliebig gewählt war, kann die Funktion $\psi(z)$ nur auf dem Bogen $|z| = 1$, $|\arg z| \leqq q < \pi$ Singularitäten haben. Auf diese Weise stimmt die Menge der Singularitäten der Funktion $\psi(z)$ mit der abgeschlossenen Hülle des Punktspektrums der Funktion $F(z)$ überein, woraus folgt, daß das konjugierte Diagramm von $F(z)$ das kleinste konvexe Gebiet ist, welches ihr ganzes Punktspektrum enthält. Nach dem Lehrsatz 10 ist $F(z)$ von vollkommen regulärem Wachstum.[1])

[1]) Dieses Beispiel wird in der Arbeit von H. MATTISON [1] betrachtet. Er bekommt folgendes Ergebnis: Liegen die Punkte $e^{i\lambda_k}$ dicht auf einem gewissen Bogen $\theta_1 \leqq \arg z \leqq \theta_2$, und sind z_j die Nullstellen von $F(z)$ im Inneren des Winkels $(-\theta_2, -\theta_1)$, so ist

$$\sum_1^\infty \frac{1}{|z_j|} = \infty.$$

KAPITEL VII

DER LEHRSATZ VON HERMITE-BIEHLER FÜR GANZE FUNKTIONEN

In den vorhergehenden Kapiteln beschäftigten wir uns grundsätzlich mit der Frage der Regelmäßigkeit des Wachstums ganzer Funktionen und im Zusammenhang mit dieser Regelmäßigkeit mit der Verteilung der Nullstellen einer ganzen Funktion.

In etwas anderer Richtung gehen die Untersuchungen, welche sich auch auf die Nullstellenverteilung beziehen und die Bedingungen dafür feststellen, daß alle Nullstellen einer ganzen Funktion einem gewissen Gebiet G angehören. Als Gebiet G werden wir künftig die offene oder abgeschlossene obere Halbebene annehmen.

Bei der Darstellung dieser Untersuchungen werden wir einige Methoden und Lehrsätze benutzen, welche von uns in den vorhergehenden Kapiteln, besonders in den Kapiteln III und V entwickelt wurden.

Als eine grundlegende algebraische Tatsache, welche richtunggebend für die Untersuchungen auf diesem Gebiet wurde, erscheint der bekannte Lehrsatz von Hermite-Biehler [1] für Polynome:

Damit das Polynom

$$\omega(z) = P(z) + i\,Q(z)\,, \tag{7.00}$$

wo $P(z)$ und $Q(z)$ reelle Polynome[1]) *sind, keine Nullstellen in der abgeschlossenen unteren Halbebene* $\operatorname{Im} z \leqq 0$ *hat, ist notwendig und hinreichend, daß folgende Bedingungen erfüllt werden:*

1. *Die Polynome $P(z)$ und $Q(z)$ haben nur einfache reelle Nullstellen, wobei diese Nullstellen einander trennen, d. h. zwischen zwei aufeinanderfolgenden Nullstellen eines dieser Polynome genau eine Nullstelle des anderen liegt.*

2. *In einem gewissen Punkt x_0 der reellen Achse ist*

$$Q'(x_0)\,P(x_0) - Q(x_0)\,P'(x_0) > 0\,. \tag{7.01}$$

Die Tatsache, daß zwei Polynome der Bedingung 1 genügen, werden wir mit den Worten ausdrücken: „die Nullstellen der Polynome $P(z)$ und $Q(z)$ wechseln sich ab“ oder „die Polynome $P(z)$ und $Q(z)$ genügen der Bedingung der Abwechs-

[1]) Eine analytische Funktion heißt reell, wenn alle Koeffizienten ihrer Entwicklung in eine Potenzreihe nach der unabhängigen Veränderlichen reell sind, mit anderen Worten, wenn sie auf der reellen Achse nur reelle Werte annimmt. Offensichtlich kann jede ganze Funktion in der Form (7.00) mit reellen ganzen Funktionen $P(z)$ und $Q(z)$ dargestellt werden.

lung der Nullstellen". Auch in bezug auf die ganzen Funktionen werden wir uns an dieselbe Terminologie halten.

Wir bemerken, daß der Ausdruck $Q'(x)\,P(x) - Q(x)\,P'(x)$ auf der ganzen reellen Achse das Vorzeichen behält, wenn die Nullstellen der Polynome $P(z)$ und $Q(z)$ abwechseln.

Es ist leicht einzusehen, daß das Kriterium von HERMITE-BIEHLER direkt in dieser Form auf beliebige ganze Funktionen nicht übertragbar ist.

Man kann an Hand von einfachen Beispielen zeigen, daß für eine ganze Funktion $\omega(z) = P(z) + i\,Q(z)$ die Realität und die Abwechslung der Nullstellen der Funktionen $P(z)$ und $Q(z)$ weder eine notwendige noch eine hinreichende Bedingung dafür darstellen, daß die Funktion $\omega(z)$ keine Nullstellen in der unteren oder oberen Halbebene hat.

Es seien in der Tat z.B. $\varphi(z)$ und $\psi(z)$ reelle Funktionen, deren Nullstellen abwechselnd liegen. Dann sind die Nullstellen des reellen und des imaginären Teils der Funktion

$$\omega(z) = e^{z}\,\varphi(z) + i\,\psi(z)$$

auch reell und wechseln sich ab. Andererseits ist diese Funktion von vollkommen regulärem Wachstum, und ihr Indikatordiagramm ist die Strecke $0 \leqq x \leqq 1$ auf der reellen Achse (vgl. Kapitel I, § 20). Auf diese Weise befinden sich im Innern beliebig kleiner Winkel, welche die Strahlen der imaginären Achse enthalten, unendlich viele Nullstellen mit der Dichte $\Delta = (2\,\pi)^{-1}$, und folglich reicht die Bedingung der Abwechselung der Nullstellen der Funktionen $P(z)$ und $Q(z)$ dafür nicht aus, daß die Nullstellen der Funktion $\omega(z)$ in einer der Halbebenen $\operatorname{Im} z \geqq 0$ oder $\operatorname{Im} z \leqq 0$ liegen. Um zu zeigen, daß diese Bedingung auch nicht notwendig ist, kann man das folgende Beispiel anführen: Die Funktion

$$\omega(z) = e^{-i\lambda z}(z - i)$$

hat nur eine Nullstelle i, dagegen kann man leicht nachprüfen, daß der Realteil dieser Funktion $z\cos\lambda z - \sin\lambda z$ bei $\lambda > 1$ ein Paar komplexer Nullstellen hat und bei $\lambda < 1$ drei Nullstellen zwischen zwei dem Nullpunkt benachbarten Nullstellen des Imaginärteils $-z\sin\lambda z - \cos\lambda z$.

Zur Lösung einiger Fragen der Regulierungstheorie der Maschinen benötigte man ein effektives Kriterium dafür, daß alle Nullstellen der Funktion

$$F(z) = \sum_{k,j=0}^{m,n} a_{kj}\, z^{j}\, e^{\lambda_k z} \tag{7.02}$$

in der linken Halbebene liegen. Funktionen der Gestalt (7.02) nannte N. G. TSCHEBOTAREW Quasipolynome. Die Quasipolynome hängen nur von einer endlichen Anzahl von Parametern ab, es ist deshalb natürlich anzunehmen, daß eine effektive Methode zur Lösung der Aufgabe für sie existiert.

N. G. TSCHEBOTAREW fand 1942 ein solches effektives Kriterium für einen ziemlich speziellen Fall von Quasipolynomen [3]. In einer anderen Arbeit gibt TSCHEBOTAREW [5] eine allgemeine Methode zur Lösung dieser Aufgabe für beliebige Quasipolynome, indem er den STURMschen Algorithmus für Quasipolynome verallgemeinert. Die Anwendung dieses allgemeinen Prinzips erfordert jedoch eine Verallgemeinerung des Lehrsatzes von HERMITE-BIEHLER für Quasipolynome.

Im Jahre 1942 verallgemeinerte L. S. PONTRJAGIN [1] den Lehrsatz von HERMITE-BIEHLER für Quasipolynome der Form $P(z, e^z)$, wo $P(z, u)$ ein Polynom in zwei Veränderlichen ist.

Die Arbeiten von N. G. TSCHEBOTAREW [2, 3, 4, 5, 6] und von L. S. PONTRJAGIN [1] riefen ein Interesse für diesen Fragenkreis hervor, und bald erschien eine Reihe von Arbeiten sowjetischer Mathematiker in dieser Richtung.[1]) In diesen Arbeiten wird die Frage der Ausdehnung des Kriteriums von HERMITE-BIEHLER auf beliebige ganze Funktionen vollständig gelöst.

Die mit dem Lehrsatz von HERMITE-BIEHLER verbundenen Untersuchungen fanden später eine neue Anwendung. Sie spielen eine wesentliche Rolle beim Studium gewisser Extremaleigenschaften ganzer Funktionen. Diese Anwendungen werden im Kapitel IX dargestellt.

§ 1. Darstellung einer reellen meromorphen Funktion, welche die obere Halbebene auf die obere abbildet

Bei der Übertragung des Kriteriums von HERMITE-BIEHLER auf beliebige ganze Funktionen spielt eine besondere Klasse ganzer Funktionen eine wesentliche Rolle. Das Studium dieser Klasse wurde von M. G. KREIN in seiner Arbeit: „Über eine Klasse ganzer und meromorpher Funktionen“ eingeleitet, welche der Ausdehnung des Kriteriums von HURWITZ auf ganze Funktionen gewidmet ist. [2])

Definition. *Eine ganze Funktion* $\omega(z)$ *heißt eine Funktion der Klasse HB, wenn sie keine Nullstellen in der abgeschlossenen unteren Halbebene* $\operatorname{Im} z \leqq 0$ *hat, und wenn*

$$\left|\frac{\omega(z)}{\overline{\omega}(z)}\right| < 1 \tag{7.03}$$

bei $\operatorname{Im} z > 0$ *ist.* [3])

Ist $\omega(z)$ ein Polynom, so folgt die Bedingung (7.03) offensichtlich daraus, daß alle Nullstellen des Polynoms in der oberen Halbebene liegen, d. h., die Bedingung (7.03) ist überflüssig in diesem Fall.

Aus dem Lehrsatz von PHRAGMEN und LINDELÖF folgt, daß derselbe Umstand auch für ganze Funktionen vom Grade Null gilt. Für ganze Funktionen von beliebigem Wachstum sind die die Klasse *HB* definierenden Bedingungen voneinan-

[1]) Siehe die Arbeiten von B. J. LEWIN [5], N. N. MEIMAN [1], J. I. NEUMARK [1]. Der größte Teil dieser Ergebnisse ist im Buch von N. G. TSCHEBOTAREW und N. N. MEIMAN [1] dargestellt.

[2]) Die hier angegebene Definition dieser Klasse stammt von N. N. MEIMAN [1]. Sie ist äquivalent der Definition, welche vorher von M. G. KREIN gegeben wurde (vgl. das Buch von N. I. ACHIESER und M. G. KREIN [1]).

[3]) Hier versteht man unter $\overline{\omega}(z)$ wie gewöhnlich die ganze Funktion, welche aus $\omega(z)$ durch Vertauschung der Koeffizienten ihrer Potenzreihenentwicklung mit den konjugiert komplexen entsteht.

der unabhängig. Wir bemerken noch, daß aus (7.03) die Zugehörigkeit der Funktion $\frac{\omega(z)}{\overline{\omega}(z)}$ zur Klasse A in der oberen Halbebene folgt, und da die Nullstellen dieser Funktion mit den Nullstellen von $\omega(z)$ in der oberen Halbebene übereinstimmen, ist jede Funktion der Klasse HB eine ganze Funktion der Klasse A.

Künftig werden wir oft die Tatsache benutzen, daß die Bedingung (7.03) für Funktionen der Form

$$\omega(z) = P(z) + i\,Q(z)\,,$$

wo $P(z)$ und $Q(z)$ reelle Funktionen sind, der Bedingung äquivalent ist, daß die Funktion

$$\theta(z) = \frac{Q(z)}{P(z)}$$

die obere Halbebene auf die obere abbildet.

Setzen wir in der Tat

$$w = \frac{\omega(z)}{\overline{\omega}(z)}$$

und $\theta = \theta(z)$, so bekommen wir

$$w = \frac{1 + i\,\theta}{1 - i\,\theta},$$

und dem Einheitskreis in der w-Ebene entspricht die obere Halbebene in der θ-Ebene.

Im Lehrsatz 1 geben wir eine Darstellung einer reellen meromorphen Funktion, welche die obere Halbebene auf die obere abbildet.

Lehrsatz 1. *Damit eine reelle meromorphe Funktion $\psi(z)$ die obere Halbebene auf die obere abbildet, d. h. damit die Ungleichung* $\operatorname{Im}\psi(z)\cdot\operatorname{Im} z > 0$ *für* $\operatorname{Im} z \neq 0$ *erfüllt ist, ist es notwendig und hinreichend, daß diese Funktion sich in der Form*

$$\psi(z) = c\,\frac{z - a_0}{z - b_0}\,\prod{}'\left(1 - \frac{z}{a_k}\right)\left(1 - \frac{z}{b_k}\right)^{-1} \tag{7.04}$$

darstellen läßt, wo $b_k < a_k < b_{k+1},\ \pm k = 0, 1, 2, \ldots,\ a_{-1} < 0 < b_1$ *und* $c > 0$ *ist.* [1])

Der Strich beim unendlichen Produkt bedeutet, daß der Index k alle ganzzahligen Werte außer Null annimmt.

Beweis. Wir beweisen zuerst, daß die Bedingungen hinreichend sind. Aus der Abwechselung der Größen a_k und b_k ergibt sich leicht die Konvergenz der Reihe

$$\sum{}'\left(\frac{1}{b_k} - \frac{1}{a_k}\right)$$

und folglich auch die Konvergenz der Reihe

$$\sum{}'\left[\left(1 - \frac{z}{a_k}\right)\left(1 - \frac{z}{b_k}\right)^{-1} - 1\right] = z\sum{}'\left(\frac{1}{b_k} - \frac{1}{a_k}\right)\left(1 - \frac{z}{b_k}\right)^{-1}.$$

[1]) Dieser Lehrsatz wurde von M. G. KREIN in einer nichtveröffentlichten Arbeit bewiesen. Implizit ist er auch in der Arbeit von N. N. MEIMAN [2] enthalten.

Auf diese Weise konvergiert das Produkt (7.04) gleichmäßig auf jeder abgeschlossenen beschränkten Menge, welche die Punkte b_k $(k = 0, \pm 1, \pm 2, \pm 3, \ldots)$ nicht enthält.

Für alle Werte vom Index k haben wir

$$\arg \frac{1 - \frac{z}{a_k}}{1 - \frac{z}{b_k}} = \arg (z - a_k) - \arg (z - b_k) ,$$

und folglich ist dieses Argument gleich dem Winkel, unter welchem das Intervall $[b_k, a_k]$ der reellen Achse vom Punkt z aus gesehen wird. Auf diese Weise folgt aus der Gleichung

$$\arg \psi(z) = \sum_{-\infty}^{\infty} [\arg (z - a_k) - \arg (z - b_k)] ,$$

daß

$$0 < \arg \psi(z) < \pi$$

ist. Jetzt beweisen wir die Notwendigkeit. $\psi(z)$ bilde die obere Halbebene auf die obere ab, d. h., es sei bei $\operatorname{Im} z > 0$

$$0 \leqq \arg \psi(z) \leqq \pi .$$

Dann hat die Funktion $\psi(z)$ in der offenen oberen Halbebene weder Nullstellen noch Pole.

In der Tat würde im entgegengesetzten Fall der Zuwachs von $\arg \psi(z)$ beim Umlauf einer gewissen geschlossenen Kurve, welche der oberen Halbebene angehört und eine Nullstelle oder einen Pol der Funktion $\psi(z)$ umschließt, größer oder gleich 2π sein, was unmöglich ist. Infolge des Symmetrieprinzips hat die Funktion $\psi(z)$ ebenso weder Nullstellen noch Pole in der unteren Halbebene.

Auf diese Weise liegen alle Nullstellen und Pole der Funktion $\psi(z)$ auf der reellen Achse.

Für $\operatorname{Im} z < 0$ haben wir

$$-\pi < \arg \psi(z) < 0 .$$

Wenn dabei z einen beliebigen Kreis einmal umläuft, übertrifft der Zuwachs des absoluten Betrages der Funktion $\arg \psi(z)$ die Zahl 2π nicht.

Hieraus folgt, daß alle Nullstellen und Pole der Funktion $\psi(z)$ einfach sind, und daß in einem beliebigen Intervall der reellen Achse die Anzahl der Nullstellen der Funktion $\psi(z)$ sich von der Zahl ihrer Pole um nicht mehr als Eins unterscheidet, d. h. daß die Nullstellen und Pole sich abwechseln.

Das unendliche Produkt

$$\Phi(z) = \frac{z - a_0}{z - b_0} \prod{}' \left(1 - \frac{z}{a_k}\right)\left(1 - \frac{z}{b_k}\right)^{-1} , \tag{7.04'}$$

gebildet mit den Nullstellen $\{a_k\}$ und den Polen $\{b_k\}$ der Funktion $\psi(z)$, konvergiert gleichmäßig auf jeder beschränkten abgeschlossenen Menge, welche die

Punkte $\{b_k\}$ nicht enthält. Die Funktion $\Phi = \Phi(z)$ bildet die obere Halbebene der z-Ebene auf die obere Halbebene der Φ-Ebene ab.

Die Funktion

$$\chi(z) = \frac{\psi(z)}{\Phi(z)}$$

ist eine ganze Funktion, sie hat keine Nullstellen in der ganzen Ebene, und es ist $|\arg \chi(z)| \leqq 2\pi$ für alle Werte der Veränderlichen z.

Auf diese Weise bildet die ganze Funktion $u = \ln \chi(z)$ die ganze z-Ebene auf den Streifen $|\mathrm{Im}\, u| \leqq 2\pi$ ab; folglich ist $u = \mathrm{const}$.

Aus diesem Lehrsatz folgt unmittelbar folgende

Bemerkung. *Damit man eine reelle meromorphe Funktion $w = \psi(z)$ in jedem abgeschlossenen Gebiet gleichmäßig durch reelle rationale Funktionen mit reellen sich abwechselnden Nullstellen und Polen approximieren kann, ist notwendig und hinreichend, daß sie die obere Halbebene der z-Ebene auf die obere Halbebene der w-Ebene abbildet.* [1])

Eine andere Darstellung einer reellen meromorphen Funktion, welche die obere Halbebene auf die obere abbildet, ist bedeutend früher von N. G. TSCHEBOTAREW [6] gegeben worden.

Lehrsatz 2 (von TSCHEBOTAREW). *Bildet eine reelle meromorphe Funktion $\psi(z)$ die obere Halbebene auf die obere ab, so sind ihre Pole a_k ($\pm k = 0, 1, 2, \ldots$) alle reell und einfach, und sie ist darstellbar in der Form*

$$\psi(z) = a z + b + \sum_{k=\alpha}^{\omega} A_k \left(\frac{1}{a_k - z} - \frac{1}{a_k}\right) \tag{7.05}$$

$$(-\infty \leqq \alpha < \omega \leqq \infty),$$

wo $a \geqq 0$, b reell, $A_k \geqq 0$ ($\pm k = 0, 1, 2, \ldots$) ist, und die Reihe

$$\sum_{k=\alpha}^{\omega} \frac{A_k}{a^2{}_k}$$

konvergiert.

Beweis. Nach dem Lehrsatz 1 läßt sich die Funktion $\psi(z)$ bis auf einen konstanten Faktor in der Form (7.04) darstellen, also erscheint sie als der gleichmäßige Grenzwert der Folge

$$\psi_n(z) = \frac{z - a_0}{z - b_0} \prod_{-n}^{n} \left(1 - \frac{z}{a_k}\right)\left(1 - \frac{z}{b_k}\right)^{-1},$$

welche man in der Form

$$\psi_n(z) = \sum_{k=-n}^{n} \frac{A_{k,n}}{a_k - z} + c_n$$

darstellen kann, wobei $A_{k,n} > 0$ und c_n eine reelle Konstante ist. (Bei $k < \alpha$ oder $k > \omega$ wird $a_k = \infty$ angenommen.) Betrachten wir die Ableitung im Nullpunkt, so erhalten wir, daß die Folge der Summen

$$\sum_{k=-n}^{n} \frac{A_{k,n}}{a_k^2}$$

[1]) Diese Tatsache wurde zuerst von N. G. TSCHEBOAREW [6] festgestellt.

gegen $\psi'(0)$ strebt. Andererseits aber strebt $A_{k,n}$ offensichtlich gegen das Residuum A_k der Funktion $\psi(z)$ im Punkt a_k. Gehen wir zum Grenzwert bei $n \to \infty$ über, so erhalten wir aus den Ungleichungen

$$\sum_{k=-N}^{N} \frac{A_{k,n}}{a_k^2} \leqq \psi_n'(0) \qquad (n \geqq N),$$

daß

$$\sum_{k=-N}^{N} \frac{A_k}{a_k^2} \leqq \psi'(0)$$

ist, und folglich konvergiert die Reihe

$$\sum_{k=\alpha}^{\omega} \frac{A_k}{a_k^2}.$$

Hieraus ergibt sich die Konvergenz der Reihe auf der rechten Seite der Formel (7.05).

Wir werden jetzt zeigen, daß die Differenz zwischen $\psi(z)$ und der Summe dieser Reihe eine lineare Funktion ist. Dazu halten wir eine Zahl N fest und betrachten bei $n > N$ die Differenz

$$\psi_n(z) - \sum_{k=-N}^{N} A_{k,n}\left(\frac{1}{a_k - z} - \frac{1}{a_k}\right) = \sum_{N < |k| \leqq n} \frac{A_{k,n}}{a_k - z} + c_n'.$$

Offensichtlich ist der imaginäre Teil dieser Funktion bei $\operatorname{Im} z > 0$ nichtnegativ. Gehen wir zum Grenzwert über, so ergibt sich

$$\operatorname{Im}\left[\psi(z) - \sum_{k=-N}^{N} A_k\left(\frac{1}{a_k - z} - \frac{1}{a_k}\right)\right] \geqq 0 \qquad (\operatorname{Im} z \geqq 0).$$

Auf diese Weise bildet die ganze reelle Funktion

$$\psi(z) - \sum_{k=\alpha}^{\omega} A_k\left(\frac{1}{a_k - z} - \frac{1}{a_k}\right)$$

die obere Halbebene auf die obere ab, und folglich ist sie nach dem Hilfssatz von N. G. TSCHEBOTAREW (Kapitel V) gleich $a z + b$ ($a \geqq 0$, $\operatorname{Im} b = 0$). Der Lehrsatz ist somit bewiesen. [1])

§ 2. Verallgemeinerung des Lehrsatzes von Hermite-Biehler für beliebige ganze Funktionen

Aus dem Lehrsatz 1 kann man ziemlich leicht ein Kriterium für die Zugehörigkeit einer ganzen Funktion zur Klasse HB bekommen, welches dem Kriterium

[1]) Ein anderer Beweis dieses Lehrsatzes ergibt sich unmittelbar aus folgender, von R. NEVANLINNA angegebenen Darstellung einer Funktion, welche die obere Halbebene auf die obere abbildet:

$$\psi(z) = a z + b + \int_{-\infty}^{\infty} \frac{1 + t z}{t - z}\, d\sigma(t),$$

wo $\sigma(t)$ eine nichtabnehmende Funktion ist.

von HERMITE-BIEHLER analog ist. Dieses Kriterium, welches von N. N. MEIMAN stammt, wird durch den folgenden Lehrsatz geliefert:

Lehrsatz 3. *Es sei*

$$\omega(z) = P(z) + i\,Q(z)\,,$$

wo $P(z)$ und $Q(z)$ ganze reelle Funktionen sind, und es seien

$$P(z) = A\,e^{u(z)}(z - a_0) \prod_{k=-\infty}^{\infty}{}' \left(1 - \frac{z}{a_k}\right) e^{P_k\left(\frac{z}{a_k}\right)} \qquad (u(0) = 0) \tag{7.06}$$

und

$$Q(z) = B\,e^{v(z)}(z - b_0) \prod_{k=-\infty}^{\infty}{}' \left(1 - \frac{z}{b_k}\right) e^{P_k\left(\frac{z}{b_k}\right)} \qquad (v(0) = 0)$$

ihre Zerlegungen in unendliche Produkte.

Damit die Funktion $\omega(z)$ zur Klasse HB gehört, ist notwendig und hinreichend, daß folgende Bedingungen erfüllt sind:

α) Die Nullstellen der Funktionen $P(z)$ und $Q(z)$ a_k und b_k wechseln sich ab.

β) Die ganzen reellen Funktionen $u(z)$ und $v(z)$ und die Exponenten $P_k\left(\frac{z}{a_k}\right)$ und $P_k\left(\frac{z}{b_k}\right)$ genügen der Bedingung

$$u(z) - v(z) + \sum_{k=-\infty}^{\infty} \left[P_k\left(\frac{z}{a_k}\right) - P_k\left(\frac{z}{b_k}\right)\right] = 0\,. \tag{7.07}$$

γ) Die Konstanten A und B haben dasselbe Vorzeichen.

Beweis der Notwendigkeit. Aus (7.03) folgt, daß die Funktion

$$F(z) = \frac{\omega(z)}{\overline{\omega}(z)}$$

die obere Halbebene auf den Einheitskreis abbildet, folglich bildet die durch die Gleichung

$$\theta(z) = \frac{Q(z)}{P(z)} = i\,\frac{F(z) - 1}{F(z) + 1}$$

definierte reelle Funktion $\theta(z)$ die obere Halbebene auf die obere Halbebene ab. Nach dem Lehrsatz 1 sind ihre Nullstellen und Pole reell, einfach und wechseln sich ab. Da die Funktionen $\omega(z)$ und $\overline{\omega}(z)$ keine gemeinsamen Nullstellen haben, so haben auch die Funktionen $P(z)$ und $Q(z)$ keine Nullstellen gemeinsam. Auf diese Weise haben wir bewiesen, daß die Nullstellen der Funktionen $P(z)$ und $Q(z)$ der Bedingung α) genügen.

Aus der Darstellung (7.06) der Funktionen $P(z)$ und $Q(z)$ folgt, daß

$$\theta(z) = \frac{B}{A}\,e^{w(z)}\,\Phi(z)\,,$$

$$w(z) = u(z) - v(z) + \sum_{k=-\infty}^{\infty} \left[P_k\left(\frac{z}{b_k}\right) - P_k\left(\frac{z}{a_k}\right)\right]$$

ist, wo die Funktion $\Phi(z)$ durch die Gleichung (7.04′) definiert wird.

Nach dem Lehrsatz 1 bildet die Funktion $\tau = \Phi(z)$ die obere Halbebene auf die obere ab. Wir bekommen auf diese Weise, daß in der ganzen z-Ebene

$$\left|\arg \frac{\theta(z)}{\Phi(z)}\right| \leqq \pi$$

ist, und folglich bildet die ganze reelle Funktion

$$w = \frac{A}{B} \ln \frac{\theta(z)}{\Phi(z)} = v(z) - u(z) + \sum_{k=-\infty}^{\infty} \left[P_k\left(\frac{z}{b_k}\right) - P_k\left(\frac{z}{a_k}\right)\right]$$

die ganze z-Ebene auf den Streifen $|\operatorname{Im} w| \leqq \pi$ ab, d. h., es ist $w = \text{const.}$ Die Bedingung β) ergibt sich, wenn man bemerkt, daß $w(0) = 0$ ist. Da die imaginären Teile von $\theta(z)$ und $\Phi(z)$ dasselbe Vorzeichen haben, haben auch A und B dasselbe Vorzeichen.

Beweis, daß die Bedingungen hinreichend sind. Sind die Bedingungen α), β) und γ) erfüllt, so stimmt die Funktion $\theta(z)$ bis auf einen konstanten Faktor mit der Funktion $\Phi(z)$ überein, d. h., sie bildet die obere Halbebene auf die obere Halbebene ab.

Die Funktion

$$F(z) = \frac{1 + i\,\theta(z)}{1 - i\,\theta(z)}$$

bildet die obere Halbebene auf den Einheitskreis ab, d. h., die Ungleichung (7.03) ist erfüllt. Die Funktionen $P(z)$ und $Q(z)$ und folglich auch die Funktionen $\omega(z)$ und $\overline{\omega}(z)$ haben keine gemeinsamen Nullstellen, und nach der Ungleichung (7.03) hat die Funktion $\omega(z)$ keine Nullstellen in der Halbebene $\operatorname{Im} z \leqq 0$. Der Lehrsatz ist somit bewiesen.

Wir bemerken, daß man die Bedingung $AB > 0$ durch die Bedingung

$$Q'(x)\,P(x) - Q(x)\,P'(x) > 0 \qquad (-\infty < x < \infty)$$

ersetzen kann.

In der Tat, sind die Bedingungen α) und β) erfüllt, so bildet die Funktion $\theta(z)$ die obere Halbebene entweder auf die obere Halbebene oder auf die untere Halbebene ab. Im ersten Fall ist die Funktion $\theta(x)$ monoton wachsend, im zweiten Fall ist sie monoton abnehmend. Es ist leicht einzusehen, daß $\theta'(x) \neq 0$ ist, und das Vorzeichen von $\theta'(x)$ mit dem Vorzeichen des Ausdrucks $Q'(x)\,P(x) - Q(x)\,P'(x)$ übereinstimmt.

Definition. Ganze Funktionen $\omega(z)$, welche keine Nullstellen in der offenen unteren Halbebene ($\operatorname{Im} z < 0$) haben und der Bedingung

$$\left|\frac{\omega(z)}{\overline{\omega}(z)}\right| \leqq 1 \quad \text{bei} \quad \operatorname{Im} z > 0$$

genügen, werden wir *Funktionen der Klasse* $\overline{HB}$ nennen.

Offensichtlich kann das Gleichheitszeichen nur in dem Falle stehen, wenn $\omega(z)$ bis auf einen konstanten Faktor eine reelle Funktion ist. Solche Funktionen werden wir *triviale Funktionen der Klasse* $\overline{HB}$ nennen.

Wenn $\omega(z) \in \overline{HB}$, so sind alle gemeinsamen Nullstellen der Funktionen $\omega(z)$ und $\overline{\omega}(z)$ reell. Bilden wir das kanonische Produkt mit diesen gemeinsamen Nullstellen $R(z)$, so bekommen wir

$$\omega(z) = R(z)\,\omega_1(z)\,, \tag{7.08}$$

wo $\omega_1(z) \in HB$. Umgekehrt, läßt sich die Funktion $\omega(z)$ in der Form (7.08) darstellen, wo $\omega_1(z) \in HB$ und $R(z)$ eine reelle Funktion ist, welche nur reelle Nullstellen hat, so ist $\omega(z) \in \overline{HB}$. Es ist bemerkenswert, daß $R(z)$ und $\omega_1(z)$ Funktionen von höherem Wachstum als $\omega(z)$ sein können, wenn die Funktion $\omega(z)$ von ganzzahliger Ordnung ist. Ist insbesondere $\omega(z)$ vom Normaltypus, so können $R(z)$ und $\omega_1(z)$ Funktionen vom Maximaltypus sein.

Wir bemerken, daß eine in jedem endlichen Teile der Ebene gleichmäßig konvergente Folge von Funktionen der Klasse $\overline{HB}$ eine Grenzfunktion hat, die auch der Klasse $\overline{HB}$ angehört.

Aus dem Lehrsatz 3 folgt unmittelbar der

Lehrsatz 3′. *Damit eine ganze Funktion*

$$\omega(z) = P(z) + i\,Q(z)$$

eine nichttriviale Funktion der Klasse $\overline{HB}$ *ist, ist es notwendig und hinreichend, daß folgende Bedingungen erfüllt sind:*

α′) Die Funktionen $P(z)$ und $Q(z)$ sind in der Form

$$P(z) = R(z)\,P_1(z), \qquad Q(z) = R(z)\,Q_1(z)$$

darstellbar, wobei die Nullstellen der ganzen Funktionen $R(z)$, $P_1(z)$ und $Q_1(z)$ alle reell sind, und die Nullstellen von $P_1(z)$ und $Q_1(z)$ einander abwechseln.

β) In der Darstellung der Funktionen $P(z)$ und $Q_1(z)$

$$P_1(z) = A e^{u(z)}\,(z - a_0)\cdot \prod_{k=-\infty}^{\infty}{}' \left(1 - \frac{z}{a_k}\right) e^{P_k\left(\frac{z}{a_k}\right)} \qquad (u(0) = 0)\,,$$

$$Q_1(z) = B\,e^{v(z)}\,(z - b_0)\cdot \prod_{k=-\infty}^{\infty}{}' \left(1 - \frac{z}{b_k}\right) e^{P_k\left(\frac{z}{b_k}\right)} \qquad (v(0) = 0)$$

($a_{-1} < 0 < b_1$) genügen die ganzen reellen Funktionen $u(z)$ und $v(z)$ und die Weierstrassschen Exponenten $P_k\left(\frac{z}{a_k}\right)$ und $P_k\left(\frac{z}{b_k}\right)$ der Bedingung

$$u(z) - v(z) + \sum_{k=-\infty}^{\infty} \left[P_k\left(\frac{z}{a_k}\right) - P_k\left(\frac{z}{b_k}\right)\right] = 0\,.$$

γ) Die Konstanten A und B haben dasselbe Vozeichen.

Die Bedingung γ) kann man auch hier durch die Bedingung ersetzen:

$$Q'(x)\,P(x) - Q(x)\,P'(x) \geqq 0$$

in irgendeinem Punkte der reellen Achse.

Bisweilen ist es bequemer, andere Bedingungen für die Zugehörigkeit von ganzen Funktionen zu den Klassen HB und $\overline{HB}$ zu benutzen. Bevor wir sie formulieren, führen wir folgenden, von Tschebotarew vorgeschlagenen Begriff ein:

Definition (Tschebotarew [3]). Zwei reelle Funktionen $P(z)$ und $Q(z)$ heißen ein *reelles Paar*, wenn sie keine gemeinsamen Nullstellen haben, und wenn eine beliebige lineare Kombination $\mu P(z) + \nu Q(z)$ mit reellen Koeffizienten μ und ν keine konmpexe Nullstellen hat. [1])

Lehrsatz 4. *Damit eine ganze Funktion $\omega(z) = P(z) + i\,Q(z)$ zur Klasse HB gehört, ist notwendig und hinreichend, daß die Funktionen $P(z)$ und $Q(z)$ ein reelles Paar bilden, und daß in irgend einem Punkt x_0 der reellen Achse die Ungleichung erfüllt ist*

$$Q'(x_0)\,P(x_0) - P'(x_0)\,Q(x_0) > 0\,.$$

Beweis. Daraus, daß $P(z)$ und $Q(z)$ ein reelles Paar bilden, folgt, daß die reelle Funktion

$$\theta(z) = \frac{Q(z)}{P(z)} \tag{7.09}$$

keine reellen Werte für $\operatorname{Im} z \neq 0$ annimmt und folglich die obere Halbebene entweder auf die obere oder auf die untere abbildet.

Ist dabei $Q'(x_0)\,P(x_0) - Q(x_0)\,P'(x_0) > 0$, so ist $\theta'(x_0) > 0$, und $\theta(z)$ bildet die obere Halbebene auf die obere ab. Hieraus folgt, daß die Funktion

$$F(z) = \frac{\omega(z)}{\overline{\omega}(z)} \tag{7.10}$$

die obere Halbebene auf den Einheitskreis abbildet, und wir bekommen die Ungleichung (7.03).

Da die Funktionen $P(z)$ und $Q(z)$ keine gemeinsamen Nullstellen haben, so haben auch $\omega(z)$ und $\overline{\omega}(z)$ keine gemeinsamen Nullstellen, und aus der Ungleichung (7.03) folgt, faß $\overline{\omega}(z)$ keine Nullstellen in der Halbebene $\operatorname{Im} z \leqq 0$ hat. Also ist $\omega(z) \in HB$.

Umgekehrt, ist $\omega(z) \in HB$, so haben $\omega(z)$ und $\overline{\omega}(z)$ keine gemeinsamen Nullstellen, und die Ungleichung (7.03) ist erfüllt. Dann haben aber auch die reellen Funktionen $P(z)$ und $Q(z)$ keine gemeinsamen Nullstellen, $\theta(z)$ ist holomorph in der oberen Halbebene, und es ist $\operatorname{Im}\,\theta(z) > 0$ bei $\operatorname{Im} z > 0$. Auf diese Weise nimmt die Funktion $\theta(z)$ reelle Werte nur auf der reellen Achse an, und folglich kann eine lineare Kombination $\mu P(z) + \nu Q(z)$ mit reellen Koeffizienten nur reelle Nullstellen haben. Der Lehrsatz ist somit bewiesen.

Definition. Zwei reelle ganze Funktionen $P(z)$ und $Q(z)$ werden wir als ein *verallgemeinertes reelles Paar* bezeichnen, wenn jede lineare Kombination $\mu P(z) + \nu Q(z)$ mit reellen Koeffizienten keine komplexen Nullstellen hat. Dabei werden gemeinsame Nullstellen von $P(z)$ und $Q(z)$ zugelassen.

---

[1]) Komplex nennen wir die Nullstellen, welche nicht auf der reellen Achse liegen.

Aus dem Lehrsatz 4 und der Darstellung (7.08) folgt unmittelbar der

Lehrsatz 4'. *Damit eine ganze Funktion*

$$\omega(z) = P(z) + i\, Q(z)$$

eine nichttriviale Funktion der Klasse $\overline{HB}$ *ist, ist notwendig und hinreichend, daß die Funktionen* $P(z)$ *und* $Q(z)$ *ein verallgemeinertes reelles Paar bilden, und daß in einem gewissen reellen Punkt die Ungleichung*

$$Q'(x_0)\, P(x_0) - Q(x_0)\, P'(x_0) > 0$$

erfüllt ist.

Wir werden jetzt zeigen, daß man den Lehrsatz von HERMITE-BIEHLER für eine breitere Klasse ganzer Funktionen nicht verallgemeinern kann.[1]) Der Einfachheit halber beschränken wir uns dabei auf ganze Funktionen endlicher Ordnung.

Lehrsatz 5. *Wenn eine ganze Funktion endlicher Ordnung*

$$\omega(z) = P(z) + i\, Q(z)$$

Nullstellen besitzt, und wenn alle ihre Nullstellen in der offenen oberen Halbebene liegen und die Nullstellen von $P(z)$ *und* $Q(z)$ *sich abwechseln, so ist* $\omega(z) \in HB$.

Beweis. Aus der Abschätzung der ganzen Funktion $\overline{\omega}(z)$ nach unten (vgl. § 8, Kapitel I) folgt, daß außerhalb von Ausnahmekreisen die Funktion $F(z) = \dfrac{\omega(z)}{\overline{\omega}(z)}$ der Ungleichung

$$\ln |F(z)| < \ln M_\varepsilon + r^{\varrho + \varepsilon} \qquad (\operatorname{Im} z > 0) \tag{7.11}$$

genügt, wo ϱ die Ordnung von $\omega(z)$, $\varepsilon > 0$ und M_ε eine gewisse Konstante ist.

In der Halbebene $\operatorname{Im} z > 0$ hat die Funktion $F(z)$ keine Singularitäten, und da auf der reellen Achse $|F(x)| = 1$ ist, wird nach dem Maximumprinzip die Ungleichung (7.11) überall in der oberen Halbebene gelten.

Anderseits aber kann die Funktion $\theta(z) = \dfrac{P(z)}{Q(z)}$ in der Form

$$\theta(z) = e^{g(z)}\, \psi(z) \tag{7.12}$$

dargestellt werden, wo $g(z) = a_0 z^n + a_1 z^{n-1} + \cdots + a_n$ ist, $n \leqq |\varrho|$ und alle Koeffizienten a_j ($j = 0, 1, 2, \ldots, n-1$) reell, die Funktion $\psi(z)$ durch die Gleichung (7.04') definiert ist und nach dem Lehrsatz 1 die obere Halbebene auf die obere abbildet.

Wenn $n = 0$ ist, d. h. $g(z) \equiv c$, so bildet $\theta(z)$ die obere Halbebene auf die obere Halbebene ab, und da $F(z) = \dfrac{\omega(z)}{\overline{\omega}(z)}$ in der Form

$$F(z) = \frac{1 + i\, \theta(z)}{1 - i\, \theta(z)}$$

[1]) Das ist ein Ergebnis von N. N. MEIMAN (vgl. N. G. TSCHEBOTAREW und N. N. MEIMAN [1]).

darstellbar ist, so ist $|F(z)| < 1$ bei $\operatorname{Im} z > 0$, und folglich ist $\omega(z) \in HB$.

Es sei nun $n > 0$. Wir haben

$$F(z) = \frac{1 + i\, e^{g(z)} \dfrac{\psi(z)}{\overline{\psi(z)}}}{1 - i\, e^{g(z)} \dfrac{\psi(z)}{\overline{\psi(z)}}} . \tag{7.13}$$

Aus der Ungleichung von Carathéodory (Kapitel I, § 6, Lehrsatz 8') folgt, daß für $\operatorname{Im} z > 0$

$$c_1 \frac{\sin \theta}{r} < |\psi(z)| < c_2 \frac{r}{\sin \theta} \tag{7.14}$$

ist, wo c_1 und c_2 Konstanten und $z = r\, e^{i\,\theta}$ $(0 < \theta < \pi)$ ist.

Andererseits haben wir

$$\operatorname{Re} g(r\, e^{i\,\theta}) \approx a_0\, r^n \cos n\, \theta . \tag{7.15}$$

Vergleichen wir (7.13), (7.14) und (7.15), so ergibt sich, daß außerhalb von beliebig kleinen Winkeln, welche die Strahlen $\arg z = \left(k + \frac{1}{2}\right) \frac{\pi}{n}$ enthalten, die Funktion $F(z)$ beschränkt ist. Außerdem ist $F(z)$ auf der reellen Achse beschränkt.

Berücksichtigen wir die Abschätzung (7.11), so bekommen wir nach dem Prinzip von Phragmen und Lindelöf, daß $F(z)$ in der oberen Halbebene beschränkt ist, und durch nochmalige Anwendung dieses Prinzips ergibt sich, daß $|F(z)| < 1$ bei $\operatorname{Im} z > 0$ ist, d. h. $\omega(z) \in HB$.

§ 3. Darstellung einer Funktion der Klasse *HB*

In diesem Paragraphen bekommen wir eine von M. G. Krein [1] stammende Darstellung einer Funktion der Klasse HB mit Hilfe von besonderen unendlichen Produkten. Wir werden dabei folgende Bezeichnungen benutzen:

Ist $f(z) = \sum_{k=0}^{\infty} (a_k + i\, b_k)\, z^k$, wo a_k und b_k reelle Zahlen sind, so ist

$$R\, f(z) = \sum_{k=0}^{\infty} a_k\, z^k \quad \text{und} \quad I\, f(z) = \sum_{k=0}^{\infty} b_k\, z^k \tag{7.16}$$

oder, anders geschrieben

$$2\, R\, f(z) = f(z) + \bar{f}(z) \qquad \text{und} \qquad 2\, I\, f(z) = f(z) - \bar{f}(z) .$$

Es sei

$$\omega(z) = z^m\, e^{g(z)} \prod_{k=1}^{\infty} \left(1 - \frac{z}{\alpha_k}\right) e^{P_k\left(\frac{z}{\alpha_k}\right)} \tag{7.17}$$

die Zerlegung der Funktion $\omega(z)$ in ein kanonisches Produkt. Wenn $\omega(z) \in HB$ ist, so ist die Funktion

$$F(z) = \frac{\omega(z)}{\overline{\omega}(z)}$$

in der oberen Halbebene beschränkt und gehört deshalb nach dem Lehrsatz 2 vom Kapitel V in dieser Halbebene zur Klasse A, d. h., die Reihe

$$\sum_{k=-\infty}^{\infty} \left| \operatorname{Im} \frac{1}{\alpha_k} \right|$$

konvergiert.

Nach dem Hilfssatz 4 vom Kapitel V konvergiert das Produkt

$$\chi(z) = \prod_{k=1}^{\infty} \left(1 - \frac{z}{\alpha_k}\right) \left(1 - \frac{z}{\bar{\alpha}_k}\right)^{-1} \tag{7.18}$$

gleichmäßig auf jeder abgeschlossenen beschränkten Menge, welche die Punkte α_k nicht enthält.

Wir bezeichnen

$$\chi_n(z) = \prod_{k=1}^{n} \left(1 - \frac{z}{\alpha_k}\right) \left(1 - \frac{z}{\bar{\alpha}_k}\right)^{-1}$$

und

$$\omega_n(z) = z^m e^{g(z)} \prod_{k=1}^{n} \left(1 - \frac{z}{\alpha_k}\right) e^{P_k\left(\frac{z}{\alpha_k}\right)}. \tag{7.19}$$

Dann erhalten wir

$$\frac{\omega_n(z)}{\bar{\omega}_n(z)} [\chi(z)]^{-1} = \exp 2\, i \left[I\, g(z) + \sum_{k=1}^{n} I\, P_k\left(\frac{z}{\alpha_k}\right) \right]. \tag{7.20}$$

Aus der Konvergenz der Produkte (7.17) und (7.18) bekommen wir, daß die Reihe $\sum_{k=1}^{\infty} I\, P_k\left(\frac{z}{\alpha_k}\right)$ in jedem endlichen Teil der Ebene gleichmäßig konvergiert.

Bezeichnen wir $v(z) = I\, g(z) + \sum_{k=1}^{\infty} I\, P_k\left(\frac{z}{\alpha_k}\right)$ und $u(z) = R\, g(z)$, so wird die Funktion $\omega(z)$ in der Form

$$\omega(z) = z^m e^{u(z) + i\, v(z)} \prod_{k=1}^{\infty} \left(1 - \frac{z}{\alpha_k}\right) e^{R P_k\left(\frac{z}{\alpha_k}\right)} \tag{7.21}$$

dargestellt.

Nach dem Prinzip von Phragmen und Lindelöf für die Halbebene kann man leicht schließen, daß

$$\left| \frac{\omega(z)}{\bar{\omega}(z)} [\chi_n(z)]^{-1} \right| \leqq 1 \qquad \text{bei} \quad \operatorname{Im} z > 0 \tag{7.22}$$

ist.

Gehen wir in (7.22) zum Grenzwert bei $n \to \infty$ über, und vergleichen wir mit (7.21), so überzeugen wir uns, daß die ganze reelle Funktion $v(z)$ bei $\operatorname{Im} z > 0$ der Ungleichung $|e^{i\, v(z)}| \leqq 1$ genügt, oder, was dasselbe ist, daß sie die obere Halbebene auf die obere Halbebene abbildet. Nach dem Hilfssatz von N. G. Tschebotarew (Hilfssatz 3, § 3, Kapitel V) haben wir $v(z) = \nu z + \delta$, wo $\nu \geqq 0$ ist.

Endgültig ergibt sich

$$\omega(z) = z^m \, e^{u(z)+i(\nu z+\delta)} \prod_{k=1}^{\infty} \left(1 - \frac{z}{\alpha_k}\right) e^{RP_k\left(\frac{z}{\alpha_k}\right)} \tag{7.23}$$

$$\left(\sum_1^{\infty} \left|\operatorname{Im} \frac{1}{\alpha_k}\right| < \infty\,, \quad \operatorname{Im} \alpha_k > 0\right),$$

wobei $\nu \geqq 0$ und $u(z)$ eine reelle ganze Funktion ist.

Umgekehrt, kann man die Funktion $\omega(z)$ in der Form (7.23) darstellen, so ist

$$\frac{\omega(z)}{\overline{\omega}(z)} = e^{2i(\nu z+\delta)} \, \chi(z) \tag{7.24}$$

und $\omega(z) \in HB$. Also erhalten wir folgenden Satz von M. G. KREIN.[1])

Lehrsatz 6. *Damit eine ganze Funktion $\omega(z)$ zur Klasse HB gehört, ist es notwendig und hinreichend, daß sie in der Form* (7.23) *darstellbar ist.*

Eine Funktion der Klasse $\overline{HB}$ hat offensichtlich dieselbe Darstellung, nur mit dem Unterschied, daß $\operatorname{Im} \alpha_k \geqq 0$ ist, und das Gleichheitszeichen möglich ist.

§ 4. Der Lehrsatz von Hermite-Biehler für ganze Funktionen endlichen Grades

Das verallgemeinerte Kriterium von HERMITE-BIEHLER wird gewöhnlich auf ganze Funktionen endlichen Grades angewandt. In diesem Fall läßt es eine bedeutend vollständigere Formulierung zu als im allgemeinen Fall einer beliebigen Funktion der Klasse HB. In diesem Sonderfall können die schwer überprüfbaren Bedingungen (7.03) und (7.06) durch Bedingungen ersetzt werden, welche den Indikatordiagrammen der Funktionen $\omega(z)$, $P(z)$ und $Q(z)$ auferlegt werden, und deren Erfülltsein in vielen Fällen leicht überprüfbar ist.

Wir definieren den *Defekt* d_ω der Funktion $\omega(z)$ endlichen Grades durch die Gleichung

$$2\, d_\omega = h\left(-\frac{\pi}{2}\right) - h\left(\frac{\pi}{2}\right).$$

Bei Funktionen endlichen Grades und der Klasse A (folglich auch der Klasse HB), liegt das Indikatordiagramm symmetrisch bezüglich einer Achse parallel zur reellen Achse (Vgl. § 1, Kapitel V). Offensichtlich ist der Defekt d_ω gleich der Strecke, welche diese Symmetrieachse auf der imaginären Achse abschneidet, genommen mit dem entgegengesetzten Vorzeichen.

Eine Funktion $\omega(z)$ endlichen Grades werden wir eine *Funktion der Klasse P* nennen, wenn

a) $\omega(z)$ keine Nullstellen in der offenen unteren Halbebene hat,

b) der Defekt der Funktion $\omega(z)$ nicht negativ ist.

Funktionen der Klasse P und vom Grade nicht höher als $\sigma \geqq 0$ bilden eine Unterklasse, welche wir mit P_σ bezeichnen werden. Wir werden eine Funktion eine

---

[1]) Vgl. N. I. ACHIESER und M. G. KREIN [1].

triviale Funktion der Klasse P bezeichnen, wenn sie bis auf einen konstanten Faktor reell ist.

Als ziemlich wichtig erscheint der folgende

Hilfssatz 1. *Damit eine ganze Funktion $\omega(z)$ zur Klasse P gehört, ist notwendig und hinreichend, daß sie eine Funktion der Klasse $\overline{HB}$ und von endlichem Grade ist.*

Beweis. Es sei $\omega(z) \in P$, und ihre Zerlegung sei

$$\omega(z) = z^m e^{az+b} \prod_{k=1}^{\infty} \left(1 - \frac{z}{\alpha_k}\right) e^{\frac{z}{\alpha_k}} \tag{7.25}$$

$$\left(\operatorname{Im} a \geqq 0 \quad \text{und} \quad \sum_{k=1}^{\infty} \left|\operatorname{Im} \frac{1}{\alpha_k}\right| < \infty\right).$$

Für die Funktion $F(z) = \dfrac{\omega(z)}{\bar{\omega}(z)}$ bekommen wir die Zerlegung

$$F(z) = e^{i(pz+q)} \chi(z)\,, \tag{7.26}$$

wo

$$\chi(z) = \prod_{k=1}^{\infty} \left(1 - \frac{z}{\alpha_k}\right)\left(1 - \frac{z}{\bar{\alpha}_k}\right)^{-1}$$

und p und q reelle Zahlen sind.

Nach dem Hilfssatz 5, Kapitel V ist die Funktion $\chi(z)$ in der Halbebene $0 < \theta < \pi$ von vollkommen regulärem Wachstum, und es ist

$$\lim_{r\to\infty}{}^{*} \frac{\ln |\chi(r\, e^{i\theta})|}{r} = 0\,. \tag{7.27}$$

Hieraus folgt, daß auch $F(z)$ in derselben Halbebene von vollkommen regulärem Wachstum ist, und daß

$$h_F(\theta) = -\, p \sin \theta \qquad (0 < \theta < \pi) \tag{7.28}$$

ist. Da bei der Multiplikation von zwei Funktionen, von denen eine von vollkommen regulärem Wachstum ist, ihre Indikatoren addiert werden (vgl. Lehrsatz 5, Kapitel III), so ist

$$h_\omega(\theta) = h_\omega(-\,\theta) - p \sin \theta\,. \tag{7.29}$$

Setzen wir $\theta = \dfrac{\pi}{2}$ ein, so überzeugen wir uns, daß $p = 2\, d_\omega$ ist.

Da nach Voraussetzung der Defekt der Funktion $\omega(z)$ nicht negativ ist, ist $p \geqq 0$, und wir bekommen aus (7.26)

$$\left|\frac{\omega(z)}{\bar{\omega}(z)}\right| \leqq 1 \quad \text{bei} \quad \operatorname{Im} z > 0\,.$$

Umgekehrt, ist $\omega(z) \in \overline{HB}$, so ist $|\omega(i\,y)| \leqq |\omega(-\,i\,y)|$ $(y \geqq 0)$. Folglich ist $h_\omega\left(\dfrac{\pi}{2}\right) \leqq h_\omega\left(-\,\dfrac{\pi}{2}\right)$, und wenn $\omega(z)$ von endlichem Grade ist, gehört sie zur Klasse P. Der Hilfssatz ist somit bewiesen.

Bemerkung. *Das Produkt der Funktionen $\omega_1(z)\cdot\omega_2(z)$, von denen jede der Klasse P ist, ist eine Funktion der Klasse P, wobei der Defekt des Produktes gleich der Summe der Defekte der Faktoren ist.*

Die erste Behauptung folgt unmittelbar aus dem Hilfssatz. Um die zweite Behauptung zu beweisen, bemerken wir, daß die Funktionen

$$F_i(z) = \frac{\omega_i(z)}{\overline{\omega}_i(z)} \qquad (i = 1, 2)$$

von vollkommen regulärem Wachstum sind, und ihre Indikatoren sind $h_{F_i}(\theta) = -2\,d_{\omega_i}\sin\theta$. Es genügt, sich daran zu erinnern, daß bei der Multiplikation von Funktionen von vollkommen regulärem Wachstum ihre Indikatoren addiert werden.

Hilfssatz 2. *$P(z)$ und $Q(z)$ seien ganze Funktionen endlichen Grades, deren Nullstellen reell sind und sich abwechseln, und es seien*

$$\left.\begin{aligned} P(z) &= z^m\, e^{az+c} \prod_{-\infty}^{\infty}\left(1-\frac{z}{a_k}\right) e^{\frac{z}{a_k}} \\ &\qquad\qquad (a_{-1} < 0 < b_1) \\ Q(z) &= z^n\, e^{bz+d} \prod_{-\infty}^{\infty}\left(1-\frac{z}{b_k}\right) e^{\frac{z}{b_k}} \end{aligned}\right\} \tag{7.30}$$

und (zwischen den beiden Gleichungen)

ihre kanonischen Darstellungen.

Damit die Gleichung

$$b - a + \sum_{-\infty}^{\infty}\left(\frac{1}{b_k}-\frac{1}{a_k}\right) = 0 \tag{7.31}$$

besteht, ist notwendig und hinreichend, daß die Indikatordiagramme dieser Funktionen übereinstimmen.

Beweis. Aus den Darstellungen (7.30) folgt

$$\frac{Q(z)}{P(z)} = c\, e^{\delta z}\, \frac{z-b_0}{z-a_0} \cdot \prod{}'\left(1-\frac{z}{b_k}\right)\left(1-\frac{z}{a_k}\right)^{-1}, \tag{7.32}$$

wo c eine Konstante und $\delta = b - a + \sum_{-\infty}^{\infty}\left(\frac{1}{b_k}-\frac{1}{a_k}\right)$ ist.

Bezeichnen wir mit $\Phi(z)$ das unendliche Produkt auf der rechten Seite der Gleichung, dessen Konvergenz vorher (im Lehrsatz 1) bewiesen wurde. Die reelle Funktion $w = \Phi(z)$ bildet die obere Halbebene der z-Ebene entweder auf die obere Halbebene oder auf die untere Halbebene der w-Ebene ab (vgl. § 1).

Nach dem Lehrsatz von CARATHÉODORY für die Halbebene (Lehrsatz 8′, § 6, Kapitel I) genügt die Funktion $\Phi(z)$ den Ungleichungen

$$c_1\frac{|\sin\theta|}{r} < |\Phi(r\,e^{i\theta})| < c_2\frac{r}{|\sin\theta|} \qquad (\theta \neq 0, \pi)\,, \tag{7.33}$$

in welchen c_1 und c_2 gewisse Konstanten sind, die von der Funktion $\Phi(z)$ abhängen. Aus diesen Ungleichungen folgt, daß bei $\theta \neq 0, \pi$

$$\lim_{r \to \infty} \frac{\ln |\Phi(r e^{i\theta})|}{r} = 0$$

ist.

Wir bekommen auf diese Weise, daß für $\theta \neq 0, \pi$

$$h_Q(\theta) = h_P(\theta) + \delta \cos \theta \tag{7.34}$$

ist, und kraft der Stetigkeit der Indikatoren gilt die Gleichung (7.34) für alle Werte von θ.

Offensichtlich ist die Bedingung $\delta = 0$ gleichbedeutend mit der Gleichung $h_P(\theta) = h_Q(\theta)$. Der Hilfssatz ist somit bewiesen.

Wir machen noch folgende Bemerkung, welche unmittelbar aus der Gleichung (7.34) hervorgeht.

Bemerkung. Wenn die Nullstellen der Funktionen endlichen Grades $P(z)$ und $Q(z)$ sich abwechseln, so ergibt sich das Indikatordiagramm der Funktion $Q(z)$ aus dem Indikatordiagramm der Funktion $P(z)$ durch eine Verschiebung um einen gewissen Vektor δ. Sind $P(z)$ und $Q(z)$ reelle Funktionen, so ist der Vektor δ offensichtlich auch reell.

Wir bemerken, daß wenn eine Funktion der Klasse P bis auf einen konstanten Faktor reell (trivial) ist, alle ihre Nullstellen reell sind.

Umgekehrt, sind alle Nullstellen einer reellen Funktion endlichen Grades reell, so ist das eine triviale Funktion der Klasse P.

Jetzt formulieren wir den Fundamentalsatz dieses Paragraphen.[1])

Lehrsatz 7. *Damit eine ganze Funktion $\omega(z) = P(z) + i\,Q(z)$ eine nichttriviale Funktion der Klasse P ist, ist notwendig und hinreichend, daß die reellen Funktionen $P(z)$ und $Q(z)$ folgenden Bedingungen genügen:*

A) *Die Funktionen $P(z)$ und $Q(z)$ sind in der Form*

$$P(z) = R(z)\,P_1(z) \quad \text{und} \quad Q(z) = R(z)\,Q_1(z) \tag{7.35}$$

darstellbar, wobei alle Nullstellen der Funktionen $R(z)$, $P_1(z)$ und $Q_1(z)$ reell sind, und die Nullstellen von $P_1(z)$ und $Q_1(z)$ sich abwechseln;

B) *die Funktionen $P(z)$ und $Q(z)$ sind von endlichem Grade, und ihre Indikatordiagramme stimmen überein;*

C) *in einem gewissen reellen Punkt x_0 ist*

$$Q'(x_0)\,P(x_0) - Q(x_0)\,P'(x_0) > 0\,. \tag{7.36}$$

Beweis. Nach dem Hilfssatz 1 ist die Zugehörigkeit einer Funktion $\omega(z)$ zur Klasse P gleichbedeutend damit, daß $\omega(z) \in \overline{HB}$ und von endlichem Grade ist.

---

[1]) Dieser Lehrsatz wurde gleichzeitig und unabhängig voneinander von mir [5] und M. G. KREIN bewiesen, die Arbeit von M. G. KREIN wurde aber nicht veröffentlicht.

Die Voraussetzungen für die Zugehörigkeit einer Funktion $\omega(z)$ zur Klasse $\overline{HB}$ sind im Lehrsatz 3′ gegeben worden.

Die Bedingungen α') und γ) des Lehrsatzes 3′ stimmen mit den Bedingungen A) und C) des Lehrsatzes 5 überein. Ist $\omega(z)$ von endlichem Grade, so sind auch die Funktionen $P(z)$ und $Q(z)$ von endlichem Grade, wobei der Grad von mindestens einer dieser Funktionen gleich dem Grade von $\omega(z)$ ist.

Umgekehrt, sind $P(z)$ und $Q(z)$ von endlichem Grade, so ist auch $\omega(z)$ von endlichem Grade, und der Grad von $\omega(z)$ ist gleich dem größeren der Grade der Funktionen $P(z)$ und $Q(z)$. Dieses Ergebnis folgt unmittelbar aus der Darstellung des Grades einer Funktion durch die Koeffizienten ihrer Potenzreihenentwicklung (vgl. § 2, Kapitel I).

Nach dem Hilfssatz 2 ist die Übereinstimmung der Indikatordiagramme der Funktionen $P(z)$ und $Q(z)$ endlichen Grades mit abwechselnden Nullstellen gleichbedeutend mit der Gleichung

$$b - a + \sum \left(\frac{1}{b_k} - \frac{1}{a_k}\right) = 0$$

oder, was dasselbe ist, mit der Bedingung β) des Lehrsatzes 3′. Sind die Bedingungen A), B) und C) erfüllt , so ist auf diese Weise die Funktion $\omega(z)$ endlichen Grades und gehört der Klasse $\overline{HB}$ an, d. h., sie ist der Klasse P.

Umgekehrt, ist $\omega(z)$ der Klasse P, so gehört diese Funktion nach dem Hilfssatz 1 der Klasse $\overline{HB}$ an, und folglich genügt sie den Bedingungen α'), β) und γ). Da dabei $P(z)$ und $Q(z)$ von endlichem Grade sind, so ist die Bedingung β) gleichbedeutend der Bedingung B). Auf diese Weise sind die Bedingungen A), B) und C) erfüllt. Der Lehrsatz ist somit bewiesen.

Wir wollen den Zusammenhang zwischen den Bedingungen A), B) und C) und den die Klasse P definierenden Bedingungen a) und b) ausführlicher analysieren.

Vor allem machen wir folgende Bemerkung:

Ist die Bedingung A) erfüllt, aber stimmen die Indikatordiagramme der Funktionen $P(z)$ und $Q(z)$ nicht überein, so hat die Funktion $\omega(z)$ Nullstellen in den beiden Halbebenen $\operatorname{Im} z > 0$ und $\operatorname{Im} z < 0$.

In der Tat folgt aus dem Hilfssatz 5 leicht, daß, wenn beim Bestehen der Bedingung A) alle Nullstellen der Funktion $\omega(z)$ einer der Halbebenen $\operatorname{Im} z \geqq 0$ oder $\operatorname{Im} z \leqq 0$ angehören, entweder $\omega(z)$ oder $\overline{\omega}(z)$ der Klasse $\overline{HB}$ oder, was dasselbe ist, der Klasse P angehört. In diesem Fall muß aber die Bedingung B) erfüllt sein, was der Annahme widerspricht. Also muß die Funktion $\omega(z)$ Nullstellen in den beiden Halbebenen haben.

Auf diese Weise sind die Forderungen, daß alle Nullstellen von $\omega(z)$ in der oberen Halbebene liegen, und die Nullstellen von $P(z)$ und $Q(z)$ alle reell sind und sich abwechseln, nur dann miteinander verträglich, wenn die Indikatordiagramme der Funktionen $P(z)$ und $Q(z)$ übereinstimmen. Ist aber diese Bedingung erfüllt, so folgt aus der Realität und Abwechselung der Nullstellen von $P(z)$ und $Q(z)$, daß entweder $\omega(z)$ oder $\overline{\omega}(z)$ zur Klasse P gehört.

Bemerkung. Ist die Funktion $\omega(z)$ vom Gerade Null, so reduzieren sich die Indikatordiagramme der Funktionen $\omega(z)$, $P(z)$ und $Q(z)$ auf einen Punkt, den Nullpunkt. So wird in diesem Falle die Zugehörigkeit von $\omega(z)$ zur Klasse P durch die Forderung bestimmt, daß $\omega(z)$ keine Nullstellen in der offenen unteren Halbebene hat.

Die Indikatordiagramme der Funktionen $P(z)$ und $Q(z)$ stimmen in diesem Falle überein, also ist die Bedingung B) erfüllt.

Auf diese Weise folgt aus dem Lehrsatz 7, daß für Funktionen vom Grade Null die Realität und die Abwechselung der Nullstellen der Funktionen $P(z)$ und $Q(z)$ und die Bedingung C) $Q'(x)\,P(x) - Q(x)\,P'(x) > 0$ notwendige und hinreichende Bedingungen dafür sind, daß die Funktion $\omega(z) = P(z) + i\,Q(z)$ keine Nullstellen in der Halbebene $\operatorname{Im} z \leqq 0$ hat.

Lehrsatz 8. *Wenn der Defekt d_ω einer ganzen Funktion $\omega(z)$ endlichen Grades positiv ist, so erscheint die Bedingung* A) *notwendig und hinreichend für die Zugehörigkeit der Funktion $\omega(z)$ zur Klasse P.*

Beweis. Ist die Bedingung A) erfüllt, aber die Bedingung B) nicht erfüllt, so ergibt sich, wie bereits gezeigt, das Indikatordiagramm der Funktion $P(z)$ aus dem der Funktion $Q(z)$ durch eine Verschiebung um einen vom Null verschiedenen reellen Vektor. Da aber das Indikatordiagramm der Funktion $w(z)$ das kleinste konvexe Gebiet ist, welches die Indikatordiagramme der Funktionen $P(z)$ und $Q(z)$ enthält (vgl. § 21, Kapitel I), muß es symmetrisch zur reellen Achse liegen, denn die Indikatordiagramme der reellen Funktionen $P(z)$ und $Q(z)$ liegen symmetrisch zur reellen Achse, und folglich ist $d_\omega = 0$. Ist also die Bedingung A) erfüllt und $d_\omega > 0$, so ist auf diese Weise auch die Bedingung B) erfüllt. Hieraus folgt, daß $\omega(z) \in P$ ist.

Wir wollen zwei Beispiele zur Anwendung des verallgemeinerten Lehrsatzes von HERMITE-BIEHLER betrachten.

Beispiel 1. Es sei

$$\omega(z) = \sum_{k=1}^{n} e^{i\lambda_k z}\, P_k(z)\,, \tag{7.37}$$

wo $\lambda_1 < \lambda_2 < \cdots < \lambda_n$, $|\lambda_1| < \lambda_n$ und $P_k(z)$ Polynome sind.

Als das Indikatordiagramm dieses Quasipolynoms dient das Intervall der imaginären Achse zwischen den Punkten $-i\lambda_n$ und $-i\lambda_1$, und folglich ist

$$d_\omega = \frac{1}{2}\cdot(\lambda_n + \lambda_1) > 0\,.$$

Es sei

$$\omega(z) = P(z) + i\,Q(z)\,.$$

Aus dem Lehrsatz 8 folgt, daß die Bedingung der Abwechslung der Nullstellen der Funktionen $P(z)$ und $Q(z)$ notwendig und hinreichend dafür ist, daß alle Nullstellen des Quasipolynoms $\omega(z)$ in der offenen oberen Halbebene liegen.

Beispiel 2. Gegeben sei die Differentialgleichung

$$y'' + q(x)\,y + \lambda\,\varrho(x)\,y = 0\,,\ \left(\varrho(x) \geqq 0\,,\ \operatorname{Im} q(x) = 0\right). \tag{7.38}$$

Wir bestimmen zwei Lösungen $\varphi(x, \lambda)$ und $\psi(x, \lambda)$, welche den Bedingungen genügen:

$$\varphi(0, \lambda) = \cos\alpha\,, \qquad \varphi'(0, \lambda) = \sin\alpha\,,$$

$$\psi(0, \lambda) = -\sin\alpha, \qquad \psi'(0, \lambda) = \cos\alpha\,,$$

wobei α eine beliebige reelle Zahl ist. Die Funktionen $\varphi(x, \lambda)$ und $\psi(x, \lambda)$ sind ganze Funktionen von λ, da die Koeffizienten der Gleichung (7.38) ganze Funktionen von λ sind.

Es sei $\chi(x, \lambda)$ eine gewisse Lösung derselben Gleichung, welche der Bedingung

$$\chi'(l, \lambda) + h\,\chi\,(l, \lambda) = 0 \quad (h \text{ reell}) \tag{7.39}$$

genügt. Dann ist bei einer passenden Normierung

$$\chi(x, \lambda) = \varphi(x, \lambda) - \omega(\lambda)\,\psi(x, \lambda)\,.$$

Schreiben wir die Randbedingung (7.39) ausführlich auf, so bekommen wir

$$\varphi'(l, \lambda) - \omega(\lambda)\,\psi'(l, \lambda) + h\,[\varphi(l, \lambda) - \omega(\lambda)\,\psi(l, \lambda)] = 0$$

oder

$$\omega(\lambda) = \frac{\varphi'(l, \lambda) + h\,\varphi(l, \lambda)}{\psi'(l, \lambda) + h\,\psi(l, \lambda)}\,. \tag{7.40}$$

Nach der bekannten ABELschen Formel hängt die aus den Lösungen $\varphi(x, \lambda)$ und $\psi(x, \lambda)$ gebildete WRONSKIsche Determinante von x nicht ab, und folglich ist

$$\varphi'(x, \lambda)\,\psi(x, \lambda) - \varphi(x, \lambda)\,\psi'(x, \lambda) = 1\,.$$

Multiplizieren wir außerdem die erste der Beziehungen

$$\chi'' + q(x)\,\chi + \lambda\,\varrho(x)\,\chi = 0\,,$$

$$\bar{\chi}'' + q(x)\,\bar{\chi} + \bar{\lambda}\,\varrho(x)\,\bar{\chi} = 0$$

mit $\bar{\chi}$ und die zweite mit χ und subtrahieren wir sie, integrieren wir dann von Null bis l, so bekommen wir

$$\int_0^l (\chi''\,\bar{\chi} - \bar{\chi}''\,\chi)\,dx + (\lambda - \bar{\lambda}) \int_0^l |\chi(x, \lambda)|^2\,\varrho(x)\,dx = 0$$

oder

$$\chi'(0, \lambda)\,\bar{\chi}(0, \lambda) - \bar{\chi}'(0, \lambda)\,\chi(0, \lambda) = (\lambda - \bar{\lambda}) \int_0^l |\chi(x, \lambda)|^2\,\varrho(x)\,dx$$

und

$$\frac{\omega(\lambda) - \bar{\omega}(\lambda)}{\lambda - \bar{\lambda}} = \int_0^l |\chi(x, \lambda)|^2\,\varrho(x)\,dx > 0\,. \tag{7.41}$$

Auf diese Weise ist $\omega(\lambda)$ eine reelle meromorphe Funktion, welche die obere Halbebene auf die obere Halbebene abbildet. Diese Funktion kann nur reelle Pole haben.

Die Nullstellen der Gleichung

$$\psi'(l,\lambda) + h\,\psi(l,\lambda) = 0$$

sind die charakteristischen Zahlen (Eigenwerte) der Aufgabe bei den Randbedingungen

$$y' + \operatorname{ctg}\alpha\, y\,|_{x=0} = 0\,, \quad y' + h\,y|_{x=l} = 0 \tag{7.42}$$

So sind in diesem Falle (bei reellem h) alle Eigenwerte reell und einfach. Da h eine beliebige reelle Zahl ist, bilden $\psi(l,\lambda)$ und $\psi'(l,\lambda)$ ein reelles Paar. Offensichtlich bilden bei $h_1 \neq h_2$ auch die Funktionen $\psi(l,\lambda) + h_1\,\psi'(l,\lambda)$ und $\psi(l,\lambda) + h_2\,\psi'(l,\lambda)$ ein reelles Paar. Für $h = p + i\,q$ bekommen wir

$$\varphi(\lambda) = \psi(l,\lambda) + h\,\psi'(l,\lambda) = \psi(l,\lambda) + p\,\psi'(l,\lambda) + i\,q\,\psi'(l,\lambda)\,,$$

und nach dem Lehrsatz 4 ergibt sich, daß alle Eigenwerte in der einen der Halbebenen $\operatorname{Im}\lambda > 0$ oder $\operatorname{Im}\lambda < 0$ liegen.

Hat bei komplexen Werten von λ die allgemeine Lösung der Gleichung (7.38) ein integrierbares Quadrat auf dem Strahl $(0,\infty)$ bei dem Gewicht $\varrho(x)$, so kann man in den durchgeführten Betrachtungen $l = \infty$ setzen. Mit Hilfe des Lehrsatzes von M. G. KREIN (Lehrsatz 12, Kapitel V) kann man vollständigere Kenntnisse der Verteilung der Eigenwerte dieser Randwertaufgabe erhalten.

Aus (7.40) bekommen wir bei $h = 0$ und $h = \infty$, daß $\dfrac{\varphi(l,\lambda)}{\psi(l,\lambda)}$ und $\dfrac{\varphi'(l,\lambda)}{\psi'(l,\lambda)}$ meromorphe Funktionen sind, welche die obere Halbebene auf die obere Halbebene abbilden.

Wir haben

$$\frac{1}{\psi(l,\lambda)\,\psi'(l,\lambda)} = \frac{\varphi(l,\lambda)}{\psi(l,\lambda)} - \frac{\varphi'(l,\lambda)}{\psi'(l,\lambda)}\,,$$

und nach dem Lehrsatz von N. G. TSCHEBOTAREW (Lehrsatz 2) gilt die Zerlegung

$$\frac{1}{\psi(l,\lambda)\,\psi'(l,\lambda)} = \sum A_k\left(\frac{1}{\lambda_k-\lambda} - \frac{1}{\lambda_k}\right) - \sum B_k\left(\frac{1}{\mu_k-\lambda} - \frac{1}{\mu_k}\right), \tag{7.43}$$

wo λ_k und μ_k Nullstellen der Funktionen $\psi(l,\lambda)$ und $\psi'(l,\lambda)$ und A_k und B_k positive Zahlen sind.

Nach dem Lehrsatz von M. G. KREIN folgt aus dem Vorhandensein dieser Zerlegung, daß $\psi(l,\lambda)\,\psi'(l,\lambda)$ eine ganze Funktion endlichen Grades ist.

Es ist bekannt[1]), daß fast alle Eigenwerte der Gleichung (7.38) bei der Erfüllung der Bedingungen (7.42) und reellem h positiv sind.

Setzen wir in (7.43) $\lambda = \mu^2$ und zerlegen jeden Summanden in elementare Partialbrüche, so bekommen wir für die ganze Funktion $\psi(l,\mu^2)\,\psi'(l,\mu^2)$ eine Zerlegung analog (7.43). Wenden wir den Lehrsatz von M. G. KREIN nochmals an, so schließen wir, daß die ganze Funktion $\psi(l,\lambda)\,\psi'(l,\lambda)$ der Ordnung nicht größer als 1/2 und vom Normaltypus ist. Bezeichnen wir mit $m(r)$, $n_h(r)$ die Anzahl der Nullstellen im Kreis $|\lambda| \leqq r$ der Funktionen $\psi(l,\lambda)\,\psi'(l,\lambda)$ und $\psi(l,\lambda) + h\,\psi'(l,\lambda)$.

[1]) Siehe z. B. G. SANSONE [1].

Da $\psi(l, \lambda)\,\psi'(l, \lambda)$ von vollkommen regulärem Wachstum ist, so existiert der endliche Grenzwert

$$\Delta = \lim_{r \to \infty} \frac{m(r)}{r^{1/2}} \qquad (\Delta \geqq 0)\,.$$

Aus der Abwechslung der Nullstellen von $\psi(l, \lambda)$ und $\psi'(l, \lambda)$ kann man schließen, daß der endliche Grenzwert

$$\lim_{r \to \infty} \frac{n_h(r)}{r^{1/2}} = \frac{\Delta}{2}$$

existiert.[1])

---

[1]) Die hier angegebenen Betrachtungen sind der Arbeit von M. G. KREIN [4] entnommen, Gestützt auf diese Betrachtungen bekommt M. G. KREIN in dieser Arbeit eine recht genaue Charakteristik des Spektrums der Randwertaufgabe.

KAPITEL VIII

APPROXIMATION GANZER FUNKTIONEN DURCH POLYNOME MIT NULLSTELLEN IN EINEM VORGEGEBENEN GEBIET

Aus der Darstellung einer ganzen Funktion durch eine Potenzreihe folgt, daß eine beliebige ganze Funktion Grenzfunktion einer in jedem beschränkten Gebiet gleichmäßig konvergenten Folge von Polynomen ist. Wenn man aber an die die Funktion gleichmäßig approximierenden Polynome die zusätzliche Forderung stellt, daß ihre Nullstellen einer gewissen Menge angehören, so bilden ihre Grenzfunktionen eine gewisse besondere Klasse, welche von dieser Menge abhängt.

Die ersten Ergebnisse in dieser Richtung verdankt man LAGUERRE [2], welcher eine vollständige Charakteristik der durch Polynome approximierbaren ganzen Funktionen gegeben hat, wenn:

I. alle Nullstellen positiv sind,
II. alle Nullstellen reell sind.

Im Fall II hatte LAGUERRE einen Lehrsatz formuliert, ohne ihn zu beweisen. Der Beweis dieses Lehrsatzes wurde später von PÓLYA gegeben [2]. Eine vollständigere Untersuchung der Konvergenz einer Folge solcher Polynome wurde von LINDWART und PÓLYA [1] durchgeführt. Insbesondere haben sie gezeigt, daß in den Fällen I und II (und auch in einem allgemeineren Fall) aus der gleichmäßigen Konvergenz der Polynomfolge in einem gewissen Kreis $|z| < R$ die gleichmäßige Konvergenz dieser Polynomfolge in jedem begrenzten Teile der Ebene folgt.

Bei der Darstellung dieser Fragen befolgen wir die Methode von LINDWART und PÓLYA.

Im dritten Paragraphen dieses Kapitels werden wir die mit diesem Fragenkreis eng verbundenen Lehrsätze über die „Faktorenfolgen" darstellen.

§ 1. Funktionen, welche durch Polynome approximiert werden, von denen alle Nullstellen im Innern eines Winkels liegen

Hilfssatz 1. *Eine Menge von Polynomen der Form*

$$P_m(z) = \prod_{k=1}^{n_m}\left(1 - \frac{z}{a_{k,m}}\right) = 1 + c_{1,m} z + \cdots + c_{n_m,m} z^{n_m}, \tag{8.00}$$

welche den Bedingungen

$$\sum_{k=1}^{n_m} |a_{k,m}|^{-\varrho} < M \tag{8.01}$$

und

$$|c_{k,m}| < M \quad (k = 1, 2, \ldots, p, \quad \varrho - 1 \leqq p < \varrho) \tag{8.02}$$

genügen, bilden in der ganzen Ebene eine normale Familie.[1])

Beweis. In Kapitel I (§ 4, Hilfssatz 2) wurde gezeigt, daß eine Konstante A_ϱ von der Art existiert, daß für alle Werte der Veränderlichen u die Ungleichung gilt:

$$\left|(1-u)\, e^{u+\frac{u^2}{2}+\cdots+\frac{u^p}{p}}\right| < e^{A_\varrho |u|^\varrho} \qquad (0 \leqq p < \varrho \leqq p+1)\,.$$

Aus dieser Ungleichung ergibt sich leicht, daß alle Polynome der zu betrachtenden Menge der Ungleichung genügen:

$$\left|P_m(z)\, e^{s_{1,m} z + \frac{1}{2} s_{2,m} z^2 + \cdots + \frac{1}{p} s_{p,m} z^p}\right| < e^{A_\varrho M |z|^\varrho},$$

in welcher

$$s_{j,m} = \sum_{k=1}^{n_m} a_{k,m}^{-j} \qquad (j = 1, 2, \ldots, p)$$

und z eine beliebige komplexe Zahl ist.

Drücken wir nach der NEWTONschen Formel die Größen $s_{j,m}$ durch die Koeffizienten des Polynoms aus und benutzen wir die Bedingung (8.02), so bekommen wir, daß für gewisse $\sigma_j > 0$ für alle Polynome der betrachteten Menge die Ungleichung

$$|s_{j,m}| < \sigma_j \qquad (j = 1, 2, \ldots, p)$$

erfüllt sein wird, und folglich ist in der ganzen Ebene

$$|P_m(z)| < e^{A_\varrho M |z|^\varrho + \sigma_1 |z| + \cdots + \frac{1}{p} \sigma_p |z|^p}\,. \tag{8.03}$$

Aus der Beschränktheit der Polynommenge $\{P_m(z)\}$ in jedem begrenzten Teil der Ebene folgt, daß sie eine normale Familie bildet.[2])[3])

Hilfssatz 2. *Genügt eine Polynomfolge* $\{P_m(z)\}$ *der Bedingung* (8.01) *und konvergiert sie in einer gewissen Umgebung des Nullpunktes gleichmäßig gegen eine nicht identisch verschwindende Funktion, so konvergiert diese Folge gleichmäßig in jedem begrenzten Gebiet. Ist dabei in der Bedingung* (8.01) ϱ *keine ganze Zahl, so übertrifft das Geschlecht* p *der ganzen Grenzfunktion nicht die Zahl* $[\varrho]$. *Ist aber* ϱ *eine ganze Zahl, so hat die Grenzfunktion die Gestalt*

$$F(z) = e^{-\gamma z^\varrho} \cdot \Phi(z)\,, \tag{8.04}$$

wo γ *eine gewisse Zahl und* $\Phi(z)$ *eine ganze Funktion vom Geschlecht nicht höher als* $\varrho - 1$ *ist.*

---

[1]) Eine normale Familie nennt man eine solche Familie der im gegebenen Gebiet holomorphen Funktionen, daß jede unendliche Teilfamilie eine gleichmäßig konvergente Folge enthält.

[2]) Siehe z.B. bei A. I. MARKUSCHEWITSCH [1].

[3]) Siehe auch in den Lehrbüchern der Funktionentheorie von BEHNKE-SOMMER und von CARATHÉODORY (Anmerkung des Herausgebers).

Beweis. Ohne Beschränkung der Allgemeinheit können wir annehmen, daß $P_m(0) = 1$ ist, und daß ein gewisser Kreis $|z| < \delta$ keine Nullstellen von $P_m(z)$ enthält; denn im anderen Fall könnte man statt der Polynome $P_m(z)$ die Polynome

$$\overline{P}_m(z) = \frac{1}{\prod\limits_{|a_{k,m}|<\delta} \left(1 - \frac{z}{a_{k,m}}\right)} P_m(z)$$

betrachten.

Da die Nullstellen von $P_m(z)$ gegen die Nullstellen der Grenzfunktion streben, ist die Konvergenz der Folge $\{\overline{P}_m(z)\}$ äquivalent der Konvergenz der Folge $\{P_m(z)\}$. Deshalb werden wir annehmen, daß die Bedingung $P_m(0) = 1$ erfüllt und in einer gewissen Umgebung des Nullpunktes $P_m(z) \neq 0$ ist. Aus der Konvergenz der Polynomfolge $\{P_m(z)\}$ in einer Umgebung des Nullpunktes folgt, daß die Koeffizienten $c_{j,m}$ $(j = 1, 2, \ldots)$ dieser Polynome bei $m \to \infty$ gegen die entsprechenden Koeffizienten c_j der Grenzfunktion streben, und folglich ist die Bedingung (8.02) erfüllt. Nach dem Hilfssatz 1 bildet die Folge $\{P_m(z)\}$ eine normale Familie, und aus ihrer gleichmäßigen Konvergenz in der Umgebung des Nullpunktes folgt nach dem bekannten Lehrsatz von STIELTJES ihre gleichmäßige Konvergenz in jedem begrenzten Gebiet.[1][2])

Aus der Abschätzung (8.03) folgt, daß die ganze Grenzfunktion von nicht höherer Ordnung als ϱ und vom Normaltypus ist.

Außerdem streben die Nullstellen $a_{k,m}$ des Polynoms $P_m(z)$ im Innern eines beliebigen Kreises gegen die Nullstellen a_k der Grenzfunktion. Auf diese Weise ist

$$\sum_{|a_k|<r} |a_k|^{-\varrho} \leqq \lim_{m\to\infty} \sum_{|a_{k,m}|<r} |a_{k,m}|^{-\varrho} < M$$

oder

$$\sum_{k=1}^{\infty} |a_k|^{-\varrho} < M\,,$$

und das Geschlecht des kanonischen Produktes, gebildet aus den Nullstellen der Grenzfunktion, übertrifft nicht die Zahl p bei $p < \varrho < p + 1$.

Bei nichtganzzahligem ϱ folgt hieraus, daß die Grenzfunktion $F(z)$ der Ordnung nicht höher als ϱ und vom Minimaltypus ist.

Bei ganzzahligem ϱ ist das Geschlecht des kanonischen Produktes nicht größer als $\varrho - 1$. Nach dem Lehrsatz von HADAMARD unterscheidet sich die Funktion $F(z)$ von ihrem kanonischen Produkt nur um einen Faktor der Form

$$e^{\gamma z^\varrho + \gamma_1 z^{\varrho-1} + \cdots + \gamma_\varrho}\,,$$

d. h., sie hat die Gestalt (8.04).

---

[1]) Siehe z. B. A. I. MARKUSCHEWITSCH [1].

[2]) Siehe P. MONTEL: „Leçons sur les familles normales des fonctions analytiques et leurs applications" (Anmerkung des Herausgebers).

Lehrsatz 1. *Konvergiert eine Polynomfolge* $\{P_m(z)\}$ *in der Umgebung des Nullpunktes gleichmäßig gegen eine nicht identisch verschwindende Funktion, und befinden sich alle Nullstellen der Polynome* $P_m(z)$ *im Innern eines Winkels* $\theta_1 \leqq \arg z \leqq \theta_2$ $(|\theta_2 - \mathrm{J}_1| < \pi)$, *so konvergiert diese Folge gleichmäßig in jedem endlichen Teil der Ebene, und die Grenzfunktion hat die Gestalt*

$$F(z) = c\, z^q\, e^{-\sigma z} \prod_{k=1}^{\infty} \left(1 - \frac{z}{a_k}\right), \tag{8.05}$$

wo

$$\sum_{k=1}^{\infty} |a_k|^{-1} < \infty\,, \quad \theta_1 \leqq \arg a_k \leqq \theta_2 \quad \textit{und} \quad \theta_1 \leqq -\arg \sigma \leqq \theta_2$$

ist.[1])

Beweis. Ohne Beschränkung der Allgemeinheit kann man annehmen, daß die Polynome $P_m(z)$ keine Nullstellen im Kreis $|z| < \delta$ haben, und daß $P_m(0) = 1$ ist. Man kann auch annehmen, daß

$$\theta_1 = -\frac{\pi}{2} + \delta_1 \quad \text{und} \quad \theta_2 = \frac{\pi}{2} - \delta_1 \qquad (\delta_1 > 0)$$

ist.

Aus der Konvergenz der Polynomfolge

$$P_m(z) = 1 + c_{1,m}\, z + c_{2,m}\, z^2 + \cdots + c_{n_m,m}\, z^{n_m}$$

im Kreise $|z| < R$ folgt, daß $c_{1,m} \to c_1$, und folglich $|c_{1,m}| < M$ ist. Wir bekommen auf diese Weise

$$\sum_{k=1}^{n_m} \mathrm{Re}\,(a_{k,m})^{-1} < \left| \sum_{k=1}^{n_m} (a_{k,m})^{-1} \right| < M\,,$$

und infolge der Ungleichung $|a_{k,m}|^{-1} \sin \delta_1 \leqq \mathrm{Re}\,(a_{h,m})^{-1}$

$$\sum_{k=1}^{n_m} |a_{k,m}|^{-1} < \frac{M}{\sin \delta_1}\,.$$

Nach dem Hilfssatz 2 folgt hieraus, daß die Folge $\{P_m(z)\}$ in jedem begrenzten Gebiet gleichmäßig konvergiert, und daß die Grenzfunktion die Gestalt

$$F(z) = c\, e^{-\sigma z} \prod_{k=1}^{\infty} \left(1 - \frac{z}{a_k}\right)$$

hat.

---

1) Jacob Korevaar bewies in den Jahren 1949—1951 folgende Lehrsätze:

1. *Ist* $\sum_{k=0}^{\infty} a_k z^k$ *eine formal gebildete Potenzreihe und gibt es einen Winkel* $\theta_1 < \arg z < \theta_2$, *so daß im Innern dieses Winkels keine Nullstellen der Polynome* $P_n(z) = \sum_{k=0}^{n} a_k z^k$ *liegen, so stellt die Reihe eine ganze Funktion der Ordnung Null dar.*

2. $\sum_{k=0}^{\infty} a_k z^k$ *sei eine formal gebildete Potenzreihe. Ist die Anzahl der Nullstellen der Polynome* $P_n(z) = \sum_{k=0}^{n} a_k z^k$ *in einem festen Winkel* $|\arg z| < \alpha$ *gleich* $o(n)$, *so stellt die Reihe eine ganze Funktion der Ordnung Null dar.*

Näheres siehe in den Anmerkungen des Herausgebers.

Die Nullstellen a_k erscheinen hier als Häufungspunkte der Nullstellen der Polynome $P_m(z)$, und folglich ist $|\arg a_k| \leqq \frac{\pi}{2} - \delta_1$. Wir wollen noch zeigen, daß $|\arg \sigma| \leqq \frac{\pi}{2} - \delta_1$ ist.

Aus den Entwicklungen

$$-\frac{F'(z)}{F(z)} = s_1 + s_2 z + s_3 z^2 + \cdots$$

und

$$-\frac{P'_m(z)}{P_m(z)} = s_{1,m} + s_{2,m} z + s_{3,m} z^3 + \cdots$$

ergibt sich

$$s_1 = \sigma + \sum_{k=1}^{\infty} a_k^{-1} \quad \text{und} \quad s_{1,m} = \sum_{k=1}^{n_m} (a_{k,m})^{-1}.$$

Dabei ist $s_1 = \lim_{m\to\infty} s_{1,m}$ und $\lim_{m\to\infty} a_{k,m} = a_k$. Wenn wir bemerken, daß bei $-\delta_1 \leqq \tau \leqq \delta_1$ $\operatorname{Re}\{e^{i\tau} a_k^{-1}\} \geqq 0$ ist, so bekommen wir

$$\operatorname{Re}\left\{e^{i\tau} \sum_{k=1}^{N} a_k^{-1}\right\} = \lim_{m\to\infty} \operatorname{Re}\left\{e^{i\tau} \sum_{k=1}^{N} a_{k,m}^{-1}\right\}$$

$$\leqq \lim_{m\to\infty} \operatorname{Re}\left\{e^{i\tau} \sum_{k=1}^{n_m} a_{k,m}^{-1}\right\} = \operatorname{Re}\{e^{i\tau} s_1\},$$

und wir erhalten nach dem Grenzübergang bei $N \to \infty$

$$\operatorname{Re}\{e^{i\tau}\sigma\} = \operatorname{Re}\{e^{i\tau} s_1\} - \operatorname{Re}\left\{e^{i\tau} \sum_{k=1}^{\infty} a_k^{-1}\right\} \geqq 0 \qquad (-\delta_1 \leqq \tau \leqq \delta_1).$$

Wir haben auf diese Weise

$$|\arg \sigma| \leqq \frac{\pi}{2} - \delta_1.$$

Der Lehrsatz ist somit bewiesen.

Wir bemerken noch, daß eine ganze Funktion, welche die Gestalt (8.05) hat, in der Form

$$F(z) = \lim_{m\to\infty} c\, z^q \left(1 - \frac{\sigma z}{m}\right)^m \prod_{k=1}^{m} \left(1 - \frac{z}{a_k}\right)$$

dargestellt werden kann. Auf diese Weise ergibt sich folgender

Lehrsatz 2. *Damit eine ganze Funktion $F(z)$ in jedem begrenzten Gebiet durch Polynome gleichmäßig approximiert werden kann, deren sämtliche Nullstellen im Innern eines Winkels $\theta_1 \leqq \arg z \leqq \theta_2$ ($|\theta_2 - \theta_1| < \pi$) liegen, ist notwendig und hinreichend, daß diese Funktion die Gestalt* (8.05) *hat.*

Wir gehen jetzt zur Betrachtung des schärferen Falles über, daß $|\theta_2 - \theta_1| = \pi$ ist. Ein Polynom, welches keine Nullstellen in der offenen unteren Halbebene hat, werden wir als ein H-Polynom bezeichnen.

Lehrsatz 3. *Konvergiert eine Folge $P_m(z)$ von H-Polynomen in der δ-Umgebung des Nullpunktes gleichmäßig gegen eine nicht identisch verschwindende Funktion $F(z)$, so konvergiert sie gleichmäßig in jedem begrenzten Gebiet. Die Grenzfunktion gehört der Klasse $\overline{HB}$ an und ist in der Form*

$$F(z) = c\, z^q\, e^{-\gamma z^2 + \beta z} \prod_{k=1}^{\infty} \left(1 - \frac{z}{a_k}\right) e^{z/a_k} \tag{8.06}$$

darstellbar, wo

$$\sum_{k=1}^{\infty} |a|^{-2} < \infty \quad \text{und} \quad \gamma \geqq 0$$

ist.

Wenn alle Nullstellen der Polynome $P_m(z)$ reell sind, so sind auch alle Nullstellen von $F(z)$ reell und Im $\beta = 0$.[1])

Beweis. Wir konstruieren eine Folge von Polynomen

$$Q_m(z) = \frac{P_m(z - i\,a)}{P_m(-\,i\,a)} = 1 + c_{1,m}\, z + c_{2,m}\, z^2 + \cdots + c_{n_m, m}\, z^{n_m}.$$

Da für $0 < a < \delta$ die Funktion $F(-\,i\,a) \neq 0$ ist, konvergiert die Folge $\{Q_m(z)\}$ gleichmäßig im Kreis $|z| < \delta - a$; der Koeffizient $c_{1,m}$ konvergiert bei $m \to \infty$ gegen einen gewissen Grenzwert, und folglich ist bei einem gewissen $M > 0$ die Ungleichung $|c_{1,m}| < M$ für alle $m = 1, 2, \ldots$ erfüllt.

Aus der Gleichung

$$\sum_{k=1}^{n_m} (a_{k,m} + i\,a)^{-1} = -\,c_{1,m}$$

folgt

$$\sum_{k=1}^{n_m} \frac{a}{|a_{k,m} + i\,a|^2} \leqq \sum_{k=1}^{n_m} \frac{a + \operatorname{Im} a_{k,m}}{|a_{k,m} + i\,a|^2} = -\operatorname{Im} c_{1,m} < M .$$

Auf diese Weise genügen die Polynome $Q_m(z)$ der Bedingung (8.01) bei $\varrho = 2$, und nach dem Hilfssatz 2 konvergiert die Folge dieser Polynome gleichmäßig in jedem begrenzten Gebiet. Dabei ist die Grenzfunktion $\frac{F(z - i\,a)}{F(-\,i\,a)}$, und folglich muß auch $F(z)$ die Gestalt (8.04) bei $\varrho = 2$ haben.

Die H-Polynome $P_m(z)$ gehören der Klasse $\overline{HB}$ an, folglich gehört auch die Grenzfunktion $F(z)$ der Klasse $\overline{HB}$ an. Es bleibt nur zu zeigen, daß $\gamma \geqq 0$ ist. Dazu nehmen wir zuerst an, daß alle Nullstellen der Polynome $P_m(z)$ reell sind. Ohne Beschränkung der Allgemeinheit kann man annehmen, daß in (8.06) $q = 0$ ist.

Wir bezeichnen

$$s_2 = \frac{F''(0)\, F(0) - F'^2(0)}{F^2(0)} = 2\,\gamma + \sum_{k=1}^{\infty} a_k^{-2}$$

---

[1]) Im Falle reeller Nullstellen ist das der Lehrsatz von Laguerre-Pólya. Im Fall komplexer Nullstellen wnrde dieser Lehrsatz von N. Obreschkow [1, 2] bewiesen.

und

$$s_{2,m} = \frac{P''_m(0)\, P_m(0) - P'^2_m(0)}{P^2_m(0)} = \sum_{k=1}^{n_m} a_{k,m}^{-2},$$

und bekommen $\lim_{m\to\infty} s_{2,m} = s_2$. Bei jeder beliebigen natürlichen Zahl N ist

$$\sum_{k=1}^{N} a_k^{-2} = \lim_{m\to\infty} \sum_{k=1}^{N} a_{k,m}^{-2} \leqq \lim_{m\to\infty} s_{2,m} = s_2$$

und folglich

$$\sum_{k=1}^{N} a_k^{-2} \leqq s_2 .$$

Demnach ist in diesem Fall $\gamma \geqq 0$.

Wir wollen den allgemeinen Fall betrachten. Wir setzen

$$P_m(z) = Q_m(z) + i\, R_m(z) .$$

Aus der gleichmäßigen Konvergenz der Folge $\{P_m(z)\}$ folgt die gleichmäßige Konvergenz der Folge $\{\overline{P}_m(z)\}$, da

$$\overline{P}_m(z) = \overline{P_m(\bar{z})}$$

ist.

Aus den Gleichungen

$$2\, Q_m(z) = P_m(z) + \overline{P}_m(z) \quad \text{und} \quad 2\, i\, R_m(z) = P_m(z) - \overline{P}_m(z)$$

folgt die gleichmäßige Konvergenz der Polynomfolgen $\{Q_m(z)\}$ und $\{R_m(z)\}$ gegen die Funktionen $Q(z)$ und $R(z)$. Nach dem Lehrsatz von Hermite-Biehler sind alle Nullstellen von $Q_m(z)$ und $R_m(z)$ reell, folglich lassen, wie bewiesen, die Funktionen $Q(z)$ und $R(z)$ die Darstellung zu:

$$Q(z) = c_1\, z^{q_1}\, e^{-\gamma_1 z^2 + \beta_1 z} \prod_{k=1}^{\infty} \left(1 - \frac{z}{a_k^{(1)}}\right) e^{z/a_k^{(1)}} ,$$

$$R(z) = c_2\, z^{q_2}\, e^{-\gamma_2 z^2 + \beta_2 z} \prod_{k=1}^{\infty} \left(1 - \frac{z}{a_k^{(2)}}\right) e^{z/a_k^{(2)}} .$$

Da die Funktion

$$F(z) = Q(z) + i\, R(z)$$

der Klasse $\overline{HB}$ angehört, ist nach der Voraussetzung β) des Lehrsatzes 3, Kapitel VII $\gamma_1 = \gamma_2$.

Auf diese Weise ist die Funktion $F(z)$ in der Form darstellbar

$$F(z) = e^{-\gamma_1 z^2}\, \Phi_1(z) ,$$

wo $\gamma_1 \geqq 0$ und $\Phi_1(z)$ eine Funktion der Ordnung nicht höher als 2 und vom Minimaltypus ist. Eine solche Darstellung ist eindeutig, da in diesem Fall $h_F(\theta) = -\gamma_1 \cos 2\theta$ ist, und folglich γ_1 eindeutig bestimmt ist.

Bemerkung. *Eine Menge von H-Polynomen*

$$P_m(z) = Q_m(z) + i\, R_m(z)\,,$$

welche den Bedingungen

$$|P_m(0)| \geqq c_0 > 0\,, \quad |P'_m(0)| \leqq c_1\,, \quad |P''_m(0)| \leqq c_2$$

(c_0, c_1, c_2 positive Konstanten) genügt, bildet eine normale Familie.

Beweis. Wir bezeichnen mit x_{km} und y_{km} die Nullstellen der Polynome $Q_m(z)$ und $R_m(z)$ und bekommen

$$\sum_1^{n_m} x_{km}^{-2} = \frac{Q'^2_m(0) - Q_m(0)\, Q''_m(0)}{Q^2_m(0)}\,,$$

$$\sum_1^{n_m} y_{km}^{-2} = \frac{R'^2_m(0) - R_m(0)\, R''_m(0)}{R^2_m(0)}\,.$$

Mindestens eine dieser Summen ist beschränkt durch die Zahl

$$M = \frac{2\,(c_1^2 + c_0\, c_2)}{c_0^2}\,.$$

Da die Nullstellen von $Q_m(z)$ und $R_m(z)$ sich abwechseln, folgt hieraus

$$\sum_3^{n_m} x_{km}^{-2} \leqq M\,, \qquad \sum_3^{n_m} y_{km}^{-2} \leqq M\,.$$

Aus diesen Abschätzungen und dem Hilfssatz 1 folgt, daß die Polynome

$$Q_m(z)\,(z - x_1)^{-1}\,(z - x_2)^{-1}\,, \quad R_m(z)\,(z - y_1)^{-1}\,(z - y_2)^{-1}.$$

eine normale Familie bilden. Hieraus folgt unmittelbar die Normalität der Familie $\{P_m(z)\}$.

Unsere Schlußfolgerung bleibt richtig, wenn

$$\lim_{m\to\infty} P_m^{(k)}(0) = 0 \quad (k = 0, 1, 2, \ldots, p-1)\,, \quad \varliminf_{m\to\infty} |P_m^{(p)}(0)| > 0$$

und

$$|P_m^{(p+1)}(0)| < c_1\,, \quad |P_m^{(p+2)}(0)| < c_2$$

ist. In der Tat wird diese Schlußfolgerung auf die vorhergehende zurückgeführt, wenn man statt der Polynome $P_m(z)$

$$s_m(z) = \frac{P_m(z)}{\prod\limits_1^p (z - z_j)}$$

betrachtet, wo $z_j (j = 1, 2, \ldots, p)$ die ersten Nullstellen von $P_m(z)$ sind. Die Forderung $\varliminf\limits_{m\to\infty} |P_m^{(p)}(0)| > 0$ ist wesentlich, wie das Beispiel der Folge $\{z^m\}$ von H-Polynomen zeigt, welche keine normale Familie in der ganzen Ebene bilden.

Wir bemerken auch, daß man dieses Ergebnis verallgemeinern kann, indem man die H-Polynome durch ganze Funktionen der Form (8.06) ersetzt. Das ergibt sich unmittelbar, wenn man die Formel

$$\gamma + \sum_1^\infty \frac{1}{a_k^2} = \frac{F'^2(0) - F(0)\,F''(0)}{F^2(0)}$$

benutzt.

Definition. Unter der *Klasse* P^* verstehen wir die Klasse der ganzen Funktionen, welche zu $\overline{HB}$ gehören und die Darstellung

$$F(z) = e^{-\gamma z^2}\Phi(z)$$

zulassen, in welcher $\gamma \geqq 0$ und $\Phi(z)$ eine ganze Funktion vom Geschlecht nicht höher als Eins ist.

Lehrsatz 4. *Damit eine ganze Funktion $F(z)$ Grenzfunktion einer gleichmäßig konvergenten Folge von H-Polynomen ist, ist notwendig und hinreichend, daß sie zur Klasse P^* gehört.*[1])

Beweis. Die Notwendigkeit folgt unmittelbar aus dem Lehrsatz 3. Um zu beweisen, daß die Bedingung hinreichend ist, konstruieren wir für die gegebene Funktion der Klasse P^* und die vorgegebenen $\varepsilon > 0$ und $R > 0$ ein solches H-*Polynom* $P(z)$, daß $|F(z) - P(z)| < \varepsilon$ bei $|z| \leqq R$ ist.

Aus der im Lehrsatz 6, Kapitel VII gegebenen Darstellung für eine beliebige ganze Funktion der Klasse $\overline{HB}$ folgt, daß $F(z)$ in der Form

$$F(z) = c\, z^q\, e^{-\gamma z^2 + \delta z + i\nu z} \prod_{n=1}^\infty \left(1 - \frac{z}{a}\right) e^{R\frac{1}{a_k} z}$$

dargestellt werden kann, wo $\gamma \geqq 0$, δ reell und $\nu \geqq 0$ ist.

Aus dieser Darstellung folgt, daß für $|z| \leqq R$ und genügend große n

$$\left| F(z) - c\, z^q\, e^{-\gamma z^2 + \sigma_n z} \prod_{k=1}^n \left(1 - \frac{z}{a_k}\right)\right| < \frac{\varepsilon}{2}$$

ist, wo

$$\sigma_n = \delta + i\,\nu + \sum_{k=1}^n R\, a_k^{-1}$$

ist.

Jedes Polynom der Form

$$P_n(z) = c\, z^q \left(1 - \frac{\gamma z^2}{p_n}\right)^{p_n} \left(1 + \frac{\sigma_n z}{p_n}\right)^{p_n} \prod_{k=1}^n \left(1 - \frac{z}{a_k}\right)$$

bei positivem ganzem p_n ist offensichtlich ein H-Polynom, und wir erhalten für genügend große p_n

$$\left| c\, z^q\, e^{-\gamma z^2 + \sigma_n z} \prod_{k=1}^n \left(1 - \frac{z}{a_k}\right) - P_n(z)\right| < \frac{\varepsilon}{2} \qquad (|z| < R)\,.$$

[1]) N. Obreschkow [2].

Verbinden wir das mit der vorhergehenden Ungleichung, so bekommen wir

$$|F(z) - P_n(z)| < \varepsilon \quad (|z| < R).$$

Der Lehrsatz ist somit bewiesen.

Im folgenden Lehrsatz wird ein Zusammenhang zwischen der Zugehörigkeit einer gewissen ganzen Funktion zur Klasse P^* und der Zugehörigkeit ihres Real- und Imaginärteils zu dieser Klasse festgestellt.

Lehrsatz 5. *Damit eine Funktion*

$$\omega(z) = P(z) + i\,Q(z)$$

der Klasse P^* angehört, ist notwendig und hinreichend, daß $\omega(z)$ der Klasse $\overline{HB}$ angehört, und daß $P(z)$ und $Q(z)$ Funktionen der Klasse P^* sind.

Beweis. Wenn $\omega(z) \in P^*$, so existiert eine Folge von H-Polynomen

$$\omega_n(z) = P_n(z) + i\,Q_n(z),$$

welche gleichmäßig gegen $\omega(z)$ konvergiert. Offensichtlich konvergieren dabei die Folgen $P_n(z)$ und $Q_n(z)$ reeller *H-Polynome* gleichmäßig gegen die ganzen Funktionen $P(z)$ und $Q(z)$, die folglich P^* angehören.

Umgekehrt, es sei $\omega(z) \in \overline{HB}$, und es seien

$$P(z) = c_1\, e^{-\gamma_1 z^2 + \beta_1 z} \prod_{k=1}^{\infty} \left(1 - \frac{z}{a_k}\right) e^{z/a_k},$$

$$Q(z) = c_2\, e^{-\gamma_2 z^2 + \beta_2 z} \prod_{k=1}^{\infty} \left(1 - \frac{z}{b_k}\right) e^{z/b_k}$$

Funktionen der Klasse P^*.

Aus dem Lehrsatz 1, § 1, Kapitel VII folgt, daß die Nullstellen a_k und b_k sich abwechseln, und daß

$$\gamma_1 = \gamma_2, \quad \beta_1 - \beta_2 + \sum_{-\infty}^{\infty} \left(\frac{1}{a_k} - \frac{1}{b_k}\right) = 0$$

ist.

Die Polynome

$$P_{m,n}(z) = \left(1 - \frac{\gamma z^2}{n}\right)^n \left[1 + z\,n^{-1}\left(\beta_1 + \sum_{-m}^{m} a_k^{-1}\right)\right]^n \prod_{k=1}^{m} \left(1 - \frac{z}{a_k}\right)$$

und

$$Q_{m,n}(z) = \left(1 - \frac{\gamma z^2}{n}\right)^n \left[1 + z\,n^{-1}\left(\beta_1 + \sum_{-m}^{m} a_k^{-1}\right)\right]^n \prod_{k=1}^{\infty} \left(1 - \frac{z}{b_k}\right)$$

bilden ein verallgemeinertes reelles Paar, und bei $b_k > a_k$ ist das Polynom

$$\omega_{m,n}(z) = P_{m,n}(z) + i\,Q_{m,n}(z)$$

ein H-Polynom.

Offensichtlich kann man eine Zahlenfolge $n = n_m$ so wählen, daß bei $m \to \infty$ die Polynomfolgen $P_{m,n_m}(z)$ und $Q_{m,n_m}(z)$ gleichmäßig gegen $P(z)$ und $Q(z)$

konvergieren. Dabei konvergiert die Folge der H-Polynome $\{\omega_{m,n_m}(z)\}$ gleichmäßig gegen $\omega(z)$. Also ist $\omega(z) \in P^*$.

Einige Eigenschaften der Funktionen der Klasse P^* werden noch im nächsten Kapitel festgestellt werden.

§ 2. Lehrsätze über die Komposition von Polynomen

Künftig werden wir Transformationen benötigen, welche ein H-Polynom in ein H-Polynom überführen. Dabei werden Lehrsätze über die Komposition von Polynomen und über die Faktorenfolgen eine wesentliche Rolle spielen. Wir werden diese Lehrsätze in den beiden folgenden Paragraphen darstellen.

Lehrsatz 6 (von SCHUR [1]). *Wenn alle Nullstellen des Polynoms*

$$f(x) = a_0 + a_1 x + a_2 x^2 + \cdots + a_m x^m \qquad (a_m \neq 0)$$

reell sind und alle Nullstellen des Polynoms

$$g(x) = b_0 + b_1 x + b_2 x^2 + \cdots + b_n x^n \qquad (b_n \neq 0)$$

reell und vom gleichen Vorzeichen, so sind auch alle Nullstellen des Polynoms

$$P(x) = a_0 b_0 + 1!\, a_1 b_1 x + 2!\, a_2 b_2 x^2 + \cdots + k!\, a_k b_k x^k$$

$\big(k = \min(m, n)\big)$ *reell. Ist dabei* $m < n$ *und* $a_0 b_0 \neq 0$, *so sind alle Nullstellen von* $P(x)$ *voneinander verschieden.*

Wir folgen beim Beweis dieses Lehrsatzes der Arbeit von I. SCHUR. Zuerst beweisen wir zwei Hilfssätze.

Hilfssatz 3. *Sind alle Nullstellen eines reellen Polynoms*

$$h(x) = c_0 + c_1 x + \cdots + c_n x^n$$

reell, $c_0 \neq 0$ *und* $c_p = 0$ $(0 < p < n)$, *so ist* $c_{p-1}\, c_{p+1} < 0$.

Beweis. Bezeichnen wir mit x_k die Nullstellen von $h(x)$, so bekommen wir

$$c_1^2 - 2\, c_0\, c_2 = c_0^2 \sum_{k=1}^{n} x_k^{-2}\,. \tag{8.07}$$

Hieraus folgt, daß für $c_0 \neq 0$

$$c_1^2 - 2\, c_0\, c_2 > 0$$

ist. Nach dem Lehrsatz von ROLLE ergibt sich, daß alle Nullstellen der $(p-1)$-ten Ableitung des Polynoms $h(x)$

$$h^{(p-1)}(x) = (p-1)!\, c_{p-1} + \frac{p!}{1!} c_p\, x + \frac{(p+1)!}{2!} c_{p+2}\, x^2 + \cdots + \frac{n!}{(n-p)!} c_n\, x^{n-p}$$

reell sind. Bilden wir für dieses Polynom den Ausdruck (8.07), so erhalten wir die Ungleichung

$$p\, c_p^2 - (p+1)\, c_{p-1}\, c_{p+1} > 0\,,$$

woraus unmittelbar die Behauptung des Hilfssatzes folgt.

Aus diesem Hilfssatz folgt insbesondere, daß bei $c_0 \neq 0$ zwei nebeneinander stehende Koeffizienten des Polynoms $h(x)$ nicht verschwinden können.

Hilfssatz 4. *Wenn alle Nullstellen der Polynome*

$$f(x) = a_0 + a_1 x + \cdots + a_n x^n$$

und

$$h(x) = c_0 + c_1 x + \cdots + c_n x^n \qquad (c_0 \neq 0, c_n \neq 0)$$

reell sind, so sind auch alle Nullstellen des Polynoms

$$F(x) = h(D) f(x) = c_0 + c_1 f'(x) + \cdots + c_n f^{(n)}(x)$$

reell. Dabei ist jede vielfache Nullstelle des Polynoms $F(x)$ zugleich eine vielfache Nullstelle des Polynoms $f(x)$.

Beweis. Man kann den Differentialoperator $h(D)$ in Faktoren zerlegen

$$h(D) = c_n \prod_{k=1}^{n} (D - \alpha_k),$$

wobei alle Nullstellen α_k reell sind und von Null verschieden. Bei einem beliebigen Polynom $\varphi(x)$ und reellem $\alpha \neq 0$ konvergiert die Funktion $e^{-\alpha x} \varphi(x)$ entweder bei $x \to +\infty$ oder bei $x \to -\infty$ gegen Null.

Nach dem Lehrsatz von Rolle ist die Anzahl der reellen Nullstellen der Funktion

$$\varphi_1(x) = (D - \alpha) \varphi(x) = e^{\alpha x} D [e^{-\alpha x} \varphi(x)]$$

nicht kleiner als die der Funktion $\varphi(x)$.

Da das Polynom $f(x)$ n reelle Nullstellen hat, so hat das Polynom n-ten Grades $\varphi_1(x)$ auch n reelle Nullstellen. Folglich hat auch $F(x) = h(D) f(x)$ nur reelle Nullstellen.

Zum Beweis des Hilfssatzes müssen wir noch zeigen, daß, wenn ξ eine vielfache Nullstelle des Polynoms

$$\Phi(x) = f'(x) - \alpha f(x)$$

ist, so ist ξ auch eine vielfache Nullstelle von $f(x)$. Wir entwickeln $\Phi(x)$ nach den Potenzen von $x - \xi$:

$$\Phi(x) = d_1 + \alpha d_0 + (2 d_2 + \alpha d_1)(x - \xi) + \cdots + \alpha d_m (x - \xi)^m .$$

Ist ξ eine vielfache Nullstelle des Polynoms $\Phi(x)$, so ist $d_1 + \alpha d_0 = 0$ und $2 d_2 + \alpha d_1 = 0$, und folglich ist

$$d_1^2 - 2 d_0 d_2 = 0 .$$

Nach dem Hilfssatz 1 ist diese Gleichung bei $d_0 \neq 0$ unmöglich. Wir haben auf diese Weise $d_0 = 0$, $d_1 = 0$, $d_2 = 0$, d. h., ξ ist eine vielfache Nullstelle des Polynoms $f(x)$.

Beweis des Lehrsatzes 6. Wir betrachten zuerst den Fall $a_0 \neq 0$, $b_0 \neq 0$ und $m \leq n$. Ohne Beschränkung der Allgemeinheit können wir annehmen, daß

$a_m > 0$, $b_n > 0$ und alle Koeffizienten b_k positiv sind $(k = 0, 1, \ldots, n)$. Wir wählen eine reelle Zahl z und bilden das Polynom

$$F(x) = b_0 f(x) + b_1 z f'(x) + \cdots + b_m z^m f^{(m)}(x),$$

welches wir in der Form

$$F(x) = P_0(z) + \frac{P_1(z)}{1!} x + \frac{P_2(z)}{2!} x^2 + \cdots + \frac{P_m(z)}{m!} x_m$$

darstellen, wo

$$P_0(z) = a_0 b_0 + 1! \, a_1 b_1 z + 2! \, a_2 b_2 z^2 + \cdots + m! \, a_m b_m z^m$$

und

$$P_\mu(z) = \mu! \, a_\mu b_0 + (\mu + 1)! \, a_{\mu+1} b_1 z + \cdots + m! \, a_m b_{m-\mu} z^{m-\mu}$$
$$(\mu = 1, 2, \ldots, m)$$

ist.

Die Polynome $P_0(z)$ und $P_1(z)$ haben keine gemeinsamen Nullstellen, da sonst die Null eine vielfache Nullstelle des Polynoms $F(z)$ wäre und infolge des Hilfssatzes 4 auch eine vielfache Nullstelle von $f(x)$,was der Annahme $a_0 \neq 0$ widerspricht.

Auf diese Weise bekommen wir eine Folge von Polynomen

$$P_0(z), \; P_1(z), \ldots, \; P_m(z)$$

mit folgenden Eigenschaften:

1. Das letzte Glied der Folge $P_m(z)$ ist eine von Null verschiedene Konstante.

2. Für keinen Wert von z verschwinden zwei nebeneinander stehende Polynome der Folge (Hilfssatz 3).

3. Verschwindet eines der Polynome der Folge für einen reellen Wert von z, so haben die beiden ihm benachbarten Polynome für diesen Wert von z verschiedene Vorzeichen (Hilfssatz 3).

Auf diese Weise bildet diese Polynomfolge eine verallgemeinerte Sturmsche Kette. Bezeichnen wir mit $v(z)$ die Anzahl der Vorzeichenwechsel in dieser Polynomfolge bei einem gegebenen Wert von z und mit r die Anzahl der reellen Nullstellen des Polynoms $P_0(z)$, so ergibt sich

$$r \geqq v(-\infty) - v(\infty).$$

Bei $a_m > 0$ und $b_k > 0$ $(k = 0, 1, \ldots, m)$ erhalten wir $v(\infty) = 0$ und $v(-\infty) = m$, d. h., alle Nullstellen des Polynoms $P_0(z)$ sind reell. Dabei muß in diesem Fall die Anzahl der Vorzeichenwechsel $v(z)$ beim Übergang durch eine Nullstelle des Polynoms $P_0(z)$ um die Vielfachheit dieser Nullstelle anwachsen. Da die Polynome $P_0(z)$ und $P_1(z)$ keine gemeinsamen Nullstellen haben, kann die Anzahl der Vorzeichenwechsel nicht um mehr als Eins zunehmen, d. h., $P_0(z)$ hat keine vielfachen Nullstellen.

Wir betrachten jetzt den Fall $a_0 b_0 \neq 0$ und $m > n$. Betrachten wir statt des Polynoms $g(x)$ das Polynom

$$(1 - \varepsilon x)^{m-n} g(x) = b_0(\varepsilon) + b_1(\varepsilon) x + \cdots + b_m(\varepsilon) x^m,$$

so bekommen wir

$$\lim_{\varepsilon \to 0} b_k(\varepsilon) = \begin{cases} b_k & \text{bei} \quad k = 0, 1, \ldots, n, \\ 0 & \text{bei} \quad k > n. \end{cases}$$

Alle Nullstellen des Polynoms

$$b_0(\varepsilon)\, a_0 + 1!\, b_1(\varepsilon)\, a_1\, x + \cdots + n!\, b_n(\varepsilon)\, a_n\, x^n + \cdots + m!\, b_m(\varepsilon)\, a_m\, x^m$$

sind reell. Gehen wir zum Grenzwert über, so erhalten wir bei $\varepsilon \to 0$, daß alle Nullstellen des Polynoms

$$b_0\, a_0 + 1!\, b_1\, a_1\, x + \cdots + n!\, b_n\, a_n\, x^n$$

reell sind.

Sind aber die Zahlen a_0 oder b_0 gleich Null, d. h.

$$f(x) = x^\mu f_1(x) \quad \text{und} \quad g(x) = x^\nu g_1(x),$$

so bilden wir die Komposition der Polynome

$$f_\varepsilon(x) = (x - \varepsilon)^\mu f(x) \quad \text{und} \quad g_\varepsilon(x) = (x - \varepsilon)^\nu g_1(x)$$

und erhalten ein Polynom, dessen sämtliche Nullstellen reell sind. Beim Grenzübergang bei $\varepsilon \to 0$ bekommen wir, daß die Komposition der Polynome $f(x)$ und $g(x)$ ein Polynom ist, dessen sämtliche Nullstellen reell sind.

Aus dem Kompositionssatz von I. Schur folgt leicht der

Lehrsatz 7 (von Maló) [1]. *Wenn alle Nullstellen des Polynoms*

$$f(x) = a_0 + a_1\, x + \cdots + a_n\, x^n$$

reell sind und alle Nullstellen des Polynoms

$$g(x) = b_0 + b_1\, x + \cdots + b_m\, x^m$$

reell und vom gleichen Vorzeichen, dann sind alle Nullstellen des Polynoms

$$P(x) = a_0\, b_0 + a_1\, b_1\, x + \cdots + a_k\, b_k\, x^k \qquad (k = \min(m, n))$$

reell.

Beweis. Wenn alle Nullstellen des Polynoms

$$f(x) = a_0 + a_1\, x + \cdots + a_n\, x^n$$

reell sind, so ersetzen wir x durch $\frac{1}{x}$ und überzeugen uns, daß die Nullstellen des Polynoms

$$f_1(x) = a_n + a_{n-1}\, x + \cdots + a_0\, x^n$$

auch reell sind. Wir bilden nach Schur die Komposition dieses Polynoms mit dem Polynom

$$(1 + x)^n = 1 + \binom{n}{1} x + \binom{n}{2} x^2 + \cdots + x^n$$

[1]) Im weiteren Verlauf werden wir den Satz von Maló nicht benützen.

und erhalten, daß das Polynom

$$f_2(x) = a_n + a_{n-1}\, n\, x + a_{n-2}\, n(n-1)\, x^2 + \cdots + a_0\, n!\, x^n$$

auch nur reelle Nullstellen hat. Setzen wir statt x wieder die Größe x^{-1} ein und dividieren wir durch $n!$, so bekommen wir, daß das Polynom

$$f_3(x) = a_0 + \frac{a_1}{1!}x + \frac{a_2}{2!}x^2 + \cdots + \frac{a_n}{n!}x^n$$

nur reelle Nullstellen hat. Bilden wir jetzt die Komposition dieses Polynoms mit dem Polynom $g(x)$, so ergibt sich, daß das Polynom $P(x)$ nur reelle Nullstellen hat.

§ 3. Faktorenfolgen

Es sei

$$\gamma_0, \gamma_1, \ldots, \gamma_n, \ldots \tag{8.08}$$

eine beliebige Zahlenfolge, und $\Gamma^*[P(x)]$ sei die Operation, welche ein beliebig gegebenes Polynom $P(x) = a_0 + a_1 x + a_2 x^2 + \cdots + a_n x^n$
in das Polynom

$$P(x) = \gamma_0\, a_0 + \gamma_1\, a_1\, x + \gamma_2\, a_2\, x^2 + \cdots + \gamma_n\, a_n\, x^n$$

überführt.

Eine Folge (8.08) heißt eine *Faktorenfolge erster Art*, wenn die entsprechende Operation Γ^* jedes Polynom, dessen Wurzeln alle reell sind, in ein Polynom derselben Klasse überführt. Sie heißt eine *Faktorenfolge zweiter Art*, wenn die entsprechende Operation Γ^* jedes Polynom, dessen Nullstellen alle positiv sind, in ein Polynom mit reellen Nullstellen überführt. Diese Begriffe wurden von PÓLYA und SCHUR [1] eingeführt.

LAGUERRE [2] betrachtete einige Folgen dieser Art. Insbesondere hat er gezeigt, daß die Folgen

$$1, \frac{1}{\omega}, \frac{1}{\omega(\omega+1)}, \ldots \qquad (\omega > 0)$$

und

$$1, q, q^4, q^9, \ldots, q^{n^2}, \ldots\ (|q| \leqq 1)$$

Faktorenfolgen erster Art sind, und daß bei beliebigen reellen λ und ϑ die Folge

$$\cos\lambda,\ \cos(\lambda+\vartheta),\ \cos(\lambda + 2\vartheta), \ldots$$

eine Faktorenfolge zweiter Art ist.

Ist $\gamma_n = n$, so ist $\Gamma^*[P(x)] = x\, P'(x)$, und es ergibt sich nach dem Lehrsatz von ROLLE, daß die Folge 0, 1, 2, ... eine Faktorenfolge erster Art ist.

Wir wollen einige Eigenschaften der Faktorenfolgen feststellen.

1. Ist $\gamma_0, \gamma_1, \ldots, \gamma_n, \ldots$ eine Faktorenfolge erster oder zweiter Art, so ist auch $\gamma_k, \gamma_{k+1}, \gamma_{k+2}, \ldots, \gamma_{k+n}, \ldots$ $(k > 0)$ eine Faktorenfolge derselben Art. In der Tat, sind alle Nullstellen des Polynoms

$$P(x) = a_0 + a_1 x + \cdots + a_n x^n$$

reell (oder gleichen Vorzeichens), und ist $\gamma_0, \gamma_1, \ldots$ eine Faktorenfolge erster (zweiter) Art, so sind alle Nullstellen des Polynoms

$$x^{-k}\, \Gamma^* \,[x^k P(x)] = a_0 \gamma_k + a_1 \gamma_{k+1} x + \cdots + a_n \gamma_{n+k} x^n$$

reell. Wir werden künftig annehmen, daß $\gamma_0 \neq 0$ ist.

2. Ist in einer Faktorenfolge erster Art ein gewisses Glied gleich Null, so sind auch alle folgenden Glieder gleich Null. In der Tat sind alle Nullstellen des Polynoms

$$\Gamma^* \,[(1 + x)^n] = \gamma_0 + \gamma_1 \tbinom{n}{1} x + \gamma_2 \tbinom{n}{2} x^2 + \cdots + \gamma_n x^n$$

reell. Aus dem Hilfssatz 3 folgt, daß, wenn $\gamma_n \neq 0$ und $\gamma_p = 0$ bei einem gewissen p $(0 < p < n)$ ist, dann ist $\gamma_{p-1} \gamma_{p+1} < 0$. Anderseits aber sind die Nullstellen des Polynoms

$$\Gamma^* \,[x^{p+1} - x^{p-1}] = (\gamma_{p+1} x^2 - \gamma_{p-1})\, x^{p-1}$$

reell. Das ist aber bei $\gamma_{p-1} \gamma_{p+1} < 0$ unmöglich. Auf diese Weise ist die Gleichung $\gamma_p = 0$ $(0 < p < n)$ unmöglich.

3. In einer Faktorenfolge erster Art sind entweder alle Faktoren von demselben Vorzeichen, oder die Folge ist alternierend.

In der Tat folgt aus der Realität der Nullstellen des Polynoms $\gamma_{p+1} x^{p+1} - \gamma_{p-1} x^{p-1}$, daß γ_{p-1} und γ_{p+1} dasselbe Vorzeichen haben.

Eine nichtnegative Faktorenfolge erster Art werden wir eine Γ-Folge nennen und die zugehörige Operation eine Γ-Operation.

4. Eine Γ-Operation führt ein H-Polynom in ein H-Polynom über.

In der Tat, es sei

$$\omega(z) = P(z) + i\, Q(z)$$

ein H-Polynom. Ohne Beschränkung der Allgemeinheit kann man annehmen, daß $\omega(0) \neq 0$ ist. [1])

Nach dem Lehrsatz 2, § 1, Kapitel VII bilden die Polynome

$$P(z) = a_0 + a_1 z + \cdots + a_n z^n$$

und

$$Q(z) = b_0 + b_1 z + \cdots + b_n z^n$$

ein verallgemeinertes reelles Paar, und es ist

$$a_0 b_1 - a_1 b_0 > 0\,.$$

---

[1]) Im anderen Fall würden wir die Funktion $\omega\,(z + \varepsilon)$ betrachten und darauf den Grenzübergang bei $\varepsilon \to 0$ durchführen.

Eine Γ-Operation führt das verallgemeinerte reelle Paar $P(z)$ und $Q(z)$ in das verallgemeinerte reelle Paar

$$\Gamma\,[P(z)] = \gamma_0\, a_0 + \gamma_1\, a_1\, z + \cdots + \gamma_n\, a_n\, z^n\,,$$
$$\Gamma\,[Q(z)] = \gamma_0\, a_0 + \gamma_1\, a_1\, z + \cdots + \gamma_n\, a_n\, z^n$$

über, wobei

$$\gamma_0\, \gamma_1\, (a_0\, b_1 - a_1\, b_0) > 0$$

ist. Hieraus folgt, daß $\Gamma\,[\omega(z)]$ ein $\boldsymbol{H}$-Polynom ist. Eine beliebige Halbebene der Gestalt $\alpha < \arg z < \pi + \alpha$ kann durch eine einfache Transformation in die untere Halbebene übergeführt werden, und folglich, wenn alle Nullstellen eines gewissen Polynoms $R(z)$ im Innern eines Winkels $\alpha \leqq \arg z \leqq \beta$ $(0 \leqq \beta - \alpha \leqq \pi)$ liegen, so liegen innerhalb desselben Winkels auch alle Nullstellen des Polynoms $\Gamma\,[R(z)]$.

Liegen insbesondere alle Nullstellen von $R(z)$ auf einem gewissen Strahl $\arg z = c$, so liegen auf demselben Strahl auch die Nullstellen des Polynoms $\Gamma\,[R(z)]$.

Man kann die Γ-Operation auf eine breitere Klasse von Funktionen ausdehnen, indem man sie folgendermaßen definiert:

Es sei

$$f(z) = \sum_{k=0}^{\infty} a_k\, z^k$$

eine ganze Funktion. Dann setzen wir

$$\Gamma\,[f(z)] = \sum_{k=0}^{\infty} a_k\, \gamma_k\, z^k$$

unter der Bedingung, daß die zweite Reihe konvergiert.

Lehrsatz 8. *Die Γ-Operation ist sinnvoll für alle Funktionen der Klasse P^* und führt Funktionen der Klasse P^* in Funktionen derselben Klasse über.*

Beweis. Eine Funktion der Klasse P^*

$$\omega(z) = \sum_{k=0}^{\infty} a_k\, z^k$$

erscheint als Grenzfunktion einer gleichmäßig konvergenten Folge von $\boldsymbol{H}$-Polynomen

$$\omega_n(z) = \sum_{k=0}^{n} a_{h,}\, z_n^k\,.$$

Nach der Anwendung der Γ-Operation ergibt sich eine Folge von $\boldsymbol{H}$-Polynomen

$$\Gamma\,[\omega_n(z)] = \sum_{k=0}^{n} \gamma_k\, a_{k,n}\, z^k\,,$$

wobei $\lim\limits_{n\to\infty} \gamma_k\, a_{k,n} = \gamma_k\, a_k$ ist.

Aus der Bemerkung zum Lehrsatz 3 folgt, daß die Polynome $\Gamma[\omega_n(z)]$ eine normale Familie bilden. Die Grenzfunktion $F(z)$ der gleichmäßig konvergenten Polynomfolge $\Gamma[\omega_n(z)]$ gehört der Klasse P^* an. Die Koeffizienten der Reihenentwicklung dieser Funktion kann man durch den Grenzübergang bekommen, d. h., es ergibt sich

$$F(z) = \sum_{k=0}^{\infty} \gamma_k a_k z^k .$$

Da es eine einzige Grenzfunktion gibt, so konvergiert die Folge $\{\Gamma[\omega_n(z)]\}$ selbst, und es ist

$$F(z) = \Gamma[\omega(z)] .$$

Ein wichtiges Beispiel einer Γ-Operation wurde von JENSEN konstruiert.

Die JENSENschen Faktoren (JENSEN [1]). Alle Nullstellen des Polynoms

$$P(x) = a_0 + a_1 x + \cdots + a_k x^k$$

seien reell. Bilden wir die Komposition dieses Polynoms mit dem Polynom $(1+x)^n$, so bekommen wir nach dem Lehrsatz von SCHUR, daß alle Nullstellen des Polynoms

$$\tilde{P}_1(x) = a_0 + a_1 n x + a_2 n (n-1) x^2 + \cdots + a_k n (n-1) \cdots (n-k+1) x^k$$

reell sind.

Setzen wir statt x die Größe $\frac{x}{n}$ ein, so bekommen wir das Polynom

$$P_n(x) = a_0 + a_1 x + \left(1 - \frac{1}{n}\right) a_2 x^2 + \cdots + \left(1 - \frac{1}{n}\right)\left(1 - \frac{2}{n}\right) \cdots \left(1 - \frac{k-1}{n}\right) a_k x^k$$

mit reellen Nullstellen. Auf diese Weise ist bei jeder beliebigen natürlichen Zahl n die Folge

$$1, 1, 1 - \frac{1}{n}, \left(1 - \frac{1}{n}\right)\left(1 - \frac{2}{n}\right), \ldots, \left(1 - \frac{1}{n}\right)\left(1 - \frac{2}{n}\right) \ldots \left(1 - \frac{n-1}{n}\right), 0, 0, \ldots$$

eine Γ-Folge. Die entsprechende Γ-Operation werden wir mit $I_n[P(x)]$ bezeichnen. Bisweilen werden wir die Bezeichnung $\tilde{P}_n(x) = I_n[P(x)]$ benutzen.

Die Operation $I_n[f]$ läßt jeder ganzen Funktion ein Polynom n-ten Grades entsprechen. Es ist leicht einzusehen, daß

$$\lim_{n \to \infty} I_n[f(z)] = f(z)$$

ist. In der Tat, es sei

$$f(z) = \sum_{k=0}^{\infty} a_k z^k$$

und

$$I_n[f(z)] = a_0 + a_1 z + \sum_{k=2}^{n} \left(1 - \frac{1}{n}\right) \cdots \left(1 - \frac{k-1}{n}\right) a_k z^k .$$

Aus den Ungleichungen für die Koeffizienten einer Potenzreihe

$$|a_k| \leqq \frac{M(R)}{R^k} \quad (M(R) = \max_{|z| = R} |f(z)|\,, \; k = 1, 2, \ldots)$$

ergeben sich die Ungleichungen:

$$\left| \sum_{k=m+1}^{n} \left(1 - \frac{1}{n}\right)\left(1 - \frac{2}{n}\right) \cdots \left(1 - \frac{k-1}{n}\right) a_k z^k \right| \leqq \frac{M(R)\, r^{m+1}}{R^m (R - r)}$$

und

$$\left| \sum_{k=m+1}^{\infty} a_k z^k \right| \leqq \frac{M(R)\, r^{m+1}}{R^m (R - r)}$$

bei $|z| \leqq r$. Wählen wir $R = 2\,r$ und die Zahl m genügend groß, so bekommen wir

$$\left| \sum_{k=m+1}^{\infty} \left(1 - \frac{1}{n}\right)\left(1 - \frac{2}{n}\right) \cdots \left(1 - \frac{k-1}{n}\right) a_k z^k \right| < \frac{\varepsilon}{3}$$

und

$$\left| \sum_{k=m+1}^{\infty} a_k z^k \right| \leqq \frac{\varepsilon}{3} \quad (|z| \leqq r)\,.$$

Außerdem haben wir bei genügend großem n

$$\left| \sum_{k=2}^{m} \left(1 - \frac{1}{n}\right)\left(1 - \frac{2}{n}\right) \cdots \left(1 - \frac{k-1}{n}\right) a_k z^k - \sum_{k=2}^{m} a_k z^k \right| < \frac{\varepsilon}{3} \qquad (|z| \leqq r)$$

und folglich

$$|f(z) - I_n\,[f(z)]| < \varepsilon \text{ bei } |z| \leqq r\,.$$

Wenn die Funktion $\omega(z) \in P^*$ ist, so existiert eine gegen sie in der ganzen Ebene gleichmäßig konvergierende Folge von H-Polynomen

$$\omega_m(z) = \sum_{k=0}^{m}{}' a_{k,m}\, z^k\,.$$

Wenden wir die Operation I_n an, so erhalten wir eine Folge $I_n\,[\omega_m(z)]$ von H-Polynomen. Gehen wir zum Grenzwert bei $m \to \infty$, so ergibt sich die Folge von H-Polynomen

$$I_n[\omega(z)] = a_0 + a_1\, z + \left(1 - \frac{1}{n}\right) a_2\, z^2 + \cdots + \left(1 - \frac{1}{n}\right) \cdots \left(1 - \frac{n-1}{n}\right) a_n\, z^n\,,$$

welche gleichmäßig gegen $\omega(z)$ konvergiert.

Wir haben also folgenden Lehrsatz bekommen:

Lehrsatz 9. *Damit eine Funktion*

$$\omega(z) = \sum_{k=0}^{\infty}{}' a_k\, z^k$$

der Klasse P^* angehört, ist notwendig und hinreichend, daß alle Polynome der Folge $I_n[\omega(z)]$

$$I_n[\omega(z)] = a_0 + a_1 z + \sum_{k=2}^{n} \left(1 - \frac{1}{n}\right)\left(1 - \frac{2}{n}\right) \cdots \left(1 - \frac{k-1}{n}\right) a_k z^k ,$$

welche gleichmäßig gegen die Funktion $\omega(z)$ konvergiert, H-Polynome sind. [1])

Zum Abschluß dieses Kapitels werden wir folgenden Lehrsatz von G. Pólya und I. Schur [1] beweisen:

Lehrsatz 10. *Damit eine Zahlenfolge*

$$\gamma_0, \gamma_1, \ldots, \gamma_n, \ldots \qquad (\gamma_0 \neq 0) \tag{8.08}$$

eine Γ-Folge ist, ist notwendig und hinreichend, daß die Reihe

$$\varphi(z) = \sum_{k=0}^{\infty} \frac{\gamma_k}{k!} z^k \tag{8.09}$$

in der ganzen Ebene konvergiert und die ganze Funktion $\varphi(z)$ in der Form

$$\varphi(z) = c\, e^{\sigma z} \prod_{k=1}^{\infty} (1 + \varkappa_k z) \tag{8.10}$$

bei $\sigma \geqq 0$, $\varkappa_k > 0$ und

$$\sum_{k=1}^{\infty} \varkappa_k < \infty$$

darstellbar ist.

---

[1]) Dieser Lehrsatz wurde zuerst von Jensen [1] für ganze Funktionen mit reellen Nullstellen bewiesen. Schreiben wir die Hurwitzsche Bedingung für die Polynome $I_n[\omega(z)]$ auf, so bekommen wir die notwendige und hinreichende Bedingung für die Zugehörigkeit der Funktion $\omega(z)$ zur Klasse P^*, ausgedrückt durch eine unendliche Menge von Determinantenungleichungen. Es ist interessant, dieses Ergebnis mit den vorhandenen Verallgemeinerungen des Lehrsatzes von Hurwitz für ganze Funktionen zu vergleichen. Grommer [1] hat gezeigt, daß für eine reelle ganze Funktion vom Geschlecht Null $f(z) = \sum_{k=0}^{\infty} a_k z^k$ die Positivität aller Hurwitz-Determinanten, d. h. aller aufeinanderfolgenden Hauptminoren der unendlichen Matrix

$$\begin{matrix} a_1 & a_0 & 0 & 0 & 0 & 0 & 0 \ldots \\ a_3 & a_2 & a_1 & a_0 & 0 & 0 & 0 \ldots \\ a_5 & a_4 & a_3 & a_2 & a_1 & a_0 & 0 \ldots \\ \cdot & \cdot & \cdot & \cdot & \cdot & \cdot & \cdot \\ \cdot & \cdot & \cdot & \cdot & \cdot & \cdot & \cdot \end{matrix}$$

die notwendige und hinreichende Bedingung dafür ist, daß alle Nullstellen dieser Funktion in der linken Halbebene liegen. Fujiwara [1] dehnte dieses Ergebnis auf ganze Funktionen beliebigen Geschlechts aus. Die Ergebnisse von Grommer und Fujiwara sind jedoch falsch. M. G. Krein [1] entdeckte die Fehler in diesen Ergebnissen und zeigte, daß das positive Vorzeichen aller Hurwitz-Determinanten die notwendige und hinreichende Bedingung für die Darstellbarkeit einer reellen Funktion $f(z)$ in der Form $f(z) = E(z^2)\, G(z)$ ist, wo $E(z)$ eine beliebige ganze reelle Funktion und $G(z)$ eine beliebige ganze Funktion der Klasse $\overline{HB}$ ist.

Beweis. (8.08) sei ein Γ-Folge. Wenden wir die Γ-Operation auf das Polynom

$$(1+x)^n = \sum_{k=0}^{n} \binom{n}{k} x^k$$

an, so bekommen wir das Polynom

$$Q_n(z) = \sum_{k=0}^{n} \gamma_k \binom{n}{k} x^k , \tag{8.11}$$

dessen Nullstellen alle reell und negativ sind. Setzen wir $x = \frac{z}{n}$, so ergibt sich das Polynom

$$P_n(z) = \sum_{k=0}^{n} \frac{\gamma_k}{k!}\left(1-\frac{1}{n}\right)\cdots\left(1-\frac{k-1}{n}\right) z^k , \tag{8.12}$$

dessen Nullstellen alle reell und negativ sind.

Wir wollen zeigen, daß die Polynomfolge $\{P_n(z)\}$ gleichmäßig gegen eine ganze Funktion konvergiert.

In der Tat bilden diese Polynome eine normale Familie, da ihre Nullstellen alle in der Halbebene $\operatorname{Im} z \geqq 0$ liegen. Die ersten drei Koeffizienten sind beschränkt und $\gamma_0 \neq 0$ (vgl. Bemerkung zum Lehrsatz 3). Da die Koeffizienten der Polynome $P_n(z)$ gegen bestimmte Grenzwerte bei $n \to \infty$ streben, so hat diese normale Familie einen einzigen Grenzwert

$$\varphi(z) = \sum_{0}^{\infty} \frac{\gamma_k}{k!} z^k ,$$

und folglich konvergiert die Folge $\{P_n(z)\}$ gleichmäßig gegen $\varphi(z)$. Nach dem Lehrsatz 1 läßt sich die Grenzfunktion $\varphi(z)$ einer Polynomenfolge $\{P_n(z)\}$ mit nur negativen Nullstellen in der Form (8.10) darstellen.

Wir wollen jetzt zeigen, daß die Bedingung hinreichend ist. $\varphi(z)$ sei eine ganze Funktion der Form (8.10). Betrachten wir die Folge von Polynomen

$$R_m(z) = \sum_{k=0}^{m} \frac{\gamma_{k,m}}{k!} z^k ,$$

deren Nullstellen alle reell und negativ sind, und die die Funktion $\varphi(z)$ approximieren. Wir bilden nach Schur die Komposition des Polynoms $R_m(z)$ und eines beliebigen Polynoms

$$P(z) = a_0 + a_1 z + a_2 z^2 + \cdots + a_n z^n ,$$

dessen Nullstellen alle reell sind. Nach dem Lehrsatz von Schur sind alle Nullstellen der Polynome

$$S_m(z) = \sum_{k=0}^{n} a_k \gamma_{k,m} z^k$$

reell. Gehen wir zum Grenzwert bei $m \to \infty$ über, so bekommen wir, daß alle Nullstellen des Polynoms

$$\Gamma[P(z)] = \gamma_0 a_0 + \gamma_1 a_1 z + \cdots + \gamma_n a_n z^n$$

reell sind. Hieraus folgt, daß die Zahlenfolge (8.08) eine Γ-Folge ist.

Bemerkung. Man kann alle alternierenden Folgen erster Art erhalten, wenn man die Funktionen der Art $\varphi(-z)$ in eine Reihe entwickelt.

Ganz analog dem Lehrsatz 10 wird folgender Lehrsatz von G. PÓLYA und I. SCHUR [1] bewiesen.

Lehrsatz 11. *Damit eine Zahlenfolge*

$$\gamma_0, \gamma_1, \ldots, \gamma_n, \ldots$$

eine Faktorenfolge zweiter Art ist, ist notwendig und hinreichend, daß die Reihe

$$\varphi(z) = \sum_{k=0}^{\infty} \frac{\gamma_k}{k!} z^k$$

in der ganzen Ebene konvergiert, und daß $\varphi(z)$ *(bis auf einen konstanten Faktor) eine reelle Funktion der Klasse* P^* *ist.*

KAPITEL IX

OPERATOREN, WELCHE UNGLEICHUNGEN ZWISCHEN GANZEN FUNKTIONEN UNVERÄNDERT LASSEN

Die in den Kapiteln VII und VIII betrachteten Klassen ganzer Funktionen spielen eine große Rolle beim Studium von Ungleichungen zwischen ganzen Funktionen und von Extremaleigenschaften ganzer Funktionen.

S. N. Bernstein [1, 6, 7] entdeckte folgende bemerkenswerte Eigenschaft ganzer Funktionen endlichen Grades:

Wenn eine ganze Funktion $f(z)$ des endlichen Grades σ auf der reellen Achse beschränkt ist, d. h., wenn

$$|f(x)| \leqq M \qquad (-\infty < x < \infty),$$

dann ist

$$|f'(x)| \leqq M\sigma \qquad (-\infty < x < \infty).$$

Dieser Lehrsatz, der in der Approximationstheorie eine große Rolle spielt, lenkte ein starkes Interesse auf sich; er wurde verschiedene Male neu bewiesen und in verschiedenen Richtungen verallgemeinert.

Die Ungleichungen in der Formulierung dieses Lehrsatzes können in der Form geschrieben werden:

$$|f(x)| \leqq |M e^{i\sigma x}| \qquad \text{und} \qquad |f'(x)| \leqq |(M e^{i\sigma x})'|,$$

d. h., der Lehrsatz von S. N. Bernstein besagt, daß bei den angegebenen Voraussetzungen Ungleichungen zwischen gewissen Funktionen Ungleichungen zwischen ihren Ableitungen nach sich ziehen.

S. N. Bernstein verallgemeinerte seinen Lehrsatz [1], indem er $e^{i\sigma z}$ durch allgemeinere Funktionen

$$\omega(z) = e^{i\sigma z}\varphi(z)$$

ersetzte, wo $\varphi(z)$ eine ganze Funktion vom Geschlecht Null ist, welche keine Nullstellen in einer der Halbebenen $\operatorname{Im} z < 0$ oder $\operatorname{Im} z > 0$ hat. N. I. Achieser [2] machte eine weitere Verallgemeinerung, indem er die Funktion $\varphi(z)$ durch eine Funktion endlichen Grades ersetzte, welche gewissen Regularitätsbedingungen genügt.

In den Arbeiten [6, 7] des Verfassers dieses Buches [1]) wurden diese Regularitätsforderungen beseitigt, und es wurde gezeigt, daß, falls $\omega(z) \in P$ und $f(z)$ eine ganze

[1]) Ziffern ohne Namen beziehen sich auf die Arbeiten des Verfassers dieses Buches.

Funktion vom Grade nicht höher als der Grad von $\omega(z)$ ist, aus der Ungleichung

$$|f(x)| \leqq |\omega(x)| \ (-\infty < x < \infty)$$

die Ungleichung

$$|f'(x)| \leqq |\omega'(x)| \ (-\infty < x < \infty)$$

folgt. Wesentlich ist es, daß man die Klasse der Funktionen $\omega(x)$, welche dieselbe Rolle spielen wie $e^{i\sigma x}$ in der Ungleichung von S. N. Bernstein, nicht weiter ausdehnen kann. Es wurde gezeigt [7], daß, wenn $\omega(z) \notin P$ und $\overline{\omega}(z) \notin P$ ist, eine ganze Funktion vom kleineren Wachstum als $\omega(z)$ existiert, welche auf der reellen Achse der Ungleichung $|f(x)| \leqq |\omega(x)|$ genügt, und dabei in einem gewissen Punkt der reellen Achse $|f'(x)| > |\omega'(x)|$ ist.

Beim Beweis dieser Lehrsätze wurde die Tatsache wesentlich benutzt, daß unter den Voraussetzungen des Lehrsatzes aus der Ungleichung $|f(x)| \leqq |\omega(x)|$ auf der reellen Achse und $\sigma_\omega \leqq \sigma_f$ die Ungleichung

$$|f(z)| \leqq |\omega(z)| \text{ in der Halbebene } (\operatorname{Im} z \leqq 0)$$

folgt.

N. N. Meiman schlug vor [2], die Majorantenbedingung direkt durch die Ungleichungen

$$|f(z)| \leqq |\omega(z)|, \quad |f(\bar{z})| \leqq |\omega(z)| \quad (\operatorname{Im} z \leqq 0) \tag{9.00}$$

zu definieren, und bewies, daß im Fall $\omega(z) \in HB$ aus diesen Ungleichungen die Ungleichung auf der reellen Achse

$$|f'(x)| \leqq |\omega'(x)| \quad (-\infty < x < \infty)$$

folgt. Es ist erwähnenswert, daß in diesem Fall, im Gegensatz zu dem vorhergehenden, die Majorantenbeziehung für Funktionen beim Übergang zu den Ableitungen nicht erhalten bleibt, deshalb kann man in der Formulierung dieses Lehrsatzes die Operation des Differenzierens nicht durch die Bildung höherer Ableitungen ersetzen.

Es war natürlich, nach der breitesten Klasse der Majoranten in diesem Sinne zu fragen, welche die Majorantenbeziehung (9.00) nach der Differentiation beibehalten. Es ergab sich [9], daß die breiteste Klasse der Majoranten, welche bezüglich der Multiplikation mit der Funktion $e^{\tau x}$ bei jedem reellen Werte der Zahl τ invariant ist und bei der Differentiation die Majorantenbeziehung (9.00) beibehält, mit P^* übereinstimmt.

In den Arbeiten [7, 8] wurde festgestellt, daß der Differentiationsoperator bei diesem Fragenkreis durch eine Menge anderer Operatoren bedeutend allgemeinerer Art ersetzt werden kann. Um diese Lehrsätze zu bekommen, werden die Begriffe der zulässigen Funktionenklassen und der $\mathfrak{B}$-Operatoren eingeführt. Eine Unterklasse T der Klasse $\overline{HB}$ werden wir als *zulässig* bezeichnen, wenn aus der Zugehörigkeit einer Funktion $\omega(z)$ zur Klasse T und dem Bestehen der Ungleichungen (9.00) $\omega(z) + f(z) \in T$ und $v\,\omega(z) \in T$ (v konstant) folgt. Eine solche Funktion $\omega(z)$ heißt dabei eine *T-Majorante* der Funktion $f(z)$.

Die allgemeine Idee des Beweises von Ungleichungen für ganze Funktionen besteht in Folgendem:

Es wird der Lehrsatz bewiesen: *Wenn T eine zulässige Klasse ist, und für $|v| \geqq 1$ die Funktion $f(z) - v\omega(z) \in T$, so ist $\omega(z)$ eine T-Majorante der ganzen Funktion $f(z)$.*

Es sei nun $\omega(z)$ eine T-Majorante der ganzen Funktion $f(z)$, und $K[f]$ sei ein *linearer Operator, welcher auf der linearen Hülle der Klasse T definiert ist und T auf sich selbst abbildet.* Da T eine zulässige Klasse ist, so gilt $f(z) - v\,\omega(z) \in T$ bei $|v| \geqq 1$. Wenden wir den Operator $K[f]$ an, so bekommen wir $K[f(z)] - v\,K\,[\omega(z)] \in T$ bei $|v| \geqq 1$, und folglich ist $K\,[\omega(z)]$ eine T-Majorante für $K[f(z)]$. Auf diese Weise läßt die Anwendung eines solchen Operators die Beziehung der T-Majoranten bestehen.

Lineare Operatoren, welche eine zulässige Klasse T auf sich selbst abbilden, werden wir $\mathfrak{B}_T$-Operatoren nennen. Besonders interessant sind die $\mathfrak{B}_{\bar{p}}$-Operatoren und die $\mathfrak{B}_{\bar{p}*}$-Operatoren, welche wir der Kürze halber mit $\mathfrak{B}$ und $\mathfrak{B}^*$ bezeichnen werden. Insbesondere ist der Differentiationsoperator ein $\mathfrak{B}$- und $\mathfrak{B}^*$-Operator.

In § 7 dieses Kapitels finden wir die allgemeine Form der $\mathfrak{B}$- und $\mathfrak{B}^*$-Operatoren bei einigen geringen Einschränkungen (vgl. [10, 15]), welche sich auf die Stetigkeit des Operators beziehen.

Aus dieser allgemeinen Form ergibt sich insbesondere, daß ein beliebiger mit dem Differentiationsoperator vertauschbarer $\mathfrak{B}$-Operator die Gestalt

$$\mathfrak{B}\,[f(z)] = \sum_{k=0}^{\infty} \bar{a}_k f^{(k)}(z)$$

hat, wo

$$F(z) = \sum_{k=0}^{\infty} a_k z^k$$

eine ganze Funktion der Klasse P^* ist. Der in Kapitel VIII definierte $\Gamma[f]$-Operator ist die allgemeinste Gestalt eines mit dem Operator $z\,\frac{d}{dz}$ vertauschbaren $\mathfrak{B}$- (und $\mathfrak{B}^*$-) Operators.

Der allgemeine Ausdruck für die Operatoren $\mathfrak{B}$ und $\mathfrak{B}^*$ verlangte die Einführung der Klassen P, P^*, HB für Funktionen mehrerer Veränderlicher [8]. [1]) Es wurden die $\mathfrak{B}$-Operatoren für Klassen von Funktionen von mehreren Veränderlichen definiert und die Lehrsätze über die Aufrechterhaltung von Ungleichungen ausgedehnt. Die Ausdehnung der Lehrsätze auf Funktionen mehrerer Veränderlichen ergab die Möglichkeit, den in Kapitel VIII (vgl. [8, 9 und 15]) dargestellten bekannten Lehrsatz von Laguerre und Pólya auf Funktionen von mehreren Veränderlichen zu verallgemeinern. Diese Ergebnisse werden in § 5 dargestellt. [2])

[1]) Zum ersten Mal wurde die Ungleichung von S. N. Bernstein von S. N. Bernstein selbst [3] auf Funktionen mehrerer Veränderlichen übertragen.

[2]) A. C. Schaeffer (Entire functions and trigonometric polynomials. Duke Math. J. **29** (1953)) gibt eine Verallgemeinerung des Problems von S. N. Bernstein an.
N. I. Achieser und der Verfasser [2] konnten, von den Betrachtungen von Schaeffer ausgehend, eine weitere wesentliche Verallgemeinerung gewinnen.
Näheres siehe unter den Anmerkungen des Herausgebers.

§ 1. Majoranten und zulässige Klassen

Definition 1. Eine Funktion $\omega(z)$ heißt eine *$\overline{HB}$-Majorante* einer ganzen Funktion $f(z)$, wenn $\omega(z) \in \overline{HB}$, und wenn für $\operatorname{Im} z \leqq 0$

$$|f(z)| \leqq |\omega(z)|, \qquad |f(z)| \leqq |\omega(z)| \tag{9.00}$$

ist.

Wenn $\omega(z)$ einer gewissen Unterklasse T der Klasse $\overline{HB}$ angehört, welche die Multiplikation mit einer Konstanten zuläßt, werden wir sie eine *T-Majorante* der Funktion $f(z)$ nennen. [1])

Ist $\omega(z)$ eine T-Majorante einer Funktion $f(z)$, so ist bei $|u| \geqq 1$ offensichtlich auch $u\,\omega(z)$ eine T-Majorante derselben Funktion.

Lehrsatz 1.[2]) *$f(z)$ und $\omega(z)$ seien ganze Funktionen. Damit die Funktion*

$$\varphi_v(z) = f(z) - v\,\omega(z)$$

für alle außerhalb des Einheitskreises genommenen v ($|v| \geqq 1$) zur Klasse $\overline{HB}$ gehört, ist notwendig und hinreichend, daß $\omega(z)$ eine $\overline{HB}$-Majorante für $f(z)$ ist.

Beweis. Wir beweisen zuerst die Notwendigkeit. Es sei $\varphi_v(z) \in \overline{HB}$. Dann folgt aus der Gleichung

$$\omega(z) = -\lim_{v \to \infty} v^{-1} \varphi_v(z)\,,$$

daß $\omega(z) \in \overline{HB}$ ist. Außerdem hat die Funktion $\varphi_v(z)$ bei $|v| > 1$ keine Nullstellen in der unteren Halbebene, und folglich ist.

$$\frac{f(z)}{\omega(z)} - v \neq 0$$

bei $\operatorname{Im} z < 0$ und $|v| > 1$. Mit anderen Worten ist

$$\left|\frac{f(z)}{\omega(z)}\right| \leqq 1 \tag{9.01}$$

bei $\operatorname{Im} z \leqq 0$. Um die zweite der Majorantenbeziehungen zu gewinnen, bemerken wir, daß bei $\operatorname{Im} z \leqq 0$

$$|f(z) - v\,\omega(\bar{z})| \leqq |f(z) - v\,\omega(z)|$$

ist. Berücksichtigen wir (9.01) und die Zugehörigkeit von $\omega(z)$ zur Klasse $\overline{HB}$, so bekommen wir

$$|f(\bar{z})| \leqq (1 + 2\,|v|)\,|\omega(z)|\,.$$

[1]) D. h., wenn $\omega(z) \in T$, so ist auch $c\,\omega(z) \in T$.

[2]) Dieser Lehrsatz wurde vom Verfasser für Funktionen endlichen Grades bewiesen und als ein allgemeines Prinzip zum Beweis von Ungleichungen der Art der Ungleichung von S. N. Bernstein formuliert (vgl. [7], Hilfssatz 3). Der Beweis der verallgemeinerten Ungleichung von S. N. Bernstein mit Hilfe dieses Hilfssatzes erscheint als eine Vervollkommnung einer von N. I. Achieser [2] angewandten Methode. Für die Klasse $\overline{HB}$ wurde von N. N. Meimann [2] bewiesen, daß die Bedingung des Lehrsatzes hinreichend ist.

Auf diese Weise haben wir kraft der Gleichung

$$|\bar{f}(z)| = |f(\bar{z})|$$

überall in der unteren Halbebene

$$\left|\frac{\bar{f}(z)}{\omega(z)}\right| < (1 + 2\,|v|) \quad \text{bei} \quad |v| \geqq 1\,.$$

Aus (9.01) ergibt sich für $-\infty < x < \infty$

$$\left|\frac{\bar{f}(x)}{\omega(x)}\right| \leqq 1\,,$$

und nach dem Lehrsatz von PHRAGMEN und LINDELÖF (§ 14, Kapitel I)

$$\left|\frac{\bar{f}(z)}{\omega(z)}\right| \leqq 1 \qquad (\operatorname{Im} z \leqq 0)\,,$$

d. h.

$$|f(\bar{z})| \leqq |\omega(z)| \qquad (\operatorname{Im} z \leqq 0)\,.$$

Also ist $\omega(z)$ eine $\overline{HB}$-Majorante der Funktion $f(z)$. Wir wollen beweisen, daß die Bedingung hinreichend ist. Ist $\omega(z)$ eine $\overline{HB}$-Majorante der Funktion $f(z)$, so kann die Funktion $\varphi_v(z)$ für $|v| > 1$ in der Halbebene $\operatorname{Im} z < 0$ nicht verschwinden. Außerdem ist bei $|v| > 1$ und $\operatorname{Im} z < 0$

$$\left|\frac{\varphi_v(\bar{z})}{\varphi_v(z)}\right| = \left|\frac{f(\bar{z}) - v\,\omega(\bar{z})}{f(z) - v\,\omega(z)}\right| = \left|\frac{f(\bar{z})}{\omega(z)} - v\,\frac{\omega(\bar{z})}{\omega(z)}\right| : \left|\frac{f(z)}{\omega(z)} - v\right| \leqq \frac{|v| + 1}{|v| - 1}\,.$$

Bei reellem z ist dieses Verhältnis gleich Eins, und durch Anwendung des Lehrsatzes von PHRAGMEN und LINDELÖF auf die Funktion

$$\frac{\bar{\varphi}_v(z)}{\varphi_v(z)}$$

bekommen wir

$$|\varphi_v(\bar{z})| = |\bar{\varphi}_v(z)| \leqq |\varphi_v(z)| \qquad (\operatorname{Im} z \leqq 0)\,.$$

Also ist $\varphi_v(z) \in \overline{HB}.$ Der Lehrsatz ist somit bewiesen.

Definition 2. Eine Unterklasse T der Klasse $\overline{HB}$ nennen wir *zulässig*, wenn daraus, daß $\omega(z)$ eine T-Majorante einer ganzen Funktion $f(z)$ ist,

$$f(z) + \omega(z) \in T$$

folgt. Aus dem Lehrsatz 1 folgt, daß die Klasse $\overline{HB}$ zulässig ist. *Die Klasse P ist auch eine zulässige Klasse.*

In der Tat, ist $\omega(z)$ eine P-Majorante der Funktion $f(z)$, so ist $f(z)$ von endlichem Grad. Die Funktion $f(z) + \omega(z)$ ist auch von endlichem Grad. Nach dem Lehrsatz 1 gehört diese Funktion der Klasse $\overline{HB}$ an und folglich auch zu P (Kapitel VII, Hilfssatz 1.) Die Zulässigkeit der Klasse P^* beweisen wir etwas später.

§ 2. Einige Eigenschaften der Klasse P^*

$P_n(z)$ sei ein beliebiges H-Polynom. Aus der Formel

$$\frac{P_n'(z)}{P_n(z)} = \sum_{k=1}^{n} \frac{1}{z - z_k},$$

in welcher z_k die Nullstellen des Polynoms $P_n(z)$ ($\operatorname{Im} z_k \geqq 0$) sind, folgt, daß bei $\operatorname{Im} z < 0$

$$\operatorname{Im} \frac{P_n'(z)}{P_n(z)} > 0$$

ist. Auf diese Weise hat $P_n'(z)$ keine Nullstellen in der unteren Halbebene, und folglich ist es auch ein H-Polynom. [1])

Approximieren wir die gegebene Funktion $\omega(z)$ der Klasse P^* durch die Folge $\{P_n'(z)\}$ von H-Polynomen, so bekommen wir, daß auch $\omega'(z)$ Grenzfunktion der Folge von H-Polynomen $\{P_n'(z)\}$ ist. Auf diese Weise gehört die Ableitung einer Funktion der Klasse P^* selbst der Klasse P^* an.

Der folgende Lehrsatz zeigt, daß die Klasse P^* in gewissem Sinne als die breiteste Klasse von Funktionen erscheint, welche die Differentiation zuläßt.

Lehrsatz 2 [9]. *Ist $\omega(z)$ eine ganze Funktion, und ist bei einem beliebigen reellen τ*

$$[e^{\tau z}\, \omega(z)]' \in \overline{HB}, \tag{9.02}$$

so ist $\omega(z)$ eine Funktion der Klasse P^*.

Beweis. Es sei $\omega(z) = P(z) + i\, Q(z)$. Nach dem Lehrsatz 4′ aus Kapitel VII folgt aus (9.02), daß für alle reellen Werte von τ die Funktionen

$$P'(z) + \tau\, P(z) \quad \text{und} \quad Q'(z) + \tau\, Q(z)$$

ein verallgemeinertes reelles Paar bilden. Auf diese Weise sind alle Nullstellen der Funktion $P'(z) + \tau\, P(z)$ reell, und folglich behält die Größe

$$\operatorname{Im} \frac{P'(z)}{P(z)} \tag{9.03}$$

ihr Vorzeichen bei $\operatorname{Im} z > 0$. In der oberen Halbumgebung jedes Pols ist diese Größe negativ, folglich ist sie negativ in der ganzen oberen Halbebene. Nach dem Lehrsatz 2, Kapitel VII läßt die meromorphe Funktion $\frac{P'(z)}{P(z)}$ die Darstellung zu:

$$\frac{P'(z)}{P(z)} = -2\gamma z + \delta + \sum_{k=\alpha}^{\omega} \left[\frac{1}{z - a_k} - \frac{1}{a_k}\right],$$

[1]) Aus den durchgeführten Überlegungen ergibt sich leicht folgender
Lehrsatz von Gauss. *Alle Nullstellen der Ableitung eines Polynoms liegen im kleinsten konvexen Gebiet, welches die Nullstellen dieses Polynoms enthält.*

in welcher δ und a_k reell sind, $\gamma \geqq 0$ und $\sum_{k=1}^{\infty} |a_k|^{-2} < \infty$. Auf diese Weise ist $P(z)$ in der Form darstellbar:

$$P(z) = c\, e^{-\gamma z^2 + \delta z} \prod_{k=\alpha}^{\omega} \left(1 - \frac{z}{a_k}\right) e^{\frac{z}{a_k}},$$

und folglich ist $P(z) \in P^*$. Analog ergibt sich $Q(z) \in P^*$. Da bei beliebigen reellen μ, ν und τ alle Nullstellen der Funktion

$$\mu\,[P'(z) + \tau\, P(z)] + \nu\,[Q'(z) + \tau\, Q(z)]$$

reell sind, so bekommen wir nach der Division durch τ und dem Grenzübergang bei $\tau \to \infty$, daß $P(z)$ und $Q(z)$ ein verallgemeinertes reelles Paar ist. Hieraus folgt, daß entweder $\omega(z) \in \overline{HB}$ oder $\overline{\omega}(z) \in \overline{HB}$, und nach dem Lehrsatz 5, § 1, Kapitel VIII entweder $\omega(z) \in P^*$ oder $\overline{\omega}(z) \in P^*$.

Für eine nichtreelle Funktion $\omega(z)$ ist die zweite Möglichkeit ausgeschlossen, da $\omega'(z) \in \overline{HB}$ ist. Also $\omega(z) \in P^*$. Dieser Lehrsatz weist auch auf die enge Verbindung zwischen der Klasse P^* und dem Differentialoperator hin. [1] [2]

Lehrsatz 3 [9]. *Damit eine ganze Funktion $\omega(z)$ der Klasse P^* angehört, ist notwendig und hinreichend, daß die Bedingung*

$$\omega\,(z - i\,\sigma) \in \overline{HB} \tag{9.04}$$

bei jedem positiven σ erfüllt ist.

Beweis. Die Notwendigkeit der Bedingung (9.04) folgt aus dem Umstand, daß H-Polynome diese Eigenschaft besitzen, und daß sie beim Grenzübergang erhalten bleibt.

Um zu beweisen, daß diese Bedingung hinreichend ist, bemerken wir vor allem, daß die Bedingung (9.04) erfüllt ist, wenn man die Zahl $-i\,\sigma$ durch eine beliebige Zahl u der unteren Halbebene ersetzt.

---

[1]) Beschränkt man sich auf ganze Funktionen von endlichem Geschlecht, so braucht man den Faktor $e^{\tau z}$ nicht einzuführen, wenn man dabei die Forderung stellt, daß alle Ableitungen zur Klasse $\overline{HB}$ gehören. Man kann nämlich behaupten, daß aus der Zugehörigkeit der Funktion $\omega(z)$ selbst und aller ihrer Ableitungen zur Klasse $\overline{HB}$ die Zugehörigkeit von $\omega(z)$ zur Klasse P^* folgt. Dieses Ergebnis folgt einfach aus dem Satz von Ålander (vgl. Ålander [1, 2]) welchen man folgendermaßen formulieren kann:

Sind alle Nullstellen einer ganzen reellen Funktion von endlichem Geschlecht $\omega(z)$ und die aller ihrer Ableitungen reell, so ist $\omega(z)$ eine reelle Funktion der Klasse P^*.

Es ist möglich, daß die Einschränkung bezüglich des Geschlechts überflüssig ist. Es ist möglich, daß allein aus der Zugehörigkeit aller Nullstellen einer ganzen Funktion $\omega(z)$ und aller ihrer Ableitungen zur oberen Halbebene ihre Zugehörigkeit zur Klasse P^* folgt.

[2]) Einige verwandte Fragen für Funktionen vom unendlichen Geschlecht wurden vor kurzem in der Arbeit des Verfassers und I. W. Ostrowskij [1] untersucht.

Wir wählen eine beliebige Zahl z_0 der unteren Halbebene, eine Zahl $h > 0$ und setzen $u = z_0 - i\frac{h}{2}$. Dann gilt bei $\operatorname{Im} z \leqq 0$

$$\left|w\left(z + z_0 - i\frac{h}{2}\right)\right| \geqq \left|\omega\left(\bar{z} + z_0 - i\frac{h}{2}\right)\right|$$

und, wenn wir $z = -i\frac{h}{2}$ setzen,

$$|\omega(z_0 - i\,h)| \geqq |\omega(z_0)|\,. \tag{9.05}$$

Die Funktion $\omega\,(z - i\,h)$ ist eine HB-Majorante für die Funktion $\omega(z)$. In der Tat, wir erhalten nach (9.05)

$$|\omega(z - i\,h)| \geqq |\omega(z)| \geqq |\omega(\bar{z})| \qquad (\operatorname{Im} z \leqq 0)\,.$$

Nach dem Lehrsatz 1 folgt hieraus, daß

$$\frac{\omega(z - i\,h) - \omega(z)}{i\,h} \in HB\,.$$

Gehen wir zum Grenzwert bei $h \to 0$ über, so ergibt sich

$$\omega'(z) \in \overline{HB}\,.$$

Genügt $\omega(z)$ der Bedingung (9.04), so genügt auch $e^{\tau z}\,\omega(z)$ bei jedem reellen τ derselben Bedingung. Auf diese Weise folgt aus (9.04)

$$[e^{\tau z}\,\omega(z)]' \in \overline{HB}\,,$$

und wir erhalten infolge des Lehrsatzes 2 $\omega(z) \in P^*$.

Lehrsatz 4. *Ist $\omega(z)$ eine P^*-Majorante einer ganzen Funktion $f(z)$, so gilt*

$$\omega(z) + f(z) \in P^*\,,$$

mit anderen Worten, P^* ist eine zulässige Klasse.

Beweis. Es sei $\omega(z)$ eine P^*-Majorante der Funktion $f(z)$. Wir wollen beweisen, daß bei jedem $h > 0$ die Funktion $\omega\,(z - i\,h)$ eine P^*-Majorante der Funktion $f(z - i\,h)$ ist. Es folgt in der Tat daraus, daß $\omega(z)$ eine Majorante von $f(z)$ ist,

$$|\omega(z - i\,h)| \geqq |f(z - i\,h)| \tag{9.06}$$

bei $\operatorname{Im} z \leqq h$.

Beim Beweis des Lehrsatzes 3 haben wir in (9.05) festgestellt, daß die Funktion $\omega(z - i\,h)$ bei $\operatorname{Im} z \leqq 0$ monoton wächst, wenn h wächst ($h \geqq 0$).[1] Deshalb werden wir bei $\operatorname{Im} z \leqq -h$

$$|\omega(z - i\,h)| \geqq |\omega(z + i\,h)| \geqq |\bar{f}(z + i\,h)| = |f(\bar{z} - i\,h)| \tag{9.07}$$

bekommen.

Es bleibt nur zu überprüfen, daß die Ungleichung (9.07) bei $-h \leqq \operatorname{Im} z \leqq 0$ erfüllt ist.

---

[1]) Diese Eigenschaft kann man unmittelbar bekommen. Sie ist in der Tat offensichtlich für H-Polynome und hält den Grenzübergang aus.

Aus der Monotonie der Funktion $|\omega(z - i h)|$ folgt, daß bei $-h \leqq \operatorname{Im} z \leqq 0$

$$|\omega(z - i h)| \geqq |\omega(\bar{z} - i h)|$$

ist. Außerdem ist kraft (9.06) bei $\operatorname{Im} \bar{z} \leqq h$

$$|\omega(\bar{z} - i h)| \geqq |f(\bar{z} - i h)|\,,$$

und nach den letzten beiden Ungleichungen und der Ungleichung (9.07)

$$|\omega(z - i h)| \geqq |f(\bar{z} - i h)| \tag{9.08}$$

bei $\operatorname{Im} z \leqq 0$.

Die Ungleichungen (9.06) und (9.08) bedeuten, daß die Funktion $\omega(z - i h)$ $(h > 0)$ eine P^*-Majorante der Funktion $f(z - i h)$ ist.

Nach dem Lehrsatz 1 erhalten wir hieraus, daß die Funktion

$$\omega(z - i h) + f(z - i h) \in \overline{HB}$$

bei jedem $h \geqq 0$ ist, und infolge des Lehrsatzes 3 ist

$$\omega(z) + f(z) \in P^*\,.$$

Der Lehrsatz ist somit bewiesen.

§ 3. Operatoren, welche die Unterordnung erhalten ($\mathfrak{B}_T$-Operatoren)

Als ein wichtiger, mit Extremaleigenschaften ganzer Funktionen verbundener Begriff erscheint der Begriff eines $\mathfrak{B}_T$-Operators.

Definition 3. *Wir werden einen additiven, homogenen* [1], *auf der linearen Hülle einer zulässigen Klasse T definierten Operator als einen $\mathfrak{B}_T$-Operator bezeichnen, wenn er Funktionen der Klasse T in Funktionen der Klasse T überführt.*

Unmittelbar aus dieser Definition folgt, daß jede Potenz eines $\mathfrak{B}_T$-Operators und überhaupt ein Produkt von $\mathfrak{B}_T$-Operatoren ein $\mathfrak{B}_T$-Operator ist.

Einen $\mathfrak{B}_P$-Operator werden wir einfach einen $\mathfrak{B}$-Operator nennen und einen $\mathfrak{B}_{P^*}$-Operator einen $\mathfrak{B}^*$-Operator. [2]

Lehrsatz 5 [8]. *Ist T eine zulässige Klasse und $\omega(z)$ eine T-Majorante der ganzen Funktion $f(z)$, so ist $\mathfrak{B}_T[\omega(z)]$ eine T-Majorante der Funktion $\mathfrak{B}_T[f(z)]$.*

Der Beweis beruht auf dem Lehrsatz 1. In der Tat, da die Klasse T zulässig und $\omega(z)$ eine T-Majorante der Funktion $f(z)$ ist, so ist

$$\varphi_v(z) = f(z) - v\,\omega(z) \in T$$

bei $|v| \geqq 1$. Nach der Definition eines $\mathfrak{B}_T$-Operators ist

$$\mathfrak{B}_T\,[\varphi_v(z)] = \mathfrak{B}_T\,[f(z)] - v\,\mathfrak{B}_T[\omega(z)] \in T\,, \quad (|v| \geqq 1).$$

Nach dem Lehrsatz 1 folgt hieraus, daß $\mathfrak{B}_T[\omega(z)]$ eine $\overline{HB}$-Majorante der Funktion $\mathfrak{B}_T[f(z)]$ ist, und, da $\mathfrak{B}_T|\omega(z)| \in T$, so ist $\mathfrak{B}_T[\omega(z)]$ eine T-Majorante der Funktion $\mathfrak{B}_T\,[f(z)]$.

---

[1]) Ein Operatior $\mathfrak{B}$ heißt *additiv*, wenn $\mathfrak{B}\,[f(z) + \varphi(z)] = \mathfrak{B}\,[f(z)] + \mathfrak{B}\,[\varphi(z)]$ ist. Er heißt *homogen*, wenn $\mathfrak{B}\,[c\,f(z)] = c\,\mathfrak{B}\,[f(z)]$ ist.

[2]) Ein nichttriviales Beispiel eines $\mathfrak{B}_T$-Operators, wo T eine breitere zulässige Klasse als P^* ist, ist unbekannt.

Der Lehrsatz 5 gibt uns die Möglichkeit, verschiedene Ungleichungen für ganze Funktionen zu bekommen.

Wir werden uns künftig auf das Studium von $\mathfrak{B}$- und $\mathfrak{B}^*$-Operatoren beschränken.

Lehrsatz 6. *Ist* $\omega(z) \in P^*$ *und sind bei* $\operatorname{Im} z \leqq 0$ *die Ungleichungen*

$$|f(z)| \leqq |\omega(z)|, \qquad |f(\bar{z})| \leqq |\omega(z)| \tag{9.00}$$

erfüllt, so gilt auch

$$|f^{(k)}(z)| \leqq |\omega^{(k)}(z)|, \qquad |f^{(k)}(\bar{z})| \leqq |\omega^{(k)}(z)| \tag{9.09}$$

bei $\operatorname{Im} z \leqq 0$ *und* $k = 1, 2, \ldots,$ *wobei* $\omega^{(k)}(z) \in P^*$ *ist. (Kürzer gesagt: Die* P^**-Majoranten-Beziehung bleibt bei der Differentiation erhalten.) Ist* $\omega(z)$ *kein Polynom, und gilt dabei in* (9.09) *in mindestens einem Punkt* z_0, *in welchem* $\omega(z)$ *nicht verschwindet* ($\operatorname{Im} z_0 \leqq 0$), *für irgend ein* k *das Gleichheitszeichen, so ist*

$$f(z) = c_1\,\omega(z) + c_2\,\overline{\omega}(z)\,, \tag{9.10}$$

wo c_1 *und* c_2 *komplexe Zahlen sind, wobei* $|c_1| + |c_2| = 1$ *ist.* [1])

Beweis. In § 2 wurde bewiesen, daß die Klasse P^* zulässig ist, und daß der Differentiationsoperator diese Klasse auf sich selbst abbildet. Auf diese Weise ist die Differentiation nach der Definition 2 ein $\mathfrak{B}^*$-Operator. Um den ersten Teil des Lehrsatzes zu bekommen, genügt es, sich auf den Lehrsatz 5 zu beziehen.

Zum Beweis des zweiten Teils des Lehrsatzes bemerken wir, daß, falls in einem gewissen Punkt z_0 ($\operatorname{Im} z_0 \leqq 0$) $|\omega^{(k)}(z_0)| = |f^{(k)}(z_0)|$ ist, eine reelle Zahl α so gewählt werden kann, daß die k-te Ableitung der Funktion

$$\varphi_\alpha(z) = \omega(z) - e^{-i\alpha} f(z)$$

im Punkt z_0 verschwindet.

Es ist aber $\varphi_\alpha{}^{(k)}(z) \in P^*$ oder identisch gleich Null. Ist deshalb $\operatorname{Im} z_0 < 0$, so ist $\varphi_\alpha^{(k)}(z) \equiv 0$ und

$$f^{(k-1)}(z) = e^{i\alpha}\,\omega^{(k-1)}(z) + c\,.$$

Die Änderung des Arguments von $\omega(z)$ auf der reellen Achse ist nicht kleiner als π, und deshalb würde bei $c \neq 0$ in einigen Punkten der reellen Achse die unmögliche Ungleichung

$$|f^{(k-1)}(x)| > |\omega^{(k-1)}(x)|$$

bestehen. Folglich ist $c = 0$. Durch Integration und Wiederholung derselben Überlegung bekommen wir, daß bei $\operatorname{Im} z_0 < 0$

$$f(z) = e^{i\alpha}\,\omega(z)$$

ist.

Es sei jetzt z_0 reell, d. h., die Funktion $\varphi_\alpha^{(k)}(z)$ habe eine reelle Nullstelle. Wir setzen

$$\psi(z) = \varphi_\alpha^{(k-1)}(z)\,.$$

---

[1]) In [7] wird ein etwas allgemeinerer Lehrsatz bewiesen.

Da $\psi(z) \in P^*$ ist, ist

$$\frac{\psi'(z)}{\psi(z)} = -2\gamma z + \delta + \sum_{j=1}^{\infty}\left[\frac{1}{z-a_j} - Re\,\frac{1}{a_j}\right] \quad (\gamma \geqq 0,\ \mathrm{Im}\,\delta \geqq 0)$$

und

$$\mathrm{Im}\,\frac{\psi'(z)}{\psi(z)} = \mathrm{Im}\,\delta + \sum_{j=1}^{\infty}\frac{\mathrm{Im}\,a_j}{|x-a_j|^2}\,. \tag{8.11}$$

Diese Größe kann bei $x = z_0$ nur dann verschwinden, wenn δ reell ist und alle Nullstellen a_j reell sind.

Ist $\psi(z_0) = 0$, so muß man in der Beziehung (9.11) statt der Funktionen $\varphi_\alpha^{(k)}(z)$ und $\varphi_\alpha^{(k-1)}(z)$ die Funktionen $\varphi_\alpha^{(k-1)}(z)$ und $\varphi_\alpha^{(k-2)}(z)$ nehmen. Ist $\varphi_\alpha^{(k-2)}(z_0) = 0$, so nimmt man $\psi_\alpha^{(k-2)}(z)$ und $\varphi_\alpha^{(k-3)}(z)$ usw. Der Fall $\varphi_a(z_0) = 0$ und $\varphi_\alpha'(z_0) = 0$ ist unmöglich. In der Tat hätten wir in diesem Fall in der Umgebung des Punktes z_0 folgende Entwicklung:

$$\frac{f(z)}{\omega(z)} = e^{i\alpha} + (z-z_0)^p\,\theta(z)\,,$$

wo $p > 2$ und $\theta(z)$ holomorph im Punkt z_0 und $\theta(z_0) \neq 0$. Aber eine solche Darstellung ist unmöglich, da die Funktion $w = \dfrac{f(z)}{\omega(z)}$ in der unteren Halbebene Werte annimmt, die dem Einheitskreise $|w| < 1$ angehören. Also kann man ohne Beschränkung der Allgemeinheit annehmen, daß $\psi(z_0) \neq 0$ oder $\psi'(z_0) \neq 0$ ist.

Wir betrachten zuerst den Fall $k = 1$. Wenn bei einem gewissen reellen z_0 $|f'(z_0)| = |\omega'(z_0)|$ ist, so kann man eine reelle Zahl α so wählen, daß $\varphi_\alpha'(z_0) = 0$ ist, und nach (9.11) ist die Funktion $\varphi_a(z)$ bis auf einen reellen Faktor reell.

Deshalb kann man die reellen Konstanten γ_1 und γ_2 so wählen, daß die identische Gleichung

$$e^{i\gamma_1} f(z) - e^{i\gamma_2}\,\omega(z) \equiv i\,\varphi(z)$$

erfüllt ist, wo $\varphi(z)$ eine reelle Funktion der Klasse P^* ist. Wir haben

$$e^{i\gamma_1} f(z) = P(z) + i\,Q(z), \qquad e^{i\gamma_2}\,\omega(z) = P(z) + i\,S(z)\,,$$

wobei $P(z)$, $Q(z)$ und $S(z)$ reelle Funktionen sind.

Außerdem ist

$$|P(x) + i\,Q(x)| \leqq |P(x) + i\,S(x)|\,,$$

woraus auf der reellen Achse

$$|Q(x)| \leqq |S(x)| \quad (-\infty < x < \infty)$$

folgt. Die Funktion $S(z)$ hat nur relle Nullstellen, und sie sind alle auch Nullstellen von $Q(z)$. Deshalb ist die Funktion

$$\vartheta(z) = \frac{Q(z)}{S(z)} \tag{9.12}$$

ganz und $|\vartheta(x)| \leqq 1$ $(-\infty < x < \infty)$. Wir werden zeigen, daß $\vartheta(z) \equiv \mathrm{const}$ ist. Dazu bemerken wir zuerst, daß bei $-1 < t < 1$

$$\omega(z) + t\,f(z) \in P^*\,,$$

und nach dem verallgemeinerten Lehrsatz von HERMITE-BIEHLER (Lehrsatz 3, Kapitel VII) hat die Funktion $i\,Q(z) + S(z)$ nur reelle Nullstellen. Aus (9.12) ergibt sich, daß die Funktion $S(z)\,[\vartheta(z)\,t + 1]$ bei $-1 < t < 1$ nur reelle Nullstellen hat. Aber $|\vartheta(x)| \leqq 1$, und folglich kann der zweite Faktor keine reellen Nullstellen haben. Deshalb hat er für $-1 < t < 1$ überhaupt keine Nullstellen, und folglich ist er konstant.

Wir haben also

$$e^{i\gamma_1} f(z) = P(z) + c\,i\,S(z)\,,$$

wo $P(z) + i\,S(z) = e^{i\gamma_2}\,\omega(z)$ und c eine reelle Konstante ist.

Wir haben den Fall $k = 1$ betrachtet. Wir wollen zeigen, daß auch für $k > 1$ dieselbe Darstellung der Funktion $f(z)$ vorhanden ist. Es sei

$$|f^{(k)}(z_0)| = |\omega^{(k)}(z_0)| \quad (\operatorname{Im} z_0 \leqq 0)\,.$$

Dann ist

$$e^{i\gamma_1} f^{(k-1)}(z) = P^{(k-1)}(z) + i\,c\,S^{(k-1)}(z)\,.$$

Nach der Integration haben wir

$$e^{i\gamma_1} f^{(k-2)}(z) = P^{(k-2)}(z) + i\,c\,S^{(k-2)} + c_1\,.$$

Setzen wir statt z eine Nullstelle x_j der Funktion $S^{(k-2)}(z)$ ein, so bekommen wir

$$e^{i\gamma_1} f^{(k-2)}(x_j) = P^{(k-2)}(x_j) + c_1\,.$$

Da bei den benachbarten Nullstellen von $S^{(k-2)}(z)$ die Funktion $P^{(k-2)}(z)$ Werte von verschiedenen Vorzeichen annimmt, so kann man bei $c_1 \neq 0$ die Nullstelle der Funktion $S^{(k-2)}(z)$ x_j so wählen, daß

$$|f^{(k-2)}(x_j)| > |P^{(k-2)}(x_j)| = |\omega^{(k-2)}(x_j)|$$

ist. Das ist unmöglich, und folglich ist $c_1 = 0$. Wiederholen wir diese Überlegung, so kommen wir wieder zur Gleichung

$$e^{i\gamma_1} f(z) = P(z) + i\,c\,S(z) \qquad (|c| \leqq 1),$$

welche man in der Form umschreiben kann:

$$f(z) = e^{i(\gamma_2 - \gamma_1)}\frac{1+c}{2}\,\omega(z) + e^{-i(\gamma_2 + \gamma_1)}\frac{1-c}{2}\,\overline{\omega}(z)\,.$$

Bezeichnen wir mit c_1 und c_2 die Koeffizienten bei $\omega(z)$ und $\overline{\omega}(z)$, so bekommen wir für $f(z)$ die Darstellung (9.10)

Bemerkung. Der Lehrsatz 6 bleibt richtig, wenn man in ihm den Differentiationsoperator durch den allgemeineren Operator

$$(D + \tau I)\,f(z) = f'(z) + \tau\,f(z)$$

ersetzt, wobei τ beliebig, reell ist.

Zum Beweis genügt es zu bemerken, daß falls $\omega(z) \in P^*$ ist, auch die Funktion $e^{\tau z}\,\omega(z) \in P^*$ ist, und, wenn die Funktion $\omega(z)$ eine Majorante der Funktion $f(z)$ ist, dann die Funktion $e^{\tau z}\omega(z)$ eine Majorante der Funktion $e^{\tau z} f(z)$ ist.

Wir zeigen noch folgenden Lehrsatz, den man in gewissem Sinne als eine Umkehrung des Lehrsatzes 6 betrachten kann.

Lehrsatz 7. *Ist eine ganze Funktion $\omega(z)$ so beschaffen, daß für jede ganze in der Form* (9.10) *nicht darstellbare Funktion und eine beliebige reelle Zahl τ aus den Ungleichungen*

$$|\omega(z)| > |f(z)|\,, \qquad |\omega(z)| > |f(\bar{z})| \qquad (\operatorname{Im} z \leqq 0)$$

die Ungleichungen

$$\left.\begin{aligned} |\omega'(z) + \tau\,\omega(z)| &> |f'(z) + \tau\,f(z)| \\ |\omega'(z) + \tau\,\omega(z)| &> |f'(\bar{z}) + \tau\,f(\bar{z})| \end{aligned}\right\} \qquad (\operatorname{Im} z < 0) \tag{9.13}$$

folgen, so ist $\omega(z) \in P^*$.

Beweis. Aus den Ungleichungen (9.13) folgt, daß

$$\omega'(z) + \tau\,\omega(z)$$

keine Nullstellen in der unteren Halbebene hat.

Die Funktion $f(z) = c\,\bar{\omega}(z)$ gehört bei $|c| < 1$ nicht zu den Funktionen der Art (9.10), und, da $\omega(z)$ für sie eine Majorante ist, ist

$$|\omega'(z) + \tau\,\omega(z)| > |c|\,|\bar{\omega}'(z) + \tau\,\bar{\omega}(z)| \qquad (\operatorname{Im} z < 0\,,\, |c| < 1)\,,$$

d. h. $\omega'(z) + \tau\,\omega(z) \in \overline{HB}.$ Auf diese Weise gilt bei einem beliebigen reellen τ

$$[e^{\tau z}\,\omega(z)]' \in \overline{HB}\,.$$

Nach dem Lehrsatz 2 folgt hieraus, daß $\omega(z) \in P^*$.

Wir betrachten weitere Beispiele von Operatoren. Es sei $\omega_n(z)$ ein H-Polynom, und es sei $\operatorname{Im}\alpha \leqq 0$. Dann ist $e^{-\alpha z}\,\omega_n(z) \in P$, und wir bekommen, daß

$$(D - \alpha)\,[\omega_n(z)] = e^{\alpha z}\,D\,[e^{-\alpha z}\,\omega_n(z)]$$

auch ein H-Polynom ist.

Ist eine Funktion $\omega(z) \in P^*$, so ergibt sich durch Approximation mit Hilfe der H-Polynome $\omega_n(z)$, die Anwendung des Operators $D - \alpha$ und den Grenzübergang, daß $D - \alpha$ ein $\mathfrak{B}^*$-Operator ist.

Es sei jetzt

$$F(z) = a_0 + a_1 z + \cdots + a_n z^n + \cdots$$

eine gewisse ganze Funktion. Wir definieren den Operator $F(D)$ durch die Gleichung

$$F(D)\,[f(z)] = a_0 + a_1 f'(z) + \cdots + a_n f^{(n)}(z) + \cdots. \tag{9.14}$$

Dieser Operator ist für diejenigen Funktionen $f(z)$ definiert, für welche die Reihe (9.14) konvergiert.

Ist $F(z)$ ein *H-Polynom*, so ist offensichtlich

$$\bar{F}(D)\,[f(z)] = \prod_{k=1}^{n} (D - \bar{\alpha}_k\,I)\,[f(z)]\,,$$

und $F(-D)$ ist ein $\mathfrak{B}^*$-Operator.

Lehrsatz 8. *Gehören $F(z)$ und $\omega(z)$ zur Klasse P^*, ist*

$$F(z) = e^{-\gamma_1 z^2} F_1(z) \quad und \quad \omega(z) = e^{-\gamma_2 z^2} \omega_1(z)\,, \tag{9.15}$$

wo $F_1(z)$ und $\omega_1(z)$ *ganze Funktionen vom Geschlecht Eins sind, so konvergiert für $\gamma_1 \gamma_2 < \frac{1}{4}$ die Reihe $\overline{F}(D)\,[\omega(z)]$ und stellt eine Funktion der Klasse P^* dar.*

Beweis. Nach der Abschätzung für die Koeffizienten der Reihenentwicklung einer ganzen Funktion der endlichen Ordnung 2 und vom Normaltypus (vgl. Lehrsatz 2, Kapitel I) haben wir:

$$\overline{\lim_{n\to\infty}}\, n^{1/2} \sqrt[n]{|a_n|} = (2\,\gamma_1\, e)^{1/2}\,. \tag{9.16}$$

Setzen wir außerdem in der bekannten CAUCHYschen Ungleichung

$$|\omega^{(n)}(z)| < n!\,\frac{M_\omega\,(R + |z|)}{R^n}$$

$R = \sqrt{\dfrac{n}{2\,(\gamma_2 + \varepsilon)}}$, so bekommen wir bei $|z| \leqq \varrho$ ($\varrho > 0$), bei beliebigem $\varepsilon > 0$ und bei genügend großem $n > n_{\varrho,\varepsilon}$

$$|\omega^{(n)}(z)| < \frac{n!}{n^{n/2}}\,(2\,e)^{n/2}\,(\gamma_2 + \varepsilon)^{n/2}\, e^{(\gamma_2+\varepsilon)\cdot|z|^2}\,. \tag{9.17}$$

Aus (9.16) und (9.17) folgt

$$\overline{\lim_{n\to\infty}} \sqrt[n]{|a_n\,\omega^{(n)}(z)|} \leqq (4\,\gamma_1\,\gamma_2)^{1/2}\,.$$

Auf diese Weise ist die gleichmäßige Konvergenz der Reihe (9.14) in jedem beschränkten Gebiet bewiesen.

Zum Beweis der Zugehörigkeit der Funktion $\overline{F}(D)\,[\omega(z)]$ zur Klasse P^* approximieren wir die Funktion $\overline{F}(z)$ durch die JENSENschen Polynome

$$\overline{\tilde{F}}_n(z) = a_0 + a_1 z + \cdots + a_k\left(1 - \frac{1}{n}\right)\cdots\left(1 - \frac{k-1}{n}\right) z^k + \cdots + \frac{n!}{n^n}\,a_n\, z^n\,.$$

Offensichtlich ist $\overline{\tilde{F}}_n(D)\,[\omega(z)] \in P^*$. Aus den Abschätzungen (9.16), (9.17) folgt leicht, daß die Folge $\{\overline{\tilde{F}}_n(D)\,[\omega(z)]\}$ in jedem beschränkten Gebiet gleichmäßig gegen die Funktion $\overline{F}(D)\,[\omega(z)]$ konvergiert, welche demnach der Klasse P^* angehört.

Bemerkung 1. Die Forderung $\gamma_1 \gamma_2 < \frac{1}{4}$ ist wesentlich. Um das zu zeigen, betrachten wir ein Beispiel:[1])

$$F(D) = e^{-\gamma_1 D^2} \quad \text{und} \quad \omega(z) = e^{-\gamma_2 z^2}\,.$$

Wir bekommen

$$\overline{F}(D)\,[\omega(z)] = e^{-\gamma_2 z^2} \sum_{n=0}^{\infty} \frac{(-\gamma_1\,\gamma_2)^n}{n!}\, H_{2n}(z)\,,$$

[1]) Siehe G. PÓLYA [3].

wo $H_{2n}(z)$ die Hermiteschen Polynome sind. Bei $z = 0$ ist

$$H_{2n}(0) = (-1)^n\, 2^n\, 1 \cdot 3 \cdots (2n-1)$$

und

$$\overline{F}(D)\,[\omega(z)]_{z=0} = \sum_{n=0}^{\infty} \frac{(2n)!}{(n!)^2} (\gamma_1 \gamma_2)^n .$$

Die Reihe divergiert bei $\gamma_1 \gamma_2 \geqq \frac{1}{4}$.

Bemerkung 2. Für $\gamma_1 = 0$ ist der Operator $\overline{F}(D)$ ein $\mathfrak{B}^*$-Operator.

Unter Benutzung analoger Abschätzungen kann man auch leicht beweisen, daß $\overline{F}(D)$ bei jedem $\gamma_1 > 0$ ein $\mathfrak{B}$-Operator ist [7].

Ein anderes Beispiel eines $\mathfrak{B}^*$-Operators liefert der in § 3 vom Kapitel VIII definierte Operator Γ. In der Tat führt nach dem Lehrsatz 9, Kapitel VIII der Γ-Operator jede Funktion der Klasse P^* in eine Funktion derselben Klasse über. Wenn auf diese Weise die ganzen Funktionen $\omega(z) \in P^*$ und $f(z)$ den Ungleichungen (9.00) genügen, so ist $\Gamma[\omega(z)]$ auch eine Majorante von $\Gamma[f(z)]$.

Ein besonderes Interesse ruft der Jensensche Γ-Operator hervor, welcher bei der Anwendung auf die Funktion

$$\omega(z) = \sum_{k=0}^{\infty} a_k z^k$$

das Polynom

$$\widetilde{\omega}_n(z) = a_0 + \sum_{k=1}^{n} a_k \left(1 - \frac{1}{n}\right) \cdots \left(1 - \frac{k-1}{n}\right) z^k$$

liefert. Wir formulieren das Ergebnis in Form eines Lehrsatzes.

Lehrsatz 9. *Genügen die ganzen Funktionen $\omega(z) \in P^*$ und $f(z)$ den Ungleichungen* (9.00), *so gilt*

$$|\tilde{f}_n(z)| \leqq |\widetilde{\omega}_n(z)| \quad \textit{und} \quad |\tilde{f}_n(\bar{z})| \leqq |\widetilde{\omega}_n(z)| \quad (\operatorname{Im} z \leqq 0)\,.$$

Der Sinn dieses Lehrsatzes besteht darin, daß die Funktionen $f(z)$ und $\omega(z)$ durch Polynome approximiert werden, wobei die Beziehung der Unterordnung erhalten bleibt, und die Operation des Übergangs von den Funktionen zu den Polynomen linear ist.

§ 4. Die Klasse P und die Ungleichungen auf der reellen Achse

Beim Studium von Ungleichungen für ganze Funktionen spielen Funktionen von endlichem Grad eine besondere Rolle. Diese besondere Rolle wird dadurch charakterisiert, daß die Majorantenbedingung in diesem Fall im wesentlichen auf die Ungleichung

$$|f(x)| \leqq |\omega(x)| \qquad (-\infty < x < \infty) \tag{9.18}$$

auf der reellen Achse zurückgeführt wird. Genauer gesagt, es gilt folgender

Hilfssatz 1. *Damit eine ganze Funktion $\omega(z)$ der Klasse P eine Majorante einer ganzen Funktion $f(z)$ ist, ist notwendig und hinreichend, daß die Ungleichung*

$$|f(x)| \leqq |\omega(x)| \qquad (-\infty < x < \infty)$$

erfüllt ist und daß $f(z)$ eine Funktion von endlichem Grad τ ist, welcher den Grad σ der Funktion $\omega(z)$ $(\tau \leqq \sigma)$ nicht übertrifft.

Beweis. Die Notwendigkeit dieser Bedingungen folgt direkt aus der Definition der Majoranten.

Um zu beweisen, daß die Bedingungen hinreichend sind, betrachten wir den Quotienten

$$\psi(z) = \frac{f(z)}{\omega(z)}, \tag{9.19}$$

welcher offensichtlich eine Funktion endlichen Grades in der Halbebene $\operatorname{Im} z \leqq 0$ darstellt. Außerdem ist $|\psi(x)| \leqq 1$ für $-\infty < x < \infty$. Diese Funktion ist von endlichem Grade in der Halbebene $\operatorname{Im} z < 0$ und beschränkt auf der reellen Achse. Deshalb ist sie von vollkommen regulärem Wachstum mit dem Indikator $h_\psi(\theta) = k\,|\sin\theta|$ $(-\pi \leqq \theta \leqq 0)$ (vgl. Lehrsatz 11 Kapitel V). Auf diese Weise ist

$$h_f(\theta) = h_\omega(\theta) + k\,|\sin\theta|\,. \tag{9.20}$$

Wir wollen zeigen, daß $k \leqq 0$ ist.

Da $\omega(z) \in P$, ist $h_\omega(\theta) \geqq h_\omega(-\theta)$ bei $(-\pi \leqq \theta \leqq 0)$, und folglich nimmt $h_\omega(\theta)$ den größten Wert σ bei einem gewissen $\theta_0(-\pi \leqq \theta_0 \leqq 0)$ an. Ist $\theta_0 \neq 0$, $-\pi$, so ist

$$h_f(\theta_0) - \sigma = k\,|\sin\theta_0|\,,$$

und da $\max h_f(\theta) = \tau \leqq \sigma$ ist, so ist $k \leqq 0$.

Es sei $\theta_0 = 0$ (oder $\theta_0 = -\pi$). Aus (9.20) folgt, daß bei $\operatorname{Im} z \leqq 0$ das Indikatordiagramm der Funktion $f(z)$ aus dem Indikatordiagramm der Funktion $\omega(z)$ durch eine Verschiebung um den Vektor $-k\,i$ hervorgeht. Ist dabei $k > 0$, so bekommen wir $\tau \geqq \sqrt{\sigma^2 + k^2}$, was unmöglich ist.

Also ist $k \leqq 0$, und nach dem Prinzip von Phragmén und Lindelöf gilt in der ganzen unteren Halbebene $|\psi(z)| \leqq 1$. Mit anderen Worten, es ist

$$|f(z)| \leqq |\omega(z)| \qquad (\operatorname{Im} z \leqq 0)\,.$$

Führen wir dieselbe Überlegung für die Funktion $\overline{f}(z)$ durch, so bekommen wir

$$|f(\bar{z})| \leqq |\omega(z)|\,.$$

Also ist $\omega(z)$ eine P-Majorante der Funktion $f(z)$. Der Hilfssatz ist damit bewiesen.

In § 3 haben wir den Begriff eines $\mathfrak{B}$-Operators definiert, der die Klasse P in sich selbst überführt. Da P eine zulässige Klasse ist, läßt nach dem Lehrsatz 5 ein $\mathfrak{B}$-Operator die Beziehung der Unterordnung unverändert. Benutzen wir den Hilfssatz 1, so bekommen wir einen für diesen Fragenkreis grundlegenden

Lehrsatz 10. *Ist $\omega(z)$ eine Funktion der Klasse P vom Grade $\sigma \geqq 0$, $f(z)$ eine ganze Funktion endlichen Grades $\tau \leqq \sigma$ und $\mathfrak{B}[f(z)]$ ein beliebiger $\mathfrak{B}$-Operator, so folgt aus der Ungleichung*

$$|f(x)| \leqq |\omega(x)| \qquad (-\infty < x < \infty)$$

die Ungleichung

$$|\mathfrak{B}[f(x)]| \leqq |\mathfrak{B}[\omega(x)]| \qquad (-\infty < x < \infty),$$

wobei $\mathfrak{B}[f(z)]$ eine Funktion von endlichem Grad nicht höher als der Grad der Funktion $\mathfrak{B}[\omega(z)]$ ist.

In § 2 haben wir gezeigt, daß die Differentiation ein $\mathfrak{B}^*$-Operator ist. Außerdem geht bei der Differentiation eine Funktion endlichen Grades in eine Funktion desselben Grades über.

Auf diese Weise ist die Differentiation ein $\mathfrak{B}$-Operator.

Lehrsatz 11. *Ist $\omega(z)$ eine Funktion der Klasse P vom Grade σ und $f(z)$ eine ganze Funktion endlichen Grades $\tau \leqq \sigma$, so folgt aus der Ungleichung*

$$|f(x)| \leqq |\omega(x)| \qquad (-\infty < x < \infty) \tag{9.21}$$

die Ungleichung

$$|f^{(k)}(x)| \leqq |\omega^{(k)}(x)| \qquad (-\infty < x < \infty). \tag{9.22}$$

Gilt in irgend einem Punkt der reellen Achse, der keine Nullstelle der Funktion $\omega(z)$ ist, das Gleichheitszeichen, so ist

$$f(z) = c_1\,\omega(z) + c_2\,\overline{\omega}(z), \tag{9.10}$$

wo c_1 und c_2 komplexe Konstanten sind, wobei $|c_1| + |c_2| = 1$ ist.

Der erste Teil dieses Lehrsatzes ist eine direkte Folgerung aus dem Lehrsatz 10. Der zweite Teil ergibt sich aus dem Lehrsatz 6, wenn man bemerkt, daß $P \subset P^*$ und daß $\omega(z)$ eine P^*-Majorante der Funktion $f(z)$ ist.

Wir werden jetzt zeigen, daß die Klasse P die breiteste Klasse der Funktionen $\omega(z)$ ist, für welche die Ungleichung (9.21) die Ungleichung (9.22) nach sich zieht. Bevor wir den Lehrsatz formulieren, bemerken wir, daß wenn die Ungleichungen (9.22) für zwei ganze Funktionen $f(z)$ und $\omega(z)$ erfüllt sind, die Koeffizienten der Potenzreihenentwicklung von $f(z)$ die entsprechenden Koeffizienten von $\omega(z)$ nicht übertreffen, und folglich die verfeinerte Ordnung von $f(z)$ nicht größer als die verfeinerte Ordnung von $\omega(z)$ ist. Im Falle der Gleichheit der verfeinerten Ordnungen ist der Typus von $f(z)$ nicht größer als der Typus von $\omega(z)$.

Lehrsatz 12. *Gehört weder $\omega(z)$ noch $\overline{\omega}(z)$ der Klasse P an, so existiert eine Funktion $f(z)$ derselben verfeinerten Ordnung und von demselben Typus wie $\omega(z)$, welche der Gleichung*

$$|f(x)| = |\omega(x)| \qquad (-\infty < x < \infty)$$

genügt und so beschaffen ist, daß in einem gewissen Punkt x_0 der reellen Achse

$$|f'(x_0)| > |\omega'(x_0)|$$

ist.

Beweis. Wir nehmen zuerst an, $\omega(z)$ sei von unendlichem Grad. Ist $\omega(x_0) \neq 0$, so ist die Funktion

$$f(z) = e^{i\nu(z-x_0)}\,\omega(z)\,,$$

wo ν eine reelle Zahl ist, von derselben verfeinerten Ordnung und demselben Typus wie $\omega(z)$, und es ist

$$|f(x)| = |\omega(x)| \qquad (-\infty < x < \infty)$$

und für genügend große ν

$$|f'(x_0)| > |\omega'(x_0)|\,.$$

Wir nehmen jetzt an, $\omega(z)$ sei von endlichem Grade, und die Nullstellen von $\omega(z)$ liegen in den beiden Halbebenen $\operatorname{Im} z < 0$, $\operatorname{Im} z > 0$.

Wir wählen den Punkt x_0 so, daß $\omega(x_0) \neq 0$ und $\omega'(x_0) \neq 0$ ist.

Es sei dabei $\dfrac{\omega(x_0)}{\omega'(x_0)} \leqq 0$. Wir setzen

$$f(z) = \frac{z-\bar{\alpha}}{z-\alpha}\,\omega(z)\,,$$

wo α eine Nullstelle der Funktion $\omega(z)$ aus der oberen Halbebene ist.[1])

Wir haben offensichtlich

$$|f(x)| = |\omega(x)| \qquad (-\infty < x < \infty)\,.$$

Anderseits aber ist

$$|f'(x)| = |\omega'(x)| \cdot \left|1 + 2i\,\frac{\omega(x)}{\omega'(x)}\operatorname{Im}\frac{1}{x-\alpha}\right|.$$

Da

$$\operatorname{Im}\frac{1}{x-\alpha} > 0$$

ist, bekommen wir

$$\operatorname{Re}\left[2i\,\frac{\omega(x_0)}{\omega'(x_0)}\operatorname{Im}\frac{1}{x_0-\alpha}\right] \geqq 0\,.$$

Auf diese Weise bildet der von Null verschiedene Vektor

$$2i\operatorname{Im}\left(\frac{1}{x_0-\alpha}\right)\frac{\omega(x_0)}{\omega'(x_0)}$$

mit der positiven reellen Achse einen Winkel, der nicht größer ist als der rechte Winkel, und folglich ist

$$|f'(x_0)| > |\omega'(x_0)|\,.$$

$\omega(z)$ habe keine Nullstellen in der unteren Halbebene. Damit weder $\omega(z)$ noch $\overline{\omega}(z)$ der Klasse P angehören, ist notwendig, daß $\omega(z)$ mindestens eine Nullstelle in der oberen Halbebene und einen negativen Defekt $d_\omega < 0$ hat.

Wir setzen in diesem Fall

$$f(z) = e^{2i\delta z}\,\omega(z)\,,$$

---

[1]) Ist $\operatorname{Im}\dfrac{\omega(x_0)}{\omega'(x_0)} > 0$, so muß man die Nullstelle α aus der unteren Halbebene wählen.

wo $\delta = -d_\omega > 0$ ist. Offensichtlich ist

$$|f(x)| = |\omega(x)| \quad \text{und} \quad \operatorname{Re}\frac{f'(x)}{f(x)} = \operatorname{Re}\frac{\omega'(x)}{\omega(x)}.$$

Außerdem haben wir

$$\omega(z) = e^{-i\delta z}\prod\left(1-\frac{z}{\alpha_k}\right)e^{R\frac{z}{\alpha_k}}$$

und deshalb

$$\operatorname{Im}\frac{\omega'(x)}{\omega(x)} = -\delta + \sum_{k=1}^{\infty}\frac{\gamma_k}{(x-\beta_k)^2+\gamma_k^2}$$

$(\alpha_k = \beta_k + i\,\gamma_k$ sind die Nullstellen von $\omega(z))$. Analog ist

$$\operatorname{Im}\frac{f'(x)}{f(x)} = \delta + \sum_{k=1}^{\infty}\frac{\gamma_k}{(x-\beta_k)^2+\gamma_k^2}.$$

Der zweite Summand auf der rechten Seite dieser Gleichungen ist positiv, und folglich ist

$$\left|\operatorname{Im}\frac{\omega'(x)}{\omega(x)}\right| < \left|\operatorname{Im}\frac{f'(x)}{f(x)}\right|.$$

Da außerdem

$$\operatorname{Re}\frac{\omega'(x)}{\omega(x)} = \operatorname{Re}\frac{f'(x)}{f(x)}, \qquad |\omega(x)| = |f(x)|$$

ist, ist

$$|f'(x)| > |\omega'(x)| \qquad (-\infty < x < \infty).$$

Der Lehrsatz ist somit bewiesen.

Wir wollen jetzt den in der Einleitung zu diesem Kapitel erwähnten Lehrsatz von N. N. Meiman beweisen.

Lehrsatz 13. *Ist $\omega(z)$ eine $\overline{HB}$-Majorante einer ganzen Funktion $f(z)$, so ist bei allen reellen Werten von x*

$$|f'(x)| \leqq |\omega'(x)|.$$

Beweis. $\omega(z) \in \overline{HB}$ und $f(z)$ mögen den Bedingungen (9.00) genügen. Dann ist nach dem Lehrsatz 1

$$\varphi_{\sigma,v}(z) = v\,e^{i\alpha}\,\omega(z) + f(z) \in \overline{HB} \qquad (v \geqq 1),$$

d. h.

$$\left|\frac{\varphi_{\alpha,v}(z)}{\overline{\varphi_{\alpha,v}(\bar z)}}\right| < 1$$

bei $\operatorname{Im} z > 0$, und folglich ist $\arg\varphi_{\alpha,v}(x)$ eine monoton wachsende Funktion. Differenzieren wir nach x die Funktion $\arg\varphi_{\alpha,v}(x)$, so bekommen wir

$$\operatorname{Im}\frac{\varphi'_{\alpha,v}(x)}{\varphi_{\alpha,v}(x)} > 0.$$

Ohne Beschränkung der Allgemeinheit kann man annehmen, daß $i\,f'(x) > 0$ ist (es genügt, $f(z)$ mit einem Faktor der Form $e^{i\gamma}$ zu multiplizieren, was den absoluten

Betrag $|f'(x)|$ nicht verändert). Außerdem ist $|\omega(x)| \geqq |f(x)|$, und bei $v > 1$ führt der Vektor $\varphi_{\alpha,v}(x)$ eine volle Umdrehung durch, wenn α sich von 0 bis 2π verändert. Deshalb kann man α so wählen, daß $\varphi_{\alpha,v}(x) > 0$ ist. Wir bekommen bei dieser Wahl $\operatorname{Im}\{v\, e^{i\alpha}\, \omega'(x) + f'(x)\} > 0$ oder, wenn wir berücksichtigen, daß $\operatorname{Im} f'(x) = -|f'(x)|$ ist, $|v\,\omega'(x)| > |f'(x)|$. Das ist richtig für jedes $v > 1$ und folglich

$$|\omega'(x)| \geqq |f'(x)|\,.$$

N. N. Meiman hat auch bewiesen, daß das Gleichheitszeichen nur bei Funktionen der Form (9.10) steht.

§ 5. Klassen von Funktionen mehrerer Veränderlicher

In diesem Paragraphen werden wir die Grundbegriffe und Lehrsätze der vorhergehenden Paragraphen auf ganze Funktionen mehrerer Veränderlicher ausdehnen. Wir beschränken uns dabei auf Funktionen von zwei Veränderlichen, da sich der allgemeine Fall von diesem nur durch etwas kompliziertere Schreibweise unterscheidet.

Eine ganze Funktion $\omega(z, u)$ (d. h. eine Funktion, welche durch eine für alle Werte der Veränderlichen konvergente Potenzreihe dargestellt wird), *heißt eine Funktion der Klasse* $\overline{HB}_2$, *wenn*

a) *sie für* $\operatorname{Im} z < 0$, $\operatorname{Im} u < 0$ *nicht verschwindet,*

b) *für* $\operatorname{Im} z < 0$, $\operatorname{Im} u < 0$ *die Ungleichungen erfüllt sind:*

$$|\omega(z, u)| \geqq |\omega(\bar{z}, u)|\,, \quad |\omega(z, u)| \geqq |\omega(z, \bar{u})|\,,$$
$$|\omega(z, u)| \geqq |\omega(\bar{z}, \bar{u})|\,,$$

Offensichtlich ist der Grenzwert einer gleichmäßig konvergenten Funktionenfolge der Klasse $\overline{HB}_2$ eine Funktion derselben Klasse

Eine Funktion $\omega(z, u)$ heißt eine $\overline{HB}_2$-*Majorante* einer ganzen Funktion $f(z, u)$, wenn bei $\operatorname{Im} z < 0$, $\operatorname{Im} u < 0$

$$|\omega(z, u)| \geqq |f(z, u)|\,, \quad |\omega(z, u)| \geqq |f(\bar{z}, u)|\,,$$
$$|\omega(z, u)| \geqq |f(z, \bar{u})|\,, \quad |\omega(z, u)| \geqq |f(\bar{z}, \bar{u})|$$

ist. Wir beweisen einen dem Lehrsatz 1 analogen Lehrsatz.

Lehrsatz 1'. *Es seien* $\omega(z, u)$ *und* $f(z, u)$ *ganze Funktionen. Damit die Funktion*

$$\varphi_v(z, u) = f(z, u) - v\,\omega(z, u)$$

für alle außerhalb des Einheitskreises genommenen Werte v ($|v| > 1$) *zur Klasse* $\overline{HB}_2$ *gehört, ist notwendig und hinreichend, daß* $\omega(z, u)$ *eine* $\overline{HB}_2$-*Majorante für die Funktion* $f(z, u)$ *ist.*

Beweis. Wir beweisen die Notwendigkeit. Wir haben

$$\omega(z, u) = \lim_{v \to \infty} v^{-1}\, \varphi_v(z, u)$$

und folglich ist $\omega(z, u) \in \overline{HB_2}$. Außerdem ist bei $\operatorname{Im} u \leqq 0$ die Funktion als Funktion von z $\varphi_v(z, u) \in \overline{HB}$ nach der Veränderlichen z. (Wir werden in einem solchen Fall $\varphi_v(z, u) \in \overline{HB_z}$ schreiben.) Folglich ist nach dem Lehrsatz 1

$$|f(z, u)| \leqq |\omega(z, u)|, \qquad |f(\bar{z}, u)| \leqq |\omega(z, u)|.$$

Analog wird bewiesen, daß

$$|f(z, \bar{u})| \leqq |\omega(z, u)| \tag{9.23}$$

ist. Endlich folgt aus der Ungleichung

$$|\bar{f}(z, u) - \bar{v}\,\bar{\omega}(z, u)| \leqq |f(z, u) - v\,\omega(z, u)| \qquad (\operatorname{Im} z \leqq 0, \quad \operatorname{Im} u \leqq 0)$$

die Ungleichung

$$|\bar{f}(z, u)| \leqq (1 + 2\,|v|)\,|\omega(z, u)| \qquad (\operatorname{Im} z \leqq 0,\ \operatorname{Im} u \leqq 0),$$

und die Funktion

$$\psi(z, u) = \frac{\bar{f}(z, u)}{\omega(z, u)}$$

ist im genannten Gebiet beschränkt. Aus (9.23) folgt, daß bei reellem z und $\operatorname{Im} u < 0$

$$|\psi(z, u)| \leqq 1$$

ist.

Wenden wir bei einem festgehaltenen u ($\operatorname{Im} u < 0$) das Prinzip von Phragmen und Lindelöf für die Halbebene $\operatorname{Im} z \leqq 0$ auf die Funktion $\psi(z, u)$ an, so bekommen wir

$$|\psi(z, u)| \leqq 1 \qquad (\operatorname{Im} z \leqq 0,\ \operatorname{Im} u \leqq 0)$$

oder

$$|f(\bar{z}, \bar{u})| \leqq |\omega(z, u)|.$$

Wir beweisen jetzt, daß die Bedingungen hinreichend sind. Ist $\omega(z, u)$ eine $\overline{HB_2}$-Majorante für $f(z, u)$, so ergibt sich, daß bei einem festgehaltenen u ($\operatorname{Im} u < 0$) nach dem Lehrsatz 1 die Funktion $\varphi_v(z, u) \in \overline{HB_2}$ ist. Folglich hat sie keine Nullstellen bei $\operatorname{Im} z < 0$, $\operatorname{Im} u < 0$, und es ist

$$|\varphi_v(\bar{z}, u)| \leqq |\varphi_v(z, u)| \qquad (\operatorname{Im} z \leqq 0,\ \operatorname{Im} u \leqq 0).$$

Analog wird bewiesen, daß

$$|\varphi_v(z, \bar{u})| \leqq |\varphi_v(z, u)| \qquad (\operatorname{Im} z \leqq 0,\ \operatorname{Im} u \leqq 0) \tag{9.24}$$

ist. Wir erhalten ebenso wie beim Beweis des Lehrsatzes 1, daß für $\operatorname{Im} z \leqq 0$, $\operatorname{Im} u \leqq 0$

$$\left|\frac{\bar{\varphi}_v(z, u)}{\varphi_v(z, u)}\right| \leqq \frac{|v| + 1}{|v| - 1} \qquad (|v| > 1)$$

gilt. Bei reellem z und $\operatorname{Im} u < 0$ haben wir kraft (9.24)

$$\left|\frac{\bar{\varphi}_v(z, u)}{\varphi_v(z, u)}\right| \leqq 1,$$

und wir erhalten unter Anwendung des Lehrsatzes von PHRAGMEN und LINDELÖF auf diese Funktion in der Halbebene $\operatorname{Im} z \leqq 0$ die dritte Ungleichung

$$|\varphi_v(\bar{z}, \bar{u})| \leqq |\varphi_v(z, u)| \qquad (\operatorname{Im} z \leqq 0\,,\ \operatorname{Im} u \leqq 0)\,.$$

Der Lehrsatz ist bewiesen.

Die zulässige Klasse und der $\mathfrak{B}_T$-Operator werden wie im Fall einer Veränderlichen definiert.

Lehrsatz 5′. *Ist $\omega(z, u)$ eine T-Majorante einer Funktion $f(z, u)$, so ist $\mathfrak{B}_T\,[\omega(z, u)]$ eine T-Majorante der Funktion $\mathfrak{B}_T\,[f(z, u)]$.*

Der Beweis unterscheidet sich nicht vom Beweis des Lehrsatzes 5.

Definition. Als ein *H_2-Polynom der Veränderlichen z, u* bezeichnet man ein Polynom, welches für $\operatorname{Im} z < 0$ und $\operatorname{Im} u < 0$ nicht verschwindet.

Es ist leicht einzusehen, daß jedes H_2-Polynom $P(z, u)$ zur Klasse $\overline{HB}_2$ gehört. In der Tat gehört es zur Klasse $\overline{HB}$ als Polynom einer Veränderlichen, wenn die andere Veränderliche in der unteren Halbebene festgehalten wird. Außerdem strebt bei festgehaltenem u ($\operatorname{Im} u \leqq 0$) die Funktion

$$\varphi(z, u) = \frac{\overline{P}(z, u)}{P(z, u)}$$

bei $|z| \to \infty$ gegen einen endlichen Grenzwert, und folglich ist sie in der unteren Halbebene beschränkt. Da das Polynom $P(z, u)$ bei festgehaltenem, reellem z ein H-Polynom in u ist, ist $|\varphi(z, u)| \leqq 1$ bei $\operatorname{Im} u \leqq 0$ und reellem z. Wenden wir den Lehrsatz von PHRAGMEN und LINDELÖF auf diese Funktion in der Halbebene $\operatorname{Im} z \leqq 0$ bei festgehaltenem u ($\operatorname{Im} u \leqq 0$) an, so bekommen wir

$$|P(\bar{z}, \bar{u})| = |\overline{P}(z, u)| \leqq |P(z, u)| \qquad (\operatorname{Im} z \leqq 0\,,\ \operatorname{Im} u \leqq 0)\,.$$

Offensichtlich ist das Produkt von zwei H-Polynomen in verschiedenen Veränderlichen $P_1(z)\,P_2(u)$ ein H_2-Polynom. Der Lehrsatz 1 gibt uns die Möglichkeit, nichttriviale Beispiele von H_2-Polynomen folgendermaßen zu konstruieren:

Es sei n der höchste Grad von z und m der höchste Grad von u in einem beliebigen Polynom $Q(z, u)$ von zwei Veränderlichen. Dann ist für reelle z und u die Funktion

$$\left|\frac{Q(z, u)}{(z-i)^n\,(u-i)^m}\right|$$

beschränkt. Wählen wir die Zahl M größer oder gleich der oberen Grenze dieser Funktion bei reellen z und u, so bekommen wir leicht nach dem Lehrsatz von PHRAGMEN und LINDELÖF für die Halbebene, daß die Funktion $M(z-i)^n\,(u-i)^m$ eine $\overline{HB}_2$-Majorante des Polynoms $Q(z, u)$ ist, und nach dem Lehrsatz 1′ ist

$$P(z, u) = M(z-i)^n\,(u-i)^m + Q(z, u)$$

ein H_2-Polynom.

Analog kann man nichttriviale Beispiele ganzer Funktionen von beliebigem Wachstum und der Klasse $\overline{HB}_2$ konstruieren, indem als Majoranten Produkte von Funktionen der Klasse $\overline{HB}$ in einer Veränderlichen genommen werden.

Wir bemerken noch, daß eine partielle Ableitung eines H_2-Polynoms ein H_2-Polynom ist. Offensichtlich ist die Klasse der Funktionen, welche gleichmäßige Grenzfunktionen von H_2-Polynomen sind, invariant gegenüber der partiellen Differentiation.

Die Klasse P_2^* in zwei Veränderlichen definieren wir folgendermaßen:

Definition. Die *Klasse* P_2^* *von Funktionen zweier Veränderlicher* ist die Gesamtheit aller ganzen Funktionen $\omega(z, u)$, welche den Bedingungen genügen:

1. $\omega(z, u) \in \overline{HB}_2$.

2. *Bei festgehaltenem* u ($\operatorname{Im} u \leqq 0$) *ist*

$$\omega(z, u) \in P_z^* .$$

3. *Bei festgehaltenem* z ($\operatorname{Im} z \leqq 0$) *ist*

$$\omega(z, u) \in P_u^* .$$

Man sieht leicht ein, daß P_2^* eine *zulässige Klasse* ist. In der Tat folgt aus dem Lehrsatz 1′, daß, wenn $\omega(z, u)$ eine P_2^*-Majorante der Funktion $f(z, u)$ ist,

$$\omega(z, u) + f(z, u) \in \overline{HB}_2 .$$

Außerdem ist bei festgehaltenem u ($\operatorname{Im} u \leqq 0$) $\omega(z, u)$ eine P_z^*-Majorante der Funktion $f(z, u)$, und folglich

$$\omega(z, u) + f(z, u) \in P_z^* .$$

Ebenso ist

$$\omega(z, u) + f(z, u) \in P_u^* \qquad (\operatorname{Im} z \leqq 0) .$$

Wir bemerken noch, daß die Grenzfunktion einer gleichmäßig konvergenten Folge von H_2-Polynomen zur Klasse P_2^* gehört, wie dies aus dem Lehrsatz 4, Kapitel VIII folgt.

Wir werden zeigen, daß die Klasse P_2^* dieselben charakteristischen Eigenschaften besitzt wie die Klasse P^*. In der Tat, ist für positive h und k

$$\omega\,(z - i\,h\,,\; u - i\,k) \in \overline{HB}_2 ,$$

so ist $\omega(z, u) \in \overline{HB}_2$. Bei festgehaltenem u ($\operatorname{Im} u \leqq 0$) ist $\omega\,(z - i\,h, u) \in \overline{HB}_z$, und aus der charakteristischen Eigenschaft der Klasse P_z^* folgt $\omega(z, u) \in P_z^*$. Analog wird gezeigt, daß $\omega(z, u) \in P_u^*$ ist.

Ist umgekehrt $\omega(z, u) \in P_2^*$, so ist offensichtlich bei $h \geqq 0$ und $\operatorname{Im} z \leqq 0$ $\omega\,(z - i\,h, u) \in P_u^*$. Außerdem ist kraft der charakteristischen Eigenschaft der Klasse P_z^* bei $\operatorname{Im} u \leqq 0$

$$\omega\,(z - i\,h, u) \in P_z^* .$$

Man muß noch zeigen, daß $\omega\,(z - i\,h, u) \in \overline{HB}_2$ ist. Das wird jetzt auf den Beweis der Ungleichung

$$|\omega\,(z - i\,h, u)| \geqq |\omega\,(\bar{z} - i\,h, \bar{u})| \qquad (\operatorname{Im} z \leqq 0,\ \operatorname{Im} u \leqq 0)$$

zurückgeführt.

Um das zu beweisen, bemerken wir, daß für ein H-Polynom und folglich auch für eine Funktion der Klasse P^* die Ungleichung

$$|\omega(z - 2\,i\,h)| \geqq |\omega(z)|$$

bei $h \geqq 0$, $\operatorname{Im} z \leqq h$ bestehen muß. Deshalb folgt aus $\omega(z, u) \in P_z^*$ (bei $\operatorname{Im} u \leqq 0$), daß bei $h \geqq 0$, $\operatorname{Im} z \leqq h$, $\operatorname{Im} u \leqq 0$

$$|\omega(z - 2\,i\,h, u)| \geqq |\omega(z, u)| \geqq |\omega(\bar{z}, \bar{u})|$$

ist.

Setzen wir $z_1 = z - i\,h$, so bekommen wir, daß bei $\operatorname{Im} z_1 \leqq 0$, $\operatorname{Im} u \leqq 0$

$$|\omega(z_1 - i\,h, u)| \geqq |\omega\,(\bar{z}_1 - i\,h, \bar{u})|$$

ist. Also ist $\omega\,(z - i\,h, u) \in P_2^*$. Führen wir dieselbe Operation über u aus, so bekommen wir, daß für $h > 0$, $k > 0$

$$\omega\,(z - i\,h, u - i\,k) \in P_2^*$$

ist.

Wir beweisen jetzt folgenden Lehrsatz über die Darstellung einer Funktion der Klasse P_2^*.

Lehrsatz 14. *Damit eine ganze Funktion von zwei Veränderlichen $\omega(z, u)$ zur Klasse P_2^* gehört, ist notwendig und hinreichend, daß sie in der Form*

$$\omega(z, u) = e^{-\gamma_1 z^2 - \gamma_2 u^2}\,\omega_1(z, u) \tag{9.25}$$

darstellbar ist, wo γ_1 und γ_2 nichtnegative Zahlen sind, und $\omega_1(z, u)$ eine zur Klasse $\overline{HB}_2$ gehörende ganze Funktion vom Geschlecht Eins nach jeder der Veränderlichen unter der Bedingung, daß die andere Veränderliche in der abgeschlossenen unteren Halbebene festgehalten wird, ist.

Beweis. Daß diese Darstellung der Funktion $\omega(z, u)$ für ihre Zugehörigkeit zur Klasse P_2^* hinreichend ist, folgt unmittelbar aus den Definitionen der Klassen P^* und P_2^*. Um die Notwendigkeit zu beweisen, bemerken wir, daß aus der Zugehörigkeit von $\omega(z, u)$ zur Klasse P_u^* bei $\operatorname{Im} z \leqq 0$ und der Darstellbarkeit der Funktionen der Klasse $\overline{HB}$ (vgl. Lehrsatz 6, Kapitel VII) folgt, daß die Funktion

$$\varphi_z(u) = \frac{\omega_z'(z, u)}{\omega(z, u)}$$

die untere Halbebene $\operatorname{Im} u < 0$ auf die obere abbildet. Deshalb ist die ganze Familie von Funktionen in u $\{\varphi_z(u)\}$ normal bei $\operatorname{Im} u < 0$ (z ist ein sich in der unteren Halbebene verändernder Parameter).

Aus der Entwicklung

$$\varphi_z(u) = -\gamma(u)\,z + \delta(u) + \sum_{k=1}^{\infty}\left(\frac{1}{z - a_k} - \frac{1}{a_k}\right) \qquad (\gamma(u) \geqq 0)$$

(a_k Funktionen von u) folgt, daß

$$-\gamma(u) = \lim_{z \to -i\infty} z^{-1}\,\varphi_z(u)$$

ist. Da die Funktionenfamilie $\{z^{-1}\varphi_z(u)\}$ normal ist, ist die Konvergenz gleichmäßig, und folglich ist $\gamma(u)$ eine holomorphe Funktion in der unteren Halbebene. Da aber anderseits $\gamma(u)$ in der ganzen unteren Halbebene nichtnegative Werte annimmt, ist $\gamma(u)$ eine Konstante. Also ist

$$\omega(z, u) = e^{-\gamma_1 z^2}\, \omega_2(z, u)\,,$$

wo $\omega_2(z, u)$ bei $\operatorname{Im} u \leqq 0$ vom Geschlecht Eins bezüglich der Veränderlichen z ist.

Analog wird der Faktor $e^{-\gamma_2 u^2}$ bestimmt. Der Lehrsatz ist damit bewiesen.

Definition. Einen Operator $K\,[f(z)]$, welcher ganze Funktionen in ganze überführt, werden wir *stetig* nennen, wenn er jede in jedem endlichen Gebiet gleichmäßig konvergente Folge ganzer Funktionen in eine im gleichen Sinne konvergente Folge überführt.

Lehrsatz 15 [9]. *Jeder stetige $\mathfrak{B}_z^*$-Operator über ganze Funktionen einer Veränderlichen z führt Funktionen $\omega(z, u)$ der Klasse P_2^* in Funktionen derselben Klasse über.*

Beweis. Zuerst wollen wir nachprüfen, daß ein stetiger Operator $\mathfrak{B}_z^*$ Funktionen der Klasse P_2 in ganze Funktionen von zwei Veränderlichen überführt.

In der Tat gehört nach der Definition des Operators $\mathfrak{B}_z^*$ selbst die Funktion

$$\varphi(z, u) = \mathfrak{B}_z^*\,[\omega(z, u)]$$

zur Klasse P_z^* bei $\operatorname{Im} u \leqq 0$.

Da bei $\operatorname{Im} u \leqq 0$ $\omega(z, u)$ eine P_z^*-Majorante von $\omega(z, \bar{u})$ ist, und P_z^* eine zulässige Klasse, ist $\omega(z, u) + \omega(z, \bar{u}) \in P_z^*$. Folglich ist

$$\varphi(z, u) + \varphi(z, \bar{u}) \in P_z^*\,,$$

und deshalb ist $\varphi(z, u)$ eine ganze Funktion von z auch bei $\operatorname{Im} u > 0$.

Wir wollen jetzt zeigen, daß sie auch eine ganze Funktion von u ist. Wir haben

$$\frac{\varphi(z, u + h) - \varphi(z, u)}{h} = \mathfrak{B}_z^*\left[\frac{\omega(z, u + h) - \omega(z, u)}{h}\right].$$

Kraft der Stetigkeit des Operators $\mathfrak{B}_z^*$ folgt hieraus, daß zu allen u (gleichmäßig in z in einem endlichen Gebiet) der Grenzwert

$$\varphi_u'(z, u) = \mathfrak{B}_z^*\,[\omega_u'(z, u)]$$

existiert, und folglich ist $\varphi(z, u)$ eine ganze Funktion von u bei allen z. Hieraus folgt, daß $\varphi(z, u)$ eine ganze Funktion von zwei Veränderlichen ist.

Wir wollen jetzt zeigen, daß sie der Klasse P_2^* angehört. Da ein $\mathfrak{B}_z^*$-Operator jede Funktion aus P_z^* in eine Funktion derselben Klasse überführt, ist bei $\operatorname{Im} u \leqq 0$ $\varphi(z, u) \in P_z^*$, und folglich ist bei $\operatorname{Im} z \leqq 0$, $\operatorname{Im} u \leqq 0$

$$|\varphi(z, u)| \geqq |\varphi(\bar{z}, u)|\,.$$

Um die beiden anderen Ungleichungen zu bekommen, bemerken wir, daß, da bei $\operatorname{Im} u \leqq 0$ $\omega(z, u)$ eine P_z^*-Majorante für $\omega(z, \bar{u})$ ist, und ein $\mathfrak{B}_z^*$-Operator die Unterordnung aufrecht erhält,

$$|\varphi(z, u)| \geqq |\varphi(z, \bar{u})|\,, \qquad |\varphi(z, u)| \geqq |\varphi(\bar{z}, \bar{u})|$$

ist.

Auf diese Weise ist $\varphi(z, u) \in \overline{HB_2}$. Nach der charakteristischen Eigenschaft der Klasse P_2^* bei $k \geqq 0$ ist $\omega(z, u - i\,k) \in P_2^*$, und folglich ist $\varphi(z, u - i\,k) \in HB_2$.

Benutzen wir die charakteristische Eigenschaft der Klasse P_u^*, so bekommen wir, daß bei $\operatorname{Im} z \leqq 0$ $\varphi(z, u) \in P_u^*$ ist. Also sind die Bedingungen 1, 2, 3 erfüllt, und folglich ist $\varphi(z, u) \in P_2^*$. Der Lehrsatz ist somit bewiesen.[1])

Der von uns entwickelte Apparat von $\mathfrak{B}$-Operationen gibt uns die Möglichkeit, folgende Verallgemeinerung des klassischen Lehrsatzes von LAGUERRE-PÓLYA für Funktionen mehrerer Veränderlicher zu bekommen:

Lehrsatz 16. *Damit eine ganze Funktion $\omega(z, u)$ durch eine Folge von H_2-Polynomen der Veränderlichen z und u gleichmäßig approximierbar ist, ist notwendig und hinreichend, daß sie zur Klasse P_2^* gehört und folglich in der Form* (9.25) *darstellbar ist.*

Beweis. Wir haben schon früher bewiesen, daß die Grenzfunktion einer Folge von H_2-Polynomen zu P_2^* gehört. Es sei jetzt

$$\omega(z, u) = \sum_{k, p=0}^{\infty} a_{kp}\, z^k\, u^p$$

eine Funktion der Klasse P_2^*. Wenden wir auf sie die reellen $\mathfrak{B}^*$-Operatoren von JENSEN I_n in z und I_m in u an, so bekommen wir (vgl. Kapitel VIII) die Polynomfolge

$$\begin{aligned}\widetilde{\omega}_{n,m}(z, u) = a_{00} &+ \sum_{k=1}^{n} a_{k0}\left(1 - \frac{1}{n}\right)\cdots\left(1 - \frac{k-1}{n}\right) z^k \\ &+ \sum_{p=1}^{m} a_{0p}\left(1 - \frac{1}{m}\right)\cdots\left(1 - \frac{p-1}{m}\right) u^p \\ &+ \sum_{k, p=1}^{n, m} a_{kp}\left(1 - \frac{1}{n}\right)\cdots\left(1 - \frac{k-1}{n}\right)\left(1 - \frac{1}{m}\right)\cdots\left(1 - \frac{p-1}{m}\right) z^k u^p,\end{aligned}$$

welche bei $n \to \infty$ und $m \to \infty$ gegen die Funktion $\omega(z, u)$ konvergiert. Nach dem Lehrsatz 15 sind diese Polynome H_2-Polynome.

§ 6. Allgemeine Gestalt der Operatoren $\mathfrak{B}$ und $\mathfrak{B}^*$

$K[f(z)]$ sei ein linearer stetiger Operator, welcher auf einer gewissen Klasse ganzer Funktionen einer Veränderlichen definiert ist, und diese Funktionen auf ganze Funktionen abbildet, und sein Definitionsbereich V enthalte die Funktion e^{-uz} bei jedem festgehaltenen u. Offensichtlich ist

$$\varphi(z, u) = K[e^{-uz}] \tag{9.26}$$

[1]) Offensichtlich bleibt der Lehrsatz richtig, wenn man die Klasse P^* durch die Klasse HB und den Operator $\mathfrak{B}^*$ durch einen $\mathfrak{B}_{HB}$-Operator ersetzt. Der Beweis des Lehrsatzes wird dabei vereinfacht. Die Stetigkeit eines $\mathfrak{B}_z^*$-Operators wird nur beim Beweis der Tatsache benutzt, daß er eine ganze Funktion zweier Veränderlicher in eine ganze Funktion überführt. Wir bemerken, daß dieser Operator für Funktionen zweier Veränderlicher auch stetig ist.

eine ganze Funktion zweier Veränderlicher. Differenzieren wir die beiden Seiten der Gleichung n-mal nach u und setzen wir $u = 0$, so bekommen wir

$$K[z^n] = (-1)^n \varphi_u^{(n)}(z, 0) . \tag{9.27}$$

Ist auf diese Weise

$$f(z) = \sum_{k=0}^{\infty} a_k z^k$$

eine ganze Funktion, welche zu V gehört, so ist kraft der Stetigkeit des Operators

$$K[f(z)] = \sum_{k=0}^{\infty} (-1)^k a_k \varphi_u^{(k)}(z, 0)$$

oder, anders geschrieben,

$$K[f(z)] = f(-D_u) [\varphi(z, u)]_{u=0}, \tag{9.28}$$

wo D_u der Operator der partiellen Differentiation nach u ist.

Umgekehrt, entspricht jeder ganzen Funktion zweier Veränderlicher $\varphi(z, u)$ ein Operator, definiert durch die Gleichung (9.28), stetig auf einer gewissen Menge ganzer Funktionen.

Dem Operator werden wir eine etwas schwächere Einschränkung als die Stetigkeit auferlegen. Einen additiven homogenen Operator, welcher auf einer gewissen Klasse V ganzer Funktionen definiert ist, werden wir regelmäßig nennen, wenn für jede Funktion der Klasse V die Folge $\{K[\bar{f}_n(z)]\}$ in jedem endlichen Gebiet gleichmäßig gegen die Funktion $K[f(z)]$ konvergiert.

Lehrsatz 17. *Damit ein Operator $K[f(z)]$ ein regelmäßiger $\mathfrak{B}^*$-Operator ist, ist notwendig und hinreichend, daß er in der Form*

$$K[f(z)] = f(-D_u) [\varphi(z, u)]_{u=0} \tag{9.29}$$

darstellbar ist, wo $\varphi(z, u)$ eine ganze Funktion der Klasse P_2^* von zwei Veränderlichen ist, welche die Darstellung

$$\varphi(z, u) = e^{-\gamma_1 z^2} \omega(z, u) \tag{9.30}$$

zuläßt, wobei $\gamma_1 \geqq 0$ und $\omega(z, u)$ eine ganze Funktion vom Geschlecht Eins in bezug auf jede Veränderliche ist, unter der Bedingung, daß die andere Veränderliche in der unteren Halbebene festgehalten wird (d. h. in der Darstellung (9.25) $\gamma_2 = 0$ ist).

Beweis. Wir beweisen zuerst die Notwendigkeit. K sei ein regelmäßiger $\mathfrak{B}_z^*$-Operator. Wenden wir ihn auf die Funktion e^{-uz} an, welche bei $\operatorname{Im} u \leqq 0$ zu P_z^* gehört, so bekommen wir die Funktion

$$\varphi(z, u) = K[e^{-uz}] \in P_z^* .$$

Wäre K ein stetiger $\mathfrak{B}_z^*$-Operator, so wäre $\varphi(z, u)$, wie bereits bewiesen, eine Funktion aus P_2^*. Wir wollen zeigen, daß dasselbe auch in dem Fall gilt, wenn K nur ein regelmäßiger Operator ist. Aus der Regelmäßigkeit von K folgt, daß bei beliebigem festgehaltenem u die Funktionenfolge

$$\varphi_n(z, u) = K\left[\left(1 - \frac{u\,z}{n}\right)^n\right] = \varphi_0(z) + \sum_1^n \frac{\left(1 - \frac{1}{n}\right)\cdots\left(1 - \frac{k-1}{n}\right)}{k!}\,\varphi_k(z)\,u^k$$

$$\left(\varphi_k(z) = K[z^k]\right),$$

gleichmäßig gegen $\varphi(z, u)$ konvergiert. Offensichtlich ist bei $\operatorname{Im} z \leqq 0$ die Funktion $\varphi_n(z, u)$ ein H-Polynom in u. Wenn $\varphi_0(z) \not\equiv 0$ ist, bilden die Polynome $\varphi_n(z, u)$ nach der Bemerkung zum Lehrsatz 3, Kapitel VIII eine normale Familie. Es folgt hieraus, daß bei jedem festgehaltenen z ($\operatorname{Im} z \leqq 0$) diese Folge gleichmäßig konvergiert, und folglich ist $\varphi(z, u) \in P_u^*$ bei $\operatorname{Im} z \leqq 0$.[1])

Endlich ist e^{-uz} bei $\operatorname{Im} u \leqq 0$ eine P_z^*-Majorante der Funktion $e^{-\bar{u}z}$, und da die Unterordnung auch nach der Anwendung des Operators $\mathfrak{B}^*$ erhalten bleibt, ist $\varphi(z, u)$ eine Majorante von $\varphi(z, \bar{u})$ und folglich ist bei $\operatorname{Im} z \leqq 0$, $\operatorname{Im} u \leqq 0$

$$|\varphi(z, u)| \geqq |\varphi(\bar{z}, \bar{u})|\,.$$

Also ist $\varphi(z, u) \in P_2^*$, und nach dem Lehrsatz 14, in der Form darstellbar

$$\varphi(z, u) = e^{-\gamma_1 z^2 - \gamma_2 u^2}\,\omega_1(z, u)\,,$$

wo $\omega_1(z, u) \in \overline{HB_2}$ und vom Geschlecht Eins in bezug auf jede Veränderliche ist, unter der Bedingung, daß die andere Veränderliche in der abgeschlossenen unteren Halbebene festgehalten wird. Wir werden beweisen, daß $\gamma_2 = 0$ ist. Dazu bezeichnen wir mit $\psi(z)$ die Funktion

$$\psi(z) = \bar{\varphi}(0, -z) = \sum_0^\infty \frac{\overline{\varphi_k(0)}}{k!}(-z)^k\,, \tag{9.31}$$

wo $\varphi_k(z) = \varphi^{(k)}(z, u)|_{u=0} = K[z^k]\,(-1)^k$ ist. Offensichtlich ist $\psi(z) \in P_z^*$.

Wenden wir den $\mathfrak{B}^*$-Operator K auf das H-Polynom $\bar{\psi}_n(\lambda\,z)$ bei $\lambda > 0$ an, so bekommen wir

$$K[\bar{\psi}_n(\lambda\,z)] = \sum_{k=0}^n \left(1 - \frac{1}{n}\right)\cdots\left(1 - \frac{k-1}{n}\right)\frac{\bar{\varphi}_k(0)\,\varphi_k(z)}{k!}\,\lambda^k$$

oder, indem wir $z = 0$ setzen

$$K[\bar{\psi}_n(\lambda\,z)]_{z=0} = \sum_{k=0}^n \left(1 - \frac{1}{n}\right)\cdots\left(1 - \frac{k-1}{n}\right)\frac{|\varphi_k(0)|^2}{k!}\,\lambda^k. \tag{9.32}$$

Kraft der Regelmäßigkeit des Operators muß diese Folge bei $n \to \infty$ gegen die Größe

$$K[\psi(\lambda\,z)]|_{z=0}$$

konvergieren.

Wir wollen zeigen, daß dies nur bei $\gamma_2 = 0$ möglich ist. Wir nehmen zuerst an, $\varphi(0, u)$ verschwinde nicht identisch. Aus dem Zusammenhang zwischen dem Wachstum einer ganzen Funktion und der Schnelligkeit der Abnahme der Koeffi-

---

[1]) Ist $\varphi_0(z) \equiv 0$, so nehmen wir stattdessen die erste nichtverschwindende Funktion $\varphi_k(z)$.

zienten ihrer Potenzreihenentwicklung (§ 2, Kapitel I) haben wir

$$\overline{\lim_{k\to\infty}}\, k^{1/2} \sqrt[k]{\frac{|\varphi_k(0)|}{k!}} = (2\,\gamma_2\,e)^{1/2}$$

und folglich

$$\overline{\lim_{k\to\infty}} \sqrt[k]{\frac{|\varphi_k(0)|^2}{k!}\cdot\lambda^k} = 2\,\gamma_2\,\lambda\,.$$

Bei jedem $\gamma_2 > 0$ kann man $\lambda > 0$ so wählen, daß $2\,\gamma_2\,\lambda > 1$ ist, und dann bekommen wir

$$\lim_{n\to\infty} K[\bar{\psi}(\lambda\,z)]_{z=0} = \infty\,.$$

Also ist bewiesen, daß in diesem Fall $\gamma_2 = 0$ ist. Ist $\varphi(0, u) \equiv 0$, so ist $\varphi(z, u) = z^p\,\varphi_1(z, u)$, wobei $\varphi_1(0, u) \not\equiv 0$ ist. In diesem Fall kann man als $\psi(z)$ die Funktion

$$\psi(z) = \bar{\varphi}_1(0, -z) = \frac{1}{p!}\,\bar{\varphi}_v^{(p)}\,(v, -z)|_{v=0}$$

annehmen. Dann bekommen wir

$$\varphi_k(z) = \varphi_u^{(k)}(z, u)|_{u=0} = z^p\cdot\theta_k(z) \qquad (k = 1, 2, \ldots)\,,$$

wobei nicht alle $\theta_k(0)$ gleich Null sind. Setzen wir $\tilde{\psi}_n(\lambda\,z)$ in den Operator ein, so bekommen wir

$$K[\bar{\psi}_n(\lambda\,z)] = \sum_{k=0}^{n}\left(1-\frac{1}{n}\right)\cdots\left(1-\frac{k-1}{n}\right) z^p\,\frac{\overline{\theta_k(0)}\,\theta_k(z)}{k!}\lambda^k\,.$$

Es ergibt sich aus der Regelmäßigkeit des Operators, daß die Folge

$$\{z^{-p}\,K[\bar{\psi}_n(\lambda\,z)]_{z=0}\}$$

einen endlichen Grenzwert hat. Das ist jedoch nur dann möglich, wenn $\gamma_2 = 0$ ist. Der erste Teil des Lehrsatzes ist damit bewiesen.

Wir wollen jetzt beweisen, daß der durch die Gleichung (9.29) definierte Operator ein regelmäßiger $\mathfrak{B}^*$-Operator ist, wenn $\varphi(z, u)$ eine beliebige ganze Funktion der Form (9.30) ist.

Es sei $f(z) \in P^*$, und $\bar{f}_n(z)$ sei das Ergebnis der Anwendung des Jensenschen Operators auf $f(z)$. $\bar{f}_n(z)$ ist ein H-Polynom und bestimmt deshalb einen stetigen $\mathfrak{B}^*$-Operator $\bar{f}_n\,(-D_n)$. Definieren wir

$$\psi_n(z, u) = \bar{f}_n\,(-D_u)\;[\varphi(z, u)]\,.$$

so bekommen wir kraft des Lehrsatzes 15, daß $\psi_n(z, u) \in P_2^*$ ist. Entwickeln wir $\varphi(z, u)$ in eine Reihe nach den Potenzen von z, so ergibt sich

$$\varphi(z, u) = \vartheta_0(u) + \frac{\vartheta_1(u)}{1!}\,z + \frac{\vartheta_2(u)}{2!}\,z^2 + \cdots,$$

wo $\vartheta_0(u)$, $\vartheta_1(u)$, ... ganze Funktionen der Klasse P^* und vom Geschlecht nicht größer als Eins sind.

Wenden wir den Operator $\tilde{f}_n(-D_u)$ an, so erhalten wir

$$\psi_n(z,u) = \tilde{f}_n(-D)[\vartheta_0(u)] + \frac{z}{1!}\tilde{f}_n(-D)[\vartheta_1(u)] + \frac{z^2}{2!}\tilde{f}_n(-D)[\vartheta_2(u)] + \cdots.$$

Aus den einfachen Abschätzungen (9.16) und (9.17), welche wir beim Beweis des Lehrsatzes 8 bekommen haben, folgt, daß die Funktionen $\tilde{f}_n(-D)[\vartheta_k(u)]$ gleichmäßig gegen die Funktionen $f(-D)[\vartheta_k(u)]$ streben, wenn $n \to \infty$. Verschwinden bei einem gegebenen u ($\operatorname{Im} u \leqq 0$) nicht alle diese Funktionen, so bildet die Folge $\{\psi_n(z,u)\}$ von Funktionen der Klasse P_z^* nach der Bemerkung zum Lehrsatz 3 aus Kapitel VIII eine normale Familie, und folglich konvergiert sie gleichmäßig gegen die Funktion

$$f(-D_u)[\varphi(z,u)] = \sum_0^\infty f(-D_u)\left[\vartheta_k(u)\frac{z^k}{k!}\right],$$

welche zur Klasse P_z^* gehört, wenn u in der abgeschlossenen unteren Halbebene festgehalten wird. Setzen wir $u = 0$, so bekommen wir bei $f(z) \in P^*$

$$K[f(z)] = f(-D_u)[\varphi(z,u)]_{u=0} \in P^*, \tag{9.33}$$

wobei

$$K[f(z)] = \lim_{n\to\infty}[\psi_n(z,u)]_{u=0} = \lim_{n\to\infty} K[\tilde{f}_n(z)]$$

ist, d. h., $K[f(z)]$ ist ein regelmäßiger $\mathfrak{B}^*$-Operator. Damit ist der Lehrsatz bewiesen.

Wir gehen zur allgemeinen Gestalt eines $\mathfrak{B}$-Operators über. Wir bekommen sie auch bei einer gewissen zusätzlichen Forderung bezüglich der Stetigkeit dieses Operators.

Wir werden sagen, die Folge $\{P_n(z)\}$ von Funktionen endlichen Grades konvergiere beim Gewicht A ($A > 0$) gegen die Funktion endlichen Grades $P_0(z)$ $\left(P_n(z) \xrightarrow{A} P_0(z)\right)$, wenn

$$\lim_{n\to\infty}\left(\sup_z |P_n(z) - P_0(z)|\, e^{-A|z|}\right) = 0 \tag{9.34}$$

ist.

Einen Operator K über Funktionen endlichen Grades werden wir *überstetig* nennen, wenn jeder positiven Zahl A eine positive Zahl B so entspricht, daß aus

$$P_n(z) \xrightarrow{A} P_0(z)$$

$$K[P_n(z)] \xrightarrow{B} K[P_0(z)]$$

folgt.

Lehrsatz 18. *Ein überstetiger*[1]) *$\mathfrak{B}$-Operator $K[f(z)]$ hat die Gestalt*

$$K[f(z)] = f(-D_u)[\varphi(z,u)]_{u=0}, \tag{9.35}$$

wobei die ganze Funktion $\varphi(z,u)$ zweier Veränderlicher folgenden Bedingungen genügt:

---

[1]) Es ist unklar, inwiefern die Forderung der Überstetigkeit in diesem Lehrsatz wesentlich ist, ebenso wie die Forderung der Regelmäßigkeit im vorhergehenden Lehrsatz.

1. *Sie gehört der Klasse* P_2^* *von Funktionen zweier Veränderlicher an,*

2. *sie ist von endlichem Grade als Funktion von z bei beschränktem u, d. h., es ist*

$$\overline{\lim_{|z|\to\infty}} \frac{\ln|\varphi(z, u)|}{|z|} = \sigma_R < \infty \qquad (|u| < R). \tag{9.36}$$

Umgekehrt, genügt die Funktion $\varphi(z, u)$ *diesen Bedingungen, so ist der durch die Formel* (9.35) *definierte Operator* $K[f(z)]$ *ein überstetiger* $\mathfrak{B}$*-Operator.*

Die Funktion $\varphi(z, u)$ *wird dabei durch die Formel* (9.26) *definiert.*

Beweis. Wir bemerken vor allem, daß der stetige $\mathfrak{B}$-Operator $K[f(z)]$ bezüglich der Stetigkeit auf die lineare Hülle der Klasse P^* erweitert werden kann. In der Tat, approximieren wir eine Funktion $F(z)$ der Klasse P^* durch eine Folge von H-Polynomen $\widetilde{F}_n(z)$, so bekommen wir eine gleichmäßige konvergente Folge $\{K[\widetilde{F}_n(z)]\}$ von ganzen Funktionen der Klasse P^*. Erweitern wir den Operator bezüglich der Stetigkeit, so bekommen wir einen $\mathfrak{B}^*$-Operator. Nach dem Lehrsatz 17 hat dieser Operator die Gestalt (9.35), wobei

$$\varphi(z, u) = K[e^{-uz})]$$

und $\varphi(z, u) \in P_2^*$ ist.

Es bleibt zu beweisen, daß die Funktion $\varphi(z, u)$ der Bedingung 2 genügt. Dazu benutzen wir die Überstetigkeit des Operators K.

Die Menge $\{e^{-uz}\}$ der Funktionen von z ist der Norm nach beschränkt

$$||f||_R = \sup_z |f(z)|\, e^{-R|z|}$$

bei $|u| \leqq R$.

Wir wollen zeigen, daß bei einem gewissen positiven B, welches von R abhängt, und $|u| \leqq R$

$$\sup_z |\varphi(z, u)|\, e^{-B|z|} \leqq M \tag{9.37}$$

ist.

In der Tat, wäre es anders, so hätte man bei beliebigen $M > 0$ und $B > 0$ einen Punkt u' ($|u'| < R$), in welchem

$$\sup_z |\varphi(z, u')|\, e^{-B|z|} > M > 0$$

wäre. Wir wählen eine Folge $B_n \to \infty$ und eine Folge $M_n \to \infty$ aus und eine konvergente Punktfolge u_n, so daß

$$\sup_z |\varphi(z, u_n)|\, e^{-B_n|z|} > M_n \tag{9.38}$$

ist. Es ist aber bei $u_n \to u_0$ ($|u_0| \leqq R$)

$$\sup_z |e^{-u_n z} - e^{-u_0 z}| \cdot e^{-A|z|} \to 0 \qquad (A \geqq R).$$

Folglich ist bei einem gewissen $B > 0$

$$\sup_z |\varphi(z, u_n) - \varphi(z, u_0)|\, e^{-B|z|} \to 0,$$

und bei jedem beliebigen $\varepsilon > 0$ von einem gewissen n an

$$\sup_z |\varphi(z, u_n)|\, e^{-B|z|} < \sup_z |\varphi(z, u_0)|\, e^{-B|z|} + \varepsilon \quad (\varepsilon > 0)\,,$$

was (9.38) widerspricht. Somit ist die Beziehung (9.37) bewiesen, die offensichtlich der Bedingung 2 äquivalent ist.

Um den zweiten Teil des Lehrsatzes zu beweisen, wollen wir annehmen, daß $\varphi(z, u)$ den Bedingungen 1 und 2 genügt, und bestimmen folgendermaßen den Operator für Funktionen $f(z)$ der Klasse P:

$$K[f(z)] = f(-D_u)\,[\varphi(z, u)]|_{u=0} = \frac{1}{2\pi i}\int\limits_{(C_R)} \psi(u)\,\varphi(z, -u)\,du\,, \tag{9.39}$$

wo $\psi(u)$ die nach Borel assoziierte Funktion der Funktion $f(z)$ ist, R eine Zahl, die größer ist als der Grad der Funktion $f(z)$ und C_R der Kreis mit dem Mittelpunkt im Nullpunkt und dem Radius R.

Nach dem Lehrsatz 17 ist dieser Operator ein $\mathfrak{B}^*$-Operator. Unter Benutzung der Bedingung 2 bekommen wir die Abschätzung

$$|K[f(z)]| < \frac{1}{2\pi} N_f\, e^{B|z|}\,, \tag{9.40}$$

wo N_f eine von der Funktion $f(z)$ abhängige Konstante ist. Folglich führt der Operator $K\,[f(z)]$ ganze Funktionen endlichen Grades in Funktionen derselben Klasse über, d. h. ist ein $\mathfrak{B}$-Operator. Weiter folgt aus der Konvergenz der Folge $\{f_n(z)\}$ ganzer Funktionen endlichen Grades beim Gewicht A, daß die Folge $\{\Psi_n(u)\}$ der assoziierten Funktionen gleichmäßig außerhalb eines gewissen Kreises der u-Ebene konvergiert, und aus der Formel (9.39) folgt, daß die Folge $K[f_n(z)]$ beim Gewicht B konvergiert. Also ist $K[f(z)]$ ein überstetiger Operator. Der Lehrsatz ist somit bewiesen.

Es ist nützlich, die Integraldarstellung (9.39) eines überstetigen Operators zu merken.

Aus den Lehrsätzen 17 und 18 folgt, daß die Klassen der $\mathfrak{B}$- und $\mathfrak{B}^*$-Operatoren recht umfangreich sind. In der Tat erzeugt jede ganze Funktion zweier Veränderlicher, welche ziemlich allgemeinen Bedingungen genügt, einen solchen Operator.

Wir untersuchen einige spezielle Typen von Operatoren $\mathfrak{B}$ und $\mathfrak{B}^*$.

1. Operatoren, welche mit dem Operator der Differentiation vertauschbar sind. Es sei $K[f(z)]$ bestimmt als ein $\mathfrak{B}^*$-Operator, welcher mit dem Operator der Differentiation vertauschbar ist.

Ist nun

$$\varphi(z, u) = K[e^{-uz}]\,,$$

so ist

$$\varphi_z'(z, u) = K[-u\,e^{-uz}] = -u\,\varphi(z, u)$$

und

$$\varphi(z, u) = e^{-uz}\,\Phi(u)\,. \tag{9.41}$$

Nach dem Lehrsatz 17 ist $\Phi(u)$ eine Funktion der Klasse P^* und vom Geschlecht Eins. Aus (9.41) sieht man leicht, daß bei Funktionen der Art e^{-uz} der Operator K

mit dem Operator $\Phi(-D)$ übereinstimmt. Die Operatoren K und $\Phi(-D)$ stimmen auch bei allen Potenzfunktionen überein und folglich im ganzen Definitionsbereich. Es ergibt sich der

Lehrsatz 19. *Ein regelmäßiger Operator $\mathfrak{B}^*$, welcher mit dem Operator der Differentiation vertauschbar ist, hat die Gestalt*

$$\mathfrak{B}^*[f(z)] = \overline{F}(D)\,[\overline{f}(z)]\,,$$

wo $F(z)$ eine Funktion der Klasse P^* und vom Geschlecht Eins ist.

Analog ergibt sich folgender

Lehrsatz 19′. *Ein überstetiger $\mathfrak{B}$-Operator, welcher mit dem Operator der Differentiation vertauschbar ist, hat die Gestalt*

$$\mathfrak{B}\,[f(z)] = \overline{F}(D)\,[f(z)]\,,$$

wo $F(z)$ eine beliebige Funktion der Klasse P^* ist.

2. Wir betrachten noch die Operatoren $K[f(z)]$, welche mit dem Operator $z\frac{d}{dz}$ vertauschbar sind. Setzen wir

$$\varphi_k(z) = K[z^k]\,,$$

so bekommen wir

$$z\,\varphi_k'(z) = K[k\,z^k] = k\,\varphi_k(z)$$

bei

$$\varphi_k(z) = \gamma_k\,z^k\,.$$

Wenden wir den Operator $K[f(z)]$ auf das Polynom

$$Q(z) = \sum_{k=0}^{n} a_k\,z^k$$

an, so bekommen wir

$$K\,[Q(z)] = \sum_{k=0}^{n} \gamma_k\,a_k\,z^k\,.$$

Ist K ein $\mathfrak{B}$- oder $\mathfrak{B}^*$-Operator und $Q(z)$ ein H-Polynom, so ist auch $K[Q(z)]$ ein H-Polynom. Hieraus ergibt sich leicht, daß der Operator $K[f(z)]$ jedes Polynom mit positiven Nullstellen in ein Polynom mit positiven Nullstellen überführt.[1]) Und folglich ist $\gamma_0, \gamma_1, \gamma_2, \ldots$ eine Faktorenfolge erster Art und vom gleichen Vorzeichen. Auf diese Weise ergibt sich der

Lehrsatz 20. *Jeder $\mathfrak{B}$- oder $\mathfrak{B}^*$-Operator, der mit dem Operator $z\frac{d}{dz}$ vertauschbar ist, stimmt mit dem im Kapitel* VIII *definierten Γ-Operator überein.*

Die Kenntnis der allgemeinen Gestalt der $\mathfrak{B}$- und $\mathfrak{B}^*$-Operatoren gibt uns die Möglichkeit, eine unendliche Menge solcher Operatoren zu konstruieren. Ist insbesondere $\omega(z) \in P$, so ist der durch die Gleichung

$$K[e^{-uz}] = \omega\,(a\,z + b\,u) \qquad (a > 0,\ b > 0)$$

---

[1]) Um das zu zeigen, genügt es, das Polynom $K[P(e^{i\gamma}z)]$ $(-\pi < \gamma < 0)$ zu betrachten, wo $P(z)$ ein Polynom mit positiven Nullstellen ist.

definierte Operator $K[f(z)]$ ein $\mathfrak{B}$-Operator, welcher der Bedingung

$$a\,\mathfrak{B}[z\,f(z)] = b\,\{\mathfrak{B}\,[f(z)]\}'$$

genügt.

§ 7. Einige extremale Eigenschaften ganzer Funktionen

In diesem Paragraphen werden wir einige Lehrsätze beweisen, die sich auf ganze Funktionen endlichen Grades beziehen, welche am wenigsten von Null abweichen. Diese Lehrsätze erscheinen als eine Verallgemeinerung der entsprechenden Lehrsätze von S. N. BERNSTEIN.[1])

Es sei $\omega(z)$ eine Funktion der Klasse P und des Grades σ_ω. Wir definieren für Funktionen $f(x)$, welche auf der reellen Achse definiert sind, die Abweichung von Null beim Gewicht $|\omega(x)|$:

$$E_\omega[f] = \sup_{-\infty<x<\infty} \frac{|f(x)|}{|\omega(x)|}. \qquad (9.42)$$

Lehrsatz 21. *Unter allen reellen ganzen Funktionen endlichen Grades kleiner oder gleich σ_ω und der Form*

$$f(x) = a_0 + a_1 x + \cdots + a_{n-1} x^{n-1} + x^n + a_{n+1} x^{n+1} + \cdots \quad (n > 0) \qquad (9.43)$$

ist die Funktion

$$f_0(x) = n!\,\mathrm{Re}\,\frac{\omega(x)}{\omega^{(n)}(0)} \qquad (9.44)$$

die einzige Funktion, die die kleinste Abweichung von Null beim Gewicht $|\omega(x)|$ liefert.

Beweis. Wir haben für die Funktion $f_0(x)$

$$E_\omega[f_0] = \frac{n!}{|\omega^{(n)}(0)|}.$$

$f(x)$ sei eine ganze Funktion der Gestalt (9.43) endlichen Grades nicht größer als σ_ω, und es sei

$$|f(x)| \leqq \frac{n!}{|\omega^{(n)}(0)|}\,|\omega(x)| \qquad (-\infty < x < \infty).$$

Dann ist die Funktion

$$\omega_1(z) = \frac{n!}{\omega^{(n)}(0)} \cdot \omega(z)$$

eine Majorante für $f(x)$, und da

$$f^{(n)}(0) = \omega_1^{(n)}(0)$$

ist, so ist nach dem Lehrsatz 11

$$f(x) = \mathrm{Re}\,\omega_1(x) = f_0(x).$$

---

[1]) Siehe S. N. BERNSTEIN [1] Kapitel III, Lehrsätze I und II aus § 1 und Lehrsätze II und III aus § 9.

Bemerkung. Nimmt man $n = 0$, d. h., hält man das freie Glied der Entwicklung

$$f(x) = 1 + a_1 x + a_2 x^2 + \cdots$$

fest, so gibt offensichtlich die Funktion

$$f_0(x) = \operatorname{Re} \frac{\omega(z)}{\omega(0)}$$

die kleinste Abweichung des Ausdrucks (9.42)

$$L = \frac{1}{|\omega(0)|}.$$

Jedoch kann in diesem Fall die Eindeutigkeit der Extremalfunktion nicht behauptet werden. [1])

Lehrsatz 22. *Es sei $\omega(z) = s(z) + i\, t(z)$ eine Funktion der Klasse P und vom Grade $\sigma \geqq 0$ ohne reelle Nullstellen, welche nicht gleich ist der Exponentialfunktion $c\, e^{\pm \sigma z}$ oder einem Polynom vom Grade nicht größer als n. Dann ist unter allen reellen Funktionen endlichen Grades der Form*

$$f(z) = a_0 + a_1 z + \cdots + a_{n-1} z^{n-1} + a z^n + b z^{n+1} + a_{n+2} z^{n+2} + \cdots \tag{9.45}$$

($n \geqq 1$), wo a und b festgehalten sind, deren Grad $\tau \leqq \sigma$ ist,

$$f_1(x) = A\, s(x) + B\, t(x)\,, \tag{9.46}$$

wo A und B so gewählt sind, daß $f_1(x)$ die Gestalt (9.45) *hat, die einzige Funktion, welche die kleinste Abweichung $E_\omega[f]$ liefert.*

Beweis. Wir werden zuerst zeigen, daß man die Konstanten A und B so wählen kann, daß die Funktion $f_1(x)$ die Gestalt (9.45) hat.

Diese Aufgabe wird auf die Frage der Lösbarkeit des Gleichungssystems

$$\left.\begin{aligned} A\, s^{(n)}(0) + B\, t^{(n)}(0) &= n!\, a\,, \\ A\, s^{(n+1)}(0) + B\, t^{(n+1)}(0) &= (n+1)!\, b \end{aligned}\right\} \tag{9.47}$$

zurückgeführt, d. h. auf den Nachweis, daß die Determinante

$$\Delta = s^{(n+1)}(0)\, t^{(n)}(0) - s^{(n)}(0)\, t^{(n+1)}(0)$$

von Null verschieden ist.

Nach der Voraussetzung des Lehrsatzes hat die Funktion $\omega(z)$ keine reellen Nullstellen. Aus dieser Voraussetzung folgt, daß auch $\omega^{(n)}(z)$ keine reellen Nullstellen hat (vgl. (9.11)), und folglich ist $\omega^{(n)}(0) \neq 0$. Wir haben die Gleichung

$$\operatorname{Im} \frac{\omega^{(n+1)}(0)}{\omega^{(n)}(0)} = \frac{\Delta}{|\omega^{(n)}(0)|^2}.$$

Ist $\operatorname{Im} \dfrac{\omega^{(n+1)}(0)}{\omega^{(n)}(0)} = 0$, so ist, wie man leicht aus der Entwicklung (9.11) der logarithmischen Ableitung der Funktion $\omega^{(n)}(z)$ der Klasse P ersieht, $\omega^{(n)}(z)$ eine

[1]) Z. B. sind bei $\omega(z) = e^{iz}$ alle Funktionen $f(x) = \cos \lambda x$, ($|\lambda| \leqq 1$) so beschaffen, daß die Abweichung $f(0) = 1$ ist.

reelle Funktion. Da sie keine reellen Nullstellen haben darf, hat sie überhaupt keine Nullstellen, und folglich ist

$$\omega^{(n)}(z) = c\, e^{kz}\,.$$

Die Gleichung $k = 0$ ist unmöglich, da in diesem Fall $\omega(z) = P_n(z)$ wäre. Bei $k \neq 0$ ist

$$\omega(z) = \frac{c}{k^n} e^{kz} + P_{n-1}(z)\,. \tag{9.48}$$

Der Fall $P_{n-1}(z) \equiv 0$ ist nach der Voraussetzung des Lehrsatzes ausgeschlossen. Die durch die Gleichung (9.48) dargestellte Funktion $\omega(z)$ wächst auf der imaginären Achse wie ein Polynom. Deshalb ist sie von vollkommen regulärem Wachstum. Ihr Indikatordiagramm ist die Strecke $[0, k]$ der reellen Achse, und folglich hat sie Nullstellen in den beiden Halbebenen. Das widerspricht der Tatsache, daß $\omega(z) \in P$ ist. Also ist

$$\operatorname{Im} \frac{\omega^{(n+1)}(0)}{\omega^{(n)}(0)} \neq 0\,,$$

und folglich hat das System (9.47) eine eindeutige Lösung.

Jetzt möge eine Funktion der Gestalt (9.45) auf der ganzen reellen Achse der Ungleichung

$$\left|\frac{f(x)}{\omega(x)}\right| \leqq E_\omega[f_1]$$

genügen, wo $f_1(x)$ durch die Gleichung (9.46) definiert wird. Die Funktion

$$\chi(z) = f(z) - (A - i\,B)\,\omega(z)$$

gehört nach dem Lehrsatz 1 der Klasse P an, wobei

$$\vartheta(x) = R\,\chi(x) = c_0 + c_1 x + \cdots + c_{n-1} x^{n-1} + c_{n+2} x^{n+2} + \cdots$$

ist.

Ist $\vartheta(x) \not\equiv 0$, so sind alle Nullstellen von $\vartheta(z)$ reell. Dann sind aber auch alle Nullstellen des Jensenschen Polynoms $\tilde{\vartheta}_{n+2}(z)$ reell.

Anderseits aber muß nach dem Lehrsatz von Laguerre ein Polynom, dessen zwei aufeinanderfolgende Koeffizienten (außer den beiden ersten oder den beiden letzten) verschwinden, nichtreelle Nullstellen haben [1]), und folglich ist entweder $c_{n+q} = 0$ $(q = 2, 3, \ldots)$ oder $c_0 = c_1 = \cdots = c_{n-1} = 0$. Der erste Fall ist unmöglich, denn dann wäre

$$I\,[(A - i\,B)\,\omega(x)] = I[\chi(x)] = P_{n+1}(x)\,,$$

und die Funktion $\omega(x)$ wäre ein Polynom vom Grade nicht größer als $n + 1$.

Ist aber $c_0 = c_1 = \cdots = c_{n-1} = 0$, so hat die Funktion $\vartheta(x)$ im Nullpunkt eine Nullstelle von der Vielfachheit nicht kleiner als 3. Aus der Abwechslung der Nullstellen des Realteils und des Imaginärteils folgt hieraus, daß $(A - i\,B)\,\omega(x)$ im Nullpunkt eine mehrfache Nullstelle hat. Das ist unmöglich, da $\omega(z)$ keine reellen Nullstellen hat. Also ist

$$f(x) = \operatorname{Re}\,[(A - i\,B)\,\omega(x)]\,.$$

Der Lehrsatz ist somit bewiesen.

1) Kapitel VIII, Hilfssatz 3.

EINIGE ZUSÄTZLICHE FRAGEN DER ALLGEMEINEN THEORIE

1. Die Unmöglichkeit, eine genaue Wachstumsskala zu konstruieren

Die Wachstumsskala (Ordnung und Typus), welche man gewöhnlich in der Theorie ganzer Funktionen benutzt, ist ziemlich unvollkommen. Funktionen, deren Wachstum verschieden ist, wie z. B. e^r und $r^n e^r$ haben dieselbe Ordnung und denselben Typus. Noch stärker kann sich das Wachstum bei Funktionen unendlicher Ordnung unterscheiden. Naturgemäß entsteht die Frage, ob man nicht eine genaue Wachstumsskala konstruieren kann, so daß jeder monoton wachsenden Funktion eine positive Zahl entspricht, und daß dabei der Funktion vom größeren Wachstum die größere Zahl zugehört. Wir werden dabei das Wachstum der Funktion $\varphi(r)$ größer als das Wachstum von $\psi(r)$ bezeichnen, wenn

$$\lim_{r\to\infty} \frac{\varphi(r)}{\psi(r)} = \infty$$

ist. Die Unmöglichkeit, eine solche Skala zu konstruieren, ergibt sich aus folgendem Lehrsatz von DU BOIS REYMOND:

Lehrsatz. *Es sei*

$$\psi_1(r), \psi_2(r), \ldots, \psi_n(r), \ldots$$

eine Folge positiver, monoton wachsender Funktionen, wobei das Wachstum jeder folgenden Funktion größer als das der vorhergehenden ist.

Es existiert eine positive, monoton wachsende Funktion $\psi(r)$ von größerem Wachstum als jede der Funktionen dieser Folge.

In der Tat definiert die konvergente Reihe

$$\psi(r) = \sum_{n=1}^{\infty} \frac{1}{2^n} \frac{1}{\psi_n(n)} \psi_n(r)$$

eine monotone Funktion, wobei bei jedem beliebigen n

$$\frac{\psi(r)}{\psi_n(r)} > \frac{1}{2^{n+1}} \frac{1}{\psi_{n+1}(n+1)} \frac{\psi_{n+1}(r)}{\psi_n(r)} \to \infty \quad \text{bei} \quad r \to \infty .$$

Die Einführung transfiniter Zahlen kann auch nicht helfen. Betrachten wir nämlich die reziproken Funktionen, so können wir behaupten, daß, wie auch eine Folge positiver, monoton wachsender Funktionen, von denen jede folgende ein kleineres Wachstum als die vorhergehende hat, beschaffen sein mag, eine positive, monoton wachsende Funktion vom geringeren Wachstum existiert als jede der Funktionen der Folge.[1])

2. Konvergente und divergente Typen[2])

Zur feineren Charakteristik des Wachstums ganzer Funktionen endlicher Ordnung wird der Begriff des konvergenten und des divergenten Typs eingeführt. Eine ganze Funktion $f(z)$ der Ordnung ϱ gehört zum ersten oder zum zweiten Typ je nachdem, ob das Integral

$$\int_{r_0}^{\infty} \frac{\ln M_f(r)}{r^{\varrho+1}}\,dr \tag{1}$$

konvergiert.

Lehrsatz. *Bei nichtganzzahligem ϱ ist die Konvergenz des Integrals* (1) *äquivalent der Konvergenz der Reihe*

$$\sum_{k=1}^{\infty} \frac{1}{|a_k|^{\varrho}}, \tag{2}$$

wo $a_k (k = 1, 2, \ldots)$ von Null verschiedene Nullstellen der Funktion $f(z)$ sind.

In der Tat, konvergiert das Integral (1), so konvergiert kraft (1.27) das Integral

$$\int_{r_0}^{\infty} \frac{n(r)}{r^{\varrho+1}}\,dr\,. \tag{3}$$

Außerdem ist

$$\frac{n(r)}{r^{\varrho}} \leqq \varrho \int_{r}^{\infty} \frac{n(t)}{t^{\varrho+1}}\,dt\,,$$

und folglich ist bei der Konvergenz des Integrals (3)

$$\lim_{r\to\infty} \frac{n(r)}{r^{\varrho}} = 0\,.$$

Wir haben

$$\sum_{k=1}^{\infty} \frac{1}{|a_k|^{\varrho}} = \int_0^{\infty} \frac{dn(t)}{t^{\varrho}} = \frac{n(t)}{t^{\varrho}}\Bigg|_0^{\infty} + \varrho \int_0^{\infty} \frac{n(t)}{t^{\varrho+1}}\,dr = \varrho \int_0^{\infty} \frac{n(t)}{t^{\varrho+1}}\,dt\,, \tag{4}$$

und auf diese Weise folgt aus der Konvergenz des Integrals (1) die Konvergenz der Reihe (2).

[1]) Wir bemerken, daß es unmöglich ist, eine genaue Wachstumsskala zu konstruieren, wenn man sich auf die Unterklasse monotoner Funktionen beschränkt, welche das Maximum des absoluten Betrags einer ganzen Funktion darstellen. Um das zu beweisen, genügt es, als $\psi_n(z)$ ganze Funktionen mit positiven Koeffizienten der Potenzreihenentwicklung zu nehmen. Dann ist $M_{\psi_n}(r) = \psi_n(r)$. Die entsprechende Funktion $\psi(z)$ gehört zu derselben Klasse.

[2]) Siehe G. Valliron [1].

Umgekehrt, folgt aus der Konvergenz der Reihe (2) infolge (4) die Konvergenz des Integrals (3).

Weiter folgt nach dem Lehrsatz von HADAMARD und der Formel (1.24)

$$\ln M_f(r) < k\, r^p \left(\int_0^r \frac{n(t)}{t^{p+1}}\, dt + r \int_r^\infty \frac{n(t)}{t^{p+2}}\, dt \right) + O(r^p) .$$

Dividieren wir die beiden Seiten der Gleichung durch $r^{\varrho+1}$, integrieren wir von einem gewissen $\alpha > 0$ bis ∞ und vertauschen wir die Reihenfolge der Integration auf der rechten Seite, so bekommen wir

$$\int_\alpha^\infty \frac{\ln M_f(r)}{r^{\varrho+1}}\, dr < \infty .$$

Wir bemerken, daß im Fall der ganzzahligen Ordnung ϱ die vorhergehenden Betrachtungen richtig bleiben, nur daß man statt der Ungleichung (1.24) die Ungleichungen (1.40) und (1.41) benutzen muß, und es ergibt sich dabei:

Bei ganzzahligem ϱ ist die Konvergenz des Integrals (1) *äquivalent der Konvergenz der Reihe* (2) *und des Integrals*

$$\int^\infty \frac{\delta_f(r)\, dr}{r} . \tag{5}$$

Es macht keine große Mühe. diesen Lehrsatz auf die verfeinerte Ordnung $\varrho(r)$ auszudehnen, indem man das Integral (1), die Reihe (2) durch die Integrale

$$\int^\infty \frac{\ln M_f(r)}{r^{\varrho(r)+1}}\, dr , \qquad \int^\infty \frac{dn(t)}{t^{\varrho(t)}}$$

ersetzt und das Integral (5) durch das Integral

$$\int^\infty \frac{\delta_f(r)}{r\, L(r)}\, dr .$$

Der bewiesene Lehrsatz gibt uns die Möglichkeit, ziemlich einfach folgenden Lehrsatz von S. N. BERNSTEIN [6] aufzustellen.

Lehrsatz. *Eine Summe gerader ganzer Funktionen vom Geschlecht Null ist eine ganze Funktion vom Geschlecht Null.*

Beweis. $f(z)$ und $\varphi(z)$ seien gerade ganze Funktionen vom Geschlechte Null. Dann sind $F(z) = f(\sqrt{z})$ und $\Phi(z) = \varphi(\sqrt{z})$ ganze Funktionen der Ordnung nicht höher als $\frac{1}{2}$ wobei ihre Nullstellen $\{b_n\}$ und $\{b'_n\}$ Quadrate der Nullstellen der Funktionen $f(z)$ und $\varphi(z)$ sind.

Da die Funktionen $f(z)$ und $\varphi(z)$ vom Geschlecht Null sind, konvergieren die Reihen

$$\sum \frac{1}{|b_n|^{1/2}} , \qquad \sum \frac{1}{|b'_n|^{1/2}} ,$$

und folglich sind $F(z)$ und $\Phi(z)$ vom Konvergenztyp bei $\varrho = \frac{1}{2}$.

Es ist aber bei genügend großem r $M_F(r) > 1$, $M_\Phi(r) > 1$ und

$$M_{F+\Phi}(r) \leqq M_F(r) + M_\Phi(r) \leqq 2\, M_F(r)\, M_\Phi(r) .$$

Hieraus folgt unmittelbar, daß $F(z) + \Phi(z)$ vom Konvergenztyp bei $\varrho = \frac{1}{2}$ ist. Deshalb konvergiert die Reihe

$$\sum \frac{1}{|a_n|^{1/2}} ,$$

in welcher a_n die Nullstellen der Funktion $F(z) + \Phi(z)$ sind; so ist

$$F(z) + \Phi(z) = c\, z^m \prod_{n=1}^{\infty} \left(1 - \frac{z}{a_n}\right) ,$$

und die ganze Funktion

$$f(z) + \varphi(z) = c\, z^{2m} \prod_{n=1}^{\infty} \left(1 - \frac{z^2}{a_n}\right)$$

ist vom Geschlecht Null.

Wir bemerken noch, daß die Forderung, die Funktionen $f(z)$ und $\varphi(z)$ seien gerade, wesentlich ist. So gibt es ein Beispiel von ganzen Funktionen gleichen Geschlechts, deren Summe ein um Eins größeres Geschlecht als die Summanden hat. Ein derartiges Beispiel wurde von LINDELÖF [3] konstruiert.

3. Die Lehrsätze von Paley und Wiener

In der Theorie der FOURIERtransformationen ist folgender Lehrsatz von PLANCHEREL bekannt: [1])

Ist $f(x) \in L^2$ $(-\infty < x < \infty)$, so existiert

$$\varphi(\lambda) = \text{l. i. m.} \frac{1}{\sqrt{\pi}} \int_{-\infty}^{\infty} f(x)\, e^{i\lambda x}\, dx \, , \quad ^{2)} \tag{1}$$

wobei fast überall

$$f(x) = \text{l. i. m.} \frac{1}{\sqrt{\pi}} \int_{-\infty}^{\infty} \varphi(\lambda)\, e^{-i\lambda x}\, d\lambda \tag{2}$$

ist. Außerdem ist

$$\int_{-\infty}^{\infty} |f(x)|^2\, dx = \int_{-\infty}^{\infty} |\varphi(\lambda)|^2\, d\lambda \, . \tag{3}$$

---

[1]) Siehe z.B. TITCHMARSH [2].

[2]) Die Gleichung $\varphi(x) = \text{l. i. m.}\ \varphi_n(x)$ bedeutet, daß

$$\lim_{n\to\infty} \int_{-\infty}^{\infty} |\varphi(x) - \varphi_n(x)|^2\, dx = 0$$

ist. Im gegebenen Fall erscheint als die konvergierende Folge die Funktionenfolge

$$\varphi_{T_1 T_2}(\lambda) = \frac{1}{\sqrt{\pi}} \int_{-T_1}^{T_2} f(x)\, e^{i\lambda x}\, dx \quad (T_1 \to +\infty\, , \quad T_2 \to +\infty) \, .$$

Wir benutzen diesen Lehrsatz, um folgenden Lehrsatz von PALEY und WIENER [1] zu beweisen.[1])

Lehrsatz. *Damit eine Funktion $f(x)$ $(-\infty < x < \infty)$ die Darstellung*

$$f(x) = \int_a^b e^{i\lambda x}\,\psi(\lambda)\,d\lambda \quad (\psi(\lambda) \in L^2(a, b)) \tag{4}$$

zuläßt, ist notwendig und hinreichend, daß das Quadrat der Funktion $f(x)$ auf der ganzen reellen Achse integrierbar ist, und sie in der ganzen Ebene zu einer ganzen Funktion endlichen Grades ergänzt werden kann. Wenn dabei das Intervall (a, b) durch kein kleineres Intervall ersetzt werden kann, so stimmt die Strecke $(i\,a, i\,b)$ der imaginären Achse mit dem konjugierten Diagramm der Funktion $f(z)$ überein.

Beweis. Es sei

$$f(z) = \int_a^b e^{i\lambda z}\,\psi(\lambda)\,d\lambda\,, \tag{4'}$$

wobei $\psi(\lambda) \in L^2(a, b)$ ist. Die Funktion $\psi(\lambda)$ kann durch stetige Funktionen $\psi_n(\lambda)$ im quadratischen Mittel approximiert werden.

Auf diese Weise ist

$$\left|f(z) - \int_a^b e^{i\lambda z}\,\psi_n(\lambda)\,d\lambda\right| \leqq e^{c|\mathrm{Im}\,z|} \int_a^b |\psi(\lambda) - \psi_n(\lambda)|\,d\lambda$$

$$\leqq e^{c|\mathrm{Im}\,z|} \sqrt{(b-a)\left(\int_a^b |\psi(\lambda) - \psi_n(\lambda)|^2\,d\lambda\right)} \quad (c = \max(|a|, |b|))\,.$$

Anderseits ist jedes Integral der Form

$$f_n(z) = \int_a^b e^{i\lambda z}\,\psi_n(\lambda)\,d\lambda$$

in jedem beschränkten Gebiet der Ebene gleichmäßig durch die endlichen Summen

$$\sum{}' e^{i\lambda_k z}\,\psi_n(\lambda_k)\,(\lambda_{k+1} - \lambda_k)$$

approximierbar.

Auf diese Weise ist $f(z)$ die Grenzfunktion einer gleichmäßig konvergenten Folge ganzer Funktionen und folglich selbst eine ganze Funktion.

Außerdem folgt aus (4'), daß bei $\mathrm{Im}\,z > 0$

$$|f(z)| \leqq \int_a^b e^{-\lambda\,\mathrm{Im}\,z}\,|\psi(\lambda)|\,d\lambda \leqq M\,e^{-a\,\mathrm{Im}\,z}$$

und bei $\mathrm{Im}\,z < 0$

$$|f(z)| \leqq M\,e^{-b\,\mathrm{Im}\,z} \qquad \left(M = \int_a^b |\psi(\lambda)|\,d\lambda\right)$$

ist. Aus den beiden Ungleichungen folgt, daß das Indikatordiagramm der Funktion $f(z)$ ein Intervall der imaginären Achse ist, der $(-i\,b, i\,a)$ angehört.

---

[1]) Der hier angegebene Beweis stammt von PLANCHEREL und PÓLYA [1].

Es sei jetzt $f(z)$ eine ganze Funktion endlichen Grades, und es sei weiter $f(x) \in L^2(-\infty, \infty)$. Wir setzen

$$\varphi(z) = \int_0^\infty e^{-zx} f(x)\, dx \qquad (\operatorname{Re} z > 0)\,.$$

Aus (3) folgt

$$\int_{-\infty}^{\infty} |\varphi(\varepsilon_1 + i\,t) - \varphi(\varepsilon_2 + i\,t)|^2\, dt = \frac{1}{\pi} \int_{-\infty}^{\infty} [e^{-\varepsilon_1 x} - e^{-\varepsilon_2 x}]^2 |f(x)|^2\, dx$$
$$(0 < \varepsilon_1 < \varepsilon_2)\,.$$

Bei $\varepsilon_1 \to 0$, $\varepsilon_2 \to 0$ strebt das Integral auf der rechten Seite der Gleichung gegen Null, und folglich strebt die Funktion $\varphi(\varepsilon + i\,t)$ bei $\varepsilon \to +0$ im quadratischen Mittel gegen eine gewisse Funktion $\psi_+(t) \in L^2(-\infty, \infty)$.

Wir definieren die Funktion $\varphi(z)$ bei $\operatorname{Re} z < 0$ durch die Gleichung

$$\varphi(z) = -\int_0^\infty e^{zx} f(-x)\, dx$$

und bekommen analog dem Vorhergehenden, daß bei $\varepsilon < 0$ und $\varepsilon \to 0$ die Funktion $\varphi(\varepsilon + i\,t)$ im quadratischen Mittel gegen eine gewisse Funktion $\psi_-(t) \in L^2(-\infty, \infty)$ strebt. Die Funktion $\varphi(z)$ stimmt offensichtlich (vgl. § 20, Kapitel I) mit der nach BOREL assoziierten Funktion von $f(z)$ überein.

Wählen wir als den Integrationsweg ein Rechteck, welches das konjugierte Diagramm der Funktion $f(z)$ $(i\,\alpha, i\,\beta)$ umfaßt, so bekommen wir nach der Formel (1.120)

$$f(z) = \frac{1}{2\pi i} \int_{\alpha_1}^{\beta_1} e^{(\varepsilon + i\,t)z} \varphi(\varepsilon + i\,t)\, dt - \frac{1}{2\pi i} \int_{\alpha_1}^{\beta_1} e^{(-\varepsilon + i\,t)z} \varphi(-\varepsilon + i\,t)\, dt$$
$$+ \frac{1}{2\pi i} \int_{-\varepsilon}^{\varepsilon} e^{(s + i\alpha_1)z} \varphi(s + i\,\alpha_1)\, ds - \frac{1}{2\pi i} \int_{-\varepsilon}^{\varepsilon} e^{(s + i\beta_1)z} \varphi(s + i\,\beta_1)\, ds$$
$$(\varepsilon > 0,\ \alpha_1 < \alpha < \beta < \beta_1)\,.$$

Da $\varphi(z)$ überall außerhalb des konjugierten Diagramms eine holomorphe Funktion ist, gehen die beiden letzten Integrale bei $\varepsilon \to 0$ gegen Null, und wir bekommen

$$f(z) = \frac{1}{2\pi} \int_\alpha^\beta e^{itz} [\psi_+(t) - \psi_-(t)]\, dt\,.$$

In den Punkten der imaginären Achse, welche außerhalb des konjugierten Diagramms liegen, sind die Grenzwerte $\psi_+(t)$ und $\psi_-(t)$ einander gleich, und folglich ist

$$f(z) = \frac{1}{2\pi} \int_\alpha^\beta e^{itz} \psi(t)\, dt \qquad \bigl(\psi(t) = \psi_+(t) - \psi_-(t)\bigr)\,.$$

Der Lehrsatz ist somit bewiesen.

Der Lehrsatz von PALEY und WIENER läßt folgende Verallgemeinerung zu.

Lehrsatz. *Das Indikatordiagramm I einer ganzen Funktion $f(z)$ endlichen Grades sei ein Vieleck. Die Strahlen* $\arg z = \theta_j$ $(j = 1, 2, \ldots, n)$ *seien parallel zu den Normalen der Seiten dieses Vielecks, und die Funktionen*

$$f_j(x) = f(x\, e^{i\theta_j})\, e^{-h(\theta_j)x}$$

gehören zu $L^2(0, \infty)$. *Dann ist*

$$f(z) = \int_\Gamma e^{\lambda z}\, \psi(\lambda)\, d\lambda\,, \tag{5}$$

wo Γ der Rand des konjugierten Diagramms und $\psi(\lambda)$ eine außerhalb von $\bar{I}$ holomorphe Funktion ist, wobei

$$\int_\Gamma |\psi(\lambda)|^2 \cdot |d\lambda| < \infty \tag{6}$$

ist.

Beweis. Ohne Beschränkung der Allgemeinheit kann man annehmen, daß $\theta_j = 0$ und $h(\theta_j) = 0$ ist. Dann gehört die Funktion

$$\varphi_j(\varepsilon + i\,t) = \int_0^\infty e^{-(\varepsilon + i\,t)x} f_j(x)\, dx \qquad (\varepsilon > 0)$$

zu $L^2(-\infty, \infty)$ und strebt im quadratischen Mittel bei $\varepsilon \to +0$ gegen eine gewisse Funktion $\psi_j(t) \in L^2(-\infty, \infty)$. Die Funktion $f(z)$ kann man als Integral über das Vieleck $\bar{I}_\varepsilon$ darstellen, welches das konjugierte Diagramm der Funktion umfaßt (Abb. 9).

$$f(z) = \frac{1}{2\pi} \int_{(ABCDA)} e^{\lambda z}\, \varphi(\lambda)\, d\lambda\,.$$

Benutzen wir den CAUCHYschen Lehrsatz, so können wir dieses Integral durch das Integral über den Rand $KHGCDEK$ ersetzen.

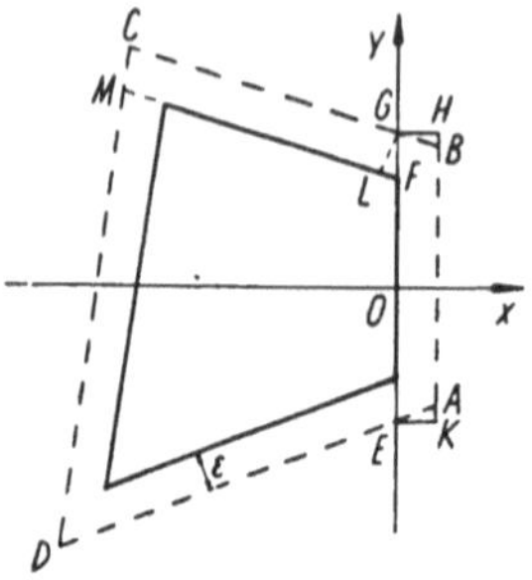

Abb. 9

Gehen wir weiter zum Grenzwert über, genau wie beim Beweis des vorhergehenden Lehrsatzes, so kann man das Integral über KH durch das Integral über EG ersetzen.

Analog wird gezeigt, daß bei genügend kleinem ε das Integral auf GCM sich vom Integral auf LM beliebig wenig unterscheidet, und da $\varepsilon > 0$ beliebig gewählt war, ist das Integral über $FGCM$ gleich dem Integral über FM. Durch Fortsetzung dieses Prozesses bekommen wir, daß das Integral über $ABCDA$ gleich dem Integral über $\bar{I}$ ist. Dabei ergeben die Grenzwerte der Funktion $\varphi(z)$ auf jeder der Seiten eine Funktion, die zu L^2 gehört.

Der Lehrsatz ist somit bewiesen. [1])

[1]) Wir bemerken, daß auch die Umkehrung richtig ist, d. h., wird eine ganze Funktion endlichen Grades durch das Integral (5) dargestellt, und genügt $\psi(\lambda)$ der Bedingung (6), so gehören alle $f_j(x)$ $(j = 1, 2, \ldots, n)$ zu $L^2(0, \infty)$.

Aus dem bewiesenen Lehrsatz folgt, daß jede Funktion endlichen Grades, welche der Voraussetzung des Lehrsatzes genügt, in der Form

$$f(z) = \sum_{j=1}^{n} e^{\lambda_j z} g_j(-i\, e^{i\theta_j} z)$$

dargestellt werden kann, wo λ_j die Ecken des konjugierten Diagramms sind, und $g_j(z)$ ganze Funktionen, welche auf der reellen Achse zu $L^2(-\infty, \infty)$ gehören. In der Tat kann das Integral über einer Seite L_j des Vielecks $\lambda_j + t\, e^{i\theta_j}$ $(0 \leqq t \leqq d_j)$ in der Form aufgeschrieben werden:

$$f_j(z) = \int_{L_j} e^{\lambda z} \psi_j(\lambda)\, d\lambda = e^{\lambda_j z} e^{i\theta_j} \int_0^{d_j} \exp(t\, e^{i\theta_j} z)\, \psi_j(\lambda_j + t\, e^{i\theta_j})\, dt$$

oder

$$f_j(z) = e^{\lambda_j z} g_j(-i\, z\, e^{i\theta_j}),$$

wo

$$g_j(u) = e^{i\theta_j} \int_0^{d_j} e^{iut} \psi_j(\lambda_j + t\, e^{i\theta_j})\, dt$$

ist, d. h., es ist eine ganze Funktion endlichen Grades, welche auf der reellen Achse zu $L^2(-\infty, \infty)$ gehört.

4. Die Polynome von Levithan

B. M. Levithan bewies einen ziemlich wichtigen Lehrsatz über die Approximation einer auf der reellen Achse beschränkten ganzen Funktion mit Hilfe von trigonometrischen Polynomen. Gegenwärtig gibt es einige Beweise dieses Lehrsatzes.[1])

Der hier angegebene Beweis stammt von N. I. Achieser und W. A. Martschenko [1].

Lehrsatz. *$f(z)$ sei eine ganze Funktion endlichen Grades, und es sei*

$$|f(x)| \leqq M \qquad (-\infty < x < \infty)\,. \tag{1}$$

Bei beliebigen $N > 0$ und $\varepsilon > 0$ existiert ein trigonometrisches Polynom

$$P_n(x) = \sum_{-(\sigma+\varepsilon) < \frac{k}{n} < \sigma+\varepsilon} a_{k,n}\, e^{i\frac{k}{n}x}, \tag{2}$$

so daß

$$|f(x) - P_n(x)| < \varepsilon \tag{3}$$

bei $|x| \leqq N$ ist, und außerdem

$$|P_n(x)| \leqq M$$

bei $-\infty < x < \infty$.

1) Siehe B. M. Levithan [2], M. G. Krein [5].

Beweis. Wir betrachten die Funktion

$$\varphi(x) = f(x)\left(\frac{\sin \varkappa x}{\varkappa x}\right)^2 \qquad (\varkappa > 0)\,, \tag{4}$$

welche der Ungleichung

$$|\varphi(x)| \leqq \frac{M}{\varkappa^2 x^2} \qquad (-\infty < x < \infty) \tag{5}$$

genügt, und bilden die Reihe

$$\psi_T(x) = \sum_{n=-\infty}^{\infty} \varphi\,(x + n\,T)\,, \tag{6}$$

welche auf der reellen Achse absolut konvergiert. Die Zahl $\varkappa > 0$ kann man so klein wählen, daß

$$|f(x) - \varphi(x)| < \frac{\varepsilon}{2} \tag{7}$$

bei $|x| \leqq N$ wird.

Wählen wir T so, daß $\varkappa\,T$ ein Vielfaches von π ist, so bekommen wir

$$\psi_T(z) = \frac{\sin^2 \varkappa z}{\varkappa^2} \sum_{n=-\infty}^{\infty} \frac{f(z + n\,T)}{(z + n\,T)^2}\,.$$

Offensichtlich ist

$$|\psi_T(x)| \leqq M \sin^2 \varkappa \sum_{n=-\infty}^{\infty} \frac{1}{(\varkappa x + n\,\pi)^2} = M\,.$$

Wählen wir T genügend groß, so werden wir erreichen, daß auf dem Intervall $|x| \leqq N$ die Summe aller Glieder der Reihe (6) außer $\varphi(x)$ kleiner sein wird als $\frac{\varepsilon}{2}$, und folglich ist

$$|\psi_T(x) - \varphi(x)| < \frac{\varepsilon}{2} \qquad (|x| \leqq N)\,.$$

Vergleichen wir dieses Ergebnis mit (7), so bekommen wir

$$|\psi_T(x) - f(x)| < \varepsilon \qquad (|x| \leqq N)\,.$$

Wir werden jetzt zeigen, daß $\psi_T(x)$ ein trigonometrisches Polynom ist.

Jede endliche Summe $\psi_{T,n}(z)$ der Reihe (6) ist eine ganze Funktion endlichen Grades nicht höher als $\sigma + \varkappa$, welche auf der reellen Achse der Ungleichung

$$|\psi_{T,n}(x)| < M$$

genügt.

Nach dem Lehrsatz von Phragmen und Lindelöf folgt hieraus, daß

$$|\psi_{T,n}(z)| < M\,e^{(\sigma+\varkappa)\cdot|\mathrm{Im}\,z|}$$

ist.

Auf diese Weise bilden die Funktionen $\psi_{T,n}(z)$ eine normale Familie, und deshalb bedeutet die gleichmäßige Konvergenz der Reihe (6) auf jedem endlichen Intervalle die gleichmäßige Konvergenz dieser Reihe in jedem endlichen Gebiet.

Also ist $\psi_T(z)$ eine ganze periodische Funktion endlichen Grades nicht höher als $\sigma + \varkappa$ mit der Periode T, welche überall der Ungleichung

$$|\psi_T(z)| < M\, e^{(\sigma+\varkappa)\,|\mathrm{Im}\, z|}$$

genügt. Entwickeln wir diese Funktion in eine trigonometrische Reihe

$$\psi_T(z) = \sum_{k=-\infty}^{\infty} a_k\, e^{i\frac{2\pi k}{T} z}.$$

und führen wir die LAPLACEsche Transformation

$$\chi(\lambda) = \int_0^{\infty} e^{-x\lambda}\, \psi_T(x)\, dx$$

durch, so bekommen wir

$$\chi(\lambda) = \sum_{k=-\infty}^{\infty} \frac{a_k}{\lambda - i\frac{2\pi k}{T}}.$$

Da das konjugierte Diagramm der Funktion $\psi_T(\lambda)$ auf dem Intervall $[-(\sigma+\varkappa)\, i, (\sigma+\varkappa)\, i]$ der imaginären Achse liegen muß, so muß bei $\left|\frac{2\pi k}{T}\right| > \sigma + \varepsilon$ $a_k = 0$ sein. Folglich ist $\psi_T(z)$ ein trigonometrisches Polynom. Der Lehrsatz ist damit bewiesen.

Bemerkung. Einen analogen Lehrsatz kann man für ganze Funktionen endlichen Grades beweisen, welche der Ungleichung

$$|f(x)| \leqq M\,(1 + |x|^k) \qquad (-\infty < x < \infty)$$

genügen.[1])

Zum Beweis dieses Lehrsatzes braucht man nur den Faktor $\left(\frac{\sin \varkappa x}{\varkappa x}\right)^2$ durch den Faktor $\left(\frac{\sin \varkappa x}{\varkappa x}\right)^{2+k}$ zu ersetzen.[2])

5. Potenzreihen mit Koeffizienten, welche mit Hilfe einer ganzen Funktion endlichen Grades interpoliert wurden

Wir betrachten Reihen der Form

$$f(z) = \sum_{n=0}^{\infty} \varphi(n)\, z^n, \tag{1}$$

wo $\varphi(n)$ eine ganze Funktion endlichen Grades ist.

---

[1]) Siehe N. I. ACHIESER [2].

[2]) Bei Einführung neuer Kerne statt $\left(\frac{\sin \varkappa x}{\varkappa x}\right)^2$ kann man den Lehrsatz von B. M. LEVITHAN auf Funktionen ausdehnen, welche auf der reellen Achse schnell wachsen. Das wurde von W. A. MARTSCHENKO [2] getan. Vgl. auch die Arbeit von L. I. RONKIN [1].

Die Verteilung der Singularitäten einer durch eine solche Reihe dargestellten Funktion $f(z)$ wird durch den folgenden Lehrsatz von G. PÓLYA angegeben.

Lehrsatz. *Ist die Breite des Indikatordiagramms*

$$h_\varphi\left(\frac{\pi}{2}\right) + h_\varphi\left(-\frac{\pi}{2}\right)$$

der Funktion $\varphi(z)$ kleiner als 2π, so liegen alle Singularitäten der Funktion $f(z)$ im Gebiet G, welches sich aus dem konjugierten Diagramm $\overline{I}$ der Funktion $\varphi(z)$ mit Hilfe der Abbildung

$$w = e^{-z} \tag{2}$$

ergibt, wobei $f(\infty) = 0$ ist.

Umgekehrt, läßt sich die Funktion $f(z)$ in der Umgebung des Nullpunktes durch die Reihe

$$f(z) = \sum_{n=0}^{\infty} a_n z^n \tag{3}$$

darstellen, liegen alle ihre Singularitäten in einem gewissen Gebiet G, welches mit Hilfe der Transformation (2) aus einem konvexen Gebiet K hervorgeht, dessen Breite in Richtung der imaginären Achse kleiner als 2π ist, und ist $f(\infty) = 0$, so existiert eine ganze Funktion endlichen Grades $\varphi(z)$ mit dem konjugierten Diagramm, welches K angehört, die die Koeffizienten der Reihe (3) interpoliert, d. h., es ist $\varphi(n) = a_n$ $(n = 0, 1, 2, \ldots)$.

Um den ersten Teil des Lehrsatzes zu beweisen, bemerken wir, daß eine ganze Funktion endlichen Grades $\varphi(z)$ die Darstellung

$$\varphi(u) = \int_{(C)} e^{u\lambda} \psi(\lambda)\, d\lambda$$

zuläßt, wo C eine beliebige Randkurve ist, welche das konjugierte Diagramm $\overline{I}_\varphi$ umfaßt. Man kann gewiß annehmen, daß C der Rand eines konvexen Gebietes mit der Breite bezüglich der imaginären Achse kleiner als 2π ist.

Setzen wir diesen Ausdruck für $\varphi(u)$ in die Reihe (1) ein, so bekommen wir

$$f(z) = \int_{(C)} \psi(\lambda) \left(\sum_{n=0}^{\infty} e^{n\lambda} z^n \right) d\lambda .$$

In einem genügend kleinen Kreis $|z| < \varepsilon$ konvergiert die hinter dem Integralzeichen stehende Reihe, und folglich ist

$$f(z) = \int_{(C)} \frac{\psi(\lambda)}{1 - z e^{\lambda}}\, d\lambda .$$

Aus dieser Darstellung der Funktion $f(z)$ folgt, daß sie keine Singularitäten außerhalb des einblättrigen Gebietes besitzt, welches durch die Transformation (2) aus dem von der Randkurve C begrenzten Gebiete hervorgeht. Anders gesagt, liegen alle Singularitäten von $f(z)$ im Gebiet G. Aus derselben Darstellung der Funktion $f(z)$ folgt, daß $f(\infty) = 0$ ist.

Umgekehrt, es mögen alle Singularitäten der durch die Reihe (1) dargestellten Funktion $f(z)$ in einem abgeschlossenen Gebiete G liegen, welches das Bild eines konvexen Gebietes K ist, dessen Breite in Richtung der imaginären Achse kleiner als 2π ist. Unter dieser Bedingung ist die zu G komplementäre Menge ein Gebiet, welches die Punkte 0 und ∞ enthält.

Wir haben

$$a_n = \frac{1}{2\pi i}\int_{(C)} \frac{f(z)}{z^{n+1}}\,dz \qquad (n = 0, 1, 2, \ldots)$$

(wo C ein Kreis mit dem Mittelpunkt im Nullpunkt und von kleinem Radius ist). Da dabei $f(\infty) = 0$ ist, kann dieses Integral nach dem Residuensatz durch ein Integral über jeder anderen Randkurve L, welche den Nullpunkt im Innern nicht enthält und G umfaßt, ersetzt werden. Wir setzen

$$\varphi(u) = \frac{1}{2\pi i}\int_{(L)} \frac{f(z)}{z^{n+1}}\,dz$$

und bekommen

$$\varphi(u) = \frac{1}{2\pi i}\int_{(C)} f(e^{-v})\,e^{uv}\,dv\,, \tag{4}$$

wo C eine das Gebiet K umfassende Randkurve ist. Offensichtlich ist $\varphi(n) = a_n$. Außerdem folgt aus der Darstellung (4), daß $\varphi(u)$ eine ganze Funktion endlichen Grades ist, wobei ihr konjugiertes Diagramm K angehört. Der Lehrsatz ist somit bewiesen.

Aus diesem Lehrsatz folgt unmittelbar folgender Lehrsatz von S. Wiegert:

Lehrsatz. *Damit eine durch die Reihe* (3) *dargestellte Funktion $f(z)$ eine singuläre Stelle nur im Punkte $z = 1$ hat und im Unendlichen verschwindet, ist notwendig* und *hinreichend, daß die Koeffizienten der Reihe* (3) *durch eine ganze Funktion endlichen Grades oder ein Polynom interpoliert werden.*

Im letzten Fall ist $f(z)$ eine rationale Funktion mit dem einzigen Pol im Punkt $z = 1$.[1])

In der Arbeit von A. O. Gelfond [3] wird der Lehrsatz von S. Wiegert wesentlich verfeinert. In ihm wird ein Zusammenhang zwischen den Ordnungen des Wachstums der interpolierenden Funktion $\varphi(z)$ und einer ganzen Funktion $G(z)$ festgestellt, welche mit $f(z)$ durch die Gleichung $f(z) = G\left(\frac{1}{z-1}\right)$ verknüpft ist.

[1]) Die Verteilung der Singularitäten der Reihe (1) wird in vielen Arbeiten untersucht. Wir erwähnen hier die Arbeiten von Leau [1], Wiegert [1], Lindelöf [2], Carlson [1, 2], Pólya [1].

ANWENDUNG DER EINDEUTIGKEITSSÄTZE AUF DIE QUASIANALYTISCHEN FUNKTIONENKLASSEN

Die Beweise einiger Eindeutigkeitssätze im reellen Gebiet, welche sich auf die durch gewöhnliche oder verallgemeinerte trigonometrische Reihen dargestellten Funktionen beziehen, können durch die Zurückführung des Problems auf die Eindeutigkeit der Definition einer holomorphen Funktion, d. h. auf die Fragen derselben Art wie die im Kapitel IV behandelten gewonnen werden. Insbesondere kann man auf diese Weise einige Lehrsätze über quasianalytische Funktionen gewinnen.

1. Funktionen, welche durch ihre Werte auf einem Intervall definiert werden

Eine periodische Funktion wird durch ihre Werte auf einem beliebigen Intervall definiert, dessen Länge gleich der Periode ist. Diese Eigenschaft ist jedoch keine charakteristische Eigenschaft der periodischen Funktionen. Wir werden eine Klasse von fastperiodischen Funktionen und von durch das FOURIER-STIELTJESsche Integral darstellbaren Funktionen zeigen, welche ebenso durch ihre Werte auf einem genügend langem Intervall definiert sind. Es ergibt sich, daß diese Eigenschaft mit dem Spektrum der Funktion zusammenhängt.[1])

Wir betrachten die Klasse T_Ω fastperiodischer Funktionen von STEPANOW (S_p) [2]), deren FOURIERexponenten einer gewissen Menge Ω von reellen Punkten angehören.

Wir bezeichnen mit $n_\Omega(t)$ die Anzahl der von Null verschiedenen Punkte der Menge Ω im Intervall $(-t, t)$ und setzen

$$N_\Omega(R) = \int_0^R \frac{n_\Omega(t)}{t}\,dt\,, \qquad (1)$$

[1]) M. G. KREIN machte mich im Jahre 1941 auf diesen Zusammenhang zwischen dem Spektrum der Funktion und dem Eindeutigkeitsintervall aufmerksam. Die hier dargestellten Ergebnisse wurden von mir im Jahre 1950 [11] veröffentlicht. J. P. KAHAN [1, 2] bekam neulich neue Ergebnisse, welche mit der Theorie der „im Mittel periodischen Funktionen" zusammenhängen.

[2]) Es genügt für unsere Zwecke, folgende Eigenschaft der S_p-fastperiodischen Funktionen zu beachten, welche als ihre Definition genommen werden kann. Jede S_p-fastperiodische Funktion kann in folgendem Sinne durch fastperiodische Polynome $P(x)$ approximiert werden:

$$\sup_{-\infty<x<\infty} \left\{ \int_0^{x+1} |f(t) - P(t)|^p\,dt \right\}^{1/p} < \varepsilon\,.$$

wenn die Null nicht zur Menge Ω gehört, und

$$N_\Omega(R) = \int_0^R \frac{n_\Omega(t)}{t}\,dt + \ln R,$$

wenn die Null zu Ω gehört. Es ist insbesondere möglich, daß $N_\Omega(R) = \infty$ ist. Die Funktion $N_\Omega(R)$ charakterisiert die Dichte der Verteilung der Punkte der Menge Ω auf der reellen Achse.

Lehrsatz 1. *Verschwindet eine S_p-Funktion der Klasse T_Ω*

$$f(t) \sim \sum_{k=-\infty}^{\infty} a_k e^{i\lambda_k t} \qquad (\lambda_k \in \Omega) \tag{2}$$

auf einem gewissen Intervall der Länge d und ist

$$\varliminf_{R\to\infty} \left[N_\Omega(R) - \frac{d}{\pi} R - \frac{1}{q}\ln R\right] = -\infty \qquad \left(\frac{1}{p} + \frac{1}{q} = 1\right), \tag{3}$$

so ist fast überall $f(x) \equiv 0$.

Auf diese Weise wird eine Funktion der Klasse T_Ω durch ihre Werte auf einem Intervall der gegebenen Länge definiert, wenn die Dichte von Ω genügend klein ist.

Beweis. Offensichtlich braucht man nur den Fall zu betrachten, daß Ω nur einen Häufungspunkt im Unendlichen hat. Die LAPLACEsche Transformierte der Funktion $f(x)$

$$\varphi(z) = \int_0^\infty e^{-zt} f(t)\,dt = \sum_{k=-\infty}^{\infty} \frac{a_k}{z - i\lambda_k} \tag{4}$$

ist in diesem Fall eine meromorphe Funktion mit einfachen Polen in den Punkten $i\lambda_k$.

Ohne Beschränkung der Allgemeinheit kann man annehmen, daß die Funktion $f(t)$ auf dem offenen Intervall $\left(-\frac{d}{2}, \frac{d}{2}\right)$ verschwindet.[1]) Wir geben eine Abschätzung der Funktion $\varphi(z)$ in der rechten Halbebene an. Wir haben bei $m \geqq 0$

$$\left|\int_m^{m+1} e^{-zt} f(t)\,dt\right| \leqq \int_m^{m+1} e^{-tx} |f(t)|\,dt \leqq \|f\|_p \left(\int_m^{m+1} e^{-qtx}\,dt\right)^{1/q},$$

wo

$$\|f\|_p = \sup_{-\infty < x < \infty} \left[\int_x^{x+1} |f(t)|^p\,dt\right]^{1/p} \qquad \left(z = x + iy \quad \text{und} \quad \frac{1}{p} + \frac{1}{q} = 1\right)$$

ist. Hieraus ist

$$\left|\int_m^{m+1} e^{-zt} f(t)\,dt\right| \leqq \|f\|_p \frac{e^{-mx}(1 - e^{-qx})^{1/q}}{(qx)^{1/q}}.$$

[1]) Das folgt aus der Tatsache, daß die Verschiebung $f(t + t_0)$ das Spektrum der Funktion unverändert läßt.

Aus dieser Abschätzung folgt die Konvergenz des Integrals (4) und die Abschätzung

$$|\varphi(z)| \leqq \|f\|_p \frac{e^{-\frac{d}{2}x}\left(1-e^{-qx}\right)^{\frac{1}{q}}}{(q\,x)^{\frac{1}{q}}\left(1-e^{-x}\right)}$$

bei $x > 0$. Analog kann man eine Abschätzung in der linken Halbebene für $|\varphi(z)|$ bekommen. Wir haben dann die Abschätzung

$$|\varphi(z)| \leqq \|f\|_p \frac{e^{-\frac{d}{2}|x|}\left(1-e^{-q|x|}\right)^{\frac{1}{q}}}{(q|x|)^{\frac{1}{q}}\left(1-e^{-|x|}\right)}, \tag{5}$$

welche für alle Werte von $z = x + i\,y$ richtig ist. Wir bemerken ,daß diese Abschätzung im Fall, daß $f(t)$ beschränkt ist, insbesondere, daß $f(t)$ eine gewöhnliche fastperiodische Funktion ist, durch folgende Abschätzung ersetzt wird:

$$|\varphi(z)| \leqq \frac{M}{|x|} e^{-\frac{d}{2}|x|}, \tag{6}$$

wo $M = \sup\limits_{-\infty < t < \infty} |f(t)|$ ist.

Die JENSENsche Formel (§ 5, Kapitel I) für Funktionen, welche in einem gewissen abgeschlossenen Kreis $|z| \leqq R$ holomorph sind, kann auch auf Funktionen ausgedehnt werden, welche in diesem Kreis Pole haben. Nimmt dabei die meromorphe Funktion $\varphi(z)$ in diesem Kreis die Werte Unendlich und Null nicht an, so hat die Formel die Gestalt

$$\int\limits_0^R \frac{n_1(t)}{t}\,dt - \int\limits_0^R \frac{n_2(t)}{t}\,dt = \frac{1}{2\pi}\int\limits_0^{2\pi} \ln|\varphi(R\,e^{i\theta})|\,d\theta - \ln|\varphi(0)|, \tag{7}$$

wo $n_1(t)$ die Anzahl der Nullstellen und $n_2(t)$ die Anzahl der Pole der Funktion $\varphi(z)$ im Kreis $|z| \leqq t$ ist.

Wir nehmen an, es sei $\varphi(z) \not\equiv 0$, und wir nehmen zuerst an $\varphi(z) \neq 0, \infty$. Dann erhalten wir aus der Abschätzung (5)

$$\int\limits_0^R \frac{n_2(t)}{t}\,dt > \frac{d}{\pi} R + \frac{1}{q}\ln R + O(1) + \int\limits_0^R \frac{n_1(t)}{t}\,dt. \tag{8}$$

Bemerken wir, daß $\int\limits_0^R \frac{n_1(t)}{t}\,dt \geqq 0$ und $n_\Omega(t) \geqq n_2(t)$ ist, so ergibt sich

$$N_\Omega(R) > \frac{d}{\pi} R + \frac{1}{q} R + \frac{1}{q}\ln R + O(1). \tag{8'}$$

Gehört die Null zur Menge Ω und zu den einfachen Polen der Funktion $\varphi(z)$, so bekommen wir nach der Anwendung der Formel (7) auf die Funktion $\varphi_1(z) = z\varphi(z)$

wieder (8'). Analog wird der Fall $\varphi(0) = 0$ behandelt. Aber (8') widerspricht der Bedingung (3). Auf diese Weise zieht die Bedingung (3) $\varphi(z) \equiv 0$ nach sich. Durch Umkehrung der LAPLACEschen Transformierten bekommen wir, daß fast überall $f(t) \equiv 0$ ist. Wir bemerken noch, daß man statt der Abschätzung (5) die Abschätzung (6) benutzen kann, falls $f(t)$ eine beschränkte Funktion ist, (insbesondere wenn sie eine gewöhnliche fastperiodische Funktion ist), und es ergibt sich, daß für solche Funktionen die Bedingung

$$\varliminf_{R\to\infty} \left[N_\Omega(R) - \frac{d}{\pi} R - \ln R\right] = -\infty$$

$f(t) \equiv 0$ fast überall nach sich zieht. Auf diese Weise erstreckt sich der Lehrsatz 1 auch auf den Fall $p = \infty$.[1])

Die Genauigkeit der Abschätzung (3) wird durch das folgende Beispiel festgestellt: Wir setzen bei einem gewissen $\delta > 0$

$$f_1(t) = (e^{it} + 1)^{-2\delta}, \qquad f_2(t) = (1 + e^{-it})^{-2\delta}$$

bei $-\pi < t < \pi$ und

$$f_i(t + 2\pi) = f_i(t) \qquad (i = 1, 2; -\infty < t < \infty)\,.$$

Die Funktion

$$f(t) = e^{i\delta t} f_1(t) - e^{-i\delta t} f_2(t)$$

gehört bei $2\delta < \frac{1}{p}$ zu (S_p). Außerdem ist $f(t) = 0$ bei $|t| < \pi$. Die FOURIERexponenten der S_p-Funktion $f(t)$ sind die Zahlen $\lambda_n = \pm (n + \delta)$ $(n = 0, 1, 2, \ldots)$. Bezeichnen wir die Menge der Zahlen $\pm (n + \delta)$ mit Ω, so bekommen wir

$$N_\Omega(R) = 2R + (1 - 2\delta) \ln R + O(1)\,.$$

Wenn man also in (3) die Größe $\frac{1}{q}$ durch eine größere ersetzt, kann man eine Folge Ω finden, welche der Bedingung (3) genügt, und eine S_p-fastperiodische Funktion $f(t)$, welche nicht identisch verschwindet, die FOURIERexponenten aus Ω hat und auf dem Intervall $|t| < \pi$ verschwindet.

Es ist interessant, ,,Grenzfunktionen" zu untersuchen, d. h. Funktionen, welche auf dem Intervall $|t| < \frac{d}{2}$ verschwinden, und solche, deren FOURIERexponenten der Bedingung

$$\varliminf_{R\to\infty} \left[N_\Omega(R) - \frac{d}{\pi} R - \sigma \ln R\right] = -\infty \qquad \left(1 + \frac{1}{q} \geqq \sigma > \frac{1}{q}\right) \tag{9}$$

genügen. Es genügt in diesem Fall, einen Punkt aus Ω herauszunehmen, und es existiert keine nicht identisch verschwindende Funktion aus T_Ω, welche auf dem Intervall $(-d, d)$ verschwindet.

[1]) Wir bemerken, daß bei $p = 1$ die Abschätzung (5) durch die Abschätzung

$$|\varphi(z)| \leq \|f\|\, e^{-\frac{d}{2}|x|} (1 - e^{-|x|})^{-1}$$

ersetzt wird. In der Abschätzung (3) des Lehrsatzes 1 muß man hier $q = \infty$ setzen.

Folgender Lehrsatz ist richtig:

Lehrsatz 2. *Genügt die Menge* $\{\lambda_k\}$ *der* FOURIER*exponenten einer* S_p*-fastperiodischen Funktion der Bedingung* (9) *und verschwindet die Funktion selbst auf dem Intervall* $\left(-\frac{d}{2}, \frac{d}{2}\right)$, *so hat die Menge* $\{\lambda_k\}$ *auf dem positiven und dem negativen Strahl die Dichte* $\frac{d}{\pi}$, *und es existiert*

$$\delta = \lim_{R\to\infty} \left(\sum_{|\lambda_k|<R} \frac{1}{\lambda_k} \right).$$

Außerdem ist die Funktion $f(t)$ *in der Form*

$$f(t) \sim \sum_{-\infty}^{\infty} \frac{1}{\psi'(i\lambda_k)} e^{i\lambda_k t} \tag{10}$$

darstellbar, wo

$$\psi(z) = c \lim_{R\to\infty} \prod_{|\lambda_k|<R} \left(1 - \frac{z}{i\lambda_k}\right) \tag{10'}$$

ist.

Beweis. Aus der Ungleichung (8) folgt, daß bei der Erfüllung der Bedingung (9) $n_1(t) = 0$ ist. Auf diese Weise hat die Funktion $\varphi(z)$ keine Nullstellen, und folglich ist $\psi(z) = [\varphi(z)]^{-1}$ eine ganze Funktion mit den Nullstellen in den Punkten der Menge Ω. Wir bemerken, daß alle Punkte der Menge Ω Nullstellen von $\psi(z)$ sein müssen, da man aus Ω keinen Punkt entfernen kann. Aus der Darstellung

$$\frac{1}{\psi(z)} = \sum_{-\infty}^{\infty} \frac{a_k}{z - i\lambda_k} \tag{4'}$$

(vgl. (4)) folgt nach dem Lehrsatz von M. G. KREIN (Lehrsatz 12, Kapitel V), daß $\psi(z)$ von endlichem Grade und von vollkommen regulärem Wachstum ist, und daß ihr Indikatordiagramm eine Strecke auf der reellen Achse ist. Hieraus folgt, daß die Punktmenge $\{\lambda_k\}$ eine Dichte hat, und zwar dieselbe auf dem positiven und dem negativen Strahl, und es existiert der Grenzwert

$$\delta = \lim_{R\to\infty} \sum_{|\lambda_k|<R} \frac{1}{\lambda_k}.$$

Nach dem Lehrsatz 11 aus Kapitel V läßt sich die Funktion $\psi(z)$ in der Form (10′) darstellen. Die Darstellung (10) der Funktion $f(t)$ ergibt sich aus der Gleichung (4′), welche $a_k = \frac{1}{\psi'(i\lambda_k)}$ ergibt. Wir werden noch zeigen, daß die Dichte der Menge Ω auf jedem der Strahlen $x > 0$, $x < 0$ gleich $\frac{d}{2\pi}$ ist. Aus (9) folgt unmittelbar

$$\lim_{R\to\infty} \frac{n_\Omega(R)}{R} \leq \frac{d}{\pi}.$$

Anderseits aber folgt aus der Tatsache, daß $f(x)$ auf dem Intervall $\left(-\frac{d}{2}, \frac{d}{2}\right)$ verschwindet, die Ungleichung (5), welche die Abschätzung

$$|\psi(z)| \geqq c \frac{|z|^{\frac{1}{q}} (1 - e^{-|x|})}{(1 - e^{-q|x|})^{\frac{1}{q}}} e^{\frac{d}{2}|x|} \tag{11}$$

liefert.

Wenden wir den Lehrsatz von JENSEN an, so bekommen wir aus dieser Abschätzung mit Leichtigkeit

$$\lim_{R\to\infty} \frac{n_\Omega(R)}{R} \geqq \frac{d}{\pi}.$$

Also ist die Dichte der Menge Ω gleich $\frac{d}{\pi}$, und das bedeutet, daß ihre Dichte auf jedem der Strahlen $x > 0$ und $x < 0$ gleich $\frac{d}{2\pi}$ ist. Der Lehrsatz ist somit bewiesen.

Folgenden Lehrsatz kann man im gewissen Sinne als eine Umkehrung des Lehrsatzes 2 betrachten.

Lehrsatz 3. *Hat die Funktion $\psi(z)$ nur einfache Nullstellen der Form $i\lambda_k$, wobei bei $k \neq n$* $\inf|\lambda_k - \lambda_n| \geqq \delta > 0$ *ist, und genügt die Funktion außerhalb von sich nicht überschneidenden Kreisen, welche die Nullstellen enthalten, der Bedingung*

$$0 < m < |\psi(z)|\, e^{-\frac{d}{2}|x|} (1 + |z|^\gamma)^{-1} < M \tag{11'}$$

bei $\gamma > 1$, so konvergiert die Reihe

$$\sum_{-\infty}^{\infty} \frac{e^{i\lambda_k t}}{\psi'(i\lambda_k)} \tag{12}$$

absolut und gleichmäßig auf der ganzen reellen Achse und definiert die Funktion $f(t)$, welche auf $\left(-\frac{d}{2}, \frac{d}{2}\right)$ verschwindet.

Beweis. Aus der Ungleichung (11′) folgt, daß auf dem Kreis $|z - i\lambda_k| = \delta$

$$\left|\frac{\psi(z)}{z - i\lambda_k}\right| > \frac{m}{\delta} \cdot (1 + |z|^\gamma)$$

ist und aus dem Minimumprinzip angewandt auf die im Kreis $|z - i\lambda_k| \leqq \delta$ harmonische Funktion

$$\ln|\psi(z)\,(z - i\lambda_n)^{-1}|$$

bekommen wir

$$|\psi'(i\lambda_n)| > c\,|\lambda_k|^\gamma,$$

wo c eine Konstante ist. Aus (11′) folgt, daß $\psi(z)$ von vollkommen regulärem Wachstum ist. Deshalb geht $\frac{n}{\lambda_n} \to \frac{d}{2\pi}$, und folglich konvergiert die Reihe (12) absolut. Wir wollen zeigen, daß die durch die Reihe (12) dargestellte Funktion $f(t)$ auf dem Intervall $\left(-\frac{d}{2}, \frac{d}{2}\right)$ verschwindet.

Integrieren wir die Funktion $\frac{e^{-tz}}{\psi(z)}$ längs der Randkurve Γ (Abb. 10), so erhalten wir

$$\sum_{|\lambda_k|<N} \frac{e^{i\lambda_k t}}{\psi'(i\lambda_k)} = \frac{1}{2\pi i} \int_{(\Gamma)} \frac{e^{-tz}}{\psi(z)} dz .$$

Bei $t < +\frac{d}{2}$ konvergiert das Integral auf dem Kreisbogen gegen Null mit dem wachsenden N, und folglich haben wir

$$f(t) = \frac{1}{2\pi i} \int_{\varepsilon - i\infty}^{\varepsilon + i\infty} \frac{e^{-tz}}{\psi(z)} dz \qquad \left(t < \frac{d}{2}\right).$$

Integrieren wir andererseits längs der Randkurve Γ_1 (Abb. 11), so ergibt sich

$$0 = \frac{1}{2\pi i} \int_{(\Gamma_1)} \frac{e^{-tz}}{\psi(z)} dz .$$

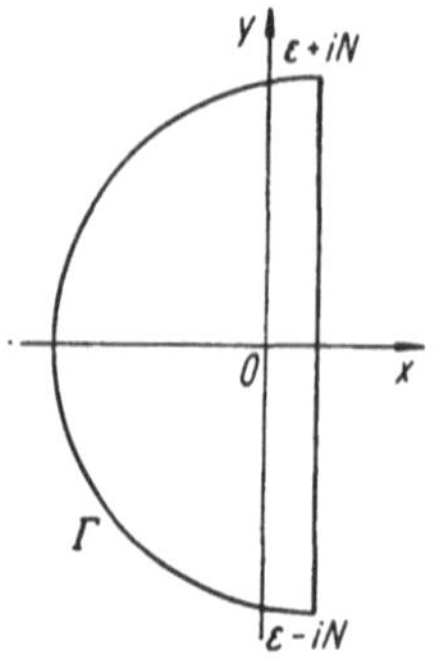

Abb. 10

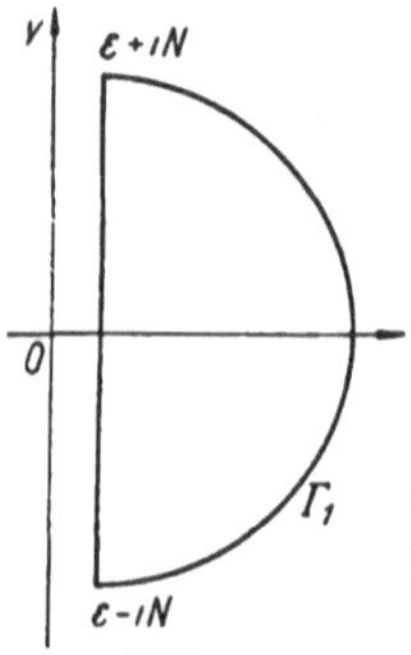

Abb. 11

Bei $t > -\frac{d}{2}$ strebt das Integral auf dem Kreisbogen gegen Null, und wir bekommen

$$0 = \frac{1}{2\pi i} \int_{\varepsilon - i\infty}^{\varepsilon + i\infty} \frac{e^{-tz}}{\psi(z)} dz .$$

Also ist $f(t) = 0$ bei $-\frac{d}{2} < t < \frac{d}{2}$. Der Lehrsatz ist damit bewiesen.

Beim Beweis des Lehrsatzes 1 haben wir in der Ungleichung (8)

$$\int_0^R \frac{n_2(t)}{t} dt > \frac{d}{\pi} R + \frac{1}{q} \ln R + \int_0^R \frac{n_1(t)}{t} dt + O(1)$$

das nichtnegative Glied

$$\int_0^R \frac{n_1(t)}{t} dt$$

fortgelassen. Wir werden es jetzt berücksichtigen Wir werden dabei S_p-fastperiodische Funktionen betrachten, welche der Bedingung $f(-x) = \overline{f(x)}$ genügen, d. h. solche, daß

$$f(x) \sim \sum_{-\infty}^{\infty} a_n e^{i\lambda_n x}$$

ist, wobei a_n reelle Zahlen sind.

Bezeichnen wir mit λ_0 den an die Null am nächsten gelegenen Fourierexponenten der Funktion $f(x)$ und numerieren wir die Zahlen λ_n in der Reihenfolge ihres

Anwachsens um: $\cdots < \lambda_{-k} < \cdots < \lambda_{-1} < \lambda_0 < \lambda_1 < \cdots < \lambda_k < \cdots$. Bezeichnen wir mit $n_0(t)$ die Anzahl der Vorzeichenwechsel in der Koeffizientenfolge $\ldots a_{-k}, a_{-k+1}, \ldots, a_{-1}, a_0, a_1, \ldots, a_k$, welche den Zahlen λ_n aus dem Intervall $(-t, t)$ entsprechen, und setzen wir

$$N_0(R) = \int_0^R \frac{n_0(t)}{t}\,dt\,.$$

Lehrsatz 4. *Verschwindet eine S_p-fastperiodische Funktion $f(x)$ auf dem Intervall $\left(-\frac{d}{2}, \frac{d}{2}\right)$, ist $f(-x) = \overline{f(x)}$ und nicht äquivalent Null, so genügt die Dichte $N_0(R)$ der Vorzeichenwechsel in der* FOURIER*reihe dieser Funktion der Bedingung*

$$\varliminf_{R\to\infty} \left[N_0(R) - \frac{d}{\pi} R + \frac{1}{p} \ln R\right] > -\infty\,. \tag{13}$$

Beweis. Es sei $a_n a_{n+1} > 0$, dann nimmt die LAPLACEsche Transformierte der Funktion $f(t)$

$$\varphi(z) = \sum_{-\infty}^{\infty} \frac{a_k}{z - \lambda\, i_k}$$

auf der imaginären Achse rein imaginäre Werte an und wechselt das Vorzeichen auf dem Intervall $(i\lambda_n, i\lambda_{n+1})$, und folglich verschwindet sie auf diesem Intervall. Auf diese Weise ist die Anzahl $n_1(t)$ der Nullstellen der Funktion $\varphi(z)$ im Kreise $|z| \leqq t$ nicht kleiner als die Anzahl der aufeinanderfolgenden gleichen Vorzeichen in der Koeffizientenfolge $\{a_n\}$ bei $|\lambda_n| \leqq t$, und folglich ist

$$n_2(t) - n_1(t) \leqq n_0(t) + 1\,.$$

Ist $\varphi(z) \not\equiv 0$, so kann man ohne Beschränkung der Allgemeinheit annehmen, daß $\varphi(0) \neq 0$ ist, und wir bekommen nach der JENSENschen Formel

$$N_0(R) + \ln R > -\frac{1}{2\pi} \int_0^{2\pi} \ln|\varphi(R\,e^{i\theta})|\,d\theta + \ln|\varphi(0)|\,.$$

Nach der Abschätzung (5) folgt hieraus

$$N_0(R) > \frac{d}{\pi} R - \frac{1}{p} \ln R + O(1)\,.$$

Der Lehrsatz ist somit bewiesen.

Der Lehrsatz 4 kann auf Funktionen der Art

$$f(x) = \int_{-\infty}^{\infty} e^{itx}\,d\sigma(t) \tag{14}$$

übertragen werden, wo $\sigma(t)$ eine reelle Funktion von beschränkter Variation ist.

Ein Intervall, auf welchem $\sigma(t)$ konstant ist, werden wir ein Extremalintervall nennen, wenn alle Werte der Funktion $\sigma(t)$ in einer gewissen Umgebung dieses Intervalls nicht kleiner oder nicht größer als ihre Werte auf diesem Intervall sind.

Einen Extremwert, der nicht zu einem Intervall der Konstanz der Funktion $\sigma(t)$ gehört, werden wir als einen Sonderfall eines Extremalintervalls betrachten. Wenn in einer Sprungstelle der Funktion $\sigma(t)$ die beiden Grenzwerte Extrema sind, werden wir in diesem Punkte zwei Extrema zählen.

Wir bezeichnen mit $n_0(t)$ die Anzahl von Extremalintervallen, welche ganz vom Intervall $(-t, t)$ überdeckt werden, und definieren

$$N_0(R) = \int_0^R \frac{n_0(t)}{t}\,dt\,.$$

Lehrsatz 5. *Verschwindet eine Funktion der Form* (14), *ohne identisch zu verschwinden, auf dem Intervall* $\left(-\frac{d}{2}, \frac{d}{2}\right)$, *so genügt die Dichte der Menge der Extremalintervalle der Funktion* $\sigma(t)$ *der Bedingung*[1])

$$\varliminf_{R\to\infty}\left[N_0(R) - \frac{d}{\pi}R\right] > -\infty\,.$$

Beweis. Die LAPLACEsche Transformierte der Funktion $f(x)$ hat die Gestalt

$$\varphi(z) = \int_{-\infty}^{\infty} \frac{d\sigma(t)}{i\,t - z}. \tag{15}$$

Es ist nicht schwer, eine treppenförmige Funktion $\sigma_\varepsilon(t)$ so zu konstruieren, daß die Extremalintervalle von positiver Länge der Funktion $\sigma(t)$ Extremalintervalle von $\sigma_\varepsilon(t)$ sind, und die Extrema von $\sigma(t)$ mit den Endpunkten der Extremalintervalle von $\sigma_\varepsilon(t)$ übereinstimmen. Außerdem kann man diese Funktion so konstruieren, daß

$$|\sigma(t) - \sigma_\varepsilon(t)| < \varepsilon \qquad (-\infty < t < \infty) \tag{16}$$

ist, wo ε eine beliebig vorgegebene positive Zahl ist.

Die Größe $n_0(t)$ für die Funktion $\sigma(t)$ ist nicht kleiner als die entsprechende Größe $n_{0,\varepsilon}(t)$ für $\sigma_\varepsilon(t)$.

Wir definieren die Funktion

$$\varphi_\varepsilon(z) = \int_{-\infty}^{\infty} \frac{d\sigma_\varepsilon(t)}{i\,t - z} = \sum_{-\infty}^{\infty} \frac{a_k^\varepsilon}{i\,t_k^{(\varepsilon)} - z}, \tag{17}$$

wo $t_k^{(\varepsilon)}$ die Sprungstellen der Funktion $\sigma_\varepsilon(t)$ und a_k^ε die Sprünge der Funktion $\sigma_\varepsilon(t)$ sind.

Wir haben

$$\varphi(z) - \varphi_\varepsilon(z) = \int_{-\infty}^{\infty} \frac{d[\sigma(t) - \sigma_\varepsilon(t)]}{i\,t - z} = i\int_{-\infty}^{\infty} \frac{\sigma(t) - \sigma_\varepsilon(t)}{(i\,t - z)^2}\,dt$$

[1]) Ein analoges, etwas stärkeres Ergebnis hat M. G. KREIN im Zusammenhang mit der Theorie der positiven HERMITE-Funktionen bekommen.

oder

$$|\varphi(z) - \varphi_\varepsilon(z)| \leqq \varepsilon \int_{-\infty}^{\infty} \frac{dt}{|i\,t - z|^2} = \frac{\pi\,\varepsilon}{|x|} \qquad (z = x + i\,y)\,. \tag{18}$$

Wenden wir jetzt die JENSENsche Formel auf die Funktion $\varphi_\varepsilon(z+\delta)$ $(\delta > 0)$ an, so bekommen wir

$$\int_0^R \frac{n_{1,\varepsilon}(r) - n_{2,\varepsilon}(r)}{r}\,dr = \frac{1}{2\pi} \int_0^{2\pi} \ln |\varphi_\varepsilon(R\,e^{i\theta} + \delta)|\,d\theta - \ln |\varphi_\varepsilon(\delta)|\,, \tag{19}$$

wo $n_{1,\varepsilon}(r)$ die Anzahl der Nullstellen und $n_{2,\varepsilon}(r)$ die Anzahl der Pole der Funktion $\varphi_\varepsilon(z+\delta)$ im Kreis $|z| \leqq r$ ist.

Alle Pole der Funktion $\varphi_\varepsilon(z)$ liegen auf der imaginären Achse, und jede Vorzeichengleichheit in der Folge der Größen $\{a_k^\varepsilon\}$ ergibt eine Nullstelle zwischen den entsprechenden Polen. Auf diese Weise ist bei $t = \sqrt{r^2 - \delta^2}$

$$n_{2,\varepsilon}(r) - n_{1,\varepsilon}(r) \geqq -[n_{0,\varepsilon}(t) + 1]\,.$$

Hieraus und aus (19) folgt

$$\int_0^{\sqrt{R^2-\delta^2}} \frac{n_{0,\varepsilon}(t) + 1}{\sqrt{t^2+\delta^2}}\,dt \geqq \ln|\varphi_\varepsilon(\delta)| - \frac{1}{2\pi}\int_0^{2\pi} \ln|\varphi_\varepsilon(R\,e^{i\theta} + \delta)|\,d\theta\,,$$

und kraft der Ungleichung

$$\frac{n_0(t)}{t} \geqq \frac{n_{0,\varepsilon}(t)}{t} > \frac{n_{0,\varepsilon}(t)}{\sqrt{t^2+\delta^2}}$$

bekommen wir

$$N_0(R) + \ln\frac{2R}{\delta} > -\frac{1}{2\pi}\int_0^{2\pi} \ln|\varphi_\varepsilon(R\,e^{i\theta} + \delta)|\,d\theta + \ln|\varphi_\varepsilon(\delta)|\,.$$

Wir halten δ so fest, daß $\varphi(\delta) \neq 0$ ist, und machen unter Benutzung der Abschätzung (6) den Grenzübergang bei $\varepsilon \to 0$. Wir erhalten.

$$N_0(R) + \ln\frac{2R}{\delta} \geqq \ln|\varphi(\delta)| - \frac{1}{2\pi}\int_0^{2\pi} \ln|\varphi(R\,e^{i\theta} + \delta)|\,d\theta\,. \tag{20}$$

Hieraus und aus der Abschätzung (6), welche in diesem Fall offensichtlich richtig ist, ergibt sich

$$N_0(R) > \frac{d}{\pi} R + O(1)\,.$$

Der Lehrsatz ist somit bewiesen.

Es ist natürlich, die Frage nach der Wiederherstellung einer Funktion $f(z)$ mit vorgegebenem Spektrum aus ihren Werten auf dem Intervall $\left(-\frac{d}{2}, \frac{d}{2}\right)$ zu stellen, wenn diese Werte die Funktion überall definieren.

Wir beschränken uns auf den Fall, daß die S_p-fastperiodische Funktion

$$f(t) \sim \sum a_k e^{i\lambda_k t},$$

auf dem abgeschlossenen Intervall $\left[-\frac{d}{2}, \frac{d}{2}\right]$ holomorph ist, und wir werden annehmen, daß uns ihre Werte in einer gewissen Umgebung dieses Intervalls in der komplexen Ebene bekannt sind, und daß die reelle Folge $\{\lambda_k\}$ eine regelmäßige Menge mit der Dichte $\Delta = \frac{d}{\pi}$ bildet. Die Funktion

$$\theta(\lambda) = \prod_{-\infty}^{\infty}\left(1 - \frac{\lambda}{i\lambda_k}\right)$$

ist eine ganze Funktion endlichen Grades von vollkommen regulärem Wachstum, und ihr Indikatordiagramm ist das Intervall $\left[-\frac{d}{2}, \frac{d}{2}\right]$ der reellen Achse. Wir konstruieren mit Hilfe dieser Funktion ein biorthogonales System für die Funktionenfolge $\{e^{i\lambda_k t}\}$.

Die Funktionen

$$\varphi_k(z) = \int_0^{\infty} \frac{\theta(\lambda)\, e^{-\lambda z}}{\theta'(i\lambda_k)(\lambda - i\lambda_k)}\, d\lambda \qquad (\pm k = 0, 1, 2, \ldots)$$

sind überall außerhalb des abgeschlossenen Intervalls der reellen Achse $\left[-\frac{d}{2}, \frac{d}{2}\right]$ holomorph, und, wenn C eine Randkurve ist, welche dieses Intervall umfaßt, ist

$$\frac{1}{2\pi i}\int_{(C)} \varphi_k(z)\, e^{i\lambda_p z}\, dz = \begin{cases} 1 \text{ bei } p = k\,, \\ 0 \text{ bei } p \neq k\,. \end{cases}$$

Hieraus folgt direkt, daß

$$a_k = \int_{(C)} \varphi_k(z)\, f(z)\, dz \qquad (\pm k = 0, 1, \ldots)$$

ist. Dabei muß man die Randkurve (C) so wählen, daß sie das abgeschlossene Intervall $\left[-\frac{d}{2}, \frac{d}{2}\right]$ enthält und selbst in derjenigen Umgebung dieses Intervalls enthalten ist, in welcher die Funktion $f(t)$ vorgegeben ist. Auf diese Weise wird aus den Funktionswerten von $f(z)$ in der Umgebung von $\left[-\frac{d}{2}, \frac{d}{2}\right]$ ihre FOURIERreihe wiederhergestellt und folglich auch die Funktion selbst.

Wir bemerken, daß wenn die Folge $\{\lambda_k\}$ so beschaffen ist, daß die Funktion

$$\frac{\theta(\lambda)}{1 + |\lambda|}$$

zu L^2 gehört, das biorthogonale System $\{\varphi_k(t)\}$ nach den Formeln

$$\varphi_k(t) = \text{l. i. m.} \int_{-\infty}^{\infty} \frac{\theta(\lambda)\, e^{-\lambda t}}{\theta'(i\lambda_k)(\lambda - i\lambda_k)}\, d\lambda \qquad (\pm k = 0, 1, 2, \ldots)$$

bestimmt wird.

Ist dabei die Funktion auf dem abgeschlossenen Intervall $\left[-\frac{d}{2}, \frac{d}{2}\right]$ vorgegeben, und gehört sie zu $L^2\left(-\frac{d}{2}, \frac{d}{2}\right)$, so ist

$$a_k = \frac{1}{2\pi} \text{l. i. m.} \int_{-d/2}^{d/2} f(t)\, \varphi_k(t)\, dt \qquad (\pm k = 0, 1, 2, \ldots)$$

2. Quasianalytische Klassen fastperiodischer Funktionen

In diesem Paragraphen werden wir auch S_p-fastperiodische Funktionen betrachten, deren Spektrum $\{\lambda_n\}$ einer gewissen Menge Ω angehört, die keine Häufungspunkte in einer endlichen Entfernung hat. Ist dabei

$$\underline{\lim}_{R \to \infty} \frac{N_\Omega(R)}{R} = 0\,,$$

so folgt nach dem Lehrsatz 1 aus dem Verschwinden einer Funktion dieser Klasse auf einem beliebig kleinen Intervall ihr identisches Verschwinden fast überall.[1]) Anders gesagt, folgt aus der Übereinstimmung zweier Funktionen dieser Klasse auf einem beliebig kleinen Intervall ihre Übereinstimmung fast überall, d. h., diese Klasse ist [I]-quasianalytisch.

Wählen wir ziemlich „lichte" Mengen Ω, so können wir Funktionenklassen T_Ω bekommen, in welchen nicht nur unmöglich ist, daß eine nicht identisch verschwindende Funktion auf einem gewissen Intervall verschwindet, sondern auch das schnelle Streben gegen Null beim Streben der unabhängigen Veränderlichen gegen einen gewissen endlichen Punkt unmöglich ist.

Für periodische Funktionen hat S. Mandelbrojt [1] einen besonderen Begriff von quasianalytischen Funktionenklassen eingeführt. Er führt für integrierbare Funktionen den Begriff der mittleren Nullstelle der Exponentialordnung ϱ ein und definiert diese Ordnung durch die Gleichung

$$\varrho = \overline{\lim}_{\alpha \to +0} \frac{\ln(-\ln \theta(\alpha))}{-\ln \alpha}\,, \tag{21}$$

wo

$$\theta(\alpha) = \int_{t_0}^{t_0+\alpha} |f(t)|\, dt \tag{21'}$$

ist. Der Fundamentalsatz von S. Mandelbrojt ist, wie folgt:

Hat eine in der Form

$$f(t) \sim \sum_{i=1}^{\infty} (a_{n_i} \cos n_i t + b_{n_i} \sin n_i t) \tag{22}$$

---

[1]) N. Levinson [1].

darstellbare Funktion $f(t)$ in einem gewissen Punkte eine Nullstelle mit der Exponentialordnung ϱ, so gehören die Zahlen n_i zu einer Folge mit dem Konvergenzexponenten $\sigma < 1$; ist

$$\varrho > \frac{\sigma}{1-\sigma},$$

so ist fast überall $f(t) \equiv 0$.

Ein einfacher Beweis dieses Lehrsatzes unter Anwendung der Eindeutigkeitssätze der Theorie ganzer Funktionen wurde vom Verfasser zusammen mit M. S. Liwschiz [1] gegeben. Diese neue Methode gab die Möglichkeit, den Lehrsatz bedeutend zu erweitern und zu verstärken.

In der Arbeit des Verfassers [12] wurde dieser verstärkte Lehrsatz auf Klassen fastperiodischer Funktionen übertragen.[1]) Wir werden dieses Ergebnis in etwas einfacherer und vollständigerer Formulierung als in [12] darstellen.

Dabei werden wir dieselbe Methode anwenden wie bei der Untersuchung von Funktionen, welche durch ihre Werte auf einem gewissen Intervall definiert sind.

Die Dichte einer Folge $\Lambda = \{\lambda_n\}$ $(\pm n = 0, 1, 2, \ldots)$ werden wir wie bisher durch die Funktion

$$N_\Lambda(R) = \int_0^R \frac{n_\Lambda(t)}{t}\,dt \tag{23}$$

charakterisieren.

Es sei $\psi(\alpha)$ eine stetige, nichtabnehmende, nichtnegative Funktion, wobei $\psi(0) = 0$ ist.

Wir werden sagen, die Funktion $f(t)$ habe im Punkt t_0 eine rechtsseitige mittlere Nullstelle der Ordnung nicht größer als $\psi(\alpha)$, wenn

$$\int_{t_0}^{t_0+\alpha} |f(t)|\,dt \leqq \psi(\alpha) \qquad (0 < \alpha < \alpha_0) \tag{24}$$

ist.

Analog wird eine linksseitige Nullstelle und auch eine beiderseitige Nullstelle definiert.

Als Funktionen $\psi(\alpha)$ kann man z.B. nehmen:

1. $\psi(\alpha) = |\alpha|^n$ $(n = 1, 2, \ldots)$,
2. $\psi(\alpha) = e^{-\left|\frac{1}{\alpha}\right|^p}$,
3. $\psi(\alpha) \equiv 0$ bei $0 < \alpha < \alpha_0$.

Nach der Funktion $\psi(\alpha)$, deren Schnelligkeit der Abnahme die Ordnung der mittleren Nullstelle der Funktion definiert, konstruieren wir eine monoton abnehmende Funktion $\alpha = \eta(r)$ $(0 < r < \infty)$ als Umkehrung der monotonen Funktion

$$r = -\frac{\ln \psi(\alpha)}{\alpha}. \tag{25}$$

---

[1]) Einige Verfeinerungen der Ergebnisse des Verfassers und M. S. Liwschiz sind in der Arbeit von I. Hirschman und I. Jenkins [1] gegeben. Weitere Entwicklung hat diese Methode in den neueren Arbeiten von J. P. Kahan [1, 2] erfahren.

Offensichtlich ist die Vielfachheit der Nullstelle t_0 der Funktion $f(t)$ um so größer, je langsamer die Funktion $\eta(r)$ abnimmt.

Lehrsatz 1'. *Die* FOURIER*exponenten einer fastperiodischen Funktion*

$$f(t) \sim \sum' a_k e^{i \mu_k t} \tag{26}$$

mögen einer gewissen Folge $\Lambda = \{\lambda_k\}$ *angehören.*

Hat diese Funktion in einem gewissen Punkt t_0 *eine einseitige mittlere Nullstelle der Ordnung* $\psi(\alpha)$ *und ist*

$$\varlimsup_{R \to \infty} [\pi N_\Lambda(R) - R\,\eta(R) - \ln R) = -\infty, \tag{27}$$

so ist $f(t) \equiv 0$.

Ist die Folge Λ „nicht zu dicht", so kann die Funktion $f(t)$ auf diese Weise keine mittlere Nullstelle hoher Ordnung haben, ohne identisch zu verschwinden.

Beweis des Lehrsatzes. Ohne Beschränkung der Allgemeinheit kann man annehmen, daß $f(t)$ eine rechtsseitige Nullstelle der Ordnung nicht höher als $\psi(\alpha)$ hat und $t_0 = 0$ ist. Wir betrachten die LAPLACEsche Transformierte der Funktion $f(t)$

$$\varphi(z) = \int_0^\infty e^{-zt} f(t)\,dt = \sum_{-\infty}^{\infty} \frac{a_n}{z - i\lambda_n} \tag{28}$$

und schätzen die Funktion $\varphi(z)$ in der rechten Halbebene ab.

Dazu zerlegen wir das Integral (28) in eine Summe von zwei Integralen:

$$\varphi(z) = \int_0^\alpha e^{-zt} f(t)\,dt + \int_\alpha^\infty e^{-zt} f(t)\,dt\,.$$

Wir haben bei $\operatorname{Re} z > 0$

$$\left|\int_0^\alpha e^{-zt} f(t)\,dt\right| < \int_0^\alpha |f(t)|\,dt \leqq \psi(\alpha) \quad \text{und} \quad \left|\int_\alpha^\infty e^{-zt} f(t)\,dt\right| < \frac{M}{x} e^{-\alpha x}$$

$$(z = x + iy), \quad M = \sup_{0 \leqq t < \infty} |f(t)|,$$

und folglich ist

$$|\varphi(z)| < \psi(\alpha) + \frac{M}{x} e^{-\alpha x}.$$

Setzen wir $\alpha = \eta(x)$, so erhalten wir (vgl. (25))

$$\psi(\alpha) = e^{-\alpha x} = e^{-x\,\eta(x)}$$

und

$$|\varphi(z)| < \left(1 + \frac{M}{x}\right) e^{-x\,\eta(x)} \qquad (x > 0)\,. \tag{29}$$

Schätzen wir das LAPLACEsche Integral in der linken Halbebene unmittelbar ab, so erhalten wir

$$|\varphi(z)| \leqq \frac{M}{|x|} \qquad \text{bei} \qquad x < 0\,. \tag{30}$$

Verschwindet $\varphi(z)$ nicht identisch, so ist $\varphi(z) = z^m \varphi_1(z)$, wo m eine ganze Zahl ist ($m \geqq -1$), $\varphi_1(z)$ ist eine meromorphe Funktion und $\varphi_1(0) \neq 0, \infty$.

Wenden wir auf die Funktion $\varphi_1(z)$ die JENSENsche Formel an, so bekommen wir

$$N_\Lambda(R) - \int_0^R \frac{n_2(t)}{t}\,dt = \ln|\varphi_1(0)| - \frac{1}{2\pi}\int_0^{2\pi} \ln|\varphi_1(R\,e^{i\theta})|\,d\theta\,,$$

und aus den Abschätzungen (29) und (30) ergibt sich

$$N_\Lambda(R) > \frac{1}{2\pi}\int_{-\pi/2}^{\pi/2} [R\cos\theta\,\eta(R\cos\theta) + \ln(R\cos\theta)]\,d\theta$$
$$+ \frac{1}{2\pi}\int_{\pi/2}^{3/2\,\pi} \ln|R\cos\theta|\,d\theta + O(1)\,.$$

Bemerken wir, daß $\eta(R\cos\theta) > \eta(R)$ ist, so bekommen wir

$$N_\Lambda(R) > \frac{1}{\pi} R\,\eta(R) + \ln R + O(1)\,.$$

Hieraus folgt, daß bei der Erfüllung der Bedingung (27) $\varphi(z) \equiv 0$ ist. Durch Umkehrung der LAPLACEschen Transformierten ergibt sich $f(t) = 0$. Der Lehrsatz ist damit bewiesen.

Man kann diesen Lehrsatz als den Lehrsatz über die Klassen quasianalytischer Funktionen bezeichnen, wenn man annimmt, daß die Klasse der Funktionen durch die Folge Λ definiert wird, zu welcher die FOURIERexponenten der Funktion gehören. Die Nähe zweier Funktionen in einem Punkt t_0 wird durch die mittlere Nullstelle der Differenz der Funktionen in diesem Punkt definiert. Der Sinn des Lehrsatzes besteht darin, daß zu große Nähe zweier Funktionen der definierten Klasse in einem gewissen Punkt die identische Gleichheit dieser Funktion nach sich zieht.

Ist die Funktion $f(t)$ in einer ε-Halbumgebung des Punktes t_0 differenzierbar und

$$|f^{(n)}(t)| < m_n \; (t_0 \leqq t \leqq t_0 + \varepsilon\,,\; n = 1, 2, \ldots)$$

und

$$f^{(n)}(t_0 + 0) = 0 \qquad \text{bei} \qquad n = 0, 1, \ldots,$$

so ist nach der TAYLORschen Formel

$$|f(t)| < \frac{m_n}{n!}(t - t_0)^{(n)} \; (t_0 \leqq t \leqq t_0 + \varepsilon)$$

und

$$\int_{t_0}^{t_0+\alpha} |f(t)|\,dt < \frac{m_n}{(n+1)!}\alpha^{n+1} \qquad (0 < \alpha < \varepsilon)\,.$$

Bezeichnen wir

$$P(\alpha) = \min_n \frac{m_n}{(n+1)!} \alpha^{n+1},$$

so können wir $P(\alpha)$ als die Funktion $\psi(\alpha)$ annehmen. Dabei wird die Funktion $f(t)$ im Punkte t_0 eine mittlere Nullstelle der Ordnung nicht kleiner als $\psi(\alpha)$ haben.

In diesem Fall bedeutet der Lehrsatz 1′ folgendes: Wächst die Folge $\{m_n\}$ nicht zu schnell, und ist die Dichte $N_\Lambda(r)$ der Folge $\Lambda = \{\lambda_n\}$ nicht zu groß, so bilden die beliebig oft differenzierbaren fastperiodischen Funktionen mit den FOURIERexponenten aus Λ, welche den Bedingungen

$$|f^{(n)}(x)| \leqq m_n k^n \qquad (-\infty < x < \infty) \tag{31}$$

bei irgendeinem $k > 0$ genügen, eine quasianalytische Klasse (Δ).

Wir bemerken noch, daß, wenn eine Nullstelle der Funktion eine Exponentialordnung ϱ hat (vgl. (21)), und der Konvergenzexponent der Folge Λ gleich σ ist, asymptotisch

$$N_\Lambda(R) < \eta\, R^{\sigma+\varepsilon} \qquad (\varepsilon > 0)$$

gilt, und auf einer gewissen Punktfolge $r_n \to \infty$

$$\eta(r_n) > r_n^{-\frac{1}{\varrho+1}-\varepsilon}$$

ist.

Auf diese Weise ist bei $\sigma < \frac{\varrho}{\varrho+1}$ die Bedingung (27) erfüllt, und wir bekommen als Folgerung aus dem Lehrsatz:

Folgerung. *Genügt die Exponentialordnung ϱ einer Nullstelle einer fastperiodischen Funktion* (26) *der Ungleichung*

$$\varrho > \frac{\sigma}{1-\sigma},$$

wo σ der Konvergenzexponent der Folge Λ ist, so ist

$$f(t) \equiv 0\,.$$

Diese Folgerung liefert direkt eine Übertragung des Lehrsatzes von S. MANDELBROJT auf fastperiodische Funktionen.

Bemerkung 1. Durch eine unwesentliche Abänderung des Beweises kann man dieses Ergebnis auf S_p-fastperiodische Funktionen ausdehnen. Dabei verändern sich etwas die Abschätzungen (29) und (30), und die Bedingung (27) wird durch die Bedingung

$$\varlimsup_{R\to\infty} \left[\pi N_\Lambda(R) - R\,\eta(R) - \frac{1}{q} \ln R\right] = -\infty$$

ersetzt.

Bemerkung 2. Ist ein Punkt x_0 eine beiderseitige Nullstelle der Ordnung $\theta(\alpha)$, d. h.

$$\int_{x_0}^{x_0+\alpha} |f(x)|\, dx \leqq \theta(\alpha) , \qquad \int_{x_0-\alpha}^{x_0} |f(x)|\, dx \leqq \theta(\alpha) ,$$

so gilt bei $x \neq 0$ die Abschätzung

$$|\varphi(z)| < \left(1 + \frac{M}{|x|}\right) e^{-|x|\,\eta(|x|)} ,$$

und die Bedingung (27) wird ersetzt durch die Bedingung

$$\varlimsup_{R \to \infty} \left[N_\Omega(R) - \frac{2}{\pi} R\, \eta(R)\right] = -\infty .$$

Wir wollen zeigen, daß das in der Folgerung formulierte Ergebnis im folgenden Sinne genau ist:

Die Folge Λ habe eine Dichte mit dem Exponenten $0 < \varrho < 1$, $\inf(\lambda_{k+1} - \lambda_k) = \delta > 0$, und zusammen mit der Zahl λ_k gehöre auch $-\lambda_k$ zur Folge Λ. Dann existiert eine fastperiodische Funktion $f(t)$, deren Spektrum zu Λ gehört, und die im Nullpunkt eine Nullstelle der Exponentialordnung $\varrho = \frac{\sigma}{1-\sigma}$ hat.

Um eine solche Funktion zu konstruieren, setzen wir

$$\Delta(z) = z \prod_{n=1}^{\infty} \left(1 + \frac{z^2}{\lambda_n^2}\right).$$

Nach dem Lehrsatz 25, Kapitel I bekommen wir die asymptotische Gleichung

$$\ln |\Delta(r\, e^{i\,\theta})| \approx \frac{\pi\, r^\sigma}{\sin \frac{\pi\, \sigma}{2}} \cos \sigma \left(|\theta| - \frac{\pi}{2}\right), \tag{32}$$

welche in der ganzen Ebene, vielleicht mit Ausnahme einer E^0-Menge der Werte von r, richtig ist.

Betrachten wir bei $t > 0$ die Transformation

$$f(t) = \frac{1}{2\pi i} \int_{-i\infty+\varepsilon}^{i\infty+\varepsilon} e^{t\,z} \frac{dz}{\Delta(z)} ,$$

die Umkehrung der LAPLACEschen Transformation, so bekommen wir unter Benutzung des Lehrsatzes von CAUCHY

$$f(t) = \frac{1}{2\pi i} \int_{C(\varepsilon,r)} e^{z\,t} \frac{dz}{\Delta(z)} + \frac{1}{\pi} \left[\int_{-i\infty+\varepsilon}^{-i r+\varepsilon} + \int_{i r+\varepsilon}^{i\infty+\varepsilon}\right] e^{z\,t} \frac{dz}{\Delta(z)} \quad (r_1^2 = r^2 - \varepsilon^2) , \tag{33}$$

wo $C(\varepsilon, r)$ der Kreisbogen $|z| = r$, $\operatorname{Re} z \geqq \varepsilon > 0$ ist.

Benutzen wir die Ungleichung (32), so ergibt sich aus (33) die Abschätzung

$$|f(t)| < M\, e^{r\,t - a\,r^{\sigma}}$$

($a = \operatorname{ctg} \frac{\sigma}{2}$, M eine gewisse Konstante).

Setzen wir $r = \left(\frac{t}{a\,\sigma}\right)^{\frac{1}{1-\sigma}}$, so erhalten wir bei einem gewissen $c_\delta > 0$

$$|f(t)| < M \exp\left(-c_\delta\, t^{\frac{\sigma}{1-\sigma}}\right),$$

und folglich hat die Funktion $f(t)$ eine rechtsseitige Nullstelle der Ordnung nicht kleiner als $\varrho = \frac{\sigma}{1-\sigma}$. Wir werden jetzt zeigen, daß $f(t)$ eine fastperiodische Funktion ist. Bei $t > 0$ ist die Funktion $f(t)$ die Grenzfunktion der Funktionenfolge

$$f_r(t) = \frac{1}{2\pi i} \int\limits_{\varepsilon - i r}^{\varepsilon + i r} e^{t z} \frac{dz}{\Delta(z)} \qquad \text{bei} \qquad r \to \infty .$$

Dieses Integral kann mit Hilfe der Residuentheorie in der Form

$$f_r(t) = \sum_{|\lambda_n| < r} \frac{1}{\Delta'(i \lambda_n)}\, e^{i \lambda_n t} + \int\limits_{C'(\varepsilon, r)} e^{z t} \frac{dz}{\Delta(z)}$$

dargestellt werden, wo $C'(\varepsilon, r)$ der Kreisbogen $|z| = r$, $\operatorname{Re} z \leqq \varepsilon$ ist.

Das letzte Integral strebt, wie man leicht aus (32) ersieht, auf dem Strahl $t \geqq 0$ bei $r \to \infty$ und $r \notin E^0$ gleichmäßig gegen Null. Auf diese Weise ist die Funktion $f(t)$ die gleichmäßige Grenzfunktion der fastperiodischen Polynome

$$\sum_{|\lambda_n| < r} \frac{1}{\Delta(i \lambda_n)}\, e^{i \lambda_n t} .$$

Analog betrachtet man das Intervall $t < 0$. Auf diese Weise ist $f(t)$ eine fastperiodische Funktion, deren Spektrum zu Ω gehört, und die im Nullpunkt eine beiderseitige Nullstelle der Ordnung $\varrho = \frac{\sigma}{1-\sigma}$ besitzt.

ANHANG III

VOLLSTÄNDIGKEIT UND LINEARE UNABHÄNGIGKEIT DES FUNKTIONENSYSTEMS $\{e^{i\lambda_k x}\}$ IN EINEM ENDLICHEN INTERVALL

1. Vollständigkeitssätze

In Kapitel IV haben wir die Frage nach der Vollständigkeit des Funktionensystems $\{e^{i\lambda_k x}\}$ in der komplexen Ebene untersucht, wobei $\{\lambda_k\}$ eine Folge von komplexen Zahlen war. Hier wollen wir die Vollständigkeit des Funktionensystems $\{e^{i\lambda_k x}\}$ auf einem gewissen Intervall der reellen Achse betrachten. Am vollständigsten haben PALEY und WIENER [1] und N. LEVINSON [1] Ergebnisse zu dieser Frage bekommen.

Ohne Beschränkung der Allgemeinheit werden wir künftig annehmen, daß das System $\{e^{i\lambda_k x}\}$ auf dem Intervall $(-\pi, \pi)$ betrachtet wird.

Lehrsatz 1 (von H. LEVINSON). *Damit ein Funktionensystem* $\{e^{i\lambda_k x}\}$, *in welchem* λ_k $(k = 1, 2, \ldots)$ *komplexe Zahlen sind, in* $L^p(-\pi, \pi)$ $(p \geqq 1)$ *nicht vollständig ist, ist es notwendig und hinreichend, daß es eine ganze Funktion* $f(\lambda)$ *gibt, welche in allen Punkten* λ_k $(k = 1, 2, \ldots)$ *verschwindet und die Darstellung*

$$f(\lambda) = \int_{-\pi}^{\pi} e^{i\lambda x}\,\psi(x)\,dx \tag{1}$$

zuläßt, wobei $\psi(x) \in L^q(-\pi, \pi)$ $\left(\frac{1}{p} + \frac{1}{q} = 1\right)$ *(bei* $p = 1$ *ist* $\psi(x)$ *eine beschränkte, meßbare Funktion).*

Beweis. Ist das System $\{e^{i\lambda_k x}\}$ nicht vollständig in $L^p(-\pi, \pi)$, so existiert nach dem Lehrsatz von RIESZ ein lineares Funktional auf $L^p(-\pi, \pi)$, welches nicht identisch verschwindet und auf allen Funktionen des Systems $\{e^{i\lambda_k x}\}$ zu Null wird.

Aus der allgemeinen Gestalt eines Funktionals auf $L^p(-\pi, \pi)$ folgt, daß es eine Funktion $\psi(x)$ aus $L^q(-\pi, \pi)$ gibt, welche nicht äquivalent Null und orthogonal zu allen Funktionen des Systems $\{e^{i\lambda_k x}\}$ ist, d. h., so beschaffen, daß

$$\int_{-\pi}^{\pi} e^{i\lambda_k x}\psi(x)\,dx = 0 \qquad (k = 1, 2, 3, \ldots)$$

ist. Auf diese Weise verschwindet $f(\lambda)$ in allen Punkten λ_k $(k = 1, 2, \ldots)$.

Bemerkung 1. Nach dem Lehrsatz von PALEY und WIENER (Anhang I, Punkt 3) ist bei $p = 2$ die Darstellung (1) der Funktion $f(\lambda)$ äquivalent mit der Aussage, daß $f(\lambda)$ eine ganze Funktion endlichen Grades $\sigma \leqq \pi$ ist und auf der reellen Achse zu $L^2(-\infty, \infty)$ gehört.

Bemerkung 2. Versteht man die Vollständigkeit des Systems $\{e^{i\lambda_k x}\}$ in $C(-\pi, \pi)$ d. h. im Sinne der Möglichkeit, mit Hilfe linearer Kombinationen von Funktionen dieses Systems eine beliebige, auf $[-\pi, \pi]$ stetige Funktion gleichmäßig zu approximieren, so ist die Unvollständigkeit des Systems gleichbedeutend mit der Existenz einer ganzen Funktion $f(\lambda)$, welche in allen Punkten λ_k $(k = 1, 2, \ldots)$ verschwindet und die Darstellung

$$f(\lambda) = \int_{-\pi}^{\pi} e^{i\lambda x}\, d\sigma(x) \tag{2}$$

zuläßt, in welcher $\sigma(x)$ eine Funktion von beschränkter Variation auf dem Intervall $(-\pi, \pi)$ ist.

Diese Bemerkung folgt direkt aus der allgemeinen Gestalt eines Funktionals in $C(-\pi, \pi)$.

Bemerkung 3. Ist eine Zahl μ eine Nullstelle von der Vielfachheit $m > 1$ einer Funktion $f(\lambda)$ der Gestalt (1) oder (2), so können wir uns durch die Differentiation der Gleichung (1) (Gleichung (2)) nach λ davon überzeugen, daß die Funktion $\psi(x)$ (Differential $d\sigma(x)$) zu allen Funktionen der Gestalt $e^{i\mu x}$, $x\, e^{i\mu x}, \ldots,$ $x^{m-1} e^{i\mu x}$ orthogonal ist.

Umgekehrt bedeutet die Orthogonalität der Funktion $\psi(x)$ (des Differentials $d\sigma(x)$) zu allen Funktionen dieser Art, daß die Zahl μ eine Nullstelle der Funktion $f(\lambda)$ von der Vielfachheit m ist.

Künftig werden wir Vollständigkeitssätze für Funktionen der Gestalt $e^{i\lambda_k x}$ formulieren, jedoch lassen sich die Ergebnisse unmittelbar auf allgemeinere Funktionensysteme ausdehnen, welche aus Gruppen der Art

$$e^{i\lambda_k x},\ x\, e^{i\lambda_k x}, \ldots, x^{m_k - 1} e^{i\lambda_k x},$$

bestehen. Dabei wird jede Zahl λ_k m_k-mal gezählt.

Lehrsatz 2 (von N. Levinson [1]). *Läßt sich eine ganze Funktion $f(\lambda)$ in der Form* (1) *mit $\psi(\lambda) \in L^q$ $(-\pi, \pi)$ (oder in der Form* (2)) *darstellen, und ist λ_0 eine Nullstelle der Funktion $f(\lambda)$ und μ eine beliebige komplexe Zahl, so läßt sich auch die Funktion*

$$f_1(\lambda) = \frac{\lambda - \mu}{\lambda - \lambda_0} f(\lambda)$$

in der Form (1) (*in der Form* (2)) *darstellen.*

Beweis. Wir führen den Beweis für Funktionen durch, welche in der Form (2) darstellbar sind. Wir setzen

$$d\tau(x) = d\sigma(x) + i\,(\mu - \lambda_0)\, e^{-i\lambda_0 x} \int_{-\pi}^{x} e^{i\lambda_0 y}\, d\sigma(y)\, dx\,.$$

Multiplizieren wir die beiden Seiten dieser Gleichung mit $e^{i\lambda x}$ und integrieren von $-\pi$ bis π, so bekommen wir

$$\int_{-\pi}^{\pi} e^{i\lambda x} d\tau(x) = f(\lambda) + i\,(\mu - \lambda_0) \int_{-\pi}^{\pi} e^{i(\lambda - \lambda_0)x} \left(\int_{-\pi}^{x} e^{i\lambda_0 y}\, d\sigma(y) \right) dx\,.$$

Vertauschen wir die Reihenfolge der Integration und berücksichtigen wir, daß

$$\int_{-\pi}^{\pi} e^{i\lambda_0 x}\, d\sigma(x) = 0$$

ist, so bekommen wir

$$\int_{-\pi}^{\pi} e^{i\lambda x}\, d\tau(x) = \frac{\lambda-\mu}{\lambda-\lambda_0} f(\lambda)\,,$$

d. h.

$$f_1(\lambda) = \int_{-\pi}^{\pi} e^{i\lambda x}\, d\tau(x)\,.$$

Der Lehrsatz ist somit bewiesen. Aus diesem Lehrsatz und der Bemerkung 3 ergibt sich eine offensichtliche Folgerung.

Folgerung. *Läßt man aus dem in $L^p(-\pi, \pi)$ oder in $C(-\pi, \pi)$ vollständigen Funktionensystem $\{e^{i\lambda_k x}\}$ n beliebig ausgewählte Funktionen heraus und fügt man stattdessen n andere Funktionen $e^{i\mu_j x}$ $(j = 1, 2, \ldots, n)$ hinzu, in welchen μ_1, $\mu_2, \ldots, \mu_n$ beliebige komplexe Zahlen sind, die keiner der Zahlen λ_k gleich sind, so wird das neue System in demselben Sinne vollständig sein wie das vorhergehende.*[1])

Diese Folgerung gibt uns die Möglichkeit, unbeschadet der Allgemeinheit anzunehmen, daß die Null nicht zur Zahlenmenge λ_k gehört, d. h., daß das Funktionensystem $\{e^{i\lambda_k x}\}$ die Zahl Eins nicht enthält.

Wir bezeichnen wie gewöhnlich mit $n_\lambda(t)$ die Anzahl der Punkte λ_k im Kreis $|z| \leqq t$ und setzen

$$N_\lambda(R) = \int_0^R \frac{n_\lambda(t)}{t}\, dt\,.$$

Die Funktion $N_\lambda(R)$ charakterisiert die Dichte der Punktmenge $\{\lambda_k\}$.

Lehrsatz 3 (von N. Levinson [1]). *Ist die Folge $\{\lambda_k\}$ komplexer Zahlen so beschaffen, daß*

$$\overline{\lim_{R\to\infty}} \left\{N_\lambda(R) - 2R + \frac{1}{p}\ln R\right\} > -\infty \tag{3}$$

ist, so ist das System der Funktionen $\{e^{i\lambda_k x}\}$ vollständig in $L^p(-\pi, \pi)$ $(p > 1)$. Ist (3) für $p = \infty$ erfüllt, so ist das System $\{e^{i\lambda_k x}\}$ vollständig in $C(-\pi, \pi)$.

Beweis. Ist das System nicht vollständig in $L^p(-\pi, \pi)$, so existiert eine ganze Funktion $f(\lambda)$, welche in allen Punkten λ_k verschwindet und die Darstellung

$$f(\lambda) = \int_{-\pi}^{\pi} e^{i\lambda x}\psi(x)\, dx \left(\psi(x) \in L^q(-\pi, \pi)\,,\ \frac{1}{p} + \frac{1}{q} = 1\right)$$

zuläßt.

[1]) Man kann $\mu_j = \lambda_k$ $(j = 1, 2, \ldots, j_k)$ auswählen, dann muß man aber zum System der Funktionen $\{e^{i\mu_j x}\}$ noch die Funktionen $x\, e^{i\mu_j x}$, $x^2 e^{i\mu_j x} \ldots, x^{j_k} e^{i\mu_j x}$ hinzufügen.

Aus dieser Darstellung erhalten wir die Abschätzung

$$|f(\lambda)| \leqq \int_{-(\pi-\varepsilon)}^{\pi-\varepsilon} e^{|vx|} |\psi(x)|\, dx + \left(\int_{-\pi}^{-\pi+\varepsilon} + \int_{\pi-\varepsilon}^{\pi}\right) e^{|vx|} |\psi(x)|\, dx \qquad (\lambda = u + i\,v)\,,$$

und wir bekommen unter Anwendung der HÖLDERschen Ungleichung

$$|f(\lambda)| \leqq e^{(\pi-\varepsilon)|v|} |p\, v|^{1/p} \left(\int_{-\pi+\varepsilon}^{\pi-\varepsilon} |\psi(x)|^q\, dx\right)^{1/q}$$

$$+ e^{\pi|v|} |p\, v|^{-\frac{1}{p}} \left[\left(\int_{-\pi}^{-\pi+\varepsilon} + \int_{\pi-\varepsilon}^{\pi}\right) |\psi(\xi)|^q\, dx\right]^{1/q},$$

und endlich

$$|f(\lambda)| < A\, e^{\pi|v|} |v|^{-1/p} (e^{-\varepsilon|v|} + \delta)\,, \tag{4}$$

wo A eine gewisse Konstante und

$$\delta = \left[\left(\int_{-\pi}^{-\pi+\varepsilon} + \int_{\pi-\varepsilon}^{\pi}\right) |\psi(x)|^q\, dx\right]^{1/q}.$$

Offensichtlich gilt bei $\varepsilon \to 0$ auch $\delta \to 0$. (Diese Abschätzung ist auch bei $p = 1$ richtig.)

Wenden wir auf $f(\lambda)$ die JENSENsche Formel an, so bekommen wir aus der Abschätzung (4)

$$N_f(R) \leqq 2\,R - \frac{1}{p} \ln R + \frac{1}{2\pi} \int_0^{2\pi} \ln |e^{-\varepsilon|v|} + \delta|\, d\theta + O(1)\,. \tag{5}$$

Da alle Punkte λ_k Nullstellen der Funktion $f(\lambda)$ sind, ist $N_f(R) \geqq N_\lambda(R)$. Außerdem kann man, wenn man $\varepsilon > 0$ genügend klein und $R > 0$ genügend groß wählt, das dritte Glied auf der rechten Seite der Ungleichung (5) kleiner als jede beliebige negative Zahl machen. Wir erhalten auf diese Weise

$$\lim_{R\to\infty} \left\{N_\lambda(R) - 2\,R + \frac{1}{p} \ln R\right\} = -\infty\,.$$

Hieraus folgt der Vollständigkeitssatz in $L^p(-\pi, \pi)$. Der entsprechende Satz in $C(-\pi, \pi)$ ergibt sich etwas einfacher.

Folgerung. *Ist*

$$|\lambda_n| \leqq |n| + \frac{1}{2p} \qquad (\pm\, n = 0, 1, 2, \ldots)\,,$$

so ist das System $\{e^{i\lambda_n x}\}$ *vollständig in* $L^p(-\pi, \pi)$.[1])

Das ergibt sich leicht aus dem Lehrsatz 3. Den Beweis lassen wir aus.

Aus dem Fundamentalsatz 1 folgen viele verschiedene Kriterien der Vollständigkeit. Um sie zu gewinnen, bemerken wir vor allem, daß eine durch die Formel (1) oder (2) dargestellte Funktion von vollkommen regulärem Wachstum

---

[1]) Das ist ein Lehrsatz von N. LEVINSON [1].

und der Klaasse A (vgl. Lehrsatz 11, Kapitel V) ist. Deshalb muß die Menge ihrer Nullstellen μ_j ($j = 1, 2, \ldots$) folgenden Bedingungen genügen:

1. *Die Punktmenge* $\{\mu_j\}$ *hat eine Winkeldichte mit dem Exponenten* $\varrho = 1$, *wobei* $\Delta(\theta)$ *eine stückweise konstante Funktion mit zwei gleichen Sprüngen vom Betrag nicht größer als* 1 *in den Punkten* 0 *und* π *ist.*

2. $\sum_{k=0}^{\infty} \left| \operatorname{Im} \frac{1}{\mu_k} \right| < \infty$.

3. *Es existiert der Grenzwert*

$$\lim_{R\to\infty} \sum_{|\mu_k|<R}' \mu_k^{-1}.$$

Eine solche Menge werden wir *glatt* nennen. Insbesondere ist eine abzählbare Zahlenmenge, welche eine Dichte hat, glatt. Eine Punktmenge $\{\lambda_k\}$ werden wir N-glatt nennen, wenn die Größe der Sprünge der Funktion $\Delta(\theta)$ gleich $N \leqq 1$ ist.

Wir haben folgenden offensichtlichen Lehrsatz:

Lehrsatz 4. *Kann eine Punktmenge* $\{\lambda_k\}$ *in keine* N*-glatte Menge eingeschlossen werden, so ist das Funktionensystem* $\{e^{i\lambda_k x}\}$ *vollständig* in $C(-N\pi, N\pi)$.

Hieraus kann man verschiedene Kriterien der Vollständigkeit bekommen.

a) *Wenn*

$$\lim_{\xi\to 1} \overline{\lim_{r\to\infty}} \frac{n_1(\xi r) - n_1(r)}{(\xi - 1)\, r} > 1 \text{ [1]} \tag{6}$$

ist, wo $n_1(r)$ *die Anzahl der Punkte* λ_k *im Inneren des Sektors* $|z| \leqq r$ *und* $|\arg z| \leqq \gamma < \pi$ *ist, so ist das Funktionensystem* $\{e^{i\lambda_k x}\}$ *vollständig in* $C(-\pi, \pi)$.

In der Tat haben wir für jede glatte Folge $\{\mu_k\}$ kraft der Bedingung 1:

$$\lim_{\xi\to 1} \overline{\lim_{r\to\infty}} \frac{m(\xi r) - m(r)}{(\xi - 1)\, r} \leqq 1, \tag{7}$$

wo $m(r)$ die Anzahl der Punkte μ_k im Sektor $|z| \leqq r$, $|\arg z| \leqq \gamma < \pi$ ist.

Offensichtlich ist die Bedingung (7) auch für jede Teilfolge vom $\{\mu_k\}$ erfüllt, und folglich kann beim Bestehen der Bedingung (6) die Folge $\{\lambda_k\}$ nicht zu einer glatten Menge gehören.

b) *Ist* $\left|\arg \lambda_k - \frac{\pi}{2}\right| \leqq \tau < \frac{\pi}{2}$ *und*

$$\sum_{k=1}^{\infty} \frac{1}{|\lambda_k|} = \infty \tag{8}$$

so ist das Funktionensystem $\{e^{i\lambda_k x}\}$ *vollständig in* $C(-L, L)$ *bei jedem* $L > 0$.

In der Tat muß jede Teilfolge einer N-glatten Folge der Bedingung (2) genügen. Es ist aber

$$\sum_{k=1}^{\infty} \left| \operatorname{Im} \frac{1}{\lambda_k} \right| \geqq \frac{1}{\cos \tau} \sum_{k=1}^{\infty} \frac{1}{|\lambda_k|} = \infty .$$

---

[1]) Die linke Seite der Ungleichung heißt nach Pólya die *maximale Dichte*.

Folglich gehört die Folge $\{\lambda_k\}$ nicht zu einer glatten Folge, und das System $\{e^{i\lambda_k x}\}$ ist vollständig. Bei reinimaginären λ_k stimmt dieses Ergebnis mit dem Lehrsatz von MÜNTZ über die Vollständigkeit eines Funktionensystems der Gestalt x^{λ_k} auf einem beliebigen abgeschlossenen Intervall $a \leqq x \leqq b$, $b > a > 0$ überein.

c) *Ist* $\{\lambda_k\}$ *die Nullstellenmenge einer ganzen Funktion endlichen Grades* $\varphi(\lambda)$ *mit dem Indikatordiagramm, dessen Breite in Richtung der imaginären Achse nicht kleiner als* 2π *ist,* $\left(h_\varphi\left(\frac{\pi}{2}\right) + h_\varphi\left(-\frac{\pi}{2}\right) \geqq 2\pi\right)$, *und ist auf einer gewissen Geraden parallel zur reellen Achse* ($\operatorname{Im} \lambda = a$) *bei einem gewissen* $m > 0$ *die Ungleichung*

$$|\varphi(u + i a)| > \frac{m}{(1 + |u|)^{1/p}} \qquad (-\infty < u < \infty\,,\; p \geqq 2) \tag{9}$$

erfüllt, so ist das Funktionensystem $\{e^{i\lambda_k x}\}$ *vollständig in* $L^p(-\pi, \pi)$.

Beweis. Ist das Funktionensystem $\{e^{i\lambda_k x}\}$ nicht vollständig, so existiert eine ganze Funktion $f(\lambda)$, welche in den Punkten λ_k ($k = 1, 2, \ldots$) verschwindet und in der Form (1) darstellbar ist. Aus dieser Darstellung folgt, daß $f(\lambda)$ von endlichem Grade nicht höher als π und von vollkommen regulärem Wachstum ist.

Der Quotient

$$\chi(\lambda) = \frac{f(\lambda)}{\varphi(\lambda)}$$

ist eine Funktion endlichen Grades, welche auf der Geraden $v = a$ ($v = \operatorname{Im} \lambda$) der Ungleichung

$$|\chi(u + i a)| < M\,(1 + |u|)^{1/p} \tag{10}$$

genügt, in welcher M eine gewisse Konstante ist. Nach dem Lehrsatz 11 aus Kapitel V ist die Funktion $\chi(\lambda)$ von vollkommen regulärem Wachstum, und ihr Indikatordiagramm ist ein abgeschlossenes Intervall auf der imaginären Achse I_χ. Das Indikatordiagramm der Funktion $f(\lambda)$ ist die Summe der Indikatordiagramme der Funktionen $\varphi(\lambda)$ und $\chi(\lambda)$ (Lehrsatz 4, § 3, Kapitel III). Da die Breite des Indikatordiagramms von $\varphi(\lambda)$ nicht kleiner als 2π ist, und der Typus von $f(\lambda)$ π nicht übertrifft, so ist die Länge des abgeschlossenen Intervalls I_χ gleich Null, und folglich ist $\chi(\lambda)$ vom Grade Null. Hat $\chi(\lambda)$ eine Nullstelle μ, so ist nach (10) die Funktion

$$\chi(\lambda)\,(\lambda - \mu)^{-1}$$

beschränkt auf einer Geraden parallel zur reellen Achse und folglich gleich einer Konstanten. Da $\chi(\lambda)\,(\lambda - \mu)^{-1}$ auf dieser Geraden gegen Null strebt, so ist $\chi(\lambda) \equiv 0$, und folglich auch $f(\lambda) \equiv 0$.

Hat aber $\chi(\lambda)$ keine Nullstellen, so ist sie konstant, und es ist

$$f(\lambda) = c\,\varphi(\lambda)\,,$$

wo c eine Konstante ist. Aus (9) bekommen wir die Ungleichung

$$|f(u + i a)| > \frac{c\,m}{(1 + |u|)^{1/p}} \qquad (-\infty < u < \infty)\,,$$

aus welcher

$$\int_{-\infty}^{\infty} |f(u + i a)|^p \, du = \infty$$

folgt. Andererseits aber folgt aus der Darstellung (1) der Funktion $f(\lambda)$ bei $p \geqq 2$ [1])

$$\int_{-\infty}^{\infty} |f(u + i a)|^p \, du \leqq \left(\int_{-\pi}^{\pi} e^{a q v} |\psi(v)|^2 \, d v \right)^{p-1} < \infty .$$

Auf diese Weise gibt es eine Funktion $f(\lambda)$ mit den im Lehrsatz 1 angegebenen Eigenschaften nicht, und folglich ist das Funktionensystem $\{e^{i\lambda_k x}\}$ vollständig in $L^p(-\pi, \pi)$. Die analoge Behauptung über die Vollständigkeit des Systems $\{e^{i\lambda_k x}\}$ in $C(-\pi, \pi)$ ist auch richtig. Man muß nur bei Formulierung von c) die Bedingung (9) durch die Bedingung

$$|\varphi\,(u + i\,a)| \geqq m > 0\,, \; \overline{\lim_{|u| \to \infty}} |\varphi\,(u + i\,a)| = \infty \qquad (-\infty < u < \infty)$$

ersetzen.

In der Tat bekommen wir nach der Wiederholung der vorhergehenden Überlegungen

$$f(\lambda) = c \cdot \varphi(\lambda)\,,$$

und folglich widerspricht die Bedingung $\overline{\lim\limits_{|u| \to \infty}} |\varphi\,(u \pm i\,a)| = \infty$ der Darstellung (2) der Funktion $f(\lambda)$. Kraft der Bemerkung 2 zum Lehrsatz 1 ist das System $\{e^{i\lambda_k x}\}$ vollständig in $C(-\pi, \pi)$.

Ersetzt man in c) die Bedingung $h_\varphi\left(-\frac{\pi}{2}\right) + h_\varphi\left(\frac{\pi}{2}\right) \geqq 2\pi$ durch eine etwas stärkere, so wird die Bedingung (9) überflüssig. Genauer gesagt, gilt die Behauptung:

d) *Ist* $\{\lambda_k\}$ *die Nullstellenmenge einer ganzen Funktion* $\varphi(\lambda)$ *endlichen Grades, und ist*

$$\underline{\lim_{|v| \to \infty}} |\varphi(i\,v)|\, e^{-\pi |v|} > 0\,, \tag{11}$$

so ist das Funktionensystem $\{e^{i\lambda_k x}\}$ *vollständig in* $L^p(-\pi, \pi)$ $(p \geqq 1)$.

Beweis. Ist das System $\{e^{i\lambda_k x}\}$ nicht vollständig in $L^p(-\pi, \pi)$, so existiert eine ganze Funktion $f(\lambda)$, welche in allen Punkten λ_k $(k = 1, 2, \ldots)$ verschwindet und in der Form (1) darstellbar ist, und folglich genügt sie der Ungleichung (4). Nach dieser Ungleichung und der Bedingung (11) ist die ganze Funktion endlichen Grades

$$\chi(\lambda) = \frac{f(\lambda)}{\varphi(\lambda)}$$

auf der imaginären Achse beschränkt, und sie ist nach der Folgerung 2 aus dem Lehrsatz 6 von § 4, Kapitel V von vollkommen regulärem Wachstum, und ihr Indikatordiagramm ist ein abgeschlossenes Intervall I_χ der reellen Achse. Das

[1]) Vgl. ZYGMUND [1], Seite 311.

Indikatordiagramm der Funktion $f(\lambda)$ ist gleich der Summe der Indikatordiagramme der Funktionen $\varphi(\lambda)$ und $\chi(\lambda)$. Deshalb ist die Länge des Intervalls I_χ nicht größer als die Breite des Indikatordiagramms der Funktion $f(\lambda)$ in Richtung der reellen Achse und folglich gleich Null. Deshalb ist die Funktion $\chi(\lambda)$ vom Grade Null, und da sie auf der imaginären Achse beschränkt ist, ist sie eine Konstante. Dann ist aber $f(\lambda) = c\,\varphi(\lambda)$, und es ist

$$\varliminf_{|v|\to\infty} |f(i\,v)|\, e^{-\pi|v|} > 0\,,$$

was der Ungleichung (4) widerspricht. Hieraus folgt die Vollständigkeit des Systems $\{e^{i\lambda_k x}\}$ in $L^p(-\pi,\pi)$.

2. Die Minimalität (verstärkte lineare Unabhängigkeit) eines Funktionensystems $\{e^{i\lambda_k x}\}$

Besonders interessant sind vollständige Systeme, welche keine überflüssigen Funktionen enthalten, d. h. solche, in denen keine einzige durch eine lineare Kombination der anderen approximiert werden kann. Mit anderen Worten, es ist hier von Funktionensystemen $\{e^{i\lambda_k x}\}$ die Rede, für welche aus der Gleichung

$$\lim_{n\to\infty}\left\|\sum_{k=1}^{n} a_k^{(n)}\, e^{i\lambda_k x}\right\| = 0\,,\quad \lim_{n\to\infty} a_k^{(n)} = 0$$

folgt. Wir werden dabei die Norm im Sinne von $L^p(-\pi,\pi)$ verstehen. Funktionensysteme, welche diese Eigenschaft besitzen (und nicht unbedingt vollständig sind), werden wir als *mininal* bezeichnen.

Lehrsatz 5 (Paley und Wiener [1]). *Damit ein Funktionensystem $\{e^{i\lambda_k x}\}$ minimal ist, ist notwendig und hinreichend, daß eine ganze Funktion $\varphi(\lambda)$ von endlichem Grade $p \leq \pi$ existiert, welche in allen Punkten $\{\lambda_k\}$ verschwindet und so beschaffen ist, daß*

$$\frac{|\varphi(\lambda)|}{\sqrt{1+\lambda^2}} \in L^p(-\pi,\pi)\,. \tag{12}$$

Beweis. Existiert eine solche Funktion $\varphi(\lambda)$, so kann man ein System von Funktionen

$$G_k(\lambda) = \frac{\varphi(\lambda)}{\varphi'(\lambda_k)\,(\lambda-\lambda_k)}$$

konstruieren, die alle zu $L^p(-\pi,\pi)$ gehören.[1]) Setzen wir

$$h_k(x) = \frac{1}{2\pi}\int_{-\infty}^{\infty} G_k(\lambda)\, e^{-i\lambda x}\, d\lambda\,,$$

[1]) Ist λ_k eine p-fache Nullstelle ($p > 1$), so nimmt man statt $G_k(\lambda)$

$$G_{k_p}(\lambda) = \frac{p!\,|\varphi(\lambda)|}{\varphi^{(p)}(\lambda_k)\,(\lambda-\lambda_k)^p}\,.$$

so bekommen wir ein System von Funktionen $\{h_k(x)\}$, welche außerhalb des Intervalls $(-p, p)$ verschwinden und $L^p(-p, p)$ angehören. Diese Funktionen bilden ein biorthogonales System, d. h., es ist

$$\int_{-p}^{p} h_k(x)\, e^{i\lambda_j x}\, dx = \begin{cases} 0 & \text{bei} \quad k \neq j\,, \\ 1 & \text{bei} \quad k = j\,. \end{cases}$$

Es konvergiere nun die Folge der Summen

$$\sum_{k=1}^{n} a_j^{(n)}\, e^{i\lambda_j x}$$

in $L^2(-\pi, \pi)$ gegen Null. Multiplizieren wir diese Summen mit $h_k(x)$ und integrieren wir von $-\pi$ bis π, so bekommen wir $\lim\limits_{n\to\infty} a_j^{(n)} = 0$.

Umgekehrt, ist das System $\{e^{i\lambda_k x}\}$ minimal, so befinden sich die Funktionen $e^{i\lambda_k x}$ in einem positiven Abstande von der linearen Hülle der übrigen, und folglich existiert ein Funktional, welches für alle diese Funktionen außer der ersten verschwindet und für $e^{i\lambda_1 x}$ gleich Eins ist.

Nach dem allgemeinen Lehrsatz von RIESZ wird dieses Funktional durch eine gewisse Funktion $h(x) \in L^2(-\pi, \pi)$ gegeben. Wir haben

$$\int_{-\pi}^{\pi} e^{i\lambda_k x}\, h(x)\, dx = \begin{cases} 0 & k \neq 1\,, \\ 1 & k = 1\,. \end{cases}$$

Die ganze Funktion

$$\varphi(\lambda) = (\lambda - \lambda_1) \int_{-\pi}^{\pi} e^{i\lambda x}\, h(x)\, dx$$

verschwindet in allen Punkten λ_k $(k = 1, 2, \ldots)$, und es ist $\varphi(\lambda)\,(\lambda - \lambda_1)^{-1} \in L^2(-\infty, \infty)$. Der Lehrsatz ist somit bewiesen.

Lehrsatz 6. *Damit ein System $\{e^{i\lambda_k x}\}$ vollständig und minimal in $L^2(-\pi, \pi)$ ist, ist es notwendig und hinreichend, daß folgende Bedingungen erfüllt sind:*

1° *Es existiert der Grenzwert*

$$\varphi(\lambda) = \lim_{R\to\infty} \prod_{|\lambda_k| < R} \left(1 - \frac{\lambda}{\lambda_k}\right);$$

2° *$\varphi(\lambda)$ ist eine ganze Funktion endlichen Grades mit dem Indikatordiagramm, dessen Breite gleich 2π ist;*

3° $$|\varphi(\lambda)| \cdot (1 + |\lambda|)^{-1} \in L^2(-\infty, \infty);$$

4° *ist $\chi(\lambda)$ irgendeine ganze Funktion vom Grade Null, so ist*

$$\varphi(\lambda)\, \chi(\lambda) \notin L^2(-\infty, \infty)\,.$$

Beweis. Wir beweisen zuerst die Notwendigkeit der Bedingungen 1° bis 4°. Aus der Minimalität des Systems $\{e^{i\lambda_k x}\}$ folgt nach dem Lehrsatz 5, daß es eine ganze Funktion $\varphi(\lambda)$ endlichen Grades $p \leq \pi$ gibt, welche in allen Punkten $\{\lambda_k\}$ verschwindet und der Bedingung (12) genügt.

Ohne Beschränkung der Allgemeinheit kann man annehmen, daß $h_\varphi\left(\frac{\pi}{2}\right) = h_\varphi\left(-\frac{\pi}{2}\right)$ ist. Ist dabei der Grad p der Funktion $\varphi(\lambda)$ kleiner als π, so ist die Funktion

$$\varphi(\lambda)\,\frac{\sin(\pi - p)\,\lambda}{\lambda} \in L^2(-\infty, \infty)\,,$$

und ihr Grad ist π. Hieraus folgt gemäß der Bemerkung 1 zum Lehrsatz 1, daß das System sich als unvollständig erweist, wenn man zu ihm alle Funktionen der Gestalt $e^{i\mu x}$ hinzufügt, wo μ eine beliebige von Null verschiedene Nullstelle der Funktion $\sin(\pi - p)\,\lambda$ ist. Da das System $\{e^{i\lambda_k x}\}$ vollständig ist, ist das unmöglich, und folglich ist $p = \pi$, d. h., die Breite des Indikatordiagramms der Funktion $\varphi(\lambda)$ ist 2π.

Die Bedingung 3° folgt nach dem Lehrsatz 5 aus der Minimalität des Systems $\{e^{i\lambda_k x}\}$.

Die Funktion $\varphi(\lambda)$ hat keine von $\{\lambda_k\}$ verschiedenen Nullstellen. Sonst könnte man zum gegebenen System $\{e^{i\lambda_k x}\}$ noch Exponentialfunktionen hinzufügen, ohne daß die Minimalität des Systems aufgehoben wird. Das widerspricht aber der Vollständigkeit des Systems $\{e^{i\lambda_k x}\}$.

Nach dem Lehrsatz 11, Kapitel V folgt aus dem Bestehen der Bedingung 3° für eine Funktion endlichen Grades $\varphi(\lambda)$, daß sie von vollkommen regulärem Wachstum und der Klasse A ist, und daß ihr Indikatordiagramm ein abgeschlossenes Intervall der imaginären Achse ist. Sie läßt sich in der Form

$$\varphi(\lambda) = c\, e^{il\lambda} \lim_{R\to\infty} \prod_{|\lambda_k| < R} \left(1 - \frac{\lambda}{\lambda_k}\right)$$

darstellen.

Ohne Beschränkung der Allgemeinheit kann man annehmen, daß $l = 0$ ist; denn genügt $\varphi(\lambda)$ den Bedingungen 1° bis 4°, so genügt auch $e^{-il\lambda}\,\varphi(\lambda)$ denselben Bedingungen.

Es bleibt nur, die Bedingung 4° zu beweisen. Wenn bei einer gewissen Funktion $\chi(\lambda)$ vom Geschlecht Null

$$\varphi(\lambda)\,\chi(\lambda) \in L^2(-\infty, \infty)$$

ist, so bekommen wir nach der Hinzufügung zum in $L^2(-\pi, \pi)$ vollständigen System $\{e^{i\lambda_k x}\}$ von neuen Exponentialfunktionen $\{e^{i\mu_k x}\}$, wo $\{\mu_k\}$ die Nullstellenmenge von $\chi(\lambda)$ ist, ein in $L^2(-\pi, \pi)$ unvollständiges System. Das ist unmöglich. Folglich existiert eine solche Funktion $\chi(\lambda)$ vom Grade Null nicht. Die Notwendigkeit der Bedingungen 1° bis 4° ist damit bewiesen.

Zum Beweis, daß diese Bedingungen hinreichend sind, bemerken wir, daß nach dem Lehrsatz 5 die Bedingungen 1° bis 3° die Minimalität des Systems nach sich ziehen. Außerdem folgt aus diesen Bedingungen, daß $\varphi(\lambda)$ von vollkommen regulärem Wachstum ist, und ihr Indikatordiagramm ist ein abgeschlossenes Intervall der imaginären Achse.

Ist das System $\{e^{i\lambda_k x}\}$ nicht vollständig in $L^2(-\infty,\infty)$, so existiert nach der Bemerkung 1 zum Lehrsatz 1 eine ganze Funktion $f(\lambda)$ vom endlichen Grade p nicht größer als π, welche zu $L^2(-\infty,\infty)$ gehört und in allen Punkten $\{\lambda_k\}$ verschwindet; ohne Beschränkung der Allgemeinheit kann man annehmen, daß ihr Indikatordiagramm symmetrisch zur reellen Achse liegt. Der Quotient

$$\chi(\lambda) = \frac{f(\lambda)}{\varphi(\lambda)} \tag{13}$$

ist eine ganze Funktion vom Geschlecht Null, und es ist $\varphi(\lambda)\,\chi(\lambda) \in L^2(-\infty,\infty)$.

Das widerspricht aber der Bedingung 4°. Also ist das System $\{e^{i\lambda_k x}\}$ vollständig und minimal in $L^2(-\infty,\infty)$.

Der Lehrsatz ist somit bewiesen.

Aus dem allgemeinen Lehrsatz 6 kann man verschiedene Bedingungen besonderen Charakters für die Vollständigkeit und die Minimalität eines Systems $\{e^{i\lambda_k x}\}$ bekommen.

Im Anhang VI wird gezeigt werden (Lehrsatz 7), daß *für*

$$\lambda_k = k + \psi(k) \qquad (\pm k = 0, 1, 2, \ldots), \tag{14}$$

wobei $\psi_k(z)\,e^{-i\pi z}$ *eine ganze Funktion endlichen Grades* $\sigma \leqq \pi$ *mit dem auf der reellen Achse beschränkten absoluten Betrag ist, die ganze Funktion endlichen Grades*

$$\varphi(\lambda) = \lim_{R\to\infty} \prod_{|\lambda_k|<R} \left(1 - \frac{\lambda}{\lambda_k}\right)$$

den Ungleichungen

$$0 < m_h < |\varphi(x \pm i h)| < M_h \quad (-\infty < x < \infty) \tag{15}$$

genügt, wo $h > \sup|\psi(k)|$ *ist und* M_h *und* m_h *positive Zahlen sind.*[1])

Aus diesem Satz folgt leicht, daß in diesem Fall das Funktionensystem $\{e^{i\lambda_k x}\}$ vollständig und minimal in $L^2(-\pi,\pi)$ ist.

In der Tat sind die Bedingungen 1°, 2° und 3° offensichtlich erfüllt. Wir überprüfen das Erfülltsein der Bedingung 4°. Es sei $\chi(\lambda)$ eine ganze Funktion vom Grad Null und

$$\varphi(u)\,\chi(u) \in L^2(-\infty,\infty)\,.$$

Aus der Darstellung von Paley und Wiener für eine ganze Funktion endlichen Grades, welche zu L^2 $(-\infty,\infty)$ gehört, folgt, daß

$$\varphi(u \pm i h)\,\chi(u \pm i h) \in L^2(-\infty,\infty)$$

ist. Beachten wir die linke Ungleichung in (15), so bekommen wir $\chi(u \pm i h) \in L^2(-\infty,\infty)$, und folglich ist $\chi(u) \in L^2(-\infty,\infty)$.

Die Funktion

$$\psi(u) = \int_0^u \chi^2(t)\,dt$$

---

[1]) In einer neueren Arbeit [16] zeigte der Verfasser, daß das Funktionensystem $\{e^{i\lambda_k x}\}$ eine Rieszsche Basis in $L_2(-\pi,\pi)$ bildet, falls die Bedingung (15) erfüllt ist.

ist vom Grade Null und beschränkt auf der reellen Achse. Aus der Ungleichung von S. N. BERNSTEIN folgt, daß $\psi'(u) \equiv 0$ ist, d. h. $\chi(\lambda) \equiv 0$. Also ist die Bedingung 4° erfüllt, und folglich ist das Funktionensystem $\{e^{i\lambda_k x}\}$ vollständig und minimal.

Man kann auch zeigen, daß das System $\{e^{i\lambda_k x}\}$ vollständig und minimal in $L^2(-\pi, \pi)$ ist, wenn $\psi(z)$ denselben Bedingungen wie in (14) genügt, und $|\lambda_k - k - \psi(k)| < \frac{1}{4}$ ist. Wir werden darauf nicht eingehen.

Es ist interessant, einige Ergebnisse dieses Anhanges mit den verwandten Ergebnissen des Anhanges II zu vergleichen. Aus dem Lehrsatz 5 kann man mit Hilfe der JENSENschen Formel und der Abschätzung (4) folgende Behauptung leicht bekommen:

Ist das System $\{e^{i\lambda_k x}\}$ minimal auf dem Intervall $(-\pi, \pi)$, so ist

$$\lim_{R\to\infty}\left[N_\Lambda(R) - 2R - \frac{1}{q}\ln R\right] = -\infty\,. \tag{16}$$

Im Lehrsatz 1, Anhang II wird festgestellt, daß, *wenn*

$$\varliminf_{R\to\infty}\left[N_\Lambda(R) - 2R - \frac{1}{q}\ln R\right] = -\infty \tag{17}$$

ist, und die Funktionenfolge

$$P_n(x) = \sum_{k=1}^{p_n} a_k^{(n)} \cdot e^{i\lambda_k x}$$

in S^p gegen eine gewisse Funktion konvergiert, welche auf dem abgeschlossenen Intervall $[-\pi; \pi]$ verschwindet,

$$\lim_{n\to\infty} a_k^{(n)} = 0$$

ist.

Die Bedingung (16) erscheint als eine *notwendige* Bedingung dafür, daß aus der Konvergenz von $P_n(x)$ in L^p gegen Null *auf dem Intervall* $(-\pi, \pi)$ $\lim\limits_{n\to\infty} a_k^{(n)} = 0$ folgt.

Die Bedingung (17) erscheint als eine *hinreichende* Bedingung dafür, das aus der Konvergenz der Folge $P_n(x)$ *auf der ganzen reellen Achse in* S^p gegen eine Funktion, welche auf $(-\pi, \pi)$ verschwindet, $\lim\limits_{n\to\infty} a_k^{(n)} = 0$ folgt. Wir bemerken noch, daß nach dem Lehrsatz 3 die Bedingung

$$\varlimsup_{R\to\infty}\left[N_\Lambda(R) - 2R - \frac{1}{q}\ln R + \ln R\right] > -\infty$$

als eine *hinreichende Bedingung für die Vollständigkeit des Systems* $\{e^{i\lambda_k x}\}$ in $L^p(-\pi, \pi)$ erscheint.

ANWENDUNG DER EINDEUTIGKEITSSÄTZE AUF EINIGE FRAGEN DER THEORIE DER DIFFERENTIALGLEICHUNGEN

1. Die Vollständigkeit eines Lösungssystems einer Differentialgleichung zweiter Ordnung in Gebieten der komplexen Ebene

In der Theorie der Differentialgleichungen spielt beim Studium der Randwertaufgabe

$$\left.\begin{aligned} &y'' - q(x)\,y + \lambda^2\,y = 0\,,\\ &y'(0) - h\,y(0) = 0,\ y'(\pi) + H\,y(\pi) = 0\,,\end{aligned}\right\} \tag{1}$$

wo $q(x)$ eine reelle, auf dem Intervall $(0, \pi)$ integrierbare Funktion ist, die Vollständigkeit des Lösungssystems $\varphi(x, \lambda_k)$ dieser Randwertaufgabe eine wesentliche Rolle.

Wir nehmen an, die Funktion $q(x)$ stimme auf dem Intervall $(0, \pi)$ mit den Werten einer gewissen ganzen Funktion $q(z)$ überein. Dann ist die allgemeine Lösung der Gleichung (1) eine ganze Funktion von z, und folglich sind die Lösungen der Randwertaufgabe $\alpha(z, \lambda_k)$ ganze Funktionen von z.

Wir stellen uns die Aufgabe, die Vollständigkeit des Lösungssystems $\alpha(z, \lambda_k)$ der Randwertaufgabe (für den einfachsten Fall $y(0) = y(\pi) = 0$) im Komplexen zu untersuchen. Außerdem untersuchen wir die Vollständigkeit des Lösungssystems $e(z, \lambda_k)$ der Gleichung (1) bei $\lambda = \lambda_k$ und den Anfangswerten $e(0, \lambda_k) = 1$, $e'(0, \lambda_k) = i\,\lambda_k$, wo $\{\lambda_k\}$ eine Folge komplexer Zahlen ist. Bei $q(x) = 0$ bestimmen diese Bedingungen Lösungen der Form $e^{i\lambda_k x}$. Die Ergebnisse, welche hier dargestellt werden, lehnen sich an die in § 7, Kapitel IX dargestellten Vollständigkeitssätze an.

Zu dieser Untersuchung benutzen wir die „Transformationsoperatoren“ welche eine Funktion $e^{i\lambda x}$ in eine Lösung $\varphi(x, \lambda)$ der Differentialgleichung überführen.

Diese Operatoren wurden von Delsart [1] eingeführt, sie fanden dann eine Reihe von Anwendungen in den Arbeiten von B. M. Levithan [3] und A. J. Powsner [1]. A. J. Powsner hat eine Konstruktion dieser Operatoren mit Hilfe der Riemannschen Funktion angegeben. Eine ausführliche Untersuchung dieser Operatoren und ihre systematische Anwendung auf die Theorie der Differentialgleichungen wurden von W. A. Martschenko [1] behandelt.

Um die Transformationsoperatoren zu bekommen, betrachten wir, A. J. Powsner folgend, die partielle Differentialgleichung

$$u''_{yy} - q(y)\,u = u''_{xx}\,. \tag{2}$$

Die Lösung dieser Differentialgleichung bei den Anfangswertbedingungen

$$u|_{y=0} = \varphi(x)\,, \quad u'_y|_{y=0} = \psi(x) \tag{3}$$

und $y > 0$ wird durch die Formel

$$u(x, y) = \frac{\varphi(x+y) + \varphi(x-y)}{2} + \frac{1}{2}\int\limits_{x-y}^{x+y} [\psi(\xi)\, v\,(\xi, 0, x, y) - \varphi(\xi)\, v'_\eta(\xi, 0, x, y)]\, d\xi \tag{4}$$

geliefert [1]), in welcher $v\,(\xi, \eta, x, y)$ die RIEMANNsche Funktion der Gleichung (2) ist, d. h. die Funktion, die als Lösung der Gleichung

$$u''_{\eta\eta} - u''_{\xi\xi} - q(\eta)\, u = 0$$

im Innern des Dreiecks $\eta > 0$, $\xi + \eta < x + y$ und $\xi - \eta > x - y$ bei beliebigen festgehaltenen x, y $(y > 0)$ und gleich Null bei $\xi + \eta = x + y$ und bei $\xi - \eta = x - y$ ist.

Ist $q(x)$ auf $(0, \pi)$ integrierbar, so sind die RIEMANNsche Funktion $v(\xi, \eta, x, y)$ und ihre partielle Ableitungen stetige Funktionen. Wir wollen von der Formel (4) ausgehend einen Operator konstruieren, der die Lösungen der Gleichung $y'' + \lambda^2 y = 0$ in die Lösungen der Gleichung (1) transformiert.

Die Funktion $\alpha_k\,(x, \lambda)$ sei eine Lösung der Gleichung

$$\alpha'' - q(x)\,\alpha + \lambda^2\,\alpha = 0\,, \tag{5}$$

welche den Anfangsbedingungen

$$\alpha(0, \lambda) = 1\,, \quad \alpha'(0, \lambda) = h \tag{6}$$

genügt, wo h eine beliebige komplexe Zahl ist. Die Funktion

$$u(x, y, \lambda) = \alpha_h(y, \lambda) \cos \lambda\, x$$

erscheint als eine Lösung der Gleichung (2) bei den Anfangsbedingungen

$$\varphi(x) = \cos \lambda\, x\,, \quad \psi(x) = h \cos \lambda\, x\,.$$

Setzen wir diese gegebenen Werte in die Formel (4) ein, und setzen wir $x = 0$, so bekommen wir für die Funktion $\alpha_h(y, \lambda)$ die Darstellung

$$\alpha_h(y, \lambda) = \cos \lambda\, y + \frac{1}{2}\int\limits_{-y}^{y} [v(\xi, 0, 0, y)\, h - v'_\eta(\xi, 0, 0, y)] \cos \lambda\, \xi\, d\xi\,.$$

Diese Gleichung kann man offensichtlich in die Form

$$\alpha_h(x, \lambda) = \cos \lambda\, x + \int\limits_0^x K_h(x, t) \cos \lambda\, t\, dt \tag{7}$$

transformieren.

---

[1]) Siehe beispielsweise A. N. TYCHONOFF und A. A. SAMARSKI: Differentialgleichungen der mathematischen Physik, VEB Deutscher Verlag der Wissenschaften, Berlin 1959. Übersetzung aus dem Russischen.

Der Operator von VOLTERRA

$$K[f] = f(x) + \int_0^x K_h(x, t)\, f(t)\, dt$$

heißt der Transformationsoperator. Dieser Operator führt die Funktion $\cos \lambda x$ *in eine Lösung der Gleichung* (5) *über bei den Anfangswertbedingungen* (6).

Bezeichnen wir eine Lösung von (5) bei $h = 0$ durch $c(x, \lambda)$, so ergibt sich aus (7)

$$c(x, \lambda) = \cos \lambda x - \frac{1}{2} \int_{-x}^{x} v'_\eta(\xi, 0, 0, x) \cos \lambda \xi\, d\xi\,. \tag{8}$$

Bezeichnen wir durch $s(x, \lambda)$ eine Lösung der Gleichung (5) bei den Anfangswertbedingungen $s(0, \lambda) = 0$ und $s'(0, \lambda) = \lambda$, so erhalten wir für die Funktion $s(y, \lambda) \sin \lambda x$ die Darstellung

$$s(y. \lambda) \sin \lambda x = + \frac{\lambda}{2} \int_{x-y}^{x+y} v(\xi, 0, x, y) \sin \lambda \xi\, d\xi\,.$$

Differenzieren wir die beiden Seiten dieser Gleichung nach x und setzen wir $x = 0$, so ergibt sich

$$s(y, \lambda) = \sin \lambda y + \frac{1}{2} \int_{-y}^{y} v'_x(\xi, 0, 0, y) \sin \lambda \xi\, d\xi\,. \tag{9}$$

Bemerken wir, daß eine Lösung $e(x, \lambda)$ der Gleichung (5), welche den Bedingungen $e(0, \lambda) = 1$, $e'(0, \lambda) = i \lambda$ genügt, in der Form $e(x, \lambda) = c(x, \lambda) + i\, s(x, \lambda)$ darstellbar ist, so bekommen wir aus (8) und (9)

$$e(x, \lambda) = e^{i \lambda x} + \int_{-x}^{x} [K_1(x, \xi)\, e^{i \lambda \xi} + K_2(x, \xi)\, e^{-i \lambda \xi}]\, d\xi\,,$$

wo

$$K_1(x, \xi) = v'_x(\xi, 0, 0, x) - v'_\eta(\xi, 0, 0, x)\,, \quad K_2(x, \xi) = - v'_x(\xi, 0, 0, x) - v'_\eta(\xi, 0, 0, x)$$

ist. Endlich erhalten wir, wenn wir $K(x, \xi) = K_1(x, \xi) + K_2(x, -\xi)$ setzen,

$$e(x, \lambda) = e^{i \lambda x} + \int_{-x}^{x} K(x, \xi)\, e^{i \lambda \xi}\, d\xi\,. \tag{10}$$

Aus (10) folgt offensichtlich

$$c(x, \lambda) = \cos \lambda x + \int_{-x}^{x} K(x, \xi) \cos \lambda \xi\, d\xi$$

und

$$s(x, \lambda) = \sin \lambda x + \int_{-x}^{x} K(x, \xi) \sin \lambda \xi\, d\xi\,.$$

Auf diese Weise ergibt sich folgender Lehrsatz: [1])

[1]) W. A. MARTSCHENKO [1].

Lehrsatz 1. *Ist in der Gleichung* (1) *die Funktion* $q(x)$ *integrierbar auf dem Intervall* $(0, \pi)$, *so existiert ein bei* $0 < x, \xi < \pi$ *stetiger Kern* $K(x, \xi)$, *so daß der Operator von* VOLTERRA

$$A[\varphi(x)] = \varphi(x) + \int_{-x}^{x} K(x, \xi)\, \varphi(\xi)\, d\xi \tag{11}$$

jede Lösung $y(x)$ *der Gleichung*

$$y'' + \lambda^2 y = 0$$

in eine Lösung der Gleichung (5) *transformiert, welche im Nullpunkt denselben Bedingungen genügt wie* $y(x)$.

Der VOLTERRA-Operator heißt (ebenso wie der Operator (7)) ein *Transformationsoperator*. Für unsere Zwecke ist folgender Umstand wichtig: Stimmt in der Gleichung (5) die Funktion $q(x)$ mit den Werten einer gewissen ganzen Funktion $q(z)$ im Intervall $(0, \pi)$ überein, *so ist der Kern* $K(x, \xi)$ *des Operators* $A\,[\varphi(x)]$ *eine ganze Funktion beider Veränderlichen.*

Zum Beweis genügt es zu zeigen, daß die RIEMANNsche Funktion $v\,(\xi, \eta, x, y)$ der Gleichung (2) eine ganze Funktion in allen vier Veränderlichen ist.

Durch die Substitution $t = x + y$, $s = x - y$ wird die Gleichung (2) auf die Gestalt

$$\frac{\partial^2 u}{\partial t\, \partial s} = -\frac{1}{4} q\left(\frac{t-s}{2}\right) u$$

gebracht, und die RIEMANNsche Funktion $v(\xi, \eta, x, y)$ ergibt sich, wenn man in der Lösung der Integralgleichung

$$u = 1 - \frac{1}{4} \int_{\tau}^{t} \int_{\sigma}^{s} q\left(\frac{t-s}{2}\right) u(t, s)\, dt\, ds \tag{12}$$

die inverse Substitution $t = \xi + \eta$, $s = \xi - \eta$, $\tau = x + y$, $\sigma = x - y$ ausführt.

Lösen wir die Gleichung von VOLTERRA nach der Iterationsmethode, so bekommen wir

$$u = 1 + u_1 + u_2 + \cdots + u_n + \cdots, \tag{13}$$

wo

$$u_n(\sigma, \tau, s, t) = -\frac{1}{4} \int_{\tau}^{t} \int_{\sigma}^{s} q\left(\frac{t-s}{2}\right) u_{n-1}(\sigma, \tau, s, t)\, ds\, dt$$

ist.

Gilt im Gebiet $|t - \tau| \leqq a$, $|s - \sigma| \leqq b$ die Abschätzung

$$\left|\frac{1}{4} q\left(\frac{t-s}{2}\right)\right| < M\,,$$

so ist

$$|u_n(\sigma, \tau, s, t)| < M \frac{|s-\sigma|^n\, |t-\tau|^n}{n!^2}\,. \tag{14}$$

Ist $q(z)$ eine ganze Funktion, so ist offensichtlich die Funktion $u_n(\sigma, \tau, s, t)$ eine ganze Funktion aller Veränderlichen, und kraft der Abschätzung (14) konvergiert die Reihe (13) gegen eine ganze Funktion von σ, τ, s, t. Also ist in diesem Fall der Kern $K(z, \xi)$ eine ganze Funktion von z und ξ.

Die Resolvente des Kerns $K(x, \xi)$

$$R(x, \xi, -1) = K(x, \xi) - K_2(x, \xi) + \cdots + (-1)^{n+1} K_n(x, \xi) + \cdots$$

stimmt auch mit den Werten einer gewissen ganzen Funktion $R(z, \zeta)$ im reellen Gebiet überein.

$\varphi(z)$ sei eine holomorphe Funktion in einem Gebiet D, welches den Punkt 0 enthält. Offensichtlich ist auch die Funktion

$$f(z) = \varphi(z) + \int_0^z K(z, \zeta)\, \varphi(\zeta)\, d\zeta \tag{15}$$

holomorph in D. Die Funktion

$$\psi(z) = f(z) + \int_0^z R(z, \zeta)\, f(\zeta)\, d\zeta \tag{16}$$

ist ebenfalls holomorph in D.

Bei reellem z kann man längs der reellen Achse integrieren, und es ergibt sich dabei $\psi(x) = \varphi(x)$. Aus der Gleichheit auf der reellen Achse folgt die Gleichheit im ganzen Gebiet D. Wir haben also folgenden Lehrsatz bekommen:

Lehrsatz 2. *Die Operatoren $I + K$ und $I + R$ transformieren jede in einem den Nullpunkt enthaltenden Gebiet D holomorphe Funktion in eine in demselben Gebiet holomorphe Funktion und sind gegenseitig invers.*

Wir nehmen jetzt an, $q(z)$ sei eine gerade ganze Funktion. Aus der Gleichung (1) und den Anfangswertbedingungen folgt, daß die Funktion $c(z, \lambda)$ bei jedem λ gerade ist und die Funktion $s(z, \lambda)$ ungerade, und folglich führt der Operator $A[\varphi]$ eine gerade Funktion in eine gerade über und eine ungerade in eine ungerade.

Lehrsatz 3. *Ist $q(z)$ eine gerade ganze Funktion, $\{\lambda_n\}$ eine Folge komplexer Zahlen und*

$$\lim_{n\to\infty} \frac{n}{\lambda_n} = 1\,,$$

so kann man jede ungerade Funktion, welche in einem einfach zusammenhängenden Gebiet D, das den Nullpunkt enthält und dem Streifen $|\mathrm{Re}\, z| < \pi$ angehört, holomorph ist, in jedem inneren Gebiet D' ($\overline{D}' \subset D$) gleichmäßig durch lineare Kombinationen der Funktionen $s(z, \lambda_n)$ approximieren.

Beweis. Wir transformieren die Funktion $f(z)$ mit Hilfe der Operation $I + R$. Nach dem Lehrsatz 21 vom Kapitel IV kann man die so erhaltene ungerade Funktion $\psi(z)$ durch lineare Kombinationen der Funktionen $e^{i\lambda_k z}$ gleichmäßig in D' approximieren:

$$\left|\psi(z) - \sum_0^{k_n} a_k\, e^{i\lambda_k z}\right| < \varepsilon \qquad (z \in D')\,,$$

und, da die Funktion $\psi(z) = \frac{1}{2}[\psi(z) - \psi(-z)]$ ungerade ist, ist

$$\left|\psi(z) - i\sum_0^{k_n} a_k \sin\lambda_k z\right| < \varepsilon \qquad (z \in D') .$$

Wenden wir die inverse Operation $I + K$ an, so bekommen wir

$$\left|f(z) - i\sum_0^{k_n} a_k\, s\,(z, \lambda_k)\right| < \varepsilon \cdot (1 + P_{D'}) \quad (z \in D') ,$$

wo $P_{D'}$ eine vom Gebiet D' abhängige Konstante ist. Der Lehrsatz ist somit bewiesen.

Hilfssatz. *Jede in einem einfach zusammenhängenden, kein bezüglich des Nullpunktes symmetrisches Punktepaar enthaltenden Gebiet D holomorphe Funktion $f(z)$ kann in jedem inneren Gebiet D' ($\overline{D'} \subset D$) gleichmäßig durch eine ungerade ganze Funktion approximiert werden.*

Beweis. Die Transformation $u = z^2$ liefert eine einblättrige Abbildung des Gebietes D auf ein gewisses Gebiet G, welches den Nullpunkt nicht enthält, und des Gebietes D' auf $G'(\overline{G'} \subset G)$. Die in G holomorphe Funktion

$$F(u) = \frac{f\sqrt{(u)}}{\sqrt{u}}$$

kann in G' gleichmäßig durch ein Polynom approximiert werden:

$$|F(u) - P(u)| < \varepsilon$$

oder, wenn wir zur z-Ebene übergehen,

$$|f(z) - z\,P(z^2)| < \varepsilon \cdot |z| .$$

Der Hilfssatz ist bewiesen.

Lehrsatz 4. *Ein Funktionensystem $\{s(z, \lambda_n)\}$ ist im Gebiet $0 < \operatorname{Re} z < \pi$ vollständig, wenn*

$$\lim_{n\to\infty} \frac{n}{\lambda_n} = 1$$

ist.

Beweis. Eine willkürlich gewählte Funktion $f(z)$, welche in einem gewissen Gebiet G im Innern des Streifens $0 < \operatorname{Re} z < \pi$ holomorph ist, kann mit beliebiger Genauigkeit durch eine ungerade ganze Funktion approximiert werden, und diese Funktion $\chi(z)$ kann man in einem Gebiet, welches das Gebiet G und den Punkt 0 enthält, durch eine lineare Kombination der Funktionen $s(z, \lambda_n)$ approximieren. Der Lehrsatz ist somit bewiesen.

Folgerung. *Ist in der Gleichung* (1) $q(z)$ *eine ganze Funktion, so bilden die Lösungen der Randwertaufgabe bei* $y(0) = y(\pi) = 0$ *ein vollständiges System im Streifen* $0 < \operatorname{Re} z < \pi$.[1])

2. Über die inverse Aufgabe für die Sturm-Liouvilleschen Gleichungen

Wir wollen die Lösung der Differentialgleichung

$$y'' - q(x)\,y + \lambda^2 y = 0 \qquad \left(0 \leqq x \leqq 1\,,\ \int_0^1 |q(x)|\,dx < \infty\right) \tag{1}$$

bei den Randwertbedingungen

$$y'(0) - h\,y(0) = 0\,,\quad y'(1) + h_1\,y(1) = 0 \tag{1'}$$

betrachten.

Dabei sind h und h_1 komplexe Zahlen und $q(x)$ eine komplexwertige, auf dem Intervall (0, 1) integrierbare Funktion.

Die Menge derjenigen Werte des Parameters λ, für welche diese Aufgabe eine nichttriviale Lösung besitzt, heißt das *Spektrum des Operators* $L[y] = y'' - q(x)\,y$, das den Grenzbedingungen $\{h;\ h_1\}$ entspricht. Wir werden das Spektrum des Operators (1) bei den Grenzbedingungen $\{h; h_1\}$ durch $S_q(h; h_1)$ bezeichnen.

Die als die inverse Sturm-Liouvillesche Aufgabe bezeichnete Aufgabe besteht darin, aus zwei, verschiedenen Randbedingungen entsprechenden Spektren den Operator $L[y]$ wiederherzustellen. Die Frage nach der eindeutigen Bestimmtheit des Operators aus den Spektren von Randwertaufgaben wurde zuerst gestellt und für einen Sonderfall gelöst von W. A. Ambarzumjan [1]. Eine ausführliche Untersuchung über inverse Randwertaufgaben wurde von G. Borg [1] durchgeführt. Bei der Untersuchung der eindeutigen Bestimmtheit des Operators durch die Spektren von Randwertaufgaben hat G. Borg gezeigt, daß bei reellen $q_1(x), q_2(x)$ und den Zahlen h, h_1 und h_2 aus den Gleichungen $S_{q_1}(h; h_1) = S_{q_2}(h; h_1)$ und $S_{q_1}(h; h_2) = S_{q_2}(h; h_2)$ fast überall $q_1(x) = q_2(x)$ $(0 \leqq x \leqq 1)$ folgt.

W. A. Martschenko [1] hat gezeigt, daß nicht nur die Funktion $q(x)$, sondern auch die Zahlen h, h_1, h_2 eindeutig durch die Spektren $S_q(h; h_1)$ und $S_q(h; h_2)$ bestimmt sind. Martschenko dehnte auch den Eindeutigkeitssatz auf den Fall eines auf einem halbunbegrenzten Intervall vorgegebenen Operators aus.[2])

---

[1]) Es ist bekannt, daß $\lambda_n - n \to 0$. Das kann man unmittelbar bekommen, wenn man bemerkt, daß die charakteristischen Zahlen λ_n Nullstellen der Gleichung

$$\sin \pi\lambda + \int_0^\pi K(\pi, \zeta)\sin \lambda\zeta\, d\zeta = 0$$

sind, und den Lehrsatz von Rouché benutzt. Wenn man die hier durchgeführten Betrachtungen etwas verallgemeinert, kann man die Vollständigkeit von Lösungen auch bei allgemeineren Randbedingungen feststellen.

[2]) M. G. Krein [6] lieferte eine andere Verallgemeinerung des Eindeutigkeitssatzes, indem er zeigte, daß eine nichtnegative Funktion $\varrho(x)$ eindeutig durch zwei Spektren $S_\varrho(h; h_1)$ und $S_\varrho(h; h_2)$ der Gleichung $y'' + \lambda\,\varrho(x)\,y = 0$ bestimmt wird. Wir bemerken, daß die Gleichung (1) durch eine Substitution der Veränderlichen auf diese Gestalt reduziert werden kann, doch ist dabei die Funktion $\varrho(x)$ nicht nur positiv, sondern ihre Ableitung ist absolut stetig. Auf diese Weise ist der Lehrsatz von M. G. Krein eine Verstärkung des Lehrsatzes von G. Borg.

Außerdem folgt aus einigen Betrachtungen von W. A. MARTSCHENKO ein Eindeutigkeitssatz für den Fall der komplexen $q(x)$, h, h_1 und h_2. [1]) Die Aufgabe der Wiederherstellung eines Operators aus zwei seiner Spektren wurde in den letzten Jahren in den Arbeiten von M. G. KREIN [6, 7], I. M. GELFOND und B. M. LEVITHAN [2] und W. A. MARTSCHENKO [1] gelöst.

Wir werden hier den Eindeutigkeitssatz für einen nichtselbstkonjugierten Operator (auf einem endlichen Intervall) beweisen, indem wir im Grunde der Arbeit von T. M. KARASEWA [1] folgen, jedoch einige Vereinfachungen vornehmen, die sich auf der Anwendung der elementaren Eindeutigkeitssätze der Theorie ganzer Funktionen gründen.

Wir bemerken vor allem, daß die Bedingung im Nullpunkt die Lösung der Gleichung (1) bis auf einen konstanten Faktor bestimmt, und daß deshalb keine zwei linear unabhängige Eigenfunktionen existieren, die einem Punkt des Spektrums entsprechen.

Wir definieren jetzt den Begriff der Vielfachheit eines Punktes des Spektrums λ.

Dazu stellen wir das Gleichungssystem

$$\left.\begin{array}{l} L[y_1] + \lambda^2 y_1 = 0\,, \\ L[y_2] + \lambda^2 y_2 = y_1\,, \\ \dots\dots\dots\dots\dots \\ \dots\dots\dots\dots\dots \\ L[y_m] + \lambda^2 y_m = y_{m-1} \end{array} \qquad (L[y] = y'' - q(x)\,y) \right\} \tag{2}$$

auf.

Unter der Vielfachheit eines Eigenwertes λ werden wir den größten Wert n der Zahl m verstehen, für welchen das System (2) Lösungen besitzt, von denen alle Komponenten $y_1, y_2, \dots, y_m$ den Randbedingungen (1′) genügen.[2]) Bei $n = 1$ heißt λ ein *einfacher Punkt des Spektrums*.

Künftig werden wir die Transformationsoperatoren benutzen, von welchen im vorigen Paragraphen die Rede war. Nach dem Fundamentalsatz über diese Operatoren entspricht jeder Differentialgleichung der Form (1) bei der Randbedingung $y'(0) - h\,y(0) = 0$ ein solcher Operator

$$V[f] = f(x) + \int_0^x K_h(x, t)\, f(t)\, dt\,, \tag{3}$$

so daß bei jedem λ die Lösung $y(x, \lambda)$ der Gleichung (1) bei der Randbedingung $y'(0) - h\,y(0) = 0$ in der Form

$$y(x, \lambda) = \cos \lambda x + \int_0^x K_h(x, t) \cos \lambda t\, dt \tag{4}$$

darstellbar ist.

---

[1]) Siehe [1], Seite 385—394. W. A. MARTSCHENKO gibt eine Methode zur Konstruktion des Operators und der Randbedingungen aus zwei Spektren an, wobei er einen neuen Beweis des Eindeutigkeitssatzes liefert. Bei diesem Beweis wird die Realität von $q(x)$, und der Zahlen h, h_1, h_2 nicht benutzt.

[2]) Man kann leicht sehen, daß die Vielfachheit n des Punktes λ eines Spektrums mit der Dimension des entsprechenden invarianten Unterraumes übereinstimmt.

Der Kern $K_h(x, t)$ ist im Quadrat $0 \leqq x \leqq 1$, $0 \leqq t \leqq 1$ eine stetige Funktion.

Setzen wir diesen Ausdruck für $y(x, \lambda)$ in die zweite Randbedingung ein $y'(1) + h_1(1) = 0$, so bekommen wir die charakteristische Gleichung

$$-\lambda \sin \lambda + a \cos \lambda + \int_0^1 Q(t) \cos \lambda t \, dt = 0 \,, \tag{5}$$

in welcher $a = K_h(1, 1) + h_1$ und $Q(t) = K'_h(1, t) + h_1 K_h(1, t)$ ist.

Hilfssatz. *Die Vielfachheit eines Punktes des Spektrums λ_0 stimmt mit der Vielfachheit der entsprechenden Nullstelle der charakteristischen Gleichung* (5) *überein.*

Beweis. Wir bezeichnen

$$\varphi(\lambda) = -\lambda \sin \lambda + a \cos \lambda + \int_0^1 Q(t) \cos \lambda t \, dt \tag{5'}$$

und nehmen an, es sei

$$\varphi(\lambda_0) = \varphi'(\lambda_0) = \cdots = \varphi^{(n-1)}(\lambda_0) = 0 \quad \text{und} \quad \varphi^{(n)}(\lambda_0) \neq 0 \,. \tag{6}$$

Es sei $y(x, \lambda_0)$ eine Eigenfunktion. Differenzieren wir die Gleichung (1) $n - 1$ mal nach λ^2, so bekommen wir, daß die Funktionen

$$z_1(x) = y(x, \lambda_0) \,, \quad z_2(x) = -\left.\frac{\partial y}{\partial \lambda^2}\right|_{\lambda=\lambda_0}, \ldots, \quad z_n(x) = \frac{(-1)^{n-1}}{n-1} \left.\frac{\partial^{n-1} y}{\partial (\lambda^2)^{n-1}}\right|_{\lambda=\lambda_0}$$

dem Gleichungssystem (2) genügen. Außerdem genügen alle diese Funktionen offensichtlich der Randbedingung im Nullpunkt und nach der Gleichungen (6) auch der Bedingung im Punkt 1.

Die Funktion $z_{n+1}(x) = \dfrac{(-1)^n}{n} \left.\dfrac{\partial^n y}{\partial (\lambda^2)^n}\right|_{\lambda=\lambda_0}$ genügt der Gleichung

$$L[z_{n+1}] + \lambda^2 z_{n+1} = z_n \tag{7}$$

und der Randbedingung im Nullpunkt. Infolge der Gleichungen (6) genügt sie der Randbedingung auch im Punkt 1.

Es ist leicht zu sehen, daß jede Lösung $(y_1, y_2, \ldots, y_n, y_{n+1})$ des Systems (2) bei $m = n + 1$, deren sämtliche Komponenten der Randbedingung im Nullpunkt genügen, die Gestalt

$$y_1 = c_1 z_1, \quad y_2 = c_1 z_2 + c_2 z_1, \ldots, \quad y_{n+1} = c_1 z_{n+1} + c_2 z_n + \cdots + c_{n-1} z_1$$

hat, und folglich kann keine Lösung des Systems (2) bei $m = n + 1$ zugleich den Bedingungen im Nullpunkt und im Punkt 1 genügen

Auf diese Weise hat das System (2) eine Lösung bei $m = n$ und keine Lösung bei $m = n + 1$. Der Hilfssatz ist somit bewiesen.

Aus dem Ausdruck (5') für die Funktion $\varphi(\lambda)$ folgt, daß außerhalb gewisser Ausnahmekreise diese Funktion der asymptotischen Gleichung

$$\varphi(\lambda) = -\lambda \sin \lambda \left[1 + O\left(\frac{1}{|\lambda|}\right)\right] \tag{8}$$

genügt, aus welcher mit Hilfe des Satzes von ROUCHÉ unmittelbar folgt, daß die Anzahl der vielfachen Nullstellen der Funktion $\varphi(\lambda)$ endlich ist. [1])

Auf diese Weise haben wir bewiesen, daß die Anzahl der vielfachen Punkte des Spektrums endlich ist, und auch die Vielfachheit jedes Punktes ist endlich.

Es genügt zu bemerken, daß im selbstkonjugierten Falle, d. h. bei reellen $q(x)$, h und h_1 das Spektrum aus einfachen Punkten besteht. In der Tat, damit die zweite Gleichung des Systems (2) eine den Bedingungen (1') genügende Lösung hat, ist die Orthogonalität der rechten Seite dieser Gleichung zur Eigenfunktion $y_1(x)$ notwendig, d. h., es muß $\int\limits_0^1 y_1^2(x)\,dx = 0$ sein. Bei den reellen $q(x)$, h und h_1 ist aber die Eigenfunktion $y_1(x)$ (bis auf einen konstanten Faktor) reell, und so ist diese Gleichung unmöglich, unmöglich ist also auch ein Spektrum mit vielfachen Punkten. Nach diesen allgemeinen Informationen aus der Theorie der Differentialgleichungen gehen wir zur Betrachtung der inversen Aufgaben über. Zwei Spektren bezeichnen wir dabei als übereinstimmend, wenn nicht nur die Punkte, sondern auch ihre Vielfachheiten übereinstimmen.

Lehrsatz 1. *Die Vorgabe von zwei Spektren des Operators* (1), *welche zwei verschiedenen Randbedingungen* $\{h; h_1\}$ *und* $\{h; h_2\}$ *entsprechen, bestimmt eindeutig die Funktion* $q(x)$ $(0 \leqq x \leqq 1)$ *und die Zahlen* h, h_1 *und* h_2.

Wir wollen zuerst beweisen, daß das Spektrum die charakteristische Gleichung eindeutig bestimmt. In der Tat, es seien die Gleichungen

$$\left.\begin{aligned} -\lambda \sin\lambda + a_1 \cos\lambda + \int\limits_0^1 Q_1(t)\cos\lambda t\,dt &= 0\,, \\ -\lambda \sin\lambda + a_2 \cos\lambda + \int\limits_0^1 Q_2(t)\cos\lambda t\,dt &= 0 \end{aligned}\right\} \tag{9}$$

äquivalent. Ihre linken Teile sind ganze Funktionen endlichen Grades mit der gemeinsamen Nullstellenmenge, folglich können sie sich nur um einen Exponentialfaktor unterscheiden. Aus der asymptotischen Formel (8) folgt, daß dieser Faktor gleich Eins ist, und folglich

$$(a_2 - a_1)\cos\lambda + \int\limits_0^1 [Q_2(t) - Q_1(t)]\cos\lambda t\,dt = 0\,.$$

Da der zweite Summand in dieser Gleichung bei reellen, gegen unendlich strebenden λ gegen Null strebt, ist

$$a_2 = a_1 \qquad \text{und} \qquad \int\limits_0^1 [Q_2(t) - Q_1(t)]\cos\lambda t\,dt = 0 \qquad \text{und folglich} \qquad Q_2(t) \equiv Q_1(t).$$

Wir werden jetzt zeigen, daß bei einem vorgegebenen h zwei Spektren desselben Operators (1) die Zahlen h_1 und h_2 eindeutig bestimmen. In der Tat bestimmen die

[1]) Darüberhinaus folgt aus (8), daß es eine einfache asymptotische Formel für die charakteristischen Zahlen der Aufgabe gibt: $\lambda_n = \pi n + \varphi(n)$, wo $\varphi(n)$ eine bei $n \to \infty$ gegen Null strebende komplexe Funktion ist.

Spektren eindeutig die Zahlen

$$a_1 = K(1, 1) + h_1, \qquad Q_1(1) = K_h'(1, 1) + h_1 K_h(1, 1),$$
$$a_2 = K(1, 1) + h_2, \qquad Q_2(1) = K_h'(1, 1) + h_2 K_h(1, 1),$$

also auch die Zahlen

$$h_1 = \frac{Q_1(1) - Q_2(1)}{a_2 - a_1} + a_1 \quad \text{und} \quad h_2 = \frac{Q_1(1) - Q_2(1)}{a_2 - a_1} + a_2 .$$

Es mögen jetzt die Spektren $\{\lambda_k\}$ und $\{\mu_k\}$ des Operators

$$y'' - q_1(x)\, y + \lambda^2 y = 0 \tag{10}$$

bei den Randbedingungen $\{h;\, h_1\}$ und $\{h;\, h_2\}$ mit den Spektren des Operators

$$y'' - q_2(x)\, y + \lambda^2 y = 0 \tag{11}$$

bei den Randbedingungen $\{g;\, g_1\}$ und $\{g;\, g_2\}$ übereinstimmen.

Dann ist nach dem bereits Bewiesenen $g_1 = h_1$ und $g_2 = h_2$. Bezeichnen wir mit $y(x, \lambda)$ die Lösung der Gleichung (10) bei den Anfangsbedingungen $y(0) = 1$, $y'(0) = h$ und mit $z(x, \lambda)$ die Lösung der Gleichung (11) bei den Anfangsbedingungen $z(0) = 1$, $z'(0) = g$.

Wir setzen $y(x, \lambda)$ in (10) ein und $z(x, \lambda)$ in (11), multiplizieren die erste Identität mit $z(x, \lambda)$ und die zweite mit $y(x, \lambda)$, subtrahieren die zweite von der ersten und integrieren die so erhaltene Identität von Null bis Eins. Wir bekommen:

$$[y'(x, \lambda)\, z(x, \lambda) - y(x, \lambda)\, z'(x, \lambda)]|_0^1 + \int_0^1 [q_1(x) - q_2(x)]\, y(x, \lambda)\, z(x, \lambda)\, dx = 0 .$$

Fällt λ mit einem der Punkte des Spektrums λ_k oder μ_k zusammen, so nimmt der erste Summand in dieser identischen Gleichung kraft der Gleichungen $h_1 = g_1$, $h_2 = g_2$ den Wert $g - h$ an. Auf diese Weise verschwindet die ganze Funktion

$$\psi(\lambda) = g - h + \int_0^1 [q_1(x) - q_2(x)]\, y(x, \lambda)\, z(x, \lambda)\, dx \tag{12}$$

in allen Punkten λ_k und μ_k, wobei die Vielfachheit einer Nullstelle von $\psi(\lambda)$ nicht kleiner als die Vielfachheit des entsprechenden Punktes des Spektrums ist. Wir wollen zeigen, daß das Wachstum der ganzen Funktion $\psi(\lambda)$ dazu nicht ausreicht, damit sie die genannten Nullstellen besitzt, ohne identisch zu verschwinden. In der Tat lassen die Funktionen $y(x, \lambda)$ und $z(x, \lambda)$ die Darstellungen

$$y(x, \lambda) = \cos \lambda x + \int_0^x K_h(x, t) \cos \lambda t\, dt , \tag{13}$$

$$z(x, \lambda) = \cos \lambda x + \int_0^x L_g(x, t) \cos \lambda t\, dt \tag{14}$$

zu, aus welchen mit Leichtigkeit folgt, daß die Funktion $\psi(\lambda)$ in der ganzen komplexen Ebene der Ungleichung

$$|\psi(\lambda)| < M\, e^{2|\mathrm{Im}\,\lambda|} \tag{15}$$

genügt, wo M eine gewisse Konstante ist.

Nach dem bereits Bewiesenen fallen die Spektren $\{\lambda_k\}$ und $\{\mu_k\}$ mit der Nullstellenmenge der Funktionen $\varphi_1(\lambda)$ und $\varphi_2(\lambda)$ der Form (5′) zusammen, welche der asymptotischen Gleichung (8) genügen. Auf diese Weise verschwindet die Funktion $\psi(\lambda)$ für alle Nullstellen der Funktion

$$\varphi_1(\lambda)\,\varphi_2(\lambda) = \lambda^2 \sin^2\lambda \left[1 + O\left(\frac{1}{|\lambda|}\right)\right], \tag{16}$$

wobei die asymptotische Abschätzung (16) außerhalb sich nicht überschneidender Ausnahmekreise mit den Mittelpunkten in den Nullstellen dieser Funktion gilt.

Aus (15) und (16) folgt, daß die ganze Funktion

$$\Theta(\lambda) = \frac{\psi(\lambda)}{\varphi_1(\lambda)\,\varphi_2(\lambda)}$$

außerhalb der Ausnahmekreise der Abschätzung

$$\Theta(\lambda) = O\left(\frac{1}{|\lambda|^2}\right)$$

genügt, und nach dem Maximumprinzip ist $\Theta(\lambda) \equiv 0$.[1])

Wir haben auf diese Weise die identische Gleichung

$$g - h + \int_0^1 [q_1(x) - q_2(x)]\, y(x,\lambda)\, z(x,\lambda)\, dx \equiv 0\,. \tag{17}$$

Es ist nun nicht mehr schwer, hieraus einzusehen, daß $g = h$ und $q_1(x) = q_2(x)$ fast überall gilt. In der Tat bekommen wir aus den Darstellungen (13) und (14)

$$y(x,\lambda)\, z(x,\lambda) = \cos^2\lambda x + \int_0^x K_h(x,t) \cos\lambda t \cos\lambda x\, dt$$
$$+ \int_0^x L_g(x,t) \cos\lambda t \cos\lambda x\, dt + \int_0^x\int_0^x K_h(x,s)\, L_g(x,t) \cos\lambda s \cos\lambda t\, dt\, ds\,.$$

Setzen wir die Funktionen $K_h(x,s)$ und $L_g(x,t)$ als gerade Funktionen fort, d. h. so, daß $K_h(x,-t) = K_h(x,t)$ und $L_g(x,-t) = L_g(x,t)$ ist, so können wir hinschreiben:

$$y(x,\lambda)\, z(x,\lambda) = \frac{1}{2} + \cos 2\lambda x + \frac{1}{2}\int_{-x}^{x} [K_h(x,t) + L_g(x,t)] \cos\lambda(x-t)\, dt$$
$$+ \frac{1}{4}\int_{-x}^{x}\int_{-x}^{x} K_h(x,s)\, L_g(x,t) \cos\lambda(t-s)\, dt\, ds \qquad (x \geqq 0)\,.$$

---

[1]) Ist bekannt, daß $\psi(\lambda)$ nicht für alle Nullstellen des Produktes $\varphi_1(\lambda)\cdot\varphi_2(\lambda)$ verschwindet, sondern für alle außer einer, d. h., stimmt eins der Spektren nicht vollständig, sondern bis auf einen Punkt mit den Nullstellen überein, so ist $\psi(\lambda)\,(\lambda-\lambda_0)$ durch $\varphi_1(\lambda)\,\varphi_2(\lambda)$ teilbar, und wir bekommen wieder $\psi(\lambda) \equiv 0$. Das ermöglicht uns, den Lehrsatz etwas zu verstärken.

Weiter erhalten wir nach einer Substitution in den Integralen

$$y(x, \lambda)\, z\,(x, \lambda) = \frac{1}{2} + \frac{1}{2}\cos 2\,\lambda\, x + \frac{1}{2}\int\limits_{-x}^{x} \widetilde{K}(x, \tau) \cos 2\,\lambda\,\tau\, d\tau\,, \tag{18}$$

wo

$$\widetilde{K}(x,\tau) = \begin{cases} 2\,[K_h(x, x-2\,\tau) + L_g(x, x-2\,\tau) + \int\limits_{-x+2\tau}^{x} K_h(x, s)\, L_g(x, s-2\,\tau)\,ds & \text{bei } \tau>0\,, \\ \int\limits_{-x}^{x} K_h(x, s)\, L_g(x, s-2\,\tau)\,ds & \text{bei } \tau<0 \end{cases}$$

ist.

Setzen wir $q_1(x) - q_2(x) = r(x)$ $\big(r\,(-x) = r(x)\big)$ und setzen wir den Ausdruck (18) für $y(x, \lambda)\, z(x, \lambda)$ in die Gleichung (17) ein, so bekommen wir

$$g - h + \frac{1}{2}\int\limits_{0}^{1} r(x)\,dx + \frac{1}{2}\int\limits_{-1}^{1}\left[\frac{1}{2}r(x) + \int\limits_{x}^{1}\widetilde{K}(y, x)\, r(y)\,dy\right]\cos 2\,\lambda\, x\,dx = 0\,.$$

Das letzte Glied auf der linken Seite geht gegen Null wenn $\lambda \to \infty$ auf der reellen Achse strebt. Deshalb ist

$$g - h + \frac{1}{2}\int\limits_{0}^{1} r(x)\,dx = 0 \tag{19}$$

und

$$\frac{1}{2}r(x) + \int\limits_{x}^{1}\widetilde{K}(y, x)\, r(y)\,dy = 0\,.$$

Setzen wir in der letzten Gleichung $r\,(1-x) = \varphi(x)$ und $y = 1-t$, so ergibt sich

$$\varphi(x) + 2\int\limits_{0}^{x} K\,(1-t, 1-x)\,\varphi(t)\,dt = 0\,.$$

Das ist eine homogene Gleichung von Volterra und folglich ist $\varphi(\lambda) \equiv 0$. Hieraus folgt $r(x) \equiv 0$ und $h = g$. Der Lehrsatz ist somit bewiesen.

ANHANG V

DARSTELLUNG EINER POSITIVEN GANZEN FUNKTION ENDLICHEN GRADES ALS QUADRAT DES ABSOLUTEN BETRAGES EINER GANZEN FUNKTION

Den Ausgangspunkt für die in diesem Anhang dargestellten Untersuchungen bildet der bekannte

Lehrsatz von FEJÉR-RIESZ. *Ein nichtnegatives trigonometrisches Polynom*

$$T(x) = \sum_{-n}^{n} c_k e^{ikx} \qquad (T(x) \geqq 0, -\infty < x < \infty)$$

kann in der Form

$$T(x) = |S(x)|^2 \; (-\infty < x < \infty)$$

dargestellt werden, wo

$$S(x) = \sum_{0}^{n} b_k e^{ikx}$$

ist. Dabei kann das trigonometrische Polynom $S(x)$ so gewählt werden, daß alle seine Nullstellen in der abgeschlossenen oberen Halbebene liegen.

Wir bemerken, daß das trigonometrische Polynom $S(x)$ in dieser Darstellung durch das Polynom

$$e^{-i\frac{n}{2}x} S(x)$$

ersetzt werden kann, welches nur halb so großen Grad hat wie $T(x)$.

M. G. KREIN [5] dehnte diesen Lehrsatz auf beschränkte ganze Funktionen endlichen Grades aus, indem er zeigte, daß eine ganze Funktion endlichen Grades k, welche auf der reellen Achse beschränkt und nichtnegativ ist, sich als Quadrat des absoluten Betrages einer ganzen Funktion vom Grade $\frac{k}{2}$ darstellen läßt, deren Nullstellen in der abgeschlossenen oberen Halbebene liegen. Der Beweis von M. G. KREIN beruht auf der Approximation einer beschränkten ganzen Funktion endlichen Grades durch die trigonometrischen Polynome von LEVITHAN (vgl. Anhang I, Punkt 4).

N. I. Achieser [1] lieferte eine weitere Verallgemeinerung dieses Lehrsatzes, indem er folgendes Kriterium für die Darstellbarkeit einer ganzen Funktion endlichen Grades als Quadrat des absoluten Betrages einer anderen ganzen Funktion angab:

Lehrsatz 1. *Damit eine ganze Funktion $f(z)$ von endlichem Grade k in der Form darstellbar ist:*

$$f(x) = |\varphi(x)|^2 ,$$

wo $\varphi(z)$ eine ganze Funktion endlichen Grades $\frac{k}{2}$ mit den Nullstellen in einer der Halbebenen Im $z \geqq 0$ *oder Im* $z \leqq 0$ *ist, ist notwendig und hinreichend, daß $f(z)$ zur Klasse A gehört und auf der reellen Achse nichtnegativ ist.*

Beweis. Die Notwendigkeit der Bedingungen ist offensichtlich. In der Tat folgt aus der Darstellung (1), daß die Funktion $f(x)$ nichtnegativ ist. Außerdem muß eine Funktion endlichen Grades $\varphi(z)$ mit den Nullstellen in einer Halbebene eine Funktion der Klasse A sein (vgl. Kapitel V), $f(z)$ ist auch der Klasse A, da ihre Nullstellen sämtlich mit den Nullstellen von $\varphi(z)$ und den ihnen konjugierten übereinstimmen.

Wir wollen beweisen, daß die Bedingungen hinreichend sind. Die Funktion $f(z)$ von endlichem Grade kann in der Form

$$f(z) = z^{2p}\, e^{2az+2b} \prod_1^\infty \left(1 - \frac{z}{a_k}\right) e^{z/a_k} \tag{2}$$

dargestellt werden. Die Nullstellen von $f(z)$, welche auf der reellen Achse liegen, sind von gerader Vielfachheit, da $f(x) \geqq 0$ ist. Bezeichnen wir mit a'_k die Nullstellen von $f(z)$ in der Halbebene Im $z \geqq 0$. Wir zählen bei dieser Numerierung jede Nullstelle in der Halbebene Im $z > 0$ so viele Male, wie ihre Vielfachheit angibt, und die Nullstellen auf der reellen Achse halb so viele Male wie ihre Vielfachheit ist. Wir setzen

$$\varphi(z) = z^p\, e^{az+b+i\gamma z} \prod_1^\infty \left(1 - \frac{z}{a'_k}\right) e^{z/a'_k} \quad \left(\gamma = -\sum_1^\infty \operatorname{Im} \frac{1}{a'_k}\right) \tag{3}$$

und

$$\bar{\varphi}(z) = z^p\, e^{az+b-i\gamma z} \prod_1^\infty \left(1 - \frac{z}{\bar{a}'_k}\right) e^{z/\bar{a}'_k} . \tag{4}$$

Offensichtlich ist

$$f(z) = \varphi(z)\, \bar{\varphi}(z) . \tag{5}$$

Wir wollen zeigen, daß $\varphi(z)$ von endlichem Grade ist. Nach dem Lehrsatz von Lindelöf (Lehrsatz 15, Kapitel I) folgt aus der Tatsache, daß $f(z)$ von endlichem Grade ist

$$\left| \sum_{|a_k| < r} \frac{1}{a_k} \right| < M \qquad (M \text{ konstant}). \tag{6}$$

Da außerdem

$$\sum_1^\infty \left| \operatorname{Im} \frac{1}{a_k} \right| < \infty \tag{7}$$

ist, folgt aus (6)

$$\left|\sum_{|a_k| \leqq r} \operatorname{Re} \frac{1}{a_k}\right| < M_1 \qquad (M_1 \text{ konstant}).$$

Aus der Definition von a'_k folgt

$$\left|\sum_{|a'_k| \leqq r} \operatorname{Re} \frac{1}{a'_k}\right| = \frac{1}{2}\left|\sum_{|a_k| \leqq r} \operatorname{Re} \frac{1}{a_k}\right| < \frac{1}{2} M_1 ,$$

und wir bekommen mit Hilfe von (7)

$$\left|\sum_{|a'_k| \leqq r} \frac{1}{a'_k}\right| < M_2 \qquad (M_2 \text{ konstant}). \tag{8}$$

Außerdem ist

$$\overline{\lim_{r \to \infty}} \frac{n_\varphi(r)}{r} = \frac{1}{2} \overline{\lim_{r \to \infty}} \frac{n_f(r)}{r}. \tag{9}$$

Aus (8) und (9) folgt nach dem Lehrsatz von LINDELÖF, daß $\varphi(z)$ von endlichem Grade ist. Es bleibt noch zu zeigen, daß der Grad von $\varphi(z)$ gleich $\frac{k}{2}$ ist.

Man kann die Funktion $f(z)$ in der Form $f(z) = \bar{\varphi}^2(z) \cdot \chi(z)$ darstellen, wo

$$\chi(z) = \prod_1^\infty \left(1 - \frac{z}{a'_k}\right)\left(1 - \frac{z}{\bar{a}'_k}\right)^{-1}$$

ist.

Aus dem Hilfssatz 5 von Kapitel V folgt, daß $\chi(z)$ von vollkommen regulärem Wachstum in der oberen Halbebene mit dem verschwindenden Indikator ist. Nach dem Lehrsatz 5 von Kapitel III über die Addition von Indikatoren bei der Multiplikation holomorpher Funktionen, falls eine von ihnen von vollkommen regulärem Wachstum ist, folgt

$$h_f(\theta) = 2\, h_{\bar{\varphi}}(\theta) = 2\, h_\varphi(\theta) \qquad (0 < \theta < \pi)\,.$$

Analoge Betrachtungen kann man auch bezüglich der unteren Halbebene durchführen. Also ist $h_f(\theta) = 2\, h_\varphi(\theta)$ $(0 \leqq \theta < 2\pi)$, und der Grad von $\varphi(z)$ ist halb so groß wie der Grad von $f(z)$. Der Lehrsatz ist somit bewiesen.

Eine andere Verallgemeinerung des Lehrsatzes von FEJÉR-RIESZ kann man bekommen, wenn man statt der endlichen trigonometrischen Summen unendliche Reihen der Form

$$f(x) = \sum_{-\infty}^{\infty} a_k\, e^{i \lambda_k x} \qquad \left(|\lambda_k| \leqq \Delta,\ \sum_1^\infty |a_k| < \infty\right) \tag{10}$$

betrachtet. Jede solche Reihe stellt offenbar eine ganze Funktion endlichen Grades dar, deren konjugiertes Diagramm mit dem kleinsten abgeschlossenen Intervall der imaginären Achse übereinstimmt, welches alle Punkte $i\lambda_k$ enthält. Gewiß folgt aus dem vorhergehenden Lehrsatz, daß $f(x)$ sich als Quadrat des absoluten Betrages einer ganzen Funktion $\varphi(z)$ vom halben Grade und mit den Nullstellen in der einen Halbebene darstellen läßt, falls $f(x) > 0$ ist, es ist jedoch wichtig, noch festzustellen, daß $\varphi(x)$ auch eine Funktion der Form (10) ist.

Lehrsatz 2. *$f(x)$ sei eine Funktion der Gestalt* (10) *vom Grade Δ, und es sei $f(x) \geqq m > 0$. Dann existiert eine Funktion $\varphi(x)$ der Form* (10) *vom Grade $\frac{\Delta}{2}$ mit den Nullstellen in der einen Halbebene und so beschaffen, daß*

$$f(x) = |\varphi(x)|^2 \tag{11}$$

ist. [1])

Beweis. Nach dem Lehrsatz 1 ist eine Funktion $\overline{\varphi}(z)$ der Form (4) eine ganze Funktion vom Grade $\frac{\Delta}{2}$ mit den Nullstellen in der Halbebene $\operatorname{Im} z > 0$ und genügt der Gleichung (11). Man muß zeigen, daß sie sich in eine absolut konvergente Reihe der Form (10) entwickeln läßt. Die Grundlage dieses Beweises bildet folgender

Lehrsatz von WIENER.[2]) *Ist $\psi(x)$ eine durch eine absolut konvergente Reihe*

$$\psi(x) = \sum_{-\infty}^{\infty} c_k e^{i \lambda_k x} \tag{12}$$

dargestellte Funktion, wobei die λ_k reelle Zahlen sind, und die abgeschlossene Hülle der Wertemenge der Funktion $\psi(x)$ dem Holomorphiegebiete einer gewissen Funktion $\Phi(z)$ angehört, so ist die Funktion $\varphi(x) = \Phi[\psi(x)]$ auch durch eine absolut konvergente Reihe der Form (12) *darstellbar.*

Aus diesem Lehrsatz folgt insbesondere, daß die Funktion $\frac{1}{2} \ln f(x)$ durch die Reihe

$$\frac{1}{2} \ln f(x) = \sum_{-\infty}^{\infty} b_k e^{i \mu_k x} \qquad \left(b_{-k} = \overline{b}_k,\ \mu_{-k} = -\mu_k,\ \sum_{-\infty}^{\infty} |b_k| < \infty\right)$$

darstellbar ist. Die Funktion

$$\zeta(z) = 2 \sum_{k=0}^{\infty} b_k e^{i \mu_k z} \qquad (\mu_k \geqq 0)$$

ist in der oberen Halbebene holomorph und beschränkt, wobei

$$\operatorname{Re} \zeta(x) = \frac{1}{2} \ln f(x)$$

ist. Hieraus und aus (11) folgt, daß $\operatorname{Re} \zeta(x)$ und $\ln |\overline{\varphi}(x)|$ übereinstimmen. Wir werden zeigen, daß die Funktionen

$$\overline{\varphi}(z) \qquad \text{und} \qquad \vartheta(z) = e^{\zeta(z)}$$

---

1) Siehe B. J. LEWIN [13].

2) WIENER [1]. Dieser Beweis wird bei ZYGMUND [1] angegeben. Ein bemerkenswerter Beweis dieses Lehrsatzes wurde von I. M. GELFAND [1] mit Hilfe der Theorie der normierten Ringe geliefert.

im wesentlichen übereinstimmen. Wir bemerken dazu, daß $\bar{\varphi}(z)$ von endlichem Grade und auf der reellen Achse beschränkt ist. Deshalb ist die Funktion $\bar{\varphi}(z)$ von vollkommen regulärem Wachstum (vgl. Lehrsatz 11, Kapitel V), und es ist

$$h_{\bar{\varphi}}(\theta) = \frac{\Delta}{2} |\sin \theta| .$$

Außerdem hat $\bar{\varphi}(z)$ keine Nullstellen in der oberen Halbebene, und folglich verschwindet in der oberen Halbebene der Indikator der Funktion

$$\bar{\varphi}^{-1}(z)\, e^{-i\frac{\Delta}{2}z} .$$

Die Funktion $\vartheta(z)$ ist in der oberen Halbebene beschränkt, und folglich ist der Indikator der Funktion

$$\xi(z) = \vartheta(z)\, \bar{\varphi}^{-1}(z)\, e^{-i\frac{\Delta}{2}z}$$

nichtpositiv in der oberen Halbebene.

Außerdem ist auf der reellen Achse

$$|\xi(x)| = 1 ,$$

und folglich ist nach dem Lehrsatz von PHRAGMEN und LINDELÖF (Lehrsatz 22, Kapitel I)

$$|\xi(z)| \leqq 1 \qquad (\operatorname{Im} z \geqq 0) .$$

Die Funktion $\xi(z)$ wird nach dem Symmetrieprinzip in die untere Halbebene fortgesetzt und liefert eine ganze Funktion ohne Nullstellen. Die Funktion $-i \ln \xi(z)$ genügt allen Bedingungen des Hilfssatzes von TSCHEBOTAREW (Hilfssatz 1, Kapitel V).

Deshalb ist

$$\xi(z) = e^{i\alpha z + i\beta} \qquad (\alpha \geqq 0\,,\ \operatorname{Im} \beta = 0)$$

und

$$\bar{\varphi}(z) = e^{\zeta(z) - i\left(\frac{\Delta}{2} + \alpha\right) z - i\beta} .$$

Wenden wir von neuem den Lehrsatz von WIENER an, so bekommen wir

$$\bar{\varphi}(x) = \sum_{-\infty}^{\infty} d_k\, e^{i\varkappa_k x} \qquad \left(\sum_{-\infty}^{\infty} |d_k| < \infty\right).$$

Wir werden jetzt zeigen, daß $|\varkappa_k| \leqq \frac{\Delta}{2}$ ist. Wie man unschwer einsieht, sind die Punkte $i\varkappa_k$ Singularitäten der nach BOREL assoziierten Funktion der Funktion $\bar{\varphi}(z)$.

Das konjugierte Diagramm von $\bar{\varphi}(z)$ ist aber ein abgeschlossenes Intervall der imaginären Achse $\left[-i\frac{\Delta}{2}, i\frac{\Delta}{2}\right]$, und folglich gilt $|\varkappa_k| \leqq \frac{\Delta}{2}$. Der Lehrsatz ist somit bewiesen.

Wir bemerken noch, daß dieser Lehrsatz auf beliebige fastperiodische Funktionen mit beschränktem Spektrum nicht übertragen werden kann. Wenn man nämlich nicht verlangt, daß die FOURIERreihe einer ganzen fastperiodischen Funktion endlichen Grades $f(x)$ absolut konvergiert, kann man eine positive fastperiodische Funktion $f(x)$ mit beschränktem Spektrum konstruieren, für die die entsprechende Funktion $\varphi(z)$ nicht fastperiodisch ist.[1])

Wenn man aber verlangt, daß die FOURIERreihe der Funktion $f(x)$ absolut konvergiert, so ist die Funktion $\varphi(x)$, wie im Lehrsatz 2 gezeigt wurde, nicht nur fastperiodisch, sondern sie besitzt auch eine absolut konvergente FOURIERreihe.

Es ist interessant zu bemerken, daß es endliche positive Summen der Form (12) gibt, die nicht als Quadrat des absoluten Betrages einer endlichen Summe darstellbar sind. Insbesondere kann man zeigen, daß bei $C > 2$ und irrationalem λ das fastperiodische Polynom

$$P(x) = C + \cos x + \cos \lambda x$$

nicht als Produkt von fastperiodischen Polynomen darstellbar ist.[2])

Ein dem Lehrsatz 2 analoger Lehrsatz ergibt sich, wenn man statt der in eine verallgemeinerte trigonometrische Reihe entwickelbaren ganzen Funktionen endlichen Grades Funktionen betrachtet, die durch das FOURIERintegral darstellbar sind.

Lehrsatz 3. *Ist eine Funktion $f(x)$ in der Form*

$$f(x) = \nu + \int_{-k}^{k} e^{i\lambda x}\,\psi(\lambda)\,d\lambda \qquad \left(\int_{-k}^{k} |\psi(\lambda)|\,d\lambda < \infty\,, \qquad \nu \text{ konstant}\right)$$

darstellbar, und ist $f(x) \geqq q > 0$ bei $-\infty < x < \infty$, so ist

$$f(x) = |\varphi(x)|^2\,,$$

wo $\varphi(x)$ eine Funktion in der Form

$$\varphi(x) = \nu_1 + \int_{-k/2}^{k/2} e^{i\lambda x}\,\chi(\lambda)\,d\lambda \left(\int_{-k/2}^{k/2} |\chi(\lambda)|\,d\lambda < \infty\right)$$

ist.

Der Beweis dieses Lehrsatzes ergibt sich, wenn man Schritt für Schritt den Beweis des Lehrsatzes 2 wiederholt und dabei folgenden Satz von WIENER-LEVY [1] benutzt:

Ist eine Funktion $f(x)$ in der Form

$$f(x) = \nu + \int_{-\infty}^{\infty} e^{i\lambda x}\,\psi(\lambda)\,d\lambda$$

darstellbar, und ist eine Funktion $\Phi(z)$ holomorph in einem Gebiete, welches die abgeschlossene Hülle der Werte der Funktion $f(x)$ $(-\infty < x < \infty)$ enthält, so ist

---

1) Ein Beispiel einer solchen Funktion ist im Anhang VI angegeben.

2) Triviale Faktoren der Form $e^{i\mu x}$ schließen wir natürlich aus.

die Funktion $\Phi[f(x)]$ auch in der Form

$$\Phi[f(x)] = \nu_1 + \int_{-\infty}^{\infty} e^{i\lambda x}\,\psi_1(\lambda)\,d\lambda \quad \left(\int_{-\infty}^{\infty} |\psi_1(\lambda)|\,d\lambda < \infty\,, \quad \nu_1 = \Phi(\nu)\right)$$

darstellbar.

Ein Ergebnis von allgemeinerem Charakter ergibt sich, wenn man den Lehrsatz von WIENER und PITT [1] benutzt, der sich auf die durch das FOURIER-STIELTJESsche Integral darstellbaren Funktionen bezieht. Wir geben dieses Ergebnis an.[1])

Lehrsatz 4. *Es sei*

$$f(x) = \int_{-k}^{k} e^{i\lambda x}\,d\sigma(\lambda)\,,$$

wo $\sigma(\lambda)$ auf $[-k, k]$ eine Funktion von beschränkter Variation ist. Es sei $\sigma(\lambda) = \sigma_a(\lambda) + \sigma_s(\lambda) + \sigma_d(\lambda)$, wo $\sigma_a(\lambda)$ der absolut stetige Teil der Funktion $\sigma(\lambda)$ ist, $\sigma_s(\lambda)$ der Teil der Funktion mit Singularitäten und $\sigma_d(\lambda)$ Teil der Funktion mit Sprüngen. Ist dazu $f(x) \geqq m > 0$ und

$$\int_{-k}^{k} |d\sigma_s(\lambda)| < \left| \int_{-k}^{k} e^{i\lambda x}\,d\sigma_d(\lambda)\right|\,,$$

so ist

$$f(x) = |\varphi(x)|^2\,,$$

wo

$$\varphi(x) = \int_{-k/2}^{k/2} e^{i\lambda x}\,d\tau(\lambda)\,,$$

wobei $\tau(\lambda)$ auf dem Intervall $\left[-\frac{k}{2}, \frac{k}{2}\right]$ von beschränkter Variation ist.

Ist außerdem $\sigma_s(\lambda) = 0$, so ist $\tau_s(\lambda) = 0$ und bei $\sigma_a(\lambda) = 0$ auch $\tau_a(\lambda) = 0$.

---

[1]) Siehe B. J. LEWIN [13].

ANHANG VI

FASTPERIODISCHE FUNKTIONEN MIT BESCHRÄNKTEM SPEKTRUM

In § 2 des Kapitels VI haben wir einige Ergebnisse bezüglich der Verteilung von Nullstellen fastperiodischer Funktionen mit beschränktem Spektrum dargestellt. M. G. KREIN und der Verfasser haben im Jahre 1948 die Nullstellenverteilung dieser Funktionen wesentlich ausführlicher untersucht und eine genaue Charakteristik der Nullstellenmenge der Funktionen der Klasse $[\Delta]$ bekommen. Diese Ergebnisse wurden ohne Beweis veröffentlicht [1].

Hier werden wir zum ersten Male diese Ergebnisse mit dem Beweis darstellen. In dieser Darstellung benutzen wir im wesentlichen den Inhalt von § 2 aus Kapitel VI. Wir werden annehmen, (was die Allgemeinheit nicht einschränkt), daß eine Funktion der Klasse $[\Delta]$ den Grad Δ in der oberen und der unteren Halbebene hat.

1. Ein Ausdruck für den Realteil einer Nullstelle einer Funktion der Klasse $[\Delta]$

Im Kapitel VI (Lehrsatz 3) wurde gezeigt, daß alle Nullstellen einer Funktion der Klasse $[\Delta]$ in einem gewissen Streifen $|y| < h$ liegen. Mit $n(t)$ bezeichnen wir bei $t > 0$ die Anzahl der Nullstellen einer Funktion $f(z)$ der Klasse $[\Delta]$ im Rechteck $0 < \operatorname{Re} z \leqq t$, $|y| \leqq h$ und bei $t < 0$ die Anzahl ihrer Nullstellen im Rechteck $t < \operatorname{Re} z \leqq 0$, $|y| < h$ genommen mit dem Vorzeichen Minus.

Lehrsatz 1. *Für Funktionen der Klasse* $[\Delta]$ *gilt*

$$n(t) = \frac{\Delta}{\pi} t + \omega(t) ,$$

wo $\omega(t)$ *eine beschränkte Funktion ist, fastperiodische Funktion im Sinne von* W. W. STEPANOW[1]) *(bei beliebigem* $p > 0$*), wobei der Zahlenmodul dieser Funktion zum Zahlenmodul von* $f(z)$ *gehört.*[2])

Beweis. Wir gehen von der Formel (6.16) (§ 2, Kapitel VI) aus:

$$2\pi n(t) = 2\Delta t + \varphi_H(t) - \varphi_{-H}(t) + \operatorname{Re} \int_{-H}^{H} \frac{f'(t+is)}{f(t+is)} ds + c , \tag{1}$$

[1]) Siehe B. M. LEVITHAN [1].

[2]) Unter dem Zahlenmodul einer fastperiodischen Funkrtion $f(t)$ wird hier der kleinste Modul verstanden, der alle Fourierkoeffizienten λ_n der gegebenen Funktion enthält. Unter dem Modul wird hier im Sinne der Zahlentheorie eine Gesamtheit von Zahlen verstanden, deren Differenz zu dieser Gesamtheit gehört. Vgl. FAVARD, J., leçons sur les fonctions presque-périodiques, Paris 1933.

wo

$$c = \mathrm{Re} \int_{-H}^{H} \frac{f'(s)}{f(s)} ds$$

und $\varphi_H(t)$ und $\varphi_{-H}(t)$ fastperiodische Funktionen sind. Ist dabei eine Folge $\{h_n\}$ so beschaffen, daß $\{f(t + h_n)\}$ (vgl. Kapitel VI, Beweis des Hilfssatzes 3) gleichmäßig auf der ganzen reellen Achse gegen $f(t)$ konvergiert, so ist $\varphi_{\pm H}(t + h_n) \rightrightarrows \varphi_{\pm H}(t)$. Es folgt nach dem bekannten Lehrsatz von FAVART[1]), daß die Moduln der Funktionen $\varphi_{\pm H}(t)$ zum Modul von $f(t)$ gehören.

In § 2, Kapitel VI wurde die Beschränktheit der Funktion

$$\omega_1(t) = \mathrm{Re} \int_{-H}^{H} \frac{f'(t + i s)}{f(t + i s)} ds$$

bewiesen. Wir wollen jetzt zeigen, daß diese Funktion fastperiodisch mit einem zum Modul von $f(t)$ gehörenden Modul ist.

Wir bezeichnen

$$M = \sup |f(x + i y)|$$

im Streifen $-\infty < x < \infty$, $|y| \leqq H + \delta$ und bekommen

$$|f'(x + i y)| = \left|\frac{1}{2\pi} \int_{|\zeta| = \delta} \frac{f(x + i y + \zeta)}{\zeta^2} d\zeta\right| \leqq \frac{M}{\delta} \qquad (|y| \leqq H).$$

Analog ergibt sich bei $|y| \leqq H$

$$|f'(x + i y + \tau) - f'(x + i y)| < \frac{1}{\delta} \sup_{\substack{-\infty < x < \infty \\ |y| \leq H + \delta}} |f(x + i y + \tau) - f(x + i y)|. \qquad (2)$$

Wir wollen Intervalle der Form

$$(\alpha_n - \delta, \quad \alpha_n + \delta) \qquad (\pm n = 0, 1, \ldots),$$

wo α_n der Realteil der Nullstelle a_n der Funktion $f(x)$ und δ eine gewisse positive Zahl ist, als „Ausnahmeintervalle" bezeichnen.

Wie man aus dem Hilfssatz 2, Kapitel VI sieht, ist die Länge des Durchschnitts der Ausnahmeintervalle mit jedem Intervall der Länge 1 nicht größer als die Zahl $2(k + 1)\delta$, wo k die in der Formulierung des Hilfssatzes auftretende Zahl ist.

Es sei τ eine beliebige reelle Zahl. Wir bezeichnen mit $E_{\delta,\tau}$ die Menge derjenigen Werte von t, für welche entweder t oder $t + \varepsilon$ einem Ausnahmeintervall angehören. Offensichtlich ist

$$\mathrm{mes}\, E_{\delta,\tau} \leqq 4(k + 1)\delta.$$

Ist $t \notin E_{\delta,\tau}$, so ist nach dem Hilfssatz 1, Kapitel VI

$$|f(t + i y)| \geqq m > 0 \quad \text{und} \quad |f(t + \tau + i y)| \geqq m > 0,$$

[1]) Siehe B. M. LEVITHAN [1].

und wir bekommen aus (2)

$$\left|\frac{f'(t+\tau+iy)}{f(t+\tau+iy)}-\frac{f'(t+iy)}{f(t+iy)}\right| \leqq \frac{2M}{\delta m^2} \sup_{-\infty<t<\infty} |f(t+\tau+iy)-f(t+iy)|\,, \tag{3}$$

wo $M = \sup f(t+iy)$ bei $-\infty < t < \infty$ und $|y| \leqq H + \delta$ ist. Setzen wir $\sup|\omega_1(t)| = M_1$ und benutzen wir (3), so bekommen wir

$$\|\omega_1(t+\tau)-\omega_1(t)\|_p^p = \sup_{-\infty<x<\infty} \int_x^{x+1} |\omega_1(t+\tau)-\omega_1(t)|^p\,dt$$

$$\leqq \frac{4MH}{m^2\delta} \sup_{\substack{-\infty<t<\infty\\ |y|\leqq H}} |f(t+\tau+iy)-f(t+iy)| + 4(k+1)\,\delta M_1\,.$$

Wir bekommen auf diese Weise, daß einem beliebigen $\varepsilon > 0$ eine Zahl $\eta > 0$ so gegenübergestellt werden kann, daß jede η-Verschiebung der Funktion $f(t)$ eine (S_p, ε)-Verschiebung der Funktion $\omega_1(t)$ ist. Folglich ist $\omega_1(t)$ eine S_p-fastperiodische Funktion mit dem dem Modul von $f(t)$ angehörigen Modul.

Es bleibt zu bemerken, daß

$$\omega(t) = \frac{1}{2\pi}\left[\omega_1(t) + \varphi_H(t) - \varphi_{-H}(t) + c\right]$$

ist. Der Lehrsatz ist somit bewiesen.

Die Umkehrung der Formel für $n(t)$ liefert den

Lehrsatz 2. *Es sei $\{a_k\}_{-\infty}^{\infty}$ die Folge aller Nullstellen einer Funktion $f(z)$ der Klasse $[\Delta]$ numeriert in der Reihenfolge des Anwachsens ihrer Realteile. Dann ist*

$$\operatorname{Re} a_k = \frac{\pi}{\Delta}k + \varphi(k)\,, \tag{4}$$

wo $\varphi(x)$ eine gewisse nach Bohr *fastperiodische Funktion ist, wobei der kleinste Zahlenmodul, welcher alle* Fourier*exponenten der Funktion $\varphi(x)$ multipliziert mit $\frac{\Delta}{\pi}$ enthält, zum Modul der Funktion $f(z)$ gehört.*

Beweis. Die Funktion $u = n(t)$ ist stückweise konstant, nichtabnehmend, von rechts stetig, und sie nimmt nur ganzzahlige Werte an.

Man kann die inverse Funktion $n_{-1}(u)$ definieren, welche von rechts stetig, nicht abnehmend und zwischen je zwei ganzzahligen Werten des Arguments konstant ist (Abb. 12).

Wir konstruieren die Funktion

$$v^{(\tau)}(t) = n(t+\tau) - \frac{\Delta}{\pi}\tau\,.$$

Durch Auflösung nach t bekommen wir die inverse Funktion

$$v_{-1}^{(\tau)}(u) = n_{-1}\left(u + \frac{\Delta}{\pi}\tau\right) - \tau\,.$$

Wir wählen τ so, daß es eine ε-Verschiebung der S_1-fastperiodischen Funktion $\omega(t)$ und $q = \frac{\Delta}{\pi}\tau$ eine ganze Zahl ist.[1]) Dann ist $v^{(\tau)}(t) - n(t)$ eine ganze Zahl. Anderseits ist kraft des Lehrsatzes 1

$$\int_x^{x+1} |v^{(\tau)}(t) - n(t)|\, dt = \int_x^{x+1} |\omega(t+\tau) - \omega(t)|\, dt < \varepsilon\,.$$

Dieses Integral ist gleich der Summe der Flächen gewisser Rechtecke (siehe Abb. 12), deren Höhen durch ganze Zahlen ausgedrückt werden, und folglich die Grundlinien dieser Rechtecke ε nicht übersteigen.

Betrachten wir t als Funktion von u, so bekommen wir hieraus

$$|v^{(\tau)}_{-1}(u) - n_{-1}(u)| < \varepsilon \qquad (-\infty < u < \infty)\,.$$

Führen wir die Funktion $\varphi_1(u) = n_{-1}(u) - \frac{\pi}{\Delta} u$ ein, so bekommen wir

$$\left|\varphi_1\left(u + \frac{\Delta}{\pi}\tau\right) - \varphi_1(u)\right| = \left|n_{-1}\left(u + \frac{\Delta}{\pi}\tau\right) - \tau - n_{-1}(u)\right| < \varepsilon\,. \tag{5}$$

Wir gehen zum Ausdruck $\operatorname{Re} a_k$ über. Aus der Definition der Funktion $n(t)$ haben wir

$$n(\operatorname{Re} a_k) = k$$

oder, wenn wir zur inversen Funktion übergehen,

$$\operatorname{Re} a_k = n_{-1}(k) = \frac{\pi}{\Delta} k + \varphi_1(k)$$

$$(\pm\, k = 0, 1, 2, \ldots)\,.$$

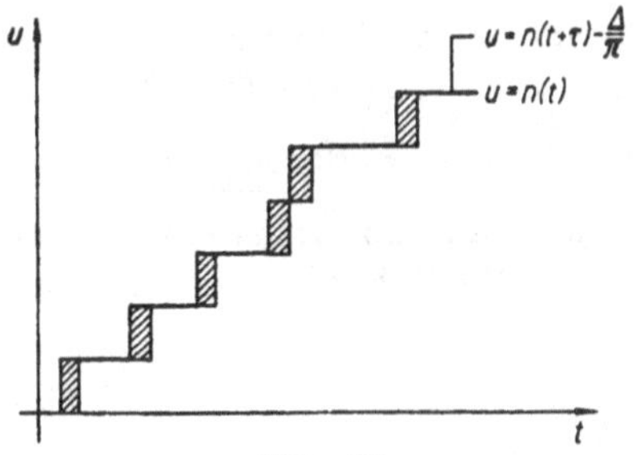

Abb. 12

Kraft der Beziehung (5) entspricht jedem positiven ε eine relativ dichte Menge ganzer Zahlen $\nu = \frac{\Delta}{\pi}\tau$, für die

$$|\varphi_1(k+\nu) - \varphi_1(k)| < \varepsilon \qquad (\pm\, k = 0, 1, 2, \ldots)$$

ist.

Interpolieren wir die Funktion $\varphi_1(k)$ linear zwischen aufeinanderfolgenden ganzzahligen Punkten, so bekommen wir eine stetige fastperiodische Funktion $\varphi(x)$, und es ist

$$\operatorname{Re} a_k = \frac{\pi}{\Delta} k + \varphi(k)\,.$$

Wir bemerken noch, daß man zu $\varepsilon > 0$ ein $\delta > 0$ so bestimmen kann, daß, wenn τ eine δ-Verschiebung der Funktion $\omega(t)$ ist, $\frac{\Delta}{\pi}\tau$ eine ε-Verschiebung der Funktion $\varphi(x)$. Hieraus folgt, daß der mit $\frac{\Delta}{\pi}$ multiplizierte Zahlenmodul der

[1]) Es ist nicht schwer zu zeigen, daß es eine relativ dichte Menge solcher ε-Verschiebungen gibt, und daß sie den Modul der Funktion bis auf Summanden, die Vielfache von $2\,\Delta$ sind, definiert. (Siehe B. M. Levithan [1].)

Funktion $\varphi(x)$ zum Zahlenmodul der Funktion $\omega(t)$ gehört. Der Lehrsatz ist somit bewiesen.

Folgerung. *Da alle Nullstellen einer Funktion der Klasse* $[\Delta]$ *in einem gewissen Streifen* $|y| \leqq H$ *liegen, so folgt aus der Darstellung* (4)

$$a_k = \frac{\pi}{\Delta} k + \psi(k) , \tag{6}$$

wo $\psi(k)$ *eine beschränkte Funktion ist.*

Es ist interessant zu bemerken, daß es Funktionen der Klasse $[\Delta]$ gibt, für die Im $\psi(k)$ keine fastperiodische Funktion ist. Eine solche Funktion ist zum Beispiel

$$g(z) = \sin z \cdot \sin \lambda (z - i) ,$$

(wo λ eine irrationale Zahl ist). In der Tat nimmt die Funktion $\psi_1(k) = \operatorname{Im} a_k$ nur zwei Werte 0 und 1 an. Bei $\varepsilon < 1$ muß jede ε-Verschiebung der Funktion $\psi_1(k)$ einfach die Periode dieser Funktion sein.

Eine ganze Zahl τ sei die Periode der Funktion $\psi_1(k)$. Dann sind alle Nullstellen a_k mit den Indizes $k = n\tau + r$ $(\pm n = 0, 1, 2, \ldots)$ Nullstellen nur einer der Funktionen $\sin z$ oder $\sin \lambda (z - i)$. Die ganze Menge der Punkte a_k zerfällt auf diese Weise in τKlassen $(r = 0, 1, \ldots, \tau - 1)$, von denen jede nur aus den Punkten der Form $m\pi$ oder $m\frac{\pi}{\lambda} + i$ $(\pm m = 0, 1, 2, \ldots)$ besteht.

p_1 sei die Anzahl der Klassen der ersten Art und p_2 die der zweiten Art $(p_1 + p_2 = \tau)$. Die Zahl T_n sei so beschaffen, daß $n\tau = n(T_n)$ ist. Dann ist offensichtlich

$$T_n = n\, p_1 \pi + \varepsilon_1(T_n) = n\, p_2 \frac{\pi}{\lambda} + \varepsilon_2(T_n) ,$$

wo $0 \leqq \varepsilon_1(T_n) < \pi$, $0 \leqq \varepsilon_2(T_n) < \frac{\pi}{\lambda}$ ist. Dividieren wir diese Gleichung durch n und führen den Grenzübergang bei $n \to \infty$ durch, so bekommen wir

$$p_1 = \frac{p_2}{\lambda},$$

d. h., λ ist entgegen der Voraussetzung eine rationale Zahl. Auf diese Weise kann die Funktion $\psi_1(k)$ nicht fastperiodisch sein.

Im Zusammenhang mit diesem Beispiel ist der folgende Lehrsatz interessant:

Lehrsatz 3. *Genügt die Nullstellenfolge einer fastperiodischen Funktion der Klasse* $[\Delta]$ *der Bedingung*

$$\operatorname{Re}(a_{k+1} - a_k) \geqq \delta > 0 \quad (\pm k = 0, 1, 2, \ldots) ,$$

so ist

$$a_k = \frac{\Delta}{\pi} k + \psi(k) ,$$

wo $\psi(x)$ *eine fastperiodische Funktion ist.*

Beweis. Wir bezeichnen mit I das Rechteck $x = \pm \frac{\delta}{2}$, $y = \pm (H + \delta)$ und betrachten das Integral

$$\varphi_1(k) = \frac{1}{2\pi i} \int\limits_{(I)} \frac{f'\left(z + \frac{\pi}{\Delta} k + \varphi(k)\right)}{f\left(z + \frac{\pi}{\Delta} k + \varphi(k)\right)} z\, dz, \tag{7}$$

in welchem die fastperiodische Funktion $\varphi(k)$ gleich $\operatorname{Re} a_k - \frac{\pi}{\Delta} k$ ist. Offensichtlich enthält das Rechteck (I) eine einfache Nullstelle der Funktion $f\left(z + \frac{\Delta}{\pi} k + \varphi(k)\right)$, und folglich ist $\varphi_1(k) = i \operatorname{Im} a_k$.

Nach dem Hilfssatz 1 ist auf dem Integrationswege

$$\left| f\left(z + \frac{\pi}{\Delta} k + \varphi(k)\right) \right| \geqq m > 0.$$

Da der Zahlenmodul von $\varphi(k)$ multipliziert mit $\frac{\Delta}{\pi}$ zum Zahlenmodul von $f(z)$ gehört, kann man zu jeder Zahl $\sigma > 0$ ein $\eta > 0$ so finden, daß jede η-Verschiebung der Funktion $f(z)$ nach der Multiplikation mit $\frac{\Delta}{\pi}$ zu einer σ-Verschiebung der Funktion $\varphi(k)$ wird.

Es sei $\varepsilon > 0$. Wir wählen die Zahlen $\sigma > 0$ und $\eta > 0$ so klein, daß bei jeder η-Verschiebung $\tau = \frac{\pi}{\Delta} q$ (q eine ganze Zahl) der Funktion $f(z)$ die Ungleichung gilt:

$$\left| \frac{f'\left(z + \tau + \frac{\pi}{\Delta} k + \varphi(k+q)\right)}{f\left(z + \tau + \frac{\pi}{\Delta} k + \varphi(k+q)\right)} - \frac{f'\left(z + \frac{\pi}{\Delta} k + \varphi(k)\right)}{f\left(z + \frac{\pi}{\Delta} k + \varphi(k)\right)} \right| < \frac{\varepsilon}{2(H + 2\delta)^2}.$$

Aus der Integraldarstellung der Funktion $\varphi_1(k)$ bekommen wir

$$|\varphi_1(k+q) - \varphi_1(k)| < \varepsilon .$$

Also ist $\varphi_1(k)$ eine fastperiodische Funktion, das bedeutet aber, daß auch $\psi(k) = \varphi(k) + \varphi_1(k)$ eine fastperiodische Funktion ist. Der Lehrsatz ist somit bewiesen.

Wir bemerken, daß auch hier zu einem $\varepsilon > 0$ eine solche Zahl $\eta > 0$ gefunden werden kann, daß eine beliebige η-Verschiebung der Funktion $f(z)$ nach der Multiplikation mit $\frac{\Delta}{\pi}$ als eine ε-Verschiebung der Funktion $\varphi_1(k)$ erscheint. Folglich gehört der Modul von $\psi(k)$ nach der Multiplikation mit $\frac{\Delta}{\pi}$ zum Modul von $f(z)$.

2. Die Charakteristik der Nullstellenmenge einer fastperiodischen Funktion der Klasse (Δ)

Definition 1. Eine Zahl τ heißt eine *ε-Verschiebung einer Punktmenge* $\{a\}$, wenn man die Punkte der Menge $\{a + \tau\}$ den Punkten der Menge $\{a\}$ so zuordnen kann, daß der Abstand zwischen je zwei zugeordneten Punkten kleiner als ε ist.

Definition 2. Wir nennen eine Menge $\{a\}$ eine *fastperiodische Punktmenge*, wenn jedem $\varepsilon > 0$ eine relativ dichte Menge ihrer ε-Verschiebungen entspricht.

Hilfssatz 1. *Die Nullstellenmenge einer fastperiodischen Funktion der Klasse* $[\Delta]$ *ist eine fastperiodische Punktmenge.*

Beweis. ε sei eine gegebene Zahl $\left(0 < \varepsilon < \frac{1}{2}\right)$. Wir wählen $\delta > 0$ so klein, daß die Ungleichung $2\,k\,\delta < \varepsilon$ besteht, wo k eine Zahl nicht kleiner als die Anzahl der Nullstellen im Rechteck $t \leqq x \leqq t + 1$, $|y| \leqq H$ ist. Dann übersteigt der Durchmesser jedes von Ausnahmekreisen vom Radius δ mit den Mittelpunkten in den Nullstellen a_k der Funktion $f(z)$ überdeckten Gebietes nicht die Zahl ε.

Nach dem Hilfssatz 1 aus Kapitel VI existiert eine solche Zahl $m_\delta > 0$, daß außerhalb der genannten Gebiete

$$|f(z)| \geqq m_\delta > 0 \tag{8}$$

ist.

τ sei eine $\frac{m_\delta}{2}$-Verschiebung der Funktion $f(z)$ im Streifen $|y| \leqq H + \delta$. Dann hat die Funktion $f(z - \tau)$ nach der Ungleichung (8) keine Nullstellen außerhalb der Ausnahmekreise. Nach dem Lehrsatz von Rouché haben die Funktionen $f(z)$ und $f(z - \tau)$ im Innern jedes dieser Gebiete dieselbe Anzahl von Nullstellen.

Stellen wir im Innern eines jeden Gebietes dieser Art eine umkehrbar eindeutige Zuordnung zwischen der Nullstellenmenge $\{a_k\}$ der Funktion $f(z)$ und der Nullstellenmenge $\{a_k + \tau\}$ der Funktion $f\,(z - \tau)$ her, so bekommen wir, daß τ eine ε-Verschiebung der Nullstellenmenge von $f(z)$ ist. Also ist jede $\frac{m_\delta}{2}$-Verschiebung der Funktion $f(z)$ im Streifen $|y| \leqq H + \delta$ eine ε-Verschiebung der Menge $\{a_k\}$.

Wir bemerken, daß die Menge $\{a_k\}$ eine fastperiodische Punktmenge ist, wenn die Zahlen a_k die Darstellung

$$a_k = c\,k + \psi(k)$$

zulassen, wo c eine Konstante und $\psi(x)$ eine fastperiodische Funktion ist. Das in 1. angegebene Beispiel zeigt, daß nicht jede fastperiodische Punktmenge eine solche Darstellung zuläßt.

Hilfssatz 2. *$\psi(k)$ sei eine beschränkte Funktion, die Punkte*

$$a_k = c\,k + \psi(k)$$

mögen eine fastperiodische Punktmenge bilden[1]), *und es sei*

$$f(z) = V.\,P. \prod_{-\infty}^{\infty} \left(1 - \frac{z}{a_k}\right).^{2)} \tag{9}$$

---

[1]) Ohne Beschränkung der Allgemeinheit kann man annehmen, daß der Punkt 0 nicht zur Menge $\{a_k\}$ gehört.

[2]) *V. P.* bedeutet hier den Hauptwert "valeur principal" des Produktes. Es ist also

$$f(z) = \lim_{M \to \infty} \prod_{-M}^{M} \left(1 - \frac{z}{a_k}\right).$$

Dann ist

$$\chi_y(x) = \frac{f'(x+iy)}{f(x+iy)}$$

eine fastperiodische Funktion von x *bei* $|y| > H = \sup\left(\operatorname{Im}\psi(k)\right)$.

Beweis. Wir haben aus der Darstellung (9) der Funktion $f(z)$

$$\chi_y(x) = V.\,P. \sum_{-\infty}^{\infty} \frac{1}{z - a_k}\,.$$

Bezeichnen wir mit a_{n_k} die der Nullstelle a_k entsprechende Nullstelle bei der ε-Verschiebung τ, d. h.

$$|a_{n_k} + \tau - a_k| < \varepsilon\,,$$

so ist

$$|\chi_y(x+\tau) - \chi_y(x)| \leqq \sum_{-\infty}^{\infty} \frac{|a_k - (a_{n_k} + \tau)|}{|z - a_k| \cdot |z - a_{n_k} - \tau|} < M_\delta^2\, \varepsilon \sum_{-\infty}^{\infty} \frac{1}{|z - c\,k|^2}\,. \qquad (10)$$

Hier ist M_δ eine Konstante, die so gewählt ist, daß bei $|y| \geqq H + \delta$ $(\delta > 0)$

$$\left|\frac{z - c\,k}{z - a_k}\right| < M_\delta \quad \text{und} \quad \left|\frac{z - c\,k}{z - a_{n_k} - \tau}\right| < M_\delta$$

ist. Die Summe auf der rechten Seite der Ungleichung (10) ist eine periodische Funktion und folglich beschränkt. Der Hilfssatz ist somit bewiesen.

Hilfssatz 3. *Ist*

$$a_k = c\,k + \psi(k) \qquad (\pm\, k = 0, 1, 2, \ldots)\,,$$

wo $\psi(k)$ *eine beschränkte Funktion ist, und ist*

$$f(z) = V.\,P. \prod_{-\infty}^{\infty}\left(1 - \frac{z}{a_k}\right), \qquad (9)$$

so ist es, damit die Funktion

$$\theta(x + i\,a) = \ln\left\{f(x + i\,a)\, e^{i\frac{\pi}{c}x}\right\} \qquad (a > 0)$$

für alle genügend großen festgehaltenen Werte der Größe a *beschränkt ist, notwendig und hinreichend, daß eine Konstante* M *existiert, so daß bei einem gewissen* $h \geqq 0$ *und einem beliebigen ganzzahligen* τ *die Ungleichung*

$$\left|\sum_{-\infty}^{\infty} [\psi(k+\tau) - \psi(k)]\, \frac{k}{k^2 + h^2}\right| < M \qquad (11)$$

erfüllt ist, in welcher M *nicht von* τ *abhängt.*

Beweis. Wir bekommen aus der Darstellung (9):

$$\theta(x + c\tau + i\,a) - \theta(x + i\,a) = \ln \frac{f(x + c\tau + i\,a)}{f(x + i\,a)}\, e^{i\pi\tau}$$

$$= \lim_{N\to\infty} \left\{ \ln \prod_{-N}^{N} \frac{c\,k + \psi(k) - c\tau - x - i\,a}{c\,k + \psi(k) - x - i\,a} + i\,\pi\,\tau \right\}$$

$$= \lim_{N\to\infty} \ln \prod_{-N}^{N-\tau} \frac{c\,k + \psi(k + \tau) - x - i\,a}{c\,k + \psi(k) - x - i\,a}$$

$$+ \lim_{N\to\infty} \left\{ \ln \prod_{q=1}^{\tau} \frac{c(-N - q) + \psi(-N - q + \tau) - x - i\,a}{c(N - \tau + q) + \psi(N - \tau + q) - x - i\,a} + i\,\pi\,\tau \right\}.$$

Da jeder Faktor hinter dem Logarithmuszeichen im zweiten Summanden gegen $e^{-i\pi}$ strebt, strebt der ganze Logarithmus im zweiten Summanden gegen $-i\,\pi\,\tau$, also strebt das ganze zweite Glied gegen Null Wir bekommen deshalb

$$\theta(x + c\tau + i\,a) - \theta(x + i\,a) = V\ P \sum_{-\infty}^{\infty} \ln\left[1 + \frac{\psi(k + \tau) - \psi(k)}{c\,k + \psi(k) - x - i\,a}\right]. \quad (12)$$

Die Beschränktheit der Funktion $\theta\,(x + i\,a)$ bei $-\infty < x < \infty$ ist offensichtlich äquivalent der gleichmäßigen Beschränktheit der Größe $\theta(x + c\,\tau + i\,a) - \theta\,(x + i\,a)$ bei $0 \leqq x \leqq c$ und für alle ganzzahligen Werte von τ. Wir werden jetzt zeigen, daß die gleichmäßige Beschränktheit der Größe auf der rechten Seite von (12) äquivalent der Bedingung (11) ist. Dazu schätzen wir die Größe

$$\left|\frac{\psi(k + \tau) - \psi(k)}{c\,k + \psi(k) - x - i\,a}\right|$$

ab. Wir bezeichen $M = \sup\limits_{k} |\psi(k)|$ und

$$l_a = \sup_{-\infty < t < \infty} \frac{|t - i\,a|}{|t - i\,a| - M} = \frac{a}{a - M}$$

bei $a > M$. Dann bekommen wir

$$\frac{\psi(k + \tau) - \psi(k)}{c\,k - \psi(k) - x - i\,a} \leqq \frac{2\,M\,l_a}{|c\,k - x - i\,a|},$$

und diese Größe kann bei genügend großem a kleiner als $\frac{1}{2}$ gemacht werden. Benutzen wir die bei $|\alpha| < \frac{1}{2}$ richtige Ungleichung

$$|\ln\,(1 - \alpha) - \alpha| < |\alpha|^2,$$

so bekommen wir, daß die gleichmäßige Beschränktheit der Größe

$$\theta\,(x + c\,\tau + i\,a) - \theta\,(x + i\,a) \text{ bei } 0 \leqq x \leqq c$$

und für alle ganzzahligen τ äquivalent ist der ebensolchen Beschränktheit der Größe

$$\sum_{-\infty}^{\infty} \frac{\psi(k + \tau) - \psi(k)}{c\,k + \psi(k) - x - i\,a}. \quad (13)$$

In der Tat ergibt sich diese Äquivalenz direkt, wenn man bemerkt, daß

$$\sum_{-\infty}^{\infty}\left|\frac{\psi(k+\tau)-\psi(k)}{c\,k+\psi(k)-x-i\,a}\right|^2 < (2\,M\,l_a)^2 \sum_{-\infty}^{\infty}\frac{1}{|c\,k-x-i\,a|^2} < k_a \qquad (0 \leqq x \leqq c)$$

ist, wo k_a eine Konstante ist. Vergleichen wir die Größe (13) mit

$$\sum_{-\infty}^{\infty}\frac{\psi(k+\tau)-\psi(k)}{c\,k-i\,a}\,, \tag{14}$$

so erhalten wir

$$\left|\sum_{-\infty}^{\infty}\frac{\psi(k+\tau)-\psi(k)}{c\,k+\psi(k)-x-i\,a} - \sum_{-\infty}^{\infty}\frac{\psi(k+\tau)-\psi(k)}{c\,k-i\,a}\right|$$

$$\leqq 2\,M\sum_{-\infty}^{\infty}\frac{|\psi(k)-x|}{|c\,k+\psi(k)-x-i\,a|\cdot|c\,k-i\,a|} \leqq K'\sum_{-\infty}^{\infty}\frac{1}{|c\,k-i\,a|^2} < K''\,,$$

wo K' und K'' Konstanten sind. Endlich ergibt sich, indem wir (14) mit der linken Seite von (11) vergleichen und dabei $h = \frac{a}{c}$ bezeichnen

$$\left|\sum_{-\infty}^{\infty}\frac{\psi(k+\tau)-\psi(k)}{k-i\,h} - \sum_{-\infty}^{\infty}\frac{\psi(k+\tau)-\psi(k)}{k^2-h^2}\,k\right| < 2\,M\sum_{-\infty}^{\infty}\frac{h}{k^2+h^2}\,.$$

Also ist die Beschränktheit der Funktion $\theta(x + i\,a)$ bei allen genügend großen festgehaltenen $a > 0$ gleichbedeutend mit der Erfüllung der Bedingung (11). Der Hilfssatz ist somit bewiesen.

Nützlich ist es noch zu merken, daß die Funktion $(x + i\,a)$ bei allen *größeren* Werten von a beschränkt ist, wenn sie bei irgendeinem a $\left(a > \sup_k \psi(k)\right)$ beschränkt ist. Jetzt können wir folgende vollständige Charakteristik der Nullstellenmenge einer fastperiodischen Funktion der Klasse $[\Delta]$ geben:

Lehrsatz 4. *Damit eine Funktion $f(z)$ eine fastperiodische Funktion der Klasse $[\Delta]$ ist, ist notwendig und hinreichend, daß folgende Bedingungen erfüllt sind;*

a) *Die Funktion $f(z)$ ist in der Form*

$$f(z) = c \lim_{N\to\infty} \prod_{-N}^{N}\left(1-\frac{z}{a_k}\right) \qquad (c \text{ konstant}) \tag{15}$$

darstellbar.

b) *Die Nullstellen a_k der Funktion $f(z)$ bilden eine fastperiodische Punktmenge und sind in der Form*

$$a_k = \frac{\pi}{\Delta}\,k + \psi(k)$$

darstellbar, wo $\psi(k)$ eine komplexwertige beschränkte Funktion ist.

c) *Bei jedem ganzzahligen τ ist die Ungleichung*

$$|L_\tau[\psi]| < M$$

erfüllt, wo

$$L_\tau[\psi] = \sum_{-\infty}^{\infty}{}' [\psi(k+\tau) - \psi(k)] \frac{k}{k^2+h^2},$$

wobei M nicht von τ abhängt.

Beweis. Zuerst wird die Notwendigkeit bewiesen. Gehört $f(z)$ zur Klasse $[\Delta]$, so ist nach dem Hilfssatz 3 die Menge $\{a_k\}$ ihrer Nullstellen eine fastperiodische Punktmenge. Außerdem ist nach der Folgerung aus dem Lehrsatz 2

$$a_k = \frac{\pi}{\Delta} k + \psi(k)$$

wo $\psi(k)$ eine beschränkte Funktion ist. Also ist die Bedingung b) erfüllt.

Aus der Darstellung (7) folgt, daß das Produkt

$$\varphi(z) = \lim_{N\to\infty} \prod_{-N}^{N} \left(1 - \frac{z}{a_k}\right)$$

konvergiert, und daß $\varphi(z)$ von vollkommen regulärem Wachstum ist, wobei das Indikatordiagramm von $\varphi(z)$ das abgeschlossene Intervall $[-i\,\Delta, i\,\Delta]$ ist. Der Quotient

$$f(z):\varphi(z)$$

ist eine ganze Funktion endlichen Grades ohne Nullstellen, und ihr Indikatordiagramm ist der Punkt Null. Auf diese Weise ist der Quotient $f(z):\varphi(z)$ eine Konstante, und folglich ist die Bedingung a) erfüllt.

Ist ferner $f(z)$ der Klasse $[\Delta]$, so ist bei $|a| > H$ $(\delta > 0)$ die Funktion $\ln|f(x+i\,a)|$ beschränkt. Außerdem ist $\arg f(x+i\,a) = -\Delta x + \chi(x)$ (vgl. Kapitel VI), wo $\chi(x)$ eine fastperiodische Funktion ist. Auf diese Weise ist bei $|a| > H$ die Funktion

$$\theta(x+i\,a) = \ln f(x+i\,a)\, e^{i\Delta x}$$

beschränkt, und nach dem Hilfssatz 3 ist die Bedingung c) erfüllt.

Jetzt wird bewiesen, daß die Bedingungen hinreichend sind. $f(z)$ sei in der Form (15) darstellbar, wobei $a_k = \frac{\pi}{\Delta} k + \psi(k)$ ist. Dann ist $f(z)$ eine ganze Funktion endlichen Grades, und der Grad ist Δ. Außerdem folgt aus dem Hilfssatz 4, daß die Funktion

$$\frac{f'(x+i\,y)}{f(x+i\,y)} + i\,\Delta$$

eine fastperiodische Funktion von x bei $|y| > \sup\limits_{-\infty<k<\infty} |\operatorname{Im}\psi(k)|$ ist.

Das Integral dieser Funktion nach der reellen Veränderlichen in den Grenzen zwischen Null und x ist gleich $\theta(x+i\,a) - \theta(a)$, und da die Bedingung c) erfüllt ist, ist dieses Integral nach dem Hilfssatz 5 eine beschränkte Funktion. Nach dem bekannten Lehrsatz von BOHR[1]) ist das unbestimmte Integral einer fastperiodischen

[1]) Siehe B. M. LEVITHAN [1].

Funktion, wenn es beschränkt ist, selbst eine fastperiodische Funktion. Also ist

$$\ln f(x - i\,a)\, e^{i\Delta x}$$

eine fastperiodische Funktion bei allen genügend großen Werten von a. Dasselbe kann man für die Funktion $f(x + i\,a)$ behaupten.

Nach dem Lehrsatz von PHRAGMEN iund LINDELÖF für einen Streifen ist $f(z)$ eine beschränkte Funktion im Innern jedes Streifens parallel der reellen Achse, und aus der Fastperiodizität dieser Funktion auf einer gewissen Geraden folgt, daß sie in der ganzen Ebene fastperiodisch ist. Ihr ganzes Spektrum liegt im abgeschlossenen Intervall $[-i\,\Delta, i\,\Delta]$. Da alle Nullstellen dieser Funktion in einem Streifen liegen, ist $f(z)$ nach der Folgerung 2 aus dem Lehrsatz 2 von Kapitel VI eine Funktion der Klasse $[\Delta]$. Der Lehrsatz ist somit bewiesen.

Bemerkung. Besitzen die Nullstellen a_k die Darstellung

$$a_k = \frac{\pi}{\Delta} k + \psi(k)\,,$$

wo $\psi(k)$ eine fastperiodische Funktion ist, so kann man jedem $\varepsilon > 0$ ein $\delta > 0$ so gegenüberstellen, daß jede δ-Verschiebung der Funktion $\psi(k)$ nach der Multiplikation mit $\frac{\pi}{\Delta}$ zu einer ε-Verschiebung der Funktion $f(z)$ wird. Hieraus folgt, daß der Modul der Funktion $f(z)$ zu demjenigen Modul gehört, welcher entsteht, wenn man den kleinsten, die Zahl π und den Modul der Funktion $\psi(k)$ enthaltenden Modul $\mathfrak{M}(\psi, \pi)$ mit $\frac{\Delta}{\pi}$ multipliziert.

Vergleichen wir das mit dem Lehrsatz 2, so bekommen wir, daß bei der Erfüllung der Voraussetzungen dieses Lehrsatzes der Modul von $f(z)$ mit dem Modul $\mathfrak{M}(\psi, \pi)$ multipliziert mit $\frac{\pi}{\Delta}$ übereinstimmt.

Wir wollen jetzt die Unabhängigkeit der Bedingung c) von den übrigen Bedingungen des Lehrsatzes 4 beweisen. Wir werden außerdem zeigen, daß eine fastperiodische Funktion $\psi(k)$ existiert, auf der die Menge der Funktionale $L_\tau[\psi]$ $(\pm\,\tau = 0, 1, 2, \ldots)$ nicht beschränkt ist.

Die Menge aller fastperiodischen Funktionen bildet einen vollständigen normierten Raum mit der Norm

$$\|\psi\| = \sup_{-\infty < k < \infty} |\psi(k)|\,.$$

$L_\tau[\psi]$ ist ein lineares Funktional in diesem Raum. Nach einem bekannten Lehrsatz ist die Menge von linearen Funktionalen, welche auf jedem Element des Raumes beschränkt ist, der Norm nach beschränkt, d. h., ist für alle fastperiodischen Funktionen

$$|L_\tau[\psi]| \leqq M_\psi \qquad (\pm\,\tau = 0, 1, 2, \ldots)\,,$$

so existiert eine Zahl M, so daß

$$|L_\tau[\psi]| < M \cdot \|\psi\| \qquad (\pm\,\tau = 0, 1, 2, \ldots) \tag{16}$$

ist. Das Funktional $L_\tau[\psi]$ kann man in der Form schreiben:

$$L_\tau[\psi] = \sum_{-\infty}^{\infty} \psi(k) \left[\frac{k-\tau}{(k-\tau)^2 + h^2} - \frac{k}{k^2+h^2}\right].$$

Der Kern

$$\frac{k-\tau}{(k-\tau)^2 + k^2} - \frac{k}{k^2+h^2}$$

ändert sein Vorzeichen in den Punkten k_1 und k_2, wobei bei $\tau \to \infty$, $k_2 \sim \tau$ und $k_1 \to 0$ gilt.

Wir setzen bei einem festgehaltenen τ $\psi(k) = -1$ für $k_1 < k < k_2$. Wir wählen ferner eine Zahl $T > 0$ so, daß $k_2 - k_1 + T$ eine ganze Zahl ist, und daß die Ungleichung

$$\left(\sum_{-\infty}^{-T-k_1} + \sum_{T+k_2}^{\infty}\right)\left|\frac{k-\tau}{(k-\tau)^2 + h^2} - \frac{k}{k^2+h^2}\right| < 1$$

erfüllt ist, und definieren $\psi(k) = 1$ im halboffenen Intervall $k_2 < k \leqq T + k_2$. Dann setzen wir $\psi(k)$ auf der ganzen reellen Achse periodisch fort, indem wir als die Periode die Größe $\omega = k_2 - k_1 + T$ wählen.

Wir haben dann

$$L_\tau[\psi] > \sum_{-\infty}^{\infty}\left|\frac{k-\tau}{(k-\tau)^2 + h^2} - \frac{k}{k^2+h^2}\right| - 1 = 2\ln\tau + O(1)\,,$$

was der Beziehung (16) widerspricht. Also ist die Menge der linearen Funktionale $L_\tau[\psi]$ nicht beschränkt, und folglich existiert eine fastperiodische Funktion $\Phi(k)$, auf welcher die Familie der Funktionale nicht beschränkt ist.[1]) Die Bedingung c) ist schwer überprüfbar, deshalb ist die folgende hinreichende Bedingung für ihr Erfülltsein nützlich:

Lehrsatz 5. *Konvergiert die* Fourier*reihe einer fastperiodischen Funktion* $\psi(k)$ *absolut, so ist*

$$|L_\tau[\psi]| < M\,,$$

d. h., die Bedingung c) *ist erfüllt.*

Beweis. Wir bezeichnen

$$\vartheta(\lambda) = L_\tau[e^{i\lambda x}] = (e^{i\lambda\tau} - 1)\sum_{k=1}^{\infty}\frac{k\sin k\lambda}{k^2+h^2}$$

oder

$$\vartheta(\lambda) = \begin{cases} \dfrac{\pi\,\mathfrak{Sin}\,h(\pi-\lambda)}{\mathfrak{Sin}\,h}(e^{i\lambda\tau}-1) & (0<\lambda\leqq\pi)\,, \\ -\dfrac{\pi\,\mathfrak{Sin}\,h(\pi+\lambda)}{\mathfrak{Sin}\,h}(e^{i\lambda\tau}-1) & (-\pi\leqq\lambda<0) \end{cases} \tag{17}$$

und $\vartheta(\lambda + 2\pi) = \vartheta(\lambda)$.

[1]) Man kann eine solche Funktion tatsächlich konstruieren.

Bei einem festgehaltenen τ folgt aus der gleichmäßigen Konvergenz von $\psi_n(t)$ gegen $\psi(t)$

$$L_\tau[\psi_n] \to L_\tau[\psi] .$$

Ist also

$$\psi(k) = \sum_{-\infty}^{\infty} c_j e^{i \lambda_j k} \qquad \left(\sum_{-\infty}^{\infty} |c_j| < \infty\right),$$

so ist

$$L_\tau[\psi] = \sum_{-\infty}^{\infty} c_j \vartheta(\lambda_j)$$

und

$$|L_\tau[\psi]| \leqq 2\left(\sum_{-\infty}^{\infty} |c_j|\right) \frac{\pi \operatorname{Sin} h \pi}{\operatorname{Sin} h} .$$

Der Lehrsatz ist somit bewiesen.

Die Bedingung c) kann man in eine andere Gestalt umformen. Um das zu machen, beweisen wir einen Interpolationssatz, der auch unabhängig von dieser Umformung von Interesse ist.

Lehrsatz 6. *Damit eine ganze Funktion von endlichem Grade nicht höher als π existiert, welche auf der reellen Achse beschränkt ist und in allen ganzzahligen Punkten k die Werte $(-1)^k \psi(k)$ annimmt, wo $\psi(k)$ eine beschränkte Funktion ist, ist notwendig und hinreichend, daß bei allen ganzzahligen Werten von τ die Ungleichung*

$$|L_\tau[\psi]| < M \tag{11}$$

erfüllt ist, in welcher M eine von τ nicht abhängige Konstante ist.

Beweis. Wir konstruieren die Interpolationsreihe

$$\vartheta(z) = \frac{\sin \pi z}{\pi}\left\{ \sum_{-\infty}^{\infty}{}' \psi(k) \left[\frac{1}{z-k} + \frac{1}{k}\right] + \frac{\psi(0)}{z}\right\}.$$

Sie konvergiert gleichmäßig in jedem endlichen Gebiet und stellt eine ganze Funktion von endlichem Grade nicht höher als π dar. Dabei ist $\vartheta(k) = (-1)^k \psi(k)$. Wir wollen beweisen, daß die Größe $|\vartheta(x)|$ $(-\infty < x < \infty)$ bei der Erfüllung der Bedingung (11) beschränkt ist.

Es sei $z = x \pm i h$, $|x| \leqq 1$ und τ eine gerade Zahl. Dann ist

$$\vartheta(x + i h + \tau) - \vartheta(x \pm i h) = \frac{\sin \pi(x \pm i h)}{\pi} \sum_{-\infty}^{\infty} \frac{\psi(k-\tau) - \psi(k)}{x - k \pm i h} .$$

Ist die Bedingung (11) erfüllt, so ist der absolute Betrag der Summe auf der rechten Seite beschränkt unabhängig von τ, und folglich ist

$$|\vartheta(x \pm i h + \tau) - \vartheta(x \pm i h)| < M_1 \qquad (|x| \leqq 1),$$

wo M_1 eine gewisse Konstante ist. Auf diese Weise ist die Funktion $\vartheta(x \pm i h)$ bei $-\infty < x < \infty$ beschränkt, und nach dem Lehrsatz von Phragmen und Lindelöf ist $\vartheta(x)$ auf der reellen Achse beschränkt.

Umgekehrt, es sei bekannt, daß eine ganze Funktion $\vartheta(z)$ von endlichem Grade nicht höher als π existiert, welche auf der reellen Achse beschränkt ist und so beschaffen, daß $\vartheta(k) = (-1)^k \psi(k)$ ist. Wir werden zeigen, daß

$$|L_\tau[\psi]| < M$$

ist, wo M nicht von τ abhängt. Wir konstruieren die Funktion

$$\gamma(z) = \frac{\sin \pi z}{\pi} \left\{ \frac{\psi(0)}{z} + \sum_{-\infty}^{\infty}{}' \psi(k) \left[\frac{1}{z-k} + \frac{1}{k} \right] \right\}.$$

Das ist eine ganze Funktion endlichen Grades, wobei ihr Indikatordiagramm auf dem abgeschlossenen Intervall $[-i\pi, i\pi]$ liegt. Die Funktion

$$\chi(z) = \frac{\vartheta(z) - \gamma(z)}{\sin \pi z}$$

ist eine ganze Funktion endlichen Grades, und ihr Indikatordiagramm ist der Punkt Null. Wir schätzen diese Funktion auf der imaginären Achse ab. Wir haben aus der Definition von $\gamma(z)$:

$$|\gamma(i y)| \leqq \frac{M}{\pi} |\mathfrak{Sin}\, \pi y| \left\{ \frac{1}{|y|} + 2 \sum_{1}^{\infty} \frac{|y|}{k|k - i y|} \right\}$$

$$\leqq \frac{M}{\pi} |\mathfrak{Sin}\, \pi y| \left\{ \frac{1}{|y|} + \frac{2\pi}{\sqrt{6}} |y| \left(\sum_{1}^{\infty} \frac{1}{k^2 + y^2} \right)^{1/2} \right\}$$

$$< \frac{M}{\pi} |\mathfrak{Sin}\, \pi y| \left\{ \frac{1}{|y|} + \frac{\pi \sqrt{\pi |y|}}{\sqrt{3}} \right\}.$$

Außerdem folgt aus der Beschränktheit von $\vartheta(z)$ auf der reellen Achse

$$|\vartheta(z)| < N e^{\pi |y|}.$$

Aus den beiden letzten Abschätzungen folgt, daß die Funktion $\chi(z)$ auf der imaginären Achse nicht schneller wächst als $\sqrt{|y|}$, und da sie vom Grade Null ist, ist $\chi(z) \equiv \text{const}$.

Wir haben auf diese Weise

$$\vartheta(z) = \frac{\sin \pi z}{\pi} \left\{ c + \frac{\psi(0)}{z} + \sum_{-\infty}^{\infty}{}' \psi(k) \left[\frac{1}{z-k} - \frac{1}{k} \right] \right\}.$$

Es ergibt sich aus dieser Formel bei geradem τ

$$\vartheta(i h + \tau) - \vartheta(i h) = \frac{\mathfrak{Sin}\, \pi h}{i \pi} \sum_{-\infty}^{\infty} \psi(k) \left[\frac{1}{i h - k + \tau} - \frac{1}{i h - k} \right]$$

$$= \frac{\mathfrak{Sin}\, \pi h}{i \pi} \sum_{-\infty}^{\infty} \frac{\psi(k + \tau) - \psi(k)}{i h - k},$$

und infolge der Beschränktheit von $\vartheta(i h + x)$ haben wir

$$\left| \sum_{-\infty}^{\infty} [\psi(k + \tau) - \psi(k)] \frac{k}{k^2 + h^2} \right| \leqq \frac{\pi}{\mathfrak{Sin}\, \pi h} |\vartheta(i h + \tau) - \vartheta(i h)| + O(1) < M.$$

Bei ungeradem τ haben wir

$$L_\tau[\psi] = \sum_{-\infty}^{\infty} [\psi(k+\tau-1) - \psi(k)] \frac{k}{k^2+h^2}$$
$$+ \sum_{-\infty}^{\infty} \psi(k+\tau-1)\left[\frac{k-1}{(k-1)^2+h^2} - \frac{k}{k^2+h^2}\right],$$

und folglich ist

$$|L_\tau[\psi]| < M_1 \qquad (M_1 \text{ konstant}).$$

Somit ist der Lehrsatz bewiesen.

Vergleichen wir diesen Lehrsatz mit dem Hilfssatz 3, so bekommen wir folgenden Lehrsatz:

Lehrsatz 7. *Es sei*

$$a_k = c\,k + \psi(k) \qquad (\pm k = 0, 1, 2, \ldots),$$

wo $\psi(k)$ eine beschränkte Funktion ist. Damit die Funktion

$$f(z) = V.\,P. \prod_{-\infty}^{\infty}\left(1 - \frac{z}{a_k}\right)$$

auf jeder Geraden $y = a$ $\left(|a| > \sup\limits_k \psi(k)\right)$ der Ungleichung

$$\left|\ln\left[f(x+i\,a)\,e^{i\frac{\pi}{c}x}\right]\right| \leqq M_a$$

genügt, wo M_a eine gewisse Konstante ist, ist es notwendig und hinreichend, daß eine ganze Funktion endlichen Grades nicht höher als π existiert, welche auf der reellen Achse beschränkt ist und in den ganzzahligen Punkten k die Werte $(-1)^k\,\psi(k)$ annimmt.

Der Lehrsatz 7 gibt uns die Möglichkeit, dem Lehrsatz 4 folgende neue Formulierung zu geben:

Lehrsatz 8. *Damit eine Funktion $f(z)$ zur Klasse $[\Delta]$ gehört, ist notwendig und hinreichend, daß folgende Bedingungen erfüllt sind:*

a) *$f(z)$ ist in der Form*

$$f(z) = \lim_{N\to\infty} c \prod_{-N}^{N}\left(1 - \frac{z}{a_k}\right)$$

darstellbar;

b) *die Nullstellen a_k bilden eine fastperiodische Punktmenge;*

c) *die Nullstellen a_k lassen die Darstellung*

$$a_k = \frac{\pi}{\Delta}\,k + \psi(k)$$

zu, wo $\psi(z)\,e^{-i\pi z}$ eine ganze Funktion endlichen Grades $H \leqq \pi$, beschränkt auf der reellen Achse ist.

3. Der Zusammenhang zwischen den Fourierreihen der Funktionen $\psi(x)$ und $f(x)$

Lehrsatz 9. *$\psi(x)$ sei eine gewisse fastperiodische Funktion mit absolut konvergenter* FOURIER*reihe, und es sei*

$$a_k = \frac{\pi}{\Delta} k + \psi(k) \qquad (\pm k = 0, 1, 2, \ldots) \; (\Delta > 0) .$$

Dann ist die durch die Gleichung (15) *definierte Funktion $f(z)$ eine Funktion der Klasse $[\Delta]$ mit einer absolut konvergenten* FOURIER*reihe.*

Beweis. Den Ausgangspunkt bildet die Formel (12). Setzen wir in ihr $x = 0$ und ersetzen τ durch $\frac{x}{c}$, so bekommen wir

$$\ln \frac{f(x + i\,a)\, e^{i \frac{\pi}{c} x}}{f(i\,a)} = V.\,P. \sum_{k=-\infty}^{\infty} \ln \left[1 + \frac{\psi\left(k + \frac{x}{c}\right) - \psi(k)}{c\,k + \psi(k) - i\,a}\right] \qquad \left(c = \frac{\pi}{\Delta}\right).$$

Bei genügend großen Werten von $|a|$ bekommen wir die Entwicklung

$$\ln \frac{f(x + i\,a)\, e^{i \Delta x}}{f(i\,a)} = V.\,P. \sum_{k=-\infty}^{\infty} \frac{\psi\left(k + \frac{x}{c}\right) - \psi(k)}{c\,k + \psi(k) - i\,a}$$

$$+ \sum_{n=2}^{\infty} \frac{(-1)^{n-1}}{n} \sum_{k=-\infty}^{\infty} \left(\frac{\psi\left(k + \frac{x}{c}\right) - \psi(k)}{c\,k + \psi(k) - i\,a}\right)^n . \tag{18}$$

Nach der Voraussetzung des Lehrsatzes ist

$$\psi(x) = \sum_{-\infty}^{\infty} c_j\, e^{i \lambda_j x} \qquad \left(\sum_{-\infty}^{\infty} |c_j| < \infty\right). \tag{19}$$

Bezeichnen wir mit $||\psi||$ die Norm $||\psi|| = \sum_{-\infty}^{\infty} |c_j|$ im Funktionenring (W) von Funktionen der Form (19), so bekommen wir bei jedem festgehaltenen k:

$$\left|\left|\left[\psi\left(k + \frac{x}{c}\right) - \psi(k)\right]^n\right|\right| \leqq (2\,||\psi||)^n . \tag{20}$$

Außerdem ist bei $n \geqq 2$

$$\sum_{-\infty}^{\infty} \frac{1}{(c\,k + \psi(k) - i\,a)^n} = O\left(\frac{1}{|a|^{n-1}}\right).$$

Deshalb konvergiert bei $|a| > 2\,||\psi||$ die zweite Reihe in (18) der Norm nach, und folglich stellt sie eine fastperiodische Funktion mit einer absolut konvergenten FOURIERreihe dar.

Die erste Summe in (18) kann man in der Form darstellen

$$V.\,P.\sum_{-\infty}^{\infty}\frac{\psi\left(k+\frac{x}{c}\right)-\psi(k)}{c\,k+\psi(k)-i\,a}=V.\,P.\sum_{-\infty}^{\infty}\left[\psi\left(k+\frac{x}{c}\right)-\psi(k)\right]\frac{c\,k}{c^2\,k^2+a^2}$$

$$+\,i\,a\sum_{-\infty}^{\infty}\frac{\psi\left(k+\frac{x}{c}\right)-\psi(k)}{c^2\,k^2+a^2}-\sum_{-\infty}^{\infty}\left[\psi\left(k+\frac{x}{c}\right)-\psi(k)\right]\frac{\psi(k)}{(c\,k+\psi(k)-i\,a)\,(c\,k-i\,a)}\,.$$

Die zweite und die dritte Reihe konvergieren der Norm nach kraft (20). Aus der Formel (17) folgt, daß die erste Reihe ebenso der Norm nach konvergiert. Es ergibt sich auf diese Weise, daß die fastperiodische Funktion

$$\varphi(x)=\ln f(x+i\,a)\,e^{i\Delta x}$$

in eine absolut konvergente FOURIERreihe entwickelbar ist. Hieraus folgt, daß $f(x+i\,a)$ in eine absolut konvergente FOURIERreihe entwickelt werden kann (wobei $\|f\|<e^{\|\varphi\|}$ ist), und folglich läßt sich auch $f(x)$ in eine absolut konvergente FOURIERreihe entwickeln.

Es ist interessant zu bemerken, daß der Zahlenmodul der Funktion $f(x)$ in dem mit der Zahl $\frac{\Delta}{\pi}$ multiplizierten Zahlenmodul der Funktion $\psi(x)$ enthalten ist.

Ein Beispiel am Ende des Punktes 1 zeigt, daß die Umkehrung dieses Lehrsatzes nicht gilt. Angesichts dieser Tatsache ist folgender Lehrsatz interessant:

Lehrsatz 10. *Konvergiert die* FOURIER*reihe einer Funktion $f(z)$ der Klasse $[\Delta]$ absolut, und genügt die Folge $\{a_k\}_{-\infty}^{\infty}$ ihrer Nullstellen der Bedingung*

$$\left|\operatorname{Re} a_k-\frac{\pi}{\Delta}\,k-s\right|<\frac{\pi}{4\Delta}\,,$$

wo s eine gewisse reelle Zahl ist, so ist $a_k=\frac{\pi}{\Delta}\,k+\psi(k)$, wo $\psi(k)$ eine fastperiodische Funktion mit einer absolut konvergenten FOURIER*reihe ist.*

Beweis. Den Beweis werden wir mit Hilfe der allgemeinen Theorie der Ringe von *I.* M. GELFAND [1] durchführen.

Wir definieren einen Ring von fastperiodischen Funktionen $\varphi(k)$, die für die ganzzahligen Punkte $\pm\,k=0,1,2,\ldots$ erklärt sind und eine absolut konvergente FOURIERreihe haben, wobei wir als ihre Norm die Summe der absoluten Beträge der Koeffizienten der FOURIERreihe der Funktion nehmen.[1]) Die Menge der Funktionswerte von $\varphi(k)$ auf allen maximalen Idealen des Ringes stimmt mit der abgeschlossenen Hülle der Menge der Funktionswerte von $\varphi(k)$ in allen ganzzahligen Punkten überein.

---

[1]) Um uns von der Mehrdeutigkeit der Entwicklung einer solchen Funktion in eine FOURIERreihe zu befreien, können wir annehmen, daß ihr Spektrum im halboffenen Intervall $(-\pi,\pi]$ liegt.

Die Funktionen $f\left(z + \frac{\pi}{\Delta} k + s\right)$ und $f'\left(z + \frac{\pi}{\Delta} k + s\right)$ gehören bei allen komplexen Werten von z offensichtlich diesem Ring an. Man sieht auch leicht ein, daß diese Funktionen stetig in z nach der Norm des Ringes sind.

Wir bezeichnen mit I den Rand des Rechtecks $x = \pm \frac{\pi}{2\Delta}$, $y = \pm H + \delta$ $(\delta > 0)$. Wenn $z \in I$, bekommen wir

$$\left| f\left(z + \frac{\pi}{\Delta} k + s\right)\right| \geqq m > 0$$

für alle ganzzahligen k, und folglich ist die Funktion $f\left(z + \frac{\pi}{\Delta} k + s\right)$ in keinem der maximalen Ideale des Ringes enthalten. Es ergibt sich hieraus, daß bei $z \in I$ die Funktion

$$\frac{f'\left(z + \frac{\pi}{\Delta} k + s\right)}{f\left(z + \frac{\pi}{\Delta} k + s\right)}$$

dem Ring angehört und nach der Norm stetig ist. Da die Operationen der Summierung und des Grenzüberganges nicht aus dem Ring herausführen, so gehört auch die Funktion

$$\psi(k) = \frac{1}{2\pi i} \int\limits_{(I)} \frac{f'\left(z + \frac{\pi}{\Delta} k + s\right)}{f\left(z + \frac{\pi}{\Delta} k + s\right)} z\, dz - s$$

zum Ring. Mit anderen Worten läßt sich $\psi(k)$ in eine absolut konvergente FOURIERreihe entwickeln.

Aus den beiden letzten Lehrsätzen folgt mit Leichtigkeit der

Lehrsatz 11. *Damit die Nullstellenfolge $\{a_k\}_{-\infty}^{\infty}$ einer Funktion $f(z)$ der Klasse $[\Delta]$ die Darstellung*

$$a_k = \frac{\pi}{\Delta} k + \psi(k)$$

mit einer fastperiodischen Funktion $\psi(k)$, welche in eine absolut konvergente FOURIERreihe entwickelbar ist, zuläßt, ist notwendig und hinreichend, daß für jede beliebige natürliche Zahl p, welche eine gewisse Zahl p_0 übertrifft, alle Teiler von $f(z)$ von der Form

$$f_{p,r}(z) = V.\,P. \prod_{-\infty}^{\infty} \left(1 - \frac{z}{a_{pk+r}}\right) \qquad (r = 0, 1, 2, \ldots, p-1)$$

in absolut konvergente FOURIERreihen entwickelbar sind.

Beweis. Ist $\psi(k)$ in eine absolut konvergente FOURIERreihe entwickelbar, so läßt sich auch $\psi(p\,k + r)$ in eine absolut konvergente FOURIERreihe entwickeln, und nach dem Lehrsatz 9 ist auch $f_{p,r}(z)$ in eine absolut konvergente FOURIERreihe entwickelbar.

Umgekehrt, für alle p größer als eine gewisse Zahl p_0 seien alle Funktionen $f_{p,r}(z)$ in absolut konvergente FOURIERreihen entwickelbar. Wählen wir p so, daß die Ungleichung $|\psi(k)| < \frac{\pi p}{4 \Delta}$ erfüllt ist, so bekommen wir

$$\left|\operatorname{Re} a_{pk+r} - \frac{\pi p}{\Delta} k - \frac{\pi r}{\Delta}\right| < \frac{\pi p}{4 \Delta}.$$

Nach dem Lehrsatz 10 folgt aus dieser Ungleichung und der absoluten Konvergenz der FOURIERreihe der Funktion $f_{p,r}(z)$, daß a_{pr+k} in der Form

$$a_{pr+k} = \frac{\pi p}{\Delta} k + \psi_{p,r}(k) \qquad (r = 0, 1, 2, \ldots, p-1)$$

darstellbar ist, wo $\psi_{p,r}(k)$ eine fastperiodische, in eine absolut konvergente FOURIERreihe entwickelbare Funktion ist. Wir setzen

$$Q_j(z) = \left(\frac{\prod_{r \neq j} \sin \frac{\pi}{p}(z-r)}{\prod_{r \neq j} \sin \frac{\pi}{p}(j-r)} \right)^2$$

und definieren die in eine absolut konvergente Reihe entwickelbare Funktion

$$\psi(k) = \sum_{j=0}^{p-1} Q_j(k) \left[\psi_{p,j} - \left(\frac{k-j}{p} \right) - \frac{\pi}{\Delta} \right],$$

so bekommen wir die Darstellung

$$a_k = \frac{\pi}{\Delta} k + \psi(k).$$

Der Lehrsatz ist somit bewiesen.

Wir haben also gezeigt: Sind die Nullstellen einer Funktion der Klasse $[\Delta]$ in der Form (6) darstellbar, und läßt sich $\psi(k)$ in eine absolut konvergente Reihe entwickeln, so ist die zugehörige Funktion $f(z)$ in eine absolut konvergente Reihe entwickelbar und hat unendlich viele Teiler desselben Typs. [1])

Im Anhang V haben wir eine besondere Faktorenzerlegung einer fastperiodischen Funktion $f(x)$ mit beschränktem Spektrum betrachtet. Es wurde dort gezeigt, daß, falls $f(z)$ in eine absolut konvergente FOURIERreihe entwickelbar ist und $f(x) \geqq 0$ $(-\infty < x < \infty)$,

$$f(x) = |\varphi(x)|^2$$

ist, wobei $\varphi(z)$ eine fastperiodische Funktion mit halb so langem Spektrum und der absolut konvergenten FOURIERreihe ist, und alle Nullstellen von $\varphi(z)$ in einer Halbebene liegen.

---

[1]) W. P. POTAPOW [1] hat ausgehend von der Arbeit von M. G. KREIN und des Verfassers [1] gezeigt, daß jedes fastperiodische Polynom im Ring von ganzen fastperiodischen Funktionen mit absolut konvergenten FOURIERreihen unbegrenzt teilbar ist, und hat eine vollständige Klassifikation solcher Teiler gegeben. Wir erinnern daran, daß ein fastperiodisches Polynom im Ring fastperiodischer Funktionen nicht unbedingt teilbar ist, wie im Anhang V gezeigt wurde.

Wir können jetzt zeigen, daß die Forderung der absoluten Konvergenz der FOURIERreihe der Funktion $f(x)$ in diesem Lehrsatz wesentlich ist. Wir können jetzt nämlich ein Beispiel einer fastperiodischen Funktion der Klasse $[\Delta]$ konstruieren, die man in der Form

$$f(z) = V.\,P. \prod_{-\infty}^{\infty} \left(1 - \frac{z}{a_k}\right)\left(1 - \frac{z}{\bar{a}_k}\right) \qquad (\operatorname{Im} a_k > 0)$$

darstellen kann, und deren Teiler

$$\varphi(z) = V.\,P. \prod_{-\infty}^{\infty} \left(1 - \frac{z}{a_k}\right)$$

keine fastperiodische Funktion ist. Dazu setzen wir

$$a_k = k + i\,\psi(k)\,,$$

wo $\psi(k)$ eine positive fastperiodische Funktion ist, die der Bedingung c) des Lehrsatzes 4 nicht genügt. Infolge dieses Lehrsatzes ist $\varphi(z)$ keine fastperiodische Funktion.

Wir numerieren alle Nullstellen der Funktion $f(z)$ so um, daß die Zahlen a_k gerade Nummern und die Zahlen $\bar{a}_k$ ungerade Nummern bekommen, und bilden die Summe

$$L_\tau[\psi] = \sum_{-\infty}^{\infty} [\psi\,(p + \tau) - \psi(p)]\,\frac{p}{p^2 + h^2}\,.$$

Bei geradem p unterscheidet sich die Größe $\psi(p + \tau) - \psi(p)$ von $\psi(p + 1 + \tau) - \psi\,(p + 1)$ durch das Vorzeichen, und folglich ist

$$L_\tau[\psi] = \sum_{-\infty}^{\infty} [\psi(2\,k + \tau) - \psi(2\,k)] \left[\frac{2\,k}{(2\,k)^2 + h^2} - \frac{2\,k + 1}{(2\,k + 1)^2 + h^2}\right].$$

Hieraus folgt, daß

$$|L_\tau[\psi]| < c_h \sup_k |\psi(k)|$$

ist, wo c_h eine gewisse von τ und ψ unabhängige Konstante ist.

Also ist $f(z)$ eine fastperiodische Funktion der Klasse $[\Delta]$, die positiv auf der reellen Achse ist, und in ihrer Entwicklung $f(z) = \varphi(z) \cdot \bar{\varphi}(z)$ ist $\varphi(z)$ keine fastperiodische Funktion.

EINZELNE LEHRSÄTZE UND AUFGABEN

1. *$f(z)$ sei eine holomorphe Funktion der verfeinerten Ordnung $\varrho(r)$ im Innern des Winkels $|\arg z| \leqq \alpha$ $\left(0 < \alpha \leqq \frac{\pi}{2\varrho}\right)$, und es sei $h_f(\pm\alpha) = h_f(0)\cos\varrho\alpha$. Dann ist*

$$h_f(\theta) = h_f(0)\cos\varrho\,\theta$$

für alle Werte von θ $(-\alpha \leqq \theta \leqq \alpha)$.

Beweis. Wir setzen $\varphi(z) = f(z^{1/\varrho})$ und erhalten eine in der rechten Halbebene holomorphe Funktion der Ordnung Eins, wobei

$$h_f(\pm\alpha_1) = h_\varphi(0)\cos\alpha_1 \qquad (\alpha_1 = \varrho\,\alpha)$$

ist. Wir bekommen, daß das Indikatordiagramm der Funktion $\varphi(z)$ im Innern des von den Strahlen $\arg[z - h_f(0)] = \left(\frac{\pi}{2} + \alpha_1\right)$ gebildeten Winkels liegt, wobei der Punkt $h_f(0)$ dem Indikatordiagramm angehört. Hieraus folgt unmittelbar die Behauptung des Lehrsatzes.

2. *$f(z)$ sei eine ganze Funktion der verfeinerten Ordnung $\varrho(r)$ $(\varrho < 1)$, deren sämtliche Nullstellen auf dem negativen Strahl der reellen Achse liegen, und es sei*

$$\ln f(r) \approx \frac{\pi}{\sin\pi\varrho}\, r^{\varrho(r)}.$$

Dann ist

$$n(r) \approx r^{\varrho(r)} \qquad (\text{Titchmarsh}).$$

Beweis. Aus der Gleichung

$$|\ln f(z)| = \left|\int_0^\infty \ln\left(1 + \frac{z}{t}\right) dn(t)\right| = \left| n(t)\ln\left(1 + \frac{z}{t}\right)\Big|_0^\infty + \int_0^\infty \frac{z\,n(t)}{t(t+z)}\,dt\right|$$

und der Abschätzung $n(r) < c\,r^{\varrho(r)}$ folgt

$$|\ln f(z)| \leqq c\,r \int_0^\infty \frac{t^{\varrho(t)-1}\,dt}{|t+z|},$$

und bei $|\arg z| \leqq \pi - \delta$ $(\delta > 0)$ ist

$$|\ln f(z)| < c_1 r^{\varrho(r)} \int_0^\infty \frac{t^{\varrho(t)-1}\, dt}{|t - e^{i\delta}|} < c_\delta r^{\varrho(r)} ,$$

wo c_δ eine Konstante ist. Es sei $\varphi(z)$ eine ganze Funktion mit den Nullstellen auf der negativen reellen Achse, wobei $n_\varphi(r) \approx r^{\varrho(r)}$ ist, dann ist (vgl. Lehrsatz 25, Kapitel I)

$$\ln \varphi(z) \approx J(\pi - \theta)\, r^{\varrho(r)} \qquad (z = r\, e^{i\theta}) .$$

Die Funktion

$$\psi(z) = \frac{\ln f(z)}{\ln \varphi(z)}$$

ist holomorph und beschränkt im Innern des Winkels $|\arg z| \leqq \pi - \delta$ und strebt auf dem positiven reellen Strahl gegen 1. Hieraus folgt $\psi(r\, e^{i\theta}) \to 1$ auf jedem beliebigen Strahl im Innern dieses Winkels. Auf diese Weise ist $f(z)$ von vollkommen regulärem Wachstum, und folglich ist $n(r) \approx r^{\varrho(r)}$.

3. *Ist $f(z)$ eine holomorphe Funktion der Ordnung ϱ im Innern und am Rand des Winkels $|\theta| \leqq \alpha$, $\theta = \arg z$, $\frac{\pi}{2\varrho} < \alpha < \frac{\pi}{\varrho}$, und ist $h_f(\pm \alpha) \leqq h_f(0) \cos \varrho \alpha$, so ist $h_f(\theta) = h_f(0) \cos \varrho\, \theta$ bei $|\theta| \leqq \alpha$, und $f(z)$ ist von vollkommen regulärem Wachstum im Inneren dieses Winkels.*

In der Tat, setzen wir wieder (vgl. Aufgabe 1) $\varphi(z) = f(z^{1/\varrho})$, so ergibt sich, daß $\varphi(z)$ eine holomorphe Funktion der Ordnung Eins im Inneren des Winkels $|\arg z| \leqq \alpha_1$ $(\alpha_1 = \varrho\, \alpha, \frac{\pi}{2} < \alpha_1 < \pi)$ und $h_\varphi(\pm \alpha_1) \leqq h_\varphi(0) \cos \alpha_1$ ist. Anderseits ergibt sich aber aus der Grundbeziehung für die Indikatoren (vgl. § 16, Kapitel I) $h_\varphi(\alpha_1) + h_\varphi(-\alpha_1) \geqq 2\, h_\varphi(0) \cos \alpha_1$ und folglich ist $h_\varphi(\pm \alpha_1) = h_\varphi(0) \cos \alpha_1$. Die drei Stützgeraden

$$x = h_\varphi(0),\ x \cos \alpha_1 + y \sin \alpha_1 - h_\varphi(\alpha_1) = 0 \text{ und } x \cos \alpha_1 - y \sin \alpha_1 - h_\varphi(-\alpha_1) = 0$$

schneiden sich im Punkt $z = h_\varphi(0)$. Folglich besteht das ganze Indikatordiagramm aus diesem Punkt. Deshalb ist $h_\varphi(\theta) = h_\varphi(0) \cos \varrho\, \theta$ bei $|\theta| \leqq \alpha_1$.

Kehren wir zur Funktion $f(z)$ zurück, so bekommen wir $h_f(\theta) = h_f(0) \cos \varrho\, \theta$ $(|\theta| \leqq a)$. Da die Öffnung des Winkels $|\arg z| \leqq \alpha$ größer ist als $\frac{\pi}{\varrho}$, so ist nach dem Lehrsatz von M. Cartwright (§ 2, Kapitel IV) $f(z)$ von vollkommen regulärem Wachstum.

4. *Ist $f(z)$ eine ganze Funktion der Ordnung ϱ, wobei*

$$\frac{1}{2} < \varrho < 1 \textit{ und } h_f(\pi) \leqq h_f(0) \cos \pi\, \varrho,$$

so ist $f(z)$ von vollkommen regulärem Wachstum, wobei jeder Winkel, der den negativen Strahl der reellen Achse enthält, fast alle Nullstellen dieser Funktion (d. h. außer vielleicht einer Menge von der Dichte Null) enthält, und es ist

$$\lim_{r \to \infty} \frac{n(r)}{r^{\varrho(r)}} = \frac{\sin \pi\, \varrho}{\pi} h_f(0) .$$

Beweis. Es ergibt sich bei $\alpha = \pi \quad \frac{\pi}{2\varrho} < \alpha < \frac{\pi}{\varrho}$, und folglich (vgl. Aufgabe 3) ist $f(z)$ von vollkommen regulärem Wachstum bei $|\theta| < \pi$, und es ist

$$h_f(\theta) = h_f(0) \cos \varrho\, \theta .$$

Da die Menge der Strahlen von vollkommen regulärem Wachstum abgeschlossen ist (vgl. § 1, Kapitel III), so ist $f(z)$ von vollkommen regulärem Wachstum. Im Innern des Winkels, in welchem der Indikator trigonometrisch ist, ist die Dichte der Nullstellenmenge gleich Null. Deshalb ist die Nullstellenmenge der Funktion $f(z)$ von der Dichte Null im Innern jedes Winkels, der den negativen Strahl der reellen Achse nicht enthält. Die Funktion $\Delta(\psi)$ hat nur im Punkt $\psi = \pi$ einen Sprung, wobei die Größe des Sprunges gleich der Dichte Δ der Nullstellenmenge der Funktion $f(z)$ ist. Nach der Formel (2.04) aus Kapitel II ergibt sich $h_f(\theta) = \frac{\Delta \pi}{\sin \pi \varrho} \cos \theta$ und folglich $\Delta = \frac{\sin \pi \varrho}{\pi} h_f(0)$.

5. *Ist* $\varrho < \frac{1}{2}$, $h_f(\pi) \leqq h_f(0) \cos \pi \varrho$ *und die Funktion* $f(z)$ *von vollkommen regulärem Wachstum auf irgend einem Strahl* $\arg z = \theta_0 \neq \pi$, *so ist* $f(z)$ *von vollkommen regulärem Wachstum in der ganzen Ebene, wobei* $\Delta_f(\psi)$ *nur einen Sprung im Punkt* π *hat, und die Dichte der Nullstellenmenge*

$$\Delta = \frac{\sin \pi \varrho}{\pi} h_f(0) \tag{*}$$

ist. Umgekehrt, existiert eine Dichte der Nullstellenmenge und hat $\Delta(\psi)$ nur einen Sprung im Punkt π, so wird die Dichte durch die Gleichung (*) bestimmt, und es ist

$$h_f(\pi) = h_f(0) \cos \pi \varrho .$$

Die zweite Behauptung folgt aus dem Lehrsatz 25 vom Kapitel I, die erste Behauptung aus dem Lehrsatz 6 vom Kapitel III.

6. *Für eine ganze Funktion* $f(z)$ *von vollkommen regulärem Wachstum und von der ganzen verfeinerten Ordnung* $\varrho(r)$ *gilt die Gleichung*

$$\delta_f = \frac{1}{\pi} \int_0^{2\pi} h(\theta)\, e^{i \varrho \theta}\, d\theta .$$

Zum Beweis muß man die Formel

$$h(\theta) = \int_{-2\pi}^{0} \varphi \sin \varrho \varphi \, d\Delta(\varphi + \theta) + \delta_f \cos \varrho\, \theta$$

(§ 1, Kapitel II) benutzen sowie die Gleichung

$$\int_{-2\pi}^{0} e^{i \varrho \varphi}\, d\Delta(\varphi) = 0 .$$

7. *Jede trigonometrisch konvexe Funktion $h(\theta)$ mit dem Exponenten ϱ kann in der Form*

$$h(\theta) = h(\theta_0) \cos \varrho(\theta - \theta_0) + \frac{h'(\theta_0)}{\varrho} \sin \varrho(\theta - \theta_0) + 2\pi \int_{\theta_0}^{\theta} \sin \varrho(\varphi - \theta)\, ds(\varphi) \quad (\ast)$$

dargestellt werden, wo

$$s(\varphi) = \frac{1}{2\pi\varrho}\left[h'(\varphi) + \varrho^2 \int_0^{\varphi} h(\varphi)\, d\varphi\right]$$

ist (A. Pfluger).

In der Tat, ist $s(\varphi)$ eine differenzierbare Funktion, so ist $h(\theta)$ eine Lösung der Gleichung

$$h'' + \varrho^2 h = 2\pi\varrho s' .$$

Schreiben wir die Lösung dieser Gleichung mit Hilfe der Funktion von Cauchy (in § 16, Kapitel I haben wir die Greensche Funktion mit periodischen Randbedingungen benutzt), so bekommen wir die Gleichung ($\ast$). Das allgemeine Ergebnis kann man gewinnen, wenn man $s(\varphi)$ durch differenzierbare Funktionen approximiert.

Differenzieren wir ($\ast$) nach θ und bezeichnen wir

$$Q(\theta) = h(\theta) - \frac{i}{\varrho} h'(\theta),$$

so ergibt sich auch

$$Q(\theta)\, e^{-i\varrho\theta} = Q(\theta_0)\, e^{-i\varrho\theta_0} - 2\pi i \int_{\theta_0}^{\theta} e^{-i\varrho\varphi}\, ds(\varphi) .$$

8. *Es seien $f(z)$ und $\varphi(z)$ ganze Funktionen der endlichen Grade τ_f, τ_φ, wobei $h_f\left(-\frac{\pi}{2}\right) = h_f\left(\frac{\pi}{2}\right)$, $h_\varphi\left(-\frac{\pi}{2} + \alpha\right) = h_\varphi\left(\frac{\pi}{2} + \alpha\right)$ ist und die Integrale*

$$\int_{-\infty}^{\infty} \frac{\ln |f(x)|}{1 + x^2}\, dx, \quad \int_{-\infty}^{\infty} \frac{\ln |\varphi(x\, e^{i\alpha})|}{1 + x^2}\, dx$$

existieren. Dann ist der Grad der Funktion $f(z)\,\varphi(z)$ gleich

$$\tau = (\tau_f^2 + \tau_\varphi^2 + 2\,|\cos\alpha|\,\tau_f\,\tau_\varphi)^{1/2} \qquad \text{(S. N. Bernstein)}.$$

In der Tat sind in diesem Fall die Indikatordiagramme der Funktionen $f(z)$ und $\varphi(z)$ abgeschlossene Intervalle. Beide Funktionen sind von vollkommen regulärem Wachstum. Bei der Multiplikation werden ihre Indikatordiagramme addiert. Auf diese Weise ist das Indikatordiagramm der Funktion $f(z)\,\varphi(z)$ ein Parallelogramm, τ ist die Hälfte der größeren Diagonale dieses Parallelogramms.

9. *Ist $|f(x)| = O(e^{+ax})$ $(x \to \pm\infty)$, und ist $f(z)$ eine ganze Funktion endlichen Grades a, so ist $f(z) = c\, e^{az}$* (Titchmarsh).

Die Funktion

$$\varphi(z) = c\, e^{-a z} f(z)$$

ist tatsächlich eine auf der reellen Achse begrenzte ganze Funktion endlichen Grades. Ihr Indikatordiagramm ist ein abgeschlossenes Intervall auf der imaginären Achse oder der Punkt 0. Das erste ist unmöglich, da bei der Multiplikation die Indikatordiagramme addiert werden, und das Indikatordiagramm der Funktion $f(z)$ wäre eine Strecke parallel zur imaginären Achse, die durch den Punkt a hindurchgeht. Folglich wäre der Grad von $f(z)$ größer als a. Folglich ist der Grad von $\varphi(z)$ gleich Null, und da die Funktion auf der reellen Achse beschränkt ist, ist $\varphi(z) \equiv \text{const.}$

10. *$F(z)$ sei eine ganze Funktion vom endlichen Grade σ, und es sei*

$$|F(x)| \leqq M \qquad (-\infty < x < \infty)\,, \tag{*}$$

und $\Omega(z)$ sei eine ganze Funktion endlichen Grades, deren sämtliche Nullstellen zur Nullstellenmenge von $F(z)$ gehören, es sei $h_\Omega(0) = h_\Omega(\pi)$ und

$$\varliminf_{y \to \pm\infty} |\Omega(i\, y)|\, e^{-\sigma |y|}\, y^m > 0\,. \tag{**}$$

Dann ist die Funktion

$$\varphi(z) = \frac{F(z)}{\Omega(z)}$$

ein Polynom vom Grade nicht höher als m (N. I. Achieser).

Beweis. $\varphi(z)$ ist eine ganze Funktion endlichen Grades. Da $\varphi(z)$ von vollkommen regulärem Wachstum ist (vgl. Lehrsatz 11, Kapitel V), sind die Indikatoren durch die Gleichung

$$h_\varphi(\theta) = h_F(\theta) - h_\Omega(\theta)$$

miteinander verbunden.

Wir haben

$$h_\varphi(0) + h_\varphi(\pi) = h_F(0) + h_F(\pi) - [h_\Omega(0) + h_\Omega(\pi)]\,.$$

Das Indikatordiagramm von $F(z)$ ist ein abgeschlossenes Intervall der imaginären Achse, d. h. $h_F(0) + h_F(\pi) = 0$, $h_\Omega(0) + h_\Omega(\pi) \geqq 0$ infolge der Eigenschaft des Indikators (§ 16, Kapitel I); folglich ist

$$h_\varphi(0) + h_\varphi(\pi) \leqq 0$$

oder

$$h_\varphi(0) = h_\varphi(\pi) = 0\,.$$

Andererseits folgt aber aus (**)

$$h_\varphi\left(\pm\frac{\pi}{2}\right) \leqq 0\,.$$

Also besteht das Indikatordiagramm der Funktion $\varphi(z)$ aus dem Punkte Null, d. h., diese Funktion ist vom Grade Null. Aus (*) folgt, daß

$$|F(z)| \leqq M\, e^{\sigma |y|}$$

ist, und wir haben in Verbindung mit (**)

$$|\varphi(i\,y)| \leqq c\,|y|^m \qquad (c \text{ konstant}) .$$

Die ganze Funktion vom Grade Null

$$\psi(z) = \left[\varphi(z) - \sum_{k=0}^{m-1} \frac{\varphi^{(k)}(0)}{k!} z^k\right] z^{-m}$$

ist auf der imaginären Achse beschränkt und deshalb identisch gleich einer Konstante. Also ist

$$\varphi(z) = \sum_{k=0}^{m} \frac{\varphi^{(k)}(0)}{k!} z^k .$$

11. *Es sei d_f die Länge des kleinsten offenen Intervalls, welches alle Punkte enthält, in denen eine Funktion der reellen Veränderlichen $f(x)$ von Null verschieden ist. Sind $f(x)$ und $\varphi(x)$ so beschaffen, daß $d_f < \infty$ und $d_\varphi < \infty$, und ist*

$$\psi(x) = \int_{-\infty}^{\infty} f(x-t)\,\varphi(t)\,dt ,$$

so ist $d_\psi = d_f + d_\varphi$ (Titchmarsh).

Beweis. Aus dem Lehrsatz von Paley und Wiener folgt, daß das Indikatordiagramm der ganzen Funktion

$$\chi_f(\lambda) = \int_{-\infty}^{\infty} e^{i\lambda x} f(x)\,dx$$

ein abgeschlossenes Intervall auf der imaginären Achse von der Länge d_f ist. Das Indikatordiagramm der Funktion

$$\chi_\varphi(\lambda) = \int_{-\infty}^{\infty} e^{i\lambda x}\varphi(x)\,dx$$

ist ein abgeschlossenes Intervall der imaginären Achse von der Länge d_φ. Die Funktionen $\chi_f(\lambda)$ und $\chi_\varphi(\lambda)$ sind von vollkommen regulärem Wachstum.

Deshalb ist das Indikatordiagramm der Funktion

$$\chi_\psi(\lambda) = \chi_f(\lambda)\cdot\chi_\varphi(\lambda)$$

gleich der Summe der Indikatordiagramme der Funktionen $\chi_f(\lambda)$ und $\chi_\varphi(\lambda)$, und folglich ist es ein abgeschlossenes Intervall auf der imaginären Achse von der Länge $d_f + d_\varphi$. Aus der Darstellung

$$\chi_\psi(\lambda) = \int_{-\infty}^{\infty} e^{i\lambda x}\psi(x)\,dx$$

und dem Lehrsatz von Paley und Wiener folgt, daß das kleinste der Intervalle, außerhalb welcher $\psi(x) = 0$ ist, mit dem konjugierten Diagramm der Funktion $\chi_\psi(\lambda)$ übereinstimmt, und folglich ist $d_\psi = d_f + d_\varphi$.

12. *$f(x)$ und $\varphi(x)$ mögen $L(0, \gamma)$ angehören, wobei*

$$\int_0^x f(t)\,\varphi\,(x-t)\,dt = 0$$

ist auf $(0, \gamma)$. Dann ist $f(x) = 0$ für fast alle x auf $(0, \alpha)$, $\varphi(x) = 0$ für fast alle x auf $(0, \beta)$ und $\alpha + \beta \geqq \gamma$ (Titchmarsh).

Beweis. Die Laplaceschen Transformierten

$$F(z) = \int_0^\gamma f(t)\,e^{-tz}\,dt\,, \qquad \Phi(z) = \int_0^\gamma \varphi(t)\,e^{-tz}\,dt$$

von Funktionen, welche außerhalb des Integrationsintervalls verschwinden, sind ganze Funktionen endlichen Grades, beschränkt auf der imaginären Achse. Sie sind von vollkommen regulärem Wachstum, und ihre Indikatoren in der rechten Halbebene sind

$$h_F(\theta) = -\alpha\cos\theta\,, \quad h_\Phi(\theta) = -\beta\cos\theta\,.$$

Der Indikator der ganzen Funktion endlichen Grades

$$F(z)\,\Phi(z) = \int_\gamma^{2\gamma} e^{-xz}\left\{\int_0^x f(t)\,\varphi(x-t)\,dt\right\} dx$$

hat folglich die Gestalt

$$h_{F\Phi}(\theta) = -(\alpha+\beta)\cos\theta \leqq -\gamma\cos\theta\,.$$

Also ist $\alpha + \beta \geqq \gamma$. Außerdem folgt aus dem „Verspätungs-Lehrsatz", daß $f(x) = 0$ fast überall auf $(0, \alpha)$ und $\varphi(x) = 0$ fast überall auf $(0, \beta)$ ist.

ZUSAMMENSTELLUNG DER WICHTIGSTEN BEGRIFFE UND LEHRSÄTZE

Die verfeinerte Ordnung. Eine Funktion $\varrho(r)$ $(r > 0)$ heißt eine *verfeinerte Ordnung*, wenn

1. der Grenzwert $\lim\limits_{r \to \infty} \varrho(r) = \varrho$ $(\varrho \geqq 0)$ existiert, und
2. $\lim\limits_{r \to \infty} r\, \varrho'(r) \ln r = 0$ ist.

Ist für eine gewisse ganze Funktion $f(z)$

$$\overline{\lim_{r \to \infty}} \frac{\ln M_f(r)}{r^{\varrho(r)}} \neq 0\,,\ \infty\,,$$

so heißt $\varrho(r)$ die *verfeinerte Ordnung der ganzen Funktion* $f(z)$. Jede ganze Funktion endlicher Ordnung besitzt eine verfeinerte Ordnung.

Eine langsam wachsende Funktion $L(r)$. Das ist eine positive Funktion, für die auf jedem abgeschlossenen Intervall $0 < a \leqq k \leqq b < \infty$ gleichmäßig

$$\lim_{r \to \infty} \frac{L(k\,r)}{L(r)} = 1$$

gilt.

Genügt $\varrho(r)$ den Bedingungen 1 und 2, so ist

$$r^{\varrho(r)} = r^{\varrho}\, L(r)$$

(vgl. Seite 31).

$L^*(r)$ ist eine Funktion, welche die Darstellung

$$\ln L^*(r) = \vartheta_2(\ln r) - \vartheta_1(\ln r)$$

zuläßt, in welcher $\vartheta_i(r)$ eingebogene (konkave) Funktionen sind, die den Bedingungen

$$\lim_{x \to +\infty} \vartheta_i(x) = \infty\,, \quad \lim_{x \to +\infty} \frac{\vartheta_i(x)}{x} = 0\,, \quad \lim_{x \to +\infty} \frac{\vartheta_i''(x)}{\vartheta_i'(x)} = 0$$

genügen.

Jede Funktion $L^*(r)$ ist eine langsam wachsende Funktion.

Eine durch die Gleichung

$$r^{\varrho^*(r)} = r^{\varrho}\, L^*(r)$$

definierte Funktion $\varrho^*(r)$ heißt eine *starke verfeinerte Ordnung* (vgl. Seite 40—41).

Jede ganze Funktion endlicher Ordnung hat eine starke verfeinerte Ordnung (vgl. Seite 35—41).

Die Dichten. $\mathfrak{N}$ sei eine gewisse Punktmenge in der Ebene, $n(r)$ sei die Anzahl der Punkte der Menge $\mathfrak{N}$, die im Kreis $|z| < r$ liegen, $n(r, \vartheta, \theta)$ die Anzahl der Punkte der Menge $\mathfrak{N}$ im Sektor $\vartheta < \arg z \leqq \theta$, $\varrho(r)$ eine verfeinerte Ordnung.

Die Dichte und die obere Dichte der Menge $\mathfrak{N}$ beim Exponenten $\varrho(r)$ werden durch die Formeln

$$\Delta = \lim_{r \to \infty} \frac{n(r)}{r^{\varrho(r)}} \qquad \text{(die } \textit{Dichte}\text{)},$$

$$\Delta = \overline{\lim_{r \to \infty}} \frac{n(r)}{r^{\varrho(r)}} \qquad \text{(die } \textit{obere Dichte}\text{)}$$

definiert. Analog wird die *untere Dichte* definiert.

Die Menge $\mathfrak{N}$ hat eine *Winkeldichte*, wenn die Größe

$$\Delta(\vartheta, \theta) = \lim_{r \to \infty} \frac{n(r, \vartheta, \theta)}{r^{\varrho(r)}}$$

existiert für alle ϑ, θ vielleicht mit Ausnahme einer abzählbaren Menge. In diesem Fall definiert die Gleichung

$$\Delta(\theta) - \Delta(\vartheta) = \Delta(\vartheta, \theta)$$

bis auf eine additive Konstante eine gewisse nichtabnehmende Funktion $\Delta(\theta)$ (vgl. Seite 88).

Die *lineare Dichte* $\varrho^*(C)$ einer Menge C von Kreisen C_j in der komplexen Ebene wird als der Grenzwert

$$\varrho^*(C) = \lim_{r \to \infty} \frac{1}{r} \sum\nolimits^r r_j$$

definiert, wo r_j der Radius von C_j ist, und $\sum^r$ die Summation über alle Kreise, deren Mittelpunkte im Kreis $|z| < r$ liegen, bedeutet. Existiert $\varrho^*(C)$ nicht, so werden die *obere lineare Dichte*

$$\bar{\varrho}^* = \overline{\lim_{r \to \infty}} \frac{1}{r} \sum\nolimits^r r_j$$

und die *untere lineare Dichte* $\underline{\varrho}^*$ der Menge eingeführt.

Eine Kreismenge mit der linearen Dichte Null heißt eine *C^0-Menge* (vgl. Seite 89).

Unter dem *relativen Maß einer Menge E* positiver Zahlen versteht man den Grenzwert

$$m^*(E) = \lim_{r \to \infty} \frac{\text{mes}\,(E^r)}{r},$$

wo E^r der Durchschnitt der Menge E und des Intervalls $(0, r)$ ist $\big($mes (A) bedeutet das Maß der Menge $A\big)$.

Analog definieren wir das *obere relative Maß* und das *untere relative Maß*:

$$\overline{m}^*(E) = \overline{\lim_{r \to \infty}} \frac{\text{mes}\,(E^r)}{r}, \qquad \underline{m}^*(E) = \underline{\lim_{r \to \infty}} \frac{\text{mes}\,(E^r)}{r}.$$

E^0 ist eine Menge vom relativen Maß Null (Seite 95).

Eine beim Exponenten $\rho(r)$ regelmäßig verteilte Punktmenge.

1. ϱ ist keine ganze Zahl. Eine Menge $\mathfrak{N}$ heißt *regelmäßig verteilt* beim Exponenten $\varrho(r)$, wenn sie bei diesem Exponenten eine Winkeldichte hat (Seite 89).

2. ϱ ist eine ganze Zahl. Eine Menge $\mathfrak{N}$ heißt *regelmäßig verteilt* beim Exponenten $\varrho(r)$, wenn sie beim Exponenten $\varrho(r)$ eine Winkeldichte hat, und ein endlicher Grenzwert

$$\delta = \lim_{r \to \infty} \frac{1}{L(r)} \left\{ c + \frac{1}{\varrho} \sum_{|a_n| \leq r} \frac{1}{a_n^\varrho} \right\} \quad (a_n \in \mathfrak{N})$$

für irgendeinen Wert der Konstante c existiert (Seite 91).

Die Nullstellen einer ganzen Funktion sind regelmäßig verteilt, wenn ihre ganze Nullstellenmenge beim Exponenten $\varrho(r)$ regelmäßig verteilt ist, wo $\varrho(r)$ die verfeinerte Ordnung dieser Funktion ist.

***R*-Mengen.** Eine regelmäßig verteilte Punktmenge $\{a_n\}$ heißt eine *R-Menge*, wenn

C) eine Zahl $d > 0$ existiert, so daß die Kreise mit den Radien

$$r_n = d \cdot |a_n|^{1 - \frac{1}{2}\varrho(|a_n|)}$$

mit den Mittelpunkten in den Punkten a_n sich nicht überschneiden oder

C') alle Punkte a_n in einer endlichen Anzahl sich nicht überdeckender Winkel $\varphi_j' < \arg z < \varphi_j''$ $(j = 1, 2, \ldots, m)$ liegen, und wenn bei der Umnumerierung aller Punkte a_{nj} im Innern eines jeden dieser Winkel in der Reihenfolge des Anwachsens ihrer absoluten Beträge bei einem gewissen $d > 0$

$$|a_{n+1,j}| - |a_{n,j}| > d\,|a_{n,j}|^{1-\varrho(|a_{nj}|)}$$

ist (Seite 94).

Der Indikator einer ganzen Funktion. Der *Indikator* einer ganzen Funktion $f(z)$ endlichen Grades ist

$$h(\theta) = h_f(\theta) = \overline{\lim_{r \to \infty}} \frac{\ln |f(r e^{i\theta})|}{r}.$$

Der Indikator einer ganzen Funktion $f(z)$ endlicher Ordnung ϱ und vom Normaltypus ist

$$h(\theta) = h_f(\theta) = \overline{\lim_{r \to \infty}} \frac{\ln |f(r e^{i\theta})|}{r^\varrho} \qquad \text{(Seite 51—52)}.$$

Der *verallgemeinerte Indikator* einer ganzen Funktion $f(z)$ der verfeinerten Ordnung $\varrho(r)$ ist

$$h(\theta) = h_f(\theta) = \overline{\lim_{r \to \infty}} \frac{\ln |f(r e^{i\theta})|}{r^{\varrho(r)}} \qquad \text{(Seite 70)} .$$

Analog wird der Indikator einer Funktion definiert, welche im Innern eines gewissen Winkels $\alpha \leqq \arg z \leqq \beta$ holomorph ist.

Eine charakteristische Eigenschaft des Indikators (und des verallgemeinerten Indikators) ist die trigonometrische Konvexität.

Trigonometrisch konvexe Funktionen. Das sind Funktionen $h(\theta)$, welche bei $\theta_3 - \theta_1 < \frac{\pi}{\varrho}$, $\theta_1 < \theta_2 < \theta_3$ der Ungleichung $h(\theta_1) \sin \varrho(\theta_2 - \theta_3) + h(\theta_2) \sin \varrho(\theta_3 - \theta_1) + h(\theta_3) \sin \varrho(\theta_1 - \theta_2) \leqq 0$ genügen (Seite 54).

Es wird bezeichnet:

$$s(\theta) = h'(\theta) + \varrho^2 \int^{\theta} h(\varphi)\, d\varphi\,, \quad s(\theta, \vartheta) = s(\theta) - s(\vartheta)\,.$$

Damit eine Funktion $h(\theta)$ *trigonometrisch konvex* in einem gewissen Intervall ist, ist notwendig und hinreichend, daß $s(\theta)$ in diesem Intervalle nichtabnehmend ist.

Bei nichtganzzahligem ϱ ist

$$h(\theta) = \frac{1}{2\,\varrho \sin \pi\, \varrho} \int_{\theta - 2\pi}^{\theta} \cos \varrho(\theta - \psi - \pi)\, ds(\psi)\,,$$

bei ganzzahligem ϱ

$$h(\theta) = \frac{1}{2\,\pi\,\varrho} \int_{\theta - 2\pi}^{\theta} (\theta - \psi) \sin \varrho(\theta - \psi)\, ds(\psi) + A \cos \varrho\, \theta + B \sin \varrho\, \theta \quad \text{(Seite 60)}.$$

Ein Indikator der Form

$$a \cos \varrho\, \theta + b \sin \varrho\, \theta$$

heißt *trigonometrisch.*

Lehrsatz. *Wie eine starke verfeinerte Ordnung $\varrho^*(r)$ und eine trigonometrisch konvexe, mit der Periode 2π periodische Funktion $h(\theta)$ beschaffen sein mögen, es existiert eine ganze Funktion der verfeinerten Ordnung $\varrho^*(r)$ mit dem Indikator $h(\theta)$* (Seite 92—93).

Bei nichtganzzahligem ϱ ist eine analoge Behauptung richtig für eine beliebige verfeinerte Ordnung. Die starke verfeinerte Ordnung kann auch bei ganzzahligem ϱ durch eine einfache verfeinerte Ordnung ersetzt werden, wenn $h(\theta) \geqq 0$ $(0 \leqq \theta < 2\pi)$ ist.

Stützfunktionen. Unter einer *Stützfunktion* eines konvexen Gebietes G versteht man die Funktion

$$k(\theta) = \sup_{z \in G} (x \cdot \cos \theta + y \cdot \sin \theta)\,;$$

$$(l_0)\;\; x \cdot \cos \theta + y \cdot \sin \theta - k(\theta) = 0$$

ist eine *Stützgerade.*

Die charakteristische Eigenschaft einer Stützfunktion:

$$k(\theta + 2\pi) = k(\theta)\,,$$
$$k(\theta_1)\sin(\theta_2 - \theta_3) + k(\theta_2)\sin(\theta_3 - \theta_1) + k(\theta_3)\sin(\theta_1 - \theta_2) \leqq 0\,,$$
$$\theta_1 \leqq \theta_2 \leqq \theta_3\,,\quad \theta_3 - \theta_2 < \pi\,,\quad \theta_2 - \theta_1 < \pi \qquad \text{(Seite 76).}$$

Der Ursprung des Koordinatensystems liege im Innern des Gebietes G, und die Bogenlänge s des Randes werde im Sinne entgegen dem Uhrzeiger von einem gewissen festgehaltenen Punkt bis zum Stützpunkt gezählt. Dann ist θ eine nichtabnehmende Funktion von s.

In den Eckpunkten des Randes hat $\theta(s)$ einen Sprung, und auf den zum Rand gehörigen geradlinigen Abschnitten ist diese Funktion konstant. Die *Bogenlänge* des Randes zwischen den Stützpunkten der Geraden l_α und l_β ist

$$s(\beta + 0) - s(\alpha - 0) = k'_+(\beta) - k'_-(\alpha) + \int_\alpha^\beta k(\theta)\,d\theta\,.$$

Der *Krümmungsradius*

$$R = \frac{ds}{d\theta}$$

existiert für alle Werte von θ vielleicht mit Ausnahme einer Menge vom Maße Null, und es ist

$$R = k''(\theta) + k(\theta)\,.$$

Weiter ist

$$k(\theta) = \int_0^\theta \sin(\theta - \psi)\,ds(\psi)\,.$$

Verlegt man den Ursprung der Koordinaten in einen beliebigen Punkt, so ist

$$k(\theta) = A\cos(\theta - \theta_0) + \int_0^\theta \sin(\theta - \psi)\,ds(\psi)\,.$$

Es gibt noch eine zweite Darstellung:

$$k(\theta) = B\cos(\theta - \theta_0) + \frac{1}{2\pi}\int_{\theta - 2\pi}^{\theta} (\theta - \psi)\sin(\theta - \psi)\,ds(\psi) \qquad \text{(Seite 81).}$$

Das Indikatordiagramm. Der Indikator einer beliebigen ganzen Funktion endlichen Grades erscheint als Stützfunktion eines beschränkten konvexen Gebietes I, welches wir als das *Indikatordiagramm* der gegebenen Funktion bezeichnen.

Das konjugierte Diagramm einer ganzen Funktion endlichen Grades

$$f(z) = \sum_0^\infty \frac{a_n}{n!} z^n\,.$$

Das ist das kleinste konvexe Gebiet, das alle Singularitäten der Funktion

$$\varphi(z) = \sum_0^\infty \frac{a_n}{z^{n+1}}$$

enthält.

Die Funktion $\varphi(z)$ heißt die *nach* Borel *assoziierte Funktion* der Funktion $f(z)$.

Lehrsatz. *Das konjugierte Diagramm einer ganzen Funktion endlichen Grades ist die Spiegelung ihres Indikatordiagramms an der reellen Achse.*

Funktionen von vollkommen regulärem Wachstum. Eine Funktion $F(z)$, die im Innern eines Winkels $\alpha < \arg z < \beta$ holomorph ist, heißt eine *Funktion von vollkommen regulärem Wachstum* auf einer gewissen Strahlenmenge $R_{\mathfrak{M}}$ ($\mathfrak{M}$ eine Menge der Werte von θ), wenn man eine Menge $E^0_{\mathfrak{M}}$ vom relativen Maß Null so angeben kann, daß bei $r \notin E^0_{\mathfrak{M}}$ und $r \to \infty$ die Funktion

$$h_{F,r}(\theta) = \frac{\ln |F(r e^{i\theta})|}{r^{\varrho(r)}}$$

bei $\theta \in \mathfrak{M}$ gleichmäßig gegen $h_F(\theta)$ strebt.

Wenn eine Funktion $F(z)$, die holomorph und von der verfeinerten Ordnung $\varrho(r)$ im Innern eines Winkels (α, β) ist, auf jedem einer gewissen Menge $R_{\mathfrak{M}}$ angehörenden Strahl in einem inneren Winkel $(\alpha < \theta_1 \leqq \theta \leqq \theta_2 < \beta)$ von vollkommen regulärem Wachstum ist, so ist sie auf der Menge $R_{\overline{\mathfrak{M}}}$ von vollkommen regulärem Wachstum.

Eine ganze Funktion $f(z)$ der verfeinerten Ordnung $\varrho(r)$ heißt eine *ganze Funktion von vollkommen regulärem Wachstum*, wenn man eine Menge E^0 vom relativen Maß Null so angeben kann, daß für $r \notin E^0$ und $r \to \infty$ die Funktion

$$h_{f,r}(\theta) = \frac{\ln |f(r e^{i\theta})|}{r^{\varrho(r)}}$$

gleichmäßig gegen $h_f(\theta)$ strebt.

$\lim\limits_{r \to \infty}{}^{*} f(r)$ bedeutet den Grenzwert der Funktion $f(r)$, der unter der Bedingung existiert, daß $r \to \infty$, ohne die Werte aus einer gewissen E^0-Menge anzunehmen (Seite 137).

Es bedeutet $J^r_F(\theta)$:

$$J^r_F(\theta) = \int\limits_0^r \frac{\ln |F(t e^{i\theta})|}{t}\, dt \qquad \text{(Seite 141).}$$

Ist eine Funktion $F(z)$ holomorph und der verfeinerten Ordnung $\varrho(r)$ im Innern eines gewissen Winkels (α, β) und ist sie auf einem gewissen Strahl $\arg z = \theta$ im Innern dieses Winkels von vollkommen regulärem Wachstum, so ist

$$\lim_{r \to \infty} r^{-\varrho(r)} J^r_F(\theta) = \varrho^{-1} h_F(\theta) .$$

Gilt umgekehrt diese Gleichung auf allen Strahlen im Innern eines gewissen Winkels, so ist $F(z)$ im Innern dieses Winkels von vollkommen regulärem Wachstum.

Lehrsatz 1. *$\varrho(r)$ sei eine verfeinerte Ordnung, und es sei $\varrho = \lim \varrho(r)$ keine ganze Zahl. Ferner habe eine Menge $\{a_k\}$ eine Winkeldichte Δ bei dem Exponenten $\varrho(r)$.*

Dann genügt die ganze Funktion

$$f(z) = z^m \, e^{P(z)} \prod_1^\infty G\left(\frac{z}{a_k}\,;\, p\right),$$

wo $P(z) = c_0 + c_1 z + \cdots + c_p z^p$ $(p = [\varrho])$ *ist, bei* $z = r\,e^{i\theta}$, *welche einer gewissen Menge von Kreisen* C *von der Dichte Null* (C^0-*Menge*) *nicht angehören, gleichmäßig in* θ *der Beziehung*

$$\lim_{r\to\infty} \frac{\ln |f(r\,e^{i\theta})|}{r^{\varrho(r)}} = H_f(\theta)\,,$$

wobei

$$H_f(\theta) = \frac{\pi}{\sin \pi\varrho} \int\limits_{\theta-2\pi}^{\theta} \cos \varrho\,(\theta - \psi - \pi)\, d\Delta\,(\psi)$$

ist (Seite 89—90).

Lehrsatz 2. *Ist* ϱ *eine ganze Zahl, so bleibt der vorige Schluß richtig, wenn man zusätzlich fordert, daß die zweite, zur Definition der regelmäßigen Verteilung einer Menge gehörende Bedingung erfüllt ist, mit der Abänderung, daß*

$$H_f(\theta) = \int\limits_{\theta-2\pi}^{\theta} (\psi - \theta) \sin \varrho(\psi - \theta)\, d\Delta(\psi) + \tau \cos \varrho(\theta - \theta_0)$$

ist, wo $\delta = \tau\, e^{i\theta_0}$ *und die Konstante* $c = c_p$ *ist* (Seite 90—91). Für eine Funktion $f(z)$ mit regelmäßiger Nullstellenverteilung ist

$$h_f(\theta) = H_f(\theta)\,.$$

Bei $\varrho = 1$ ist die Winkeldichte der Nullstellenmenge der Funktion $f(z)$ im Innern des Winkels (ϑ, θ) gleich der durch 2π dividierten Bogenlänge des Indikatordiagramms zwischen den Stützpunkten der Stützgeraden l_ϑ und l_θ, welche senkrecht zu den Schenkeln des Winkels (ϑ, θ) verlaufen (Seite 92).

Die Umkehrungen dieser Sätze sind richtig. Hieraus ergibt sich eine Folgerung:

Damit eine ganze Funktion $f(z)$ der verfeinerten Ordnung $\varrho(r)$ eine Funktion von vollkommen regulärem Wachstum ist, ist notwendig und hinreichend, daß ihre Nullstellenmenge beim Exponenten $\varrho(r)$ gleichmäßig verteilt ist (Seite 156).

Folgerung. Eine ganze Funktion endlichen Grades und von vollkommen regulärem Wachstum läßt die Darstellung zu:

$$f(z) = z^m\, e^{az+b} \lim_{R\to\infty} \prod_{|a_k|<R} \left(1 - \frac{z}{a_k}\right) \qquad \text{(Seite 156)}.$$

Ganze Funktionen von vollkommen regulärem Wachstum sind ganze Funktionen, welche bei vorgegebener verfeinerter Ordnung und vorgegebenem Indikator die größte untere Dichte der Nullstellenmenge

$$\varliminf_{r\to\infty} \frac{n_f(r)}{r^{\varrho(r)}} = \frac{\varrho}{2\pi} \int\limits_0^{2\pi} h_f(\theta)\, d\theta$$

besitzen. Für alle anderen Funktionen ist hier die linke Seite kleiner als die rechte (Seite 170—171).

In den Paragraphen 2 und 3 des Kapitels IV gibt es analoge Eindeutigkeitssätze für Funktionen, die im Innern eines gewissen Winkels holomorph sind.

Der Indikator des Produktes zweier Funktionen. Sind $f(z)$ und $\varphi(z)$ holomorph und von derselben verfeinerten Ordnung im Innern eines Winkels (α, β), und ist eine von ihnen von vollkommen regulärem Wachstum, so ist der Indikator des Produktes dieser Funktionen gleich der Summe der Indikatoren der Faktoren (Seite 157).

Folgerung 1. Ist $F(z)$ holomorph und der verfeinerten Ordnung $\varrho(r)$ im Winkel (α, β) und $\varphi(z)$ eine ganze Funktion, die so beschaffen ist, daß

$$\lim_{r \to \infty} \frac{\ln M_\varphi(r)}{r^{\varrho(r)}} = 0$$

ist, so ist der Indikator des Produktes dieser Funktionen im Innern des Winkels (α, β) gleich dem Indikator von $F(z)$ (Seite 158).

Die kanonische Funktion einer regelmäßig verteilten Menge. $\mathfrak{A}$ sei eine gegenüber einer verfeinerten Ordnung $\varrho(r)$ regelmäßig verteilte Menge $\{a_k\}$. Bei nichtganzzahligem ϱ konstruiert man die Funktion $f(z, \mathfrak{A})$

$$f(z, \mathfrak{A}) = \prod_{k=1}^{\infty} G\left(\frac{z}{a_k}; p\right) \qquad (p = [\varrho]),$$

und bei ganzzahligem ϱ

$$f(z, \mathfrak{A}) = e^{c_A z^\varrho} \prod_{k=1}^{\infty} G\left(\frac{z}{a_k}; \varrho\right).$$

Hier ist c_A die im Ausdruck für δ auftretende Konstante. Ist sie unbestimmt, so setzen wir $c_A = 0$.

Die Funktion $H_f(\theta)$ (vgl. Funktionen von vollkommen regulärem Wachstum) wird durch die Menge $\mathfrak{A}$ definiert. Sie heißt der *Indikator der Menge* $\mathfrak{A}$ und wird durch $H_{\mathfrak{A}}(\theta)$ bezeichnet (Seite 91).

Die Interpolationsformel von Lagrange. Die Menge $\mathfrak{A} = \{a_k\}$ sei eine bei der verfeinerten Ordnung $\varrho(r)$ regelmäßig verteilte Menge, $f(z, \mathfrak{A})$ sei ihre kanonische Funktion, $H_{\mathfrak{A}}(\theta)$ der Indikator. Kurz geschrieben $f(z) = f(z, \mathfrak{A})$. Die Reihe

$$\sum_{n=1}^{\infty} \frac{f(z)\, b_n}{(z - a_n)\, f'(a_n)} \tag{+}$$

heißt die *Interpolationsreihe von* Lagrange.

Ist $\mathfrak{A}$ eine R-Menge, und gilt für gewisse $\varepsilon > 0$, $N > 0$ und $n > N$

$$\ln |b_n| < [H_{\mathfrak{A}}(\psi_n) - \varepsilon]\, |a_n|^{\varrho(|a_n|)} \qquad (\psi_n = \arg a_n).$$

so konvergiert die Reihe von Lagrange gleichmäßig in jedem beschränkten Gebiet und stellt eine ganze Funktion mit dem Indikator $\leqq H_{\mathfrak{A}}(\theta)$ dar (Seite 195).

Eine durch die Reihe (+) dargestellte Funktion $F(z)$ ist nicht die einzige Funktion, welche der Bedingung der Interpolationsaufgabe und der Ungleichung $h_F(\theta) \leqq H_{\mathfrak{A}}(\theta)$ genügt. Die allgemeine Lösung hat die Gestalt

$$\Phi(z) = F(z) + \omega(z)\, f(z)\,,$$

wo $\omega(z)$ eine ganze Funktion vom Minimaltypus bei der verfeinerten Ordnung $\varrho(r)$ ist.

Bei der zusätzlichen Bedingung

$$\lim_{|z|\to\infty} \frac{|\Phi(z)|}{|f(z)|} = 0$$

außerhalb der Ausnahmekreise ist $\omega(z) \equiv 0$, und $\Phi(z)$ ist eindeutig bestimmt (Seite 196—197).

Bilden die Punkte $\{a_k\}$ eine R-Menge $\mathfrak{A}$ mit dem Exponenten $\varrho(r)$, so ist jede ganze Funktion $F(z)$, welche der Bedingung

$$h_F(\theta) \leqq H_{\mathfrak{A}}(\theta)$$

genügt, durch die in jedem begrenzten Gebiet gleichmäßig konvergente Reihe

$$F(z) = \sum_{n=1}^{\infty} \frac{F(a_n)\, f(z)}{f'(a_n)\,(z - a_n)}$$

darstellbar. Lassen wir die Forderung fallen, daß $\{a_n\}$ eine R-Menge bilden sollen, und setzen wir nur voraus, daß $\mathfrak{A}$ eine gleichmäßig verteilte Menge ist, so ist

$$F(z) = \lim_{\substack{R\to\infty \\ R \notin E^\circ}} \sum_{|a_k| < R} \frac{F(a_n)\, f(z)}{f'(a_n)\,(z - a_n)} \qquad \text{(Seite 197)}.$$

Ist $\mathfrak{A}$ eine R-Menge mit dem Exponenten $\varrho(r)$, so ist für die Existenz einer ganzen Funktion, welche die Interpolationsaufgabe $b_n = F(a_n)$ löst und der Bedingung

$$h_F(\theta) \leqq H_{\mathfrak{A}}(\theta)$$

genügt, notwendig und hinreichend, daß folgende Beziehung besteht:

$$\overline{\lim_{n\to\infty}} \frac{\ln |b_n|}{H_{\mathfrak{A}}(\psi_n) \cdot |a_n|^{(\varrho |a_n|)}} \leqq 1\,.$$

Die Spektren von ganzen Funktionen, welche durch Exponentialpolynome approximiert werden. Jedem beschränkten konvexen Gebiet entspricht eine Norm, welche für ganze Funktionen durch die Gleichung

$$||F||_I = \sup_{\substack{r>0 \\ 0\leqq\theta<2\pi}} |F(r\, e^{i\theta})|\, e^{-h(\theta) r}$$

definiert wird, wo $h(\theta)$ die Stützfunktion des bezüglich der reellen Achse symmetrischen Gebietes I ist. Der entsprechende vollständige Raum ganzer Funktionen endlichen Grades B_I wird definiert (Seite 286).

Unter dem *Spektrum* einer ganzen B_I-Funktion, welche nach der Norm B_I durch Exponentialpolynome der Form

$$P_n(z) = \sum_{k=1}^{n} a_n(\lambda_k)\, e^{\lambda_k z}$$

approximiert wird, deren Exponenten dem Rande von $\overline{I}$ angehören, versteht man die Menge der Punkte λ des Randes von $\overline{I}$, für welche die Größe

$$a(\lambda) = \lim_{n\to\infty} a_n(\lambda)$$

von Null verschieden ist.

Eine andere äquivalente Definition des Spektrums siehe im Kapitel VI (Seite 289 und 290).

Lehrsatz. *Stimmt das kleinste konvexe Gebiet, welches das ganze Spektrum einer Funktion $F(z)$ enthält, mit ihrem konjugierten Diagramm überein, so ist $F(z)$ von vollkommen regulärem Wachstum.*

Gehören insbesondere die Zahlen λ_n dem Rand eines beschränkten konvexen Gebietes an, so ist die ganze Funktion endlichen Grades

$$f(z) = \sum_{n=1}^{\infty} a_n\, e^{\lambda_n z}\,, \qquad \sum_{n=1}^{\infty} |a_n| < \infty$$

von vollkommen regulärem Wachstum.

Funktionen der Klasse [Δ]. Das sind fastperiodische Funktionen, deren Spektrum ganz im Intervall der Länge 2Δ liegt, wobei die Enden des Intervalls zum Spektrum gehören. Eine solche Funktion ist eine ganze Funktion endlichen Grades, deren konjugiertes Diagramm mit dem kleinsten, das ganze Spektrum enthaltenden Intervall übereinstimmt. Damit eine fastperiodische ganze Funktion endlichen Grades eine Funktion der Klasse [Δ] ist, ist notwendig und hinreichend, daß ihre sämtlichen Nullstellen in einem Streifen $|y| \leqq H$ parallel zur reellen Achse liegen (Seite 269). Für die Nullstellen einer Funktion der Klasse [Δ] gilt die asymptotische Formel

$$n(t) = \frac{\Delta}{\pi}\, t + \omega(t)\,,$$

wo $n(t)$ die Anzahl der Nullstellen der Funktion im Rechteck $0 < x \leqq t$, $|y| \leqq H$ und $\omega(t)$ eine beschränkte Funktion ist (Seite 271).

Funktionen der Klasse A. *Ganze Funktionen der Klasse A* sind Funktionen, die der Bedingung

$$\sum_{n=1}^{\infty} \left|\operatorname{Im} \frac{1}{a_n}\right| < \infty$$

genügen, wo a_n alle Nullstellen der Funktion sind. Analog werden die Funktionen der Klasse A in der Halbebene $\operatorname{Im} z > 0$ (oder $\operatorname{Im} z < 0$) definiert (Seite 222).

Die Bedingung für die Zugehörigkeit einer ganzen Funktion endlichen Grades zur Klasse A besteht in der Beschränktheit für alle $R > 0$ des Integrals

$$\int_0^R \frac{\ln |F(x)\, F(-x)|}{1+x^2}\, dx \qquad \text{(Seite 225 und 227).}$$

a) Damit eine ganze Funktion endlichen Grades $f(z)$ von vollkommen regulärem Wachstum ist und der Klasse A angehört ist folgendes notwendig und hinreichend:

1. Es existiert das Integral $\displaystyle\int_0^\infty \frac{\ln |f(x)\, f(-x)|}{1+x^2}\, dx$

und

2. $h_f(0) + h_f(\pi) = 0$.

b) Die Bedingungen 1. und 2. sind hinreichende Bedingungen dafür, daß eine in der Halbebene $\operatorname{Im} z \geqq 0$ ($\operatorname{Im} z \leqq 0$) holomorphe Funktion endlichen Grades $F(z)$ zur Klasse A gehört und von vollkommen regulärem Wachstum ist.

c) Eine weitere hinreichende Bedingung dafür, daß eine ganze (oder in einer Halbebene holomorphe) Funktion endlichen Grades zur Klasse A gehört und von vollkommen regulärem Wachstum ist, besteht in der Existenz eines der Integrale

$$\int_{-\infty}^{\infty} \frac{\ln |F(x)|}{1+x^2}\, dx \qquad \text{oder} \qquad \int_{-\infty}^{\infty} \frac{\ln_+ |F(x)|}{1+x^2}\, dx\,.$$

Lehrsatz. *Läßt eine ganze Funktion $f(z)$ der Klasse A eine Entwicklung der Form*

$$\frac{1}{f(z)} = R(z) + \sum_{k=1}^{\infty} \frac{1}{f'(a_n)} \left[\frac{1}{z-a_n} + \frac{1}{a_n} + \frac{z}{a_n^2} + \cdots + \frac{z^{p-1}}{a_n^p}\right]$$

zu, wo $R(z)$ ein Polynom und $\displaystyle\sum_{n=1}^{\infty} \frac{1}{|a_n|^{p+1}\, |f'(a_n)|} < \infty$ *ist, so ist*

1. *$f(z)$ von endlichem Grade*

2. $\displaystyle\int_{-\infty}^{\infty} \frac{\ln_+ |f(x)|}{1+x^2}\, dx < \infty$.

Aus 1. und 2. folgt, daß $f(z)$ von vollkommen regulärem Wachstum ist, und ihr Indikatordiagramm ist ein abgeschlossenes Intervall auf der imaginären Achse.

Funktionen der Klasse *HB*. Eine ganze Funktion $\omega(z)$ heißt eine *Funktion der Klasse HB ($\overline{HB}$)*, wenn

1. sie keine Nullstellen in der abgeschlossenen (offenen) unteren Halbebene hat, und

2. für $\operatorname{Im} z < 0$ die Ungleichung gilt:

$$|\omega(z)| \geqq |\omega(\bar{z})|\,.$$

Damit eine ganze Funktion $\omega(z)$ zur Klasse $\overline{HB}$ gehört, ist notwendig und hinreichend, daß sie eine Funktion der Klasse A und in der Form

$$\omega(z) = z^m\, e^{u(z)+i(\nu z+\delta)} \prod_{k=1}^{\infty} \left(1 - \frac{z}{a_k}\right) e^{R\, P_k\left(\frac{z}{a_k}\right)}$$

darstellbar ist, wo $\nu \geqq 0$, $u(z)$ eine reelle ganze Funktion und

$$R \sum (a_k + i\, b_k)\, z^k = \sum a_k\, z^k$$

ist.

Lehrsatz. *Es sei*

$$\omega(z) = P(z) + i\, Q(z)\,,$$

wo

$$P(z) = A\, e^{u(z)} (z - a_0) \prod_{-\infty}^{\infty}{}' \left(1 - \frac{z}{a_n}\right) e^{P_n\left(\frac{z}{a_n}\right)}$$

und

$$Q(z) = B\, e^{v(z)} (z - b_0) \prod_{-\infty}^{\infty}{}' \left(1 - \frac{z}{b_n}\right) e^{P_n\left(\frac{z}{b_n}\right)}$$

reelle ganze Funktionen sind. Damit $\omega(z)$ zur Klasse HB gehört, ist die Erfüllung folgender Bedingungen notwendig und hinreichend:

1. *Die Nullstellen von $P(z)$ und $Q(z)$ sind alle reell, einfach und wechseln einander ab.*

2. *Die ganzen Funktionen $u(z)$ und $v(z)$ und die* WEIERSTRASS*schen Exponenten $P_n\left(\frac{z}{a_n}\right)$ und $P_n\left(\frac{z}{b_n}\right)$ genügen der Bedingung*

$$u(z) - v(z) + \sum_{n=-\infty}^{\infty} \left[P_n\left(\frac{z}{a_n}\right) - P_n\left(\frac{z}{b_n}\right)\right] \equiv 0\,.$$

3. *Die Konstanten A und B haben dasselbe Vorzeichen.*

Sind die ersten beiden Bedingungen erfüllt, so ist die letzte Bedingung äquivalent der Ungleichung

$$Q'(x)\, P(x) - Q(x)\, P'(x) > 0 \quad (-\infty < x < \infty) \qquad \text{(Seite 312).}$$

Unter einem reellen Paar versteht man zwei ganze reelle Funktionen $P(z)$ und $Q(z)$, wenn sie keine Nullstellen gemeinsam haben, und wenn jede lineare Kombination $\eta\, P(z) + \nu\, Q(z)$ mit reellen η und ν keine komplexen Nullstellen hat. Läßt man gemeinsame Nullstellen von $P(z)$ und $Q(z)$ zu, so heißen diese Funktionen ein verallgemeinertes reelles Paar.

Lehrsatz. *Damit eine ganze Funktion $\omega(z) = P(z) + i\, Q(z)$ zur Klasse HB ($\overline{HB}$) gehört, ist es notwendig und hinreichend, daß $P(z)$ und $Q(z)$ ein reelles Paar (ein verallgemeinertes reelles Paar) bilden, und daß in irgendeinem Punkte der reellen Achse x_0*

$$Q'(x_0)\, P(x_0) - P'(x_0)\, Q(x_0) > 0$$

ist.

Die Klasse P. Eine ganze Funktion endlichen Grades $\omega(z)$ heißt eine *Funktion der Klasse P*, wenn sie

1. keine Nullstellen in der offenen unteren Halbebene hat, und
2. $h_\omega\left(\frac{\pi}{2}\right) \leqq h_\omega\left(-\frac{\pi}{2}\right)$ ist (Seite 319).

Die Größe $d_\omega = h_\omega\left(-\frac{\pi}{2}\right) - h_\omega\left(\frac{\pi}{2}\right)$ nennt man den *Defekt* der Funktion der Klasse P.

Lehrsatz. *Damit eine ganze Funktion endlichen Grades*

$$\omega(z) = P(z) + i\,Q(z)$$

zur Klasse P gehört, ist notwendig und hinreichend, daß folgende Bedingungen erfüllt sind:

1. *Die Nullstellen der Funktionen $P(z)$ und $Q(z)$ sind sämtlich reell und wechseln einander ab;*
2. *die Indikatordiagramme der Funktionen $P(z)$ und $Q(z)$ fallen zusammen;*
3. $Q'(x)\,P(x) - Q(x)\,P'(x) > 0$ (Seite 322).

Die Klasse P^*. Das ist die Klasse aller ganzen Funktionen der Klasse $\overline{HB}$, welche die Gestalt

$$\omega(z) = e^{-\gamma z^2}\,\omega_1(z)$$

haben, wo $\omega_1(z)$ vom Geschlecht nicht größer als Eins und $\gamma \geqq 0$ ist.

Lehrsatz. *Damit eine ganze Funktion $\omega(z)$ zur Klasse P^* gehört, ist notwendig und hinreichend, daß sie die gleichmäßige Grenzfunktion einer Folge von Polynomen ist, welche keine Nullstellen in der unteren Halbebene haben* (Seite 336).

H-Polynome. Ein *H-Polynom* ist ein Polynom, welches keine Nullstellen in der unteren Halbebene hat (Seite 332).

Majoranten. Eine Funktion $\omega(z)$ der Klasse $\overline{HB}$ heißt eine *Majorante* der Funktion $f(z)$, wenn bei $\operatorname{Im} z < 0$

$$|\omega(z)| \geqq |f(z)|\,, \qquad |\omega(z)| \geqq |f(\bar{z})|$$

ist.

Eine Majorante, welche der Klasse P bzw. P^* angehört, heißt entsprechend eine *P-Majorante* bzw. *P^*-Majorante.*

Für die P-Majoranten ist die angegebene Definition äquivalent der folgenden: *Eine Funktion $\omega(z)$ der Klasse P heißt eine P-Majorante einer ganzen Funktion endlichen Grades $f(z)$, wenn*

1. *der Grad von $\omega(z)$ nicht kleiner ist als der Grad von $f(z)$;*
2. $|f(x)| \leqq |\omega(x)| \qquad (-\infty < x < \infty)$ (Seite 365).

Zulässige Klassen. Eine Unterklasse T der Klasse $\overline{HB}$ heißt eine *zulässige Klasse*, wenn daraus, daß $\omega(z) \in T$ ist und $f(z)$ der Funktion $\omega(z)$ untergeordnet ist, folgt, daß $\omega(z) + f(z) \in T$. Die Klassen $\overline{HB}$, P und P^* sind zulässige Klassen.

$\mathfrak{B}_T$-Operatoren. Ein $\mathfrak{B}_T$-*Operator* ist ein homogener, additiver Operator, der auf der linearen Hülle einer gewissen Funktionenklasse T definiert ist und diese Klasse auf sich selbst abbildet.

Ein $\mathfrak{B}_P$-Operator wird einfach mit $\mathfrak{B}$ und ein $\mathfrak{B}_{P^*}$-Operator mit $\mathfrak{B}^*$ bezeichnet. Ein $\mathfrak{B}_T$-Operator heißt *stetig*, wenn er jede in jedem endlichen Gebiet gleichmäßig konvergente Folge von Funktionen der Klasse T in eine im gleichen Sinne konvergente Funktionenfolge aus T überführt.

Lehrsatz. *Ist T eine zulässige Klasse, so läßt der Operator $\mathfrak{B}_T$ die Beziehung der Unterordnung unverändert. Genauer gesagt: Ist $\omega(z) \in T$, und ist $f(z)$ der Funktion $\omega(z)$ untergeordnet, so ist $\mathfrak{B}_T[f(z)]$ eine ganze Funktion, die der Funktion $\mathfrak{B}_T[\omega(z)]$ untergeordnet ist* (Seite 358).

Lehrsatz. *Der Operator der Differentiation ist ein $\mathfrak{B}$- und $\mathfrak{B}^*$-Operator* (Seite 359).

Lehrsatz. *Genügt eine Unterklasse Q der Klasse $\overline{HB}$ den Bedingungen*

1. *aus $\omega(z) \in Q$ folgt bei jedem reellen τ $e^{\tau z}\, \omega(z) \in Q$;*

2. *aus $\omega(z) \in Q$ folgt $\omega'(z) \in Q$ (d. h. die Differentiation ist ein $\mathfrak{B}_Q$-Operator), so ist $Q \in P^*$. Mit anderen Worten: P^* ist die breiteste Unterklasse von $\overline{HB}$, welche den Bedingungen 1. und 2. genügt* (Seite 355).

Lehrsatz. *Ist $\omega(z)$ eine P^*-Majorante der Funktion $f(z)$, so ist $\omega^{(k)}(z)$, eine P^*-Majorante der Funktion $f^{(k)}(z)$ $(k = 1, 2, \ldots)$, wobei, falls $\omega(z)$ kein Polynom ist, und in einem gewissen Punkt z_0 $(\operatorname{Im} z_0 \leqq 0)$ $|\omega^{(k)}(z_0)| = |f^{(k)}(z_0)|$ gilt, $f(z) = c_1\, \omega(z) + c_2\, \overline{\omega}(z)$ $(|c_1| + |c_2| = 1)$ ist* (Seite 359).

Lehrsatz. *Ist $\omega(z) \in P$, der Grad von $\omega(z)$ nicht kleiner als der Grad von $f(z)$ und $|f(x)| \leqq |\omega(x)|$ $(-\infty < x < \infty)$, so ist $|f^{(k)}(x)| \leqq |\omega^{(k)}(x)|$ $(-\infty < x < \infty)$; ist dabei $\omega(x)$ kein Polynom, so folgt aus der Gleichung $|f^{(k)}(x_0)| = |\omega^{(k)}(x_0)|$ in irgend einem Punkte der reellen Achse, daß $f(x) = c_1\, \omega(x) + c_2\, \overline{\omega}(x)$ $(|c_1| + |c_2| = 1)$ ist.*

Bei $\omega(x) = M\, e^{i\sigma x}$ ergibt sich der Satz von S. N. Bernstein: *Ist $f(x)$ eine ganze Funktion endlichen Grades nicht höher als σ, und ist $|f(x)| \leqq M$ $(-\infty < x < \infty)$, so ist $|f'(x)| \leqq M\, \sigma$, wobei das Gleichheitszeichen nur bei $f(x) = c_1\, e^{i\sigma x} + c_2\, e^{-i\sigma x}$ erreicht wird.*

Die Klasse P erscheint als die breiteste Majorantenklasse im folgenden Sinne: Ist $\omega(z) \notin P$ und $\overline{\omega}(z) \notin P$, so existiert eine ganze Funktion $f(z)$ derselben verfeinerten Ordnung und von demselben Typus wie $\omega(z)$, welche der Ungleichung $|f(x)| \leqq |\omega(x)|$ $(-\infty < x < \infty)$ genügt, und für die in einem gewissen Punkte der reellen Achse $|f'(x_0)| > |\omega'(x_0)|$ ist (Seite 366).

Eine Faktorenfolge erster Art heißt eine Folge von Zahlen $\gamma_0, \gamma_1, \gamma_2, \ldots, \gamma_n, \ldots$, die so beschaffen ist, daß aus der Realität aller Nullstellen des Polynoms

$$P(z) = \sum_{k=0}^{n} a_k\, z^k$$

auch die Realität aller Nullstellen des Polynoms

$$\sum_{k=0}^{n} \gamma_k a_k z^k$$

folgt (Seite 342). Die Zahlen $\gamma_k (k = 0, 1, 2, \ldots)$ haben entweder alle dasselbe Vorzeichen oder bilden eine alternierende Folge (Seite 343).

Lehrsatz. *Damit eine Zahlenfolge $\gamma_0, \gamma_1, \ldots, \gamma_n, \ldots$ eine Faktorenfolge erster Art und vom gleichen Vorzeichen ist, ist notwendig und hinreichend, daß die Reihe*

$$\sum_{n=0}^{\infty} \frac{\gamma_n}{n!} z^n \qquad (0! = 1)$$

konvergiert und eine ganze Funktion $\varphi(z)$ der Form

$$\varphi(z) = e^{\sigma z} \prod_{k=1}^{\infty} (1 + \varkappa_k z)$$

darstellt, wo

$$\sigma \geqq 0\,, \quad \varkappa_k > 0 \quad (k = 1, 2, 3, \ldots) \quad \textit{und} \quad \sum_{k=1}^{\infty} \varkappa_k < \infty$$

ist (Seite 347).

Der Γ-Operator. Das ist ein Operator, der jede beliebige ganze Funktion

$$f(z) = \sum_{k=0}^{\infty} a_k z^k$$

in eine ganze Funktion

$$\Gamma[f(z)] = \sum_{k=0}^{\infty} \gamma_k a_k z^k$$

überführt, wo γ_k $(k = 0, 1, 2, \ldots)$ eine Faktorenfolge erster Art und vom gleichen Vorzeichen ist (Seite 342—345).

Lehrsatz. *Der Γ-Operator ist die allgemeine Gestalt eines mit $z\frac{d}{dz}$ vertauschbaren $\mathfrak{B}$-($\mathfrak{B}^*$-) Operators.*

Der Operator von Jensen führt jede ganze Funktion

$$f(z) = \sum_{k=0}^{\infty} a_k z^k$$

in ein Polynom

$$\bar{f}_n(z) = a_0 + \sum_{k=1}^{n} \left(1 - \frac{1}{n}\right)\left(1 - \frac{2}{n}\right) \ldots \left(1 - \frac{k-1}{n}\right) a_k z^k$$

über.

Offensichtlich gilt $\bar{f}_n(z) \rightrightarrows f(z)$ bei $n \to \infty$. Der Jensensche Operator ist ein Γ-Operator (Seite 345).

Die Klasse HB_2 ($\overline{HB_2}$) besteht aus ganzen Funktionen $\omega(z, u)$, welche den Bedingungen genügen:

1. $\omega(z, u)$ verschwindet nicht bei $\operatorname{Im} z \leqq 0$ und $\operatorname{Im} u \leqq 0$ ($\operatorname{Im} z < 0, \operatorname{Im} u < 0$);
2. bei $\operatorname{Im} z < 0$, $\operatorname{Im} u < 0$ gilt

$$|\omega(z, u)| \geqq |\omega(\bar{z}, u)|, \quad |\omega(z, u)| \geqq |\omega(z, \bar{u})|, \quad |\omega(z, u)| \geqq |\omega(\bar{z}, \bar{u})|.$$

Die Klasse P_2 besteht aus ganzen Funktionen der Klasse HB_2 und von endlichem Grade (Seite 369).

Die Klasse P_2^* besteht aus ganzen Funktionen der Klasse HB_2 von der Gestalt

$$\omega(z, u) = e^{-\gamma_1 z^2 - \gamma_2 u^2}\, \omega_1(z, u),$$

wo $\omega_1(z, u)$ vom Geschlecht Eins in bezug auf jede Veränderliche ist, falls die andere Veränderliche in der unteren Halbebene festgehalten wird, und $\gamma_1 \geqq 0$, $\gamma_2 \geqq 0$ ist.

Ein H_2-Polynom ist ein Polynom von zwei Veränderlichen $P(z, u)$, welches bei $\operatorname{Im} z < 0$, $\operatorname{Im} u < 0$ nicht verschwindet. Die H_2-Polynome gehören zur Klasse HB_2.

Lehrsatz. *Damit eine ganze Funktion $\omega(z, u)$ zur Klasse P_2^* gehört, ist notwendig und hinreichend, daß sie die gleichmäßige Grenzfunktion einer Folge von H_2-Polynomen ist.*

Majoranten für Funktionen mehrerer Veränderlichen.[1]) Eine Funktion $\omega(z, u)$ der Klasse $\overline{HB}_2$ heißt eine *Majorante* einer ganzen Funktion $f(z, u)$, wenn bei $\operatorname{Im} z < 0$, $\operatorname{Im} u < 0$

$$|\omega(z, u)| \geqq |f(z, u)|, \quad |\omega(z, u)| \geqq |f(\bar{z}, u)|,$$
$$|\omega(z, u)| \geqq |f(z, \bar{u})|, \quad |\omega(z, u)| \geqq |f(\bar{z}, \bar{u})|$$

ist.

Zulässige Klassen. Eine Unterklasse T_2 der Klasse HB_2 heißt *zulässig*, wenn daraus, daß $\omega(z, u) \in T_2$, und daß $f(z, u)$ der Funktion $\omega(z, u)$ untergeordnet ist, $\omega(z, u) + f(z, u) \in T_2$ folgt. $\overline{HB}_2$, P_2 und P_2^* sind *zulässige Klassen.*

$\mathfrak{B}_{T_2}$-Operatoren. Sie werden ebenso definiert wie für Funktionen einer Veränderlichen. Ist T_2 eine zulässige Klasse, so läßt der Operator $\mathfrak{B}_{T_2}$ die Beziehung der Unterordnung unverändert.

Lehrsatz. *Jeder stetige $\mathfrak{B}^*$-Operator für eine Funktion einer Veränderlichen z ist ein $\mathfrak{B}^*$-Operator für Funktionen zweier Veränderlichen z, u.*

Die allgemeine Gestalt der Operatoren $\mathfrak{B}$ und $\mathfrak{B}^*$. Ein Operator $K[f]$ für ganze Funktionen heißt *regelmäßig*, wenn gleichmäßig in jedem endlichen Gebiet $K[\tilde{f}_n] \to K[f]$ bei $n \to \infty$ gilt. $\tilde{f}_n(z)$ ist dabei das Ergebnis der Anwendung des JENSENschen Operators auf $f(z)$ (Seite 376).

Überstetige Operatoren. Ein Operator $K[f]$ für ganze Funktionen endlichen Grades heißt *überstetig*, wenn jedem $A > 0$ ein $B > 0$ so entspricht, daß aus der

[1]) Zur Vereinfachung der Schreibweise beschränken wir uns auf zwei Veränderliche.

Konvergenz

$$\sup |f_n(z) - f_0(z)|\, e^{-A|z|} \to 0\,,$$

$$\sup |K[f_n(z)] - K[f_0(z)]|\, e^{-B|z|} \to 0$$

folgt (Seite 379).

Lehrsatz. *Ein regelmäßiger* $\mathfrak{B}^*$*-Operator hat die Gestalt*

$$\mathfrak{B}^*[f(z)] = f(-D_u)\,[\varphi(z,u)]|_{u=0}\,;$$

hier ist

$$f(-D_u)\,[\varphi(u)] = \sum_{n=0}^{\infty} (-1)^n a_n \varphi^{(n)}(u) \qquad bei \qquad f(z) = \sum_{n=0}^{\infty} a_n z^n\,,$$

und $\varphi(z, u)$ *ist eine Funktion der Klasse* P_2^* *vom Geschlecht Eins in bezug auf* u *bei* $\operatorname{Im} z \leqq 0$ (Seite 376).

Lehrsatz. *Ein überstetiger* $\mathfrak{B}$*-Operator hat die Gestalt*

$$\mathfrak{B}[f(z)] = f(-D_u)\,[\varphi(z,u)]|_{u=0}\,,$$

wo $\varphi(z, u) \in P_2^*$ *und von endlichem Grade in bezug auf* z *bei* $\operatorname{Im} u \leqq 0$ *ist* (Seite 379).

Lehrsatz. *Ein regelmäßiger, mit dem Differentiationsoperator vertauschbarer* $\mathfrak{B}^*$*-Operator hat die Gestalt*

$$\mathfrak{B}^*[f(z)] = \overline{F}(D) \cdot [\overline{f}(z)]\,,$$

wo $F(z)$ *eine Funktion der Klasse* P^* *und vom Geschlecht Eins ist.* (Seite 382).

ANMERKUNGEN DES HERAUSGEBERS

Zu Kapitel I

Zu Seite 30—31:

A. Schönhage (Köln) führt in seiner Arbeit „Über das Wachstum zusammengesetzter Funktionen" (Math. Zeitschrift **73** (1960) 22—44) eine Wachstumsfunktion ein, welche folgendermaßen definiert wird:

Unter dem *oberen* (bzw. dem *unteren*) (i, k)-*Wachstum* der Funktion $f(z)$ wird

$$\overline{W}_{i,k}(f) = \overline{\lim_{r\to\infty}} \left(\frac{\ln_{k+i} M(r)}{\ln_k r}\right)$$

bzw.

$$\underline{W}_{i,k}(f) = \underline{\lim_{r\to\infty}} \left(\frac{\ln_{i+k} M(r)}{\ln_k r}\right) \qquad (i, k, = 0\ 1, 2, \ldots)$$

verstanden, wo $\ln_k x$ die reelle k-te Iterierte der Funktion $\ln x$ ist.

Mit Hilfe des (i, k)-Wachstums beweist A. Schönhage eine Reihe von Sätzen über das Wachstum zusammengesetzter Funktionen.

Zu Seite 31:

Auf Vorschlag von Herrn Prof. Dr. H. Behnke (Münster) wurde für die von Valiron eingeführte Ordnungsfunktion $\varrho(r)$ „ordre précisé" die Bezeichnung *die verfeinerte Ordnung* gewählt. Diese Bezeichnung ist die wörtliche Übersetzung des von B. Lewin gebrauchten Ausdrucks „уточнённый порядок" und gibt die Bedeutung der Valironschen Funktion am besten wieder.

Bei den Besprechungen der Arbeiten von Valiron in den deutschen Zeitschriften werden die Bezeichnungen „präzise Ordnung" oder „präzisere Ordnung" gebraucht, was den Sinn der Sache nicht vollständig wiedergibt. Im Englischen wird der Ausdruck „proximate order" (Boas) oder „approximated order" benutzt.

Zu Seite 52:

Statt des Ausdrucks *Indikator* (the indicator) wird in der mathematischen Literatur oft die Bezeichnung *die Funktion von* Phragmen *und* Lindelöf benutzt.

Der Verfasser hält sich hier an die von R. Ph. Boas Jr. benutzten Bezeichnungen.

Zu Kapitel III

Zu Seite 137:

Die Bezeichnung *Funktionen von vollkommen regulärem Wachstum* für die von A. Pfluger behandelte Klasse von Funktionen entspricht genau der vom Verfasser gebrauchten Bezeichnung функции вполне регулярного роста. Diese Bezeichnung wird in der mathematischen Literatur nicht allgemein gebraucht.

Ergänzend zu den im Buch von LEWIN behandelten Fragen der Werteverteilung (Arbeiten von A. PFLUGER) findet man Ausführungen und Literaturangaben im Buch von H. WITTICH: Neuere Untersuchungen über eindeutige analytische Funktionen, Springer, Berlin/Göttingen/Heidelberg 1955.

Zu Kapitel VIII

Zu Seite 331:

Auf dem Internationalen Mathematiker-Kongreß 1949/1950 in den USA legte J. KOREVAAR einen Beweis folgenden Lehrsatzes vor:

Lehrsatz 1. *Verschwindet kein Abschnitt einer formal gebildeten Potenzreihe*

$$\sum_{k=0}^{\infty} a_k z^k$$

im Innern eines Winkels $|\arg z| \leqq \alpha$ $(\alpha > 0)$, *so stellt diese Reihe eine ganze Funktion der Ordnung Null dar.*

Der Beweis sei hier kurz skizziert.

Die Annahme, die Reihe konvergiere nirgends, führt zum Widerspruch. Der Konvergenzradius der Potenzreihe ist also $r > 0$. Nach dem Satz von R. JENTZSCH ist aber jeder Punkt des Konvergenzkreises einer Potenzreihe Häufungspunkt der Nullstellen der Abschnitte. Also kann unter den Voraussetzungen des Lehrsatzes der Konvergenzradius der Reihe keine endliche Zahl sein. Also konvergiert die Reihe in der ganzen Ebene. Nach den Sätzen von CARLSON über ganze Funktionen endlicher oder unendlicher Ordnung folgt, daß die durch die Reihe dargestellte Funktion die Ordnung Null hat.

Eine Reihe ähnlicher Sätze von JENTZSCH, CARLSON u. a. setzt voraus, daß die Reihe in der Umgebung des Nullpunktes konvergiert. KOREVAAR konnte als erster zeigen, daß man diese Voraussetzung fallen lassen kann.

In der im Duke Mathematical Journal 18 (1951) erschienenen Arbeit „The zeros of approximating polynomials and the canonical representation of an entire function" beweist J. KOREVAAR weitere Lehrsätze, die in den gleichen Fragenkreis fallen.

Lehrsatz 2. *Die formal gebildete Reihe* $\sum_{k=0}^{\infty} a_k z^k$ *sei so beschaffen, daß die Anzahl der Nullstellen* $N(S, n)$ *des* n*-ten Abschnittes in einem gewissen Sektor* S *mit Spitze im Nullpunkt gleich* $o(n)$ *ist. Dann stellt die Potenzreihe eine ganze Funktion der Ordnung Null dar.*

Auch hier wird zuerst gezeigt, daß die Annahme $\sqrt[n]{|a_n|} \to \infty$ zu einem Widerspruch führt. Die Reihe hat also mindestens einen positiven Konvergenzradius.

Angenommen, es sei $|z| = r$ der Konvergenzkreis. Dann kann man nach dem Satz von R. JENTZSCH schließen, daß in einer Nachbarschaft Ω eines Punktes P des Konvergenzkreises

$$\overline{\lim_{n\to\infty}} \frac{1}{n} N(\Omega, n) > 0$$

ist. Das widerspricht der Voraussetzung. Also konvergiert die Potenzreihe in der ganzen Ebene.

Angenommen, die durch die Reihe dargestellte Funktion sei von Null verschiedener Ordnung. Dann ist nach dem Satz von CARLSON in jedem Sektor S

$$\overline{\lim_{n\to\infty}} \frac{1}{n} N(S, n) > 0 ,$$

was der Voraussetzung des Satzes widerspricht. Also ist die durch die Reihe dargestellte ganze Funktion der Ordnung Null.

In derselben Arbeit beweist J. KOREVAAR auch einige Lehrsätze allgemeinerer Art:

Lehrsatz 3. *R sei eine gewisse Menge. $S\{\varrho, A(t)\}$ sei die Menge der Punkte $z = x + i y$, für welche die Beziehungen*

$$\begin{cases} x \geqq A(|a|)\,|z|^{2-\varrho} & \text{bei } 1 \leqq \varrho < 2\,, \\ x \geqq -A & \text{bei } \varrho = 2 \end{cases}$$

gelten, wo $A(t)$ für $t \geqq 0$ definiert und stetig und $\lim\limits_{t\to\infty} A(t) = A$ ist. Es sei $\{f_n(z)\}$ eine Folge von Funktionen, die gegen eine Grenzfunktion $f(z)$ konvergiert, und alle Nullstellen der Funktionen $f_n(z)$ mögen zur Menge R gehören.

Ist für gewisse θ, z_0 und eine positive ganze Zahl k $e^{-i\theta}(R - z_0)^k \subset S\{\varrho, A(t)\}$, dann ist jede Funktion $f(z)$ der genannten Art von der Ordnung $\leqq \varrho k$. $f(z)$ kann in der Form geschrieben werden

$$e^{\{s(z)\}}\, z^m \prod_p \left(1 - \frac{z}{z_p}\right) e^{\frac{z}{z_p} + \cdots + \frac{z^h}{z_p^h}}\,,$$

wo h die größte ganze Zahl $< \varrho k$ ist, $m \geqq 0$ bei $0 \in R$, $m = 0$ sonst, $0 \neq z_p \in R$, und wenn die Reihen

$$\sum_p |z_p|^{-\varrho k} \quad \text{und} \quad \sum_{z_p \neq z_0} |\mathrm{Re}\,\{e^{i\theta}\,|z_p - z_0|^{-k}\}|$$

konvergieren.

Lehrsatz 4. *Für gewisse θ, z_0, k gehöre $e^{-i\theta}(R - z_0)^k$ zur Menge*

$$\mathrm{Re}\, z \geqq -A(|z|)\,|z|^{2-\varrho_1}\,,$$

wo $A(t) \to A > 0$ bei $t \to \infty$ und $1 \leqq \varrho_1 \leqq 2$ ist. R^* bestehe aus denjenigen Punkten ζ von R, für welche

$$z = e^{-i\theta}(\zeta - z_0)^k$$

der Bedingung

$$Re\, z \leqq B|z|^{2-\varrho_2}$$

genügt, wo $1 \leqq \varrho_2 \leqq \varrho_1$ ist und $B > A$, wenn $\varrho_2 = \varrho_1$.

Eine positive ganze Zahl k^* und die Menge R^* seien so beschaffen, daß $\varrho_2 k \leqq k^* \leqq \varrho_1 k$ ist, und daß für gewisse θ^* und z^*

$$e^{-i\theta^*}(R^* - z^*)^{k^*} \subset S\{\varrho^*, A(t)\}\,,$$

wo $k^* \leqq \varrho^* k^* \leqq \varrho_1 k$, und $A^* B > A$, wenn sowohl $k^* = \varrho_2 k$ als auch $\varrho^* k^* = \varrho_1 k$ ist.

Dann ist jede Funktion $f(z)$ ($f(z) = \lim\limits_{n\to\infty} f_n(z)$) der Ordnung $\leqq \varrho^* k^*$. (Alle Nullstellen von $f_n(z)$ liegen in R.)

Die Nullstellen von $f(z)$ sind dabei so beschaffen, daß die Reihen

$$\sum_p |z_p|^{-\varrho^* k^*} \quad \text{und} \quad \sum_{z_p \neq z} |Re\,\{e^{i\theta}(z_p - z^*)^{-k^*}\}|$$

konvergieren.

Dem Verfasser waren zur Zeit des Erscheinens seines Buches die Arbeiten von J. Korevaar unbekannt.

Zu Kapitel IX

Zu Seite 353:

A. C. Schaeffer erhielt folgende Verallgemeinerung der Ungleichung von S. N. Bernstein:

E sei eine abgeschlossene Punktmenge auf der reellen Achse. Sie sei auf der reellen Achse *gleichmäßig verteilt*, d. h., jedes Intervall der Länge L enthalte eine Teilmenge der Menge E

vom Maße $\geqq a$, wo L und a gegebene positive Zahlen sind. Dann existieren eine Menge $E^* \subset E$, (für die mes $(E - E^*) = 0$ ist), und eine für $x \in E^*$ erklärte Funktion $c(x)$, so daß für jede ganze tranzsendente Funktion $f(z)$ endlichen Grades σ die Ungleichung

$$\sup_{x \in E} |f(x)| \leqq 1$$

die Ungleichung $|f'(x)| \leqq \sigma\, c(x)$ $(x \in E^*)$ nach sich zieht.

Ausgehend von diesen Betrachtungen von A. C. SCHAEFFER erhielten N. I. ACHIESER und B. J. LEWIN eine weitere Verallgemeinerung der BERNSTEINschen Ungleichung. Sie benutzen dabei die im Kapitel IX dieses Buches von B. J. LEWIN angewandten Methoden.

Statt der von A. C. SCHAEFFER benutzten Mengen E benutzen sie eine breitere Klasse von Mengen:

Unter E wird eine perfekte Punktmenge auf der reellen Achse verstanden, die von positivem harmonischen Maß ist und keine irreguläre Punkte besitzt.

Dann werden einige Gebiettypen und Abbildungen definiert: Unter den Gebieten vom Typ A, B oder C verstehen wir die Gebiete, welche aus den Gebieten $\operatorname{Im}\zeta > 0$, dem Quadranten $\operatorname{Im}\zeta > 0$, $\operatorname{Re}\zeta > 0$ und dem Halbstreifen $\operatorname{Im}\zeta > 0$, $\alpha < \operatorname{Re}\zeta < \beta$ $(-\infty < \alpha < \beta < \infty)$ mit Hilfe von endlich vielen oder unendlich vielen geradlinigen Schnitten entstehen, welche auf dem der reellen Achse angehörenden Teil des Randes des entsprechenden Gebietes beginnen, zur reellen Achse senkrecht stehen und sich nur am Rand eines Quadranten oder eines Halbstreifens häufen.

G sei die längs der Menge E aufgeschnittene Ebene. $\zeta = \varphi(z)$ sei die Funktion, welche das Gebiet G auf ein Gebiet vom Typ A (bzw. B oder C) der ζ-Ebene abbildet, wobei die Menge E in den der reellen Achse zugehörigen Teil des Randes übergeht.

Es sei

$$\omega(z) = e^{-i\varphi(z)}$$

und

$$\omega_\sigma(z) = [\omega(z)]^\sigma .$$

Unter der *Klasse K* versteht man die Gesamtheit aller analytischen Funktionen endlichen Grades in G, welche folgenden Bedingungen genügen:

a) Jeder Zweig einer jeden Funktion $f(z) \in K$ hat auf E einen Grenzwert, und diese Grenzwerte genügen der Bedingung

$$f|(x)| \leqq 1 \qquad (x \in E) .$$

b) Ist $f(z) \in K$, so existiert auf dem universellen Überlagerungsgebiet $\tilde{G}$ von G eine reguläre Funktion $\hat{f}(z)$, welche in allen Randpunkten, die den Werten von $f(z)$ konjugierten Werte annimmt und in G von endlichem Grad ist.

Unter dem *Grad einer Funktion* $f(z)$ in G versteht man dabei die (endliche oder unendliche) Größe

$$\overline{\lim_{\substack{|z| \to \infty \\ z \in G}}} \frac{\ln (\sup |f(z)|)}{|z|} .$$

Kann man zu $f(z) \in K$ eine endliche Zahl $\sigma \geqq 0$ finden, so daß man zu jedem $\varepsilon > 0$ einen Winkel $\left|\arg z \pm \frac{\pi}{2}\right| \leqq \delta$ angeben kann, in welchem gleichmäßig

$$\lim_{|z| \to \infty} \frac{\sup |f(z)|}{[\omega(z)]^{\sigma+\varepsilon}} = 0 \quad \text{und} \quad \lim_{|z| \to \infty} \frac{\sup |\hat{f}(z)|}{[\omega(z)]^{\varepsilon+\sigma}} = 0$$

ist, so soll die Funktion $f(z)$ vom *endlichen Typus* in G genannt werden.

Mit Hilfe dieser Begriffe wird der Satz von S. N. BERNSTEIN folgendermaßen verallgemeinert:

Lehrsatz. *Ist $f(z)$ eine Funktion der Klasse K und vom Typus σ, und existieren in einem Punkt $x \in E$ die Ableitungen $f'(z)$ und $\omega'(z)$, so ist*

$$|f'(x)| \leqq |\omega'_\sigma(x)| .$$

Dabei wird vorausgesetzt, daß $\sigma > 0$ ist, wenn die Funktion $\varphi(z)$ die Abbildung auf ein Gebiet vom Typ A oder B bewirkt, und $\sigma \geqq \frac{\pi}{\lambda}$, wenn die Abbildung auf ein Gebiet vom Typ C der Breite λ erfolgt.

Es werden ferner besondere Fälle untersucht. Es ergibt sich, daß die durchgeführten Verallgemeinerungen die bekannten Ungleichungen für Polynome, für ganze Funktionen endlichen Grades und für ganze Funktionen vom Normaltypus der Ordnung $\frac{1}{2}$ als Sonderfälle enthalten.

LITERATURVERZEICHNIS

ACHIESER, N. I. (Ахиезер, Н. И.)

[1] Zur Theorie ganzer Funktionen endlichen Grades. (К теории целых функций конечной степени. ДАН СССР). Doklady **63** (1948) 475—478.

[2] Über einige Eigenschaften ganzer transzendenter Funktionen vom Exponentialtyp. (О некоторых свойствах целых трансцендентных функций экспоненциального типа. Изв. АН СССР) Iswestija (Serie Math.) **10** (1946) 411—428.

[3] Über die Polynome von Levithan. (О полиномах Левитана. ДАН СССР.) Doklady **54** (1946).

[4] Über ganze Funktionen endlichen Grades, welche eine Majorante auf einer Folge reeller Punkte haben. (О целых функциях конечной степени, имеющих майоранту на последовательности вещественных точек. Изв. АН СССР.) Iswestija (Serie Math.) **16** (1952).

[5] Vorlesungen über Approximationstheorie. Akademie-Verlag, Berlin 1953. Übersetzung aus dem Russischen.

ACHIESER, N. I., und KREIN, M. G. (Ахиезер, Н. И., и Крейн, М. Г.)

[1] Über einige Fragen der Momententheorie. (О некоторых вопросах теории моментов.) Charkow 1938.

ACHIESER, N. I., und LEWIN, B. J. (Ахиезер, Н. И. и Левин, Б. Я.)

[1] Über die Interpolation ganzer transzendenter Funktionen endlichen Grades. (Об интерполировании целых трансцендентных функций конечной степени. Записки Харьковского гос. ун-та и Харьковского мат. об-ва.) Aufzeichnungen der staatl. Universität Charkow und der Charkower Mathematischen Gesellschaft **23** (1952).

[2] Eine Verallgemeinerung der Ungleichung von S. N. Bernstein für die Ableitungen ganzer Funktionen. (Обобщение неравенства С. Н. Бернштейна для производных от целых функций. Сборник статей: Исследования по современным проблемам теории функций комплексного переменного.) Aus „Untersuchungen zu gegenwärtigen Problemen der Theorie der Funktionen einer komplexen Veränderlichen“, Fismatgis, Moskau 1960.

ACHIESER, N. I., und MARTSCHENKO, W. A. (Ахиезер, Н. И. и Марченко, В. А.)

[1] Über einige Fragen der Approximation stetiger Funktionen auf der ganzen reellen Achse. (О некоторых вопросах аппроксимации непрерывных функций на всей вещественной оси. Записки научно-исслед. института математики и механики Харьковского гос. ун-та.) Aufzeichnungen des Wiss. Forschungsinstituts für Mathematik und Mechanik der staatl. Univ. Charkow **29** (1949) 7—9.

AGMON, S.

[1] Functions of exponential type in an angle and singularities of Taylor series. Trans. Amer. Math. Soc. **70** (1951).

Ahlfors, I., and Heins, M.

[1] Questions of regularity connected with Phragmen-Lindelöf-principle. Ann. of Math. (2) **50** (1949) 341—346.

Ålander, M.

[1] Sur les fonctions entières qui ont tous leur zéros sur une droite. C. R. Acad. Sci. Paris **176** (1923).

[2] Sur les zéros complexes des dérivées des fonctions entières réelles. Arkiv för Mat. Astr. och Fys. **16**, Nr. 10 (1922).

Ambarzumjan, V. A.

[1] Über eine Frage der Eigenwerttheorie. Zeitschr. f. Phys. (1939) 690—695.

Andraschko, M. (Андрашко, М.)

[1] Der extremale Indikator einer ganzen Funktion der Ordnung kleiner als Eins mit positiven Nullstellen. (Екстремальний індикатор цілої функції порядку менше одиниці з додатними нулями. Доповіді АН УРСР). Berichte der Akademie der Wissenschaften der Ukrainischen Sozialistischen Republik **7** (1960), 869—872.

Asarin, W. S. (Азарин, В. С.)

[1] Über subharmonische Funktionen von vollkommen regulärem Wachstum im Raum von $m \geqq 2$ Dimensionen. (О субгармонических функциях вполне регулярного роста в пространстве $m \geqq 2$ измерений. V. всесоюзная конференция по теории функций комплексного переменного.) V. Allunionskonferenz über die Theorie der Funktionen einer komplexen Veränderlichen. Erevan 1960, 6—7.

Bernstein, S. N. (Бернштейн, С. Н.)

[1] Extremale Eigenschaften von Polynomen. (Экстремальные свойста полиномов.) Charkow 1937.

[2] Übertragung der Eigenschaften von trigonometrischen Polynomen auf ganze Funktionen endlichen Grades. (Перенесение свойств тригонометрических полиномов на целые функции конечной степени. Изв. АН СССР.) Iswestija (Serie Math.) **12** (1949) 421—444.

[3] Über ganze Funktionen endlichen Grades von mehreren reellen Veränderlichen. (О целых функциях конечной степени многих вещественных переменных. ДАН СССР.) Doklady **60** (1948) 949—954.

[4] Über Majoranten von endlichem und quasiendlichem Wachstum. (О майорантах конечного и квазиконечного роста. ДАН СССР.) Doklady **65** (1949) 117—120.

[5] Über additive Majoranten von endlichem Wachstum. (Об аддитивных майорантах конечного роста. ДАН СССР.) Doklady **66** (1949) 545—548.

[6] Leçons sur les propriétés extrémales et la meilleure approximation des fonctions analytiques d'une variable réelle. Paris 1926.

[7] Gesammelte Werke, Bd. I.

Bernstein, V.

[1] Sur les propriétés caractéristiques des indicatrices de croissance. C. R. Acad. Sci. Paris **202** (1936) 108—110.

[2] Sopra una proposizione relativa alla creszenza delle funzioni holomorfe. Ann. Scuola norm. sup. Pisa (2) **2** (1936).

[3] Sulla proprietà carattestiche delle indicatrici di crescenza delle transcendenti intere d'ordine finito. Mem. Reale Acc. d'Italia **7** (1936) 131—189.

Boas, R. P.

[1] Entire functions. New York 1953.

[2] Asymptotic properties of functions of exponential type. Duke Math. J. **20** (1935) 433—448.

[3] On the Growth of Analytic Functions. Duke Math. J. **13** (1946).
[4] Entire functions bounded on a line. Duke Math. J. **6** (1940) 148—169.
[5] Growth of analytic functions along a line. J. analyse math **4** (1954—1955) 1—28.

Boas, R. P., and Scheffer, A. C.
[1] A theorem of Cartwright. Duke Math. J. **9** (1942) 879—883.

Bohr, H.
[1] Fastperiodische Funktionen, 1930.
[2] Fastperiodische Bewegungen. Comm. Math. Helv. **4** (1932) 51—64.

Borg, G.
[1] Eine Umkehrung der Sturm-Liouvilleschen Eigenwertaufgabe. Acta Math. **78** (1946) 2—96.

Buck, R.
[1] On the distribution of the zeros of entire function. J. Indian Math. Soc. **16** (1952) 147—149.

Carleman, T.
[1] Über die Approximation analytischer Funktionen durch lineare Aggregate von vorgegebenen Potenzen. Arkiv. för Mat. Astr. och Fys. **17**, Nr. 9 (1922) 1—30.

Carlson, F.
[1] Sur une classe des séries de Taylor. Thesis, Upsala 1914.
[2] Über ganzwertige Funktionen. Math. Zeitschr. **2** (1921) 1—23.

Cartan, H.
[1] Sur les systèmes des fonctions holomorphes à variétés linéaires et leurs applications. Ann. Ec. Norm. Sup. (3) (1928) 255—346.

Cartwright, M.
[1] On functions which are regular and finite order in an angle. Proc. Lond. Math. Soc. (2) **38** (1934) 158—179.
[2] On certain integral functions of order 1. Quarterly J. of Math. (Oxford ser.) **7** (1936) 46—55.

Delsart, I.
[1] Sur une extension de la formule de Taylor. J. Math. pures et appl. (Ser. 9) **17** (1938) 213—231.

Duffin, R. I., and Schaeffer, A. C.
[1] Power series with bounded coefficients. Amer. J. Math. **76** (1945) 141—154.

Firsakowa, O. S. (Фирсакова, О. С.)
[1] Einige Fragen der Interpolation mit Hilfe ganzer Funktionen. (Некоторые вопросы интерполирования с помощью целых функций. ДАН СССР.) Doklady **120** (1958).

Fuchs, W. H.
[1] On the growth of functions of mean type. Proc. Edinburgh Math. Soc. **9** (1954) 53—70.

Fujiwara, M.
[1] Über Nullstellen der ganzen Funktionen vom Geschlecht Null und Eins. Tôhoku Math. J. **25** (1925).

Gaier, D.
[1] Über ganze Funktionen vom Exponentialtyp mit Lückenreihen. Math. Zeitschr. **68** (1958) 488—497.

Gelfand, I. M., und Levithan, B. M. (Гельфанд, И. М. и Левитан, Б. М.)
[1] Über die Bestimmung einer Differentialgleichung aus ihrer Spektralfunktion. (Об определении дифференциального уравнения по его спектральной функции. Изв. АН СССР.) Iswestija (Serie Math.) **15** (1951) 309—360.

Gelfand, I. M., Rajkow, D. A., und Schilow, G. E. (Гельфанд, И. М., Райков, Д. А. и Шилов, Г. Е.)

[1] Kommutative normierte Ringe. (Коммутативные нормированые кольца. У. М. Н.) Uspechi mat. nauk **1**, Nr. 2 (12) (1946).

Gelfond, A. O. (Гельфонд, А. О.)

[1] Berechnung endlicher Differenzen. (Исчисление конечных разностей). Gostechisdat 1952.

[2] Das Problem der Darstellung und der Eindeutigkeit einer ganzen analytischen Funktion der Ordnung Eins. (Проблема представления и единственности целой аналитической функции первого порядка. У. М. Н.) Uspechi mat. nauk, Nr. 3 (1937) 144—174.

[3] Sur un théorème de M. M. Wiegert-Leau. (Мат. Сборник.) Mat. Sbornik **36** (1929) 99—101.

[4] Lineare Differentialgleichungen unendlich großer Ordnung. (Линейные дифференциальные уравнения бесконечного порядка. Труды мат. ин-та им. Стеклова.) Arbeiten des Steklow-Instituts **38** (1951) 42—67.

[5] Sur les systèmes complets des fonctions analytiques. (Мат. Сборник). Mat. Sbornik **4** (46) 1 (1938) 149.

Gelfond, A. O., und Leontjew, A. F. (Гельфонд, А. О., и Леонтьев, А. Ф.)

[1] Über eine Verallgemeinerung der Fourierreihe. (Об одном обобщении ряда Фурье. Мат. Сборник). Mat. Sbornik **29** (71) 3 (1952) 477—500.

Goldberg, A. A. (Гольдберг, А. А.)

[1] Der extremale Indikator für eine ganze Funktion mit positiven Nullstellen. (Экстремальный индикатор для целой функции с положительными нулями. V. всесоюзная конференция по теории функций комплексного переменного.) V. Allunionskonferenz über die Theorie der Funktionen einer komplexen Veränderlichen, Erevan 1960, 29—30.

Goldberg, A. A., und Ostrowskij, I. W. (Гольдберг, А. А., и Островский, И. В.)

[1] Einige Lehrsätze über das Wachstum meromorpher Funktionen. (Некоторые теоремы о росте мероморфных функций. Записки мат. отд. физ. мат. факультета и Харьковского мат. об-ва.) Aufzeichnungen der math. Abteilung der Phys.-Math. Fakultät und der Charkower Mathematischen Gesellschaft (Serie 4) **27** (1961) 3—37.

Gontscharow, W. L. (Гончаров, В. Л.)

[1] Interpolationsprozesse und ganze Funktionen. (Интерполяционные процессы и целые функции. У. М. Н.) Uspechi mat. nauk, Nr. 3 (1937) 113—143.

Grommer, J.

[1] Ganze transzendente Funktionen mit lauter reellen Nullstellen. J. f. reine und angew. Math. **144** (1914).

Hayman, W. K.

[1] Questions of regularity connected with the Phragmen-Lindelöf principle. J. de math. pures et appl. **35** (1956) 115—126.

Hermite, Ch.

[1] Oeuvres I. Paris 1905, 397—414.

Hirschman, I. Ir., and Jenkins, I. A.

[1] Note on a result of Levine and Livshitz. Proc. Amer. Math. Soc. **1** (1950) 390—393.

Ibragimow, I. I., und Keldysch, W. M. (Ибрагимов, И. И. и Келдыш, М. В.)

[1] Über die Interpolation ganzer Funktionen. (Об интерполяции целых функций. Мат. Сборник). Mat. Sbornik **2** (64) (1947) 283.

Iyer, G.

[1] On the order and type of integral functions bounded at sequence of points. Ann. of Math. (2) **38** (1937) 311—320.

Jensen, J. L. W. V.

[1] Recherches sur la théorie des équations. Acta Math. **36** (1912—1913) 181—195.

JESSEN, B., and TORNHAVE, H.
[1] Mean motion and zeros of almost periodic functions. Acta Math. **77** (1945) 3—4.

KAHAN, J. P.
[1] Quasi-analyticité des fonctions moyennes périodiques. C. R. Acad. Sci. Paris **236** (1953) 569—571.
[2] Sur quelques problèmes d'unicité et de prolongement relatifs aux fonctions approchables par des sommes d'exponentielles. Ann. Inst. Fourier **5** (1955) 39—130.

KREIN, M. G. (Крейн, М. Г.)
[1] Über eine Klasse ganzer und meromorpher Funktionen. (Об одном классе целых и мероморфных функций. В книге Ахиезер и Крейн „О некоторых вопросах теории моментов".) Aus ACHIESER und KREIN „Über einige Fragen der Momententheorie", Charkow 1938, 231—252.
[2] Zur Theorie der ganzen Funktionen vom Exponentialtypus. (К теории целых функций экспоненциального типа. Изв. АН СССР.) Iswestija (Serie Math.) **11** (1947) 309—326.
[3] Die grundlegenden Sätze der Theorie der Darstellung von Hermiteschen Operatoren mit dem Index des Defektes (m, n). (Основные положения теории представления эрмитовых операторов с индексом дефекта (m, n) Укр. мат. журнал.) Ukrainische math. J. **2** (1949) 3—65.
[4] Über den unbestimmten Fall der Randwertaufgabe von Sturm-Liouville im Intervall $(0, \infty)$. (О неопределенном случае краевой задачи Штурма-Лиувилля в интервале $(0, \infty)$. (Изв. АН СССР.) Iswestija (Serie Math.) **16** (1952) 293—324.
[5] Über die Darstellung von Funktionen durch die Fourier-Stieltjesschen Integrale. (О представлении функций интегралами Фурье-Стильтьеса. Уч. зап. Куйбышевского пед. ин-та.) Wissenschaftliche Aufzeichnungen des Pädagogischen Instituts von Kujbyschew. Lieferung **7** (1943).
[6] Die Lösung der inversen Aufgabe von Sturm und Liouville. (Решение обратной задачи Штурма-Лиувилля. ДАН СССР.) Doklady **26** (1951) 21—24.
[7] Bestimmung der Dichte einer inhomogenen symmetrischen Saite aus dem Spektrum ihrer Frequenzen. (Определение плотности неоднородной симметрической струны по спектру ее частот. ДАН СССР.) Doklady **22** (1951) 345—348.

KREIN, M. G., und LEWIN, B. J. (Крейн, М. Г. и Левин, Б. Я.)
[1] Über ganze fastperiodische Funktionen vom Exponentialtypus. (О целых почти-периодических функциях экспоненциального типа. ДАН СССР.) Doklady **64** (1949).

LAGUERRE, E.
[1] Sur les fonctions du genre zéro et du genre un. C. R. Acad. Sci. Paris (1882) 828—831.
[2] Oeuvres, Bd. 1.

LEAU, L.
[1] Recherche des singularités d'une fonction définie par un développement de Taylor. J. de Math. pures et appl. **5** (1899) 365.

LEONTJEW, A. F. (Леонтьев, А. Ф.)
[1] Reihen von Dirichletschen Polynomen und ihre Verallgemeinerung. (Ряды полиномов Дирихле и их обобщение. Труды мат. ин-та им. Стеклова.) Arbeiten des Steklow-Instituts (1951).
[2] Über die Interpolation in der Klasse ganzer Funktionen endlicher Ordnung und vom Normaltypus. (Об интерполировании в классе целых функций конечного порядка нормального типа. ДАН СССР.) Doklady **66** (1949) 153—156.
[3] Über eine Interpolationsaufgabe. (Об одной интерполяционной задаче. ДАН СССР). Doklady **66** (1949) 331—334.
[4] Über die Vollständigkeit eines Systems von Exponentialfunktionen in einem krummlinigen begrenzten Streifen. (О полноте системы показательных функций

в криволинейной полосе. Мат. Сборник.) Mat. Sbornik **36** (78) 3 (1955) 555—568.

[5] Zur Frage der Interpolation in der Klasse der ganzen Funktionen endlicher Ordnung. (К вопросу об интерполировании в классе целых функций конечного порядка. Мат. Сборник.) Mat. Sbornik **41** (83) 1 (1957).

Levinson, N.

[1] Gap and density theorems. Amer. Math. Soc. coll. Publ. New York (1940).

Levithan, B. M. (Левитан, Б. М.)

[1] Fastperiodische Funktionen. (Почти-периодические функции.) Gostechisdat 1953.

[2] Über eine Verallgemeinerung der Ungleichungen von S. N. Bernstein und N. Bohr. (Об одном обобщении неравенств С. Н. Бернштейна и Н. Бора. ДАН СССР.) Doklady **15** (1957) 169—172.

[3] Anwendung von Operatoren der verallgemeinerten Verschiebung auf lineare Differentialgleichungen zweiter Ordnung. (Применение операторов обобщенного сдвига к линейным дифференциальным уравнениям второго порядка. У. М. Н.) Uspechi mat. nauk **4**, 1 (29) (1949).

Lewin, B. J. (Левин, Б. Я.)

[1] Über das Wachstum einer ganzen Funktion auf einem Strahl und die Verteilung ihrer Nullstellen nach Argumenten. (О росте целой функции по лучу и о распределении ее нулей по аргументам. Мат. Сборник.) Mat. Sbornik **2** (44) 6 (1937) 1097—1142.

[2] Über die Anwendungen der Interpolationsreihe von Lagrange auf die Theorie ganzer Funktionen. (О приложениях интерполяционного ряда Лагранжа в теории целых функций. Мат. Сборник.) Mat. Sbornik **8** (50) 1 (1946) 437—454.

[3] Über die regulär wachsenden Funktionen endlichen Grades. (О регулярно растущих функциях конечной степени. ДАН СССР.) Doklady **71** (1950) 601—604.

[4] Über die Sekulärkonstante einer holomorphen, fastperiodischen Funktion. (О вековой константе голоморфной почти-периодической функции. ДАН СССР.) Doklady **33** (1941) 182—184.

[5] Das Hermitesche Kriterium für ganze Funktionen vom Exponentialtypus. (Критерий Эрмита для целых функций экспоненциального типа. ДАН СССР.) Doklady **41** (1943) Nr. 2 und Nr. 3.

[6] Über einige extremale Eigenschaften ganzer Funktionen endlichen Grades. (О некоторых экстремальных свойствах целых функций конечной степени. ДАН СССР.) Doklady **65** (1949) 605—608.

[7] Über eine spezielle Klasse von ganzen Funktionen und die mit ihr verbundenen extremalen Eigenschaften ganzer Funktionen endlichen Grades. (Об одном специальном классе целых функций и связанных с ним экстремальных свойствах целых функций конечной степени. Изв. АН СССР.) Iswestija (Serie Math.) **14** (1950) 45—84.

[8] Einige Extremaleigenschaften von Funktionen mehrerer Veränderlicher. (Некоторые экстремальные свойства целых функций от нескольких переменных. ДАН СССР.) Doklady **78** (1951) 861—864.

[9] Über eine Klasse ganzer Funktionen. (Об одном классе целых функций. ДАН СССР.) Doklady **78** (1951) 1085—1088.

[10] Die allgemeine Gestalt von speziellen Operatoren für ganze Funktionen endlichen Grades. (Общий вид специальных операторов над целыми функциями конечной степени. ДАН СССР.) Doklady **79** (1951).

[11] Über Funktionen, welche durch ihre Werte auf einem gewissen Intervall definiert werden. (О функциях определяемых своими значениями на некотором интервале. ДАН СССР.) Doklady **70** (1950) 757—760.

[12] Über quasianalytische Klassen fastperiodischer Funktionen. (О квазианалитических классах почтипериодических функций. ДАН СССР.) Doklady **70** (1950) 949—952.

[13] Eine Verallgemeinerung des Lehrsatzes von Fejér-Riesz. (Обобщение теоремы Фейера-Рисса. ДАН СССР.) Doklady **52** (1946).

[14] Über Funktionen, welche in einer Halbebene holomorph sind. (О функциях голоморфных в полуплоскости. Труди Одесського державного ун-та.) Abhandlungen der Universität Odessa (1940).

[15] Operatoren, welche Ungleichungen zwischen ganzen Funktionen unverändert lassen. (Операторы, сохраняющие неравенства между целыми функциями. ДАН СССР). Doklady **89** (1953).

[16] Eine Verallgemeinerung des Lehrsatzes von Cartwright über eine auf einer Punktfolge beschränkte ganze Funktion endlichen Grades. (Обобщение теоремы Картрайт о целой функции конечной степени, органиченной, на последовательности точек. Изв. АН СССР.) Iswestija (Serie Math.) **21** (1957) 549—558.

Lewin, B. J., und Liwschiz, M. S. (Левин, Б. Я. и Лившиц, М. С.)

[1] Über quasianalytische Klassen von Funktionen, welche durch Fourierreihen darstellbar sind. (О квазианалитических классах функций, представленных рядом Фурье. Мат. Сборник.) Mat. Sbornik **9** (51) **3** (1941).

Lewin, B. J., und Ostrowskij, I. W. (Левин, Б. Я. и Островский, И. В.)

[1] Über die Abhängigkeit des Wachstums einer ganzen Funktion von der Verteilung der Nullstellen ihrer Ableitungen. (О зависимости роста целой функции от расположения нулей её производных. Сибирский мат. журнал.) Sibirisches math. J. **1** (1960) 427—455.

Lindwart, E., und Pólya, G.

[1] Über einen Zusammenhang zwischen der Konvergenz von Polynomfolgen und der Verteilung ihrer Wurzeln. Rendic. Circ. Mat. Palermo **37** (1914) 297—304.

Lindelöf, E.

[1] Sur les fonctions entières d'ordre entier. Ann. Ec. Norm. Sup. (3) **22** (1905) 369 bis 395.

[2] Le calcul des résidus. Paris 1905.

[3] Mémoire sur la théorie des fonctions entières de genre fini. Acta Soc. Sci. Fenn. **31** (1902).

Malliavin, P.

[1] Sur la croissance radiale d'une fonction méromorphe. Illinois J. Math. **1**, Nr. 2 (1957) 259—296.

Mandelbrojt, S.

[1] Quasianalytische Klassen von Funktionen. 1937.

Markuschewitsch, A. I. (Маркушевич, А. И.)

[1] Theorie analytischer Funktionen. (Теория аналитических функций.) Gostechisdat 1950.

[2] Über eine Basis im Raum der analytischen Funktionen. (О базисе в пространстве аналитических функций. Мат. Сборник.) Mat. Sbornik **17** (59) (1954) 211—252.

Martschenko, E. A. (Марченко, В. А.)

[1] Einige Fragen der Theorie der eindimensionalen linearen Differentialoperatoren zweiter Ordnung. (Некоторые вопросы теории одномерных линейных дифференциальных операторов второго порядка. Труды Московского математического об-ва.) Abhandlungen der Moskauer Mathematischen Gesellschaft (1952).

[2] Über einige Fragen der Approximation stetiger Funktionen auf der ganzen reellen Achse. (О некоторых вопросах аппроксимации непрерывных функций на всей вещественной оси. Записки мат. отд. физ.-мат. факультета Харьковского университета и Харьковского мат. об-ва.) Aufzeichnungen de-

Mathematischen Abteilung der Phys. Math. Fakultät der Universität Charkow und der Charkower Mathem. Gesellschaft (Serie 4) **22** (1950) 115 bis 125.

MATTISON, H.

[1] Certain integral functions related to exponential sums. Duke Math. J. **4** (1938) 9.

MAZAJEW, W. I. (Мацаев, В. И.)

[1] Über das Wachstum ganzer Funktionen, welche eine gewisse Abschätzung nach unten zulassen. (О росте целых функций, допускающих некоторые оценки снизу. ДАН СССР.) Doklady **132** (1960) 283—286.

MEIMANN, N. N. (Мейман, Н. Н.)

[1] Zur Frage der Nullstellenverteilung einer ganzen Funktion. (К вопросу о распределении нулей целой функции. ДАН СССР.) Doklady **40** (1943) Nr. 2 und Nr. 5

[2] Über die Bedingungen, unter welchen die Ableitung der Majoranten einer Funktion als eine Majorante der Ableitung der Funktion erscheint. (Об условиях, при которых производная мажоранты функции является мажорантой производной функции. ДАН СССР.) Doklady **71** (1950) 609—812.

[3] Siehe N. G. TSCHEBOTAREW und N. N. MEIMAN.

NEVANLINNA, R.

[1] Eindeutige analytische Funktionen. 1953.

[2] Über die Eigenschaften meromorpher Funktionen in einem Winkelraum. Acta Soc. Sci. Fenn. **50**, Nr. 5 (1922).

NEUMARK, J. I. (Неймарк, Ю. И.)

[1] Stabilität linearisierter Systeme. (Устойчивость линеаризованных систем. ЛК ВВИА.) 1949.

NOBLE, M. E.

[1] Extension and applications of a Tauberian theorem due to Valiron. Proc. of the Cambridge Phil. Soc. **47** (1951) 22—37.

OBRESCHKOW, N. (OBRECHKOFF, N.)

[1] Sur les fonctions entières limités des polynomes. Math. Sammlung **9** (51) (1941).

[2] Quelques classes de fonctions entières limités de polynomes et de fonctions méromorphes limités de fractions rationelles. Actualités scientifiques et industrielles, Paris 1941.

OSTROWSKIJ, I. W. (Островский, И. В.)

[1] Eine Verallgemeinerung eines Lehrsatzes von M. G. KREIN. (Обобщение теоремы М. Г. Крейна. ДАН СССР.) Doklady **116** (1957) 742—745.

[2] Über meromorphe Funktionen, welche gewisse endliche Werte in den in der Nähe eines endlichen Strahlensystems liegenden Punkten annehmen. (О мероморфных функциях, принимающих некоторые конечные значения в точках, лежащих вблизи конечной системы лучей. ДАН СССР.) Doklady **120** (1958) 742—745.

[3] Über den Zusammenhang zwischen dem Wachstum einer meromorphen Funktion und der Verteilung ihrer Werte nach Argumenten. (О связи роста мероморфной функции с распределением ее значений по аргументам. ДАН СССР.) Doklady **132** (1960).

PALEY, R. E., and WIENER, N.

[1] Fourier Transforms in the Complex Domaine. New York 1934.

PFLUGER, A.

[1] Die Werteverteilung und das Verhalten von Betrag und Argument einer speziellen Klasse analytischer Funktionen I, II. Comm. Math. Helv. **11** (1938) 180—213; **12** (1939) 25—69.

[2] Über Interpolation ganzer Funktionen. Comm. Math. Helv. **16** (1942) 314—349.

[3] Über das Anwachsen von Funktionen, die in einem Winkelraum regulär und von Exponentialtypus sind. Compositio Math. **4** (1937) 367—372.

[4] Über ganze Funktionen ganzer Ordnung. Comm. Math. Helv. **18** (1946) 177—203.

[5] Über gewisse ganze Funktionen vom Exponentialtypus. Comm. Math. Helv. **16** (1944) 1—18.

[6] On analytic functions bounded at the lattice points. Proc. Lond. Math. Soc. (2) **42** (1936) 305—315.

Phragmen, E., et Lindelöf, E.

[1] Sur une extension d'un principe classique de l'analyse. Acta Math. **31** (1908).

Plancherel, A., et Pólya, G.

[1] Fonctions entières et intègrales Fourier multiples. Comm. Math. Helv. **9** (1937) 224—248.

Pólya, G.

[1] Untersuchungen über Lücken und Singularitäten von Potenzreihen. Math. Zeitschr. **29** (1929) 549—640.

[2] Über Annäherung durch Polynome mit lauter reellen Wurzeln. Rendiconti Circ. Mat. Palermo **36** (1913) 279—295.

[3] Algebraische Untersuchungen über ganze Funktionen vom Geschlechte 0 und 1. J. f. reine u. angew. Math. **145** (1915).

Pólya, G., und Schur, I.

[1] Über zwei Arten von Faktorenfolgen. J. f. reine u. angew. Math. **144** (1914).

Pontrjagin, L. S. (Понтрягин, Л. С.)

[1] Über die Nullstellen einiger elementarer transzendenter Funktionen. (О нулях некоторых элементарных трансцендентных функций. Изв. АН СССР, серия матем.) Iswestija (Serie Math.) **6** (1942) 115—134.

Potapow, W. P. (Потапов, В. П.)

[1] Über die Teiler eines fastperiodischen Polynoms. (О делителях почти-периодического полинома. Сборник трудов Ин-та математики АН УССР.) Sammlung der Abhandlungen des Mathematischen Instituts der Akademie der Wissenschaften der Ukrainischen Sozialistischen Republik, Nr. 12 (1939).

Powsner, A. J. (Повзнер, А. Я.)

[1] Über Differentialgleichungen vom Sturm-Liouvilleschen Typ auf einer Halbachse. (О дифференциальных уравнениях типа Штурма-Лиувилля на полуоси. Мат. Сборник.) Mat. Sbornik **23** (65) 1 (1948) 3—52.

Regensburger, M.

[1] Asymptotische Darstellung und Lage der Nullstellen spezieller ganzer Funktionen (Exponentialsummen). Math. Ann. **111** (1935) 505.

Ronkin, L. I. (Ронкин, Л. И.)

[1] Über die Approximation ganzer Funktionen durch trigonometrische Polynome. (Об аппроксимации целых функций тригонометрическими полиномами. ДАН СССР.) Doklady **92** (1953) 887—890.

[2] Über ganze Funktionen endlichen Grades und über Funktionen von vollkommen regulärem Wachstum in mehreren Veränderlichen. (О целых функциях конечной степени и о функциях вполне регулярного роста от нескольких переменных. ДАН СССР.) Doklady **119** (1958).

Sansone, G.

[1] Gewöhnliche Differentialgleichungen. 1953.

Schur, I.

[1] Zwei Sätze über algebraische Gleichungen mit lauter reellen Wurzeln. J. f. reine u. angew. Math. **144** (1914).

Titchmarsh, E. C.

[1] The Theory of Functions. Oxford 1939.

Tschebotarew, N. G. (Чеботарёв, Н. Г.)

[1] Über eine Abänderung der Aufgabe von Hurwitz. (Об одном видоизменении постановки задачи Гурвица. ДАН СССР.) Doklady **35** (1942) 251—254.

[2] Über eine besondere Gestalt von transzendenten Gleichungen. (Об одном частном виде трансцендентных уравнений. ДАН СССР.) Doklady **34** (1942) 42—45.
[3] Über ganze Funktionen mit reellen sich abwechselnden Nullstellen. (О целых функциях с вещественными перемежающимися корнями. ДАН СССР.) Doklady **35** (1942) 219—222.
[4] Über eine Abänderung der Methoden von Sturm und Fourier. (Об одном видоизменении способов Штурма и Фурье. ДАН СССР.) Doklady **34** (1942) 3—6.
[5] Die Aufgabe von Hurwitz für transzendente Funktionen. (Задача Гурвица для трансцендентных функций. Труды ЛВВАКА). 1945.
[6] Über die Realität von Nullstellen ganzer transzendenter Funktionen. Math. Ann. **99** (1928) 660—686.

TSCHEBOTAREW, N. G., und MEIMAN, N. N. Чеботарёв Н. Г. и Мейман, Н. Н.
[1] Über das Problem von Routh-Hurwitz für Polynome und ganze Funktionen. (Проблема Рауса-Гурвица для полиномов и целых функций. Труды мат. ин-та им. Стеклова.) Arbeiten des Steklow-Instituts **24** (1949).

TSUJI, M.
[1] On Borel's directions of meromorphic functions of finite order. Tôhoku Math. Journ. **2**, Nr. 2 (1950) 97—112.

VALIRON, G.
[1] Lectures on the General Theory of integral Functions. Privat Toulouse 1923.
[2] Sur la formule d'interpolation de Lagrange. Bull. Sci. Math. (2) **49** (1925) 181—192, 203—224.
[3] Sur les fonctions entières d'ordre fini. Ann. fac. sci. Univ. Toulouse (3) **5** (1913) 117—257.

WEYL, H.
[1] Mean motion I, II. Amer. J. Math. **60** (1939) 889—896; **61** (1939) 143—144.

WIEGERT, S.
[1] Oefversigt of k. vet. Ak. Forhandlingar **57** (1900) 1001—1011.

WIENER, N.
[1] Tauberian theorems. Ann. of Math. **33** (1932) 1—100.
[2] The Fourier integral and certain of its applications. Cambridge 1933.

WIENER, N., and PITT, H. R.
[1] On absolutely convergent FOURIER-Stieltjes transforms. Duke Math. J. **4** (1938).

ZYGMUND, A.
[1] Trigonometrical Series, Vol. I, II. Cambridge 1959.

ERGÄNZUNG ZUM LITERATURVERZEICHNIS

(In den hier genannten Werken werden Probleme behandelt, die mit den im Buch von B. J. LEWIN behandelten in einem Zusammenhang stehen.)

CHEN-KIEN-KWING, Generalizations of Minkowski's inequality with applications to the theory of mean approximations by integral functions. Science Record (n. Ser.) **2** (1958) 81—85.

DINGHAS, A., Bemerkungen zum Phragmen-Lindelöfschen Prinzip. Norske Vid. Selsk. Forh. Trondheim **30** (1957) 59—64.

EDREI, A., Power series having partial sums with zeros in a half plane. Proc. Amer. Math. Soc. (1958) 320—322.

GANELIUS, T., Sequences of analytic functions and their zeros. Arkiv för matematik **3** Nr. 1 (1953).

HAYMAN, W. K., The growth of entire and subharmonic functions. Lectures on Functions of a complex variable, ed. by W. Kaplan, Ann Arbor 1955.

MARDEN, M., The geometry of the zeros of a polynomial in a complex variable. 1949.

MANSOOR, A., On entire functions of infinite order. Compositio math. **13** (1958) 159—172.

PADMANABHAN, K. S., On generalized Taylor expansions. Math. Student **25** (1957) 153 bis 155.

PEYERIMHOFF, A., EVANSTON, I., und RICHERT, H. E., Über das Anwachsen analytischer Funktionen auf vertikalen Geraden. Acad. Serb. Sci. Publ. Inst. Math. **11** (1957) 127—134.

RAHMAN, Q. J., On means of entire functions. Quart. J. Math. Oxford (2) **7** (1956) 192—195.

RAHMAN, Q. J., On the coefficients of an entire series of finite order. Math. Student **25** (1957) 113—121.

RAHMAN, Q. J., On a theorem of Shah. Publ. Math. Debrecen **5** (1957) 40—43.

ROSENBLOOM, P. C., Distribution of zeros of polynomials. Lectures on functions of a complex variable, ed. by W. Kaplan, Ann Arbor 1955, 265—285.

SHANKAR, HARI, On Lindelöf's theorem on entire functions. J. Indian Math. Soc. (N. S.) **22** (1958) 137—147.

SINGH, S. K., A note on entire and meromorphic functions. Proc. Amer. Math. Soc. **9** (1958).

SPECHT, W., Die Lage der Nullstellen eines Polynoms. Math. Nachr. **16** (1957) 369—389.

SUTHERHAND, Series for the distinct zeros of exponential polynomials. Proc. London Math. Soc. (ser. 9) **3** (1959) S. 150—160.

VALIRON, G. Fonctions entières d'ordre fini et fonctions méromorphes. Enseignement math (II. série) **4** (1958).

WALSH, J. L., The location of critical points of analytic and harmonic functions. Harvard University, New York 1950.

NAMEN- UND SACHREGISTER

FSC
www.fsc.org
MIX
Papier | Fördert gute Waldnutzung
FSC® C083411

Kolibri 360 GmbH
Ferdinand-Jühlke-Straße 7
99095 Erfurt, Deutschland
produktsicherheit@kolibri360.de